U0488891

本书得到国家社科基金重大项目"中国计量史"的支持
（项目批准号：15ZDB030）

中国计量史

HISTORY OF METROLOGY IN CHINA

关增建 著

中原出版传媒集团
中原传媒股份公司

大象出版社
·郑州·

图书在版编目(CIP)数据

中国计量史／关增建著. -- 郑州：大象出版社，
2025. 2. -- ISBN 978-7-5711-2561-5

Ⅰ. TB9-092

中国国家版本馆 CIP 数据核字第 2025JA3684 号

中国计量史
ZHONGGUO JILIANGSHI

关增建　著

出 版 人	汪林中
项目总监	张彩红
责任编辑	李晓媚
特约编审	王　晓
责任校对	安德华　张绍纳　李婧慧　任瑾璐　牛志远
装帧设计	张　帆
排版制作	田朝彬　常玉锋　孙瑞菲
责任印制	张　庆

出版发行	大象出版社（郑州市郑东新区祥盛街27号　邮政编码 450016）
	发行科　0371-63863551　总编室　0371-65597936
网　　址	www.daxiang.cn
印　　刷	北京汇林印务有限公司
经　　销	各地新华书店经销
开　　本	889 mm×1194 mm　1/16
印　　张	55
字　　数	1056 千字
版　　次	2025 年 2 月第 1 版　2025 年 2 月第 1 次印刷
定　　价	498.00 元

若发现印、装质量问题，影响阅读，请与承印厂联系调换。
印厂地址　北京市大兴区黄村镇南六环磁各庄立交桥南 200 米（中轴路东侧）
邮政编码　102600　　　　　　电话　010-61264834

出版说明

《中国计量史》一书是作者多年研究成果的总结，涉及古代和近代计量的方方面面，可以说是一部目前较为全面讲述计量历史的著作。

本书同时也是2020年国家出版基金项目的成果。虽然在申报国家出版基金项目时书稿已完成近70%，但后续稿件的补充过程可谓历经坎坷：从国家出版基金批复之时起，全国就进入了新冠疫情特殊时期。在这3年抗疫时期内，外出调研困难，交流不便，搜集资料和图片采集等常被搁置，导致写作进展缓慢。但失之东隅，收之桑榆，一个意想不到的收获是，疫情期间，作者闭门不出，倒有机会对本书的架构和脉络进行更细致的梳理完善，对一些计量历史问题做更深入的思考。这样，在特殊时期结束后，即可迅速调研和写作，加班加点赶出稿件，不但使稿件规模远超申报国家出版基金项目时所设想的80万字，研究深度也超越了原来的预期，并补充了大量新的计量历史内容，扩展了视角，提出了一些新的观点。

本书初稿完成后，出版社调动一切社内能调动的力量，全力进入稿件的编审环节。由于稿件规模庞大，加之历时5年的长时间断续写作，导致稿件中存在一些重复或不统一的问题。针对这些问题，责编和作者进行了一年多的反复审核和研究，给出了如下的处理方案：

一、引文版本的选择问题：因为书中绝大部分引文是古文，存在多种版本，而且每个版本细节内容或有不同。为了方便读者阅读，我们优先选择权威点校本，如二十五史均选用中华书局点校本；其次是《四库全书》本，如"四书五经"等均以《四库全书》本为依据；最后选择古文原本，如一些正史中找不到的与计量相关的历史书籍。

二、书中引文两次及两次以上使用的说明：因为本书篇幅规模庞大，前后内容年代跨度大，全书三篇所讲内容关注点不同，都有可能用到同一段引文来作辅证材料。比如一段引文可能在前几章讲计量历史时用过，但在后几章讲计量名家时还会用到，此类重复引用，属于行文所需，有必要保留，以方便读者。

三、图片问题：本书中绝大部分图片来自作者和责编所摄，也有少量图片是向图片网站或博物馆购买，还有个别图片采自其他同类图书。采自他书的图片已获原书作者许可，但如果在图书出版后还存在未来得及获取授权的图片，请原作者看到后联系我们，我们将按照相关规定支付稿酬。

本书历经5年付梓出版，虽多有坎坷，百般不易，但我们竭尽全力使其臻于完善。即便如此，亦难免仍存不足之处，特别希望能够得到广大读者的批评指正，这里预先表示感谢！

编　者

2025年1月

目 录

序　计量史的意义 ·· 001

绪篇　中国计量发展鸟瞰 ·· 001

探本溯源：中国计量史的形成 ··· 003
　　一、古代对度量衡的认识与度量衡史研究 ································· 003
　　二、中国现当代的度量衡史研究 ··· 004
　　三、计量史研究的新局面 ·· 007

纵观古今：中国计量发展的历史分期 ··· 011
　　一、传统计量的形成时期 ·· 011
　　二、传统计量的理论成型时期 ·· 013
　　三、传统计量的变动和发展时期 ··· 015
　　四、传统计量向近代计量转化的准备时期 ································· 018
　　五、传统计量的终结 ·· 020
　　六、中国近代计量的建立 ·· 020
　　七、中国现代计量的发展 ·· 021

中西比较：中国计量的历史定位 ··· 023
　　一、计量的起源 ·· 023
　　二、计量科学与计量管理 ·· 027
　　三、计量学家的出身 ·· 029
　　四、思想背景 ··· 031

五、技术差异 ·· 034

六、结语 ·· 035

上篇　传统计量的理论与实践 ·· 037

第一章　中国古代计量的产生 ·· 039

第一节　原始计量的萌生 ·· 040

第二节　社会化生产的促进 ··· 043

第三节　治理国家的需要 ·· 049

第二章　计量基准的建立及管理 ·· 053

第一节　时间计量单位的确立 ·· 054

一、自然时间单位——回归年与朔望月 ······································· 054

二、人为时间单位——12时制与百刻制 ······································· 055

三、12时制与百刻制的配合 ·· 058

第二节　空间方位的划分 ·· 060

一、传统的天文分度 ·· 060

二、地平方位划分 ··· 062

第三节　度量衡基准的选择 ··· 065

一、以自然物为则 ··· 066

二、以人造物为则 ··· 069

三、乐律累黍说 ·· 071

第四节　度量衡的管理 ··· 074

一、度量衡制作与管理的权限 ·· 074

二、度量衡管理的法治化 ·· 077

三、度量衡的技术管理 ··· 078

第三章　历代度量衡的发展 ·· 079

第一节　从商鞅变法到秦始皇统一度量衡 ··································· 080

一、商鞅变法与度量衡 ··· 080

二、秦国度量衡的法制管理 …………………………………… 082

　　三、秦朝的统一度量衡 …………………………………………… 084

第二节　汉代的度量衡制度 …………………………………………… 087

　　一、汉代的度量衡管理与制度 …………………………………… 087

　　二、王莽度量衡改革的成果及影响 ……………………………… 090

第三节　度量衡大小制的形成 ………………………………………… 093

　　一、南北朝时期度量衡量值的急剧变化 ………………………… 094

　　二、隋朝的度量衡统一：大小制登上历史舞台 ………………… 096

第四节　唐五代度量衡的演变 ………………………………………… 097

　　一、度量衡制度：大小制并存 …………………………………… 098

　　二、度量衡管理：实行法制化 …………………………………… 101

　　三、度量衡科学：创新与改制 …………………………………… 104

第五节　宋元度量衡的发展 …………………………………………… 108

　　一、度量衡管理：规定具体而严厉 ……………………………… 110

　　二、度量衡技术：有针对性的发明改进 ………………………… 112

　　三、度量衡制度：在承续中变革 ………………………………… 114

第六节　明清度量衡的发展 …………………………………………… 117

　　一、明代的度量衡管理 …………………………………………… 118

　　二、明代行业度量衡的出现 ……………………………………… 121

　　三、清代的度量衡管理与度量衡科学 …………………………… 125

第七节　近代度量衡制度的建立 ……………………………………… 130

　　一、清末民初度量衡的混乱 ……………………………………… 130

　　二、清末改革度量衡的尝试 ……………………………………… 132

　　三、民国政府统一度量衡的努力 ………………………………… 133

第四章　计时方法的演化 ……………………………………………… 135

第一节　日晷计时的发展 ……………………………………………… 136

　　一、地平式日晷 …………………………………………………… 136

　　二、赤道式日晷 …………………………………………………… 141

　　三、球面日晷 ……………………………………………………… 145

第二节　漏刻计时的演变 …… 147
　　一、漏刻的起源与应用 …… 148
　　二、单级漏壶在西汉时期的普及 …… 150
　　三、多级漏壶的产生与发展 …… 155
　　四、溢流系统的出现 …… 158
第三节　机械计时的进化 …… 159
　　一、浑象测时 …… 159
　　二、水运仪象台的测时功能 …… 163
　　三、浑仪测时 …… 167
　　四、西方机械钟表的传入 …… 169

第五章　历法要素测定 …… 171

第一节　测影验气定岁首 …… 172
　　一、岁实与立表测影 …… 173
　　二、测影圭表的演变 …… 174
第二节　祖冲之巧测冬至 …… 179
　　一、祖冲之对传统冬至测日方法的改进 …… 179
　　二、祖冲之测影方法的历史意义 …… 182
第三节　郭守敬高表测影 …… 183
　　一、郭守敬高表测影与观星台 …… 184
　　二、景符的发明与应用 …… 188
第四节　朔望月长度的测定 …… 190
　　一、平均朔望月概念 …… 190
　　二、闰周与平均朔望月长度 …… 192
　　三、平均朔望月长度与日食观测 …… 193

第六章　空间计量的进步 …… 195

第一节　长度计量的多样化 …… 196
　　一、新莽卡尺的发明 …… 196
　　二、远程测量与记里鼓车 …… 200

三、数学方法的运用 ……………………………………………… 203

第二节　立表定向的历史发展 …………………………………………… 206

　　一、从《考工记》到《淮南子》测影定向方法的演变 ……………… 207

　　二、李诫的景表盘与水池景表 …………………………………… 209

　　三、郭守敬的正方案 ……………………………………………… 211

第三节　指南针的演变 …………………………………………………… 214

　　一、磁石指极性的发现 …………………………………………… 214

　　二、新型材料的寻找及磁偏角的发现 …………………………… 219

　　三、指南针架设方法与罗盘 ……………………………………… 223

　　四、指南针的应用与传播 ………………………………………… 226

第四节　古代的指南针理论 ……………………………………………… 230

　　一、阴阳五行学说基础上的感应说 ……………………………… 230

　　二、方位坐标系统的影响 ………………………………………… 233

　　三、受西学影响诞生的指南针学说 ……………………………… 235

　　四、中国人对西方指南针理论的记述 …………………………… 240

　　五、南怀仁的指南针理论 ………………………………………… 242

　　六、南怀仁学说的影响 …………………………………………… 247

第五节　天体方位测定 …………………………………………………… 249

　　一、立二十八宿以周天历度 ……………………………………… 249

　　二、浑仪测天与地中概念 ………………………………………… 252

第七章　量器和衡器的演变 ………………………………………………… 255

第一节　先秦标准量器 …………………………………………………… 256

　　一、度量衡标准器意识的体现——齐量三器 …………………… 256

　　二、现存最早的度量衡标准器——商鞅方升 …………………… 260

　　三、中国最早的复合标准器——栗氏量 ………………………… 262

第二节　新莽嘉量 ………………………………………………………… 267

　　一、嘉量的形制及设计思想 ……………………………………… 267

　　二、嘉量设计体现的科技水平 …………………………………… 270

　　三、新莽嘉量的后世影响 ………………………………………… 272

第三节　衡器与杠杆原理 ……………………………………………… 275
　　一、对称原理的应用 …………………………………………… 275
　　二、杠杆原理的掌握 …………………………………………… 277
　　三、杠杆原理的巧用 …………………………………………… 281

第四节　衡器形式的演变 ……………………………………………… 282
　　一、天平的发明 ………………………………………………… 282
　　二、提系杆秤的发展 …………………………………………… 289

第八章　货币、印章与度量衡 …………………………………………… 295

第一节　先秦时期的货币与度量衡 …………………………………… 296
　　一、由贝币到蚁鼻钱 …………………………………………… 297
　　二、布币的演变 ………………………………………………… 299
　　三、刀币的形制及流通 ………………………………………… 302
　　四、先秦时期的金银铸币 ……………………………………… 304
　　五、金币的称量仪器与单位 …………………………………… 306
　　六、圆钱的出现与演变 ………………………………………… 308

第二节　秦汉时期度量衡对货币的规范 ……………………………… 309
　　一、秦朝的货币统一 …………………………………………… 311
　　二、西汉货币政策与五铢钱的诞生 …………………………… 312
　　三、王莽的货币改革 …………………………………………… 315

第三节　3到19世纪中国的货币与度量衡 …………………………… 322
　　一、三国时期的货币状况 ……………………………………… 322
　　二、南北朝时期货币的动荡与演变 …………………………… 324
　　三、隋唐时期货币的统一与规范 ……………………………… 326
　　四、五代十国钱币的混乱与宋代钱币的繁荣 ………………… 327
　　五、纸币的产生与历史发展 …………………………………… 329
　　六、明清制钱的演变 …………………………………………… 331

第四节　古代印章与度量衡 …………………………………………… 333
　　一、受命于天，既寿永昌 ……………………………………… 334
　　二、严格规范，层次分明 ……………………………………… 338

三、一体多印，印章奇迹 ·· 343

第九章　古代有关计量理论 ·· 347
第一节　对计量性质的认识 ·· 348
　　一、计量的目的在于"立数" ·· 348
　　二、计量的适用范围 ·· 350
　　三、实现计量客观性和准确性的途径 ·································· 351
第二节　计量的社会作用 ·· 353
　　一、行使统治权力的象征 ·· 353
　　二、政治和经济改革的手段 ·· 355
　　三、国家法典的关注对象 ·· 357
　　四、科学技术进步的要素 ·· 358
第三节　误差学说 ·· 361
　　一、误差存在的必然性 ·· 361
　　二、产生测量误差的原因 ·· 362
　　三、测量精确度和准确度概念的区分 ·································· 364
　　四、减少测量误差的卓越实践 ······································ 366

中篇　传统计量向近代计量的转型 ······································ 367

第十章　传教士带来的变革 ·· 369
第一节　角度计量的奠基 ·· 371
　　一、中国古代实用角度体系 ·· 371
　　二、西儒东来建计量 ·· 375
第二节　温度计的引入 ·· 380
　　一、南怀仁介绍的温度计 ·· 381
　　二、温标的诞生与中国温度计的发展 ·································· 384
第三节　时间计量的近代化 ·· 385
　　一、计时单位的更新和统一 ·· 386
　　二、计时仪器的改进和普及 ·· 391

第四节 地球观念的影响 ········· 396
一、地球观念的由来 ········· 396
二、中国人对地球观念的接受 ········· 397
三、地球观念与长度基准制定 ········· 401

第十一章 清代度量衡科学的发展 ········· 405
第一节 顺治朝的开端 ········· 406
一、清初整顿度量衡的历史背景 ········· 406
二、清初整顿度量衡的具体举措 ········· 407
三、清初整顿度量衡的局限性 ········· 409
第二节 康熙皇帝与度量衡科学 ········· 410
一、康熙考订度量衡的契机 ········· 410
二、"天地之度"与乐律累黍：康熙的选择 ········· 411
三、"参互相求"：康熙的巧妙设计 ········· 414
第三节 传统计量的进一步发展 ········· 417
一、计量著作的编纂 ········· 417
二、乾隆嘉量的制作 ········· 419
三、乾隆嘉量的科技含量 ········· 421

第十二章 传统度量衡制度的尾声 ········· 429
第一节 清代的度量衡管理 ········· 430
一、雍正朝的度量衡整饬措施 ········· 430
二、康熙朝的度量衡管理 ········· 432
三、清代度量衡管理的公开化和法制化特点 ········· 434
第二节 清中叶以后的度量衡状况 ········· 436
一、清代民间度量衡的合法存在 ········· 437
二、清中后期度量衡的混乱 ········· 438
三、清代度量衡管理指导思想的失误 ········· 439
第三节 清代的海关度量衡 ········· 442
一、清代海关度量衡的产生 ········· 442

二、海关度量衡具体折合办法 ……………………………………… 445
　第四节　清政府划一度量衡的最后努力 …………………………………… 446
　　一、清末划一度量衡举措的社会背景 …………………………… 447
　　二、清末划一度量衡的具体内容 ………………………………… 449

第十三章　北洋政府统一度量衡的尝试 …………………………………… 453
　第一节　国际米制的创立与发展 …………………………………………… 455
　　一、法国的子午线测量 …………………………………………… 455
　　二、米制的国际化 ………………………………………………… 457
　　三、米的定义的演变 ……………………………………………… 461
　第二节　民国初年全国度量衡的紊乱 ……………………………………… 462
　　一、民国时期度量衡紊乱的具体表现 …………………………… 462
　　二、民国时期度量衡紊乱的原因 ………………………………… 464
　第三节　甲乙制并用的度量衡改革 ………………………………………… 465
　　一、民国北洋政府制定度量衡统一方案的过程 ………………… 465
　　二、民国北洋政府《权度法》的颁布及执行情况 ……………… 468

第十四章　近代度量衡制度的建立 ………………………………………… 473
　第一节　度量衡标准的讨论 ………………………………………………… 475
　　一、集思广益，确定方向 ………………………………………… 475
　　二、拟定方案，主辅并行 ………………………………………… 478
　第二节　《度量衡法》的颁布及施行措施 ………………………………… 479
　　一、颁布《度量衡法》 …………………………………………… 480
　　二、制定实施细则及配套法规 …………………………………… 484
　　三、建立学术组织，出版度量衡刊物 …………………………… 488

第十五章　近代度量衡制度的推行与管理 ………………………………… 493
　第一节　全国度量衡划一渐进推行计划 …………………………………… 494
　　一、全国度量衡划一程序 ………………………………………… 495
　　二、划一度量衡年度计划分配 …………………………………… 497

第二节　度量衡机构的设立与人员的培训 …………………………………501
　　　　一、国家度量衡管理机构 …………………………………………………501
　　　　二、全国度量衡管理系统 …………………………………………………503
　　　　三、度量衡人才培养 ………………………………………………………504
　　第三节　度量衡技术与行政管理 ……………………………………………505
　　　　一、度量衡标准器的制造与管理 …………………………………………506
　　　　二、度量衡器具的制造检定与管理 ………………………………………507
　　　　三、度量衡行政管理 ………………………………………………………508
　　　　四、度量衡法规的增补修订 ………………………………………………509
　　第四节　全国度量衡划一的推行 ……………………………………………510
　　　　一、公用度量衡划一的推进 ………………………………………………510
　　　　二、各省市民用度量衡划一的施行 ………………………………………512
　　　　三、全国度量衡划一的再推进 ……………………………………………514
　　第五节　全国抗战时期的度量衡划一 ………………………………………515
　　　　一、全国抗战时期划一度量衡的重要性 …………………………………515
　　　　二、全国抗战时期的度量衡划一工作 ……………………………………517
　　　　三、全国抗战时期度量衡划一工作的成效及所受影响 …………………518

第十六章　民国时期时间计量的进展 ……………………………………………521
　　第一节　时区制度探索 ………………………………………………………522
　　　　一、由地方视太阳时到平太阳时的转变 …………………………………523
　　　　二、海岸时的引入 …………………………………………………………524
　　　　三、标准时区的提出 ………………………………………………………525
　　第二节　五时区时间计量的修改与实施 ……………………………………526
　　　　一、既有五时区划分的不足 ………………………………………………526
　　　　二、五时区方案的修订 ……………………………………………………527
　　　　三、全国抗战胜利后民国政府对标准时的探讨 …………………………529
　　　　四、1949年以后北京时间的演变 …………………………………………530
　　第三节　历法的改革 …………………………………………………………531
　　　　一、由《黄帝历》到纯阳历 ………………………………………………531

		二、新历书的编制 ……………………………………………………………… 532

		三、公历的推行 …………………………………………………………………… 535

		四、公历农历并存局面的出现 …………………………………………………… 537

下篇　中国计量历史人物 …………………………………………………………… 539

第十七章　先秦两汉时期的计量人物 ……………………………………………… 541

第一节　秦国统一度量衡事业的开创者商鞅 …………………………………… 542

		一、商鞅的生平 …………………………………………………………………… 542

		二、商鞅对秦国统一度量衡事业的贡献 ………………………………………… 544

		三、秦国度量衡制作的法治化管理 ……………………………………………… 545

		四、商鞅方升的历史价值 ………………………………………………………… 550

		五、秦朝的统一度量衡 …………………………………………………………… 551

第二节　古代计量的坐标式人物刘歆 …………………………………………… 556

		一、数及其在计量中的作用 ……………………………………………………… 557

		二、音律本性及其相生规律 ……………………………………………………… 558

		三、乐律累黍说 …………………………………………………………………… 562

		四、度量衡标准器的设计 ………………………………………………………… 565

第三节　量的概念在王充思想中的作用 ………………………………………… 569

		一、反对世俗迷信之工具 ………………………………………………………… 569

		二、批驳天人感应之利器 ………………………………………………………… 572

		三、论述人的学说之依据 ………………………………………………………… 575

		四、在自然科学上的应用 ………………………………………………………… 578

		五、思想渊源和局限性 …………………………………………………………… 581

第四节　天文计量集大成者——张衡 …………………………………………… 584

		一、精观细察，天文观测卓绝超群 ……………………………………………… 585

		二、发明浑天仪，形象展示浑天学说 …………………………………………… 586

		三、改革漏刻，提升时间计量水平 ……………………………………………… 588

		四、研讨历法，引领历法发展方向 ……………………………………………… 591

		五、发明地动仪等，拓展计量领域 ……………………………………………… 593

第十八章　魏晋南北朝时期的计量人物 ……595

第一节　魏晋时期著名计量数学家刘徽 ……596
一、注解《九章算术》，发展传统数学理论 ……596
二、发明割圆术，解决计量标准器设计难题 ……600
三、编纂《海岛算经》，建立测高望远体系 ……604

第二节　裴秀及其"制图六体"学说 ……609
一、裴秀的生平 ……609
二、中国古代悠久的地图测绘传统 ……611
三、裴秀的制图六体 ……613

第三节　荀勖的音律改革和律尺考订 ……615
一、荀勖的从政特点 ……616
二、荀勖对律尺基准的考订 ……617
三、荀勖对音律学的改进 ……620
四、荀勖律尺的意义及影响 ……623

第四节　祖冲之对计量事业的贡献 ……625
一、对测量精度和尺度标准的重视 ……626
二、对新莽嘉量的研究 ……628
三、对栗氏量的探讨 ……632
四、对时间和空间计量的贡献 ……635

第十九章　隋唐时期的计量人物 ……639

第一节　刘焯的计量思想 ……640
一、刘焯其人 ……640
二、大地测量设想 ……642
三、编撰《皇极历》 ……644
四、刘焯对月亮发光和月食原理的解说 ……648

第二节　李淳风的科学贡献 ……651
一、李淳风其人 ……651
二、对传统天文观测仪器浑仪的改进 ……653
三、《麟德历》的制定 ……654

四、计量历史研究 ·· 656

　　五、《乙巳占》中的科学 ·· 660

第三节　杰出的天文计量学家僧一行 ································ 664

　　一、一行其人 ·· 664

　　二、改进传统天文观测演示仪器 ································ 668

　　三、发起和组织天文大地测量 ···································· 671

　　四、编制《大衍历》 ·· 676

第二十章　宋元时期的计量人物 ·· 681

第一节　刘承珪发明戥子 ·· 682

　　一、刘承珪其人 ·· 682

　　二、改革度量衡制度 ·· 686

　　三、制作戥子 ·· 689

第二节　杰出的计量发明家燕肃 ·· 692

　　一、燕肃的生平 ·· 692

　　二、关注海潮现象，提出潮汐新理论 ···························· 694

　　三、研制成功指南车，展示高超技术水平 ······················ 697

　　四、创制新漏刻，改进时间计量 ································ 700

第三节　沈括对传统计量的贡献 ·· 703

　　一、追根溯源，考辨尺度权量 ···································· 703

　　二、创历改漏，推进时间计量 ···································· 705

　　三、去繁就简，改善空间计量 ···································· 710

　　四、细推原理，阐释误差理论 ···································· 711

第四节　郭守敬的计量成就 ·· 713

　　一、发明简仪，改进天文仪器 ···································· 713

　　二、四海测验，设立高表测圭影 ································ 717

　　三、精推历理，编制授时历法 ···································· 721

第二十一章　明清时期的计量人物 ······································ 725

第一节　传统计量理论的探索者——朱载堉 ························ 726

一、落寞的人生与丰硕的著述 ………………………………………… 726

　　二、创制十二等程律 …………………………………………………… 731

　　三、度量衡理论变革和制度考订 ……………………………………… 736

　　四、推动历法改革 ……………………………………………………… 740

第二节　学贯中西的计量名家——徐光启 …………………………………… 743

　　一、治历明农，奋武揆文：徐光启的人生 …………………………… 744

　　二、心领笔受，阐理释义：《几何原本》翻译 ……………………… 749

　　三、寻本究原，定准依天：时空计量探讨 …………………………… 754

　　四、融通中西，破旧立新：《崇祯历书》编纂 ……………………… 758

第三节　康熙皇帝在计量领域的贡献 ………………………………………… 764

　　一、刻苦钻研西学，终成一代大家 …………………………………… 765

　　二、活用地球学说，改进测绘方法 …………………………………… 769

　　三、改进黄钟累黍，考订度量衡标准 ………………………………… 773

　　四、探究自然奥秘，开展物理计量 …………………………………… 776

第二十二章　传教士对中国计量的贡献 ……………………………………… 781

第一节　利玛窦的开辟之功 …………………………………………………… 782

　　一、利玛窦的传教之路 ………………………………………………… 782

　　二、世界地图与地球观念 ……………………………………………… 785

　　三、翻译《几何原本》，建立角度计量 ……………………………… 788

　　四、引介西方科学，推进计量发展 …………………………………… 792

第二节　汤若望的继往开来 …………………………………………………… 794

　　一、汤若望及其在中国的传教事业 …………………………………… 794

　　二、火炮铸造与炮学著作编撰 ………………………………………… 797

　　三、望远镜知识介绍 …………………………………………………… 799

　　四、推进天文计量 ……………………………………………………… 802

　　五、身陷历法冤狱 ……………………………………………………… 806

第三节　南怀仁的卓越贡献 …………………………………………………… 807

　　一、南怀仁与清代历狱 ………………………………………………… 807

　　二、解决工程难题能手 ………………………………………………… 811

  三、灵台仪象制作与撰述 ············ 812

  四、湿度计测量的定量化 ············ 818

  五、独特的指南针理论 ············ 819

  六、多领域贡献与身后哀荣 ············ 823

参考书目 ············ 825

索引 ············ 835

后记 ············ 850

序

计量史的意义

计量是实现单位统一、保障量值准确可靠及围绕这一目的而展开的一切活动。就重要性而言，它事关国计民生，是维持国家机器正常运转的技术保障，是确保国家国民经济和科学技术得以持续稳定发展的基础。计量是管理，更是科学，当代社会的运转一时一刻也离不开计量。计量对社会的重要性毋庸置疑，但是，对于这样一门学科，有必要在学习和研究它的历史方面下功夫吗？我们使用计量，难道一定要先了解它的历史吗？答案显然是否定的。

但是，如果抛弃那些仅从实用角度出发看问题的观点，我们应该认识到，计量史的研究和相应学科的建设，对当代中国来说，是有其足够的社会意义的。首先，它是国家基础文化建设的一部分。一个社会，当其物质生产达到一定程度之后，对精神生活的追求也会随之增加。在这种追求中，对历史的关注占据了相当大的比重。当今社会上历史影视剧的热播、历史题材图书的畅销、历史话题的流行，就是这种关注的一种体现。对于具体学科而言，它扮演的社会角色越重要，人们对其历史就越关注，这就是政治史之所以会引起人们经久不衰的热情的原因之所在。这种关注是社会进步的表现，因为历史意识的强弱，在某种意义上体现了一个国家现代化程度的高低，现代化程度越高，人们的精神生活越丰富，对历史的关注也就越强烈。但对于计量而言，情况似乎有些例外，随着我国国民经济的发展，随着计量科学的进步，计量史并没有引起人们更多的关注，这与计量在社会经济生活中所具有的重要作用并不相称。之所以出现这种局面，无疑是因为我们的计量史研究还比较薄弱，计量史知识的普及还不够。实际上，人民群众对计量史的知识还是喜闻乐见的，秦始皇统一中国后，推行车同轨、书同文、统一度量衡的功绩，为人们所津津乐道，就表现了这一点。因此，我们必须加强对计量史的学习和研究。

同时，对于计量工作者而言，掌握计量史知识对于他们做好自己的本职工作，也是十分必要的。这是因为，要做好计量工作，需要对计量本质有深刻的认识，而这种认识，少部分来自计量本身，更多的来自计量史的总结。列宁有一句名言：忘记过去就意味着背叛。这句话是就政治生活而言的，对于科技领域，我们完全可以说，忽略了具体学科的历史则意味着对该学科前进方向的迷失。我们知道，历史是连续的，任何为过去的发展历程所描绘的历史曲线，必然会延伸到未来。因此，要把握某件事情的未来，最好的途径是首先了解它的历史。不了解本学科的历史，就意味着不能很好地理解它的现状，当然不利于对其发展方向的把握。具体来说，当我们要从事一个科研项目时，如果对其历史渊源不清楚，对前人在这个领域已经取得了什么样的成果、获得了什么样的进展不了解，对还有哪些问题要解决、哪些障碍有待攻破不知道，我们就不可能为自己所从事的项目规划出合理的研究方向，不可能使其取得应有的进展。历史是一座宝藏，它能为我们提供内涵丰富的借鉴，使我们变得聪明起来，从而在自己的工作中少犯错误、少走弯路。具体到各门学科来说，研究文学的，文学史是必修之课；攻读艺术的，艺术史不可或缺；钻研法律的，法制史是重要基础；从事科学研究工作的，科技史同样也是必不可少的。由此，计量科学高峰的攀登者，不关注计量史，肯定是不应该的。实际上，计量科学工作者没有不接触计量史的，只是他们中的一部分人还没有从理论上认识到这个问题的重要性、还没有使之变成理论上的自觉行动而已，而计量史研究队伍的薄弱，也限制了对社会的计量史知识的供给。

对社会科学工作者而言，计量史知识同样也是十分重要的。例如，研究中国历史的人，没有不为史籍中那些含义不一的度量衡单位和各种参差不齐的数据而费神的。这是因为，一方面，度量衡事关国计民生，各类史书中大量出现度量衡数据，是必然的。另一方面，由于多种原因，度量衡的单位和量值又长期处于变化之中。度量衡单位的不确定、量值的不统一，而有关单位和数据又大量出现，这就使得史学家们在阅读史籍时，面对各种各样的度量衡数据，往往如堕五里雾中，他们要弄清历史上的经济现象，就遇到了极大的困难。要解决这一问题，掌握一定的计量史知识是必不可少的。同样，经济学工作者在讨论经济问题时，也常常要涉及各种计量单位，这些单位的形成都有其特定的历史过程，不了解这些过程，就很难对这些单位本身及与其相关的问题做出准确判断。法学工作者在处理有关经济纠纷案件时，类似的情况也时常出现。所有这些问题，都需要研究者掌握一定的计量史知识，才能使之得到顺利解决。

更重要的意义在于，计量史是连接科学与社会、科学与人文之间的一座桥梁。当今社会，科学技术高度发达，科学技术在社会中所起的作用越来越大，面对这种局面，任何人文社会科学工作者都不能甘心以"科盲"自居；与此同时，科学技术工作者在专业划分越来越细、知识交叉越来越多、科学与社会的关系越来越复杂的情况下，也需要掌握一定的人文社会科学知识,这样才能更好地适应当代社会。这就需要有一座桥梁将二者联结起来,科学史就是这座桥梁。计量是科学的基础,这一属性决定了计量史是科学史的基础,它当然更有资格胜任对科学与人文、科学与社会的沟通。计量史以历史上的计量为研究对象,而计量本身是兼具自然科学和社会科学两种属性的:计量技术和计量基本原理属于自然科学,而计量的法制化特征则又属于社会科学。计量史研究的既然是计量的发展历程,计量的二重属性在它身上体现得就特别明显:我们通过学习计量史,在涉及计量单位的含义、计量的基本原理时,受到的是自然科学思维方式的训练;在涉及计量跟社会的关系、计量的法制化过程时,则又会感受到社会科学思维方式的影响。因此,对社会科学工作者而言,通过学习计量史来掌握基本的科学知识和科学的思维方式,是一种理想的学习途径。更应指出的是,计量的发展是一个动态的、历史的过程,学习计量史,会使我们培养出一种历史意识,学会用历史的眼光看问题。历史意识是一种高级思维意识,掌握了这种意识,看问题会更具理性、更加宽容。在理想的素质教育模式中,历史意识的培养是一个重要追求目标,由此我们更可以看到计量史的重要。

对社会而言,计量史还有一个非常重要的功能:它是进行计量教育、普及计量知识的有力工具。随着社会的发展,随着社会经济活动的增加,计量在社会中的作用越来越大,不管是普通消费者,还是企业经营者,抑或是社会管理者,都需要掌握必要的计量知识,以适应社会发展的需求。但遗憾的是,当前人们的计量意识还比较淡薄,所掌握的计量知识还比较欠缺,因此,我们迫切需要在社会上开展计量教育,以增进人们对计量知识的掌握。在这方面,计量史是可以大有作为的。这是因为,计量史不可能不涉及具体的计量知识,这些知识在与历史结合在一起的时候,是生动活泼的、富有生命力的,对于普通读者而言,处于这种状态下的计量知识才是容易学习的。当我们读到伏特、安培、帕斯卡、牛顿这些计量单位时,如果知道它们的来龙去脉,了解隐藏在这些单位背后的人和事,明白形成这些单位的历史背景,我们就能更好地把握它们。否则,就知识讲知识,脱离了它们赖以生发的历史场景,这些知识就会变成干巴巴的符号,令人望之生厌,这显然不利于计量知识的普及。

研究和学习计量史,可以使我们更好地认识到一些计量事件的重要性,从而对计量的发展方向有更好的把握。例如,国际单位制的诞生,标志着全人类计量语言的真正统一,是世界计量史上一个重要的里程碑,但是,如果我们就计量论单位制,除使人感到枯燥乏味之外,很难领悟到国际单位制本身所具有的重要性。而如果我们明白了形成国际单位制的历史背景,了解了在国际单位制形成之前因单位制的混乱给科学研究和经济发展造成的巨大不便,知道了国际单位制的来龙去脉,那么我们就能更好地理解它的精髓,从而更好地解读这座里程碑。

对中国计量来说，我们要理解1984年中华人民共和国法定计量单位的发布的重要性、理解《中华人民共和国计量法》的重要意义、理解1993年量和单位系列国家标准的颁布的重要价值，也同样离不开对计量史的研究和学习。

研究和学习计量史，还可以使我们对计量本身的重要性有更深切的体会。计量对于国家国民经济的发展和科学技术的进步具有不可替代的重要作用，这是不言而喻的，但在计量学科内部我们未必能体会到这一点。此即古人所说的"不识庐山真面目，只缘身在此山中"的缘故。只有跳出计量的圈子，把计量放到历史的长河之中，考察它在社会历史演变过程中曾经发挥过的作用，我们才能更好地认识计量的社会价值，才能更大程度地唤起人们对计量的重视，从而使其得到更健康的发展，使其社会作用得到更充分的发挥。

在中国，研究和学习计量史，还有另一层重要意义：中国是一个有着悠久历史的文明古国，在其漫长的发展过程中，我们的祖先创造了独具特色的计量体系，积累了丰富的计量管理经验，这是中国人民对世界文明所做出的一个独特贡献。通过计量史的学习，我们不但可以充分认识这一贡献，领略和弘扬优秀传统文化，而且可以借此更好地了解深受传统文化影响的中国社会，在制订中国计量发展的战略和策略时，有的放矢，使之更符合中国国情，从而使中国的计量事业能取得更大的成就。更重要的是，通过对计量史的研究，我们获得了看待传统社会的新的视角，能够更好地理解中华民族走过的历程，更加深刻地认识我们这个民族。

一门学科是否得到了充分发展，学科史受到重视与否是一个重要标志。为了中国计量事业的进一步发展，我们应该重视对计量史的研究，为社会奉献更多的计量史成果。正是出于这样的考虑，作者在此前出版的《量天度地衡万物——中国计量简史》的基础上，经过进一步的扩充和深化，形成了本书。希望在为社会贡献计量史知识的同时，也能够获得广大读者的指正，以使我们的研究能够进一步深入。

绪篇 中国计量发展鸟瞰

探本溯源：
中国计量史的形成

计量是一个社会正常运转须臾不可或缺的学科和体系，不论古代还是今天，这一点都无可置疑。计量的重要性决定了人们对它的关注程度，某种程度上也影响到计量史的发展。

一、古代对度量衡的认识与度量衡史研究

古代没有现代意义上的计量，也就不可能有现代意义上的计量史。但由于计量对社会发展的重要性，古人不自觉地会从不同的角度，开展对计量历史的研究。

首先是对计量重要性的认识。我们的祖先很早就认识到了计量对社会所具有的重要作用，并由此出发，为推进计量科技的发展和计量管理进行过卓有成效的实践。就历史而言，早在公元前4世纪，秦国的秦孝公就大力支持商鞅（约前390—前338）变法，该次变法在中国历史上首开以国家力量从法律层面推行统一的度量衡制度之先河。其后100多年时间里，秦国度量衡一直保持稳定，这为秦国的强盛及其最后统一中国奠定了经济和技术基础。古代学者对计量的重要性有充分论述，孔子（前551—前479）就曾把"谨权量"作为其治国方略之一大加宣讲。诸子百家，他们的社会见解、政治主张各有不同，但在计量的重要性方面却从无异议。回顾古代中国，历朝历代没有不重视计量问题的。

从世界范围看，五千年的中华文明绵延至今，从未断绝，构成世界文明史上的奇迹。在文明发展的过程中，朝代更迭时常发生，在这些更迭过程中，新生的王朝一般都要重新考订度量衡标准，向全国颁发度量衡制度。有些王朝甚至多次考订，例如北宋就曾多次考订度量衡制度。古人在考订度量衡制度时，有一个传统，就是首先确定古制，也就是秦汉时期的度量衡制度，然后将其与当时行用的制度进行比较，制定出新的标准。唐代的李淳风（602—670），甚至考订了唐之前历代的尺度演变，得出了唐之前15种尺度的长度。北宋时期的沈

括（1031—1095），也曾比较过当时弓的拉力与古籍记载的弓的拉力，通过对重量演变的考察，得出北宋士兵军事素质并不亚于古代的结论。类似的例子还可以举出许多，这些都是古人从不同角度开展的计量史研究。

二、中国现当代的度量衡史研究

在中国，计量史的前身是度量衡史，而度量衡史的系统研究也由来已久。早在19世纪，一些学者在研究历史时，已经把度量衡史作为专门的学问进行研究。例如，清末吴大澂的《权衡度量实验考》，据古代器物推算当时度量衡单位量值，颇有参考价值。民国时期，王国维、刘复、马衡、唐兰、罗福颐、陈梦家、吴承洛（1892—1955）、杨宽等对度量衡史皆有所著述。特别是1937年，吴承洛在商务印书馆出版的《中国度量衡史》一书（图0-1），尤值得一提。该书是中国历史上第一部度量衡史专著，对中国度量衡史体系的建立有开辟之功。

新中国成立后，度量衡史研究出现了新的局面。1981年，国家计量总局、中国历史博物馆、故宫博物院联合编辑的《中国古代度量衡图集》由文物出版社出版（图0-2），该书是第一部将古代度量衡实物以图文并茂方式呈现在读者面前的学术著作，共收集各类典型的度量衡器240件，分类按时代顺序编排。书中所收器物，均经专家鉴定，确保其真实可靠，从而为鉴别古代度量衡器物提供了可靠的断代标准。编者对每件器物都作了实测和考订，取得了准确的数据。该书的出版，为学术界对古代度量衡的研究提供了极大的方便。

可与《中国古代度量衡图集》相比肩的是河南省计量局主编、中州古籍出版社1990年出版的《中国古代度量衡论文集》（图0-3）一书。该书是我国第一本有关度量衡史的论文集，书中收录了王国维、马衡、吴承洛、励乃骥、唐兰、杨宽、陈梦家、商承祚、史树青、朱德熙、裘锡圭和丘光明等人有关度量衡制研究的重要论文三十余篇。这些文章选取有代表性与时代特点的度量衡器具，结合其反复测试获得的大量数据，从不同时代论述了中国古代度量衡的产生、发展演变及其相互关系，体现了到当时为止计量史研究的最高水平。

1992年，科学出版社出版了著名度量衡史专家丘光明教授的《中国历代度量衡考》一书（图0-4）。该书是同时期另一部优秀的度量衡史专著，它汇集了吴承洛《中国度量衡史》和文物出版社《中国古代度量衡图集》之精华，加上作者自己大量的考证，将度、量、衡分列，按朝代顺序，分别考订中国历代尺度、容量和重量的计量单位，分析了三种计量单位的单位量值及其演变，将中国古代度量衡的发展全貌展现在了读者面前。书末所附《中国历代度量衡量值表》，更是为学术界所广泛引用，成为了解中国古代度量衡量值演变的基本依据。

图 0-1
商务印书馆 1937 年出版之吴承洛著
《中国度量衡史》封面

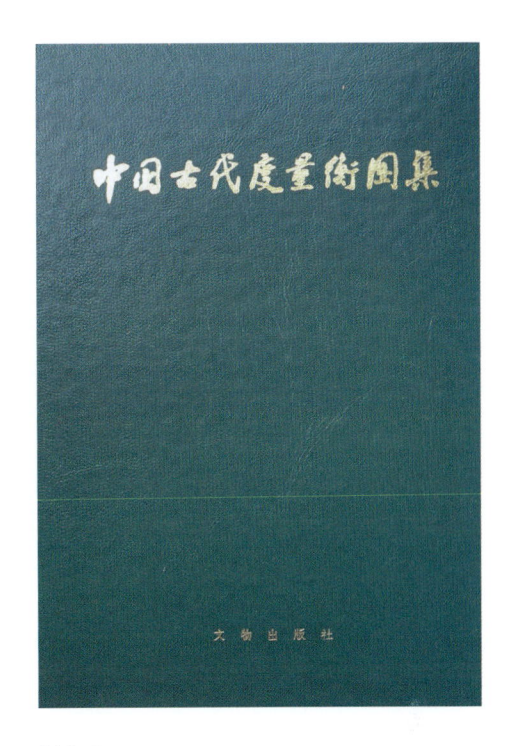

图 0-2
《中国古代度量衡图集》封面

图 0-3
《中国古代度量衡论文集》封面

图 0-4
《中国历代度量衡考》封面

图 0-5

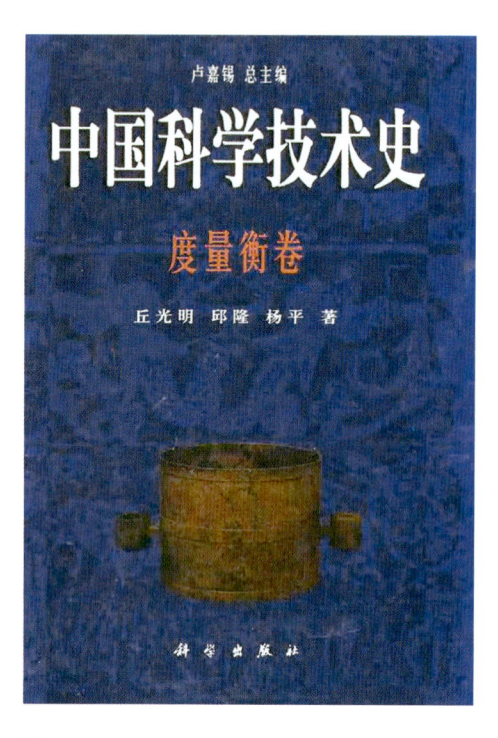

《中国科学技术史：度量衡卷》封面

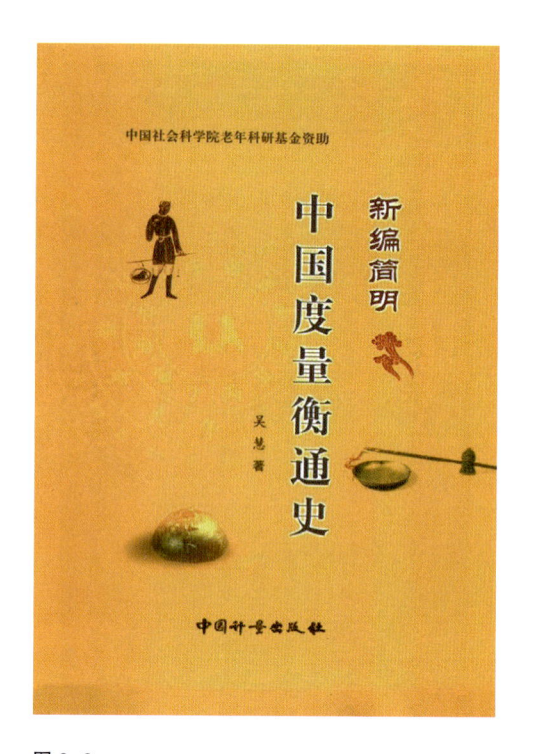

图 0-6

《新编简明中国度量衡通史》封面

9年后，丘光明和邱隆等合作的另一巨著《中国科学技术史·度量衡卷》在科学出版社问世（图 0-5）。该书在作者同类著作基础上，系统总结了中国历朝历代度量衡发展状况，全面研究了中国度量衡的产生、发展、管理制度、单位量值、科学技术成就等，扩展了传统度量衡史研究的内容，提出了大量新见解，是中国度量衡史的成熟之作。

1993年8月，郭正忠的《三至十四世纪中国的权衡度量》一书在中国社会科学出版社问世，该书对唐宋时期中国发达的度量权衡做了系统梳理，总结了该段时期中国度量衡发展的特点，并发掘出了大量新的史料，丰富了度量衡史研究。到了21世纪，新的度量衡史著作仍然不断涌现。2006年，吴慧先生的《新编简明中国度量衡通史》问世（图 0-6），该书以"通史"冠名，简要论述了从夏、商、周以来一直到新中国成立后我国度量衡发展的历程，较为全面地考证了有关史料和出土文物，展示了中国度量衡史研究的新成果。2018年，熊长云编纂的《新见秦汉度量衡器集存》在中华书局出版（图 0-7），该书收录作者多年访求所得的秦汉度量衡器中的要者55件，其中绝大多数器物的图像资料与实测数据均为首次公布，供学术界征引使用。现在社会上度量衡器物鱼龙混杂，现代仿造器物充斥文物市场。对此，作者有清醒的认识，根据李学勤先生在序言中的介绍："作者于访求辑集器物材料之际，必先慎重鉴定，加以检视测量，一切均有较严格的要求标准。这已经可以说是属于研究的范围了。书中对若干器物的说明，文字虽简，却包含着许多观察研究的成果，里面有不少创见。

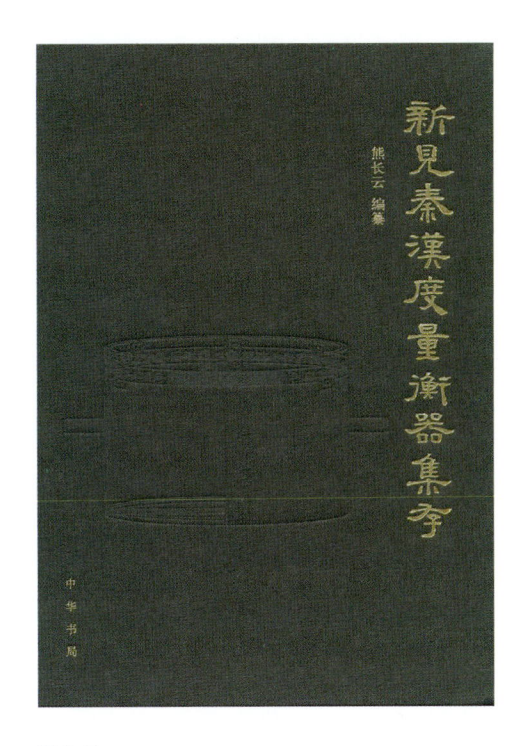

图 0-7
《新见秦汉度量衡器集存》封面

至于书后附录的关于秦诏铜籀残件和西汉居摄元年衡杆的讨论,更是值得注意的研究成果。"①由此,该书确为一部优秀的度量衡史著作。

三、计量史研究的新局面

中国有高质量的度量衡史,但在 21 世纪之前,却从未有过系统的计量史。这虽然令人遗憾,却是不争的事实,以至于中国大百科全书出版社 2001 年出版的《质量 标准化 计量百科全书》就由此认为,计量在历史上就是度量衡。这种说法当然是不准确的,中国古代计量的内涵远非度量衡所能包容,它还包括时间计量、空间计量、地理测绘等等。古代社会举凡与测量有关的内容,均属计量史研究的对象,这是毋庸置疑的,因为它是由计量的定义所规定的。对时间计量和空间计量的研究,在天文学史和物理学史已有深厚基础,对其发展梗概,这里不再赘述。

正是由于学术界有了丰富的度量衡史研究、有了丰富的对古代空间计量和时间计量等的研究以及大量相关的对古代社会的研究,这就使得计量史的问世成为可能。上世纪 90 年代,

---

① 熊长云:《新见秦汉度量衡器集存》,中华书局,2018,第 1 版。

本书作者开始尝试在前人研究成果的基础上，开展计量史的研究。2000年，中国大百科全书出版社出版了笔者撰写的《计量史话》一书，该书是中国学术界明确以计量史冠名，全面研究度量衡史、时间计量、空间计量和计量社会属性等的中国计量史专书。该书的问世，为中国计量史的表述体系提供了一个可供参考评说的模板。

进入21世纪后，中国计量史研究出现了令人耳目一新的局面。先是《计量史话》一书的问世，继之，2002年，丘光明的《中国物理学史大系·计量史》由湖南教育出版社出版，该书以度量衡史为主，同时增加了时间计量的内容。该书的出版，标志着计量史概念的进一步深入。2005年，丘光明的另一力作《中国古代计量史图鉴》由合肥工业大学出版社出版，该书图文并茂，中英文并举，它的问世，为普及计量史知识、向世界介绍中国古代计量提供了一种优秀读本。2005年，笔者与孙毅霖等联袂完成的《中国近现代计量史稿》一书由山东教育出版社出版。该书是第一部探究中国近现代计量史的学术专著，它的出版，使得中国计量史真正有了一个从古代到现代的完整脉络。2013年，笔者的另一著作《量天度地衡万物——中国计量简史》，由大象出版社出版，该书突破了传统度量衡史著作见物不见人的习俗，将古代计量历史人物引入到计量史领域，深化了中国计量史的内涵。在2017年和2021年国家丝路书香工程重点翻译资助项目的评选中，该书均顺利入选，分别被翻译成俄文版和意大利文版。

任何一个学科体系的建立，都需要解决它面临的一些重要理论问题，计量史也不例外。对此，笔者在进行计量史研究的过程中，除对计量史本身史实进行研究之外，还对计量史理论问题做了一些探讨，对诸如学习和研究计量史的意义、中国古代计量的社会功能、中国计量发展的历史分期问题等等，做了初步的解说。

历史分期问题是历史学的重要理论问题。对历史分期问题的研究，曾一度成为中国历史研究的"五朵金花"之一，但中国计量发展的历史断代问题，过去却从未有人探讨过。笔者经过自己的探讨，提出：中国计量的发展可大致划分为传统计量和近现代计量两大阶段，包括7个历史时期。传统计量随着国家形态的发展而发展，至秦始皇统一中国而基本形成，这是其发展的第一个历史时期。王莽（前45—后23）时刘歆（？—23）对度量衡标准的考订和对度量衡理论的阐发，标志着传统计量理论的成型，这是中国计量发展的第二个历史时期。之后，传统计量进入了它的第三个历史发展阶段，即漫长的调整和发展时期。明末清初，传教士进入我国，带来了西方科学，促成了一些新的计量分支的诞生，为传统计量向近代计量的转化准备了条件，这是中国计量发展的第四个历史时期。进入民国以后，南京国民政府对新度量衡标准的制订和推行，标志着传统度量衡制度和理论的寿终正寝，而新的计量制度由于战乱等多种因素，并未相应地建立起来，这是中国计量发展的第五个历史时期。新中国成立后，中央人民政府一方面积极从事统一计量制度的工作，一方面努力建立适应经济发展的新的计量种类，实现了计量事业由传统向近代的转变，是为中国计量发展的第六个历史时期。"文化大革命"结束以后，中国计量在法制化的道路上，进入了标准化和国际化的新阶段，进入了它的发展的第七个历史时期，即中国计量的现代时期。

除了对计量史理论问题的探讨，个案的计量史研究也大量出现。《中国计量》杂志从2002年专门设立了《计量史话》栏目，刊载了大量计量史文章。有关学术杂志也登载了不少计量史研究的文章。中国的计量史研究，开始逐步登上国际舞台。2005年在北京召开了第22届国际科学史大会，为计量史设立了专门的分会场，这在国际科学史大会的历史上尚属首次，会上有8篇计量史论文进行了交流，其中包括中国学者提交的3.5篇（其中一篇是中外合著）。2009年夏在匈牙利的布达佩斯召开了第23届国际科学史大会，在笔者和日本学者松本荣寿的提议下，会议再次为计量史设立了分会场，会上提交了15篇计量史论文，其中中国学者提交了7篇，占到了近半壁江山。2013年，在英国曼彻斯特召开第24届国际科学史大会，笔者再度和松本荣寿联合申请并组织了计量史的分会场，有10位学者在会上报告了他们的论文，其中中国学者8人。2017年，在巴西里约热内卢召开的第25届国际科学史大会，笔者与德国学者赫尔曼（Konrad Herrmann）教授联合申请设立计量史分会场，再度获得会议组委会的批准。在国内，进入21世纪以后，在中国计量测试学会的支持下，计量行业与高校联手，多次组织召开了计量史计量文化学术会议。此外，以度量衡史或计量史冠名的博物馆也相继出现，图0-8是2017年10月中国计量大学计量博物馆的开馆仪式。计量史后备人才培养也逐渐发展了起来，过去在笔者指导下一些以计量史为研究方向的硕士、博士研究生毕业了，检索近年来硕士、博士毕业论文，不难发现，国内高校毕业论文选题中属于计量史范畴的学位论文越来越多。2015年，中国计量测试学会新的科普与教育工作委员会暨计量历史文化研究会成立，由此，我国计量史研究队伍有了自己的学术组织。2015年，笔者领衔的"中国计量史"项目中标国家社科基金重大项目。这些，都标志着计量史研究在中国的发展。

国外学者对中国计量史的研究也颇有可称道之处。日本计量史学会前任理事长岩田重雄先生多年来致力于探讨文明起源与计量的关系，对中日度量衡演变也做过深入研究。《中国科技史杂志》2008年第1期刊载的由他撰写、关瑜桢翻译的《中国计量对日本的影响》一文，就是他的系列探讨中的一篇。该文通过对中日两国度量衡尺度的具体比较，发现其历史变化趋势完全一致，证实了日本古代度量衡是中国度量衡传入的结果，日本度量衡在其演变过程中深受中国度量衡的影响。该文有理有据，论证令人信服，是一篇优秀的计量史学术论文。

此外，德国学者傅汉思（Hans Ulrich Vogel）、赫尔曼等亦曾发表过多篇中国度量衡史的

图 0-8
中国计量大学计量博物馆开馆仪式，2017 年 10 月

文章。傅汉思还与田宇利（Ulrich Theobald）一道，整理了中国、日本和西方的中国计量史文献索引，并编纂成书，公之于世。赫尔曼教授则将中国计量史置于世界文明发展的大背景下，撰写了《中国和西方计量发展的比较》（*A Comparison of the Development of Metrology in China and the West*）一书，该书已于 2010 年正式问世。在此之前，中国计量史已经走向了世界。《计量史话》的出版，引起海外重视，日本学者加岛淳一郎先生将其译成日文，日本计量史学会学报《计量史研究》自 2002 年起，以连载方式将其全部刊载。2016 年，在国家社科基金外译项目的支持下，笔者与赫尔曼教授合作的德文著作《中国计量史》（*Geschichte der chinesischen Metrologie*）在德国不莱梅（Bremen）已有 200 多年历史的著名出版社 NW 出版社（Carl Schünemann Verlag GmbH）以德文形式出版。德国计量协会杂志 *Maβe & Gewicht*、德国联邦物理技术研究院杂志 *PTB-Mitteilungen* 均向读者介绍了该书出版的相关信息。

整体来说，相对于中国科技史其他学科，计量史的研究仍然处于起步阶段，计量史领域还有许多课题值得探讨。中国古人有着丰富的计量实践，为我们留下了丰富的计量史料和器物，计量史的研究大有可为。发展中国的计量史学科，我们任重道远。

纵观古今：
中国计量发展的历史分期

在史学领域里，历史分期问题是人们关注的焦点之一。曾有一段时间，历史分期问题被人们视为史学领域的"五朵金花"之一，这充分表明了该问题的重要性。计量史是历史学的一个重要分支，近年来，计量史的研究在中国逐渐发展了起来，但"至今还没有见到有人专门为计量学的发展断代"[①]，有鉴于此，作者不揣浅陋，对中国计量发展的历史分期问题做一初步探讨，不当之处，敬祈识者指正。

一、传统计量的形成时期

中国计量大致分为传统计量和近现代计量两大阶段。传统计量的主体是度量衡和时间计量。古代社会经济活动简单，以度量衡为主的计量活动足以敷用，同时古人对历法等时间计量又颇为重视，这些因素综合作用的结果，就使得度量衡和时间计量构成了古代计量的主体。到了近现代，计量的内容才丰富起来，逐渐发展成了包含十大计量在内的现代计量体系。

传统计量是在中国最早的王朝夏朝开始发展的。根据古籍记载，禹在带领民众治理水患、划分九州的过程中，曾以自己身体的尺度和重量为依据，建立了初步的度量衡制度。这种制度的建立，意味着中国计量有了自己的萌芽。进入夏朝以后，中华大地出现了国家这一社会组织形式，而国家机器的运转，需要征收赋税、发放俸禄、组织生产、发展贸易等等，这些都离不开度量衡提供的技术支持。因此，夏朝的建立，意味着禹创立的度量衡制度获得了新的发展动力，进入了稳步发展阶段。到了商朝，度量衡的应用更加普及，对时间计量的要求也提高了。周朝则在广泛应用度量衡的同时，还强化了其政治含义，使其成了统治象征。

---

① 陆志方：《我国现代计量的发展》，《中国计量》2003年第3期。

据《礼记·明堂位》记载，周公曾"朝诸侯于明堂，制礼作乐，颁度量，而天下大服"。这一记载，反映了度量衡的颁布权在进行统治方面所具有的象征作用。古代类似记载，比比皆是，这反映了在古代社会，计量被赋予的高度权威性。在法制计量的概念出现之前，计量的这种权威性，是有利于它的发展的，对国家机器的正常运转也是有利的。中国古代计量的高度发展，与古人对计量的社会功能的这种认识具有密不可分的关系。

春秋战国时期，各诸侯国间竞争激烈。一个诸侯国，如果它的国家机器运转良好，那么它的国力就容易得到充分发挥，在当时纵横捭阖的生存斗争中，它就会处于相对有利的地位。而度量衡在维持国家机器的正常运转方面具有不可替代的重要作用，为此，各诸侯国纷纷在自己的领地建立起度量衡制度，并努力使其在自己的管辖区域内统一、可行。秦国的商鞅（图0-9）在变法过程中，把统一度量衡作为变法的重要内容，就体现了这一点。但由于诸侯国之间的对立，它们各自建立的度量衡制度，彼此很难一致，同时也由于不同的诸侯国内部社会演化的不一、各种因素作用的不同，同一诸侯国内部度量衡单位量值也很难长期保持稳定，这就导致了这个时期度量衡整体上的混乱。

与此同时，随着经济的发展，超越国界的贸易不断扩大。不同国家之间贸易发展的压力，使得各国的度量衡制度彼此分离的趋势得到了有效的遏制。而同一个诸侯国在其走向强大的过程中，由于国家机器的加强，度量衡也趋于稳定。这些因素作用的结果，使得中国度量衡的发展，伴随着国家的趋向统一，出现了由混乱趋向统一的势头。这一势头随着秦始皇统一六国，而达到了它的顶峰。秦始皇统一中国后，进行了大规模的改革，统一度量衡是其改革的重要内容之一。经过改革，秦朝建立了统一的度量衡制度，并把这种制度有效地推广到了全国各地。

除了度量衡，时间计量在这个时期也取得了长足的进步。据文献记载，商朝已经有了"百刻制"的时间计量体系。[①]

"百刻制"的出现，昭示着时间计量在精细化方向的进步。同时，对年月日等大时段时间要素的计量也在稳步发展。特别是随着社会的演变，人们逐渐产生了把历法神圣化的思想倾向，认为历法反映的是天时，表现的是天意，因此颁行历法是王权的象征，从而把历法制定这一行为政治化了。政治化的促进以及授时的需要，导致人们对历法问题的高度重视，从而促进了历法的发展。现在我们清楚地知道，至迟殷代已经有了一定水平的历法，到春秋

---

① 梁代《漏刻经》云："漏刻之作，盖肇于轩辕之日，宣乎夏商之代。"阎林山、全和钧认为百刻制最初制订地点是在北纬36.6°的地方，相当于商都安阳的地理纬度。他们又据古人称"刻"为"商"的情况，认为大约在商迁都安阳以后，古人将一天划分为均匀的一百刻，此即百刻制的来源。见阎林山、全和钧：《论我国的百刻计时制》，载《科技史文集》第6辑，上海科学技术出版社，1980年出版。

图 0-9
陕西商洛商州区商鞅广场雕塑之商鞅

后期,更是出现了四分历——一种回归年长度为 365.25 日,并以 19 年 7 闰为闰周的历法。四分历的出现,标志着历法已经摆脱了对观象授时的依赖,进入了比较成熟的时期,人们可以根据已经掌握的天文规律预推未来的历法,并确保其不至于与实际天象发生大的偏差。《孟子·离娄下》所言之"天之高也,星辰之远也,苟求其故,千岁之日至,可坐而致也",反映的就是这一事实。到战国时期,中华大地各诸侯国已经陆续出现了建立在四分历基础上的六种历法,史称古六历。古六历的出现,标志着历法的丰富多彩。整体来说,自殷商以后,百刻制、十二时制等计时单位已经被普遍采用,日晷、漏刻等计时仪器也得到了广泛应用,历法体系则达到了比较成熟的地步。这些进步表明,当时人们已经能够有效地进行时间计量。秦统一中国后,在全国颁行了统一的历法——颛顼历。颛顼历在本质上是先秦广泛流行的四分历,它一直行用到西汉的汉武帝时期,持续了一百多年。秦统一中国所促成的度量衡和历法在全国范围内的统一,标志着中国传统计量体系的正式形成。

二、传统计量的理论成型时期

西汉王朝建立以后,在计量体系上全面继承了秦朝的制度。在时间计量上,西汉初期采用的是秦王朝的颛顼历,到了汉武帝时期,颛顼历已经出现了比较明显的错误。针对这种

图 0-10
海昏侯墓出土的西汉青铜漏刻
（早期漏刻均属此类沉箭式单壶型漏刻，计时精度较低）

情况，司马迁提议修改历法。司马迁的提议得到了汉武帝的支持，但改历活动却历经曲折，最终在汉武帝的干预下，邓平等人创制的《太初历》应运而生。《太初历》是中国历史上一部比较重要的历法，它具备了后世历法的各项主要内容，如节气、晦朔、闰法、五星运行周期、日月交食周期等等。《太初历》的问世，为后世历法发展提供了楷模。

在计时仪器的发展方面，到了东汉，张衡对漏刻（图 0-10）做了重大改进，发展出了浮箭型二级漏刻，使之具备了进行精密计时的功能，同时也为后世计时仪器的发展指明了方向。

张衡漏刻的出现以及《太初历》的诞生，使得传统的时间计量体系进入了它的成型时期。

在度量衡制度建设方面，汉代也同样极其重要。汉王朝继承、推广了秦王朝统一的度量衡制度，在秦制的基础上制订出了完整的度量衡单位体系，还对度量衡技术做了许多创新。特别是王莽时期，刘歆对度量衡制度所做的改革，标志着传统度量衡体系进入了它的理论成型时期。

刘歆的度量衡改革是中国计量史上一件极其重要的事情。西汉末年，王莽把持政权。为了炫耀自己，获得民心，他打着复古改制的旗号，广泛召集各地通晓度量衡和音律的学者，在刘歆的主持下，进行了系统考订音律和度量衡的工作，并制作了一批度量衡标准器，颁行全国。在这一过程中，刘歆详细论述了他关于音律和度量衡的理论及据此设计的各类标准器。他的理论被《汉书·律历志》完整地记载了下来，对后人产生了广泛影响。汉代以后的诸多王朝尽管也多次进行度量衡制度改革，但这些改革无一能忽视刘歆理论的存在。即使在清朝，传教士带来的西方科学已经广泛地深入到中国社会，康熙皇帝在制订度量衡基准时，仍然把刘歆的理论奉为圭臬。刘歆的理论影响了中国近两千年来的计量实践，它的产生，标志着中国传统计量在理论上的成型。

三、传统计量的变动和发展时期

东汉末年，战乱频仍，度量衡体系遭到严重破坏。西晋建立，中国重新实现了统一。但西晋政权并不稳定，没过多久，随着东晋的南迁，中国进入南北朝时期。南方政权历经宋、齐、梁、陈，北方则是由拓跋鲜卑族建立起来的北魏政权。北魏政权后来也分裂了。南朝诸政权以华夏正统自许，度量衡遵循秦汉旧制，变化尚且不大，而北魏统治者则出身于经济文化落后的游牧民族，在建立政权和入主中原以后，亦未着力通过建制立法去管理国家，法制不立，度量衡的统一就失去了根本保障，因此在其管辖区域内，本应统一的度量衡制度就出现了前所未有的混乱。

这个时期的中国计量一方面表现为度量衡制度的极度混乱，首先是南北政权度量衡单位量值的不统一，出现了"南人适北，视升为斗"的怪现象；其次是北朝内部度量衡极不稳定，官员们上下其手，任意改变度量衡单位量值的做法司空见惯。另一方面计量科学仍在向前发展，这尤其表现在与计量有关的数学科学的进步上。刘徽（约225—约295）发明了科学的推算圆周率的方法，祖冲之（429—500）运用这一方法，得出了精确到小数点后六位有效数字的圆周率数值，他据此纠正了刘歆设计标准器时在计算上的失误。此外，对各种几何形体的计量问题也因数学的进步而不断找到了新的解决方法。中国古代数学的一个重要特点是以解决实用问题见长，而这些实用问题大都与计量有关。数学的进步，使得人们对计量问题的思考更为缜密，这不但促进了度量衡设计和制作技术的提高，也促进了计量科学的发展。

隋朝的建立，为结束度量衡的混乱创造了条件。隋文帝锐意改革，在全国范围内实现了度量衡的再度统一。但这时的统一，既要沿袭古制，又要适应度量衡单位量值已经急剧增大的现实，二者矛盾的结果，是度量衡大小制的出现：在日常生活的范围，采用当时社会上行用的大量值的单位基准；在天文、律吕、医药领域，则采用所谓的秦汉古制。唐代继承了两制并存的局面，并以法律形式将其确立下来，管理上也采取了更加严格的方式。晚唐社会动荡，无暇顾及度量衡管理，到了宋朝，统一度量衡之事又重新受到重视，对度量衡理论的探讨更加深入，其中颇具代表性的一件事是司马光和范景仁为对乐律累黍说的不同理解而持续争论了长达几十年的时间。北宋时期对音律制度有过六次大的改革，每次改革都伴随着对度量衡理论的争论，这些争论从本质上对传统度量衡理论造成了巨大的冲击。度量衡器制作技术也出现了新的飞跃，例如戥秤的出现，就是中国称重仪器发展史上的一个大创新，它不但使得对重量的微量计量达到了前所未有的精密程度，而且还导致了宋朝权衡单位量标准的重建。类似的局面，在元、明两朝也都曾经存在。度量衡管理和法制建设进一步完善，在利用技术手段力促市场公证方面也做了有益的探索。在度量衡科学研究上，晚明的朱载堉值得一提，他不但对历代的度量衡科学做了系统的整理，而且多有创见，发明了十二等程律，在音律领域做出了彪炳史册的贡献。朱载堉的工作，代表着当时中国传统计量科学的发展水平。

在时间计量方面，从三国到明末，成绩更为卓著。计时仪器的发展日新月异：机械计时器沿着与天文仪器相结合，向大型化、自动化方向发展的道路不断前进，到北宋时达到登峰造极的地步，其标志就是苏颂（1020—1101）、韩公廉水运仪象台（图0-11）的诞生；日晷计时器从地平式发展到了赤道式，人们对日晷的计时原理有了更深刻的认识；漏刻走上了由单级漏向多级补偿漏发展的道路，从张衡的二级补偿漏开始，到晋朝孙绰所记"累筒三阶，积水成渊"[①]的三级漏，再到唐代吕才的四级漏，多级补偿漏发展到了它的顶峰。此外，秤漏的出现，标志着漏刻形制的多样性。燕肃莲花漏溢流装置的设立，则意味着漏刻研制在稳流原理上的突破。沈括对漏刻研制的精益求精，达到了前所未有的地步，这使得他能够运用自己研制的漏刻，测量出太阳周日运动的不均匀性，从而获得了远远领先于当时世界的科学成果。历法体系不断进步，《元嘉历》《大明历》等优秀历法富有创新精神，唐宋王朝为修

---

① 〔晋〕孙绰：《漏刻铭》，载《历法大典》第九十九卷《漏刻部艺文一》，上海文艺出版社，1993年影印本。

图 0-11
苏颂、韩公廉《新仪象法要》中记载的水运仪象台示意图

订历法不惜耗费巨资，进行实地测量，从而取得了令人瞩目的成果。特别是元代，郭守敬（1231—1316）为编制准确的历法，在南起北纬 15°、北抵北纬 65° 的广大范围之内，进行了大规模的天文大地测量，他在这次测量中修建的登封观星台实物存留至今，成为当时天文计量高度发达的实物见证。郭守敬等编制的《授时历》，其回归年长度的测算与现行公历完全一致，在中国历法史上占有重要地位。

总体来说，从三国至明代，中国计量的发展表现出了度量衡制度的统一与混乱交替出现、度量衡理论有所发展、计量科学研究引人注目、计量仪器制作技术不断改进、时间计量成绩斐然这些特点。所以，这个时期是中国计量的变动和发展时期。

四、传统计量向近代计量转化的准备时期

明末清初,传教士进入中国,带来了西方的科学技术。正是由于传教士的进入,使得清代中国计量出现了一些新的特点,开始为向近代计量的转化准备条件。在传教士带来的西方科学知识的影响下,传统计量的变化首先表现在新概念新单位的出现上。中国古代没有圆心角的概念,而自徐光启(1562—1633)与利玛窦(Matteo Ricci,1552—1610)合译了《几何原本》之后,建立在圆心角概念基础上的一般角度概念开始普及,360°分度体系也开始流行,这为实现角度计量在单位的统一和与国际接轨方面创造了条件。此外,时刻制度也由昼夜百刻的划分方法改成了96刻制。它与角度概念相结合,进一步发展成与国际时间单位一致的时、分、秒制度,从而为时间计量的近代化做了铺垫。与此同时,还出现了一批新的计量仪器,例如温度计、湿度计、机械钟表、测角仪等。这些仪器与上述新的计量概念的结合,扩大了传统计量的范围,促成了新的计量分支的萌生。这些新的计量分支一开始就具备了与国际接轨的条件,它们为中国传统计量向近代计量的转化准备了基本条件。[①]

终清一代,传统计量的主体仍然是度量衡。清前期对度量衡的管理颇为重视,从顺治朝开始,就不断颁发诏书,要求各地遵循官方颁行的度量衡标准。清代的度量衡管理重视对技术细节的要求,重视对相关法律条文的制订。官方颁布的条令,不但有对度量衡制作具体技术细节的说明,同时还从法制的角度出发,对违反度量衡管理要求的行为应受何种惩罚做出具体规定。这些措施的实施,确保了清前期度量衡量值的基本稳定。

在清代计量发展的历史上,康熙朝时期具有举足轻重的地位。康熙皇帝不但对度量衡管理做出种种要求,而且对度量衡科学也深钻细研。他熟谙西方科学,但在制订度量衡基准时,却依然按照汉文化传统,努力迎合刘歆乐律累黍说的要求。他为大清帝国制订了既兼顾当时度量衡量值的现实,又在形式上遵循古制的度量衡标准,为清王朝当时度量衡的统一做出了重要贡献。但他同时又在亲民、便民思想的指导下,允许民间各种形制度量衡器的存在,从而为清代后期度量衡的混乱埋下了祸根。乾隆时依据康熙的考证,参考当时发现的刘歆设计的新莽嘉量式样,制作了试图综合表现清制和古制的方圆嘉量各一,并将方形嘉量(图0-12)陈展在紫禁城太和殿前,以示对度量衡的重视。迨至清晚期,在各种因素作用下,度量衡混乱程度急剧发展,达到了无以复加的地步,其严重性使得任何一个政治家都不得不正视该问题的存在。正是这样的局面,促成了晚清政府重新开始了在全国范围内的度量衡改革。这次

---

① 关增建:《传教士对中国计量的贡献》,《自然科学史研究》2003年S1期,第33~46页。

图 0-12
故宫太和殿前陈列的乾隆嘉量

改革力图建立科学的计量标准器和管理体系，为此还专门向国际计量局定制了尺度和重量原器。但此时的清王朝已经是风雨飘摇，朝不保夕。面对垂死的王朝，清廷的政治家们再也无力回天，这就使得这次的度量衡改革难以避免中途夭折的命运。

整体而言，从明末迄清末，虽然有传教士带来的西方科学的冲击，但在传统礼教的约束下，中国计量的主体度量衡却依然墨守遵古传统，在古制约束和近代科学的感召下徘徊。也就是说，终清一代，中国计量酝酿着由传统向近代的转化，但并未完成这一历史任务。因此，这个时期是中国计量为由传统向近代的转化做准备的时期。

五、传统计量的终结

进入民国以后，由于各种因素，清末即已存在的度量衡混乱愈演愈烈。与此同时，与国际科学的交流又使人们对度量衡科学的原理达到了前所未有的掌握程度，在这种情况下，新成立的民国政府开始了自己的度量衡改革。但由于社会的动荡，北洋政府的度量衡改革方案出台以后，政府无力推行，不久即告夭折。在北洋政府统治时期，全国范围内的度量衡混乱状况比之前朝有增无减。

南京国民政府成立后，开始了认真的度量衡改革。在改革中，民国政府制订了合理的度量衡制度，颁布了相关法律，并进行了行之有效的推广工作。新的度量衡制度既注意到了与国际单位换算的简便，又兼顾了传统，在政府的大力推广之下，得到了比较好的贯彻执行。虽然由于日本侵华，导致国土大片沦丧，使民国政府推行统一度量衡制度的工作没有也不可能深入到全国各地，但新度量衡制度的制订和贯彻执行，使建立在乐律累黍学说基础之上的传统度量衡理论和制度彻底完成了其历史使命，这是没有疑义的。

新度量衡制度虽然切近民用，其推行也取得了很大成绩，但这套制度与国际接轨不够，用于表现科学术语时颇多不便，科学界对之颇有微词。在政府大力推行新制度的同时，科学界却在探讨另一套单位基准的术语。计量基准在科学界和民用之间的分离现象，要等到中华人民共和国成立以后，推行统一的国际单位制，才能得到有效的解决。

同时，由于中国科学已经融入了国际科学主流，近代工业也从无到有逐步发展了起来，这使得科学计量、各类工业计量也都开始被提上了议事日程。但由于我国长期处于战乱状态，经济落后，科学也不发达，与计量有关的各种基准、标准还是一片空白，除度量衡以外，其他计量的溯源（量值传递）体系也未建立起来。因此，还不能说这个时期中国已经实现了计量的近代化。这是一个传统计量退出历史舞台、近代计量蹒跚起步的历史时期。

六、中国近代计量的建立

中华人民共和国成立，标志着中国计量事业也翻开了新的一页，进入了它的近代时期。

中华人民共和国成立伊始，在计量管理方面一开始把主要精力放在了对度量衡的统一上。1950年，中央人民政府财政经济委员会中央技术管理局设立度量衡处，受理国民党政府留在重庆的有关度量衡卷宗、器具和设备，同时推进我国的度量衡划一事业。在度量衡处的努力工作之下，同年出台了《中华人民共和国度量衡管理暂行条例（草案）》，以政府条例形式规定了我国度量衡基本制度，保证了度量衡制度得以快速恢复和统一。与此同时，我国的计量工作也开始由度量衡管理向一般计量转化。1952年8月，国家以中国科学院名义向苏联等国定购了第一批计量基准器、标准器，以之作为国家的计量基准、标准。1955年，中国国家计量局成立，着手统筹引进计量标准器和计量测试仪器，推行米制和草拟统一计量制度的条例、法规等。该局成立后，很快组织建立了推行公制委员会，并通过该委员会的工作，大大加快了推行国际通用的公制单位、迅速统一中国计量制度的步伐。1959年，国务院发布《关于统一计量制度的命令》，确定米制为中国基本计量制度。国务院的命令对尽早结束我国计量制度的混乱局面起了重要作用。该命令的颁布，标志着我国计量事业实现了由传统的度量衡向近代计量的转变。

中华人民共和国的计量事业一开始就把注意力放在了统一的计量系统、计量技术和国家标准的建立上，并为此做了不懈的努力。20世纪五六十年代是新中国计量事业发展的第一个高峰，通过人们的努力，计量管理机构和计量科学研究机构相继建立，与国际接轨的一批国家计量基准陆续建成，中国计量完成了它从传统计量中脱胎换骨的历史转变过程，形成了近代计量的科学体系。

七、中国现代计量的发展

1966年5月，中国开始了持续十年之久的"文化大革命"，各行各业受到了严重冲击，各种规章制度荡然无存，计量管理因其具有的强制性特征，所受冲击尤为厉害，这使得中国计量发展经历了一段曲折的历程。

"文化大革命"结束以后，中国逐渐进入了改革开放的时代，中国计量也进入了它发展的第二个高峰期。新时代中国计量发展的重要举措是向国际化和法制化的方向前进。1977年，中国加入《米制公约》，成为当时米制公约组织的44个成员国之一，同年，我国还参加了国际计量委员会（CIPM）和国际计量大会（CGPM）。从此，中国同米制公约成员国在计量业务方面加强了联系，在计量科学方面进一步实现了与国际的接轨。这种接轨，加快了中国计量的现代化。

在计量的法制化建设方面，同样是在1977年，国务院颁发了《中华人民共和国计量管理条例（暂行）》。这是继1959年国务院发布《关于统一计量制度的命令》之后我国以政府最高行政部门名义发布的另一个法令性文件。这一文件的颁布，使得中国的计量管理实现了有法可依，它意味着中国计量在法制化管理的道路上又向前迈进了一步。除做到在计量管理方面有法可依之外，我国政府还在促进计量单位的法制化、推行法定计量单位方面下了很大功夫。其标志性成果是1984年国务院发布的《关于在我国统一实行法定计量单位的命令》。法定计量单位以国际单位制为基础，全面吸收了国际计量科学研究的成果，它的发布，标志着我国计量单位法制化的重大进展，也意味着我国计量单位与国际单位制的接轨有了法律意义上的保障。1986年，《中华人民共和国计量法》正式实施，并于同年加入了《国际法制计量组织公约》，成为当时国际法制计量组织50个成员国之一。《中华人民共和国计量法》的颁布及实施，标志着中国计量实现了它的法制化，是我国计量史上一个重要的里程碑。

与国际计量的接轨和交流、走上法制化的道路、建立科学的计量技术管理和行政管理体系、实现计量科学研究的现代化，是现代计量必不可少的重要指标。这些指标，随着《中华人民共和国计量法》的颁布，中国已经具备。所以，从上个世纪80年代中叶起，是中国现代计量的形成和发展时期。

随着改革开放的进一步深入，随着市场经济时代的到来，与计划经济结构高度适应的传统的计量管理模式如何才能适应市场经济的要求，成了摆在广大计量工作者面前的新的课题。解决好这一问题，是中国当代计量面临的首要任务。中国计量在探索中前进、在改革中发展。在经济建设的大潮中，中国计量一定能够发挥其应有的重要作用。

中西比较：
中国计量的历史定位

在与国际计量接轨之前，中国计量的发展有其独特性一面，当然也有与西方计量发展类似性的一面。要了解中国传统计量的历史地位，就不能不将其置于世界计量发展的大背景下，对中国及西方计量发展的类似性及其区别以及导致这些差别背后的原因进行探讨。这里所谓的西方意指欧洲及其文化起源地，比如埃及、美索不达米亚和腓尼基等。本节讨论涉及时间从远古截止到清朝。

一、计量的起源

在埃及，公元前 3150 年，南北埃及完成统一，建立了世界上首个大一统奴隶制国家，整个社会建立在农业的基础上。在美索不达米亚，则可把奴隶社会追溯到公元前 3000 年。埃及人基于农业的需要发展出了历法。为确保法老在其去世后仍能保持永久的生命，埃及人建造了巨大且具有很高精度的金字塔。计量的基础是数字，在埃及的象形文字以及美索不达米亚的楔形文字中，都有关于数字的记录。在古埃及象形文字中的数字达到 10^5 的规模，说明埃及人的计数已经可以达到这样大的数字。

在埃及计量文物中，具有等距离分度线的尺子以及石质砝码被保存至今。金字塔里的壁画表明了等臂天平的存在，还有土地测量员用测量绳丈量田地以求其面积的活动。计时仪器滴漏很早以前就已经出现了。在法老时代就已经存在的尼罗河水准仪（图 0-13）被保存至今，见证着尼罗河水的定期泛滥使田地变得肥沃这一重要事实。[①]

---

① ［德］Konrad Herrmann, *A Comparison of the Development of Metrology in China and the West* (Bremen: NW Press, 2009), p. 8.

图 0-13
尼罗河水准仪

图 0-14
英国的巨石阵

图 0-15
德国的戈瑟克圆环

图 0-16
内布拉星盘

金字塔建造的高精密度令人惊异，胡夫金字塔基础棱的直线度偏差只有 $\frac{15\,\text{mm}}{256\,\text{m}}$，棱的直角度偏差则低至 12″。

美索不达米亚的一些计量文物也得以保存至今，其中很古老的是公元前 3000 年的铜尺。这把尺度有不等距离的分度线。① 在时间计量方面，在楔形文字的文献里，巴比伦的一个日历被记录了下来，表示当时已有简单历法。

同时期，欧洲社会还处于新石器时代。巨大的日历设施的出现，比如在英国的巨石阵（Stonehenge）（图 0-14），在德国的可用以判定冬至日的戈瑟克圆环（Goseck Circle）（图 0-15），以及具有历法功能的内布拉星盘（Nebra sky disk）（图 0-16）等，表明欧洲

---

① ［德］Konrad Herrmann, *A Comparison of the Development of Metrology in China and the West* (Bremen: NW Press, 2009), p. 5.

图 0-17
安徽潜山薛家岗出土的新石器时代七孔石刀

图 0-18
伏羲和女娲手持圆规和矩[1]

开始出现农业,因而需要确定季节。

同时期的中国,也处于新石器时代的阶段。从现在甘肃省的大地湾遗址出土了一个容器,考古人员判断其时间约为公元前5850年至公元前2950年,其用途很可能是作为容量标准来分配粮食。[2]

中国的新石器时代出现了许多精美的石质工具,它们必须在测量的基础上方可制作完成,例如在安徽省潜山出土的这把七孔石刀(图0-17),长325毫米,宽95毫米,厚却不超过10毫米。石刀刃部略宽,刀背平直。沿刀背的地方,整齐地排列了7个圆形穿孔,以便于捆

---

[1] 采自朱锡禄《武氏祠汉画像石》,山东美术出版社,1986,第50页。
[2] 艾素珍、宋正海:《中国科学技术史·年表卷》,科学出版社,2006,第20页。

缚手柄。这些，显然是经过测量才能制作出来的。

在中国，可把奴隶社会溯源到第一个朝代夏（前2070—前1600）。传说在夏之前已经出现了文化创造者。伏羲和女娲被认为是人类始祖，后人把他们描述为具有人头蛇身的生物，已经使用测量工具，比如圆规和矩。（图0-18）

黄帝（根据传说，约前2717—前2599）确定了度量衡和历法。著名的统治者大禹是夏王朝的建立者，他通过测绘大地，用泄的方式治理洪水，征服了严重的洪水。为了测量的需要，他以其身体为基础，定义了长度及重量的单位。[①]这种以权威人士的身体部位来确定测量单位的做法，跟美索不达米亚和埃及的方法是一样的。在欧洲，后来人们也有用这种方法来确定长度单位的，比如英尺的确定。

二、计量科学与计量管理

古雅典和古罗马都是从城邦社会的基础上发展起来的。罗马后来成为一个世界范围的帝国。雅典和罗马都有自己的计量和计量管理。在雅典，由度量士（Metronom）负责市场上的容量量具及重量测量的管理。在罗马，这个任务是由市政长官完成的。希腊的哲学家，比如阿基米德（Archimedes，前287—前212），对计量问题很感兴趣。在他们的研究中，可以发现有向以分析方法总结理论数学问题发展的趋势。在雅典卫城的神庙区，保存有希腊时期的计量标准。这些标准，在当时是通过加盖印戳的方式，证明它们是经过认定的。古希腊计量系统是从埃及那里继承过来的。

数学是计量的科学基础。在古希腊时期，数学开始繁荣起来。早期著名的人物是萨摩斯（Samos）的毕达哥拉斯（Pythagoras，前580至前570之间—约前500），人们以他的名字命名了数学里的勾股定理，称之为毕达哥拉斯定理，该定理成为欧几里得几何学中的重要定理。显然，在毕达哥拉斯之前，人们已经知道这个定理。例如，在埃及，人们知道在3、4、5这三个数字的特例下的该定理。希腊数学繁荣的另一个例子是欧几里得（Euclid，约前330—约前275），他被誉为"几何学之父"，活跃于托勒密一世（Ptolemaeos Ⅰ，约前367—前283）时期的亚历山大里亚。在其著作《几何原本》中，他运用公理化体系的方法，从很少几条公理出发，推导出了现在被称为欧几里得几何学的467个命题，成为用公理化方法建立起来的数学演绎体系的最早典范。这个数学方法后来也成为整个自然科学的典范，后世曾

---

① ［德］Konrad Herrmann, *A Comparison of the Development of Metrology in China and the West* (Bremen: NW Press, 2009), p. 6.

多次出版他的《几何原本》一书。明末欧洲传教士来华传播基督教时，给中国人带来了西方的科学，《几何原本》在其中发挥了重要作用。另一位值得一提的是叙拉古（Syracuse）的阿基米德，古希腊学者。有一个流传已久的故事，说叙拉古王命人打造了一顶纯金的王冠，但王冠打造完成后叙拉古王怀疑该王冠不是纯黄金，他要求阿基米德来鉴定该王冠是纯黄金还是银合金。阿基米德洗澡的时候，受启发想起了解决这个问题的方法，不需要毁坏王冠就可以鉴定它是不是纯黄金打造的。他最终证明该王冠不是用纯黄金制作的，还进一步发现了测定浮力大小的阿基米德原理。

罗马帝国吞并希腊后，接受了希腊人的计量系统。罗马人把其计量标准保存在朱庇特神庙的朱诺·莫尼塔（Juno Moneta）女神的神殿（当时也是造币厂的所在）。

在中国，早在夏代就建立了中央集权的国家。统治者为各级官员发放俸禄，由他们来管理整个国家。古籍《周礼》提到了好几种官职，担任这些官职的官员负责监督度量衡。在战国时期，人们已经设计和制造了度量衡标准器，并建立了量值的传递和检校系统。战国的学者提出了用音律作为制订度量衡基准的依据的理论，该理论在汉代得到继承和发展，成为中国权威的度量衡理论。出于设计度量衡标准器的需要，中国人对圆周率表现了特别的兴趣。三国时期的刘徽发明了割圆术，找到了精确推算圆周率的方法，他推算的圆周率 π 等于 3.14。南北朝时期（420—589）的祖冲之运用刘徽的割圆术，把圆周率值推算到了小数点后 6 位，达到了空前的准确。

在时间计量方面，一个重要的任务就是制定历法，这对于一个有发达农业的国家来说特别重要。为了编制一个准确的历法，需要进行天文观测。司天监里的天文学家负责观测天象。一个可溯源到夏代的历法叫做四分历，这意味着当时已经知道回归年的长度为 $365\frac{1}{4}$ 天（这个值已很接近现在知道的准确值 365.242 2 天）。[①]

在古典数学著作里，可以看到大量中国官员解决实用问题的例子。例如田地的丈量、堤坝及渠道的尺寸的计算、税赋、兑换率等等。在整个中国历史上，我们可以看到，学者们基于儒学的影响，对在各种现象间建立象征性关系特别感兴趣。

政府用严厉的手段确保度量衡的稳定，对违反者加以经济和肉体的惩罚。度量衡标准器保存于皇宫中。汉代（前 206—公元 220）以后，也保存在朝廷的各部。[②]

---

① ［德］Konrad Herrmann, *A Comparison of the Development of Metrology in China and the West* (Bremen: NW Press, 2009), p. 14.

② Guan Zengjian. Konrad Herrmann, *Geschichte der chinesischen Metrologie* (Bremen: NW Press, 2016), p.44.

三、计量学家的出身

在欧洲，计量学家来自社会的各个阶层。在中世纪，修道院是教育及知识的中心，计量由修道士管理。在教堂外面，有时候可看到两根嵌在墙上的金属销钉，教士们以其间距作为长度标准呈现给公众。人们可以拿自己的量具跟其比较，进行校正。学者们从属于教会，他们对计量进行探讨。到了文艺复兴时代，学者们的自由度增加了，他们有的被贵族家族所雇佣，比如达·芬奇（Leonardo da Vinci，1452—1519）就是被波吉亚（Borgia）家族雇佣的。有的则当大学教授，比如伽利略（Galileo Galilei，1564—1642），他有时依靠学生的学费维持生活。此外，还有几位学者，比如开普勒（Johannes Kepler，1571—1630），既是王室天文学家，也要承担占星术的任务。也有学者在工业革命时代成为独立企业家，比如詹姆斯·瓦特（James Watt，1736—1819），蒸汽机的改良者。他原来在格拉斯哥（Glasgow）大学当技术工人，负责制作工具，但是后来他建立了博尔顿和瓦特（Boulton & Watt）公司，以他的发明为基础开办企业，成为富人。

在中国，夏代已经有负责计量的官员。在战国时期（前475—前221），社会的知识集中于士，也就是知识分子。他们中的杰出人物后来被称为战国诸子。其中特别值得一提的是墨翟（约前468—前376），他建立了墨家学派，在该学派的著作《墨经》中，讨论了许多自然科学问题，其中也包括计量问题。《墨经》记载了不等臂衡器，意味着当时已经知道杠杆原理[①]。出土的战国时期楚国的"王"铜衡，可以作为不等臂衡器的天平（图0-19）使用，也证明了这一点。

在《论语·尧曰》中，孔子则提出"谨权量，审法度，修废官，四方之政行焉"，强调统一度量衡对国家治理的重要性。

秦（前221—前206）以来，负责计量的官员由中央政府任命。在汉代（前206—公元220），计量在长度、容量、重量和天文等领域分属朝廷不同的部门，朝廷规定要在全国范围内定时检查度量衡器具是否符合要求。在各个朝代，地方官员负责所辖范围内具有政治和民生及司法意义的事情，他们也要关心计量问题。佛教在中国传播以后，寺院成为知识的中心，禅僧比如一行（673或683—727）也对计量做出了贡献。唐玄宗时期，由一行负责组织了中国历史上首次天文大地测量，他在此基础上领衔制订了新的历法。

一些著名的文学家也与计量有关。比如苏轼（1037—1101），曾在多地担任过知州，在

---

① 关增建：《中国古人发现杠杆原理的年代》，《郑州大学学报（哲学社会科学版）》2000年第2期，第109～111页。

图 0-19

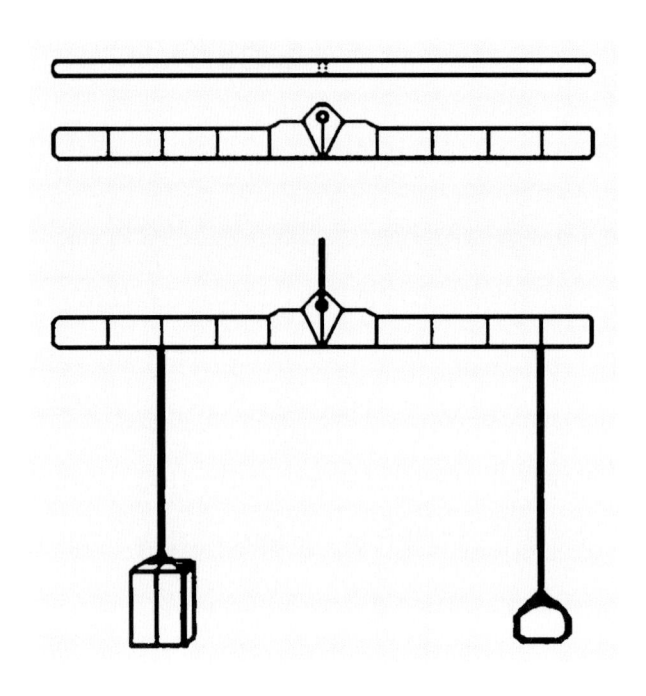

战国时期楚国的"王"铜衡，是可以用作不等臂衡器的天平

管理军民事务的同时，也要处理计量事宜。北宋科学家、政治家沈括担任过高层官员，有许多科学贡献，在立表测影、漏刻计时、天文观测、历法改革等多个计量领域都有重要创新，他的笔记体著作《梦溪笔谈》里记载了大量科学发明。天文学家、药学家苏颂曾担任过北宋的宰相，他同时又是一位天文仪器制造家，他组织韩公廉等人制造的"水运仪象台"，是当时世界上规模最大的天文钟。

一个普通知识分子，比如宋应星（1587—？），万历举人，他写了一部中国古代科学技术名著《天工开物》，里面也涉及到计量问题，其中的知识吸收了官方计量体系的内容。

耶稣会的传教士到达中国的时候，利玛窦认识到，要向中国传播基督教，最好的方法就是介绍西方科学给中国知识分子，以此来获得他们的信任。他得到了徐光启等朝廷要员的支持，后来利玛窦得到明廷认可，他去世后万历皇帝专门赐地安葬。

利玛窦跟徐光启一起把欧几里得的《几何原本》的前半部分翻译成了汉语。这本著作引起了中国学者的浓厚兴趣。别的耶稣会传教士，比如汤若望（Johann Adam Schall von Bell，1591—1666）和南怀仁（Ferdinand Verbiest，1623—1688）等，都继承利玛窦的传教方针，通过介绍西方科学为传教开路。由于他们在数学及天文学方面的深厚造诣，被任命为钦天监的官员，南怀仁还担任了钦天监的监正。汤若望在一本叫做《远镜说》的小书中，为中国介绍了几年前刚被伽利略发明的望远镜。南怀仁除在钦天监的工作以外，还制作了中国第一个温度计和湿度计。耶稣会传教士还通过向明清的皇帝赠送欧洲的机械钟来赢得他们的好感。其结果是，中国人自己很快也学会了制作机械钟。

四、思想背景

在中国和西方，计量发展模式是不一样的，这可以归因于世界这两个地区不一样的思想背景。在西方，居支配地位的是吸收了希腊哲学及罗马思想的基督教。在科学方面，中世纪教堂宣传的是托勒密的世界观。中世纪社会是政教合一的社会，基督教一枝独秀，教堂同原来的多神信仰作斗争，并指控它们为异教。

就计量而言，中世纪的欧洲接受了罗马的系统。教堂和修道院作为知识及教育的中心，也关注度量衡。由于政治权力分散，统治各个地方的侯爵或公爵们都保持了自己的度量衡，所以计量不可能统一，其发展呈现多元趋势。因为当时的社会对计量的要求也不高，这种局面持续了很长时间，贯穿了整个中世纪。

文艺复兴时期，亚里士多德（Aristotle，前384—前322）哲学再度复活。欧洲在探索世界及发现美洲的过程中发展了对自然科学越来越大的兴趣，贸易也繁荣起来了。教会用各种方式传教，特别是耶稣会士，主要以暴力的方法在世界新发现的地区推行基督教。17世纪，伽利略发展了实验和数学相结合的方法，以之研究自然现象，增加了对更准确测量的要求。新的科学发现促进了传统计量的发展，也导致新的计量种类（例如气压测量和温度测量）的诞生。

再往后，工业革命的到来导致越来越多对计量有新要求的发明。一个重要的结果是哈里逊（Benjamin Harrison，1833—1901）的航海机械表（1736年，见图0-20），能够以高精密度确定经度。[①]

在中国，国家的统一和分裂在不同的时代交替进行。很多情况下，国家的分裂是由于北方民族的南下引起的。

在战国时期，产生了许多哲学学派。特别是墨家，对自然科学的发展做出了贡献，比如力学知识和杠杆定理的发现，使人们能够用不等臂的衡器称重。国家间的竞争使统治者重视度量衡问题，其中著名的代表人物是商鞅。在秦国推行度量衡改革的过程中，他通过"用度数审其容"的方法，制作了容量标准器方升，其特点是将体积升的大小用具体的尺寸规定出

---

① ［德］Konrad Herrmann, *A Comparison of the Development of Metrology in China and the West* (Bremen: NW Press, 2009), p. 119.

图 0-20
哈里逊的航海机械表

来。从计量发展的角度,这意味着容积可以通过长度单位计算出来。商鞅方升一直留存至今,是战国时期中国人发明了度量衡标准器的实物见证。

秦朝奉行法家思想。在结束了战国的分裂、统一整个国家之后,秦朝在全国范围内强力推行统一的度量衡制度。汉代以来,武帝独尊儒术,以儒家思想作为统治思想,其目的是以纲常关系(即所谓君为臣纲、父为子纲、夫为妻纲等)为基础,创建一个以君君臣臣、父父子子伦理为纲常的稳定社会。在计量体系方面,汉代继承了秦代的计量。

到了王莽的新朝(9—23),计量达到了全盛时期,刘歆发展了用音律确定度量衡基准的理论,还设计制作了将龠、合、升、斗、斛5个容量单位集于一体,同时也能反映长度和重量单位的青铜标准器,实现了把度量衡诸单位基准保存于同一个标准器的设想,史称该标准器为"新莽嘉量"(图0-21)。

在欧洲,复合标准器的设想于1617年被开普勒实现了。这台标准器保存在德国的乌尔姆市(图0-22)。[①]

南北朝时期,从印度传入的佛教继续在中国传播。此外,印度数学及天文学也传了进来。这种趋势在唐朝(618—907)继续存在,学者和僧侣从印度前来中国学习和交流。在这个时

---

① [德] Konrad Herrmann, *A Comparison of the Development of Metrology in China and the West* (Bremen: NW Press, 2009), p. 91.

图 0-21

中国的复合标准器新莽嘉量,制成于公元 9 年

图 0-22

开普勒设计的复合标准器,制成于 1617 年

期，许多国家的商人沿着丝绸之路来到长安。朝鲜和日本也有大量学者前来求学。在计量发展方面，唐朝形成了十进制的重量单位，这有助于贸易的开展。

宋代（960—1279）采取重文抑武的施政方针，加强了中央集权。商品经济、文化教育都达到了高度繁荣。理学发展了起来，儒学发展到了新的阶段。与阿拉伯人的贸易进一步繁荣，福建泉州成为东方第一大港，聚集着来自多国的商人。宋代是中国科技发展的高峰时期，计量科学也有多项成就在这个时代问世，以水运仪象台为代表的观测仪器大型化的趋势开始出现。

元代（1271—1368）在蒙古人的统治下建立了辽阔的国家，统治范围从朝鲜一直延伸到欧洲东部。在这个时期，兴旺的阿拉伯科学影响了中国。回回历的出现就是阿拉伯科学影响的具体体现。阿拉伯天文学的传入对中国天文学的发展起了重要作用。

到明代（1368—1644）早期为止，在技术优越性方面，中国比西方领先。郑和从公元1405年到1433年七次下西洋，他的船队规模达到了200多艘海船，近3万人之多，航行范围从东南亚到印度、阿拉伯半岛、东非洲等。他的宝船的建造需要发达的计量。航海学也已经达到了相当高的水平。

再往后，到了明末清初，欧洲的传教士把基督教和西方的科学一起带到了中国。他们带来的西方的数学及天文学成为新的计量发展的基础。新的计量种类例如角度计量、温度计量和湿度计量，也逐渐发展了起来。传教士使中国科学跟世界科学联合了起来，计量学科尤其成为其中的受益者。

五、技术差异

中国和西方在计量标准物制作技术方面也存在差异。其中之一是在欧洲主要使用锻造技术，这种技术可以使金属物品达到更高的强度。在中国，则是金属的铸造技术占优势，它有悠久的传统和更高的生产率。这在硬币的制作中有充分反映。在欧洲，硬币大部分是冲制的，而在中国，则一般是铸造的。（图0-23）

西方的货币是基于铜、银、黄金制作的硬币，但是在中国，钱币绝大多数是用青铜制作的。

在西方，人们用各种材料制作计量标准物，比如石头和金属。在中国，人们认为青铜是制作计量标准物的最合适的材料。用青铜铸造的计量复合标准器新莽嘉量，到现在已有2 000多年，仍然保持了原来的形状。

在西方，计量系统和作为其一部分的货币系统采用的是从美索不达米亚及埃及接受的

图 0-23
古希腊和汉代的钱币

十二进位数字系统和六十进位系统,但是在中国,测量单位主要基于十进位系统。

在中国和西方,古代计量都以度量衡、空间及时间的测量为主要组成部分。但是文艺复兴以来,基于对自然科学越来越大的兴趣,人们发展出了计量的新领域,比如气压测量、温度测量和湿度测量。随着科学的发展,新的计量种类越来越多。

就技术的优越性而言,从古代计量形成以后到明代早期为止,中国领先于西方。但是这一状况在科学急剧发展和工业革命进程中改变了。在欧洲,人们做出了许多发现和发明,科学迅速地进步了。在同时期的中国,儒教成为维持传统秩序、延续王朝寿命、阻碍科技发展的因素,清朝采取闭关锁国施政方针,进一步导致社会和科学技术发展停滞。在自然科学领域,理学家如王阳明(即王守仁,1472—1529)拒绝采用类似伽利略那样的实验方法,就是一个典型例子。

六、结语

就计量发展的类似性而言,中国和西方关注的内容是类似的,一开始都把度量衡、空间及时间测量作为主要内容。但双方计量发展的道路不同,在不同的历史阶段,发展程度亦不相同。从战国到明初,就技术的优越性及计量管理而言,中国计量领先于西方。明中期以后,西方近代科学的发展，导致其计量赶上并超越了中国计量。明末清初，耶稣会传教士到达中国，带来了欧洲的科学，其中包括西方计量。中国计量开始了与世界接轨，并最终融入世界计量的历史进程。之所以如此，与计量本身兼具自然科学和社会科学双重属性密不可分。就计量单位的确定、计量标准器的设计制作、计量原理的探究、各种测量方法的实现等因素来说，计量本身是一门科学，它是科学技术的基础，同时其发展也需要得到科学技术的支撑。在古代科学技术发展的背景下，中国传统科学技术在支撑计量发展方面，诸如计时技术、历法编制、数学方法、青铜铸造技术等，为古代计量发展提供了可靠的科技支撑。而在确保科学技术对计量发展的支撑方面，中国的古代科技不亚于西方。

计量的根本属性要求它具有社会统一性，能够确保量值传递的准确、溯源的可靠，最终确保测量结果的统一，这使得它具有很强的法制化特征。统一的社会有利于计量社会属性的实现。比较中西历史上的社会发展形态可知，中国和西方在计量发展形式和道路上有着明显的区别，这主要是由于双方社会组织形式的不同。中国很早就建立了权力集中的国家，实行的是中央集权的管理方式。而在西方社会则发展为城邦社会。显然，统一的中央集权的管理方式有利于计量的统一。在中国，秦始皇和隋文帝都曾经运用国家机器的力量推行统一的度量衡制度，这在城邦社会里是难以想象的。国家的统一为中国计量发展提供了良好的社会保障，它与中国古代的科学技术一道，确保了中国计量在西方近代科学兴起之前，一直处于世界领先地位。

上篇 传统计量的理论与实践

第一章 中国古代计量的产生

计量的产生和广泛应用，是人类社会发展的标志。中国先民在与自然界的长期抗争中，原始计量得以萌芽，并伴随着社会的进步而不断发展，逐渐形成了独具特色的中国古代计量。

第一节　原始计量的萌生

计量这一概念，在国内已经使用了很长时间，但至今还没有统一的定义。一般认为，计量是指统一准确的测量。即是说，计量是一种测量行为，这种测量不但要求尽可能地准确，而且要符合社会化的要求：对于同一测量对象，不同的测量者进行测量时，应能得出相同的结果。凡是满足这些条件的测量都属于计量。

计量产生的先决条件是人的思维的进步，首先表现为量的概念的形成。所谓量，是指现象、物体、物质可以定性区别和定量确定的一种属性。量的概念来源于人们认识自然、改造自然的实践，是比较和积累的结果。原始的量的概念，与人类的产生应该是同步的。

人类是由类人猿进化而来的。类人猿制造出石砍砸器时，已经实现了向"人"的转化。而即使制作粗糙的石器也需要有量的概念。因此，可以推论：量的概念是在从猿变人的极漫长的历史过程中逐渐形成的，即量的概念的形成与人类的产生是同步的。

原始人对于量的概念的理解还比较粗糙，这表现在他们所制造的石器还不能保持一定的形状和大小。现在发现的旧石器早期的各种砍砸器，制作都十分简单，彼此差异很大，就表明了这一点。虽然如此，原始人在制作这些最简单的石质工具或者利用这些工具去砍伐树枝、制造棍棒时，也必然涉及对大小、长短这些直觉的量的比较，这是不言而喻的。

随着社会的进步，石器时代步入了它的中晚期。这个时期的工具较之以前有了很大进步，出现了各种不同的类型，例如石刀、石斧、石镰、石凿等（图1-1），甚至还出现了复合工具，例如在石斧上钻孔，装上木柄，这就构成了一套复合工具。复合工具可以大大提高生产效率，它的出现标志着人类对量的认识的深化，因为复合工具在制作时涉及不同部位的相互配合。就拿在石斧上钻孔来说，要考虑孔的位置和大小，以便使木柄能够顺利装上。这时的人类虽然还没有测量工具，但他们必然能够进行比较大小、长短距离之类的活动。而这种比较本身就是一种原始的测量。

类似具有规则几何形状的新石器时代器物有大量出土，在各地博物馆均可见到，这表明当时的人们不但掌握了此类器具的测量制作方法，而且他们一定还有交流，否则此类器物不可能在相距甚远的地区都有出土。这种交流，是产生计量的必要条件。

人类只有在发展到了虽然还没有测量工具，但学会了计数，并将数与量的概念结合起来的阶段，才有可能真正开始其原始的计量活动。因为计量的目的就是用数量表示各种事物及现象的大小、多少等，没有数的概念就不可能实现这一目的。当然，仅仅有数也是不够的，因为数字如果不与相应的单位相结合，其表示的结果是无意义的。但无论如何，首先要学会计数。

学会一定的计数并把握这些数之间的关系，这对于人类发展而言，是走向文明的一个大飞跃。要实现这一飞跃并非易事。观察小孩成长过程，我们可以发现，使幼儿建立大小、有无、多少等概念，要比教会他们数数容易得多。这一情况与人类社会初期所经历的情景大致相仿。调查材料表明，近代社会有些民族文化发展比较缓慢，在计数上最多还只能数到3或10，3或10以上的数就数不清了，而统称为"多"。生物学上也已经证明，个体发展的阶段性某种程度上可以反映群体发展的特点。由此可见，学会计数对人类而言，确实是一件大事。

从发展角度来说，人类认识数，应先从"有"开始，再到略知一二，以后在社会生产和实践中不断积累，知道的数目才逐渐增加。中国古代有"结绳记事"和"契木记时"的传说，这大概就是对最早计数活动的描述。在古代典籍中，就有关于"结绳记事"的记载。《周易·系辞下》提到："上古结绳而治，后世圣人易之以书契，百官以治，万民以察。"东汉郑玄注解这段话说，"事大，大结其绳；事小，小结其绳"，通过绳结形式的不同和数量的多少表示不同的事物。结绳记事（计数）是原始先民广泛使用的记录方式之一，这种现象在不同的民族广泛存在，但由于材料本身的限制，原始先民的结绳实物不太可能遗留至今，但通过各种文献记载及社会学的考察，我们仍然可以确认人类历史上这种记事方式的存在。

除了结绳记事，原始先民还用各种刻画符号记事计数。据统计，仰韶文化及年代稍后的马家窑等遗址出土的陶钵（图1-2）口沿上，发现有各种各样的刻画符号几十种，据推测，

(a)穿孔石刀

(b)石斧

(c)石镰(残)

(d)石凿

图 1-1
郑州高新技术开发区关庄平整土地发现之新石器时代器物

图 1-2
马家窑文化遗址陶钵

这些符号可能是某种数字排列，这表明中国先民当时已经能够进行一定程度的计数了。

有了量的概念，又具备了计算数目能力，这二者的结合，就为古代原始计量的萌生奠定了基础。这是因为，从理论上来说，量的单位可以任意规定，单位规定之后，就可以运用规定的单位进行测量并对同类性质的事物和现象进行比较了。所以，量的概念及计数能力的具备及应用，就标志着古代原始计量的萌生。

第二节 社会化生产的促进

古代原始计量萌生之后，还需要有其合适的气候和土壤条件，才能不断成长，最终枝繁叶茂，而起促进作用的条件之一就是早期社会化生产。

我们知道，在人类社会发展历程中，随着旧石器时代向新石器时代的过渡，原始人群也慢慢地向河流沿岸、湖泊周围及草原森林地带迁移，生活相对稳定下来，并开始向氏族转化。

氏族社会的出现，使得有关生产活动进一步社会化。社会化的生产活动对测量的精确度和统一性提出了更高的要求，从而促进了古代计量的发展。

就今天我们所知而言，最能反映当时母系氏族公社生活情景的，当数半坡遗址了。半坡遗址位于今西安市东郊浐河东岸，总面积达数万平方米，发掘面积1万多平方米，反映了距今6000—6700多年前原始社会母系氏族时期人类生活的情形。半坡村落分居住区、制陶区和氏族墓地三大部分。居住区是村落的主要构成部分，总面积约3万平方米，已发掘的仅占$\frac{1}{5}$。居住区由一条大人工壕沟围绕，区内被一条小沟分为两片，每片中心有一座大房子，周围是小居室。有一栋大房子是一座面积达120平方米的大型圆角方屋（图1-3），这座方屋是座半地穴式建筑。房子中央有4个对称的大柱穴，柱穴中的柱子虽然已经无存，但可以想象得出它们是4根支撑屋顶的主柱。这4根柱子的长度显然要基本一致，这就离不开测量。大房子周围还密集地排列着几十间结构相似、大小相仿的小房子，这些房屋的面积都很接近。此外，围绕约3万平方米的居住区四周，还挖有深和宽都在6米左右的大围沟，以防御猛兽或外部落的袭击。依照当时的生产水平，这样巨大的工程，只有在周密计划和进行测量的基础上，依靠氏族村民集体协作才能完成。没有统一的测量，就不会有这样的工程。正是由于这种大规模的社会化生产活动的促进，古代计量才逐渐得以发展，一步步地脱离了其原始状态。

一般来讲，以个体为劳动单位的手工业的发展，也能促进测量技术的进步。例如在仰韶文化的陶器上，常常有许多装饰性花纹，这些花纹大多是几何图形（图1-4），如三角纹、波浪纹、花瓣纹、鱼纹等。它们的布局一般都很均匀，多组花纹连续排列，环绕在陶器上。但不管几组，这些花纹都能表现得对称而且完整。可见在绘制它们时，一定经过了精心的测量。测量方法也许并不复杂，例如用绳子量一下陶器的圆周，把圆周按需要分成几等份，再根据所画位置安排纹饰，就能保证每组纹饰的对称和完整。这种比较测量，是一种常见的测量活动，当然有助于测量的进步。但这种测量不受条件的约束和限制，它因人、因时、因地而异，不需要有统一的单位和标准，因而对于计量进步的促进作用是有限的。要真正促进计量的发展，还要依靠社会化的生产活动。

在中国原始社会末期，发生了一次相当大的水灾。当时的部落联盟首领尧派鲧去治水。鲧用"堙""障"即堵的方法，用泥土填塞洪水，未能成功。后来舜当了部落联盟首领，选择了鲧的儿子禹，让他继续治理洪水。禹总结了他父亲治水失败的经验和教训，并经过到各地进行实地调查和测量，采取了修堤坝拦导水流与疏通河道相结合的办法，成功地解除了水患，使洪水畅通无阻地流入大海。

图 1-3
半坡遗址保存得较为完整的一处方形房屋遗址

图 1-4
仰韶文化彩陶几何纹盆

大禹治水这件事留给后人的印象太深刻了，以至于后世很多文献都从不同角度追记了这件事情（图1-5）。有些文献还专门提到了测量在其中的作用。例如《管子·轻重戊》提到，大禹"疏三江，凿五湖，道（导）四泾之水，以商九州之高……"商，在这里作计量解。《淮南子·地形训》（《淮南子》又名《淮南鸿烈》）、《山海经·海外东经》都有禹命令他的大臣太章、竖亥步行测量山川的记载。《史记·夏本纪》则说禹"左准绳，右规矩，载四时，以开九州，通九道，陂九泽，度九山"。这是说大禹在治水过程中，以规矩准绳作为测量工具，量度天下。综合许多材料可知，禹治水时进行了实地测量。

可以想象，像禹治水这样的工程，所需要的测量活动必然是大规模的。而要进行大规模的测量，只靠简单的比较测量是不够的，它要求建立长度单位和统一的长度标准。《史记·夏本纪》说，禹"身为度，称以出"，认为禹以自己的身长和体重定出长度和重量标准。这一记载反映了当时人们为确立计量标准所做的努力。计量标准的确立是计量史上的一件大事，是中国古代计量诞生的标志。对于这件事的意义，古人深有感受，他们甚至把它升华成了神话。东晋王嘉在其所撰志怪小说《拾遗记》中有这样一段怪异记载：

> 禹凿龙关之山，亦谓之龙门。至一空岩，深数十里，幽暗不可复行，禹乃负火而进。有兽状如豕，衔夜明之珠，其光如烛。又有青犬，行吠于前。禹计可十里，迷于昼夜。既觉渐明，见向来豕犬变为人形，皆着玄衣。又见一神，蛇身人面。禹因与语，神即示禹八卦之图，列于金版之上。又有八神侍侧。禹曰："华胥生圣人子，是耶？"答曰："华胥是九河神女，以生余也。"乃探玉简授禹，长一尺二寸，以合十二时之数，使量度天地。禹即执持此简，以平定水土。授简披图，蛇身之神，即羲皇也。①

这段话，看上去似乎是神怪传奇，说禹在开凿龙门时，进入一个数十里深的岩洞，岩洞幽深难行，这时出来一头形状如豕的怪物，口衔明珠，为其引路，将禹领到一个明亮宽敞之处，只见人面蛇身的伏羲神端坐在那里，他交给禹一支长1尺2寸的玉简。之所以要长1尺2寸，是为了与一天有十二个时辰的计时标准相一致。这则神话充满了隐喻，它告诉公众，禹要治水，没有计量，就会"幽暗不可复行"，须有夜明珠的指引，方能找到正确的方向，最终是神女之子羲皇将标准尺度授给了禹，禹才能"量度天地""平定水土"。

《拾遗记》的这段文字，是中国版的"计量神授"传说。实际上，在古代流行更广的伏

---

① 〔东晋〕王嘉撰《拾遗记》卷二，《四库全书》本。

图 1-5

武梁祠汉画像石上的大禹，左为容庚 1936 年原拓片，右为复原图[①]

羲女娲传说，旨在说明人类来源，但大量伏羲女娲图像中女娲持规、伏羲执矩的动作，却隐喻的是伏羲女娲将计量带给了人世。山东嘉祥武梁祠汉画像石，就有多处伏羲女娲画像，图 1-6 即为其中之一。

西方也有大量的计量神授（图 1-7）的传说。在西方广为流传的《圣经》上，就不乏类似记载，例如，《旧约全书·箴言》即曾提到：

> 公道的天平和秤都属耶和华；囊中一切法码都为他所定。

耶和华是基督教的至高神，基督教社会认为他制定了度量衡标准，传递给了人间。而且，耶和华还明确要求人们：

> 不可行不义，在尺、秤、升、斗上也是如此。要用公道天平，公道法码，

[①] [美] 巫鸿：《武梁祠：中国古代画像艺术的思想性》，柳扬、岑河译，生活·读书·新知三联书店，2006，第 269 页。

图 1-6
武梁祠汉画像石上的伏羲女娲规矩图[①]

图 1-7
梵蒂冈博物馆穹顶画像所表现的"计量神授"思想

---

① 采自朱锡禄《武氏祠汉画像石》,山东美术出版社,1986,第 50 页。

公道升斗、公道秤。①

这样，耶和华不但制定了度量衡标准，而且从管理的角度，要求人们要遵守它。《圣经》中有大量类似的记载，反映出基督教在产生之初，已经体验到度量衡对社会运行的重要性。这样的认识，是符合计量本身的发展规律的。

计量神授传说，本身是则神话，但它表现了一个深刻道理：测量需要有权威性的统一的标准。社会的实际需求，导致了计量的产生。而计量神授的认识，则体现了古人对计量的高度尊崇。

第三节　治理国家的需要

禹治水成功以后，又组织人们去发展生产。相传他还把全国分为九州，根据不同情况进行管理。禹的作为受到舜的赏识和各部族的拥戴。舜死后，禹成了继位人。禹（一说禹的儿子启）建立了中国历史上第一个王朝——夏王朝。夏朝设立了自己的国家机构，有牧正、庖正、车正（管理畜牧、膳食、车旅的官职）等一系列职官，有军队，还制定了刑法，修造了监狱。

有了国家机器，就要维持它的运转，这就需要有足够的粮食和副食品，由此就导致了赋税制度的产生。《尚书·夏书·禹贡》专门记载了禹制定的"任土作贡"制度，即将全国各地划分九个州郡，根据不同情况，让其交纳不同贡赋。这表明早在夏朝，统治者就已经建立了某种赋税制度。由于《禹贡》的记述，九州说在后世流行开来，从此，九州作为中国的一个代名词，也广为人们所知所用。后世也根据自己的理解，绘制了不同的大禹时代的九州图。图1-8所示，为宋朝杨甲《六经图》所载，就是古人对禹划分九州所做的一种追述。

《禹贡》的记载，标志着中国赋税制度的开始。而当时的赋税制度，只能是实物赋税，这必然需要计量（非实物赋税也要以计量为基础）。这样，赋税制度的建立，促进了中国古代计量的进一步发展，其表现形式就是度量衡器具的逐步标准化。因为征收赋税是一种面向社会的行为，如果计量器具不标准、不权威，必然会导致混乱，影响到征收的正常进行。对此，统治者有清醒的认识。《尚书·夏书·五子之歌》说："关石和钧，王府则有。荒坠厥绪，

---

① 《旧约全书·利未记》。

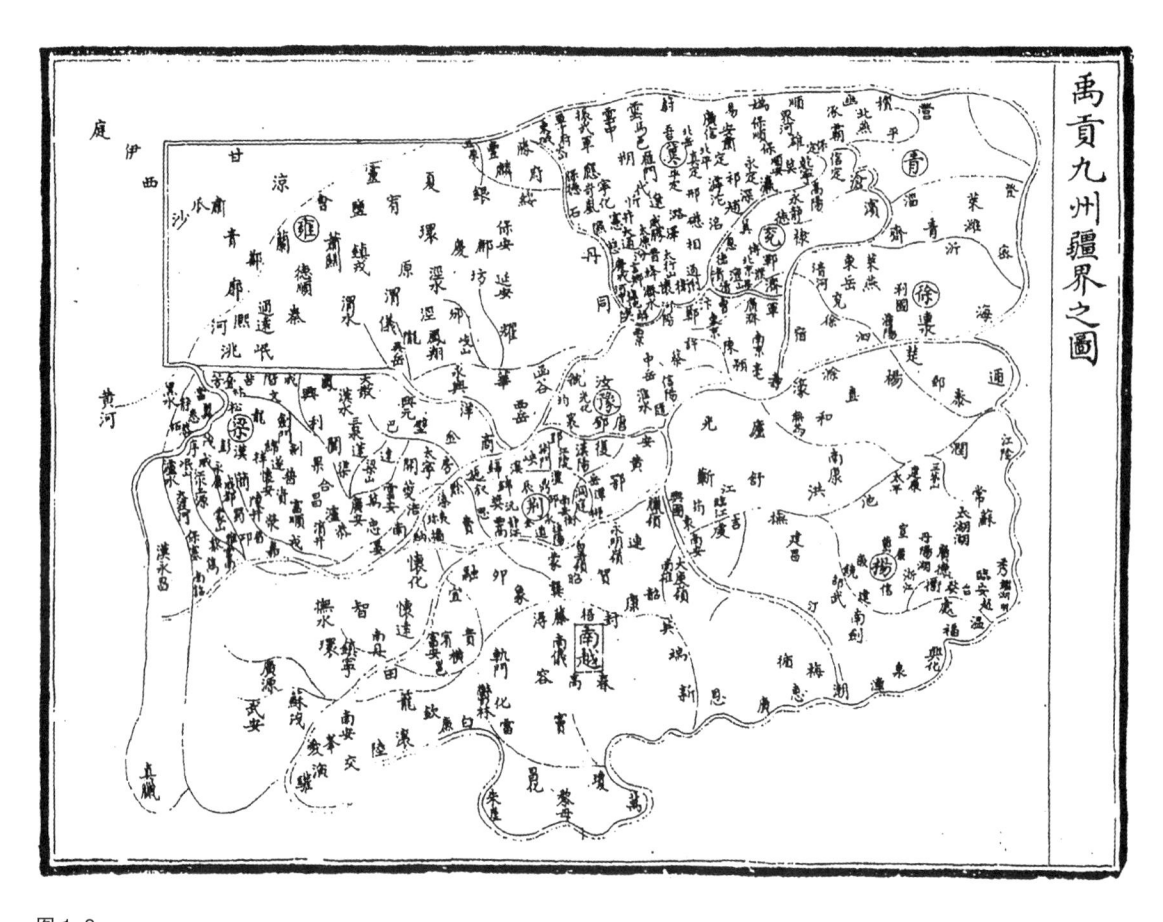

图 1-8
宋朝杨甲《六经图》所载禹贡九州疆界图

覆宗绝祀。"

所谓石、钧，就是指的度量衡。度量衡标准的制定，标准器物的保管、使用和管理权限等掌握在官府手中，这有利于保证赋税制度的顺利执行，有利于社会的安定。如果统治者抛弃法定的度量衡制度，为所欲为，势必要造成混乱，国家就要倾覆了。孔子对此也有明确的说法：

> 谨权量，审法度，修废官，四方之政行焉。①

毫无疑问，赋税制度的需要是中国古代以度量衡为主体的计量制度向前发展的一个重要动力。除了赋税制度，还有各种分配制度，尤其是分田制度，对传统计量的发展也起到了推

---

① 《论语·尧曰》。

动作用。在中国，原始氏族公社发展到了一定阶段以后，出现了农业、畜牧业，人们开始在土地上耕作。最初土地属于公社所有，由全公社的人一起耕种，产品由公社成员平均分配。随着生产力的提高，公社开始把土地平均分配给各个家族或家庭使用，但土地仍属于公社所有。每年收获以后，公社将土地收回，次年耕种时，再重新进行分配。国家成立以后，土地制度也相应发生变化，全国的土地都属于天子，即所谓"普天之下，莫非王土"。但王本身并不耕作，他还要把土地和奴隶分赐给诸侯和臣下，让他们世代享用。不过诸侯和臣下对土地并无所有权，王还可以随时将土地和奴隶收回或转赐别人。所有这些过程，都存在着一个土地分配问题。显然，这种分配所需要的计量的规模和复杂程度，远非原始社会的测量所可比拟。它迫使古人去思考如何对土地进行大规模的丈量和计算，从而不但提高了计量技术，发展了计量工具，还使有关的数学计算方法也成熟起来，最终导致了计量理论的进步。

在原始社会后期，随着生产的发展，社会出现分工，产品也有了剩余，人们为了互通有无，就产生了交换活动。最初的交换活动用以物易物的方式进行，对于计量的精确度，人们并不特别要求。国家出现以后，商业活动也相应增多，发展到一定时期，出现了远距离经营商品买卖的商人阶层。《尚书·周书·酒诰》记载了当时一种经贸活动："肇牵牛车，远服贾，用孝养厥父母。"孔安国注曰："农功既毕，始牵牛车，载其所有，求易所无，远行贾卖，用其所得珍异孝养其父母。"

可见当时已经有人在农闲时专门用牛车到远处做买卖。实际上，商代后期已经出现了铜币，这正是商业发展的表现。到了西周，商业活动比殷商时期又有所发展，货币明显增多，商业成为社会经济不可缺少的部门。《周易·系辞下》有"服牛乘马，引重致远，以利天下"之语，表明当时社会对商贸活动是持正面看法的。据《考工记》记载，西周的都城里还有专门的"市"，供人们交换货物。这些，都是当时商业发展的标志。

商业的发展，也促进了古代计量的进步。这是因为，当人们把交换作为一种经常性的社会活动、用货币作为交换尺度、以营利为目的时，原始交换中的不甚计较就会被新观念下的锱铢必争所取代，这就需要用权威的度量衡来进行准确计量。为了避免混乱，官府也需要利用度量衡作为管理市场的一种手段。例如《周礼·地官司徒·司市》专门介绍了当时的市场管理官员——司市："司市，掌市之治教、政刑、量度、禁令。"

司市负责对市场的全面管理，其职责之一是"以量度成贾"，即用度量衡器具对货物计量后再评定其价值，使买卖双方完成交易。司市手中掌握的度量衡器，既是市场上唯一的标准，也是一种权力的象征。不但周朝如此，历代王朝，无不高度重视度量衡在市场交易乃至国家管理中的作用：一方面，组织人力精心制定权威的度量衡标准器具；另一方面，颁布各种律令，迫使人们遵行其所制定的度量衡制度。这是中国古代度量衡制度得以发展的主要社会动力。

综上所述，中国古代计量得以发展的主要因素，在于社会的需要，首先是社会化生产活动的需要，促成了计量的产生。在国家形成之后，统治者治理国家的需要，成为计量发展的主要推动力量。商贸活动，对计量的发展和普及也起到了推动作用。正是这种多重因素的综合作用，推动了以度量衡为主体的古代计量制度的不断向前发展。

第二章 计量基准的建立及管理

对于传统计量的发展而言，最要紧的莫过于选择计量单位、建立计量基准、发展计量学说了。对此，中国古人做出了孜孜不倦的努力，建立了自己独具特色的计量体系。

第一节 时间计量单位的确立

传统计量并非仅指古代度量衡，对时空进行计量也是它的一项重要内容。任何计量的开端，都是要对单位进行定义，时间计量也不例外。

一、自然时间单位——回归年与朔望月

时间计量有别于其他测量。在一般的计量行为中，计量单位大都是人为规定的，而时间计量却存在着一套自然单位，这就是年、月、日。地球绕着太阳公转，造成了春、夏、秋、冬的季节变化，寒暑交替，周而复始，逐渐使人们产生了"年"的概念。这里所说的年，指的是回归年，古人又称其为"岁"。《后汉书》有对"岁"的具体定义：

> 日周于天，一寒一暑，四时备成……谓之岁。[1]

所谓"日周于天"，指太阳的视运动中沿黄道绕天球一周，实际是地球绕太阳公转一周

---

[1] 〔晋〕司马彪撰《后汉书·志第三·律历下》，中华书局，1965，第3056页。

的时间。四时，就是指的四季。显然，依据这种定义确定的"岁"，就是回归年，它有确定的时长，是一种自然时间单位。

另外，月亮的圆缺变化，也是一种引人注目的周期现象。对这种现象的重视，使得古人产生了"月"的概念。正如宋代沈括所说："月一盈亏，谓之一月。"① 通过月亮的盈亏来确定的时间长度，叫朔望月。朔望月的产生是由于月亮绕地球公转，而地球又绕太阳公转综合运动的结果。由于月亮和地球的运动速度都有周期性的变化，因此，朔望月的长度就不是固定的（作为比较，回归年的长度也有变化，但那变化微乎其微，可以不去计较）。观测结果表明，朔望月的长度"有时长达 29 天 19 小时多，有时则仅有 29 天 6 小时多"②。因此，人们平常说的朔望月长度，都是指的平均朔望月。一个朔望月就是月相经历一个完整变化周期的时间。

除年、月以外，人们接触最多的自然时间单位是日。太阳的东升西落，造成了大地上的昼夜变化，也直接影响到人的生活起居。所谓日出而作、日没而息，就是太阳的周日运动对人生活影响的真实写照。日升日没，周而复始，自然会使人们产生"日"这一时间概念。宋代沈括把它形象地称为"凡日一出没，谓之一日"③。这就是说，日这一时间单位，是建立在太阳的周日运动基础上的。

回归年、朔望月均以日为单位，可见日是古代最基本的计时单位。而传统历法的一个基本内容，就是设法调整年、月、日三者之间的关系，使得历法上规定的时间单位在长度上与大自然提供的时间单位尽量一致，并且在具体安排上与规定这些自然单位的天象尽可能相符，这是古代时间计量的一个重要原则。

二、人为时间单位——12 时制与百刻制

就时间计量而言，仅仅有自然时间单位是不够的。这是因为，在日常生活中，以日为基本计时单位，对于表示小于一日的短时间间隔，当然不方便，而这种情形又普遍存在，为此古人又制定了一些人为的时间单位。例如《淮南子·天文训》就依据太阳的行程而记述了晨明、朏明、旦明、蚤食、晏食、隅中、正中、小还、铺时、大还、高舂、下舂、县（悬）车、黄昏、定昏等 15 个时称。类似的时称在《史记》《汉书》《素问》等著作中亦可见到。但这些时称

---

① 〔宋〕沈括：《梦溪笔谈·补笔谈》卷二，岳麓书社，2002，第 222 页。
② 唐汉良、舒英发：《历法漫谈》，陕西科学技术出版社，1984，第 34 页。
③ 同①。

在后世并未得到广泛应用，中国古代普遍采用的是分一日为12时的计时制度。

12时制，又叫12辰制、12时辰制。这种时制的产生与古人对太阳运动的认识有关，在先秦时期，人们普遍认为天在上、地在下，太阳在天上依附天壳环绕北天极做圆周运动，一日一夜转过一周。这种认识启发古人想到，既然时间的流逝取决于太阳的运动，那么太阳在空中的方位就可以用来表示时间的早晚。出于这种考虑，他们把太阳在空中运行轨道均匀分为12份，每一份对应一个方位，用十二地支即子、丑、寅、卯、辰、巳、午、未、申、酉、戌、亥表示，太阳位于不同的方位，就表示不同的时间，这就导致了12时制的产生，十二地支也由此完成了由表示方位向表示时间的延伸。

12时制产生时间相当早。《周礼》当中即有"十有二辰"之语，《周髀算经》记载："冬至昼极短，日出辰而入申；……夏至昼极长，日出寅而入戌。"意思是说，一年之内，冬至前后，白天最短，太阳在辰位升起，申位落下；夏至前后，白天最长，太阳在寅位升起，戌位落下。这种说法，把12方位与太阳运动相联系，昭示着12时制的由来。西汉以后，天在上、地在下的说法逐渐被主张天在外、地在内，天包着地、天大地小的浑天说所取代。于是，人们又把12方位沿着天赤道附近的区域划分，在此基础上继承了12时制的做法。此后，12时制就延续了下来。

12时制与现在通行的24时制有着确定的对应关系，这种对应关系如图2-1所示。

到了唐代以后，每个时辰又被进一步分为初、正两部分，这就与现在的24时制一致了。这种分法一直影响到今天，现代汉语把一昼夜叫作24小时，就是该分法的流风余韵。

用12时制作为时间计量单位，在需要对时间进行精细计量情况下，仍然显得太大。为解决这一问题，古代中国还存在另一种计时制度——百刻制。百刻制是与12时制相平行的另一种计时制度，它把昼夜分成均衡的100份，每份叫一刻。通过简单计算可知，一刻合现代14.4分钟。百刻制完全不考虑太阳的运动，是一种纯粹的人为时间单位，它划分较细，体现了中国古代计时制度向精密化方向的发展。百刻制与天象无关，无法与固定的天象相联系，但这并不影响它在天文学上的使用，因为百刻制划分较为精细，用于天文计时更准确些。而12时制虽然跟空间十二地支方位划分相对应，但划分较粗。百刻制缺乏更大单位的引领，12时制则缺乏更精细单位的补充，这样，这两种制度就难以彼此取代，只好同时并存，互相补充。因此，可以用百刻制准正12时制，也可以用12时制提携百刻制。图2-2所示日晷上可见百刻制的存在。

图 2-1

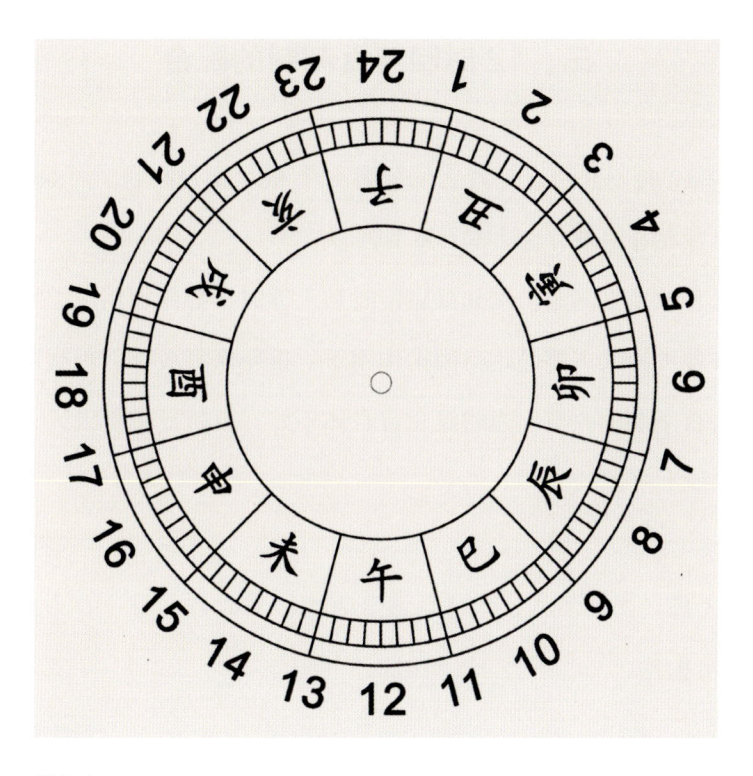

12 时制与 24 时制对应关系

图 2-2

1897 年在内蒙古托克托出土的秦汉日晷（晷盘上面的刻画线表明该日晷计时采用的是百刻制）

三、12 时制与百刻制的配合

既然百刻制与 12 时制并存,二者之间就有一个相互配合问题。可是 100 不是 12 的整数倍,它们的配合存在着困难,这让古人煞费苦心。

一种解决办法是改革百刻制。例如汉哀帝时和王莽时,都曾行用过 120 刻时制,但都行用时间不长,又在各种因素主要是政治因素作用下,重新恢复成了百刻制。《汉书》记载了汉哀帝时夏贺良对百刻制的改革。当时汉哀帝身体不好,夏贺良借机以天人感应学说立论,劝哀帝改弦更张,他上书道:

> 今陛下久疾,变异屡数,天所以谴告人也。宜急改元易号,乃得延年益寿,皇子生,灾异息矣。①

哀帝正为自己的疾病担忧,看到夏贺良的上书,抱着宁可信其有的心态,采纳了他的建议,给丞相下诏,要求:

> 其大赦天下,以建平二年为太初元年,号曰陈圣刘太平皇帝。漏刻以百二十为度。布告天下,使明知之。②

采用新的时刻制度后,过了一个多月,哀帝的身体并未好转。夏贺良等人还想继续用这个借口干预朝政,受到大臣们的反对,夏贺良非但不收敛,还反过来指责大臣们"不知天命"。这下子惹恼了汉哀帝,下诏说:

> 待诏夏贺良等建言改元易号,增益漏刻,可以永安国家。朕过听贺良等言,冀为海内获福,卒亡嘉应。皆违经背古,不合时宜。六月甲子制书,非赦令也,皆蠲除之。贺良等反道惑众,下有司。③

最终结果是夏贺良作茧自缚,他的建议因为"卒亡嘉应",没有得到效验,120 刻制被

---

① 〔汉〕班固撰《汉书》卷七十五《眭两夏侯京翼李传》,中华书局,1962,第 3192 页。
② 同上书,第 3193 页。
③ 同上书,卷十一《哀帝纪》,第 340 页。

明令废除，他本人也因不知进退，被投入狱中，后来被处极刑。

至于王莽改革时刻制度，也是出于政治因素。据《汉书》记载，王莽居摄三年（也是初始元年，即公元8年），给汉太后上书，宣称自己要当皇帝，同时宣布了这项改革：

> 以居摄三年为初始元年，漏刻以百二十为度，用应天命。①

可见，王莽之所以要进行这样的改革，是为了"用应天命"，以此表示自己的篡位之举是合法的，上符天命。这种出于政治目的进行的时刻制度改革，也必然会随着相应政治因素的消除而被废除。王莽之后，120刻制再也无人提及。

梁武帝先后短暂推行过一种96刻制和108刻制，但也都行用时间不长。《隋书》记载了梁武帝改制的事情：

> 至天监六年，武帝以昼夜百刻，分配十二辰，辰得八刻，仍有余分。乃以昼夜为九十六刻，一辰有全刻八焉。至大同十年，又改用一百八刻。依《尚书·考灵曜》，昼夜三十六顷之数，因而三之。②

梁武帝改制，是出于科学的原因，为了解决百刻制与12时制不匹配的问题。他选择的96刻制，也是一种比较理想的制度。对于96刻制来说，每个时辰8刻，每个小时辰4刻，都是整数，使用起来很方便。96刻制从天监六年也就是公元507年开始实行，至大同十年也就是公元544年停用，行用了37年。之后，梁武帝出于一个莫名其妙的理由，为了附和《尚书·考灵曜》中一个昼夜包含36个时段的说法，将36乘以3，弄出来一个108刻制。108刻制比之96刻制是个倒退，因为在该制度下，一个时辰9刻，一个小时辰4.5刻，用起来并不方便。五年后，梁武帝被囚死于建康台城，108刻制也随之被弃，百刻制重新占领历史舞台。

一直到了明末，欧洲天文学知识传入中国，人们才又提出96刻制的改革。清初以后，随着康熙"历狱案"的平反，96刻制才成为正式的时制。依据96刻制，1个时辰合8刻，每刻15分钟。我们现代生活中所用的刻这一时间概念，就是从这里来的。

既然在历史上百刻制占主要地位，人们就想办法调和它与12时制的关系。一种常用的方

---

① 〔汉〕班固撰《汉书》卷九十九上《王莽传》，中华书局，1962，第4094页。
② 〔唐〕魏徵等撰《隋书》卷十九《志第十四·天文上》，中华书局，1973，第527页。

法是把1刻分为能被3整除的小单位，例如1刻分为60分，这样，1个时辰就是8刻20分。时辰被分为初、正两部分之后，为了让每部分都分得相等的刻数，人们让每个时辰包含8刻2小刻，并规定1刻等于6小刻，即1小刻等于现代的2.4分钟。这样，时初、时正分别包含4大刻1小刻，大刻在前，小刻在后。用这样的方式，使得百刻制与12时制终于配合了起来。

时间单位建立以后，时间计量的基本指导思想也就相应产生。对于自然时间单位，古人尽力测出其有特征意义的天文现象发生时刻，由两时刻之间的间隔来确定这些时间单位的大小；对于人为时间单位，则尽力寻求能够均匀变化的物质运动形式，由之反映出时间流逝。对于后者，古人是通过漏刻来实现的。

第二节　空间方位的划分

与时间计量相应的还有空间计量。空间计量的前提是空间方位划分。

古人对空间方位的划分，大体可分为两类：天体空间方位划分和地平方位划分。这实际是两套不同的坐标系统：天球球面坐标和大地的地平坐标。

一、传统的天文分度

在对天体空间位置进行测量时，古人采用的计量单位是度，这种度是按照把周天圆分为 $365\frac{1}{4}$ 段的分度方式决定的。这种分度方式和我们通常所说的度的概念有所不同。现在所谓的度，指的是把一个圆分为360份时，每份所对的圆心角。中国古代没有圆心角概念，古人分度的依据是太阳的周年视运动。古人在观测中发现，太阳在一个回归年中在恒星背景上沿黄道运行一周，而回归年的长度约为 $365\frac{1}{4}$ 日，据此，他们分日行轨道为 $365\frac{1}{4}$ 段，每一段称为一度。这就是传统分度方式的由来。这种"度"在本质上仍属于长度。古人在运用"度"的概念时，也把它作为长度概念来处理。

需要说明的是，虽然传统 $365\frac{1}{4}$ 分度本质上属于长度，但对于圆，分度一旦确定，圆弧上每一段都与一定的圆心角相对应，而古人据此用浑仪进行观测，则实际是角度测量。由此，在讨论古人观测结果时，可以直接将其记录视同角度，并与现今360度分度方式建立起对应换算关系。

度数概念产生时间相当早。长沙马王堆汉墓出土的帛书《五星占》（图2-3）中已提到了行星运行的度数。《五星占》问世于汉初，而其中有关天文数据则可以追溯到先秦时期。《开元占经》等古书所载战国一些天文学家的工作，也都广泛使用了度数。这表明，早在先秦时期，中国古人对于天体空间方位，已经能够进行某种程度的定量计测了。

分度方法产生以后，如何以之表示天体空间方位，古人有过不同的做法，其中最主要的一种方法是用天体的入宿度和去极度两个要素来表示。

所谓入宿度，是指待测天体与二十八宿中某宿距星的赤经差。古人把环绕天赤道的星宿分为28组，叫二十八宿。每一宿包括数目不等的恒星，古人选定其中一颗作为测量时该宿的标志，被选定的这颗星就叫做该宿的距星。这些距星相互之间的角距离可以预先测定，测定出来的结果叫这些距星的距度。古人把这种测定距度的工作叫"立周天历度"。《周髀算经》就记载了当时人们立周天历度的方法。距星测定以后，各种移动天体在天赤道方向的位置就

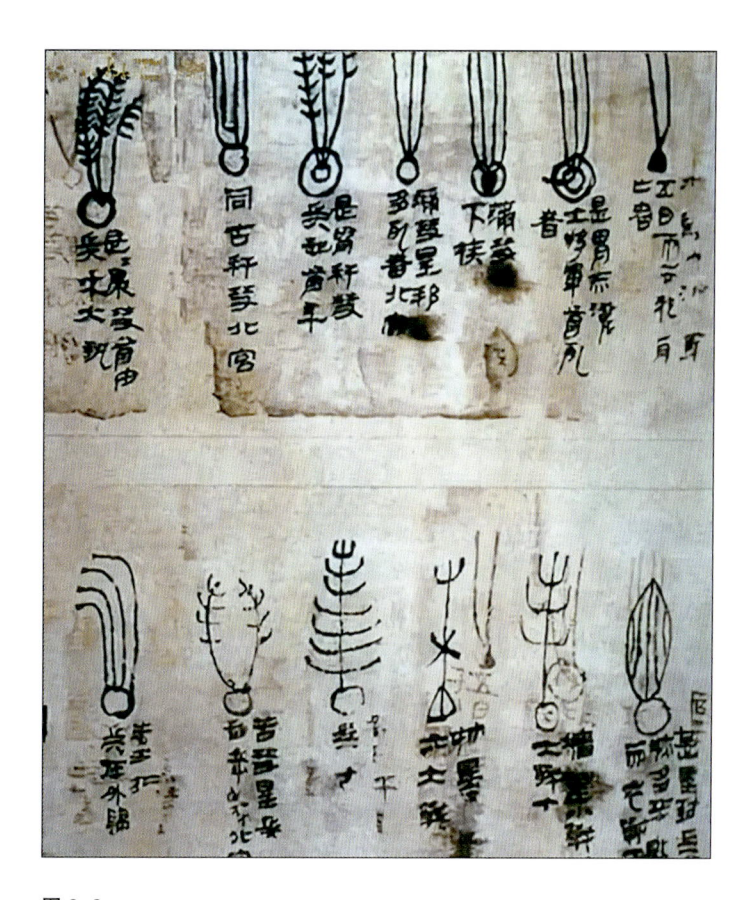

图2-3

马王堆汉墓帛书中的彗星图案

可以用该天体离相应距星的距离表示出来，这就导致了入宿度概念的产生。距度的测定，是为了沿天赤道方向为天空建立坐标系，而入宿度则是在这一坐标系中对运动天体位置的具体表示。就现在掌握的资料来看，至少在战国时期，入宿度和距度的概念已经产生了。

去极度则是指所测天体与天北极之间的角距离。这一概念的产生，与古代浑天说关于天是圆球的思想有关，既然天是一个圆球，要确定天体在天球上的位置，只考虑它沿天赤道方向的入宿度是不够的，还必须同时考虑它与天北极的角距离，这就导致了去极度概念的产生。

入宿度和去极度这两个概念，在本质上等同于现代表示天体空间方位的经纬度概念，它反映的是一种赤道坐标系。因为天体的周日运动是沿着赤道方向的，所以，这种坐标系的采用非常科学。在西方，自古希腊时期至16世纪，天文学比较发达的民族都使用黄道坐标系。16世纪以后，欧洲逐渐开始使用赤道坐标系。到了近代，赤道坐标系成了天文学上的主要坐标系。

二、地平方位划分

在表示地平方位方面，中国古人是在水平四向基础上逐渐使之精细化了的。方向概念的起源，在中国非常早。在6 000多年前遗留下来的西安半坡遗址（图2-4）中，房屋的门都是朝南的，墓葬也有一定方向。这种现象在其他遗址也有类似表现。这表明，早在还没有文字的原始社会，人们就已经掌握了辨认方向的方法。而方向概念的出现，当然要比这更早。

人们最早意识到的方向概念，应该是东、西两向。因为太阳的东升西落最为直观，由此导致东和西概念的产生十分自然。宋代科学家沈括说："所谓东西南北者，何从而得之？岂不以日之所出者为东，日之所入者为西乎？"[①] 这就是将东、西两向与日的出入相联系的。

但是，由日的出入直接确定东、西两向的做法非常粗糙，因为日的出入方位每天都在变化。夏天，太阳在东北方向升起，西北方向落下；冬天，太阳在东南方向升起，西南方向落下。这样，通过观察日之出入来确定的东西方向，指向必然是不确定的。

后来，人们发现，无论太阳在哪个方位升降，它到达中天时的方位都是不变的，于是就把这个方位规定为南。同时，在夜晚对天象的观测中也发现，满天的恒星都在旋转，而有一颗星却是不动的，那就是极星。极星所在的方位与日上中天时所在的方位是相对的，人们把它规定为北。这就定义了南、北这样一对方向。南、北概念产生以后，古人认为它比东和西

---

① 〔元〕脱脱等撰《宋史》卷四十八《志第一·天文一》，中华书局，1977，第956页。

图 2-4
半坡遗址半地穴式圆形房屋，房门朝南

更为基本。先秦著作《晏子春秋》说："古之立国者，南望南斗，北戴枢星，彼安有朝夕哉！"[①] 意思是说，古人修建城池，通过南斗、北极来确定南北，他们哪里去考虑东西方向！

在这种认识的基础上，古人进一步提出了"正朝夕"即校正东西的概念。所谓"正朝夕"，就是说不再以日之出没为依据来判定东西，而是要精确测定南北方向，再把与之垂直的一对方向定义为东、西方向。用这样的方法，来得到准确的正东、正西。具体的做法，本书后面还要讲到。

东、西、南、北四向，是古人最基本的方向概念。但作为地平坐标体系，仅有此四向是不够的，于是，古人很自然地从这四向中派生出了东南、西南、东北、西北这 4 个角向。合在一起，就有了 8 个方向。东汉科学家张衡在其《灵宪》中提到"八极之维"之语，就是指的这呈米字状的 8 个方向。

8 个方向的划分，对于社会生活而言，还是过于粗糙。于是，人们又进一步将其扩充为 12 个方位，并与子、丑、寅、卯、辰、巳、午、未、申、酉、戌、亥这十二地支结合起来，这就形成了十二支方位表示法（图 2-5）。

在需要精确表示方位的情况下，十二支方位仍然嫌粗，于是，古人又进一步将其细分为

[①] 《晏子春秋》卷六《内篇》，《四库全书》本。

图 2-5
十二支方位表示法

24个方位，并用四维、八干、十二支将其表示出来。所谓四维，是指八卦中的乾、坤、艮、巽4卦。乾表示西北，坤表示西南，艮表示东北，巽表示东南。八干是指10个天干中的甲、乙、丙、丁、庚、辛、壬、癸。二十四支方位表示法见图2-6。十干中的戊、己两干则用来表示中央方位，与二十四支方位无涉。

二十四支方位表示法在古代中国沿用时间很长，是一种占主导地位的地平方位表示法。不过，也还有比之更为精细的划分方法。例如清初《灵台仪象志》就曾提到过一种32向地平方位划分法（图2-7）。原文为：

> 所谓地平经仪，其盘分向三十有二。如正南北东西，乃四正向也。如东南、东北、西南、西北，乃四角向也。又有在正与角之中各三向，各相距十一度十五分，共为地平四分之一也。[①]

这是首先把地平方位分为8个方向，再从相邻的两向之间一分为二，得到16个方向，然后再继续在相邻的两向之间一分为二，就得到了32个方向地平方位表示法。

---

① ［比］南怀仁：《灵台仪象志三》"地面及水面上测经纬度法"，载《历法大典》第九十一卷《仪象部汇考九》，上海文艺出版社，1993年影印本。

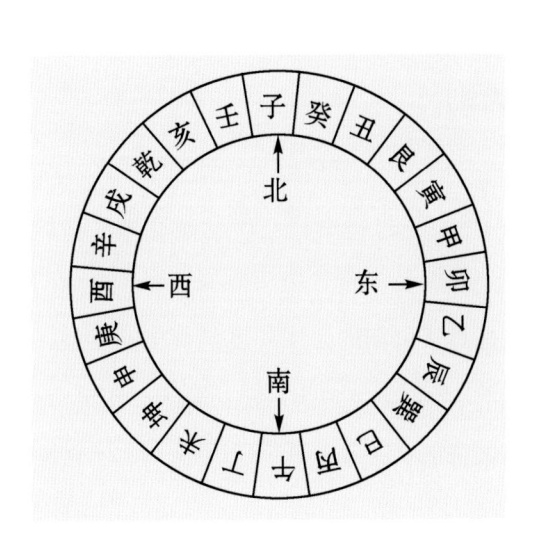

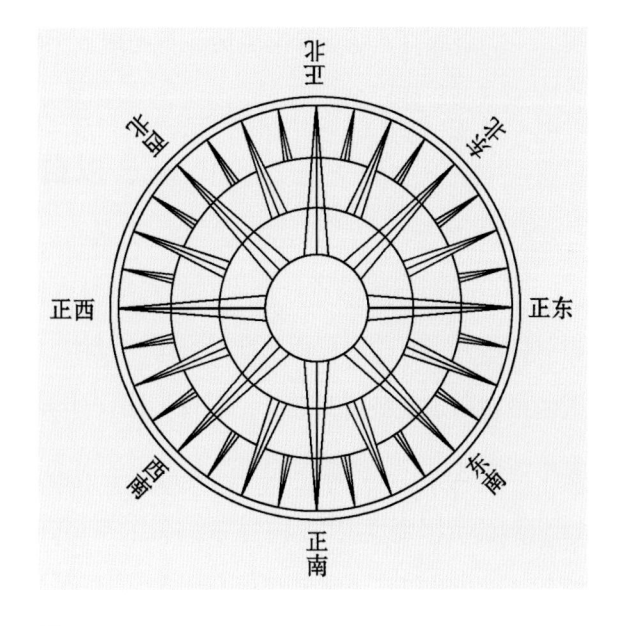

图 2-6
二十四支方位表示法

图 2-7
《灵台仪象志》所载 32 个方向地平方位表示法

上述诸地平方位表示法，实际上大都不具备连续量度的功能，因为任何一个方位都表示一定的区域，在这个区域内任何一处都属于该方位。若欲连续测度，必须变区位为指向，以便各指向之间能做进一步的精细划分。32 个方向地平方位表示法就其图示而言，已经初步具备这种功能。当然，在古代也有可以连续量度的地平方位划分法，如《周髀算经》中介绍的"立周天历度"之法，就是沿着地平方位所做的一种连续测量。但这类方法实际中很少用于对地平方位的表示，并且也没有科学的地理经纬度概念。一直到了近代，地球观念深入人心后，与现代表示方法一致并且可以连续量度的地理经纬度概念才普及开来，成为表示物体地理位置的主要坐标系。

第三节　度量衡基准的选择

计量需要有标准。对于时空计量而言，这一标准为自然时空单位所规定。而对于度量衡来说，则需要人为地去选择、制定。中国古人为制定度量衡基准，进行了孜孜不倦的探索。

据中国度量衡史专家吴承洛先生研究，中国历代取为度量衡的标准者，大体上可分为两类,一类是取自然物为标准,另一类则取人为物为标准。①

一、以自然物为则

取自然物为标准者,首先当然是取自人体。《史记·夏本纪》说,禹"身为度,称以出",认为当时的度量衡基准得自禹的身体。不管这一说法是否符合历史事实,它所反映的人们最初制定度量衡基准时,取自人体这件事情,却是真实可信的。中外度量衡史的发展,无不证明这一点。例如古埃及就曾把人的肘部至中指指尖的距离规定为一尺,称为"腕尺"。12世纪的英国则规定以国王亨利一世的鼻尖到手臂向前伸直后大拇指指尖的距离为一个长度单位,称为一码。中国古籍《大戴礼记·主言》也提到"布指知寸,布手知尺,舒肘知寻"。这些都是借助于人体取得测量标准的具体例子。

以人体为则这种方法,比较原始。因为不同的人其身体部位尺度也不同,这就不便于统一。即使以某一权威人士身体部位为尺度标准,该标准本身也还会发生变化,不便于复制和保存。而作为计量基准,其最重要的要求便是根据定义,能方便地复现,标准本身也易于保存。正因为如此,人们想方设法对以人体为则这种定义进行改进,例如16世纪德国的雅各布·科贝尔(Jacob Köbel)的《几何》(Geometrie,1531)中有一幅版画,展示了当时德国如何用统计的方法定义长度单位的,见图2-8。该图描绘了德国某地为了定义长度单位,当人们在教堂做完礼拜后,度量衡管理人员从走出教堂的人群中随机选择了16名男子,让其左脚前后相接,测量后计算出一只脚的平均长度,以此确定长度基本单位。这种方法,比起用某一权威人士身体部位(例如脚)来定义长度单位的方法,增加了统计意义,使标准的客观性有所增加。即使如此,由这种定义所得的长度单位,考虑到测量对象选择的任意性、样本的多少、脚与脚之间排列的紧密程度的差异,以及所穿鞋子的不同等因素,有很大的不确定性。所以,这种方法只是度量衡发展初期阶段的产物。

以自然物为度量衡基准者,还有另一种情形,就是以动物或人的毛发为最小长度单位。例如《孙子算经》记载:

> 度之所起,起于忽。欲知其忽,蚕吐丝为忽,十忽为一丝,十丝为一毫,十毫为一牦,十牦为一分,十分为一寸,十寸为一尺,十尺为一丈。②

---

① 吴承洛:《中国度量衡史》,上海书店据商务印书馆1937年版复印,1984,第10页。
② 《孙子算经》卷上,《四库全书》本。

图 2-8

16 世纪德国某地用统计方法确定成年男子平均脚长

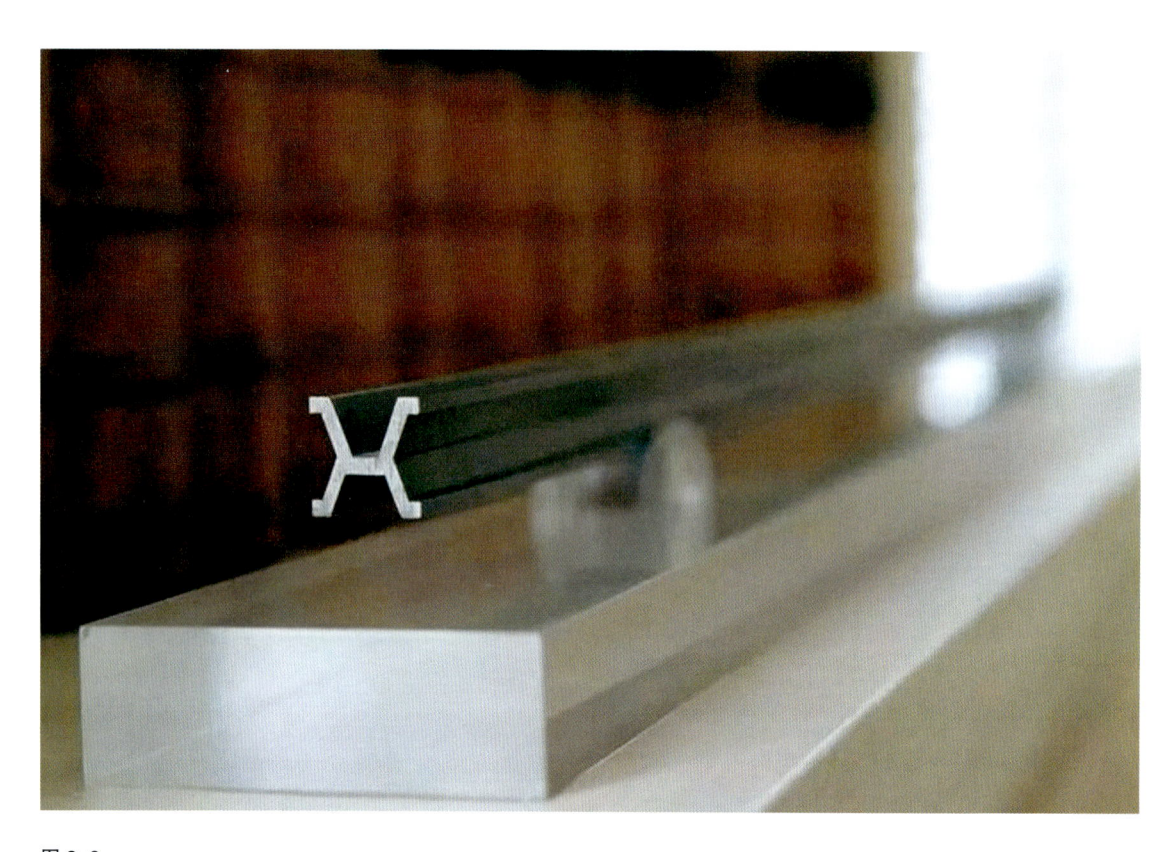

图 2-9
1872 年国际米制委员会决定用铂铱合金制作的米原器
（1 米就是铂铱米原器在 0 ℃时两端标线间的距离）

《孙子算经》的记述，反映了人们追求精密计量的努力。《易纬·通卦验》："十马尾为一分。"《说文解字》："十发为程，十程为分。"对于这些说法，吴承洛所著《中国度量衡史》认为，这是度量衡小单位的假借命名方法，并非度量衡定制的本法[①]。但无论如何，它所体现的是以自然物为度量衡基准的指导思想。

除此之外，古人还用粟米作为度量衡基准，规定 1 粟为 1 分、6 粟为 1 圭等。这些都是用自然物作为度量衡基准的实例。用自然物作为度量衡基准是计量发展过程中的一种选择。现代国际单位制中的基本长度单位——米，在 18 世纪末被法国定义为通过巴黎的地球子午线从赤道到北极点的距离的千万分之一（即地球子午线长度的四千万分之一）。法国人据此制作了反映该定义的米的标准器——米原器（图 2-9），并在其后的岁月里，将该定义推向了全世界。这是以自然物作为度量衡基准的典型例子。

---

① 吴承洛：《中国度量衡史》，上海书店据商务印书馆 1937 年版复印，1984，第 12 页。

以自然物为计量基准，在古代科学条件下，有其不足之处。因其所取自然物难以做到整齐划一，这就使得标准本身缺乏权威性、统一性。即如经过巴黎的地球子午线而言，日积月累，其长度也会变化，何况地球本身并非完美球形，这就使得据此制定的长度标准与当初的设想产生偏差。正是由于这诸多因素，使得古人又进行了以人造物为度量衡基准的尝试。

二、以人造物为则

以人造物为度量衡基准的做法，与手工业技术的进步分不开。中国的手工业技术，到商周时，已经有很大发展。例如，据史书记载，西周时，陶工已经成为专门行业，各种陶器的容积和大小尺寸也都趋于规格化。规格化的陶器，自然是度量衡进步的结果，但它同时又可以为度量衡提供基准。现存的先秦量器，基本上都是铜量和陶量，它们都是人造物，其中有些承担的是度量衡标准器的作用，更多的则是按照当时诸侯国的度量衡标准制作的，可以为我们考察古代度量衡单位的实际大小，提供有参考价值的相关信息。例如图 2-10 即为现存出土之战国时期齐国的标准量器，上面有戳印铭文两处，其中一处为阳文"公区"。"公"表示为齐国官方所制，"区"则是齐国量器的量制单位。这说明该量器的容积为齐国单位一"区"。该器物的实测大小为 4 847 毫升，透过该实测数据，我们即可以知道齐国当时"区"这一单位的大小。

除了陶器以外，西周还有许多玉器。这些玉器主要是贵族用以区别尊卑贵贱的礼器。它们不仅制作精细，而且还有严格的尺寸要求。正因为如此，古人选择其中某些器物作为度量衡基准。例如《考工记·玉人》曰："璧羡度尺，好三寸，以为度。"这里所说的"璧"是一种玉璧。"好"，指璧的孔径。"羡"，据东汉郑玄的注解，表示延长之意。即这种玉璧本来应该孔 3 寸、外径 9 寸，现在让这种璧在某个方向上延长 1 寸，在与其垂直的方向上缩短 1 寸，成为长 1 尺、宽 8 寸、内径 3 寸的玉器。这种玉器就提供了一种度量基准，成为天子的"量物之度"了。类似情况见图 2-11。

此外，还有用钱币作为度量衡基准的。因为钱币是一种重要交易媒介，在社会生活中很常见，而其制作轻重大小又有一定之规，故可用来考订度量衡。但是所有这些方法，在古人心目中，都不是考订度量衡基准的根本方法，古人所推崇的，是传统的乐律累黍说。

图 2-10
中国国家博物馆所藏之齐"公区"陶量

图 2-11
河南省三门峡上村岭出土之战国玉璧(该璧孔径 2.1 厘米,外径 6.1 厘米,大致符合《尔雅·释器》所说之"肉倍好谓之璧"的定义。这里的"肉",指璧的实体部分,"好"则指璧孔)

三、乐律累黍说

所谓乐律累黍说，是古人为制定度量衡基准而发明的一种学说。这种学说的基础在于他们对音律的认识。古人认为，音律与万事万物都有关系，是它们的根本。正如司马迁在《史记》中所说：

> 王者制事立法，物度轨则，壹禀于六律，六律为万事根本焉。①

六律就是指的音律。中国古代传统上用的是十二音律，这十二音律又分为六律和六吕。单提六律，就可以作为音律的代名词。司马迁这段话意思是说：帝王们制定各种规章制度、测量准则，全都来自音律，音律是万事万物的根本。由此，度量衡的基准，也应该来自音律。图2-12为汉代律管。

度量衡与音律相关的思想，早在先秦时期即已存在，但真正使其形成系统理论的，则是西汉末年的刘歆。刘歆曾受王莽之命，组织一班人考订度量衡制度，历时两年多，制作了一批度量衡标准器，并总结出一套成体系的度量衡理论。《汉书》详细记载了刘歆的这套理论：

> 度者，分、寸、尺、丈、引也，所以度长短也。本起黄钟之长，以子谷秬黍中者，一黍之广，度之九十分，黄钟之长。一为一分，十分为寸，十寸为尺，十尺为丈，十丈为引，而五度审矣。②

这是说，测量长度的单位主要有5个，即分、寸、尺、丈、引，它们是用来测量长短的，其基准来自黄钟律管的长度。能发出黄钟音律的开口笛管，其长度为9寸。这一长度可以通过某种谷子的参验校正得以实现。具体方法是选择个头适中的这种黍米，1个黍米的宽度是1分，90个排起来就是90分，正好是黄钟律管的长度。这一长度就是度量衡基准，通过它可以确定不同的长度单位。它们的换算关系是：

1 引 =10 丈

1 丈 =10 尺

---

① ［汉］司马迁撰《汉书》卷二十五《律书》，中华书局，1959，第1239页。
② ［汉］班固撰《汉书》卷二十一上《律历志》，中华书局，1962，第966页。

图 2-12

马王堆汉墓出土的汉代十二律管

$$1 尺 = 10 寸$$
$$1 寸 = 10 分$$

小于分的单位,还有厘、毫、丝、忽等,均是十进位换算。

古人认为能吹出黄钟音律的开口笛管的长度是一定的,因此拿它做度量衡的基准。这一做法有一定的科学道理,因为笛管长度与其所发音高确实相关,一旦管长变化,必然引起音高变化,这是人耳可以感觉到的,从而可以采取相应措施,确保选定管长的恒定性,这就使得它有资格作为度量衡基准。但对一个笛管而言,它所发出的音高是否黄钟音律,不同的人可能有不同理解,这就带来了标准的不确定性。为此,古人又用子谷秬黍作为中介物,通过对它的排列,获得长度基准。在这里,度量衡的长度基准是黄钟律管,黍米的参验只是一种辅助基准。

以黄钟律管长为基准的思想,在古代中国由来已久。但对其具体数值,却有不同的说法,有认为 1 尺的,有认为 9 寸的,也有认为 8 寸 1 分的。但自从《汉书·律历志》采纳了刘歆的说法以后,黄钟管长 9 寸之说,就被历代正史"律历志"所接受,成了后世度量衡制定者的公认数据。

黄钟律管不但提供了长度基准,而且还提供了容积标准。《汉书·律历志》引述刘歆的理论说:

> 量者，龠、合、升、斗、斛也，所以量多少也。本起于黄钟之龠，用度数
> 审其容，以子谷秬黍中者千有二百实其龠，以井水准其概。合龠为合，十合为升，
> 十升为斗，十斗为斛，而五量嘉矣。①

这是说，量器的标准单位有5个，分别是龠、合、升、斗、斛，是用来量多少的。它们的基准来自黄钟之龠。所谓黄钟之龠，是指这种龠的大小是用黄钟律管定出的长度基准来规定的。龠确定以后，再由龠进一步得到其他各量。它们的换算关系是：

$$1 斛 = 10 斗$$

$$1 斗 = 10 升$$

$$1 升 = 10 合$$

$$1 合 = 2 龠$$

黄钟之龠的大小也可以通过子谷秬黍的参验校正而得到。具体方法是，选择1 200个大小适中的黍子，放在龠内，如果正好填平，那么这个龠就是黄钟之龠。

另外，黄钟律还能为重量单位提供基准，《汉书》接着引述刘歆的理论说：

> 权者，铢、两、斤、钧、石也，所以称物平施，知轻重也。本起于黄钟之重。
> 一龠容千二百黍，重十二铢，两之为两。二十四铢为两。十六两为斤。三十斤
> 为钧。四钧为石。②

这即是说，称重也有5个标准单位，分别是铢、两、斤、钧、石。它们的来源是所谓的黄钟之重。因为由黄钟律管可以得到长度基准，由长度基准可以定出量器基准。量器基准确定以后，它所容纳的某种物质的重量也就随之确定，这个重量就可以作为衡器基准。所以，衡器的基准也来自黄钟律。对此，古人同样是用子谷秬黍的参验校正而得到的。他们认为，黄钟之龠恰好能容1 200粒黍子，这1 200粒黍子的重量就是12铢。铢的大小得到以后，其余的也就不难得到。其换算关系为：

$$1 石 = 4 钧$$

$$1 钧 = 30 斤$$

$$1 斤 = 16 两$$

---

① 〔汉〕班固撰《汉书》卷二十一上《律历志》，中华书局，1962，第967页。
② 同上书，第969页。

1 两 =24 铢

通过刘歆的论述，我们知道，在古人心目中，度、量、衡三者，就是这样与黄钟律建立关系的。

古人努力为度量衡寻找统一的基准，这种精神令人钦敬。他们提出的上述理论就内涵而言也被后人身体力行，但实践的效果却不能令人满意。对此，吴承洛在《中国度量衡史》一书中分析说："律管非前后一律，管径大小既无定论，又发声之状态前后亦非一律，由是历代由黄钟律以定尺度之长短，前后不能一律，以之定度量衡，前后自不能相准。以声之音，定律之长，由是以定度量衡，其理论虽极合科学，而前后律管不同，长短亦有差异，故及至后世已发现再求之黄钟律难得其中，再凭之积秬黍不可为信。"[①] 吴承洛的评价是客观的。中国历代度量衡单位量值变化很大，其中虽有很多社会的、经济的原因，但乐律累黍的方法的不确定性，则毫无疑问是其技术原因之一。

第四节 度量衡的管理

在古代各种计量管理中，古人对度量衡管理最为重视，积累了丰富的经验，形成了一定的制度。这一切，早在西周时期就已经开始了。

一、度量衡制作与管理的权限

度量衡管理，首先涉及权限问题，即度量衡标准的设定、颁布，度量衡器的制作等等，最高权限究竟归谁所有。对此，中国古人一开始就十分明确，《夏书·尚书·五子之歌》中明确记载："明明我祖，万邦之君。有典有则，贻厥子孙。关石和钧，王府则有。荒坠厥绪。覆宗绝祀。"

这一歌谣表明，夏代已经有了统一标准的度量衡和相应的度量衡制度。该制度的制定者和管理者属于王府——国家的所有者。古人认为，这样的制度一旦废弃，国家就会灭亡。显然，古人一开始就认为度量衡的管理是国家权限范围内的事情，而这一认识在后人的不断重复中不断得到加强。《国语·周语》曰："《夏书》有之曰：关石和钧，王府则有。"韦昭注：

---

① 吴承洛：《中国度量衡史》，上海书店据商务印书馆 1937 年版复印，1984，第 14～15 页。

"关，门关之征也。石，今之斛也。言征赋调钧，则王之府藏常有也。一曰：关，衡也。"韦昭是从赋税对国家重要性方面论述度量衡的重要性的，为度量衡管理权限归国家所有提供理论依据。

夏、商的度量衡管理制度，由于没有相应的文献证明，现在尚难给出具体的描述。到了周代，西周是把度量衡管理作为国家礼仪制度的一部分来对待的。从现存各种资料来看，西周是一个十分讲究礼仪制度的朝代。庙堂的建造、器物的陈设、田地的分割、车辆的制作，一器一物，无不要求符合制度。而制度的订立和监督施行又离不开度量衡，而度量衡本身也有一个制度订立、标准颁布的程序，这些程序又需要通过礼仪来规定。这是周人把度量衡作为礼仪制度一部分的内在原因。后来的儒家进一步继承了这一做法，认为这样有助于国家治理。《礼记》说：

（周公）制礼作乐，颁度量，而天下大服。①

度量衡标准的制作、颁布权限，掌握在最高统治者手中，通过一定的仪式发布下去，只有这样，才能保证"天下大服"。国家拥有度量衡制作与管理的最高权限，至于具体的管理，则交由专业人士负责。《周礼·夏官司马》说：

合方氏……掌达天下之道路，通其财利，同其数器，壹其度量。

这是说的度量衡管理的专门化。从这些记载来看，在西周，度量衡是由国家统治者颁行的，并由专门的官员负责管理。这一做法为后世历代王朝所继承，成了古人为使度量衡具有权威性而奉行的一种传统措施。

西周度量衡管理的具体条例，在现存的文献中尚未发现，但从多处有关记载中可知，西周时期确已形成一套度量衡管理制度，并且这一制度随着朝代变迁也有相应的发展变化。春秋战国时期，诸侯割据，统一的度量衡制度不复存在，但各诸侯国仍竭力保持自己度量衡制度的一致。为了做到这一点，许多诸侯国都制定了相应的法律，并开始将其铸刻在有关器物上。在现存的先秦量器上，很多都有铭文，其中1857年在山东省胶县灵山卫出土的齐国子禾子铜釜（图2-13）、陈纯铜釜（图2-14）、左关铜𬭁（图2-15）是现存有铭文、能说

---

① 〔汉〕郑玄注《礼记注疏》卷三十一《明堂位》，《四库全书》本。

图 2-13

子禾子铜釜（其上有铭文九行，约一百零九字，其中有些字锈蚀不清，难以确认。铭文大意为：子禾子命人往告陈得，左关釜的容量以仓廪之釜为标准，关铜以廪枡为标准，如关人舞弊，加大或减少其量，均当制止。如关人不从命，则论其事之轻重，施以相当刑罚。容 20 460 毫升）

图 2-14

陈纯铜釜（其外壁有铭文七行三十四字，大意是：陈犹莅事之年的某月戊寅，命左关师发督造左关所用的釜，并要求以官廪的标准釜进行校量，治其事者为陈纯。容 20 580 毫升）

图 2-15

左关铜铆（外壁铭文为“左关之铆”。容 2 070 毫升）

明年代和量值的最早的量器。这三件量器现在被称为陈氏三量，其中的子禾子铜釜藏于中国国家博物馆，陈纯铜釜和左关铜䦉则藏于上海博物馆。前两件量器上的铭文，都规定了明确的校量制度和管理措施，并对违反者视其情节轻重，予以相应惩罚。陈纯铜釜还将监制人和制器人姓名铸在器物上。需要指出的是，陈氏三量并非当时齐国的国家量器，即所谓的公量，而是属于当时把持齐国国政的田和，属于田氏私量。在历史上，田和用度量衡作为政治斗争的武器，兵不血刃取代了姜氏对齐国的统治。但无论如何，这些铭文表明，在对度量衡的管理方面，当时对度量衡从器物的制造、使用到校测，都有了具体规定和措施。其他诸侯国也有类似的量器出土，表明战国时期，加强对度量衡的管理，已经成为人们的共识。

二、度量衡管理的法治化

更为完善的度量衡管理制度，应该是度量衡管理的法治化。法治化的度量衡管理，产生于战国时的秦国。早在秦孝公（前361—前338年在位）执政时，秦国就在商鞅的主持下，推行了"平斗桶、权衡、丈尺"之法。1975年，在湖北省云梦县出土了千余支战国时期的秦律竹简，其中涉及度量衡管理的占一定比重。例如《工律》规定，在县和管理官营手工业的工室里使用的度量衡器具，要由官府或专职人员校正，至少每年校正一次。所有的度量衡器在领用前，都必须经过校正。除此之外，秦律还严格规定了有关度量衡器具允许误差的标准和超出标准的处罚办法。例如根据《效律》的记载，对于衡器，石（当时的120斤）不准确，误差在16两以上，罚有关官员一副铠甲；介于16两和8两之间者，罚一副盾牌。半石（当时的60斤）不准确，误差在8两以上，罚一副盾牌。称黄金所用的小型权衡器不准确，误差在半铢（约合今0.3克）以上，罚一副盾牌。对于量器，也有类似的规定。这些规定与今天国家对各种计量器具检定规程中关于允许误差范围的规定极为类似。

对于度量衡的管理，历代统治者大都十分重视，并各有其具体规定。例如唐代继秦之后，明确把度量衡管理写入法条，例如其中规定，校正度量衡时，结果出现偏差，不合规定者，要打70大棍；监管人员未察觉者，打60大棍，知情者同罪。这是对校验人员的处罚规定。对度量衡管理人员的职责和具体的检校制度等，唐律也有明文规定。

唐代之后，度量衡管理入法，成为后世主要朝代的共识。宋代的度量衡管理，有不少类似的规定，而且更注重对技术细节的关注。明代则规定，对于度量衡，要小心谨慎地进行校勘。校勘以后，将合格的度量衡标准器颁发下去，悬挂在市场上，处罚那些不合标准的人们。另外，对于商人利用度量衡做手脚、搞欺诈的行为，明代法律也明确规定了处罚办法，并且严格要求对度量衡器进行定期检校。明代法律规定，即使斛、斗、秤、尺都符合标准，但未按规定经官府校勘印烙者，也要"笞四十"。清代法律的有关规定与明代的法律大致相同，但对仓库官吏犯此法者，规定了更严厉的处罚。严格的管理是保持度量衡制度稳定的必要条件，古人的实践充分证明了这一点。

三、度量衡的技术管理

古人对度量衡不仅有严格的法治管理，而且还有科学的技术管理。这一管理首先体现在建立严格的度量衡量值传递检校制度上。古人不但认识到了建立度量衡检校制度的重要性，而且还对具体的检校时间有明确的规定，要求在每年的春分、秋分进行。《吕氏春秋·仲春纪》记载说：仲春之月，"日夜分则同度量，钧衡石，角斗桶，正权概"。《吕氏春秋·仲秋纪》说：仲秋之月，"日夜分则一度量，平权衡，正钧石，齐半甬"。春分、秋分之时，日夜均等，气温也处于一年之中不冷不热的状态。古人认为，这是校正度量衡器具的理想时期。古人的这一看法是有道理的，因为这两个时节，"昼夜均而寒暑平"，气温冷热适中，校正时受温度变化影响较小。可见，古人对检校度量衡器具时外界条件的影响非常重视，并根据他们对于自然规律的了解，做了比较好的选择。

另外，为保证经校准后的器具不再变形，对制造度量衡器的材料也有一定要求。古人选择了铜。《汉书》解释度量衡标准器之所以用铜制作的原因时说：

> 凡律度量衡用铜者，名自名也，所以同天下，齐风俗也。铜为物之至精，不为燥湿寒暑变其节，不为风雨暴露改其形。①

这即是说，用铜制作度量衡标准器，一方面可以取其谐音，满足人们"同天下，齐风俗"的心理追求，更重要的是，铜不受外界条件变化的影响，抗腐蚀性强，因此要以铜为原料去制造度量衡标准器。需要指出，古人所说的铜，往往指的是青铜，即铜锡合金，而青铜在其强度和抗腐蚀性能方面确有其独到之处。当然，青铜也热胀冷缩，但其变化量很小，古人不知。在古人所接触到的有限的几种金属中，从成本及性能两方面来考虑，以青铜为制作度量衡标准器原料，的确是最佳选择。现存的一些秦汉青铜量器，历时已两千多年，仍保持着完好的形状，这充分证明了古人选择的正确。

---

① 〔汉〕班固撰《汉书》卷二十一上《律历志》，中华书局，1962，第972页。

第三章
历代度量衡的发展

在中国计量史上，有一个现象很值得注意，那就是：一方面，度量衡的量值经历着由小到大的变化；另一方面，很多王朝都强调度量衡的重要性，要求全国各地度量衡尽可能统一，由此促成了中国古代度量衡理论和制度的阶段性发展。这些特征，构成了中国计量史的重要研究内容。

第一节 从商鞅变法到秦始皇统一度量衡

古人以国家力量强行统一度量衡的做法，早在先秦时期即已出现，其中最具代表性、影响最大的当数秦国的商鞅变法。

一、商鞅变法与度量衡

商鞅生于战国中期，其一生的事业是在秦国变法，因战功，被封于商（今陕西丹凤西北），号商君，故被称为商鞅（图 3-1）。商鞅是卫国人，与卫国国君同族，因而人们又称其为卫鞅或公孙鞅。当时卫国以帝丘为都，帝丘位于今河南濮阳西南，故商鞅是濮阳人。

商鞅变法以前，秦国地处西部，经济、政治都比较落后，国力贫弱。当时执政的秦孝公对此很不满意，为使秦国富强，他下令求贤。公元前 361 年，商鞅听到这个消息，赶到秦国，宣传其变法思想，得到秦孝公的信任。秦孝公六年（前 356 年），商鞅在秦孝公的支持下，制定并推行了一些新的政治、经济政策，开始了在秦国的第一次变法。

商鞅新法推行以后，逐渐取得成效。公元前 352 年，商鞅被封为大良造。秦国爵位最高

图 3-1
中国印花税票上的商鞅

为 20 级，大良造为第 16 级。同时，大良造又是个官职，从地位上看，它相当于中原各诸侯国的相国。可是，相国是文职官员，不能统率军队，而秦国的大良造却有权指挥军队。秦孝公十二年（前 350 年），秦迁都咸阳，同时商鞅开始第二次变法。第二次变法是对第一次变法的深化，其重要内容之一便是推行统一的度量衡制度。东周时期，度量衡制度非常混乱，各国除了国君所颁布的"公量"之外，不少卿大夫还设有"家量"。孔子曾经感叹说："谨权量，审法度，四方之政行焉。"①这正表明了当时度量衡制度的混乱。秦国也不例外。度量制度不统一，给国家征收赋税、发放俸禄带来许多困难。为了增强国家的财政能力，确保改革顺利进行，商鞅把推行统一的度量衡制度作为保障变法成功的一项重要措施来对待。公元前 344 年，商鞅亲自监制了一批度量衡标准器，发到全国各地，努力督使统一的度量衡制度得到贯彻执行。

商鞅监制的度量衡标准器，现在仍有存世，那就是现存于上海博物馆的商鞅方升。该方升的具体形制如图 3-2 所示。

方升上有具体铭文，铭文记录了方升的由来："十八年，齐率卿大夫众来聘，冬十二月乙酉，大良造鞅，爰积十六尊（寸）五分尊（寸）壹为升。"这段话明确记载了商鞅方升的

---

① 《论语·尧曰》。

图 3-2
上海博物馆馆藏商鞅方升

颁发时间——秦孝公十八年,即公元前 344 年。铭文对商鞅方升规格的记录特别值得重视:1 升等于 16.2 立方寸。这是中国历史上首次用长度单位规定量器的容积,它是度量衡科学的一大进步,意味着从此人们可以用科学的方法设计度量衡标准器,检验其是否符合标准。《汉书·律历志》称之为"用度数审其容",从此,量器单位成为长度的导出单位,不再是一个独立的计量单位了。这是商鞅对度量衡科学的一大贡献。

二、秦国度量衡的法制管理

商鞅变法开启了秦国用法律管理国家的先声,在此基础上秦国制定了一系列的法律。对此,我们可以从云梦出土的秦简中窥知一二。云梦秦简又称睡虎地秦简,是指 1975 年 12 月在湖北省云梦县睡虎地秦墓中出土的写于战国晚期及秦始皇时期的大量竹简。这批竹简的主要内容是秦朝时的法律制度,考古学家将其整理成十部分内容,包括《秦律十八种》《效律》等。其中《效律》对兵器、铠甲、皮革等军备物资的管理做出了严格的规定,也对度量衡的制式、制作误差的处罚做出了明确的规定。这是中国历史上首次要求严格管理度量衡制作、对制作误差视其大小进行相应处罚的法律文件。

《效律》对度量衡制作要求非常严格，对不同规格的度量衡器的允许误差范围都有明确规定，为让读者有比较清晰的印象，这里不妨列表说明：

表1　秦简《效律》中对衡器超出误差范围的处罚规定

衡制	误差	罚訾
石	十六两以上	一甲
石	八两到十六两	一盾
半石	八两以上	一盾
钧	四两以上	一盾
斤	三铢以上	一盾
黄金衡累	半铢以上	一盾

表2　秦简《效律》中对量器超出误差范围的处罚规定

量制	误差	罚訾
桶	二升以上	一甲
桶	一升至二升	一盾
斗	半升以上	一甲
斗	三分之一升到半升	一盾
半斗	三分之一升以上	一盾
三分之一斗	六分之一升以上	一盾
升	二十分之一升以上	一盾

这些规定有其内在的逻辑，即以衡制而言，允许的制造误差均大约在 $\frac{1}{120}$ 的范围，超出这一范围就要罚訾一盾，即要受到向国家上交一副盾牌的处罚。这样的规定，在以手工制作为主的当时，可谓是相当严苛。

严格的法律规定及其执行制度，确保了秦国度量衡在很长一段历史时期保持稳定。商鞅方升从其颁发的公元前344年,到秦始皇统一中国的公元前221年,历经123年而依旧形态完好,就充分表明了这一点。其他考古发现,对此也提供了充足的证据,正如著名历史学家许倬云先生所说:

> 秦代规划度量衡,使全国都有同一标准。这一"标准化"的工作,在考古学所见数据,都可见到绩效,当然,遗留至今的秦权秦量,都是具体的实物证据。在秦代遗物的箭镞及瓦当,大小形制都是数千件一致,我们也可觑见秦人工艺产品的"标准化"。秦代官家作坊,出品都列举由工人到各级官员的名字,实是显示工作的责任制。[1]

这样的"标准化",没有计量的支撑,是做不到的。责任制的推行,则是严格管理的标志。显然,统一的度量衡制度,严格的计量管理,为秦国的强盛提供了充足的技术保障。这些,都与商鞅变法有直接的关系。

商鞅变法并非一帆风顺,秦国一批贵族千方百计与新法对抗,他们唆使太子犯法,想以此破坏新法的推行。商鞅不畏权贵,坚持新法,通过打击保守势力,保证了新法的贯彻执行。他所制定的度量衡制度,为后来秦始皇统一度量衡奠定了基础。

三、秦朝的统一度量衡

公元前221年,秦始皇统一中国。为了巩固统一的国家政权,他采取了一系列重大措施,其中很重要一条就是统一度量衡。在现存的秦国度量衡器上,有很多刻有秦始皇统一度量衡的诏书。图3-3即是一刻有该诏书的陶质秦权。图3-4为秦始皇统一度量衡的诏书内容。

秦始皇统一度量衡诏书的全文是:

> 廿六年,皇帝尽并兼天下诸侯,黔首大安,立号为皇帝,乃诏丞相状、绾,法度量则不壹歉疑者,皆明壹之。[2]

意思是:秦王政二十六年,秦始皇兼并了各国诸侯,统一了天下,百姓安居乐业,于是

---

[1] 许倬云:《我者与他者:中国历史上的内外分际》,生活·读书·新知三联书店,2010,第35页。
[2] 〔宋〕朱胜非撰《绀珠集》卷四,《四库全书》本。

图 3-3
陕西历史博物馆馆藏秦诏版陶权（权的腹部刻秦王政廿六年统一度量衡的诏书，全文八行四十字。陶质秦权较少出土，有秦始皇诏文的更为罕见，故此权极为珍贵）

图 3-4
甘肃省镇原县博物馆藏秦诏版（国家一级文物）

立称号为皇帝，并下诏书给丞相隗状、王绾，要求他们制定统一度量衡的法令，把度量衡制度、标准器等不统一、不准确的都统一、准确起来。这一诏书，以皇帝的身份要求全国推行统一的度量衡制度。当时秦朝刚刚吞并六国，秦始皇就把此事提上了议事日程，足见他的重视程度。

秦始皇统一度量衡，就是要把原来由商鞅制定的已在秦国实行了100多年的度量衡制度推向全国。战国时期，七雄并立，每个国家都有自己的度量衡体系。秦始皇兼并六国之后，自然不能允许这种状况继续下去，所以他把秦国的度量衡制度推向全国乃是顺理成章之事。在现存的商鞅方升上，既有记载商鞅监制的原来的铭文，也有后来又追刻上去的秦王政二十六年颁布的统一度量衡的40字诏书。这表明该器是秦始皇在位时经过校验而批准继续使用的。据测量，商鞅方升的计算容积是202毫升，而秦始皇统一度量衡后制造的量器，每升单位量值约200毫升，与商鞅方升的差别在秦律规定的允许误差范围之内，这充分表明了秦制的一贯性。

秦始皇统一度量衡的做法，在秦朝深入人心，以至于秦二世胡亥即位后，也要颁布诏书，强调要统一度量衡，并将其与秦始皇诏书一道，刻于官方颁布的度量衡标准器上。秦二世统一度量衡的诏书全文是：

> 元年，制诏丞相斯、去疾：法度量，尽始皇帝为之，皆刻辞焉。今袭号，而刻辞不称始皇帝，其于久远也。如后嗣为之者，不称成功盛德。刻此诏，故刻左，使毋疑。①

该诏书的目的，是要申明秦二世继承了秦始皇的志向，要使度量衡的统一成为"久远"之业。现在考古发掘中已经发现了一些同时刻有秦始皇二十六年和秦二世元年两份诏书的秦代度量衡器物，它们是秦代实行统一度量衡制度的实物见证，具有重要的史料价值。图3-5为河北大学博物馆所藏的一枚秦代两诏铜权，其中图3-5甲为秦始皇廿六年统一度量衡诏书，图3-5乙为秦二世元年统一度量衡诏书。

总体来说，在推行统一的度量衡制度过程中，秦朝制造和颁发了大量度量衡标准器。这些器具近年来有广泛出土，不仅数量多，而且分布广，这表明秦朝在其辽阔的疆域内确实实现了度量衡的统一。

---

① 〔清〕马骕撰《绎史》卷一百四十九《秦始皇无道》，《四库全书》本。

甲　　　　　　　　　　　　　　　乙

图 3-5
河北大学博物馆馆藏秦代两诏铜权

除了制作并颁发标准器外，秦朝还制定了严格的管理和校验制度，并对校验不合格者规定了明确的处罚办法。正是这些因素，使得秦朝度量衡的制作、管理和校验制度成为当时最完善的制度。

第二节　汉代的度量衡制度

尽管秦王朝延续时间不长，但秦始皇统一度量衡的举措却对后世产生了深远的影响。其中最直接的是对汉代度量衡制度的影响。

一、汉代的度量衡管理与制度

汉代（包括西汉、新莽、东汉三个时期）历时 400 多年，其典章制度大都是秦制的延续和发展。汉承秦制是史学界公认的看法，度量衡也不例外。刘邦创建汉朝以后，百废待兴，建立度量衡制度是当务之急，于是他令律算家张苍"定历法及度量衡程式"。张苍在秦朝当过御史，后因罪亡归，追随刘邦起兵灭秦。汉高祖六年（公元前201年），被封为北平侯，后升任计相，负责管理财政，文帝在位时期升任丞相。他熟知秦制，当接到刘邦要他确立历律和度量衡制度的命令后，很快就以秦制为基础建立了汉代的度量衡制度。这样，汉初的度量衡器，无论是单位名称、单位量值，还是器物形制等方面都沿袭了秦制。对出土的秦汉度量衡器分析的结果，也可明显看出汉代度量衡制对秦制的承袭。汉代的度量衡制度就是在这样的基础上发展起来的。

在对度量衡器的管理上，汉代比秦有所变化。汉代对度量衡器实行了分部门管理，《汉书》记载道：

> 度者……职在内官，廷尉掌之。
> 量者……职在太仓，大司农掌之。
> 衡权者……职在大行，鸿胪掌之。①

即是说，在汉代度、量、衡三者分别由不同的政府部门管理。从出土器物来看，汉代量器确有不少都刻有"大司农……"的铭文，而且凡是这类量器，一般都制作精美，量值准确，显示出它们是由中央统一制作发放给各地的标准量器。

在铭文内容上，汉代度量衡器也有所发展。如光和大司农铜斛（亦称"大司农平斛"）（图3-6）不仅刻有"大司农平斛……"字样，还将器物的校检时间、方法、政令以及监制、督造、制造等各级官吏人名一一刻于器上，从而增加了该器的权威性和法制性。一般说来，秦量上只刻秦始皇诏书或再加刻二世诏书，而汉代量器上刻铭形式却无定规，有的刻该器制造的年代、来历、重量、容量和制造工匠名，有的刻监造该器的各级官吏，而新莽时期的各器又多刻了器的尺度和计算容积。总之，汉代度量衡器上的铭文比之秦代能提供更多的信息。

在对度量衡基准的选择上，汉代也有所变化。《汉书·食货志》记载了一种基准："黄金方寸而重一斤。"这是利用金属比重来确定度量衡基准的方法，它使长度和重量通过黄金这种物质而统一起来。在当时，这无疑是一种比较先进的方法。

秦代虽然统一了度量衡，形成了一套上下关联的单位制，但在度量衡理论上并没有系统整理成文。中国古代度量衡理论体系最终形成时间是汉代，这一体系的完成者是西汉末年的刘歆。

---

① 〔汉〕班固撰《汉书》卷二十一上《律历志》，中华书局，1962，第966~971页。

图 3-6

光和大司农铜斛,上海博物馆馆藏(器口、底沿刻相同的 89 字铭文:"大司农以戊寅诏书,秋分之日,同度量、均衡石、㮩斗桶、正权概。特更为诸州作铜斗、斛、称、尺,依黄钟律历、九章算术,以均长短、轻重、大小,用齐七政,令海内都同。光和二年闰月廿三日,大司农曹祾、丞淳于宫、右仓曹掾朱音、史韩鸿造"。器壁刻"阳安"二字。阳安是地名,东汉属豫州汝南郡)

二、王莽度量衡改革的成果及影响

西汉末年，王莽秉政，为了邀买名誉，为取代汉朝做舆论准备，王莽以托古改制为手段，指派刘歆为首，征集当时学识渊博、通晓天文音律的学者百余人，考订历代度量衡制度，进行了一场大规模的度量衡制度改革。这一改革历时数年，取得了两个方面的成果：一是形成了中国古代度量衡最系统、最权威的理论体系，二是在该理论的指导下制作了一批度量衡标准器，为这一改革提供了实物依据。

刘歆的度量衡理论至今犹存。在历史上，刘歆的政治人品常遭人非议，他出身西汉皇室，却主动投靠王莽，被封为国师，助纣为虐，最后又图谋背叛王莽，事败身亡，但他的度量衡理论却得到了后世一致认可。《汉书·律历志》在阐述度量衡理论时并不因人废言，而是对刘歆的学说持客观态度，认为该说"言之最详"，因而对之采取了"删其伪辞，取正义著于篇"的做法，去掉了他对王莽的阿谀奉承之言，而将其理论本身原原本本记载了下来。刘歆理论的具体内容，前文在讨论古人对度量衡基准的选择时曾有所涉及，这里不再赘述。

刘歆所监制的度量衡标准器，据《汉书》的记载，大致有以下几种类型：

①度器两种，一为铜丈，长1丈，宽2寸，厚1寸，以其来规定分、寸、尺、丈四度。另一为引，即竹制卷尺，长10丈，宽6分，厚1分，供长距离测量之用。

②量器1种，五量合一，青铜制造，主体为斛，下部为斗，左耳为升，右耳上为合，下为龠，表现斛、斗、升、合、龠5种量制。这种形式的量器留存至今，就是计量史上有名的新莽嘉量，如图3-7所示。

③权器5种，用铜或铁分别制造，均呈圆环状，环孔径为其外径的$\frac{1}{3}$，用以表示铢、两、斤、钧、石这5种权制。

④衡器至少1种，用铜或铁制成，类似现今之天平，起衡器作用。

这些标准器都刻有王莽统一度量衡的81字诏文，并于王莽"正号即真"的始建国元年（9年）正式颁行。王莽诏书中有"初班天下，万国永遵"字样，就是说这些标准器是初次颁布，要求各郡国遵照施行。西汉末年郡国数为103，故知这些标准器每种至少在百份以上。虽然为数不少，但时光流逝，沧桑巨变，能够留传至今者极其罕见。现存于台北"故宫博物院"的新莽嘉量，就是其中之一，真可谓无价之宝。

从出土文物来看，也有其他式样的度量衡器，同样刻有王莽统一度量衡的诏书。这些器物虽然未被收入《汉书》，但对于计量史来说，也同样弥足珍贵。图3-8为王莽始建国元年

图 3-7

新莽嘉量

第三章 历代度量衡的发展

(a)

(b)

图 3-8

新莽青铜方斗（方斗上口横刻篆书铭文："律量斗，方六寸，深四寸五分，积百六十二寸，容十升。始建国元年正月癸酉朔日制。"）

颁发的一种铜斗——新莽青铜方斗，该铜斗现藏中国国家博物馆。

王莽统一度量衡，颁发标准器，势必要求各地毁弃旧器，行用新器。这样一来，继王莽新朝之后的东汉王朝，除了继承王莽之制以外，别无选择。史书上对于东汉的度量衡建设，素乏记述，原因也就在于它完全继承了王莽的一套，缺乏自己的创新和发展。另外，东汉对于度量衡统一与否的重视程度也不及新莽王朝。据《后汉书·第五伦传》记载，第五伦在长安管理铸钱及市场诸务时，"平铨衡，正斗斛，市无阿枉，百姓悦服"。第五伦平正度量衡，得到百姓拥护，从反面说明了当时度量衡制度比较混乱。这也说明东汉对于度量衡制度的重视程度比不上新莽，当然更远不及秦代。既然不甚重视又无创新意图，只好全面沿袭新莽的一套了。

第三节　度量衡大小制的形成

三国鼎立时期，魏、蜀、吴三国各自管理自己的度量衡制度，基本制度沿用前一朝代，无大的变化。图3-9是甘肃博物馆收藏的一根嘉峪关出土的三国时期魏国的骨尺，骨尺长23.7厘米，宽1.6厘米，厚0.1厘米，以圆圈为尺星，刻度精细准确。一端有系孔，显示其是实用器具，而非标准器。该尺尺长跟东汉尺长23.5厘米基本一致，作为实用器具，制作如此精美，反映了当时的度量衡制作管理比较严格。

图 3-9

甘肃省博物馆馆藏三国时期魏国骨尺

两晋南北朝是中国历史上的动乱时期，国家处于分裂状态，政权更迭频繁。在这种社会背景下，统一的度量衡制度不复存在，中国度量衡的发展步入了混乱时期，这种混乱主要表现在北朝，度量衡量值出现了急剧增长的局面。

一、南北朝时期度量衡量值的急剧变化

据吴承洛研究，中国古代度量衡量值增长幅度的变化，自王莽的新朝开始，大致可分为三个时期。他说：

> 自新莽始，中国度量衡增率之变化，可分为三期：后汉一代度量衡之制，一本莽制，所有量之变化，乃由无形增替所致，是为变化第一期；南北朝之世，政尚贪污，人习虚伪，每将前代器量，任意增一倍或二倍，以致形成南北朝极度变化之紊乱情形，至隋为中止，是为变化第二期；唐以后定制，大约均相同，其有所变化，亦由实际增替所致，非必欲大其量，以多于人，自唐迄清，是为变化第三期。[①]

吴承洛还分析了度、量、衡三者各自单位量值在不同时期的具体增长幅度。他认为，就尺度而言，在上述变化的第一期，单位量值增幅约为5%，第二期则达25%，第三期约为10%。三期累计增长幅度约为40%。就量器而言，其量值的增长幅度更大。在第一期，增长率约为3%，第二期则高达200%，第三期亦与之类似，累计增长率约为400%。权衡器单位量值增长幅度则介于度、量之间。在上述变化的第一期，权衡单位量值基本没有变化，第二期则增长200%，第三期也基本上没有什么变化。吴承洛所得出的这些数据，随着出土度量衡器物的增加，可能会有某些变化，但他所描述的度量衡量值变化的历史过程，则无疑是准确的。

显然，在上述三个时期中，南北朝时期度量衡量值最不稳定，增幅最大。之所以会有这种局面，原因不在于科学。因为在南北朝时期，度量衡科学仍然取得了长足进步，例如刘徽就曾发明了"割圆术"，找到了计算圆周率的科学方法，而圆周率是度量衡设计不可缺少的一个关键数据，所以这一发明对于度量衡技术至关重要。刘徽还运用他得出的圆周率值（3.14）

---

① 吴承洛：《中国度量衡史》，上海书店据商务印书馆1937年版复印，1984，第55~56页。

测量并计算了魏大司农斛和新莽铜斛（即新莽嘉量），得到了它们的精确数据，并发现新莽嘉量一斛只相当于魏斛的9斗7升4合强。再如祖冲之求得了更精确的圆周率值，他运用他得到的圆周率考校了新莽嘉量铭文记载的尺寸，指出了刘歆计算上的失误，并重新给出了具有6位小数的精确的直径数据。又如西晋泰始十年（274年），荀勖受命考校太乐，通过研究古籍、古器，发现后汉至魏，尺度增长了4分有余。他依据这一发现制定了律尺，受到当时人们的称赞。另如梁武帝，亦通晓音律，并能采用校验古器、积毫累黍之法考定新制。类似例子还可再举出一些。这说明在魏晋南北朝时期，度量衡科学仍然有所发展。由此，度量衡制度的混乱与当时的科学无关。

南北朝时期，中国大地长期出现南北政权对峙局面。一般说来，南朝度量衡基本还能保持稳定，北朝则呈急剧增长趋势，以至于其平均单位尺长达到了秦汉时的1.25~1.3倍，量器和衡器单位量值更是达到秦汉时的2~3倍的增长幅度。所以，要探讨这个时期中国度量衡量值急剧变化的原因，要从北朝的政治、经济状况着手。

北朝一开始主体是北魏。北魏统治者出身于经济文化落后的游牧民族，西晋时北魏社会尚停留于奴隶制社会，以后在进入中原过程中，才逐渐向封建制社会转变。北魏政权对于建制立法，颇不着力。在其建国后相当长一段时期内，对官吏没有实行俸禄制，而是任其贪赃勒索，政治上腐败至极。另外，官府向人民征收高额税赋，并规定如果所征税赋份额不足，就要严厉惩罚。各级官吏为了多收税赋，取悦上官，中饱私囊，不惜滥用职权，加之对度量衡没有严格的管理制度，就使得鲜卑贵族与汉族官吏、地主一道，任意加大尺、斗、秤，恣意妄为、盘剥百姓而不受惩处。没有健全的法制，这是当时度量衡量值急剧增长的主要原因。也正因为如此，历代学者在讨论北魏度量衡混乱状况时，无不将其归因于当时政治的腐败和官吏的贪污，这是合乎实际的。

从经济状况来看，魏晋南北朝是中国历史上自然经济占绝对优势的时期。自然经济容易造成地区间的封闭和割据状态，导致法制松弛，使得本来应该统一的度量衡制度也陷入各自为政的状态。这也是造成当时度量衡制度混乱的原因之一。

实际上，南北朝时期南北双方并非对度量衡的重要性毫无认识，双方都有过整顿度量衡的举措。但由于各种原因，这些整顿都没有达到预期的结果。就南朝而言，《梁书》提到，梁武帝萧衍（464—549）即位之初即曾表示要整顿度量衡："自是中原横溃，衣冠殄尽；江左草创，日不暇给；……高祖有天下，深愍之，诏求硕学，治五礼，定六律，改斗历，正权衡。"[①]

---

① 〔唐〕姚思廉撰《梁书》卷四十八《列传第四十二·儒林》，中华书局，1973，第661~662页。

在此之前，祖冲之更是精研圆周率，重新计算了刘歆所造的"嘉量"，利用他所得到的圆周率值校正了嘉量有关数据，使度量衡科学达到了新的高峰。由于种种因素，南朝度量衡的衍变尚未达到失控的程度。

相比南朝来说，北朝强调要整顿度量衡的次数更多。北魏孝明帝元诩（510—528；在位515—528）即位不久，在御史中尉元匡对统一度量衡一再呼吁之下，秉持朝政的胡太后假借皇帝名义下诏，让元匡主持考订度量衡制度。但元匡的考订最终不了了之。北魏分裂为东魏、西魏后，东西两方也都有整顿度量衡之议。据《北史·列传·景穆十二王下》记载，在东魏，朝中重臣高澄曾向朝廷奏利国济人所宜振举者十条："一曰律度量衡，公私不同，所宜一之。"整顿度量衡被其列为首务，表明度量衡的混乱在当时已经达到不能置之不理的程度。据《北史·魏本纪第五》记载，在西魏，则有文帝元宝炬（507—551）大统十年（544年）"秋七月，更权衡度量"之举。据《北史·魏本纪下第十》记载，这次"更权衡度量"的效果却令人生疑，以至于到了北周建德六年（577年），在周武帝宇文邕（543—578）的主持下，还要再度整顿度量衡："八月壬寅，议权衡度量，颁于天下。其不依新式者，悉追停之。"这是南北朝时期整顿度量衡制度力度最大的一次，遗憾的是，不到一年宇文邕就因病英年早逝，使得这次度量衡统一事业再次中途而废。总体来说，虽然北朝内部多次提出要整顿度量衡，但由于社会组织形态的原始决定了其缺乏足够执行力，加之没有相应的法治保障，上层还不停地权斗，政权稳定性很差，这些，都导致了历次整顿均未能遏制住其度量衡混乱的趋势，最终，隋朝实现了度量衡的再度统一。

二、隋朝的度量衡统一：大小制登上历史舞台

南北朝时代结束于隋。隋不但实现了南北统一，还于开皇年间统一了度量衡，这是中国历史上继秦始皇之后在中华大地上再次实现了全国范围内度量衡统一。隋王朝统一度量衡并非易事，因为隋王朝是在北周基础上建立起来的，这样，隋朝要统一度量衡，不能不考虑北周度量衡量值已经增大这一事实。所以隋朝统一度量衡，必须要认可当时的度量衡制度，并将其法定化。因此，隋初，日常社会生活采用的是北朝时期已经急剧变大了的度量衡制度。这种制度，较之所谓秦汉古制，要大得多。《隋书·律历上》说："开皇以古斗三升为一升……以古秤三斤为一斤。"至于尺度，则采用北周市尺，折合今制约合29.6厘米，比之新莽铜斛尺增长了6.5厘米。这是隋初开皇年间制定的度量衡制度。这一制度，因为符合当时社会实际，加之管理严格，得到了有效施行。大业三年（607年），隋炀帝曾下令度量衡恢复古制，

因不合实际，未能通行，民间仍沿用隋朝前期的制度，隋炀帝改制归于流产。隋唐以降，大体上执行的是隋初的度量衡制度。

度量衡重新获得统一，有利于经济发展，社会进步，但这同时又带来一个新问题：新度量衡制度对保持某些科技测量数据的一贯性极为不利。例如乐律用尺，如果采用隋初尺度，则"黄钟律管九寸"之说肯定不能成立，以之制礼作乐，必然导致八音不和，乐律失舛。再如天文用尺，传统上对各个节气相应日影长度都有记述，如果采用新制，测量所得就会与已有数据完全不符，不仅不利于历法制定，还违反了儒家的"天不变道亦不变"的信条。又如医药方剂，同样的剂量，按秦汉古制可以治病，而按隋初新制则足以置人于死地。这种局面，当然要尽力避免。这是隋统一度量衡时不能不考虑的问题。隋王朝对此采取的解决办法是实行不同的度量衡制度，在调乐律、测日影、定药量以及制作冠冕礼服时，用秦汉古制，而在其他方面，则采用当时的制度。这就形成了所谓的大小制。

度量衡大小制的雏形产生自西晋。荀勖考校乐律而求得古尺，与当时日常用尺已有区别，这表明他所用的乐律尺与民用尺已经不一致。荀勖新律尺问世以后，对当时影响很大。著名医家裴頠就曾上言：既然荀勖新尺已经证明当时通行的尺度过大，那么就应该对度量衡制度进行改革。如果改革一时不能完全到位，至少也应该先对医用权衡进行改革。遗憾的是，由于各种缘故，裴頠的建议并未被晋武帝所采纳。裴頠的建议表明，在他心目中，度量衡制度最好能够统一，如果实在要实行大小制，也应该把医药领域纳入小制。即使如此，限于客观条件，他的建议也未得到采纳，西晋王朝并未在全国范围内重新统一度量衡制度，甚至连医用权衡也未能进行改革。荀勖的律尺只是在音律领域得到了使用，这实际上导致了当时两种度量衡制度的并存。后来，祖冲之考校前代尺度，认为荀勖律尺符合古制，于是以之测日影、定历法，这是南北朝时量天尺与日常用尺不一致的典型例子。实际上，自西晋始，每逢改朝换代，校乐律、定历法必求古器，说明人们已经充分意识到了度量衡应该有大小制的区别。到了隋朝，隋文帝统一度量衡，明文规定测日影用南朝小尺，官民日常用尺则采用北方大尺，从而进一步肯定了度量衡大小制的使用。

第四节　唐五代度量衡的演变

在经历了隋末的社会动荡之后，中国历史迎来了被后世称为"大唐盛世"的李唐王朝。

唐朝甫立，百事待兴，在度量衡方面，面临的首先就是度量衡制度的选择问题。隋朝建立的时候，面对南北朝遗留的不同的度量衡制度，选择了大小制并存的方式。这种双制并存的做法，不符合古代传统。在《淮南子·主术训》中中国古人对度量衡的期许是："夫权衡规矩，一定而不易，不为秦楚变节，不为胡越改容，常一而不邪，方行而不流，一日刑之，万世传之。"任何一个王朝，都要保持度量衡的稳定和统一，这是中国古代诸子百家共同的理想。唐朝初立，是彻底改革隋代的双制并存的度量衡制度，回应古人的期许，还是继承隋代做法，或是发展自己的度量衡制度，这是当时政治家必须做的一道选择题。

一、度量衡制度：大小制并存

实际上，度量衡制度的选择取决于多种因素的综合作用。单纯依靠古人的理想，通过乐律累黍，回归古代传统，在现实中是行不通的。唐代的政治家对此有清醒的认识，他们知道，度量衡应该与时俱进，不能墨守成规。对此，在《唐会要》中唐代大儒颜师古在理论上有所论述：

> （贞观）十七年（643年）五月，秘书监颜师古议曰：……且夫功成作乐，理定制礼，草创从宜。质文递变，旌旗冠冕，今古不同，律度权衡，前后莫一，随时之义，断可知矣。[①]

颜师古历经隋唐两代，他着眼于事物发展的规律，认为礼乐的制定，是事功完成以后的行为，在事业的初创时期，此类事情需要从简。由此，礼乐度量衡之类的事物，不可能一成不变，有一个从简朴到复杂的演变过程，需要因时因地制宜。他的看法，代表了初唐政治家的共识。在实践中，他们也确实是这样做的，即不再追求盲目的复古，而是尊重现实，兼顾理想，继承隋制，采用大小制并存的做法。而且，唐代把这种大小制的构成做了明确的规定，并写入法律条文。对此，《唐律疏议》有所记载：

> 量，以北方秬黍中者，容一千二百为龠，十龠为合，十合为升，十升为斗，三斗为大斗一斗，十斗为斛。秤权衡，以秬黍中者，百黍之重为铢，二十四铢为两，三两为大两一两，十六两为斤。度，以秬黍中者，一黍之广为分，十分

---

① 〔宋〕王溥撰《唐会要》卷十一《明堂制度》，《四库全书》本。

为寸，十寸为尺，一尺二寸为大尺一尺，十尺为丈。①

这里给出了度量衡大小制的具体定义及换算关系。在度量衡小制上，唐朝采用的还是西汉末年刘歆为王莽篡汉做准备时制定的乐律累黍学说，不过在定义上抽取掉了其中的乐律部分，直接以黍米定义度量衡，规定以北方一种秬黍为中介物，一个个头适中的秬黍的宽度被定义为一分，十分为一寸，十寸为一尺，这样就把长度单位确定了。对于重量单位，则规定一百个这种秬黍的重量为一铢，二十四铢为一两，十六两为一斤，由此确定了重量单位。对于容积单位，则规定能容一千二百粒这种秬黍的容器单位为一龠，十龠为合，十合为升，十升为斗，这样容积单位也得到了确定。图 3-10 是南京博物院馆藏汉骨尺，长 23.2 cm，基本反映了刘歆考订度量衡时的尺长标准。

至于大小制之间的换算关系，《唐律疏议》明文规定，大尺是小尺的 1.2 倍，大两是小两的 3 倍，大斗是小斗的 3 倍。至于其具体量值，就尺度而言，现存唐尺不少，图 3-11 是洛阳博物馆馆藏唐蔓草纹鎏金铜（残）尺，残长 24 厘米，约 8 寸。按其刻度线实测 7 寸长 21.57 厘米，推算一尺合 30.81 厘米。该尺反映的是唐大制 1 尺的长度。综合各种资料来看，唐朝大制 1 尺约合今 30 厘米。唐尺虽然容易确定，容量却缺乏确定的实物或资料可供考证，只能根据上述大小制换算关系，以秦汉每升为 200 毫升为标准，推算出唐代一大升约合今 600 毫升。关于重量单位，依据《唐律疏议》的规定，"三两为大两一两"，即大制 1 斤等于小制 3 斤。这里的小制，有据可追的是西汉末年刘歆考订度量衡时制作的新莽嘉量，该量传世至今，《汉书·律历志》记"其重二钧"，今实测重量 13 800 克，据此则可推算出刘歆时 1 斤合今约 226.7 克，它的三倍为 680 克，1 两为 42.5 克。这是从文献结合汉代文物推算出的唐代斤重，对唐代的考古发掘基本上也可以证实上述推算。

需要指出的是，虽然唐代的量制和衡制可以据刘歆考订度量衡的结果加以推论，但如果以唐大制 1 尺约合今 30 厘米的量值推算，唐小制的 1 尺约合 25 厘米，则打破了秦汉以来乐律尺长 23.1 厘米的传统，与刘歆考订度量衡时确定的尺长并不一致。这也说明历史上度量衡三者量值的演变并非是保持古代比率同步变大的。

更需要指出的是，唐律对容积单位进制"十龠为合"的规定，打破了《汉书·律历志》"合龠为合"即 1 合 =2 龠的旧进制，使容积单位实现了彻底的十进制。这是特别值得肯定的。

有唐一代，并非没有人依据传统的"乐律累黍"学说对度量衡单位量值进行考订并试图

---

① 〔唐〕长孙无忌等撰《唐律疏议》卷二十六《校斛斗秤度》，《四库全书》本。

图 3-10
南京博物院馆藏汉骨尺

图 3-11
洛阳博物馆馆藏唐蔓草纹鎏金铜（残）尺

改正。据《唐会要》记载：

> 大历……十一年（776年）十月十八日，太府少卿韦光辅奏称："今以上党羊头山黍，依《汉书·律历志》，较两市时用斗，每斗小较八合三勺有余；今所用秤，每斤小较一两八铢；每铢六黍。今请改造铜斗斛尺秤等行用。"制曰：可。至十二年二月二十九日，敕："公私所用旧斗秤，行用已久，宜依旧。其新较斗秤宜停。"①

公元776年，太府寺少卿韦光辅向唐代宗李豫上奏，说他按照《汉书·律历志》的方法，用上党羊头山的黍子校订当时行用的度量衡，发现斗、秤等均有不准，请求皇帝同意按他考订的结果制作新的度量衡标准。他的请求得到了批准，但是没过多久，李豫就发现了这种做法的不妥，再次下旨，重新行用已有的度量衡制度。这件事表明，唐代朝廷还是比较注意维

---
① 〔宋〕王溥撰《唐会要》卷六十六《太府寺》，《四库全书》本。

持度量衡基本制度的稳定的。

在大小制度量衡使用范围的界定上，唐代有明确的规定，《唐会要》记载：

> 诸积秬黍为度量权衡者，调钟律，测晷景，合汤药，及冕服制用之外，官私悉用大者。①

即是说，在音律、天文、医药及制作礼仪服装时，用传统小制，其余的日常生活方面，则使用大制。可以看出，使用小制的范围，基本上属于当时的高科技领域，在这些领域，需要参考历史数据，而用小制测量的结果，可以与历史数据比较，这是保留度量衡小制的根本原因。另一方面，由于社会上已经习用大制，若将其重新改为小制，既要付出巨大的经济成本，也不符合人们的使用习惯。所以，在当时的情况下，采用大小制并存的做法，是合理的。

严格来讲，度量衡大小制乃至多制并存的局面，在历史上并不鲜见，甚至秦汉时亦有存在。但从官方角度正式明确度量权衡分大小二制，以法律形式将其固定下来，并规定其适用范围且有条文可查，则是唐代的发明。这是唐代度量衡史上的一件大事。

二、度量衡管理：实行法制化

在采用大小制并存的做法的同时，唐代还对度量衡的管理给予了特别的重视。大概是吸取了南北朝时期法治不彰导致度量衡极度混乱的教训，唐代度量衡管理的一大特点是将度量衡纳入了法制化管理的范围，为此制定了严厉的度量衡法律条文。《唐律疏议》中涉及于此有多处条文，如对私自制作度量衡器，就有如下的规定：

> 诸私作斛斗秤度不平，而在市执用者，笞五十；因有增减者，计所增减，准盗论。【疏】议曰：依令"斛斗秤度等，所司每年量校，印署充用"。其有私家自作，致有不平，而在市执用者，笞五十；因有增减赃重者，计所增减，准盗论。
>
> 即用斛斗秤度出入官物而不平，令有增减者，坐赃论；入己者，以盗论。其在市用斛斗秤度虽平，而不经官司印者，笞四十。【疏】议曰：即用斛斗秤度出入官物，增减不平，计所增减，坐赃论。"入己者，以盗论"，因其增减，

---

① 〔宋〕王溥撰《唐会要》卷六十六《大府寺》，《四库全书》本。

得物入己,以盗论,除、免、倍赃依上例。"其在市用斛斗秤度虽平",谓校勘讫,而不经官司印者,笞四十。①

细致分析该条文,可以看出,规定得非常明细:私自制作度量衡器,在市场行用,即使制作得符合标准,但未经官方校勘盖印的,仍然要"笞四十";如果制作得不符合标准,就要"笞五十",而且还要根据其所获益,"准盗论",按盗窃罪或贪污罪处罚,除名,免官,加倍计算赃款等。类似的条文还有一些,这里不再赘述。

唐代对度量衡的技术管理,也有一些明文规定。例如,《唐会要》"太府寺"记载了度量衡标准的颁降和校验方法:

> 京诸司及诸州,各给秤、尺,及五尺度,斗、升、合等样,皆铜为之。关市令:诸官私斗尺秤度,每年八月,诣金部本府寺平较。不在京者,诣所在州县平较,并印署。然后听用。②

唐代各部门及各地使用的度量衡标准器,是由太府寺设计样式,以铜铸成,由中央政府颁发给有关部门及各地政府的。唐朝规定度量衡的主管机关是太府寺和地方州府县衙门。太府寺主要负责制定度量衡标准,颁发度量衡标准器,施行度量衡校验等。唐律规定对度量衡每年要定期校验印署,然后方可使用。度量衡校检时间规定为每年八月,在京者送太府寺平校,不在京者送所在州县官府平校。唐代建立了较为完善的三省六部行政管理制度,这使得其中央政府的规定能够得到较为有效的执行。图3-12为唐代六部之一的礼部的负责人礼部尚书的官印。

为了避免度量衡校验流于形式,唐律专门规定,如果执行校验的人员所校不平、私作者不合标准而仍然使用,或虽经校验平准而未钤官印者,均予治罪。监督校验的官员未察觉或知情者,亦分别治罪,见《唐律疏议》:

> 诸校斛斗秤度不平,杖七十。监校者不觉,减一等;知情,与同罪。
> 【疏】议曰:"校斛斗秤度",依《关市令》:"每年八月,诣太府寺平校,不在京者,诣所在州县官校,并印署,然后听用。"……有校勘不平者,

---

① 〔唐〕长孙无忌等撰《唐律疏议》第二十六《私作斛斗秤度》,《四库全书》本。
② 〔宋〕王溥撰《唐会要》卷六十六《大府寺》,《四库全书》本。

图 3-12
唐代礼部尚书的官印

图 3-13
中国国家博物馆珍藏的唐代鎏金铜尺

杖七十。监校官司不觉，减校者罪一等，合杖六十；知情，与同罪。[①]

总而言之，唐朝对于度量衡管理的各项规定，是相当完善的。因此，后世的宋、明、清各代，多以唐律为参照而制定自己的度量衡律令。唐制的重要性，由此可见一斑。

唐代政府制作的度量衡器，一般都很精致。有时甚至将其作为工艺品加以制作，如象牙尺、镀金尺等。这些精心制作的尺子，常被朝廷赏赐给臣下，甚至赏赐给外国使臣，有些唐尺就是这样流入日本的。唐代朝廷这样做的目的，自然是提醒官员注意度量衡重要性。图3-13为中国国家博物馆珍藏的唐代鎏金铜尺。

三、度量衡科学：创新与改制

在度量衡科学方面，唐代有两件事值得一提。一是新的重量单位"钱"的出现，导致重量单位的进制开始出现十进制。秦汉以来，长度和容量基本都是十进制，而重量单位却是非十进制，而且进率不一，使用时很不方便。这种局面，由唐初铸"开元通宝"钱为契机而得以改善。所谓"开元通宝"，是开辟新纪元及通行宝货的意思，与唐玄宗的开元年号（713—741）无关。"开元通宝"钱始铸于唐武德四年（621年），钱的直径为8分，重2铢4累，其形制见图3-14。根据传统两与铢之进率规定，1两重24铢，2铢4累恰为1两的$\frac{1}{10}$，即10枚"开元通宝"钱正好重1两。因为由10枚钱为1两比24铢为1两更便于计算，而且"开元通宝"钱铸造规范，均匀一致，于是，由一枚"开元通宝"钱的重量作为重量单位的计重方法就随着"开元通宝"的流行而逐渐出现。最终，唐代约定俗成地出现了一个新的重量单位——钱。钱这一单位的出现，使得重量单位出现了十进制，而且更趋于实用。

另一件事是张文收改进嘉量形制。贞观初年，张文收领受太宗诏令考订音律。当时太常寺有十二架古钟，人们只能使用其中的七架，《唐会要·雅乐上》记载："余有五钟，俗号哑钟，莫能通者。文收吹调律之，声皆响彻。时人咸服其妙，寻授协律郎。"张文收做了协律郎之后，又按照《汉书·律历志》的理论，考订了音律和度量衡的关系，铸造了一套度量衡标准器。唐代杜佑撰写的《通典》中对此有详细记载：

贞观中，张文收铸铜斛、秤、尺、升、合，咸得其数。诏以其副藏于乐

[①] 〔唐〕长孙无忌等撰《唐律疏议》卷二十六《校斛斗秤度》，《四库全书》本。

图 3-14

浙江博物馆馆藏唐开元通宝钱（开元通宝钱于唐开国三年后始铸，"开元"为"开国奠基"之意，"通宝"则为"流通宝货"之内涵。它的问世，宣告了自秦以来流通八百多年的铢两货币的结束，也标志着新的重量单位"钱"的开端）

署。……斛左右耳与臀皆正方，积十而登，以至于斛。铭云："大唐贞观十年，岁次玄枵，月旅应钟，依新令累黍尺，定律校龠，成兹嘉量，与古玉斗相符，同律度量衡。协律郎张文收奉敕修定。"[①]

显然，张文收设计的斛与刘歆设计的新莽嘉量思路一样，仍然是一个集龠、合、升、斗、斛五个量制单位于一体的复合标准器。不同的是，他的龠和合的进制是十进制，不像刘歆新莽嘉量的二进制。另外，张文收的嘉量是方形的，新莽嘉量是圆形的。

方形嘉量的设计，有其独特的意义。传统的圆形嘉量在设计时，不可避免要遇到圆周率问题。在历史上，最初的复合标准器是栗氏量，栗氏量规定其主体斛的内径是"方尺而圆其外"，到刘歆设计新莽嘉量时，发现栗氏量的规定所内含的圆周率过小，于是他在"方尺而圆其外"上又加上了"庣旁"，以符合设计要求。到了三国时，魏国刘徽发现刘歆的圆周率也不够准确，于是发明了割圆术，以推算更准确的圆周率。到了南北朝时，祖冲之运用刘徽发明的割圆术，把圆周率的准确值推算到了小数点后 6 位。但无论如何，因为圆周率是无理数，在设计圆形嘉量时，不管圆周率推算多么精确，总还有误差存在，况且祖

---

① 〔唐〕杜佑纂《通典》卷一百四十四《乐四》，《四库全书》本。

冲之的结果并未得到后人的广泛采纳。正因为如此，张文收将嘉量设计成方形，彻底摆脱了在嘉量设计中圆周率问题的羁绊，这是其独到之处。张文收制作的方形嘉量，实物未能留存下来，但其设计思想为后世所继承，如清代乾隆皇帝在设计嘉量时，就采纳了张文收的设计（图3-15）。

唐代度量衡科学研究方面还有一事值得一提，那就是李淳风对历代度量衡演变的梳理和考订。李淳风，岐州雍县（今陕西省宝鸡市凤翔区）人，唐代杰出的天文学家、数学家。唐代社会安定以后，开始进行前朝史书的编纂工作，李淳风也参与其事，科学史上著名的《晋书》《隋书》中的天文、律历等志，就出自他的手笔。李淳风在编撰这些史书的时候，对前朝各个时期的度量衡做了详细的考订，梳理了其演变脉络，记述了相关学者在度量衡领域所做的工作。一些重要的度量衡著作，得益于李淳风的记述而得以保存至今。特别值得一提的是，他对历代尺度做了详细的考订。李淳风意识到，自从《汉书·律历志》记载了乐律累黍说之后，后世多有按此法考订度量衡的，但由于"黍有大小之差，年有丰耗之异，前代量校，每有不同，又俗传讹替，渐致增损"[1]，导致历代尺度多有变化。为了厘清这些变化，李淳风搜集比较了历代尺度，将其分为十五等，并将其一一与其考订出来的晋前尺也就是周尺做了比较。他考列的十五等尺如下所示：

  一、周尺
   《汉志》王莽时刘歆铜斛尺。
   后汉建武铜尺。
   晋泰始十年荀勖律尺，为晋前尺。
   祖冲之所传铜尺。
   ……

  二、晋田父玉尺。梁法尺，实比晋前尺一尺七厘。

  三、梁表尺。实比晋前尺一尺二分二厘一毫有奇。
   ……

  四、汉官尺。实比晋前尺一尺三分七毫。
   ……

  五、魏尺。杜夔所用调律，比晋前尺一尺四分七厘。
   ……

---

[1]〔唐〕魏徵等撰《隋书》卷十六《志第十一·律历上》，中华书局，1973，第402页。

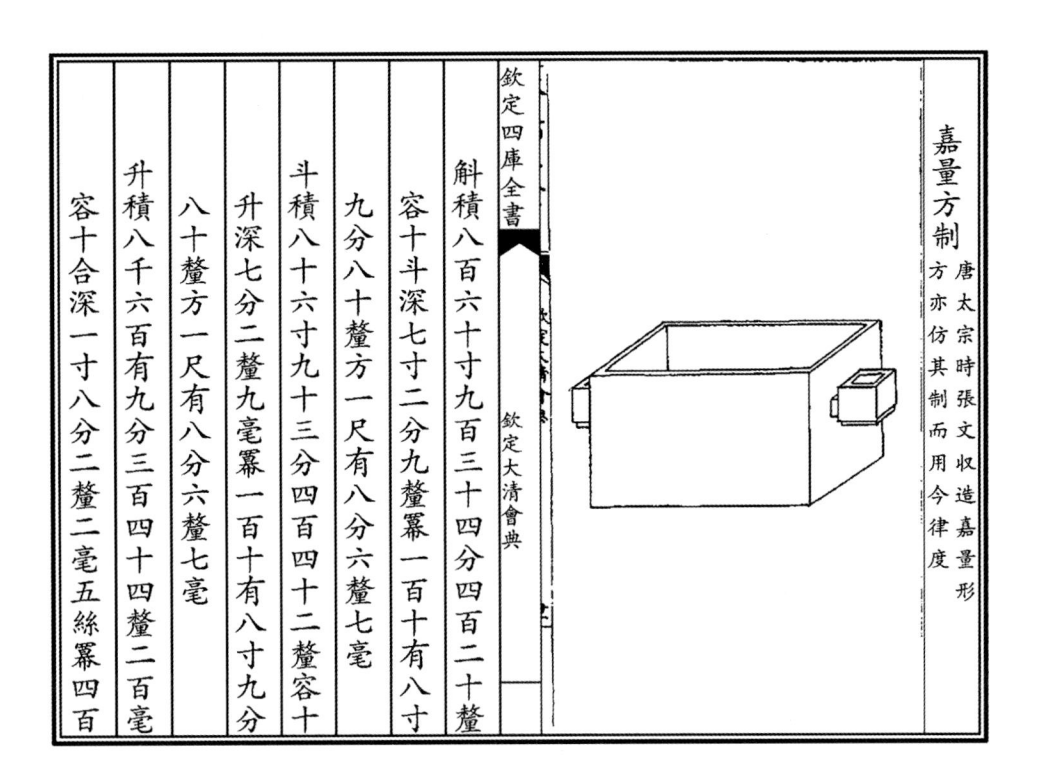

嘉量方制　唐太宗時張文收造嘉量形方亦仿其制而用今律度

欽定四庫全書　欽定大清會典

斛積八百六十寸九百三十四分四百二十釐

容十斗深七寸二分九釐冪一百一十有八寸

九分八十釐方一尺有八寸

斗積八十六寸九十三分四百四十二釐容十

升深七寸二釐九毫冪一百一十八寸九分

八十釐方一尺有八分六釐七毫

升積八千六百九分三百四十四釐二百毫

容十合深一寸八分二釐二毫五絲冪四百

图 3-15
《四库全书》对受张文收方形嘉量影响之乾隆嘉量的记载

六、晋后尺。实比晋前尺一尺六分二厘。

……

七、后魏前尺。实比晋前尺一尺二寸七厘。

八、中尺①。实比晋前尺一尺二寸一分一厘。

九、后尺。实比晋前尺一尺二寸八分一厘。即开皇官尺及后周市尺。

后周市尺，比玉尺一尺九分三厘。

开皇官尺，即铁尺，一尺二寸。

十、东后魏尺。实比晋前尺一尺五寸八毫。

……

十一、蔡邕铜籥尺。后周玉尺，实比晋前尺一尺一寸五分八厘。

……

---

① 这里所谓"中尺"的"中"，是个时间概念。后魏（历史上称曹丕创建的魏国为前魏，拓跋氏创建的北魏为后魏）时期尺度变化比较大，后魏前期的尺是第七条"后魏前尺"，本条是指后魏中期的尺，第九条"后尺"指后魏后期的尺。

十二、宋氏尺。实比晋前尺一尺六分四厘。

钱乐之浑天仪尺。

后周铁尺。

开皇初调钟律尺及平陈后调钟律水尺①。

……

十三、开皇十年万宝常所造律吕水尺。实比晋前尺一尺一寸八分六厘。

……

十四、杂尺。赵刘曜浑天仪土圭尺，长于梁法尺四分三厘，实比晋前尺一尺五分。

十五、梁朝俗间尺。长于梁法尺六分三厘、于刘曜浑仪尺二分，实比晋前尺一尺七分一厘。②

李淳风的考订为我们了解从汉代到隋代七八百年间中国尺度的变化提供了第一手资料。他所谓的周尺的尺长标准，我们可以通过留存至今的刘歆新莽嘉量而得知，有了这个基本尺度，其余各种尺度尺长标准也就一目了然。这些，都是李淳风的计量史研究带给我们的成果。

唐之后历史进入五代十国时期，天下混乱，度量衡的管理和制作自然也无暇顾及，一切制度，均沿袭唐制，听其自然。其中比较重要的一件事是后周王朴以累黍造尺的方法定音律。王朴律准尺比新莽尺长 2 分有奇，属于度量衡制的小制。在当时动荡的社会背景下，王朴能够用累黍的方法考尺定律，这是值得在度量衡史上记上一笔的。

第五节　宋元度量衡的发展

五代十国之后，中国历史进入宋王朝。如同隋唐一样，宋王朝对度量衡也给予了足够的重视。五代时期，国家分裂，度量衡的统一也受到严重影响，度量衡秩序紊乱。为了纠正这种局面，北宋政权建立伊始，就决心整顿度量衡，据《宋史》记载，宋太祖赵匡胤即位之后，

---

① 这里所谓的"水尺"，与船舶无关，是指用这种尺考订音律，得出的结果相当于铁尺考订出的南吕，南吕相当于黄钟音律中的羽声，而羽按照五行分类，属于水。所以叫水尺。

② 〔唐〕魏徵等撰《隋书》卷十六《志第十一·律历上》，中华书局，1973，第 402~408 页。

就采取了相应措施：

> 太祖受禅，诏有司精考古式，作为嘉量，以颁天下。……凡四方斗、斛不中式者皆去之。嘉量之器，悉复升平之制焉。①

所谓"精考古式"，实际上恢复的是唐代的度量衡制度，北宋钱易著有《南部新书》，书里记载了当时的度量衡制度：

> 令云诸度以北方秬黍中者，一黍之广分，十分为寸，十寸为尺（原注：一尺二寸为大尺一尺），十尺为丈。诸量以秬黍中者，容一千二百黍为龠，十龠为合，十合为升，十升为斗（原注：三斗为大斗之一斗），十斗为斛。诸权衡以秬黍中者，百黍之重为铢，二十四铢为两（原注：三两为大两一两），十六两为斤。诸积秬黍为度量权者，调钟律，测晷景，合汤药，及冕服制度，则用之。此外官私悉用大者。谓一尺二寸为一大尺，三斗为一大斗，三两为一大两，在京诸司及诸州各给秤尺度，斗、升、合等样，皆以铜为之。诸度地五尺为步，三百步为一里。②

这段话，除了最后一句，其他均与《唐律疏议》无异，显示宋初全盘接受了唐代的度量衡大小制，在制度的设定及使用范围上都一模一样。而且，宋代也像唐代一样，由中央政府制定度量衡器的标准样式，下发各地，供其参照使用。据《宋会要辑稿》记载：

> 太祖建隆元年八月，有司请造新量、衡，以颁天下。从之。③

建隆元年（960年）是赵匡胤即位的第一年，当年制作新的度量衡标准样式的事情就提到了议事日程，据《玉海》记载，到了乾德元年（963年）七月，在潭、澧等州就颁发了新度量衡标准器。这表明宋初统一度量衡的措施，是得到了认真执行了的。

整体来说，宋元度量衡的发展，大致有这样一些特点。

---

① 〔元〕脱脱等撰《宋史》卷六十八《志第二十一·律历一》，中华书局，1977，第1495页。
② 〔元〕钱易撰《南部新书》卷九，《四库全书》本。
③ 《宋会要辑稿·食货六九》，上海古籍出版社，2014，第8047页。

一、度量衡管理：规定具体而严厉

在初步确定度量衡制度以后，宋王朝的统治者对待度量衡，采用了一边加强管理，一边进行改革的做法。

在度量衡管理方面，宋代采取的措施，一是像唐代那样，在法律中对度量衡制度及规范等做出明文规定；另一方面，也是更重要的，则是针对各种具体情况，由君主颁发诏令，对度量衡混乱状况进行整治，对相应的不法行为进行打击。例如，据《宋会要辑稿》记载，大中祥符元年（1008年）十月，宋真宗赵恒下旨：

> 以御史中丞王嗣宗摄御史大夫，为考制度使；知制诰周起摄中丞，为副使。所经州县，採访官吏能否、民间利病、市物之价，举察仪制车服、权衡度量不如法则者。①

中央政府派员考察各地政情民俗，其中就包括度量衡是否遵守标准。对于不遵守标准甚至以之违法牟利者，宋朝的打击是很严厉的，《宋会要辑稿》就有这样一段记载：

> 权、衡之设，厥有常制，……应左藏库及诸库所受诸州上供均输金银、丝绵及他物，监临官当谨视秤者，无得欺而多取，俾上计吏受其弊。自今敢有欺度量而取余羡，其秤者及守藏吏皆斩，监临官亦重致其罪。②

这段文字，记录的是宋太宗赵光义在太平兴国二年（977年）下的一道诏旨，要求对利用度量衡弄虚作假者处以严厉的惩罚，具体操作人员要斩首，监管人员也要处以重刑。这样的处罚，对仓库的出纳及监管人员，确实有很强的震慑作用。宋太宗之所以要下这样严厉的诏旨，也是事出有因，紧接着上述引文，《宋会要辑稿》继续记载道："先是，诸州吏护送官物于京师，藏吏卒垂钩为奸，故外州吏多负官物，至于破产不能偿，太宗知其事，故下诏禁之。③"地方官员向中央政府送交税赋，仓库保管人员和守护人员利用度量衡敲诈勒索，使得"外州吏多负官物，至于破产不能偿"，太宗知道了这件事，这才有了下旨严厉

---

① 《宋会要辑稿·礼二二》，上海古籍出版社，2014，第1126页。
② 《宋会要辑稿·食货六九》，上海古籍出版社，2014，第8047页。
③ 同上。

打击的事情。纵观北、南两宋，中央政府对于利用度量衡弄虚作假的行为，都是采取严格要求、严厉打击的政策。正因为如此，两宋期间，度量衡制度基本上保持了稳定。

为了有效防止地方上利用度量衡弄虚作假，宋王朝还向一些大的矿场等发放标准器，以之作为校准其所用计量器具的标准。1975年，在湖南湘潭出土了一具被今人称为"嘉祐铜则"的青铜器（图3-16），就是宋代官府颁发的一种衡重标准。该铜则遍体刻缠枝牡丹纹，前后两面阴刻铭文，一面是"嘉祐元年丙申岁造"，另一面则刻"铜则重壹百斤，黄字号"，这

图 3-16
中国国家博物馆馆藏北宋"嘉祐铜则"

也是其名称"嘉祐铜则"的由来。嘉祐铜则今实测重6.4万克,按其自铭折算,每斤合640克。

除此之外,宋代还针对度量衡操作过程中有可能出现的漏洞,从操作程序上做出具体规定,如《宋史》中就有这样的记载:

> 又比用大称如百斤者,皆悬钩于架,植环于衡,环或偃,手或抑按,则轻重之际,殊为悬绝。……又令每用大称,必悬以丝绳,既置其物,则却立以视,不可得而抑按。①

这是专门针对较重物体测量做出的规定。过去测量较重如百斤以上物体时,都是把所用大秤悬在架子上,另外竖立一个环来搁置衡杆,在测量中,如果环竖得不够垂直,称重人员手扶衡杆一抬一按之间,测量结果就会相差很大。针对这种情况,宋政府专门规定,在进行此类称重活动时,必须用丝线将衡秤悬挂起来,使其反应灵敏,称量中重物与悬权达到平衡后,称重人员必须后退一步观察称重结果,不能再用手接触衡杆。这样的规定,可谓具体细致,有很强的针对性。

宋代度量衡的管理,也有失误的地方。北宋一开始沿袭唐代做法,以太府寺作为度量衡的制作和管理机构。熙宁变法中,制作度量衡的任务划归文司院,文司院采取了官府卖"印板",许民间根据"印板"自造升斗,这就为度量衡的不规范现象开了一道门。北宋中叶以来,一些专业部门如铸钱司、盐茶司、发运司等,开始设局自制度量衡,因其标准、规格不尽统一,导致度量衡出现混乱。各地官府也以中央政府提供的度量衡器不能满足需求为由,自行设坊制造,从中牟利。到了南宋以后,政府不得不再度整顿,颁发度量衡标准器于各地,禁止私造。

二、度量衡技术:有针对性的发明改进

宋代的度量衡改革,既有制度方面的变更,也有技术上的发明。宋朝算不上是一个强盛的国家,但其社会经济和科学技术却比较发达。与这种发达相适应的,是其在度量衡方面也有所改进。在重量单位进制方面,宋代在唐代最小十进单位"钱"下,增设了十进位制的分、厘、毫、丝、忽。将长度单位移于衡制,这是宋代的一个创造。从此以后,重量单位制除了

---

① 〔元〕脱脱等撰《宋史》卷六十八《志第二十一·律历一》,中华书局,1977,第1497页。

仍用 16 两为 1 斤、30 斤为 1 钧、120 斤为 1 石外，其他单位都采用了十进位制。

对于量器的形制和进率，宋代也有所改进。秦汉铜斛一般为圆柱形，隋唐以降容量增大，其直径亦相应增大，导致上口过大，不易平准。取平时稍有盈虚，则容值相去甚远。为此，南宋时将斛量改为截顶方锥形，上口小，下底大，均为方形。这种形制的量器，因其为方锥形，对其各边进行测量，较之对圆柱形内径的测量更易于实现，因此更能满足"以度数审其容"的要求。最重要的是，其上口小，容易用概平准，可以减少测量时的营私舞弊。因为有这些长处，元、明、清等后世王朝，在斛量的形式方面也都沿用了宋制。除此之外，南宋还更改了斛制。唐以前的斛量均以 10 斗为准。斛是五量中量值最大者。南北朝以来，量值的增加，达到古制的 3 倍，一斛所盛谷物太重，使用不便。另外，古籍中所记容量单位还有石，石与斛往往混淆。有鉴于此，宋代既改斛形，又革其制，南宋贾似道当政时，规定斛的进率为 5 斗，石的进率为 10 斗，1 石等于 2 斛。这样既明确了斛、石之关系，补正了斛名的空缺，又使得斛的实际大小更切于实用，因而这一改革亦被后世所采纳。

宋代度量衡的发展有一件大事，这就是能够精确进行小剂量称量的戥子的发明。北宋建国之初，颇重视度量衡之统一，宋太祖曾多次下诏，要求制作颁行统一的度量权衡。到了太宗时期，对度量衡改革的事情，开始提上议事日程。淳化三年（992 年），太宗发布诏令，命有司"详定称法，著为通规"①。负责管理国家度量衡器的官员刘承珪（又名刘承规，950—1013）按要求清理了国库所用的各种权衡器具，发现了一些问题，指出：

> 太府寺旧铜式自一钱至十斤，凡五十一，轻重无准。外府岁受黄金，必自毫厘计之，式自钱始，则伤于重。②

太府寺是当时度量衡主管机构，其所用天平砝码的称量范围自 1 钱至 10 斤，共 51 件，轻重并不规范，而外府每年所受的黄金贡赋，要求自毫厘计之，但太府寺最小的砝码是从钱开始的，无法对重量小于钱的黄金进行计量，而且这些砝码大都轻重无准，使用中容易造成混乱，产生弊端和争讼。对此，刘承珪"遂寻究本末，别制法物。至景德中，承珪重加参定，而权衡之制益为精备"③。为了解决这一问题，他制作了新的砝码，并经过反复校验，花了十多年时间，创制了两种小型精密的戥子，作为小重量精密测量的国家级标准量具。

---

① 〔元〕脱脱等撰《宋史》卷六十八《志第二十一·律历一》，中华书局，1977，第 1495 页。
② 同上。
③ 同上。

图 3-17
中国国家博物馆馆藏万历戥子

刘承珪创制的这两种戥子：一种最大量值为 1 钱半，分度值为 1 厘，以厘、分、钱、两为十进位制单位；另一种最大量值为 1 两，分度值为 1 絫，以絫、铢、两为不同进制单位，1 两等于 24 铢，1 铢等于 10 絫。这样的两套秤，可以满足不同进制小剂量称量的需要。此外，刘承珪还用一两戥子称淳化年间制造的铜钱，选每枚重为 2 铢 4 絫者，积 2 400 枚，合在一起，作为 15 斤的标准，并据此制成最大称量为 15 斤的标准秤。根据这些标准，重新铸造了一批成套的砝码，置于太府寺，并颁行于全国各地。《宋史·律历志》称，自从建立了这一套权衡标准以后，"奸弊无所指，中外以为便"。到了后世，戥子因制造简易，使用方便，称量精确，深受行市、商贾欢迎，成为称量金银、药物等贵重物品的专用工具而沿用近千年，为古代中国精密计量的发展做出了贡献。时至今日，宋代的戥子已经无存，中国国家博物馆藏有一副明万历年间的戥子（图 3-17），仍然可以让我们一窥古代戥子的风采。

三、度量衡制度：在承续中变革

与宋并存的辽、金、夏等少数民族政权有其各自的度量衡制，基本制度与宋朝相仿。现有辽代的崇德宫（又称尚德宫）铜量器，是给守卫宫殿的卫兵发放口粮所用的升，根据该升容量，可推知辽代的一升约合今 500 毫升。现存金代出土刻有自重铭文的银铤每斤重量在 634 至 639 克之间，与北宋银铤每斤重 640 克接近，表明金占领宋的北方后沿用了宋代的度量衡。

元代度量衡，史书记载很少，只能根据文物推断其度量衡量制。量制的自然增长，在所难免，但其具体幅度，却难以精准判定。元尺迄今未见有传世，史籍亦未见有明确记载，有学者另辟蹊径，从留存至今元代的官印及文献记载的官印规格推断元代尺度的量值，四川省

图 3-18
四川省出土的元延祐四年（1317年）"万州诸军奥鲁之印"印文

博物馆袁明森考察了四川出土的两方同文同制的元末八思巴文铜质"万州诸军奥鲁之印"（图3-18），印为正方形，每边长6.8厘米。两印的印面为蒙古八思巴字，印背右侧刻有与印面文字相对应的汉字，即"万州诸军奥鲁之印"，左侧刻"中书礼部造延祐四年八月　日"字样。"奥鲁"是元代军事制度的组成部分，按照《元史》的记载，"府、州、司、县达鲁花赤及治民长官，不妨本职，兼管诸军奥鲁"。[1]达鲁花赤是代表成吉思汗的军政、民政和司法官员，具有监临官、总辖官之意。元代汉人不能任正职，朝廷各部及各路、府州县均设达鲁花赤，由蒙古或色目人充任。同时还有知州、知县等官职。达鲁花赤和知州知县等均可兼任同级奥鲁。由此，这两方"奥鲁"官印，应同时是万州的达鲁花赤和知州所有。万州的达鲁花赤和知州都是从五品，根据《元典章》卷二九《礼部二·印章》所载，从五品印二寸。据此可以推知，元代一尺当合今34厘米。[2]

但是，也有学者认为，这两方"万州诸军奥鲁之印"的出现，不无可疑之处，怀疑可能是元代即存在的伪造官印活动的产物[3]。即使如此，该印留存至今，也成了元代文物，对于

---

[1] 〔明〕宋濂等撰《元史》卷九十八《志第四十六·兵制》，中华书局，1976，第2514页。
[2] 袁明森：《四川苍溪出土两方元"万州诸军奥鲁之印"》，《文物》1975年第10期。
[3] 薛磊：《元代"万州诸军奥鲁之印"再探》，"历史文献与古代社会研究的现状与展望"学术研讨会，广州，2016。

一、明代的度量衡管理

明王朝建立以后，像之前大多数王朝一样，自建立伊始就对度量衡管理给予了高度重视。洪武元年（1368年），明太祖朱元璋在控制了江南全境后，在应天府（今南京）称帝，当时全国还有大片土地没有收复，戎马倥偬之际，他依然关注到了度量衡，下了这样一道诏令：

> 兵马司并管市司，三日一次校勘街市斛、斗、秤、尺，并依时估定其物价。在外府州各城门兵马，一体兼领市司。①

这是首先明确了度量衡的管理体制：由军事管理部门统一负责。同时，还明确要求对市场上行用的计量器具斛、斗、秤、尺等，"三日一次校勘"。对于此项规定，《明史》亦有记载，只是记做"洪武元年命在京兵马指挥司并管市司，每三日一次校勘街市斛斗、秤尺，稽考牙侩姓名，时其物价"②。《明会典》亦有记载，也是要求兵马司"每三日一次校勘街市斛斗秤尺"，由此，当以三日一次为准。这样的校勘密度，是历代王朝所没有的，充分表明了朱元璋对度量衡问题的重视。

洪武二年（1369年），朱元璋又下令：

> 凡斛、斗、秤、尺，司农司照依中书省原降铁斗、铁升较定，则样制造，发直隶府州及呈中书省转发行者，依样制造，校勘相同发下所属府州各府正官提调，依法制造……③

这是明确了度量衡的颁降制度，由中央政府根据已经确定的度量衡式样，制造出标准器具，颁发给各府州县，令其遵照行用。

嗣后，明政府又颁发了一些新的政令，对已有的度量衡管理措施进行补充完善。例如，规定牙行市铺所用度量衡器具必须有官方的烙印方可使用，"洪武二十六年，规定在京仓库等处，所用斛、斗、秤、尺，由本部校勘，印烙发行。官器的制造，材料的支用，锤钩的铸造，由各部门分工负责，制成后交户部校勘收用"④。

---

① 〔明〕徐溥等撰《明会典》卷三十六《户部二十一》，《四库全书》本。
② 〔清〕张廷玉等撰《明史》卷七十四《志第五十·职官三》，中华书局，1974，第1815页。
③ 同①。
④ 吴慧：《新编简明中国度量衡通史》，中国计量出版社，2006，第141页。

为了确保市场交易的公平，明廷规定要将度量衡的式样标准公之于众，《明史》中曾经提到，"工部。尚书一人，左、右侍郎各一人"，其职责为"掌天下百官、山泽之政令"①，在其政令要求中就有这样的规定：

> 凡度量、权衡，谨其校勘而颁之，悬式于市，而罪其不中度者。②

"式"在此处是标准器具的意思。这一条规定，与后世在市场上摆置公平秤的做法，指导思想是一致的，都是要让消费者了解度量衡的标准，以最大程度上减少不法奸商利用度量衡进行欺诈的行为。

明代重视通过法律制度维护度量衡的稳定，对不同层面有可能发生的扰乱度量衡的行为都做出了惩罚规定。例如，根据《明会典》的规定，对个人私自制作度量衡或将官方颁发的度量衡私自加以改造以从中牟利者，给予严惩：

> 凡私造斛、斗、秤、尺不平，在市行使；及将官降斛、斗、秤、尺作弊增减者，杖六十。工匠同罪。③

工匠接受别人指使，私造或对官府颁降的度量衡进行作弊改造的，以同等规格治罪。对于官府制作颁降的度量衡不合标准者，则规定：

> 若官降不如法者，杖七十；提调官失于较勘者，减一等；知情与同罪。④

官方颁布的度量衡器如果不合标准，对社会的危害更大，所以，对这种现象的处罚比私造度量衡者要多杖十下，以示警诫。负责监督的官员在校勘方面失职，可以减轻罪行一等，但对知情不报者，则按同样的罪行处罚。《明会典》还规定，对在集市中的商户，他们使用的度量衡器具，虽然符合标准，但没有按照官方要求定期校勘并在其上印烙标记者，也要加以处罚：

---

① 〔清〕张廷玉等撰《明史》卷七十二《志第四十八·职官一》，中华书局，1974，第1761页。
② 同上。
③ 〔明〕徐溥等撰《明会典》卷一百三十五《刑部十》，《四库全书》本。
④ 同上。

> 其在市行使斛、斗、秤、尺虽平，而不经官司校勘印烙者，笞四十。①

这种情况，虽然处理相对较轻，也足够有威慑力了。而对仓库管理人员，处罚程度就要严厉得多了：

> 若仓库官吏私自增减官降斛、斗、秤、尺，收支官物而不平者，杖一百。以所增减物计赃，重者坐赃论。因而得物入己者，以监守自盗论。工匠杖八十；监临官知而不举者，与犯人同罪，失觉察者，减三等，罪止杖一百。②

管理仓库的官员为谋私利私自改造度量衡器具，这种行为所受处罚最重，杖一百；参与这种行为的工匠，即使他们不是官员，也要受到严厉的处罚，杖八十，仍然比其他贪贿行为所受处罚要重。

为了防止仓库管理人员坑害民众从中牟利，《明会典》规定，在官府收受税粮时，可以由缴纳税粮的人亲自动手操作：

> 凡各仓收受税粮，听令纳户亲自行概，平斛交收，作数支销，依令准除折耗。若仓官斗级，不令纳户行概，跌斛淋尖，多收斛面者，杖六十。……提调官吏知而不举，与同罪，不知者不坐。③

"概"同"槩"，是用来刮平的器具。仓库在贮粮过程中，时间一长，势必会有损耗，当时已经规定了一定的损耗率，但仓库管理人员借口粮食会有损耗，在收粮过程中会采取一些动作，故意多收。引文中的"跌斛淋尖"就是他们最常用的动作。所谓"跌斛"，有的版本作"踢斛"，意思是一样的，都是指通过晃动斛器，使粮食压实，借此以多收；而"淋尖"，则是在斛被装满后，用木板刮平时故意让粮食冒尖一些，因为斛口很大，这样一冒，就会多出来不少。现在《大明律》明文规定可以让缴纳者自己动手刮平，确实能够有效地避免仓库收缴人员"跌斛淋尖"行为，从而保护了农民利益。图3-20为《授时通考》中描绘的升、斗、概。

---

① 〔明〕徐溥等撰《明会典》卷一百三十五《刑部十》，《四库全书》本。
② 同上。
③ 同上。

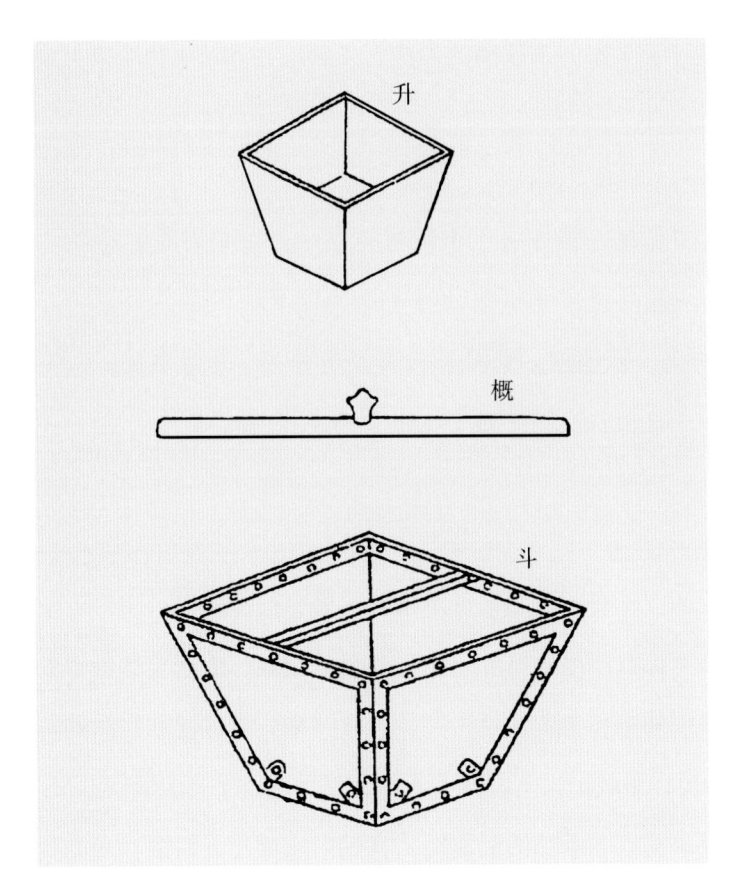

图 3-20
清《授时通考》中描绘的升、斗、概示意图

明朝在维护度量衡稳定性方面下了很大力气，仅洪武至嘉靖的近 200 年间，颁发有关度量衡的法令 17 次。但一些意想不到的因素，使其度量衡体系仍然出现了变化，这种变化就是行业度量衡的兴盛。

二、明代行业度量衡的出现

明代手工业及商业都较前朝有了更大的发展。对于这些发展，政府并未预料到它们与度量衡之间的相互作用，结果导致了不同行业所用度量衡也不同的现象进一步加剧。一开始，是由于行业从业者担心各类损耗导致自身的损失，同时也为了使用中的便捷，于是采取了加大单位量值的做法。对这种做法，政府未预计到其对国家度量衡体系的冲击，采取了放任自流的做法，时间久了，就逐渐形成了不同行业采用不同的度量衡标准的现象。该现象主要体现在尺度上，出现了营造尺、量地尺、裁衣尺三个系统。这就是计量史上有名的行业度量衡。

行业度量衡的出现，并非始于明代，在宋代已经存在，明代只是变本加厉而已。它为今人考订当时的度量衡量值增加了麻烦。现在我们了解明代的这些不同的度量衡体系，基本上采纳的是当时著名音律学家同时也是计量学家的朱载堉的说法。朱载堉在其《乐律全书》中对这三种尺度有明确说明：

> 今常用官尺有三种，皆国初定制，寓古法于今尺者也。……一曰钞尺，即裁衣尺，前所谓织造段匹尺也。此尺与宝钞纸边外齐，是为衣尺，又名钞尺。二曰曲尺，即营造尺，前所谓方高一尺者也。此尺与宝钞黑边外齐，是为今尺，又名曲尺。三曰宝源局铜五尺，即上条所谓量地五尺也。此尺比钞黑边长，比钞纸边短，当衣尺之九寸六分。①

朱载堉这里提到的钞尺，与明代的宝钞有关。明代继承宋代传统，向全国发行宝钞。宝钞的印制，有一定的规格和图案，长宽都有严格的尺寸。据朱载堉的记载，大明宝钞钞币的边长则为当时的裁衣尺 1 尺，钞上墨框外边长为营造尺 1 尺。这样一来，宝钞就和当时的行业度量衡发生了关联，所以被称为钞尺。朱载堉自己在该书中用原尺寸图绘了当时的营造尺、量地尺、裁衣尺三种尺度，今人通过对其原刊本绘图的实测，得到了这些尺度与现在米制的换算关系为营造尺长 32 厘米，裁衣尺长 34 厘米，量地尺长 32.7 厘米。此外，文物工作者还在中国国家博物馆保存的多张大明宝钞中（如图 3-21），选择其中一部分比较完整的，逐一进行了测量。测量的结果，宝钞币边长平均为 34 厘米，墨框长度平均为 32 厘米。这就是说，明代营造尺 1 尺长 32 厘米，裁衣尺 1 尺长 34 厘米。实测的结果，验证了朱载堉的说法。

2004 年，考古专家在南京龙江造船厂遗址出土了一把木尺，该尺木色黝黑，为扁长条形，正面标有刻度，包括寸、半寸和分。尺全长十寸，在五寸处加刻"×"形符号，以特别显示半尺的位置。木尺背面有"魏家琴记"四字铭文（图 3-22）。该尺的出土，对了解明代造船尤其是郑和宝船的制作中所用的计量器具，提供了第一手证据，同时也为我们了解明代尺度提供了佐证。该尺现测值长 31.3 厘米，与明代工部颁行的尺也就是营造尺的长度基本一致。这也证明朱载堉的记述是正确的。

1965 年，上海塘湾明墓出土了一把木尺，该尺横断面呈拱形，等分为十寸，长度为今 34.5 厘米。塘湾木尺的出土，为朱载堉关于裁衣尺长度的记载提供了实物证据。关于当时裁衣尺的长度，明代朱舜水曾经提到，周尺当"明朝裁缝尺六寸四分弱"②。所谓"周尺"，一般是指战国时尺度，现在我们通过对战国文物例如商鞅方升的考辨，知道战国时每尺长

---

① 〔明〕朱载堉撰《乐律全书》卷二十二《律学新说一》，《四库全书》本。
② 上海文献丛书编委会：《朱氏舜水谈绮》卷上《尺式》，华东师范大学出版社，1988，第 93 页。

图 3-21
中国国家博物馆馆藏二百文大明通行宝钞

图 3-22
南京博物馆馆藏明代"魏家琴记"木尺

23.1 厘米。如果按这个数字推算，明代的裁衣尺长约为 36 厘米。但明代的人对周尺的真正的长度并不了解，他们心目中的周尺的长度，约合现在 22 厘米左右。例如，明朝皇帝为了显示自己的高贵，其服装和大部分礼器的制作，都是用所谓的周尺：一尺十寸，尺长就是 22 厘米。由此，通过朱舜水所言，我们多了一条考证明代人心目中的周尺尺度的途径。

关于量地尺，朱载堉在《乐律全书》也有说明，对该书原刊量地尺长的测量，得出的结果是 32.7 厘米，而按朱载堉的说法，量地尺"当衣尺之九寸六分"，衣尺即裁衣尺，按裁衣尺长 34 厘米计算，则量地尺的长度应为 32.64 厘米，与对该书量地尺实际长度测量结果基本一致。当然，由于行业度量衡本身是一件违反度量衡发展规则的事情，也是政府监管的薄弱环节，让其所有用尺都保持整齐一致，是不可能的。也正因为如此，在已经出土的明代尺中，尺度有所参差不齐，也是可以理解的。

在量器方面，朱载堉《乐律全书》卷四描述了明成化十五年（1479）颁布的一只铁斛（图 3-23），并绘制了其具体样式，铁斛上铭有"成化十五年奏准铸成永为法则"字样，说明该

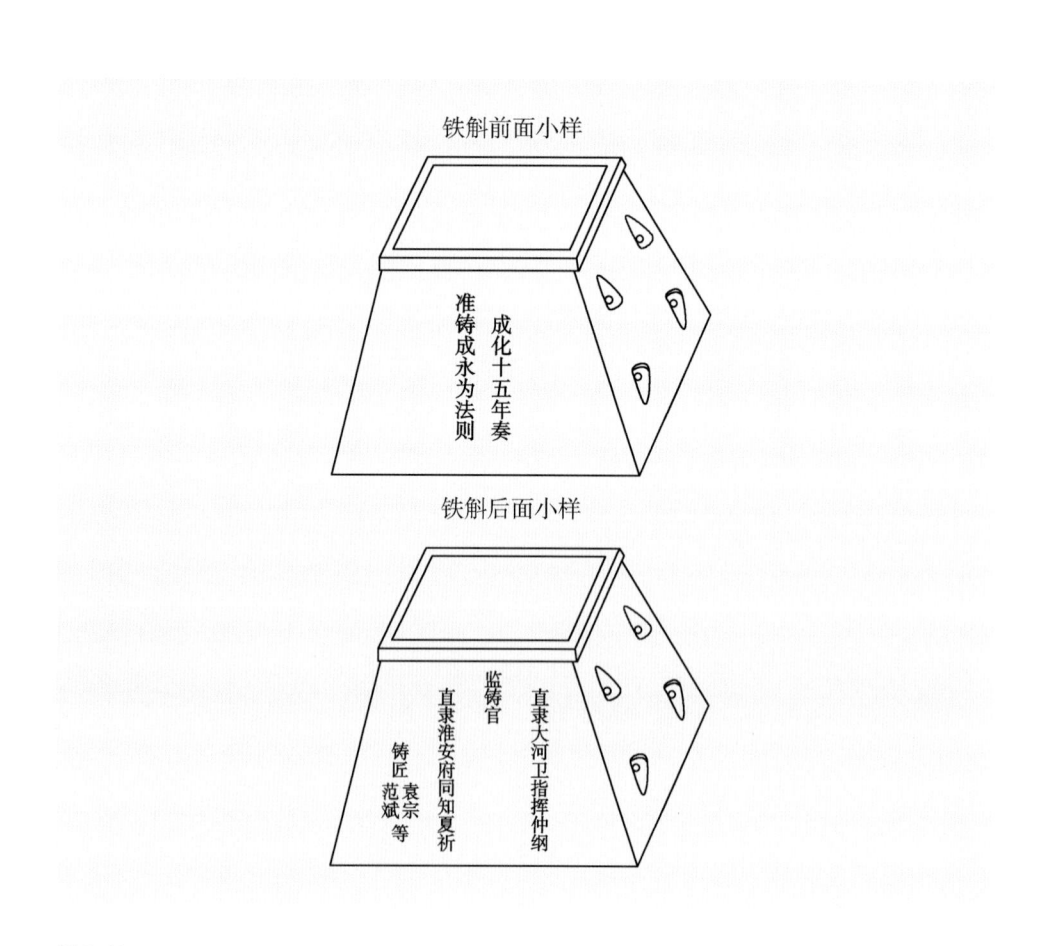

图 3-23
朱载堉《律学新说》所载成化铁斛示意图

铁斛是作为标准器使用的。《乐律全书》记载了该铁斛的具体尺寸：

> 依宝源局尺量，斛口内方九寸；底内方一尺五寸；深一尺，置口九寸。①

依据这样的数据，可以推算出该斛以量地尺表示的容积为 1 470 立方寸，按量地铜尺长 32.64 厘米推算，则该斛容积约为 51 117.3 毫升。明代 1 斛等于 5 斗，由此可得明代的一斗约合今 10 223 毫升。中国国家博物馆藏有明成化兵子铜斗，测试容积为 9 600 毫升，与成化铁斛推算结果不一致，这是由于该铜斗并非当时颁降的标准器的缘故。

至于明代的衡制，则无法按上述方式加以推算，只能通过对标有自重的出土明代器物的测量而得以知晓。目前各地博物馆存有多件明代砝码、银锭等，但对这些砝码、银锭的测量结果却参差不齐，基本上以每斤 600 克为中心上下浮动，浮动范围在几克到十几克之间。

三、清代的度量衡管理与度量衡科学

清朝是中国历史上最后一个封建王朝，其立国之后，与古代其他王朝一样，对度量衡问题给予了足够的重视。清朝立国未久，朝廷即下令颁布度量衡制度，顺治五年（1648 年），户部通过比较当时所用的不同的斗斛，择定标准，确定斛样后发给州府行用。顺治十二年（1655 年），再次向各州府颁降铁斛，后又向关市颁布秤尺、砝码，要求称量货物务必秤准尺足，违反者处罪。

清代度量衡管理方式的定型，则要到康熙朝。乾隆时张照有一段话，将康熙朝管理度量衡的几个特点说得很清楚：

> 我圣祖仁皇帝心通天矩，学贯神枢，既以斗尺称法马式颁之天下，又凡省府州县皆有铁斛，收粮放饷一准诸平，违则有刑。又恐法久易湮，且古法累黍定度，度立而量与权衡准焉，度既不齐，黍数即不合，躬亲累黍布算，而得今尺八寸一分恰合千二百黍之分，符乎天数之九九，于以定黄钟之律尺，既定矣，又恐不寓诸器，则法不可明，乃于御定数理精蕴书内载其法，以金银制为寸方，著其轻重，而度与权衡之准，了如指掌。雍正九年列之为表，载入大清会典，

---

① 〔明〕朱载堉撰《乐律全书》卷二十四《律学新说四》，《四库全书》本。

颁行天下，诚百世以俟圣人而不惑焉。①

这是说康熙时首先确定度量衡器物形制式样，然后制成标准器，颁行各省府州县，要求一体遵行。对于违反规定者，则由刑法治罪。做了这种规定之后，又担心时间长了，人们把标准忘记了，于是按传统方法重新推演度量衡标准的由来，写在书中，公之于世，让天下都知道。

康熙确定度量衡形制式样，有很具体的技术考量，《清实录》对此有详细记载：

> 上谕大学士九卿等曰：各省民间所用斗斛，大小迥然各别，此皆牙侩平价之人牟利所致。又升斗面宽底窄，若少尖量，即致浮多。稍平量，即致亏少。弊端易生，职此之故。嗣后直隶各省斗斛大小，应作何画一？其升斗式样，可否底面一律平准？至盛京金石、金斗、关东斗，亦应否一并画一？尔等议奏至是。大学士九卿等议覆臣等查顺治五年，户部将供用库旧存红斛与通州铁斛较，红斛大，铁斛小，将红斛减改为斛样。顺治十二年，铸造铁斛二十具，一存户部，一贮仓场，直隶各省皆发一具。今应令工部照部中铁斛，铸造七具，分发盛京、顺天府五城。外其升斗，俱改底面一律平准，各造三十具。分发直隶各省等处永远遵行。盛京金石、金斗、关东斗，皆停其使用。从之。②

可以看出，康熙皇帝的考虑，主要涉及两点：一是如何从技术上尽可能杜绝度量衡器的使用者利用度量衡器具弄虚作假，二是各地所用量值不同的度量衡器物要完全统一，特别明确提到满族政府原在东北地区所使用的金斗、关东斗，也要停止使用。作为清最高统治者，他能思考到这样具体的技术问题，是难能可贵的。

至于用法律打击利用度量衡的弄虚作假行为，清朝也规定得十分详尽，在现存的《大清律例》中可以看到对各种在度量衡使用方面的违规行为的详细的处罚规定。对此，这里不再赘述。

康熙皇帝利用传统方法对度量衡标准进行考订，是清代度量衡科学的重要发展。康熙皇帝对中国传统的礼教、典章制度十分推崇，继康熙四十三年（1704年）颁降新的度量衡标准器给各府州县之后，康熙五十二年（1713年），他又根据《汉书》记载的音律累黍方法考订了清代的度量衡基准，并将其写入他组织精通音律之士编订的《律吕正义》（即《御制律吕

---

① 《清通典》卷六十七《乐五》，《四库全书》本。
② 《圣祖实录》卷二一六《康熙四十三年四月至七月》，载《清实录》（第六册），中华书局，1985，影印本，第189页。

正义》）一书。清朝尺度比秦汉时增加许多，为使累黍结果既合古制，又与当时用尺一致，康熙皇帝巧妙地采用纵横两种不同的累黍方式，从而得出清营造尺与律尺的比例关系：

> 验之今尺，纵黍百粒得十寸之全，而横黍百粒适当八寸一分之限。……以横黍之度比纵黍之度，即古尺之比今尺。①

这里所谓的古尺，即指律尺。这就是说，纵黍百粒为当时营造尺尺长（32厘米），横黍百粒为律尺尺长（25.92厘米），即律尺1尺折合营造尺的8寸1分。按黄钟管长为律尺的9寸，则清代黄钟管长恰合古尺1尺（23.3厘米）。

必须指出的是，康熙自以为他通过纵横两种不同的累黍方式，找到了"古尺"与"今尺"的比例关系，实际上，他最终确定的结果与历史上真实的战国秦汉尺度并不相合，只不过当时人们对所谓古尺的真实长度并不了解。无论如何，康熙皇帝考订度量衡的思路是值得肯定的，即首先确定尺度，尺度确定以后，量器的容积通过规定体积而得以确定，砝码的轻重通过规定比重而得以确定。在康熙"御制"的《数理精蕴》中，列有度量衡表，具体规定了金、银、铜、铅等金属每立方寸的重量以及升、斗、斛、石容积的具体方寸数。这种做法，构建了一套互相有校定关系的度量衡制度，此即清代的营造尺库平制。这种以度量衡三者相互校定来建立相应制度的做法，是对汉代以来度量衡科学的继承和发展。以金属比重确定重量基准的方法，比用粟米的参验校正更科学。到了清末制定度量衡标准时，又进一步采用纯水的比重确定权衡标准，避免了以金、银、铜、铅四种金属的比重为基准，得出数值容易彼此矛盾的现象。

乾隆皇帝对度量衡单位的制定也很关注。乾隆七年（1742年）"御制"《律吕正义后编》，再定权量表，规定尺度和量器仍依康熙"御制"《数理精蕴》之制，衡重则以黄铜方寸重6两8钱为标准，并由工部制造成标准器，颁行各省。乾隆九年（1744年），又仿新莽嘉量和唐太宗时张文收所造方形嘉量图式，精心设计和制造了清嘉量方、圆各一，范铜涂金，列于殿堂。清嘉量设计水平很高，除了能统一反映度、量、衡基准之外，还能表现出汉尺、清律尺、营造尺三者的差别，而在形制与有关数字上又与古制一致，设计制造很不容易。正因为如此，嘉量制成之后，清廷专门择其中的方形嘉量（图3-24），置于太和殿广场前的丹陛月台上，与计时仪器日晷（图3-25）分置左右两侧，成为遗留至今的中国古代度量衡科学高度发达的实物见证。

---

① 《御制律吕正义上编》卷一《黄钟律分》，《四库全书》本。

图 3-24

故宫太和殿前丹陛月台上放置的乾隆方形嘉量

(a)

图 3-25

故宫太和殿前日晷

(b)

第七节　近代度量衡制度的建立

1911年10月10日，辛亥革命爆发，敲响了清王朝的丧钟。嗣后，经过多方博弈，以袁世凯为首的北洋势力主政中国，北洋政府成为中华民国的代表。袁世凯后来称帝失败，身死名裂，北洋政府四分五裂，中国进入军阀割据时代。1927年，蒋介石在南京建立国民政府，定都南京，成为中华民国的代表。中华民国成立伊始，就面临着晚清以来度量衡混乱愈演愈烈的局面，划一度量衡一时成为当务之急。

一、清末民初度量衡的混乱

清末度量衡混乱有一个演变过程。清初对于度量衡制度的制定颇为慎重，管理也较严格，取得了一定成效。清代中叶，政府对于统一度量衡之措施，不再严格执行，度量衡制度开始紊乱，并且紊乱程度随着清王朝的衰落而愈演愈烈，迨到清末，已经发展到了无以复加的地步。各种形式的度量衡器具名目繁多，制度各异。就尺度而言，除法定的营造尺外，还有各种行业用尺，如所谓木厂尺、高香尺、裁尺、货尺、造船尺、织物尺、算盘尺等等。量器有市斛、枫斛、粮麦斛、百料斛、庙斛、灯市斛等。权衡器有平秤、漕秤、盐秤、炭秤、锡秤、水果秤、茶食秤等。吴承洛曾简单列举过各种名目和量值的度量衡器，度量衡三者每一类都高达几十种之多，量值互不相等。即使是同一种行业度量衡，不同地域差别也很大。即以木工尺为例，河南大尺长57.98厘米，而福州木尺长仅19.98厘米，二者相差近3倍。在容量方面，各地差别也同样极大。甘肃兰州升的量值约8 400毫升，而广西贺县一升才420毫升左右，二者相差20倍。就重量而言，在各地的衡器中，杭州的炭秤，每斤合半市斤多一点儿（285克），而河北藁城的旧线子秤，每斤将近2 500克，二者相差近9倍。另外，还有各种外国制度，如英制、法制、日制、俄制等。度量衡制度的庞杂混乱，漫无定规，达到了登峰造极的程度。

清末度量衡制度的混乱，原因是多方面的。从传统来说，康熙时统一度量衡制度，康熙皇帝从便民出发，允许民间各类度量衡器的存在，只是要求将这些度量衡器与官方确定的度量衡制度建立换算关系。这种做法形式上似乎便利了民众，实际上为度量衡的混乱开启了方便之门。从技术因素而言，清初定制采用的方法是累黍定尺，这种方法是沿袭传统方法，本身即有不确定处，难以适应已经发展了的社会的需要。清中叶以后，政治日益腐败，官吏贪污之风盛行，官府出纳，收入必设法加大尺斗，支出则力图调轻斤两，上行下效，制度焉能不乱。对行业度量衡的发展，官府也持放任自流的态度。与此相关的还有法制不健全、政府的放纵软弱。清廷对于度量衡器的校验检定，并不十分重视，虽有定期校勘的规定，却未认真执行。私作者枉法牟利而不受处罚，后继者趋之若鹜，也就在所难免了。封建社会延续到它的末期，已经没有能力再去保持度量衡的整齐划一了。

造成清末度量衡制度极度混乱的另一个重要原因是帝国主义的侵略。19世纪中叶，东西方列强用军舰和大炮，强行轰开中国的大门，使中国走上了半封建半殖民地的道路。随着通商口岸被打开，外国经济侵略加剧，各国度量衡制度也纷纷输入中国。清廷既无力统一国内度量衡制度，更无力抗御外国度量衡制度的纷乱侵入。咸丰九年（1859年），粤海关（广东海关旧称）权被英国人李泰国攫持，嗣后各帝国主义国家竞相效仿，使得中国的海关控制权尽数落入列强之手。海关上使用的币制和度量衡制度，中国人无权过问。各国海关衙门借口中国度量衡混乱无规，均设专款条例确立相互折算办法，由此导致了海关尺和关平秤的出现（图3-26）。中国度量衡史上丧权辱国的海关度量衡，就是这样产生的。

外国度量衡对中国的侵入是多方面的。例如海关由英国人管理，就用英制；邮政由法国人管理，就用米制；铁路、航路主权，英、法、德、日、俄均有染指，属英、美者用英制，属法、德者用米制，属日本者用日制，属俄国者用俄制。甚至国内的商店贩卖货物，亦视货源而采取相应制度。工厂制造产品，则视所用机器的进口来源而采用相应的制度。度量衡的混乱程度已无可究诘，这与帝国主义的侵略，是分不开的。

图3-26
汕头海关史陈列馆保藏的19世纪末20世纪初海关专用秤

二、清末改革度量衡的尝试

清末,变法思潮兴起。迫于压力,清廷对于度量衡制度也不得不考虑改革。但由于积弊已久,办事拖拉,自光绪二十九年(1903年)廷臣有此提议,至光绪三十四年(1908年),政府才拟订出一个"划一度量衡制度"的方案。这次定制,因为整个国家还处于封建专制淫威之下,必须"恪遵祖制",所以尺度仍以康熙纵黍累尺所得之营造尺为准,量器衡器亦力求以考得之康熙制度为准,只是考虑到金属质地纯杂不同,将原由金属比重确立之衡器基准换算为以纯水1立方寸之重为标准。实际上,由于度量衡制度本质上是人为选择的结果,采用何种单位制度是一方面,建立科学合理的管理制度更为重要。鉴于当时西方科学已经输入中国,方案拟订以后,清政府即派员赴国外考察,将新制与万国公制做了参证,并商请国际权度局(现国际计量局)用铂铱合金为原料制造了营造尺和库平砝码原器,以镍钢合金为原料制造了相应的副原器(图3-27)。原器和副原器于宣统元年(1909年)制成后送达中国,现保存于中国计量科学研究院,是中国最早的高精度之度量衡基准器。

清末度量衡改制,首先以万国公制之公分(厘米)长度及公分(克)重量来比对营造尺长度与库平砝码重量,并按现代科学方法制作了标准器,使得中国的度量衡终于走出了"累黍定律"传统,有了自己可称为达到现代化要求的标准器。这是度量衡沿革史上的一大进步。

图 3-27

国际权度局1909年为清政府制作的铂铱合金"两"原器及镍钢合金"两"副原器

只是当时清王朝大厦将倾，已到了朝不保夕的地步，根本无力再去推行相应的制度了。

三、民国政府统一度量衡的努力

随着清政府被推翻，度量衡改革进入了一个新的时期。当时度量衡制度紊乱错杂，毫无准则，民国初立，正是进行彻底改革的极好时机。主管此事的工商部经过反复讨论，认为应该适应世界潮流，直接采用米制，借以消除对外贸易的障碍，统一全国混乱的度量衡制度。这一提议曾送呈当时的国务会议通过，并提交临时参议院会议。只是当时的议员们只顾争权夺利，直到国会成立，亦未议决，也就无法付诸实行。

后来，北洋政府农商部成立，农商部认为公尺过长、公斤过重，与当时国民心理和习惯相差甚远，难以施行，于民国3年（1914年）拟订《权度条例》草案，仿效美、英等国英制与米制共存的做法，采取甲、乙两制并行，甲制为营造尺库平制，乙制为国际通用的米制。甲制为过渡时代的辅助制度，一切比例折合，均以乙制为准。并设权度制造所与检定所，委托农商部权度处主持其事。此一议案虽于民国4年（1915年）被北洋政府以《权度法》名义公布，但因两制并用而无简单比例，难于折算，不便记忆，因此推行起来阻力很大。特别是北洋政府政权更迭频繁，战祸迭起，军阀们醉心于争权夺利，于国计民生浑然不顾，对推行统一度量衡制度之事漠不关心，导致经费无着，使得当时已公布的《权度法》形同虚设，全国度量衡制度混乱状态依然如故，无纤毫改善，甚至比前朝有增无减。

民国16年（1927年），南京政府成立。因度量衡事关国计民生，南京政府对之十分重视，指示工商部负责新制度的制定及推行事宜。工商部认为事关重大，应慎重对待，首先要制定科学的标准，于是组织专家详加研究。研究的结果，大致形成了两种意见：一种主张完全推翻万国公制，依据已知的科学原理，运用科学进步所能提供的最新手段，参考中国传统习惯，制定独立的中国度量衡制度；另一种则从既应有科学的标准，又要便于国际交往，更须适应国民习惯与心理的角度出发，主张完全采用国际米制，另设辅制以资过渡，而辅制与公制之间须有最简单的比例关系。第二种意见为大多数学者所赞同，也获得工商部组织的度量衡标准委员会认可。只是辅制如何设立，也争议颇久，经过反复推敲，最后认为以徐善祥、吴承洛二人的提案为最佳。根据该提案，1公升等于1市升，1公斤等于2市斤（10两为1斤），1公尺等于3市尺（1 500市尺为1里，6 000平方市尺为1亩）。这就是近代史上度量衡改革著名的一二三制。该提案以国际公制为标准，市制为过渡，但市制又系由公制演绎而出，实际上与公制成为一体，且与公制有一、二、三之最简单比例关系，既方便记忆，又易于折合使用，且与民间传统旧制量值相去不远，因此得到了当时工商部及南京政府各委员会的认可，最后经南京政府修正后，于民国17年（1928年）7月18日以《中华民国权度标准方案》名义正式公布于众。标准方案与徐、吴方案的差异在于市斤的进率。徐、吴方案为贯彻十进制，以1斤分为10两，而南京政府最后审查时，认为市制既然属于过渡性质，且又为迁就传统习惯，不如仍用16两为1斤，故此标准方案公布时，仍然维持1斤等于16两之旧制，比徐、吴方案后退了一步。

《中华民国权度标准方案》的公布，意味着中国度量衡制度与国际公制接轨，开始进入了近代计量的新阶段。嗣后，为了保证该方案的实施，民国18年（1929年）2月，南京政府又颁布了《中华民国度量衡法》，然后在中央政府成立了全国度量局，负责全国度量衡行政事宜。同时扩充度量衡制造所，制造各种标准器，颁发全国各省、市、县。还设立了度量衡检定人员养成所，培养专业人员和检定人员，为统一度量衡事业造就技术骨干。图3-28所示就是民国时期河南省度量衡检定所使用的一个五公斤标准器。

为了推行新的度量衡制度，当时的工商部还行文给中央各部及地方行政机关，要求协助办理，获得各界支持。海关贸易则由外交部会同财政部通令各海关总署，于民国23年（1934年）起一律改用新制。各省也逐步开始推行新法。然而，由于各种原因造成国民经济衰退，工业、科技及教育事业凋零，特别是由于日本侵华，导致国土沦陷，中日战争全面爆发，打断了民国政府推进度量衡统一的进程，使得民国时期新的度量衡制度始终未能通行全国，只有与人民生活密切相关的市用制，逐步流行开来。

图 3-28
民国时期河南省度量衡检定所五公斤标准器

第四章
计时方法的演化

时间计量是计量学的重要研究内容之一。时间计量的要素是计时仪器和计时方法。时间单位确定以后，如何选用合适的计时仪器反映出时间的流逝，则是计时方法所要解决的问题。由此，计时仪器和计时方法的发展演变，也就成了计量史的重要研究对象。

第一节　日晷计时的发展

时间概念的产生，源于人们对太阳视运动的感受。早期时间单位的划分，也以太阳在空间的方位为准，例如12时制和《淮南子》中记载的15时制都是如此。这种情况启发人们想到，要计量时间，只需观察太阳在空中的方位即可。但太阳在空中，缺乏观测背景，无法标示其具体方位，而且阳光直射人目，也不便于观察。鉴于这种情况，人们又想到，只要在平地上立根杆子，观察其影子方位的变化，就可以逆推太阳的空间方位，从而得知相应的时刻。这种想法的实施，就导致了日晷计时的诞生。

一、地平式日晷

早期的日晷计时，大概是选择一块比较平坦的地面，当中竖一根杆子，在杆子周围的地面上画上一些用来表示时刻的线条，根据杆影落在这些线条之间的位置，来读取时刻，如图4-1所示。这根立在地上的杆子，叫做表。我们现在把机械计时仪器叫做钟表，其来源即与此有关。这个表和周围刻画有用以表示时间的线条的地面就构成了一种原始的日晷，刻画有时刻标志的地面就是日晷的晷面。"晷"字本身具有日影的含义。日晷计时就是根据阳光下

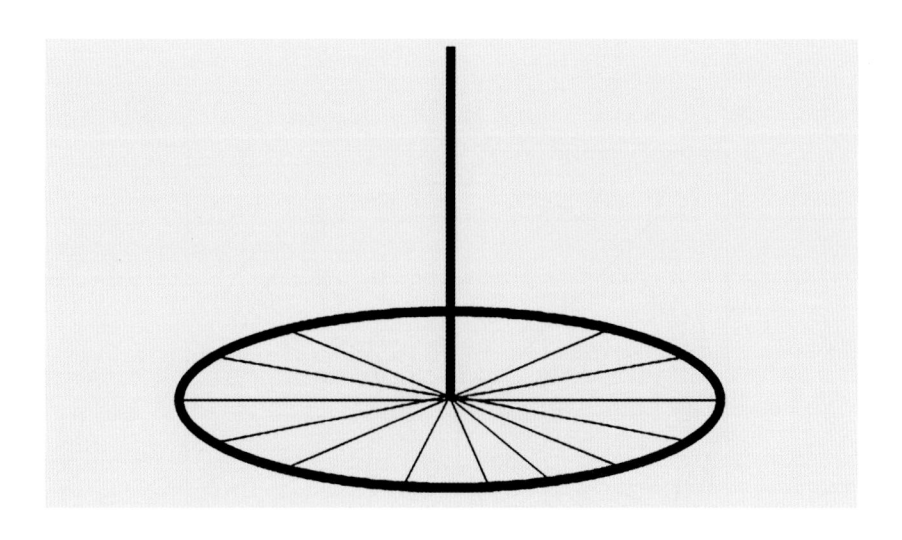

图 4-1
原始地平式日晷示意图

表影位置的变化来确定当时的时刻。晷面水平放置的日晷叫做地平式日晷，它是早期日晷计时的产物。

日晷计时在中国古代究竟何时产生，现在尚无可信的文字记述。最早的记录是在《史记》中。根据《史记·司马穰苴列传》记述，战国时齐国受到燕国进攻，连遭败绩，齐景公根据朝臣的举荐，任命将军田穰苴率军抵抗，同时任命庄贾为监军。田穰苴跟庄贾约定第二天中午到军营会齐。为了确定中午时刻，他先到军中，在用漏刻计时的同时，还立起一根表杆，通过观察杆影来确定时刻。这就构成了一架地平式日晷。这件事表明，在战国时，利用日晷计时已司空见惯。据此，日晷的产生应不晚于战国，这是不言而喻的。

秦汉时期日晷形制，我们今天还能有幸窥见。1897 年，在内蒙古呼和浩特以南的托克托城出土了一块方形石板，用大理石制成，石板尺寸为 27.5 厘米 ×27.4 厘米 ×3.5 厘米。石板的板面上刻了一个大圆圈，圆心处为一直径 1 厘米的圆孔，不穿透。圆面上约 $\frac{2}{3}$ 的部分均匀刻画有 69 根辐射状分划线，辐射线与外圆的交点处钻有一小圆孔，圆孔的外侧按顺时针方向依次标有 1～69 的数字，数字是用汉代小篆书写的，具体见图 4-2。该器实物形象见图 4-3。根据出土情况和所刻文字，可以断定这块石板为秦汉之际的遗物。该石板现收藏于中国国家博物馆，中国国家博物馆将其定名为"石日晷"。

从石板形制来看，它具备测定时刻的功能。因为 69 个圆孔将圆周分为 68 份，每份相当于圆周的 1%，以此为据补足未刻部分，则可等分圆周为 100 份，正与时刻制度的一日百刻相对应。石板上分划线分布的范围与其出土地点太阳出没方位分布的最大范围基本相当，

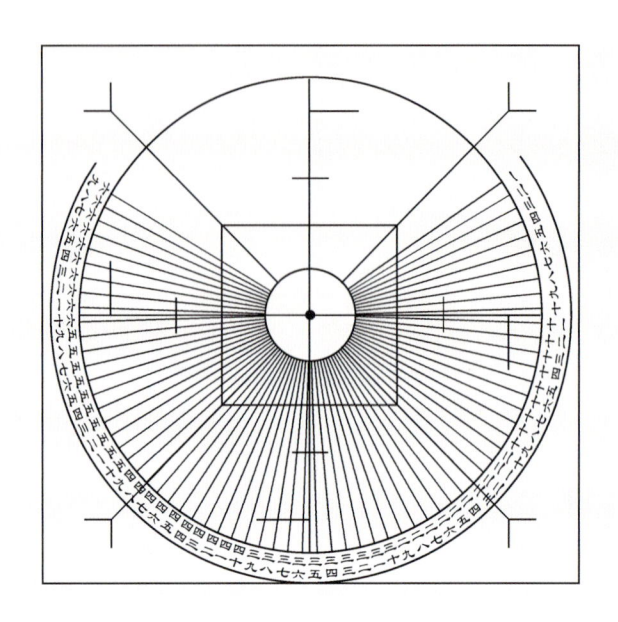

图 4-2
秦汉之际的日晷示意图

图 4-3
中国国家博物馆陈展的内蒙古托克托日晷

这说明它所测知的是白天的时刻。至于具体使用方法，应该是将石板水平安放，有辐射状标志线的部分放在北面，沿南北方向摆正，然后在石板中心圆孔处竖直插表，观测表影在辐射状标志线间的位置，就可以得知当时的时刻。因为中心圆孔不穿透，它只能是一个地平式日晷。

如果仅仅为了读出每日的具体时刻，外圆内圈的 69 个圆孔似乎多余，因为观察者只要在圆心小孔处竖一表杆，观看日影投影于哪条辐射线上，就能根据辐射线顶端对应的数字，读出具体的时刻。实际上，外圆圆孔的存在，使得该日晷还具备测定每日白昼长度的功能。具体使用方法是，在石板中心竖立一表，称为定表，另外准备两个小表，称为游表，在每日的日出、日没时刻，把两个游表分别插在与日影对应的小孔里，通过观察两个游表之间的时间刻数，就可以计算出当日的白昼长度。这种昼夜时长的测定，对于校正漏刻是很重要的。漏刻计时是否准确，古人一般是用日晷进行校正的。用日晷确定昼夜时长以后，掌漏人员就可以根据这一结果校准漏壶的流速，调整漏刻显示的昼夜长度，确定更换漏箭的日期。

另外，此时两个游表之间的连线，对应的是当地的东西方向，其垂直平分线对应的是正南正北方向。所以，该石板还具备定向功能，可用以校正其本身是否沿正南北方向摆放。

在中国计时仪器史上，托克托日晷的出现并非孤例。1932 年，在河南洛阳金村也出土了一块石板，形状与托克托日晷基本一致，这表明它们具有相同的用途。金村日晷现存于加拿大皇家安大略博物馆。这两块日晷同属秦汉之际，但其出土地点却相距甚远，这意味着当时它们已在相当大的区域内被使用了。但无论如何，此类日晷当时的文献没有记载，后世又销声匿迹，再无出土，说明它们存在时间并不长，这又是为什么呢？

原因在于这类日晷存在着较大的计时误差。

我们知道，太阳在天上的周日视运动是同赤道面平行的，只有将日晷的表沿着垂直于赤道面进行投影，影子的移动才是均匀的。如果把日晷平放在地上，日出和日没时表影移动得快，中午则移动得慢，这就产生了误差。由此，地平式日晷晷面上如果是均匀刻度，就不能反映真正的时刻。而无论是托克托日晷，还是金村日晷，其晷面辐射状分划线的分布都是均匀的，用来计时，当然不理想，这也许就是它们未能流传下来的原因。另一方面，对于托克托日晷的使用方法，迄今学术界还有不同看法。因为只要将该石板倾斜放置，使其晷面与当地赤道面平行，它就具有了赤道式日晷的功能，但赤道式日晷的出现不可能一蹴而就，当时的宇宙结构学说还是盖天说，认为太阳在人们头顶上空围绕北天极平转，这种情况下不可能产生任何赤道式日晷的想法。而且，类似此类的简易赤道式日晷要求正反两面都要有时间刻度，否则每年的秋分到春分期间日晷将不可用，因为在这半年时间里表影是投射到日晷的背面的。托克托日晷只有上表面有刻度，圆心孔并不穿透，这证明它不能作为赤道式日晷使用。所以，认为它是地平式日晷的观点合乎历史发展过程。

均匀刻度地平式日晷的计时缺陷，需要与其他计时仪器加以比对，才可以发现。汉代的计时工具主要是漏壶，而且是单级的，这种漏壶由于水位不能保持稳定，会导致出口处水流流速的快慢变化，造成测时的不准确，这就需要用日晷进行校准。这也是托克托类日晷在汉代尤其是西汉使用比较普遍的原因。另一方面，汉代产生了浑天说，有了浑仪，特别是到了东汉中期，张衡（78—139）大幅度改进了浑仪，使其测量精准程度有了很大提升，同时他还发明了多级（二级）漏刻，使漏刻计时精度也得到了大幅度提升，这就有可能在与日晷的比对过程中，发现均匀刻度地平式日晷的这种计时缺陷。而要想弥补这一缺陷，就要在其他具有更高计时精度的计时仪器（如浑仪或漏刻）的校验下，将其均匀的刻度改革成不均匀的。但太阳的地平经度变化，不但一天之内是不均匀的，而且还随着观察者所在地理纬度的变化而变化。这就是说，要想在地平式日晷上做出某种一成不变的刻度，使之反映时间的均匀流逝，是有相当难度的。所以这种改革的历史资料，迄今还未曾见到。

隋开皇十四年（594年），天文学家袁充用地平式日晷与漏刻互校，发现了二者的不一致。《隋书》记载道：

> 开皇十四年，鄜州司马袁充上晷影漏刻。充以短影平仪，均十二辰，立表，随日影所指辰刻，以验漏水之节。十二辰刻，互有多少，时正前后，刻亦不同。①

这里的"短影平仪"，就是地平式日晷。"均十二辰"，说明日晷的时间刻度是均匀分布的，袁充用这种日晷"以验漏水之节"，得到了"十二辰刻，互有多少，时正前后，刻亦不同"的结果，对此，他给出的解决方案是改变漏刻的时间刻度，用不等间距时刻制度取代漏箭上原有的均匀时刻制度。

袁充的发现很重要，但他给出的解决方案却很荒谬。他的这一改革，虽然使时刻制度与日晷显示时间做到了一致，但不等间距的时刻制度与传统习惯不一致，也与其他计时仪器相矛盾，与时间均匀流逝的本质相悖，实质上是一种倒退。因此遭到了人们的抵制，未被采纳，这是理所当然的。显然，在袁充的心目中，地平式日晷计时比漏刻更为可靠。他的这一认识是错误的，正因为如此，《隋书》对他的评价是：

---

① 〔唐〕魏徵等撰《隋书》卷十九《志第十四·天文上》，中华书局，1973，第527~528页。

袁充素不晓浑天黄道去极之数，苟役私智，变改旧章，其于施用，未为精密。①

虽然如此，袁充还是在5年之后当上了太史令。不过，地平式日晷的发展之路已经走到了头，接下去，或者其均匀时间刻画制度被改变，或者它本身被赤道式日晷所取代。

二、赤道式日晷

所谓赤道式日晷，是指日晷的表针指向天北极，晷面放置得与赤道面平行，晷面上的刻度是均匀的。现在故宫太和殿前丹陛左侧陈列的日晷，就是赤道式的（图4-4）。该晷上、下两面都有刻度，作为表针的铁针贯穿晷面中心，上下都有。在从春分到秋分的这上半年里，太阳在赤道之北，照到上部的盘面，这时看上盘面铁针投影所在的刻度，可以知道具体时间；而在从秋分到春分这下半年里，太阳在赤道之南，照到下部的盘面，铁针影子投射到下盘面上，这时就看下盘面的刻度而得知具体时间。因为晷面与赤道面平行，所以铁针影子的旋转是均匀的，由盘面刻度所反映的时间也是准确的。

赤道式日晷大概是从南宋时开始流行的。虽然清初的天文学家梅文鼎曾提到他的家乡有一具唐代的赤道式日晷，但在唐代文献中却未见反映。文献当中记载的赤道式日晷的独立发明人是宋代的曾南仲。该记载出现在南宋曾敏行所作的《独醒杂志》里，原文如下：

> 南仲尝谓：古人揆景之法，载之经传，杂说者不一，然止皆较景之短长，实与漏刻未尝相应也。其在豫章为晷景图，以木为规，四分其广而杀其一，状如缺月，书辰刻于其旁，为基以荐之。缺上而圆下，南高而北低。当规之中，植缄以为表。表之两端，一指北极，一指南极。春分已后，视北极之表。秋分已后，视南极之表。所得晷景与刻漏相应，自负此图，以为得古人所未至。予尝以其制为之，其最异者，二分之日，南北之表皆无影，独其侧有景，以其侧应赤道；春分已后，日入赤道内，秋分已后，日出赤道外，二分日行赤道，故南北皆无影也。其制作穷赜如此。②

这段记载明确指出，传统日晷计时与漏刻"未尝相应"，故此曾南仲要对之进行改进。

---

① 〔唐〕魏徵等撰《隋书》卷十九《志第十四·天文上》，中华书局，1973，第528页。
② 〔宋〕曾敏行撰《独醒杂志》卷二，《四库全书》本。

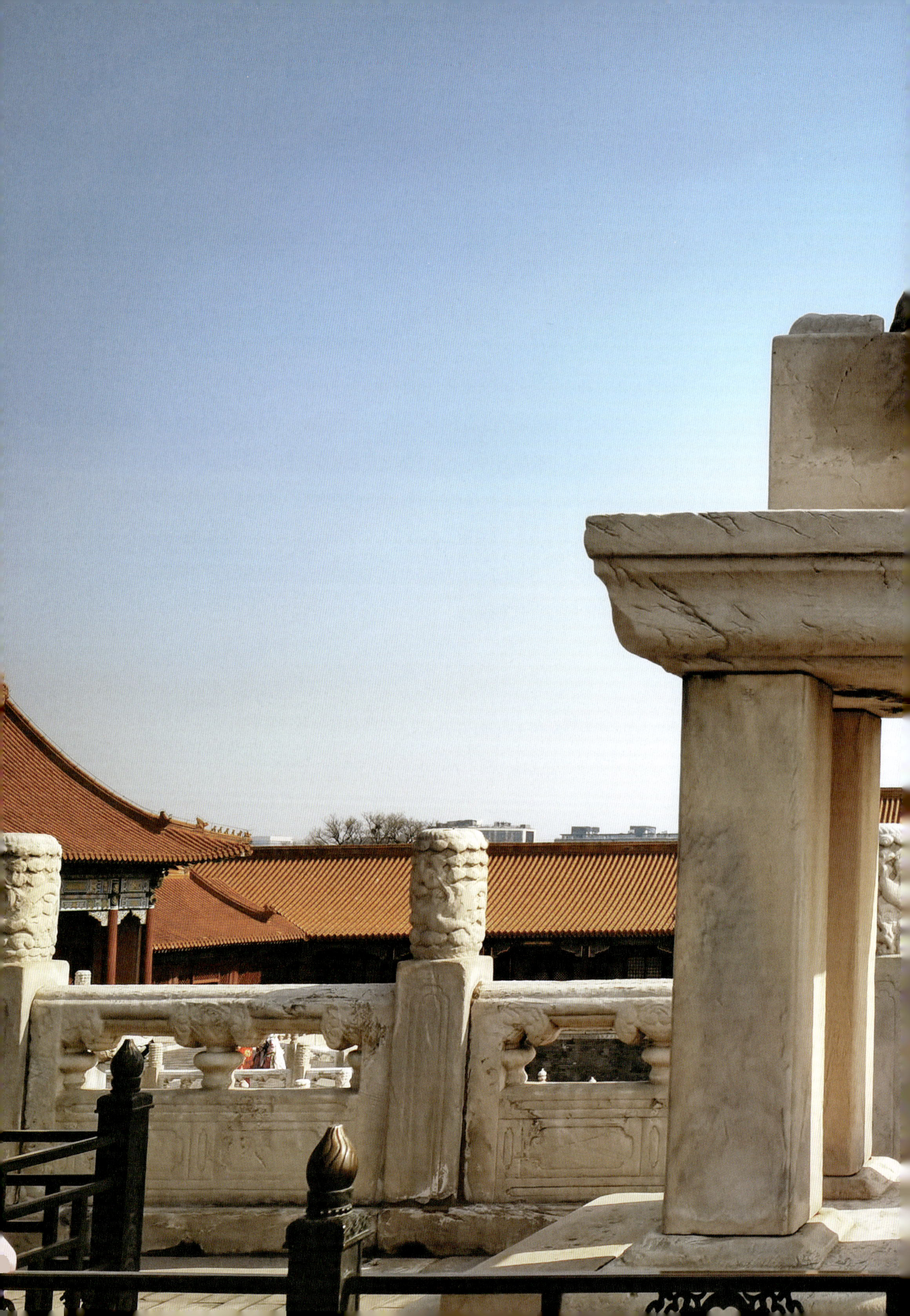

图 4-4
故宫太和殿前陈列的赤道式日晷

曾南仲发明的新的日晷，是典型的赤道式日晷，其计时效果"与刻漏相应"，弥补了传统地平式日晷的不足。曾南仲对他的发明很自负，认为"得古人所未至"。这段话，揭示了赤道式日晷在中国的发明时间。曾南仲是北宋进士，"南仲自少年通天文之学，宣和初登进士第，授南昌县尉。时龙图孙公为帅，深加爱重。南仲因请更定晷漏，帅大喜，命南仲召匠制之"。[1] 宣和（1119—1125）是北宋时期宋徽宗的第六个年号，宣和末年距北宋灭亡只剩两年时间。显然，曾南仲就是在这段时间发明了赤道式日晷。过去认为赤道式日晷在中国是在南宋期间发明的，此说不确，其准确发明时间应该是在北宋末年。这段记载，把赤道式日晷的结构和按季节两面使用的原理，说得十分清楚，从而为赤道式日晷的流行奠定了基础。

赤道式日晷出现以后，受到人们欢迎，风行一时。清代紫禁城里，就曾在午门、太和殿、乾清宫、养心殿、颐和轩等多处安放有这种形式的日晷。这些日晷上面，有的还用满文标出了时刻名称。图4-5所示就是养心殿前放置的日晷背面形制，上面用满、汉两种文字标出了时辰名称。

图4-5
故宫养心殿前日晷

---

① 〔宋〕曾敏行撰《独醒杂志》卷二，《四库全书》本。

图 4-6
安徽非物质文化遗产吴鲁衡手工日晷

当人们了解到赤道式日晷的计时原理之后，一通百通，很自然就会对之做种种改进。例如将其制成便携式的，晷面倾斜安装在底座上，其倾斜度可调，以便于在不同纬度处使用。底座上还可以配上指南针，这样可以方便地将其安放在南北方向上。这种便携式日晷，不但可以随时随地计测时间，还能通过指南针辨认方向，使用起来非常方便。在西方，特别是在古希腊，由于几何学的发达，人们对日晷原理的认识已经非常深刻，但类似图 4-6 所示这种形式的日晷大概出现在 1 600 年之前。英国著名学者李约瑟博士在其皇皇巨著《中国科学技术史》中曾经谈到，类似这种具有垂直指极针的赤道式便携日晷可能是西方传教士将其示意图带回欧洲的，或者是更早的时候通过阿拉伯人或犹太人传入欧洲的。①

三、球面日晷

除地平式和赤道式以外，用于计时的日晷还有另一种形式——球面日晷。球面日晷最著名的是元代天文学家郭守敬所发明的仰仪。仰仪的形式和结构在《元史》中有具体描述。根据该段描述，仰仪的形状就像一口置于砖台上的铜锅，锅口刻画有 12 方位的标志，锅内画有用来表示天体位置的各种坐标线。锅面的半径达 6 尺（元尺），相当于 1.8 米左右。锅口上

---

① ［英］李约瑟：《中国科学技术史》第三卷《数学、天学、地学》，科学出版社，2018，第 304 页。

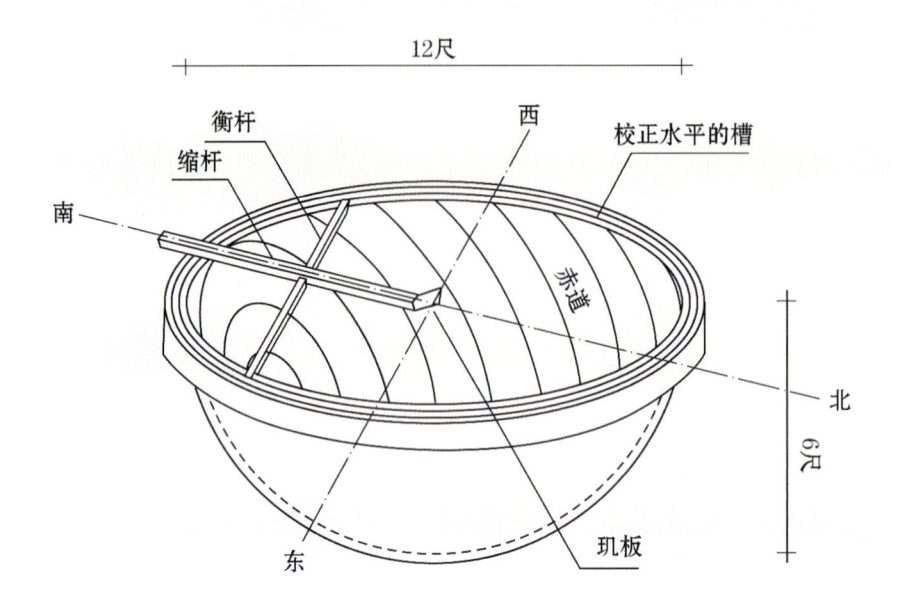

图 4-7
郭守敬仰仪示意图（采自潘鼐、向英：《郭守敬》）

图 4-8
北京古观象台陈列的郭守敬仰仪的复制品

边缘周围凿有水槽，槽中灌水后可以用来检验仰仪的安放是否水平。锅口上在 12 方位的巽（表示东南）、坤（表示西南）方位沿东西方向架一衡杆，衡杆上安一缩杆，缩杆沿正南正北方向架设，缩杆的顶端安装一玑板，玑板的地平倾角可以调整，以便使其保持与太阳光相垂直的状态。玑板的中心开有一芥菜籽大小的小孔，小孔的位置与晷面球心相吻合。仰仪的大致形体，可参见图 4-7、图 4-8 所示。

郭守敬选择球面日晷，有他的考虑。据《元史·郭守敬传》的记述，郭守敬认为"以表之矩方，测天之正圆，莫若以圆求圆，作仰仪"。可见他从天是一个圆球的角度出发，认为要测量天体运动，应该"以圆求圆"，选择能切合天体运动实际情况的晷面形式进行测量。因为太阳的周日视运动是在天空中的一种圆周运动，将这种运动投影在凹球形晷面上更能反映其实际运动情况。所以，以球面日晷作为计时工具，是合乎科学道理的。

郭守敬的仰仪用起来非常方便。使用时，只要调整好玑板，使其与太阳光方向垂直，这时根据小孔成像原理，太阳光就会透过小孔，在仰仪的球形晷面上形成一个清晰的太阳像。因为晷面上的坐标网是按照把天球地平以上的半球通过小孔投影到仰仪内球面上的方法刻画的，因此通过观察晷面上太阳像的位置，就可以直接得知太阳在天空中的位置，也就可以直接读出时间来。

另一方面，太阳在空中的位置，与传统历法中的二十四节气有直接关系，所以仰仪不仅能用于计时，而且还可以测知相应节气的发生时刻。另外，仰仪观察的是太阳的像，一旦发生日食，太阳的像也要发生相应变化，这样，用仰仪还可以观察日食的全过程，测定各食相的时刻和方位以及食分的多少。过去观察日食，只能测定其食分多少，欲知相应时刻，还须有专门测时仪器的配合，而使用仰仪则可同时测定这诸多因素，这是其他仪器所不能相比的。另外，郭守敬仰仪的尺寸相当大，晷面上的坐标网格就可以刻画得相当精细，这就使得其计时精度也远高于其他日晷。由此，郭守敬仰仪的出现，使得中国古代日晷计时工作大大向前迈进了一步。

第二节　漏刻计时的演变

在中国古代各类计时仪器中，地位最重要、使用历史最悠久的，大概非漏刻莫属。

漏刻计时的基本原理，是利用均匀水流导致的水位变化来显示时间。在不同的时期、不同的场合，漏刻又有不同的名称，诸如漏、漏壶、挈壶、刻漏、水钟、铜壶滴漏等。名称虽然有异，形式也随年代的推移而有所变化，但其原理却基本上都相同。

从现代计时科学的角度来看，漏刻计时的实质是守时。因为漏刻不是通过观测太阳或其他天体在空中的位置来计时的，它需要依赖其他天文计时手段为之提供计时起点，以便使其所显示的时间与天文计时结果相一致。漏刻计时以天文计时为准，其目的是保持天文计时的结果，把相应的天文测时结果通过漏刻的计时系统显现出来。这种性质的计时，就是守时。

漏刻虽然不是一种可以独立使用的计时工具，但它通过与天文计时结果的比对而确定了自己的计时起点和单位后，就可以周而复始、连续计时了。这与现代日常生活中钟表的使用情况相仿。因此，漏刻的出现，为人们提供了一种不需要频繁从事天文观测就可以随时知道当时时刻的有用工具。它使中国古代时间计量减少了对自然条件的依赖，是古人在探索时间计量方式上向前迈出的一大步。

一、漏刻的起源与应用

漏刻在中国起源很早。《隋书》说："昔黄帝创观漏水，制器取则，以分昼夜。"[1] 即认为漏刻是黄帝观察到容器漏水，从中受到启发而发明的。漏刻究竟是否是黄帝的发明，我们很难断定，这里姑且不论，但至少这句话给我们提供了两条信息：其一，漏刻的发明与器物漏水现象对人们的启发有关。这一推测应该说是合乎情理的。既是漏器，难免要导致水的流失，水的流失需要时间，有一定的持续性；时间的流逝也是连续的。这样，通过观察流水的连续性受到启发，产生用稳定的流水来标示时间的想法是自然的。最直接的做法，就是用漏壶水量变化来表示时间的流逝，由此就逐渐导致了漏刻的产生。其二，漏刻出现的时间非常早。早在新石器时代，中国先民就已经能够制作陶器。在现存出土的仰韶文化器物中，就有大量的陶器。陶器在使用中由于各种原因难免会出现残漏，甚至有些漏器本身就是有目的地被制造出来的，例如图4-9所示即为仰韶文化时期人们专门制作的陶漏。这些陶漏，未必是用于计时的漏刻，更有可能是酿造时过滤用的酿漏器（图4-10）。这样的酿漏器，显然不能断定就是计时用的漏刻，但至少它们与漏刻有某种渊源关系，这是可以肯定的。所以，《隋书·天文上》的说法，在某种程度上而言，是成立的。

实际上，黄帝发明漏刻的说法，在古代典籍中经常见到。中国南北朝时期有本书叫《漏

---

[1]〔唐〕魏徵等撰《隋书》卷十九《志第十四·天文上》，中华书局，1973，第526页。

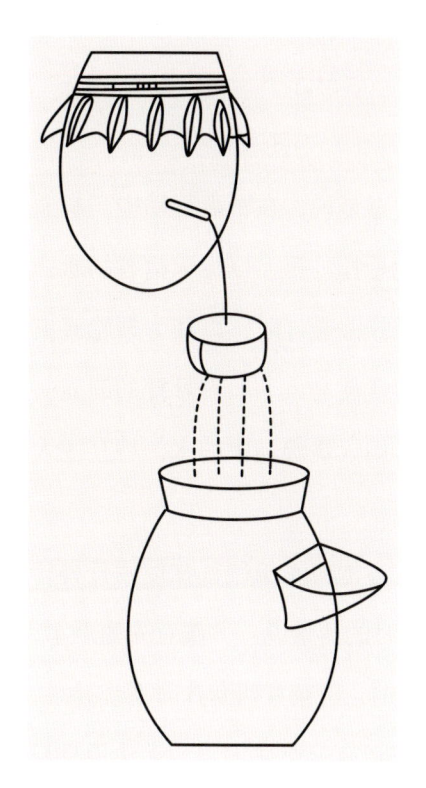

图 4-9
仰韶文化时期鹿纹彩陶漏

图 4-10
原始的酿漏器

刻经》，上面即曾提到："漏刻之作，盖肇于轩辕之日，宣乎夏商之代。"① 轩辕就是黄帝。这段话不但重复了漏刻起源于黄帝时代的说法，而且提出了漏刻在夏商时期得到大发展的观点。从研究结果来看，漏刻至少在商代得到发展的说法，是有道理的。历代漏刻计时所使用的百刻制，据推测最早就是商代制定的，所以古人有时候又把"刻"称为"商"，这是商代漏刻得到发展的有力证据。

进入周朝以后，漏刻的地位进一步提高。《周礼》提到，周代已有专门的漏壶管理人员，并称其为挈壶氏：

---

① 载《历法大典》第九十八卷《漏刻部汇考一》，上海文艺出版社，1993 年影印本。

> 挈壶氏：下士六人，史二人，徒十有二人。①

这里记载的漏壶专职管理人员达20人之多。这么多管理人员，他们的职责是什么？《周礼》对之有所记载：

> 挈壶氏：掌挈壶以令军井。挈辔以令舍，挈畚以令粮。凡军事，县壶以序聚柝。凡丧，县壶以代哭者，皆以水火守之，分以日夜。及冬，则以火爨鼎水而沸之，而沃之。②

由这段话可以看出，周代漏刻应用范围很广。这段话的大意是说，在军事行动中，挈壶氏负责在打成的水井旁悬挂漏壶，以标示水井所在；在宿营地悬挂马辔，以标示宿营场所；在存放军粮处悬挂畚，以标示取粮场所。凡有军事行动，则悬挂漏壶计时，以其为据轮流更换敲柝巡夜之人。遇到丧事，亦悬挂漏壶，以其为据轮流更换代哭之人。所有悬挂的漏壶，都有专人在一旁用水火守候，并区分昼漏和夜漏。到冬天，就用火烧沸鼎中的水，将其注入漏壶。

到了战国时期，漏壶的使用更趋普遍。上一节介绍战国时齐国将军田穰苴在使用日晷计时时提到，他也使用了漏刻。《史记·司马穰苴列传》描述当时的情景说："穰苴先驰至军，立表下漏待贾。""立表"是日晷计时，"下漏"则是用漏刻计时。田穰苴两套计时系统并举，显然是以日晷计时为准，而用漏刻守时。因为如果哪天中午正巧有云遮住太阳，无法用日晷测时，他也可以根据漏刻所计测的时间来判定是否已到中午。《史记》的这段记载，大概是迄今已知中国人使用漏刻计时最早的确凿资料。这表明当时人们已经把漏刻作为一种权威的守时仪器来对待了。

二、单级漏壶在西汉时期的普及

早期的漏壶比较简单，大概就是一只简单的壶，壶的底部开一小口，通过观察壶中的水面高度的变化来估测时间。这种漏壶，叫单壶式泄水型漏壶。为了计时的需要，人们最初可能还在壶壁上刻画标记来表示时刻。但是这种标记，如果是在壶内壁，则刻画不易，观察也

---

① 《周礼》卷七《夏官司马》，《四库全书》本。
② 同上。

不方便；如果是在外壁，则观察其与水位之关系，尤为困难。所以，古人很快就做了改进。他们选择一根刻有时刻标记的木条插入壶内，通过观看木条被水面浸没的情况，来读出时刻。因为早期漏壶的使用大多与军事有关，所以这种木条极有可能就是军事上用的箭杆。因此这种方法又称为淹箭法，并且沿袭下来，后世漏壶中用来标记时刻的木条都称为箭。箭的使用，使得漏刻具备了类似现今钟表上的时针和表盘那样的显时系统。

单壶式泄水型漏壶的具体形制，透过出土文物，我们能够有所了解。图 4-11 所示 1976 年在内蒙古杭锦旗发现的一个铜漏壶，就是这种类型的漏壶。该壶壶身作圆筒形，通高 47.9 厘米，壶内深 24.2 厘米，直径 18.7 厘米，容量 6 384 立方厘米。下有三蹄足，高 8.8 厘米。接近底部有一出水管。壶身上有盖，盖高 3 厘米，径 20 厘米。盖上有双层提梁，通高 14.3 厘米，边框宽 2.3 厘米。在壶盖和双层提梁当中有上下对称的 3 个方孔，用以安插并扶直浮箭，以之显示时间。壶身重 6 250 克，壶盖重 2 000 克，全壶重 8 250 克。壶内底铸有阳文"千章"二字，壶身外面竖行阴刻铭文："千章铜漏一，重卅二斤，河平二年四月造。"在第二层梁上长方孔两端阴刻"中阳铜漏"四字。河平是西汉汉成帝刘骜的第二个年号，河平二年是公元前 27 年。由刻铭可知，此器原属千章，后归中阳。西汉时，两县同属西河郡。这启发我们想到，在汉代，漏刻作为计时器具，与其他度量衡标准器一样，都是由政府统一颁发调剂的。因为该器有"千章""中阳"两个地名，所以今人有称其为西汉"千章铜漏"的，也有称其为西汉"中阳铜漏"的。该器是一件有明确纪年、保存完好、容量很大的泄水型沉箭式漏壶，历史价值很大。

类似于千章铜漏那样的西汉漏壶，迄今已有多架出土，1958 年在陕西省兴平县出土的兴平铜漏、1968 年在河北省满城西汉中山靖王刘胜墓出土的满城铜漏、1977 年在山东省巨野出土的西汉铜漏、2015 年在江西省南昌西汉海昏侯刘贺墓园 1 号主墓出土的海昏侯铜漏（图 4-12）等，均属同类漏壶。这种形制的漏壶出土地域如此广大，彼此形制又至为接近，表明在西汉时这种单级漏是得到普及了的。

类似器物，古籍中也有记载。宋代薛尚功《历代钟鼎彝器款识法贴》著录有"丞相府漏壶"，形制见图 4-13。明代王圻、王思义父子二人纂集的《三才图会》也有类似的记载。这些，都表明这种单壶式沉箭型漏壶是西汉常用漏壶，是得到官方认可的计时仪器。而且，至迟在西汉时已经用于天文。《汉书》记载司马迁主持制定《太初历》，说他"乃定东西，立晷仪，下漏刻，以追二十八宿相距于四方，举终以定朔晦分至、躔离弦望"[1]，就表明了这一点。

---

[1] 〔汉〕班固撰《汉书》卷二十一上《律历志》，中华书局，1962，第 975 页。

图 4-11

千章铜漏

图 4-12
海昏侯铜漏

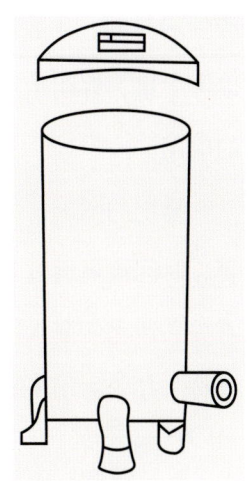

图 4-13
丞相府漏壶示意图

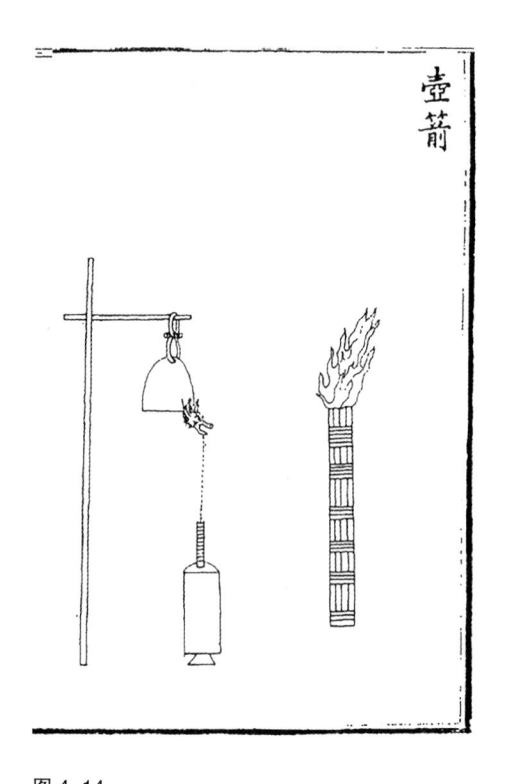

图 4-14
《周礼》描述的用火守护漏壶示意图（见于宋代陈祥道编著之《礼书》卷三十五，《四库全书》本）

用沉箭法观察时刻，毕竟不够方便。由于漏壶在运转中，应该另有一壶用以收集它所排出的废水，于是人们想到，如果在这个壶中放一木块，将箭插在木块上，随着壶中水位的上升，箭露出壶外的部分也逐渐增加，这样，通过观察箭露出壶外的长度，就可以直观显示时间流逝的长短。这种想法的实施，就导致了一种新型漏刻——浮箭漏的产生。

最初的浮箭漏非常简陋，宋代陈祥道编著的《礼书》以示意图形式，猜测了浮箭漏的最原始形式（图 4-14）。图中右侧的火炬，是夜间使用要看具体时间时照明用的。浮箭漏产生的时间，不会晚于东汉。《后汉书》曾经提到："孔壶为漏，浮箭为刻，下漏数刻，以考中星，昏明生焉。"[1] 这里明确提到了"浮箭"二字，而且说明了浮箭漏在天文工作中的应用。

早期的漏刻，无论是沉箭漏，还是浮箭漏，它们的计时精度都不会太高。即以浮箭漏而言，时间流逝通过它的受水壶里水位变化反映出来，而受水壶水位变化与泄水壶的漏水速度有关。泄水壶漏水速度决定于其内部水位的高低，水位高时流速快，水位低时流速慢，这就导致了受水壶中木箭上升速度的不均匀。要解决这一问题，可以把木箭上的时刻标志做成不

---

[1]〔宋〕范晔撰《后汉书·志第三·律历下》，中华书局，1965，第 3056 页。

均匀的，但这又需要有其他高精度计时仪器的校验，在汉代，要做到这一点并不容易。另一种方法是不断给泄水壶添水，使其水位能大致保持在某一高度，以此减少其排水速度的变化。这种通过精心管理来提高计时精度的做法，当然是必要的，也能收到立竿见影之效，但其提高的幅度却是有限度的。要想大幅度改善这种局面，需要在结构上做出突破。这种突破的标志，是多级漏壶的诞生。

三、多级漏壶的产生与发展

最早的多级漏壶是二级漏壶，由两个泄水壶和一个受水壶组成。唐代徐坚《初学记》追述东汉著名科学家张衡明的二级漏壶的使用情况：

> 以铜为器，再叠差置，实以清水，下各开孔。以玉虬吐漏水入两壶，左为夜，右为昼。[1]

这段话表明，这套漏壶用铜制成，有两个泄水壶，它们分别在底部开口，第一个泄水壶流出来的水流入第二个泄水壶，第二个泄水壶再排给受水壶。所谓"再叠差置"，是指两个漏壶像台阶一样重叠错开放置。玉虬就是用玉做的排水管，管的出口处雕刻成龙首形状，泄水壶的水通过玉虬排出。由于昼夜长短不一，干脆让受水壶也有两套，分别在白昼和黑夜使用。从这段话可以看出，至迟在东汉，二级漏壶已经发明出来了。

使用多级漏壶可以大幅度提高计时精度，其原因在于次一级泄水壶可以大大减轻上一级泄水壶水位变化对计时结果的影响。即以二级漏壶为例，假定泄水壶壶口的横截面积是 S，第一级泄水壶在单位时间内泄水量的变化为 ΔV，则在第二级泄水壶流量不变的前提下，其相应的水位变化为

$$\Delta h = \Delta V / S$$

显然，在出水口不变的情况下，泄水壶壶体口径愈大，其内部水位受前级漏壶流量变化的影响就愈小。如果 $\Delta V = 1$ 厘米^3，$S = 1\,256$ 厘米^2（相当于口径为40厘米的圆壶），则 $\Delta h \approx 0.000\,8$ 厘米，即第一只泄水壶每秒钟泄水量变化 1 厘米^3 时（这种变化幅度相当大），第二只泄水壶中水位高度变化相应地只有 0.000 8 厘米，可谓微乎其微。如果考虑到第二只泄

---

[1] 〔唐〕徐坚撰《初学记》卷二十五《器用部》，《四库全书》本。

水壶中水位的变化还要导致其本身泄水速度的变化，则这种水位变化还要更小。因此，第二级漏壶的存在，大大削弱了第一级泄水壶水位变化对最终流速的影响，这对于提高漏刻的计时精度显然是非常有利的。

二级漏壶可以大幅度提高漏刻计时精度，这一现象促使古人设法进一步增加漏壶的级数，于是就出现了有三只泄水壶连用的漏刻。晋代孙绰的《漏刻铭》最早记载了三级漏壶的存在，孙绰写道："累筒三阶，积水成渊，器满则盈，承虚赴下。"[1] 所谓"累筒三阶"，就是指的三只连用的圆形泄水壶。到了唐代，吕才又将连用的泄水壶数增加到四个，从而导致了四级漏壶的诞生。杨甲的《六经图》，记载了唐吕才漏刻图（图4-15）。

实际上，漏壶的级数没有必要一再增加。华同旭曾经做过多级漏壶的模拟实验。他的实验表明，对于二级漏壶，只要调理得法，其日误差可以保持在20秒以内。这样的计时精度，对于古人的社会生活而言，足够用了。由此，华同旭在其《中国漏刻》一书中指出："二级补偿式浮箭漏的计时精确度已足够高，一般可不必再增加补偿级数。从稳定角度看，至多增为三级，四级以上完全没有必要。"[2] 图4-16为中国国家博物馆馆藏元代铜壶滴漏，这是我国现存最早最完整的一套三级铜壶滴漏。

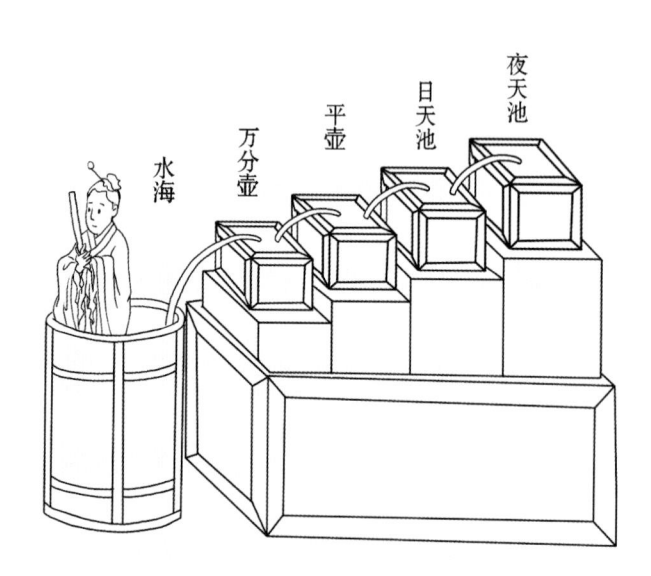

图 4-15
唐吕才漏刻图

---

[1] 〔晋〕孙绰：《漏刻铭》，载《历法大典》第九十九卷《漏刻部艺文一》，上海文艺出版社，1993年影印本。
[2] 华同旭：《中国漏刻》，安徽科学技术出版社，1991，第167页。

图 4-16

中国国家博物馆展示的元代三级铜壶滴漏

另一方面，华同旭在实验中也发现，要想使多级漏壶高精度运行，关键在于调壶，要合理确定各级漏壶的初始水位和初级漏壶加水时间间隔。这一过程非常复杂，需要有长期经验的积累。为此，古人又对如何简捷直观地保持水位稳定做了不懈探讨，这一探讨的成果就是燕肃莲花漏的发明。

四、溢流系统的出现

《古今图书集成·历象汇编·历法典》记载了燕肃的莲花漏。之所以叫莲花漏，是因为其受水壶的壶盖上有金色的莲花装饰物。莲花形装饰物的中心有孔，刻有时刻标志的木箭通过该孔放入壶内，随壶内水面的升降而沿孔上下移动。图 4-17 所示为重绘古籍中关于燕肃莲花漏的插图。不过由于古人没有形成为书籍做科学插图的规范，加之文人著书，为对其所述对象工作原理不甚了了所限，该图并不准确。但无论如何，通过文献描述，我们对燕肃莲花漏的基本原理还是能够把握的。从结构上看，该漏类似一套二级漏壶，它比普通二级漏壶的改进之处在于，在第二级泄水壶（亦即图中所谓的"下柜"）之侧，设有"铜节水小筒、竹注水筒、减水盎"三物。图中缺少"铜节水小筒"，该筒应上接下柜，下连"竹注水筒"。

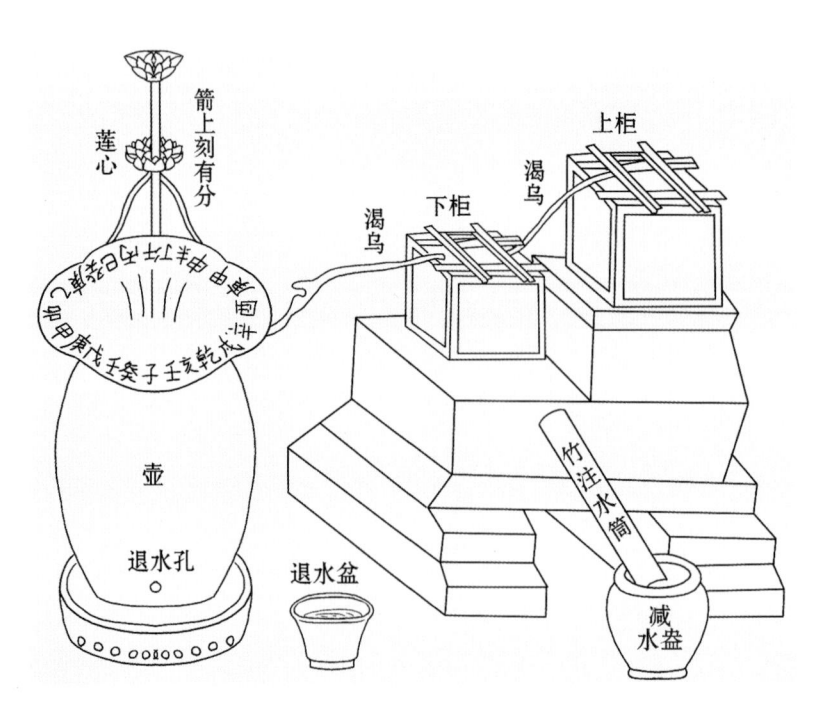

图 4-17

根据北宋杨甲《六经图》重绘的北宋燕肃（莲花）漏刻图

上柜的水通过"渴乌"（即虹吸管）引入下柜，下柜的水通过第二只"渴乌"引入箭壶。在设计上，上柜"渴乌"的口径较大，于是在相同时间内由上柜流入下柜的水要比下柜流出的多。这样到一定时间，下柜多余的水就会从柜沿特别开设的水槽中溢流出来，溢流的水由"铜节水小筒"经"竹注水小筒"流入"减水盎"。这就是名噪后世的莲花漏的溢流系统。溢流系统的建立，对于保持下柜水位稳定，提高计时精度，起到了重要作用。因此这套设计广泛为后世漏壶所采纳。

除燕肃莲花漏外，中国历史上还有一些漏壶也十分有名，如5世纪北魏道士李兰发明的秤漏、11世纪北宋科学家沈括创制的熙宁晷漏等。为了提高计时精度，古人不但在漏刻的构造上下功夫，竞相革新，而且还采取各种措施，努力从主客观条件上加以改进。例如漏刻用水，规定要专井专用，这样可保持水质、水温等因素的稳定。还要将漏刻置于密室，使其工作环境稳定，以尽量减少温度变化对流量的影响。另外，在制作漏壶时，对结构和材料的选择也十分慎重，管理上则要求十分严格。正是由于中国古人的聪敏智慧，以及他们孜孜不倦的努力，漏刻在古代中国得到了高度的发展，其计时精度达到了令人惊奇的地步。在东汉以后相当长的一段历史时期内，中国漏刻的日误差很多在1分钟之内，有些甚至只有20秒左右，这些都远远领先于同时期西方机械钟的计时精度。在西方，自从伽利略发现了摆的等时性以后，直到18世纪人们把直进式擒纵机构应用到机械摆钟上，机械钟的精度达到日误差几秒的量级，才开始赶上和超过中国传统的漏刻。

第三节　机械计时的进化

中国古代也存在机械计时器，但那不是西方常用的机械钟，而是指具有时间计测功能的天文仪器。出现于中国的西方机械钟，则是明末清初西学东渐的产物。

一、浑象测时

中国天文仪器的发展到汉代形成一个高峰，对后世天文学发挥巨大作用的浑仪、浑象，都是这个时候出现的。所谓浑象，就是一种兼具计时功能的天文演示仪器。据西汉文学家扬雄记载，汉宣帝时的大司农中丞（主管全国农业的官员）耿寿昌最早制作了一架浑象。但扬雄对此只是顺便提及，并未加以说明，以致今人对耿寿昌浑象的结构、性质、功能甚至他是否做过浑象,都还存在一些疑虑。在天文仪象发展史上,具有测时功能的浑象的最早发明人,是东汉科学家张衡。张衡纪念邮票见图 4-18。

《晋书》记叙张衡发明的浑象道:

> 至顺帝时,张衡又制浑象,具内外规、南北极、黄赤道,列二十四气、二十八宿中外星官及日月五纬,以漏水转之于殿上室内,星中出没与天相应。因其关戾,又转瑞轮蓂荚于阶下,随月虚盈,依历开落。①

这就是天文学史上有名的张衡水运浑象。从这段话以及其他相关史料中可以知道,这架浑象的主体是一个象征天体的铜制圆球,圆球上标出了对应的南北天极,画出了天赤道、黄道,在黄道上标出了二十四节气的位置,还在圆球上标出了许多恒星的位置,并且用一些可以移动的标志来表示太阳、月亮和金、木、水、火、土五大行星。浑象放置在密室中,用漏壶中流出的水作为动力推动它运转,以之模拟天体运动。

张衡的水运浑象主要是一种演示仪器,目的在于形象说明其宇宙结构理论,宣传浑天学说。但因为浑象上标有二十四节气,并能反映太阳在天球上的位置,这样人们通过观察太阳在浑象上的方位,不但能够知道当日的节气,还能知道当时的大致时刻。太阳随着浑象的转动,可以提供类似于真太阳时的时刻。因此,这台浑象本身可以视为一台原始的机械钟。而且,它用于表现时间,还有一定的精度,因为它与天体真实运动情况吻合得相当好。据《晋书·天文上》记载,浑象制成以后,张衡令操作人员在室内关门闭户,大声报告浑象上所显示的天体运动情况,同时外面的人对天体进行实际观测,以与浑象上显示的结果相比对,比对的结果:"旋玑所加,某星始见,某星已中,某星今没,皆如合符也。②"可见该浑象基本能够正确反映天体运动实际情况,因而就能保持一定的计时精度。用漏壶中流出的水推动浑象运转,这表明它与漏刻计时还存在着某种互校功能。

除了用这台水运浑象计时,张衡还把它与一个叫做瑞轮蓂荚的装置连在一起,通过蓂荚的开合向人们显示具体的日期,将其做成了一台机械日历。所谓蓂荚,是传说中生长于唐尧时期的一种植物,这种植物有个特点,它从朔望月的每月初一开始,每天长出 1 荚,到第 15 日,共长出 15 荚,从第 16 日开始,又每天落下 1 荚,到月底全部落完。如果逢到小月,最后一荚就会只枯焦而不落下。因此,它相当于一种天然日历。蓂荚是人们美好想象的产物,现在

---

① 〔唐〕房玄龄等撰《晋书》卷十一《志第一·天文上》,中华书局,1974,第 284~285 页。
② 同上书,第 281 页。

图 4-18
张衡纪念邮票（1955年发行）

张衡把这种传说中的植物移植到他的水运浑象上去了，使之成了一种具有自动日历作用的机构。由此，张衡的水运浑象，在某种程度上与现代带有日历的钟表是相似的。

张衡制成水运浑象后，历代都有人模仿试制，例如三国时东吴的王蕃、葛衡，南北朝时期刘宋的钱乐之、梁代的陶弘景，隋代的耿询等。其中在水运浑象的制作方面做出显著进步的是唐代著名天文学家一行和梁令瓒。唐开元十一年（723年），一行和梁令瓒合作设计制造了一台"浑天铜仪"，这是中国历史上又一台具有重要地位的水运浑象。它在模拟天体运动方面与张衡水运浑象类似，可以形象地演示日月星辰在天空中的相对位置及其周日视运动情况。因此，根据浑象上太阳的周日运动，可以知道当时具体时刻，观察浑象上太阳与恒星之间相对位置的变化，可以知道当时所处的节气，功能相当齐全。

一行水运浑象内部结构非常复杂，《新唐书》说它"皆于柜中各施轮轴，钩键关锁，交错相持"[1]。这表明该浑象使用了复杂的齿轮传动机构。非但如此，这台浑象在中国仪象史上还首次采用了自动声音报时。《新唐书》是这样描述该套装置的：

> 立二木人于地平上：其一前置鼓以候刻，至一刻则自击之；其一前置钟以

---

[1] 〔宋〕欧阳修、宋祁撰《新唐书》卷三十一《志第二十一·天文一》，中华书局，1975，第807页。

候辰，至一辰亦自撞之。①

可见，这套装置能够自动报出时辰和时刻来，人们只要听到钟鸣或者鼓响，就可以知道当时时刻。这与近代机械钟表史上的自鸣钟的鸣响作用是一样的。唐代以后，历代水运浑象大都设有自动报时装置，就是受一行水运浑象启发的结果。

到了宋代，水运浑象的制造出现了新的高峰。北宋太平兴国四年（979年），民间天文学家张思训设计制作了一台浑象，《宋史》详细记载了该浑象的结构及功能：

> 其制：起楼高丈余，机隐于内，规天矩地。下设地轮、地足；又为横轮、侧轮、斜轮、定身关、中关、小关、天柱；七直神，左摇铃、右扣钟、中击鼓，以定刻数，每一昼夜，周而复始；又以木为十二神，各直一时，至其时则自执辰牌，循环而出，随刻数以定昼夜短长……②

从这段记叙来看，张思训所献浑象结构相当庞大，它的所有机械装置都隐藏在浑象里边。浑象用一个大圆球象征天，圆球的一半被矩形的外柜所遮蔽，柜子代表地。它所能表现的各种天体运行情况，与一行、梁令瓒水运浑象相仿。在报时系统上，张思训又向前发展了一步。他用了7个木偶神像来摇铃、敲钟、击鼓，以音响信号报刻。同时又设计了12个木偶神像，让它们分别抱着写有12个时辰之一的时辰牌，用时辰牌报时。每到一个时辰，抱有相应时辰牌的木偶神像就自动出现，直到下一时辰才消失，而抱有下一时辰牌的木偶神像则随之露面。这样周而复始，循环反复，只要看时辰牌，就可以知道当时的时辰。用这种方法，既形象又直观。将音响报时与时辰牌显示相结合，这是张思训的一个创造。

非但如此，张思训还考虑了水的黏滞系数受温度变化影响而造成漏刻排水量不稳定的情况。他认为冬天气温低，水较为黏稠，这就导致漏壶泄水速度下降；夏天气温高，水较为滑利，漏壶泄水速度就高。而浑象是用漏壶泄出的水带动的，这就容易造成其报时"寒暑无准"现象的发生。为了解决这一问题，他以水银代替水，取得了较好的效果。今天看来，水银黏滞系数受温度变化影响不大，气温低时也不易凝结，因此用水银代替水，应能取得好的效果。但水银易蒸发为汞蒸气，而汞蒸气对人体有害，加之用水银成本也相当高，因此后世浑象未见再有以水银为动力源的。

---

① 〔宋〕欧阳修、宋祁撰《新唐书》卷三十一《志第二十一·天文一》，中华书局，1975，第807页。
② 〔元〕脱脱等撰《宋史》卷四十八《志第一·天文一》，中华书局，1977，第952页。

二、水运仪象台的测时功能

北宋水运浑象的特点是规模庞大。元祐七年（1092年），在吏部尚书苏颂主持下，吏部官员韩公廉设计制作了一台较之张思训浑象规模更为宏大的水运仪象台。苏颂还为这座水运仪象台写了一部书，叫做《新仪象法要》，图4-19为《新仪象法要》中的水运仪象台插图，图4-20为其内部结构，图4-21为中国国家博物馆展示的根据《新仪象法要》按1∶5比例复制的水运仪象台。通过这部叙说详细、图文并茂的著作，可以大致了解该仪器的结构、原理和功能。

苏颂—韩公廉水运仪象台共分三层。上层安放浑仪，这是一种天文测量仪器，也可以用于测时。中层安放浑象，用于模拟天体运动情况。下层是报时系统。整座水运仪象台用一套漏壶中泄出的水作为动力。仪象台内部安装了复杂的机械传动装置，通过漏壶中泄出的水的推动，使浑象所演示的内容大致与实际天象符合，并通过下层的报时系统，将相应的时间报出。

水运仪象台的报时系统相当完善。它被分为五部分，置于五层木阁之中。第一层用声响报时：在木阁上开了三扇门，左侧门内的木偶通过摇铃报告每个时辰的时初，右侧门内的木偶通过撞钟报告每个时辰的时正，中间门内的木偶则是用来报告刻数的，每到一刻，它就自动敲鼓。第二、三层木阁则通过木偶以时牌报时。第二层共安装了24个木偶，分别持有书写了12时辰的时初和时正的木牌，每到相应时间，手拿时牌的木偶就会出现在这层木阁的一扇小门内，使人一目了然。第三层木阁则安装了96个手持报刻牌的木偶，使其轮流出现在相应的小门内，报告当时的具体刻数。木阁的第四、五层则专门用来报告夜间时刻。第四层通过木偶敲钲报告更点，第五层则通过木偶手持夜时牌来报告具体的夜间时刻。苏颂—韩公廉水运仪象台不仅吸取了张思训浑象声响报时与时牌报时的长处，还增加了夜间报时，丰富了报时内容，这使其报时部分的功能更为完善，使用起来也更方便了，当然结构也更复杂了。

苏颂以后，人们继续制作了一些水运浑象，但其规模及复杂程度，比起苏颂的水运仪象台，就要相形见绌了。到了元代，郭守敬制作了一台叫做大明殿灯漏的计时仪器，这台仪器去掉了传统水运浑象用于演示天体运行的那部分内容，成了一台纯粹用漏壶中流出的水来带动的机械钟表。大明殿灯漏的发明，是传统水运浑象向计时仪器发展的具体表现。

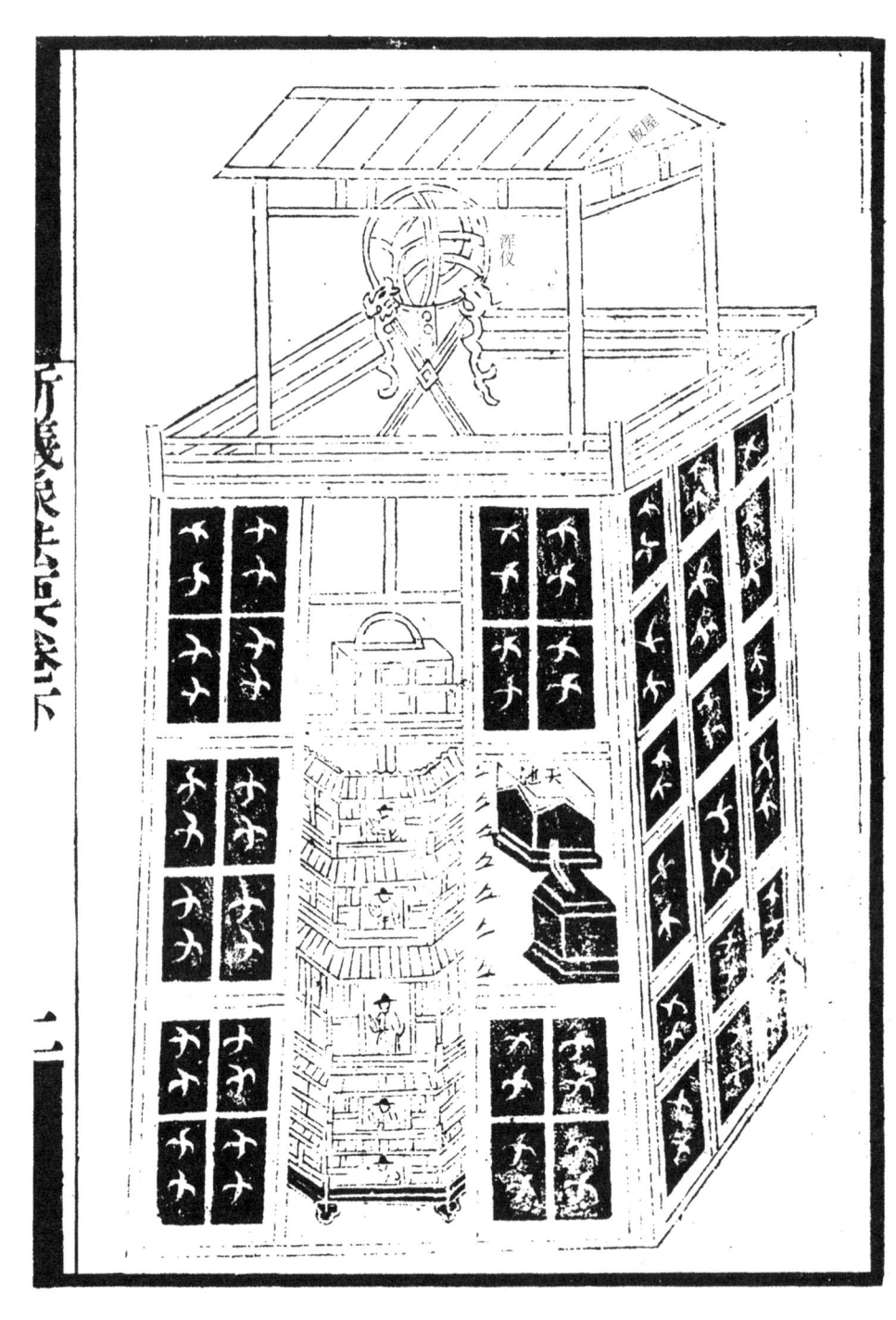

图 4-19
《新仪象法要》中描绘的水运仪象台外观示意图

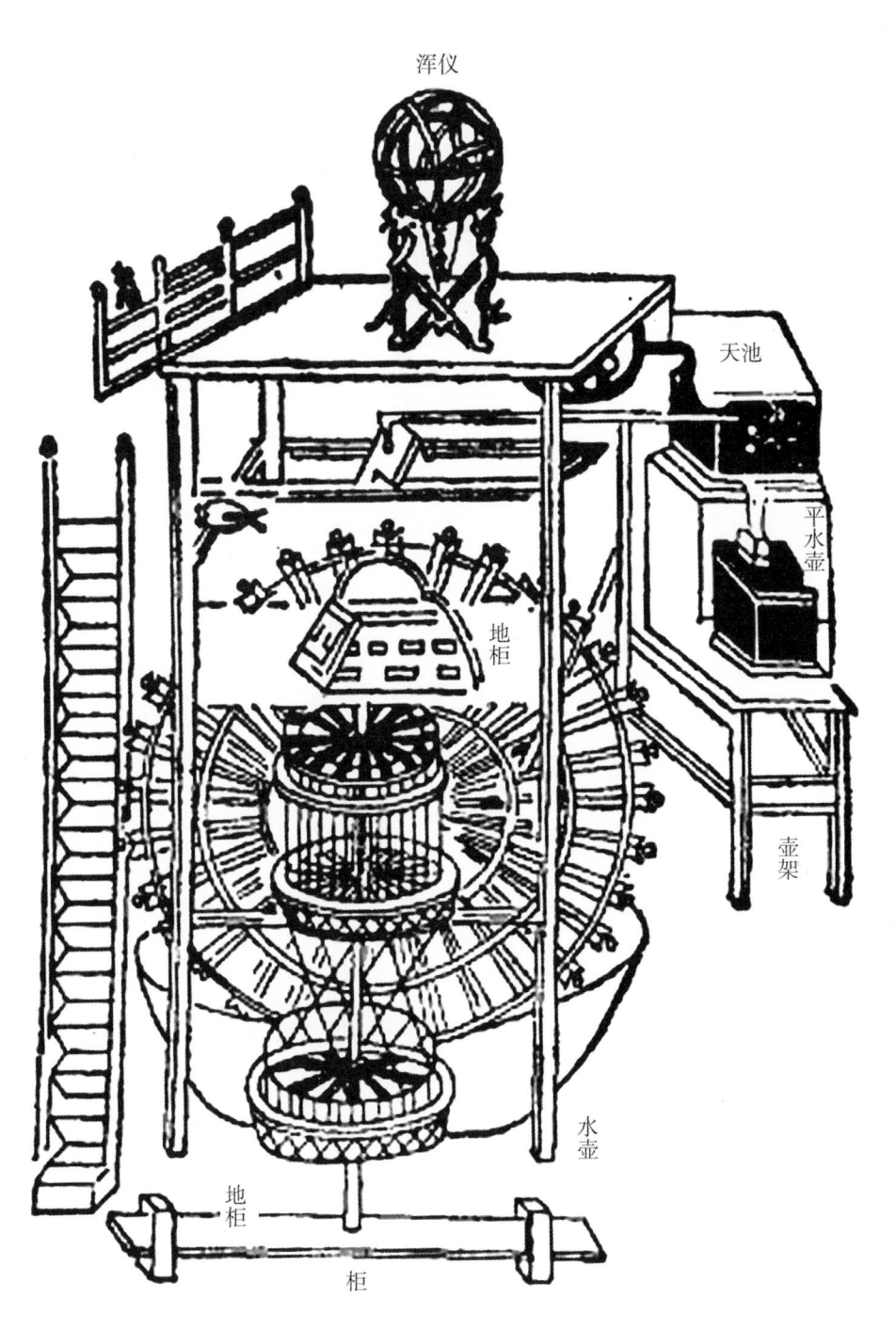

图 4-20

《新仪象法要》中描绘的水运仪象台内部结构示意图

图 4-21

中国国家博物馆展示的根据《新仪象法要》按 1∶5 比例复制的水运仪象台

三、浑仪测时

除浑象以外，浑仪也可用于计时。浑仪是古代重要的天文观测仪器，用以测定各种天体的相关坐标，这与以模拟演示天体运动为主要功能的浑象在本质上是不同的。浑仪的起源时间，学术界有不同看法。一般认为，浑仪是汉武帝时期天文学家落下闳等人发明的。《晋书》说："暨汉太初，落下闳、鲜于妄人、耿寿昌等造员仪以考历度。[①]"《隋书》也说："落下闳为汉孝武帝于地中转浑天，定时节，作泰初历。[②]"这里提到的员仪、浑天，指的就是浑仪。由此，浑仪的发明时间，至迟可以定在汉武帝时期。

浑仪的主要部件是窥管。窥管是根中空的管子，起瞄准作用。人眼在管子下端，通过管子瞄准所要观测的天体。窥管夹在一个双重圆环中间，可以在这个双环里滑动，双环又可以绕两个支点转动，使得双环所在平面可以扫过全天球。这样，借助于双环的旋转和窥管的滑动，可以使得窥管指向天空任何一个区域。除此之外，浑仪上还有一些代表各种天文意义的环圈和支承结构，例如与地平面平行的地浑环，代表赤道面的赤道环、天常环，象征东西方向的卯酉环和南北方向的子午环，等等。在有关环圈上标有刻度，当窥管对准所需观测的天体时，从相应环圈上的刻度就可以读出该天体的有关天文坐标。所以，浑仪主要是用来进行天文观测的。

由于各种原因，早期的浑仪现在已经荡然无存，我们现在见到的最早的古代浑仪实物是明代的。图4-22就是北京古观象台陈列的一架明代浑仪。

既然浑仪是一种天文观测仪器，那么只要用它测出太阳在空中的时角变化，就可以知道相应的时间。这正是浑仪可以用于计时的根本原因。对此，至迟在唐代，人们已经有所认识。唐初天文学家李淳风设计过一台浑仪，叫浑天黄仪。《新唐书》说该浑仪能够"仰以观天之辰宿，下以识器之晷度"[③]，识晷度就意味着可以根据太阳的位置测知时间。在该仪器有关环圈上刻有十二辰的标志，十二辰是时间单位，这正是它可以用于计时的证明。嗣后，在一行、梁令瓒设计的浑仪——黄道游仪上，也刻上了时刻标志，而且是昼夜百刻，比李淳风的刻画更为精细。这种刻画，显然是为了测定时刻。从此以后，在浑仪上刻画时间标志，成了历代遵循的惯例。

---

① 〔唐〕房玄龄等撰《晋书》卷十一《志第一·天文上》，中华书局，1974，第284页。
② 〔唐〕魏徵等撰《隋书》卷十九《志第十四·天文上》，中华书局，1973，第516页。
③ 〔宋〕欧阳修、宋祁撰《新唐书》卷三十一《志第十四·天文一》，中华书局，1973，第806页。

图 4-22

北京古观象台院内陈列的明代浑仪

古人利用浑仪计测时间，有一个演变过程。在唐代，浑仪上的时刻标志是分布在地平环上的，这并不科学，其原因与前述地平式日晷不如赤道式日晷计时准确的理由类似。这种情况一直持续到北宋皇祐三年（1051年）。在这一年，舒易简、于渊、周琮等人主持制造了一台浑仪，在这台浑仪上，时间标志均匀分布在天常环上。天常环与赤道平行，因此根据天常环上的刻度就可以知道被观测天体的时角变化。这种情况与利用赤道式日晷计时相仿，它解决了太阳在空中不同位置时单位时间内的周日视运动在地平环上的投影不均匀的现象，使得浑仪测时精度有了大幅度提高，是天文测时的一大进步。

利用浑仪测时可以获得较高的计时精度。因为浑仪尺寸较大，其天常环上的时刻分划可以做得相当精细，这就有利于计时精度的提高。例如现存于南京紫金山天文台的明代浑仪，其天常环上的时刻标志最小单位为一刻的$\frac{1}{36}$，相当于现代的24秒，如果估读，还可以再精确些。对于古代其他计时仪器而言，要达到这样的精度，有相当的难度，这充分表现了浑仪计时的优越性。

四、西方机械钟表的传入

16世纪末，西方传教士进入中国，把欧洲钟表也带了进来。康熙皇帝对西洋机械钟表传入中国过程的记叙，颇能说明问题：

> 明朝末年，西洋人始至中国，作验时之日晷。初制一二时，明朝皇帝目以为宝而珍重之。顺治十年间，世祖皇帝得一小自鸣钟以验时刻，不离左右。其后又得自鸣钟稍大者，遂效彼为之。虽能仿佛其规模而成在内之轮环，然而上劲之法条未得其法，故不得其准也。至朕时，自西洋人得作法条之法，虽作几千百，而一一可必其准，爰将向日所珍藏世祖皇帝时自鸣钟尽行修理，使之皆准。①

这里说的"验时之日晷"，从下文来看，指的就是机械钟表。万历二十九年（1601年），利玛窦将两架自鸣钟献给了万历皇帝，赢得了皇帝的喜爱，为他在中国传教打开了方便之门。万历皇帝将其视为珍宝，其后明清皇帝也都对之珍爱有加。时间过了半个世纪，到了顺治十年（1653年），顺治皇帝也得到了一架小自鸣钟，对之同样爱不释手。后来又得到一架大些的，

---

① 〔清〕康熙：《庭训格言·几暇格物编》，陈生玺、贾乃谦注释，浙江古籍出版社，2013，第90页。

可以拆开详细了解其内部机构，于是决定仿制，可是由于不知道用于上劲的法条的制作方法，仿造的机械钟误差很大。一直到了康熙亲政之后，从传教士那里进一步得到制作法条的方法，才真正掌握了机械钟表的制作方法，达到了"虽作几千百，而一一可必其准"的程度。之后，清廷专门在宫内端凝殿设立"自鸣钟执守侍首领一人，专司近御随侍赏用银两，并验钟鸣时刻"[①]。还在宫内设立了"做钟处"，专门从事机械钟表的制作和修理事宜。

机械钟表引起中国人的兴趣，国人惊讶于其精美和神奇，不但将其作为传教士带来的贵重礼物加以接受，甚者还将其塑造成标志物，希望以之为自己带来好运。浙江省台州市仙居县的蟠滩古镇胡公堂古戏台建筑的屋脊上就有一个摆钟雕塑，形象地展示着古人对这种外来摆钟的崇拜（图4-23）。随着时间的流逝，中国人经过摸索，逐渐了解了机械钟表的构造，掌握了其中的奥妙及制作技术，钟表的制作从皇宫传至社会，并发展成了自己的钟表制造业。广州、苏州就是当时国内著名的两个机械钟表制造中心。现在在北京故宫博物院还有一个钟表馆，珍藏许多清初以来的钟表，其中有不少是中国自己制造的。它们制作精巧、美观而又复杂，充分反映了当时中国高超的钟表制作技术。

图 4-23
浙江仙居蟠滩古镇胡公堂戏台建筑摆钟雕塑

---

① 赵尔巽等撰《清史稿》卷一百十八《志九十三·职官五》，中华书局，1977，第3439页。

第五章 历法要素测定

历法在古代社会具有极其重要的作用，古人把制定历法视为国家大事之一。而历法制定的基础是测量，只有预先测定了历法诸要素，才能对它们进行合理编排，制定出令人满意的历法来。

传统历法包含要素很多，有些内容在现行农历中已经消失，例如五星运行周期等。对此，我们不再予以介绍。这里所要谈论的，主要是古人对回归年和朔望月这些历法要素的测定，因为它们在现行农历中仍然发挥着作用。

第一节　测影验气定岁首

在传统历法中，回归年的作用无与伦比。所谓回归年，是指太阳视圆面中心相继两次过春分点所经历的时间，实质是地球绕太阳公转一周所需时间。通俗地说，太阳在空中的周年视运动，表现为从南到北又从北到南的回归性。在不同的季节，每天正午仰视太阳在正南方位的高度，会发现它是不一样的。冬至前后，太阳最靠南，中午时候太阳照射在地面物体上所形成的影子是一年之中最长的；过了冬至以后，太阳逐渐向北回归，夏至前后，每天中午太阳几乎到了人的头顶之上（就地球北半球中纬度地区而言），这时它对地面物体的投影是一年之中最短的。夏至以后，太阳又逐渐向南移动，经过半年时间，重新回到冬至点。太阳完成这样一个由南到北又由北到南的运动所经历的时间，就是一个回归年。在一个回归年之内，地面上的气候也经历了从寒到暑又从暑到寒这样一次完整的变化。因为太阳的运动直接决定了地球上任一点气温变化情况，所以回归年长度对于反映地面气温变化周期就具有重要作用，这就决定了它在历法中极其重要的独特地位。任何一部历法，都得拿出自己的回归年数值，古人把它叫做岁实。

一、岁实与立表测影

可以设想,既然岁实反映了太阳回归运动周期,只要测出太阳在回归运动中连续两次过某一天文点的准确时间,就可以推算出回归年的长度来。换句话说,只要准确测出太阳到达某一地平高度的时间,就可以求出岁实来。看来问题非常简单:要推算回归年长度,只要用浑仪观测每天中午时太阳的地平高度就可以了。

可是,在实际操作中,此路却不通。日光耀目,使人不能直视,用直接观测法去测量太阳地平高度,很难办到。要测算回归年长度,必须另辟蹊径。对此,古人选择了立表测影的方法。

因为太阳在空中处于不同的地平高度时,它照射在地面同一物体上所形成的影子长短也不同,这启发古人想到,可以通过测量地上物体影子长短逆推太阳在空中的位置。《汉书》把这一思想表达得非常清楚:

> 日去极远近之差,晷景长短之制也。去极远近难知,要以晷景。晷景者,所以知日之南北也。①

也就是说,太阳在做南北回归运动时,它离开天极的远近,决定了地面表影的长短。太阳离开天极的远近难以直接测知,只有通过测量表影才能间接知道。测量表影的目的,就是推知太阳在空中的方位。

用立表测影法测定回归年长度,简便易行,只要测定了具有极值意义的影长,就可以直接判定回归年的长度。例如一年之内中午时刻影子最短的日子相应于夏至,这时太阳最靠北,叫日北至;而影子最长的日子则相应于冬至,这时太阳最靠南,叫日南至。不管是日南至还是日北至,只要准确测定其中任何一个的具体时刻,连续测量两次,就可以推算出回归年的长度来。在历史上,中国古人选择的是对日南至即冬至点的测定,这与他们对冬至的认识有关,他们把冬至作为"岁"的开始,《后汉书》对此明确总结道:

> 日周于天,一寒一暑,四时备成,万物毕改,摄提迁次,青龙移辰,谓之岁,岁首至也。②

---

① 〔汉〕班固撰《汉书》卷二十六《天文志》,中华书局,1962,第1294页。
② 〔晋〕司马彪撰《后汉书·志第一·律历上》,中华书局,1965,第3056页。

"摄提"，指岁星，即木星。"次"是古代中国人一种空间划分单位，古人把星空沿黄赤道带一周划分为十二次，一"次"合现在的 30 度，其大小与空间十二辰相等，排列方向相反。木星绕日公转，大约十二年一周，每年正好沿十二次移动一"次"。"青龙"在这里是"太岁"的代称。太岁是古人假想的与岁星相对的一颗星，它与岁星运行速率相同，方向相反，正好每年移动十二辰的一辰。

四时，指的是春、夏、秋、冬四季。太阳在天空做回归运动，每过一个周期，地上的气候就经历一次春、夏、秋、冬的寒暑变化，万物则春生秋杀，这叫做岁。显然，岁就是回归年。而"岁首至也"，至是冬至，即冬至是一个回归年的开始。由此，只要测出两次冬至发生时刻，求出它们的时间间隔，再用这两次冬至之间的年数去除，就可以得到一个回归年的长度。这是中国古人测定回归年长度的基本思路。

古人认为，自然界是由阴阳二气构成的，并且阴阳二气处于不停的推移运动之中。冬至是阳气开始萌生的时刻，夏至是阴气开始萌生的时刻。一年 24 个节气，每个节气都对应着阴阳二气的不同状态，而这些节气又反映了太阳在黄道上的不同位置，可以通过立表测影的方法将其确定下来。由此，立表测影本身也是对阴阳二气的一种测验，古人把它叫验气。验气的实质是测定二十四节气，其中最重要的，则是对冬至和夏至的测定。

中国先民对冬至和夏至的认识相当早，甲骨文里已经有了"日至"的记载。《左传》中则出现过两次"南至"的记录，表明当时已经有了对冬至的观测。一般认为，大约最晚在春秋中期，用测日中影长的方法来定冬至和夏至，已经成为历法工作的重要手段。

二、测影圭表的演变

测量日中影长有一种专用工具，叫土圭。土圭一般是用玉制作的。《考工记·玉人之事》记载土圭的形制和功用说："土圭，尺有五寸，以致日，以土地。""致日"就是测量日中表影长度以求日至；"土"是度的意思，"土地"即测量地域。由此可知，土圭是一种长为 1 尺 5 寸的玉质工具，它用以测量日中时表影长度，以之判定冬至、夏至，还可以用来量度地域。

早期的土圭是块刻有尺寸的平板，后来，为了测影长的方便，人们把它和表做在一起。表竖在圭板的一端，板面上刻有尺寸，这样可以直接在平板上读出日中时表影的长度值。土圭和表合在一起，叫做圭表，有时人们也延续旧有的名称，仍称其为土圭或圭。圭表的材料，可以是石料、铜料或者玉料。完整的圭表究竟起始于何时，现在尚难断定，但至迟不会晚于西汉。汉代的《三辅黄图》一书曾经引郭延生《述征记》说：

> 长安宫南有灵台，高十五仞，上有浑仪，张衡所制；又有相风铜乌，遇风乃动……又有铜表，高八尺、长一丈三尺、广尺二寸。题云：太初四年造。①

"灵台"，是当时的天文台，专门用以观测天象。"八尺"是表的高度，这是中国古代圭表的标准高度。"一丈三尺"是该铜圭的长。"尺二寸"则是相应圭面的宽。"太初"是汉武帝的年号，太初四年相当于公元前101年。这是目前所能找到的关于整体圭表的最早记载。图5-1为北京古观象台院内陈列的圭表。

除了建于地面固定的圭表，古人还设计有便携式圭表。现存最早的便携式圭表实物是1965年在江苏仪征石碑村1号东汉墓出土的一具圭表（图5-2）。根据考古命名惯例，称其为仪征铜圭表。仪征铜圭表长34.5厘米，按汉代一尺折合现在23厘米左右推算，合汉制1.5尺。圭的边缘上刻有尺寸单位。表高19.2厘米，合汉代8寸。圭、表间用枢轴连接，便于开阖。使用时将表竖立，与圭垂直，沿南北方向水平摆放，测量正午时日影长度，就可以根据测得的影长推算相应节气。不用时则将表折入圭体中留出的空档内，便于携带。传统圭表表高8尺，仪征铜圭表的表高恰为8尺的$\frac{1}{10}$，说明它是经过精心设计的便携式的测影仪器，使用者可以根据已知的标准圭表测影数据，将其缩小至$\frac{1}{10}$，即可快速推知节气。

利用圭表测量每天中午表影长度，可以直接推算冬至的日期，因为一年之内中午影子最长的一天就是冬至所在日。利用这种方法进行观测，其误差虽然可以大到一两天，但是通过长期观测资料的积累和平均，则可使其误差的影响大大降低。实际上，中国在战国时期产生的四分历，已经采用了$365\frac{1}{4}$日这一比较精确的回归年长度值，该数据与当时的回归年长度相比，年误差不到$\frac{1}{100}$日。这充分证明利用圭表测定冬至是可行的，可以达到很高的精度。

四分历的回归年长度是$365\frac{1}{4}$日，这意味着如果第一年的冬至发生在正午，第二年的冬至就要发生在正午过后的$\frac{1}{4}$日，第三年的冬至则要发生在正午过后的$\frac{1}{2}$日，即在夜半。第四年的冬至则发生在正午过后的$\frac{3}{4}$日，直到第五年，冬至发生时刻才又重新回到正午。用圭表来测定，则会发现第一年表影最长，第二年稍短，第三年最短，第四年表影与第二年相

---

① 《三辅黄图》卷五《台榭》，毕沅校正，《四库全书》本。

图 5-1（a）

北京古观象台院内陈列的圭表［明正统年间制，清乾隆九年（1744年）重修］

图 5-1（b）

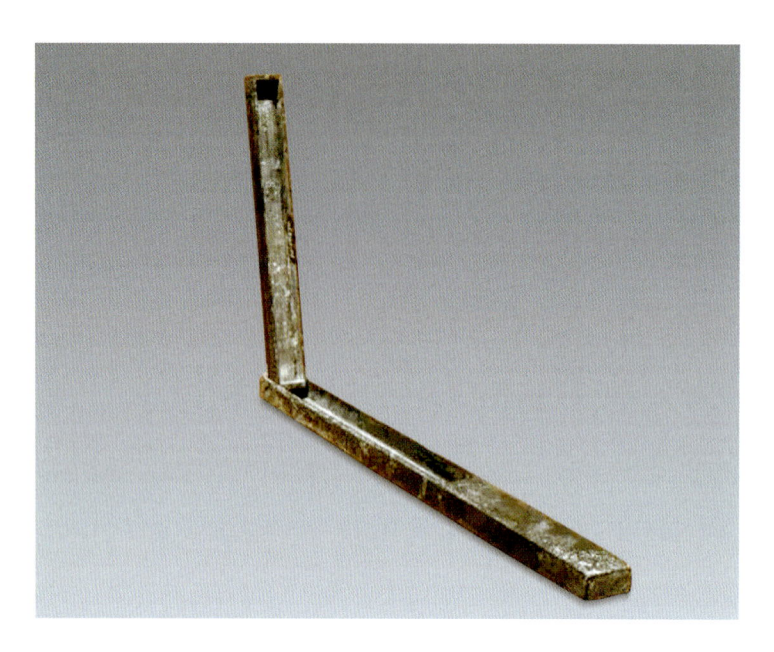

图 5-2
南京博物院藏仪征铜圭表

等，第五年才又重新与第一年表影相同。对此，《后汉书》说：

> 历数之生也，乃立仪、表，以校日景。景长则日远，天度之端也。日发其端，周而为岁，然其景不复。四周千四百六十一日，而景复初，是则日行之终。以周除日，得三百六十五四分度之一，为岁之日数。[①]

这段话就讲述了 $365\frac{1}{4}$ 日这个回归年长度的由来。它告诉我们，历法基本数据的产生，来自立表测影。选择影子最长的时刻作为计算起点，太阳从这个时刻起，沿黄道运行 1 周叫做 1 岁。太阳虽然运行了 1 周，但相应正午的影子却没有回复到原来的长度，需要经过 4 周，也就是 1 461 日后表影长度才能复原。用 4 去除 1 461，得出来的就是 1 岁的具体日数。

利用圭表，可以测出冬至，因为一年之中中午影子最长的一天就是冬至所在日。但实际操作起来，仍然存在一定困难。这一困难一方面在于受冬至日气候条件的影响，更重要的还在于冬至点不一定发生于正中午时分。更确切地说，冬至点发生于正中午的情况，可谓是千载难逢。因此，上述四分历冬至时刻的测定，不一定真正测到了冬至发生的准确时刻，当时

---

① 〔晋〕司马彪撰《后汉书·志第一·律历下》，中华书局，1965，第 3057 页。

人们很可能是连续测几年冬至日正午的表影长度，取其中最长的一年，就定为这年的冬至时刻正在这天中午。以后每过一年，冬至时刻就相应增加 $\frac{1}{4}$ 日。这就是说，用这种方法定出的冬至时刻，带有一定程度的人为因素，与冬至的实际发生时刻不一定吻合。

那么，究竟应该如何做才能确切测定冬至的真实发生时刻呢？这一问题，南北朝时期的祖冲之找到了解决办法。

第二节　祖冲之巧测冬至

祖冲之，字文远，是南朝宋、齐科学家，在科学史上十分有名。1955年，新中国发行首套中国古代科学家纪念邮票，祖冲之就名列其中。图5-3即当时发行的祖冲之纪念邮票。

图5-3
祖冲之纪念邮票

一、祖冲之对传统冬至测日方法的改进

祖冲之一生有许多科学贡献，其中之一是从理论和实践上对传统冬至测量方法做了重大改进。传统上用立表测影的方法测定冬至，一般选择在冬至前后几天，测量影子的变化，以之推算冬至。但是冬至前后日中影长的变化非常微小，加之受到太阳半影和大气分子、尘埃

等对日光散射等因素的影响，使得人们很难准确测定表影长度。如若再碰到阴雨雪天，就更无法测了。而且，冬至时刻很难正巧发生在正午，而立表测影又只能在正午进行。这诸多因素的限制，使得传统立表测影方法得到的冬至时刻，难免要存在较大误差。对此，祖冲之提出了一种新的具有比较严格数学意义的测定冬至时刻的方法。他运用对称思想，分别在冬至前若干天和冬至后若干天测量影子长度，由之推算出冬至的准确发生时刻。祖冲之跟当时另一天文学家戴法兴曾经有过一场关于历法问题的辩论。辩论中，祖冲之介绍了他测定大明五年（461年）十一月冬至时刻的方法。《宋书》详细记述了他的测量数据和推算方法，原文为：

> 大明五年十月十日，影一丈七寸七分半，十一月二十五日，一丈八寸一分太，二十六日，一丈七寸五分强，折取其中，则中天冬至，应在十一月三日。求其蚤晚，令后二日影相减，则一日差率也，倍之为法，前二日减，以百刻乘之为实。以法除实，得冬至加时在夜半后三十一刻，在元嘉历后一日，天数之正也。[①]

这段话用白话文讲就是：大明五年十月十日测得影子长度为 10.775 0 尺，十一月二十五日测得影子长度为 10.817 5 尺（"太"是古代记数法中的一个符号，代表所记数的最小单位的 $\frac{3}{4}$），二十六日测得影长为 10.750 8 尺（"强"也是古代一种记数符号，代表最小单位的 $\frac{1}{12}$）。取其中点的话，冬至应在十月十日和十一月二十五日之间正中的那一天，即十一月三日。但冬至在十一月三日的具体发生时刻还有待进一步确定，这时令后面两个日影长度相减，就得到了一天之内影长的变化（即一日差率，具体为 10.817 5-10.750 8 = 0.066 7），让这个数值乘2做除数（即"法"，具体为 0.066 7×2 = 0.133 4），再让前两个日影长度相减，用其差乘 100 刻做被除数 [即"实"，具体为 100 刻 ×（10.817 5-10.775 0）= 4.25 刻]，用除数去除被除数，得到冬至准确时间在十一月三日子夜 31 刻，这个数据落在《元嘉历》的冬至日后一天，它是正确的冬至日期。

现以图 5-4 来具体说明祖冲之的测算方法。图中纵坐标表示影长，横坐标表示时间。A 点为十月十日正午，其相应影长为 a；B 点为十一月二十五日正午，其相应影长为 b；C 点为十一月二十六日正午，对应影长为 c。因为 $b > a > c$，所以在 B、C 两点之间必然存在着一个理想点 A_1，它的假想的影长为 a_1，与 A 点影长 a 相等。这样，根据冬至前后影长变化对称

[①]〔梁〕沈约撰《宋书》卷十三《志第三·律历下》，中华书局，1974，第313页。

图 5-4

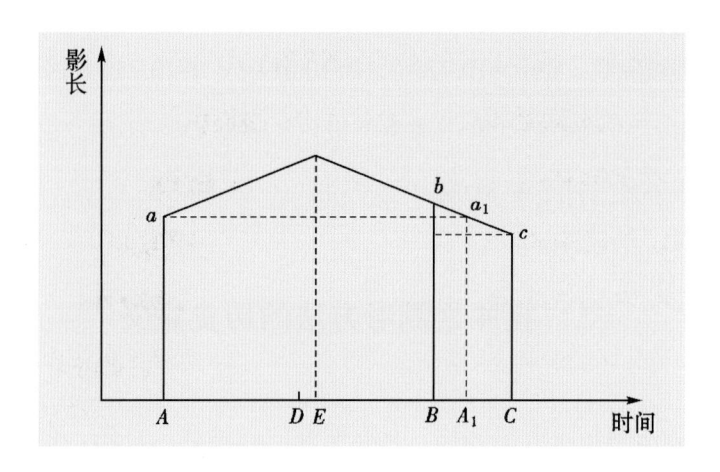

祖冲之测影定冬至算法原理图

的设想，AA_1 的中点 E 就是冬至时刻所在。

由十月十日正午的 A 点到十一月二十五日正午的 B 点共 45 天，这样 AB 的中点 D 的准确位置应为十一月三日子夜零时。接下去，只要求出 DE，就可以获得冬至发生的准确时刻。下面求 DE。

由图 5-4 可知，
$$DE = AE - AD \quad (1)$$
$$AE = \frac{AB + BA_1}{2} \quad (2)$$
$$AD = \frac{AB}{2} \quad (3)$$

将（2）（3）式代入（1）式，得
$$DE = \frac{BA_1}{2} \quad (4)$$

按相似三角形对应边成比例原理，可以得到
$$\frac{b-c}{BC} = \frac{b-a_1}{BA_1}$$

即
$$BA_1 = \frac{(b-a_1) \times BC}{b-c} \quad (5)$$

将（5）式及 $BC=100$ 刻代入（4）式，得到
$$DE = \frac{(b-a_1) \times 100}{2(b-c)} \quad (6)$$

（6）式中的 $2(b-c)$，即引文中的"令后二日影相减，则一日差率也，倍之为法"。"法"

就是除数的意思。(6) 式中分子部分的 $(b-a_1) \times 100$ 则为引文中的 "前二日减，以百刻乘之为实"。"实"即被除数。把 $a_1=10.7750$、$b=10.8175$、$c=10.7508$ 代入 (6) 式，可以得到 $DE \approx 31.86$ 刻。由于古代历法计算中通常不进位，故取 $DE=31$ 刻。由此，祖冲之测得大明五年冬至时刻在十一月三日子夜 31 刻。

二、祖冲之测影方法的历史意义

祖冲之的测量方法与传统方法相比，具有明显的优越性。首先，它不受冬至日气候的影响，只要在冬至前后若干天测量日影就行了。其次，它提高了测量的准确性，因为冬至前后影长变化非常缓慢，而祖冲之选取的是在冬至前后 20 多天对影长进行观测，这时影长变化已比较显著，测、算都比较容易。更重要的是，利用祖冲之的方法可以测得比较准确的冬至时刻。因为冬至时刻不会恰好落在中午，用圭表不能直接观测到，而用这种方法则可以推算出来。所以，利用祖冲之的方法求得冬至时刻，对于历法推算来说，有非常重要的实际意义。

另一方面，祖冲之的方法也并非完美无缺。在他的方法中包含两条假设：一、冬至前后影长变化是对称的，即在冬至前、后离开冬至时间间隔相同的两个时刻，它们的影长相等。二、影长的变化在一天之内是均匀的。这里所说的一天之内的影长变化，不是指的太阳东升西落运动造成的表影长度在一天之内的变化，而是一种想象：今天日中影长和明天日中影长不同，则可以认为这整日内日中影长是在不断变化的。这虽然是一种设想，但却具有一定的天文学内涵，因为它反映了一天之内太阳视赤纬的变化，所以，做这种设想是允许的。严格说来，祖冲之的这两条假说都有误差，但误差不大。冬至前后影长的变化并不对称，但接近于对称；至于一天内影长的变化，虽然不能说是均匀的，但把它当作均匀的来处理，误差也不大。因此，祖冲之的这一方法，能够实现对冬至时刻的比较准确的测定。这一发明，是中国古代冬至时刻测定发展过程中的一个里程碑，它被后世天文学家所接受，是理所当然的。

祖冲之这一成就的取得，是他细心实践、潜心思考的结果。他描述说，为了得到准确的冬至时刻，他曾经"亲量圭尺，躬察仪漏，目尽毫厘，心穷筹荚"[1]，精心进行测算。祖冲之的努力不仅导致了新的测算方法的产生，而且在回归年长度测定上也取得了重大成就。根据他的测算，一个回归年的长度是 365.2428 日。这一数据非常精密，一直到 700 多年后，才出现更精密的数据。而在欧洲，直到 16 世纪以前都在实行的儒略历，其回归年长度的数值是

---

[1] 〔梁〕萧子显撰《南齐书》卷五十二《列传第三十三》，中华书局，1972，第 904 页。

365.25 日，这与祖冲之相比是难以望其项背的。

第三节　郭守敬高表测影

祖冲之改进了传统的冬至时刻测定方法以后，历代都有人对测影验气进行探讨。例如北宋姚舜辅就曾采用多组观测的方法，通过求平均值定出冬至时刻。这种方法符合误差理论，是科学的。

在祖冲之之后改进测影方法的人士很多，其中最著名的是元代天文学家郭守敬（图5-5）。郭守敬，字若思，顺德邢台（今河北省邢台市）人，中国古代杰出的天文学家、水利学家和数学家，在天文仪器制造、天文观测和水利工程等科学技术领域取得过卓越成就。对传统立表测影技术加以改进，就是他的诸多科学成就之一。

图 5-5

北京古观象台院内陈列的郭守敬塑像

一、郭守敬高表测影与观星台

纵观中国天文学史,除祖冲之从理论上革新了对冬至点的测定方法之外,历代的历法制定者为求得准确的冬至时刻,大都从提高测量精度出发,反复探索,不断增加测量时的最小读数单位。传统的最小测量单位是分,为了提高精度,古人在分之下又增加了厘、毫、秒等单位,在最小单位下,还增加了强、半、太、少等估读数字。《荆楚岁时记》一书记载:"晋魏间,宫中以红线量日影。冬至后,日影添长一线。"[①]这里甚至以线的直径作为最小读数单位。这些,都反映了古人为提高测量精度所做的努力。

但是,从增加读数单位的角度出发去提高测量精度,其效果是有限的,它受到人眼分辨能力的限制。分以下的那些单位,实践中也很难被准确读出。为了解决这一问题,郭守敬提出了用高表测影的设想,并将其付诸实施。《元史》详细记述了郭守敬的这一发明及其指导思想:

> 旧法择地平衍,设水准绳墨,植表其中,以度其中晷。然表短促,尺寸之下,所为分秒太、半、少之数,未易分别。……今以铜为表,高三十六尺,端挟以二龙,举一横梁,下至圭面,共四十尺,是为八尺之表五。圭表刻为尺寸,旧寸一,今申而为五,厘毫差易分别。[②]

这段话意思是说:传统立表测影方法是,选择一块地面平坦的地方,用水平仪检验主面,使其处于水平状态,在相应地点竖起一根表,用在表顶悬锤的方法校正表身,让它位于铅直方向,以此测量影子真正的长度。这些方法虽好,但是表的高度不够,只有 8 尺。表低了它的影子就短,测量时尺和寸以下的那些单位,就是平常所说的分、秒以及太、半、少这些读数,不容易区分开来。现在用铜做成表,高 36 尺,铜表顶端连接两条龙,两条龙托着一根横梁,从横梁到主面共高 40 尺,是传统 8 尺之表的 5 倍,主面上刻着尺寸。既然表高是原来的 5 倍,影子长度也相应地增加到原来的 5 倍,过去 1 寸的长度,现在是原来的 5 倍,它下面的那些厘、毫等单位,就容易区分开来了。其原理见图 5-6。

从这段话中可以看出郭守敬的指导思想,他认为传统测影方法读数精度太低,原因在于

---

① 〔南北朝梁〕宗懔撰《荆楚岁时记》,《四库全书》本。
② 〔明〕宋濂等撰《元史》卷五十二《志第四·历一》,中华书局,1976,第 1121 页。

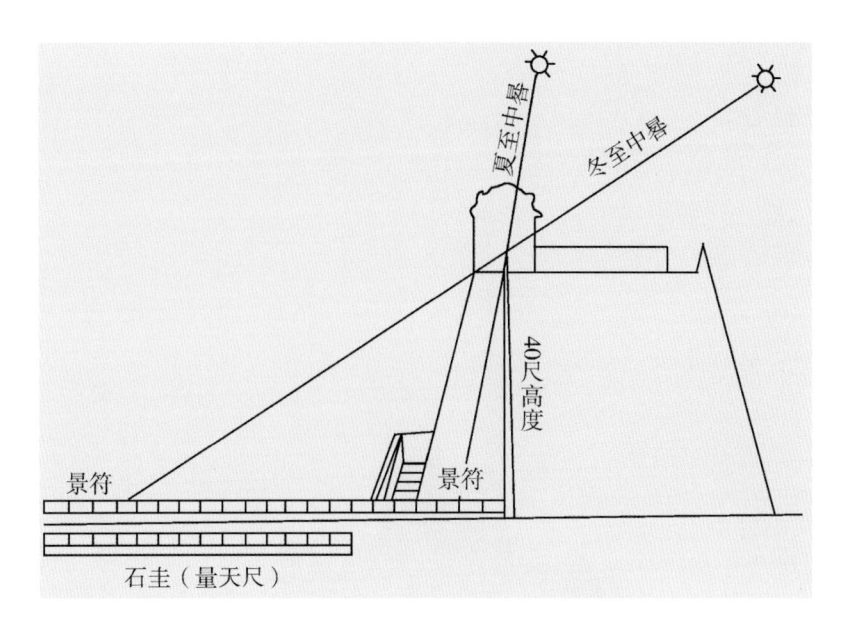

图 5-6
郭守敬高表测影示意图

分、厘、毫、秒这些单位太小了，肉眼难以将其区分开来。要想将其区分开来，就需要增加其实际长度，圭面上读数单位的长度增加了，为保持测量值的不变，就需要将表的高度也增加相应倍数。于是，这就需要建造高表。

郭守敬的分析并不正确，高表增加了影子长度，但测量影子时的实际读数精度并不因此而改变。不过，郭守敬竖高表的做法却是合乎科学的。根据现代误差理论，测量的准确度通过其相对误差表现出来，而相对误差等于绝对误差与测量值的比值，即

$$相对误差 = \frac{绝对误差}{测量值}$$

就立表测影而言，绝对误差反映了读数精度，测量值则反映了相应的影长。在高表情况下，读数精度不变，即绝对误差不变，但影长却增加了，显然影长增加几倍，相对误差就缩小为原来的几分之一，这意味着测量的准确度也提高了同样的倍数。

郭守敬的高表制作得十分精细。他把传统的单表表顶改为用双龙高擎着的开有水槽取平的铜梁，石圭圭身处于子午方向，圭面上也凿有水槽，并且是环通的，以便取平。表身则略向北倾，梁上悬下三条铅垂线，取锤尖连线为表影起点。所有这些，考虑得十分周到。

随着时间的推移，郭守敬的高表已然消失，但其测影遗址却至今犹存。这就是现今河南登封告成镇上巍然屹立的观星台。（图 5-7）

图 5-7
登封观星台

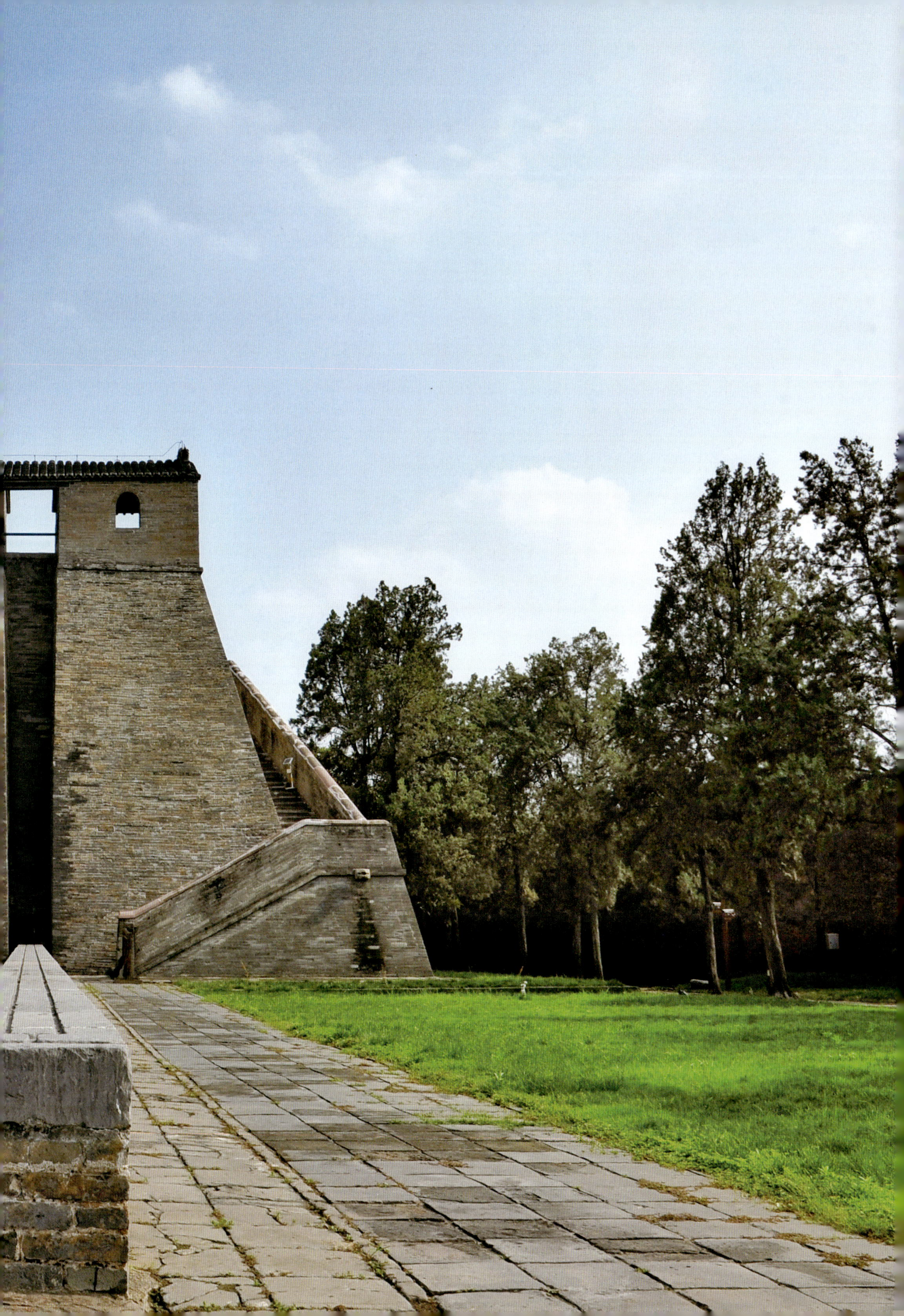

近年来，有关部门曾对它做了测量，发现它的石圭的方位与当地子午线在仪器误差范围内完全一致。用郭守敬的方法进行实地测影，也达到了预期的效果。登封观星台是世界著名的古天文台遗址、全国重点文物保护单位。1975年国务院曾经拨款修葺，对维护该遗址起了重要作用。2010年8月1日，联合国教科文组织将河南省登封市"天地之中"历史建筑群列入《世界遗产名录》，其中就包括了登封观星台。

郭守敬高表的表高是传统表高的5倍，在同样的成影清晰度情况下，其测量的准确度也相应地提高到原来的5倍。但是，随着表高的增加，成影清晰度必然随之下降，这是尽人皆知的事实。郭守敬形容这种现象："表长则分寸稍长，所不便者，景虚而淡，难得实影。①" "景虚而淡，难得实影"八个字，一针见血地道出了高表所造成的影端严重模糊现象。如不解决这一问题，高表测影所带来的优越性将被抵消殆尽。

二、景符的发明与应用

郭守敬发明了景符，彻底解决了高表的影端模糊问题。所谓景符，实质上是个小孔成像器。《元史》详细记述了景符的形制：

> 景符之制，以铜叶，博二寸，长加博之二，中穿一窍，若针芥然。以方框为跌，一端设为机轴，令可开阖。榰其一端，使其势斜倚，北高南下，往来迁就于虚梁之中。窍达日光，仅如米许，隐然见横梁于其中。旧法一表端测晷，所得者日体上边之景，今以横梁取之，实得中景，不容有毫末之差。②

译成现代汉语，意思为：景符是用薄铜片制作的，薄铜片宽2寸，长4寸，上面穿有一个像针或芥菜籽那么大的小孔。用正方形的铜框为底座，底座的一侧装有转轴，薄铜片可以绕着该轴转动。把铜片的一头支撑起来，使其成为倾斜状态，北边高、南边低，让它在横梁的虚影中来回移动，选择合适的角度和位置，将其安置下来。穿过小孔达到圭面上的日光，形成一个米粒大小的太阳的像，在其中隐隐约约可以看到横梁影子。过去的方法用一个表测量影长，测出的是太阳圆面上边缘对表顶端的投影，而现在以横梁代替过去的单表，测出的结果反映了太阳圆面中心的投影，结果不会有丝毫的差错。

---

① 〔明〕宋濂等撰《元史》卷四十八《志第一·天文一》，中华书局，1976，第996页。
② 同上书，第997页。

从郭守敬的描述可以知道，景符实际上利用了物理学上所谓的小孔成像原理，让日光对横梁的投影透过景符上的小孔在圭面上形成一个内含横梁的太阳的像，在梁影平分太阳像时，就得到了日面中心的影长。而过去所得到的影长都是太阳上边缘的影长，它较日面中心影长要稍短一些。

用景符测影能够准确测知横梁影子的确切位置。根据模拟实验，景符若移动1.5～2毫米，梁影切分太阳像两半的对称程度就会产生显著变化，由此，用景符测定影长，可以准确到1.5～2毫米以内。这种准确程度可谓空前。

利用景符测影，可以基本解决由于表高所带来的"景虚而淡"的困难，这就大大发挥了高表测影的优越性。对此，不妨具体分析如下。

如图5-8所示，S表示太阳，它的圆面对人眼所成夹角大约是0.5度，即$\angle DAE = 30'$，AC是用以测影的4丈高表，CD是太阳照射在高表上所形成的本影区的影长，CB是太阳视圆面中心对高表投影所形成的影长。郭守敬测得该数据为7丈6尺7寸4分，即$CB = 7.674$丈。是物理学上所谓的半影区的影长，它使得影子端缘模糊，影长不易确定，是测量中产生误差的重要因素，下面求DE。

在图5-8中，已知$AC = 4$丈，$CB = 7.674$丈，

据此可以求出$\angle BAC$来，即

$$\angle BAC = \arctan \frac{CB}{AC} = \arctan \frac{7.674}{4} = 62°28'$$

由此可求出本影区影长

$$CD = AC \cdot \tan(62°28' - 15')$$
$$= 4 \times \tan 62°13' = 7.592（丈）$$

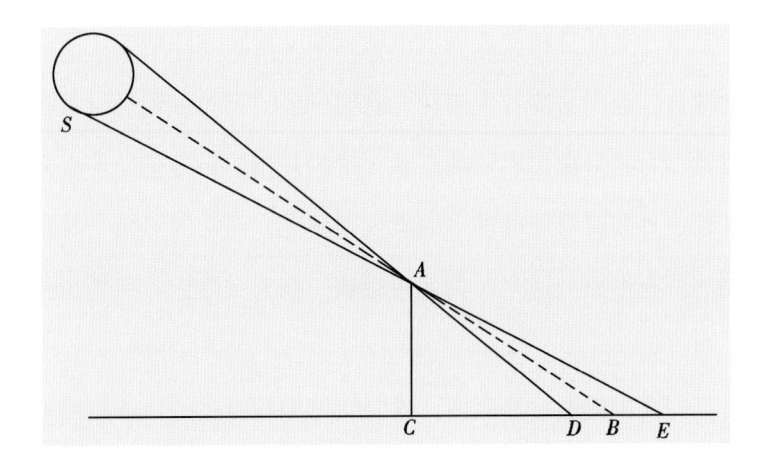

图 5-8

用景符测影示意图（为了示意清楚，角度有所放大）

进一步可求得全部影长

$$CE = AC \cdot \tan(62°28' + 15')$$
$$= 4 \times \tan 62°43' = 7.752 \text{（丈）}$$

故半影区影长

$$DE = CE - CD = 0.16 \text{（丈）}$$

这就是说，在不用景符情况下，半影区的范围约为 1 尺 6 寸，而日面中心影长与日面上边缘影长的差是这个数字的一半，即 8 寸。实际上，考虑到空气中尘埃散射等因素的影响，测量结果的不确定性比这个数据还要大。使用景符以后，测量的绝对误差降低到了 2 毫米，测量精度一下子提高了几百倍，实在是了不起的成就。

在传统立表测影实践中，要提高测量的准确度，一是加高表身，使表影增长，减少相对误差；一是设法读准影长，使结果准确，减少绝对误差。郭守敬通过竖高表、制景符，在这两方面都取得了突出成就。在中国计量史上，这是值得记上一笔的。

第四节　朔望月长度的测定

在传统历法中，朔望月长度是一个重要因素。在古代时间计量发展过程中，古人孜孜不倦探索朔望月长度的概念和测量方法，取得了引人注目的效果。

一、平均朔望月概念

所谓朔望月，是指月亮的月相完成一次由圆到缺又由缺到圆的变化所经历的时间。我们知道，月亮绕着地球转，地球又绕着太阳转，它们三者的相对位置时时都在变化。从地球上看去，在不同的位置，月亮呈现出不同的形状，这叫月相。当月亮处于太阳与地球之间时，它们同时从东方升起，月亮背对地球的一面被太阳照亮，而它的黑暗半球却对着地面，太阳的光辉淹没了月亮的所有形象，这个时刻就叫做朔。在天文学上，朔是指月亮黄经和太阳黄经相同的时刻。

在朔之后，月亮与太阳逐渐拉开距离，这时它被太阳照亮的半球慢慢显现出来。开始，人们只能看到一钩淡淡的蛾眉新月，随着日期的推移，月亮被人们看到的部分也逐渐增多。到了朔之后的大约 15 天，月亮运行到与太阳隔地相对的位置，这时它被太阳照亮的半球完全朝向地球，人们看到的月相是一个明亮的圆盘，这就是满月，相应的时刻叫望。在天文学上，望是指月亮黄经和太阳黄经相差180°的时刻。农历一个月内月相变化如图5-9所示。

过了望后，月面逐渐消瘦下去，月亮向日地连线方位移近，到最后，月亮重新回到朔的位置，月相本身也经历了一次由缺到圆又由圆到缺的完整变化。这一变化所经历的时间，就是一个朔望月。在天文学上，朔望月就是从朔到朔或从望到望所经历的时间。

根据朔望月的定义，可以想象得出对其时间长度的测定方式。例如只要准确测定相邻两次朔或望的时刻，就自然可以得到朔望月的长度。但实际操作起来，却并不那么容易。因为朔的时刻，人们观察不到月相，无法测定；而望的月相虽然十分醒目，但要通过观察月圆与否来判定望的准确时刻，却也不是那么简单。此外，还有另一个十分重要的因素：由于地球带着月球绕太阳公转，遵循的是椭圆轨道，这导致朔望月的长度不是固定不变的。人们平常说的朔望月长度，都是指的平均朔望月。平均朔望月的长度不可能通过一两次对朔或望的测定而得到，因为那样做误差太大了。平均朔望月长度的认定必须通过长期的观测统计。为此，古人不断探讨各种测量平均朔望月的方法，他们首先找到的是闰周法。

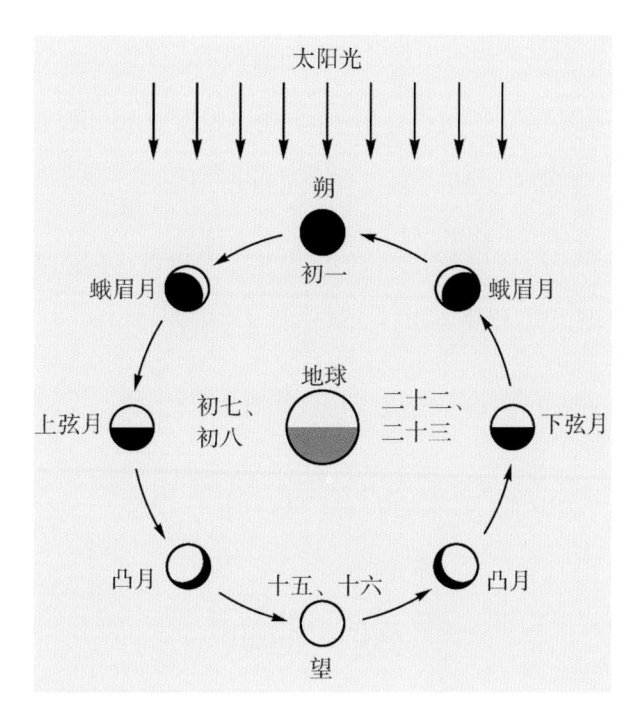

图 5-9
月相变化示意图

二、闰周与平均朔望月长度

所谓闰周，是指农历安置闰月的周期，它涉及朔望月与回归年长度的关系。根据现代观测数据，朔望月的平均长度约为 29.530 6 日，回归年的长度约为 365.242 2 日，它们之间不成整数倍关系。这样一来，如果以 12 个朔望月为 1 年，则历法年与回归年长度就有较大的差距。为了使历法年的平均长度与回归年尽可能地一致，每隔一段时间，就需要加进 1 个闰月。在有闰月的年份里，1 个历法年包括 13 个朔望月。而闰周，也就是指在一定数目的年份内所需要安置的闰月数。显然，知道了回归年的长度，知道了闰周，就可以利用它们之间的关系，通过数学运算，推算出朔望月的平均长度来。

闰周的确定需要通过对实际天象的观测和资料的积累，首先要掌握由朔望月来安排历谱的规律。传统历法有一特点，它要求历日与月相建立严格的对应关系，这就需要认真观测天象，根据观测结果来安排历谱，即排定历日，安置朔望月。掌握了朔望月安排规律，积累的数据增多，就可以总结出闰周来。有了闰周，回归年长度又可以通过立表测影方法得到，平均朔望月的计算，也就成了轻而易举之事。

中国古代留传下来的最早的朔望月数值是 $29\frac{499}{940}$ 日，这个数据就是用上述方法推算出来的。这是古《四分历》的数据。当时人们认识到的回归年长度值是 1 个回归年等于 $365\frac{1}{4}$ 日，而闰周是 19 年 7 闰。所谓 19 年 7 闰，是指 19 个回归年等于 19 个历法年加上 7 个闰月。每个历法年按常规是 12 个朔望月，19 个历法年共 228 个朔望月，加上 7 个闰月就是 235 个朔望月。根据这些数据，就可以推算出平均朔望月的长度来：

$$19 \text{ 个回归年} = 19 \times 365\frac{1}{4} \text{ 日} = 6939\frac{3}{4} \text{ 日}$$

$$235 \text{ 个朔望月} = 19 \text{ 个回归年} = 6939\frac{3}{4} \text{ 日}$$

$$\text{平均朔望月} = 6939\frac{3}{4} \text{ 日} \div 235 = 29\frac{124\frac{3}{4}}{235} \text{ 日}$$

$$= 29\frac{499}{4}\text{ 日} = 29\frac{499}{940} \text{ 日}$$

数值吻合得这么好，证明 $29\frac{499}{940}$ 这个数据只能是从《四分历》的回归年和闰周推算出来的。虽然是推算所得，因为回归年和闰周这两个数据的获得，都是以长期的天文观测为基础，所以由它们出发推算朔望月数值，也能保证一定的精度。把上述《四分历》的朔望月值化成小数，得 29.530 851 日，与现今测定值 29.530 588 日相比，误差仅为 +0.000 263 日，已经相当精确了。

但是，利用闰周和回归年来推算朔望月数值的做法，也还存在缺陷。因为 19 年 7 闰这个数值，虽然在历史上从春秋中期一直沿用到南北朝时期，但它只是个约数，完全由它来推算朔望月，就会在回归年和朔望月精度提高方面产生某种限制。具体地说，19 年 7 闰意味着 19 个回归年包含着 235 个朔望月，于是朔望月的长度就等于 19 个回归年所包含的日期除以 235。235 这个数据是不变的。这样，回归年测量数据的改变就直接影响到朔望月的推算结果，反之亦然。例如，东汉末年的天文学家刘洪（约 129—210）把回归年长度减少为 $365\frac{145}{589}$ 日，比传统的 $365\frac{1}{4}$ 日更精确，据此得出的朔望月数值为 $29\frac{773}{1457}$ 日，即 29.530 542 日，这一数据比实际的朔望月长度变小了，其误差为 -0.000 046 日。三国时魏国杨伟《景初历》的数据，则表现出另一种趋势，他取朔望月为 $29\frac{2419}{4559}$ 日，即 29.530 599 日，误差降低到只有 +0.000 011 日，但回归年数值却增加为 $365\frac{455}{1843}$ 日，即 365.246 88 日，比刘洪的回归年数据误差要大。这就是说，由于 19 年 7 闰这一闰周的限制，人们对回归年和朔望月长度的追求有一定限度。超出这个限度以后，降低回归年误差，朔望月误差就增大；相反，降低朔望月误差，回归年误差又增加了。两者处于一种相互牵制的状态。

之所以出现这种情况，是因为朔望月、回归年之间并不具备简单的数值关系，19 年 7 闰并不精确，还有更精确的闰周。果然，412 年，北凉的赵㱐（此字在历史上仅此一见，古音已失）就打破了 19 年 7 闰这个框框，创用了 600 年 221 闰这个新闰周，他的回归年和朔望月这两个数据都比过去精确。祖冲之则进一步把闰周改进为 391 年 144 闰，他用他所测算的回归年长度和这一新的闰周，推算出了朔望月的长度为 29.530 592 日，误差仅为 +0.000 004 日，可谓空前精确。

三、平均朔望月长度与日食观测

但是，对新闰周的追求是无止境的。这种现象的出现，使得古人逐渐认识到了朔望月、回归年之间不具备简单数值关系这一事实，这就使得他们逐渐放弃了这种方法。从唐代李淳风的《麟德历》开始，人们就不再累赘地去推求新闰周了。他们采用的是通过对日食、月食的观测和归算得出朔望月数值的方法。

根据定义，朔望月的长度是相邻两次朔（或望）之间的时间间隔。这样，只要定出准确的朔（或望）的时刻，就可以推算出朔望月的长度。但朔这一时刻人们看不到月亮，无从测定。因此，只要找出测定朔的方法，问题也就解决了。从这一思路出发，古人想到了日食、月食。因为在地球上看上去，日食是月亮遮蔽了太阳的结果，而这种遮蔽，只有当月亮运行到地球和太阳连线的位置上时才能发生，而这个时刻正好是天文学上定义的朔。所以，可以通过日食来判定朔。只要知道了两次日食发生的时刻，用两次日食之间所包含的月数去除以它们的时间间隔，就可以得到平均朔望月的长度来。月食则用以判定望，由之同样可以计算出朔望月长度，而中国古人对日食、月食又特别重视，古籍中留下了大量关于日食、月食的观测记录，这就使得人们可以通过对历史资料的统计归算，直接得出朔望月长度来。例如，唐代天文学家一行在其《大衍历议·合朔议》中就曾提到：

> 新历本《春秋》日食、古史交会加时及史官候簿所详，稽其进退之中，以立常率。[1]

"新历"，即指《大衍历》。这段话意思是说：《大衍历》的朔望月长度，是通过对《春秋》上的日食记录，古代史书上记载的日食、月食发生时刻以及天文官员观测记录的统计归算，考察它们的消长变化而得到的。一行之后，通过日食、月食观测记录推算朔望月长度，成了中国古代天文学计算朔望月长度的主要方法。

在中国古代历法中，测得朔望月数值最精确者是北宋姚舜辅《纪元历》的 29.530 590 日，该数据与今测量值的误差在 +0.000 002 日以下，远远超过了同时代西方的水平。

---

[1]〔宋〕欧阳修、宋祁撰《新唐书》卷二十七上《志第十七上·历三上》，中华书局，1975，第 595 页。

第六章
空间计量的进步

在古代计量领域中，与时间计量相对应的是空间计量，而空间计量的基础是长度计量。此外，空间方位测定也属于空间计量的范围。为此，在这一部分，将对中国古代的空间计量做一简略描述。

第一节　长度计量的多样化

在各种计量活动中，长度计量是最基本的。本节集中讨论古人发明的各种长度测量方法。

一、新莽卡尺的发明

对于长度计量，古人一般是先建立基准，然后用选定的标准和被测物直接加以比较而实现的。长度计量可以通过直接的比较测量获得测量结果，也可以通过比较测量获得初步结果后，再通过相应的数学计算获得最终结果。

比较测量需要有相应的工具。这些工具最常用的是各种尺子。迄今大多数朝代古尺均有出土，我们从中可以窥见各朝代尺度的大致情况。图6-1所示是时任日本计量史学会理事长的岩田重雄先生惠寄的日本藏两把商尺（其中一把长5寸）的照片。由图可知，商代的尺度实行的是十进制，这是中国古代尺度十进制的早期实物见证。迄今为止已经有数把商尺出土，由这些尺子综合考量，商代一尺大约折合当代16～17厘米。我们期待有朝一日能够见到夏代尺子的出土。

在古人的长度测量实践中，最值得一提的测量工具当数王莽新朝时刘歆发明的卡尺，我

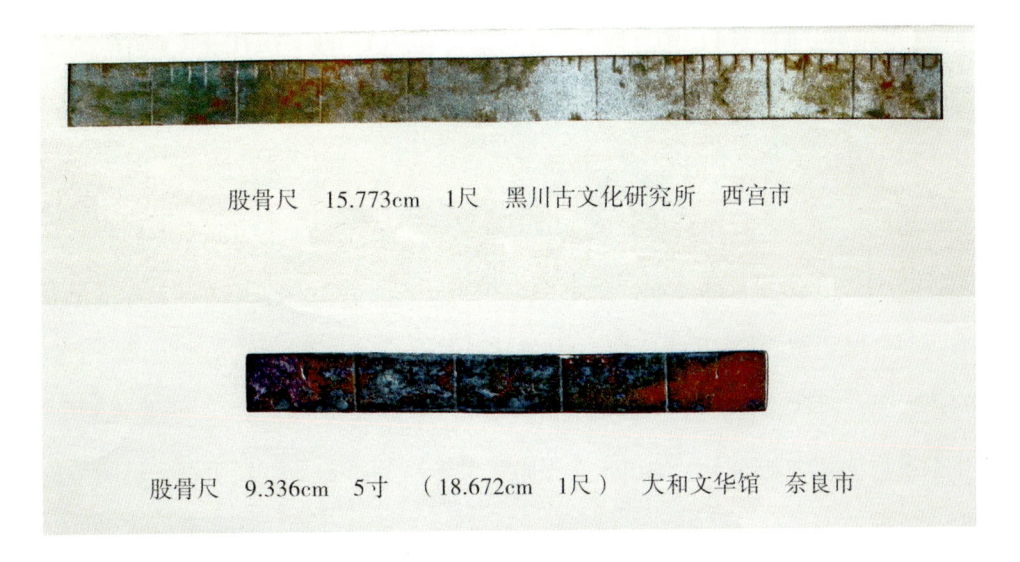

股骨尺　15.773cm　1尺　黑川古文化研究所　西宫市

股骨尺　9.336cm　5寸　（18.672cm　1尺）　大和文华馆　奈良市

图 6-1
日本藏商代骨尺

们称其为新莽卡尺。

公元 8 年，王莽废除汉朝，改国号为新，建立了新朝。为彰显新朝的合法性，他事先指派刘歆进行了一场大规模的考订音律和度量衡的活动，制作了一批度量衡标准器和相关器具，新莽卡尺就是其中一种测量器具。

在历史上，新莽卡尺为人们所知的时间并不早，直到清朝（1644—1912）晚期至民国时期，才见于一些文献记载。其中的最早著录，见于清末吴大澂《权衡度量实验考》，书中描写了他所见到的一把新莽卡尺：

> 是尺年月一行十二字及正面所刻分寸皆镂银，成文制作甚工，近年山左出土，器藏潍县故家。旁刻比目鱼，不知何所取义。正面上下共六寸，中四寸有分刻，旁附一尺作丁字形，可上可下，计五寸，无分刻，上有一环可系绳者，背面有篆文年月一行，不刻分寸。[①]

引文中"篆文年月一行"指的是原尺上刻的"始建国元年正月癸酉朔日制"十二字。正是由这十二个字的存在，可以断定它是王莽统一度量衡时所制器物。

此外，在罗振玉《俑庐日札》（1908）、《贞松堂集古遗文》（1930）、柯昌济《金文

[①]〔清〕吴大澂：《权衡度量实验考》，上虞罗氏本。

分域编》（1929）、刘体智《小校经阁金文拓本》（1935）、容庚《汉金文录》（1931）里，对新莽卡尺都有所记述。就目前所知，不算转录重复者，这些记载共涉新莽卡尺达五把之多。遗憾的是，由于社会动荡等各种原因，新莽卡尺后来大都流散佚失了。

此外，这些记载对其所载新莽卡尺的出土过程述说不详，这也引起了人们对其真伪的疑惑。1992年5月，在扬州一座东汉早期墓中出土了一把新莽卡尺（图6-2），这是有明确出土记录的新莽卡尺实物。该卡尺出土时，表面已经锈蚀，是否有刻文已无法辨识，但它的出土，毫无疑问地表明，汉代确曾有过这类带有卡爪的专用测长工具——卡尺，这是无须争辩的。

扬州东汉早期墓中新莽卡尺的出土，平息了关于王莽时期是否发明铜卡尺的争论。鉴于世界上迄今除新莽卡尺外，还没有发现有更早的发明卡尺的记载，新莽卡尺毫无疑问是世界上最早的卡尺。

迄今为止，在中国国家博物馆、北京市艺术博物馆、江苏省扬州市博物馆各收藏有一把新莽卡尺。前两把系征集而来，扬州市博物馆所藏则为出土所得。在这三把中，品相最好者是中国国家博物馆所藏（图6-3）。下面我们以该尺为例，说明新莽卡尺的具体结构及使用方法。

新莽卡尺是用青铜制作，由固定尺、固定卡爪、滑动尺、滑动卡爪等部分组成。固定尺身中间有一导槽，导槽一侧刻有5寸的寸刻度，其中左侧的4寸，每寸又刻10分。滑动尺正面也刻有5寸的寸刻度，但没有分刻度，背面阴刻篆书："始建国元年正月癸酉朔日制"。固定尺与滑动尺等长，两尺刻线大体相对。固定尺和滑动尺宽度相等，各宽半寸。卡爪相并，宽1寸。卡尺有一卡套，固定在固定尺的尾端，滑动尺穿过卡套可以左右滑动（图6-4）。

显然，新莽卡尺可以用来测量物件的外圆直径或壁厚，也可以测定内圆直径、高或深。就测定外圆直径来说，只要将待测物件置于两个卡爪之间并使之卡紧，就可以通过两个卡爪之间固定尺面上的读数，读出待测物件的外圆直径。在测定圆内径时，将两个卡爪放入物件圆孔径内，拉开滑动尺，使两个卡爪外侧顶紧圆内壁，读出两个卡爪之间的读数，再加上卡爪宽度1寸，即可得到待测物件的圆内径。

新莽卡尺可以实现对圆的直径的测量，这对中国数学发展有重要意义。在此之前，由于没有可靠的测量圆的直径的方法，我们的祖先是用圆内接正方形来表示圆的大小的，此即古书《周髀算经》所谓之"数之法出于圆方，圆出于方，方出于矩，矩出于九九八十一"的内在原因。在先秦技术百科全书《考工记》所记载的度量衡标准器栗氏量中，作者也是用边长为一尺的圆内接正方形来表示圆桶口径的大小的。有了新莽卡尺，人们可以直接测量圆的直径，这就使得在进行涉及圆的各种计算的时候，变得大为简便，为数学的发展带来了意想不到的便利。

图 6-2

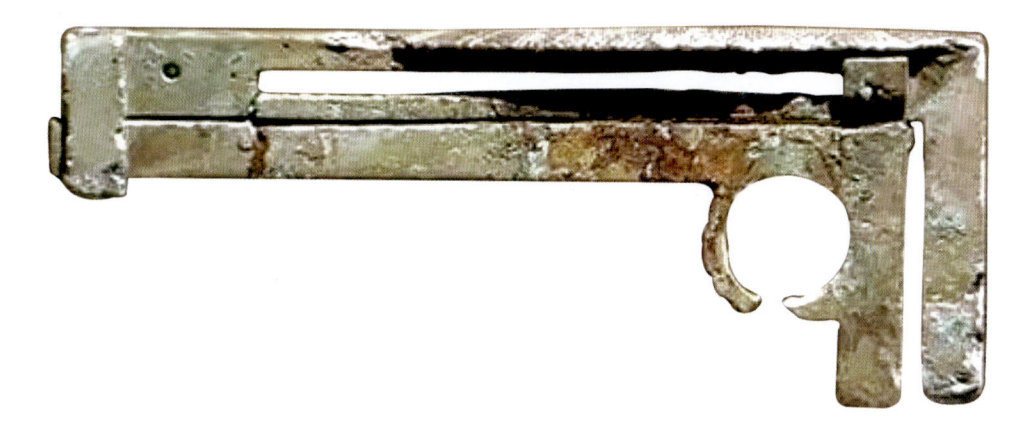

扬州东汉早期墓出土的新莽卡尺

图 6-3

中国国家博物馆珍藏之新莽卡尺

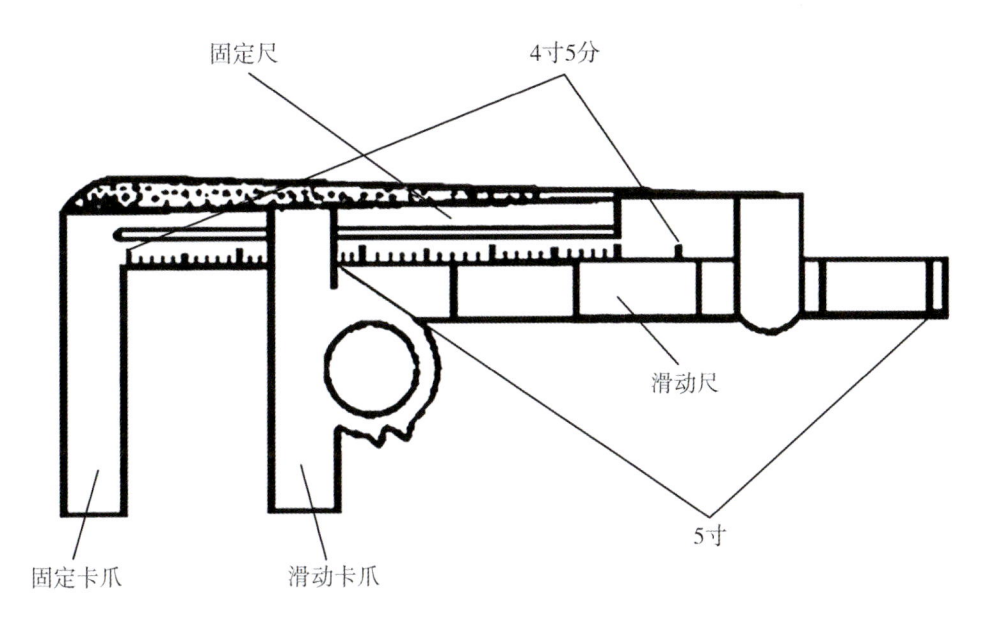

图 6-4

新莽卡尺结构示意图

新莽卡尺还可以用于测深。拉动滑动卡尺，其伸出卡套部分的长度即可用来测深。需要说明的是，滑动卡尺上面的刻度与固定卡尺的刻度是对应的，这与当代的游标卡尺不同。当代游标卡尺游标上的刻度单位长度一般是固定卡尺刻度单位长度的十分之一，这使得游标卡尺整体读数精度可以提高一个数量级，而新莽卡尺则不具备这样的功能。也正因为如此，我们不认为新莽卡尺是世界上最早的游标卡尺。一般认为，现代游标卡尺的结构与原理是法国数学家皮埃尔·韦尼埃（Pierre Vernier，约1580—1637）在1631年提出来的。相比之下，新莽卡尺与之结构相仿，组成要素相似，测量功能相当，而制作时间则早至纪元前后，称其为游标卡尺的先驱、世界上最早的卡尺，是没有异议的。

二、远程测量与记里鼓车

通过直接比较测定物体长度，过程直观，结果富有说服力，因而深得古人信服。但是，这种计量方式适用范围毕竟有限，为此，古人又发明了多种多样的长度计量方式。

例如，对于远距离路程的测量，有时限于人力、物力等多种因素作用，要组织实地测量非常困难，对此，古人便利用速度、时间、路程三者之关系加以测算。方法是根据经验确定所行速度，再以速度乘所用时间，就可以得知所要估测的距离的远近。早在先秦时期，《管子》就提到了这种方法：

> 天下乘马服牛，而任之轻重有制、有壹宿之行（原注：一宿有定准，则百宿可知也），道之远近有数矣。是知诸侯之地、千乘之国者，所以知地之小大也。①

这段话意思是说：天下乘驾马车牛车的人，如果让马或牛的负重量一定，知道了一天之中所行的路程，哪怕是其行走了一百天，也可以知道距离的远近。这是测量诸侯国地域大小的一种方法。

《管子》提到的这种方法，就是根据速度、路程、时间三者的关系实现对长度的测量的。文中提到"有壹宿之行"，就是指的速度。此法的实质是用对时间的测量代替了对长度的实测，通过简单的计算转化为对长度的计量。因为对较大单位的时间（例如，以日为单位）的粗略

---

① 〔唐〕房玄龄注《管子》卷一《右务市事》，《四库全书》本。

测量易于实现，所以这种方法的长处在于它的简便性。特别是《管子》一书中还提到要"任之轻重有制"，使马或牛的负重量一定，这可以保证速度的实际值与经验值相接近，避免出现过大误差。显然，古人对这种测算方法的各要素是经过认真思考的。他们把它用到了对诸侯国地域的测算中去，就充分表明了这一点。正因为如此，在古代其他书籍中，也多处涉及此种测算方法。如《九章算术》就有这样一道题：

> 今有程传委输，空车日行七十里，重车日行五十里。今载太仓粟输上林，五日三返，问太仓去上林几何？[①]

所谓"程传委输"，"程传"指驿站，"委输"即是运输，合在一起，指定点运输，在引文中即指由太仓到上林的定点运输。这道算题分别给出了空车、重车的行驶速度及行驶时间，求解两地之间的距离。我们知道，数学在某种程度上是社会生活的反映，而这类算题在古代甚为常见，证明它是古人常用的粗略测算距离的方法。

实际上，利用对速度的已知，通过对时间的测量来实现对距离的把握，在西方古代也是常用的一种方法。古希腊的埃拉托色尼在进行人类首次地球周长的测量中，就使用了这种方法。

利用速度、路程、时间三者之间的关系测算距离，是长度计量发展过程中对物理方法的应用。此外，古人还利用机械方法实现对长度的计量，那就是记里鼓车的研制和应用。所谓记里鼓车，是一种专门设计的车辆。它的车轮与一套减速齿轮系相配合，使得车轮走满1里时，有一个齿轮刚好转1圈，并拨动车上的木人击鼓一次，从而起到自动报告里程的作用。唐代以后，记里鼓车的报告里程装置出现了双层设计：行满1里，下层木人击鼓一次；行满10里，上层木人击鼓一次。通过记录上、下层木人击鼓的次数，就可以知道所行里程。这与今天的汽车里程表所起的作用，在表现形式上是类似的。

记里鼓车的具体发明时间很难断定。战国时期的著作《孙子算经》有一道算题可能与记里鼓车有关。该题为：

> 今有长安、洛阳相去九百里，车轮一匝一丈八尺。欲自洛阳至长安，问轮匝几何？[②]

---

① 〔魏〕刘徽：《九章算术》卷六，载郭书春、刘钝校点《算经十书》，辽宁教育出版社，1998年影印本。
② 〔唐〕李淳风注《孙子算经》卷上，《四库全书》本。

意思是说：已知从长安到洛阳相距 900 里，车轮转一周走 1 丈 8 尺，则从洛阳到长安车轮共转多少周？从数学运算角度来看，这道题并不深奥，但它注意到了里程与车轮旋转周数的关系，由此出发，加上齿轮系的应用，记里鼓车就能应运而生。

据报道，汉代已经出现了齿轮，而西汉刘歆所作的《西京杂记》也已提到：

记道车，驾四，中道。①

记道车就是记里鼓车，它要用四匹马拉着，在道路中间行驶。由此可见，西汉已经有了记里鼓车。不过，也有人说《西京杂记》的真正作者是西晋的葛洪，认为这一条多少还有点疑问。但汉代孝堂山画像石中已经有了记里鼓车的图像，整个画面造型生动，意思准确（图6-5）。由此，汉代已经有了记里鼓车的说法，是令人信服的。

在正史中明确记载到记里鼓车的是《晋书·舆服》。自晋以降，研制记里鼓车者代不乏人，史书多有记载，而记载最为详尽的，则首推《宋史·舆服》，该书详细记述了记里鼓车的结构、规范。已故的历史学家王振铎曾据此复原了宋代卢道隆、吴德仁的记里鼓车（图6-6）。

图 6-5
汉代孝堂山画像石中的记里鼓车图

---

① 〔汉〕刘歆撰《西京杂记》卷五，《四库全书》本。

图 6-6
王振铎先生复原的记里鼓车

王振铎先生的复原至今还陈列在中国国家博物馆中,为世人展示着中国古人在利用机械技术实现长度计量自动化方面所取得的辉煌成就。

三、数学方法的运用

除物理方法、机械手段以外,古人在长度计量方面最值得一提的还是数学方法的应用。因为数学方法的应用,可以扩大测量范围。例如对于面积、体积的测算,只能通过长度计量来进行,如果没有找到长度与面积、体积之间的数学关系,这种测算就没有办法进行。即使仅仅对于长度而言,也同样如此。众所周知,对于圆周长的测量,一般是通过先测圆的直径,再乘圆周率而得以实现的。倘若圆周率粗疏,不管对圆的直径的测量如何精确,最后结果都是不精确的。所以，追求愈来愈精确的圆周率值，是古人为提高计量精度所采取的一种有力措施。在古代中国，精确圆周率值（例如祖率 3.141 592 6）的取得是一项很重要的数学成就，而这一成就的取得却是出于计量需要这一潜在动力的推动。

另外，运用数学工具，还可以使得一些原本无法进行测量的问题可以测量。在这方面，古人所依据的数学原理主要是勾股定理和相似三角形对应边成比例的性质。例如古书《周髀算经》对于天高日远的讨论即如此。《周髀算经》开篇伊始假设了周公跟商高的一段问答，其中周公问商高说："夫天不可阶而升，地不可得尺寸而度，请问数从安出？"天没有台阶，人们不可能登上去，怎么测量？地体广大，也不可能拿尺寸一点一点将其测量出来，那么涉及它们的那些数字是从哪里得来的呢？商高说，得之于三角形中勾和股的关系。利用矩构造三角形，根据三角形勾、股、弦三者之间的关系，即可确定被测物之"数"：

> 数之法出于圆方，圆出于方，方出于矩，矩出于九九八十一。故折矩，以为句广三，股修四，径隅五。……故禹之所以治天下者，此数之所生也。[①]

这里的"句广三，股修四，径隅五"，是边长分别为3、4、5的直角三角形特例，但《周髀算经》并非只知道这一特定情况下的勾股定理，因为该书接下去讨论如何求得天高日远，提到"若求邪至日者，以日下为句，日高为股。句、股各自乘，并而开方除之，得邪至日"，这里就是对勾股定理的具体运用了，表明《周髀算经》对于勾股定理是完全掌握了的。

周公对商高的回答非常满意，他进一步追问道："大哉言数！心达数术之意故发大哉之数，请问用矩之道？"周公希望了解具体的用"矩"进行测量的方法，商高对此进行了详细的解释。他说：

> 平矩以正绳，偃矩以望高，覆矩以测深，卧矩以知远，环矩以为圆，合矩以为方。……夫矩之于数，其裁制万物，惟所为耳。[②]

这里列举了平、偃、覆、卧、环、合六种用矩方法，其中第一种用于准正，后两种用于构形，现侧重介绍中间三种。

先说偃矩。偃者，仰卧也，此处指股在下，勾直立以测高之法，如图 6-7 所示，ED 为

---

① 〔汉〕赵君卿注《周髀算经》卷上，《四库全书》本。
② 同上。

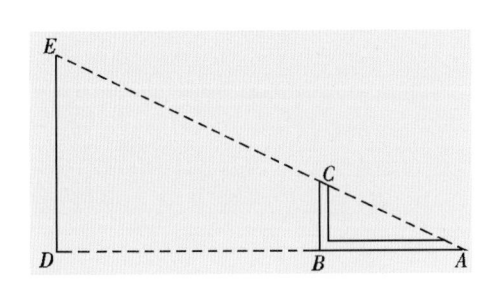

图 6-7　偃矩测高示意图

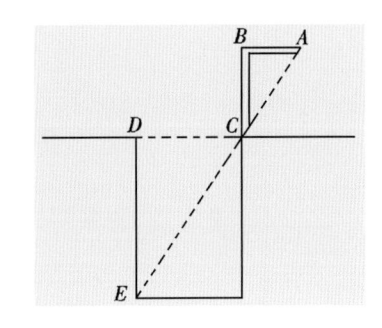

图 6-8　覆矩测深示意图

待测物之高，则

$$ED = \frac{CB \times DA}{BA}$$

再说覆矩。覆者，倒也，此处指将矩倒立以测深，如图 6-8 所示，DE 为待测之深，则

$$DE = \frac{DC \times BC}{BA}$$

还有卧矩。卧者，平放也，是指测水平方向宽远之法，如图 6-9 所示，DE 为待测之物（例如河宽），则

$$DE = \frac{DC \times AB}{CB}$$

古人通过探索直角三角形性质，摸索出了一些对于不可直接测量物的测量办法，因而喜出望外，总结道："夫矩之于数，其裁制万物，惟所为耳。"对勾股定理在测量中的神奇作用表示了由衷的感叹。

但是，偃矩、覆矩、卧矩都是用一次矩或表的简单测量方法，这种方法的使用有一定的局限性。例如在图 6-7 中，如果不知道 DA 的长，则待测物之高 ED 亦不可知。为此，古人发明了利用两次矩或表分别测量，并根据测得数据的差进行计算的方法。这种方法在古代叫做重差术。为了对重差术有一定的感性认识，现介绍魏晋时著名数学家刘徽利用重差术测量日之高远的具体方法。根据刘徽《九章算术注》的介绍，他在测量日之高远时，选择两处平地，南北相对，在两地各立 8 尺之表，在同一天测量日上中天时表影的长度，根据两个表影的差、两地之间的距离及表的高度，就可测出日之高远来。根据刘徽的描述，我们可以画出示意图（图 6-10）。刘徽给出了用影差 CD-AB、两表之间距离 AC、表高 h 表示的日高 H、日与测量者（前表）之间水平距离 OA 的公式，该公式若用图 6-10 所示符号表示，则为

$$H = \frac{AC \times h}{CD - AB} + h \qquad (1)$$

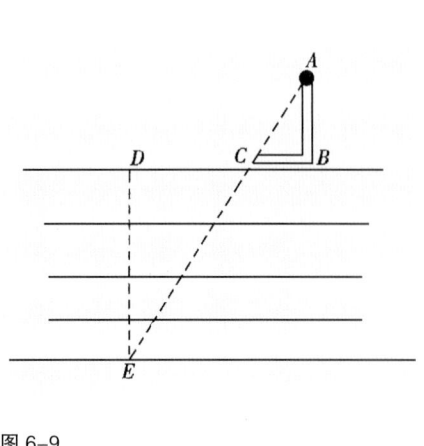

图 6-9
卧矩测远示意图

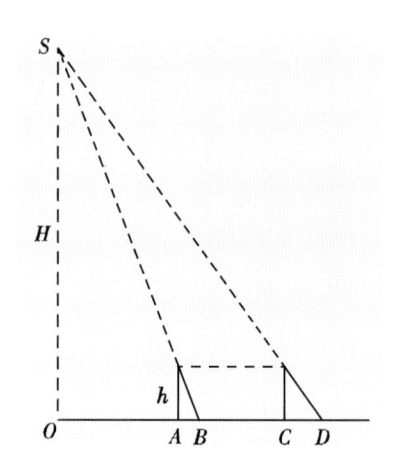

图 6-10
重差术测日高示意图

$$OA = \frac{AC \times AB}{AD - AB} + h \quad (2)$$

刘徽并未说明他是如何得到这些公式的，但这些公式是正确的，证明这一点并不困难。

刘徽所给出的两个公式的意义在于，当时人们已经实现了通过对近距离因素的测量，运用数学工具，获知远距离不可直接测量的量的大小。这种方法在数学上是严格的，但在对日的高远的实际测量中则会出错，原因在于刘徽方法蕴含着大地是平的这样一个假设，而大地实际上是个圆球。所以他用这种方法测量日高天远，得到的结果就出现了错误。虽然如此，在一般情况下，这种方法还是富于实用价值的。非但如此，刘徽还进一步发展了这种间接测算方法。他曾著有《海岛算经》一书，就是专门讨论在各种不能直接测量的情况下，如何运用数学方法将其转化为可测量量的。非但刘徽如此，别的数学家也都为此付出了不懈的努力，并取得了巨大成就。中国传统数学的一个重要特点是以解决实际问题为主，应用性很强，这是科学史家的共识。而在古代数学家所关注的实际问题，就是计量实践所要解决的问题。

第二节　立表定向的历史发展

测定方向，是空间计量的重要任务。对此，古人采用了多种多样的方法，有天文学方法，有机械方法（例如指南车），还有物理方法（例如指南针）。无论哪种方法，都需要天文学方法为其提供最终判据，因为方向概念本身就是通过对天体运动的观察而产生的。而在天文学方法中，通常通过立表测影来实现对方向的测定。

立表测影是古代天文学一项基本操作，它可以用于测定回归年长度、节气变化；也可以用于守时，确定一天之内的具体时刻；还可以用于测定方向。本节介绍的，就是立表定向的原理及其历史演变。

一、从《考工记》到《淮南子》测影定向方法的演变

在早期测定方向的实践中，古人一般是通过观察太阳出没方位来判别东西的。但由于太阳的出没方位每天都在变化，由之直接测定方向，过于粗糙。后来，古人发现，无论太阳在哪个方位升降，它到达中天时的方位是固定不变的，于是，就把这个方位定义为南，与之相对的方位定义为北，而与南北相垂直的方位则规定为东西。这样，对方位的测定就转化为对日是否上中天的判别。而日上中天有一个显著特点：这时它对同一个表的投影的影长在一天之中最短。因此，只要竖起一根表杆，观察一天之中影子的变化，与影长最短的方位相对应的，就是南北方位。这种思路的付诸实施，就导致了测影定向方法的产生。

但是，通过测量影子是否最短来判定方位的做法，在实践中有较大误差。因为在中午前后，影子长度变化缓慢，其最短位置难以确定，相应的南北方向也就难以断定了。为此，古人对这种做法又做了进一步的改进，改进的结果就导致了《考工记》中测影定向方法的出现。该法记载于《考工记·匠人》条中，是真正具有实用价值的测影定向方法。其原文为：

> 匠人建国，水地以悬，置槷以悬，眡以景。为规，识日出之景与日入之景。昼参诸日中之景，夜考之极星，以正朝夕。①

"水地"，指先对测量地点取水平。"悬"，指用绳悬挂一重物，作铅垂仪用。"槷"是木质的表，"眡"表示视，"景"即"影"的古字。"规"是圆规，"为规"，指用圆规作圆。这段话意思是说：工匠们在建造都市时，首先用取水平的方法来处理地面，把地整平，然后用挂着重物的绳做铅垂仪，使表和地面相垂直，以便观察太阳照在表上生成的影子。以表为圆心，画一个圆，把日出与日没时表影与圆周相交的两点记下来。这两点的连线就是正东西方向。这还不够，还要在白天参考日中时的表影方向，夜晚参考北极星的方向，通过这

---

① 关增建、[德]赫尔曼：《考工记：翻译与评注》，上海交通大学出版社，2014，第35页。

种方法，得到正确的东西方向。《考工记》记载的方法实用而且简便，它还注意到了一些精细、科学之处。例如地面要合乎水平，表要垂直于地面，一次测量不够，还要与其他性质的两次观测相比对，等等。这些，显然是古人长期实践的结晶。这一方法的产生，意味着传统测影定向发展到了一个新的水平。

《考工记》记述的方法也有不足。因为日出没时表影比较模糊，和圆周的交点不易定准。针对这一缺陷，古人又对之做了进一步改进，由单表测影发展到了使用多表和直接目视瞄准。这一方法最早出现于西汉前期天文著作《淮南子》中。《淮南子》记载：

> 正朝夕：先树一表东方，操一表，却去前表十步，以参望日始出北廉。日直入，又树一表于东方，因西方之表以参望日。方入北廉，则定为东方。两表之中，与西方之表，则东西之正也。[1]

根据这段话，可以知道《淮南子》是如何确定东西方向的，具体操作步骤是：先在平地立一个定表 B，另拿一表 A 在离开表 B 后退 10 步的地方游动，在太阳刚从东北方向升起时，从游表向定表方向观察，使定表 B、游表 A 和日面中心相重合，这时把游表 A 固定下来。在太阳没入西北方向时，另外拿一根游表 B'，在已被固定的表 A 的东方 10 步之处，用游表 B' 瞄准表 A 和日面中心，将 B' 固定下来。这时，B 和 B' 的连线就是南北方向，而该连线的中点与表 A 的连线就是正东、正西方向。（图 6-11）

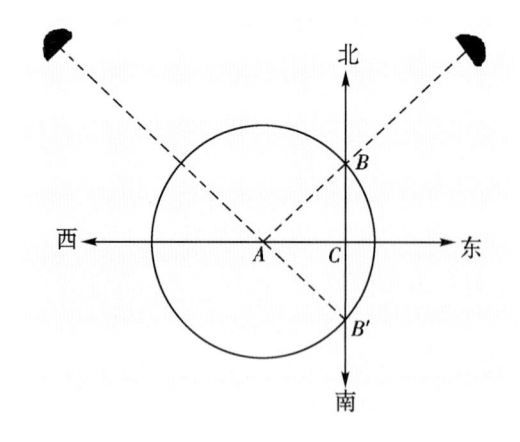

图 6-11
《淮南子·天文训》立表定向示意图

---

① 〔汉〕高诱注《淮南鸿烈解》卷三《天文训》，《四库全书》本。

《淮南子》记述的方法不再观察表影，而是直接用表瞄准太阳，避免了日出没时表影模糊所造成的误差，其定向精度比《考工记》所记述的方法要高。因为这种方法是在日出没时使用的，这时日光柔和，可以用眼睛直视瞄准。

二、李诫的景表盘与水池景表

《淮南子》之后，历代都有不少科学家探讨立表定向的问题，其中北宋李诫的《营造法式》记载了他依据立表测影原理，设计制作的专门用于定向的仪器及其使用方法：

> 取正之制：先于基址中央，日内置圆版，径一尺三寸六分，当心立表，高四寸，径一分，画表景之端，记日中最短之景。次施望筒于其上，望日星以正四方。①

这里的定向分为两步。第一步，用自制的定向圆盘粗略确定南北方向。圆盘直径1尺3寸6分，在圆心处立表，表的直径1分，高4寸。使用时将盘平放地面，观察太阳光照射到表上时影子长度的变化，把影子最短的位置记下来，该位置和圆心的连线就是大致的南北方向。具体见图6-12。

图6-12和文字说明不甚一致。文字说明要记下最短之影，而图示则画成了一个圆，这

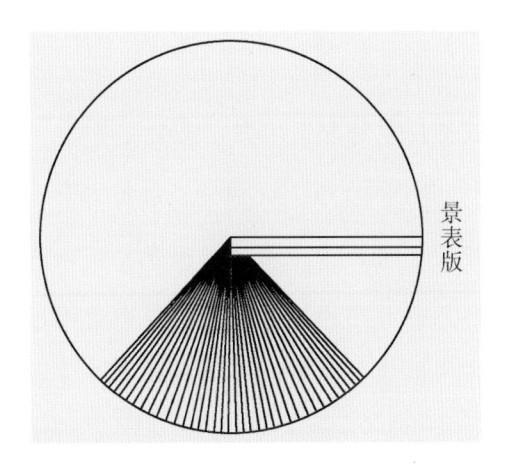

图 6-12
《营造法式》中的景表盘示意图

---

① 〔宋〕李诫撰《营造法式》卷三《壕寨制度·取正》，《四库全书》本。

样就看不出最短的影子了。但无论如何，这里的意思是清楚的，用这种方法，是可以大致判断出当地南北方向的。

景表盘的做法虽然简便，却很粗糙，因为影长变化是渐进的，要寻找影子最短的那个位置，殊非易事。为此，李诫设计了专用望筒，以之定向：

> 望筒长一尺八寸，方三寸[原注：用版合造]。两罨头开圆眼，径五分。筒身当中，两壁用轴安于两立颊之内。其立颊自轴至地，高三尺，广三寸，厚二寸。昼望以筒指南，令日景透北。夜望以筒指北，于筒南望，令前后两窍内正见北辰极星。然后各垂绳坠下，记望筒两窍心于地以为南，则四方正。①

望筒的形制如图6-13所示。使用的时候，把望筒沿着已经大致确定的南北方位摆好，中午的时候，使望筒南高北低，对向太阳，让太阳光正好穿过望筒，保持望筒方位不变，晚上用它看北极星，若透过两个望孔正好看到北极星，就把两个望孔用垂线方式在地面标注出来。这时地面标注的两点间连线就是南北方向。

《营造法式》记载的这种方法，实际是《考工记》中"昼参诸日中之景，夜考之极星"的具体化。用这种方法确定正南北方向，精度不会太高。这一方面是由于用此法确定的日上中天的方位，本身就比较模糊；另一方面，北宋时人们已经知道，北极星与天北极并不严格重合，在当时二者相差有1.5°之多。显然，望筒定向方法还需要改进。为了校正望筒定向的结果，《营造法式》接着提到了另一种正向设备——水池景表（图6-14）：

> 若地势偏衺，既以景表望筒取正四方，或有可疑处，则更以水池景表较之。其立表高八尺，广八寸，厚四寸，上齐（原注：后斜向下三寸），安于池版之上。其池版长一丈三尺，中广一尺，于一尺之内随表之广，刻线两道。一尺之外开水道，环四周。广深各八分。用水定平，令日景两边不出刻线，以池版所指及立表心为南，则四方正（原注：安置，令立表在南，池版在北，其景夏至顺线长三尺，冬至长一丈二尺。其立表内，向池版处用曲尺较令方正）。②

比起望筒操作，水池景表增加了取水平环节，这确实能够提升其测量的准确度。除此之

---

① 〔宋〕李诫撰《营造法式》卷三《壕寨制度·取正》，《四库全书》本。
② 同上。

图 6-13

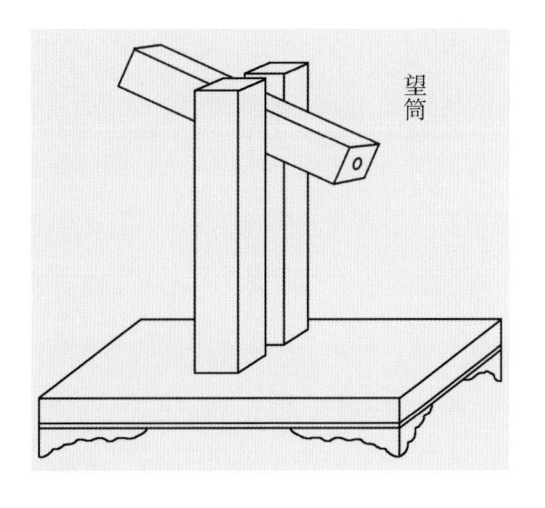

《营造法式》描绘的望筒示意图

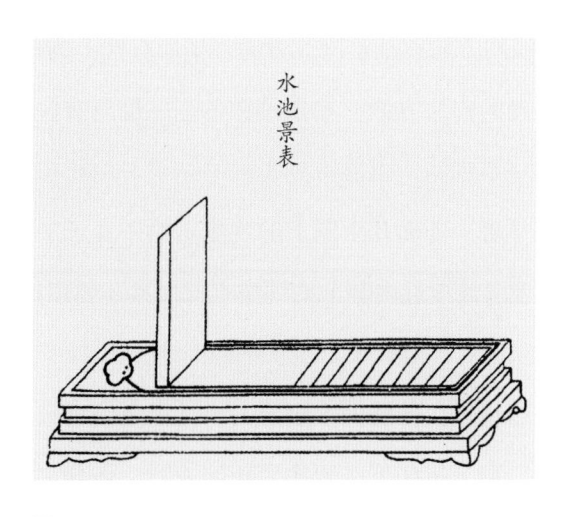

图 6-14

《营造法式》记载的水池景表示意图

外,该法对提高定向准确度,不会有太大作用。我们也比较难以理解,为什么在地势偏僻、广袤的地方要专门用这种仪器?

三、郭守敬的正方案

在立表定向上,中国古代成就最为卓著者是元代的郭守敬。他应用对称原理,也成功地研制了专门用以测定方向的仪器,叫做正方案。《元史·天文一》详细记述了正方案的形制。根据《元史·天文一》的描述,正方案是一块边长为 4 尺、厚为 1 寸的正方形平板。在离边沿5分的地方开有一条水槽，用以校正案的水平。过案的中心画有十字线，线一直抵达水槽。以案的中心为圆心，自外向内画有19个圆，相邻圆间的距离为1寸。在最外圆向内3分的地方另画着一个圆，它和最外层的圆一起构成一个刻度圈，圈内刻画着周天度数。最内一个圆直径2寸，在这个圆的位置上有一个高2寸的圆柱体，圆柱体中心开了一个直通到底的洞，洞中竖一杆子，杆子的高度可以调节。春秋分时杆尺子高出案面1尺5寸，夏至时高出案面3尺，冬至时减为1尺。之所以要这样做，是为了保证在不同的季节里，中午时表影的顶端均能落在正方案内。正方案的大致结构见图6-15、图6-16。

在利用正方案来测定方向时，首先把它放置在平地上，在水槽中灌上水，使案面处于水平状态。然后在案心的圆柱体中插上表，观察太阳升起后表影的变化情况。当表影的端点从西边进入外圆时，在圆周的相应位置上用墨标出记号，随着表影的移动，将表影顶点与每一圆周的交点都依次用墨作上记号，直到表影东出外圆为止。把同一个圆上的两个墨点连接起来，它们的中点与圆心连线的方向就是正南北方向。把所有圆上的一组墨点都这样求出结果，以之相互比对，以求得正确的南北方向。如果是在冬至、夏至前后，太阳的赤纬变化较小，这时即使只取最外圆上的一组观测，也能得到正确的结果。然而在春分、秋分前后，太阳的赤纬变化较大，早晚差别显著，外面几个圆上的观测点对于真子午线来说就不是对称的，这些观测点就不再可用，必须取最接近内圆上的观测点，而且还要用接连几天进行观测的办法，以取得多组观测结果，相互比对，由此来审定正确的南北方向。

郭守敬的设计富含创新精神。传统的立表定向，大都是观测日出和日落或日中时太阳的方向。郭守敬则另辟蹊径，取上午和下午两次等长的表影，平分它们的夹角，以此得到正确的南北方向。这在方法上是一种创新。

郭守敬还采用了多组观测的办法，以提高观测结果的精确度。近代误差理论认为，使用多组观测的方法，可以避免过失误差，减少偶然误差，有助于提高观测结果的精确度。因此，郭守敬的做法符合科学的误差理论。另外，郭守敬对不同季节太阳赤纬变化幅度对测影定向影响的考虑，也十分周到缜密，表现了一位实验科学家的良好素质。

郭守敬利用正方案测定方向，取得了十分惊人的成果。现在河南登封告成镇的观星台是郭守敬主持修建的，它那长达100多尺的测影石圭是郭守敬测定南北方位的直接见证。1975年，北京天文台曾派人去那里用近代科学方法测定当地子午线的方位，他们的测定结果表明，石圭遗址的取向同当地子午线的方位吻合得相当好。700年前的郭守敬能取得这样的成就，的确令人钦敬。它同时也表明，正方案的研制成功是中国古代立表定向发展的高峰。

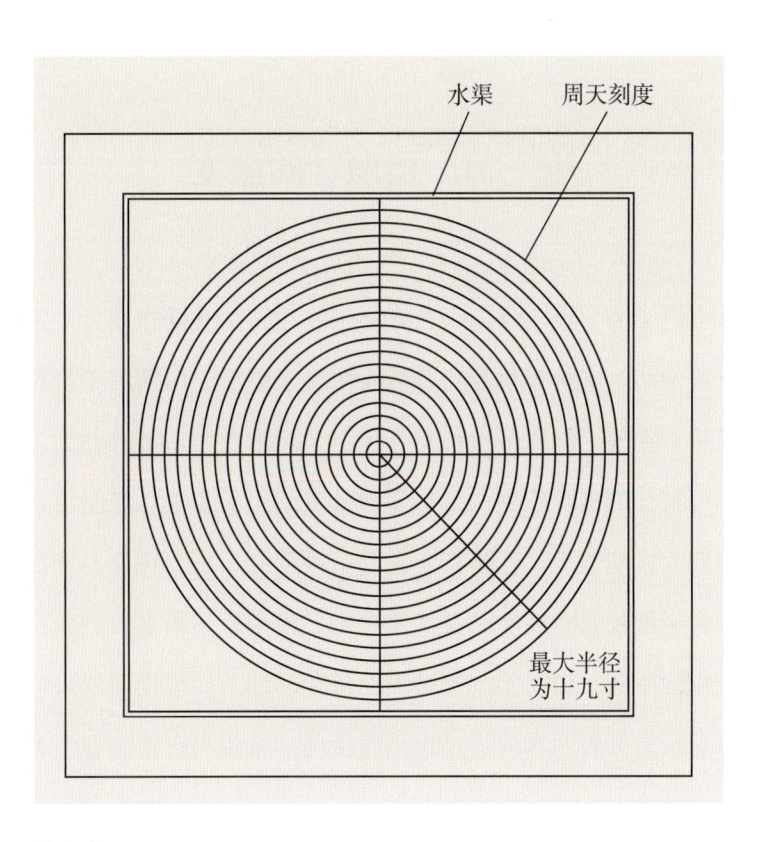

图 6-15
郭守敬发明的正方案示意图

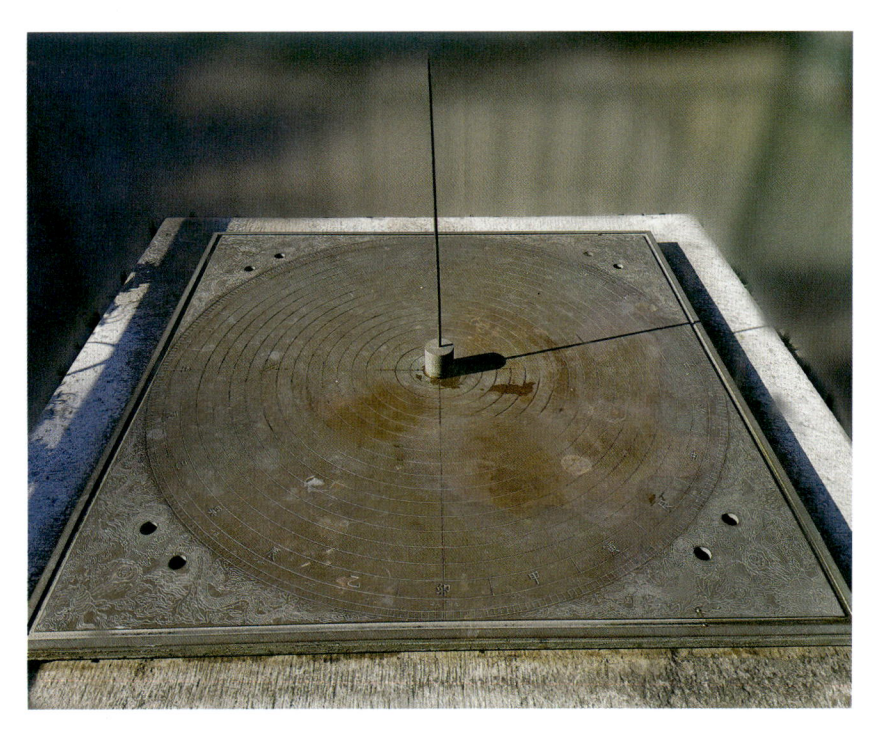

图 6-16
北京古观象台院内陈列的正方案复原模型

第三节　指南针的演变

除了用天文学方法（即立表）定向，古人还用物理方法（即指南针）判定方向。指南针是中国古代一项重要发明。它由于机缘巧合被发明出来以后，即因其所特有之便携定向功能被古代中国人广泛用于军事、航海，也被用于占卜，后来还辗转传入欧洲，在欧洲的航海大发现中，发挥了不可替代的重要作用。这是举世公认的历史事实。正是由于这个因素，指南针被誉为中国古代四大发明之一。作为指南针的一种形制，罗盘还是各种现代仪表的祖先，也是电磁研究中最古老的仪器，在航海技术发明中，指南针是最重要的单项发明。虽然世界公认指南针发明于古代中国，但对指南针被发明过程的细节，被发明出来的时间，学术界还有许多争议。本节对指南针发明和演进过程稍做梳理，希望对广大读者了解这一问题能够有所裨益。

一、磁石指极性的发现

在古代社会，指南针最初是用天然磁石制成的。由此，要发明指南针，首先需要认识磁石，认识与磁石相关的磁现象，特别要认识到磁石的指极性。中国古人很早就知道了磁石。在很长时间内，中国人是把磁石叫做"慈石"的，意为"慈爱之石"。后来"慈"才转成"磁"字，表示是一种特别的矿石。还有称磁石为"玄石"的，"玄"意为神奇，但"玄石"之名并不常用。

对于磁石，人们最初是从其能够吸铁的角度认识它的。"慈石"的名称，就意味着它具有像慈母吸引孩子一样吸铁的本领。而早期关于磁石的传说，也基本都是关于磁石吸铁的。如据说在秦朝咸阳的皇宫中，有用磁石特制的门，能够使身带铁刃的刺客被磁石吸住。古人著作中多有记载对磁石吸铁现象的观察和解释，如战国时期成书的《吕氏春秋》就提到了磁石的吸引作用。西汉时期成书的《淮南子》则对磁石吸铁现象做了扩展探讨："若以慈石之能连铁也，而求其引瓦，则难矣"[①]，以及"慈石能引铁，及其于铜，则不行也"[②]。该书的作者在另一处又提到，在小块磁石上方悬挂一块铁，磁石能被铁吸引上去。

古人不但观察到磁石吸铁现象，还对其原因进行探讨。东汉王充在《论衡》中就提到"顿

---
① 〔汉〕高诱注《淮南鸿烈解》卷六《览冥训》，《四库全书》本。
② 同上书，卷十六《说山训》。

牟掇芥，慈石引针"①，将它们看做"同气相应"的现象。这说明磁石、玳瑁（即"顿牟"）和琥珀等物体能与某些物体"相互作用"。王充认为，这些现象的存在能证明"感应"（一种超距作用的想法）是合理的。

古人能够发现磁石的吸铁性，这是容易理解的。磁石有两个不同的极，也容易发现，只要拿两块磁石，把玩时间长了，总能发现磁石具有两个不同的极这一现象。但古人是如何发现了磁石的指极性的，我们就不得而知了。要知道，在发明指南针的时代，中国人连地球观念都没有，他们如何能够发现磁石的两极和地理的南极北极有对应关系？但古人确实发现了磁石具有指向性这一特异性质。我们现在能做的，只能是通过对古籍的搜索，大致了解古人是在什么时代发现了磁石的这一特性，从而制成了最初的磁性指向器的。

磁性指向器的最早形制是司南。早在先秦，就有了关于"司南"的记载。最早记载司南的文献是《鬼谷子》，其中写道：

郑人之取玉也，载司南之车，为其不惑也。②

关于《鬼谷子》的这段记载，机械专家和古代科技史家王振铎做过探究。他认为，此处的"车"字有独特的意义。他指出，该书在传抄或编辑时，传抄者不懂得堪舆术，但（只）听说过指南车，所以一说到司南，就认定"司南"指的就是指南车。作者在引述时，他可能并没有"车"的形象，且对"载"字的使用较为随意，其实，"载……车"的句式是不通的。南北朝时梁国沈约的《宋书·礼》也引述了《鬼谷子》的这句话，引文为："郑人取玉，必载司南，为其不惑也。"这段引文就没有"之车"二字。由此可见，《鬼谷子》中的这段文字，其含义是"把司南放在车上"，而不是"利用司南来指向的车"，即不是指南车。像这样能被车子拉着，到处移动，判定方向的器物，在当时的技术条件下，只能是用磁石做成的指向装置。③所以，如果《鬼谷子》此条记载可信，则中国人早在先秦时期，就已经发现了磁石的指极性。

关于《韩非子》中司南的片段，韩非写道：

夫人臣之侵其主也，如地形焉，即渐以往，使人主失端，东西易面而不自知。

---

① 〔汉〕王充撰《论衡》卷十六《乱龙篇》，《四库全书》本。
② 〔战国〕《鬼谷子·谋篇第十》，《四库全书》本。
③ 王振铎：《司南、指南针与罗经盘（上）》，《中国考古学报》1948年第3期。

故先王立司南，以端朝夕。①

这句话中因为用了"立"字，而磁性指向器在使用过程中是不需要"立"的，故韩非此言也可能指的是用立竿测影方式来测定方位。另一方面，在古代文献中，司南也可以是指南车，所以，司南不是磁性指向器的专有名称。这是需要特别加以说明的。

在提到司南的各种文献中，东汉王充的一段话特别值得注意：

司南之杓，投之于地，其柢指南。②

杓，是指勺子。司南这样的勺子，投到地上，它的柄就会指南。具备这种性能的司南，只能是磁性指向器。

但是，把磁石打磨成勺子的形状，放到地上，它真的会自动指南吗？答案是否定的，因为土质地面的摩擦力太大了。实际上，这里的"地"不是指大地，而是指古代栻盘的地盘。栻盘是秦汉时期人们发明的一种器物，可用于游戏、占卜等。栻盘是由上、下两盘组成的，即方形的"地盘"（象征地）和圆形的"天盘"（象征天）。"天盘"可环绕中心枢轴旋转。从王充的话可以看出来，当时人们把天然磁石打磨成勺形的司南，使用时将其放在地盘上，待旋转的司南稳定后，它的长柄（"柢"）就会指南。

那么，汉代的栻盘究竟是什么样子呢？2006年3月，在江苏仪征刘集镇赵庄村发现了一座西汉墓，出土文物中包含一件木胎漆器，盘面用朱漆绘大正方形格，大正方形格四角内绘小方格，中间绘对称短线条，盘面上有用朱漆写的隶书五行、天干地支、十二月、二十八星宿等内容。其中天干、十二个月呈顺时针排列，地支按逆时针排列，整个盘面布局有序。考古界经过研究，认为它是汉代占星术用的栻盘。由该器物，我们可以窥见汉代栻盘的大致形状（图6-17）。

王振铎还考察了汉代勺子的形状，作为复原汉代司南的参考。在甘肃镇原县博物馆中，我们发现了其所展示的一个汉代铜勺（图6-18）。

王振铎根据其考察结果，成功地复原了汉代的司南（图6-19）。该形制的司南被展示于中国国家博物馆，成为汉代司南的标准形象。

王充记载的司南，迄今并无实物出土，但在汉代一些画像石上，有疑似勺形司南的画面

---

① 〔战国〕韩非撰《韩非子》卷二《有度第六》，《四库全书》本。
② 〔汉〕王充撰《论衡》卷十七《是应篇》，《四库全书》本。

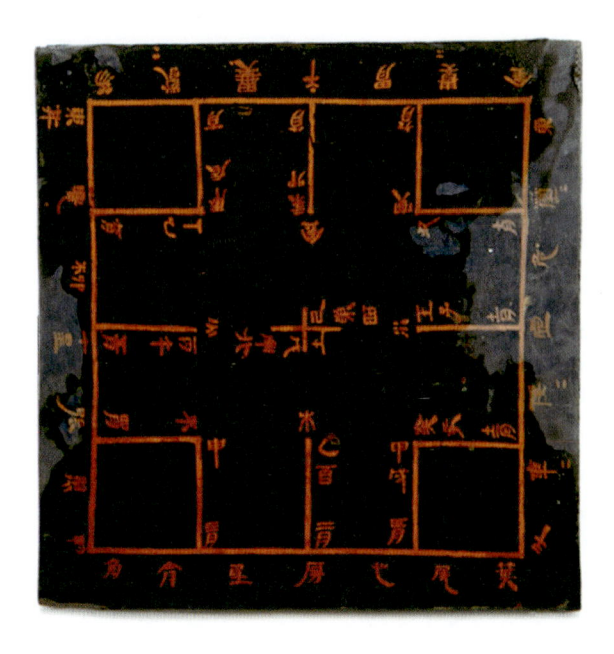

图 6-17
江苏仪征西汉墓出土的漆栻盘

图 6-18
甘肃镇原县博物馆藏汉代铜勺

图 6-19
王振铎复原的汉代司南模型

（图 6-20），这也从一个侧面证实了王充记载的可信度。

实际上，类似的汉画像石还有一些，可以与图 6-20 所示互相佐证。图 6-21 所示为河南南阳沙岗出土的一块东汉画像石，画像石中心的两个人正在做投壶比赛，壶的左前方小台子上，就放着一个疑似司南的长柄匙。曾有人将该台子解释为酒樽[①]，但若是酒樽，勺子不可能平放在樽面上。这种局面，也不可能只有酒樽而无食具。将该长柄勺释为司南，可能更合理一些。

图 6-20
藏于苏黎世里特堡博物馆的汉代石浮雕［画面主体是魔术师和杂技演员在表演，上面一行人也许是皇室的观众，右上角的小方台上放着一个疑似司南的长柄匙（见画面外小插图），一个跪着的人在观察它。］[②]

图 6-21
河南南阳东汉画像石浮雕

---

① 王建中、闪修山：《南阳两汉画像石》，文物出版社，1990，图版 34。
② 本图引自李约瑟《科学技术史》第四卷《物理学及相关技术》，科学出版社，2003，第 250 页。

东汉时期，人们尚未掌握磁化技术，司南勺不可能是磁化的铁勺，只能是用磁石制成的。这样的勺子虽能克服阻力在地盘上旋转（如图6-19所示的模型），但也需要一定的条件，如磁石的磁性足够强，而且是在青铜地盘上旋转。在硬木地盘上旋转虽未尝不可，效果可能相对要差一些。而且，即使是青铜地盘，司南的勺底与地盘的摩擦也会使其指向的准确度受到较大程度的影响，勺柄顶端的圆形也限制了其指向精度。因此，这种磁性指向器的使用受到了很大的限制。要得到适用的磁性司南，必须对之加以改进。

二、新型材料的寻找及磁偏角的发现

要改善司南的指向效果，首先需要改进磁化材料。古人一开始是从寻找具有更强磁性的磁石着手的。为了确定磁石质量，5世纪，中国人在测量磁石磁性的强弱时，开始用定量方式描述磁石磁性的强弱。在《雷公炮炙论》（药剂专书）中，有这样的内容：

> 一斤磁石，四面只吸铁一斤者，此名延年沙；四面只吸得铁八两者，号曰续采石；四面只吸得五两已来者，号曰磁石。[①]

显然，古人已经意识到，不同的磁石吸铁效果也不同。吸铁效果强的，做成司南，指南效果也会好一些。探索的结果，古人找到了这种用称量其吸铁重量的方式来估测磁石磁性的方法。这对司南的制作，无疑有一定的参考价值。

但是，即使用磁性很强的磁石打磨成勺形司南，其指向效果也是难以保证的，因为勺柄的圆头指向本身精度就不高。而且，这种形状的司南，很容易因震动等因素而失磁。一旦失磁，在古代的条件下，人们是没办法为其充磁的。为此，寻找新的磁化材料势在必行。

北宋时期，宰相曾公亮领衔编撰了一部兵书《武经总要》，其中提到了一种叫做"指南鱼"的装置（图6-22），该装置明确提到一种对铁进行磁化的方法：

> 若遇天景曀霾，夜色暝黑，又不能辨方向，则当纵老马前行，令识道路。或出指南车及指南鱼，以辨所向。指南车法世不传，鱼法以薄铁叶剪裁，长二寸，阔五分，首尾锐如鱼形，置炭火中烧之，候通赤，以铁钤钤鱼首出火，以尾正

---

① 〔南北朝刘宋〕雷敩：《雷公炮炙药性赋解》卷五，转引自《中国科学技术史》第四卷《物理学及相关技术》，科学出版社，2003，第220页。

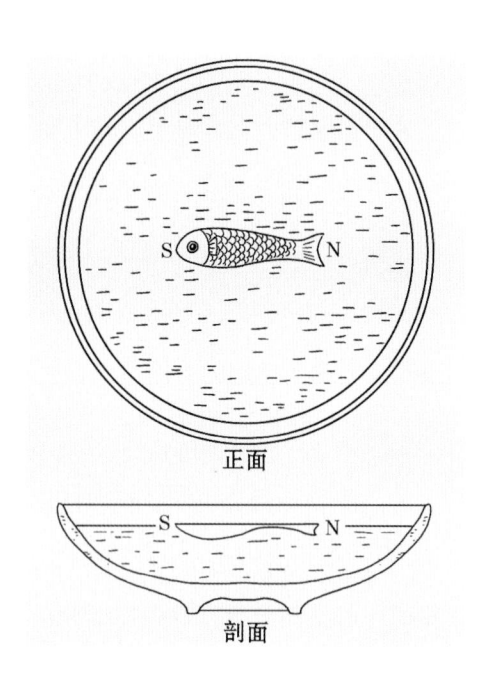

图 6-22 《武经总要》指南鱼

对子位，蘸水盆中，没尾数分则止，以密器收之。用时置水椀于无风处，平放鱼在水面，令浮，其首常南向午也。①

《武经总要》这段记载，含有丰富的科学内涵。从现代科学知识的角度来看，铁皮对外不显磁性，是因为其内部所包含的小磁畴的排列杂乱无章，所以整体对外无法显示出磁性。当铁皮放在火中加热，温度达到居里点（约 770 ℃）时，其所含的小磁畴瓦解，铁皮变成顺磁体。当铁皮在这种情况下急剧冷却时，小磁畴会重新生成，并在地磁场的作用下，沿地磁场方向排列并固定下来。这时，铁皮整体对外就有了磁性。所以，曾公亮的这段记载，实际上是利用地磁场对铁皮进行磁化，这是历史上人类寻找新的磁化材料的一个重大突破。考虑到这个时代的中国人连地球形状都还不甚了了，对地磁场更是一无所知，他们能做出这样的发明，确实是令人匪夷所思的。

虽然《武经总要》记载的指南鱼的制作富含科学原理，但用这种方法制作的指南鱼，其磁性是相当弱的。而且，圆形的鱼首，使其指向精度也受到很大限制。在这方面，它与勺形司南有同样的缺陷。

真正具有实用价值的磁化方法，是与曾公亮同时代的沈括在其《梦溪笔谈》中记载的。

---

① 〔宋〕曾公亮：《武经总要·前集》卷十五，转引自《中国科学技术史》第四卷《物理学及相关技术》，科学出版社，2003，第 235 页。

他写道:

> 方家以磁石磨针锋,则能指南,然常微偏东,不全南也。①

这种方法,使用简便,磁化效果好,而且用针指示方向,指向精度可以得到保证。从这时起,司南真正变成了指南针。而用针来指向的做法,也被后人继承下来并发扬光大,直到今天,除数字化的仪表盘外,各类仪表还是用指针来指示测量结果的。

因为指针指向精度高,人们在指南针被发明出来以后,立刻就发现它指的方向有时并非正南,这就导致了磁偏角的发现。沈括在记载了"以磁石磨针锋"的磁化方法后,接着就描述道,"然常微偏东,不全南也",他所描述的,就是磁偏角。

实际上,比沈括稍早些的杨惟德在撰于庆历元年(1041年)的《茔原总录》中,已经记载了指南针以及磁偏角的存在。他写道:

> 匡四正以无差,当取丙午针。于其正处,中而格之,取方直之正也。②

这里说的"针",指的就是磁针,而所谓"丙午针",则是说磁针在静止时,指的方位是二十四支方位中丙位和午位的接合部,也就是相当于现在所说的南偏东7.5°。这与沈括所说的"微偏东"意思是一致的,而杨惟德的说法比沈括时间上更早,在对磁偏角的描述上也更精确。

近几年,又有学者指出,对磁偏角的认识,至迟不晚于唐代黄巢起义时期。当时唐朝宫廷大乱,钦天监有一监官叫杨筠松,流落民间,他首先提出磁针所指的子午线与臬影所测不一致。这一发现比《梦溪笔谈》要早200年。③ 但由于杨筠松的身世夹杂着许多传说成分,这些传说又多出于堪舆家言,令人难以遽信,故此杨筠松发明磁针、发现磁偏角之说,姑且可作为一说备案。

稍晚于沈括的寇宗奭在其所著《本草衍义》中也提到:

> 磁石……磨针锋则能指南,然常偏东不全南也。其法取新纩中独缕,以半芥子许蜡,缀于针腰,无风处垂之,则针常指南。以针横贯灯心,浮水上,亦

---

① 〔宋〕沈括:《梦溪笔谈》卷二十四《杂志一》,岳麓书社,2002,第176页。
② 〔宋〕杨惟德:《茔原总录》卷一,元刊本。
③ 王立兴:《方位制度考》,载《中国天文学史文集》第五集,科学出版社,1989,第15页。

指南，然常偏丙位。①

这段话讲到指南针的人工磁化方法，讲到磁偏角的发现，讲到指南针的架设方法，有很大的应用价值。

磁偏角随时间的变化，在中国人对堪舆罗盘的设计中被体现了出来。它们分布在同心圆上，并一直被保存至今。在沈括和寇宗奭的记载和论述中，他们对磁石的指向性有常识性的说明，也有对磁偏角现象的描述。对于磁偏角的文献，19世纪下半叶，来华传教士同时也是汉学家的伟烈亚力把首次观察到磁偏角的荣誉归于僧一行，他认为是一行于720年发现的。其说法之可信，已被闻人军的研究所证实②。此外，还有两篇文献也提到了磁针指向偏东。一篇是成书于晚唐时期的《管氏地理指蒙》，在该篇文献中我们可以读到：

> 磁者，母之道，针者，铁之戕。……体轻而径，所指必，端应一，气之所召，土曷中而方曷偏。较轩辕之纪，尚在星虚丁癸之躔。……③

透过这段话，可以看到，它记述的磁偏角约为南偏东15°左右。另一篇是《九天玄女青囊海角经》，这部书的成书时间约在10世纪下半叶。

与沈括大致同时代的王伋，也提到过磁偏角。在王伋的一首诗中，他写道："虚危之间针路明，南三张度上三乘。"④这里的第一句所提到的显然是天文的南北向，但通过观察地磁罗盘会发现，南方星宿"张"的范围是如此之广，以至于两个磁偏角及天文的正南这三个"南方"方位均包含在其内。所以，他对磁偏角的涉及，具体数值还有待推敲。王伋是福建堪舆学派的创立者，他的主要著作问世于1030年到1050年之间。

宋代曾三异在1189年写的《因话录》中提到，在地球表面上一定有某个区域，在那里磁偏角为零。曾三异的观点很有见地，事实上也确实存在着零磁偏角线。即使如此，他的话也仅仅是一种天才的猜测，在对磁偏角的理论解说上对后人没有多大助益。

我们知道，磁偏角随时间而缓慢变化的规律只是到了18世纪才被人们明确掌握。现在已经清楚，在16世纪，明代人已经得出了在不同的地点磁偏角的大小也不同的认识。然而，直到18世纪，才有关于磁偏角的大小随时间的变化而变化的明确记载。

---

① 〔北宋〕寇宗奭：《本草衍义》卷五《磁石》，人民卫生出版社，1990，第32页。
② 闻人军：《伟烈之谜三部曲——一行观测磁偏角》，《自然科学史研究》2019年第1期。
③ 〔三国〕管辂：《管氏地理指蒙》卷一《释中第八》，载《四库存睛囊汇刊.5》，华龄出版社，2017，第18页。
④ 〔明〕吴望岗：《罗经解》引。

三、指南针架设方法与罗盘

古人在发明了"以磁石磨针锋"的人工磁化方法,制造出指南针以后,接下去首要的问题就是如何将其架设起来。沈括在记述了上述方法后,接着就尝试了几种不同的安装方法:

> 水浮,多荡摇。指爪及碗唇上皆可为之,运转尤速,但坚滑易坠,不若缕悬为最善。其法:取新纩中独茧缕,以芥子许蜡缀于针腰,无风处悬之,则针常指南。①

这就是有名的沈括四法,见图6-23。在这四种方法中,水浮法在曾公亮的指南鱼那里已经有过尝试。《武经总要》记载的指南鱼是"平放水面令浮",这一定是制作者让鱼形的铁叶中间微凹,用这样的结构使铁鱼像小船一样漂浮在水面上。但即使如此,也难逃沈括所说的"水浮多荡摇"的缺陷。沈括最为满意的是第四种缕悬法,但即使这种方法,也不具备实用价值,它与"水浮法"一样,存在着很大程度的不稳定性。人们需要探讨指南针新的架设方法。

到了南宋,指南针的架设问题有了新的进展。南宋陈元靓在《事林广记》(成书于1100—1250)中记述了两种指南针:

> 以木刻鱼子,如拇指大,开腹一窍,陷好磁石一块子,却以腊填满,用针一半金从鱼子口中钩入,令没放水中,自然指南。以手拨转,又复如此。
>
> 以木刻龟子一个,一如前法制造,但于尾边敲针入去,用小板子,上安以竹钉子,如箸尾大,龟腹下微陷一穴,安钉子上,拨转常指北。须是钉尾后。②

引文记载的两种装置,是后世被称为"水针(水罗盘)"和"旱针(旱罗盘)"的先驱(图6-24是其复原图)。水罗盘(也叫浮针罗盘)是从《武经总要》的指南鱼发展过来的,这里的鱼因为是木刻的,自然不怕水面荡摇,所以它是一种比较成熟的结构。在此后的中国,

---

① 〔宋〕沈括:《梦溪笔谈》卷二十四《杂志一》,岳麓书社,2002,第176页。
② 〔宋〕陈元靓:《事林广记》卷十《神仙幻术》,转引自《中国科学技术史》第四卷《物理学及相关技术》,科学出版社,2003,第237~239页。

图 6-23

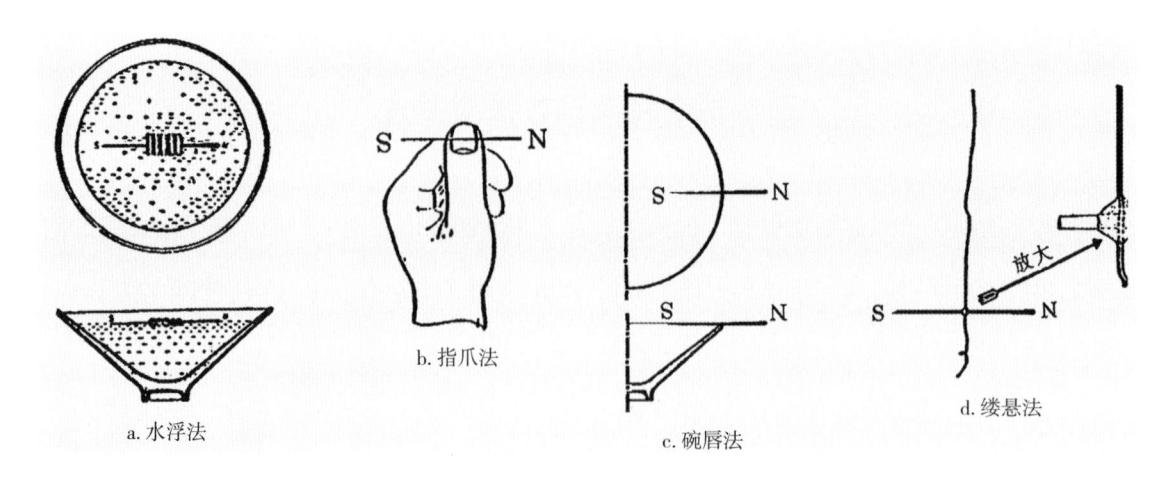

沈括尝试的四种安装指南针的方法示意图

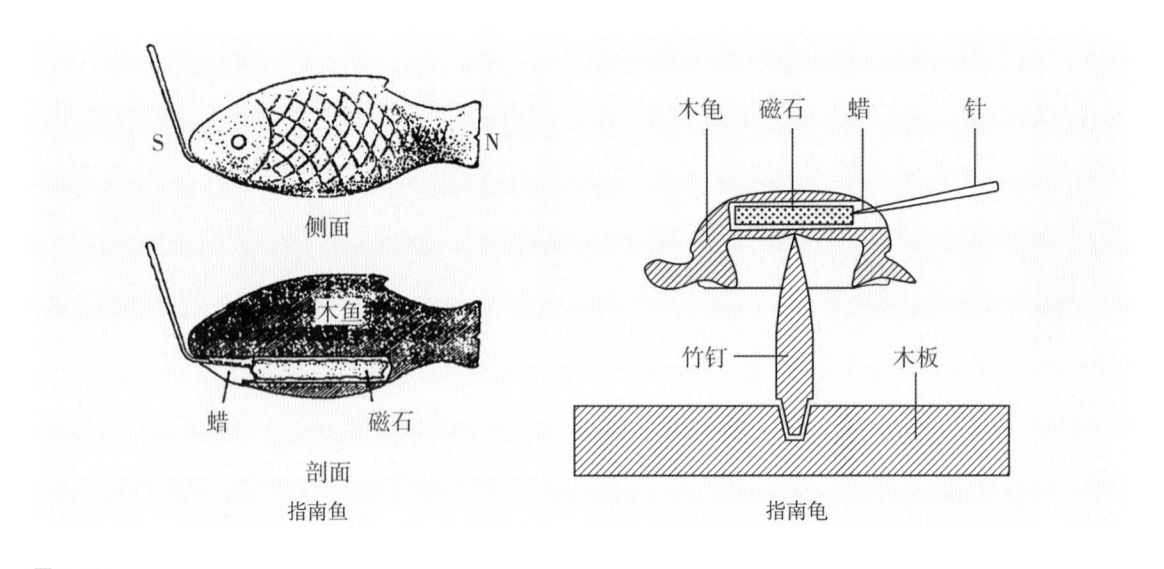

图 6-24

《事林广记》中描述的指南鱼和指南龟示意图

水针一直比较流行。不过人们用在磁针上穿小木条的办法，取代了木头刻的鱼，使之更实用了。

《事林广记》中记载的"指南龟"，则是后世旱罗盘的先驱。它因为采用了竹钉支承，摩擦力小，旋转灵活，因而也受到人们欢迎。后来人们将其发展成了枢轴支承式，这就成了使用简便的旱罗盘。1985 年 5 月，在江西临川县温泉乡朱济南墓中出土了一件题名"张仙人"的俑，高 22.2 厘米，手捧罗盘，如图 6-25 所示。此罗盘模型磁针装置方法与宋代水浮针不同，其菱形针的中央有一明显的圆孔，形象地表现出采用轴支承的结构。墓的下葬时间为南宋庆元四年（1198年）。可见在旱罗盘问世不久，中国人已经将其发展成枢轴支承式的了。

旱罗盘后来经阿拉伯传入欧洲，在欧洲发展成熟起来。哥伦布等人远洋航行，使用的就是旱罗盘。而在它的原产地中国，许多世纪以来，船员们却一直使用浮针罗盘，这可能是用习惯了，况且水罗盘比起旱罗盘制作起来也要容易些，所以人们一直对水罗盘（图6-26）情有独钟。

航海罗盘是从堪舆罗盘发展而来的。古代的航海罗盘看上去像青铜盘子，中心凹陷，呈碗形，里面盛水，磁针穿过灯芯草或小木块即可在水面漂浮。碗的外围盘面刻着表示方位的汉字。舵手要确定自己的船是否沿着既定航向前进，就必须手拿罗盘，使罗盘的子午方向与指针方向一致，这时再看船的轴线与罗盘盘面上磁针间的夹角，就可以读出自己的船只的航向了。

尽管中国早在12世纪就有了对枢轴支承式旱罗盘的描述，但是它并没有被应用到海船上，而是辗转传入了欧洲。欧洲人又对其做了进一步改进，例如他们在用枢轴支承的磁针上安上一个很轻的卡片，卡片上绘着罗盘需要指示的方位，再把它们整体封入一个圆盒中。磁

图6-25
江西临川出土的手持旱罗盘的南宋瓷俑

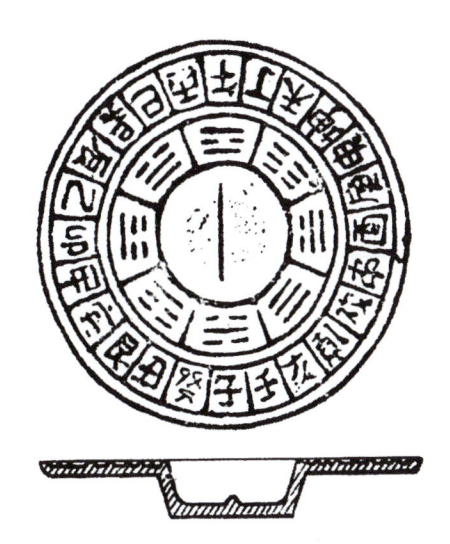

图6-26
明代铜质水罗盘示意图（盘的外环刻有罗盘24向，内环刻有八卦符号。正南在盘的上部）

针旋转时，卡片跟着一道旋转，这就意味着卡片上标的方位永远是以正南为中心的方位。这种卡片叫做罗经卡。在航海中，船员只要看磁针和船的中轴线的夹角，就可以直接从罗经卡上读出船的航向来，使用起来很是方便。

16世纪以后，这种形式的旱罗盘又被荷兰人和葡萄牙人带回了东方，辗转重新传入其发源地中国。罗经卡也随其一同传入。但是历史也常常捉弄人，1906年，英国皇家海军为了克服枢轴支承式罗盘在使用时的磁针摇摆，特别是火炮发射时产生的震动使磁针摆动更剧烈的现象，又把那种老式的旋盘式罗盘拆卸下来，替换成各种各样的水罗盘。

四、指南针的应用与传播

曾有一种说法，说中国人发明了指南针，但仅仅是用它来看风水，而西方人把指南针拿去，却用来航海，导致了地理大发现，推动了人类文明的发展。这种说法是不准确的。中国人既用指南针看风水，也将其用于航海。说到底，指南针是用来判定方向的，究竟用于哪种用途，取决于社会需要，是社会发展大势决定了指南针的使用范围。

古代中国属于农业文明地区，在宋代以前，航海并不发达，航运主要在江河与运河中进行。少量的海运，也是在沿海进行。加之指南针最初精度并不高，也难以满足航海定向的需求，这样，指南针问世以后，也就很难被用于航运之中。

指南针一开始是以司南形式出现的。最初的司南，是用于判别道路方向的，前引《鬼谷子》的话，"郑人之取玉也，载司南之车，为其不惑也"，就是指的其在判定道路方向方面的用途。《艺文类聚》卷七十七载定国寺碑序，其中有"幽隐长夜，未睹山北之烛；沉迷远路，讵见司南之机"之语，也是对司南辨方定向功能的强调。

指南针的另一重要用途是军事活动中的定向。古代的军事活动中，对方向的辨别无疑是至为重要的一件事。司南的产生，传说中就是与黄帝和蚩尤两大部族的战争有关。虽然该传说所提到的司南是指南车，但该传说所透露出的古代战争对辨别方向问题的迫切需求，则无疑为指南针在古代军事活动中的应用打开了大门。古代兵书中多有记载指南针的，《武经总要》就是一个例子。这表明军事活动是指南针应用的一个重要领域。对此，这里不再赘述。

指南针还有一个重要用途：用于礼仪活动。指南针在没有别的物体接触的情况下，会自动转向南方，这样的特点会让人感到神奇。司南之所以做成勺形，很有可能是人们受到北斗七星围绕北极星旋转现象启发的结果。这种神秘感的进一步发展，使得司南成为某种礼仪活动用器。在前引汉代画像石图形中，司南的作用，显然是作为某种象征来使用的。由这一用途延伸开来，司南开始与占测术相结合，因为占测术既需要神秘感的加持，也对方向的判定有很强的需求，而司南正好具备这两方面的功能。当堪舆术登上历史舞台的时候，司南自然就被引入到堪舆术中，成为风水"宝器"。

在古代，指南针的传播非常缓慢，这并不难理解，因为指南针早期形式是司南，而司南一开始制造技术繁难，定向性也不太好，应用价值有限。当磁性指向器由司南过渡为指南针以后，它的发展速度一下子快起来，应用范围也增加了。指南针的基本成熟是在宋代，而宋代指南针的应用已经很广泛了。除了用于军事、堪舆，指南针也被大量用于航海。在能够准确确定年代的文献中，中国船员最早在航海中使用了指南针，欧洲人知道这一技术的时间要晚几十年。从航海的角度看，公元前2世纪的文献曾提到通过观测星辰来驾驶船只，后来晋朝的僧人法显的航海记述里也有类似的内容。而到了宋代，文献中就开始出现在航海中使用指南针的记录了，其中首推《萍洲可谈》的记载。

《萍洲可谈》成书于宋徽宗时期（1101—1125），但它提及的事件是从1086年开始的，所以，它与沈括在《梦溪笔谈》中所记载的内容属于同一个时代。而且，毋庸置疑的是，该书作者朱彧对其所讲内容十分清楚，因为他的父亲曾是广东港口的一个高级官员。朱彧的有关记载如下：

> 舟师识地理，夜则观星，昼则观日，阴晦则观指南针。①

这段话讲到当时航海中指南针的应用，比欧洲最早提到航海罗盘的时间要早100年。

宋宣和五年（1123年），徐兢受命参加中国派往朝鲜的使团，回来后写了一部书，记载下来有关航海内容，其中有涉及指南针之处：

> 是夜洋中不可住，维视星斗前迈。若晦冥则用指南浮针以揆南北。入夜举火，八舟皆应。②

这些记载表明，古代海员把指南针带到了自己的船上，在恶劣天气和夜晚使用指南针判

---

① 〔宋〕朱彧：《萍洲可谈》卷二，转引自《中国科学技术史》第四卷《物理学及相关技术》，科学出版社，2003，第261页。
② 〔宋〕徐兢：《宣和奉使高丽图经》卷三十四，转引自《中国科学技术史》第四卷《物理学及相关技术》，科学出版社，2003，第261页。

定方向。同时说明，在12世纪，中国的船员对利用指南针来导航，已经习以为常。

对于稍晚些的文献，最著名的是宋代地理学家赵汝适于南宋宝庆元年（1225年）写的《诸蕃志》。在该书卷下，他写道：

> 海南……东则千里长沙，万里石床，渺茫无际，天水一色。舟舶来往，惟以指南针为则，昼夜守视惟谨。毫厘之差，生死系焉。①

这里讨论的是海南岛附近的航行情况。半个世纪后，吴自牧在描写杭州的一篇文献中写道："海洋近山礁则水浅，撞礁必坏船。全凭南针，或有少差，即葬鱼腹。"②

元代的文献除了记载指南针，也开始记录罗盘方位。这意味着元代已经出现了航海中用来标志航向的针路图："自温州开洋，行丁未针，历闽广海外诸州港口，……到占城。又自占城顺风可半月到真蒲，乃其境也。又自真蒲行坤申针，过崑崙洋入港。"③

到明初（14世纪中叶），出现了更多利用罗盘导航的文献。郑和的航海活动（1400—1431），促成了此类文献的大量出现，其中就有《顺风相送》一书。《顺风相送》原作者不详，现仅存手抄孤本（图6-27），藏于英国牛津大学图书馆，疑是来中国传教的耶稣会士带到欧洲，辗转入于牛津。1935年至1936年，北平图书馆研究员向达被派往牛津大学做交换馆员，发现并抄录了该书和《指南正法》这两种我国古代的海道针经。1961年，中华书局将向达校注的《顺风相送》与《指南正法》合刊为《两种海道针经》，正式出版。该书大致成书于永乐年间，记载了大量的航海信息（海潮、海风、星辰和罗盘方位等），作者也描述了对罗盘的使用。其中写道：

> 北风东涌开洋，用甲卯取彭家山，用甲寅及单卯取钓鱼屿。正南风，梅花开洋，用乙辰，取小琉球；用单乙，取钓鱼屿南边；用卯针，取赤坎屿。④

这里的钓鱼屿，就是现在所说的钓鱼岛。赤坎屿，是今言之赤尾屿。该书是中国人发现、

---

① 〔宋〕赵汝适：《诸蕃志》卷下，转引自《中国科学技术史》第四卷《物理学及相关技术》，科学出版社，2003，第264页。
② 〔宋〕吴自牧：《梦粱录》卷十二，转引自《中国科学技术史》第四卷《物理学及相关技术》，科学出版社，2003，第265页。
③ 〔元〕周达观：《真腊风土记》"总叙"，转引自《中国科学技术史》第四卷《物理学及相关技术》，科学出版社，2003，第265页。
④ 《两种海道针经》，载《西洋番国志》，向达校注，中华书局，2000，第95页。

图 6-27

《顺风相送》手抄本封面

命名钓鱼岛及其附属岛屿的有信服力的历史证据。有意思的是，在《顺风相送》中还记载了出航前举行的祈祷仪式。在仪式上，罗盘被放在突出的位置，被祈祷者包括了大量神仙和圣人。

有关指南针的知识传到现在欧洲和伊斯兰国家大约是 12 世纪，最早的阿拉伯文献把磁浮针叫做"鱼"。最后，从司南勺中产生的首尾观念甚至晚到 18 世纪还被用来说明有关磁极的新知识。

早些时候，指南针知识是从东方传到西方的。从司南到罗盘在中国经历了一个漫长的发展时期，但传播到西方后，得到了迅速发展。在 13 世纪前的几个世纪里，找不到指南针经阿拉伯、波斯和印度这些过渡区域传入欧洲的任何线索。到 13 世纪，西方人开始记述指南针在航海中的应用。指南针知识从中国到欧洲的传播也许不是沿着与航海有关的途径进行的，可能是借助天文学家和那些测定各地子午线的测量员之手从陆地传入的。指南针对于绘制地图是重要的，对于调整日晷也同样是重要的。日晷是当时欧洲人所用的最好的计时器，欧洲人就描述过两种装有指南针的日晷。直到 17 世纪，在测量员和天文学家手里的罗盘中的磁针，才被普遍设置为指南（与海员所用的指北针相反）。这与中国几乎 1 000 年前对磁针的应用情况一样。

指南针沿陆地西传后，西方水手应用的指南针与中国船员在更早些时候将指南针应用于航海的指南浮针无关，二者是彼此独立发展起来的。在 10 世纪，中亚地区的人们更容易把传入的指南针当成一种魔术,而不是科学。不过这种魔术对于他们来说没有任何技术难度。

第四节 古代的指南针理论

中国人不但发明了指南针,还对指南针之所以能指南做过独特的理论探讨。这些探讨经历了不同的历史阶段。

一、阴阳五行学说基础上的感应说

中国学者对指南针理论的探讨,究竟始于何时,迄今尚是个谜。我们知道的是,在11世纪中叶,大科学家沈括还对指南针之所以能够指南感到匪夷所思。他的《梦溪笔谈》中的这句话最具代表性:

> 磁石之指南,犹柏之指西,莫可原其理。[①]

这段话表明,对指南针为什么会指南,沈括一点儿概念都没有。

沈括之所以不明白指南针的指南原理,是由于他对之未做深究。在《梦溪笔谈·补笔谈》中,他明确提到了这一点:

> 以磁石磨针锋,则锐处常指南,亦有指北者,恐石性亦不同。……南北相反,理应有异,未深考耳。[②]

沈括自己虽然没有对指南针理论进行深入探讨,但这并不等于说其前及当时人们对指南针理论未做过研究。也许这样的探讨已经存在,只是他不知道或不认可而已。

现在可以见到的也许是最早对指南针原理进行解说的古籍是《管氏地理指蒙》。在该书的"释中"条,有这样一段话:

[①]〔宋〕沈括:《梦溪笔谈》卷二十四《杂志一》,岳麓书社,2002,第176页。
[②]〔宋〕沈括:《梦溪笔谈·补笔谈》卷三《药议》,岳麓书社,2002,第244页。

> 磁者，母之道。针者，铁之戕。母子之性，以是感，以是通。受戕之性，以是复，以是完。体轻而径，所指必，端应一。气之所召，土曷中而方曷偏。较轩辕之纪，尚在星虚丁癸之躔。①

原书在这段话的下面，附有一段注语：

> 磁石受太阳之气而成，磁石孕二百年而成铁。铁虽成于磁，然非太阳之气不生，则火实为石之母。南离属太阳真火，针之指南北，顾母而恋其子也。……阳生子中，阴生午中。金水为天地之始气，金得火而阴阳始分，故阴从南而阳从北，天定不移。磁石为铁之母，亦有阴阳之向背。以阴而置南，则北阳从之；以阳而置北，则南阴从之。此颠倒阴阳之妙，感应必然之机。②

这段话的逻辑是：磁针是铁打磨成的，铁属金，按五行生克说，金生水，而北方属水，因此，北方之水是金之子。铁产生于磁石，磁石是受阳气的孕育而产生的，阳气属火，位于南方，因此南方相当于磁针之母。这样，磁针既要眷顾母亲，又要留恋子女，自然就要指向南北方向。在这种解释中，阳气起到了很重要的联结作用。磁石是太阳之气孕育而成的，磁石生铁也需要阳气，因此阳气是它们的共同之母。磁针既然与它们本性相通，受阳气的感召，自然就要指向阳所在的方位，阳位于正南，这样，磁针当然也就要指向正南了。至于为什么有的磁针会指北，则是因为磁石本身也有"阴阳之向背"，当把磁石的阴面置于南边的位置时，它的阳面就会在北，这就颠倒了阴阳，这时用它磨制的磁针就会指北。显然，这段话的立论基础是奠基于阴阳学说基础上的同气相应理论。而且，这里导致指南针指南的决定要素，是在天上，所谓"星虚丁癸""天定不移"，就昭示着这一点。这也正是指南针理论初期阶段的共同特点，中外皆然。

从物理学的观点来看，《管氏地理指蒙》对指南针原理的解释完全是异想天开：铁是用铁矿石冶炼出来的，铁矿石与磁石并不能完全画等号，磁石的产生也与所谓的阴阳之气毫无关系。所以，这段记载无科学价值可言。但从历史学的角度来看，从事物的属性出发解释其行为，是科学发展到一定阶段人们常用的做法。不论在中国还是在西方，这种做法都是司空见惯的。中国古代阴阳学说昌盛，人们把对指南针原理的阐释与阴阳学说相结合，是理所当

---

① 〔三国〕管辂：《管氏地理指蒙》卷一《释中第八》，载《四库存睛囊汇刊.5》，华龄出版社，2017，第18页。
② 同上书，第18~19页。

然的事情，不足为怪。

《管氏地理指蒙》的成书年代，现在有不同认识。李约瑟认为它可能是晚唐之作。刘秉正等则针对李约瑟的说法指出："所有史书艺文志均未著录此书，仅《宋史·艺文志》提到有《管氏指蒙》，并说萧吉、袁天纲和王伋（10世纪末11世纪宋人）注。很可能《管氏指蒙》就是《管氏地理指蒙》。但书中还提到元朝的郭守敬，因此即使该书成书于晚唐或宋初，至少也被元明时代的堪舆家所篡改，不能据此判断其中的内容均出自宋代。"①

刘秉正等的说法有可取之处。如果《管氏地理指蒙》在晚唐即已流行，那么沈括就没有理由说"莫可原其理"那样的话，因为该书对沈括感到疑惑的两个问题（磁针为什么会指南？为什么有的磁针会指北？）都做出了回答。当然，也不排除该书在五代即已存在，只是沈括未能见到该书的可能性。无论如何，该书关于指南针原理的这段解释的产生时间，不会晚于宋代，因为北宋晚期的著作中对指南针原理已多有涉及，其中有的明显是继承了《管氏地理指蒙》的思想，而内容上又多出了对磁偏角现象的解释，这表明它们比《管氏地理指蒙》中的指南针理论要晚出。所以，上述指南针理论可能就产生于北宋时期。

成书于北宋晚期的《本草衍义》提到：

> 磁石……磨针锋则能指南，然常偏东不全南也。其法取新纩中独缕，以半芥子许蜡，缀于针腰，无风处垂之，则针常指南。以针横贯灯心，浮水上，亦指南，然常偏丙位，盖丙为大火，庚辛金受其制，故如是。物理相感尔。②

对这段话，李约瑟博士明确指出："初看起来，这一段好像只是重复了沈括30年前所说的话，但实际上增加了两点。寇宗奭给出了人们久已期望的关于水罗盘的已知最早的描述，它具有欧洲所有最古老的（但较晚的）记载所述的特点。其次，他不仅给出磁偏角的相当精确的度量，而且还试图对它加以解释。"③

李约瑟博士的论述甚有道理，但他对寇宗奭理论的解说就不那么贴切了。他说："根据五行的相胜原理，火胜金，因金属可以被火熔化。寇宗奭的看法是，金属的针虽应自然地指向西方，但位于南方的'火'具有压倒的影响，使它离开西方而指向南方。"④实际上，寇宗奭这段话本意不是要说明指南针为什么指南，而是为了解释指南针何以会偏离正南，指向

---

① 刘秉正、刘亦丰：《关于指南针发明年代的探讨》，《东北师大学报（自然科学版）》1997年第4期，第24页。
② 〔宋〕寇宗奭：《本草衍义》卷五《磁石》，人民卫生出版社，1990，第32页。
③ ［英］李约瑟：《中国科学技术史》第四卷《物理学及相关技术》，科学出版社，2003，第235页。
④ 同上。

南偏东的丙位。按寇宗奭的理解，指南针属金，正南方位属火，火胜金，金畏火，所以指南针为了避开正南方位的火，其指向会向东偏移一些。

与《管氏地理指蒙》相比，寇宗奭进一步把五行学说引进到了指南针的理论之中，使之与阴阳学说相结合，来解释指南针的指南和磁偏角现象。他的解释，虽然听上去不无道理，但细致推敲，也有不能自圆其说之处。因为指南针如果确因受正南之"火"的克制而偏离午位，那么它更应指向南偏西的丁位，这是由于那里还有位于庚辛方位的"金"的感召，而那时人们所知的指南针的指向是"常微偏东"，没有指向丁位。正因为如此，寇宗奭的理论并未得到后人的普遍认可。

无论如何，中国指南针理论在其发展的起始阶段，走上了建立在阴阳五行学说基础上的感应说，是一件十分自然的事情。这与古人对磁石吸铁的传统认识有关。古人一开始在讨论磁石吸铁原因时，就是用同类相感也就是感应说立论的。例如，晋朝郭璞的《石赞》就提到："磁石吸铁，琥珀取芥，气有潜通，数亦冥会，物之相感，出乎意外。"① 古人类似言论还有很多，然而单一的同类相感还不足以说明指南针的指南，因为在指南针的指南过程中，看不到磁石的影子。既然磁石和磁针之间是通过气的感应表现其相互作用的，那么指南针的指南，也同样应该是气感应的结果，而正南方位是阳气的聚集之地，因此，指南针的指南，一定是受阳气作用的结果，这就用阴阳学说改进了传统的感应说。而指南针的指南，又存在着"常微偏东"的现象，还需要用五行学说的相生相胜理论进行解释，这样一来，五行学说也加了进来。感应说与阴阳五行学说就这样有机地结合到了一起。

二、方位坐标系统的影响

南宋人对指南针原理的解释，大都围绕着磁偏角现象展开，但这时人们的立论依据更多地转向了地理方位的坐标系统。例如，南宋曾三异就曾经提到：

> 地螺或有子午正针，或用子午丙壬间缝针。天地南北之正，当用子午。或谓今江南地偏，难用子午之正，故以丙壬参之。古者测日影于洛阳，以其天地之中也，然有于其外县阳城之地。地少偏则难正用。亦自有理。②

---

① 〔唐〕欧阳询：《艺文类聚》，上海古籍出版社，1985，第109页。
② 曾三异：《因话录·子午针》，载〔元〕陶宗仪撰《说郛》卷二十三上，《四库全书》本。

曾三异认可的这种解释，与中国古代的大地形状观念是分不开的。中国古人认为，地是平的，其大小是有限的，这样，地表面必然有个中心，古人称其为地中。这样的地中，古人一开始认为它在洛阳，后来又认为在阳城。在这种地平观念中，南北方向是唯一的，就是过地中的那条子午线。这样，指南针的测量地点如果不在过地中的那条子午线上，它的指向就不会沿正南、正北方向，此即所谓的"地少偏则难正用"，因此要用"子午丙壬间缝针"作参考。

曾三异的理论，虽然听上去是合理的，但细致推敲起来，也不无破绽。因为按照感应思想，指南针指南是其天性，其指针一定要指向阳气的本位。如果测量地点在地中的东侧，受正南方位阳气的引导，指南针的指向应偏向西南才对，为什么会出现沈括说的"常微偏东，不全南也"的现象？

正是因为以地中观念解释磁偏角有其不自洽之处，比曾三异晚了几十年的储泳，就记载了关于磁偏角现象的另外两种解释：

> 地理之学，莫先于辨方，二十四山于焉取正。以百二十位分金言之，用丙午中针则差西南者两位有半，用子午正针则差东南者两位有半，吉凶祸福，岂不大相远哉？此而不明，他亦奚取？曩者先君卜地，日者一以丙午中针为是，一以子午正针为是，各自执其师传之学。世无先觉，何所取正？而两者之说亦各有理。主丙午中针者曰：狐首古书，专明此事，所谓自子至丙，东南司阳；自午至壬，西北司阴；壬子丙午，天地之中。继之曰：针虽指南，本实恋北。其说盖有所本矣。又曰：十二支辰以子午为正，厥后以六十四卦配为二十四位，丙实配午，是午一位而丙共之。丙午之中即十二支单午之中也。其说又有理矣。主子午正针者曰：自伏羲以八卦定八方，离坎正南北之位，丙丁辅离，壬癸辅坎，以八方析为二十四位，南方得丙午丁，北方得壬子癸，子午实居其中。其说有理，亦不容废。又曰：日之躔度，次丙位则为丙时，次午则为午时，今丙时前二定之位，良亦劳止。因著其说，与好事者共之。但用丙午中针，亦多有验，适占本位耳。①

这两种解释，一种以二十四支方位系统为依据，参考阴阳八卦学说，认为"东南司阳""西北司阴"，壬子方位和丙午方位中缝分别是阴阳之所在，它们的连线，就是经过"天地

---

① 〔宋〕储泳撰《祛疑说·辨针》，《四库全书》本。

之中"的正南、正北方向,所以要用"丙午中针",即以指向东南为正。另一种则把方位系统与时间计量相结合,认为从方位划分来说,午位对应着正南,从计时角度来说,太阳到了午位,就是时间上的正中午,也是对应着正南,因此,子午正位就是正南、正北方向,指南针当然应该用子午正针。

储泳记载的这两种解释,本质上有其相通之处,都认为指南针所指确为阳之所在,是正南,但对何谓正南,有不同的理解。显然,此类解释的共同出发点仍然是传统的感应学说,即认为指南针之所以指南,是由于受到阳气感召的缘故,指南针之所指,就是阳气之所在,只是对于不同的方位坐标系统而言,阳气究竟在哪个方位,各家有着不同的理解。

到了明代,指南针理论有了新的变化,明人假托南唐何溥之名撰述的《灵城精义》卷下云:

> 地以八方正位定坤道之舆图,故以正子午为地盘,居内以应地之实;天以十二分野正躔度之次舍,故以壬子丙午为天盘,居外以应天之虚。[①]

《四库全书简明目录》卷十一《灵城精义》提要云:"《灵城精义》二卷,旧本题南唐何溥撰,明刘基注。诸家书目皆不著录,莫考其所自来。大旨以元运为主,是明初宁波幕讲僧之学,五代安有是也? 然词旨明畅,犹术士能文者所为。"[②] 由此,上述引文中表述的见解,实际是明代学者的思想。与前代有别的是,这段话明确无误地把指南针的指南及磁偏角现象与天地不同的方位系统对应了起来。指南针的指正南与地平方位的二十四支方位划分方法相对应,而磁偏角现象则与天球系统的十二次划分相关。也就是说,正子午方向即指南正针由大地方位系统决定,偏角则由天体方位划分系统所决定。因为磁偏角的存在是客观的,故这种说法的实质在于认为磁针指向取决于天。认定指南针之所以指南的决定性因素在天不在地,是此说的特点,它体现了传统指南针理论在阴阳感应学说和磁偏角的存在这一矛盾面前所表现出来的窘迫。

三、受西学影响诞生的指南针学说

16世纪末,以利玛窦为代表的一批传教士来到中国,带来了与中国传统科学迥然不同的西方科学。西方科学的传入,也影响到中国指南针学说的演变。

---

① 〔南唐〕何溥撰《灵城精义》卷下,《四库全书》本。
② 《四库全书简明目录》卷十一,朱修伯批,北京图书馆,2001。

在欧洲，英国物理学家吉尔伯特（William Gilbert，1544—1603）于1600年出版了《关于磁铁》一书，对指南针为什么指南做出了科学的解释。"吉尔伯特进一步证明了指南针不仅大致指向南北，而且证明了如果将指南针悬挂起来，使其做垂直转动，其指针朝下倾斜指向地球的两极（磁倾角）。模拟实验表明，将磁针靠近一球形磁铁，在该球的磁极处，磁针会呈垂直指向，而在磁球的赤道上方，磁针呈水平状态，指向磁球的两极。吉尔伯特的伟大贡献在于他提出地球本身就是一大块球形磁铁，指南针不指向天体（这一点佩雷格里努斯也认为如此），而指向地球上的磁极。"① 吉尔伯特的理论，直到今天人们还是基本认可的。

吉尔伯特的理论并没有被及时传入中国。利玛窦是1582年来华的，他当然不可能知晓吉尔伯特的理论。有迹象表明，17世纪来华的传教士也没有把吉尔伯特的理论带到中国。即使如此，传教士来华这件事，仍然对中国指南针理论的演变产生了影响。这种影响，最初是通过制定历法一事表现出来的。

传教士来华以后，把让中国人接受天主教的突破口选在了科技上，而在科技方面，则以历法的制定让中国人最感兴趣。要制定历法，必须进行观测，而观测的前提是首先确定观测地点子午线的方位，这就与罗盘发生了关系。明末徐光启与传教士多有往来，参与了多次观测工作。他认为，天文观测首先要"较定本地子午真线，以为定时根本。据法当制造如式日晷，以定昼时，造星晷以定夜时，造正线罗经以定子午"②。罗经即罗盘，也就是指南针。但是在用指南针定子午线时，存在着一些麻烦，徐光启总结说：

> 指南针者，今术人恒用以定南北。凡辨方正位，皆取则焉。然所得子午非真子午，向来言阴阳者多云泊于丙午之间，今以法考之，实各处不同：在京师则偏东五度四十分，若凭以造晷，则冬至午正先天一刻四十四分有奇，夏至午正先天五十一分有奇。然此偏东之度，必造针用磁悉皆合法，其数如此。若今术人所用短针、双针、磁石同居之针，杂乱无法，所差度分，或多或少，无定数也。③

徐光启遇到的麻烦是当时已经发现磁偏角在不同的地点其大小亦不同，这用传统的指南针理论是无法解释的。对此，徐光启认为，磁偏角的大小是确定的，不可能因地而异，之所

---

① ［美］阿西摩夫：《古今科技名人辞典》，科学出版社，1988，第48页。
② 〔明〕徐光启撰《新法算书》卷一，《四库全书》本。
③ 〔明〕徐光启撰《新法算书》卷一，《四库全书》本。

以出现磁偏角"各处不同"的现象，是由于术士们对指南针的制造及保管过程的不规范所致。换言之，是操作不当造成的人为误差而非自然本身如此。正因为这样，徐光启总结漏刻、指南针、表臬、浑仪、日晷这五种仪器的特点说："壶漏用物，用其分数；南针用物，用其性情，然皆非天不因，非人不成。惟表惟仪惟晷，悉本天行，私智谬巧，无容其间，故可为候时造历之准式也。"①

透过上述引文可以看出，徐光启对指南针理论的理解，本质上仍属于中国传统。"南针用物，用其性情"一语，就是传统指南针理论的具体表现。非但如此，他所发明的磁偏角的因地而异是由于人为误差所致的说法，也完全是错误的。他所说的"磁石同居之针"，是指与天然磁石放到一起进行保存的磁针。这本来是人们在经验中总结出来的保持磁针磁性的科学方法，却被他说成是误差之源。这些现象表明，徐光启在与传教士打交道的过程中，并未接触到指南针的近代磁学理论。

在传教士带来的西方科学中，首先影响到中国指南针理论发展的，是地球学说。中国人传统上认为地是平的，地球学说是随着传教士的到来才逐渐被人们所认可的。我们知道，在不同的大地模型基础上，人们所建立的方位观念也不同，而方位观念与指南针又息息相关，方位观念的变化，难免要影响到指南针理论的变化。传统指南针理论是在地平观念基础上发展出来的，一旦地平观念被人们所抛弃，建立在地平观念基础之上的对指南针之所以指南、之所以有磁偏角的种种解释，就很难再继续下去。因此，地球学说的深入人心，势必要导致中国学者发展出新的指南针理论。这在以方以智为首的一批学者身上表现得很清楚。

方以智因受地球学说的影响而提出了新的指南针理论这件事情，是王振铎先生最早指出来的。他说：

> 在明时，因西方地理知识之传入，在学术上发生一种新宇宙之观念，时人之解释磁针之何以指南受西方学术之影响，亦有关地球之知识而理解者，如《物理小识·指南说》云："磁针指南何也？镜源曰：'磁阳故指南。'愚者曰：'蒂极脐极定轴，子午不动，而卯酉旋转，故悬丝以蜡缀针，亦指南。'"同书卷一《节气异》中记蒂极脐极，知其指地球南北两极，卯酉旋转者指地球赤道，以两极之静，赤道之动，而解释悬系磁针指南之理。②

---

① 王振铎：《司南指南针与罗经盘（中）》，《中国考古学报》1948年第4期。
② 同上。

王振铎先生的洞察力令人钦敬，但他把方以智的"蒂极脐极"解释成地球的自转，却微有欠妥。《物理小识》原文如下：

> 日行赤道北，为此夏至，则为彼冬至；日行赤道南，为彼夏至，则为此冬至。此言瓜蒂、瓜脐之异也。①

王振铎先生认为文中的"瓜蒂、瓜脐"是指地球的两极和赤道。考虑到这里谈论的是日行，则把引文中的赤道理解成天赤道，似更为合理。如果这样，"瓜蒂、瓜脐"之喻就指的是天球，而不是地球了。后面这种理解，在《物理小识》中是有旁证的。方以智明白无误是用"瓜蒂、瓜脐"来比喻天球的。他说：

> 圆六合难状也。愚者以瓜蒂、瓜脐喻之。浑天与地相应，所谓北极，如瓜之蒂；所谓南极，如瓜之脐。瓜自蒂至脐，以其中界周围，为东西南北一轮，是赤道也，腰轮也，黄道则太阳日轮之缠路也。……六合八觚之分，自蒂至脐，凡一百八十度；自赤道至蒂，凡九十度，黄道之出入赤道者，远止二十三度半，此曰纬度。七曜所经之列宿，则曰经度。每三十度为一宫，十五度交一节，其概也。②

在这里，"瓜蒂、瓜脐"究竟是指地球的南、北两极和地赤道，还是指天球的对应部位，是一个值得探讨的问题。如果是指地球，那么方以智在解释指南针原理时所说的"蒂极脐极定轴，子午不动，而卯酉旋转"，就是说的地球的自转。这显然是哥白尼的日心地动说了。这也正是王振铎先生的理解。但我们知道，方以智虽然通过传教士穆尼阁（Jean Nicolas Smogolenski，1611—1656）对哥白尼学说有所了解，但他并不赞同该学说。③方以智的学生揭暄在注解《物理小识》中就曾指出："有谓静天方者，以圆则行，方则止也。不知地形圆，何以亦止也？"④这是明确认为地是静止的。因此，方以智等在这里是用天球而不是地球的旋转来解释指南针的指南原理的。

方以智的学生揭暄和儿子方中通对其理论做了详细解说：

---

① 〔明〕方以智：《物理小识》卷一，《四库全书》本。
② 同上。
③ 关增建：《〈物理小识〉的天文学史价值》，《郑州大学学报（哲学社会科学版）》1996 年第 3 期，第 63～68 页。
④ 同①。

> 揭暄曰："物皆向南也。凡竹木金石条而长者，悬空浮水能自转移者，皆得南向。东西动而南北静也。针淬而指南，应南极垂而北极高也。石首向北尾则向南，重故也。鳝首仰则朝北，首举而尾垂也。早碓临南临西则转，临东北则不转，东来气，北上仰也。赤道以南则反是。或疑石之能移，曰：气能飞山移石，竹木铁石，恒转移于空中水中，即能转移于气中也。石不必皆移，而此石精莹，其与此地之气相吸耳。"中通曰："东西转者，地上气也。物圆而长，虽重亦随气转，故不指东西而指南北也。针若扁或方轮者，则乱指。南之极、北之极、日月腰轮之国，针即不指南矣。"①

揭暄等是用指南针重心分布的不均匀来解释磁倾角现象，用大气旋转来说明指南针的南北取向。这种做法，显然是从力学而不是指南针的阴阳属性角度出发的。这在中国指南针理论演变史上，是从未有过的。王振铎先生对方氏指南针力学模型有过阐释，他认为："斯时中国人多接收西方地圆之说，及地球之东西自转知识，中通之论据，即用此以解释之，以为地球表面之气层，因东西自转而大气层随之旋转，体积长圆之物，因南北方向时受气之推动面大，如风帆受东西向风时，帆必南北张之，磁针指南北，因受大气东西自转之故也。暄之谓南北静东西动者，亦从出地球自转之说，其意谓地球在东西旋转时，南北两极旋转较赤道为缓慢，物体因静而后定，故磁针止于南北之静。"②

王先生的解说，摒除其中关于地球自转的部分，对揭、方思路的阐释，是合乎情理的。那么，方中通所说的"东西转者，地上气也"该当如何解释呢？这实际是方以智在解释七曜运动时提出的"带动说"，认为天球的旋转，表现为气的运动，这种运动带动了七曜的运行。气的这种运动延伸到地面附近，从而造就了指南针的指南。

至于揭暄所说的"凡竹木金石条而长者，悬空浮水能自转移者，皆得南向"，显然是臆测之语。方中通所说的"日月腰轮之国，针即不指南"，也纯属猜测，没有事实依据。总体来说，在西方地球学说的影响下，方以智等不再用传统的阴阳五行学说去解释指南针指南现象，他们开始从力学的角度思考这一问题，并对之做出了自己的解答。他们的解答虽然比传统的指南针理论有进步，但仍然是不正确的。

传教士的影响使传统指南针理论中的阴阳五行学说风光不再，而在西学启发下诞生的新的指南针理论如方以智等人的学说又不能令人满意，于是有学者试图另辟蹊径，提出新的见

---

① 〔明〕方以智：《物理小识》卷八《器用类》，《四库全书》本。
② 王振铎：《司南指南针与罗经盘（中）》，《中国考古学报》1948年第4期，第174页。

解。清乾隆时的范宜宾就是其中的一位。他指出：

> 天体循环无端，实有一定之规，南北两极是也。是以古圣王造此指南车，先定子午，则八方因之而分，诚合天地之生成，非奇巧之异制。而后人伪造水针，更为臆度，以针属金，畏南方之火，使之偏于母位三度有奇；又谓依伏羲摩荡之卦，故阳头偏左，阴头偏右；又谓南随阳升以牵左，北随阴降以就右；又谓先天兑金在巳，故偏左；又谓火中有土，天之正午在西，故针头偏向西，以从母位。诸论纷纷，尽属穿凿。要知现今经盘中虚危之针路，仍是唐虞天正日躔之次，至周天正则日躔女二，降及元明之际天正，日躔箕之三度。世人不知天有差移，仍执虚危为一定之规，更另造以注水浮针之用，缘此针创自江西，盛于前明，以此定南北之枢，南北不准，或偏左，或偏右，尾高首低，或半沉全坠，种种不一。①

范宜宾嘲笑了建立在阴阳五行学说基础上的传统指南针理论，认为它们"尽属穿凿"，这一评价无疑是正确的，但他自己的新理论又何尝不是穿凿附会的产物！指南针理论发展的趋势是"从天到地"，由把指南针的指南与天体相联系逐渐过渡到只与地球本身相联系，最终得到类似吉尔伯特那样的理论，而范宜宾的理论却与这一趋势相反，它闭目不顾磁偏角大小因地而异这一当时人们已经熟知的事实，利用天文学上岁差导致的极星移动现象，认为磁偏角的产生是磁盘制作者不了解天文学，泥古不化导致罗盘方位标志有误所致。他坚持认为："天体极圆，南北两枢，有定针指子午，处处皆然，乃天地自然，非圣人不能知，非圣人不能创造！"② 这样的理论，不顾磁偏角存在的客观现实，把指南针之所以能够指南的缘由完全归因于天体，亦是鄙陋之见，注定要被抛弃。

四、中国人对西方指南针理论的记述

在传教士带来的西方科学的影响下，中国学者提出了一些新的指南针学说。在这一过程中，中国学者究竟接触到了西方的指南针理论没有？如果接触到了，他们接触的是否就是吉尔伯特的学说呢？他们是否接受了所接触到的西方理论呢？

---

① 〔清〕范宜宾：《罗经精一解》上卷《针说》。
② 同上。

明末学者熊明遇所撰《格致草》中有这样一段话：

> 罗经针锋指南，思之不得其故。一日阅西域书，云北辰有下吸磁石之能，以故罗经针必用磁石磨之，常与磁石同包，而后南北之指方定。窃谓磁石与针，金类也。北属水，岂母必顾子欤？然而罗经针锋所指之南，非正子午，常稍东，偏在丙午之介。问之浮海者，云其在西海，又常偏西，偏在午丁之介。若求真子午，必立表取影者为确。果尔，则堪舆家用罗经定方位者，不觉恍然如失矣。①

熊明遇提到了"西域书"，书中所云，当然是西方的指南针理论了。但该书介绍的是否就是吉尔伯特学说，答案却是否定的。就史料来源而论，无从考订；就内容来说，只能得出否定的结论。该说强调"北辰有下吸磁石之能"，而在中国，北辰这个概念，指的是北极星，即天体而不是地球北极，也正因为这样，熊明遇才用了"下吸"这个词。吉尔伯特理论的要点则在于决定指南针指南的因素在地球自身而不在天，这与熊明遇所述是截然不同的。所以，该"西域书"介绍的，不可能是吉尔伯特的理论。

虽然熊明遇引述的并非吉尔伯特的理论，但他对该学说的介绍是值得称道的，因为该说有一种从磁学出发解释指南针之所以指南的倾向。这种倾向是应予肯定的。对中国人来说，这种理论也是全新的。不过，熊明遇对这种理论，似乎并不赞成。他不赞成的理由，是磁偏角的因地而异，而按照"北辰有下吸磁石"的说法推论，指南针指南的方向应该是唯一的，不应该有磁偏角的存在，更不应该有磁偏角的因地而异。

熊明遇对《格致草》做最后修订的时间是清顺治五年（1648年）②。在此之前，中国其他学者对西方指南针理论的引述，我们未能寓目，而在此之后，康熙皇帝在发表他对指南针理论的见解时，介绍过西方另一种指南针理论。他说：

> 定南针所指，必微有偏向，不能确指正南。且其偏向，各处不同，而其偏之多少，亦不一定。……推求真南之道，昔人未尝言之。朕曾测量日影，见日至正南，影必下垂，以此定是正南真向也。今人营造居室，如因地势曲折者，面向所不必言；若适有平正之地，其所卜建屋基向东南者，针亦东南，向西南

---

① 〔明〕熊明遇：《格致草·北辰吸磁石》，载任继愈《中国科学技术典籍通汇·天文卷》第六分册，河南教育出版社，1995，第6~114页。
② 冯锦荣：《明末熊明遇〈格致草〉内容探析》，《自然科学史研究》1997年第4期，第304~328页。

者，针亦西南。初非有意为之，乃自然而然，无所容其智巧者也。又，赤道之下，针定向上，此土针锋亦略斜向上。今罗镜中制之平耳。海西人云：磁石乃地中心之性，一尖指地，一尖指赤道。今将上指者，令重使平，以取南。与《物性志》谓磁石受太阳之精，其气直上下之说相合。[①]

康熙认为，磁偏角的存在，反映了所测地点的天然地势。换言之，磁针的指向与其他方式测得的地理面向是完全一致的，这是大自然的本性决定的，而对于"平正之地"，磁针指向则与人们所建屋基的朝向相一致。本来磁偏角问题并不复杂，经康熙这么一说，反倒让人觉着复杂了。指南针指的究竟是"正南真向"，还是所谓的地理面向？磁偏角难道真的取决于当地所建房屋的朝向吗？康熙把磁偏角与当地地势、房屋朝向相联系，突破了传统阴阳五行学说的桎梏，这是其可取之处，但他的理论本身毫无疑问是不能成立的。他还介绍西方理论，说磁石的两极，一极指向地心，一极指向赤道，认为正是磁石的这种性质，决定了他所说的上述诸多现象。这些话，与自然实际当然是不相符的。

另一方面，康熙这段话中还涉及磁倾角问题。他所引用的"海西人"语，反映的是西方学者对磁倾角的解释。但这种解释，在理论上是错误的，也与实际情形不合。在地球的赤道处，磁倾角为零，这与该说所谓的"赤道之下，针定向上"完全不同。这种解释并非吉尔伯特的理论，是不言而喻的。

当然，也不排除这种可能：熊明遇、康熙等确实接触到了吉尔伯特的理论，但将其转述错了。如果实际情况的确如此，那么，王振铎先生的话应该是一种合理的解释："自万历以来，泰西之学，渐输中土，如天文、算术、几何学等，研习译释为当时举国所重，格物之学，因之大兴。维新之士，厌五行之旧说，每喜以西方新入之说，以解物理。按在当时介绍西方学术之书籍，病于传听重译，不得其全豹；又因东西文字隔阂，多不能明白表达。"[②] 也许正是由于这些因素，造成了我们今天判断上的困难。

五、南怀仁的指南针理论

在传教士带来的西方科学影响下，中国学者提出的指南针理论不能成立，熊明遇、康熙皇帝对西方指南针理论的介绍又语焉不详，错误多端，那么，传教士自身对指南针理论持何

---

① 李迪：《康熙几暇格物编译注》，上海古籍出版社，1993，第 102~103 页。
② 王振铎：《司南指南针与罗经盘（中）》，《中国考古学报》1948 年第 4 期，第 172~173 页。

见解呢？

在明清之际来华的传教士中，熊三拔（Sabatin de Ursis，1575—1620）在《简平仪说》中提到过磁偏角及指南针理论的解说问题。他说：

> 正方面之法，今时多用罗经。罗经针锋所止，非子午正线。罗经自有正针处。身尝经历在大浪山，去中国西南五万里，过此以西，针锋渐向西，过此以东，针锋渐向东，各随道里，具有分数，至中国则泊于丙午之间矣。其所以然，自有别论。①

所谓的大浪山之说，并不符合磁偏角变化的实际，但这一说法在中国却流传甚久，直到晚清，郑复光还专门提到了这一说法，可见其影响之大。至于熊三拔的别论，笔者尚未寓目，很难加以评论。不过，在传教士的著作中，倒是发现了南怀仁对指南针原理的详细阐释。

南怀仁，比利时耶稣会士，1656年启程来华，1658年抵澳门，次年赴西安传教，不久受顺治皇帝邀请，于1660年到北京，协助汤若望治天文历法，后又受命管理钦天监监务，并一度担任钦天监监副。南怀仁在从事天文历法工作过程中，把西方的有关知识和他个人的体验写成了一部重要著作——《灵台仪象志》。这部书被收进《古今图书集成·历象汇编·历法典》中。南怀仁有关指南针原理的见解，就记载在《灵台仪象志》中。

南怀仁的指南针理论，基于其对地球特性的认识上。他说：

> 凡定方向，必以地球之方向为准。地球之方向定，则凡方向遂无不可定矣。夫地虚悬于天之中，备静专之德，本体凝固而为万有方向之根底。②

地球的方向主要表现在南北方向上，这是由地球的南北之极所确定的。按照南怀仁的理解，地球的南北之极与天球的两极是遥相对应恒定不变的，"即使地有偶然之变，因动而离于极，则地亦必即自具转动之能，以复归于本极与元所向天上南北之两极焉。夫地球两极正对天上两极，振古如斯，未之或变也。故天下万国从古各有所测本地北极之高度，与今日所测者无异"。这一事实充分表明，地球的两极指向即其南北方向是恒定的。因此，它有资格

---

① ［意］熊三拔撰《简平仪说》，《四库全书》本。
② ［比］南怀仁：《灵台仪象志二》，载《历法大典》第九十卷《仪象部汇考八》，上海文艺出版社，1993年影印本。

成为"万有方向之根底"。

地球方向的恒定性及其自动调整回归原位的性能，是地球的天然本性。南怀仁论证说：

> 地所生之铁及土所成之旧砖等，其性禀受于地，故具能自转动向南、北两极之力，如烧红之铁，以铜丝悬之空中，既复原冷，则两端自转而向南北两极。再如旧墙内生铁锈之砖等，照前法悬之空中，亦然。假使地之本性无南北之向，何能使所生之物而自具转动向南北之理乎？①

南怀仁总结的这些现象，只能源自道听途说，并非实有其事。从物理学的角度来看，把铁加热烧红，可以使铁中原有的小磁畴瓦解，然后使铁在地磁场中冷却，冷却过程中重新生成的小磁畴在地磁场的作用下，会沿着地磁场方向排列，从而使铁得到磁化，具有指南、北功能。但这种磁化方法在操作时有一些技术要求，比如冷却速度要快、冷却时要使铁块的长轴沿地磁场方向放置等。前述曾公亮的《武经总要》中记载的指南鱼，就是用这种方法磁化的。曾公亮详细记载了制作指南鱼的技术要素，按其所述制作的指南鱼确能指南。相比之下，南怀仁的记述则语焉不详，按他的描述对铁以及墙内带有铁锈的砖块进行加热冷却，是不太可能获得磁化效果的。

南怀仁所述现象不能成立，但他通过对这些现象的陈述所要表达的思想却至关重要，那就是地球本性具有南北取向，而这种本性可以传递给其所生之物，使之亦具有天然的南北取向的能力。他的指南针理论就是建立在这一思想基础之上的。

为了说明指南针的指南原理，南怀仁把注意力放在了地球本身的物质分布上。他说：

> 地之全体相为葆合，有脉络以联贯于其间。尝考天下万国名山及地内五金矿大石深矿，其南北陡衺面上，明视每层之脉络，皆从下至上而向南、北之两极焉。仁等从远西至中夏，历九万里而遥，纵心流览，凡于濒海陡衺之高山，察其南北面之脉络，大概皆向南、北两极，其中则另有脉络，与本地所交地平线之斜角正合本地北极在地平上之斜角。五金石矿等地内深洞之脉络亦然。凡此脉络内多有吸铁石之气生。夫吸铁石之气者无他，即向南、北两极之气也。

---

① ［比］南怀仁：《灵台仪象志二》，载《历法大典》第九十卷《仪象部汇考八》，上海文艺出版社，1993年影印本。

> 夫吸铁石原为地内纯土之类，其本性之气与地之本性之气无异故耳。①

这是说，在地球内部有贯穿南北的脉络，这些脉络蕴含着地球自身"向南、北两极之气"，这种气是地内纯土的本性之气，与磁石之气一致。这种一致性，是磁针能够指南的前提。

这里所谓的"纯土"，源自古希腊哲学家亚里士多德的"四元素"说。南怀仁专门强调了这一点，指出它与地表附近的"浅土""杂土"不同，只有"纯土"，才是决定指南针指南的关键因素：

> 所谓纯土者，即四元行之一行，并无他行以杂之也。夫地上之浅土、杂土，为日月诸星所照临，以为五谷、百果、草木万汇化育之功。纯土则在地之至深，如山之中央、如石铁等矿是也。审此，则铁及吸铁石并纯土同类，而其气皆为向南、北两极之气，自具各能转动本体之两极而正对，夫天上南、北之两极。此皆本乎地之脉络者，然也。夫地之两极原自正对夫天上南、北之两极，犹之草木之脉络皆自达其气而上生焉。盖天下万物之体，莫不有其本性，则未有不顺本性之行以全乎，其为本体者也。②

那么，磁偏角现象又该如何解释呢？为什么磁偏角的存在如此广泛呢？南怀仁认为：

> 夫吸铁石一交切于铁针，则必将其本性之转动而向于南北之力以传之，如火所炼之铁等物，必传其本性之热焉。又凡铁针及吸铁石彼此必互相向，故即使有针向正南、正北者，而或左右、或上下有他铁以感之，则针必离南北而偏东西向焉。今夫吸铁之经络自向南、北二极而行，但未免少偏，而恰合正南、正北者少。故各地所对之铁针，未免随之而偏矣。试观水盘内照南北之各线按定大小各吸铁石，而于水面各以铁针对之，则明见多针或偏西之与偏东若干。若照盘底内其所对之吸铁石，偏东西又若干矣。……夫行海者所为定南北之针多偏东偏西者，因其海底吸铁之经脉偏东西若干也。陆地之针亦然。审乎此，

---

① ［比］南怀仁：《灵台仪象志二》，载《历法大典》第九十卷《仪象部汇考八》，上海文艺出版社，1993 年影印本。
② 同上。

则指南针多偏之故并其所以不可定南北之正向，明矣。①

至此，南怀仁的指南针理论已经成型，其基本逻辑是：地球本身具有恒定的南北取向，该取向取决于地球的南、北两极。地球内部有贯穿于南、北两极的脉络，这些脉络在性质上属于构成万物的四种基本元素之一的"纯土"，它们蕴含着向南、北两极之气。另一方面，铁和吸铁石都是这种"纯土"组成的，当然也蕴含着同样指向南北的气。在这种气的驱动下，由铁制成的磁针自然会经过转动使其取向与当地的地脉相一致。地脉与地平线的夹角决定了当地的磁倾角。当地脉有东西向偏差或周围有铁干扰的情况下，指南针所指的方向也会有偏差，于是磁偏角也就相应而生了。

南怀仁的理论，有其可取之处：它看上去与吉尔伯特的学说似曾相识，都主张决定指南针之所以指南的要素在地不在天；南怀仁所说的"地脉之气"与吉尔伯特学说蕴含的磁感应思想在形式上是相似的；南怀仁还对磁变现象提出了解释，认为周围的铁会对磁针指向产生干扰，等等。但两者也有不同，比如吉尔伯特主张磁偏角的形成是由于地球表面形状的不规则对指南针的影响所致，"他猜测，虽然地球的磁极和地极相重合，但罗盘由于所在处的地球表面不规则而发生变化，它的针偏向陆块而偏离海盆，因为水是没有磁性的"②。这与上述南怀仁对磁偏角的解释是完全不同的。除此之外，南怀仁理论与吉尔伯特学说的最大不同在于，在南怀仁理论中，决定磁针指向的是地球的地理南、北两极本身，而吉尔伯特则认为地球本身存在着一个磁体，虽然他认为该磁体的两极与地球的地理两极是吻合的，但他是从地球磁极与磁针相互作用角度出发思考问题的，是从磁学角度出发进行讨论的。从磁与磁的作用出发进行讨论，才能建立指南针的磁学理论，而南怀仁的做法，则是中国传统感应学说的改头换面，在这样的学说中，发展不出指南针与地球磁极异性相吸的理论。

实际上，吉尔伯特磁学理论提出来以后，磁学的发展并非一帆风顺。在欧洲，"关于磁流本性的种种理论在17世纪上半期都是含糊不清而又带有神秘主义的色彩，而且通常还认为智能是磁石的属性"。在这种情况下，传教士来到中国，将欧洲其他磁学理论而不是吉尔伯特的磁学理论介绍给中国人，也就不足为奇了。

---

① ［比］南怀仁：《灵台仪象志二》，载《历法大典》第九十卷《仪象部汇考八》，上海文艺出版社，1993年影印本。
② ［英］亚·沃尔夫：《十六、十七世纪科学、技术和哲学史（上）》，周昌忠等译，商务印书馆，1991，第339页。

六、南怀仁学说的影响

南怀仁的理论虽然本质上不属于近代科学,但由于多种原因,却在中国流传了近200年,对中国学者产生了很大影响。

南怀仁是继汤若望之后来华的最重要的传教士。他来华后,先是辅佐汤若望治天文学,后又受命管理钦天监监务,一度被任命为钦天监监副,成为当时在中国天文学界最有发言权的人物。南怀仁多才多艺,他设计的三种火炮被选入清代国家典籍——《钦定大清会典》,他撰著的《神威图说》,是有关清代火炮的一部重要专著。他与康熙皇帝过从甚密,颇受康熙宠信,1688年他病逝于北京后,康熙皇帝亲自为他撰写祭文和碑文,赐谥号"勤敏"。这样一位人物的理论,自然会受到人们的特别重视和信奉。

南怀仁在天文学方面的最重要著作是他的《灵台仪象志》,该书成书于康熙十三年(1674年),并于次年经康熙皇帝下诏予以刊行。该书因倾力阐释西方科学而深受中国新派学者之喜爱,是当时中国学者学习西方天文仪器制作及相关科学知识的圭臬之作。南怀仁的指南针理论就收在该书之中,自然也就作为该书的一部分随之流播后世。

正是由于这些原因,南怀仁的指南针理论在中国一直流传到了19世纪中叶。这里我们仅举郑复光为例,以见一斑。

郑复光,字元甫、浣香,生于1780年,卒于1853年以后。郑复光从青少年时就博览群书,善于观察和思考,后更致力于自然科学,著书多种,其中《费隐与知录》刊行于1842年。在《费隐与知录》中,记载了郑氏关于指南针的解说。这些解说,是以问答形式表现出来的:

> 问:铁能指南,何以中国偏东?而西洋人又谓在大浪山东则指西,在大浪山西则指东,惟正到大浪山则指南,其说可信乎?

> 曰:西说既非身亲,姑可不论,而中国偏东,京都五度,金陵三度,……既见诸书,确然无疑,而偏则各地不同,从《仪象志图》悟得是各顺其地脉也。地脉根两极南北,如植物出土皆指天顶,但不能不稍曲焉耳。惟植物尚小,又生长活动,故曲较大,不似地为一成之质,其脉长大,故曲处甚微焉。又地脉之根,止有地心一线,其处最直,而渐及地面不无稍曲。针为地脉牵掣,故偏

亦甚微。①

所谓《仪象志图》，就是南怀仁的《灵台仪象志》。郑复光的这段话既回应了熊三拔的大浪山传说，又说明了磁偏角的形成原因。将他的叙说与南怀仁的论述相比较，可以看出，他的阐释实际上是对南怀仁理论的注解，二者一脉相承。紧接着这段话，郑复光又自设了另一组问答：

> 曰：针为铁造，铁顺地脉，向南向北，自因生块本所致然，理也。迨制成针，铁向南处，未必恰值针杪，且针本不指南，磨磁乃然。（曾闻针本指南，余试以寸针，知不确矣。墨林兄以为确，试之而验，但不甚灵耳。是用绣花针，盖小而轻，较灵也。）而《仪象志》又谓烧红之铁铜丝悬之，既复原冷，两端自转而向南北。又旧墙砖如铁锈者亦然。夫针或因磨处在鑯②，故鑯独灵，若烧红则全铁入火，何以独鑯指南？

> 曰：铁若圆形，无由知其指南。针是长形，虽各处皆欲指南，必辗转相就，然后分向南北，不得不在其鑯矣。……磁石本体生于地脉，有向南处，有向北处，针杪磨向南处则指南，磨向北处则指北。……沈存中《梦溪笔谈》云：针磨磁石指南，有磨而指北者。余试以罗经，持石其旁，针或相指，或亦不动，即转石则针必转。迨至针端恰指石时，即作识石上，石转一周，必有红黑两识。乃别取针，不拘用杪用本，磨红识处则指南，磨黑识处则指北，百试无爽。乃知沈盖尝试而为是言，第不详耳。（或谓有磨而指东西北者，故必试准乃用。臆说也。）《高厚蒙求》云：针必淬火，不然虽养磁石经年，终不能得指南之性。余磨之即时指南，说乃未确。然宜从之。观《仪象志》有烧红之语，可知盖物久露则本性不纯。（蓄磁必藏铁屑中或水内，亦此理。）烧红则变化使复其旧矣。淬水则铁弥坚，殆助其力之意。凡针材亦本有火也。③

从这组问答中可以看出郑复光的实验精神：他质疑铁针不经磁化就能指南的说法，用的是实验的方法；他检验沈括的说法，用的是实验的方法；他否定《高厚蒙求》的判断，用的

---

① 〔清〕郑复光：《费隐与知录·罗针偏东由于地脉》，上海科学技术出版社，1985年影印本。
② 鑯，读 jiān：1. 铁器；2. 古同"尖"，尖锐。
③ 同①。

还是实验的方法。唯独对于《灵台仪象志》说的旧墙内生铁锈之砖烧红冷却即能指南的说法深信不疑，不肯一试。《费隐与知录》一书共包括225条，其中谈到指南针的只有2条，而这2条的基本内容都是对南怀仁理论的发挥。郑复光是关注自然并善于观察和思考的学者，在事隔近200年以后，他对指南针现象的解说，仍然沿袭南怀仁的说法，可见南怀仁理论在中国的影响之大。

第五节 天体方位测定

空间计量的任务之一是要对天体的空间方位进行测定，以便为制定历法提供基本数据。要测定天体的空间方位，首先要建立相应的坐标体系。对此，古人选用了天体的入宿度和去极度这两个分量，并且采用"度"作为计量单位。1度表示分圆周为 $365\frac{1}{4}$ 份时每份的长度。这些，在本书前面"空间方位的划分"中已经介绍过了。

入宿度是指待测天体与二十八宿中某宿距星的赤经差。为了测定入宿度，事先需要测定二十八宿距星相互之间的距度。去极度则指待测天体距离天北极的度数。中国古代不同的天文学派，对这些天文数据的测量方法也不同。最早明确提出对二十八宿距星距度测量方法的是盖天学派，他们把这叫做"立二十八宿以周天历度"。

一、立二十八宿以周天历度

在中国现存古籍中，《周髀算经》最早给出了"立二十八宿以周天历度"的具体操作方法，其卷下云：

> 立二十八宿以周天历度之法：
> 术曰：倍正南方，以正勾定之。即平地径二十一步，周六十三步。令其平矩以水正，则位径一百二十一尺七寸五分。因而三之，为三百六十五尺四分尺之一，以应周天三百六十五度四分度之一。审定分之，无令有纤微。分度以定，则正督经纬而四分之，一合各九十一度十六分度之五。于是圆定而正。则立表正南北之中央，以绳系颠，希望牵牛中央星之中。则复候须女之星先至者。如

复以表绳希望须女先至定中，即以一游仪希望牵牛中央星出中正表西几何度，各如游仪所至之尺为度数。游在于八尺之上，故知牵牛八度。其次星放此，以尽二十八宿，度则定矣。[1]

其操作的具体方法是：选择一块平地，在上面画一个直径为 121 尺 7 寸 5 分的大圆。之所以选择这个数据，是因为当时人们认定的圆周率是"周三径一"。这样，与之相应的周长就是 $365\frac{1}{4}$ 尺，这正好与把天周分为 $365\frac{1}{4}$ 度的分度方式相对应，于是就可以按一尺一度的方式，把这个大圆分成 $365\frac{1}{4}$ 度。然后，再按照南北为经、东西为纬的方式，建立东西、南北十字线，把圆分为 4 个部分，每部分合 $91\frac{5}{16}$ 度。这样，准备工作就完成了。

开始测量时，先在圆心处立一个表，在表的顶端系根绳子，用绳子瞄准南中天的星宿。当二十八宿中某一宿的距星到达南中天时，一个人快速转动绳子，瞄准与其相邻的另一宿的距星，同时让另外一人拿一根活动表杆，在瞄准的同时，把活动表杆立在视平面与圆周的相应交点上，这个交点与圆周上正南处点的距离，就是这两宿之间的距度。利用这种方法，可以依次测定二十八宿彼此之间的距度，并将其在相应的天文图上标定出来，这就叫立"二十八宿以周天历度"。其他各种天体的入宿度，也都用这种方法来测。

但是，用《周髀算经》这种方法测得的，只能是二十八宿依次转至正南时的地平方位角，而不是其赤经差。按这种测量结果把二十八宿的距度累加起来，必然要超过 $365\frac{1}{4}$ 这个周天圆的总度数，这是不允许的。要想在 365.25 尺的大圆圈上合理地绘出二十八宿的星图，必须对原始数据进行一定的数学处理，乘上一个小于 1 的比例因子。《周髀算经》并未明确提到这种处理方法，但是它提到要把东井和牵牛这两个相对的星宿分别置于圆周上"丑"和"未"这两个相对的方位上，这样做到"天与地协"——天上的实际情况与地上标绘的星图相一致。但依据《周髀算经》所介绍的测量方法，不可能得到这样的结果。所以，当时的天文学家一定对他们的测量结果进行了某种形式的数学处理，从而使其得到了基本符合实际的结果。图 6-28 为《周髀算经》的记载。

《周髀算经》的做法反映出古人的测度思想。分周天为 $365\frac{1}{4}$ 度，度是在天上的，为进行测量，就要将其对应缩小到地。正如该书所云，在地上作圆并如此分度，是要"以应周天

---

[1] 〔汉〕赵君卿注《周髀算经》卷下，《四库全书》本。

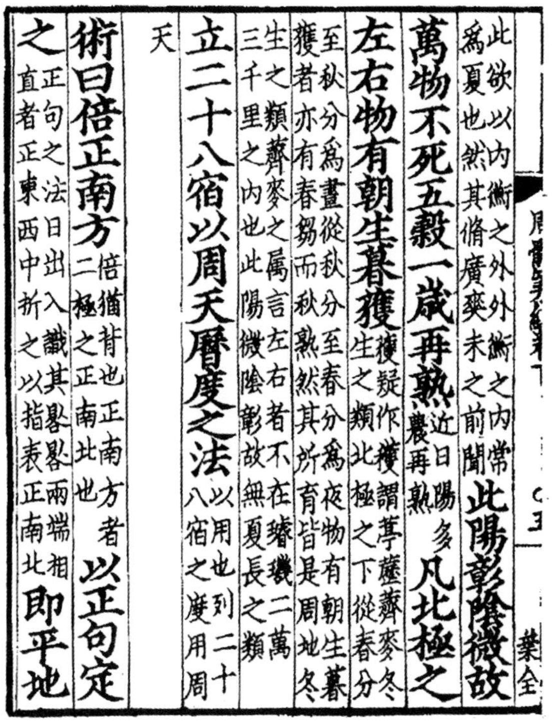

此欲以內衡之外外衡之內常爲夏也然其脩廣爽未之前聞此陽彰陰微故萬物不死五穀一歲再熟近日陽多農再熟凡北極之左右物有朝生暮獲獲疑作穫謂葶藶薺麥冬生之類北極之下從春分至秋分爲晝從秋分至春分爲夜物有朝生暮獲者亦有春𥝩而秋熟然其所育皆是周地冬生之類薺麥之屬言左右者不在璿璣二萬三千里之內也此陽微陰彰故無夏長之類立二十八宿以周天曆度之法以用也列二十八宿之度用周天

術曰倍正南方倍猶背也正南方者二極之正南北也以正句定之正句之法日出入識其晷晷兩端相直者正東西中折之以指表正南北即平地

图 6–28

宋刻算经 6 种之《周髀算经》中的有关记载

三百六十五度四分度之一”，即为了与天空大圆的 $365\frac{1}{4}$ 度相对应。而周髀家们认为，天是一个盖，地像一个大平板，天在上，地在下，天地分离，天绕着天极平转，一昼夜转过一周。日月五星依附在天壳上，在被天壳的旋转带动的同时，也有自己的独立运动，就像一个蚂蚁在旋转的磨盘上爬行一样。二十八宿等星辰嵌在天壳上，环绕天极排成一周。《周髀算经》的这种学说，在中国历史上被称为盖天说。根据盖天说的宇宙结构模式，日月星辰依附在天壳上平转，将这一图景缩映在地面上，依据相应的比例关系，就可以将其相对位置测定出来，这就需要在平地上画圆。因为天是平的，只有在平地上画圆，才能跟天的实际情况对应起来。

但是，即使按照盖天说的这套理论，《周髀算经》的这套测算方法也不够严格。因为若完全按照比例对应的关系进行测量，则天壳的大圆与地上测量用的小圆圆心应该相对，即此类测量应在天北极之下（天壳旋转中心，即盖天说所谓之“天地之中”）进行，否则天上一度与地上一度弧长比值就不是常数。因为按《周髀算经》介绍的方法测量出来的只能是角度，而对同一角度，距测点距离不同，它所对应的弧长当然也不同，这就无法按比例推算，而《周髀算经》测量思想的核心就是比例对应，这正是它不够严格的原因之所在。不过，这一缺陷，盖天家们无法克服，在当时社会背景条件下，人们不可能跑到天北极之下进行测量。

另外，依照《周髀算经》介绍的这套方法，无法测出天体的去极度来。去极度这一概念，对盖天说而言也并非必需。

《周髀算经》测量方法的这两个不足，在继盖天说而起的浑天说中得到了弥补。

二、浑仪测天与地中概念

浑天说是西汉时期发展起来的一种宇宙结构学说。该学说认为，天是一个圆球，天包着地，天大地小，地是平的，天绕着地旋转，天的北极高出地面36度，南极则低于地面36度。浑天说突破了盖天说"天在地上"的传统观念，认为天可以转到地的下面。这在思想观念上是一个很大的创新，因而在历史上引起了长达近千年之久的浑盖之争。

浑天说产生的具体时间，现在还有不同的说法。战国时期法家慎到（约前359—约前315）曾经说过："天形如弹丸，半覆地上，半隐地下，其势斜倚。"① 这是典型的浑天说思想。但由于《慎子》一书在历代辗转流传当中迭经后人删改，今日所见已非其原书，且一般版本中不见有此语，所以这一说法的来源，也令人生疑。当然，春秋战国时期，人们思想活跃，提出天为球形的说法并非绝无可能，但是，即使有此说法，在当时毫无反响，足证其影响甚小，亦未形成理论。由此，不能认为浑天说作为一个学说在当时已经出现。慎到的说法，只是反映了一种粗浅的浑天观念。

真正把浑天观念形成理论并使之具体化了的，是汉武帝时的落下闳。武帝为制定《太初历》，曾从民间招募了一批天文学家，落下闳即其中之一。落下闳相信浑天说，并依据浑天说原理制成了相应的观测仪器，还根据他所观测到的数据制定了新的历法，使浑天说成了能够被检测验证的理论。《史记索隐》中说：

> 闳字长公，明晓天文，隐于落下，武帝征待诏太史，于地中转浑天，改《颛顼历》作《太初历》。②

意思是说，落下闳精通天文，隐居于落下这个地方，后来受武帝征召，参与制定新历。在此过程中，他到地中那个地方用浑天仪进行观测，并根据观测结果，把《颛顼历》改进成

---

① 《慎子外篇》，《四部丛刊》本。
② 〔唐〕司马贞撰《史记索隐》卷八《历书第四》，《四库全书》本。

了《太初历》。这里的地中，是中国古代天文学特有的概念。古人认为地是平的，大小有限，这样的大地，其表面必然有个中心，此即地中。盖天说认为北极之下，为天地之中，浑天说则主张在夏至的时候，立八尺之表测影，满足影长一尺五寸的地方为地中。他们经过测量，认为这样的地中在今河南登封附近的阳城。由此，落下闳为制定《太初历》，不远千里从长安（今西安市）专程赶到河南进行测量。

依据浑天说，天包着地，并且从地下转过，这样，传统盖天说那套在平地上画圆立表瞄准星星进行测望的办法就不再有效。要进行测量，就需要把在平地上画的圆立起来，使其与天体运动轨道取向一致，即与天赤道面重合。立起来以后，原来在圆中间立的表不再起作用，它被一根经过圆心可以绕圆滑动用于瞄准的窥管所代替。在赤道面内立着的这个圆环再加上这根用以瞄准的窥管，就构成了一种新的测量仪器，人们把它叫做"浑天""员仪"或者"浑仪"。引文中落下闳"于地中转浑天"一语，就是指的落下闳用"浑天"这种仪器进行天文观测的事实。到了后世，人们才逐渐用"浑仪"这一名称，来专指这种测量仪器了。

早期的浑仪，大概只有在赤道面内立着的一个圆环，这使得它只能做天体的入宿度即赤经差的测量，使用范围受到限制。为了克服这一缺陷，人们又在浑仪上增加了一些相应的环圈，使得窥管可以指向天空任何一个区域。这就使得它既可以进行入宿度的测量，又可以测出任何一个天体的去极度，从而成了中国古代至为重要的一种天文观测仪器。浑仪的结构，在古代中国，经历了由简到繁又由繁到简的演化，到元代郭守敬时发展到了它的顶峰。图6-29为郭守敬发明的简仪，是中国古代最有名的天文观测仪器。

用浑仪测定天体空间方位，其实质与《周髀算经》介绍的方法类似，都是基于一种比例缩放思想：通过窥管的瞄准（《周髀算经》中则是用表和绳），把星宿在天空大圆上的相对位置对应缩小到浑仪的相应环圈（《周髀算经》中是地上的大圆）上，观察它们在环圈上的距离，就可以知道它们在天上相距的度数。

既然浑仪测天的实质是同心圆上对应弧长的比例缩放，这就要求浑仪位置一定要置于天球中心，即古人所谓之"地中"，否则，这种比例关系就不能成立，测量结果就会有偏差，就会导致历法编算的失误。由此，古人强调这种测量一定要在"地中"进行。上文说到落下闳"于地中转浑天"，表现的就是这种思想。这一点，盖天说是无能为力的，因为盖天说主张的地中在北极之下，是人迹难至的地方。而浑天家们则认为地中就是天球的球心，位于阳城，在今河南登封附近，只要在那里进行测量，得到的结果就是精确的。

正因为古人有这样的认识，历代都有人去孜孜不倦地追求这个子虚乌有的"地中"。从汉代的落下闳、南北朝时期的祖冲之，到唐代的一行、宋末元初的赵友钦，无不如此。一直

图 6-29
北京古观星台复原之郭守敬简仪

到了明末,西方几何学传入中国,古人建立了圆心角概念,以之取代了以弧长比例缩放为基础的传统测度思想,加之地球说的出现,这才使得古人寻求"地中"的努力,最终寿终正寝。这一发展过程与古人天文测度思想的演变是分不开的。

第七章
量器和衡器的演变

在中国传统计量中，最受重视的莫过于度量衡。在度、量、衡三者中间，对长度及其相关量的计量主要表现在各类测量方法的运用上，对此，前文已经有所介绍。而就量和衡而言，古人所取得的成就主要表现在标准器的制作、测具的选择以及有关科学原理的掌握等方面。在这一章，我们侧重于介绍这些内容。

第一节　先秦标准量器

在古代量器发展史上，先秦是开创性阶段。中国古代度量衡标准器的发明，是这个时期最重要的事情。古代度量衡标准器的发展，经历了由混乱到统一、由随意到科学的演变过程。齐国的子禾子铜釜，体现了古人的标准器意识。商鞅方升则是现存最早的度量衡标准器实物，先秦时期标准器设计的最高成果是栗氏量，该量凝聚了当时齐国学者和工匠的心血，其形制规范通过《考工记》的记述而得以为后人所知，并为汉代著名的新莽嘉量所继承。

一、度量衡标准器意识的体现——齐量三器

春秋战国时期，中华大地多国并存，各诸侯国在激烈的生存斗争中，充分体会到了度量衡在国家治理中的重要性，不约而同地采取了加强管理的措施。要加强度量衡管理，就需要由上向下颁发度量衡标准，以促使遵照执行。在现存的出土文物中，所谓的齐量三器，就是这样的器物。齐量三器由战国早期齐国的陈和（又称田和）所监铸，故又称陈氏三量。三量分别为子禾子铜釜、陈纯铜釜和左关铜䥽，在齐国左关安陵地区（即今胶南灵山卫一带）使用。

子禾子铜釜（图7-1）于清咸丰七年（1857年）出土于山东胶县（今胶州）灵山卫古城，现藏于中国国家博物馆。其相关实测数据如下：高38.5厘米、口径22.3厘米、腹径31.8厘米、底径19厘米，容积20 460毫升。器壁上有铭文。铭文中有些字已锈蚀不清，难以通读，但其整体意思大致还是清楚的。铭文大意是说："子禾子命某某往告陈得，左关釜的容量以仓廪之釜为标准，关䥯以廪釿为标准，如关人舞弊，加大或减少其量，均当制止。如关人不从命，则论其事之轻重，施以相当刑罚。"[①] 这段话清晰地表明，该铜釜是子禾子颁布给守关官员陈得的标准量器，让其作为"仓廪之釜"的标准。

铭文中提到的子禾子，是田齐太公田和取代姜齐之前时的称呼。田和成为诸侯后，被称为"齐侯""和侯"或尊称为"太公和"。显然，该器是田和在齐国任高官后至其取代齐侯前这段时间里铸造的，大约在公元前405年至公元前386年间。铭文的内容证明，当时的诸侯为加强度量衡管理，已经有了明确的校验制度和管理措施。田禾子将其铸刻在器物上，就像晋国铸刑鼎一样，起到了公开提醒人们的作用，是其度量衡管理法制化思想的体现。

陈纯铜釜亦于1857年在山东胶县灵山卫出土，其各项数据如下：高39厘米、口径23厘米、腹径32.6厘米、底径18厘米，容积20 580毫升。该釜现藏于上海博物馆，釜上有铭文，铭文大意："陈犹莅事之年的某月戊寅，命左关师发督造左关所用之釜，并要求以仓廪的标准釜进行校量。治器人陈纯。"[②]

"左关"是地名，"师"是官职名，"发"是人名。这里把监制人和治器人的姓名都铸在器物上，体现了当时对度量衡管理的严格程度。

从形状上看，子禾子铜釜与陈纯铜釜（图7-2）几乎完全一样，用肉眼很难看出其差别。既然子禾子铜釜是仓廪的标准釜，陈纯铜釜的铭文又明确指出要"以仓廪的标准釜进行校量"，据此，我们不难想到，陈纯铜釜是陈纯根据陈犹的要求，以子禾子铜釜为模板，仿制出来的。陈纯铜釜没有使用过的痕迹，显然它也是作为一种标准器存在的。通过计算可知，陈纯铜釜相对于子禾子铜釜，其容积相对误差还不到0.6%，可见陈纯的铸制水平是相当高的。

现在有一个问题：子禾子铜釜和陈纯铜釜在齐国的计量体系中究竟居于什么地位？是不是齐国官方的标准器？能否认为它们是我国现存最早的度量衡标准器呢？

当时的齐国，存在着不同的计量体系。《左传》中记载：

---

① 国家计量总局、中国历史博物馆、故宫博物院：《中国古代度量衡图集》，文物出版社，1984，第41页。其中"中国历史博物馆"即今中国国家博物馆。
② 同上书，第42页。

图 7-1
中国国家博物馆馆藏子禾子铜釜

图 7-2
上海博物馆馆藏陈纯铜釜

图 7-3
上海博物馆馆藏左关铜𬭚

> 齐旧四量，豆、区、釜、钟，各自其四，以登于釜，釜十则钟。陈氏三量，皆登一焉，钟乃大矣。①

这里的"陈氏"，就是后来取代姜齐的田氏。田和为了拉拢人心取代姜齐，另外设计了一套计量制度，史称其为田氏家量，而称当时齐国的度量衡为公量。田氏家量比齐国公量单位要大，田和以家量放贷，以公量收贷，结果民众归之如流水，他就是用这样的方法拉拢了人心，最终取代了姜齐。子禾子铜釜所代表的单位究竟是齐国的公量，还是田氏自己的家量，由铭文中尚难断定。围绕这一问题，学界众说纷纭，莫衷一是，始终未能形成统一的认识。

其实，上海博物馆藏的另一件当时左关量器铜𬭚（图7-3），可以有效地帮助我们解决这一问题。左关铜𬭚和上两件左关量器一样，都是1857年在山东胶县灵山卫出土的，其实测数据如下：高10.8厘米，口径19.4（不含流）厘米，容积2 070毫升。外壁有刻铭"左关之𬭚"，可见该器即子禾子铜釜上的铭文中提到的"左关釜节于廪釜，关𬭚节于廪𬭚"中的关𬭚。即左关铜𬭚与子禾子铜釜属于同一计量体系。

铜釜代表的计量单位是"釜"，显然，它与𬭚代表的单位构成了十进制关系。鉴于齐国公量是四进制，田氏家量是五进制，这意味着左关铜𬭚与子禾子铜釜只能是田氏家量了，因为由五进制到十进制，只是去掉一个中间单位而已，二者实际是相通的。再考虑到子禾子铜

---

① 《左传·昭公三年》。

釜本来就是田和颁发的，说它是田氏家量，应该可以定案了。

尽管子禾子铜釜的铭文体现了当时度量衡校验制度的存在，而建立校验制度的前提是标准器的存在，但是，我们还不能说子禾子铜釜就是度量衡标准器。这是因为，标准器是对计量单位的物化，它要具有权威性、客观性、可复现性等基本要求。就子禾子铜釜而言，它几个方面都不符合标准器的要求。首先，子禾子铜釜可复现性较差。人们不知道它的设计原则，因而无从批量复现。最重要的是，度量衡标准器的颁布权属于国家，是国家权力的象征，所谓"关石和钧，王府则有"，就体现了它的这一特点。这是因为，计量的本质要求是确保单位的统一和测量结果的准确，这就要求计量管理一定是一种国家行为，这样才能确保其本质属性得到满足。计量管理的法制化特征也是来源于此。而子禾子铜釜是田和所颁，不是公权力所为，当然也就没有资格成为度量衡标准器。无论如何，它在提供校验基准上已经具备了标准器的功能，体现了一种标准器意识。

二、现存最早的度量衡标准器——商鞅方升

从现存文物的角度来看，比子禾子铜釜晚约半个世纪的商鞅方升，当之无愧是一个真正的度量衡标准器（图7-4）。

商鞅方升现存于上海博物馆，是商鞅变法的产物。该升实测带柄通长18.7厘米，内口长12.477 4厘米，宽6.974 2厘米，深2.323厘米，计算容积202.15立方厘米。器的四壁刻有铭文，这些铭文给我们提供了丰富的历史信息。铭文（图7-5）的具体内容如下：

左壁铭文：十八年，齐𨟻（率）卿大夫众来聘。冬十二月乙酉，大良造鞅，爰积十六尊（寸）五分尊（寸）壹为升；

前壁铭文：重泉；

右壁铭文：临；

底部铭文：廿六年，皇帝尽并兼天下诸侯，黔首大安，立号为皇帝，乃诏丞相状、绾，法度量则，不壹嫌疑者，皆明壹之。

方升左壁铭文表明，该器是秦孝公十八年（前344年）商鞅任大良造统一度量衡时所督造的。铭文提到了齐国的卿大夫来访，可能该次来访，秦齐双方就度量衡事宜进行了交流，交流之后，商鞅督造了这个方升。否则，没必要在这样的量器上专门记载此事。方升的容积

图 7-4

上海博物馆馆藏商鞅方升

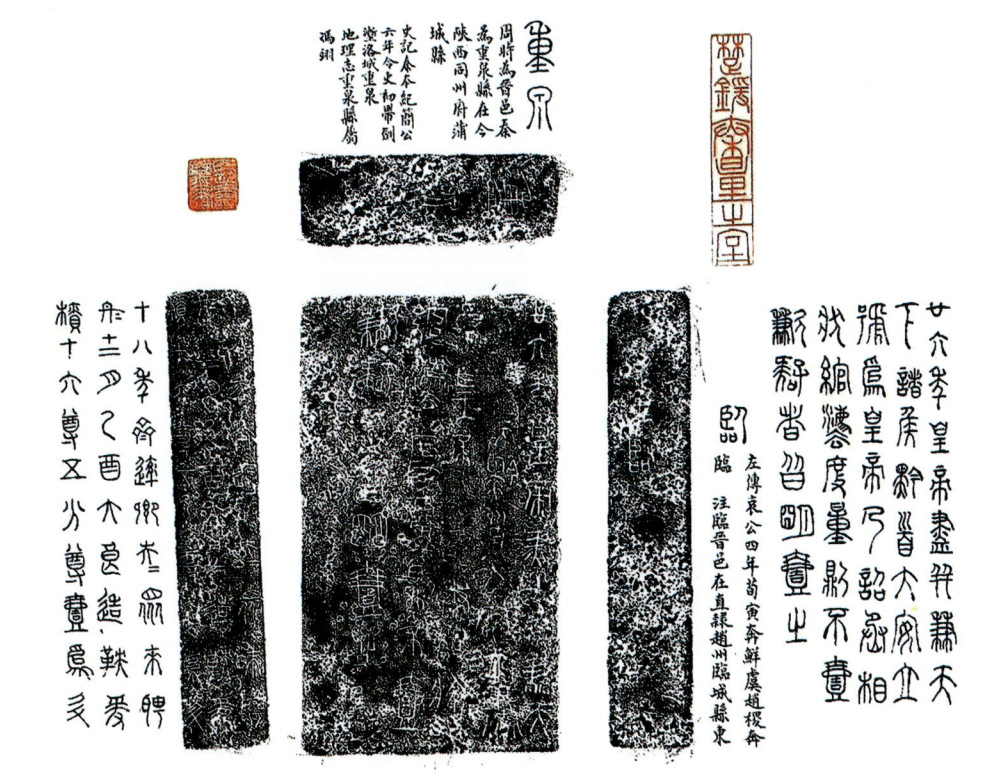

图 7-5

民国时期龚心铭所拓商鞅方升铭文

为秦升1升，折合秦尺16.2立方寸。铭文标出了方升的折合数据，这在中国历史上还是首次，它明确实现了"用度数审其容"，使容积单位与长度单位建立了关联，通过规定出方升的具体容积来确保其符合规范。这就使得人们可以在异时异地，根据换算关系，很容易地将"升"这一单位复现出来。这种方法非常科学，它用长度单位审定体积，使得中国古代量器制作从此走上了与容积相联系的科学道路。

方升前壁铭文"重泉"二字，字体与左壁铭文相同，说明二者是同时所刻。"重泉"表示的是地名，位于今陕西蒲城东南，这表明方升最初是置于重泉之地使用的。

方升底部铭文是秦始皇二十六年（前221年）发布的统一度量衡的诏书。它表明秦统一中国后，是以商鞅时的度量衡制度为统一后的制度。右壁的"临"，字体与诏书一致，当为秦统一后方升的移置使用之地。

商鞅在中国历史上最早用国家力量推行统一的度量衡制度，比秦始皇同类举措要早100多年。从上述铭文可知，商鞅制作了方升后，将其作为标准器颁发给郡县作为标准备存。秦孝公死后，反对变法的秦国旧贵族诬告商鞅谋反，用车裂酷刑杀害了他，但商鞅新法并未因此中止，仍在秦国继续推行。秦始皇统一中国后，要推行统一的度量衡制度，需要把秦国的标准推向新统一的那些地区，这就需要给那些地区颁发标准器。因为标准器需要的量大，就把原来秦孝公时期商鞅颁发给秦国郡县的标准器收上来，经校验仍然合乎规范，于是刻上字后再发给新归属的地区。从商鞅变法到秦始皇统一度量衡，中间经历了123年，方升依然完好无损，没有丝毫磨损痕迹，这说明它确实是被作为标准器，而不是作为日用量器来使用的。商鞅方升是现存最早的度量衡标准器。

商鞅方升既是今人考察秦国度量衡制度的实物依据，也是商鞅统一度量衡历史功绩的有力物证。古代量器留传至今者为数不多，而且大都是民间使用之器，像商鞅方升这样刻铭详尽、标称值明确、制作精良且又与重大历史改革相关联的国家统一颁发的标准器，能够历经2 000多年而得以保存至今，实属罕见，堪称国之瑰宝。

三、中国最早的复合标准器——栗氏量

如果说商鞅方升是先秦量器规范化的实物代表，那么《考工记》记述的栗氏量则是先秦量器科学化的集中体现。栗氏量的实物已经无存，其形制及制作过程则记录在《考工记》中：

栗氏为量，改煎金、锡则不耗，不耗然后权之，权之然后准之，准之然后

量之。量之以为鬴，深尺，内方尺而圆其外，其实一鬴；其臀一寸，其实一豆；其耳三寸，其实一升。重一钧，其声中黄钟之宫。概而不税。其铭曰：时文思索，允臻其极，嘉量既成，以观四国，永启厥后，兹器维则。[①]

这段话简要叙述了该量器的制作过程及其形制、规格、尺寸、容积等。文中所说的"金"指铜。铜与锡合炼，得到的是铜锡合金，即青铜。用青铜铸器，具有多重优点：熔点低，硬度高，抗腐蚀性强，以之铸成器皿，不易变形、蚀烂，有利于长久保存。《汉书·律历志》说："铜为物之至精，不为燥湿寒暑变其节，不为风雨暴露改其形。"这里的"铜"指的就是青铜，这句话体现了古人对青铜性质的认识，认为青铜器物稳定性高，是公认的制作度量衡器的上等材料。栗氏量就是用青铜铸造的。

根据《考工记》的描述，栗氏量是鬴、豆、升三量合一的器具。把三种量器合为一体，其用意显然在于提供标准而不是具体测量用器。由此，栗氏量是古人精心设计的一个复合标准器。这种把度量衡多种标准保存于一器的设计思想，反映了当时度量衡标准器设计的最高水准——一器多量，这在当时的世界范围内也是很先进的。

还应指出的是，《考工记》本段文字开创了用圆内接正方形来规定圆的大小的做法。引文中"内方尺而圆其外"之语，并非表示该量器的构造为外圆内方，而是说鬴量的口径大小恰好容得下一个边长为1尺的圆内接正方形。之所以要这样做，大概是因为当时古人未曾找到准确测定圆的直径的方法，只有借助于其内接正方形来表示。那时他们要确定一个圆，首先要定出方的尺寸，然后再作外接圆。在计算上也是如此。《周髀算经》卷上说："数之法出于圆方，圆出于方，方出于矩，矩出于九九八十一。"这段话就是该事实的反映，它与《考工记》对栗氏量的规定是一致的。

《考工记》通过规定栗氏量上鬴的口径和深度来确保其容积符合要求，从而实现了"用度数审其容"，这是其设计思想先进性的另一表现，与商鞅方升异曲同工。这样做，在量器上实现了长度与容积的统一：不但同时给出了长度和容积的单位量值，而且只要长度确定下来，容积也可以随时得到。这有助于复现标准容积，推广统一的量值，因而具有很高的科学性。同时，栗氏量还有"其重一钧"的重量要求，这样，从一个器物上就可以得到度、量、衡三种单位的量值。

引文中还有一句话："其声中黄钟之宫。"即栗氏量在受到敲击时，还要恰好能够发出"黄钟"的宫音，这样它不但可以保存度、量、衡三者的单位标准，还能够保存音律标准。

[①] 关增建、[德]赫尔曼：《考工记：翻译与评注》，上海交通大学出版社，2014，第20~21页。

不管这一条实际效果如何，融音高与度量衡标准于一体，在当时的科学水平下，这样的设计思想能够横空出世，确实令人赞叹。

为了确保栗氏量的设计符合要求，《考工记》规定了严格的工艺流程。首先，是要做到"改煎金锡则不耗"。唐代贾公彦注解说："重煎谓之改煎也。"可见，所谓"改煎"就是"重煎"，即反复煎炼。煎炼的结果，青铜中所含杂质挥发殆尽，这时再去铸器，"则不耗"。达到这种地步，就可以"权之"，称出相应重量的青铜准备熔炼。下一步就是"准之"。所谓"准之"，是指要使铸模符合标准，因为若模器不合要求，铸出的量器也就不可能达到上述度、量、衡统一于一器的目的。古人把模器叫做"法"，也含有这种意思。有了符合标准的铸模之后，就可以"量之"了。所谓"量之"，郑玄注曰："铸之于法中也。"①即"量之"是将熔化的青铜熔液浇入铸模的过程。"量之以为鬴"，铸造以后，就得到了符合标准的量器。

引文中还有一句话："概而不税。"这表明栗氏量不是作为一个一般量器来使用的，它只起标准器的作用。"概"，取平、比较之意，即用以判定其他量器是否标准。"不税"，指不用以量取赋税。先秦时期，量器多为官方征收赋税、发放俸禄、分配口粮之用，此器专门强调"不税"，意在说明它是一个标准器，不能作为一般量器来用。栗氏量上铸造的24字铭文，特别是其中的"嘉量既成，以观四国，永启厥后，兹器维则"之语，明白无误地告诉我们它是一个标准器。这一事实表明，早在战国时期人们已经清楚认识到建立度量衡标准器的重要性了。栗氏量铭文的存在，昭示着当时栗氏量实物的存在，只是由于岁月沧桑，今人已经无缘窥其真容。无论如何，栗氏量是古代中国文献记载中的最早的复合标准器，这是没有疑义的。

《考工记》虽然详细记载了栗氏量的形制及其制作过程，但由于栗氏量的实物迄今并未发现，人们只能根据《考工记》的这段记载去猜测其具体式样。对于栗氏量具体形制，现在学术界有不同见解，清代学者戴震曾提出了一种见解，他的见解被吴承洛所承袭和发展，并被后世多数学者所接受。下面我们首先介绍以吴承洛学说为代表的这种见解。吴承洛描述的栗氏量形制如图7-6所示。②

吴承洛对栗氏量的这种复原设计，源自其对栗氏量所表现的鬴、豆、升、区等当时齐国所用的量器单位的考订。这四个单位组成了当时齐国容积单位的一个系列，它们存在着一定的进位关系。《左传·昭公三年》记载："齐旧四量，豆区釜钟，四升为豆，各自其四，以

---

① 这里郑玄对《考工记》的注、贾公彦对《考工记》的注解，均引自〔清〕阮元校刻之《十三经注疏》，中华书局，1980，影印本，第916~917页。
② 吴承洛：《中国度量衡史》，程理濬修订，商务印书馆，1957，第62~67页。

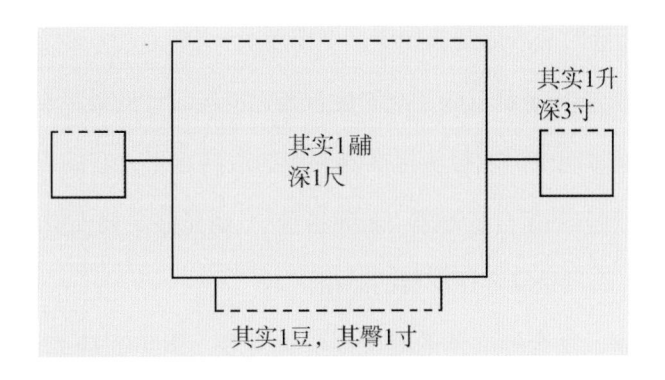

图 7-6
根据吴承洛先生描述绘制的栗氏量结构示意图

登于釜，釜十则钟。"可见，这些量器的换算关系是（釜同鬴）：

1 钟 = 10 鬴

1 鬴 = 4 区

1 区 = 4 豆

1 豆 = 4 升

根据这一换算关系及《考工记》对栗氏量具体尺寸的记载，可以将其形制复原出来。栗氏量的主体是鬴，鬴呈圆筒形，深 1 尺，容 1 鬴，圆筒的口径用一个边长为一尺的内接正方形来规定。圈足（即引文中所谓之臀）深 1 寸，容积为 1 豆，开口向下。两侧耳的深度为三寸，容积为 1 升。圈足和耳都是圆筒形，其口径没有给出，但通过所给容积及深度可以计算出来。计算结果，对于臀，则应为"内方七寸九分而圆其外"，对于耳，则应为"内方二寸三分而圆其外"（圆周率按栗氏量鬴量之规定计算）。

吴承洛先生的复原设计，豆量口径比鬴量口径要小。这一设计得到了学界很多人的认可。但随着研究的深入，也有学者提出异议，其中比较有代表性的是丘光明先生。她引述著名历史学家陈梦家的观点道："《考工记》说鬴深一尺，径内方尺而圆其外，也即径、深各一尺。臀为豆，豆深一寸而不言径，其径必与鬴同。豆在鬴下，当为鬴之十分之一，而不会是十六分之一。两耳为升，升亦当豆之十分之一。"在陈梦家观点基础上，丘光明做了进一步阐发，她指出，新莽嘉量是以栗氏量为样板的，栗氏量虽然无存，但可通过新莽嘉量来了解栗氏量的样式。从成书年代来看，《考工记》可能是田氏取代姜齐之后的作品，而此时齐国已经改变了四进制的豆、区、鬴、钟制而采用了十进制的升、斗、釜制，所以不能用姜齐豆、区、鬴的四进制去定 1 豆为鬴的 $\frac{1}{16}$，从而得出豆径小于鬴径的结论。再者，从历史承继来说，从商鞅方升到新莽嘉量，其单位制度是一脉相承的，栗氏量不应该超越这一传统。依据陈梦家和丘光明的观点，栗氏量的基本形制应如图7-7所示。

无论哪种观点成立，栗氏量都反映了当时度量衡标准器设计的最高水准，这是没有异议的。

栗氏量代表了战国时期中国度量衡标准器制作的最高水平，它的设计思想对后人影响很大。公元9年王莽新朝颁行的复合标准器"新莽嘉量"，明显是受栗氏量的启发而设计制造的。在中国度量衡史上，栗氏量是复合标准器的始祖。

相比之下，在欧洲，复合标准器的诞生则要晚得多。图7-8是17世纪初开普勒制作的

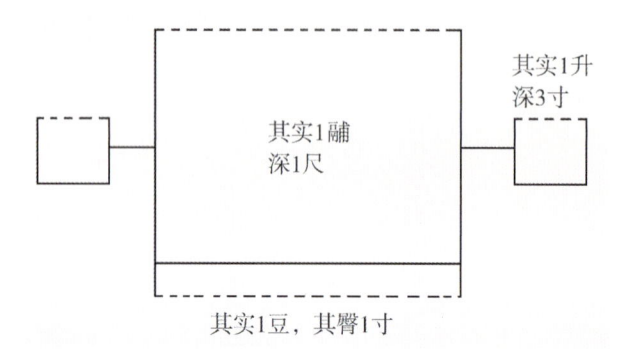

图 7-7
根据陈梦家、丘光明观点绘制的栗氏量结构示意图

图 7-8
德国乌尔姆的开普勒复合标准量器[①]

---

① 该图引自 Konrad Herrmann, *A Comparison of the Development of Metrology in China and the West* (Bremen: NW: Press, 2009), pp.90.

一个复合标准量器，可以在一个器物上展现长度、质量和容积标准。该器现保存于德国巴登-符腾堡州的乌尔姆市。

第二节　新莽嘉量

在中国古代传世的度量衡标准器中，可与商鞅方升相媲美甚至更胜其一筹的，是目前保存于台北故宫博物院的新莽嘉量。

所谓"新莽嘉量"中的"量"是指量器；"嘉"为善、美之意；合在一起，"嘉量"就是标准量器的意思。至于"新莽"二字的由来，则是因为该量颁行于王莽创立新朝的始建国元年，即公元9年的缘故。

新莽嘉量的产生，确实与王莽有关，是他政治图谋的产物。在历史上，从周代开始，颁布度量衡就成了中央政府治理天下的必要措施，也成了彰显政权合法性的一种手段。对此，《礼记》的记载颇能说明问题：

> 武王崩，成王幼弱，周公践天子之位以治天下。六年，朝诸侯于明堂，制礼作乐，颁度量，而天下大服。①

既然"周公……颁度量，而天下大服"，后世的统治者在建立新政权之初，往往也要颁布新的度量衡标准，甚至只是简单地把已有的标准重新颁布一下，以此彰显自己远绍周公，上应天命，下统万民。西汉末年，王莽把持朝政，为了实现其篡夺汉室江山的政治野心，标榜其所欲建立之新王朝的合法性，采取了类似的做法，以复古改制为名，征集天下通晓钟律的学者多人，在著名律历学家刘歆的主持下，系统考证了历代度量衡制度，进行了一场大规模的度量衡制度改革，以此为其建立新王朝时颁布度量衡制度做准备。新莽嘉量就是这场改革的产物之一，并于王莽新朝的始建国元年被颁行于天下。

一、嘉量的形制及设计思想

王莽新朝十分短暂，但刘歆为之创立的度量衡理论及研制的度量衡标准器却得到了后人

---

① 〔汉〕郑玄注《礼记注疏》卷三十一《明堂位第十四》，《四库全书》本。

的充分肯定。《汉书》在记述刘歆的这套理论时，对嘉量的形制及设计思想，做了非常清楚的描述：

> 量者，龠、合、升、斗、斛也，所以量多少也。本起于黄钟之龠，用度数审其容，以子谷秬黍中者千有二百实其龠，以井水准其概。合龠为合，十合为升，十升为斗，十斗为斛，而五量嘉矣。其法用铜，方尺而圜。其上为圆其外，旁有庣，其上为斛，其下为斗。左耳为升，右耳为合龠。其状似爵，以縻爵禄。上三下二，参天两地，圆而函方。左一右二，阴阳之象也。其圆象规，其重二钧，备气物之数，合万有一千五百二十。声中黄钟，始于黄钟而反覆焉。[①]

从这段话中我们知道，嘉量包含了龠、合、升、斗、斛这5种量器，它们的换算关系是：

$$1 斛 = 10 斗$$
$$1 斗 = 10 升$$
$$1 升 = 10 合$$
$$1 合 = 2 龠$$

这5种量器通过巧妙的设计，组合在一起，形成嘉量。从现存实物来看，嘉量为青铜质地，其主体是一个大圆柱形桶，近下端有底，底上方为斛量，下方为斗量。左侧有个小圆柱形桶，为升量，器底在下端。右侧也有一个小圆柱形桶，底在中间，上为合量，下为龠量。斛、升、合三量口向上，斗、龠二量口向下（图7-9）。这样的结构与《汉书·律历志》的描述完全相符。像这样有文献详细记载的度量衡标准器，能够完整留传至今，实在难得。

新莽嘉量的器壁上，刻有王莽统一度量衡的81字诏书（图7-10）。该诏书全文为：

> 黄帝初祖，德帀（zā）于虞。虞帝始祖，德帀于新。岁在大梁，龙集戊辰；戊辰直定，天命有民。据土德受，正号即真。改正建丑，长寿隆崇。同律度量衡，稽当前人。龙在己巳，岁次实沈。初班天下，万国永遵；子子孙孙，享传亿年。[②]

正是通过这一诏书，我们得以知道该量器颁行于王莽"正号即真"的始建国元年，即公元9年。嘉量形制与《汉书》所记一致，又刻有王莽的诏书，这更证明它是标准量器无疑。

---

① 〔汉〕班固撰《汉书》卷二十一上《律历志》，中华书局，1962，第967～968页。
② 国家计量总局、中国历史博物馆、故宫博物院：《中国古代度量衡图集》，文物出版社，1984，第4页。

图 7-9

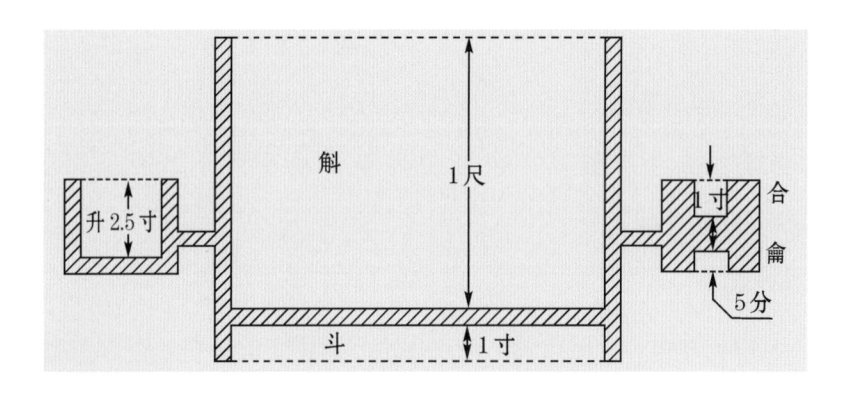

新莽嘉量示意图

图 7-10

新莽嘉量所刻王莽统一度量衡的诏书铭文

嘉量的每一个单件量器上还刻有分铭。分铭详细记载了该量的形制、规格、容积及与他量之换算关系：

> 律嘉量斛，方尺而圆其外，庣旁九厘五豪，冥百六十二寸，深尺。积千六百二十寸，容十斗。
>
> 律嘉量斗，方尺而圆其外，旁九厘五豪，冥百六十二寸，深寸。积百六十二寸，容十升。
>
> 律嘉量升，方二寸而圆其外，庣旁一厘九豪，冥六百四十八分，深二寸五分。积万六千二百分。容十合。

> 律嘉量合，方寸而圆其外，庣旁九豪，冥百六十二分，深寸。积千六百二十分。容二龠。
>
> 律嘉量龠，方寸而圆其外，庣旁九豪，冥百六十二分，深五分。积八百一十分。容如黄钟。[1]

这里"律"，指黄钟律。所谓黄钟，是古代十二音律中的一律，古人对之极为重视，认为它是万事万物之本，制作度量衡自然也要以之为依据。由此，所谓"律嘉量斛"，意思就是说，这是按照黄钟律制定出来的标准斛量。"律嘉量斗""律嘉量升""律嘉量合""律嘉量龠"诸句，也应按同样方式理解。

但是，黄钟律毕竟是一种音律，它所表现的只是一种音高，如何能与量器相联系？对此，《汉书·律历志》描绘了二者的联系方式：能发出黄钟音调的律管恰好容1 200粒黍，而龠的容量也正好是1 200粒黍的体积，因此，龠"容如黄钟"，斛、斗、升、合则通过龠与黄钟建立了联系。非但如此，还要求敲击嘉量时，嘉量能够"声中黄钟"，发出符合黄钟律音高的声音来。

用黍子为中介物来确定容量标准，这在很大程度上是古人的一种设想，实际操作起来难度很大。因为黍有大小长圆，积黍又有虚实盈亏，这样由1 200粒黍所占体积来确定一龠的大小，结果就很难稳定。另外，说嘉量"声中黄钟"，想象成分更大，令人难以确信。虽然如此，这种设想力图以自然物为度量衡基准，其追求的方向是科学的。而且，依据这种设想来确定长度基准的做法，据丘光明等人的反复实验，证明也是可行的。

二、嘉量设计体现的科技水平

"方尺而圆其外"是用圆内接正方形的边长来规定圆的大小，并非表示该量器的构造为外圆内方。之所以要这样表述，大概是因为早期古人未曾找到准确测定圆的直径的方法，只得借助于其内接正方形来表示。那时他们要确定一个圆，首先要定出方的尺寸，然后再作外接圆。这就是《周髀算经》所说的"圆出于方，方出于矩"。刘歆所继承的就是这种传统。

"庣旁九厘五毫，冥百六十二寸，深尺。积千六百二十寸，容十斗。"这几句话包含着深刻的科学内容，它是"用度数审其容"的具体表现。所谓"用度数审其容"，就是对嘉量某些关键性尺寸做出具体规定，通过这些规定确保嘉量的大小符合用长度单位表示的

---

[1] 国家计量总局、中国历史博物馆、故宫博物院：《中国古代度量衡图集》，文物出版社，1984，第80页。

容积要求。

"庞旁"是指从正方形角顶到圆周的一段距离（图7-11），"冥"同幂，指圆面积。嘉量明文规定"冥百六十二寸"，即斛量的横截面积为162平方寸，只有满足这一数字，才能使该斛在深1尺时，容积恰为1 620立方寸。古人已知圆柱体体积等于其横截面积乘高度，故有此规定。但若用"方尺而圆其外"来定圆直径，则圆面积不足162平方寸。这很容易理解。从初等几何可以知道，当正方形边长为1尺时，其外接圆直径（对角线长）为$\sqrt{2}$尺，相应的圆面积为1.57平方尺（取圆周率π=3.14），用古人话来说，这叫做"冥百五十七寸"，比要求的"冥百六十二寸"少了5平方寸，因此要在正方形对角线两端各加上9厘5毫作为圆直径，面积才能相合。这就是"庞旁"的由来。

刘歆能够定出"庞旁"为9厘5毫，这很了不起。因为西汉的1毫约为现在的0.023毫米，这样的读数精度在实测中很难实现，因此9厘5毫这一数据，可以认为已经达到甚至超越了当时测量精度的极限。从铭文来看，刘歆的设计思路是先给定斛量的容积及深度，由之确定其横截圆的面积，再由面积逆推直径。在由面积到直径的推导过程中，不可避免要涉及圆周率。那么，刘歆斛量所隐含的圆周率值是多少呢？这里不妨来推导一下。根据勾股定理可以知道，边长为1尺的正方形对角线长为

$$\sqrt{1^2+1^2}=\sqrt{2}（尺）\approx 14.1421（寸）$$

这一数值加上庞旁的2倍就是嘉量斛的圆的直径，而刘歆所定的庞旁为9厘5毫，即0.095寸，这样相应的圆直径为

$$D=14.1421+0.095\times 2=14.3321（寸）$$

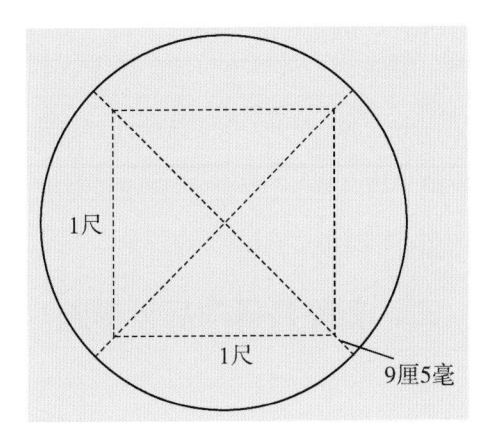

图7-11

新莽嘉量庞旁示意图（为示意清楚，图中庞旁已做适当放大）

则半径为

$$R = \frac{D}{2} \approx 7.166\ 1（寸）$$

已知嘉量斛的圆面积 $S=162$ 平方寸，则刘歆所用圆周率为

$$\pi = \frac{S}{R^2} = \frac{162}{7.166\ 1^2} = 3.154\ 6$$

刘歆用什么方法得到了这样的结果，我们一无所知，但其嘉量诸数据包含了这样的圆周率，则无可置疑。考虑到当时人们通用的圆周率值才是"周三径一"，可见刘歆的设计是超越了时代水平的。

新莽嘉量用铜制成，这反映了那个时代人们的认识。《汉书》说：

> 凡律度量衡用铜者，名自名也，所以同天下、齐风俗也。铜为物之至精，不为燥湿寒暑变其节，不为风雨暴露改其形……[①]

这段话，是对嘉量材料用铜的解释，其中的道理，前文有所论述，这里不再赘述。

新莽嘉量设计巧妙，合五量为一器；刻铭详尽，不仅有标志其身份的王莽统一度量衡的诏书，更有每一分量的径、深、底面积的尺寸和容积；计算精确，是当时的最高水平；制作也很精湛。非但如此，它还有一定的重量要求。《汉书·律历志》有"其重二钧"的记录。这样，仅由此一器即可得到西汉长度、容量、衡重三者的单位量值。度、量、衡三者通过嘉量实现了统一。正是由于这些因素，历代都对之极为珍重，视为国之瑰宝。

刘歆能够设计制造出如此之嘉量，也非易事。在他之前有栗氏量，那是战国时期的理想标准量器。新莽嘉量在形式上要与栗氏量相符，还要附会黄钟律之说，迎合当时流行的一些哲学观念，更重要的是其尺度、容量、重量等单位还必须与汉制相符，而当时科学能够提供给他的圆周率数值仅是传统的"径三周一"，可见其设计计算难度之大。由此，新莽嘉量的问世，可以说在某种程度上反映了当时科学技术所达到的最高水平。

三、新莽嘉量的后世影响

新莽嘉量的问世，不仅是中国计量史上的标志性事件，也为传统科技的发展提供了新的方向。刘歆设计新莽嘉量，其所用的圆周率值达到了当时最高水平，同时也引起了后世数学

---

① 〔汉〕班固撰《汉书》卷二十一上《律历志》，中华书局，1962，第972页。

家的兴趣。东汉张衡钻研圆周率问题，得出了 $\pi = \sqrt{10}$ 的结果。这是在刘歆之后又一个达到了一定准确度的圆周率值。但该值也表明张衡未能找到正确的求解圆周率的方法。魏晋时，著名数学家刘徽围绕嘉量圆周率问题展开了进一步研究，发明了割圆术，将圆周用内接或外切正多边形穷竭的方法，求圆面积和圆周长，从而推知圆周率值。这种方法，用他自己的原话来说，是"割之弥细，所失弥少，割之又割，以至于不可割，则与圆周合体而无所失矣"[①]。他用割圆术，以直径为 2 尺的圆为对象，从内接正六边形开始割圆，依次得正 12 边形、正 24 边形……，他计算出的圆周率值 $\pi \approx 3.1416$，精确度很高。刘徽的工作标志着中国找出了求圆周率的正确方法，奠定了中国古代圆周率计算在世界上长期领先的基础。而这一工作得以开展的契机，则来自刘歆对新莽嘉量的设计。

南北朝时，祖冲之通过考校新莽嘉量的刻铭，同样指出了刘歆计算上的不精确。祖冲之运用刘徽的割圆术，对圆周率值做了进一步的推算，取得了比刘徽所得更精确的 π 值。他以他所求得的圆周率值检验嘉量有关数据，认为刘歆的设计"庣旁少一厘四毫有奇"，并说这是"歆数术不精所致也"。祖冲之推算出圆周率准确值介于 3.141 592 6 和 3.141 592 7 之间，所以他说刘歆"数术不精"。不过，考虑到嘉量制作时代早于祖率 400 多年，刘歆的计算已经是相当精确了。

新莽嘉量为人们提供了可信的汉代度量衡实物标准，历代都有不少学者对之加以研究。《晋书》曾记载："刘徽注《九章》云：王莽时刘歆斛尺弱于今四分五厘。"[②] 唐代李淳风以刘歆斛尺考校隋唐以前的尺度，列为 15 等，记入《隋书·律历上》中。这些，都是以嘉量为标准，考核度量衡制度的具体例子。

新莽嘉量是刘歆乐律累黍说理论的实物载体，自从刘歆的理论被班固收入《汉书》之后，乐律累黍说就成为中国古代考订度量衡制度的圭臬。历朝历代，凡是要考订度量衡制度，无不从乐律累黍说着手，或累黍知尺，或求律得度，尽管该学说本身从操作角度来看有很多不确定的地方。

嘉量的形制也成为后世设计度量衡标准器时尊奉的模板。因为圆筒形标准器蕴含圆周率问题，容易带来系统误差，唐代张文收仿新莽嘉量五量合一形式设计了方形嘉量，此后嘉量即以方、圆两种形式传世。

新莽嘉量自汉以后，被历代奉为法家重器，珍藏于皇家园林、武库之中。经考，西汉末

---

① 〔魏〕刘徽：《九章算术》卷一，载郭书春、刘钝校点《算经十书》，辽宁教育出版社，1998 年影印本。
② 〔唐〕房玄龄等撰《晋书》卷十六《志第六》，中华书局，1974，第 491 页。

有郡国一百零三，根据嘉量铭文"万国永遵"，按每个郡县颁布一套计算，当时颁布的度量衡标准器至少应有百余套件。但由于兵戈战乱，改朝换代，新莽铜嘉量的流传，已难觅踪迹。据学者研究，魏晋时期曾有过几次关于新莽嘉量的下落的记载。刘徽注《九章算术》，多次说晋武库藏汉时王莽所作铜斛，说的就是新莽嘉量，而且他还亲手对之做过测量。唐代颜师古《汉书注》引一位姓郑的学者（魏以后人）的话说：魏晋尚方署有王莽铜斛；西晋泰始十年（274年）荀勖制律尺也测量过嘉量；再有，东晋孝武帝太元四年（379年），前秦帝苻坚时，见"有人持一铜斛于市卖之，其形正圆，下向为斗，横梁昂者为升，斗者为合，梁一头为龠，龠同黄钟，容半合，边有篆铭"①。苻坚就此物询问释道安。释道安解释说，这是王莽时期的器物，王莽用此器物"以同律量，布之四方，欲小大器均，令天下取平焉"②。这里说的显然就是新莽嘉量。自苻坚之后再没有关于见到嘉量实物的记载了。南北朝的祖冲之和唐代李淳风都是根据嘉量铭文或《汉书·律历志》的记载对之进行考校评述的，他们是否见过实物已无文献可做判断。

唐宋两代，都有学者研究过刘歆的律度量衡法。唐贞观十一年（637年），张文收曾制作方形嘉量，"斛左右耳与臀皆方"，这显然是对史书记载之新莽嘉量的修改，无法证明张文收曾见过新莽嘉量。总章年间（668—670），又有人做过一个圆形斛，也可能是参照文献上关于新莽嘉量的记载制作的。宋代司马光和范镇在讨论度量衡的书信中，也怀疑新莽嘉量是否真有实物尚存。元明两代400年间，亦未见有新莽嘉量的下落。到了清代的乾隆初年，新莽嘉量突然被发现藏于内府，但它是如何到了清廷的，人们至今未考究出来。乾隆九年（1744年），清廷参照新莽嘉量，设计制作了三圆一方四件嘉量，以之作为清廷的权力和法度象征，并把圆、方两器分别陈设于故宫内乾清宫和太和殿前亭屋中。五年后（1749年），乾隆皇帝敕编的《西清古鉴》著录了故宫藏新莽嘉量的图形、尺寸和铭文，至此新莽嘉量有关信息开始呈现于世人面前。

1911年，清王朝垮台。1924年，清废帝被驱逐出宫，紫禁城被筹改为故宫博物院。"清室善后委员会"清点宫内文物财产时，在坤宁宫（内廷后三宫之一，康熙、同治、光绪及末代皇帝溥仪曾在此举办婚礼）后面第三间祭神煮白肉的灶台上，在布满油腻的大铁锅旁，发现了尘掩尘封但又形体完好的新莽嘉量。这件旷世珍品，沦落了1 000多年终于重见天日。新莽嘉量完整地再现复出，引起了学术界的极大关注，当时著名学者王国维、马衡、刘复、励乃骥等对它做了详细的校量考证，写出了《新莽嘉量跋》《新莽量考释》《新莽量之校量

---

① 〔明〕陈耀文撰《天中记》卷二十五《鼎斛》，《四库全书》本。
② 同上。

及推算》《新莽量五量铭释》《释庑》等论文，对它在历史上在科学技术、数学、计量等方面所起的作用给予了高度评价。在这些研究中，最重要的是通过对它进行实测，并与其铭文相对照，求得了汉代（新莽）一尺长合 23.1 厘米。以这一标准尺度为基础，经过考证，可使中国从战国到清代的 2300 多年间各个时期的尺度值都得到证实。再根据古人"以度审容"的规定，也可求证出各代的容量单位量值。

至于新莽嘉量提供的权衡标准量值，器物上未有记重刻铭，但可根据《汉书·律历志》"其重二钧"（60 斤）的记载，测其重量后，折算出汉代每斤合今 226.7 克（每两合 14.2 克）。这一数值是否可信，人们又做了研究。1926 年甘肃定西秤钩驿出土了一套新莽权衡标准器，其中有五枚记重刻铭铜环权，分别是律权石、律二钧权、律九斤、律六斤、律三斤。其单位量值，算术平均为每斤 245.4 克，加权平均为 248 克。又据《后汉书·礼仪志》的记载"水一升，冬重十三两"，可计算出汉代每斤合今 246.15 克。相比之下，从新莽嘉量求得的衡重单位量值明显偏小，其原因很可能是由于加工工艺比较复杂，在成批铸造时，单位重量难以达到设计要求所致。尽管如此，我国 2000 年前能设计、制造出这样科技含量高（数学计算、金属比重知识，青铜冶炼铸造工艺技术等）的计量标准器，的确难能可贵。我们由衷地对古人的聪明才智和创新精神表示深切的敬意。

第三节　衡器与杠杆原理

前面讨论了量器，这里介绍衡器。

古人把测重的仪器叫做衡。在古代中国，衡的形式包括等臂天平、不等臂天平、杆秤。与衡配套使用的叫权。对于天平来说，权是砝码；对于杆秤而言，权就是秤砣。衡器的三种形式有一个演变过程，这一过程与人们对杠杆原理认识的深化及巧妙应用分不开。

一、对称原理的应用

衡器出现的时间很早。《大戴礼记·五帝德》说：黄帝时设有衡、量、度、亩、数这"五量"。《尚书·舜典》说舜"同律度量衡"。这些虽然属于历史传说时期的零星记载，但也多少反映了商周以前的度量衡情况。由这些记载可以看出，在商周以前已有衡器存在。这一判断与当时社会发展状况也是大致相符的。

衡器的最初形式，只能是等臂天平。因为不等臂天平和杆秤的出现是建立在掌握了杠杆原理基础之上的，而在商周以前，没有证据表明人们掌握了杠杆原理。

那么，在古代社会，等臂天平是根据什么原理制成的呢？有不少人认为，是根据杠杆原理制成的。这一见解欠妥。我们知道，杠杆原理是定量化了的，它要求在平衡条件下，力和力臂的乘积在量值上要相等。只有把握了这一定量关系，才算是基本掌握了杠杆原理（在这里并未要求古人有严格的力矩概念）。等臂天平的运作自然要满足杠杆原理，但这并不意味最初的制作者已经掌握了这一原理。我们认为，古人制作等臂天平，是基于直观的对称思想。等臂天平支点在中央，两臂等长，由此，若两端悬挂重物不等，就必然会向重的一侧倾斜，这是可以直接想象出来的，不需运用杠杆原理的知识。《淮南子·说山训》中说："重钧则衡不倾。"意思是说，天平两侧悬挂的物体如果重量相等，它就不会倾斜。这指的就是这种现象。

迄今为止，考古发掘出土的较早而且完整的权衡器是湖南长沙左家公山一座战国时代楚墓中的木衡铜环权（图7-12）。该木衡是个等臂天平。环权制作精细，大小成套，是与天平配套使用的砝码。在这套铜环权中，最小的仅0.6克重，它表明这架天平已经达到了很高的精度。类似于左家公山这样的成套环权出土还有一些，这反映了春秋战国时期等臂天平已得到普遍应用。

等臂天平使用时间很长，《汉书》还把它作为衡器的主要形式而加以记载，此即所谓之"五权制"：

> 权者，铢、两、斤、钧、石也，所以称物平施，知轻重也……五权之制，以义立之，以物钧之，其余小大之差，以轻重为宜。[①]

这是说，权的种类包括铢、两、斤、钧、石这五种，是用来称量物体、知晓轻重，以做到公平分配的。铢两斤钧石这种五权制度，建立在它所规定的重量含义之上，在测量中与被测物保持均衡状态。对于小于铢的重量差别，则需要靠估测来加以判断。

《汉书·律历志》记载的这种五权制，显然是一种大天平制度，因为它的砝码可以大到以石相论。但《汉书》的记载并不能表明在汉朝以前没有不等臂天平。等臂天平在使用中有许多不便之处。首先，它的测量数据是离散的，如果物重与砝码重量（包括组合砝码）不等，就无法进行准确测量，只好如《汉书》所说，"其余小大之差，以轻重为宜"，精确的数值，唯有靠估测了。再者，用天平测量时，砝码的移上挪下，操作起来多有不便。特别是，等臂

---

① 〔汉〕班固撰《汉书》卷二十一上《律历志》，中华书局，1962，第969页。

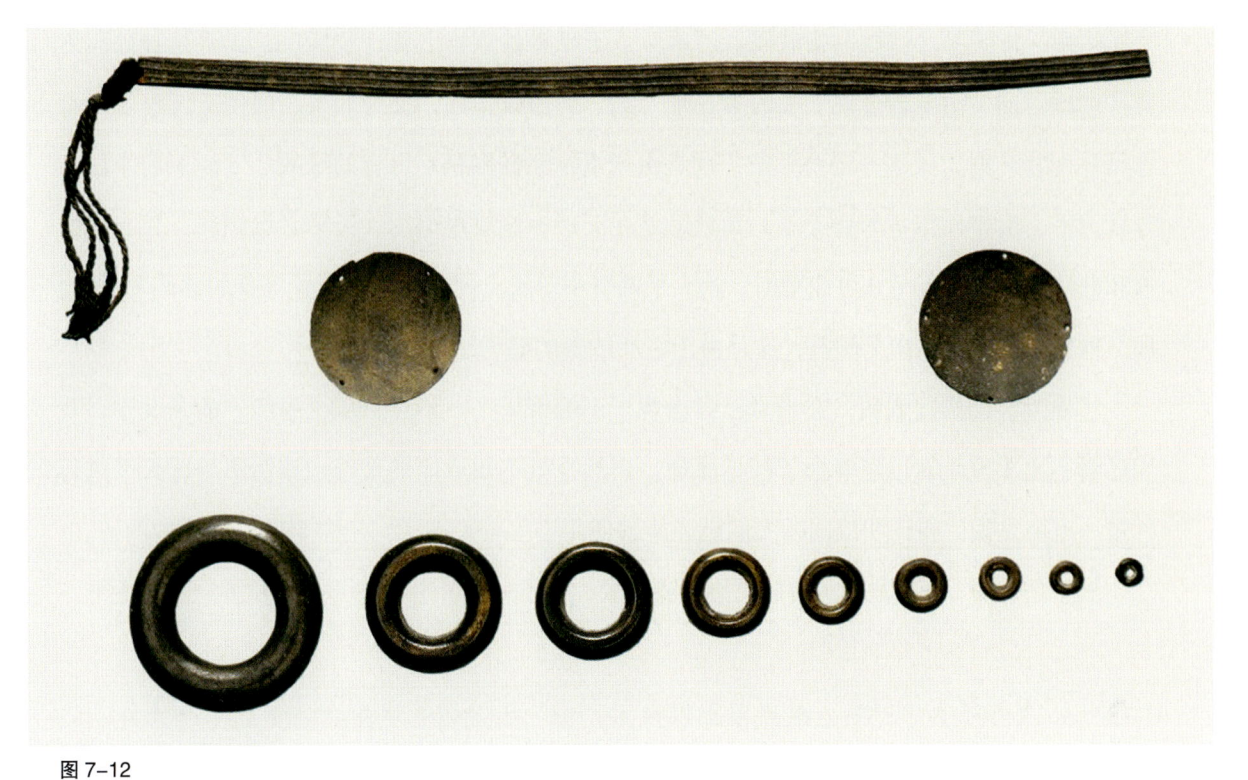

图 7-12
中国国家博物馆馆藏春秋战国时楚国等臂天平和铜环权（1954年湖南省长沙市左家公山出土）

天平的测量范围受到较大的限制，即以五权制而言，其测重范围也仅限于"石"的量级，要扩大测量范围，很是麻烦。为此，古人必然要探索衡器新的形式。作为这种探索的初级产物，大约在战国时期，一种新型衡器——不等臂天平应运而生。

二、杠杆原理的掌握

最早从理论上探讨不等臂天平原理的，是战国时期成书的《墨子》。《墨子》分为《经》和《说》两部分，《说》对《经》的内容进行阐释。《墨子》中关于不等臂天平的有关内容如下：

经："衡而必正，说在得。"
说："衡，加重于其一旁，必捶；权重相若也相衡。则本短标长，两加焉，重相若，则标必下；标得权也。"①

---

① 《墨子》卷十，《四库全书》本。

"衡"即天平。"权"指砝码。"本",天平悬挂重物之臂;"标",天平悬挂砝码之臂。"捶"同"垂"。《说》中的第一个"则"为假设连词,义为如果、假使。《经》的意思是称衡物体时,天平一定要平正,这是由于重物和砝码相互得宜的缘故。《说》前半段指等臂天平,后半段指不等臂天平,其意思是在天平一侧放置重物,天平必然倾斜,只有当物重和砝码重相等时天平才可能平衡。若天平两臂不等长,同时在两侧放置等重的砝码和重物,那么臂长的一侧必然向下倾斜,这是由于它所放置的砝码超重的缘故。

《墨经》的描述表明,在当时已经出现了不等臂天平。不过,从《墨经》的条文中,我们还看不出墨家是否已经掌握了杠杆原理,当然也就不知道他们是否能够用不等臂天平进行称量。也就是说,要证明战国时人们已经能够使用不等臂天平了,还需要觅得具体的例证。

例子是有的。两宋之际吴曾的《能改斋漫录》引了一本名叫《符子》的古书,上面提到:

> 《符子》曰:朔人献燕昭王以大豕,……王乃命豕宰养之。十五年,大如沙坟,足如不胜其体。王异之,令衡官桥而量之,折十桥,豕不量。命水官浮舟而量之,其重千钧。[1]

这段话意思是说:北方的人给燕昭王献了一头大猪,昭王让专人去喂养它。过了15年,这头猪长得像座沙丘似的,四条腿看上去支撑不了它的身体。燕昭王很诧异,命令衡官用"桥"去称量它,一连折断了10个"桥",也没有称成,于是又命令水官用浮舟量物的方式去称量,结果发现它重达千钧。

对于《能改斋漫录》的这段记载,人们过去看重的是它记述了最早的"以舟量物",这是有道理的。但同时,它对度量衡史的意义也不容轻视,因为它明确告诉我们,当时的人们已经掌握了利用杠杆原理称量物体的方法。"桥",在这里指桔槔,即杠杆。"桥而量之"就是用杠杆称重。所以这是用不等臂天平称重的具体例子。这次称重虽然失败了,但那是由于杠杆不堪重负所致,并非人们不懂得这种方法。

另外,先秦文物也提供了当时存在不等臂天平的实物例证。中国现存最早的不等臂天平是中国国家博物馆藏的两件战国铜衡。这两件衡衡体扁平,衡长相当于战国一尺,正中有鼻纽,纽下形成拱肩,臂平直,衡正面有纵贯衡面的等分刻度线(图7-13)。纽孔内有沟状磨损,显示出它经过长期使用。这两个衡上面都刻有"王"字,所以人们称其为"王"铜衡。

---

[1] 〔宋〕吴曾撰《能改斋漫录》卷二《事始·以舟量物》,《四库全书》本。

(a）甲衡

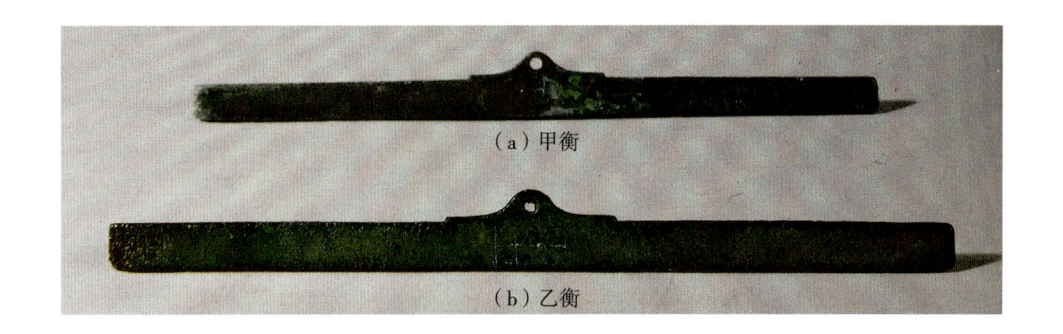

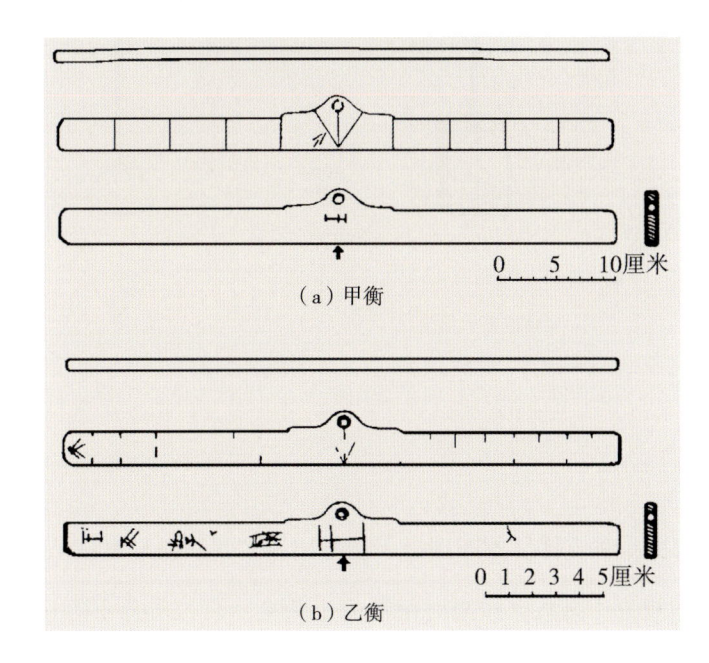

(b）乙衡

(a）甲衡

(b）乙衡

图 7-13
"王"铜衡

对这两件"王"铜衡，文物专家刘东瑞做过深入研究。他认为："这两件短臂衡梁，属于战国时期从天平脱胎出来的衡器，是尺度与砝码相结合的产物。……这种衡梁配备一个适当重量的权，可以构成一具不等臂衡秤。使用时，物和权分别悬挂在两臂，找得一定的悬挂位置使之衡平（图 7-14）。在特定情况下，物和权的悬挂位置距离衡梁中心刻度相等，衡秤的作用等于天平，权的标重等于物重。在一般情况下，二者距离不等，从悬挂位置的刻度和权的标重可以计算出所称物的重量。半圆鼻纽权既有像砝码一样的标重，又可以在有刻度的衡梁上像后来的秤砣一样移动，一身兼具砝码和秤砣两种性能。"[1]

刘东瑞的见解甚有道理。考古发掘中鼻纽权多单独出土，不像铜环权那样成组成套，这

---

[1] 刘东瑞：《谈战国时期的不等臂秤"王"铜衡》，《文物》1979 年第 4 期。

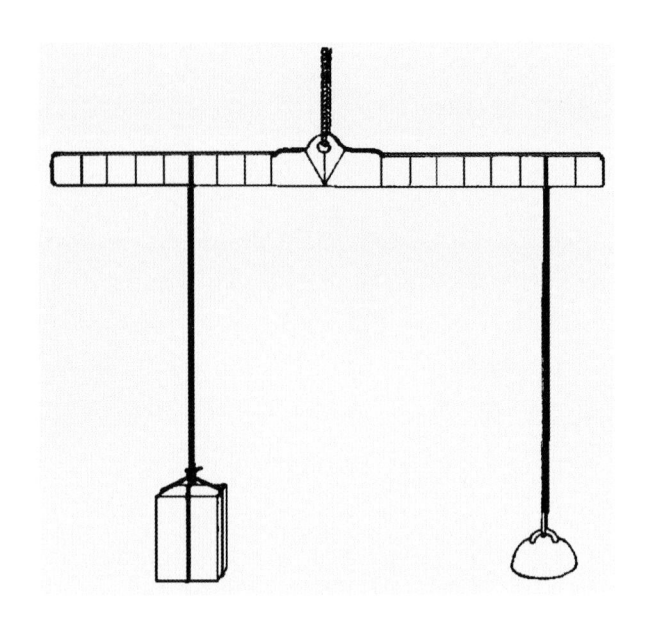

图 7-14

"王"铜衡称重示意图

也是对刘东瑞见解的一种支持。刘东瑞进一步指出:"我国已经发现从春秋至东汉的铜、铁、石等质地不同的纽权五十多枚,按当时衡制为半两至一百二十斤不等,多是整数。在战国至秦汉的很多铜器上有记重刻铭,秦汉古籍中也有很多记重数据,往往是复杂的多位数。这些,用半圆鼻纽权作为一般天平砝码是不能测取的。而如果将半圆鼻纽权用于类似"王"铜衡的不等臂衡秤,测取所需数据就是完全可能的。"[1] 由此可知,中国在战国时期已经掌握了利用不等臂衡秤称重的方法,这是毫无疑问的。

运用不等臂天平进行测量,较之等臂天平而言,有一定的优越性。首先,这在原理上是一种突破,它标志着古人已经掌握了杠杆原理,为称重仪器的改进奠定了科学基础;其次,测量数据由离散的变为连续的;最后,测量范围有了大幅度增加,不再仅限于砝码的量级。但是这种方法也有其不便之处,主要是它每次都需要经过运算才能得出结果,这就大大限制了它的推广使用。从出土的单个鼻纽权来看,有一些相当大。例如1964年在陕西西安阿房宫遗址出土的高奴禾石铜权,重30多公斤,这对携带和使用来说都不方便。因此,不等臂天平必须改进。

---

[1] 刘东瑞:《谈战国时期的不等臂秤"王"铜衡》,《文物》1979年第4期。

三、杠杆原理的巧用

经过长时间的探索，一种新形式的衡器——提系杆秤出现了。提系杆秤的出现，标志着古人对杠杆原理的运用已经纯熟。表达杠杆原理的数学公式可以通俗地写成

$$动力 \times 动力臂 = 阻力 \times 阻力臂$$

对于杆秤而言，权（即秤锤）可视为动力，待测之物重为阻力，于是上述式子可以改写为

$$权重 \times 权臂 = 物重 \times 物臂$$

对于像"王"铜衡那样的不等臂天平，权重是固定的，其余三个因素可变，由此，要确定物重，就必须经过运算。而在提系杆秤中，权重是固定的，物臂长也是固定的，这样物重变化与权臂长变化就有一个正比关系，所以物体的重量可以单一地由权臂相应的长度表示出来，即对重量的测量转化成了对相应权臂长度的测量，这就带来了莫大的优越性。南宋陈淳在《北溪字义经权》中对提系杆秤的使用有形象的说明："权字乃就秤锤上取义。秤锤之为物，能权轻重以取平，故名之曰权。权者，变也。在衡有星两之不齐，权便移来移去，随物以取平。"[①] 移来移去，正是变重量测量为长度测量的特征。这一特征使得称重变成简单易行之事。

天平的测量数据是离散的，而提系杆秤不需经过换算即可读出所需要的连续分布的测量数据，这是它较之天平优越的另一特点。

提系杆秤的测量范围和精度完全决定于提纽的位置。相当多的杆秤上有两个提纽，在待测物较轻的情况下，使用远离待测物的提纽，这样物臂增加，可获得较高的测量精度；在待测物较重的情况下，使用离待测物较近的提纽，使物臂缩短，增加了测量范围。这种特性也是天平所不具有的。

提系杆秤的灵敏度比之精心设计的天平而言，要逊色些，但对于满足社会需要而言，已足敷使用。例如北宋刘承珪创制的戥子，分度值为1厘，即可以称量到当时1两的 $\dfrac{1}{1000}$。这样的精度也够惊人了。

正因为提系杆秤具有如此诸多的长处，所以它出现以后，很快得到普及，成为中国古代最常见的衡器。提系杆秤是古人成功运用杠杆原理的范例，是古人智慧的结晶。

---

① 〔宋〕陈淳：《北溪字义经权》，载〔宋〕赵顺孙撰《孟子纂疏》卷七，《四库全书》本。

第四节　衡器形式的演变

上节我们讨论了衡器遵循的科学原理，本节探讨衡器形式的演变。在古代中国，衡器的发展经历了不同的阶段，发展出了不同的形式。粗略来看，中国古代衡器大致有三种基本形式，现在分述如下。

一、天平的发明

衡器在中国出现的时间很难考订。一般说来，在社会有定量称重需求的情况下，衡器就会逐渐问世。国家的产生会加速这一趋势。中国最早的朝代是夏朝，夏朝时就已经有衡器存在了。文献记载对此有明确的宣示。《尚书·夏书·五子之歌》中有"关石和钧，王府则有，荒坠厥绪，覆宗绝祀"的记载，这里的"石""钧"都是重量单位，也可以理解成与该单位相应的砝码。有了重量单位及相应砝码的存在，就必然有衡器的存在，这是毋庸置疑的。

夏代衡器的具体形式，我们不甚清楚，因为没有文献描述，也没有相应的文物出土。但我们可以想象出来，那一定是某种形式的天平，其主要部件是一个横杆，横杆的中央有一个悬点，两端用来悬挂已知重量的物件（砝码）和待测物体。在横杆平衡的情况下，待测物体的重量就等于砝码的重量。这种形式的天平，在人类发明的早期衡器中具有普遍性，原因在于它所遵循的原理很直接，是基于一种简单的对称思想：横杆两端重量相等的情况下，它没有理由向任何一端倾斜。希腊早期天平即如此。图 7-15 是希腊国家博物馆陈列的一架公元前 15 世纪墓葬中的青铜天平，这架天平具有实用性质，也有可能是当时的人相信在地下世界可以用它来称量灵魂的重量。

在中国，相应形式的天平也有不少出土。其中比较多的是战国时期（前 475—前 221），尤其是在战国时期楚国的范围内，更是出土了大量类似形式的天平。据考古学家高至喜的统计，仅在现在湖南的长沙、常德、衡阳等地区，从 1949 年到 1972 年，就在 101 座楚墓中出土过天平和砝码[1]。其中保存最为完好的是 1954 年在长沙左家公山楚墓出土的一套战国时期的天平与砝码（图 7-16）。

这套天平，上面的衡杆是木质的，呈扁条形，长 27 厘米。木杆正中竖穿一孔，穿丝

---

[1] 高至喜：《湖南楚墓中出土的天平与法马》，《考古》1972 年第 4 期，第 42～45 页。

图 7-15
希腊国家博物馆馆藏公元前 15 世纪希腊墓葬中的天平

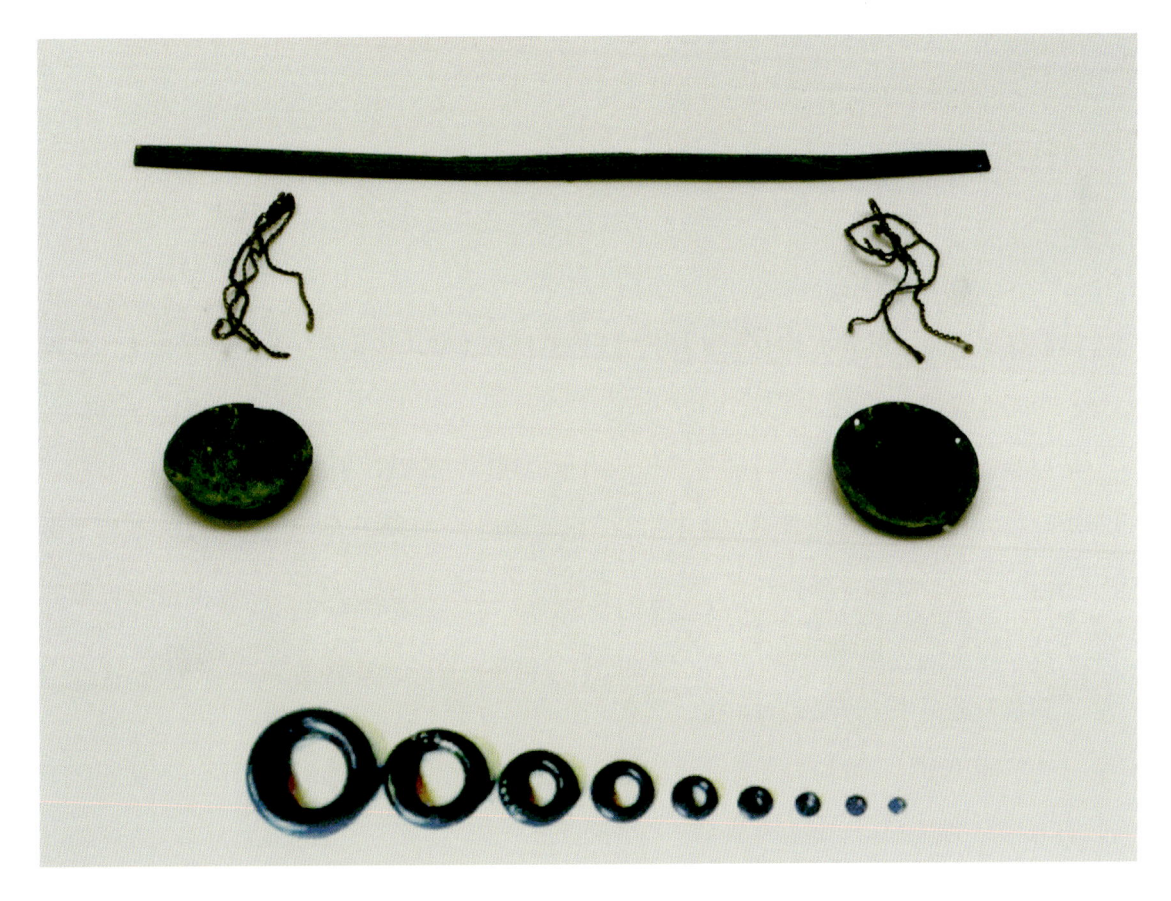

图 7-16
长沙左家公山楚墓出土的战国天平与砝码

线以作提纽。衡杆两端0.7厘米处各钻一孔，穿4根丝线以系铜盘。丝线长9厘米，铜盘2个，底呈圆形，直径4厘米，边缘有4个对称的小孔，供穿丝线悬吊之用。铜盘的具体形状见图7-17。

直径4厘米的铜盘，稍微大些的物品就放不进去。显然，这套天平是做精密测量用的，极有可能是称量黄金货币用的。由该墓出土的与天平配套的砝码的重量分布，也昭示着这一点，因为它的最小称量重量只有0.7克，是非常灵敏的。

左家公山楚墓出土的砝码呈圆环状，故称其为铜环权。全套砝码共9枚，出土后实测重量按由重至轻排列，如表1所示：

表7-1 长沙左家公山楚墓出土砝码重量（单位：克）[①]

序号	1	2	3	4	5	6	7	8	9
实测重量	125	61.8	31.3	15.6	8	4.6	2.1	1.2	0.6

考虑到难以避免的长期锈蚀等因素，我们可以肯定，除第7、8号砝码重量之比约为3∶2以外，其余砝码从轻到重均是按照倍增原则制作的。9枚砝码的总重量为250.2克，正好相当于当时的1斤。具体到每枚砝码的重量，则分别相当于当时的：

8两（半斤）、4两、2两、1两、12铢、6铢、3铢、2铢、1铢

铢是当时重量系列单位中最小的单位，它和斤、两等重量单位的换算关系如下：

1斤=16两

1两=24铢

这套砝码组合，可以将从1铢到1斤范围内的所有整数单位重量完整地测量出来，其设计是相当完善的。

从成套砝码的个数来说，1954年在长沙出土的战国"钧益"铜砝码，则为一套10枚，也是铜环权，直径从0.68厘米到6厘米不等。最大的是1号砝码，两面磨平。2号砝码上面有"钧益"二字，故称这套砝码为"钧益"铜砝码。它是目前所见楚国天平砝码中最完整的一套，其形制如图7-18所示。

"钧益"砝码中1号砝码重1镒，其余9个砝码合重1镒。2号砝码上刻的"钧益"二字，"钧"同"均"，取均匀之意；"益"同"镒"，是当时的黄金计量单位，一镒相当于当时的16两，即1斤。"钧益"表示平均分割黄金一镒。"钧益"砝码重量分布与左家公山

[①] 高至喜：《湖南楚墓中出土的天平与法马》，《考古》1972年第4期，第42~45页。

图 7-17
长沙左家公山楚墓出土的战国天平的铜秤盘

第七章 量器和衡器的演变

图 7-18
湖南博物院珍藏战国"钧益"铜砝码

出土的砝码重量分布基本一致，大体以倍数递增，其出土后实测重量按由大到小排列具体如表 2 所示：

表 7-2　长沙楚墓出土之"钧益"铜砝码重量实测值（单位：克）

序号	1	2	3	4	5	6	7	8	9	10
实测重量	251.33	124.37	61.63	30.28	15.53	8.04	3.87	1.94	1.33	0.69
当时重量单位	1斤	8两	4两	2两	1两	12铢	6铢	3铢	2铢	1铢

显然，"钧益"砝码与左家公山砝码属于同一单位系列，只是增加了一个重为 1 斤的砝码，这使它在测量重为 1 斤的物体时更加便捷。巧合的是，1959 年，在距长沙千里之外的安徽凤台一楚墓中还出土了一套用于铸造铜环权砝码的范（图 7-19），该范呈盘状，长 10.9 厘米，宽 9.3 厘米，厚 1.6 厘米，中间有 10 个半圆砝码圈，其中大者直径 2.5 厘米，孔径为 1.15 厘米，小者直径 0.7 厘米，孔径为 0.3 厘米。用该范一次可铸一套 10 枚大小不同成系列的铜环权。这显示一套 10 枚的砝码也许是当时的标准配置。

左家公山楚墓砝码和"钧益"砝码均呈圆环形。当时楚国天平所用砝码大部分都是圆环形的，也有少量是断面内棱外圆呈近似菱形的，如图 7-20 所示。

在被称物体重量较大的情况下，先秦时期的人们依然用天平作为衡器，但砝码形制不再是那种轻巧的环权，而是形制各异的鼻纽权。对鼻纽权来说，鼻纽是用来悬吊的，可以想象到的是，用于称量较大重量的天平会是一个横梁，横梁中心悬吊在支架上，鼻纽权和待测物则悬吊在横梁两端对称的位置。战国时期的鼻纽权，现在多有出土，使我们可以一窥其风貌。图 7-21 就是存放在陕西历史博物馆的战国时期秦国的"高奴铜禾石"鼻纽权。权的正面的铸文是"三年，漆工熙，丞诎造，工隶臣平，禾石，高奴"，"三年"，指秦昭王三年，即公元前 304 年。在这一年，该件铜石权被作为标准器发放到高奴（今陕西西安）。秦始皇统一中国后又将其收回校正，然后加刻始皇帝二十六年（前 221 年）统一度量衡的诏书以及"高奴石"三字，重新发回高奴。秦二世元年（前 209 年）又将该权收回，重刻二世元年诏书，重申保持度量衡制度稳定的重要性。该铜石权两度发往高奴，又两度调回咸阳校正，反映了从战国一直到秦朝建立，秦一直保持着统一的度量衡制度，这是秦度量衡制度稳定的重要实物见证。同时，此铜石权上前后三次铭文，字体分别是大篆、小篆和隶书，也为我们了解汉字的演变，提供了珍贵的实物资料。

图 7-19

安徽博物院珍藏 1959 年在安徽凤台出土的楚国铸造环权的铜范

图 7-20

湖南博物院珍藏断面内棱外圆的战国楚铜砝码

图 7-21
战国时秦国"高奴铜禾石"权

鼻纽权上很多刻有铭文,这些铭文除标示权重以外,还会附带上别的信息,"高奴铜禾石"鼻纽权就是其中的一例。秦始皇统一度量衡时,曾广泛在度量衡标准器上刻上了其要求在全国统一度量衡的诏书,这种度量衡器有多枚出土实物留传至今。图 7-22 是秦始皇统一度量衡时颁布的另一种权器。该器呈半球形,上有鼻纽。今实测高 5.5 厘米,底径 9.8 厘米,重 2 063.5 克。权身上铸有阳文"八斤"二字,据此可推算出当时每斤合现在 257.93 克。权身上刻有秦始皇二十六年统一度量衡的诏书:

廿六年,皇帝尽并兼天下诸侯,黔首大安。立号为皇帝,乃诏丞相状、绾,法度量则,不壹歉疑者,皆明壹之。

先秦时类似的铜权、铁权甚多,这里不再一一赘述。

这里述及的天平,是一种最简单形式的天平,天平两臂臂长相等,横梁上没有游标,这样它只能称量跟砝码重量相等的物体,无法实现对砝码重量范围之外物体重量的称量。这一缺憾,在战国时期得到了弥补。当时人们采用的方法,不是在天平上增加游标,而是调整待测物和砝码在天平上的悬吊位置,寻得平衡,将其变成不等臂天平,然后依据杠杆原理推算出待测物体的重量。

图 7-22
中国国家博物馆馆藏秦始皇诏八斤铜权

有关不等臂天平的发展及背后蕴藏的杠杆原理问题，我们上节已有讨论，这里就不再赘述了。

二、提系杆秤的发展

类似"王"铜衡那样的不等臂天平，使用时并不简便。烦琐的推算，会使得一般使用者望而却步。古人对此的解决办法是将其发展成提系杆秤。

提系杆秤与不等臂天平的区别在于，杆秤悬挂重物一端的臂长是固定的，秤砣（权）的重量也是固定的。对于提系杆秤而言，杠杆原理可以通俗地写成：

$$物重 \times 物臂 = 权重 \times 权臂$$

提系杆秤将权重和物臂都固定了下来，这就使得物重的变化与权臂的变化形成了正比关系。这样一来，物体的重量就可以单一地由相应权臂的长度表示出来，对重量的测量也就转化成了对长度的测量，这就带来了莫大的方便。提系杆秤的出现，是古人成功运用杠杆原理的一个范例，是他们智慧的结晶。

提系杆秤出现的时间，综合各种因素来看，大致是在东汉时期（25—220）。但东汉杆秤的具体形状，我们无从得知，因为考古发掘中没有发现，也没有相应的图像留传于世。可以推断的是，南北朝时期（420—589）开始在社会上使用杆秤，敦煌壁画中已经出现了执秤图，更典型的例子则是北魏道士李兰利用杆秤原理，发明了秤漏，以之"称量"时间。漏刻是中国古代计量时间的仪器，它通过水的流逝，以水位高低变化来表示时间的流逝，李兰则将其改造成为用秤称量容器中接收的水的重量，以之反映时间的变化。图7-23是李兰秤漏结构示意图。秤漏由称重和供水两个系统组成。称重系统是一个杆秤，杆秤的衡杆上嵌入按季节标注时刻的木条，木条随季节的更换而更换。供水系统是一个大木桶，木桶中漂浮着一个水盆和一个木刻小兔子，兔子托举着一个虹吸管，虹吸管将水盆中的水抽吸到悬吊在秤钩上的水桶中。这是一个负反馈系统，它使得水盆中的水减少或增加时，能够确保虹吸管下出水口与盆中水面的高度差大致不变，从而使虹吸管的水流保持稳定，也就保证了秤漏计时的准确性。在使用过程中，观察者要了解当时时间，只要移动秤砣，使秤杆处于平衡，就可以直接由秤砣系绳在秤杆上的位置读出时间来。

杆秤出现后，因其使用方便，很快就得到了普及。中国古代重量单位传统上是铢、两、斤、钧、石这样的"五权"制，到了唐代，唐玄宗铸"开元通宝"铜钱，设计规格是"径八分，重二铢四絫"。这样的铜钱，每10个正好重1两。因为开元通宝铜钱设计独到、铸造规范，在流行中人们逐渐把一个钱的重量作为一个重量单位来使用，于是在斤、两单位下面逐渐出现了"钱、分、厘、毫"这样的十进制重量单位。

北宋时期（960—1127），宋太宗（976—997在位）曾下令整顿度量衡制度。主管国库收支的官员刘承珪指出，外府缴纳黄金，其重量都从毫厘算起，而太府寺杆秤计量精度只能精确到"钱"，远远不能满足对金银等贵重物品的称量。根据这一现实，他经过潜心研制，在宋真宗景德年间（1004—1007），创造发明了一种精致灵巧的小型杆秤，称之为戥子。

据《宋史》的记载，刘承珪发明的戥子，按其规格可分为两种，量程分别为一钱半和一两。量程一钱半那种，秤杆长乐尺一尺二寸（合29.4厘米），重一钱（4克），秤锤重六分（2.4克），秤盘重五分（2克），最大称量一钱半（6克），秤的灵敏度（最小分度值）为1厘（0.04克）；量程一两的那种，秤长乐尺一尺四寸（34.3厘米），杆重一钱五分（6克），锤重六钱（24克），盘重四钱（16克），最大称量为一两（40克）。由这些数据来看，刘承珪的戥子确实很灵敏，这样的称量精度，在世界衡器发展史上是罕见的。

宋代以后，戥子作为杆秤系列的精密称重专用器具的名称被继承了下来，一直持续到现代天平出现。图7-24即清代一种戥子的实物图。

图 7-23

北魏道士李兰发明的秤漏示意图

图 7-24

清代老象骨戥子

宋代不仅发明了戥子，还改变了权器的形状，使其从秦汉以来流行的半球形、馒头状，逐渐演变为多棱形、灯笼形，在美学上更赏心悦目。这一趋势一直延续至清代。图7-25即为一多棱形的元代铜权，权高12厘米，宽4.1厘米，底长6.5厘米，重1275克，正面阴刻汉文"大德八年大都路造"，背面刻"五十五斤秤"和八思巴文"二斤锤"。

一般来说，对于杆秤，秤砣重量与所称物体的重量没有对应关系，因此在秤砣上是不需要标注重量的。但此枚秤砣上标上了其配套使用的杆秤的称量范围，减少了使用者弄虚作假的可能。另外，还用八思巴文标出了其"二斤"的自重，使其同时具备了检测功能。按其标注的"二斤锤"（1 275克）推算，元代每斤重637.5克。元代政府执行度量衡官制制度，曾多次明令禁止民间私自制作度量衡器，中央政府将标准器颁发给各路（元代实行行省、路、府、州、县五级行政建置），由各路控制实际的铸造使用。在已发现的元代青铜权上，往往刻有路、府、州等各级监铸的官府名称，有时还有铸行的年号，就是元代这一度量衡管理制度的具体体现。此外，在秤砣上标明自重，使其同时具备标准的功能，

图7-25
元大德八年（1304年）铜权

也体现了元政府力保度量衡稳定的努力。这些，为今人了解元代的权衡制度提供了宝贵的信息。

隋唐以后，杆秤虽然得到普及，但天平因其直观、灵敏，且其砝码兼具标准的功能，并未被人们弃用。历代都保留天平作为称量黄金等贵重物品的器具，并把砝码作为重量单位的标准器对待，严加校勘。中国国家博物馆藏有一套明代砝码（图7-26a），砝码长4.85厘米，宽2.8厘米，厚1厘米，重109.3克。砝码正面刻有"叁两"字样。砝码装在一个铜盒里（图7-26b），铜盒本身重131克，可作为四两砝码来用。盒子四面和底部的刻文为："长洲县押、吴县押。两县会同，当堂校准，拾两抄颁。天启三年捌月拾捌日给，匠陈爵造。"天启是明熹宗年号。根据砝码的自铭，其每两合今36.4克，每斤合582.9克。这样一套砝码，需要两个县会同校准，分别画押，以示重视。从中可以窥见明代的砝码校验制度。

到了清代，杆秤与天平使用范围的划分更加清晰。民间交易，称货物用杆秤，称金银珠宝则用天平。一般药店用戥子，珠宝店则多备天平。各类砝码也逐渐规格齐全起来，清朝官方还对砝码的铸造和颁布做了明确规定，《钦定大清会典则例》记载：

> 法马由部审定轻重，工部铸造，各布政使司遣官赴领。本部司官同工部司官面加详较，将正副法马封交赴领官赍回。……部颁法马由一分至九分、一钱至九钱、一两至十两、二十两、三十两、五十两、百两、二百两、三百两、五百两。正副各一副。①

清代的砝码，我们可由图7-27所示窥见一斑。该图表现的是清代制作的从1分到30两的两套系列铜砝码，它所反映的重量单位与《钦定大清会典则例》所记是一致的。

这两套砝码，从制作的精美程度到系列的完整性，都令人耳目一新。需要特别注意的是，作为古代主要重量单位的斤和钧，在这套砝码中居然不见踪影。这两套砝码体现的完全是十进制的重量单位。这一切，似乎在无声地展示着进入清代以后，西方科学对中国计量的影响。

---

① 《钦定大清会典则例》卷三十八《户部·权量》，《四库全书》本。

图 7-26
明代长洲县、吴县校准砝码

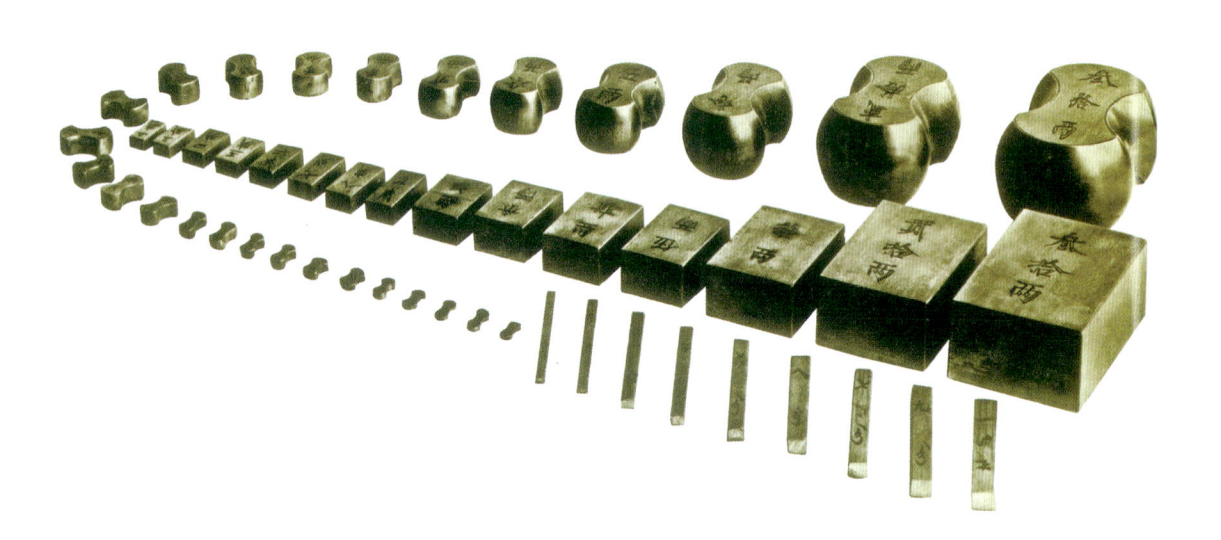

图 7-27
晚清从 1 分到 30 两的两套系列铜砝码[1]

---

[1] 本图采自丘光明《中国计量史图鉴》，合肥工业大学出版社，2005，第 154 页。

第八章
货币、印章与度量衡

在古代社会，文明发展到一定程度，人们之间会产生交换行为。交换行为的进一步发展，会导致贸易，作为贸易的中介物，货币应运而生。同时，文明的发展会导致度量衡的产生，人们在交换和贸易过程中，为了实现交换的公平，也会运用度量衡。这样，货币在其发展过程中，自然会与度量衡发生联系。中华文明在其几千年的发展历程中，保持了引人注目的连续性，因而其货币与度量衡之间的联系也特别紧密。古人使用的货币，种类繁多，按其质地，可分为古钱、金银币、纸币、铜元等。这些不同形制的货币，都与度量衡密切相关。度量衡对货币的形制进行规范，货币发展到一定阶段，也会对度量衡产生反作用，它们纠缠着发展，分别走向成熟阶段。

第一节　先秦时期的货币与度量衡

中国是世界上最早使用货币的国家之一。中国古人对货币的使用，始于夏商，成于东周，统一于秦代。最初，人们使用的货币，是海贝，相应的时代，可以追溯到新石器时期。一开始，人们是把色彩鲜艳的贝壳作为装饰品来用的。后来，随着生产力的发展，社会上出现了交换行为。最初的交换是以物易物的，随着物质财富的增加，当以物易物的交换形式不能适应社会生活的需要的时候，人们自然会为其寻找中介物。这时，生长于热带亚热带浅海，被人们用作装饰品的贝类因其小巧玲珑、坚固耐用、携带方便的特点，引起人们注意，首先被选作交换的中介物。这样，一种原始的自然货币——贝币，也就应运而生了。

一、由贝币到蚁鼻钱

需要说明的是，海贝种类繁多，只有其中的货贝才能充任贝币（图8-1）。这种货贝样式相同而大小不一，正面有沟槽和齿纹，背面隆起，多数被磨损，沟槽呈通透状。一般长1.5～3厘米，宽1.5～1.7厘米。

既然具有了货币功能，就应该能够演化出相应的计量单位。贝币在单个计数的基础上，确实演化出了自己的计量单位，那就是"朋"。"朋"的原始含义就是指串起来的"贝"，后来被借用为贝币的计量单位。遗憾的是，我们迄今还不知道一"朋"到底等于多少只"贝"，对此有各种各样的说法。一般多认为一朋等于两串，每串或者是5个或者是10个贝币。也就是说，一朋等于10或20个贝币。

到了商代晚期，随着经济的发展，交易范围不断扩大，在非临海地区，贝币出现了供不应求的局面。此时，商代的青铜铸造技术已经比较发达，于是，人们开始用青铜仿铸贝币（图8-2）。这是中国金属铸币的开始。

一开始，人们制作的铜仿贝与天然贝形制相近。到了春秋晚期，楚国开始在铜仿贝上铸造文字。这种有文字的铜贝，其外形有的像蚂蚁爬在人的鼻子上，有的像鬼脸，所以俗称其为"蚁鼻钱"或"鬼脸钱"（图8-3）。战国时期，这种钱逐渐流行开来。南宋洪遵《泉志》中最早记载了这种钱：

> 此钱上狭下广，背平，面凸起，长七分，下阔三分，上锐者可阔一分，重十二铢，面有文，如刻镂，不类字。世谓之蚁鼻钱。[①]

洪遵的记载凸显出贝币从自然物转化为人造物后，开始向规范化转化，对形制、重量等都有了一定的要求，这就与度量衡发生直接的关联了。当然，这种转化是逐渐发生的，最初的"蚁鼻钱"，还达不到规范化的程度。出土的早期"蚁鼻钱"有多种形制，也表明了这一点。无论如何，"铜仿贝"的出现，在中国货币发展史上是一件了不起的事情，它具有大小、重量、价值相对统一，而且能够大量就地铸造等优点，因而很快就流行开来。先秦"蚁鼻钱"的大量出土，充分证明了这一点。

---

① 〔南宋〕洪遵：《泉志》卷九《刀布品》。

图 8-1
贝币

图 8-2
铜仿贝

图 8-3
蚁鼻钱（或称鬼脸钱）

图 8-4
安徽繁昌出土的战国楚贝币铜范

值得庆幸的是，考古工作者不但出土了大量蚁鼻钱，而且 1981 年在安徽省繁昌县出土了两件战国时楚国铸造蚁鼻钱的铜范（图 8-4）。两件铜范已经残缺，左边的残长 27 厘米，宽 10.7 厘米，边厚 0.95 厘米，重 1.055 千克；右边的残长 25 厘米，宽 10.8 厘米，边厚 0.95 厘米，重 1.001 千克。两件铜范均阴刻贝型和浇铸槽，贝型排列四行，对称分布，刻有文字。繁昌贝币铜范的出土，为我们提供了古人铸造贝币的实物见证，具有极高的历史文物价值。

春秋战国时期，中原诸国还流行一种布币。布币的形状似青铜农具镈，即农具铲，故又称其为铲布。铲状工具曾是民间交易的媒介，故在贝币紧缺的地方，人们将金属币铸成铲状。镈和布声母相同，所以后人将这类货币统称为布币。

二、布币的演变

布币有一个演化过程。早期的布币更多地保留了原来农具的特征，例如农具铲安装铲柄的部位"銎"是中空的，早期布币就在相应部位也保留了中空，因而这类布币就叫空首布。空首布体型也比较大，更像农具，如图 8-5、图 8-6 所示。

随着商业贸易的日益发达，体大厚重铸造难度大的空首布越来越难以体现货币的基本职能——价值尺度和流通手段，这种情况下，平首布应运而生。平首布取消了中空的"銎"，由空首变成了平首，形体也相应变小，原来农具的痕迹完全消失。平首布携带方便，利于流通，因而成为布币的主流。平首布也有不同的类型，有尖足布、方足布、圆足布等等。大型的尖足布一般长8.5厘米，足宽4.3厘米，重10～13克；小型尖足布一般长4.6～5.2厘米，足宽2.4～2.8厘米，重6.4～6.7克。显然，尖足布实行的是二等制，大者每枚重量约等于小者的二倍。这一特性，使得它对度量衡有了一定的要求。方足布、圆足布的情况与之类似而体型稍小，它们流行于不同的区域。布币上面一般铸有文字，这些文字通常给出的是地名，反映的是其铸造所在地的信息。

在出土和传世的圆足布实物中，有一种所谓三孔布的特殊形式。这种三孔布以首部和两足上各开一个圆孔而得名。三孔布币一面铸有地名，一面铸有记载重量的文字，也分为大、小两等。大者为"一两"，小者为"十二朱"。这里的"朱"即"铢"，是当时的重量单位。战国时期著作《孙子算经》记载了当时重量单位的换算关系：

> 称之所起，起于黍，十黍为一絫，十絫为一铢，二十四铢为一两，十六两为一斤。①

"十二朱"即"十二铢"，为半两。三孔布是中国历史上最早以重量"铢两"为单位的货币。三孔布铸量有限，流通区域狭窄，因而后世很难发现。1983年4月，考古工作者在山西省朔县的考古发掘中，出土了一枚正、反面都有铸文的"三孔圆足布"（图8-7）。这枚三孔圆足布形制完整，品相甚佳，通长5.5厘米，足宽2.8厘米，重6.8克，正面铸有篆文"宋子"，背面铸有篆文"十二朱"。"宋子"是地名，位于今河北省赵县宋城，战国后期属于赵国。

作为货币，布币当然有一定的规格要求，这使其与度量衡发生了联系。不过，如同古代其他金属货币一样，布币在流通过程中，也出现了从早期的形体较大、重量较足逐渐变得越来越轻小、名义重量与实际重量越来越不符的"减重"现象。这是早期金属铸币带有规律性的普遍现象。这一现象的存在，除一些特例以外（如上述"宋子"三孔圆足布），使得我们无法把它视为当时度量衡标准的检验物。"宋子"三孔圆足布类型的布币，因其铸造数量少、流通区域狭窄、流通时间短，"减重"现象来不及发生，在品相完好的情况下，是可以由之推算当时度量衡的单位重量的。当然，这样的推算结果，还要与用别的文物推算的结果相互

---

① 〔唐〕李淳风注《孙子算经》卷下，《四库全书》本。

图 8-5
上海博物馆馆藏春秋时期的"弗钌"平肩弧足空首布

图 8-6
上海博物馆馆藏战国时期的尖足大布

图 8-7
赵国"宋子"三孔圆足布

校验，才能较为可信。

三、刀币的形制及流通

与布币相关的，还有一种货币，叫刀币。刀币是由商周时期的青铜工具"削"演变而来的。先秦时期的百科全书《考工记·筑氏》曾记载过"削"的有关规范：

> 筑氏为削，长尺博寸，合六而成规。①

也就是说，规范化的"削"，应该满足长一尺、宽一寸，具有一定弧度的基本条件，而且沿其弧度首尾相接排列，六把削正好形成一个圆。《考工记》是齐国官书，它的规定，在别的国家未必得到遵守。不过，"削"这种刀具，在当时的诸侯国中很常见，却是历史的真实。图8-8即战国时期楚国的一种削。

由削演化而来的刀币，继承了削的特点：由刀首、刀柄、刀身和刀环四部分组成。刀环位于刀柄之首，刀身呈一定弧度，基本与《考工记》的描述相类。春秋战国时期，各国经济发展不平衡，使用的货币也不同。概而言之，蚁鼻钱行用于楚国，布币流通于赵、魏、韩等国，刀币则最初诞生于齐、燕之境，而后在赵、中山等国与布币并行。在不同的国家，刀币形态有异，因而有所谓齐刀、燕刀、赵刀等之分。即使在同一国家，在不同的历史阶段，刀币形态也有不小的变化。这里我们不妨以齐刀为例做一简要说明。

一般认为，齐刀是齐桓公执政期间（前685—前643）开始铸造的。《管子·轻重》曾记载说：

> 桓公与民通轻重，……铸钱于庄山。

这里的"铸钱"，虽然没有指明是否是铸刀币，但我们知道，此后齐国行用的就是刀币，由此，齐刀确实是齐桓公时开始铸造的。齐刀用料精良，形体厚实，上面所铸篆文华美典雅。在历史上，齐国经历了由姜齐到田齐的转变，同样，齐刀也经历了春秋晚期至战国初期的姜齐铸币到战国时期的田齐铸币两个阶段。齐刀铸字字数不一，姜齐阶段的铸字有"齐之

---

① 关增建、[德]赫尔曼：《考工记：翻译与评注》，上海交通大学出版社，2014，第16页。

图 8-8
战国时期楚国削（2002 年湖北九连墩出土）

图 8-9
三字刀"齐法化"（通长 18.5 厘米）

"法化""安阳之法化""即墨之法化"等，田齐阶段则有"齐法化""齐返邦立长法化"等。所谓"法化"，"化"者，货币也，"法化"即法定货币的意思。后人也有根据其所铸字数和地名的不同，称之为"三字刀""四字刀""安阳刀""即墨刀""六字刀"的。

在齐刀中，三字刀"齐法化"（图 8-9）铸行时间最长，几乎终齐之世，后世出土也多，动辄数百枚。这种刀币一般长 17.8～18.7 厘米，宽 2.6～2.9 厘米，重 40.8～52.4 克。其制作虽称不上精美，但重量较之姜齐的"齐之法化"刀币并未明显减少，显示田齐的货币管理还是比较规范的。

就其与度量衡的关系来说，刀币不具备典型性。即以常见的"齐刀"而言，虽然从姜齐到田齐，其重量变化不大，但刀身铭文中无纪重文字，刀身长、宽尺寸既未标出，也不便于测量，这使人们很难通过测量确定其是否符合标准。

四、先秦时期的金银铸币

在先秦时期，真正与度量衡建立密切关系的货币是金银铸币。黄金和白银是贵重金属，古今皆然。相较于铜质货币，由黄金、白银铸成的货币，由于原料难得，物理特性优越，质量经久不变，且量小值大，被后人视为"上币"。古代对于货币，有上币、中币、下币之说。最初在《管子·国蓄》曾提到：

> 先王为其途之远，其至之难，故托用于其重，以珠玉为上币，以黄金为中币，以刀币为下币。三币握之……先王，以守财物，以御民事，而平天下也。①

《管子》认为朱玉之币为上币，黄金之币才是中币。后来，秦始皇统一中国，取消了中币概念，据《史记·平准书》记载：

> 及至秦，中一国之币为等，黄金以镒名，为上币；铜钱识曰"半两"，重如其文，为下币。而珠玉、龟贝、银锡之属为器饰宝藏，不为币。②

秦把币分为上、下两等，把珠玉等排除在货币之外。自秦之后，金币为"上币"的观念，为人们所接受，流传至今。在河南省扶沟县出土的银布币（图8-10），河北灵寿县出土的金贝币、平山县出土的银贝币等，都印证着历史上这种"上币"的存在。

虽然金币为上币的观念是秦国确定的，但春秋战国时期，大量铸行金币的诸侯国却是楚国。楚国的黄金铸币属于称量货币体系，以金版形式行于社会。所谓金版，实际上是一种加有钤印的扁平的黄金方块。楚人在铸制金币的时候，通过在其上加盖钤印，以示其为法定货币之义。所加钤印一般是"郢爰"二字。"郢"是楚国的首都，"爰"字的意义诸说不一，现在一般认为是楚国的重量单位，一爰等于楚制一斤。当然也有钤印别的字样的，如"陈爰""专爰""卢金"等。"陈"也是楚国都城。据史书记载，公元前278年，秦国夺取楚之郢都，楚被迫迁都于陈（今河南周口淮阳区），后又迁于寿春（今安徽寿县）。"专""卢"等亦属楚地。所以，这些名称，都是楚国地名，标志着楚国金币的铸造地。正因为"郢爰"是楚金币中出现时间最早、当今出土最多的一种金币，因而人们多以它作为楚国黄金货币的

---

① 〔唐〕房玄龄注《管子》卷二十二《国蓄第七十三》，《四库全书》本。
② 〔汉〕司马迁撰《史记》卷三十《平准书第八》，中华书局，1959，第1442页。

图 8-10

1974 年河南省扶沟县出土的银布币（左为空首布，长 10.5 厘米，宽 6 厘米，重 135.9 克；右为银实首布，长 16 厘米，宽 6 厘米，重 188.8 克）

图 8-11

战国楚郢爰金版

代表，一般就把楚国发行的黄金铸币，通称为"郢爰"。楚国金币成分甚佳，经鉴定，含金量大多在96%以上，这表明了"郢爰"的质量之高。另外，现在我们所能看到的楚金币，除极少数为墓葬发掘外，绝大部分来自窖藏出土，这也表明它当时确实是楚国上层社会使用的主要流通货币。图8-11所示金版是考古工作者1982年在江苏盱眙县南窖庄窖藏出土的郢爰金版，是迄今发现的最完整的楚国金版，十分珍贵。

图8-11所示金版的上边缘有切割痕迹，这是因为，"郢爰"金币在使用时，很难做到整版支付，绝大多数情况下，都根据需要将其切割成零星小块，然后用天平称量后支付。切割痕迹的存在，很清晰地说明了这一点。

五、金币的称量仪器与单位

金币使用的这种特点，也促成了楚国精密天平的诞生。现存的战国精密天平，都是楚国属地出土的，就表明了这一点。这也是货币促进度量衡发展的一个直接例子。

图8-12是1954年湖南长沙左家公山楚墓出土的战国天平托盘与所配套的铜砝码。这套砝码共9枚，是从轻到重按照倍增原则铸造的，由小而大的9个砝码依次为1铢、2铢、3铢、6铢、12铢、1两、2两、4两、8两。这些砝码总计16两，为当时1斤。全套砝码总重量为250.5克，由此可知当时的1斤约合现代重量单位250克。最轻的那枚砝码重0.6克，按照当时重量单位进位关系推算，即当时的1铢相当于今0.6克。由这些数据可知，与其配套使用的天平是相当灵敏的，可谓是当时的精密天平。

黄金货币的出现，还催生了一个新的计量单位——镒。《汉书·食货志》有"黄金以溢为名"，《荀子·儒效篇》有"千溢之宝"，《韩非子·五蠹篇》说"铄金百镒"，这些，都是"镒"作为称量黄金重量的计量单位的具体用法。一般认为，"镒"的重量等于20两或24两，实际上则并非如此。湖南省博物院珍藏有一套1945年在长沙出土的战国"钧益"铜砝码（图8-13），一套10枚，直径从0.68厘米到6厘米不等。其中最大的是1号砝码，两面磨平。2号砝码上面有"钧益"二字，故称这套砝码为"钧益"铜砝码，它是目前所见楚国天平砝码中最完整的一套。"钧益"即"均镒"，故知这套砝码是用于称量所切割黄金重量的配套砝码。"钧益"砝码中1号砝码最重，其重量等于其余砝码的重量之和，恰为1斤。其余砝码重量分布与左家公山出土的砝码重量分布一致，最小砝码的重量为0.69克，其余的依次为1.33克、1.94克、3.87克、8.04克、15.53克、30.28克、61.63克、124.37克和251.33克。从"钧益"1号砝码重量可以推知，"镒"显然是与斤为同一级别的重量单位。

图 8-12

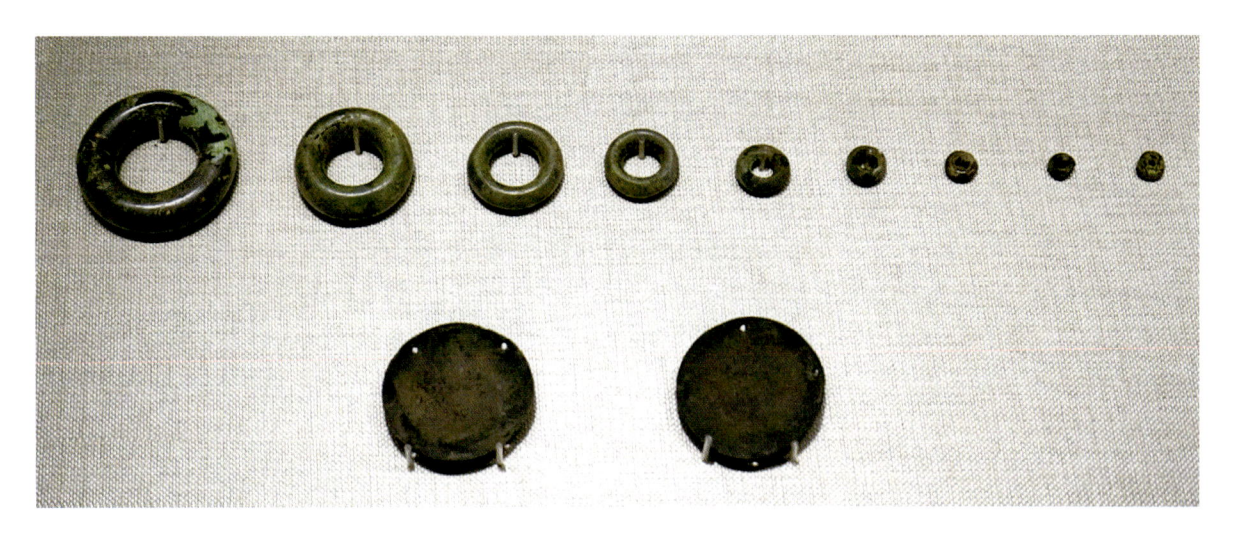

湖南博物院珍藏战国楚墓铜砝码和秤盘

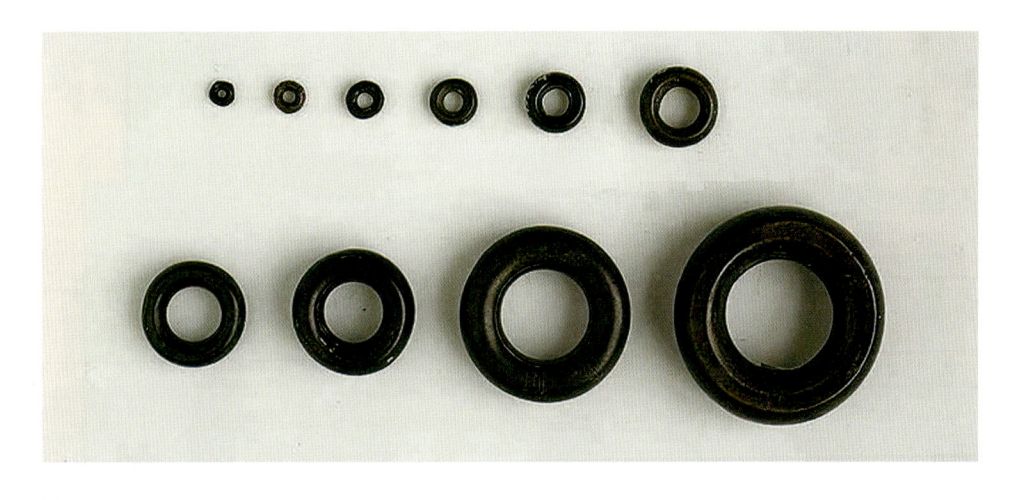

图 8-13

湖南博物院珍藏战国"钧益"铜砝码

第八章　货币、印章与度量衡

《史记集解》也提到，"秦以一溢为一金，汉以一斤为一金"。"溢"同"镒"，说明"镒"的大小确实与斤相同。"钧益"铜砝码和左家公山砝码进制单位一样，在误差范围内砝码轻重相等，说明它们的用途一致，都是称量金币用的。它们的出现，充分表明了当时天平的灵敏程度，是货币促进度量衡发展的实物见证。

六、圆钱的出现与演变

战国中期，在一些国家中，出现了新的货币形式——铜铸的圜钱和圆钱。圜钱又称环钱，钱体扁平，呈圆形，中间为圆孔。圆钱与之相仿，只是中间为方孔。

圜钱是由玉璧或纺轮演变而来，主要铸行于魏、秦和东周。就形体来说，圜钱最初大小轻重都不一致，有的在边缘处铸有轮廓，有的没有。但圜钱有一共同特征，即它们都在钱面上铸有文字。其铸文大略可分为两类，一类纪地，如"垣"、"共"、"共屯赤金"（赤金，赤铜的意思）、"东周"、"西周"等。图8-14是战国时期魏国所铸"共屯赤金"圜钱。该钱直径4.3厘米，内径1.7厘米，厚0.69厘米，重19.8克，铸文右旋读为"共屯赤金"。"共"是地名，"屯"即纯，"赤金"指的是铜质，合在一起意为在共地用纯赤铜铸造的钱。该钱系1982年在山西侯马市出土，世所罕见，十分珍贵。

图 8-14

上海博物馆馆藏魏国"共屯赤金"字圜钱

圜钱铭文的另一类只纪重，如"重一两十四铢""两甾""半两"等。"甾"同"锱"，和"铢"一样，都是古代的重量单位，一锱为一两的$\frac{1}{4}$，铢为一两的$\frac{1}{24}$，6铢等于一锱。纪重的圜钱主要出现在秦国。秦国在商鞅变法之后，推行法制，讲究物品的规范化，其特定的文化背景造就了具有自身特点的钱币。从钱币面文内容来看，只纪重而不纪地名，就是秦钱的一个特点。对度量衡来说，圜钱标出了其自重，这就让用户可以检验其是否合乎标准，增加了货币的信用度。这是度量衡为货币"保驾护航"的典型例子。

圜钱的出现体现了一种新的铸币体系。这种形式的钱币，比起"布币""刀币"，更便于携带，铸文明示重量，也便于互相接受，符合商品交换发展的需要。正因为如此，在魏国率先铸行了这种货币之后，各国先后仿铸。先是赵国、秦国，后有齐国、燕国仿铸。由于自身所具有的优点，圜钱很快在各国流行开来。

先秦时期，中国流行一种"天圆地方"观念。受这种观念的影响，人们以外形象天，内孔法地为理由，将圜钱的内孔由圆形改为方形，这就导致了圆钱的出现，流通于秦、齐、燕等地。圆钱与圜钱类似，也多为一面铸文，其中秦国的圆钱标出了钱的重量，别具一格。秦始皇统一中国后，以秦国通用的方孔圆钱为统一的货币形式，通行全国。这种形式的钱币成为中国古代钱币主流，一直延续到清末民初，前后经历了2 000多年。

第二节　秦汉时期度量衡对货币的规范

公元前221年，秦国灭六国，秦王嬴政宣布自己为"始皇帝"，中国历史由战国时期进入了秦代。秦始皇在统一中国的当年，做的一件重要事情就是给丞相隗状、王绾颁发诏令，要求他们在全国范围内统一语言文字和度量衡。秦始皇统一度量衡的诏令广泛刻印在当时秦国下发的度量衡器物上，至今仍能看到。图8-15为现在甘肃省镇原县博物馆珍藏的一件国家一级文物秦代铜诏版，版上的文字即为秦始皇所下诏令：

> 廿六年，皇帝尽并兼天下诸侯，黔首大安，立号为皇帝，乃诏丞相状、绾，法度量则，不壹歉疑者，皆明壹之。

"则"，指的是度量衡标准。秦始皇要求，对全国的度量衡，如果标准不一、有疑虑者，

图 8-15

甘肃省镇原县博物馆珍藏秦代铜诏版（诏版尺寸为高 10.8 厘米，宽 6.8 厘米，上面刻有秦始皇统一度量衡的 40 字诏书）

都要统一起来。

在古代中国，人们对度量衡的重视，远超货币。秦始皇统一度量衡，是公元前221年的事，而铸造与发行钱币，则在其突然去世的公元前210年。在此之前，商鞅变法时统一度量衡，制作了一批精良的度量衡标准器，其中的"商鞅方升"流传至今，而秦国所谓的"行钱"即发行货币，则是在商鞅车裂后两年。之所以如此，是因为度量衡是社会正常运转、国家秩序得以建立的技术保障，对古代社会而言，其重要性远超货币。另一方面，在古代社会，货币本身是有一定规格要求的，没有度量衡，货币秩序也无法保证。

一、秦朝的货币统一

秦始皇统一度量衡，就是废除原来六国纷繁不一的度量衡制度，把秦国已有的度量衡制度推向统一后的全国。同样，在全国统一11年后，秦朝的统治者发现，为了维持经济的运转，需要在全国推行统一的货币制度，于是有了"复行钱"的举措。这里的"复行钱"，具体做法跟统一度量衡一样，也是废除原六国复杂多样的币制，把过去秦国的钱币制度推向全国。《汉书》记载道：

> 秦兼天下，币为二等：黄金以溢为名，上币；铜钱质如周钱，文曰"半两"，重如其文。而珠、玉、龟、贝、银、锡之属为器饰宝藏，不为币，然各随时而轻重无常。①

由此，我们可知，秦朝的货币制度是把货币分成上、下两等，上等货币是黄金，单位是"溢"。这里的"溢"通"镒"，是用来表示黄金货币的特定的计量单位，一镒等于20两（也有说等于24两的）。第二等货币是日常通用的铜钱，方孔圆形，上面铸有"半两"字样的文字（图8-16），即所谓的秦"半两"钱。春秋战国时期各诸侯国杂用的珠宝、玉石、刀币、布币、贝币等，可以作为珍宝服饰等使用，但不能作为货币流通。

秦朝的"半两"钱源自秦国的"半两"钱。在战国时秦国的圆钱中，有"两甾"字钱，我们知道，一甾等于6铢，两甾就是半两。到了战国中晚期，干脆就直接铸上了"半两"两个字，开启了后世闻名的"半两"钱时代。从迄今出土的大量文物可以知道，秦国早在战国

---

① 〔汉〕班固撰《汉书》卷二十四下《食货志》，中华书局，1962，第1152页。

图 8-16
战国秦"半两"钱（直径 28.6 毫米，重 8.27 克）

中晚期就开始了铸行半两钱，并确定了以铢两为计量单位的货币制度。

秦朝"半两"钱与战国时期秦国"半两"钱一脉相承，它反映的是当时流行的"天圆地方"的宇宙观，方孔象征的是地，圆形则代表天。这种形式的货币，携带方便，易于保存，深受人们欢迎。自秦统一货币后，这种样式的货币，就成为中国古代货币的主体，一直流行到清末。

秦朝虽然统一了货币形制，但并未统一货币的铸造。"半两"钱的铸制，由各地方政府进行，这就使其规格不能完全统一，加之在技术上，和以前铸币一样，是用泥范铸造，一范铸毕，范即毁掉，所以铸出的钱，彼此形制有异，轻重相差也比较大。这些，使得秦朝的统一货币的实际效果，比之对度量衡的统一，要差一些。

二、西汉货币政策与五铢钱的诞生

按照秦朝的度量衡制度，一斤等于 16 两，一两等于 24 铢。半两钱的实际重量应该是 12 铢，这是当时国家的要求。到了汉代，汉承秦制，在货币制度上也不例外，行用的仍然是"半两"钱。但西汉初立，经过长年战争，物资匮乏，财政困难，要铸造重如其文的半两钱，实在是有心无力，于是就以秦钱 12 铢太重为由，令民间自由铸钱。《汉书》记载道：

> 汉兴,以为秦钱重难用,更令民铸荚钱。①

所谓"荚钱",是后世的说法。南宋洪遵的《泉志》卷一引三国曹魏时期如淳的话云,"如榆荚也",说这种钱既轻又薄,像榆树结的榆荚一样,所以称其为榆荚钱,简称"荚钱"。

政府放任民间铸钱,对其形制规格不加管理,结果导致不法之徒蓄积牟利,造成"荚钱"这种劣币大量出现,表现在经济上就是物价腾飞,百业萧条。为了应对这种局面,汉高祖刘邦采取了贬抑商人的行为,下令商人不能穿丝绸衣服、乘坐车辆,同时对其加重税收。到了高后二年(前186年),政府不得不整顿钱法,开始铸造重8铢的"半两"钱(图8-17),同时禁止民间私铸。

高后二年的这次整顿,效果并不理想。依照当时的度量衡制度,半两应该是12铢,新铸的钱重8铢,居然号称半两,虽然新钱形制比较规整,仍然是名不副实。上行下效,既然官方公然造假,就有唯利是图者不顾禁令,大量收购8铢半两钱,将其销熔,改铸荚钱,结果市面恶钱充斥,市场一片混乱。面对这种局面,政府索性自己出面,于高后六年(前182年)更铸五分钱。这种钱重量轻,是半两的五分之一,即2.4铢。就形制而言,则形体甚小,而穿孔很大,与市面上的荚钱颇为相似。政府希望用这种方式,打击市场上私铸的荚钱。

到了汉文帝时期,鉴于五分钱过于轻小,使用中极为不便,中央政府开始铸行4铢半两钱,作为法定货币流通。同时为弥补政府铸钱能力的不足,取消了禁止私铸的法令,在加强管理的同时,允许私人铸钱。汉武帝建元元年(前140年),中央政府又开始铸行一种新的货币——三铢钱(图8-18)。这种钱打破了此前不管实际重量是多少,在钱面上一律铸以"半两"字样的做法,标志着一种新的币制的诞生。这是汉代在钱币铸行上的一大进步。

三铢钱铸行时间不长,铸量也不大,但它不再以"半两"冠名的做法,却开后来钱币铸行的先河。实际上,从荚钱问世到三铢钱的出现,西汉政府一直在寻找能够适应社会经济发展的货币制度。这种探寻到汉武帝元狩五年(前118年)有了结果,这一年政府下令铸行五铢钱,标志着这一寻找过程的结束。汉代终于找到了适应经济发展的货币制度。

五铢钱方孔圆形,形制规整,面上铸有"五铢",与钱重相符(图8-19)。钱正反面均有周廓,可起到避免钱文磨损的作用。该钱轻重适宜,美观实用,利于流通,因而被社会广泛认可,从元狩五年开始铸行,一直沿用至唐初,流行时间长达700余年,成为中国历史上行用时间最长的一种货币。

---

① 〔汉〕班固撰《汉书》卷二十四下《食货志》,中华书局,1962,第1152页。

图 8-17
汉高后二年重 8 铢的"半两"钱（直径 2.8 厘米，重 5 克）

图 8-18
汉代的三铢钱（直径 2.3 厘米）

图 8-19
上海博物馆馆藏汉代五铢钱

三、王莽的货币改革

五铢钱制度在行用过程中，也曾遭到破坏，那是由于西汉、东汉之交王莽货币改革所导致的。王莽是西汉贵戚，他在西汉末年政治腐败、经济状况恶化的背景下，经过苦心经营，兵不血刃夺取了西汉政权，登上皇位，建立了新朝（8—23）。王莽对度量衡十分重视，为了建立新朝，他委托著名学者刘歆带领一支团队考订各种度量衡理论，形成了中国历史上十分著名的度量衡乐律累黍理论。该理论用笛管声律的音高定义长度单位，用黍米作为参验物，形成系列的度量衡单位。刘歆并依据这一理论，制作了容度量衡诸单位于一体的度量衡标准器。该标准器于王莽新朝成立的始建国元年（9年）颁行天下，刘歆的理论，也成为中国历代王朝考订自己的度量衡制度时遵行的权威理论。

但是，王莽的货币政策却极其混乱，他制作的货币法令极其复杂，令人无所适从。据文献记载，他从在西汉末期担任摄政到新莽的10多年间，共进行了四次货币改革，颁行的货币五光十色，种类繁多。

王莽本人有很强的复古倾向，他做的改革，史称"托古改制"，即从周代政治体制中寻找依据，作为改革现行制度的理论指导。他看到周代的钱有所谓的"子母权"，即大面值钱和小面值钱，于是在居摄二年（7年），进行了第一次货币改革，《汉书》记载了改革的内容：

> 王莽居摄，变汉制，以周钱有子母相权，于是更造大钱，径寸二分，重十二铢，文曰"大钱五十"。又造契刀、错刀。契刀，其环如大钱，身形如刀，长二寸，文曰"契刀五百"。错刀，以黄金错其文，曰"一刀直五千"。与五铢钱凡四品，并行。①

这次改革，增加了三种新的货币，与原来的五铢钱并行。一种是所谓的"大泉"（"泉"通"钱"），直径1寸2分（约2.8厘米），重12铢，正面铸有文字"大泉五十"。意思是说，一枚这样的大钱，可当50枚五铢钱。其形状如图8-20所示。

另外两种是刀币。其中的"契刀"呈环状，上面铸有"契刀五百"字样，意味着一枚这样的刀币，可当500枚五铢钱来用。另一种是"错刀"，其环部上面以黄金错填竖书"一刀"

---

① 〔汉〕班固撰《汉书》卷二十四下《食货志》，中华书局，1962，第1177页。

图 8-20
上海博物馆馆藏王莽"大泉五十"

二字,故又称"金错刀"。刀身上面铸有"平五千"三字,合在一起为"一刀平五千",即此刀币一枚可抵 5 000 枚五铢钱来用。这种刀币通长 7 厘米左右,重 20 余克。"契刀"和"金错刀"的形制如图 8-21 所示。

显然,上述三种新增货币,都是依靠行政命令强力推行的虚假大钱,其名义价值远远大于实际价值。像"金错刀",除了"一刀"二字用黄金镶嵌,其余都是青铜,然而,在流通中它却当 5 000 枚五铢钱。按黄金 1 斤值五铢钱 1 万枚计算,相当于半斤黄金。契刀则全部是青铜质地,重不过 17 克左右,却相当于五铢钱 500 枚,20 枚契刀即可兑换黄金 1 斤。同样,大泉的法定重量是 12 铢,大约相当于五铢钱重的 2.5 倍,但在流通中它被认定的价值竟然相当于 50 枚五铢钱。这样的新钱,发行总量又缺乏控制的话,推行的结果必然是物价飞涨,民不聊生,黄金和钱财大量被官府搜刮。

始建国元年,王莽推翻汉室,登基做了皇帝。因为汉朝皇帝姓刘,而当时的"劉"字包含有"金"和"刀"两个字,引起王莽不快。王莽篡汉即位,最担心的是刘氏集团东山再起,于是他迫不及待进行第二次货币改革,以抹除钱币上的刘氏印迹。五铢钱制度源自西汉,自然必须废除。"错刀""契刀"虽然是其所倡,但这时他发现刘(劉)字以"金""刀"作偏旁,所以也要禁止。这三种钱币禁止以后,王莽推出了一种新的"小泉",与大泉并行。南宋洪遵《泉志》引东汉末荀悦《汉纪》云:

（a） （b）

图 8-21

（a）为"契刀五百"，（b）为"一刀平五千"

> 王莽建国元年春，更作小钱，径六分，文曰小钱，与大钱一直五十者，为二品并行。①

《汉纪》记载的王莽小钱钱面上铸造的文字是小钱，实际的文字是小泉直一[见图8-22（a）]。小钱法定规格是直径6分（约1.3厘米），重1铢。这次改革，虽然简化了货币种类，但从重量的角度来看，小钱与大钱一直五十的兑换关系，并不合理，因为大钱的法定重量是12铢。显然，这次改革并未建立符合经济规律的货币制度。

第二次改革后一年，王莽始建国二年（10年），王莽又进行了第三次货币改革。这一次，他是鉴于周秦时期曾使用过刀币、贝币、金银货币等，出于复古的愿望，推出了一套极其烦琐的宝货制。宝货制的内容，是将货币分为五物、六名二十八品。五物指金、银、铜、龟、贝，六名二十八品则指钱币六品、金币一品、银币二品、龟币四品、贝币五品、布币十品。每一品都规定了具体的规格，形成了严格的进位关系。这里我们用列表的方式，将二十八品中的钱币六品和布币十品展示如表8-1、8-2和图8-22、8-23：

---

① 〔宋〕洪遵：《泉志》卷四《小钱》。

表 8-1　王莽六泉

名称	直径	重量
小泉直一	6 分	1 铢
幺泉一十	7 分	3 铢
幼泉二十	8 分	5 铢
中泉三十	9 分	7 铢
壮泉四十	1 寸	9 铢
大泉五十	1 寸 2 分	12 铢

表 8-2　王莽十布

名称	通长尺寸	重量
小布一百	1 寸 5 分	15 铢
幺布二百	1 寸 6 分	16 铢
幼布三百	1 寸 7 分	17 铢
序布四百	1 寸 8 分	18 铢
差布五百	1 寸 9 分	19 铢
中布六百	2 寸	20 铢
壮布七百	2 寸 1 分	21 铢
第布八百	2 寸 2 分	22 铢
次布九百	2 寸 3 分	23 铢
大布黄千	2 寸 4 分	24 铢

这样的钱币制度，光怪陆离，它们没有基本的价格标准和货币单位，没有主币辅币之分，众多杂乱的货币各有不同的单位和计算价值，龟、贝、布、钱诸币之间也没有规定相互间的比价，根本不可能实现"价值尺度与流通手段的统一"这种货币的基本职能。我们无法想象人们如何用这套货币在市场上购买商品。实际情况也确实如此，由于这种币制的庞杂烦琐、荒谬绝伦，因此人们拒绝使用。民间私自使用的，还是西汉的五铢钱。对此，王莽采用了高压政策，《汉书》对此有详细记载：

　　百姓愦乱，其货不行，民私以五铢钱市买。莽患之，下诏："敢非井田挟五铢钱者为惑众，投诸四裔以御魑魅。"于是农商失业，食货俱废，民涕泣于

(a) 小泉直一 　　　　(b) 幺泉一十 　　　　(c) 幼泉二十

(d) 中泉三十 　　　　(e) 壮泉四十

图 8-22
上海博物馆馆藏王莽六泉（其直径未按比例显示。"大泉五十"样式见图 8-20）

市道。坐卖买田、宅、奴婢，铸钱抵罪者，自公卿大夫至庶人，不可称数。①

高压政策造成了严重的后果，农商行业凋零，民众无以为生，泣告无门，从官员到普通民众，因触犯钱币禁令而被治罪者，不计其数。即使这样，王莽的二十八品钱币也无法在社会流通，王莽无奈，被迫采取退让措施：

莽知民愁，乃但行小钱直一，与大钱五十，二品并行。龟、贝、布属且寝。②

在二十八品中，只保留了"小泉直一"和"大泉五十"在市场流通。这两种钱直径相差一倍，重量上大钱是小钱的 12 倍，虽然价值与重量不相匹配，总体来说，使用上尚属简便。

---

① 〔汉〕班固撰《汉书》卷二十四下《食货志》，中华书局，1962，第 1179 页。
② 同上。

1. 小布一百 　　2. 幺布二百 　　3. 幼布三百 　　4. 序布四百

5. 差布五百 　　6. 中布六百 　　7. 壮布七百

8. 第布八百 　　9. 次布九百 　　10. 大布黄千

图 8-23

上海博物馆馆藏王莽十布（各布尺寸未按比例显示）

王莽性情急躁，无事也要生出事来。大小钱制行用了4年多，到天凤元年（14年），王莽在他的复古狂热驱动下，又进行了第四次币制改革。这次改革，废除了大小钱制度，改行"货布"和"货泉"两种钱，并对这两种钱的规格和比价关系做了具体规定。《汉书》对此做了详细记载：

> 后五岁，天凤元年，复申下金、银、龟、贝之货，颇增减其贾直。而罢大小钱，改作货布，长二寸五分，广一寸，首长八分有奇，广八分，其圜好径二分半，足枝长八分，间广二分，其文右曰"货"，左曰"布"，重二十五铢，直货泉二十五。货泉径一寸，重五铢，文右曰"货"，左曰"泉"，枚直一，与货布二品并行。又以大钱行久，罢之，恐民挟不止，乃令民且独行大钱，与新货泉俱枚直一，并行尽六年，毋得复挟大钱矣。每壹易钱，民用破业，而大陷刑。①

所谓"货布"，是一种布币，上面的铭文是"货布"二字（图8-24），因以为名。

所谓"货泉"，是传统的方孔圆钱，钱面铭文是"货泉"二字（图8-25），所以称这种钱币为"货泉"。

这次改革，仍然是莫名其妙。"货布"重25铢，"货泉"重5铢，王莽规定的二者的比价关系是1"货布"折合25"货泉"，并未考虑其重量关系。更荒唐的是，过去法定的大钱原作五十，为了不让民众使用，这次忽然又改为一，在事关国计民生的货币制度上朝令夕改，行为如同儿戏，怎能不出乱子。《汉书·食货志》总结道，王莽的币制改革，"每壹易钱，民用破业，而大陷刑"。币制改革搞得民怨沸腾，社会骚乱，即使采用了严刑峻法，也难以维持下去。这次改革以后没有几年，天下大乱，农民起义蜂起。新莽地皇四年（23年），更始军攻入长安，王莽死于乱军之中，新朝灭亡。又过了两年，刘秀建立东汉王朝，定都洛阳，陆续剿灭赤眉军等，统一天下。东汉王朝建立后，废除了王莽那套繁杂的货币制度，重新行用五铢钱，使货币制度恢复了正常。

需要指出的是，王莽的货币制度虽然混乱不堪，但新朝铸造的货币，却制作精美，规格严整，书法纤秀，堪称艺术珍品，在钱币收藏市场中享有很高的地位。

---

① 〔汉〕班固撰《汉书》卷二十四下《食货志》，中华书局，1962，第1184页。

图 8-24
上海博物馆馆藏王莽"货布"

图 8-25
上海博物馆馆藏王莽"货泉"

第三节　3 到 19 世纪中国的货币与度量衡

在中国货币史上，东汉是一个相当平淡的时期，在钱币上很少创新。东汉大部分时间行用的是五铢钱，其规格完全仿效西汉，也没有铸行过大钱。这种状况，一直持续到三国时期（220—280）。

一、三国时期的货币状况

三国上承东汉，下启西晋，分为曹魏、蜀汉、东吴三个政权。三国乃至其后的一段历史时期，中国的货币经济处于衰落状态。在汉献帝（189—220 年在位）时期，董卓曾一度把持朝政，铸过小钱，导致物价飞涨，买一斛谷子就要几百万枚钱。曹操执掌政权后，废除了董卓小钱，继续使用五铢钱。但在东汉晚期战争不止的情况下，金属基本都用于战争，很少用于铸钱，导致市场货币紧缺，无法满足流通需要。据《晋书》记载：

是时不铸钱既久，货本不多，又更无增益，故谷贱无已。及黄初二年，魏

图 8-26
上海博物馆馆藏蜀汉"直百五铢"钱

图 8-27
东吴的"大泉当千"钱

文帝罢五铢钱，使百姓以谷帛为市。①

引文中的"货"指的是钱币的意思。原来铸造的钱币就不多，又没有增铸，导致市场上钱币奇缺，就显得谷价特别便宜。为了使市场能够运转，黄初二年（221年），即曹魏政权成立的第二年，政府正式宣布废除金属货币，以谷帛实物作为市场流通手段。这当然是历史的倒退，体现了货币经济的衰落。

以谷帛为流通货币，既无法满足计量要求，也容易滋生其他弊端。"至明帝世，钱废谷用既久，人间巧伪渐多，竞湿谷以要利，作薄绢以为市，虽处以严刑而不能禁也。"②这种情况下，继任的魏明帝只好听从大臣的建议，重新恢复五铢钱的使用。这种状况一直持续到晋朝。

吴蜀两国则实行了另一种货币政策，即铸大钱以应对经济危机。刘备取得巴蜀之地后，因军用不足，在刘巴的建议下，采用了铸大钱的政策，先后铸行过"直百五铢"（可以顶100钱的五铢钱）（图8-26）、"直百"钱，另外还有两种五铢钱。

东吴铸行的钱币面值更大。孙权嘉禾五年（236年），铸"大泉五百"，赤乌元年（238年），铸"大泉当千"（图8-27），后又铸当二千、当五千的大钱。蜀汉及东吴铸造的这些

---

① 〔唐〕房玄龄等撰《晋书》卷二十六《志第十六》，中华书局，1974，第794页。
② 同上书，第794～795页。

名号的钱,有各种大小,一般都是开始时厚重,以后逐渐变薄变轻。从度量衡的角度来看,规范性明显不够。

虚价大钱的铸行,一定会导致通货膨胀,甚或经济危机。三国归晋,从经济的角度来看,不是没有理由的。晋朝(266—420)上承三国下启南北朝,分为西晋与东晋两个时期。西晋立国不久,由于一些关键策略的失误,社会很快就陷入动荡,以至于后来在洛阳立足不住,逃往江南,进入东晋时期。东晋统治范围,限于中国东南地区,其余地方,割据政权林立,史称东晋十六国。东晋之后是南北朝时期(420—589),社会处于南北大分裂状态。国家的分裂,社会的动荡,使得这个时期的货币,形制上非常混乱,质量也都比较低下。

二、南北朝时期货币的动荡与演变

值得一提的是,南北朝时期形成了钱币自己的单位。人们把一个钱币叫作一文,一千文称作一贯。这样的钱币单位,一直存在到中国封建社会的终结。与此同时,金银的计量单位也发生了变化。先秦至两汉时期,黄金通常以"镒"或"斤"为单位,有时甚至直接简称为"金",以至于当代学者在阅读古文献时,对其中有些地方的"金"究竟指的是"镒"还是"斤",意见往往不能统一。到了晋朝,人们开始以"两"作为黄金重量的计量单位。例如,《晋书·王机传》有"送金数千两"之语,该书《孝愍帝纪》记载灾年米价昂贵时也有"斗米金二两"的记载,都表明人们开始以"两"作为黄金的计量单位。受黄金以"两"为单位的影响,白银也开始以"两"计重,于是南北朝时期开始了"斤""两"混用向以"两"为主的金银计重单位的过渡。到了唐宋时期,就成了金银纯粹以"两"来计重的状况。从唐宋到明清,白银一直以"两"计重,形成了中国独特的银两制度。

"年号钱"也是这个时期开始的。所谓"年号钱",就是把政权的年号铸到钱上所形成的钱币。年号钱的出现,为后人考证该种钱币发行时间,提供了直接证据。最早的"年号钱",是十六国时期成汉李寿在成都铸行的"汉兴"钱(图8-28)。"汉兴"是李寿的年号,时间相应为338—343年。该钱比较薄小,直径一般在1.7厘米,重量约1克。

年号钱的出现,标志着古代钱币开始了由标重钱向年号通宝钱转换的阶段。所谓通宝钱,是通行宝货的意思,由标重钱向通宝钱的转换,到唐朝初年得以完成。

南北朝时期,南朝的陈朝和北朝的周朝所铸钱币比较精美。陈钱只有两种:一种是天嘉三年(562年)铸的五铢钱,称为"天嘉五铢"。另一种是宣帝太建十一年(579年)铸的"太货六铢"钱,见图8-29。这种钱铜质优良,轮廓齐整,面文为篆文"太货六铢",铸造精

图 8-28
十六国成汉"汉兴"钱

图 8-29
南朝陈"太货六铢"钱

图 8-30
北周"永通万国"钱

妙绝伦,居南朝之冠。"太货六铢"虽然制作精良,但当时并不为民众欢迎,原因在于,其大小和旧五铢钱相仿,但朝廷却规定一枚新钱要当十枚旧钱,这种明目张胆的贬值行为,自然会引起民众抵制。鉴于这种钱上的篆文"六"字就像一个叉腰站立的人形,于是民间谣传这种钱是"叉腰哭天子",为皇帝哭丧。这种传说,使人们不愿接触这种钱,直接导致其无法流行,民间仍然用旧钱交易,官方被迫宣布该钱作废。

北周时铸的钱币,不再用五铢等重量名称,对币名做了变革。在北周的几种货币中,周静帝(579—581年在位)时铸造的"永通万国"钱(图 8-30),铸形精美,篆法绝工,为六朝钱币之冠。

三、隋唐时期货币的统一与规范

整体来说，两晋南北朝时期的币制非常紊乱，隋朝（581—618）的建立，结束了当时中国南北对峙的局面，也为结束长期以来币制混乱的局面提供了条件。公元581年初，周静帝禅让帝位于杨坚，北周覆亡。杨坚定国号为"隋"，随后于589年南下灭陈朝，统一中国。隋统一后，在全国范围内统一货币，禁止以前的各种钱流通，另铸"开皇五铢"钱（图8-31）。政府对这种钱的规格做了明文规定，并在各个关口放置样钱，入关之人所带的钱，要经细致检查，符合标准的才准许带入，否则熔铸。"开皇五铢"钱制作精整，钱上铸有周廓，笔画也较精细，是钱币中的良品。后继的隋炀帝好大喜功，穷奢极欲，导致财政枯竭，只好用铸劣钱方式解困，有些钱加铅过多，导致后来此类钱呈现白色，因此后人又称其为"白钱"。

唐朝（618—907）建立以后，也采取了统一货币的措施。唐武德四年（621年），铸行"开元通宝"钱（图8-32），取代了隋朝的五铢钱。"开元通宝"钱的铸行，在中国货币史上具有重要意义，它标志着计重钱币时代的终结，也意味着六七百年来在流通领域一直占据主导地位的五铢钱正式退出历史舞台。

"开元通宝"钱不是年号钱。因为后世的唐玄宗有一个"开元"年号，就有人认为"开元通宝"是"开元"年间（713—741）铸行的钱币，其实，这种钱的铸行比开元年号早了90多年。"开元通宝"铸造精良，对规格有严格要求。当时规定"开元通宝"钱1文重2铢4累（10累为1铢），按1两等于24铢，10文钱正好重1两。这种规定，为"开元通宝"钱的使用和计重带来了极大的方便，同时也对中国的度量衡制度产生了意想不到的影响。中国传统的重量单位体系规定1斤等于16两，1两等于24铢，不是十进制。现在，随着"开元通宝"钱的流行，10文重1两成为新的传统，"钱"逐渐变成了一种重量单位，形成了新的重量单位制度，即1斤等于16两，1两等于10钱，实现了十进制，钱下面的厘、毫、丝、忽等单位，也都是十进制。衡制的这种变革，是一大进步。

唐代在铸钱工艺上也有新的进展，这就是样钱的出现。政府要铸行钱币，首先做出样钱，样钱可以用蜡雕塑，也可用木料或铜雕成。样钱做成后，进献朝廷，得到批准后，再仿照样钱铸造一批母钱，把母钱分配给各铸钱所，让它们用母钱制作钱范，然后用钱范铸钱。有了这样的程序，可以大大增加各地所铸钱币外观的一致性。

唐朝的钱币大多数样式比较单一，写的都是"开元通宝"四个字，例外的是少数所谓的大钱。唐高宗乾封元年（666年），曾铸行"乾封泉宝"钱，虚价以一当十，很快引起大量私铸，第二年即被迫停用。唐肃宗乾元元年（758年），为应对安史之乱造成的国家

图 8-31
隋"开皇五铢"钱

图 8-32
唐"开元通宝"钱

图 8-33
唐"乾元重宝"样钱

财政枯竭，政府铤而走险，铸行"乾元重宝"钱。这种钱径1寸，重2钱，规定价值当"开元通宝"钱10文。图8-33即为这种钱的样钱。由于"乾元重宝"实际重量仅为"开元通宝"的2倍，比价关系却以一当十，这样的虚价大钱的发行，引起了灾难性后果，进一步加剧了社会的混乱。

四、五代十国钱币的混乱与宋代钱币的繁荣

总体来说，唐朝的货币经济还算稳定，到了五代十国时期（907—979），随着国家的大分裂，钱币制度也处于混乱状态，五代相继占据中原的梁、唐、晋、汉、周五个政权，多

数都铸有自己的钱币。同时，分布于南方俗称十国的割据政权，也纷纷铸行自己的钱币。这些钱币没有统一的样式，制度混乱，劣币也趁机泛滥。十国政权还曾铸造了不少铁钱和铅钱。图8-34就是闽国铸行的"永隆通宝"铅钱。虽然中国很早就有用铅铸币的现象，但五代时期的闽国、楚国，官方公开铸行铅币，且见于史书记载，这在历史上还是第一次。

北宋（960—1127）是货币经济昌盛时期。北宋的钱币铸行有两大特点，一是数量大，二是年号钱多。就数量而言，唐代已经很重视铸钱了，很多州都可以铸钱，最多的时候有20多个州可以铸钱。唐朝全盛时期的玄宗天宝年间，每年额定铸钱达到30万贯。到了宋朝，宋真宗（997—1022年在位）时期，铸行量已经超过100万贯。到了宋神宗时期，年铸行量甚至高达不可思议的500万贯。按一枚铜钱直径1寸，把500万贯一枚接一枚排起来，可绕地球3周。而且，铜钱是耐用品，不同年代的铜钱是可以累积使用的。这样计算起来，仅北宋时期的铜钱数量，就达到了天文数字。更重要的是，北宋铸行了这么多的钱币，却并未因此引发大规模的通货膨胀，这也表明宋代的经济，确实是相当发达的。

宋代钱币铸行的另一特点是年号钱多。如前所述，年号钱出现于南北朝时期，但之后并未形成惯例，到了宋朝，年号钱开始大行其道，即使是同一个皇帝，每更换一次年号，就改变一次钱文。需要说明的是，宋代铜钱上面的钱文未必都是年号，例如遇到四个字的年号，无法再用"年号＋元（通）宝"格式铸造钱文，只好另选特殊钱文。如宋徽宗时有"建中靖国"年号，其钱文就变成了"圣宋元宝"或"圣宋通宝"。年号本身带有"元"字或"宝"字的，也需要另选钱文，如宋仁宗有"宝元"年号，所铸行的铜钱钱文就改成"皇宋元宝""皇宋通宝"了。

在宋代的皇帝中，有人对自己的书法特别自信，会亲自书写钱文。宋太宗时"淳化元宝"钱的钱文，就是太宗本人书写的。由皇帝本人书写钱文的钱，时人称其为"御书钱"。宋代的"御书钱"还有宋徽宗书写的"大观通宝"（图8-35）等。宋徽宗用"瘦金体"书法书写钱文，看上去挺拔秀丽，极具美感。

南宋（1127—1279）物价上涨，导致采矿铸钱都无利可图，铜钱铸行量一落千丈，每年只铸行15万贯上下。为了鼓励铸钱，政府大力推行"胆铜法"炼铜。所谓"胆铜法"，是把铁放在胆矾（硫酸铜）溶液里，以金属铁来置换胆矾中的铜离子而得到单质铜。这种方法成本低廉，具有很大的优越性。

南宋铸钱在形式上也有新的变化，主要表现在纪年钱的出现上。南宋淳熙七年（1180年）以后，铸行的年号钱在正面铸有相应的年号，背面则铸上铸造的年份，这叫纪年钱。如淳熙九年（1182年）铸的，背面就铸"九"字。纪年钱的出现，为后世学者研究当时的钱币提供

图 8-34
五代十国时期闽国铸行的"永隆通宝"铅钱

图 8-35
上海博物馆馆藏北宋"大观通宝"御书钱

了极大方便，使得今天人们可以毫不费力地辨认出钱币铸行的具体年代，从而为经济史研究提供可信依据。

五、纸币的产生与历史发展

宋代货币另外值得一提的事情是纸币的产生。纸币当时叫"交子"。北宋蜀地富庶，市场交易活跃，由于金属钱价低体重，人们很难随身携带较大数额的金属钱币，这为市场交易带来了极大的不便，交子就是在这种情况下出现的。交子一开始是民间自发产生的，后来因民间资金波动，造成兑换危机，信用破产，无以为继，官方勒令其停办，改为官府经营，于是有了官营交子的诞生。

据文献记载，官营交子始于宋仁宗天圣元年（1023年），之后，发行量逐渐增加，还影响到周边国家。北方的金国（1115—1234）于贞元二年（1154年）也开始发行纸币，取名为"交钞"，很明显是受到宋代发行交子的影响所致。后继的元朝（1271—1368）更是在其境内全面发行纸币，限制甚或禁止铜币。意大利旅行家马可·波罗对元朝的纸币发行有深刻印象：

这种纸币大量制造后，便流通于大汗所属领域的各个地方。没有人敢冒生

图 8-36

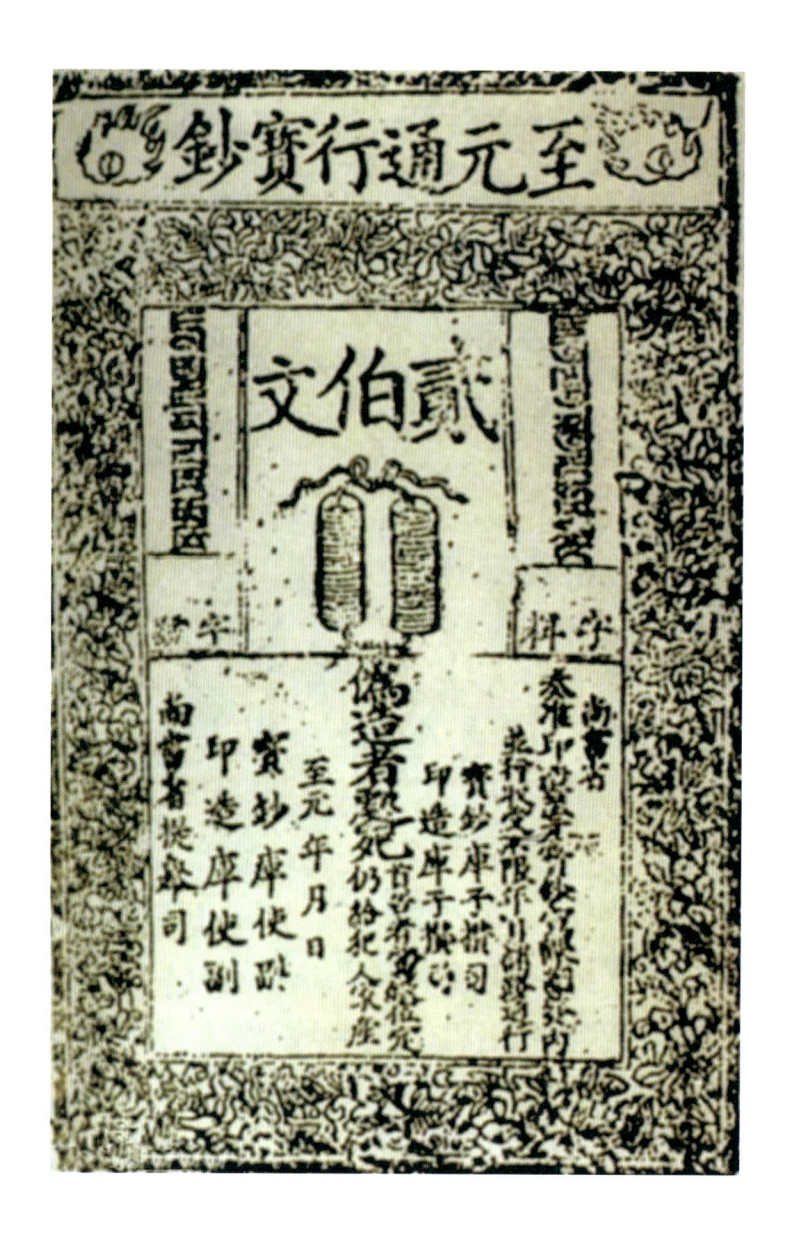

元代"至元通行宝钞"

命的危险,拒绝支付使用。他的所有臣民,都毫不犹豫地接受这种纸币,因为无论他们到任何地方营业,都可以用它购买他们所需的商品,如珍珠、宝石、金银等等。①

元朝不加节制地发行纸币,带来了严重后果,就是物价腾跃,百业萧条,导致民众不愿

---

① 《马可波罗游记》,陈开俊等译,福建科学技术出版社,1981,第116页。

使用交钞，甚至有人用其糊墙铺地，最后交钞形同废纸。

元朝虽然发行了大量纸币，但由于纸币保存不易，长期以来，人们对元代纸币的真实面目无从窥知。1960年，江苏无锡一水库工地上发现一座元代古墓，出土了一叠面额为"贰佰文、伍佰文"的"至元通行宝钞"（图8-36），为元代纸币提供了实物依据。

明朝（1368—1644）也同样发行纸币。为了防止伪造，明廷制定了严格的管理和惩处措施，《大明会典》就记载了明朝纸币的制作规范和管理措施：

> 国初宝钞，通行民间，与铜钱兼使。立法甚严。其后钞贱不行，而法尚存，今具列于此。……其制：方高一尺，阔六寸许，以青色为质，外为龙文花栏，横题其额曰：大明通行宝钞。内上两旁复为篆文八字：曰大明宝钞，天下通行。中图钞贯状，十串则为一贯。其下曰"户部奏准印造大明宝钞，与铜钱通行使用。伪造者斩，告捕者赏银二百五十两，仍给犯人财产"。若五百文，则画钞文为五串，余如其制而递减之。每钞一贯，折铜钱一千文，银一两。[①]

明朝在货币政策上，采用的是铜钱、纸币和金银兼行的做法。明朝虽然对纸币制作规范要求很严格，但并没有从根本上解决滥发问题，导致纸币贬值现象愈演愈烈，纸币在流通领域的作用愈来愈弱。很多情况下，纸币成了废纸一张。到了清朝，一开始政府也发行纸币，以解经济燃眉之急。到了顺治十八年（1661年），随着南明势力被消灭，局势初步稳定，清政府即明令停止纸币发行。中国从北宋时期开始的纸币发行，至此中断，一直到了近200年后，纸币才得以重新发行。

六、明清制钱的演变

在铸币管理上，明代出现了所谓"制钱"的说法。这里的"制钱"，其本意是指官方钱局按照政府规定制作的钱。所以，"制钱"就是本朝官钱。前朝的钱则称为"旧钱"。明政府并不废除旧钱，一开始，"制钱"和"旧钱"在流通中地位相同，都是一枚作一文用。后来政府发现旧钱中混杂盗铸钱较多，于是规定两种钱在流通中的比价不同。《明史·食货志》说，"凡纳赋收税，历代钱、制钱各收其半；无制钱即收旧钱，二以当一"。后来这一比例又进

---

① 《大明会典》卷三十一《库藏二·钞法》，《四库全书》本。

图 8-37
明初"洪武通宝"当十钱

一步增大。清朝也承袭了这一做法,也有制钱与旧钱的区分,二者的比价也常常发生变化。

为了规范钱制,明洪武八年(1375年)专门颁行了《洪武通钱制》,规定当年铸行的"洪武通宝"钱(图8-37)分为五等,分别为当十、当五、当三、当二、当一。"当十"钱重一两,"当五"钱重五钱,其余依次递减。"洪武通宝"钱值与重量是相当的,但因明朝为了推行纸币,对铜钱的铸行时禁时放,导致其币制和货币流通始终不稳定。特别是明后期,钱法大乱,币值大跌,加之政治腐败,内忧外患交迫,导致财政全面崩溃,直接加剧了明朝的灭亡。

清代(1636—1911)钱币承袭了明朝的"制钱"制度。在货币政策上,清政府允许白银和铜钱并行,以维持货币的流通。在铜钱的铸行上,一开始,清政府着力于确定币制和钱式,规定钱的成分是七成红铜,三成白铅,1 000文为一串。过去的朝代经常是一串(或一贯)并不是足额的1 000文,清代的规定取消了这一陋习。在钱的规范上,顺治元年(1644年)规定制钱每文重1钱,顺治二年(1645年)规定为每文重1钱2分,顺治八年(1651年)规定为1钱2分5厘,顺治十七年(1660年)又改为1钱4分。这样的变化,为其后钱制的紊乱埋下了隐患。清代制钱外观上与明代制钱相仿,比较明显的差异是其背面增加了一个满文词,表示铸行该钱币的钱局,如图8-38所示。明代制钱背面也有纪局文字,但数量较少。清代制钱则一般都有纪局满文,有的还有汉字。这样一旦出现问题,便于追究铸造者的责任。清政府试图用这种方法建立钱币质量追踪制度。

顺治朝后,每位皇帝登基,都要起一个新的年号,并按新的年号,参照顺治钱的五种范

图 8-38
清代"顺治通宝"（雕母）

式，铸造新的年号钱。随着清朝逐渐走向衰落，清政府关于钱币规范的这些规定并未得到严格执行，不同年代的清钱，只是在形状上保持了制钱的样式，在大小、轻重和材料上，各地自行其是，随铜价的变动和铸造获利程度的升降而变化。质量追踪制度也未发挥其应有的作用。官方自坏成法，私铸因之泛滥。特别是晚清时期，随着鸦片战争的失败，财政入不敷出，政府畏惧激发民变而不敢增重赋税，选择了铸行低劣大钱的举措，同时恢复发行纸币，但却不能保证纸币的兑换。这些饮鸩止渴的措施，终于导致了清末财政的崩溃。终清一世，币制和钱币流通的混乱，始终无法得到有效解决。这种局面，一直延续到传统钱币的结束。

第四节　古代印章与度量衡

在古代中国，印章是人们用以证明自己身份，寄托雅兴遐思的重要物质依据，在当时社会生活中具有重要作用。古代印章按其用途来说，可大致分为两类：一类是官员用以证明自己官职的，属于官印的范围；另一类是个人用以表明自己名号，或抒发自己情感、寄托雅兴、交朋会友的，属于私印。跟度量衡有密切关系的是官印，本节的讨论，也主要围绕官印展开。对这个话题，何兆泉教授的论文《分寸之间：古玺印与度量衡关系述论》已有深入论述[1]，本节在其基础上展开。

---

[1] 何兆泉：《分寸之间：古玺印与度量衡关系述论》，《江西社会科学》2018 年第 2 期。

一、受命于天，既寿永昌

若论官印，在古代社会，最尊贵者当非皇帝的玺印莫属。玺印是古代印章的一种，后来成为皇帝印章的专用名词。对于这种演变过程，东汉蔡邕《独断》有所记载：

> 玺者印也，印者信也，天子玺以玉螭虎纽。古者尊卑共之，《月令》曰：固封玺。春秋左氏传曰：鲁襄公在楚，季武子使公冶问玺书，追而与之。此诸侯大夫印称玺者也。卫宏曰：秦以前民皆以金玉为印，龙虎纽唯其所好。然则秦以来天子独以印称玺，又独以玉，群臣莫敢用也。①

蔡邕指出，在先秦时期，玺印一词，也可以指国君之外的人所使用的印章。他以《左传》为例，说明在当时，诸侯的印章，也可以叫玺。他引述东汉初卫宏的话说，只是到了秦朝，只有皇帝的印才能叫作玺，臣子的印章，没有再敢叫玺的了。

其实，汉代对玺的用法，并非仅仅指皇帝之印，诸侯王、太后、皇后的印也称玺，《汉书·百官公卿表》就提到，"诸侯王金玺"。即使卫宏的《汉官旧仪》中也提到，"皇后玉玺文与帝同，皇后之玺金螭虎纽"②，说明皇后的印也可以称玺。但无论如何，秦汉之后，玺一般用来指皇帝的印，则是无疑义的。

历代皇帝玺印中，最有名的，莫过于从秦始皇开始的所谓"传国玉玺"了。据《世本》记载，"鲁昭公始作玺"③，鲁昭公的说法为大家所效仿，人们开始用各种珍贵物料制作玺：

> 秦以前民皆佩绶，以金、玉、银、铜、犀、象为方寸玺，各服所好。④

这里所说的"民"，当然不是普通的民众，而是具有贵族身份的人。他们竞相选用珍贵物财，按照自己的喜好，制成方一寸的玺印，佩戴在身上，以示高贵。秦始皇继承了这一传统，兼并六国后称始皇帝，也要制作玺。不过他制作的是皇帝专用玺，而且还要垄断这一名称，不允许别人使用，以此凸显他皇帝独一无二的身份。五代时前蜀道士杜光庭《录异记》

---

① 〔汉〕蔡邕撰《独断》卷上，《四部丛刊》本。
② 〔汉〕卫宏撰《汉官旧仪》卷下，《四库全书》本。
③ 佚名：《世本》，周渭卿点校，齐鲁书社，2010，第72页。
④ 〔汉〕卫宏撰《汉官旧仪》卷上，《四库全书》本。

记载了秦始皇让工匠用著名的和氏璧镌刻国玺的事情：

> 岁星之精，坠于荆山，化而为玉，侧而视之色碧，正而视之色白，卞和得之献楚王，后入赵献秦。始皇一统天下，琢为受命玺，李斯小篆其文，历世传之。①

秦始皇用和氏璧制成的受命国玺方四寸，上有螭龙纽，雕镂精美端庄，玺文为丞相李斯撰写的"受命于天，既寿永昌"八个篆字。"受命于天"四个字，是在宣示秦始皇帝位的合法性，表明他的皇帝身份是得到上天的认可的。

从规格上来说，先秦的玺印一般是方寸玺。上海博物馆藏有一方战国玺印"春安君玉玺"（图 8-39）。该玺纵横均为 2.3 厘米，高 1.9 厘米。战国时 1 寸约合今 2.3 厘米，该玺规格恰合卫宏《汉官旧仪》的"方寸玺"之说。"春安君玉玺"的存在，为卫宏说法提供了实物证明。相比之下，秦始皇的受命国玺方四寸，是先秦玺印的 16 倍。秦始皇此举，开创了后世以印章大小标示官职高低的传统。

"受命于天"的宣告，方四寸的规格，加上和氏璧身上种种神奇传说，使得秦始皇的受命国玺成为历代国君志在必得的宝物。无奈由于政策的失误及各种因素的作用，"既寿永昌"的愿景成为泡影，秦二世而亡，秦朝的最后一位统治者子婴在刘邦大兵压境情况下，不得不"系颈以组，白马素车，奉天子玺符"②，投降了刘邦。秦始皇的受命国玺由此成了汉王朝的传国玉玺。

西汉末年，王莽政变，逼汉太皇太后王政君交出玉玺，王政君将玉玺掷在台阶上，损坏了一角，王莽用黄金镶嵌，这就是有名的"金镶玉玺"的故事。从此之后，玉玺开始了它神奇的留传之旅。唐代张守节的《史记正义》，详引历代史书，记载了唐代之前该玺的留传过程：

> 崔浩云："李斯磨和璧作之，汉诸帝世传服之，谓'传国玺'。"韦曜吴书云：玺方四寸，上句交五龙，文曰"受命于天既寿永昌"。汉书云：文曰"昊天之命皇帝寿昌"。按：二文不同。汉书元后传云：王莽令王舜逼太后取玺玉，太后怒，投地，其角小缺。吴志云：孙坚入洛，埽除汉陵庙，军於甄官井得玺，后归魏。晋怀帝永嘉五年六月，帝蒙尘平阳，玺入前赵刘聪。至东晋成帝咸和

---

① 〔五代〕杜光庭：《录异记》卷七《异石》。
② 〔汉〕司马迁撰《史记》卷六《秦始皇本纪》，中华书局，1959，第 275 页。

图 8-39

上海博物馆馆藏战国玺印"春安君玉玺"

四年，石勒灭前赵，得玺。穆帝永和八年，石勒为慕容俊灭，濮阳太守戴施入邺，得玺，使何融送晋。传宋，宋传南齐，南齐传梁。梁传至天正二年，侯景破梁，至广陵，北齐将辛术定广陵，得玺，送北齐。至周建德六年正月，平北齐，玺入周。周传隋，隋传唐也。①

玉玺传到唐朝之后，唐末战乱，不知所踪。到了元朝的第二个皇帝元成宗时，据说玉玺再度出世②，但随着亡国之君元顺帝北遁，玉玺被携至大漠，又失影迹。到了17世纪上半叶，努尔哈赤创立八旗制度，准备称汗建国，玉玺神奇地又现人世，为努尔哈赤建立后金政权提供了及时的舆论支持。但在清朝亡国时，溥仪交出的御宝印玺中，却无该物。传国玉玺的踪迹，成了一个历史之谜。

虽然历史上的传国玉玺不知所踪，但玉玺是皇权的象征，已经成为人们心目中根深蒂固的认识。东汉时，地方军阀卢芳曾投降匈奴，后来又上书汉廷，表示愿意归顺汉朝，上书时所用语言就是"谨奉天子玉玺，思望阙庭"③。东汉初年另一件事，也形象地说明玉玺在人们心目中的地位。当时，涿郡太守张丰造反，光武帝派将军祭遵前往攻打，捉住了张丰，粉碎了张丰的皇帝梦。《后汉书》绘声绘色记载了这件事：

> 初，丰好方术，有道士言丰当为天子，以五彩囊裹石系丰肘，云石中有玉玺。丰信之，遂反。既执当斩，犹曰："肘石有玉玺。"遵为椎破之，丰乃知被诈，仰天叹曰："当死无所恨！"④

道士欺骗张丰，用五彩囊裹着石头系在他的手肘上，说里面有玉玺，他就相信了，起兵造反，兵败被斩首之前还嚷嚷说自己肘上所系五彩囊中有玉玺。祭遵打破了那个五彩囊，张丰这才知道自己被骗了，感叹说死得不冤。这件事充分表明，在古人心目中，玉玺的分量之重，它就是皇权的化身。

当然，皇帝的玺印，并非只有传国玉玺一种。在秦始皇时，就制定了"皇帝六玺"制度：

> 皇帝六玺，皆白玉螭虎纽，文曰：皇帝行玺、皇帝之玺、皇帝信玺、天子

---

① 〔唐〕张守节撰《史记正义》卷六《秦始皇本纪》，《四库全书》本。
② 〔元〕陶宗仪：《南村辍耕录》卷二十六《传国玺》，中华书局，1959，第317~321页。
③ 〔宋〕范晔撰《后汉书》卷十二《王刘张李彭卢列传》，中华书局，1965，第507页。
④ 同上书，卷二十《铫期王霸祭遵列传》第740页。

行玺、天子之玺、天子信玺，凡六玺。①

"六玺"分别用于不同的场合，供皇帝在不同的公文上加盖不同的玺印。《隋书》详细记载了六玺的用途及规格：

> 天子六玺：文曰"皇帝行玺"，封常行诏敕则用之。"皇帝之玺"，赐诸王书则用之。"皇帝信玺"，下铜兽符，发诸州征镇兵，下竹使符，拜代征召诸州刺史，则用之。并白玉为之，方一寸二分，螭兽钮。"天子行玺"，封拜外国则用之。"天子之玺"，赐诸外国书则用之。"天子信玺"，发兵外国，若征召外国，及有事鬼神，则用之。并黄金为之，方一寸二分，螭兽钮。又有传国玺，白玉为之，方四寸，螭兽钮，上交五蟠螭，隐起鸟篆书。②

除了"传国玉玺"方四寸，其余六玺均"方一寸二分"，质料则有用玉做的，也有用黄金做的。"天子六玺"的传统，到唐代已被打破，成了天子"八宝"。宋徽宗时加到了九玺，南宋时天子玺印又增加到11枚。明朝初有17枚，到嘉靖皇帝时又增加7枚，达到24枚，到清末的时候，已经有25枚之多。同时，天子玺印的尺寸，也突破"方一寸二分"的限制，不断增加。

二、严格规范，层次分明

皇帝玺印通过附加的神奇传说和超大尺寸，来显示皇帝的权威。对其他人，则通过规定印章的名称、规格、形制、质地等，维持不同的等级，确保官僚制度的尊严。这种做法，从汉代就开始了。

汉代规范官员印章，首先从名称上着手。汉代规定，皇帝皇后、太子太子妃、诸侯王等的印章可以称玺，玺文刻"天子之玺""某王之玺"等。对官吏而言，二千石以上的官员，如太守、将军和公卿，他们的印称"章"（汉初仍沿秦制称"印"），章上面的文字刻"某官之章"。其他官吏以及列侯、关内侯等，和平民一样，其印章都只能称"印"。印上面的文字只能刻"某官之印"。从此，玺、章、印名称之别，遂成为古代社会等级制度的一个缩影。

---

① 〔汉〕卫宏撰《汉官旧仪》卷上，《四库全书》本。
② 〔唐〕魏徵等撰《隋书》卷十一《志第六·礼仪六》，中华书局，1973，第239页。

不但名称上有所区别，所用材料及规格和形制，也都有明确限定。《隋书》曾对此有所记述：

> 皇太子玺，黄金为之，方一寸，龟钮，文曰"皇太子玺"。宫中大事用玺，小事用门下典书坊印。①
>
> 皇太后、皇后玺，并以白玉为之，方一寸二分，螭兽钮，文各如其号。玺不行用，有令，则太后以宫名卫尉印，皇后则以长秋印。②
>
> 皇太子妃玺，以黄金，方一寸，龟钮，文曰"皇太子妃之玺"。若有封书，则用内坊印。③

太子及太子妃的印，都是用黄金制成，方一寸，龟形鼻纽。皇后、皇太后的印，则用玉制成，方一寸二分。尽管太子及皇后的印都称为玺，但它们的质地与规格是有差异的，这种差异反映了其身份的高低。那么，非皇室成员，例如诸侯王和大臣，他们的印章制作，遵循什么样的规则呢？元代陶宗仪《南村辍耕录》，引前代文献，对此有详细追述：

> 汉制，诸侯王金玺。玺之言信也。古者印玺通名。《汉旧仪》云：诸侯王，黄金玺，橐驼钮，又曰玺，谓刻曰"某王之玺"。列侯，黄金印，龟钮，文曰"某侯之章"。丞相、太尉与三公、前后左右将军，黄金印，龟钮，文曰"章"。中二千石，银印，龟钮，文曰"章"。千石、六百石、四百石至二百石以上，皆铜印，鼻钮，文曰"印"。建武元年，诏诸侯王金印绿绶，公侯金印紫绶。中二千石以上，银印青绶。千石至四百石以下，铜印黑绶及黄绶。④

这段记载表明，汉代诸侯王的印可以称玺，是用黄金制作的。列侯和丞相、太尉与三公、前后左右将军等，其印也是用黄金制作的，但不能称玺，只能称"章"。俸禄为二千石的官员，其印虽然也可以称"章"，但只能用银制作。其他的从千石到二百石，只能叫印，用铜制作，而且印章上的纽也只能是最简单的鼻纽。图8-40是上海博物馆馆藏的东汉"芈闱苑监"官印。芈闱苑是灵帝时所建的两个宫苑的名称，该印是管理这两个园林的官员的官印。该印鼻纽，

---

① 〔唐〕魏徵等撰《隋书》卷十一《志第六·礼仪六》，中华书局，1973年，第240页。
② 同上书，第243页。
③ 同上。
④ 〔元〕陶宗仪：《南村辍耕录》卷三十《印章制度》，中华书局，1959，第370页。

图 8-40

上海博物馆馆藏东汉灵帝时"芈围苑监"铜印

质地为青铜，规格为纵 2.4 厘米，横 2.4 厘米，高 2.5 厘米，与"方一寸"的要求也一致。

汉代开始的用不同规格、质地的印章表示官员等级的做法，被后世王朝所继承，虽然具体做法有改变，基本思想则完全一致，甚至有过之而无不及。明代沈德符曾记述了秦至明从皇帝到一般官员印章的变化，如下：

> 秦天子六玺，唐始有八宝。宋世尚循其制，至徽宗而加九，南渡至十一，皆非制也。本朝初有十七宝，至世宗加制其七，今掌在符台者共二十四宝，盖金玉兼有之。若中宫之玺，自属女官收掌。更有太祖所作白玉印，曰"厚载之纪"，以赐孝慈后者，至今相传宝藏。若历朝太后，则每进徽号一次，辄另铸新称一次，皆用纯金。此故事皆然。其臣下印信，则文武一品、二品衙门，得用银造，三品以下俱用铜，惟以式之大小分高卑。两京兆虽三品，印亦银铸，则以天府重也。①

沈德符描述了从秦到明皇帝印玺数的变化，说明这些印玺的质地是金或玉。他还专门说明了明太祖朱元璋用白玉为马皇后制作的"厚载之纪"玺印，该印被明廷珍藏。对历代太后，每进徽号一次，就新铸玺印一枚，都是用黄金制作的。这是传统做法。至于臣子印章，则文武一品、二品官员，印章都用银制作，三品以下官员，都用铜，官员官职高低，则通过印章的大小体现出来。只有南、北两京的行政首长，虽然是三品，其印仍然用银制作，原因在于首都地位特殊。

印的大小有具体尺寸要求，这就与度量衡有了密切关系。中国古代度量衡有其自身的演化特征，由汉至晋，度量衡量值有所变化，但变化幅度还在自然演变的范围，而到了南北朝时期，北朝度量衡单位量值变化剧烈，与南朝的度量衡拉开了较大的距离。最后建立在北朝基础上的隋再次统一了中国，隋统一中国后，在度量衡制的选择上，采用了双轨制：日常生活中的度量衡采用以北朝为基础的大制，而天文音律医药领域则采用以南朝为基础的小制。隋的这一做法为唐王朝所采纳，唐还用立法的形式将这种双轨制确定下来。此后的王朝也都继承了该做法。在这一过程中，印章的大小也随着度量衡的变化而有所变化。对此，我们可以通过对比文献记载和考古发现，了解古代印章与当时的度量衡制度之间的关系。

南宋赵彦卫《云麓漫抄》中有一段话，记载了宋代印章的规格：

---

① 〔明〕沈德符：《万历野获编》卷二《符印之式》，中华书局，1959，第 58 页。

图 8-41

上海博物馆馆藏北宋"神虎第一指挥第三都朱记"铜印

> 国朝印制，仍唐旧，诸王及中书门下印方二寸一分，枢密院宣徽三司、尚书省诸司印方二寸，惟尚书省印不涂金；节度使印方一寸九分，涂金，余印方一寸八分；观察使印亦涂金；又有朱记以给京城外处职司及军校等，其制：长一寸七分、广一寸六分。今之印记多不如制，军校印尚有存者，盖可考也。①

上海博物馆馆藏有一方北宋"神虎第一指挥第三都朱记"铜印（图 8-41），其规格为长 5.5 厘米，宽 5.43 厘米，高 4.83 厘米。按宋代 1 尺合今 31.2 厘米折算，该印章长 1 寸 7 分 6 厘，宽 1 寸 7 分 4 厘，与《云麓漫抄》所记宋代军职人员印章规格可谓完全一致，说明当时印章是按照日常尺度而不是礼仪用尺制作的。这一结论，也为当代出土的多方唐宋元明印章所支持。

随着度量衡量值的增加，相应印章的尺寸也在增加。由于古代中国政府对官印规格有具体规定，通过考察已知印章的尺寸，判断当时尺度的单位量值，已经成为计量史研究中一种成熟的方法。

三、一体多印，印章奇迹

在中国印章发展史上，有一枚印章特别值得一提，那就是南北朝末期西魏重臣独孤信（503—557）的"独孤信印"。

独孤信，原名独孤如愿，字期弥头，云中郡（今内蒙古托克托东北）人。《周书》描写独孤信说，"信美容仪，善骑射。……信既少年，好自修饰，服章有殊于众，军中号为独孤郎"。② 独孤信长得漂亮，注重仪表，穿的服装也与大众不同，在军中和社会上很引人注目，其服饰及举止都成为人们效仿的对象："信在秦州，尝因猎日暮，驰马入城，其帽微侧。诘旦，而吏民有戴帽者，咸慕信而侧帽焉。其为邻境及士庶所重如此。"③

独孤信并非只注重仪表的纨绔子弟，他武艺高强，在战场上，他曾匹马挑战，生擒敌酋。而且独孤信为人忠诚，他从军以后，先后追随尔朱荣、贺拔胜等将领，逐步成长为北魏名将。北魏永熙三年（534 年），孝武帝元修迫于权臣高欢压力，被迫西迁长安，北魏正式分裂为东魏与西魏。独孤信放弃身处洛阳的父母妻子，追随孝武帝赴西安，受到孝武帝及西魏皇室

---

① 〔宋〕赵彦卫撰《云麓漫抄》卷四，《四库全书》本。
② 〔唐〕令狐德棻等撰《周书》卷十六《列传第八》，中华书局，1971，第 263 页。
③ 同上书，第 267 页。

的高度肯定。后来独孤信奉命收复并镇守荆州，接着东魏起大军进攻荆州。由于缺乏援兵，寡不敌众，而且后路被断，独孤信不得已投避南梁，在南梁居住达三年。在此期间，独孤信多次上书，希望北归。后来梁武帝同意放他北归，临行前专门问他，是回其父母妻子所在的东魏，还是之前效忠的西魏，"信答以事君无二。梁武帝深义之，礼送甚厚"[①]。

回到西魏后，独孤信对西魏尽心竭力，功绩卓著，先后被封为河内郡公、尚书令等。公元548年，独孤信进位柱国大将军。后西魏改建六官，拜大司马。公元556年，西魏末代皇帝拓跋廓被迫禅位于宇文泰之子宇文觉。宇文觉即位，建立北周，是为孝闵帝，为拉拢独孤信，迁其太保、大宗伯，进封卫国公。北周建立没多久，就发生了所谓赵贵谋逆案，独孤信受到牵连，被逼自尽。隋朝建立，追赠赵国公，谥号为景。

独孤信不但本人在历史上地位显著，他的子女也都各有成就。他的六个儿子，均任官职，并封侯封伯。他的七个女儿，都嫁给权贵，其中三位成了皇后（或皇太后）。其长女嫁给北周第二位皇帝宇文毓，被封为明敬皇后；四女嫁给唐开国皇帝李渊的父亲李昞，李渊称帝后追尊其为元贞皇后；七女独孤伽罗嫁给隋朝开国皇帝杨坚，辅佐夫君建立隋朝，在宫中被称为"二圣"，后来被谥为文献皇后。像独孤信这样的人物，在历史上绝无仅有，他的印章当然具有极高的文物价值和历史意义。

独孤信印的再现人世，具有极大的偶然性。1953年，独孤信墓被发现，墓中物品并不奢华，亦未见有印章。1981年11月，陕西省旬阳县的一名中学生一天在放学路上拾到一块奇异的石头，该石头后经文物部门鉴定，原来是西魏名臣独孤信的一组印章。独孤信印由此得以重见天日。对该印进行鉴定的考古学家和文物专家一致认为它是真品，是难得的稀世珍宝，后将其定名为"西魏独孤信多面体煤精组印"。该印现珍藏于陕西历史博物馆（图8-42）。

所谓"煤精组印"，是指它是在煤精石上镌刻的一组印章。煤精石，也被称为煤玉，是褐煤的一种变种，为不透明、光泽强的黑色有机宝石，可用于制作工艺美术品、雕刻工艺品和装饰品。独孤信印就是用煤精石雕刻成的，整枚印章共有48条基本等长（约2厘米）的棱、18个正方形面和8个正三角形面，其中14个正方形印面上刻着规范的楷书阴文，分别是"臣信上疏""臣信上章""臣信上表""臣信启事""大司马印""大都督印""刺史之印""柱国之印""独孤信白书""信白笺""信启事""耶敕""令""密"。其中前四个为上书用印；署有官职的，是公文用印；其余的，则为书简用印。独孤信印字迹遒劲挺拔，造型独特。该印并不符合西魏的官印制度，故应为独孤信的赏玩之物。

从科学史的角度来看，该印独特的几何形状值得关注。对此，科学史家刘钝教授最先从

---

① 〔唐〕令狐德棻等撰《周书》卷十六《列传第八》，中华书局，1971，第264页。

图 8-42
陕西历史博物馆馆藏独孤信印

数学结构角度给予了深入论述。① 独孤信印是一种"半正多面体"。在几何学上,所谓"正多面体",是指每一个面都是全等的正多边形,并且各个多面角都是全等的多面角这样的多面体。在大自然中,正多面体只有五种,正四面体、正六面体、正八面体、正十二面体和正二十面体。而半正多面体,则是由两种或两种以上的正多边形围成的多面体。在历史上,据说上古希腊科学家阿基米德最早对半正多面体进行研究,发现了全部半正多面体一共只有 13 种。正因为如此,半正多面体也被称为"阿基米德多面体"。

独孤信印共有 18 个正方形面和 8 个正三角形面,是一个 26 面半正多面体。这种半正多面体,在独孤信之前也存在过。1968 年,考古工作者发掘了西汉中山靖王刘胜及其妻子窦绾之墓,出土文物中有一件精美的铜骰,该铜骰直径 2.2 厘米,现珍藏于河北博物院(图 8-43),其相关的文字说明为:

> 铜骰通体错金银,为 18 面体的球形物。其中 16 面上错出篆书或隶书"一"

---

① 刘钝:《独孤信印与秦汉酒骰的几何学》,《数学文化》2018 年第 1 期,第 62 ~ 69 页。

图 8-43
河北博物院珍藏西汉铜骰

至"十六",另外相对的两面上错出"酒来"和"骄"字,字体为篆隶结合。"一、三、七、十、骄、酒来"等 6 面为嵌金地错银一周,另 12 面为嵌银地错金一周。在各面空隙间,用金丝错出三角卷云纹,中心镶嵌绿松石或红玛瑙。此骰造型极其精美,骰子与"宫中行乐钱"同出,推测可能和"宫中行乐钱"配合使用,应是"行酒令"的玩物。

因为是"行酒令"的玩物,故该骰也被称为"酒骰"。说明文字上说的"18 面体",是指上面错有文字的 18 个正方形面。如果将"在各面空隙间,用金丝错出三角卷云纹,中心镶嵌绿松石或红玛瑙"的 8 个正三角形面也计在内,则一共有 26 面,与独孤信印同构,也是一个 26 面半正多面体。可见在古代中国,类似独孤信印那样的半正多面体,并非绝无仅有。

独孤信是否受到了前代酒骰的启发而制作了该印,我们无从得知,毕竟河北博物院藏的这枚酒骰在几百年前已经葬入地下,独孤信不可能得以寓目,历史上同类酒骰亦不多见。无论如何,26 面半正多面体酒骰和独孤信印的存在,体现了中国古人对几何对称美的追求,这是没有疑义的。

第九章 古代有关计量理论

古人在进行各种计量实践的同时，对计量本身也有所思考，他们对计量的性质、社会作用做了富有特色的解说，并对如何提高计量的可靠性从理论和实践两方面做了探讨。这些探讨，丰富了中国计量史的研究内容。

第一节 对计量性质的认识

所谓计量，其本质是一种测量行为。而测量的目的，就是通过各种手段，把被测物体与给定的测量单位进行比较，以求得其间的数量关系。对此，古人有所领悟。例如《荀子·致士》篇即曾提到："程者，物之准也。……程以立数。"在古代，"程"可以认为是计量的别名。荀子认为，计量是万物的准则，计量的目的在于"立数"，即把物体相应性质的量通过比较用数表示出来。就科学和社会发展来说，"立数"思想十分重要，对此，我们要稍加阐释。

一、计量的目的在于"立数"

就科学而言，"立数"二字体现的是追求定量化的思想。我们知道，没有定量化就没有科学，这是科学史常识。科学研究起源于哲学，通过哲学研究建立起的逻辑化思维方式，是科学方法的关键内容。在运用逻辑化思维方式开展科学研究的过程中，定量化必不可少。没有定量化，就没有办法通过归纳建立模型，也没有办法通过对模型的演绎做出预言，并对预言进行观测检验，这就无法知道模型的正确与否，无法推动科学的发展。所以，定量化是科学发展的前提，而实现定量化的过程就是荀子讲的"立数"。

对社会来说，任何文明，当其发展到一定程度，总要对其所涉事物进行一定程度的定量，也就是当代所说的数字化管理，否则，这种文明就没有发展前途。这种定量管理的前提，是能够对其所涉事物"立数"，这是不言而喻的。古人讲"胸中有数"，这里的"数"，不是指单纯的数字。就事物发展来说，它是指对事物发展趋势的把握；就社会管理来说，则是对所涉事物的定量把握，即"立数"。荀子"立数"思想的提出，对计量发展来说，其重要性无论如何估计都不会过分。

对于数字在计量中的作用，西汉末年的刘歆在考订度量衡制度时，从理论上做了进一步阐述。《汉书》记载了刘歆的论述，他说：

> 数者，一、十、百、千、万也，所以算数事物，顺性命之理也。……夫推历生律制器，规圆矩方，权重衡平，准绳嘉量，探赜索隐，钩深致远，莫不用焉。度长短者不失毫厘，量多少者不失圭撮，权轻重者不失黍絫。纪于一，协于十，长于百，大于千，衍于万，其法在算术。宣于天下，小学是则。职在太史，羲和掌之。①

刘歆认为，所谓数，是指一、十、百、千、万这些具体数字，它们对于计量具有重要作用，无论哪种形式的计量，都要用到它们，像测算历法、推演音律、制作器物、度量权衡等，无不如此。有了数字，测量才能做到精准，测量结果才能得到精确表达。研究数字之间关系的学问是算术，算术属于当时"小学"学术领域。在国家行政领域，此类事物由太史负责管理。

《后汉书》继承了刘歆这一思想，对量化实现方式做了具体论述：

> 夫一、十、百、千、万，所同用也。律、度、量、衡、历，其别用也。故体有长短，检以度；物有多少，受以量；量有轻重，平以权衡；声有清浊，协以律吕；三光运行，纪以历数。然后幽隐之情，精微之变，可得而综也。②

这段话意思是说，一、十、百、千、万这些数字，其功用是一样的，而推演音律、制定

---

① 〔汉〕班固撰《汉书》卷二十一上《律历志》，中华书局，1962，第956页。
② 〔晋〕司马彪撰《后汉书·志第一·律历上》，中华书局，1965，第2999页。

历法、测算度量衡，则是它们的具体应用。因此物体的长短可以用尺度检定，量的多少可以用量器计测，轻重可以用权衡称量。音乐的音调有高低，可以用音律将其协调起来；日月星的运行有快慢，可以用历法中的具体数字把它表现出来。只有这样，才能了解事物的内在因素，把握它最微妙的变化。

通过古人上述论述，可以看出，在古代中国，人们已经认识到，物质的某些性质要定量表示，必须通过计量的方式。不同的计量方式有不同的功用，但所有的计量结果都要用数字表示，而计量是实现这一过程的中间手段。

二、计量的适用范围

既然计量是为了定量表示物体的某些性质，那么，它也就只能对物质那些可以量化的性质进行计量。对此，古人亦有所涉及。例如，《孙子》中曾提到：

先知者，不可取于鬼神，不可象于事，不可验于度。①

意思是说，有些人对于事物发展趋势有着很强的洞察力，这种洞察力不是来自鬼神，不是源于对事物征象的比附，也不能用具体测量的方法将其检验出来。唐代李荃注解《孙子》中这段话说：

夫长短阔狭，远近小大，即可验之于度数。人之情伪，度不能知也。②

"度"即指测量，测量对于了解人情之真伪是无能为力的，原因在于它无法定量表示。李荃的论述，给出了无法用测量判断事物某种属性的具体例子。这一例子具有典型性，即使是当代社会，有了测谎仪，人之情伪也难以仅仅通过测量行为就完全判定。

要建立被计量物体与给定单位之间的数量关系，就必须将计量标准与被计量物体加以比较。对于这种比较本身，古人也做过讨论，其中以《墨子》的论述最为出色。

《经》：异类不吡，说在量。

---

① 〔周〕孙武撰《孙子·用间》，《四库全书》本。
② 《孙子十家注》，载《诸子集成》，第6册，上海书店影印本，1987，第228页。

> …………
>
> 《说》：异：木与夜孰长？智与粟孰多？爵、亲、行、贾，四者孰贵？……①

"吡"同"比"。《墨子》意思是说：在测量中，不同性质的事物不能相互比较。《说》举例解释：木材与夜晚谁长？智慧与粟米谁多？爵位高低、宗族亲疏、品行优劣、物价贵贱，这四种事物究竟谁更高贵？显然，墨家的意思是说，这些东西是无法比较的，因为它们的性质不同。在墨家举的这些例子中，有些因素本身就是不可计量的，例如智慧。只有对可量化的事物才能进行比较，而且必须在同类事物之间进行。墨家能专门指出这一点，也是很可贵的。

即使是对事物能被量化的性质进行计量，也还存在一个可测量范围的问题。中国古医书《灵枢·经水》说："天至高，不可度；地至广，不可量，……非人力之所能度量而至也。"《灵枢》举的例子，限于测量者所不能达到的地方。这一思想在《淮南子》中得到了升华。其中，从理论角度对测量范围做了精彩概括：

> 凡可度者，小也；可数者，少也；至大，非度之所能及也；至众，非数之所能领也。②

也就是说，测量只能对有限量进行，无限的东西，不能去进行测量（至大，非度之所能及也），也不能用数去表达（至众，非数之所能领也）。这里提出的无穷不能用具体数表示出来的思想，标志着古人对无穷大理论认识的深化。这段话是无穷理论与计量学说成功的结合。

三、实现计量客观性和准确性的途径

计量的特征在于它的客观性和准确性。要做到这一点，就必须摒除测量者主观意识的影响。对此，古人有清醒的认识。在中国历史上，商鞅首次以国家力量强行推进统一的度量衡制度，他对计量仪器在测量中的作用有清醒认识：

> 先王县（悬）权衡、立尺寸，而至今法之，其分明也。夫释权衡而断轻重，

---

① 《墨子》卷十，《四库全书》本。
② 〔汉〕高诱注《淮南鸿烈解》卷二十《泰族训》，《四库全书》本。

废尺寸而意长短，虽察，商贾不用，为其不必也。①

这段话大意是说，过去那些贤明的帝王建立了尺度、权衡，直到现在人们都还效法使用，原因在于它所给出的结果是客观的、清楚的。如果放弃了权衡而去判断物体的轻重、废除了尺度而去猜测物体的长短，虽然也能给出很具体的数值，但商人们并不采用这种方法，因为它所给出的结果不具备必然性，不能令人信服地反映被测物体的量值。

北宋著名文学家、书画家苏轼对于如何保证计量的客观性和准确性也做过十分透彻的分析，他说：

人之所信者，手足耳目也。目识多寡，手知重轻，然人未有以手量而目计者，必付之于度量与权衡，岂不自信而信物？盖以为无意无我，然后得万物之情。②

这段话的意思是说，人所相信的，是自己的手、足、耳、目这些感官。眼睛能够识别东西的多少，手能够掂量物体的轻重，但人从来不用手掂作为称重的依据、用目测作为计量的标准，而是一定要用权衡尺度这些度量器具。这样做是不是有点不相信自己而倒相信起没有感觉的器物来了呢？不是这样的。因为只有排除了主观意识的干扰，才能获得对万事万物真正的了解。

苏轼的这段话，对于古代计量理论而言有重要意义。诚如苏轼所指出的，人有认识事物的能力，可以凭借感官感知事物，但人凭借感官直接感知事物，容易掺杂主观意识在内，必须摒弃这种主观性，才能获得对事物的客观认识。就计量而言，要做到这一点，"必付之于度量与权衡"，即借助于仪器进行测量。苏轼这段话论述了测量仪器对于保证计量结果客观准确所具有的重要意义，他的认识是很深刻的。

总的说来，在古代中国，人们并未将计量学科作为一个整体对之展开系统的理论探讨，他们是在讨论其他论题时涉及这一问题的，因而显得不够系统。即使如此，古人还是相当广泛地涉及了这一问题，而且发表了许多卓越的见解，其中有些见解直到今天还闪烁着真理的光芒。

---

① 〔秦〕公孙鞅撰《商子》卷三《修权第十四》，《四库全书》本。
② 〔宋〕苏轼撰《苏东坡全集》卷九十六《铭五十七首》，《四库全书》本。

第二节　计量的社会作用

古人高度重视计量，是因为它在古代社会生活中具有极其重要的作用。从技术角度而言，任何一个社会离开了计量，其运作就难以正常进行。兴修土木、冶铁炼铜、治理水患，乃至于征收赋税、分发薪俸等，无一不需要计量为之提供技术保障。非但如此，计量还广泛深入社会的方方面面，下面列举的事例，也许可以使我们更深入了解古代计量对于当时物质文明、精神文明和政治生活的重要作用，它是文明社会不可或缺的技术规范和行为准则。

一、行使统治权力的象征

古代计量（主要是度量衡和时空计量）的起源与社会化的生产活动是分不开的。史籍记载，传说舜（部落联盟的大酋长）在行使公共权力时"协时月正日，同律度量衡"；禹在划分九州、治理水患时，使用规矩准绳等测量工具，并以身长和体重建立计量标准，最终完成了建立国家的大业。在国家形成以后，国家机器的运转——征收赋税，发放俸禄，兴修水利，建造城垣，制造兵器，组织生产、交换、分配等，都离不开计量的技术保障。社会活动的最高组织形式是国家，计量的这种特征使其先天地与国家权力有密切的联系。对此，历代统治者有清晰的认识，他们是把计量作为行使统治权力的象征来对待的。中国早在周朝，就把颁布度量衡作为一种国家制度来安排。据《礼记·明堂位》记载，西周成王六年（前1037年），"朝诸侯于明堂，制礼作乐，颁度量，而天下大服。"

这里把颁布度量衡与"制礼作乐"同等对待，使其具有国家大典的属性，充分体现了周代统治者对颁布度量衡制度在国家行使统治权力方面所具有的象征作用的深刻认识。到了春秋战国时期，一些政论家进一步主张把建立统一的度量衡制度作为治国方略加以对待。《管子·明法解》说："明主者一度量、立仪表而坚守之，故令下而民从。"《论语·尧曰》提出："谨权量，审法度，修废官，四方之政行焉。"《淮南子·本经训》则认为："谨于权衡，审乎轻重，足以治其境内矣。"这些言论，都可以视为政论家们给君王的献策：推行划一的度量衡制度，谨慎法度宽严，做到这一点，天下的民众就会遵从国家的法令，服从君主的统治。

公元前221年，秦始皇大张旗鼓统一文字、货币和度量衡，威震宇内。宰相李斯一语道破了秦始皇这样做的用意:"平斗斛度量文章,布之天下,以树秦之名。"李斯认为,采取这些措施,可以提高秦国的威名,有助于秦的统治。李斯所强调的,就是度量衡管理与治理国家的关系。秦汉以后,历代新王朝建立伊始,都要考校度量衡制度,颁发新标准器,以昭告天下,使民众听命于新王朝的统治。北京故宫博物院太和殿前丹陛左右两侧,分别陈列着鎏金铜嘉量和日晷,这两件计量器具庄严地展示着清王朝的统治权力。

北宋苏洵有一段话,清晰地说明了计量为什么必须与国家权威联系在一起:

> 先王欲杜天下之欺也,为之度;以一天下之长短,为之量;以齐天下之多寡,为之权衡;以信天下之轻重。故度量权衡,法必资之官,资之官而后天下同。①

先王设立度量衡的目的,是为了"杜天下之欺",本身就具有政治含义。度量衡本身的属性,要求其标准天下都遵行,这样的标准,只能来自官方,借助于政府的权威达到"天下同"的理想状况。

传统计量除度量衡之外,还包括时间计量。在时间计量中,历法的制定和颁布占有重要地位,古人对此给予了异乎寻常的重视。古人赋予颁历权以高度的政治含义,认为地方政权是否接受中央政府颁布的历法,象征着它们是否愿意接受中央政府的管治。古人之所以有这样的认识,是因为他们认为,君主是受上天的委托来治理天下的,是代天施治。历法反映的是天时,所以颁历就是君主代替上天向民众授时。承认了君主的颁历权,也就等于承认了他们作为上天代理人的身份,当然也就表示愿意接受他们的统治。也正因为这样,在清朝初年,传教士在协助清廷修订历法时,因为在颁行的新历的封面上印上了"依西洋新法"五个大字,被守旧派抓住,成了一条无法分辩的罪名。最后,守旧派以把颁历权拱手让给西洋人为罪名,判传教士汤若望有罪,还诛杀了一批涉案的中国人。可见,古人对计量的重视程度超过了现代人,原因在于他们赋予了计量超越其本身的政治含义,使其成了统治者行使权力的象征。

---

① 〔宋〕苏洵撰《嘉祐集》卷五《衡论下》,《四库全书》本。

二、政治和经济改革的手段

春秋战国时期，中华大地各诸侯国进行着激烈的政治和经济变革。在这些变革中，度量衡制度的改变常被当作争夺政权的一种手段。史籍和文物上记载的几则历史片段，就充分表现了这一点。1972 年，山东临沂西汉墓出土了一批竹简，其中有几枚记载了春秋时吴国国君与军事家孙武的一段对话：

> 吴王问孙子曰："六将军分守晋国之地，孰先亡？孰固成？"
>
> 孙子曰："范、中行氏先亡。"
>
> "孰为之次？"
>
> "智氏为次。"
>
> "孰为之次？"
>
> "韩、魏为次。赵毋失其故法，晋国归焉。"
>
> 吴王曰："其说可得闻乎？"
>
> 孙子曰："可。范、中行氏制田，以八十步为畹，以百六十步为畛，而伍税之。其田狭，置士多，伍税之，公家富。公家富，置士多，主骄臣奢，冀功数战，故曰先亡。……公家富，置士多，主骄臣奢，冀功数战，故为范、中行氏次。韩、魏制田，以百步为畹，以二百步为畛，而伍税之。其田狭，其置士多，伍税之，公家富。公家富，置士多，主骄臣奢，冀功数战，故为智氏次。赵氏制田，以百廿步为畹，以二百卌步为畛，公无税焉。公家贫，其置士少，主佥臣收，以御富民，故曰固国。晋国归焉。"
>
> 吴王曰："善。王者之道，厚爱其民者也。"①

这里的"畛""畹"都是土地面积单位，1 畛等于 2 畹。引文所说，是吴王与孙武讨论当时晋国的六卿中，谁先灭亡。孙武给出的回答是范氏、中行氏先亡，其次是智氏，再次是韩氏、魏氏，最后由赵氏统一晋国。孙武做出这种预测的依据，是各卿施行的赋税政策以及他们所采用的田制的不同。显然，当时晋国的田制是不统一的，各卿实行的田制，名称一样，

---

① 银雀山汉墓竹简整理小组：《银雀山汉墓竹简》，文物出版社，1985，第 30 页。

大小却不相同。度量衡的不统一，使得阴谋家们看到了使用度量衡作为政治斗争手段的可能性，也使得政治家们可以以之作为分析政治形势的工具。就晋国的发展前景而言，大家都看到了六卿势力过大，国家早晚不保的局面，但六卿谁会笑到最后呢？孙武给出了自己的判断，他认为是赵氏。理由是，范氏、中行氏用160平方步为1畛，魏氏用180平方步为1畛，赵氏则用240平方步为1畛。范氏、中行氏地制小，同样按畛数征收赋税，他们辖下的民众的负担就会沉重，这必然会导致失去人心，将最先灭亡。接着智氏、韩氏、魏氏也将相继灭亡。赵氏的地制最大，又免征税收，民众归心，晋国当然是属于他的。后来晋国历史的发展大势，正如孙武分析的那样，只是韩、魏没有亡，而造成了韩、魏、赵"三家分晋"的局面。

同样是在春秋时期，齐国的田氏则把改革量制作为手段用于夺取姜氏政权。对田氏的做法，齐国大臣晏婴有过精辟的分析，他说，齐国衰败了，它将要被田氏所取代。原因在于，齐国的四种量器，豆、区、釜、钟，前三种是四进制，由釜到钟是十进制，这是公量，田氏则把豆、区进制改为五进制，这样导致钟也相应增大了，以此作为自己的家量。这样，田氏的家量就大于国家的公量。田氏为邀买民心，向外借贷时使用家量，而在回收时则使用公量。因此，民众拥护田氏，"爱之如父母，归之如流水"。长此以往，国人抛弃了君主，政权焉能不归田氏？事态的发展的确如晏婴所料，田氏世家经过几代人的经营，终于取代了姜氏，成为齐国的新君主。

从春秋后期到战国前期，各诸侯国为了谋求在相互兼并中取胜，纷纷进行经济和政治上的改革。公元前350年，商鞅在秦国第二次变法，为了富国强兵，他提出了废除贵族井田制、按户按人口征收军赋、普遍推行县制、统一度量衡等六项政治经济改革措施。商鞅立六尺为步、240方步为1亩，"平斗桶权衡丈尺"，并于公元前344年制作了标准量器——商鞅铜方升，建立了统一的度量衡制度。商鞅建立的度量衡制度，除征收赋税、发放俸禄、分配士兵口粮和关卡贸易使用外，还适应了当时各国建立年终考绩的"上计"制度的需要。"上计"就是"计书"，指统计簿册，"上计"包括仓库存粮数、垦田和赋税数目、户口统计、牲畜、饲草之数，等等。中央重要官吏和地方首长，每年必须把各种预算数字写在木"券"上，送到国君那里，国君把"券"剖分为二，由国君执右券，臣下执左券。到了年终，臣下必须到国君那里去接受考核，如果考核成绩不佳，便可当场收玺免职。为保证"上计"合券计数、计量准确，防止舞弊，就必须统一度量衡制。

西汉末，王莽秉政，建立新朝后，实行大规模的复古改制，在土地所有制上实行"王田制"，在经济上对铸钱、五均赊贷、酤酒、盐、铁、山泽事务等实行国家管理，同时制定和颁行了一批度量衡标准器。他铸造的"六名二十八品"体系复杂的货币，使用起来极不方便，每改变一次币制，就造成一大批百姓破产。王莽的"经济改革"倒行逆施，导致新朝很快覆亡。但他留下的度量衡标准器，因制造精良，被后世尊奉为汉家重器。

三、国家法典的关注对象

由于度量衡的社会性，其单位制必须是法定的，国家对度量衡予以法制管理，才能确保其制度的统一。因此，度量衡器是否规范，有关人员在使用度量衡器时操作是否合乎要求，就成了国家法典关注的对象。商鞅整顿秦国度量衡时下令，"步过六尺者罚"。在商鞅变法基础上制定的《秦律》，严格规定了使用度量衡器具允许误差的范围，超差就要对主管和制作人员罚以兵器铠甲或盾牌。秦始皇统一中国后，鉴于六国"法度量则不壹"，命令丞相隗状、王绾、李斯等制定统一度量衡的法令，颁行了一大批度量衡标准器。从商鞅到秦始皇的这些实践，开辟了中国古代度量衡管理法制化的先河。西汉建国伊始，高祖命张苍定历法和度量衡程式。现存西汉竹衡杆上的墨书文字记载到，如果使用不合标准的称钱衡器，主人必须到乡官"里正"那里受处罚，服徭役十天。《三国志》中有关于曹操擅弄权谋的记载，就与度量衡有关：

> 太祖……常讨贼，廪谷不足，私谓主者曰："如何？"主者曰："可以小斛以足之。"太祖曰："善。"后军中言太祖欺众，太祖谓主者曰："特当借君死以压众，不然事不解。"乃斩之。取首题徇曰："行小斛，盗官谷，斩之军门。"①

这段材料因其论述了计量与法制的关系，引起了后人极大兴趣。中国古代文学名著《三国演义》就据之做了绘声绘色的描述：曹操统率大军进攻袁术的城池寿春，久攻不克，军中缺粮，曹操授意管粮官王垕以小斛分发粮食，引起将士不满，事发后，曹操以克扣军粮罪诛杀了王垕，以此激励将士奋勇作战，终于攻克了寿春。这则故事虽主要是揭露曹操"酷虐变诈"，但也证实汉代已有计量立法。即使军需主管，利用度量衡器具盗窃国家财物的，也要受到法律制裁。

到了唐代，计量法制化倾向更加明显。唐代把涉及经济利益的计量问题正式列入法典，

---

① 〔晋〕陈寿撰《三国志》卷一《武帝纪》，中华书局，1959，第55页。

而不再像过去有些朝代那样以诏书形式呈现。《唐律疏议》中有两条计量条文,一条是关于法制检定的,一条是关于私造度量衡器具的,都规定对使用不规范的度量衡器具或在器具上做手脚,侵吞国家财物或造成对方损害的,要处以杖刑。自唐以后各代的典章中,都有关于惩处违反计量公平、公正行为的法律条文。史书上也有严惩不法者的个案记载。但在封建社会里,官吏、地主、大商贾相互勾结,利用度量衡器具剥夺平民百姓,是司空见惯的,法律条文往往徒有其名。

四、科学技术进步的要素

科学技术发展的基础是测量,而测量的基础是计量,因此计量的发展与科学技术进步有密切关系。就中国古代而言,计量对古代数学、天文学、音律学、医学、钱币学的发展和技术进步有不可或缺的重要作用,它们互相促进,携手创造了灿烂的中华文明。

数学 中国古代数学根深蒂固的传统是注重实用性,主要解决生产、生活中提出的各种计量问题。例如,在中国古代数学的代表作《九章算术》中,就有如下内容:"方田",计算田亩面积的各种几何问题;"粟米",计算粮食交易问题;"衰分",计算按比例分配岁收;"少广",从田亩面积计算周长边长等,正确地提出了开平方和开立方的方法;"商功",计算各种体积的几何方法,主要解决筑城、修渠等工程问题;"均输",解决粮食运输均匀负担问题。今天,我们还可以从中找到不少有关计量发展的资料。

实际上,中国古代数学一些重大突破,就是由计量问题引发的。例如,古人对圆周率的推算,就与设计标准量器的需要密切相关。西汉末年,刘歆设计"新莽铜嘉量"时,用经验的方法,得到的圆周率值为3.154 7,率先突破了"周三径一"的传统认识,是数学研究的一大成果。魏晋之际,杰出数学家刘徽由于研究新莽嘉量和注解《九章算术》,创造了用"割圆术"来计算圆周率值的科学方法。他计算出圆内接正3 072边形的面积,推算出圆周率的两种表达方法:$\pi = \dfrac{157}{50} = 3.14$;$\pi = \dfrac{3\,927}{1\,250} = 3.141\,6$。三国时魏景元四年(263年),刘徽在注解《九章算术》时,对魏大司农斛、王莽铜斛、栗氏量、齐旧四量(釜)做了考察。根据《晋书》所记,刘徽考察古斛所用圆周率值即3.141 6。南北朝时期,祖冲之在刘徽考察新莽铜嘉量的基础上,运用刘徽发明的割圆术,探求更精确的圆周率值。《隋书》记载道:

祖冲之,更开密法,以圆径一亿为一丈,圆周盈数三丈一尺四寸一分五厘九毫二秒七忽,朒数三丈一尺四寸一分五厘九毫二秒六忽,正数在盈朒二限之间。密率,圆径一百一十三,圆周三百五十五。约率,圆径七,周二十二。[①]

即祖冲之求得精确的圆周率值介于 3.141 592 6 和 3.141 592 7 之间,密率 $\pi \approx \dfrac{355}{113}$,约率 $\pi \approx \dfrac{22}{7}$。祖冲之运用他推算的圆周率值进一步考察了新莽嘉量,发现并指出刘歆的数术不精细。祖冲之求得的精确圆周率值,是使中国数学领先西方数学 1 000 多年的突出成果。祖冲之用什么方法求得上述圆周率值,史书没有记载。从数学史的角度来看,他除了继承刘徽的割圆术,别无他途。而要用割圆术进行推算,必须求出圆内接正 12 288 边形的边长和 24 576 边形的面积,才能得到圆周率值的八位有效数字,运算十分繁难。祖冲之的结果得来不易,他和刘徽一样,都是从设计标准量器的需要出发,百折不回地追求最精确的圆周率值,又以求得的圆周率值考察标准量器,把最新的科学成果用于计量实践。由此可见,计量的需要促进了数学的发展,数学的进步提高了计量技术。两者的紧密联系,在古代表现得十分明显。

天文学 传统天文学的主体是历法编制,而历法是时间计量的重要内容。漏刻的演变,构成了中国传统天文学一道亮丽的风景线,而漏刻本身则是古代时间计量不可须臾或缺的重要仪器。天文学发展的前提是辨方定位,要测定二十八宿等恒星的空间方位,古书《周髀算经》把这叫作"立二十八宿以周天历度"。这种测定,是空间计量的重要内容。西汉武帝时,司马迁提议修订《太初历》,在修历过程中,当时的浑天学派和盖天学派发生了激烈的争论,后来,浑天学派的代表人物落下闳用新发明的浑仪,在浑天学家心目中的理想地点对天空进行了测量,他的测量为解决这场争论提供了依据。从此,浑仪作为古人进行空间计量的重要仪器登上了历史舞台。这是测量促进天文学发展的典型事例。

古人为检验其宇宙理论是否成立,还对影响日影影长变化因素做了探索,进行了天文大地测量。唐代高僧一行受唐玄宗的指派,实测了今河南上蔡县等四个地点的北极高度、日影长短以及地面距离,得到了地面相距 351.27 唐里北极高度相差一度的结论。按唐代天文尺长 24.525 厘米折算,一行测得的子午线一度弧长约合 131.11 公里。这一数据虽然有一定的误差,但却是人类历史上首次实测子午线弧长所得结果。元代郭守敬的天文大地测量,测点更多,涉及范围更广,结果也更加精准,是当时中国天文学的世界级重大成果。清代康熙帝大约在 1702 年至 1710 年间,为开展大规模经纬度测量,亲自规定 200 里合经线的弧长一度,清代一里为 1 800 尺,营造尺长 32 厘米,经线一弧度之长合 115.2 公里。将长度单位与地理经线

[①] 〔唐〕魏徵等撰《隋书》卷十六《志第十一·律历上》,中华书局,1973,第 388 页。

弧长相联系，体现了计量和天文学的紧密结合。

医学 计量与医学进步同样密不可分。中国医学的经典著作《黄帝内经·灵枢·经水》篇就强调测量和解剖的重要性，说："若夫八尺之士，皮肉在此，外可度量切循而得之，其死可解剖而视之。"王莽时对人体解剖后各器官的逐一测量，也是计量的具体应用。就中医本身来说，为人治病，辨症下药，加减剂量，没有计量为其提供技术保障是不可能的。正因为如此，西晋时兼明医术的朝廷重臣裴頠就曾给晋武帝上言，指出当时度量衡制度已经出现混乱，应该对之进行改革：

> 宜改诸度量。若未能悉革，可先改太医权衡。此若差违，遂失神农、岐伯之正。药物轻重，分两乖互，所可伤夭，为害尤深。古寿考而今短折者，未必不由此也。①

裴頠特别强调指出，如果改革一时不能到位，至少也应该先对医用权衡进行改革，因为医生用药，如果度量不准，则会导致"药物轻重，分两乖互，所可伤夭，为害尤深"。裴頠的建议虽然未被采纳，但人们已认识到药物称重计量准确与否，系人命关天的大事。鉴于药物计量对于医疗效果至关重要，历代名医，南朝的孙思邈、陶弘景，唐代的苏恭、王焘以及明代的李时珍，在他们的医著中都有对度量衡量制的论述，保存着许多珍贵的计量史料。

音律学 古代常把音律和度量衡联系在一起，所谓"同律度量衡"，就是朝廷要把颁行统一的度量衡制和考订本朝大乐的音律有机地结合起来。我国至少在西周初期就已积累了丰富的音律学知识，形成了在一个音阶中确定十二个音律，并在十二音律中选取五个或七个音组成一个音阶的乐制。在春秋时期已出现三分损益法，以此确定管或弦的长度和发音高低之间的关系。管长则声（声波频率）低，管短则声高。十二音律与律管管长有一一对应的关系。在十二音律中，黄钟律被认为是根本，它的长度是九寸，这样，就可以以黄钟律管为基础，经过一定的数学运算，推算出其他律管的长度。这就首先要把黄钟律管确定下来，而要确定黄钟律管，必须先确定所用尺度标准。因此，历代律历学家在考校大乐音高时，都要研究采用何种律尺（古代自汉至清有一套律尺系列），或者发现当朝音律失准时，提出校准律尺的要求。西汉末年，律历学家刘歆运用积黍与黄钟律管互相参校，以之确定度量衡三个单位量标准，为后世提供了一套可操作的复现度量衡基准的方法。这种方法符合音频和数理统计科

---

① 〔唐〕房玄龄等撰《晋书》卷三十五《裴秀》，中华书局，1974，第1042页。

学原理，也进一步密切了度量衡和音律的关系。但音频的高低，在古代全靠人耳判断，有很大的主观性；黍子的物理性能也很难做到均匀一致。所以后人按照刘歆设定的参数条件去复现度量衡基准，特别是复现单位重量时，所得结果很不可靠。因而，这种方法的实用性是有问题的。

钱币学 古代度量衡和金属钱币有天然的血缘关系。这是因为，权衡单位量值准确与否，决定了铜钱本身重量是否符合要求，它是关系到币值稳定与否的大事，任何政府都不敢对之掉以轻心。对此，本书有专章讨论，这里不再赘述。

第三节 误差学说

为了确保计量结果的客观性和准确性，古人对误差现象也做了探讨，并在此基础上形成了自己的误差学说。

一、误差存在的必然性

在总结大量测量实践的基础上，古人认识到，尽管测量可以做到非常精确，但不管是什么测量，总会有一定的误差存在。对此，《淮南子》有精彩的论述：

> 水虽平，必有波；衡虽正，必有差；尺寸虽齐，必有诡。非规矩不能定方圆，非准绳不能正曲直，用规矩准绳者，亦有规矩准绳焉。①

这段话的意思是说，水面即使平静，也有波纹存在；天平虽然平正，结果也会有偏差；尺寸即使已经对齐，读数也会有谬误。没有仪器不能进行测量，使用仪器必须遵守相应的操作规则。这段话形象地表明了古人在误差理论上获得的一个重要认识：在测量中，误差不可避免。同时，它也强调了遵守操作规则的重要性。

实际上，比《淮南子》的时代更早，古人已经有了类似的认识。例如秦始皇统一度量衡后，不但建立了严格的检定制度，秦朝法律还十分详细地规定了度量衡器具在使用中的允许

---

① 〔汉〕高诱注《淮南鸿烈解》卷十七《说林训》，《四库全书》本。

误差范围，这表明古人在实践中已经意识到误差不可避免，《淮南子》的贡献在于它明确说明了这一点。

当然，并非所有种类的误差都不可避免。例如不遵守操作规则而导致的过失误差就是可以避免的。荀子就曾列举过过失误差的例子。他说：

> 衡不正，则重县于仰，而人以为轻；轻县于俯，而人以为重；此人所以惑于轻重也。①

在天平没有调平衡的情况下，把重物悬挂在仰着的一侧，人们会觉得它轻；把轻东西悬挂在垂着的一侧，人们会觉得它重。这种情况下得到的结果就是不正确的。荀子所指出的这种误差，在实践中当然应该予以避免。

二、产生测量误差的原因

在测量中，误差虽然不可避免，但却可以尽量降低。要做到这一点，测量仪器的选择十分重要。不同的测具有不同的精度，适用于不同的范围，如果选择不当，就会使测量精度下降，甚至使测量无法进行。《慎子》曾经举例说明过选择测具的重要性：

> 厝钧石，使禹察锱铢之重，则不识也。悬于权衡，则毫发之于权衡，则不待禹之智，中人之知，莫不足以识之矣。②

该书说，如果用钧、石这样大的砝码去称量只有锱、铢那样重的物体，即使让大禹那样的圣人去操作，也将茫然不识。但如果使用合适的权衡，则一般人都可以测量得很精准。这是由于测具不当，单位过大，使得测量无法进行的缘故。

为了提高测量精度，需要采用尽可能小的读数单位。古人对此做了不懈的努力。以衡器为例，考古发掘证明，早在战国时期，中国衡器的制作已经相当精密。湖南长沙出土的战国铜环权，具有可靠重量的小砝码仅重 0.6 克，就是例证。再以长度为例，《汉书·律历志》记述的最小长度单位为分，但在实际测算过程中，古人采用了比分更小的单位，如厘、毫、

---

① 〔战国〕《荀子》卷十六《正名篇》。
② 《慎子逸文》，《丛书集成初编》本。

秒等，在最小单位下，还增加了强、半、太、少等估读数字。这些，显然是长度测量日趋精密的表现。

另一方面，还要尽量注意避免误差的积累，这就要求根据被测物的大小，选择合适的测具。若测具不当，单位过大，就会导致测量无法进行；单位过小，则势必增加测量次数，使得累计误差增大。《淮南子》说：

> 寸而度之，至丈必差；铢而称之，至石必过。石称丈量，径而寡失。[1]

这段话意思是说，要测量一丈长的物体，而所用测具长度却是寸，这样一寸一寸量下去，量够一丈时，其结果必然是不正确的。要测量一石重的物体，却用铢这样的重量单位一铢一铢去称，最后结果也要出错。直接用石去称、用丈去量，就会减少偏差。《淮南子》这段话得出了一个重要结论：径而寡失。这一结论反映了测量工作应该遵循的一条基本原则，具有重要的指导价值。

测量需要有一定的数学和物理依据，这些依据本身有时也会成为产生误差的根源。古人对此多有涉及。例如，三国时王蕃在讨论天球大小时，对前人陆绩的结果表示不满。他认为陆绩在测算天球周径时依据的圆周率是周三径一，这一数据不准确，因而导致计算结果有误。梁朝祖暅对张衡也有过类似的批评。祖暅的父亲祖冲之在考校刘歆设计制作的新莽嘉量时，也明确指出刘歆依据的圆周率值不够精确。所有这些都是通过对产生最后测算结果所依据的数学关系的分析，指出了产生误差的原因。

古人进行天文测量的物理依据之一是光行直线，这一依据遭到了明末方以智的否定。方以智曾提出过一个十分重要的概念，叫作"光肥影瘦"，其中心意思是说光不走直线，光在传播过程中常向几何投影的阴影处侵入（图9-1）。

方以智认为，既然光不走直线，那么运用建立在光行直线基础上的几何测算方法进行测量是"测不准"的。方以智的这些讨论，集中表现在其《物理小识》一书。这一论述的具体内容是否正确，可以姑且置之不论，但至少它反映了古人对测量所依据的物理原理的重视。类似的讨论，在唐代僧一行解释其天文大地测量出现反常结果时亦可见到。就计量史而言，这是有深远意义的，它标志着古人对计量误差产生原因认识的深化。

---

[1] 〔汉〕高诱注《淮南鸿烈解》卷二十《泰族训》，《四库全书》本。

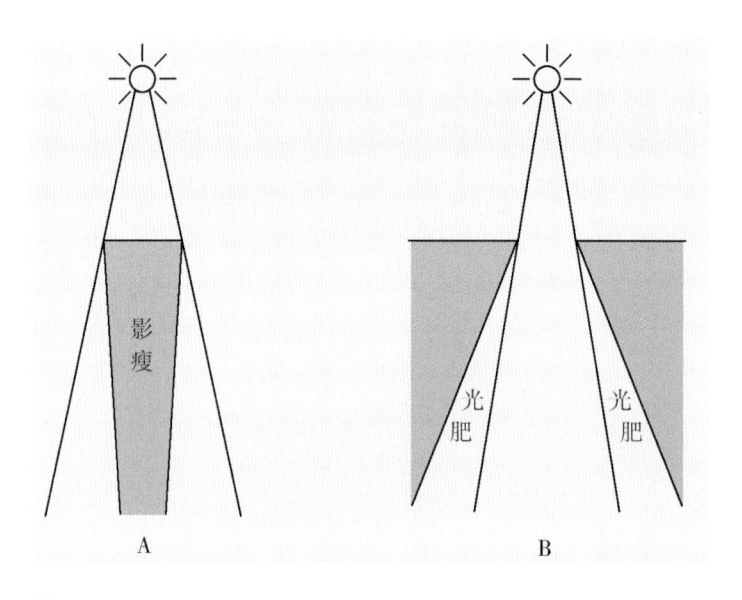

图 9-1
方以智《物理小识》光肥影瘦示意图（方氏认为光的传播不走直线，光在传播过程中遇到障碍物时，会绕行到障碍物的后面继续传播。A 为光遇到屏的情形，屏影暗区小于几何投影；B 为光穿过孔后，光线在孔后形成的亮区大于几何投影）

三、测量精确度和准确度概念的区分

在中国计量史上，古人对测量的精确度和准确度概念的区分及探讨，是传统误差学说取得的重要成就之一。这一区分的进程，早在先秦时代已经开始。先秦著作《韩非子》有一段话就涉及了这一区分：

> 夫新砥砺杀矢，彀弩而射，虽冥而妄发，其端未尝不中秋毫也，然而莫能复其处，不可谓善射，无常仪的也。设五寸之的，引十步之远，非羿、逢蒙不能必全者，有常仪的也：有度难而无度易也。①

这段话的意思是说，刚刚磨毕的弩箭，箭端锋利，以之射物，每次射中的地方都小到一

---
① 〔元〕何犿注《韩非子》卷十一《外储说左上》，《四库全书》本。

个点，这是否意味着射箭本领高强呢？《韩非子》的回答是"莫能复其处，不可谓善射"，即如果不能重复射中该处，不管射点多小，也不能叫作射箭技术高超。如果从测量的角度来解释《韩非子》的这些话，我们就会得到很有意义的发现：箭端锋利，射中点小，这意味着精确度高。射箭本领高强，每次都射中同一个地方，这意味着准确度高。精确度高未必准确度也高。要判断准确度的高低，要看测量结果能否重复，如果不能重复，不管读数精度多高，都不能说准确度高。《韩非子》隐含的这些思想，无疑是正确的。

在中国历史上，真正从理论上探讨精确度和准确度概念的，当推宋代沈括，他是在讨论用浑仪进行天文测量时涉及此内容的。当时有种观点，认为浑仪放置于高台之上，观测日月出没时不与地平相当，因而增加了测量误差。沈括对此说不以为然，他在上奏皇帝的《浑仪议》中指出：

> 天地之广大，不为一台之高下有所推迁。盖浑仪考天地之体，有实数，有准数。所谓实者，此数即彼数也，此移赤彼亦移赤之谓也。所谓准者，以此准彼，此之一分，则准彼之几千里之谓也。今台之高下乃所谓实数，一台之高不过数丈，彼之所差者亦不过此，天地之大岂数丈足累其高下？若衡之低昂，则所谓准数者也，衡移一分，则彼不知其几千里，则衡之低昂当审，而台之高下非所当恤也。①

这段话中有"此移赤彼亦移赤"之语，据科学史家李志超教授判断，这里的"赤"当为"十分"之误②。因为古书都是竖排，"十分"二字的竖写，很容易与"赤"字相混。沈括在这里提出了测量的"实数"和"准数"概念。所谓"实数"，与测量的精确度有关，它所反映的是测算结果的绝对值，相应的误差是绝对误差。"准数"，是测量的相对值，是用浑仪观测天体时直接反映在仪器上的读数，由此产生的误差直接影响到最后测算结果的准确度。在沈括所举的例子中，台子高下是"实数"，在此基础上进行测量导致的绝对误差虽可达"数丈"之巨，但它与天地之高大相比，可谓微乎其微，即对相对误差的作用近似于零，影响不到测量的准确度，所以沈括说："天地之大，岂数丈足累其高下？"另一方面，窥管在浑仪上的读数是"准数"，它在测量中的读数误差也许不大，但因其反映的是相对测量数据，"衡移一分，则彼不知其几千里"，对测量准确度的影响是相当大的。因此，台子的高低可以不

---

① 〔元〕脱脱等撰《宋史》卷四十八《志第一·天文一》，中华书局，1977，第957页。
② 李志超：《天人古义——中国科学史论纲》，第3版，大象出版社，2014，第197页。

去考虑，但窥管的指向却要十分精确。沈括的分析表明，在判断误差对测量结果的影响方面，他已经有了清晰而正确的认识。

四、减少测量误差的卓越实践

在运用误差理论减少测量误差方面，古人有着内容丰富的探索。他们强调要制定科学的计量标准，保持测具的统一和稳定，并且针对产生误差的原因进行"对症施治"的改进。在古人为减少误差而采取的种种措施中，有两种做法特别值得一提，因为它们很巧妙地运用了误差理论。

一种做法是减少测量中的相对误差，这在古人立表测影的演变过程中有所反映，尤其是郭守敬的高表测影，其对高表测影原理的说明，清晰地表明了他对如何减少相对误差的认识。对此，我们在"郭守敬高表测影"一节中有细致讨论，这里不再多述。

另一种方法是宋末元初赵友钦在测量恒星赤经差时采用的，意在避免过失误差，减少偶然误差。为了确保观测结果的准确可靠，赵友钦把观测人员分为两组，两组用同样的设备观测同样的恒星所得结果相互参校。他在其《革象新书·测经度法》中说："必置四壶、立两架，同时参验，庶无差忒。"也就是说，在测量时要配置四套漏壶、竖立两副架子，让两组人员同时观测，以所得结果相互比较，这样才能避免差错。

赵友钦的做法很有道理。为了避免过失误差，测量需要有所参校。同时，这样也有利于对测量结果取平均值，从而增加了最后结果的准确程度。现在人们在测量中，也取用多次测量的平均值作为真值使用，由此可以看到赵友钦这种测量方法的科学性。同样，郭守敬"正方案"的设计，也包含了类似的思想，具体可参见本书有关章节，这里不再赘述。

中国古代对误差问题的讨论，一般散见于各类书文之中，因而显得有些零散，没有形成自己首尾一贯的系统。即使如此，古人对误差理论的探讨还是达到了一定的深度和广度，是值得认真总结的。

中篇 传统计量向近代计量的转型

第十章 传教士带来的变革

在东西方文化交流史上，中世纪基督教传入中国，前后有三次，唐代一次，元代一次，明末清初一次。[①] 前两次传入所造成的文化传播规模小，对中国思想界没有多大影响。真正对中国文化的走向产生影响的是第三次。这次传入的时间，从16世纪末开始到18世纪末为止，延续了两个多世纪；传入方式上是传教士直接进入中国内地进行传教活动，并与中国知识分子合作著书立说，力图通过进贡上书以及与士大夫论道来影响中国的知识阶层；内容上则以宣讲中世纪基督教神学为主，同时也向中国知识界传播一些西方古典科学。传教士来华，目的是传教，但由于东西方文化的差异，由于民众中反异教情绪的存在，他们要在华立足，并不容易。失败的痛苦使传教士们意识到，要使基督教被中国人接受，不能仅仅靠布道，而是首先要设法获得中国人对西方文化的好感。要做到这一点，通过展示西方的科技文明引起中国人的好奇，最终博得中国人的好感，是一条有效的途径。正因为如此，科技文明的传播成了这一次东西方文化交流的重要内容。

传教士传入中国的科学以西方古典科学为主。虽然如此，但由于这些科学对中国人来讲是全新的，而且它们所蕴含的一些基本概念，在近代科学发展过程中也是不可或缺的，因此这些科学知识进入中国弥补了中国传统科学的不足。就计量而言，则拓展了计量的内涵，导致了新的计量分支的出现，并使这些新的计量分支一开始就具备了与国际接轨的条件。

---

① 何兆武：《中西文化交流史论》，中国青年出版社，2001，第1页。

第一节　角度计量的奠基

中国传统计量中没有角度计量。之所以如此，是因为中国古代没有可用于计量的角度概念。

像世界上别的民族一样，中国古人在其日常生活中不可能不接触到角度问题。但中国人处理角度问题时采用的是"具体问题具体分析"的办法，他们没有发展出一套抽象的角度概念，并在此基础上制定出统一的角度体系（例如像西方广泛采用的360°圆心角分度体系那样），以之解决各类角度问题。没有统一的体系，也就不可能有统一的单位，当然也就不存在相应的计量。所以，古代中国只有角度测量，不存在角度计量。

一、中国古代实用角度体系

在进行角度测量时，中国古人通常是就其所论问题规定出一套特定的角度体系，就此体系进行测量。例如，在解决方位问题时，古人一般情况下是用子、丑、寅、卯、辰、巳、午、未、申、酉、戌、亥这十二个地支来表示12个地平方位。在要求更细致一些的情况下，古人采用的是在十二地支之外又加上了十干中的甲、乙、丙、丁、庚、辛、壬、癸和八卦中的乾、坤、艮、巽，以之组成二十四个特定名称，用以表示方位。具体见第二章，这里不再赘述。

但是，不管是十二地支方位表示法，还是二十四支方位表示法，它们的每一个特定名称表示的都是一个特定的区域，区域之内没有进一步的细分。所以，用这种方法表示的角度是不连续的。更重要的是，它们都只是具有特定用途的角度体系，只能用于表示地平方位，不能任意用到其他需要进行角度测量的场合。因此，由这种体系不能发展出角度计量来。

在中国古代科技术语中，没有现代所用的角度这个词。古汉语中的"角"字，不具备现代所谓的"角度"的含义。虽然随着汉语的进化，"角"字的寓义在逐渐增加，其中与现代角度概念最接近的是角隅之类的词语，但那并不是角度，因为它没有相应的单位，不能定量表达角的大小。没有"角度"这个词，不等于没有角度概念。古人在处理其生产生活中遇到的大量角度问题时，逐渐意识到了角度的存在，发展出了自己的角度概念。一开始，人们认识的首先是一些特定的角，例如直角，古人称其为"矩"；东、西、南、北、东南、西南、东北、西北八个地平方位角，古人称其为"八维"；等等。在此基础上，进一步产生了抽象的角的概念。这一点，在古代科技规范典籍《考工记》中表现得尤其清楚。《考工记》以"倨句"这一专门名称来表示抽象的角度概念。

实际上,倨和句都是和角度有关的词语,一般情况下,钝角形的叫倨,锐角形的叫句。《礼记·乐记》有"倨中矩,句中钩"之语,就是用"倨"和"句"来形容角度的开阔程度的。《考工记》合"倨""句"为一词,用来表示抽象角度概念。这一用法也存在于其他古籍之中,例如《大戴礼记·劝学》即有:"夫水者,……其流行庳下倨句,皆循其理。"这里的"倨句",就是指水流动时的弯曲情形,与角度概念相关。

《考工记》中有了"倨句"这一抽象角度概念,但它并未给出明确的角度单位的定义,无法从这一概念出发构建具体的角度,这也就决定了古人无法从这一概念发展出角度计量来。对此,在一些工程制作所需的技术规范中,古人是采用规定特定的角的办法来解决问题的。例如《考工记》中就规定了这样一套特定的角度:

> 车人之事,半矩谓之宣,一宣有半谓之欘,一欘有半谓之柯,一柯有半谓之磬折。①

矩是直角,因此这套角度如果用现行360°分度体系表示,则

1 矩 = 90°

1 宣 = 90° × $\frac{1}{2}$ = 45°

1 欘 = 45° + 45° × $\frac{1}{2}$ = 67° 30′

1 柯 = 67° 30′ + 67° 30′ × $\frac{1}{2}$ = 101° 15′

1 磬折 = 101° 15′ + 101° 15′ × $\frac{1}{2}$ = 151° 52′ 30″

用这种方法构造出来的"磬折",具有确定的大小,显然,它是一个确定的角度。但这套角度体系只能用于《考工记》所规定的制车工艺之中,其他场合是无法使用的。当然,在其他场合,如果所要表示的角度大小与上述术语接近的话,不排除古人同样也会使用这些术语,最典型的例子,是对"矩"这一概念的使用。矩作为直角,在生产生活中会广泛遇到,它也就成为中国古代表示角度概念时最常用的一个术语。另一个例子是"磬折",也得到了较多的使用。例如,《史记·滑稽列传第六十六》记载西门豹治邺,"西门豹簪笔磬折,向

---

① 关增建、[德]赫尔曼:《考工记:翻译与评注》,上海交通大学出版社,2014,第38页。

河立"。"簪笔",是指插笔于冠或笏,以备书写,而此处的"磬折",则指鞠躬时,把腰弯得达到磬折角度。《礼记·曲礼下》记载臣仆侍奉君主的礼节,要求其"立则磬折垂佩"。臣仆站在那里,鞠躬达到磬折角度,身上佩戴的佩自然就呈现下垂状态。

需要指出的是,"磬折"是古人借助磬的形状产生的一个表示特定角度的专有名词。磬是古代一种石制乐器,可以单个悬挂,敲击发声,也可以编组使用,形成交响。1978年考古工作者在河南淅川下寺楚墓发掘出土了一套编钟,因为编钟铭文上有"王孙诰为款待诸侯宾客而铸此编钟,以祈福康乐之用"之语,故称其为"王孙诰"编钟。与之同时出土的还有一套编磬,人们亦称其为"王孙诰"编磬。这套编磬音色清亮、婉丽,与编钟齐鸣时,金声玉振,相互辉映,足以再现上古庙堂雅乐之遗韵,见图10-1。

古人对磬的结构有所界定,磬的长上边被称作"鼓上边",短上边被称作"股上边",相应的两个端面被称作"鼓博"和"股博"。"鼓上边"和"股上边"构成的弯折即为磬折,见图10-2。《考工记》即借用这一名称,作为代指制车过程中矩、宣、欘、柯、磬折这套角度体系的一个特定角度。

需要说明的是,角度磬折并不表示工匠制磬时磬的两条上边的折角大小,《考工记》对该角的大小的规定是"倨句一矩有半",即该角度的大小为 $90° + 90° \times \frac{1}{2} = 135°$。这与上述 1 磬折 $=151°52'30''$ 的规定显然不同。像这种遇到具体角度就需要对之做出专门规定的做法,能够解决实际应用中的问题,但显然发展不成角度计量,因为它不符合计量对统一性的要求。

在古代中国,与现行 360° 分度体系最为接近的是古人在进行天文观测时,所采用的分天体圆周为 $365\frac{1}{4}$ 度的分度体系。这种分度体系的产生,是由于古人在进行天文观测时发现,太阳每 $365\frac{1}{4}$ 日在恒星背景上绕天球一周,这启发他们想到,若分天周为 $365\frac{1}{4}$ 度,则太阳每天在天球背景上运行一度,据此可以很方便地确定一年四季太阳的空间方位。古人把这种分度方法应用到天文仪器上,运用比例对应测量思想测定天体的空间方位,[①] 从而为我们留下了大量定量化了的天文观测资料。

但是,这种分度体系同样不能导致角度计量的诞生。因为,它从一开始就没有被古人当成角度。例如,西汉扬雄就曾运用周三径一的公式去处理沿圆周和直径的度之间的关系。类

---

① 关增建:《中国古代物理思想探索》,湖南教育出版社,1991,第 224~232 页。

图 10-1
河南博物院珍藏春秋"王孙诰"编磬

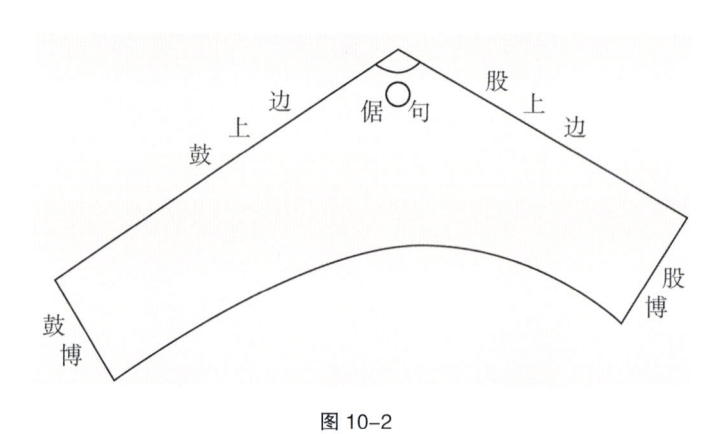

图 10-2
磬的结构

似的例子可以举出许多。① 非但如此，古人从未在除天文之外的其他角度测定场合使用过这一体系。正因为如此，我们在讨论古人的天文观测结果时，尽管可以直接把他们的记录视同角度，但由这种分度体系本身，却是不可能演变出角度计量来的。

二、西儒东来建计量

中国古代虽然通过采用就事论事的方法，能够有效地解决生产和科技发展中遇到的角度问题，但由于在角度概念上的先天不足，角度计量始终未能有效地建立起来，这对中国科学和技术的发展是不利的。相比之下，西方对角度问题的探索，走过了一条完全不同的道路。早在古巴比伦时期，人们已经将圆周分为360度，每度60分，每分60秒。这套分度体系是否是角度姑且不论，但把它视为西方圆心角360分度体系的先驱，则殆无疑义。到了希腊时期，希腊人毫无疑问已经有了清晰的角度概念，甚至演绎出了能否用尺规作图法三等分任意角这样的世界难题。该难题的出现，毫无疑问反映了希腊人对角度问题认识的深入。

希腊人的角度概念为西方科学界所继承，到了16世纪，传教士来到中国，将其带入中国，使得角度计量在中国的出现成为可能。这其中，利玛窦发挥了很大作用。

利玛窦，字西泰，意大利人，是天主教耶稣会传教士。1582年，利玛窦受耶稣会派遣来华，先在广东肇庆学习汉语并传教，后辗转于万历二十九年（1601年）来到北京，向明廷进呈自鸣钟、《坤舆万国全图》、三棱镜等礼品，获万历皇帝的批准，留居北京。在京留居期间，利玛窦在士大夫阶层中开展了传教活动。为了传教的顺利进行，他向士大夫们充分展示了自己掌握的数学和其他自然科学知识，赢得了他们的好感。《明史·天文一》评价说："明神宗时，西洋人利玛窦等入中国，精于天文、历算之学，发微阐奥，运算制器，前此未尝有也。"这一评价代表了当时人们的看法，也是比较公允的。

利玛窦不但向中国知识分子展示了自己掌握的科学知识，还和一些中国士大夫合作翻译了一批科学书籍，传播了令当时的中国人耳目一新的西方古典科学知识。在这些书籍中，最为重要的是他和徐光启合作翻译的《几何原本》一书。《几何原本》是西方数学经典，其作者是古希腊著名数学家欧几里得。该书是公认的公理化著作的代表，它从一些必要的定义、公设、公理出发，以演绎推理的方法，把已有的古希腊几何知识组合成了一个严密的数学体系。《几何原本》所运用的证明方法，一直到17世纪末，都被人们奉为科学证明的典范。

---

① 关增建：《传统 $365\frac{1}{4}$ 分度不是角度》，《自然辩证法通讯》1989年第5期。

利玛窦来华时，将这样一部科学名著携带到了中国，并由他口述，徐光启笔译，将该书的前六卷介绍给了中国的知识界。虽然他们的合作，只翻译了《几何原本》的前六卷，但正是他们的翻译，标志着中国角度计量的诞生。

《几何原本》对角度问题给予了异乎寻常的重视。在该书开篇关于几何学相关定义和概念的描述中，第一条是关于点、线、面、体等概念的定义及其彼此间的关系，第二条就是对角度概念的描述：

> 线有直曲两种，其二线之一端相合，一端渐离，必成一角。二线若俱直者，谓之直线角；一线直一线曲者，谓之不等线角；二线俱曲者，谓之曲线角。①

这个描述相当全面，既考虑了直线与直线形成交角的情况，也考虑了直线与曲线、曲线与曲线形成交角的情况。接下去，《几何原本》进一步描述了角的属性：

> 凡角之大小，皆在于角空之宽狭。出角之二线，即如规之两股，渐渐张去，自然开宽，是以命角，不论线之长短，止看角之大小。②

这段话讲的是角的本质特征。判断角度的大小，确实与其边长的长短无关，只需要看其两边开阔的程度即可，这是其定义所规定的角的本质属性。对角的概念和角的本质特征了解以后，接下去就是角的表示方法了：

> 凡命角，必用三字为记，如甲乙丙三角形，指甲角则云乙甲丙角；指乙角则云甲乙丙角；指丙角则云甲丙乙角是也。亦有单举一字者，则其所指一字即是所指之角也。③

《几何原本》给出的角的表示方法如图10-3所示，它与当代几何学所用完全一致，区别只在于现在用的是字母而非汉字。

但是，仅仅有了角度概念和对其本质属性的认识，还不等于就有了角度计量，因为还没

---

① 《几何原本一》，载《御制数理精蕴上编》卷二，《四库全书》本。
② 同上。
③ 同上。

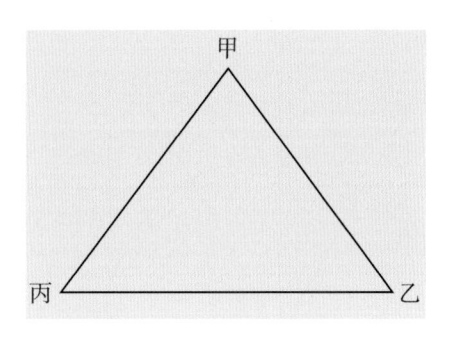

图 10-3
角的表示方法

有角度单位以及相应的测量方法,这就无法对其进行测量。不过,《几何原本》并未到此为止,而是进一步给出了角度单位体系,并阐明了角度单位的进位原则和具体测量方法:

> 凡大小圆界,俱定为三百六十度,而一度定为六十分,一分定为六十秒,一秒定为六十微,一微定为六十纤。
>
> 夫圆界定为三百六十度者,取其数无奇零,便于布算。即征之经传,亦皆符合也。度下皆以六十起数者,以三百六十乃六六所成,以六十度之,可得整数也。
>
> 凡有度之圆界,可度角分之大小,如甲乙丙角,欲求其度,则以有度之圆心置于乙角,察乙丙甲之相离可以容圆界之几度。如容九十度,即是甲乙丙直角;若过九十度者,为丁乙丙钝角;不足九十度者,为丙乙戊锐角。观此三角之度,其余可类推矣。①

这段话,正式介绍了360°圆心角分度体系,阐述了这套分度体系的优越性。更为重要的是,它还介绍了角度测量仪器和测量方法(图10-4)。《几何原本》介绍的角度测量方法,现在的中小学生在学习中还在使用,那就是用量角器测量角度。引文中所谓"有度之圆界",就是现在学生学习必备的量角器。

《几何原本》对角的概念和360°圆心角分度体系的介绍,对于中国的角度计量至关重要,因为计量的基础就在于单位制的统一,而360°圆心角分度体系就恰恰提供了这样一种可用于

---

① 《几何原本一》,载《御制数理精蕴上编》卷二,《四库全书》本。

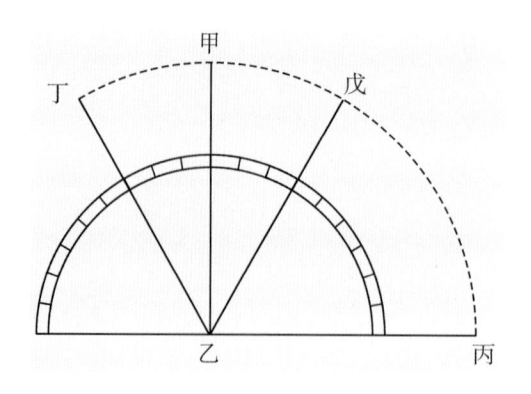

图 10-4
《几何原本》描绘的角度测量方法

计量的角度单位制。正因为如此,这种分度体系被介绍进来以后,其优点很快就被中国人认识到了,例如,《明史·天文一》就曾指出,利玛窦介绍的分度体系,"分周天为三百六十度,……以之布算制器,甚便也"。正因为如此,这种分度体系很快被中国人所接受,成了中国角度测量的单位基础。就这样,通过《几何原本》的介绍,我们有了角的定义及对角与角之间的大小进行比较的方法;通过利玛窦的传播,我们接受了360°圆心角分度体系,从而有了表示角度大小的单位划分;有了比较就能进行测量,有了统一的单位制度,这种测量就能发展成为计量。因此,从这个时候起,在中国进行角度计量已经有了其基本的前提条件,而且,这种前提条件一开始就与国际通用的角度体系接了轨,这是中国的角度计量得以诞生的基础。当然,要建立真正的角度计量,还必须建立相应的角度基准(如检定角度块)和测量仪器,但无论如何,没有统一的单位制度,就不可能建立角度计量,因此,我们说,《几何原本》的引入,是中国角度计量得以诞生的标志。

角度概念的进步表现在许多方面。例如,在地平方位表示方面,自从科学的角度概念在中国建立之后,传统的方位表示法就有了质的飞跃,清初的《灵台仪象志》就记载了一种新的32向地平方位表示法:"地水球周围亦分三百六十度,以东西为经,以南北为纬,与天球不异。泛海陆行者,悉依指南针之向。盖此有定理、有定法,并有定器。定器者即指南针盘,所谓地平经仪。其盘分向三十有二,如正南、北、东、西,乃四正向也;如东南、东北、西南、西北,乃四角向也。又有在正与角之中各三向,各相距十一度十五分,共为地平四分之一也。"[①] 这种表示法如图10-5所示。

---

① [比]南怀仁:《灵台仪象志三》,载《历法大典》第九十一卷"仪象部汇考九",上海文艺出版社,1993年影印本。

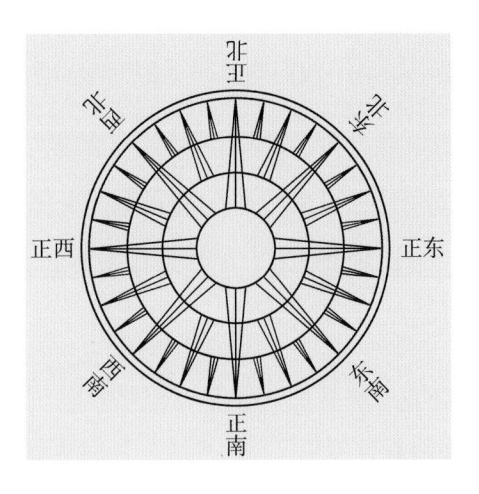

图 10-5
《灵台仪象志》记载的 32 向地平方位表示法

由这段记载我们可以看出，当时人们在表示地平方位时，已经采用了 360° 的分度体系，这无疑是一大进步。与此同时，人们还放弃了那种用专名表示特定方位的传统做法，代之以建立在 360° 分度体系基础之上的指向表示法。传统的区域表示法不具备连续量度功能，因为任何一个专名都固定表示某一特定区域，在这个区域内任何一处都属于该名称。这使得其测量精度受到了很大限制，因为它不允许对区域内部做进一步的角度划分。要改变这种局面，必须变区位为指向，以便各指向之间能做进一步的精细划分。这种新的 32 向表示法就具备这种功能，它的相邻指向之间，是可以做进一步细分的，因此它能够满足连续量度的要求。新的指向表示法既能满足计量实践日益提高对测量精度的要求，又采用了新的分度体系，它的出现为角度计量的普遍应用准备了条件。

角度概念的进步在天文学方面表现得最为明显。受传教士影响所制作的天文仪器，在涉及角度的测量时，毫无例外都采用了 360° 角度划分体系，这就是一个有力的证明。传教士在向中国人传授西方天文学知识时，介绍了欧洲的天文仪器，引起了中国人的兴趣，徐光启就曾经专门向崇祯皇帝上书，请求准许制造一批新型的天文仪器。他所要求制造的仪器都是西式的。徐光启之后，中国人李天经和传教士罗雅各（Giacomo Rho，1590—1638）、汤若望以及后来南怀仁等也制造了不少西式天文仪器，这些仪器在明末以及清代的天文观测中发挥了很大作用。南怀仁还专门写了一部书，叫作《新制灵台仪象志》（简称《灵台仪象志》），说明这些仪器的工作原理，图文并茂展示这些仪器。

他们在中国制作的这些西式天文仪器，无疑"要兼顾中国的天文学传统和文化特点。比如，传教士和他们的中国合作者在仪器上刻画了二十八宿、二十四节气这样的标记，用汉字标数字"①。但是，在仪器的刻度划分方面，他们则放弃了传统的 $365\frac{1}{4}$ 分度体系，而是采用了"凡仪上诸圈，因以显诸曜之行者，必分为三百六十平度"②的做法。之所以如此，从技术角度来看，自然是因为欧洲人编制历法，采用的是 60 进位制，分圆周为 360°，若在新仪器上继续采用中国传统分度，势必造成换算的繁复，而且划分起来也不方便。所以，这种做法是明智之举。

随着角度概念的出现及 360° 分度体系的普及，各种测角仪器也随之涌现。只要看一下清初天文著作《灵台仪象志》中对各种测角仪器的描述，我们就不难明白这一点。

总之，360° 分度体系虽然是希腊古典几何学的内容，并非近代科学的产物，但它的传入及得到广泛应用，标志着中国近代角度计量的奠基，这是可以肯定的。

第二节 温度计的引入

温度计量是物理计量的一个重要内容。在中国，近代的温度计量应该是从清代开始的，其标志是温度计的引入。

温度计量有两大要素，一是温度计的发明，一是温标的建立。在我国，这两大要素都是借助于西学的传入而得以实现的。

中国古人很早就开始了对有关温度问题的思考。气温变化作用于外界事物，会引起相应的物态变化，因此，通过对特定的物态变化的观察，可以感知外界温度的变化。温度计就是依据这一原理而被发明出来的。中国古人也曾经沿这条道路探索过，《吕氏春秋》中就有过这样的说法：

> 审堂下之阴，而知日月之行，阴阳之变；见瓶水之冰，而知天下之寒，鱼鳖之藏也。③

这里所讲的，通过观察瓶里的水结冰与否，就知道外边的气温是否变低了，其实质是通过观察水的物态变化来粗略地判定外界温度变化范围。《吕氏春秋》所言，当然有其一定道理，

---

① 张柏春：《明清测天仪器之欧化》，辽宁教育出版社，2000，第 160 页。
② 《新法历书一》，载《历法大典》第八十五卷《仪象部汇考三》，上海文艺出版社，1993 年影印本。
③ 〔汉〕高诱注《吕氏春秋》卷十五《慎大览第三》，《四库全书》本。

因为在外界大气压相对稳定情况下，水的相变温度也是相对恒定的。但盛有水的瓶子绝对不能等同于温度计，因为它对温度变化范围的估计非常有限，而且除能够判定一个温度临界点（冰点）以外，也没有丝毫的定量因素在内。

一、南怀仁介绍的温度计

在我国，具有定量形式的温度计出现于17世纪六七十年代，是耶稣会传教士南怀仁介绍进来的。南怀仁是比利时人，1656年奉派来华，1658年抵澳门，1660年到北京，为时任钦天监监正的汤若望当助手，参与历法修订工作。这里所说的温度计就是他在其著作《灵台仪象图》和《验气图说》中首先介绍的。这两部著作，前者完成于1664年，后者发表于1671年，两者均被南怀仁纳入其纂著的《灵台仪象志》中，前者成为该书的附图，后者则成为正文的一部分，即其第四卷的《验气说》。①

南怀仁在《灵台仪象志》的《验气说》中介绍了制作温度计的必要性，他认为，人们通常是通过触觉来分辨外界温度的高低，但在人的眼、耳、鼻、舌、身这五种感觉器官中，身体的触觉是最不灵敏的，因此，他"特造一器，而藉视司即五司之最灵者以补足触司之所不及。"即要通过眼睛对特定仪器的观察而不是身体与外界的接触来判定温度的变化，这就导致了温度计的诞生。南怀仁详细描述了温度计的制作和使用方法：

> 所谓作法者，用琉璃器，如甲、乙、丙、丁；置木板架。上球甲与下管乙、丙、丁相通，大小长短，有一定之则。木架随管长短，分三层，以象天地间元气之三域。下管之小半，以地水平为准，其上大半。两边各分十度。其所划之度分，俱不均分，必须与天气寒热加减之势相应。故其度分离地平线上下远近若干，则其大小应加减亦若干。……盖冷热之验，有所必然者，故候气之具，自与之相应，而以冷热之度，大小不平分。②

南怀仁在书中还绘出了他制作的温度计，如图10-6所示。根据他的描写，这架温度计是以玻璃制成U形管，管的一端与一个铜球相连，另一端向上开口，管及球的一部分注有水。他以一水平线为基准，将管子分为上、下两部分，上部分长，下部分短。管子两侧附有不等

---

① 王冰：《南怀仁介绍的温度计和湿度计试析》，《自然科学史研究》1986年第1期。
② ［比］南怀仁：《灵台仪象志四》，载《历法大典》第九十二卷《仪象部汇考十》，上海文艺出版社，1993年影印本。

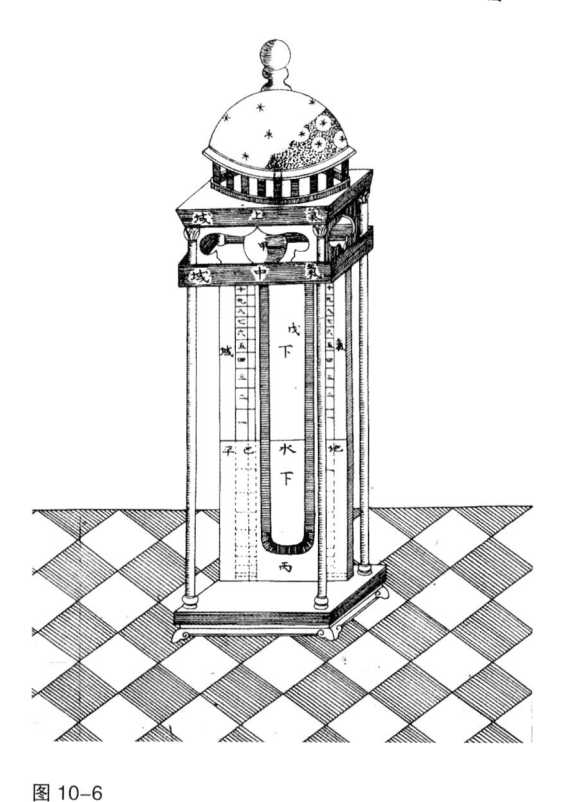

一百〇八图

图 10-6
南怀仁介绍的温度计（采自《新制灵台仪象图》）

分分度，用以作为测量温度的标尺。

但是，为什么要对温标作不等分划分呢？南怀仁认为，温度计作为测温仪器，其标度的划分，应该与外界气温在整个空气中的分布相对应。所谓"必须与天气寒热加减之势相应"、所谓"盖冷热之验，有所必然者，故候气之具，自与之相应，而以冷热之度，大小不平分相对之"，都是讲的这个意思。即是说，他的温度计上标度的不平均划分，是与外界气温分布状况相对应的结果。

那么，外界气温在空中又是如何分布的呢？对此问题，传教士们一般都持"三际说"，南怀仁也不例外。他指出："盖天之于地，有上、中、下三域。上域近火，近火常热；下域近水土，水土常为太阳所射，故气暖也；中域上远于天，下远于地，故寒也。"[1] 这就是所

---

[1] ［比］南怀仁：《灵台仪象志四》，载《历法大典》第九十二卷《仪象部汇考十》，上海文艺出版社，1993 年影印本。

谓的"三际说"。根据南怀仁的思想,空气中温度的变化,是由于这三际之间相互作用而引起的。而三际在空中分布远近距离是不同的,上际近天,范围最大,下际临地,其域最狭,温度计作为测温仪器,其设计要与之对应,这样就有了管子的上长下短,管子上刻度的间距当然也不能平均一律。

南怀仁的温标不等分划分,是其受西方"三际说"和中国传统天人相应思想影响的结果。这种划分方法,虽然其思想脉络有迹可循,但其本身却是不科学的,会对测量结果带来较大的误差。

关于这种温度计的工作原理,南怀仁做了详细的解释,他说:

> 夫水之升降,为热冷之效固矣。然其故何也?盖如上球甲,一触外来热气,则内所含之气稀微舒放,奋力充塞,则球隘既无所容,又无隙漏可出,势必逼左管之水,从地平而下至丁,右管之水,从地平而上至戊矣。此热之理所必然也。若冷之理则;反是。盖冷气于凡所透之物,收敛凝固,如本球甲,一触外来之冷气,则内所含之气必收敛,左管之水,欲实其虚,故不得不强之而上升矣。①

这段话的意思是说,以空气的热胀冷缩效应为依据,说明了这种温度计的工作过程和原理。除了"左管之水,欲实其虚"的说法,是受亚里士多德思想影响的结果之外,他的说明,基本上是成立的。

关于温度计的用途,南怀仁列举了四种:"一测天气,一测地气,一测人物气,一测月星等之气。"②测天气即测空气之气温,自然是温度计能胜任的;测地气,"则置此器于地内,少顷视水之升降,可以别其地气之冷热"③;测人物气,"譬有两人于此,其齿同,欲分别其气质何如,则使之各摩上球甲至刻之一二分(一分即六十秒,定分秒之法有本论,大约以脉一至,可当一秒)。视水升降若干,则两人之气质分矣"。④用这样的方法,的确能比较出人的体温高低,所以"医者用是法可定病之轻重进退",但如果说以之还能分别出被测者的气质、智商等因素,"推知人物之智愚强弱",则无疑属于夸张之语。因为这些因素是无法用温度计测知的。同样,测星月之气的说法,也不能成立,因为星月之光所表现出来的冷热差别,实在太微弱了,用这种温度计根本测不出来。南怀仁大概对他制作的温度计过于钟爱,以至

---

① [比]南怀仁:《灵台仪象志四》,载《历法大典》第九十二卷《仪象部汇考十》,上海文艺出版社,1993年影印本。
② 同上。
③ 同上。
④ 同上。

于想当然地为之列举了一些原本不存在的用途。

南怀仁的温度计存在一个重要问题：其一端是开口的，与外界大气相通，这使得其测量结果会受到外界大气压变化的影响，导致管中水柱的升降不能唯一反映出被测对象温度的高低。对于大气压的概念，南怀仁没有提及，但对于管子是否要对外开口，他却做过认真的思考，他说："假使塞管之口而不使通外气，则甲丁内气为外冷所逼，势必收敛凝固，虽甲丁之器为铜铁所成，必自破裂而受外气以补盈其空阙矣。又自外来之气甚热而内气必欲舒放，无隙可出，则甲丁既无所容，亦必自破裂而奋出矣。[1]"显然，他在思考这一问题时，出发点是亚里士多德的"大自然厌恶真空"的学说，用他的话来说，就是"物性既不容空"。具体到温度计，其推理依据是，当铜球受冷时，其内部空气凝缩，导致局部真空，而大自然又不允许真空的存在，于是外部的空气势必要破球而入，导致铜球破裂，温度计被毁。为避免这种局面的发生，当然还是应该让管子开口，与外界相通。

南怀仁的做法虽然合乎情理，但考虑到早在1643年，托里拆利（Evangelista Torricelli，1608—1647）和维维亚尼（V. Viviani，1622—1703）已经提出了科学的大气压概念，发明了水银气压计，此时南怀仁还没有来华，他应该对这一科学进展有所知晓。可他在20多年之后，在解释其温度计工作原理时，仍然采用的是亚里士多德学说，这种做法未免给后人留下了一丝遗憾。而且他的温度计的温标划分是任意的，没有固定点，因此它不能给出被大家公认的温度值，只能测出温度的相对变化。这种情况下，南怀仁温度计的诞生，还不能标志着中国温度计量的建立。

二、温标的诞生与中国温度计的发展

在西方，伽利略于1593年发明了空气温度计。他的温度计的测温结果同样会受到大气压变化的影响，而且其标度也同样是任意的，不具备普遍性。伽利略之后，有许多科学家孜孜不倦地从事温度计的改善工作，他们工作的一个重要内容是制订能为大家接受的温标，波意耳（Robert Boyle，1627—1691）就曾为缺乏一个绝对的测温标准而感到苦恼。惠更斯（Christian Huygens，1629—1695）也曾为温度计的标准化而做过努力。但是直到1714年，德国物理学家华伦海特（Daniel Gabriel Fahrenheit，1686—1736）才发明了至今仍为人们所熟悉的水银温度计[2]，10年后，他又扩展了他的温标，提出了今天还在一些国家中使用的华氏温标。又过

---

[1] ［比］南怀仁：《灵台仪象志四》，载《历法大典》第九十二卷《仪象部汇考十》，上海文艺出版社，1993年影印本。
[2] ［英］亚·沃尔夫：《十六、十七世纪科学、技术和哲学史（上）》周昌忠等译，商务印书馆，1991，第104~108页。

了近20年，1742年，瑞典天文学家摄尔西斯（Anders Celsius，1701—1744）发明了在1标准大气压下，把水的冰点作为0摄氏度，沸点作为100摄氏度的温标，成了与现在所用形式相同的百分温标。1948年，在得到广泛赞同的情况下，人们决定将其称作摄氏温标。这种温标沿用至今，成为社会生活中最常见的温标。

通过对比温度计在欧洲的这段发展历史，我们可以看到，尽管南怀仁制作的温度计存在着测温结果会受大气压变化影响的缺陷、尽管他的温度计的标度还不够科学，但他遇到的这些问题，他同时代的那些西方科学家也同样没有解决。他把温度计引入中国，使温度计成为人们关注的科学仪器之一，这本身已经奠定了他在中国温度计量领域所具有的开拓者的历史地位。

在南怀仁之后，我国民间自制温度计的也不乏其人。据史料记载，清初的黄履庄就曾发明过一种"验冷热器"，可以测量气温和体温。清代中叶杭州人黄超、黄履父女也曾自制过"寒暑表"。由于原始记载过于简略，我们对于这些民间发明的具体情况，还无从加以解说。但可以肯定的是，他们的活动表现了中国人对温度计量的热忱。

南怀仁把温度计介绍给中国，不但引发了民间自制温度计的活动，还启发了传教士不断把新的温度计带到中国。"在南怀仁之后来华的耶稣会士，如李俊贤、宋君荣、钱德明等，他们带到中国的温度计就比南怀仁介绍的先进多了。"[①] 正是在中外双方的努力之下，不断得到改良的温度计也不断地传入了中国。最终，水银温度计和摄氏温标的传入，使得温度测量在中国有了统一的单位划分，有了方便实用的测温工具，这些因素的出现标志着中国温度计量的诞生。而现代温度计量的诞生则要到20世纪，其标志应该是1927年第七届国际计量大会上，为统一各国之间的温度量值，决定采用复现性好、最接近热力学温度的"1927年国际实用温标"。在中国，现代温度计量的完全实现，则是20世纪60年代的事情了，当时，国际热力学温标已经诞生。

第三节　时间计量的近代化

相对于温度计量而言，时间计量对于科技发展和社会生活更为重要。中国的时间计量，也有一个由传统到近代的转变过程。这一过程的开始的标志，主要表现在计时单位的更新

---

① 曹增友：《传教士与中国科学》，宗教文化出版社，1999，第265页。

和统一、计时仪器的改进和普及上。这一进程是随着传教士的到来而开始了自己的前进步伐的。

一、计时单位的更新和统一

就计时单位而言，除去年月（朔望月）日这样的大时段单位决定于自然界一些特定的周期现象以外，小于日的时间单位一般是人为划分的结果。中国人对于日以下的时间单位划分，传统上采用了两个体系：一个是 12 时制，一个是百刻制。12 时制是把一个昼夜平均分为 12 个时段，分别用子、丑、寅、卯、辰、巳、午、未、申、酉、戌、亥 12 个地支来表示，每个特定的名称表示一个特定的时段。百刻制则是把一个昼夜平均分为 100 刻，这样每刻相当于现在的 14.4 分钟，古人以此来表示生活中的精细时段划分。

12 时制和百刻制虽然分属两个体系，但它们表示的对象却是统一的，都是一个昼夜。12 时制时段较长，虽然唐代以后每个时段又被分为时初和时正两部分，但其单位仍嫌过大，不能满足精密计时的需要。百刻制虽然划分较细，体现了古代计时制度向精密化方向的发展，但在日与刻之间缺乏合适的中间单位，使用起来也不方便。正因为如此，这两种制度就难以彼此取代，只好同时并存，互相补充。在实用中，古人用百刻制来补充 12 时制，而用 12 时制来提携百刻制。

既然 12 时制与百刻制并存，二者之间就有一个配合问题。可是 100 不是 12 的整数倍，配合起来颇有难度，为此，古人在刻下面又分出了小刻，1 刻等于 6 小刻，这样每个时辰包括 8 刻 2 小刻，时初时正分别包括 4 刻 1 小刻。这种方法虽然使得百刻制和 12 时制得到了勉强的配合，但它也造成了时间单位划分繁难、刻与小刻之间单位大小不一致的问题，增加了相应仪器制作的难度，使用起来很不方便。它与时间计量的要求是背道而驰的。

传教士介绍进来的时间制度，改变了这种局面。明朝末年，传教士进入我国之后，在其传入的科学知识中，就有新的时间单位。这种新的时间单位首先表现在对传统的"刻"的改造上，传教士取消了分一日为 100 刻的做法，而代之以 96 刻制，以使其与 12 时制相合。对百刻制加以改革的做法在中国历史上并不新鲜，例如汉哀帝时和王莽时，就曾分别行用过 120 刻制。而南北朝时，南朝梁武帝也先后推行过 96 刻制和 108 刻制。但由于受到天人感应等非科学因素的影响，这些改革都持续时间很短。到了明末清初，传教士带来了西方的时刻制度，虽然为了迎合中国人的口味，一开始他们对中国人也采用百刻制，但在其推算历法等过程中，采用的仍然是西方的时、分、秒制（HMS）。新的时刻制度在天文推算方面的便利，使得中国天文学界很快就认识到了这种新的时间单位制度所具有的优越性，承认利玛窦等"命日为九十六刻，使每时得八刻无奇零，以之布算制器，甚便也"①。

传教士之所以首先在角度计量和时间单位上进行改革，是有原因的。他们要借科学技术引起中国学者的重视，首先其天文历法要准，这就需要他们运用西方天文学知识对中国的观测数据进行比较、推算，如果在角度和时间这些基本单位上采用中国传统单位，他们的运算将变得十分繁难。

传教士对计时制度进行改革。首先提出的是96刻制，而不是西方的时、分、秒（HMS）计时单位体系，是因为他们考虑到了对中国传统文化的兼顾。在西方的HMS计时单位体系中，刻并不是一个独立单位，传教士之所以要引入它，自然是因为百刻制在中国计时体系中有着极为重要的地位，而且行用已久，为了适应中国人对时间单位的感觉，不得不如此。传教士引入的96刻制，每刻长短与原来百刻制的一刻仅差36秒，人们在生活习惯上很难感觉到二者的差别，接受起来也就容易些。由于西方的时与中国12时制中的小时大小一样，所以，新的时刻制度的引入，既不至于与传统时刻制度有太大的差别而被中国人拒绝，又不会破坏HMS制的完整。所以，这种改革对于他们进一步推行HMS制，也是有利的。

96刻制虽然兼顾到了中国传统，但也仍然遭到了非议，最典型的例子就是清康熙初年杨光先引发的排教案中，这一条被作为给传教士定罪的依据之一。《圣祖实录》是这样记录该案件的："历法深微，难以分别。但历代旧法每日十二时，分一百刻，新法改为九十六刻，……俱大不合。"②不过，这种非议随着康熙皇帝亲政，历狱案被彻底平反，反对时、分、秒制度的声音荡然无存，接受新的时刻制度，已经成为历史的必然。毕竟，杨光先等人的反对不是从科学角度出发的，它很难影响到天文学界对新法的采纳。对此，南怀仁的话可资证明："据《授时历》分派百刻之法，谓每时有八刻，又各有一奇零之数。由粗入细，以递推之，必将为此奇零而推之无穷尽矣。况迩来畴人子弟，亦自知百刻烦琐之不适用也。其推算交食，求时差分，仍用九十六刻为法。"③这是说，旧的时制非常烦琐，所以连传统的天算人士近来也将之弃而不用，转而采纳新的96刻制。这表明用新的96刻制取代百刻制是完全应该的。南怀仁说的符合实际，自传教士引入新的时刻制度后，96刻制就取代了百刻制。12时制和96刻制并行是清朝官方计时制度的特点。

但新的时刻制度并非完美无瑕，例如它仍然坚持用汉字专名而不是数字表示具体时间，

---

① 〔清〕张廷玉等撰《明史》卷二十五《志第一·天文一》，中华书局，出1974，第340页。
② 《圣祖实录》卷十四《康熙四年正月至三月》，载《清实录》（第四册），中华书局，1985，影印本，第220页。
③ 〔清〕杨光先等撰：《不得已》，陈占山校注，黄山书社，2000，第169页。

这不利于对时间进行数学推演。不过，传教士并没有止步不前，除了96刻制之外，他们也引入了HMS制。我们知道，HMS制是建立在360°圆心角分度体系基础之上的，既然360°圆心角分度体系被中国人接受了，HMS这种新的计时单位制也同样会被中国人接受，这是顺理成章之事。所以，康熙九年（1670年）开始推行96刻制的时候，一开始推行的就是"周日十二时，时八刻，刻十五分，分六十秒"之制，①这实际上就是HMS制。

新的时刻制度被引入之后，很快就得到了广泛应用，这一点，在天文学上表现最为充分。天文仪器的制造首先就采用了新的时刻制度。在清代天文仪器的时圈上，除仍用十二辰外，都刻有HMS分度。②这里不妨给出一个具体例子，在南怀仁主持督造的新天文仪器中，有一部叫赤道仪（图10-7）。

在这台仪器的"赤道内之规面并上侧面刻有二十四小时，以初、正两字别之，每小时均分四刻，二十四小时共九十六刻，规面每一刻平分三长方形，每一方平分五分，一刻共十五分，每一分以对角线之比例又十二细分，则一刻共一百八十细分，每一分则当五秒"③。通过这些叙述，我们不难看出，在这台新式仪器上，采用的就是HMS制。前节介绍温度计量，南怀仁在介绍其温度计用法时，提到"使之各摩上球甲至刻之一二分（一分即六十秒，定分秒之法有本论，大约以脉一至，可当一秒）"。这里所说的分、秒，就是HMS制里的单位。这段话是HMS制应用于天文领域之外的例子。北京古观象台陈列有当时南怀仁设计和监造的6架新天文仪器：赤道经纬仪、黄道经纬仪、地平经仪、象限仪、纪限仪和天体仪。图10-8就是其中的赤道经纬仪。

在康熙皇帝"御制"的《数理精蕴》中，HMS制作为一种时刻制度，是被正式记载了的：

历法则曰宫（三十度）、度（六十分）、分（六十秒）、秒（六十微）、微（六十纤）、纤（六十忽）、忽（六十芒）、芒（六十尘）、尘；

又有日（十二时，又为二十四小时）、时（八刻，又以小时为四刻）、刻（十五分），分以下与前同。④

引文中括号内文字为原书所加之注。引文的前半部分讲的是60进位制的角度单位，是传教士引入的结果；后半部分就是新的时刻制度，本质上与传教士所介绍的西方时刻制度完全

---

① 《嘉庆会典》卷六十四。
② 王立兴：《计时制度考》，载《中国天文学史文集》（第四集），科学出版社，1978，第41页。
③ ［比］南怀仁：《灵台仪象志一》，载《历法大典》第八十九卷《仪象部汇考七》，上海文艺出版社，1993年影印本。
④ 《御制数理精蕴下编》卷一《度量权衡》，《四库全书》本。

图 10-7

南怀仁《新制灵台仪象图》所绘赤道仪

图 10-8
北京古观象台陈列之南怀仁赤道经纬仪

相同。康熙《数理精蕴》因为有其"御制"身份，它的记述标志着新的时刻制度完全获得了官方的认可。

二、计时仪器的改进和普及

有了新的时刻制度，没有与时代相应的计时仪器，时间计量也没法发展。

中国传统计时仪器有日晷漏刻以及与天文仪器结合在一起的机械计时器，后者如唐代一行的水运浑象、北宋苏颂的水运仪象台等。日晷是太阳钟，使用者通过观测太阳在其上的投影和方位来计时。在阴雨天和晚上无法使用，这使其使用范围受到了很大限制。在古代，日晷更重要的用途不在于计时，而在于为其他计时器提供标准，作校准之用。漏刻是水钟，其工作原理是利用均匀水流导致的水位变化来显示时间。漏刻是中国古代的主要计时仪器，由于古人的高度重视，漏刻在古代中国得到了高度的发展，其计时精度曾达到过令人惊异的地步。在东汉以后相当长的一段历史时期内，中国漏刻的日误差，常保持在 1 分钟之内，有些甚至只有 20 秒左右。① 但是漏刻也存在规模庞大、技术要求高、管理复杂等缺陷，不同的漏刻由不同的人管理，其计时结果会有很大的差别。显然，它无法适应时间计量在准确度和统一化方面的要求。

与天文仪器结合在一起的机械计时器也存在不利于时间计量发展的因素。中国古代此类机械计时器曾发展到非常辉煌的地步，苏颂的水运仪象台就规模之庞大、设计之巧妙、报时系统之完善等方面，可谓举世无双。但古人设计此类计时器的原意，并非着眼于公众计时之用，而是要把它作为一种演示仪器，向君王等表演天文学原理，这就注定了由它无法发展成时间计量。从计量的社会化属性要求来看，在不同的此类仪器之间，也很难做到计时结果的准确统一。所以，要实现时间计量近代化的要求，机械计时器必须与天文仪器分离，而且还要把传统的以水或流沙的力量为动力改变为以重锤、发条之类的力量为动力，这样才能敲开近代钟表的大门，使时间计量出现质的飞跃。在我国，这一进程也是借助于传教士引入的机械钟表而得以逐步完成的。

最早把西洋钟表带到中国来的是传教士罗明坚（Michele Ruggieri, 1543—1607）。② 罗明坚是意大利耶稣会士，1579 年抵达澳门学汉语，1580 年首次到广州。他进入广东后，送给当时的广东总督陈瑞一架做工精制的大自鸣钟，这使陈瑞很高兴，于是便允许他在广东

---

① 华同旭：《中国漏刻》，安徽科学技术出版社，1991，第 12 页。
② 曹增友：《传教士与中国科学》，宗教文化出版社，1999，第 157 页。

居住、传教。

罗明坚送给陈瑞的自鸣钟，为适应中国人的习惯，在显示系统上做了些调整，例如他把欧洲机械钟时针一日转两圈的24小时制改为一日转一圈的12时制，并把显示盘上的罗马数字也改成了用汉字表示的十二地支名称。他的这一更改实质上并不影响后来传教士对时刻制度所做的改革，也正因为这样，他所开创的这种十二时辰显示盘从此一直延续到清末。

罗明坚的做法启发了相继来华的传教士，晚于罗明坚一年来华的利玛窦也带来了西洋钟表。当利玛窦还在广东肇庆时，就将随身携带的钟表、世界地图以及三棱镜等物品向中国人展示，引起中国人极大的好奇心。当他抵达北京，向朝廷进献这些物品时，更博得了朝廷的喜欢。万历皇帝将西洋钟置于身边，还向人展示，并允许利玛窦等人在京居住、传教。

明朝灭亡之后，来华传教士转而投靠清王朝，以继续他们在华的传教事业。在他们向清王朝进献的各种物品中，机械钟表仍然占据突出地位。汤若望就曾送给顺治皇帝一架"天球自鸣钟"。在北京时与汤若望交谊甚深的安文思（Gabriel de Magalhãons，1609—1677）精通机械学，他不但为顺治皇帝、康熙皇帝管理钟表等，而且自己也曾向康熙皇帝献钟表一架。南怀仁还把新式机械钟表的图形描绘在其《新制灵台仪象图》中（图10-9），以使其流传更为广泛。在此后接踵而至的传教士中，携带机械钟表来华的大有人在。还有不少传教士，专门以机械钟表师的身份在华工作。

传教士引入的机械钟，使中国人产生了很大兴趣。利玛窦曾在其北京的寓所中开设私人钟表展览，引起轰动，一时门庭若市，在朝的翰林学士、高官显宦、督抚司道，争相前来观看。崇祯二年（1629年），礼部侍郎徐光启主持历局时，在给皇帝的奏请制造天文仪器的清单中，就有"候时钟三"[①]，表明他已经关注到了机械钟表的作用。迨至清朝，皇宫贵族对西洋自鸣钟的兴趣有增无减，康熙时在宫中设有"兼自鸣钟执守侍首领一人。专司近御随侍赏用银两，并验钟鸣时刻"[②]。在敬事房下还设有钟表作坊，名曰"做钟处"，置"侍监首领一人"，负责钟表修造事宜。清廷大量采集受纳西洋钟表，蔚成风气，现在的故宫博物院珍宝馆展示有大量当时的西洋钟表，就是这一历史事实的反映。图10-10所示即故宫博物院珍宝馆陈列的18世纪英国造的一架铜镀金嵌料石转花钟。

在上层社会的影响之下，制作钟表的热情也普及到了民间，大致与宫中做钟的同时，在广州、苏州、南京、宁波、福州等地也先后出现了家庭作坊式的钟表制造或修理业，出现了一批精通钟表制造的中国工匠。清廷"做钟处"里的工匠，除一部分由传教士充任的西洋工

---

① 〔清〕张廷玉等撰《明史》卷二十五《志第一·天文一》，中华书局，1974，第359页。
② 赵尔巽等：《清史稿》（第十二册）卷百一十八《职官五》，中华书局，1976，第3439页。

图 10-9

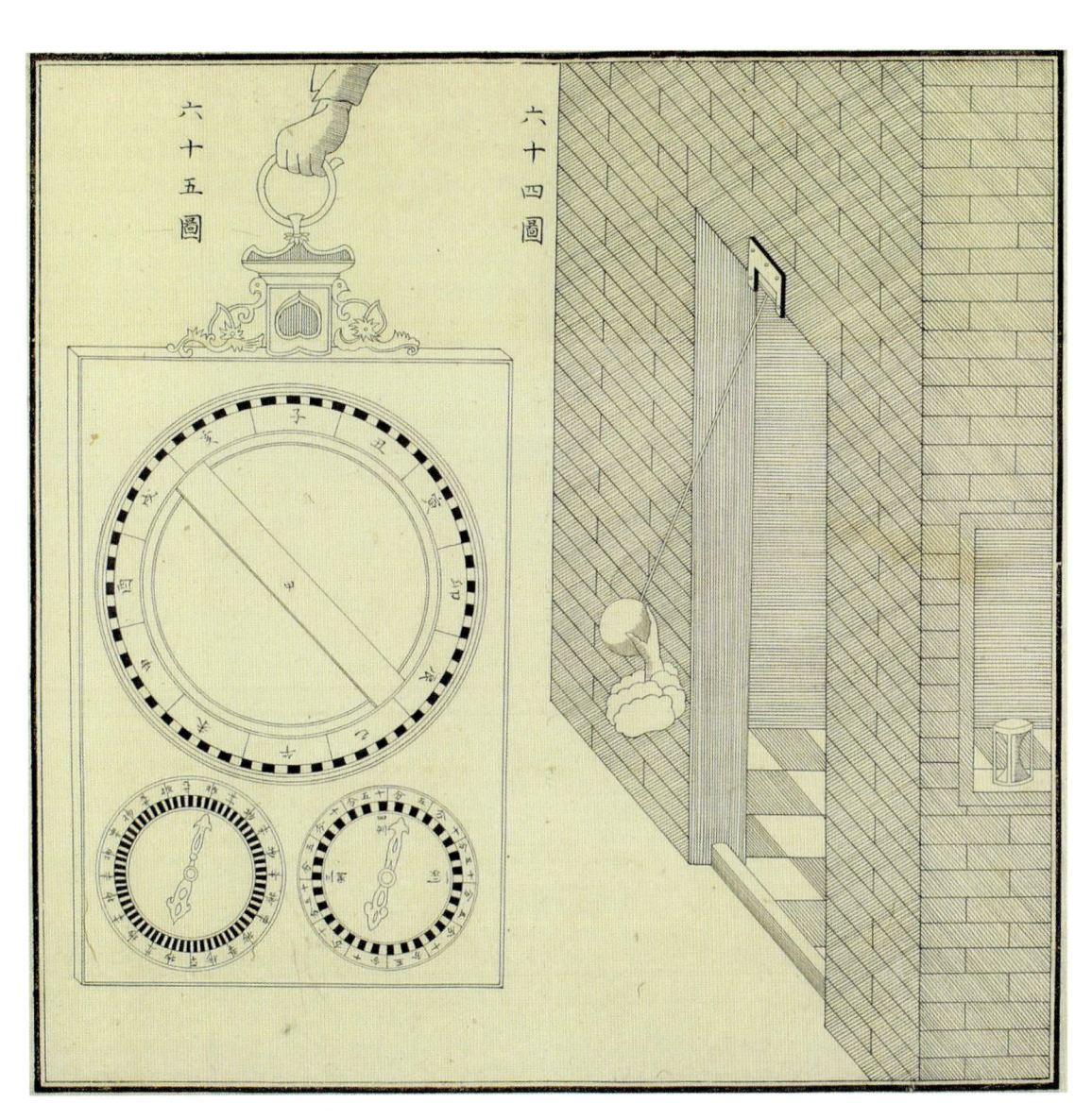

《新制灵台仪象图》所绘机械钟及单摆图

图 10-10

故宫博物院珍宝馆陈列的 18 世纪英国造铜镀金嵌料石转花钟

匠之外，还有不少中国工匠，就是一个有力的证明。钟表制作的普及为中国时间计量的普及准备了良好的技术条件。

中国人不但掌握了钟表制作技术，而且还对之加以记载，从结构上和理论上对之进行探讨和改进。明末西洋钟表刚进入中国不久，王徵在其《新制诸器图说》（成书于1627年）中就描绘了用重锤驱动的自鸣钟的示意图，并结合中国机械钟报时传统将其报时装置改成敲钟、击鼓和司辰木偶。清初刘献廷在其著作《广阳杂记》中则详细记载了民间制钟者张硕忱、吉坦然制造自鸣钟的情形。《四库全书》收录的清代著作《皇朝礼器图式》中，专门绘制了清宫制作的自鸣钟、时辰表等机械钟表的图式。嘉庆十四年（1809年），徐光启的后裔徐朝俊撰写了《钟表图说》一书，系统总结了有关制造技术和理论。该书是我国历史上第一部有关机械钟的工艺大全，亦是当时难得的一部测时仪器和应用力学著作。[1]

中国的钟表业在传教士影响之下向前发展的同时，西方钟表制作技术也在不断向前发展。欧洲中世纪的机械钟计时的准确性并不高，但到了17世纪，伽利略发现了摆的等时性，他和惠更斯各自独立地对摆的等时性和摆线做了深入研究，从而为近代钟表的产生和兴起也为近代时间计量奠定了理论基础。1658年，惠更斯发明了摆钟[2]；1680年，伦敦的钟表制造师威廉·克莱门特（William Clement）将锚形擒纵器引入钟表制造术。[3] 这些进展，标志着近代钟表技术的诞生。

那么，近代钟表技术的进展，随着传教士源源不断地进入我国，是否也被及时介绍进来了呢？答案是肯定的，"可以说，明亡（1644年）之前，耶稣会士带入中国的钟是欧洲古代水钟、沙漏，中世纪重锤驱动的钟或稍加改进的产品；从清顺治十五年（1658年）起，传入中国的钟表有可能是惠更斯型钟；而康熙二十年（1681年）以后，就有可能主要是带擒纵器和发条（或游丝）的钟（表）"[4]。就是说，中国钟表技术的发展与世界上近代钟表技术的进步几乎是同步的。这为中国迈入时间计量的近代化奠定了良好基础。当然，只是有了统一的计时单位、有了达到一定精确度的钟表，没有全国统一的计时、没有时间频率的量值传递，还不能说时间计量已经实现了近代化的要求。这是不言而喻的。

---

[1] 戴念祖：《中国科学技术史·物理学卷》，科学出版社，2001，第505页。
[2] ［日］汤浅光朝：《科学文化史年表》，张利华译，科学普及出版社，1984，第54页。
[3] ［英］亚·沃尔夫：《十六、十七世纪科学、技术和哲学史（上）》，周昌忠等译，商务印书馆，1991，第128页。
[4] 同[1]，第499页。

第四节 地球观念的影响

中国近代计量的萌生，不仅仅是由于温度计和近代机械钟表等计量仪器的出现，更重要的，还在于新思想的引入。没有与近代计量相适应的科学观念，近代计量也无从产生。这些观念不一定全部是近代科学的产物，但没有它们，就没有近代计量。上述角度观念是其中的一个例子，地球观念也同样如此。

一、地球观念的由来

地球观念的产生，与17世纪的近代科学革命无关。早在古希腊时期，人们已经有了大地是球形的认识。希腊人通过对月食时月面上阴影形状的观察、通过对帆船出海时船身与桅杆先后隐现的观察、通过南北旅行时对北极高度变化的观察，最终建立了科学的地球观念。这一观念在中世纪早期一度为基督教所反对，但这一反对并未导致地球说的消失，并且随着13世纪亚里士多德主义的兴起，地球学说在学者中更加深入人心，"这个时期的每一位中世纪学者都同意它是球形的，并且人们熟知而且也都接受了古代人对其周长的估算值"[①]。正因为这样，到了近代科学革命时，不管是赞成新出现的哥白尼日心说的科学家，还是拥护传统的托勒密地心说的学者，在涉及大地形状的问题上，大家的认识都是一致的，都赞同地球学说。

地球观念的产生虽然与近代科学革命无关，但它却是近代计量产生的前提。如果没有地球观念，法国议会就不可能于18世纪90年代决定以通过巴黎的地球子午线的四千万分之一作为长度的基本单位，从而拉开近代计量史上米制的帷幕。没有地球观念，也就不可能有时区划分的概念，时间计量也无从发展。所以，地球观念对于近代计量的产生是至关重要的。

中国传统文化中没有地球观念。要产生科学的地球观念，首先要认识到水是地的一部分，水面是弯曲的，是地面的一部分。中国人从来都认为水面是平的，"水平"观念深入到人们思想的深处，这无疑会阻碍地球观念的产生。另外，中国人传统上认为天地对称，日月尺度远小于地，这也不利于地球观念的产生。在中国古代几家有代表性的宇宙结构学说中，不管是宣夜说，还是有了完整理论结构的盖天说，乃至后来占统治地位的浑天说，从来都没有科学意义上的地球观念。到了元朝，蒙古军队广拓疆域，带来了中国和欧洲及阿拉伯社会更广

---

① ［美］戴维·林德伯格：《西方科学的起源》，王珺等译，中国对外翻译出版公司，2001，第259页。

泛和直接的交流，西方的地球说也传入我国，阿拉伯学者扎马鲁丁在中国制造了一批天文仪器，其中一台叫"苦来亦阿儿子"，《元史》介绍这台仪器说：

> 苦来亦阿儿子，汉言地理志也。其制以木为圆球，七分为水，其色绿；三分为土地，其色白。画江河湖海，脉络贯穿于其中。画作小方井，以计幅圆之广袤、道里之远近。①

这无疑是个地球仪，它所体现的，是不折不扣的地球观念。但这件事并未在元代天文学史上产生什么影响。到了明代，地球观念依然没有在学者心目中扎下根来。这种局面，一直到明末清初，传教士把科学的地球观念引入我国才有了根本的改观。

二、中国人对地球观念的接受

地球观念的引入，从利玛窦那里有了根本改观。《明史》详细介绍利玛窦引进的地球说的内容：

> 其言地圆也，曰地居天中，其体浑圆，与天度相应。中国当赤道之北，故北极常现，南极常隐。南行二百五十里则北极低一度，北行二百五十里则北极高一度。东西亦然。亦二百五十里差一度也。以周天度计之，知地之全周为九万里也。以周径密率求之，得地之全径为二万八千六百四十七里又九分里之八也。又以南北纬度定天下之纵，凡北极出地之度同，则四时寒暑靡不同。若南极出地之度与北极出地之度同，则其昼夜永短靡不同。惟时令相反，此之春，彼为秋，此之夏，彼为冬耳。以东西经度定天下之衡，两地经度相去三十度，则时刻差一辰。若相距一百八十度，则昼夜相反焉。②

这是真正的地球学说。由这段话可以看出，当时的人们接受地球学说，首先是接受了西方学者对地球学说的论证，所谓"南行二百五十里则北极低一度，北行二百五十里则北极高

---

① 〔明〕宋濂等撰《元史》卷四十八《志第一·天文一》，中华书局，1976，第999页。
② 〔清〕张廷玉等撰《明史》卷二十五《志第一·天文一》，中华书局，1974，第340~341页。

一度",就是地球学说的直接证据。对这一证据,唐代一行在组织中国历史上第一次天文大地测量时就已经发现,但未能将其与地球说联系起来。而传教士在引入地球说时,首先把这一条作为地球说的证据进行介绍,从而引发了中国人的思考。思考的结果是他们承认了地球说的正确性。对此,明末学者方以智的话可资证明,他说:"直行北方二百五十里,北极出高一度,足征地形果圆。"①

要接受地球说,首先必须承认水是地的一部分。中国传统宇宙观念从来是将水与地分开的,认为水是水,地是地,地浮水上。明末清初中国人接受地圆说,当然就承认水是地的一部分。方以智对此有明确认识,他说:"地体实圆,在天之中。……相传地浮水上,天包水外,谬矣。地形如胡桃肉,凸山凹海。"②方以智的学生揭暄更是明确指出了水面的弯曲现象:"地形圆,水附于地者亦当圆。凡江湖以及盆盎之水,无不中高,特人不觉耳。"③这样的论证,表明西方的地球说确实在其中国的支持者那里找到了知音。

也有中国人从理性出发对地球说表示怀疑的。清儒陈本礼的怀疑就颇具代表性,他说:

> 泰西谓地上下四旁皆生齿所居,此言尤为不经。盖地之四面,皆有边际,处于边际者,则东极之人与西极相望,如另一天地,然皆立在地上,若使旁行侧立,已难驻足,何况倒转脚底,顶对地心,焉能立而不堕乎?④

对于人在地球上"焉能立而不堕"这一问题,在西方科学史上,牛顿的万有引力理论的问世,使之得到了彻底解决。在此之前,西方学者是用相对上下观念来解决这一问题的,他们认为地球位于宇宙中心,凡指向该中心的,就是向下,背离该中心的,就是向上,人站在地球上,只要遵循这样的上下方向,就不会倾斜摔倒。这种解释方法在地球说的中国支持者那里也得到了回应,方以智的儿子方中通就曾说过:

> 方者以上为上,以下为下;圆者以边为上,以中为下。地居天之正中,故人以各立之地为下,不知其彼此颠倒也。⑤

---

① 〔明〕方以智撰《通雅》卷十一《天文·历测》,《四库全书》本。
② 〔明〕方以智撰《物理小识》卷一《历类·圆体》,《四库全书》本。
③ 〔明〕方以智撰《物理小识》卷二《地类·水圆》,《四库全书》本。
④ 游国恩:《天问纂义》,中华书局,1982,第117~118页。
⑤ 同②。

此后，尽管仍有中国学者反对地球说，但地球观念毕竟在中国逐渐扎下根来，见图 10-11。

有了地球观念之后，计量上的进步也就随之而来。例如，在计量史上很重要的时差观念即如此。时差观念与传统的地平大地说是不相容的，所以，当元初耶律楚材通过观测实践发现时差现象之后，并没有进一步得出科学的时差概念。事情起源于一次月食观测。根据当时通行的历法《大明历》的推算，该次月食应发生在子夜前后，而耶律楚材在塔什干城观察的结果，"未尽初更而月已蚀矣"。他经过思考，认为这不是历法推算错误，而是由于地理位置差异造成的。当发生月食时，各地是同时看到的，但在时间表示上则因地而异，《大明历》的推算对应的是中原地区，而不是西域。他说：

> 盖《大明》之子正，中国之子正也；西域之初更，西域之初更也。西域之初更未尽时，焉知不为中国之子正乎？隔几万里之远，仅逾一时，复何疑哉！①

但耶律楚材只是提出了在地面上东西相距较远的两地对于同一事件有不同的时间表示，可这种时间表示上的差别与大地形状、与两地之间的距离究竟有什么样的关系，他则语焉不详。不从科学的地球观念出发，他也无法把这件事讲清楚。而不了解这中间的定量关系，时间计量是无法进行的。

地球观念的传入，彻底解决了这一问题。利玛窦介绍的地球说明确提到，"东西相距三十度则差一时……相距一百八十度则昼夜时刻俱反对矣"②。这是科学的时区划分概念。有了这种概念，再有了 HMS 时制以及达到一定精度的计时器（如摆钟），就为近代意义上的时间计量的诞生准备了基本条件。

地球观念的传入，还导致了另一在计量史上值得一提的事情的发生。这就是清代康熙年间开展的全国范围的地图测绘工作。这次测绘与中国历史上以前诸多测绘最大的不同在于，它首先在全国范围进行了经纬度测量，选择了比较重要的经纬度点 641 处，并以通过北京钦天监观象台的子午线为本初子午线，以赤道为零纬度线，测量和推算出了这些点的经纬度。③在此基础上，实测了全国地图，使经纬度测量的成果充分发挥了其在地图测绘过程中的控制作用。显然，没有地球观念，就不会有这种测量方法，清初的地图测绘工作，也就不会取得那样大的成就。这种测绘方法的诞生，是中国传统测绘术向近代测绘术转化的具体体现。

---

① 〔元〕苏天爵撰《元名臣事略》卷五《中书耶律文正王》，《四库全书》本。
② 〔清〕张廷玉等撰《明史》卷二十五《志第一·天文一》，中华书局，1974，第 364 页。
③ 《中国测绘史》编辑委员会：《中国测绘史·第二卷》，测绘出版社，1995，第 119 页。

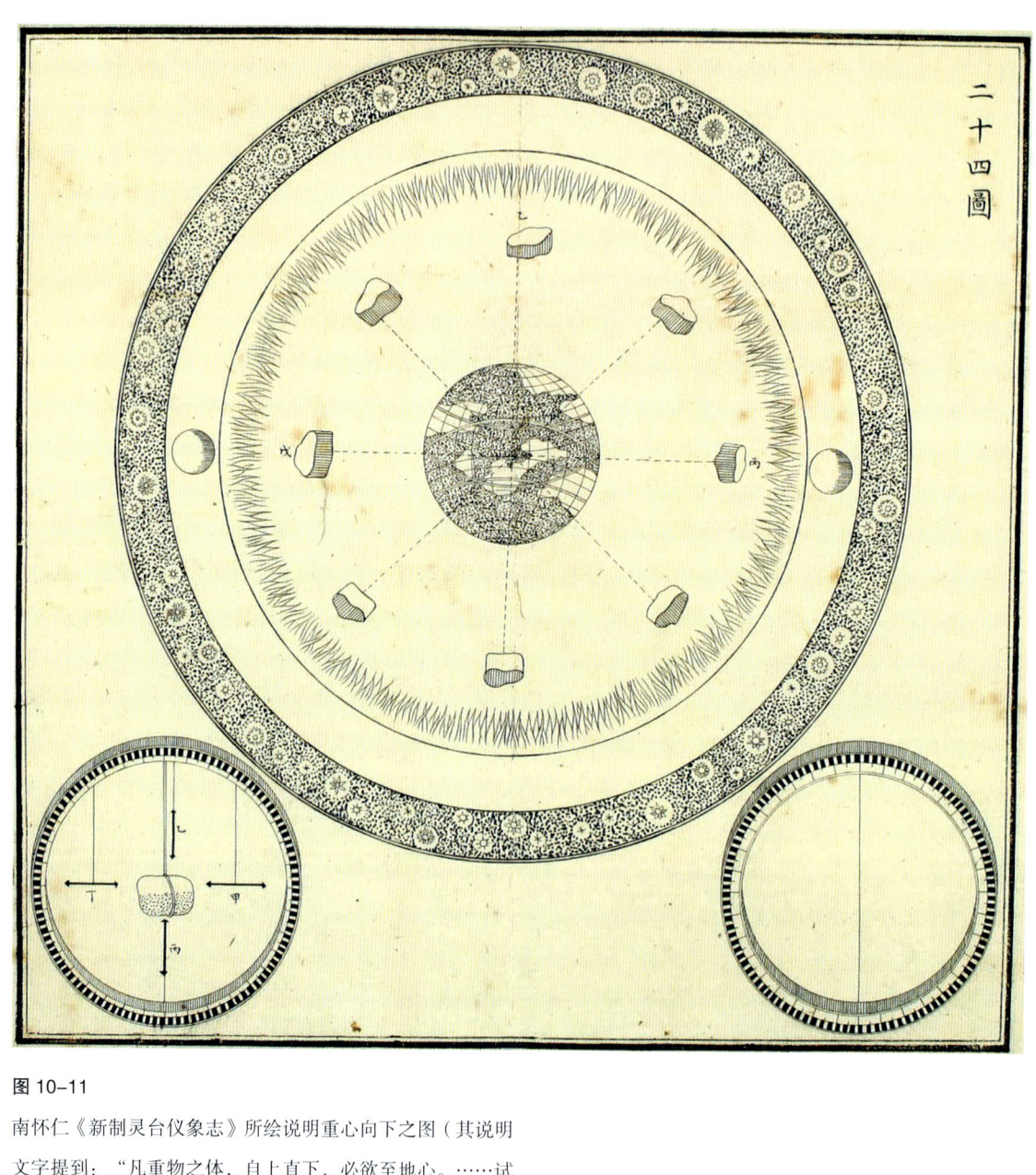

图 10-11

南怀仁《新制灵台仪象志》所绘说明重心向下之图（其说明文字提到："凡重物之体，自上直下，必欲至地心。……试观二十四图，甲为地球之中心，乙丙戊皆重物，各体皆直下向地心而方止。盖重性向下，而地心乃其本所故。"）

三、地球观念与长度基准制定

地球观念还与长度基准的制定有关。国际上通行的米制，最初就是以地球子午线长度为基准制定的。传教士在把地球观念引入中国时，也隐约认识到了地球本身可以为人们提供不变的长度基准。在《新法历书》中有这样一段话：

> 天设圈有大小，每圈俱分为三百六十度，则凡数等而圈之大小、度之广狭因之。乃地亦依此为则。故地上依大圈行，则凡度相应之里数等。依小圈亦有广狭，如距赤道四十度平行圈下之里数较赤道正下之里数必少，若距六十七十等之平行圈尤少。则求地周里数若干，以大圈为准，而左右小圈惟以距中远近推相当之比例焉。里之长短，各国所用虽异，其实终同。西国有十五里一度者，有十七里半又二十二里又六十里者。古谓五百里应一度，波斯国算十六里，……至大明则约二百五十里为一度，周地总得九万余里。乃量里有定则，古今所同。①

所谓大圈，指地球上的赤道圈及子午圈，小圈则指除赤道圈外的所有的纬度圈。这段话告诉我们，地球上的赤道圈及子午圈提供了确定的地球周长，各国在表示经线一度的弧长时，所用的具体数值虽然不同，但它们所代表的实际长度却是一样的。换句话说，如果以地球的"大圈"周长为依据制定尺度基准，那么这种基准是最稳定的，不会因人因地而异。

《新法历书》的思想虽未被中国人用来制定长度基准，但它所说的"凡度相应之里数等"的思想在清代的这次地图测绘中被康熙皇帝爱新觉罗·玄烨用活了，玄烨据此提出了依据地球纬度变化推算距离以测绘地图的设想。他曾"喻大学士等曰"：

> 天上度数，俱与地之宽大吻合。以周时之尺算之，天上一度即有地下二百五十里；以今时之尺算之，天上一度即有地下二百里。自古以来，绘舆图者俱不依照天上之度数以推算地里之远近，故差误者多。朕前特差能算善画之人，将东北一带山川地里，俱照天上度数推算，详加绘图视之。②

---

① 《新法历书》，载《历法大典》卷八十五《仪象部汇考三》，上海文艺出版社，1993年影印本。
② 《圣祖实录》卷二四六《康熙五十年》，载《清实录》（第六册），中华书局，1985，影印本，第440页。

细读康熙的原话，可以看出，他所说的"天上度数"，实际是指地球上的纬度变化，他主张在测绘地图时，要通过测量地球上的纬度变化，按比例推算出（而不是实际测量出）相应地点的地理距离。因为纬度的测量比地理距离的实测要容易得多，所以玄烨的主张是切实可行的，也是富有科学道理的。他的这一主张，是在地球观念的影响之下提出来的，这是不言而喻的。

关于康熙时的地图测绘，有不少书籍都从计量的角度，对测绘用尺的基准问题做过探讨，例如，《中国测绘史》就曾提出：在测绘全国地图之前，"爱新觉罗·玄烨规定，纬度一度经线弧长折地长为 200 里，每里为 1 800 尺，尺长标准为经线弧长的 0.01 秒，称此尺为工部营造尺（合今 0.317 米）。玄烨规定的取经线弧长的 0.01 秒为标准尺度之长，并用于全国测量，乃世界之创举。比法国国民议会 1792 年规定以通过巴黎的子午圈全长的四千万分之一作为 1 米（公尺）标准长度及其使用要早 88 年和 120 多年（1830 年后才为国际上使用）"[①]。因此，这一规定显然是中国计量史上值得一书的大事。

《中国测绘史》的这种观点富有代表性，涉及于此的科学史著作几乎众口一词，都持类似看法。这种看法应当有其依据，因为康熙皇帝本人明确提到"天上一度即有地下二百里"，这里天上一度，反映的实际是沿地理经线移动时，北极星与地平线夹角变化所对应的度数。因此，完全可以按照地球经线弧长来定义尺度。

但是，如果清政府确实按经线弧长的 0.01 秒为标准尺度之长，则 1 尺应合现在的 30.9 厘米（按清代数据，地球周长为 72 000 里，合 129 600 000 尺，取其四千万分之一为 1 米，则得此结果），但清代营造尺的标准长度是 32 厘米[②]，二者并不一致。可见，认为清代的营造尺尺长是按照地球经线弧长的 0.01 秒为标准确定的这一说法，与实际情况是不一致的。

再者，如果康熙皇帝的确是按地球经线弧长的 0.01 秒作为营造尺一尺的标准长度，那也应该是首先测定地球经线的弧长，然后再根据实测结果确定尺度基准，制造出标准器来，向全国推广，而不是首先确定尺长，再以之为基准去测量地球经线长度。

还有，当时测绘中取得的另一成果也证明了康熙皇帝不可能以经线弧长的 0.01 秒作为尺度基准。该成果是康熙四十九年（1710 年）取得的。当时，传教士雷孝思（Jean Baptiste Régis，1663—1738）等在东北地区进行测绘时，"测量了北纬 41~47 度间每度间的经线长度，经反复检核，发现 47 度处比 41 度处经线的长度长出（按：应为短出）258 尺。得出纬度越高，

---

① 《中国测绘史》编辑委员会：《中国测绘史·第二卷》，测绘出版社，1995，第 111 页。
② 丘光明、邱隆、杨平：《中国科学技术史·度量衡卷》，科学出版社，2001，第 423 页。

每度间经线长度越长的结论"①。雷孝思的工作在科学史上有重要意义,因为"尽管当时并未从理论和科学研究的角度去推证地球为扁圆的问题,但所得的数据,确属地球为扁圆形的最早而可靠的实测证据。18世纪初,正是牛顿的地球扁平说与卡西尼（Giovanni Domenico Cassini,1625—1712）的纵长说相对立,尚无定论之时,而牛顿的理论却被中国当时大地测量所获得的数据证实是正确的,较之西欧类似的成就要早27年"②。不过,该成果却导致康熙皇帝不可能按上述方式制定尺度标准,因为如果地球不是正圆,那么纬度一度间经线弧长就没有一个确定的值,它也就无法成为尺度的基准。要解决这一问题,就必须像法国国民议会那样,明确指出以地球子午线的某一部分长度为依据来制定尺度标准。

此外,文献记载也告诉我们,康熙朝在统一度量衡时,是按照"累黍定律"的传统方法确定尺长标准的,与地球经线无关。在康熙皇帝"御制"的《数理精蕴》中,就明确提到:

> 里法则三百六十步计一百八十丈为一里。古称在天一度,在地二百五十里,今尺验之,在天一度,在地二百里,盖古尺得今尺之十分之八,实缘纵黍横黍之分也。③

这段话明确告诉我们,与所谓"在天一度,在地二百里"相符的"今尺"尺长基准,是按照传统的累黍定律的方法确定的。在这里,我们看不到以地球经线弧长为标准确定尺度基准的影子。

显然,康熙皇帝并未设想要以地球经线弧长为准则确定清朝尺度,更没有按这种设想去制定国家标准器,去推广这种标准。他在测量前指示人们按照"天上一度即有地下二百里"的比例测绘地图,是为了测量的简便,与清代长度基准的确定没有什么关系。

---

① 《中国测绘史》编辑委员会:《中国测绘史·第二卷》,测绘出版社,1995,第120页。
② 同上。
③ 《御制数理精蕴下编》卷一《度量权衡》,《四库全书》本。关于康熙皇帝累黍定律方法确定度量衡基准的过程,亦可参见《律吕正义》《律吕正义后编》等书。

第十一章 清代度量衡科学的发展

清代计量的发展呈现两个特点，一个是在传教士带来的西方科学的影响下，计量的领域得到了扩大，出现了诸如角度计量、温度计量等新的计量分支，时间计量也开始了向近代计量的转化；另一个是传统计量的主体度量衡仍然沿着过去的轨道蹒跚前进，并在计量基准的考订、计量书籍的编纂和计量标准器的研制等方面取得了超越前代的成果，使传统计量在乾隆皇帝时期达到了它的顶峰。

第一节　顺治朝的开端

清代度量衡制度整顿和度量衡科学发展，在不同的阶段有不同的特点。清初以顺治朝为开端，度量衡事业的发展主要体现在对度量衡制度的整顿上。

一、清初整顿度量衡的历史背景

1644 年，清兵入关，占据了北京城，开始了清王朝对中国长达 260 多年的统治。这时，清王朝名义上的最高统治者是年轻的顺治皇帝。顺治时期是清朝历史的重要转折时期，一方面，清军挟战胜明军、击溃李自成农民起义军之势，兵锋势不可当；另一方面，农民起义军并未全部消灭，南明政权又有一定的号召力，各地因民族情绪所导致的反抗事件此起彼伏；而清廷的顺治皇帝一开始又少不更事，朝中强臣大权在握，朝政一旦处置不当，势必一朝倾覆。在这种情况下，清廷一方面继续用兵各地，完成以武力统一中国的事业，另一方面开始整饬法纪，规范国家机器的运转，以确保清王朝的统治能够进行下去。这中间，就包含了整顿度量衡的一些举措。

清政府整顿度量衡是有原因的。当时，清政府取代明廷，成了中国的主人，同时，它也承袭了明王朝留下的一些积弊。从顺治四年（1647年）清廷以顺治皇帝的名义对"天下朝觐官员"的"上喻"中，我们就可以体会到这一点。该"上喻"说：

> 天下人民困苦极矣。朕既出之水火，而随与监司守令，共图治平，盖四载于兹。奈明季之积弊难除，颓风犹扇。有司则贪婪成习，小民之疾痛谁怜？司道则贿赂薰心，属吏之贞邪莫辨。疮痍未起，朘削弥工；流离颠连，未见何方招抚；萑苻啸聚，不闻何道消弭。朝廷之德意时勤，郡邑之废格如故。优游日月，覃觊升迁。虽婪墨间有纠弹，而奸猾每多贿脱。朕甚愤之兹当大计。已严饬所司，贪酷重惩，阘茸罔贳。①

这段话，透露着清政府对下层官员承袭明王朝积弊的不满，显示着要在社会上整饬法纪的决心。要整饬法纪，当然不能把度量衡置之度外。因此，清王朝一开始就把整顿度量衡提到了议事日程，这是合乎情理的。

二、清初整顿度量衡的具体举措

度量衡需要整顿，其制度需要统一，这是清初统治者的共识。要整顿度量衡制度，最好首先对度量衡基准进行考订，制定出科学合理且便于执行的标准，在此基础上在全国范围内进行统一。但是，清廷入主北京之时，在文化建设方面还比较落后，具体到度量衡来讲，还无力在度量衡基准的制订方面做细致的推敲。要整顿度量衡，只能一面承袭明朝旧制，一面在计量的管理上下功夫。清政府也正是这样做的，而且，清政府出于管理国家的急需，在度量衡整顿方面，关注点仅限于对已有器物的规范上，重点是容器。《御制律吕正义后编》列举了顺治朝整顿度量衡的一些举措：

> 顺治五年，定户部校准斛样，照式造成，发坐粮厅收粮；又定工部铸造铁斛二张，一存户部，一存总督仓场；再造木斛十二张，颁发各省。

---

① 《圣祖实录》卷三〇《顺治四年正月至二月》，载《清实录》（第三册），中华书局，1985，影印本，第252页。

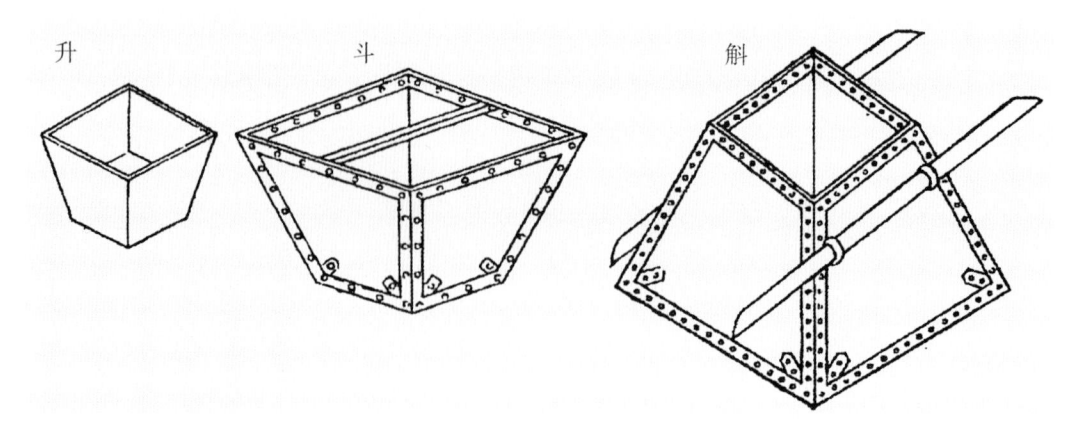

图 11-1
清《授时通考》描绘的升、斗、斛〔升、斗容积小，为日常家所用，口大底小，使用方便；斛容积大，多用于官府纳粮，口小底大，可有效减少经办人作弊（乾隆七年刊本，卷四十）〕

十一年，谕征收钱粮各省督抚，严饬有司，务遵部颁校定法马，有私自增加者，不时察参。

十二年，题准校制铁斛，存户部一张，发仓场、总漕各一张，颁发直省各一张，布政司照式转发粮道各仓官，较制收粮，永远遵行。

十五年，覆准各关：量船称货，务使秤尺准足，不得任意轻重长短。[①]

由这些叙述可见，顺治朝的度量衡整顿，一开始是理顺度量衡行政管理部门，确定由户部负责设计保管度量衡标准器，由工部负责制作事宜，最高等级的斛标准器是铁制的，在度量衡管理部门和使用部门各存放一个，以利于安全保存和互相监督。发放给各省的标准器则为木制的，见图 11-1。这是顺治五年（1648 年）的事。顺治六年（1649 年）后，再提行政要求，要求各地严格遵行部颁标准，说明在顺治五年整顿之后，社会已经出现懈怠，需要再加整顿。而且在顺治十一年（1654 年）颁布的谕令中，增加了对衡器权重的要求，应该是意识到了仅仅关注量器的不足。第二年亦即顺治十二年（1655 年），清廷再次向各地颁发标准器，要求"永远遵行"。接着，三年后又提出要求，要各关卡严格遵行度量衡制度，这次，专门提到要求"秤尺准足，不得任意轻重长短"，把对尺度的要求也体现在内。这是针对"量船称货"之类活动的专门要求，是有针对性的。从这一系列诏令要求来看，清初对度量衡稳定是相当重视的。

---

① 《御制律吕正义后编》卷一百十三《国朝制度》，《四库全书》本。

为了有效减少经办人在纳粮过程中的作弊行为，清代对度量衡器的形制也有相应的要求。

此外，清政府还结合其施政措施，颁布一些特定的度量衡标准。例如，"清朝入关后，颁布圈地令，派遣官员骑马拿绳丈量土地，把明末被起义军没收的明皇室勋戚的庄田和许多是农民的小块土地，夺为满洲贵族的庄田。为了丈量土地，顺治十年（1657年）颁发了'步弓尺'和丈量旗地的'绳尺'，并把步弓尺度刻在石碑上，树之以准"①。

在清代历史上，终顺治一朝，清廷并未完成统一中国的任务：南明政权一脉尚存，郑成功势力在东南沿海颇有影响，吴三桂等又尾大不掉，在这种情况下，清政府还不断发布政令，强调要各地执行国家颁布的度量衡基准，表现了对统一度量衡的高度重视。

三、清初整顿度量衡的局限性

客观来说，清初的度量衡整顿取得了一定的成效。一个王朝在其创立初始有种蓬勃向上的气势，容易令行禁止。而且度量衡整顿的对象多是从明朝继承下来的旧官僚体系，新朝权贵的利益在整顿过程中并未受到太大冲击，这就使得其治理措施较容易推行下去。这些是清初度量衡整顿能够取得成效的重要原因。

但清王朝毕竟是在科技、文化都比较落后的满族政权的基础上建立起来的，要考订度量衡制度，并在此基础上统一度量衡，是其建国初期的科技水平所不能支撑的。顺治朝是清王朝的初期，立朝不久，国土尚未安定，战马倥偬之际，朝廷虽然注意到了度量衡的重要性，强调在经济活动中要遵循已颁布的度量衡标准，但对于度量衡科学的进一步发展则无能为力了。看一下顺治朝整顿度量衡的举措，皆属于颁布量式、砝码，要求各地遵照执行之类。采取的措施是临时性的，为的是保障社会经济活动的正常进行，缺乏在重新考证后拟定的统一标准。颁发的度量衡器的标准式样，自然也遵循的是明朝旧制，刚刚入主中原的清廷还无力也顾不上对它们进行变革。

实际上，顺治朝在开始整顿时，也面临不同的度量衡制度，即以量器为例，就有满族政权盛京金石、金斗、关东斗，还有明朝中央政府遗留的各类斛、斗等。要整顿，就要对这些不同制度的量器有所选择，清廷让户部负责此事，户部的做法是：

---

① 邱隆：《明清时期的度量衡》，载河南省度量局主编《中国古代度量衡论文集》，中州古籍出版社，1990，第344~351页。

> 顺治五年，户部将供用库旧存红斛与通州铁斛较，红斛大，铁斛小，将红斛减改为斛样。顺治十二年，铸造铁斛二十具，一存户部，一贮仓场，直隶各省皆发一具。[①]

户部比较了库存的红斛和使用较多的通州铁斛，发现红斛容积大，铁斛容积小，于是就将红斛容积减小，保留原来斛样，照此做成标准斛样，铸造成新的标准，下发要求执行。至于这样定出的标准是否科学、度量衡基准究竟应该如何研制、现行基准与传统的关系、度量衡基本理论的发展等，则完全没有提上议事日程。

整体来说，顺治朝的整顿，只是为清初的统一度量衡事业开了一个头，进一步的工作，特别是发展度量衡科学乃至计量科学的重任，只能由后继的康熙王朝去完成了。

第二节　康熙皇帝与度量衡科学

1662年，顺治皇帝驾崩，年仅8岁的爱新觉罗·玄烨即位，当了皇帝。这就是后来在中国历史上颇有作为的康熙皇帝。这种有为，体现在他的文治武功上，其中就包括在度量衡科学上的成就。

一、康熙考订度量衡的契机

康熙皇帝即位之初，因为年幼，在度量衡科学方面不可能有什么作为。正如史书所载："康熙初，圣祖践阼幼冲，率承旧宪，无所改作。"[②] 待到亲政以后，内政外务，又有诸多难题等待着这位年轻皇帝去解决。权臣鳌拜的跋扈不法，使他忧心忡忡；漕运、河务、三藩问题像三座大山一样压在他的心头，使他寝食难安。这种情况下，发展度量衡科学问题，自然也就无从谈起。

随着鳌拜的被惩治，漕运的被整顿，以及河务的步入正轨，压在玄烨头上的这些大山被一座座地搬开了。到了康熙二十一年（1682年），三藩被削平，清王朝出现了难得的"天下无事"局面。这时，朝臣中开始出现要求整顿礼乐制度的呼声。左副都御史余国柱上书，

---
① 《圣祖实录》卷二一六《康熙四十三年四月至七月》，载《清实录》（第六册），中华书局，1985，影印本，第189页。
② 赵尔巽等：《清史稿》（第十一册）卷九十四《志九十六·乐一》，中华书局，1976，第2736页。

提出："朝会、宴享等乐曲调，风雅未备，宜敕所司酌古准今，求声律之原，定雅奏之节。"①余国柱的请求与计量有一定的关系，因为按照传统的礼乐制度，音律是否谐和，取决于黄钟律的准确与否，而黄钟管长又与律尺标准有密不可分的关系，因此，欲"求声律之原"，首先要考订黄钟律是否准确。而要考订黄钟律，则须先判定律尺的准确与否，这样，由制定礼乐开始，必然会导致对尺度标准的重新考订。因此，余国柱的吁请，实际是要拉开康熙时代度量衡科学研究的序幕。

余国柱的上书，得到了康熙皇帝的认可，他指定大学士陈廷敬负责此事，"重撰燕乐诸章"。但出乎人们意料的是，这次对礼乐制度的整顿，并未达到预期目的，根据《清史稿》的记述，整顿后的乐曲，"犹袭明故，虽务典蔚，有似徒歌；五声二变，踵讹夺伦"②。之所以出现这种局面，是由于整顿活动一开始就碰到了人才缺乏的问题："黄钟为万事根本，臣工无能言之者。"③可见，要整顿礼乐制度，考订度量衡标准，首先必须做好科学上的准备。

康熙二十九年（1690年），蒙古喀尔喀部归附，清廷为此举行了盛大的庆祝仪式，"陈卤簿，奏导迎大乐乐章"④。但这些"铙歌大乐"似乎并不和谐，这引起了康熙皇帝对整顿礼乐问题的重视，"帝感礼乐崩陨，始有志制作之事"⑤。也就从这个时刻起，康熙下决心要整顿礼乐制度了。

康熙下决心整顿音律，自然会涉及度量衡制度，就他个人而言，他是有能力完成这一任务的。他喜爱自然科学，从欧洲来华的传教士那里，他学到了不少自然科学知识，这为他考订音律和度量衡制度准备了充足的条件。他的考订，一开始就着眼于数学与计量科学的结合，从而为清代度量衡科学的发展，增添了一些近代气息，促进了度量衡科学的发展。

二、"天地之度"与乐律累黍：康熙的选择

康熙三十一年（1692年），玄烨在乾清宫，把大学士九卿诸大臣召集到"御座"前，讲述了他对音律和计量等问题的认识。他说：

> 古人谓十二律定，而后被之八音，则八音和。奏之天地，则八风和，而诸

---

① 赵尔巽等：《清史稿》（第十一册）卷九十四《志九十六·乐一》，中华书局，1976，第2737页。
② 同上。
③ 同上。
④ 同上。
⑤ 同上书，第2738页。

福之物，可致之祥，无不毕至。其言乐律所关，如此其大，而十二律之所从出，其义不可不知。如《律吕新书》所言算数，专用径一围三之法，此法若合，则所算皆合；此法若舛，则无所不舛矣。朕观径一围三之法，用之必不能合，盖径一尺，则围当三尺一寸四分一厘有奇，若积累至于百丈，所差至十四丈有奇，等而上之，其为舛错可胜言耶？……所言径一围三，止可算六角之数，若围圆则必有奇零，其理具在目前，甚为明显。朕观八线表中，半径勾股之法极其精微，凡圆者可以方算，开方之法，即从此出，逐一验算，无不吻合。至黄钟之管九寸，空围九分，积八百一十分，是为律本，此旧说也。其分寸若以尺言，则古今尺制不同，自朕观之，当以天地之度数为准。①

在康熙皇帝的这段话中，有几点需要注意。一是他对于乐律重要性的推崇，这种推崇与中国传统的音律思想是一致的。另一点是他对传统音律学说所涉数学工具的评说，他认为传统方法考虑圆的直径与周长关系时所用的"径一围三"过于粗疏，因为圆周率的精确值应该是 3.14 多，而不是 3。康熙皇帝对圆周率的这一评说在数学史上算不了什么，但在计量史上却表现了他注重音律所涉数学工具的精确性，预示着他在对音律和度量衡的整顿中，将注重数学和计量的相结合，这无疑是一种值得肯定的思想方法。

特别应予指出的是，康熙皇帝强调说，传统音律学说把黄钟之管九寸作为音律之本，是有问题的。因为古今尺度不同，同样是九寸，其对应的实际长度并不相同。要解决这一问题，首先要考订尺度，确定尺度标准，对此，他提出要"以天地之度为准"，以之确定尺度。他的这一设想很有意义，因为 18 世纪末法国议会决定以通过巴黎的地球子午线长度的四千万分之一为 1 米，由此导致了米制的建立，这种规定的实质就是"以天地之度为准"，与康熙皇帝的思想是一致的。所以，从计量史的角度来看，康熙皇帝的这段话是非常重要的，它体现了康熙皇帝在整顿音律和度量衡制度时，已经产生了一些近代计量思想。

但是，在整顿度量衡的实践中，玄烨并没有按他设想的"以天地之度为准"去制定尺长标准，他采用的仍然是传统的乐律累黍说。

乐律累黍说在中国起源很早，到了西汉末年，刘歆对之做了整理，使之形成了系统的度量衡标准学说。该学说认为度、量、衡标准都与音律中的黄钟律有关，可以通过黄钟律以累黍方式加以确定。《汉书》对该学说有具体记载：

---

① 《圣祖实录》卷一五四《康熙三十年正月至三月》，载《清实录》（第五册），中华书局，1985，影印本，第 699 页。

> 度者，分、寸、尺、丈、引也，所以度长短也。本起黄钟之长，以子谷秬黍中者，一黍之广，度之九十分，黄钟之长。一为一分，十分为寸，十寸为尺，十尺为丈，十丈为引，而五度审矣……
>
> 量者，龠、合、升、斗、斛也，所以量多少也。本起于黄钟之龠，用度数审其容，以子谷秬黍中者千有二百实其龠，以井水准其概。合龠为合，十合为升，十升为斗，十斗为斛，而五量嘉矣……
>
> 权者，铢、两、斤、钧、石也，所以称物平施，知轻重也。本起于黄钟之重，一龠容千二百黍，重十二铢，两之为两，二十四铢为两，十六两为斤，三十斤为钧，四钧为石。①

这就是中国计量史上著名的乐律累黍说。这一学说的关键之处在于用一种特定的黍米作为中介物，认为通过对这种黍米的排列，可以得到长度标准；通过对其在黄钟律管中的累积，可以得到容积标准；通过对其一定数目重量的判定，可以得到重量标准。

自从《汉书》记述了乐律累黍说以后，这一学说就成了后世中国人制订度量衡标准所必须尊奉的圭臬。历朝历代，在引经据典考订度量衡制度时，所引之经、所据之典，就是《汉书》的这一学说。正如清代张照所言："历代诸儒考古制者，胥以此为鼻祖焉。"②这一学说的出发点是有一定科学道理的，因为律管所发音高，确实与其管长相关，因此可以通过选择与某一特定的音高相应的律管管长作为长度标准。同时，为了使这种标准能够被随时随地方便地加以再现，就需要用黍米作为中介物进行参验校正。所以，这种设想看上去是有道理的。

但是，在实践中乐律累黍的方法实现起来却有相当的难度。正如吴承洛所分析的那样："律管非前后一律，管径大小既无定律，又发声之状态前后亦非一律，由是历代由黄钟律以定尺度之长短，前后不能一律，以之定度量衡，前后不能相准。以声之音，定律之长，由是以定度量衡，其理论虽极合科学，而前后律管不同，长短亦有差异，故及至后世已发现再求之黄钟律难得其中，再凭之积秬黍，不可为信。"③

既然如此，康熙皇帝为什么还要采用这种方法？

一个重要原因应该是为了表示对汉文化的认同。满族政权以少数民族入主中原，不在文

---

① 〔汉〕班固撰《汉书》卷二十一上《律历志》，中华书局，1962，第966~969页。
② 《御制律吕正义后编》卷首上，《四库全书》本。
③ 吴承洛：《中国度量衡史》，上海书店据商务印书馆1937年版复印，1984，第14~15页。

化上做出对汉民族历史传统的认同表现，其统治将难以稳固。正如钱穆所言："中国人的民族观念，其内里常包有极深厚的文化意义，能接受中国文化的，中国人常愿一视同仁，胞与为怀。"① 对此，玄烨是心知肚明的，所以他要努力表现出对汉文化的认同。而这种认同尤其体现在对传统礼教和典章制度的强调上，其中就包含了用传统方法对度量衡制度的考订。要用汉文化传统考订度量衡制度，当然应该遵循被历代奉为圭臬的乐律累黍说。所以，康熙皇帝虽然已经有了要"以天地之度为准"的近代计量思想，但在考订度量衡制度时，他仍然不得不重申要遵行传统的累黍定律之法。在其"御制"的《御制律吕正义》中，他对二者的关系做了这样的总结：

> 量与权衡之大小，皆由于尺度之短长，尺度之短长，原于定黄钟之各异，定黄钟之各异，又系于累黍之不同。然则度量权衡皆起于黄钟，而验黄钟者，可不取证于度量权衡耶？是知一本而万殊者，由于万类之难齐；万殊而一本者，无非一理之所贯。故古圣人同律度量衡，为经国宜民之要务也。②

可见，在康熙皇帝的心目中，在考订度量衡时，累黍定律之法，是神圣不可替代的。

三、"参互相求"：康熙的巧妙设计

但是，用累黍定律之法考订度量衡标准，在当时实行起来却有相当的难度。因为按照《汉书》的说法，用90粒黍子排在一起，正好相当于黄钟律管的长度9寸，但这一长度要按当时的尺度去量，则只有将近7寸，怎么也到不了9寸。而制订度量衡标准，除考虑其科学性、易于复现等要求外，还必须兼顾现实。因为如果考订得出的结果与现实尺度相差很大，就难免会引起人们心理上的反对，从而影响到新标准的推行。面对现实，康熙皇帝很巧妙地用黍米的纵排和横排化解了这一难题，实现了古代理论与当代现实的统一。

据《御制律吕正义》的记载，康熙皇帝等对累黍定律是这样认识的：

> 黄钟之律，有长与围径，则有尺度，有尺度然后数立焉。黄钟元声，原未绝于世，而造律之尺，独难得其真，《隋志》载历代尺一十五等，其后改革益

---
① 钱穆：《国史大纲》，商务印书馆，1999，下册，第848页。
② 《御制律吕正义上编》卷一《度量权衡》，《四库全书》本。

甚。……然尺者所以度律，而黍者所以定尺，古今尺度虽各不同，而律之长短自不可更，黍之大小又未尝变，故黄钟之分，参互相求而可得其真也。①

这是说，虽然古今尺度不一样，但黄钟律的长短是不会变化的，黍米的大小也不会变化，人们是用尺度来标识黄钟律的，但尺度的长短却可以用排列黍米的方式考订出来。因此，用累黍定律之法来考订尺度，确定黄钟律的本长，从理论上说是可行的。

那么，康熙皇帝究竟是怎样"参互相求"，把尺度标准与黄钟律加以确定的呢？

他是通过黍米的纵排和横排来解决这一问题的。《御制律吕正义》是这样记载康熙皇帝等的做法及认识的：

> 验之今尺，纵黍百粒得十寸之全，而横黍百粒适当八寸一分之限。……《前汉志》曰：黄钟之长，以子谷秬黍中者，一黍之广度之，九十分黄钟之长，一为一分。夫广者，横之谓也；九十分为黄钟之长，则黄钟为九十横黍所累明矣。以横黍之度，比纵黍之度，即古尺之比今尺，以古尺之十寸（即横黍一百之度）为一率，今尺之八寸一分（即纵黍八十一之度）为二率，黄钟古尺九寸为三率，推得四率七寸二分九厘，即黄钟今尺之度也。夫考音而不审度，固无特契之理；审度而不验黍，亦无恰符之妙。依今所定之尺，造为黄钟之律，考之于声，既得其中，实之以黍，又适合千二百之数，然则八寸一分之尺，岂非古人造律之真度耶。②

这就是说，黄钟律古今相同，是不变的，但要考订它，则首先要确定尺度，而要确定尺度，就必须采用累黍之法。用累黍之法验证的结果，纵排百黍得今尺（营造尺）1尺，横排百黍得今尺8寸1分、古尺1尺，因此古尺相当于今尺的8寸1分；黄钟律长古尺9寸，相当于今尺7寸2分9厘。这种结果正与《汉书》"一黍之广度之，九十分黄钟之长"的记载相符，由它得出的黄钟律，是"古人造律之真度"。因此，可以把用横排和纵排两种累黍方式得到的尺度，分别作为古今尺度的标准。就这样，康熙皇帝用传统累黍定律的方法，很巧妙地为当时营造尺的尺长标准找到了依据，从而也为整个度量衡体系的标准找到了依据（图11-2）。

康熙皇帝的这种做法，实践上并非没有问题，他得出的结果与古尺的实际有一定差异。我

---

① 《御制律吕正义上编》卷一《黄钟律分》，《四库全书》本。
② 同上。

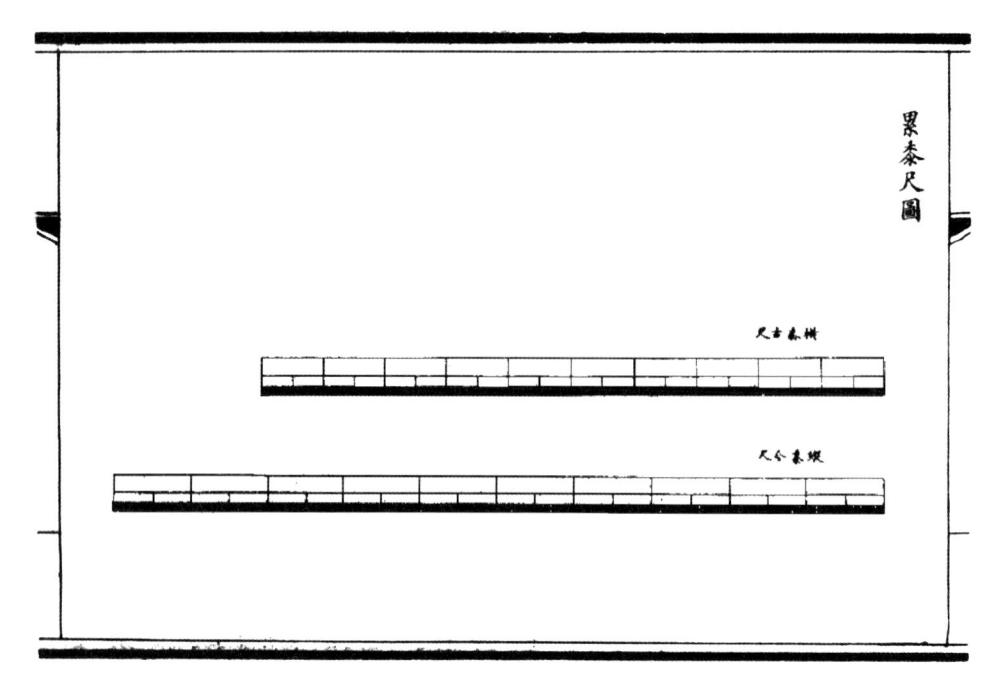

图 11-2
《清会典图》卷三十一所载康熙用纵横法累黍得到的两种尺度
（上图为横排得到的 1 尺之长，是为古尺。下图为按照纵排法
得到的尺度，是为当时的营造尺）

们知道，清初营造尺长为 32 厘米，如果按康熙皇帝确定的古今尺度比例推算，汉代尺长应为

$$32 \times 0.81 = 25.92（厘米）$$

但实物和文献资料证明，古尺，或具体说汉代累黍定下来的尺度，是 23.1 厘米，与康熙考订的 25.92 厘米差了 2.82 厘米。[①] 这一误差不可谓不大，事实表明，用累黍定律的方法确定度量衡标准，是很容易产生误差的。

康熙皇帝的实践虽然与古尺实际不合，但他的尝试引起了人们的重视，推动了清前期度量衡科学的发展，也促进了计量的进步。对于康熙皇帝累黍定律考订度量衡尺度的意义，吴承洛有精辟的评价，他说："按清代康熙年间，既如《律吕正义》所载，躬视累黍布算而得今尺八寸一分，恰合千二百黍之分，遂以横累百黍之尺为'律尺'，而以纵累百黍之尺为'营造尺'，是为清代营造尺之始，举凡升、斗之容积，法马之轻重，皆以营造尺之寸法定之，此在当时科学未兴，旧制已紊之时，舍此已别无良法，沿用数百年，民间安之若素，其考订之功，可谓宏伟。"[②] 这一评价是实事求是的。

[①] 丘光明、邱隆、杨平：《中国科学技术史·度量衡卷》，科学出版社，2001，第 422 页。
[②] 吴承洛：《中国度量衡史》，上海书店据商务印书馆 1937 年版复印，1984，第 256 页。

第三节　传统计量的进一步发展

康熙皇帝不但重视度量衡科学，而且对计量科学的其他方面也颇有造诣。他曾召集过朝臣，当众讲述有关水的流量计算问题，演示用数学推算日影长度等内容。《清实录》对此有绘声绘色的记述：

> 上御乾清门，召大学士九卿等至御座前，……曰："算数精密，即河道闸口流水，亦可算昼夜所流分数。其法先量闸口阔狭，计一秒所流几何，积至一昼夜，则所流多寡可以数计矣。"又命取测日晷表，以御笔画示曰："此正午日影所至之处。"遂置乾清门正中，令诸臣候视，至午正，日影与御笔画处恰合，毫发不爽。①

康熙皇帝所云之测水流量的方法，现在仍在使用；他对日影长度的推算，在众目睽睽之下得到了验证：这些，充分表现了他在计量方面的造诣。当然，康熙皇帝的这些讲述，就其内容而言，说不上有多大的创新性，但他贵为一国之君，却身体力行关注这些具体计量问题，这不能不对当时计量科学的发展产生巨大的推动作用。

一、计量著作的编纂

在康熙皇帝的影响和推动下，清前期的计量科学确实取得了长足的进展。这一发展首先表现在有关计量著作的编纂上。

在清代官方组织编纂的与计量有关的著作中，《律吕正义》是重要的一部。该书的编纂，起源于康熙皇帝对音律的考订。康熙皇帝对累黍定律的阐释，引发了朝臣的兴趣，于是大学士李光地、张玉书等分别上书，请求皇帝将乐律算数之学，"特赐裁定，编次成书，颁示四方，共相传习"②。皇帝答应了他们的请求，于康熙五十二年（1713年）"诏修律吕诸书，

---

① 《圣祖实录》卷一五四《康熙三十一年正月至三月》，载《清实录》（第五册），中华书局，1985，影印本，第698~699页。
② 赵尔巽等：《清史稿》（第十一册）卷九十四《志九十六·乐一》，中华书局，1976，第2739页。

于蒙养斋立馆，求海内畅晓乐律者。光地荐景州魏廷珍、宁国梅彀成、交河王兰生任编纂"。①李光地的推荐得到了皇帝的认可，康熙皇帝不但让这些学者负责编纂工作，自己也不断过问书的内容，"遇有疑义，亲临决焉"②。就这样，经过紧张的工作，第二年，书终于编成了。《清史稿》是这样记载该书的：

> 帝本长畴人术，加之以密率，基之以实测，管音弦分千载之袭缪，至是乃定。明年书成，分三编：曰正律审音，发明黄钟起数，及纵长、体积、面幂、周径律吕损益之理，管弦律度旋宫之法；曰和声定乐，明八音制器之要，详考古今之同异；曰协均度曲，取波尔都哈儿国人徐日升及意大里亚国人德里格所讲声律节度，证以经史所载律吕宫调诸法，分配阴阳二均字谱，赐名曰《律吕正义》。兰生、廷珍等皆赐及第，进官有差。③

可见，在这部名为《律吕正义》的书的编写过程中，康熙皇帝倾注了不少心血。他利用自己精通数学的长处，把比传统的周三径一更为精确的圆周率引入到了考订音律的过程之中，而且注重对推算结果的实测验证，终于对纷争千年的音律与度量衡关系学说做出了令人信服的结论。书完成之后，他又为之赐名，对参与编纂的人员，也给予了很高的奖励，这些都表明了他对该书的重视。

在清代度量衡史上，《律吕正义》的确非常重要，这主要是由于玄烨以皇帝之尊，"御制"了这部书，因而书中讲述的考订度量衡制度的准则，就成了清代制订度量衡标准必须遵行的信条。玄烨确定的古今尺度比值，也成了有清一代不敢逾越的雷池。书中阐释的对累黍定律的认识，则成为清儒讨论传统的同律度量衡学说时不得不恪守的前提。

另外一部与计量有关的重要著作是同样为"御制"的《数理精蕴》一书。该书主要由梅彀成会同陈厚耀、何国宗等人编纂，以康熙"御制"的名义刊行于世。全书共五十三卷，分为上、下两编，主要介绍明末清初以来传入的西方数学。书中当然也涉及不少中国古代数学问题，但对之多以西法做解。"御制"《数理精蕴》介绍的西方数学，对促进中国计量的发展，有不可忽视的作用。例如该书收入的西方数学名著《几何原本》，就对中国角度计量的建立发挥了不可替代的作用。该书介绍的西方数学计算方法，对中国计量与数学结合，也有很大

---

① 赵尔巽等：《清史稿》（第十一册）卷九十四《志九十六·乐一》，中华书局，1976，第2739页。
② 同上书，第2740页。
③ 同上书，第2748页。

影响。特别是该书的下编卷三十，论证了比重对于建立度量衡标准的意义：

> 数学至体而备，以其综线面之全而尽度量衡之用也。盖线面存乎度，体则存乎量，求轻重则存乎衡，是以又有权度之比例，其法概以诸物制为正方，其边一寸，其积千分，较量毫厘，俾有定率，然后凡物知其体积即知其重轻，知其重轻即知其体积，而权度无遁情也。①

这是说，只要知道了各种物质的比重，就可以在度量权衡之间建立关系，由体积可求得重量，反之由重量也可求得体积，这就可以避免度量衡的混乱。这种思想，比传统的累黍定律要科学，因为衡器标准反映的是重量，而重量通过比重又能与尺度建立关系，这样，知道了衡器标准，不需要黍米的参验校正，根据已知的构成该标准的物质的比重，就可以得到度量衡三者的标准。关于比重与度量衡的关系，虽然《汉书》上已经有"黄金方寸而重1斤"的记载，但《汉书》的记载远不如康熙"御制"的《数理精蕴》讲得透彻、明确。非但如此，《数理精蕴》还列出了金、银、铜、铁等32种物质的比重表，并给出了大量比重计算的例题，这使得它具有很强的应用性。康熙"御制"的《数理精蕴》的做法，无疑会对中国传统计量向近代计量的转化产生一定的推动作用。

二、乾隆嘉量的制作

在清代，与传统计量发展有关的另一件大事是乾隆嘉量的制作。康熙皇帝虽然从理论上阐明了"同律度量衡"的具体含义，并通过横排和纵排黍米的方式确定了古今尺度比值和黄钟律长度，从而确定了度量衡标准，但他并没有按传统方式制作度量衡标准器。这就使得新的标准有失传的危险。对此，清代的人们认识得很清楚，正如《御制律吕正义后编》所言：

> 上编云度量权衡，皆起于黄钟，而验黄钟者，可不取证于度量衡耶？斯言也，谓夫声虚而莫可留，器实而可传后也。②

这一认识是符合度量衡管理规律的，因为从度量衡管理体系的角度来看，国家应该有其

---

① 《御制数理精蕴下编》卷三十《体部八》，《四库全书》本。
② 《御制律吕正义后编》卷一百十三《度量权衡考一》，《四库全书》本。

最高的度量衡标准,用标准器将其保存起来,并通过量值传递的方式,由高到低建立逐级标准,依此满足社会对计量的需求。如果不用这种方法,使下面每一级标准都用累黍方式复现,必然会造成标准彼此之间的混乱,从而使康熙皇帝统一度量衡的努力毁于一旦。只有依据度量衡理论制作出标准器来,才能传之后人,万世永遵。此即所谓"器实而可传后也"。因此,在康熙皇帝考订的度量衡标准基础之上建立相应的标准器,是当时度量衡管理事业的一项重要任务。这一任务在乾隆时代被完成了,其标志就是乾隆嘉量的制作。

"嘉量"是我国历史上对度量衡标准器的一种称谓,它以累黍定律的原理,集度、量、衡三个单位标准于一体,是古人"同律度量衡"思想的具体体现。在中国历史上,最有名的嘉量是西汉末年刘歆为王莽新朝设计制作的新莽嘉量。该量是个五量(龠、合、升、斗、斛)合一、能同时反映度量衡三种单位标准的计量标准器。随着刘歆的度量衡学说成为后世学者研究度量衡问题时所必须遵奉的圭臬,他设计的新莽嘉量也成为人们关注和研究的对象。刘歆之后的计量学家如刘徽、荀勖、祖冲之、李淳风等人,都或就实物、或据文献对新莽嘉量做过深入研究。新莽嘉量流传至唐宋时期,已经在社会上销声匿迹,但到了清朝的乾隆年间,竟奇迹般地重现人间。《钦定大清会典则例》提到,"乾隆九年,皇上得东汉嘉量,圆形"[①],所指当为此器。

既然新莽嘉量重现人间,乾隆皇帝要继承乃祖未竟之事业,按照汉文化方式统一乐律和度量衡制度,当然就应该仿新莽嘉量的形制,制作出能反映出康熙考订度量衡所获成果的新的嘉量来,使其成为既能表现当时度量衡制度现实又反映古制的国家最高等级的计量标准器。正是出于这种考虑,在得到了新莽嘉量之后,在乾隆皇帝的监制下,当时的学者们经过精心设计,仿新莽嘉量和唐代张文收参照莽量而改制的方形嘉量的形制,制作了方、圆两种嘉量,使之成为清代的度量衡器物准则。《钦定大清会典则例》是这样描述这件事情的:

> 乾隆九年,皇上得东汉嘉量,圆形,较其度数,中今太蔟,又考唐张文收作嘉量方形,乃仿其遗制,用今律度,御制嘉量方圆各一,范铜涂金,掌之工部,陈之殿廷,其上为斛,其下为斗,左耳为升,右耳为合龠。其重二钧。声中黄钟之宫。[②]

为表示对嘉量的重视,乾隆皇帝在新嘉量制成甫始,即亲自为其撰写铭文,阐释了制作

---

① 《钦定大清会典则例》卷三十八《户部》,《四库全书》本。
② 同上。

嘉量的重大意义。铭文的具体内容为:

> 皇予圣祖,建极宪天,度律均钟,洞契元声,微显阐幽,何天衢亨。小子缵绪,寰区抚临,协时月正日,同律度量衡。制兹法器,列于大廷,匪作伊述,大猷敬承,遵钟得度,率度量成。量为权舆,律协六英。猗圣合天,天心圣明,七政是齐,为万世法程。如衡无私,如权不凝,如度制节,如量祗平。律得环中,绍天明命,永宝用享,子孙绳绳。我日斯迈,而月斯征。中元甲子,乾隆御铭。①

这段话的基本意思是说,康熙皇帝考订了音律和度量衡制度,乾隆皇帝继承了他的事业,制作了相应的标准器物,将其陈列于殿廷。标准器的制作,遵循的是康熙皇帝考订的乐律累黍之法,由之得到了尺度标准,由尺度确定了量器,量器本身又为权重提供了标准。依据这种程序制作的嘉量,是万世不变的法定标准,子子孙孙,要永远遵行。"中元甲子,乾隆御铭"八字告诉我们,该铭文是乾隆九年(1744年,该年为甲子年)七月十五(旧俗所谓之中元节)乾隆皇帝亲笔题写的。

嘉量设计制作完成后,乾隆欣喜异常,铭文中的"制兹法器,列于大廷"殆非虚言,在紫禁城最具代表性的太和殿前的丹陛上,就陈列了一具乾隆方形嘉量[图11-3(a)(b)],而圆形嘉量则陈列在乾清宫前的丹陛上[图11-4(a)(b)]。

三、乾隆嘉量的科技含量

乾隆嘉量有很高的科技含量,对此,我们可以通过其上的铭文得以了解。嘉量上的铭文包括总铭和分铭,上述引文是总铭,分铭则具体标明了圆、方两嘉量上各分量的相关数据,下面是圆嘉量上各分量的铭文:

> 嘉量斛:积八百六十寸九百三十四分四百二十厘,容十斗,深七寸二分九厘,幂一百一十八寸九分八十厘,径一尺二寸二分六厘二毫。
>
> 嘉量斗:积八十六寸九十三分四百四十二厘,容十升,深七分二厘九毫,幂一百一十八寸九分八十厘,径一尺二寸二分六厘二毫。

---

① 《御制律吕正义后编》卷一百十三《度量权衡考一》,《四库全书》本。

(a)

(b)

图 11-3

太和殿前方形乾隆嘉量

（a）

（b）

图 11-4

乾清宫前圆形乾隆嘉量

嘉量升：积八千六百零九分三百四十四厘二百毫，容十合，深一寸八分二厘二毫五丝，幂四百七十二分三十九厘二十毫，径二寸四分五厘二毫。

嘉量合：积八百六十分九百三十四厘四百二十毫，容二龠，深一寸零九厘六毫，幂七十八分五十三厘九十八毫，径一寸。

嘉量龠：积、容、深为合之半，幂径同。①

方嘉量上的铭文与此相似，具体为：

嘉量斛：积八百六十寸九百三十四分四百二十厘，容十斗，深七寸二分九厘，幂一百一十八寸九分八十厘，方一尺零八寸六厘七毫。

嘉量斗：积八十六寸九十三分四百四十二厘，容十升，深七分二厘九毫，幂一百一十八寸九分八十厘，方一尺零八分六厘七毫。

嘉量升：积八千六百零九分三百四十四厘二百毫，容十合，深一寸八分二厘二毫五丝，幂四百七十二分三十九厘二十毫，方二寸一分七厘三毫。

嘉量合：积八百六十分九百三十四厘四百二十毫，容二龠，深八分六厘零九丝，幂百分，方一寸。

嘉量龠：积、容、深为合之半，幂方同。②

这些铭文是用满、汉两种文字书写的，其书写格式"仿汉斛制，斛升合皆正书，斗龠皆倒书。盖翻举斗龠视之，则皆正也。清文从左起"③。

乾隆皇帝之所以不厌其烦地罗列这些数据，是有其用意的。在他的心目中，康熙皇帝对度量衡的考订和他对嘉量的制作，都是足以名垂史册之举，《御制律吕正义后编》把这两件事放在一起所做的记载及评论，就表明了他的这一心态：

圣祖仁皇帝妙契元声，精研象数，既得黄钟真度，而度量衡之制皆有以稽其同异而观其会通。雍正九年编入《大清会典》颁行天下。乾隆九年，御制嘉量，列之殿庭，然后律度量衡之制，了如指掌，任天下长短多寡轻重之不齐，皆有

---

① 《御制律吕正义后编》卷一百十三《度量权衡考一》，《四库全书》本。
② 同上。
③ 同上。

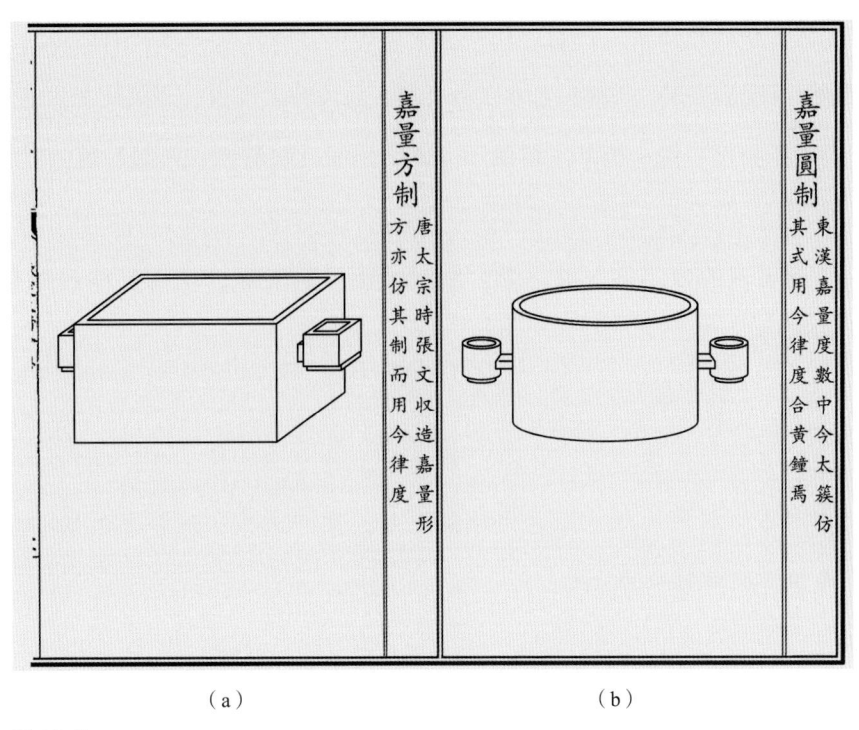

(a) 嘉量方制 唐太宗时张文收造嘉量形方亦仿其制而用今律度

(b) 嘉量圆制 其式用今律度合黄钟焉 东汉嘉量度数中今太簇仿

图 11-5

乾隆"御制"方、圆嘉量示意图

以比而同之,而并得其不同而同之,故此诚极制作之明备矣。①

可见,他要通过嘉量,将康熙皇帝考订度量衡所获成果及清代度量衡标准以实物方式表现出来,既然这样,当然要在嘉量上将有关数据详细地标示出来。标示的原则是:"以律尺起量,而以营造尺命度"。所谓律尺,就是康熙皇帝考订度量衡时所心仪的古尺,即新莽嘉量所显示的尺度。这样,就可以使"古今度量权衡同异之致,了然可见"②。即是说,清嘉量本身的实际大小,反映的不是清代标准,而是古制。例如,"斛积八百六十寸九百三十四分四百二十厘,即律尺一千六百二十寸也"③。具体地说,清嘉量上的斛的大小反映的并非清代实际的计量单位斛,而是古代斛的大小,并将古代斛的大小折算成了用清代的营造尺标示的数据。就是说,铭文提到的斛容积为 860.934 420 立方寸,是用营造尺计算的结果,如果用律尺计算,就是 1 620 立方寸,正好是古制一斛的大小。嘉量上反映的其他计量单位,均作同样的理解。图 11-5 为《清会典》中描绘的乾隆"御制"方、圆嘉量。

---

① 《御制律吕正义后编》卷一百十三《度量权衡考一》,《四库全书》本。
② 同上。
③ 同上。

嘉量设计除了要表现清制、古制，还要反映黄钟律管的长度。这一数据是通过嘉量的主体——斛的容深表现出来的。"斛深七寸二分九厘，为黄钟之度也，即律尺九寸也。"[①]这样，嘉量就真正实现了集度、量、衡基本单位于一体，全面反映清制、古制和黄钟律管长度等诸多要素。

关于嘉量上表现的度、量、衡三者古制和清制换算关系，《御制律吕正义后编》卷一百十三有具体说明：

> 斛深七寸二分九厘，斗深七分二厘九毫，并底厚八厘一毫，共八寸一分，律尺之全度也。析尺为寸，而古之寸法在是；累寸为尺，而今之尺法亦在是，则古今度法之同异可见矣。[②]

这是说的长度。斛深给出的是黄钟律管之长，斛、斗连同中间的夹底给出的是律尺（即古尺）之长，因为所有数字都是用营造尺表示的，由之又可以得到清代营造尺的标准。因此，通过嘉量，"古今度法之同异可见矣"。

对于容积标准，也存在着类似的关系：

> 从度起量，斛容二千龠，其实十斗，以今量法准之，止二斗七升二合余。以十析之，则斗之容积为今二升七合余，升之容积为今二合七勺余，则古今量法之同异可见矣。[③]

对于权衡标准，同样存在对应的换算关系：

> 从量起衡，斛容二百四十万黍，重一千两。以今之权法准之，止重五百三十一两余……则古今权法之同异可见矣。[④]

就这样，经过精心设计，清嘉量从理论上实现了对新莽嘉量实际大小的复现，同时又可推算出清代度量衡实际标准，达到了古今度量衡标准在一器上的统一。能够把这么多的要素集中

---

① 《御制律吕正义后编》卷一百十三《度量权衡考一》，《四库全书》本。
② 同上。
③ 同上。
④ 同上。

在一个器物上表现出来，其设计难度是可想而知的。因此，清嘉量的设计完成，是清代度量衡科学发展所取得的一个重要成果。

清嘉量的设计也有不足，其最大的不足之处在于，它完全以康熙皇帝用累黍定律方法考订的结果为设计依据，结果造成了嘉量反映的古尺（即莽尺）与历史上真正的古尺实际长度不一致的后果。我们前文已经提到，依康熙皇帝确定的古今尺度比例推算，汉代尺长应为25.92厘米，但实物和文献资料却证明，汉代尺长的实际数值是23.1厘米，二者差了近3厘米，误差不可谓不大。现在，这一误差通过清嘉量的制作，被进一步肯定下来，实在是不应该的，因为乾隆皇帝在"御制"清嘉量时，已经得到了新莽嘉量，只要对新莽嘉量做些实际测试，就能发现这一问题。不过，即使嘉量的设计者发现了这一问题，他们也很难对之做出更正，因为封建礼法所要求的尊奉祖先、敬畏圣人的传统，是他们所不得不遵守的。要他们打破其"圣祖"玄烨"御定"的结论，是万万不可能的。

嘉量设计的另一不足之处是对数据精度问题不够重视。在圆嘉量的设计中，设计者所用的圆周率还是相当精确的，通过《御制律吕正义后编》卷一百十三对嘉量设计中所运用数据的说明，我们可以窥见到这一点：

> 圆径一寸者，面幂七十八分又万分分之五千三百九十八。[①]

由这两个数据，我们可以推算出嘉量设计中所用圆周率 $\pi=3.141\,592$，这是相当精确的。但嘉量铭文所列数据精度取舍却不够严谨，有精确到厘的，有精确到毫的，也有精确到丝的。如果按照嘉量铭文所列数据进行推算，会发现有些数据未能很好地吻合，其主要原因即在于此。中国古代计量缺乏有效数字概念，也不知道四舍五入，因此，嘉量设计中出现这种不足，是情有可原的。

---

① 《御制律吕正义后编》卷一百十三《度量权衡考一》，《四库全书》本。

第十二章 传统度量衡制度的尾声

清代在度量衡科学上有所发展，在标准器的设计上达到了传统度量衡科学的顶峰；在度量衡管理上做过一些努力，这些努力维持了清前期度量衡制度的大致稳定。但由于指导思想的失误及其他原因，导致清中叶以后度量衡出现混乱状况。随着清王朝国势的衰落，帝国主义侵入，出现了海关度量衡制度，导致在度量衡领域国家主权的部分丧失。与此同时，在全国范围内度量衡混乱状况也愈演愈烈。当清王朝勉强振作精神，为建立近代度量衡制度做出最后努力的时候，它已经处于灭亡的前夜，无力回天，难以胜任这一历史使命了。

第一节　清代的度量衡管理

清代在度量衡管理上是采取过一些举措的。这些举措首先表现在对标准量器的颁发、收藏和校验上。早在清初的顺治朝，清廷就多次颁布整饬度量衡的诏令，向有关部门颁发标准器，令其遵行。对此，前面的章节已经做过讨论。这里，我们就顺治朝之后清代的度量衡管理略做介绍。

一、雍正朝的度量衡整饬措施

顺治朝以后，清廷仍然不时颁布一些诏令，要求整饬度量衡，防止官吏利用度量衡营私舞弊，从中牟利。从整体上看，这些诏令的特点是严格规范度量衡管理流程，兼顾技术细节，要求对违反规定的行为进行严厉的惩罚。例如，雍正五年（1727年），清帝胤禛颁布了这样一道诏书：

> 部中所颁法马，轻重合宜。各布政使司照所颁之式校准，制成法马弹用，仍令各属画一遵奉。但铜质磨轻，异于原颁分两者，可咨部请领换给。钦此。①

这道诏书就体现了对技术环节进行严格要求的特点，它首先肯定了户部所颁法马，然后命令各省行政官员以之为标准，制作砝码使用。诏书还特别提到，铜质的砝码在使用过程中，会因磨损而变轻，这时应向户部请求更换新的砝码。这一规定是有道理的，它减少了社会上私造砝码的可能性，有利于保持权度量值的统一。雍正皇帝的诏书专门提到砝码的更换问题，这是一个信号，它标志着清王朝在度量衡管理上开始关注具体的技术环节了。

在对度量衡标准器颁行方面，雍正十一年（1733年）所定措施更为具体、细致。透过这些规定，我们可以进一步窥见到清代度量衡管理的上述特点：

> 十一年，议准法马由部审定轻重，工部铸造，各布政使司遣官赴领。本部司官同工商司官面加详校，将正副法马封交赴领官赍回，各布政使将部颁副法马收贮，行用正法马。如正法马年久与副法马轻重不符，即用副法马弹兑，以正法马送部换铸。虚捏不符者，交部议处。（部颁法马由一分至九分、一钱至九钱、一两至十两、二十两、三十两、五十两、百两、二百两、三百两、五百两。正副各一副。）
>
> 又议准各布政使司钱粮解部者，将部颁法马封交解官赍部，库官将库存原法马校准合一，然后兑收。如有短少，将解官参处勒追。倘将法马私行改铸者，按律治罪；或库官故为轻重，任意勒索，亦察明严参。
>
> 又议准各省布政使将州县铸造正副法马与部颁法马校准，呈巡抚验明，发回州县。钱粮解司时，将副法马印封，赍司校对兑收。如有故为轻重、任意勒索者，即行题参。②

这是对颁行权衡所用砝码所做的规定。规定明确了砝码的审定部门、铸造部门、检校及封交程序，还规定了正副砝码制度，规定了地方官员的职责，并提出对失职及作伪者要进行惩处。就砝码的使用来看，清廷明确规定在审定轻重、工部铸造之后，由政府各部门派人领取。每个部门同时领取正、副砝码各一，正砝码供日常使用，副砝码则作为标准由该部门自己

---

① 《钦定大清会典则例》卷三十八《户部》，《四库全书》本。
② 同上。

保存。当使用时间长了导致正、副砝码重量不一时，则可将副砝码投入使用，而将正砝码交回户部，换铸新的砝码。这样的制度安排，既可以保证标准的稳定，又可以有效避免因部颁砝码的换铸而导致出现使用上的空窗期。

雍正朝的这一规定还特别重视对上、下级所持砝码的比对校验。工部铸造的砝码下发之后，为防止使用者在使用过程中弄虚作假，清廷规定，各布政使司向中央政府解压钱粮时，要将其所用的部颁砝码封交，粮库官员将其封交的砝码与库存砝码进行比对，检验合格后才可以以之兑收钱粮。如果检验不通过，就要查明原因，是使用者私行改铸，还是库官故为轻重，敲诈勒索，查明真相，按律治罪。显然，清廷这是要通过抓住度量衡标准器的溯源校验环节，从技术上有效阻止地方官员和粮库值守人员的弄虚作假。

从规定本身来看，为了满足社会上对砝码的大量需求，清廷是允许各州县自己铸造砝码的，但要求各州县将自己铸造的砝码与部颁砝码比对校准，呈巡抚验明后才能发还使用。

由这些记载来看，雍正朝对于在重要经济活动中保持度量衡标准的统一是非常重视的。而且其规定注意使用细节，比较严谨。这些规定的执行，使得雍正朝的度量衡基本保持了稳定状态。

二、康熙朝的度量衡管理

清廷不但对度量衡的颁行做出明确规定，而且还对度量衡制作的具体技术环节提出要求，从技术角度确保度量衡的统一。这一点，在康熙朝表现得尤为充分。如康熙皇帝玄烨就曾对量器的具体形制下过诏令：

> 朕见直隶各省民间所用等秤，虽轻重稍殊，尚不甚相悬绝，惟斗斛大小，迥然各别。不独各省不同，即一县之内，市城乡村，亦不相等。此皆牙侩评价之人，希图牟利之所致也。又升斗面宽底窄，若稍尖量，即致浮多。若稍平量，即致亏额，弊端易生。职此之故，于民间甚为未便。嗣后直省斗斛大小作何画一，其升斗式样可否底面一律平准，以杜弊端？至盛京金石、金斗、关东斗，亦应一并画一。着九卿詹事、掌印不掌印科道，详议具奏。①

---
① 《御制律吕正义后编》卷一百十三《度量权衡考一》，《四库全书》本。

玄烨以皇帝之尊，所下诏书具体到了对量器样式的要求，这确实表明了清廷对统一度量衡过程中具体技术问题的关注。而且，他还专门要求，对"盛京金石、金斗、关东斗"也要"一并画一"。他所提的这三种量器，都是满族政权尚未入主中原时所用之器，有其政治含义，但它们与中国其他地区习用的明朝量器量值不一，如若忌讳其政治象征性将之排除在度量衡统一的范围之外，则全国的度量衡体系实难统一。康熙的这一要求，打破了政治禁忌，有利于全国度量衡的统一。他的诏书下发之后，朝中官员按照他的指示，对全国范围内所用量器样式做了统一规定，停用了一些不规范量器，并颁发了一批标准量器，要求各地遵行。《御制律吕正义后编》紧接上述引文，记载了清政府对康熙皇帝诏令的贯彻情况：

> 奉旨议定：直隶各省府州县市廛镇店马头乡村民人所用斛面俱令照户部原颁铁斛之式，其升斗亦照户部仓斗、仓升式样，底面一律平准。盛京金石、金斗、关东斗俱停其使用。铸造铁斗三十张、铁升三十张，发盛京户部、顺天府五城仓场、总漕、直隶、各省巡抚，令转发奉天府、宁古塔、黑龙江等处及各该布政司粮道府州县仓官，则令通行，晓谕各该属地方民人一体遵行。①

可见，康熙皇帝从技术细节上所做的要求，对当时全国范围所用量器形式的统一，是发挥了作用的。清政府不但要求全国范围内量器的形式要与国家颁布的标准量器一致，还停用了一些各地行用已久的地方量器，并且另外铸造了一批标准量器颁发各地。这些措施，对当时量器制度和形式的统一，应该是发挥了比较重要的作用的，见图12-1。

康熙朝之后，清廷对度量衡用器的规定，仍然继承了康熙朝的特点，达到了十分细致的程度。吴承洛先生曾对清代量器的颁行及制作细节做过详细记述，兹转述如下：

> 量器之颁发及检验办法，系由工部依照户部库储式样，制造铁斛、铁斗、铁升各若干具，铁斛一存户部，一发仓场，一发漕运总督，其余颁发各省布政使司粮道及内务府官三仓恩丰仓各一具，铁斗、铁升亦颁发各直省通行遵用，各仓所用木斛，均以铁斛为标准之器；又户部颁发漕斛、仓斛办法，各省征收漕粮及各仓收放米石，俱由部颁发铁斛，令如式制造木斛，校准备用，各州县制造木斛，所需木料，应于春间预办板料晒干然后成造，八月送粮道较验烙印，

---

① 《御制律吕正义后编》卷一百十三《度量权衡考一》，《四库全书》本。

图 12-1
南京博物院藏康熙十八年（1679年）铜砝码盒
及相关砝码一套

其毋庸换造者，亦将旧斛送道较验加烙某年复验字样。京道各仓木斛，三年一制，呈明仓场烙印。凡收放米粮日期，所用斗、斛，每晚随廒封验，次早验封给发，通仓由仓场查验，京仓由查仓御史查验，监收旗员一律考较，如与铁斛稍有赢缩，饬令随时修理。①

可见，清代对于量器的颁发、制作及校验有明确的规定，甚至连制作所需木料应在何时准备都有具体说明，规定不可谓不细。

三、清代度量衡管理的公开化和法制化特点

清代不但对度量衡器颁行、使用的具体环节做出规定，还把度量衡器的制作规范、技术标准等明文发布天下，如《清会典》中关于权衡的制作就有这样的记载：

> 平者为衡，重者为权。衡以铁为之，其上设准，为两尖齿形，衔以铁方环正立。上齿贯方环上周，尖向下，适当环中不动；下齿属于衡，尖向上插入方环下周之空缝，绾之以枢，使衡可左右低昂，而齿亦与之左右。衡之两端各

---

① 吴承洛：《中国度量衡史》，上海书店据商务印书馆1937年版复印，1984，第273~274页。

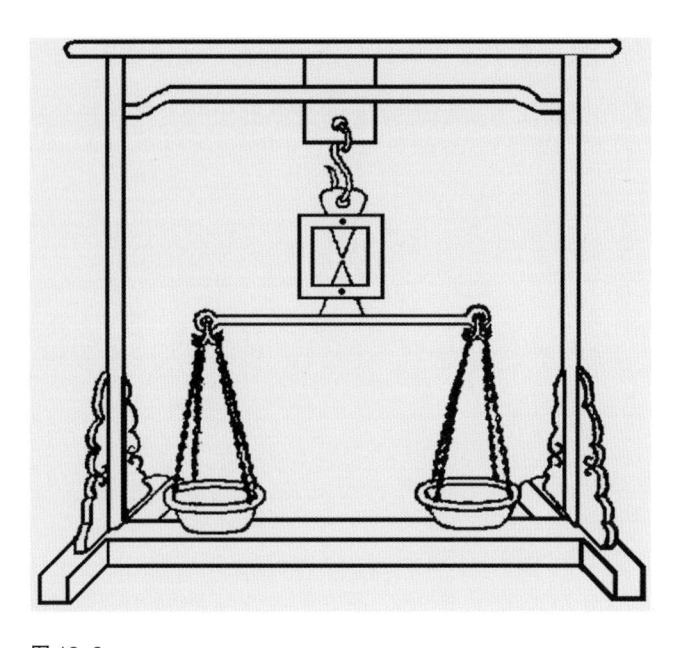

图 12-2
清初部库天平样式图

以铁钩二，绾铁索四，悬二铜盘，左右适均，上齿本有孔，贯以铁钩，悬于架。用时一盘纳物，一盘纳权，视方环中上下两齿尖适相值，则衡平而权与物之轻重均。

砝码为扁圆形，上下面平，质用黄铜，以寸法定轻重之率。黄铜方一寸重六两八钱。[①]

像这样把具体制作技术公布于众，使工匠有标准可依，按式制物即可得合用之器；使用者有文案可考，按图索骥即可知有无欺诈，自然有利于保持度量衡的统一和单位量值的稳定，是值得肯定的举措。类似的规定在"御制"的《律吕正义》《律吕正义后编》《数理精蕴》《清会典》等清代官方文献中多有出现，这里不再赘述。图 12-2 为清初的部库天平样式图。

清王朝不但对度量衡器物的颁行及制作的技术规范做出规定，向社会颁布，实现了技术规范的公开化，而且对违反者应受何种处罚，也有具体要求，力图实现度量衡管理的法制化。其度量衡法制管理的指导思想是："凡官司所掌，营造官物，收支粮赋货赋，下逮市廛里巷，商民日用，度量权衡皆如式较定，有违制私造、增减成宪者，皆论如律。"[②] 即不管官私商民、

[①] 转引自吴承洛《中国度量衡史》，上海书店据商务印书馆 1937 年版复印，1984，第 275 页。
[②] 《钦定大清会典》卷十一《户部》，《四库全书》本。

不论何种经济活动，所用度量衡器都要按标准进行校定，违反者要受到法律的追究。乾隆年间修订的《大清律例》，把违反者要被追究何种法律责任做了具体规定：

> 凡私造斛、斗、秤、尺不平，在市行使，及将官降斛、斗、秤、尺作弊增减者，杖六十；工匠同罪。
>
> 若官降不如法者（官吏、工匠），杖七十；提调官失于较勘者，减（原置官吏、工匠罪）一等；知情与同罪。
>
> 其在市行使斛、斗、秤、尺虽平而不经官司较勘印烙者（即系私造），笞四十。
>
> 若仓库官吏私自增减官降斛、斗、秤、尺收支官物而不平（纳以所增，出以所减）者，杖一百，以所增减物计赃，重（于杖一百）者坐赃论；因而得（所增减之）物入己者，以监守自盗论（并赃不分，首从查律科断）；工匠杖八十；监临官知而不举者，与犯人同罪，失觉察减三等罪，止杖一百。①

这些规定十分严厉，考虑也堪称细致，这样的管理是很严格的。特别是条文还明确规定，即使所用度量衡器符合要求，没有偏差，但若没有官府的校勘烙印，使用者也要受到鞭笞四十的处罚。这样的规定体现了对度量衡器定期校验的要求，是符合科学的度量衡管理原则的。

清廷对度量衡制度的考订十分慎重，法律规定也很严厉，这些体现了清代的统治者希望保持度量衡量值稳定的良苦用心。但如果社会状况不稳，做不到令行禁止，法律条文也就是空纸一张，发挥不了其维持度量衡稳定的定海神针作用，最终也只能眼睁睁看着度量衡滑入混乱的深渊，这正是清中叶以后度量衡的现实。

第二节　清中叶以后的度量衡状况

清代的统治者希望保持度量衡量值稳定的良苦用心并未得到他们预期的回报。整体来说，清代的度量衡从清初开始，"经过康熙时代之整理与制度之考订，渐有划一之趋势"②，但这一趋势并未保持很长时间，到乾隆中期以后就开始出现混乱状况，并在随后的年代里愈演

---

① 《大清律例》卷十五《户律》，《四库全书》本。
② 吴承洛：《中国度量衡史》，上海书店据商务印书馆 1937 年版复印，1984，第 257 页。

愈烈，到最后其混乱状况达到了令人瞠目的程度。

一、清代民间度量衡的合法存在

实际上，康熙皇帝在整顿度量衡时，注意到了官方所用度量衡器的规范问题，也取缔了一些明显不合规范的度量衡器。清代长期行用的金斗、关东斗，就是在康熙年间被明令停用的。但民间度量衡用器不规范的情况为时已久，康熙皇帝的划一度量衡措施并未彻底推广到民间，与之相反，他仍然允许各种民间度量衡器的存在，只是要求对这些度量衡器与官颁度量衡标准之间的比例关系做出规定，希望以此杜绝各种交易活动中的营私舞弊现象。

康熙皇帝的这一规定也许有其不得已之处。因为要在全国范围内统一度量衡，取缔各种杂制和不合规定的度量衡用具，需要国家提供大量的度量衡器具供社会使用，是一个耗资巨大的系统工程。而且，在对度量衡标准未做详细而认真的考订的情况下，就对全国度量衡器进行大规模的替换，也会造成相当大的后遗症。这也许是康熙选择做如是规定的原因。但无论如何，康熙的选择不符合度量衡管理的规律，会给整个社会的度量衡使用带来严重后果，这是毋庸置疑的。

康熙的这一思想在乾隆时被具体化了，乾隆皇帝"御制"的《律吕正义后编》就记载了清廷所定的"今官民度量衡比例率"：

> 营造尺八寸一分为律尺一尺。裁衣尺九寸为营造尺一尺。裁衣尺七寸二分九厘为律尺一尺。律尺一尺二寸三分四厘五毫为营造尺一尺。律尺一尺三寸七分一厘七毫为裁衣尺一尺。
>
> 户部仓斛十二斗五升为洪斛十斗。洪斛八斗为仓斛十斗。关东斗五斗为仓斛十斗。关东斗六斗二升半为洪斛十斗。仓斛二斗七升二合四勺为嘉量十斗。洪斛二斗一升七合七勺为嘉量十斗。关东斗一斗三升六合二勺为嘉量十斗。
>
> 部法五两三钱一分四厘四毫为律法十两。京市五两四钱七分三厘八毫为律法十两。钱法五两五钱八分零一毫为律法十两。京市十两三钱为部法十两。钱法十两五钱为部法十两。①

---

① 《御制律吕正义后编》卷一百十二《今官民度量衡比例率》，《四库全书》本。

透过这些规定，我们已经可以窥见到当时度量衡混乱的苗头了。这种规定是如此的烦琐，以至于它在实际的交易活动中不可能被严格遵守。更重要的是，这种规定为民间不规范度量衡器的存在提供了法律依据，甚至在康熙时被明令停用的关东斗，在这一规定中也堂而皇之地获得了合法存在。而且，这种规定针对的仅仅是当时有代表性的一些度量衡杂制，民间大量的各种不规范的度量衡器具，政府无能力也不可能对之一一做出规定，这就为各种杂制的滥用打开了方便之门。受到这种无厘头规定的无意之中的鼓励，清代的各种不规范度量衡用器纷纷出现，导致从清中叶开始，度量衡就处于了愈演愈烈的混乱状况之中。

二、清中后期度量衡的混乱

清代的度量衡混乱首先表现在管理的松弛上。清廷虽然制定了严格的度量衡管理制度，也规定了对违反制度的严厉的惩罚措施，但这些规定并未得到严格的执行。即如国家颁布的器具而言，虽然规定了定期校验制度，但实际上却少有校准之举。甚至连国家的度量衡祖器①，也因保管不慎被毁于火灾，不得不重新铸造。《钦定户部漕运全书》"建造斛斗门"曾详细记载了一件事：

> 康熙年间，户部提准铸造铁斛，颁发仓场、总漕及有漕各省，部存祖斛一张、祖斗一个、祖升一个……至户部铁斛、斗、升于乾隆五十二年曾遭回禄。五十三年，经工部另铸。嘉庆十二年……咨取仓场康熙年间所铸铁斛、斗、升比较，除铁斛相符外，铁斗较少一合零，铁升较少一勺零……移咨工部查照仓场所存铁斗、铁升，另行铸造。②

一叶而知秋，由此段记载可见，清代度量衡祖器不但被毁于火灾，而且重新铸造的标准器也有误差，这当然是由于负责保管的官员之不慎所造成的。如果清廷颁布的历次诏令能得到一定程度的执行，如果对违反度量衡管理规定的事件能够有所追责，祖器被烧毁一事何至于发生，新铸造的度量衡标准器何至于彼此有偏差？由这件事可以充分看到清代度量衡管理的废弛，这是导致晚清度量衡混乱的主要原因。

对于清代度量衡混乱的具体程度，吴承洛先生曾有所总结，他说：

---

① 所谓"祖器"，是指当时国家最高级别的度量衡标准器。
② 《钦定户部漕运全书》卷五十五《京通粮储》。

清政府对于统一度量衡之计划，既未能始终努力，于是各省官吏均采用姑息放任政策，因之度量衡制度逐渐嬗变，愈趋愈乱。就法定之营造尺而论，其在北京实长九寸七分八厘，其在太原长九寸八分七厘，其在长沙长一尺零七分五厘；同一斗也，在苏州实容九升六合一勺，在杭州容九升二合四勺，在汉口容一斗零一合一勺，在吉林容一斗零零六勺；同一库平两也，其在北京实重一两零零五厘，其在天津重一两零零一厘五毫；此特就合乎制度之器具而言。至于未经法定之器，名目纷歧，尤属莫可究诘。在度有高香尺、木厂尺、裁尺、海尺、宁波尺、天津尺、货尺、杆尺、府尺、工尺、子司尺、文工尺、鲁班尺、广尺、布尺之分；量有市斛、灯市斛、芝麻斛、面料斛、枫斛、墅斛、公斗、仙斛、锦斛之分；权衡有京平、市平、公砝平、杭平、漕平、司马平之分；一一比较，均不相同。①

吴承洛先生所言，确系晚清度量衡实况。实际上，晚清度量衡混乱状况，比吴先生所言，有过之而无不及，清末徐珂的《清稗类钞》云："美人维廉姆居我国久，尝著一书，所载我国之尺，凡八十四种，极长者合英尺十六寸又百分之八十五，极短者合英尺十一寸又百分之十四。紊乱已甚，诚各国所无者也。"② 话虽然说得不客气，却反映了当时中国度量衡的实际状况。

关于清代度量衡混乱的原因，已有的研究大都将其归之于管理的松懈、官吏的腐败等，上引吴承洛先生之论，已经包含了这层意思。这种认识自然是有道理的，有法不依、执法不严，确实是导致清代度量衡混乱的重要因素。但另一方面，清代的度量衡管理在指导思想上存在着重大缺陷，这种缺陷也是造成其度量衡制度混乱的重要原因，对此，我们不能不予以指出。

三、清代度量衡管理指导思想的失误

清代度量衡管理的指导思想是由对度量衡制度有过精心研究的康熙皇帝玄烨制定的。玄烨曾就此对其朝臣做过这样一番"庭训"：

《书》云"同律度量衡"，《论语》曰"谨权量"，盖为禁贪风、除欺诈，

---

① 吴承洛：《中国度量衡史》，上海书店据商务印书馆1937年版复印，1984，第280~281页。
② 徐珂：《清稗类钞》，第12册，中华书局，1986，第6001页。

所以平物价而一人情也。今市廛之上、闾阎之中，日用最切者，无过于丈尺升斗平法，其间长短大小，亦或有不同，而要皆以部颁度量衡法为准，通融合算，均归画一，则不同而实同也。盖以大同者定制度，以随俗者便民情，斯为善政。自上古以迄于今，几千百年，度量权衡改易非一，苟一旦必欲强而同之，非惟无益于民生，抑且有妨于治道，此又不可不留心讲究者也。①

康熙皇帝把度量衡问题上升到民生治道的高度，这本无不妥，但他由此提出的措施，却完全违背了度量衡管理应有的原则。从他的这段"庭训"中可以看出，康熙皇帝的度量衡管理思想是：在度量衡标准被考订之后，由国家主管部门颁布标准器，同时允许民间习用的权衡尺度继续存在，但要为之规定其与官颁标准的比例，这样既方便了民间，又可以有效地避免经济活动中的欺诈现象。

康熙皇帝的立意是"以大同者定制度，以随俗者便民情"，出发点不可谓不善，但他的这一指导思想与度量衡管理所要求的统一性、法制性特征是不相符的，在实践中也不具备可行性。很难想象在众多民间度量衡器被广泛使用的情况下，官府如何能做到为之一一规定其与官颁标准的比例，又如何确保在民间各种交易活动中官方规定的这些比例能被一一遵守。既然民间度量衡器的存在是合法的，人们就会制造出更多种类的度量衡器以方便自己的使用；既然官方规定的比例标准十分烦琐，在社会生活中不可能被遵守，这些民间度量衡器的量值就难免会出现越来越混乱的结果。可见，他的这一指导思想从理论上说是完全错误的，它增加了管理的难度，提高了管理成本，使度量衡管理无法进行，最终导致度量衡的混乱。但由于康熙皇帝所具有的一言九鼎的地位以及他在清代被尊奉为圣祖的身份，终清之世，即使有学者认识到了他的这一思想的错误，也不可能公开提出来。所以，玄烨的这一指导思想实际为清代中后期的度量衡混乱状况的出现打开了方便之门。

与康熙此论相关的还有行业度量衡的存在和发展。行业度量衡的源头可追至宋代，至明朝而正式成为惯例。清代延续明代传统，继续承认行业度量衡的合法性。行业度量衡的出现，是行业本身为了行事方便而发明的。以木器制作来论，木料的加工，难免会有耗损，若顾客要求截取一定尺度的木料，工匠若按要求截取，顾客所得肯定要小于其所订。为避免交易争执，干脆让工匠所用尺度大于社会用尺，这就导致了木匠用尺即所谓木工尺的出现。木匠行业有木工尺，相应地，裁缝有缝衣尺，地亩管理有量地尺，各行各业，都可以发展出自己专用度

---

① 《御制律吕正义后编》卷一百十三《度量权衡考一》，《四库全书》本。

量衡来，整个社会的度量衡，五花八门，杂制充斥。面对这种局面，诚实者眼花缭乱，交易时难以举措；奸巧者浑水摸鱼，故意在交易器具上做手脚，从中渔利。风气如此，整个社会的度量衡不混乱才是一件怪事！

清代度量衡管理的另一弊端是官员打着为国家牟利的旗号，利用度量衡器作弊，上行下效，导致度量衡制度紊乱。对此，乾隆时刑部侍郎张照有过精辟论述，他说：

> 我圣祖仁皇帝心通天矩，学贯神枢，既以斗、尺、秤、法马式颁之天下，又凡省府州县皆有铁斛，收粮放饷一准诣平，违则有刑；又恐法久易湮，且古法累黍定度，度立而量与权衡准焉，度既不齐，黍数即不符合，躬亲累黍布算而得今尺八寸一分恰合千二百黍之分，符乎天数之九九，于以定黄钟之律尺。既定矣，又恐不寓诸器则法不可明，乃以金银制为寸方，著其轻重，而度与权衡之准，了如指掌。列之为表，载入《会典》（《大清会典》），颁行天下，皇上以度量权衡天下犹有未同，勤惓垂问，仰见平钧四海之至意。臣以为在今日非法度之不立，在奉行之未能。
>
> ……立法固当深讲，而用法自在得人，度量权衡虽同，而官司用之，入则重而出则轻，以为家肥，更甚者，转以此为国利。行之在上如此，百姓至愚，必以为度量权衡国家本无定准，浸假而民间各自为制，浸假而官司转从民制以为便，此历代度量权衡所以不同之本也。①

张照所言，大体符合清代实际。他列举清代度量衡管理的举措，从康熙皇帝考订度量衡标准，颁布度量衡标准器，到在权威书籍中公布具体技术标准，并无夸张之言。整体来说，清代的度量衡管理措施，还是比较齐全的，但为什么还会有度量衡不统一的局面出现呢？张照认为，这不是因为缺乏相应法规的缘故，而是由于对法规的执行出了问题，主要表现在官府在出纳钱粮时，"入则重而出则轻"，不但经办人员从中渔利，甚至还有人打着为国家谋取利益的旗号，公开地改变度量衡标准器的量值，这样一来，就会使民众误认为国家在度量衡制度上本来就没有一定之规，导致他们自行制作不合标准的度量衡器，时间长了，官方转而迎合民间的用器，这是度量衡混乱的根本原因。

张照把官府不认真执行度量衡法规作为导致度量衡混乱的根本原因，他的见解虽然得到

---

① 《皇朝文献通考》卷一百六十《乐考六》，《四库全书》本。

了乾隆皇帝弘历的认可，其奏议被全文收入弘历"御制"的《律吕正义后编》，但他指出的这一问题直到清朝末年都没有得到解决。据清末的《户部则例》"进仓验耗门"记载：

> 坐粮厅收兑粮米俱用洪斛，进京仓洪斛每石较仓斛大二斗五升，进道仓洪斛每石较仓斛大一斗七升，是按正兑加耗二五、改兑加耗一七核算。至光绪二十七年始改新章，取销正兑改兑各项耗米，一律按平斛（平斛即仓斛）兑收。各仓放米，亦以平斛开放云云。①

可见，官府用不合标准的量器收兑粮米的问题，直到光绪二十七年（1901年）仍然存在，而这时距离清王朝的倒台，只剩下10年的光景了。

第三节　清代的海关度量衡

道光二十年（1840年）爆发的鸦片战争，使中国社会开始了向半殖民地半封建社会的转化。道光二十二年七月（1842年8月），在鸦片战争中战败了的中国不得不与英国签订了不平等的《南京条约》，被迫开放广州、福州、厦门、宁波、上海五处为通商口岸，史称"五口通商"。嗣后，由于英国的要求，中英双方就五口通商具体事宜做了进一步商谈，于道光二十三年六月和八月（1843年7月和10月）又订立了《五口通商章程（附海关通则）》和《五口通商附粘善后条款》（又称为《虎门条约》，《五口通商章程》被视为《虎门条约》中的一部分）。② 这些条约的签订，意味着中国闭关锁国政策被帝国主义的炮舰彻底击碎，中国被迫敞开了与列强通商的门户。中国的国门是在外国炮舰的威逼下被迫打开的，这种情况下，很多切身利益是无法维护的，清政府被迫放弃了国家的许多主权。就连海关的管理权，也大都被外国人攫取，就是其中典型的例子。这些，有关的中国近代史研究已经讲得很清楚了。

一、清代海关度量衡的产生

口岸通商必然会涉及度量衡制度。当时中国的度量衡制度本来已经紊乱，在国家不能充

---
① 转引自吴承洛《中国度量衡史》，上海书店据商务印书馆1937年版复印，1984，第274页。
② 胡绳：《从鸦片战争到五四运动》，上册，人民出版社，1981，第59页。

分维护自己的主权的情况下，"西方各国的度量衡制度随着传教士和商品纷纭而入，不仅造成我国度量衡制度的更加杂乱，而且使之带有浓厚的半殖民地色彩。清政府不仅无力统一国内的度量衡，也无法抵制外国杂制的侵入和使用，因此，造成这期间度量衡从制度、器具到量值各个方面的极度紊乱"[①]。

口岸通商之始，有关通商所涉度量衡事宜，都由中国海关向与中国通商的各个领事颁发给丈、尺、秤、砝码各一副，作为海关权度的标准。但是中国海关颁发的这些度量衡标准器，并不符合国家的部颁标准。据《清朝续文献通考》记载：

> 关尺即粤海关所用，其始亦本为部颁，缘相沿私拓已久，与部尺相差甚多。[②]

丘光明先生据《清朝续文献通考》的记载，对海关权度与部颁权度做了比较，得出二者的比例为：关尺 1 尺合部尺 1.118 75 尺。部尺即营造尺，长 32 厘米，则关尺 1 尺 $=32 \times 1.11875 \approx 35.8$（厘米）。关平 1 两合库平 1 两零 1 分 2 厘 9 毫 7，库平 1 两重 37.301（克），则关平 1 两 ≈ 37.78 克。《清朝续文献通考》所载关尺、关平量值与此相近："关秤一两合法瓦三十七.七八三一二五，合英喱五八三.三三又三分之一"，即关平 1 两等于 37.783 125 克，合英制 583.333 格令。[③] 这里的"瓦"是重量单位，1 瓦等于米制的 1 克。关平与库平、关尺与部尺，本身即不一致，还要与各国权度比较，更为不便，使用中很难推广。

面对这种情况，正确的解决办法应该是由中国政府在统一度量衡上下功夫，铸造出符合部颁标准的权度，颁发给各国领事，以之作为海关所用度量衡的标准，图 12-3、12-4 均为当时所制海关度量衡器。由于列强无视中国主权，它们不但不遵循中国的法度，不采用清政府颁发的标准，反而纷纷引入自己国家的度量衡制度，强行规定其与中制的折合关系，用其计算税则，使其成为权量标准。它们不但在实践中这样做，而且要求清政府在相应条约中明确承认这一点。中国近代史上独特的海关度量衡即由此而生。

咸丰八年（1858 年），中英、中美、中法签订了《天津条约》，进一步强化了列强在中国的特权。条约订立以后，各约所附通商章程，都明文规定了列强各自的度量衡在计算税则时与中国度量衡的折算比例，这就是所谓的海关度量衡，名曰"关尺""关平"。

海关度量衡的出现，意味着清政府的度量衡制度正式被列强把持的中国海关所放弃。更

---

① 丘光明、邱隆、杨平：《中国科学技术史·度量衡卷》，科学出版社，2001，第 435 页。
② 〔清〕刘锦藻：《清朝续文献通考》，2 版，浙江古籍出版社，2000，第 9376 页。
③ 清末曾将克（gram）译作瓦、格兰姆等。此部见丘光明《中国物理学史大系·计量史》，湖南教育出版社，2002，第 551 页。本节对清代海关度量衡的论述，主要即参考该书。

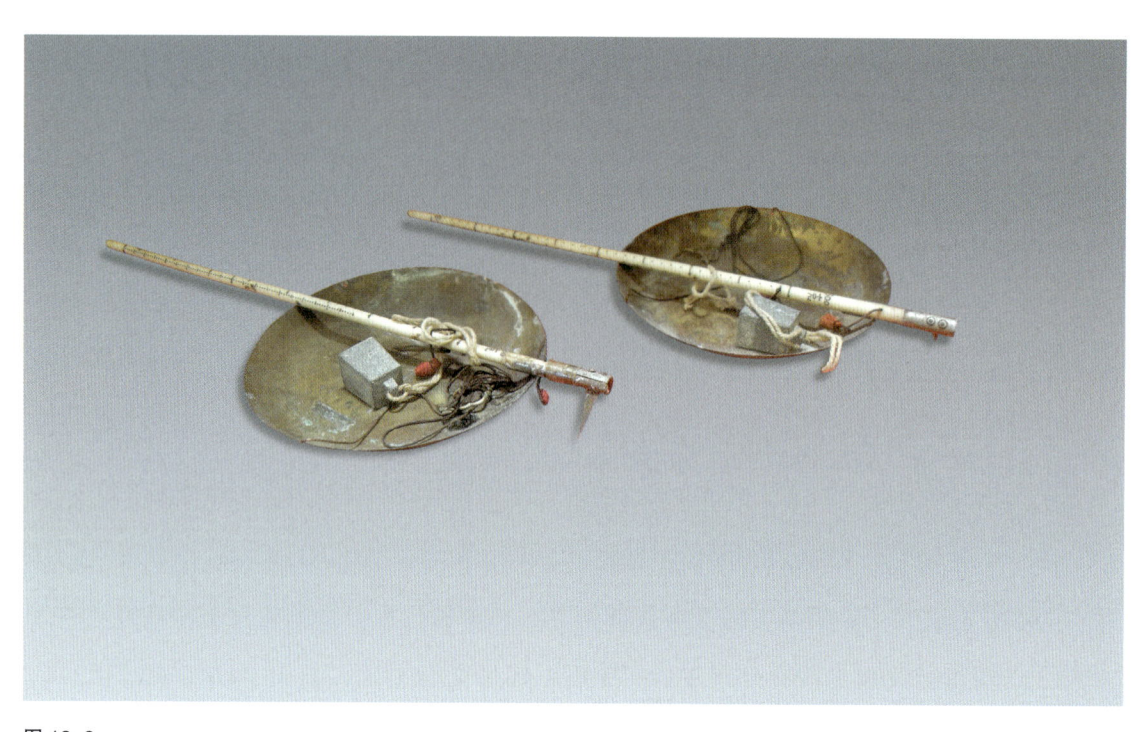

图 12-3
汕头海关史博物馆展列之清代
海关用秤（该秤以克计重）

图 12-4
广东省博物馆展列的清代粤海关砝码

为重要的是，除度量衡制度以外，各约所附通商章程中，还明文规定邀请外国人帮办税务。在具体执行中，一些"帮办"实际成了海关的主管，这使得中国海关的行政权完全旁落。海关大权既然操于外人之手，一切自成规制，不遵守中国的行政系统，则度量衡制度不遵循中国标准，也就成为必然，何况清政府的度量衡，当时已经是庞杂混乱、漫无准则。列强出于自身利益考虑，订立标准，强使中国采纳，也就势在难免。

二、海关度量衡具体折合办法

为了形式上表示对中国主权的承认，当时各通商条约都规定了其所用的本国度量衡与中国度量衡的折合办法。据吴承洛先生的归纳，这些折合办法，大约可分为五类：[①]

一、以英制为标准规定中制。中制一担（即100斤），以英制一百三十三磅零三分之一为准，中制一丈（即十尺），以英制一百四十一英寸为准，中制一尺以英制十四英寸又十分之一英寸为准。即100斤=133.33磅，1斤=1.333 3磅，1尺=14.1英寸。采用这种制度的国家有英国、美国、丹麦、比利时等。

考虑到1磅=453.6克，1英寸=2.54厘米，则可计算出其与现代度量衡的折算关系为1斤=604.8克，1两=37.8克；1尺=35.814厘米，1寸=3.581 4厘米。

二、以法制为标准规定中制。中制一百斤，以法制六十公斤四百五十三克为准；中制一丈，以法制三米零五十五厘米为准。折合成现代数据，则1斤=604.53克，1尺=35.5厘米。实行这一标准的有法国、意大利等国家。

三、以德制为标准，规定中制并附载法制。具体为：中制一百斤，以德制一百二十Plimd二十七Lot一Qnent八Zent，即法制六十公斤四百五十三克为准；中制一丈，以德制十一Fusz三Zoll零九分，即法制三米零五十五厘米为准。[②] 折合成现代数据，则1斤=604.53克，1尺=35.5厘米。实行这一标准的有德国、奥地利等国家。这一标准与法制所规定的是一致的，后来，实行该标准的国家都改用法制。

四、以粤海关定式为标准。属于此类的国家有瑞典、挪威、葡萄牙等。由中国海关按粤制定丈、尺、秤、码等器具，发给这些国家各口岸领事官处备用。所发器具一律照粤海关部颁定式盖戳镌字，五个通商口岸统一实行，以免参差不齐，滋生弊端。

[①] 吴承洛：《中国度量衡史》，上海书店据商务印书馆1937年版复印，1984，第282~284页。
[②] 在《中德通商章程》中德国单位的名称用的是音译，所用字是当时生造的音译字，现在没有对应的汉译，所以此处转述吴承洛先生著作，直接用德文。

五、此类国家为日本，以奏定划一标准，各省一律采用，以利中外商民为辞者："中国因各省市肆商民所用度量权衡参差不一，并不遵照部定程式，于中外商民贸易不无窒碍，应由各省督抚自行体察时势情形，会同商定划一程式，各省市民出入一律无异，奏明办理，先从通商口岸办起，逐渐推广内地。惟将来部定之度量权衡与现制之度量权衡有参差，或补或减，应照数核算，以昭平允。"[1]

列强从自身利益出发，核定标准，自然要用其国内之制与中制进行比较，但列强各国度量衡制度并不统一，它们与中制的折合，当然也不会统一，这就造成了中国海关自身度量衡标准的混乱；而且，上列折合数，既不合于清政府法定的营造库平制，也不完全合于当时各国行用的制度，没有普遍性。这些，充分说明了海关度量衡不是一种独立的度量衡制度。"海关度量衡是在特定的历史条件下的异常产物，它从一个侧面反映了清代海关主权的丧失及半殖民地化加深这一历史事实。"[2]

至于海关度量衡第五种情形即日本的表现，是一例外。日本在逼迫中国与之建立通商条约时，对度量衡问题特别关心，要求中国政府在全国范围内统一度量衡，具体办法是在确定度量衡标准后，"先从通商口岸办起，逐渐推广内地"。即建议中国政府在统一度量衡时，将海关度量衡纳入其中，取消其在中国的特殊地位。待海关度量衡按拟定标准统一后，再逐步推向中国各地，实现中国度量衡的统一。

日本的这一表现，对巩固中国的度量衡主权是有利的。日本之所以这样做，是因为与英、法等国相比，它是中国市场的后来者，其在中国市场的利益，会受到英、法等国把持的海关度量衡的挤压。中国对度量衡的统一，有利于它在中日通商条约的庇护下，获取更多的利益。

第四节　清政府划一度量衡的最后努力

中国传统度量衡的演变，到清朝末期出现了昙花一现的转机——清王朝在其覆亡前夕，为在全国范围划一度量衡并使其与国际接轨，做了最后一次努力。

---

[1] 见光绪二十九年（1903年）《中日通商行船续约》第七款，转引自吴承洛《中国度量衡史》，上海书店据商务印书馆1937年版复印，1984，第283～284页。
[2] 丘光明：《中国物理学史大系·计量史》，湖南教育出版社，2002，第553页。

一、清末划一度量衡举措的社会背景

清王朝的这次努力，与当时中国社会形势的发展是分不开的。光绪二十四年（1898年），百日维新失败，慈禧太后收回了一度交给光绪皇帝的那部分权力，扑灭了受到光绪皇帝支持的维新运动。慈禧太后虽然可以轻而易举地扼杀戊戌变法，但她无法遏制列强对中国的侵略，无法遏制清王朝走向覆亡的步伐，也无法遏制社会对于变法富强的渴望。光绪二十六年七月二十日（1900年8月14日），八国联军打到了北京，这是继咸丰十年（1860年）英法联军占领北京后，清王朝的首都又一次被帝国主义列强所占领。在列强的枪炮面前，慈禧太后带领光绪皇帝匆匆跑到西安，任由京城被列强蹂躏。

面对列强的压力和各地此起彼伏的反清浪潮，慈禧太后不得不从维新派手中接过变法的旗帜，开始唱起变法的调子。当她还在逃亡地西安，尚未返回北京之时，就已经对外发布文告，"发誓赌咒要实行变法了"[1]。

慈禧变法是被迫的，她并不真的要在政治上进行变革，但要变法，总要象征性地做些事情。当时社会上要求统一度量衡的呼声很高，清末的统一度量衡举措，可以被视为是清政府打着"实行新法"的旗号，"力行实政"的内容之一。

光绪二十九年（1903年），《中日通商行船续约》签订，日本政府出于维护其在华利益的迫切需要，提出了度量衡改革议题，要求中国政府统一度量衡。根据条约的规定，清政府应该针对当时国内度量衡制度的混乱情况，制订划一度量衡程式，有步骤地推行划一度量衡的工作。条约签订之际，正值清政府口口声声变法维新之时，条约中关于统一度量衡的规定，本应乘此机会，立刻纳入政府规划，切实推广实行，但由于清王朝积弊已久，虽然统一度量衡的举措与所谓国体之争无涉，不会影响到清王朝的统治，但仍然被一再延误，从未进入到实际操作的阶段。

光绪三十三年（1907年），鉴于划一度量衡的事情毫无进展，清政府再也不能无视国内度量衡混乱局面继续恶化下去，终于颁发命令，要求农工商部及度支部会同订出划一度量衡的程式及推行办法，限六个月拿出具体方案，以切实推动此项事业的进行。第二年三月，两部拟定出了《划一度量衡制度》及《推行章程》，将它们提交给了清王朝。至此，清末划一度量衡的具体方案，总算被制作出来了。图12-5为晚清时期的铜砝码。

按照农工商部和度支部制定的方案，划一度量衡的要点，大致有四：

---

[1] 胡绳：《从鸦片战争到五四运动》，下册，人民出版社，1981，第663页。

图 12-5

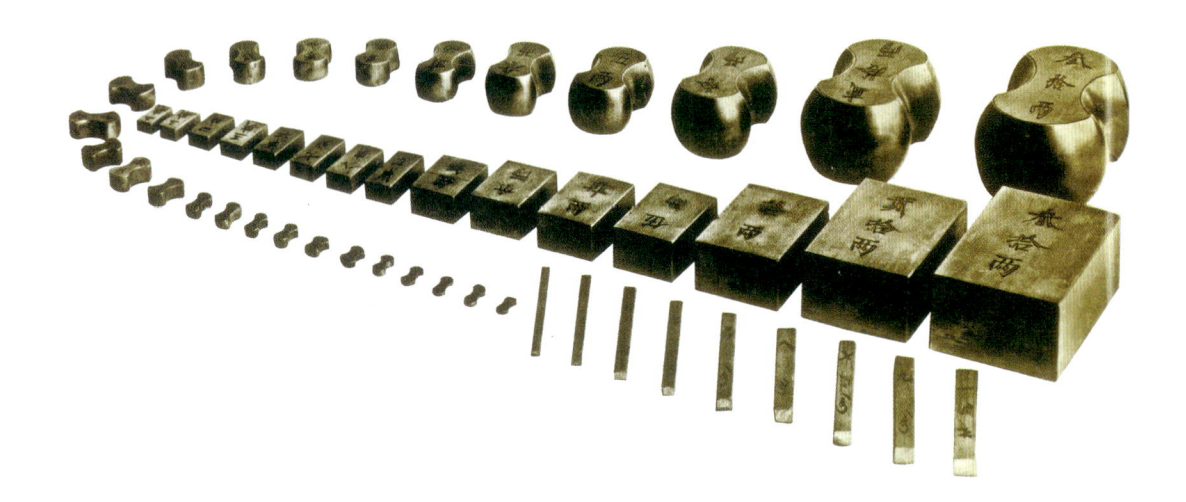

晚清从 1 分到 30 两的两套系列铜砝码

一、仍纵黍尺之旧，以为制度之本；

二、师《周礼》煎金锡之意，以为制造之本；

三、用宋代太府掌造之法，以为官器专售之计；

四、采各国迈当①新制（米制）之器，以为部厂仿造之地。②

就这四条而言，可以看出清末这次划一度量衡的指导思想。因为该次划一度量衡举措，仍然是由清王朝主持的，要它放弃其"圣祖"康熙皇帝确定的以累黍定律方法考订出来的尺度标准是不可能的，这正是第一条的根本含义。但就后三条而言，则体现了一种向近代计量转化的努力。第二条说的是对度量衡标准器的精密铸造，第三条则讲度量衡器具的政府专卖，第四条更为重要，它讲要与法国米制度量衡标准建立固定比例关系。这些，无疑会使新的度量衡制度更具科学性。由此，如果清末这次统一度量衡事业获得成功，则它无疑能够作为中国近代度量衡制度的发端而被载入史册。为了实行有限度的变法，清政府甚至还于光绪三十一年（1905 年）年底，派遣了五位重臣，分赴欧美日等地区和国家，考察其政治制度、教育、军事以及公共事业等，这样的考察，对推进统一度量衡的事业会有氛围上的和实际上的助力，但遗憾的是，等他们考察结束回国，距离清王朝倒台，只剩下五年的时间了。清政府最后一次统一度量衡的举措，也由于它的生不逢时，最终还是随着清

---

① "迈当"系法制单位"米"的音译。
② 吴承洛：《中国度量衡史》，上海书店据商务印书馆 1937 年版复印，1984，第 285 页。

王朝的垮台半途而废了。

二、清末划一度量衡的具体内容

具体来说，清末的这次度量衡改革，按农工商部和度支部的拟议，有以下这些内容：

（一）厘定标准

1. 度。长度单位的选择，虽然社会及国际上均有采用米制的呼声，但清廷别无选择，只能以康熙皇帝累黍所得的营造尺为标准。但康熙时的营造尺祖器因保管不善，已经无存，只有另觅标准。虽然清政府官员们对康熙的累黍定律确定度量衡标准的方法不敢稍有微词，但若要他们用累黍的方法重新复现出康熙所定营造尺的长度来，则是万万办不到的，因为黍子大小不同，排列有疏密，很难通过对黍子的排列得出一个确定长度来。好在仓场衙门还存有康熙四十三年（1704年）的铁斗，其尺寸与"御制"《律吕正义》上的"今尺之图"描绘的营造尺的长度完全一致，于是就以该铁斗所给出的尺度作为营造尺标准，将其与法国米制加以比较，得出营造尺1尺等于米制的32厘米。经过这样的比较，中国的营造尺终于与国际通用的单位制米制建立了固定的比例关系，初步实现了与国际的接轨。

2. 量。量器仍以漕斛为准。仓场衙门另存有乾隆十年铸造的铁斛一只，该斛口小底大，便于取准，于是议决以其尺寸形式为量器之标准。

3. 衡。权衡标准仍用传统的库平制。清初的库平两是用1立方寸金属的重量折算的，但因金属质地纯杂不一，导致轻重易变，这就容易带来误差。有鉴于此，遂决定参考西方各国的做法，以营造尺1立方寸的纯水在4摄氏度时的重量规定库平两的重量，同时以西方近代科学所记载的4摄氏度时的纯水与金属的比重，规定金银每立方寸的重量，以此避免误差。

与此同时，重订的度量衡制度还明确规定了度量衡的主单位，度以尺为主单位，量以升为主单位，权衡以两为主单位。主单位的规定，再次体现了清末这次度量衡改革与国际接轨的努力。

（二）改进度量衡器具

清末的这次度量衡改革，还考虑了度量衡器具的社会应用问题，增加了一些度量衡器具的种类和形式。例如度器，除原有的直尺以外，新增了矩尺、折尺、链尺、卷尺四种。矩尺即木工等用来求直角的曲尺，是应用很广的一种尺子。折尺便于携带，用于对尺寸稍大的场合的测量。链尺是对过去步弓的改革，主要用于量地、勘测，如"现南苑垦务之绳尺，系用铁制，以一尺为一节，每五尺加一铁圈，每绳长二十号，与东西各国链尺之制相同。即各处铁路勘线，亦用外国链尺，不用步弓"①。这里所说的绳尺，就是链尺。卷尺的出现，也是为了便于勘测："测量地形，登山涉水，所用之尺，自以卷尺为便。各国所制，有用革、用麻、用金类之不同。各省丈量木牌，向有用篾尺围其圆径，谓之滩尺。海关即多用皮带围之，拟即增定'卷尺'一种，以备量圆及估计凸凹之用。"②

对量器而言，则增加了勺、合两种。考虑到民间量油、酒等液体之器多为圆筒形，故规定勺、合、升、斗等量器都兼备方圆两种。又因为《清会典》中未规定概的形制，但各地在实践中常常要用到概，特别是量器在量取液体时虽然容易取平，但在量取谷米豆类等物质时，表面稍有凸凹，则结果相差甚大，这种情况下尤需用概取平，所以又专门增定概制，并规定用丁字式。

对权衡器而言，则将天平的方环改为圆环，并将砝码的形制由扁圆形改为圆柱形，还对砝码的个数也重新做了规定。按照《清会典》的旧制，每一千两砝码，每副自一分至五百两，共三十二件。新的方案则仿西方各国制度，每一位内用权四件，如分位内，包括1分1件，2分2件，5分1件。这样分位内1～9各数都可以通过这些砝码的组合表现出来。这种组合，既能满足表现1～9各数的需要，每一组合所需砝码数又最少，所以是很科学的。此外，还增加了1厘、2厘、5厘、1毫、2毫、5毫等六种砝码，以满足相关场合的称重需求。衡器的种类除原有的杆秤、戥子以外，出于称量重物的方便起见，又规定引入英国磅秤，并将其改名为重秤。重秤的单位不用磅，而用斤、两等中文单位（为了便于比较，重秤上也列出了相应的英制单位），所配砝码也相应地是中制。

（三）推行章程

在农工商部和度支部拟定的统一度量衡的规划中，还包括了详尽的推行章程。这些章程一共40条，主要内容有：

1. 原器及用器制造

原器是划一度量衡之本，鉴于法国在度量衡科学方面最为先进，于是议定向法国订制最精细之营造尺及库平两砝码各一具，以之为正原器。再照原器大小式样，由法方另造镍钢副原器二份，一份代正原器使用，另一份由度支部保藏，以备随时考校之用。然后按照副原器大小式样，由清政府农工商部设立的铸造厂制成地方原器，颁发各地方官署及商会。各地的度量权衡，无论官用民用，一律以部颁原器为标准，并一律使用部厂所制之器。

---

① 吴承洛：《中国度量衡史》，上海书店据商务印书馆1937年版复印，1984，第288页。
② 同上。

2. 制定划一的时间进度

度量衡划一计划的推行，遵循先官后民、先都市后府县的程序。凡官方使用的度量衡，自接到部颁标准器后，限三个月内一律改用新器。商民改用新器，从首都及各省省会各通商口岸办起，逐步推广到内地各府州县、各城乡市镇，期限定为十年。在十年限期之内，要定出严格的分年办理方法。十年之后，所有旧器一律不准行用。

3. 设立专门机构，推行新制

各直省自接到正式通知后，限一个月内成立度量衡局。该局成立之后，应即派员分赴各处，会同地方官员及商会，检定暂行留用之旧器，查核应行废止之旧器，限一年内呈报督抚送部核定。

4. 防弊办法

采用釜底抽薪之策，对所留旧器，准用不准造。所有制作旧器之店，三个月内一律停止其造卖，以断绝旧器的卷土重来。旧器店店主及其雇员可入部设制造厂学习新器制作技术。对以贩卖或修理新器为业者，则由地方官呈请农工商部注册，发给执照，准其执业，但对于尺和砝码，则不准修理。

农工商部和度支部拟定的划一度量衡章程，获得了清政府的认可，清廷决定由农工商部派员到国外考察，并咨行其驻法使臣，商请巴黎万国权度公局（国际计量局），制作长度和重量的铂铱合金原器和镍钢合金副原器，以及精密检校仪器，见图12-6、12-7。宣统元年（1909年），这些原器和副原器被万国权度公局精制完成，校准后附上证书，运送来华。农工商部则在部内设立了度量衡局，负责度量衡新制的管理推行事务。度量衡局还择址建造了工厂，厂里所用机床和各种仪器，都由德国进口。工厂的厂址建筑于宣统二年（1910年）完成，但该厂尚未发挥作用，1911年，辛亥革命就爆发了。清王朝在辛亥革命浪潮的冲击下覆灭，从而导致了清末这次划一度量衡事业的无果而终。

清末的划一度量衡事业虽然半途而废了，但清政府制定的这次划一度量衡规划，在标准的制定、管理制度的完善以及与国际米制的接轨等方面，都体现了一种向近代度量衡制度转化的努力。清政府的这次划一度量衡举措，标志着中国近代度量衡的发端，虽然它没有达到预期目的，但还是值得载入史册的。

图 12-6

国际计量局为清政府制作的铂铱合金"两"原器及镍钢合金副原器

图 12-7

国际计量局为清政府制作的镍钢合金 50 两原器副原器

第十三章 北洋政府统一度量衡的尝试

1911年10月，辛亥革命爆发，敲响了已经存在了近300年的清王朝的丧钟。1912年元旦，孙中山在南京就任临时大总统，中华民国成立。中华民国成立不久，袁世凯窃取了大总统的职位，1912年4月孙中山辞职，袁世凯就任临时大总统，从而开始了北洋军阀的统治。此后至1928年，史称"北洋时期"，该时期的中华民国政府也被称为"北洋政府"。为反对北洋军阀，1925年7月，在广州成立国民政府，并于次年开始北伐。1927年3月，北伐军攻克南京。1928年9月，国民党在南京召开二届五中全会，宣称全国进入训政时期，并决定组成国民政府，由国民政府执行训政职责。此后至1949年这段时间，史称南京国民政府时期。不管是北洋政府，还是南京国民政府，都对统一度量衡事业有所着力。本章讨论北洋政府统一度量衡的尝试。

就计量而言，中华民国成立伊始，一方面，由于多种因素的影响，清末即已存在的度量衡的混乱愈演愈烈，人们强烈希望新生的民国能够尽快实现度量衡的统一；另一方面，当时国际上度量衡的发展趋势是各国纷纷推行米制，由于与国际科学的接轨，人们对度量衡科学的原理有了更多的了解，这为统一度量衡提供了足够的科学基础。在这种情况下，民国北洋政府开始了度量衡改革，先后颁布了相关法律，制定了相应的度量衡制度，并开始进行推广工作，使得延续了两千多年的传统度量衡制度，开始了向近代计量转变的步伐。

整个民国时期，最主要的度量衡改革，是两次以米制为主导的度量衡划一运动。第一次是北洋政府时期推出的甲、乙制并用方案，它是按照以甲制（米制）为方向，乙制（营造尺库平制）为过渡辅制的方案制定的，该方案对与国际的接轨给予颇多关注，对传统习惯亦有所兼顾，立意未必不妥，但细节考虑却有所欠缺，方案自身存在缺陷，更因政局不稳、推行不力等原因而半途而废。相比之下，民国时期的第二次度量衡统一所取方案是南京国民政府时期提出的以米制为标准制、以市用制为过渡辅制的方案，该方案借鉴了北洋政府甲、乙制并用方案，并在米制与市用制之间确定了"一二三"这样合理简单的换算比例。由于措施得力，计划周密，再加上政府的大力推广，使这一次的划一度量衡运动，较为深入人心，成功地消除了清末民初时期度量衡的混乱状况，为市用制向米制过渡奠定了良好的基础，只是由于日本侵华战争的爆发，打乱了南京国民政府统一度量衡的步伐，使得该次度量衡统一事业最终仍然难免功亏一篑。

第一节　国际米制的创立与发展

民国时期的划一度量衡运动，是在世界各国普遍接受国际米制的大背景下进行的。为此，有必要首先了解一下国际米制的创立与发展过程。

一、法国的子午线测量

米制亦称公制（当时习惯称"万国公制"），创始于法国。1789 年，法国大革命爆发。在此之前，法国的度量衡制度混杂，所用度量衡器具参差不一。法国大革命之后，有一位名叫陶格兰德（De Tollgraeand）的法国人，上书国民议会，详尽阐述了度量衡旧制的各种弊病，请求拟定划一的度量衡法规。1790 年，刚刚走上政治舞台的法国资产阶级，以其特有的敏锐，意识到划一度量衡的重要性，在选举产生了新的国民议会后，立即责成法国科学院，开始整理度量衡旧制，创立"万世不变"的度量衡新标准。法国资产阶级政府的这一举措，翻开了近代计量新的一页。

受命伊始，法国科学院推选拉格朗日（Joseph Louis Lagrange，1736—1813）、拉普拉斯（Pierre Simon de Laplace，1749—1827）、蒙日（Gaspard Monge，1746—1818）、孔多塞（Marie Caritat de Condorcet，1743—1794）、博尔达（Jean-Charles de Borda，1733—1799）五位著名科学家专司此事。当时关于长度基本单位的选择有两种主张：一是主张以秒表钟摆的长度为起数；一是主张以地球子午线的一个弧度的长度为基础长度。五位科学家比较了这两种建议，认为第一种建议，其依据的科学原理是伽利略发现的单摆振动周期仅仅取决于摆的长度这一物理现象，但 18 世纪以来的科学研究进一步证明，单摆振动周期还受到其所在地区重力加速度的影响，而重力加速度因在地球上所处纬度的不同也会发生变化，从而影响到单摆的振动周期。所以，以秒摆长度作为制定长度基准的做法不足取。第二种建议所依据的子午线弧长则是经久不变的，因此可以作为长度的基本单位。他们以科学院的名义提交研究报告，拟以地球子午线四分之一弧长的一千万分之一为长度基本单位，称作"metre"（最初中文翻译作米突、密达或迈当，现在统一译为米）。报告还提到 metre 单位的长度与当时欧洲各国原有各种长度单位如 ell、yard、braccio 等的数值比较接近，所以它不仅适用于法国，而且也适用于欧洲甚至世界各国。报告还建议质量的基本单位用长度单位立方体积的纯水质量来确定，这样就可以把长度单位和质量单位统一起来。

1791 年，法国国民议会通过了科学院的提议，同意委派梅尚（Pierre-François-André Méchain，1744—1804）、勒让德（Adrien Marie Legendre，1752—1833）和卡西尼（Jacques-Dominique Cassini，1748—1845）测量从敦刻尔克海口到巴塞罗那城之间的距离，据之推算子午线的全长。这三位无疑是当时最佳人选。梅尚工作勤奋，是《法国国家天文年鉴》的编辑。主编有《法兰西航海历书》（1784—1794）。勒让德是一位天才的数学家，让他来计算地球子午线的长度再合适不过。卡西尼更是出身于天文学世家，其曾祖父、祖父和父亲都是皇家天文台台长，他在年轻时就与父亲合作绘制了法国地图。没有人比他们更合适来做这份工作了。①

科学院的提议，也得到了当时的国王路易十六的认可。1791 年 6 月 19 日，路易十六召见了准备参加测量的卡西尼等人。在召见过程中，路易十六特别问道："怎么样，卡西尼先生，您打算把您父亲和曾祖父测量过的子午弧再测一回吗？你觉得能够超过他们吗？"对此，卡西尼回答道："陛下，如果我没有特别的优势的话，我不敢说能超过他们。但是，我父亲和曾祖父当年使用的测量仪器的精确度只能达到 15″，而博尔达先生的测量仪器的精确度却能达到 1″，这就是我胜于父辈的优势。"② 卡西尼所言，揭示了测量进步的一个关键因素——仪器的改进。

路易十六对测量的准备工作十分满意，当场为他们签发了测量的委任状。谁也想不到的是，这成为路易十六一生的最后一道敕令——就在当天晚上，路易十六及其家庭成员已经准备秘密出逃。第二天一早，国王和王后化装离开巴黎，不料途中被人认出，被押解回去，最终被送上了断头台。

卡西尼是一位真正的保皇派，路易十六的遭遇，使得他认为自己不应该为法国大革命产生的新政权效力，大地测量的事情，就这样被他放弃了。法国科学院不得不召开紧急会议，决定将测量工作分成南、北两个小组进行，并委派梅尚和德朗布尔（Jean-Baptiste Joseph Delambre，1749—1822）两位天文学家负责。1792 年 6 月，测量工作终于开始。

---

① ［美］奥尔德著：《万物之尺》，张庆译，当代中国出版社，2004，第 9 页。
② ［美］奥尔德著：《万物之尺》，张庆译，当代中国出版社，2004，第 10 页。

在测量还在进行的过程中，1795年4月，法国政府议会颁布采用米制、设定临时米尺的决定，其主要内容有：

（1）规定法国权度完全用十进制。

（2）规定米突（metre）之长，为过巴黎自北极至赤道之子午线四千万分之一。

（3）规定立特（litre）之容量为一立方公寸之容量。

（4）规定启罗格兰姆（Kilogramme）的重量，等于一立方公寸纯水于真空中秤得之，其所含之温度，为百度表之四度。[①]

1795年的决定制定了临时米尺向社会推广，其长度有待于梅尚和德朗布尔测量结果的修正。1799年6月，梅尚和德朗布尔完成了对大地的测量，确定了单位米（metre）的新数值，新数值比原来设定的临时米尺短了0.3厘米。这一测量结果，为米制的创立奠定了基础。

二、米制的国际化

法国人在制定米制之初，就已经准备将这一制度推向世界，使之成为一种国际单位制。他们的理由是，地球是永恒不变的，因而来自地球周长的米制也将永恒不变，正如地球属于人类，米制也将属于世界上各个国家和地区的人民。正是出于这样的考虑，一开始他们在制定计量单位时，为其确定的名称metre（米）甚至不是法语，而是古希腊语，意为测量。"米制"的得名，也由此而来。

为了将米制推向全球，早在德朗布尔和梅尚的子午线测量尚未结束之时，法国著名科学家拉普拉斯就提议召开一个国际科学会议，组成一个国际科学委员会，由这个委员会审核测量结果，确定米的长度。他说，这将有助于促进米制在全世界的推广。他认为，如果法国仅仅在自己境内测量了子午线部分长度，就以此来确定"米"的长度，还要把它推向世界，难免会引起世界上其他国家和人民的忌妒和不满，如果"米"的长度是由一个国际委员会确定的，就可以有效地避免这种猜疑。让外国学者参加确定"米"的长度，也有助于促成他们在本国宣传米制。

---

① 吴承洛：《中国度量衡史》，上海书店据商务印书馆1937年版复印，1984，第334~335页。

要向世界推行米制，最大的障碍应该来自使用英制的那些国家。为了确保国际科学会议的成功，法国科学院早在1798年6月就向荷兰、瑞士、丹麦、西班牙和意大利等法国的盟国和中立国的学者发出了邀请，而英国、美国和德国的学者一个也没邀请。

不邀请英国与会，是可以理解的；不邀请美国代表与会，则体现了法国的无奈。本来法、美两国有着良好的合作关系，但当美国独立战争后开始与英国恢复外交关系时，法国驻美大使曾从中干扰，引起美国不满。后来美国众议院投票采用根据英尺和英镑制定的度量衡标准。这样一来，法国也就无法邀请美国代表与会。至于德国，则另有原因。当时的德国，度量衡制度混杂不一，急需统一。在谋划度量衡统一事业时，德国学者倾向于采用根据钟摆定义长度单位，而不是子午线测量。他们认为子午线测量的人为因素、地方因素等的影响太大了。这是对法国方法从根本上的否定，不邀请德国人与会，也在情理之中。

1799年3月，关于米制的第一次国际科学会议召开。法国盟国和中立国的著名科学家们云集巴黎，他们用了几个星期的时间，进行审慎的复核和计算，最终认可了德朗布尔和梅尚的测量结果，确定了米的长度。在此基础上，会议聘请专家用铂金制作了横截面为25.3毫米×4.05毫米的矩形端面的米原器以及形状为正圆柱体的千克原器各一具。1799年6月22日，法国科学院举行了一次盛大的典礼，将这根铂米尺和铂千克砝码郑重地交给议会。铂米尺和铂千克砝码一起被法国元老会和五百人会议承认，议员们以法律的形式将米制确定了下来，通过立法，在全国推广米制。铂米尺和铂千克砝码最终被存放在巴黎共和国档案局，分别称为档案局米尺（Metre des Archives）和档案局千克（Kilogramme des Archives），它们是现在普遍采用的国际米制的雏形和起点。

但是，米制在法国的推行并不顺利。一开始，民众有抵触情绪，拿破仑执政后，政府也有所摇摆。最终，19世纪的法国还是接受了米制。1830年革命推翻了波旁王朝，新政府开始大力推行米制。1837年7月4日，议会颁布法令，确定法国于1840年1月1日开始实行"米制"。

实际上，在此之前，米制已经在荷兰、比利时和卢森堡实施了多年。随着时间的增加，逐渐有更多的国家知道了"米制"，人们赞扬它简易、逻辑结构合理和通用性强。"米制"开始在欧洲和世界上传播开来。1851年，在伦敦举行第一届世界博览会时，"人们发现从世界各地送来的大量各种产品，其量值都是用各式各样的计量标准描述的"，这为世界贸易带来大量不便，统一计量标准成为此类活动的当务之急。1867年举行巴黎展览会时，成立了一个"度量衡和货币委员会"，宣布赞成普遍采用"米制"。[1]

---

[1] 国际计量局：《国际计量局100周年：1875～1975》，中国计量科学研究院情报室译，技术标准出版社，1980，第20页。

另一方面，随着米制的推行，国际上的异议也多了起来。很多国家都对自己的国土进行了测量，结果发现每个国家得出的地区曲率都不一样。法国大革命期间的子午线测量存在误差的事实也被越来越多的国家所知晓，还有科学家说在档案局米尺的端面上发现了磨痕，影响到铂米尺的准确度。这样一来，根据梅尚和德朗布尔的测量结果确定的米制，还能继续使用吗？

为了破解这些难题，为米制探寻出路，法兰西第二帝国皇帝拿破仑三世决定召开第二届米制国际科学会议，邀请世界各国科学家前来巴黎参加。1870 年 8 月 8 日，包括英美在内的来自 15 个国家的科学家在巴黎参加了第二届米制国际科学会议。会议召开之前，普鲁士与法国之间爆发战争，最终法国战败，拿破仑三世被迫下台。会议也被迫休会，科学家们计划等到合适的时机再次聚首。1872 年，新成立的法兰西共和国决定重开米制国际科学会议。来自欧洲和美洲的 30 个国家的代表参加了这次新的会议，他们用了大约一个月的时间，讨论新计量单位的形式和内容。与会代表并不准备另起炉灶，他们同意新的米尺应该尽可能与档案局米尺保持一致。由于档案局米尺的端度点的标志不明确，以之做比较测量时很困难，会议提议制作新的标准器。与会的法国科学家们在其研究的基础上，决定用铂铱合金（90% 的铂和 10% 的铱）制作千克新原器（图 13-1）和米新原器，并向世界各国提供副原器。

1888 年，国际计量局从 30 根用铂铱合金制成的米尺中选出与档案局米尺长度最接近的第六号米尺作为国际基准，此即"国际米原器"。新的米原器横断面呈 X 形，其结构如图 13-2 所示。这种结构可以最大限度地减少变形，其铂铱合金中铂和铱的比例也使得它热胀冷缩变化幅度最小。该原器整体比 1 米稍长一些，在两端距端口 1 厘米处各刻有 3 条横线，两条中间横线之间的距离为 1 米。从此，米的定义由端面距离转为刻线间距离，有效地避免了端面点的标志不明显、容易磨损等缺陷，其复现的不确定度也大为缩小，约为 1.1×10^{-7}。

1872 年的米制国际科学会议有一个很重要的成果，即建议成立一个独立的国际机构，管理计量相关事务。与会的法国代表虽然对此并不十分热衷，但他们最终还是同意了这一决定，并提议将该机构设在巴黎，并愿意捐出最近毁于战火的布雷特侬宫作为该机构的办公场所，重建费用则由与会各国承担。这些提议成为会议决定的组成内容。

为落实 1872 年米制国际科学会议的提议，1875 年，法国政府邀请世界多国，在巴黎召开米制外交大会。这一年的 3 月 1 日，米制外交大会如约召开，20 个国家参加。在 5 月 20 日大会的最后一次会议上，20 个国家中的 17 个国家的全权代表签订了著名的"米制公约"。公约及其附件同意成立国际计量局（BIPM，曾被译作万国权度局），作为常设的世界计量科学研究中心。发展至今，国际计量组织已经形成以国际计量大会（CGPM）为最高权力机构，国际计量委员会（CIPM）为其决策机构，国际计量局为国际计量委员会的执行机构这样

图 13-1
根据 1872 年国际米制委员会议决定制作的千克新原器（保存在国际计量局）

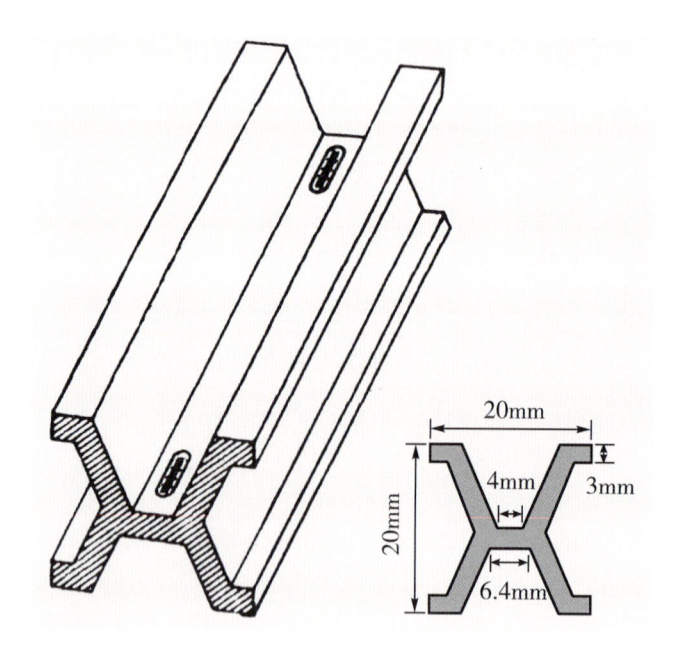

图 13-2
根据 1872 年国际米制委员会议决定制作的铂铱米新原器示意图（其截面呈 X 形。1 米就是铂铱米新原器在 0 ℃时两端标线间的距离）

一套完整的计量国际组织架构。"米制公约"的签署，为米制的全球化提供了切实可靠的政治及组织保障，是全球计量发展的里程碑事件。正因为如此，1999年国际计量大会决定，自2000年起，将"米制公约"签署日期即5月20日作为"世界计量日"。此后每年的这一天，全球计量人都会开展相应的纪念活动。

三、米的定义的演变

1888年，国际计量局制成铂铱合金米原器31支，千克原器40个，各米原器相互之差数不超过0.01厘米，各千克原器相互之差数不超过1毫克。国际计量局选定一份作为国际原器，一份作为副原器，其余各国各取一份作为国家原器。自此米制成为国际权度公制已是大势所趋。1889年召开的第一届国际计量大会对"米"作了正式定义："在零摄氏度时，保存在国际计量局中的铂铱米尺的两条中间刻线间的距离。"这个定义，比之前米是档案局米尺两个端面之间的距离的定义要精准得多。依据新定义复现米的长度时，其不确定度也比之前小了许多。但用刻线间距离来定义米也有其不足之处，如难以复现，容易损坏；随时间有缓慢变化；精度虽然提高了，但也还不够。刻线质量和材质稳定性等都会影响其尺寸稳定性和复现精确度的提高。而且米原器是实物基准，一旦毁坏，就再也无法复现。

实际上，早在19世纪初，就有科学家提出应该摒弃从实物尺寸中去寻找长度基准的做法，探索从可见光波长出发建立长度基准的想法。这种想法由于当时对光辐射的特性了解不够而难以实现。1893年，美国物理学家迈克耳逊等用镉红线光波波长与铂铱基准米尺对比，从而提供了用光波波长作为长度基准的可能性。1895年，第二届国际计量大会确认以镉红线光波波长为"米"的定义的旁证。1927年第七届国际计量大会，对旁证定义做了进一步细化，决定将镉红线在温度为15 ℃、大气压强为101 325帕和二氧化碳含量为0.03%的干燥空气中的波长0.643 846 96微米，作为米的旁证基准，即1米=1 553 164.13个旁证基准，而以国际基准米尺复现"米"的定义仍继续保持不变。

1950年以后，由于同位素光谱光源的发展，出现了一些复现精确度高、单色性好的光源。这导致1960年的第十一届国际计量大会通过以"氪-86的辐射光波长定义米"的决定。这个"米"的定义是："长度米等于氪-86原子在$2P_{10}$和$5D_5$能级之间跃迁时，其辐射光在真空中的波长的1 650 763.73倍。"会议同时宣布废除1889年确定的米定义和国际基准米尺。这样"米"在规定的物理条件下在任何地点都可以复现，其复现精确度可达二亿五千万分之一，远远超过实物基准。该定义的提出，使长度基准实现了由实物基准向自然基准的过渡。

随着科学技术的进步，人们对米的定义做了进一步的探索，这种探索导致 1983 年国际计量大会通过了新的米定义，并宣布废除以氪-86 辐射光波长定义"米"的做法。

在 1983 年 10 月召开的第 17 届国际计量大会上，通过了现行"米"的定义：米是"光在真空中 299 792 458 分之一秒的时间间隔内所行进路程的长度"。这一定义隐含了光速值为 299 792 458m/s 的规定，因而是一个没有误差的定义值。新的"米"定义的另一个特点是，定义本身与复现方法分开，长度基准不再是某一种规定的长度或辐射波长，但它可以通过一些辐射波长或频率来复现。因此"米"的复现精确度不再受米定义的限制，它随着科学技术的发展而相应地提高。

1983 年定义的本质是用光速定义"米"。根据爱因斯坦狭义相对论，光在真空中传播时，其速度是不变的，光速是物理学的一个常数。由此，通过该定义，不但长度基准完成了由自然基准向用基本物理常数定义基本单位的过渡，也开了一个先河，启发人们想到其他基本单位也可以用物理常数来定义。此后，国际计量界通过努力，逐步推进用物理常数来定义基本计量单位的工作。其标志性成果是 2018 年 11 月 16 日，在巴黎市郊的凡尔赛议会中心召开的第 26 届国际计量大会，通过"修订国际单位制"决议，正式更新包括国际标准质量单位"千克"在内的计量基本单位的定义，将千克定义为"对应普朗克常数为 $6.626\,070\,15 \times 10^{-34}$ J·s 时的质量单位"。这一新的千克定义的问世，标志着所有基本计量单位，全部实现了用物理常数来定义。会议规定，新的定义于 2019 年 5 月 20 日世界计量日起正式生效。这是计量科学研究在单位定义上所取得的最重要的成果。

第二节　民国初年全国度量衡的紊乱

民国初年，全国度量衡的紊乱达到了空前的程度，"各地的度量衡器具，匪独省与省异，县与县殊，即东家之尺较之西邻，有若十指之不齐"[①]。

一、民国时期度量衡紊乱的具体表现

关于度之紊乱，主要表现在尺的应用上。由于历代的沿袭，加上民间的习惯，当时形成

---

① 吴承洛：《划一全国度量衡之回顾与前瞻》，《工业标准与度量衡》三卷八期，1936 年。

了不同领域用不同的尺子的习惯。当时的尺子主要有三种：一是制作乐器的律用尺，这种律尺，已经不再是汉代刘歆考订度量衡时制作的尺度，也不同于社会用尺，民间少有用之者；二是木工、石匠、刻工、量地等行业用尺，大致由清代营造尺发展而来，称作木尺、工尺、鲁班尺、量地尺等，应用较广，但规格并不统一；三是量布裁衣所用的布尺，也叫裁尺。这三类尺在全国各地使用，又因地域及行业的不同而呈现不同的单位量值，其紊乱状况已达登峰造极地步。吴承洛在撰写《中国度量衡史》一书时，对当时民间度器使用紊乱状况做过统计，他曾以列表方式展示了当时的度器的混乱情况。他统计了当时民间使用的尺的种类，发现至少有53种，且其大小不一，参差不齐，彼此单位量值相差巨大，小的只折合市用尺的0.598，大的则是市用尺的3.741倍，最大尺相当于最小尺的约6.256倍。①

相比于尺度而言，量器之紊乱，也不遑多让。民国初年，民间用量器一般以斛、斗、升为单位，也有用桶、担、管或筒之名称作为量器单位的，而这些桶、担、管或筒的大小没有明确的标准，大致上若干筒或若干管为一桶，一筒或一管的容量一般在四分之一升到半升之间。仅从名称的混乱上，就可以窥见量的单位的混乱。而作为旧制量器基本单位的升，其容量却无定数，各行各业所用量器，折合为升之后，其实际大小与市用升之间相差悬殊。吴承洛先生亦对之做过调查，他搜集了当时上海、北京、杭州、济南、开封、汉口、兰州等30多个地区粮行和政府所用量器资料33种，详细开列了其名称和用途，对它们按照其所用进制折算为升，然后考察其与市用升之间单位量值的差别，发现它们单位量值很不统一，彼此差别很大，最小的仅折合市升数的0.476，最大的则是市升数的8.4倍，最大是最小的约17.65倍，令人瞠目。②

衡具之紊乱情形，亦可与上述度、量相比肩，主要表现在轻重之计量上，民间应用多以"斤"为单位，但由于物品种类不一，售卖方法不同，导致行业秤的出现，秤的种类名目繁多，不同秤上的砝码的设置非常随意，使得不同的行业秤测量结果相差甚远，同样折合为斤，斤的大小却相去悬殊。如漕秤砝码约合16两为1斤；苏秤砝码约合14两4钱为1斤；广秤砝码约合15两4钱为1斤。吴承洛先生统计了当时不同地区不同行业衡器紊乱的情况，他统计了36个地区不同行业所用的36种衡器，发现这些衡器，衡重不一，单位量值相差悬殊，如最小的旧炭秤，仅折合市斤的0.570，而最大的旧线子秤，则是市斤的4.921倍，最大是最小的约8.633倍③。由于政府管理失控，导致五花八门的衡器充斥市场，店家为利所趋，

---

① 吴承洛：《中国度量衡史》，上海书店据商务印书馆1937年版复印，1984，第299~303页。
② 同上书，第304~306页。
③ 同上书，第308~310页。

零星卖出时，一般通用14两上下的秤，其质量约折合市斤的0.85左右；大批买进时，多用大秤，平均折合市斤1.2倍左右；当大批向农家收购粮食、原料时，所用的秤则常折合市斤1.5倍左右，甚至超过2倍。

二、民国时期度量衡紊乱的原因

民国初年度量衡的紊乱，有其内在原因。概而言之，主要有以下多种因素：

首先，民国上承清朝，清后期官员日趋腐败，社会管理失序现象严重，导致度量衡极端混乱，严重影响到社会安定和国计民生，清末官方和民间均认识到解决该问题的迫切性，民间呼吁统一度量衡的声音日益响亮。政府在国内外局势的逼迫之下，在经历了八国联军进入北京，慈禧太后偕光绪皇帝仓皇出逃西安严重危机之后，被迫开始推行变法，并把统一度量衡作为变法内容之一进行推进。但这时的清王朝已经到了山穷水尽的地步，各类施政措施很难得到有效推进，统一度量衡事业也同样如此。虽然委托国际计量局制作了度量衡标准器，但这些标准器尚未运抵国内，辛亥革命即已爆发，敲响了清王朝的丧钟。这样的政治和社会局势，使得其度量衡紊乱情况，在清王朝高调宣称要划一度量衡的喧嚣下，未得到丝毫的改善。民国初建，全盘继承了清末度量衡的一切，这就决定了其立国之初的度量衡，必然是紊乱的。

民国成立以后，内外交困，政府疲于应对，虽有呼吁统一度量衡之声，实无统一度量衡之力。南北方政权为争夺执政权力，钩心斗角，权谋频出，待到袁世凯夺得民国政权，虽然议会有统一度量衡之议，但袁世凯为巩固自己的政权，实现自己做皇帝的梦想，喜用权谋，轻视法治，这与度量衡发展需要社会严格的法制环境的属性相背离。就一般情形而言，民间普遍利己心重，不遵守法度，私下改制以谋求不正当利益现象较为普遍。当这种违法牟利行为未得到及时制止并受到应有惩罚的情况下，一人为非，他人竞相效尤，必然导致度量衡作弊现象日盛，度量衡的混乱也与日俱增。

另一方面，随着清末民初海关的逐步开放，世界列强根据各种不平等条约，不断扩大对华贸易，并以中国度量衡紊乱，官民用器漫无准则为借口，强行将本国的度量衡制度输入中国。如海关属英国人管理，则用英制。邮政属法国人管理，则用米制。铁路、航空，主权属于英美的用英制；属于德法的用米制；属于俄罗斯的用俄制。国内的商店、工厂，凡涉及外国货的，也根据买卖哪国商品，进口哪国原料，使用哪国机械就沿用哪国的度量衡制度，从而造成市场上各国度量衡并存的混乱局面。这种局面与民间的度量衡混乱相互呼应，终于使得民国初年度量衡的混乱达到了空前的程度。

说到底，国家主权的缺失、社会秩序的紊乱、国家法治的缺席，是导致民国初期度量衡紊乱的根本原因。

第三节　甲乙制并用的度量衡改革

民国初立，正是消除度量衡紊乱、统一全国度量衡的绝好时机，这是社会共识。1912年1月，中华民国南京临时政府成立，孙中山就任临时大总统。第二年3月，南京临时政府颁布的《中华民国临时约法》规定参议院有"议决全国……度量衡之准则"[①]，这一规定体现了临时政府对度量衡问题的重视。

民国北京政府成立后，同样把统一度量衡事宜提到了议事日程上。1912年5月，袁世凯在工商部的呈文上批示，"度量衡又为工商业日用所必需。仰工商总长从速……挈比古今中外度量权衡制度，筹订划一办法"[②]。该批示不但表现了袁世凯对统一度量衡事业的重视，而且指明了统一度量衡的路径：首先比较古今中外度量衡制度，考订度量衡标准，再拟定具体的划一办法。考订度量衡制度，首先被提上了议事日程。

一、民国北洋政府制定度量衡统一方案的过程

那么，新时代度量衡究竟应该采用何种制度呢？当时的朝野都有人注意到国际上纷纷推行米制的度量衡发展趋势，在各种场合呼吁政府适应世界潮流，采用万国公制，以消除对外贸易的计量障碍。国际上也不断有声音建议中国采纳米制。一时间，废除旧制，采用新制的呼声颇高。这种呼声，影响到了民国北洋政府对度量衡标准的制定。

民国北洋政府制定度量衡制度，经历了一个过程。在北洋政府时期，度量衡划一事业，民国政府指定由工商部负责。于是工商部牵头，召集各行政机关代表，商讨新的度量衡制度。在工商部的组织下，代表们经过反复讨论，就许多问题达成了共识。大家普遍认为，旧制度量衡缺乏确切的依据，计量单位参差不齐，进位制也不统一，计算复杂，而万国公制则具有科学的依据，计量单位简洁，全部采用十进制，计算简便，因而建议采用万国公制，即后来所称的米制。根据咨询意见的结果，工商部在向国务院提交的一份报告中指出："尝挈比古

[①] 张宪文：《中华民国史》（第一卷），南京大学出版社，2012，第97页。
[②] 《大总统府秘书厅交工商部拟订矿律商律等文》，《政府公报》，1912年5月14日第14号。

今之定制，与商民之现情，知欲实行划一，非全废旧制不可；又尝参观各国之成法及世界之大势，知欲重订新法，非采用万国通行之十分米达制不可。"①

当国务会议通过了工商部的报告后，工商部于民国2年（1913年），派出陈承修、郑礼明前往欧洲，考察法国、比利时、荷兰、奥地利和意大利等国的度量衡制度，并参加了国际权度公制会议；派出张英绪、钱汉阳前往日本，考察日本的度量衡行政制度以及制造管理方法。这是一次级别较高、影响较大的走出国门，向西方、向东邻学习考察其度量衡制度的活动，在很大程度上推动了中国度量衡体制的改革。

考察归来后，工商部一方面筹划划一方案，拟订十年内将米制按官商区域划分先后、有序推向全国的议案，提交临时参议院会议审议；一方面正式启动度量衡各米制单位中文名称的编订。既然准备采用米制，当然首先需要编订米制各单位的中文名称。对于具体的编订办法，一开始有两种不同意见，一种认为用音译比较好，如将metre译成密达，litre译成立脱耳，Kilome译成克兰姆等。其理由是，凡采用米制国家，都使用音译，我国也应仿而效之，这样既能与国际接轨，又可省去翻译之累。另一种意见则建议采用意译，如将metre译成法尺，litre译成法升，kilome译成法里。主张意译这一派的理由是，米制虽好，须本土化才有生存的空间，而意译，既合乎我国民间的习惯，又可减少推行的难度。工商部反复比较权衡两种意见，认为音译虽然可以省去翻译之累，但音译强调音准，而米制单位名称有二十多个，以法语音译成汉语，不仅十分拗口，发音不准，而且难于记忆，不便推行；意译虽然克服了音译的上述缺陷，比较合乎我国民间的习惯，但考察中国一些舶来品的名称，如洋油、洋火、洋船等，中国人还是喜欢在旧名称之前冠以洋字或者其他什么字。最后的结论是：音译不如意译，意译不如仍用度量衡旧制的"尺""升""斤""两"诸名称，再冠以"新"字。根据这样的原则，北洋政府初步制定了米制各单位的中文名称，具体详见民国初期编订的度量衡通行名称表②（表13-1至表13-3）：

表13-1 度的名称表

法文原名	中文名称	比 例
Kilometre	新里	千新尺
Hectometre	新引	百新尺

① 吴承洛：《中国度量衡史》，上海书店据商务印书馆1937年版复印，1984，第316页。
② 同上书，第318~319页。

（续表）

法文原名	中文名称	比 例
Decametre	新丈	十新尺
Metre	新尺	一新尺
Decimeetre	新寸	十分之一新尺
Centimetre	新分	百分之一新尺
Millimetre	新厘	千分之一新尺

表 13-2 量的名称表

法文原名	中文名称	比 例
Kilolitre	新石	千新升
Hectolitre	新斛	百新升
Decalitre	新斗	十新升
Litre	新升	一新升
Decilitre	新合	十分之一新升
Centilitre	新勺	百分之一新升
Millilitre	新撮	千分之一新升

表 13-3 衡的名称表

法文原名	中文名称	比 例
Kilogramme	新斤	千新锱
Hectogramme	新两	百新锱
Decagramme	新钱	十新锱
Gramme	新锱	一新锱
Decigramme	新铢	十分之一新锱
Centigramme	新累	百分之一新锱
Milligramme	新黍	千分之一新锱

初定的度量衡米制单位还是沿用了旧制名称，并冠以"新"字，但这种名称刚刚拟订出来，还没有公布，有人就以"新"字作冠首不成名词为由，提议改用万国公制的"公"字作冠首，得到大家的认同。由此，"公斤""公尺"这样的度量衡单位名称，开始出现在神州大地，其影响一直延续至今。

工商部关于废除旧制，采用万国公制的议案在国会没有议决，但各政府部门改革的劲头不减，时任农商部部长的张謇提出，公尺过长，公斤过重，完全废除营造尺库平制，不合乎我国沿袭数千年的民情习俗，难以推行。于是，民国3年（1914年），政府在拟定权度法草案时，决定采用甲、乙两制并行的方法，甲制就是营造尺库平制，乙制则是万国权度公制。甲、乙两制虽然同为法定制度，但甲制仅仅是过渡时期的辅制，比例折合均参照万国权度公制的标准。

二、民国北洋政府《权度法》的颁布及执行情况

民国4年（1915年）1月，北洋政府大总统袁世凯颁布了《权度法》，核心内容如下：

一、权度以万国权度公会所制定的铂铱公尺、公斤原器为标准。
二、权度分为下列两种：
甲　营造尺库平制。长度以营造尺一尺为单位，重量以库平一两为单位。营造尺一尺等于公尺原器在百度寒暑表零度时首尾两标点间百分之三二（即32厘米）；库平一两等于公斤原器百万分之三七三〇一（即37.301克）。
乙　万国权度通制。长度以一公尺为单位，重量以一公斤为单位，一公尺等于公尺原器在百度寒暑表零度时首尾两标点间之长，一公斤等于公斤原器之重。①

《权度法》的核心内容在于确立了米制在中国度量衡制度中的权威地位。它的颁布，标志着传统计量以乐、律、累、黍确定度量衡单位标准的做法的寿终正寝。民国4年3月，为实施《权度法》，农商部将原有的度量衡制造所改名为权度制造所，并责成权度制造所一面制备官用标准器，一面赶制民用权度器，以满足商民的需求。同时择地开设了新器贩卖所，

---
① 吴承洛：《中国度量衡史》，上海书店据商务印书馆1937年版复印，1984，第321页。

以方便商民的购买。遇到经费不足，则由农商部设法垫付，以维持正常运作。

民国4年6月，农商部设立权度检定所，主管权度检定和推行工作。由于缺少这方面的专门人才，农商部与教育部协商，选用国立北京工业专门学校第一期毕业生，让其推迟毕业，由农商部指定的曾赴欧洲考察权度归国的郑礼明主持专门培训，对这期毕业生讲授有关权度的必要课程，然后通过考试，筛选出16名成绩优异者，录用为权度检定所专业人员。这些专业人员到位后，主要是会同京城区域内的警员，分区调查制造修理权度器具的店铺、职工人数以及市面上旧有权度器具的种类，并承担编制各种旧权度器与新权度器之间的折算图表以及检定权度制造所制造的标准等等。

原计划再增设津、沪、汉、粤四个检定所，将济南、烟台、开封、奉天等城市的权度事务，划归天津检定所办理；将南京、苏州、无锡、杭州等城市的权度事务，划归上海检定所办理；将南昌、九江、岳州、长沙等城市的权度事务，划归汉口检定所办理；将汕头、厦门、福州等城市的权度事务，划归广州检定所办理。后因政局动荡，财政拮据，上述津、沪、汉、粤四个检定所都未能正式成立。

《权度法》颁布以后，随着准备工作紧锣密鼓的进行，北洋政府选定京城为试办城市，几经推迟，最后定于民国6年（1917年）1月1日正式实行新的度量衡制度。新设立的权度检定所派出专业人员，在各区警员的陪同下，前往各商铺执行特别检查，他们将所有度量衡旧器与法定权度新器一一比较，凡符合法定营造尺库平制的器具，就盖上"X"字图印，准其使用；凡不符合法定的器具，就盖上"式"字图印，并限定自民国6年1月1日起，度器在一个月之内、量器在两个月之内、衡器在三个月之内，一律换用新器。而换下来的旧器，则由各行商会收集后，送交权度制造所改制或销毁。权度制造所还在各商铺张贴新旧器具折算表，所有商品买卖，均需照表折算。由于宣传到位，措施得力，短短五六年时间，北京市内及四郊商铺所用的权度器具逐渐划一，商民也有不少人开始购置新的权度器具。但当时政变频仍，战祸迭起，经费无着，政府无暇过问权度政务，使得京城实施《权度法》的试点工作陷入了初见成效却难以再继的境地。

除京城之外，地方各省也先后实施了《权度法》。山西省历来商业发达，但受制于参差复杂的旧有权度，民间和商家均苦不堪言。自从《权度法》公布后，山西省拟定了推行权度法的各项规章。如《推行度量衡办理程序》《度量衡营业特许暂行规则》《度量衡检查执行规则》等。民国8年（1919年）4月，经农商部批准，山西省调用权度检定所专业人员，设立了划一权度处。划一权度处成立后，首先公布推行日期，决定度器从7月开始、量器从8月开始、衡器从9月开始，依次实行《权度法》规定的制度。随后派员到各县调查，发现度量衡旧器的使用量大面广，新器的需求很大，划一权度处除向农商部权度制造所订购外，还自己招商建厂。他们呈请中央颁发各度量衡的基准器，作为检定和制造的标准。并拟定度量衡器具制造法，作为制造厂商的参考。同时，划一权度处从各县招募了100多名过去从事度量衡器具制作，但不熟悉刀、纽、秤等新器制作的工匠，把他们送到权度制造所学习各种技术，考试合格后回到各县专司修制各种度量衡器具。值得一提的是，山西省每个县都配备了一名由各县选派，经划一权度处培训考试合格的检定员，专司旧器的取缔、新器的推行、新旧器具的折合等。由于官方重视，措施得力，山西省对《权度法》的推行颇有起色。

西南边陲云南省也全力实施《权度法》，省政府拟定了有关章程，按期分区有序地推行。为防止偏差，云南省指定官办的模范工艺厂作为生产制造度量衡新器的唯一厂家。模范工艺厂必须按照中央颁发的度量衡标准器依样制造，然后由实业厅负责检验把关。不久，云南省许多城市以及较为繁盛的大县，纷纷开始实行《权度法》。

其他省份的行动参差不齐。地处中原的河南省于民国10年（1921年）拟定划一权度简章，并在省城设立了制造所和检定所。河北省行动稍缓，在民国14年（1925年）设立权度检定所，拟定了《统一权度规则》。山东省则于民国16年（1927年）在实业厅内附设统一度量衡筹备处，并拟定了推行进度，第一年主要工作是调查和培训，第二年主要工作是制造和实施。浙江省于民国14年成立检定传习所，招考培训学生一百多人，但划一度量衡的事宜由于政局动荡而未能进行。福建省于民国14年设立划一权度处，进行划一事宜。广东省则由实业厅特设权度检定专局和各处分局，但由于检定毫无成效，所设专局和各处分局很快被取消。

综观全国，当时政府虽有计划推行《权度法》，但地方各省区，除山西省推行颇有成效、云南省略有进展外，其他各省区要么刚刚起动，只设立了相关机构，或只拟定了推行简章，便在战乱的局势中搁浅了；要么无动于衷，没有任何举措。究其原因，除当时政变频仍，号令不能实行外，财政经费困难，常常捉襟见肘，以及人才匮乏，缺少训练有素的权度检定专家，也是非常重要的因素。

尽管结果令人失望，但民国初期《权度法》的试行，在法规的拟定、原器的设计、工厂的筹建、标准器的制作、专门人才的培训等方面，都为以后的度量衡划一做了很好的铺垫。尤其是《权度法》提出的权度分为甲、乙两制，以乙制（万国权度公制）为方向，以甲制（营造尺库平制）为过渡辅制的法制策略，符合民情，也为南京国民政府的度量衡划一工作做了有益的尝试。

另一方面，北洋政府统一权度方案本身也有不足。《权度法》规定了甲、乙两种制度同

图 13-3
清代"光绪元宝"银元

时并用,甲制采用的是营造尺库平制,长度以营造尺一尺为单位,重量以库平一两为单位。其中营造尺 1 尺等于 32 厘米,库平 1 两等于 37.301 克,继承的是清代的单位制。图 13-3 是广东省于光绪十五年(1889 年)用制币机试制的银元,银元正面为"光绪元宝"四个大字,背面上部有"广东省造"字样,下部则有"库平七钱三分"字样。银元测重为 27.2 克,由这些数据可以推出,光绪时库平 1 两约等于 37.26 克,与北洋政府《权度法》的规定基本一致。

《权度法》规定的乙制即为国际上通用的米制,长度单位是公尺,质量单位是公斤,由上述库平两 1 两等于 37.301 克的规定不难看出,甲、乙两制换算比例奇零不整,使用起来非常不方便。

长度单位也同样如此。甲制规定一营造尺为 32 厘米,而米制 1 公尺等于 100 厘米,两者构不成整数倍。在二者并行均为合法的情况下,可以想象会有多么地不便。显然,北洋政府制定的《权度法》在全国范围内施行效果不彰,除了社会动荡、战乱频繁等社会因素的作用,法案本身的不合理也是一个重要因素。

第十四章 近代度量衡制度的建立

随着政局动荡，军阀割据和混战局面的出现，北洋政府的《权度法》渐渐成为一纸空文，统一全国度量衡的目标成为泡影。1927年，当北伐取得重要进展之际，蒋介石抵达上海，决定实行"清党"，并于4月18日宣布成立南京国民政府，开始形成宁汉分裂的局面。后来经过国民党各派背后的纵横捭阖，宁汉双方达成合作协议，1928年2月3日至7日，国民党二届四中全会在南京召开，会议通过了"改组国民政府"等议案，南京国民政府开始逐渐成形。1928年6月，国民革命军进入北京。12月29日，东北的奉系将领张学良通电南京，宣称接受国民政府管辖，南京国民政府方面取得北伐战争的胜利，正式获得国际承认为中华民国政府。

南京国民政府成立后，许多地方省市和部门积极要求改革度量衡：上海特别市政府呈请中央确定标准颁行；陕西省政府呈请中央颁发度量衡制度；安徽省政府呈请中央划一度量衡标准；建设委员会呈请实行划一权度，以利民用；福建省政府不等中央制定新的权度标准，就将前北洋政府农商部所颁布的法律条文修改后实施。各地的商业团体也纷纷行动，如上海米业曾因"轻斛"问题引发过几起风潮，所以，米业公会、敦和鱼业公所、商民协会茶叶分会、蔬菜分所、水果业公所等，均先后主动请求尽早划一度量衡制度。

南京国民政府成立伊始，万事如麻，但对度量衡划一，却不敢掉以轻心。这是因为，度量衡不划一，弊窦丛生，不仅国民经济统计会有误差，使国家受到莫大的影响，而且贪官污吏可以乘机舞弊，使得国民财富受到损失，正常的经贸活动难以开展，社会生产活动、国防建设受到窒碍，政府的运转也会失灵。正是由于这个因素，教育部召集的第一次教育会议以及财政部召集的全国经济会议和第一次财政会议，都形成了关于尽早划一度量衡的议案。尽快统一中国的度量衡制度，已经成为社会共识。

第一节　度量衡标准的讨论

对于上上下下发出的划一度量衡的呼声和提议，南京国民政府给予了高度重视，责成工商部负责划一事务。工商部开始此项工作之后，决定从拟定度量衡基本制度着手，召集专家，集思广益，在确定改革方向的基础上，制定相应的度量衡法案，然后拟定细则，逐步推行，以期实现在全国范围内统一度量衡的目标。

一、集思广益，确定方向

度量衡改革，第一步就是确定度量衡制度。工商部在制定具体的度量衡制度之前，首先邀集吴健、吴承洛、寿景伟、徐善祥、刘荫弗等各部门代表和专家，集思广益，研究划一度量衡制度的具体方案（图14-1）。在讨论过程中，参与者意见热烈，形成了近十种方案。这些意见大致可归为两类：

一类观点，以费德朗、刘晋钰、陈儆庸、钱理、阮志明、范宗熙、曾厚章等人为代表，提出彻底抛弃万国公制，根据科学进步的原理，尊重中国传统习惯，创造一种新的度量衡制度。这种观点的主要理由是，万国公制系统本身不够一致，采用万国公制失去其原有意义。更重要的是，万国公制不符合中国国情，其公尺过长，公斤过重，与现行制度相去甚远，与国民习惯不合。国民对万国公制不了解，无法适应，如果采用主辅制，又存在折算的麻烦。既然世界上有许多国家采用的是自己的度量衡制度，中国作为有四亿人口的大国，更应该创造出属于自己的度量衡制度。

另一类观点，以钱汉阳、周铭、施孔怀、徐善祥、吴承洛、吴健、刘荫弗、高梦旦、段育华等人为代表，国际计量局局长纪尧姆也属于这一派观点的主张者，他们主张最终应完全采用万国公制，但在此之前，要根据我国国民的习惯与心理，先制定暂行的过渡性的辅制，而且辅制与万国公制应有最简单的折合比例。这一种观点的立论依据是，世界是个整体，国际上如果已经有优越的度量衡制度，当然应该择善而从。世界上大多数国家已经采用万国公制，未普及万国公制的只有廖廖数国。更重要的是，世界文明国家的科学书籍、科学仪器、工程机器等都采用万国公制，要研究这些先进的科技，实现国家和科学技术的发展，必须采用万国公制。我们如果自行创立新制，未必较万国公制为优，即使自认为较万国公制为优，在国内推行，也不利于国际交流。至于说国民不习惯，自从鸦片战争以后，万国公制在中国

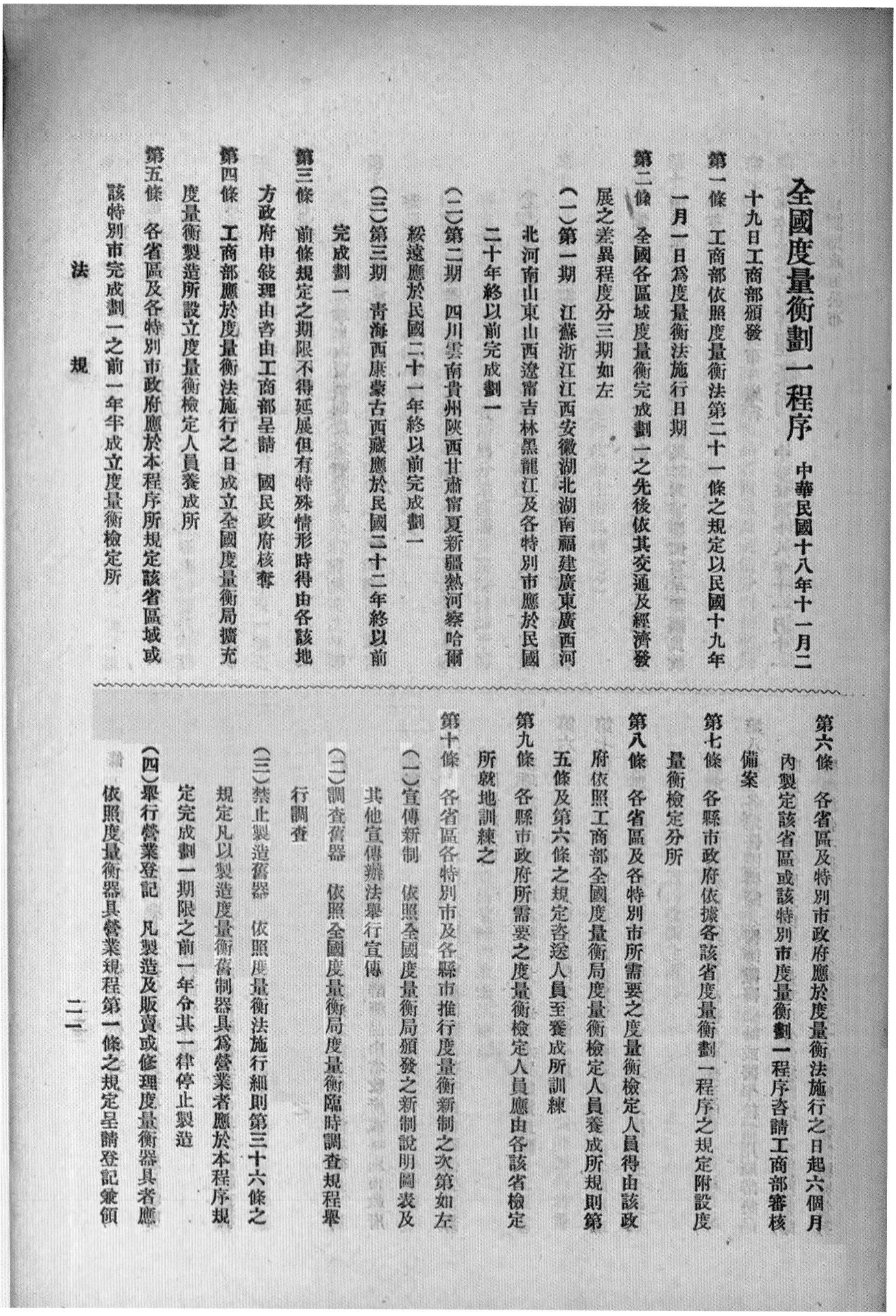

全國度量衡劃一程序

中華民國十八年十一月二十九日工商部頒發

第一條　工商部依照度量衡法第二十一條之規定以民國十九年一月一日為度量衡法施行日期

第二條　全國各區域度量衡完成劃一之先後依其交通及經濟發展之差異程度分三期如左

（一）第一期　江蘇浙江江西安徽湖北湖南福建廣東廣西河北河南山東山西澄甫吉林黑龍江及各特別市應於民國二十年終以前完成劃一

（二）第二期　四川雲南貴州陝西甘肅寧夏新疆熱河察哈爾綏遠應於民國二十一年終以前完成劃一

（三）第三期　青海西康蒙古西藏應於民國二十二年終以前完成劃一

第三條　前條規定之期限不得延展但有特殊情形時得由各該地方政府申敍理由咨由工商部呈請　國民政府核奪

第四條　工商部應於度量衡法施行之日成立全國度量衡局擴充度量衡製造所設立度量衡檢定人員養成所

第五條　各省區及各特別市政府應於本程序所規定該省區或該特別市完成劃一之前一年半成立度量衡檢定所

第六條　各省區及特別市政府應於度量衡法施行之日起六個月內製定該省區或該特別市度量衡劃一程序咨請工商部審核備案

第七條　各縣市政府依據該省區之規定附設度量衡檢定分所

第八條　各省區及各特別市所需要之度量衡檢定人員得由政府依照工商部全國度量衡局檢定人員養成所規則第五條及第六條之規定咨送人員至養成所訓練

第九條　各縣市政府所需要之度量衡檢定人員應由各該省檢定所就地訓練之

第十條　各省區各特別市及各縣市推行度量衡新制之次第如左

（一）宣傳新制　依照全國度量衡局頒發之新制說明圖表及其他宣傳辦法舉行宣傳

（二）調查舊器　依照全國度量衡局度量衡臨時調查規程舉行調查

（三）禁止製造舊器　依照度量衡法施行細則第三十六條之規定凡以製造度量衡舊制器具為營業者應於本程序規定完成劃一期限之前一年令其一律停止製造

（四）舉行營業登記　凡製造及販賣或修理度量衡器具者應依照度量衡器具營業規程第一條之規定呈請登記兼領該特別市完成劃一之前一年半成立度量衡檢定所

法規

图 14-1

南京国民政府制定的《全国度量衡划一程序》

已经得到使用，有一定的使用基础，而且，此前农商部已经提出采用万国公制的方案，北洋政府颁布的《权度法》采用甲、乙两制，已在部分地区施行。万国公制采用十进制，使用便利，符合世界发展趋势，与其以后逐步改用，不如现在一次彻底施行，以免日后发生纠纷。

两种观点，针锋相对，论战报刊，各持己见。究竟采纳哪一种呢？工商部遴选度量衡标准的初衷是，新的度量衡标准至少应符合四个基本要求，即"应有最准确而不易变化之标准，应合世界大同为国际上互谋便利，应近于民间习惯，应便于科学输进"[1]。根据这样的要求，工商部负责委员作了缜密的研究，最后形成四条权威性意见：

一、万国制有最精确之标准。

二、世界各国大多采用。

a. 完全採用公制四十九国。

b. 英美两国亦通行公制。

c. 以本国制度与公制并行通用者亦二十一国。

三、公制原在我国邮政交通学术工程教育军事各界普遍通行，自经民国二年工商会议议决，一致采用，及民国四年颁布为乙制以后，其施行范围尚广，凡属受有教育者莫不深知或熟用之。

四、公制完全十进，系统整严，在科学上树立坚强之基础。工程上使用亦较英制为便利，渐已一致采用。[2]

基于这种认识，工商部认为，学者倡议的新的度量衡制，在未经世界著名学者认真研究确认其有价值之前，不宜草率使用。最终，工商部决定采用曾经法国权度公会所议决的万国公制为我国度量衡标准制。

20世纪20年代在中国发生的这场关于度量衡制度的讨论，具有重要的意义。随着科学的进步，各国交往的增多，中国的度量衡制度，绝无可能脱离国际单位制而独立存在。如果不考虑与国际单位制的换算关系，自己另搞一套，只会增加与国际交往的门槛，增加科学发展的阻力，为中国与其他国家的贸易往来制造障碍。当时经过讨论，选择了以万国公制为我国的度量衡标准制，这对中国计量的发展，是有决定性意义的。

---

[1] 吴承洛：《划一全国度量衡之回顾与前瞻》，《实业部月刊》1937年第5期，第7~48页。

[2] 同上。

二、拟定方案，主辅并行

采用万国公制的决定并没有化解所有的矛盾，有人提出公制的公尺过长、公斤过重，使用起来既不习惯又不方便，能不能在公尺、公斤之外，同时设立辅制？其实，民国4年的《权度法》中就有甲、乙两制并用的辅制，但由于甲、乙两制之间没有设定简单易算的折合比例，以致未能通行全国。所以，如何确定辅制与公制之间简单的比例关系，成为大家商讨的又一个议题。专家们讨论了两个多月，提出了多种方案。在这些方案的基础上，工商部拟定了1+2方案，呈报南京政府核议。方案具体内容如下：

1. 请国府明令全国通行万国公制，其他各制一概废除。
2. 定万国公制为标准制，凡公立机关、官营事业及学校法团等皆用之；此外另以合于民众习惯且与标准制有简单比率者为市用制，其容量以一标升为市升，重量以标斤之二分之一为市斤（十两为一斤），长度以标尺之三分之一为市尺（一千五百市尺为一里，六千平方市尺为一亩）。
3. 以标尺之四分之一为市尺（二千市尺为一里，一万平方市尺为一亩）。①

方案1最彻底，要求废除其他各制，在全国范围内唯一推行万国公制。方案2、3是考虑到所谓"公尺过长、公斤过重"，与民间习惯不合的因素，制定的代替方案。在陈述三种方案后，工商部表述了自己的倾向性意见："三种办法之中据该部之研究所得，似以办法二与万国公制有最简单的'一二三'比率，且其尺与吾国通用旧制最为相宜，惟办法三市尺之长，虽较旧制诸尺为特短，然其亩（一万平方尺）与旧亩相近，故欲贯彻十进制，此办法似也可用。关于标准制法定名称……均以沿用民四《权度法》所定为宜。"②

对于工商部的这份提议，南京国民政府第七十二次委员会会议决定推选蔡元培、钮永建、薛笃弼、王世杰、孔祥熙等组成权度审查委员，审查该方案，并特邀徐善祥、吴承洛参加。经过两次审查，达成了共识，以方案2为基础，制定了《中华民国权度标准方案》，呈报南京国民政府，后经南京国民政府委员会会议修正，于民国17年（1928年）7月18日颁发，其主要内容如下：

---

① 吴承洛：《中国度量衡史》，上海书店据商务印书馆1937年版重印，1984，第330~331页。
② 同上。

一、标准制　定万国公制为中华民国权度之标准。

长度　以一公尺（即一米突尺）为标准尺。

容量　以一公升（即一立特或一千立方升的米突）为标准升。

重量　以一公斤（一千格兰姆）为标准斤。

二、市用制　以与标准制有最简单之比率，而与民间习惯相近者为市用制。

长度　以标准尺三分之一为一市尺，计算地积等以六千平方市尺为亩。

容量　即以一标准升为升。

重量　以标准斤二分之一为市斤（即五百格兰姆），一斤为十六两（每两等于三十一格兰姆又四分之一）。①

需要说明的是，工商部原先拟定的"一二三"权度市用制，以及蔡元培等委员审查认定的方案，都把一斤分为十两，以贯彻十进位制，但南京国民政府召开委员会会议时，认为市用制属于过渡的辅制，不如迁就民间习惯，仍用一斤为十六两。至于两制各项单位的名称，则在以后的法规中再加以规定。南京国民政府的这一决定，实在属于画蛇添足之举，因为要推行新的度量衡制度，必须制造相应的度量衡器物，在制造新器物的同时，使十进制一步到位，并不麻烦。南京国民政府的这一犹豫，使得衡器一斤等于十六两的制度，在中国大陆一直延续到了1959年。1949年，中华人民共和国政府成立，立即着手全国度量衡统一事宜。经过周密准备，1959年6月25日，国务院发布了《关于统一我国计量制度的命令》，把国际公制（即米制，简称公制）确定为我国的基本计量制度，要求在全国范围内推广使用。命令明确指出，原来以国际公制为基础所制定的市制，在我国人民日常生活中已经习惯通用，可以保留。市制原定十六两为一斤，因为折算麻烦，应当一律改为十两为一斤。至此，传统一斤等于十六两的制度，终于走到了它的尽头。

第二节　《度量衡法》的颁布及施行措施

《中华民国权度标准方案》的公布，结束了民国初年以来关于度量衡标准的争议，规定了度量衡的单位制。下一步，就是要把该方案推行下去，为此，首先要把权度标准方案确定

---

① 吴承洛：《划一全国度量衡之回顾与前瞻》，《实业部月刊》1937年第5期，第7~48页。

下来，使之成为法律。1928年9月，工商部根据《中华民国权度标准方案》，拟订了《中华民国权度法草案》，呈请南京国民政府审议。南京国民政府法制局审议后认为，内容是合适的，只有"权度"这一名称，与刑法上所用的"度量衡"不一致，建议更改。工商部根据该建议，将《中华民国权度法草案》改为《中华民国度量衡法草案》，获得审议通过。1929年2月16日，南京国民政府正式颁布《度量衡法》，后续并围绕《度量衡法》制定了相应的施行细则。

一、颁布《度量衡法》

民国18年2月16日，南京国民政府颁布的《度量衡法》共二十一条，具体条文如下：

第一条　中华民国度量衡，以万国权度公会所制定铂铱公尺公斤原器为标准。

第二条　中华民国度量衡采用万国公制为标准制，并暂设辅制，称曰市用制。

第三条　标准制长度以公尺为单位，重量以公斤为单位，容量以公升为单位；一公尺等于公尺原器在百度寒暑表零度时首尾两标点间之距离，一公斤等于公斤原器之重量，一公升等于一公斤纯水在其最高密度七百六十公厘气压时之容积，此容积寻常适用即作为一立方公寸。

第四条　标准制之名称及定位法如左：

长度

公厘	等于公尺千分之一	（0.001公尺）
公分	等于公尺百分之一即十公厘	（0.01公尺）
公寸	等于公尺十分之一即十公分	（0.1公尺）
公尺	单位即十公寸	
公丈	等于十公尺	（10公尺）
公引	等于百公尺即十公丈	（10公丈）
公里	等于千公尺即十公引	（10公引）

地积

公厘	等于公亩百分之一	（0.01公亩）
公亩	单位即一百平方公尺	

公顷　等于一百公亩　　　　　　　　　　　　　　（100公亩）

容量

公撮　等于公升千分之一　　　　　　　　　　　　（0.001公升）

公勺　等于公升百分之一即十公撮　　　　　　　　（0.01公升）

公合　等于公升十分之一即十公勺　　　　　　　　（0.1公升）

公升　单位即一立方公寸

公斗　等于十公升　　　　　　　　　　　　　　　（10公升）

公石　等于百公升　　　　　　　　　　　　　　　（100公升）

公秉　等于千公升即十公石　　　　　　　　　　　（1 000公升）

重量（注：未列质量，系依照各国法规，取其通俗。）

公丝　等于公斤百万分之一　　　　　　　　　　　（0.000 001公斤）

公毫　等于公斤十万分之一即十公丝　　　　　　　（0.000 01公斤）

公厘　等于公斤万分之一即十公毫　　　　　　　　（0.000 1公斤）

公分　等于公斤千分之一即十公厘　　　　　　　　（0.001公斤）

公钱　等于公斤百分之一即十公分　　　　　　　　（0.01公斤）

公两　等于公斤十分之一即十公钱　　　　　　　　（0.1公斤）

公斤　单位即十公两

公衡　等于十公斤　　　　　　　　　　　　　　　（10公斤）

公担　等于百公斤即十公衡　　　　　　　　　　　（100公斤）

公吨　等于千公斤即十公担　　　　　　　　　　　（1 000公斤）

第五条　市用制长度以公尺三分之一为市尺（简作尺），重量以公斤二分之一为市斤（简作斤），容量以公升为市升（简作升），一斤分为十六两，一千五百尺定为一里，六千平方尺定为一亩，其余均以十进（按后经命令规定市用制各单位之前必冠市字）。

第六条　市用制之名称及定位法如左：

长度

毫　等于尺万分之一　　　　　　　　　　　　　　（0.000 1尺）

厘　等于尺千分之一即十毫　　　　　　　　　　　（0.001尺）

分　等于尺百分之一即十厘　　　　　　　　　　　（0.01尺）

寸　等于尺十分之一即十分　　　　　　　　　　　（0.1尺）

尺　单位即十寸

丈　等于十尺　　　　　　　　　　　　　　　　　　　（10 尺）

引　等于百尺　　　　　　　　　　　　　　　　　　　（100 尺）

里　等于一千五百尺　　　　　　　　　　　　　　　　（1 500 尺）

地积

毫　等于亩千分之一　　　　　　　　　　　　　　　　（0.001 亩）

厘　等于亩百分之一　　　　　　　　　　　　　　　　（0.01 亩）

分　等于亩十分之一　　　　　　　　　　　　　　　　（0.1 亩）

亩　单位即六千平方尺

顷　等于一百亩　　　　　　　　　　　　　　　　　　（100 亩）

容量　与万国公制相等

撮　等于升千分之一　　　　　　　　　　　　　　　　（0.001 升）

勺　等于升百分之一即十撮　　　　　　　　　　　　　（0.01 升）

合　等于升十分之一即十勺　　　　　　　　　　　　　（0.1 升）

升　等于单位即十合

斗　等于十升　　　　　　　　　　　　　　　　　　　（10 升）

石　等于百升即十斗　　　　　　　　　　　　　　　　（100 升）

重量

丝　等于斤一百六十万分之一　　　　　　　　　　　　（0.000 000 625 斤）

毫　等于斤十六万分之一即十丝　　　　　　　　　　　（0.000 006 25 斤）

厘　等于斤一万六千分之一即十毫　　　　　　　　　　（0.000 062 5 斤）

分　等于斤一千六百分之一即十厘　　　　　　　　　　（0.000 625 斤）

钱　等于斤一百六十分之一即十分　　　　　　　　　　（0.006 25 斤）

两　等于斤十六分之一即十钱　　　　　　　　　　　　（0.062 5 斤）

斤　单位即十六两

担　等于百斤　　　　　　　　　　　　　　　　　　　（100 斤）

第七条　中华民国度量衡原器，由工商部保管之。

第八条　工商部依原器制造副原器，分存国民政府各院部会、各省政府及各特别市政府。

第九条　工商部依副原器制造地方标准器，经由各省及各特别市颁发各县市为地方检定或制造之用。

第十条　副原器每届十年，须照原器检定一次；地方标准器每五年须照副原器检定一次。

第十一条　凡有关度量衡之事项，除私人买卖交易得暂行市用制外，均应用标准制。

第十二条　划一度量衡，应由工商部设立全国度量衡局掌理之，各省及各特别市得设度量衡检定所，各县及各市得设度量衡检定分所，处理检定事务。全国度量衡局、度量衡检定所及分所规程，另定之。

第十三条　度量衡原器及标准器，应由工商部全国度量衡局设立度量衡制造所制造之。度量衡制造所规程另定之。

第十四条　度量衡器具之种类、式样、公差、物质及其使用之限制，由工商部以部令定之。

第十五条　度量衡器具非依法检定附有印证者，不得贩卖使用。

度量衡检定规则，由工商部另定之。

第十六条　全国公私使用之度量衡器具，须受检查。

度量衡检查执行规则，由工商部另定之。

第十七条　凡以制造、贩卖及修理度量衡器具为业者，须得地方主管机关之许可。

度量衡器具营业条例另定之。

第十八条　凡经许可制造、贩卖或修理度量衡器具之营业者，有违背本法之行为时，该管机关得取消或停止其营业。

第十九条　违反第十五条或第十八条之规定，不受检定或拒绝检查者，处三十元以下之罚金。

第二十条　本法施行细则另定之。

第二十一条　本法公布后施行日期，由工商部以部令定之。[①]

《度量衡法》是南京国民政府划一全国度量衡的基本法，这部基本法对度量衡各单位的名称及定位都作了详细的规定。特别是《度量衡法》第二条明确指出，中华民国度量衡采用

---

① 吴承洛：《中国度量衡史》，上海书店据商务印书馆1937年版重印，1984，第342～350页。

"万国公制"为标准制，并暂设"辅制"，称作"市用制"。作为辅制的市用制，《度量衡法》第五条规定，市用制长度以公尺三分之一为市尺（简作尺），重量以公斤二分之一为市斤（简作斤），容量以公升为市升（简作升），一斤分为十六两，一千五百尺定为一里，六千平方尺定为一亩，其余均以十进。实际上，《度量衡法》继承了北洋政府甲、乙制的原则，但在标准制与辅制之间规定了简单的"一二三"折合比例，弥补了北洋政府方案的不足。《度量衡法》考虑到民间习惯，保留了十六进制、一千五百进制以及六千进制等非十进制，这种做法，比工商部的方案有所倒退。整体来说，《度量衡法》本身方向是正确的，方案符合国情，易于施行，它的制定，为南京国民政府在全国范围内推行度量衡划一改革提供了最重要的法律依据。

二、制定实施细则及配套法规

《度量衡法》的颁布，标志着划一度量衡事业的正式起步。但仅有《度量衡法》而无实施细则，度量衡划一事业仍然无法开展。为将《度量衡法》付诸实施，南京国民政府工商部（1930年12月以后为实业部）开始制定具体的实施细则及配套法规。

在制定实施细则方面，工商部拟定了关于制造、检定、检查、推行、附则等五个方面的53条施行细则[1]。这些细则不仅具体规范，而且精确量化，方便操作。在制造方面，就度量衡器具的材料、种类、形状、大小、名称、比例、刻度、感量、公差等问题分别做了严格的规定；在检定、检查方面，强调了全国度量衡局或地方度量衡检定所或分所是度量衡器具检定、检查的权威机构；在推行方面，规定了不合《度量衡法》器具的允许使用期限，授权全国度量衡局或度量衡检定所或分所，随时调查度量衡器具使用状况，编制新旧制物价折合表；在附则中，以中国惯用的名称——对照万国公制的度量衡单位，并以"一二三"原则，将市用制与标准制比例双向量化。施行细则具有很强的可操作性，它的颁布，标志着我国度量衡制度已经脱离了旧有制度的束缚，迈入了近时代的门槛。

在制定与《度量衡法》配套法规方面，1936年出版的《中华民国法规大全》第3册"财政、实业、教育"，刊布了截至1936年，南京国民政府方面制定的有关配套法规制度的详情，现列表整理如下：

---

[1] 吴承洛：《中国度量衡史》，上海书店据商务印书馆1937年版重印，1984，第351~370页。

表 14-1　南京国民政府《度量衡法》及配套法规详表（截至 1934 年）

序号	度量衡法规制度名称	颁布部门	颁布时间	备注
1	度量衡法	国民政府	1929 年 2 月	1930 年 1 月 1 日施行
2	度量衡法施行细则	工商部	1929 年 4 月	实业部 1931 年 12 月修订公布，同时施行
3	全国度量衡划一程序	工商部	1930 年 1 月	工商部呈行政院备案
4	各省市依限划一度量衡办法	工商部	1930 年 11 月	俟各省市代表等再加研讨，无异议再呈请行政院公布施行办法
5	完成公用度量衡划一办法案	工商部	1930 年 11 月	1930 年 11 月 13 日全国度量衡会议第二次大会通过
6	完成公用度量衡实施办法	工商部	1930 年 11 月	工商部咨各省
7	中华民国度量衡标准	实业部	1933 年 2 月	
8	公用度量衡器具颁发规则	工商部	1929 年 4 月	施行日由工商部以部令定之
9	全国度量衡会议规程	工商部	1930 年 10 月	自公布之日施行
10	中国度量衡学会章程	实业部	1933 年 7 月	实业部核准备案
11	审定特种度量衡专门委员会章程	工商部	1930 年 1 月	自公布之日施行
12	实业部全国度量衡局组织条例	国民政府	1932 年 5 月	规定于中国度量衡依期划一后即行裁撤
13	实业部全国度量衡局度量衡制造所规程	实业部	1931 年 12 月	自公布之日施行
14	度量衡器具营业条例	国民政府	1930 年 9 月	自公布之日施行
15	度量衡器具营业条例施行细则	实业部	1931 年 1 月	自公布之日施行
16	度量衡检定规则	工商部	1929 年 4 月	自公布之日施行

(续表)

序号	度量衡法规制度名称	颁布部门	颁布时间	备注
17	度量衡新制简便折合表	实业部	1934年6月	实业部全国度量衡局函各省建设厅及实业厅
18	中外度量衡简便折合表	实业部	1934年6月	实业部全国度量衡局函各省建设厅及实业厅
19	标准制正名表	实业部	1934年6月	实业部全国度量衡局函各省建设厅及实业厅
20	度量衡检定人员任用暂行规程	实业部	1931年10月	自公布之日施行
21	全国度量衡局度量衡检定员养成所规则	工商部	1929年4月	施行日期由工商部以部令确定
22	各省市度量衡检定规程	实业部	1931年12月	自公布之日施行
23	各县市度量衡检定分所规程	实业部	1931年12月	自公布之日施行
24	全国各省普设县市度量衡检定分所办法	实业部	1933年9月	自公布之日施行
25	公用民用度量衡具检定方法	工商部	1930年11月	度量衡标准器及副原器之检定方法另定
26	检定玻璃量器暂行办法	实业部	1933年2月	全国度量衡局编
27	度量衡器具检定费征收规程	实业部	1932年2月	自公布之日施行
28	度量衡器具检查执行规则	实业部	1932年12月	自公布之日施行
29	度量衡标准器暨检定用器复检办法	全国度量衡局	1934年6月	全国度量衡局订定
30	度量衡临时调查规程	工商部	1930年2月	自公布之日施行

以上法规制度，所收并不全面，有些不属于国家法规的，例如《全国度量衡学会章程》，只是学会呈送政府部门备案的，也被收录在内。另外有些规程，是修订版，公布时亦未加以说明。但无论如何，这里所罗列的截至1934年国家行政机构层面所订立的有关度量衡的法规制度，也足够丰富，它涉及度量衡划一事业的方方面面，包括基本法条，管理机构的设立，度量衡的行政管理、技术管理，器物的制作、人员的培养及招收，划一的程序与步骤等，应有尽有，十分详尽。这些法规的设立，显示当时划一度量衡的指导思想，是依规办事，按序推进，配合技术指导，按期实现划一事业。

对那些不遵守度量衡法规的行为，民国政府在《刑法》中制定了相应的处罚措施。例如，《中华民国刑法》中伪造度量衡罪（分则第十三章）的规定：

> 第二百十八条　意图供行使之用，而制造违背定程之度量衡，或变更度量衡之定程者，处一年以下有期徒刑，拘役，得并科或易科三百元以下罚金。本条之未遂罪罚之。
>
> 第二百十九条　意图供行使之用，而贩卖违背定程之度量衡者，处一年以下有期徒刑，拘役，得并科或易科三百元以下罚金。本条之未遂罪罚之。
>
> 第二百二十条　行使违背定程之度量衡者，处二年以下有期徒刑，拘役，得并科或易科一千元以下罚金。本条之未遂罪罚之。
>
> 第二百廿一条　意图供行使之用，而持有违背定程之度量衡者，处一百元以下罚金。
>
> 第二百廿二条　前条之违背定程度量衡，不问属于犯人与否，没收之。
>
> 第二百廿三条　犯本章之罪者，得依第五十七条及第五十八条之规定，褫夺公权。[①]

这是对故意制作、贩卖、使用甚至持有准备使用不符合标准的度量衡器具的行为的处罚。需要特别注意的是对使用不符合标准的度量衡器具者处罚得最为严重，显示出立法本意是从需求方着手，杜绝人们使用非法度量衡器具的行为，以起到釜底抽薪之效。

---

① 广西度量衡检定所编：《谈谈度量衡的处罚》，《度量衡同志》1934年第11期。

三、建立学术组织，出版度量衡刊物

划一度量衡，仅仅有上述法律法规仍然不够，还需要有必要的学术研究和宣传普及，这就需要有相应的学术组织，出版发行度量衡刊物。

民国时期，在推动中国度量衡划一事业上最为积极主动的学术组织是中国度量衡学会。1929年2月，《度量衡法》颁布，为中国的度量衡划一提供了法律依据。同年10月，全国度量衡局成立，为促进《度量衡法》的实施提供了组织保障。第二年7月，中国度量衡学会即在南京成立，为中国的度量衡划一提供了学术支撑。中国度量衡学会的成立，缘起于以吴承洛为首的一批知识分子，痛感于我国"向来度量衡因无统一制度，任其紊乱，流弊丛生，商民交困"[①]，这种局面当然不能任其发展，而"划一度量衡，又为各项建设之基础，一切庶政之楷模"[②]，故此国家把统一度量衡列为当务之急，而"办理划一度量衡者，尤当联合全国同志，组织健全学会，共同研究，一促吾国度量衡事业之完成，与度量衡学术之进展"[③]。这是吴承洛等筹建中国度量衡学会的初衷。1930年3月，工商部为培养度量衡检定人才，设立了度量衡检定人员养成所，吴承洛担任所长。同年5月22日，养成所学员在该所大礼堂举行全体大会，决定组织中国度量衡学会筹备委员会，推举吴承洛、廖定渠等9人负责起草章程，筹备成立事宜。7月14日，即召开成立大会，到会会员70人，通过了《中国度量衡学会章程》，选出了理事会和董事会，推举吴承洛为会长，廖定渠为总干事，徐善祥、陈儆庸、吕延平、方文政、王觉民、贺之贤、孙启昌、沈志兴、丁文渊为董事。第二天召开董事理事联席会议，推举陈儆庸为董事会主席。至此，中国度量衡学会正式宣告成立。1933年7月，实业部核准《中国度量衡学会章程》的备案呈请，将其以法规形式公之于众。

中国度量衡学会的成立，与吴承洛的努力分不开。吴承洛（1892—1955），字涧东，福建省浦城县人，著名化学家、计量学家和学会工作活动家。他1910年赴上海南洋中学学习，1912年考入北京清华留美预备学校，1915年留学美国，在里海大学工学院学习化学工程，兼学机械工程和工业管理。从里海大学毕业后，又到哥伦比亚大学研究院深造。1920年回国，先在复旦大学任教，1920年回国后任北京工业大学等校教授兼化工系主任。1927年，任南京国民政府大学院秘书，协助蔡元培训练了一批秘书干部，建立了新的公文程序，开创了新的民众教育制度。1930年，任度量衡局局长、度量衡检定人员养成所所长。1932年，任中央工

[①] 《中国度量衡学会缘起》，《度量衡同志》（特刊），中国度量衡学会编，1933年铅印本。
[②] 同上。
[③] 同上。

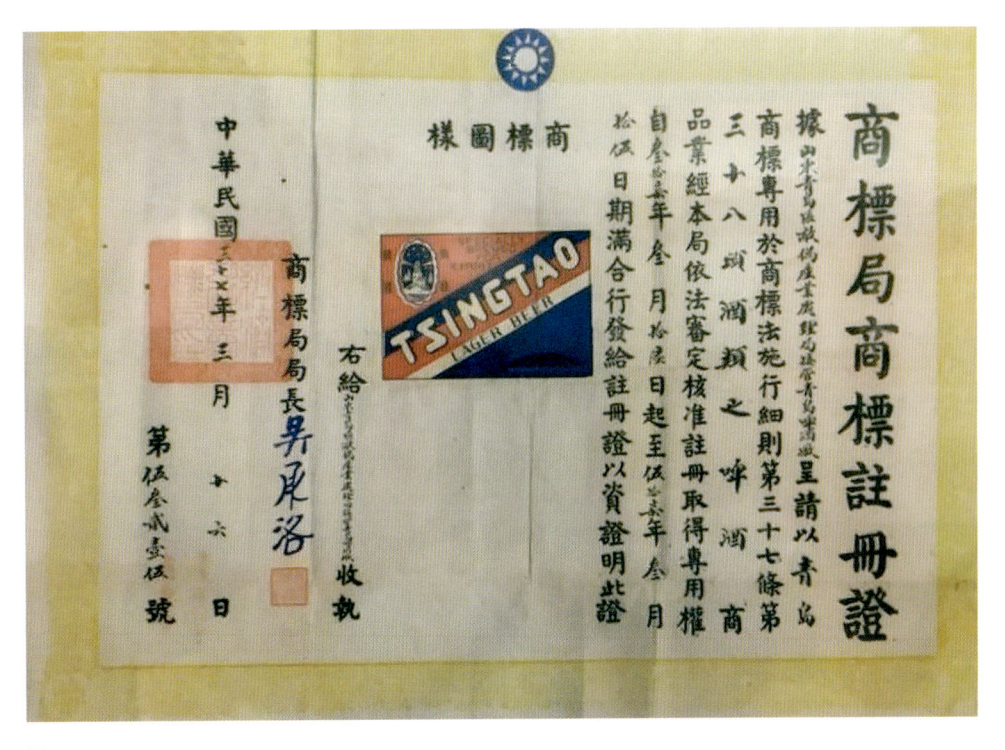

图 14-2
吴承洛任商标局局长时签发的青岛啤酒厂商标注册证

业试验所所长，后复任度量衡局局长。抗日战争时期，任经济部工业司司长，组织内地重要工厂迁川事宜。抗日战争结束后，吴承洛任商标局局长（图 14-2）。新中国成立后，吴承洛任政务院财经委员会技术管理局度量衡处处长和发明处处长，主持建立度量衡制度、标准制度、发明专利制度和工业试验制度等，继续为国家的计量和标准化事业做贡献。

吴承洛一开始就投入了南京国民政府推进度量衡划一的事业，是中国划一度量衡的创始人之一。在度量衡标准的选择上，他和徐善祥等学者提出的"一二三"方案，即 1 公升 =1 市升，1 公斤 =2 市斤，1 公尺 =3 市尺，经评审，在十余种方案中胜出，最后被南京国民政府采纳。为实现"联合同志，研究应用学术，共图推行中国度量衡新制"[1]的办会宗旨，他全力推进中国度量衡学会的建设。1930、1931、1932 年，度量衡学会刚开张，三年收会员会费 92 元，入不敷出，吴承洛自掏腰包，"特别捐款（吴会长）"245 元。借吴会长住宅开茶话会、欢迎会、联欢会是经常的事。[2]

度量衡学会办有会刊《度量衡同志》，该刊从 1931 年开始出版，最初按每年 4 期的频率出版发行。1937 年，卢沟桥事变发生，日本全面入侵我国，南京受到上海方向日军压力，政

---

[1]《中国度量衡学会章程》，《度量衡同志》（特刊），中国度量衡学会编，1933 年铅印本。
[2] 邱隆、陈传岭：《中国近代计量学的奠基人——吴承洛》，《中国计量》2010 年第 8 期。

府开始内迁。内迁时，1938年工作人员辗转长沙、重庆，杂志无法出刊。1939年至1945年，在抗战的极端困难条件下，《度量衡同志》仍坚持每年出一期。1945年的一期是用毛笔誊写在石板上印刷的。从1931年到1945年，《度量衡同志》共印发28期，为我们保留了民国时期计量先驱们推进中国的度量衡划一的珍贵历史资料。

在宣传统一度量衡的重要性，论证新制度是否合理，推进我国工业标准化建设方面，《工业标准与度量衡》杂志（图14-3）发挥的作用更大。《工业标准与度量衡》杂志是实业部全国度量衡局编辑印行的一份月刊，1934年7月创刊于南京。刊名由时任中华民国国民政府主席的林森题写，吴鼎昌、翁文灏等后来也为该刊题写过刊名。

该杂志把工业标准与度量衡联系到一起，反映了我国工业化先驱们的远见卓识。创刊号封面的漫画上，两个人在爬山，其中一人轻装简行，即将爬到山顶，身旁写着"标准简单化以后——巧便"；另一人则身荷重物，举步维艰，在山脚处蹒跚前行。在漫画正上方写着，"标准简单化为成功之母"。这幅漫画，很形象地揭示了该刊的宗旨。

在内容上，《工业标准与度量衡》一开始重在宣传划一度量衡的重要性，介绍各国的度量衡制度，宣传米制的先进性。吴承洛等学者在《工业标准与度量衡》杂志发表了大量文章，为度量衡新制释疑解惑，有力地推进了当时的度量衡划一事业。该刊刊登的政府颁布的度量衡法令，对宣传普及度量衡新制、推进度量衡划一事业方面也发挥了重要作用。

除了致力于推进度量衡划一事业，该刊还刊登了大量国外先进的工业标准，如美国、苏联、英国、法国、加拿大、日本等，将其按不同工业类别进行介绍，每一大类下又分若干小类，相当详细，且便于查找，对当时工商业界参考学习很有裨益。

抗日战争时期，《工业标准与度量衡》随全国度量衡局辗转内迁重庆，在当时极为困难的条件下，刊物的出版也受到很大影响，正常的刊期无法保证，甚至连印刷形式，也从开始时的铅印变成了油印。实际上，不但度量衡刊物的出版受到影响，我国的度量衡划一事业的进程也因战争而被迫停滞，中国的近代化进程受到了日本侵华战争的严重影响。

无论如何，《工业标准与度量衡》的创刊，有助于当时中国工商业界各类统一标准的制定与实施，推动了当时中国工商业的进步与发展，为中国的工商业标准与世界逐步接轨做出了努力。该刊对研究当时我国的度量衡划一历史、研究工商业统一标准的制定历史有重要参考价值。

图 14-3

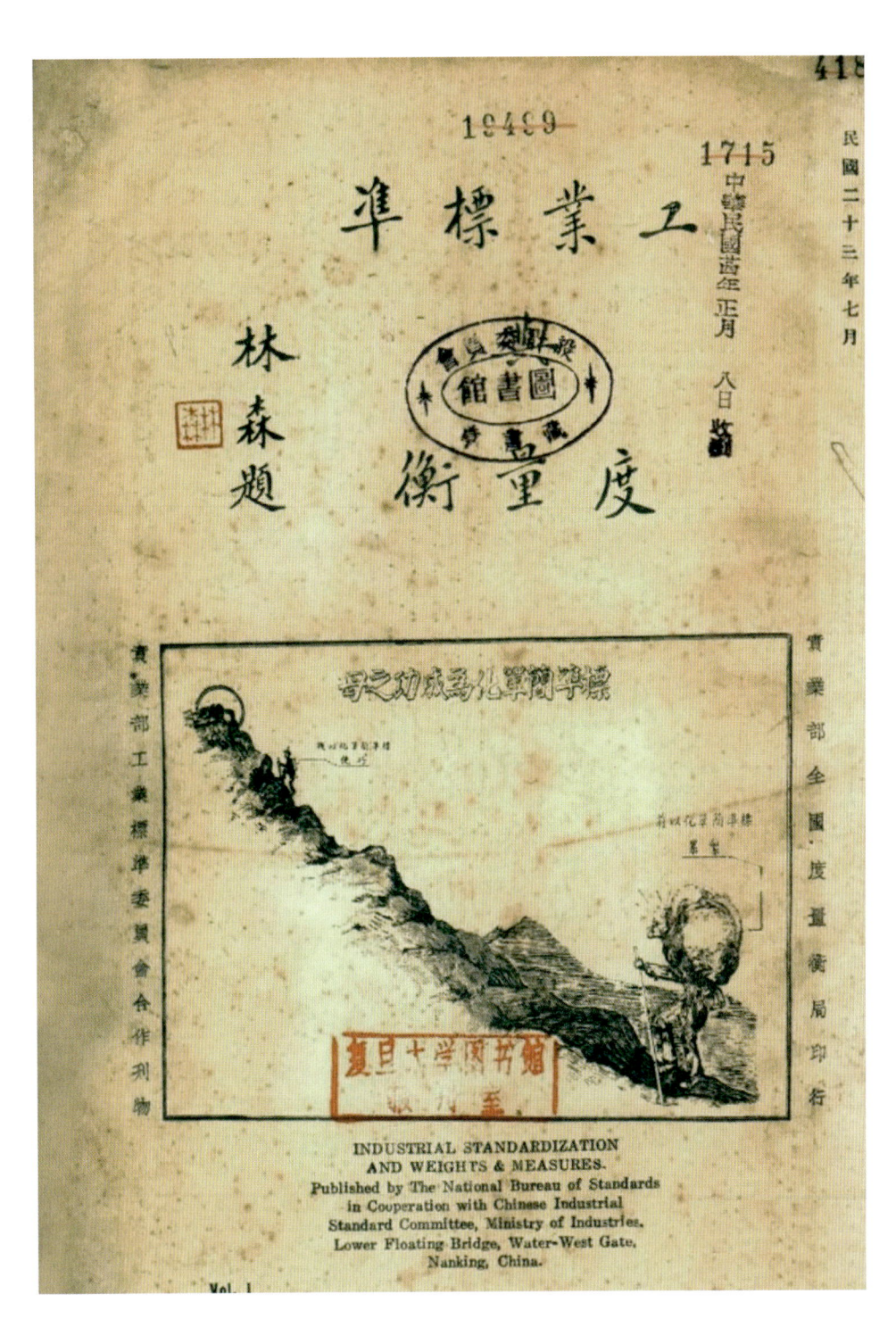

《工业标准与度量衡》杂志创刊号封面

第十五章 近代度量衡制度的推行与管理

度量衡基本制度确定以后，如何在全国范围内推行《度量衡法》，是当时亟须解决的问题。对此，有两种意见，一种是速进论，一种是渐进论。速进论主张全国不分区域，同时并进，在规定年限内，将各种旧制全部废除，一律改用新制。这种做法虽然效率高，但困难不少，主要有三个方面：一是我国幅员辽阔，人口众多，民众文化水平与认知程度参差不齐；二是全国各地同时组织度量衡检定、检查机关，所需费用巨大，政府一时难以筹措；三是全国同时改用新器，制造度量衡器具的厂家也难以满足突如其来的巨大需求。所以，速进论不可取，唯有渐进论可行。至于渐进的方式，持渐进论者指出，可以有分器推行、分省推行、分区推行三种做法。南京政府兼采三法，拟定渐进推行计划。

第一节　全国度量衡划一渐进推行计划

民国18年（1929年）2月颁布《度量衡法》，于民国19年（1930）1月1日正式生效。《度量衡法》颁布后，工商部于民国18年（1929年）9月召开度量衡推行委员会，讨论如何推进实施《度量衡法》。来自中华民国南京政府各部会、全国商会联合会的代表二十六人出席了这次会议，并提交了二十一件议案，诸如《全国度量衡划一程序案》《全国度量衡局组织条例案》《度量衡制造所规程案》《度量衡检定人员养成所规则案》《废除旧器暂行办法案》《度量衡器具营业条例及施行细则案》《划一公用度量衡案》《改正海关度量衡案》《修正土地测量应用尺度章程案》《度量衡器具临时调查规程案》《度量衡器具检定费征收规程案》《度量衡器具盖印规则案》等，经度量衡推行委员会议决后，呈请政府部门批准，由工商部颁布实施。

一、全国度量衡划一程序

这些议案中，比较重要的是《全国度量衡划一程序案》，该议案经会议讨论通过后，以《全国度量衡划一程序》名称，由工商部于民国 19 年（1930 年）1 月 9 日呈行政院备案，并向社会公布。该法案一共 12 条，第一条开宗明义提出：

"工商部依照《度量衡法》第二十一条之规定，以民国 19 年 1 月 1 日为度量衡法施行日期。"[1] 这是根据《度量衡法》的授权，首次向全国明确《度量衡法》的实施日期。第二条即提出各区域划一的先后问题，规定"全国各区域度量衡完成划一之先后，依其交通经济发展之差异程度，分三期"[2] 推进，以三年为限，完成全国度量衡的划一，具体如下。

第一期：江苏、浙江、江西、安徽、湖北、湖南、福建、广东、广西、河北、河南、山东、山西、辽宁、吉林、黑龙江及各特别市，应于民国二十年（1931 年）终以前完成划一。

第二期：四川、云南、贵州、陕西、甘肃、宁夏、新疆、热河、察哈尔、绥远，应于民国二十一年（1932 年）终以前完成划一。

第三期：青海、西康、蒙古、西藏，应于民国二十二年（1933 年）终以前完成划一。[3]

《全国度量衡划一程序》的第三条，明确要求上述规定年限各省区须按时完成，"但有特殊情形时，得由各该地方政府申叙理由，由工商部呈请国民政府核夺"[4]。这一规定考虑到会有特殊情况发生，避免了法条的过于僵化。

第四、五、六、七条则涉及度量衡管理机构和技术机构，要求国家层面在《度量衡法》施行之日成立全国度量衡局，扩充度量衡制造所和度量衡检定人员养成所；省和特别市政府则在该规定其完成划一时间之前一年半成立度量衡检定所，并在《度量衡法》施行之日起半年内制定该省区或该特别市度量衡划一程序，咨请工商部审核备案；各县市则依据各省度量衡划一程序之规定，附设度量衡检定分所。

---

[1] 《全国度量衡划一程序》，载《中华民国法规大全》（第三册），商务印书馆，1936，第 3577 页。
[2] 同上。
[3] 同上。
[4] 同上。

第八、九条说的是各地度量衡检定人员的培养和训练。

第十条则是对各省区各特别市及各县市推行度量衡新制的具体指导和要求，共包括十条细则，内容细致，可操作性强，兹引述如下：

> 第十条 各省区各特别市及各县市推行度量衡新制之次第如左：
>
> （一）宣传新制 依照全国度量衡局颁发之新制说明图表及其他宣传办法举行宣传。
>
> （二）调查旧器 依照全国度量衡局度量衡临时调查规程举行调查。
>
> （三）禁止制造仪器 依照度量衡法施行细则第三十六条之规定，凡以制造度量衡旧制器具为营业者，应于本程序规定完成划一期限之前一年，令其一律停止制造。
>
> （四）举行营业登记 凡制造及贩卖或修理度量衡器具者，应依照度量衡器具营业规程第一条之规定，呈请登记兼领取许可执照。
>
> （五）指导制造新器 依照度量衡法施行细则，指导制造新制度量衡器具。
>
> （六）指导改造旧器 依照全国度量衡局所规定改造度量衡旧制器具办法指导改造。
>
> （七）禁止贩卖旧器 依照度量衡法施行细则第三十六条之规定，限期禁止贩卖旧制度量衡器具。
>
> （八）检查度量衡器具 依照度量衡器具检查执行规则第二条之规定，举行临时检查。
>
> （九）废除旧器 检查后凡旧制器具之不能改造者，应一体作废。
>
> （十）宣布划一 各省区各特别市应于本程序规定划一期限之内，定期宣布完成划一，咨由工商部呈报国民政府备案。①

第十条的这十条细则，对各地如何推行度量衡新制，提出了明确而又具体的要求。首先是要宣传，让社会知道新制的内容。接着是调查旧制状况，在调查的基础上禁止旧器。接着是通过颁发营业执照的方式，规范度量衡的发售。为满足社会上对度量衡器的海量需求，要制造新的度量衡器具，同时对能够改造的旧器予以改造，不能改造者，就一律作废。通过这

---

① 《全国度量衡划一程序》，载《中华民国法规大全》（第三册），商务印书馆，1936，第3577~3578页。

样的方法，尽快实现度量衡的划一。

显然，《全国度量衡划一程序》设计得非常具体，而且，尽管该程序是按照渐进设想制订的，其预期步伐仍然出乎人们预料地快，即使是第三期地区，青海、西康、蒙古、西藏，也要求其于民国22年（1933年）年底以前完成划一。这一设想，充分反映了当时社会对度量衡划一的殷切期盼。

民国19年（1930年）11月，在《度量衡法》施行将近一年之际，工商部又召集全国度量衡会议，再度审议全国度量衡划一事宜。来自中华民国南京国民政府各部院会、各省市政府代表以及特聘专家委员95人出席会议，共提交涉及推行、制造、检定、检查等各类议案108件，其中，比较重要的有《提请各省市政府依限划一度量衡办法案》，以及《完成公用度量衡划一办法案》两件议案。所有议案议决后，经工商部颁布实施。

二、划一度量衡年度计划分配

在工商部全力推进全国度量衡划一的同时，还有另一个渠道也在做同样的事情。当时是南京国民政府所谓的"训政"时期，按照当时政府的说法，"训政"时期为时6年，为了顺利渡过"训政"时期，根据南京国民政府中央执行委员会第三届第二次全体会议决定，各部院会应就其主管工作拟定年度进度分配表，于民国18年（1929年）9月呈奉南京国民政府核准，自民国19年（1930年）起施行，到民国24年（1935年）完成。其中，涉及度量衡划一问题的年度计划分配如下表所示。

细读该表，可以看出这一年度计划分配表的不足。表中所列年度计划，与实际情况及计划进度并不一致，例如根据年度计划，制定"全国度量衡划一程序呈请国府通令全国"的时间是民国20年即1931年，实际上该程序已经由工商部于民国19年（1930年）1月9日呈请行政院备案并向社会公布，提前了一年。按照年度计划分配表，全国度量衡划一的时间是民国24年，而按照《全国度量衡划一程序》的要求，则全国度量衡实现划一的时间是民国22年年底之前。正因为如此，吴承洛在追述该年度计划分配表时，专门在备考一栏，注明了《全国度量衡划一程序》所要求的各省区划一时间。无论如何，在全国性的年度计划中出现这样的矛盾现象，是不应该的。

由于国内外局势的变化，特别是日本侵华战争的扩大，不管是《全国度量衡划一程序》的要求，还是年度计划分配表的指令，都未能实现。中国大陆的计量统一，一直到新中国建立以后，才得以实现。

表 15-1　南京国民政府"训政"时期划一度量衡年度计划分配表[1]

年度	进行次第						备考
	第一年度（民国二十年）	第二年度（民国二十一年）	第三年度（民国二十二年）	第四年度（民国二十三年）	第五年度（民国二十四年）	第六年度（民国二十五年）	
项目	制造度量衡标准器及标本器	完成制造标准器及标本器	继续上项制造	制造副原器及特种标准器与标本器	继续上项制造	制造度量衡特种标准器及其他工业标准及精细科学仪器	
	除中央各机关各省各特别市政府标准器已经颁发外，颁发第一期各县市标准器及标本器	完成颁发第一期各县市标准及标本器，并颁发第二期各县市标准及标本器	完成颁发第二及第三期各县市标准及标本器	呈颁中央各机关及各省特别市政府度量衡副原器	完成颁发上项副原器并颁发特种标准器于特种机关	继续颁发特种标准器于特种机关	
	咨请各省市政府酌量地方情形，筹设官办度量衡制造厂并指导设立民办制造厂	继续促进各省筹设官办度量衡制造厂并指导设立民办制造厂					

[1] 吴承洛：《中国度量衡史》，上海书店据商务印书馆 1937 年版重印，1984，第 371～374 页。

(续表)

年度	进行次第						备考
	第一年度（民国二十年）	第二年度（民国二十一年）	第三年度（民国二十二年）	第四年度（民国二十三年）	第五年度（民国二十四年）	第六年度（民国二十五年）	
项目	设立全国度量衡局进行全国度量衡划一事宜	继续进行全国度量衡划一事宜	同上	同上，并制定特种度量衡标准器颁布推行			
	召集第一次度量衡推行委员会	召集第二次度量衡推行委员会	召集第三次度量衡推行委员会				
	制造全国度量衡划一程序，呈请国府通令全国，并咨商各部院会订定公用度量衡划一办法	审核各省区各特别市所制定之各该区域度量衡划一程序					
	设立度量衡检定人员养成所，训练中央及各省各特别市需要检定人员	训练中央及各省各特别市需要检定人员，并促进各省训练各县市需要检定人员	同上	同上	同上		

(续表)

年度	进行次第						备考
	第一年度（民国二十年）	第二年度（民国二十一年）	第三年度（民国二十二年）	第四年度（民国二十三年）	第五年度（民国二十四年）	第六年度（民国二十五年）	
项目	促成第一期推行新制各省各特别市度量衡检定所	促成第一期推行新制各省属县市检定分所并第二期应推行新制各省检定所	促成第二期推行新制各省属县市检定分所并第三期应推行新制各检定所	促成第三期推行新制各省区属县市检定分所	完成全国各省区各特别市各县市度量衡检定所并分所		
	依照公用度量衡划一办法进行划一中央并各省各特别市政府直辖各机关公用度量衡	完成划一公用度量衡，并依照全国度量衡划一程序，划一第一期各省区各特别市度量衡之工作	完成划一第一期各省区度量衡之工作，并进行划一第二期各省区度量衡之工作	完成划一第二期各省区度量衡之工作，并进行划一第三期各省区度量衡之工作	完成划一第三期各省区度量衡之工作，并宣布全国度量衡划一		公用度量衡应于民国十九年终以前完成划一。民用度量衡划一第一期为江苏、浙江、江西、安徽、湖北、湖南、福建、广东、广西、河北、河南、山东、山西、辽宁、吉林、黑龙江及特别市，应于廿年终以前完成划一。第二期为四川、云南、贵州、陕西、甘肃、宁夏、新疆、热河、察哈尔、绥远，应于廿一年终以前完成划一。第三期为青海、西康、蒙古、西藏，应于廿二年终以前完成划一。

第二节　度量衡机构的设立与人员的培训

为了切实推进全国的度量衡划一事业,在《度量衡法》颁布以后,南京国民政府首先推动建立了国家最高度量衡管理机构——全国度量衡管理局,使其统筹管理全国的度量衡划一工作,并把工业标准化事务的管理也归属于该局。

一、国家度量衡管理机构

《度量衡法》于1929年2月16日颁布。在颁布《度量衡法》的同时,南京国民政府也公布了《全国度量衡局组织条例》(简称《条例》)[①],成立全国度量衡局之事开始纳入日程。《条例》详文如下:

工商部全国度量衡局组织条例

(十八年二月十六日国府公布)

第一条　工商部全国度量衡局掌理划一全国度量衡事宜。

第二条　全国度量衡局设三科:

(一)总务科

(二)制造科

(三)检定科

第三条　总务科职掌如左:

(一)关于推行度量衡新制事项;

(二)关于度量衡营业之许可事项;

(三)关于文书庶务会计事项;

(四)关于一切不属于其他各科事项。

第四条　制造科职掌如左:

(一)关于制造标准器及副原器之工务事项;

---

① 《经济部全国度量衡局组织条例》,载《工业标准与度量衡》第七~八卷合刊,第11~12页。

（二）关于度量衡制造及修理事项；

（三）关于度量衡制造及修理指导事项。

第五条　检定科职掌如左：

（一）关于标准器及副原器之检定查验及鋈印事项；

（二）关于各省区各特别市及各县市度量衡检定之监察事项；

（三）关于全国度量衡检定人员之养成及训练事项。

第六条　全国度量衡局附设度量衡制造所，制造各种法定度量衡器具。

第七条　全国度量衡局附设度量衡检定人员养成所，训练全国度量衡检定人员。

第八条　各省区各特别市政府应设检定人员养成所，并得于所属各县市政府附设度量衡检定分所。

度量衡检定所及分所规程另定之。

第九条　全国度量衡局置局长一人，承工商部长之命，综理全局事务。

第十条　全国度量衡局置科长三人，承局长之命，分掌各科事项。

第十一条　度量衡制造所置所长一人，得以制造科科长兼任之。

度量衡制造所规程另定之。

第十二条　度量衡检定人员养成所置所长一人，得以检定科科长兼任之。

度量衡检定人员养成所规程另定之。

第十三条　全国度量衡局及附属各所之技术员检定员事务员及其他雇用员役之额数，视事务之繁简，由局长酌拟，呈请工商部部长核定。

第十四条　全国度量衡局须分期派员至各省各特别市及各县市视察度量衡状况。

第十五条　全国度量衡局须按月将工作情形及收支数目详细报告工商部部长，以资考核。

第十六条　全国度量衡局处务规程另定之。

第十七条　全国度量衡局于全国度量衡依期划一后，即行裁撤。

全国度量衡局裁撤后，所有全国度量衡事宜由工商部就部内设科掌理之。

第十八条　本条例自公布日施行。[①]

[①] 《工商部全国度量衡局组织条例》，载（民国）工商部工商访问局编《度量衡法规汇编》，《工商丛刊》之七，1930。

《全国度量衡局组织条例》于1929年2月公布。按照《全国度量衡局组织条例》的规定，全国度量衡局归工商部管理，1930年12月，南京国民政府将农矿部和工商部合并组建实业部，全国度量衡局由此转隶实业部。实业部负责度量衡管理事宜后，对《全国度量衡局组织条例》做了修订，于民国21年（1932年）5月由国民政府以《实业部全国度量衡局组织条例》的名义公布。新条例对原有条例做了一定幅度的修改，增加了标准化方面的内容，而且使之更具体化、更具备可操作性了。

《全国度量衡局组织条例》制定后，经过筹备，民国19年（1930年）10月27日，全国度量衡局正式成立，留美归来的吴承洛被委任为局长。全国度量衡局下设总务、检定、制造三个科，并直辖度量衡制造所以及检定人员养成所。民国22年（1933年）又与工业标准委员会合作，特设技术室，专司各国工业标准的翻译与中国各项工业标准的拟定。这样的合并表明，民国的这些先驱们一开始就把划一度量衡与国家的标准化事业相联系，从事着为中国的工业化奠定技术基础的工作。

全国度量衡局成立伊始，隶属于工商部。1931年全国度量衡局改隶于实业部，1938年1月，南京国民政府将实业部改组为经济部，全国度量衡局遂改隶经济部。

《全国度量衡局组织条例》明确宣告，全国度量衡局的成立，是为了统筹并推进全国的度量衡划一事业，是一个临时机构，一旦全国度量衡按计划完成划一工作，全国度量衡局将宣告撤销，其所管辖事务，将由经济部在部内设科管理。出乎南京政府意料的是，当全国度量衡划一事业按计划有条不紊推进之际，日本侵华战争爆发，打乱了我国度量衡划一的步伐，以至于到了1949年，中华民国结束之时，我国的度量衡划一工作也没有完成，而在此之前，1947年3月，全国度量衡局已经与工业标准委员会合并，改组为中央标准局了。中央标准局设立四科一室，其中第三科掌理各类度量衡事务。中央标准局附设度量衡制造所和度量衡检定人员训练所；中央标准局对全国各省、特别市度量衡检定所行使指挥监督之权。① 显然，全国度量衡局的功能，已经全部为中央标准局所接管，全国度量衡局的名称，也就由此成为历史。

二、全国度量衡管理系统

随着全国度量衡局的成立，全国度量衡行政机关的纵向管理系统也自上而下地形成。最

---

① 郑颖、刘潇、陈昂等：《二十世纪上半叶中国度量衡划一规格概要》，中国质量标准出版传媒有限公司、中国标准出版社，2022，第278页。

高行政机关是全国度量衡局，主要接受工商部（1931年起为实业部）领导；中级行政机关是各省各特别市度量衡检定所，主要接受各省各特别市政府及主管厅局的领导；下级行政机关是各县各普通市度量衡检定分所，主要接受各县市政府及主管局的领导。示意图如下：

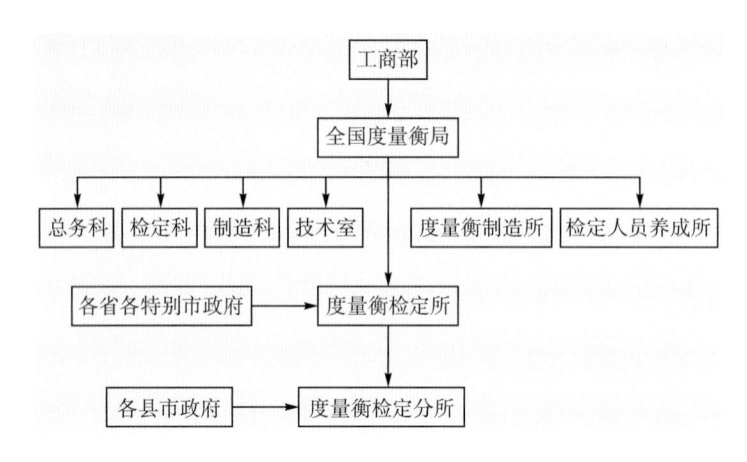

图 15-1
全国度量衡行政管理系统示意图

日益健全的全国度量衡行政管理系统，保证了全国划一度量衡工作的进展。吴承洛局长依托这个系统，在民国21年（1932年），亲赴东南、西南、西北、中部及北部各省市县视察指导，实地解决问题。

三、度量衡人才培养

《度量衡法》颁布伊始，最紧缺的是懂得新度量衡制度的专门人才。曾留学美国的吴承洛认识到，度量衡划一属特种行政，度量衡检定属特种技术，西方各国推行万国公制的成功经验，就在于首先抓好了计量人员的培训工作。中国要想避免以往的失败，也必须先从人员的培训开始。根据《全国度量衡局组织条例》第七条——"全国度量衡局附设度量衡检定人员养成所，训练全国度量衡检定人员"的规定，工商部于民国19年（1930年）3月先行成立度量衡检定人员养成所，任命吴承洛兼任所长。吴承洛拟定了检定人员养成所招收学员的条件及入学后的训练内容。

1. 学员资格分高级、初级两等：

高级学员必须是国内外理工科大学或专科大学毕业，以造就一等检定员。

初级学员必须是高级中学毕业，以造就二等检定员。

考虑到我国幅员辽阔，各地度量衡参差不齐，绝非少量检定人员力所能及，特别是边远地区经济不振，教育落后，高中以上的毕业生为数不多，因此可由各省市主管机关自行招考学员，学员资格可以规定为初中毕业生，目的为造就三等检定员，以弥补一、二等检定员之不足。

2.学科设置强调制造、检定与推行三方面并重，具体为：

关于机械的训练。

关于度量衡器具制造原则的训练。

关于度量衡器具检定及整理的训练。

关于度量衡器具检验的训练。

关于推行度量衡新制的训练。

关于新旧及中外度量衡制度比较的训练。

关于行政法规的训练。

根据《度量衡法》第十二条规定，全国三十六个省市都要设立度量衡检定所，两千多县市都要设立度量衡检定分所，最少需要各类检定人员五千多人，其中，一等检定员一百多人，二等检定员一千多人，三等检定员四千多人。民国19年4月19日，度量衡检定人员养成所开学，7月中旬，第一期学员毕业。从此，所有列入第一期推行《度量衡法》的各省市度量衡检定所先后挂牌成立。一直到抗日战争全面爆发，度量衡检定人员养成所共毕业八期学员，养成一等检定员一百零一人，二等检定员四百五十六人，代各省市训练三等检定员七十二人，总共养成一、二、三等检定员六百二十九人。另外，江苏、浙江、江西、安徽、湖北、湖南、福建、广西、河北、河南、山东、四川、绥远、宁夏、陕西、贵州、甘肃等十七省以及上海、北平两市自行开办培训学校，总共培训三等检定员二千一百五十九人。

第三节　度量衡技术与行政管理

全国度量衡局集行政管理与技术管理于一身，工作千头万绪，到底从何处入手呢？度量衡局成立以后，主要做了下列诸项工作：

一、度量衡标准器的制造与管理

南京国民政府工商部提议先从度量衡标准器的制造抓起，理由很简单，没有规矩，不成方圆，没有标准，无从划一。提议很快得到了落实，全国度量衡局首先对全国度量衡标准器的需求数量进行了统计，总数超过了两千份。

两千多份度量衡标准器的制造任务，显然应交给直属全国度量衡局管辖的度量衡制造所。这个度量衡制造所前身是北洋政府时期的北京权度制造所，具有一定的技术基础和生产规模，但产量不敷所求，于是，南京国民政府又在南京增设度量衡制造分所，以提高产量。民国22年（1933年），原在北平的度量衡制造所奉命南迁，与南京的分所合并。两所的合并，不是简单的1+1=2，而是在合并的同时，加盖厂房，增购机器，募招工人，扩大生产能力，从而大规模地提高了制造能力和制造水平。合并后的度量衡制造所不仅能够制造五十公分长度标准铜尺、市用制铜尺、铜质公升、标准制一公斤到一公丝铜砝码、市用制五十两到五毫铜砝码的全份标准器、标本器、检定用器、制造用器、调查用器、检查用器等，而且还能够制造各级检定机关需要的链尺、钢卷尺、台秤、案秤、普通天平、精细天平等。后来，又应测量、水利、交通、军事、航运、卫生、教育等部门的委托，专门承制用于科学工程的特种度量衡器具以及用于工业标准的各种计量精密仪器。

随着合并后的度量衡制造所的运转日趋正常，工商部拟定了领发标准器的条文，规定中央各院部会、各省市县政府申领标准器各一份；各省市县商会团体等可自由购买标准器或标本器，作为使用的准则；各省市县检定所或分所必须申领检定用器或制造用器各一份，作为检定与制造各种民用度量衡器具的标准；各省市县检定所或分所必须申领烙印钢戳，作为检定合格的统一标记。

在工商部的直接领导下，度量衡标准器、标本器等的制造工作进展还算顺利，但各地前来申领或购买的积极性不高，尤其是湖南、福建、河南、四川、甘肃等省市拖沓观望，迟迟不来办理。为此，全国度量衡局主动拜访建设厅，请求协查上述各省市应领器具总数，然后商请建设厅悉数领齐，代为颁发。这样，很快办妥了发放事宜。在各省市中，申领或购买最多的有江苏、浙江、山东、河北、安徽、河南、湖南、福建、四川、广西等省，各种标准器具几乎样样申领或购买。其他各省也都择要申领。短短几年，全国度量衡局就发出各种标准器具十多万件。发出的各种标准器具在各地使用三年或五年之后，全国度量衡局又全权负责召回复检，发现破损残缺不合标准的器具，立即销毁，发给全新的标准器具。

二、度量衡器具的制造检定与管理

完成了度量衡标准器具的制造、申领以后，划一度量衡的技术管理工作还面临度量衡器具的制造、检定和推行三大项。而这三项工作的监督管理，主要是由全国度量衡局检定科协助各省市县度量衡检定所或分所实施的。

世界各国在划一度量衡，管理计量器具的制造、检定和推行时，一般采用两种方法，一种是专卖制，一种是检定制。专卖制由国家垄断，可以实现直接管理，但必须资金先行，没有巨资作后盾无法举办，花费多，弊端大，少有国家采用。包括中国在内的绝大多数国家，都采用检定制，也就是说，准许公民自由营业，制造度量衡器具，但这种自由营业，并非漫无准则，而是先由地方政府或检定机关核发许可执照，并检定其制造经营的产品，合乎规定方可推行。这就是检定制。

依照南京国民政府颁发的《度量衡器具营业条例》的规定，凡制造、贩卖或修理度量衡器具的经营者，都应先由地方官署审核合格，再呈请主管厅局给予许可执照，然后，由主管厅局汇转全国度量衡局备案。许可执照一律由全国度量衡局统一制成三联单，随后发到各省市主管厅局备用。短短三年之内，全国各地许多民营制造厂纷纷开业，领取执照并报全国度量衡局备案的经营者共有三千五百多家，这还不包括已从各省市主管局领取执照但尚未呈报全国度量衡局备案的经营者。

调查旧器，检定民间制造的度量衡器具，是各省县市度量衡检定所或分所最重要的日常管理工作。凡民间企业制造的度量衡器具，一律要送请地方度量衡检定所或分所依法检定。检定合格，盖上戳印，方可进入市场，进行买卖交易。各公务机关、各级学校以及各种工程团体，凡从国外购回的计量仪器，也都送交度量衡检定所请求检定，加盖戳印。例如，全国各邮局所用的天平邮秤大多购自法国，精度当然很高，但使用一段时间以后，这些邮秤不是准确性大大降低，就是程度不同地损坏，而各省市邮局工作人员却不愿及时检查，实在不能使用了，就送到上海邮政总局转雇工匠修理，精度参差不齐，为此，全国度量衡局据情呈请实业部，转咨交通部令饬全国各邮局，所有邮用衡器，须一律受当地度量衡检定机关的检查，加盖戳印。

各种戳印，分为烙印和錾印两种，由度量衡制造所制造，全国度量衡局统一颁发，以杜绝仿冒假造。烙印主要用于竹、木器具，如量器、度器；錾印则用于金属器具，如度器、衡器等。戳印全国统一使用一个"同"字，取其古训"同律度量衡"之同、"世界大同"之同、

"资之官而后天下同"之同。此外，为了区别各省或特别市，还要加盖注音符号。为此，全国度量衡局专门公布了《度量衡检定用印各省区外加注音符号分配表》。区别各省县市则以阿拉伯数字为编号，并附有检定员的代码。烙、錾印的顺序是：

"同"（全国） 省区"注音符号" 县市"编号" 检定员代码。

这样，任何检定合格的度量衡器具都能分辨出是由何省何县何人检定的，一旦发现问题，可以很快找到直接检定员，查明责任，及时处理。

三、度量衡行政管理

1929年4月11日，工商部同时以部令的方式，公布了《各省及各特别市度量衡检定所规程》和《各县市度量衡检定分所规程》（简称《规程》），以法令的形式，为各省乃至县市设立度量衡检定所（分所）提供了指导和依据。这里就分所规程引述如下：

各县市度量衡检定分所规程

（十八年四月十一日部令公布）

第一条 各县政府及市政府得依据《全国度量衡局组织条例》第八条及《各省度量衡检定所规程》第八条之规定，附设度量衡检定分所。

第二条 度量衡检定分所置主任检定员一人，检定员若干人，其额数由该省度量衡检定所酌拟，呈请该省主管工商事业之机关核准。

第三条 度量衡检定分所之事务由主任检定员兼任，但遇必要时得置事务员一人助理之。

第四条 检定员执行职务时，须依工商部度量衡检定规则及度量衡检查执行规则办理。

第五条 度量衡检定分所应按月将工作情形及收支数目呈由县政府或市政府转呈该省度量衡检定所考核。

第六条 本规程自公布日起依照工商部颁布之《全国度量衡划一程序》施行之。①

---

① 工商部工商访问局：《度量衡法规汇编》，商务印书馆，1930，第43页。

这一规程较为简单，它只是说明了设立分所的法律依据及人员构成、工作原则及考核程序等。地方按此规程设立度量衡检定分所后，必然会遇到各种问题，导致运转不畅。

实际情况确实如此。在《度量衡法》颁布后，全国大多数省市县陆续设立了度量衡检定所或分所，并在技术和行政上接受全国度量衡局的监督管理。但也有少数省市县没有设立相应的检定所，有的仅仅是挂了牌子，没做事情。经过调查，全国度量衡局发现主要原因是开办经费没有落实。民国24年（1935年），全国度量衡局拟定了《地方度政开办费和经常费最低标准概算》，呈报实业部审批后转发全国，从根本上解决了地方度政的经费问题。

各省市县度量衡检定所设立初期，组织多不健全，人员多不整齐，民国25年（1936年），全国度量衡局修改了检定所与分所的章程，新的章程呈报实业部批准转送行政院备案后公布实施。新的章程明确了所长、主任的官阶，确定了检定员、事务员的名额，规定了不同级别待遇的最高与最低的标准，还扩大了检定所的职权等等。使得地方检定所逐步完善，行政效率不断提高。

为强化监督管理，根据《规程》的要求，全国度量衡局制定了工作日报表、检查报告表等，要求各省市度量衡检定所定期填报。民国25年，全国度量衡局根据各项报表与亲临视察的结果，综合考评各省市检定所，不仅嘉奖了广西、四川、绥远、陕西、北平等度量衡检定所以及河北省度量衡制造所，而且还表彰了浙江、山东、江西、上海、汉口等检定所所长、主任。在全国度量衡系统中，树立了一批先进单位和先进行政官员的典型。

四、度量衡法规的增补修订

关于度量衡的各种重要法规，工商部在民国十八年（1929年）开始陆续出台、民国十九年（1930年）继续公布的法规，主要有《审定特种度量衡专门委员会章程》《度量衡器具营业条例》《度量衡临时调查规程》《全国度量衡划一程序》《全国度量衡会议规程》等。全国度量衡局设立以来，又先后拟定《度量衡检定人员任用暂行规程》《度量衡营业条例施行细则》《度量衡器具检定费征收规程》《度量衡器具盖印规则》《废除旧器暂行办法》《检定玻璃量器暂行办法》《标准器检定用器复检办法》《度量衡器具输入取缔暂行规则》《度量衡器具錾印烙印使用办法》等，经实业部核定后陆续公布。

这些由专家苦心积虑制定出来的度量衡法规，在很大程度上吸收了国外成熟的条文，但不一定完全适合中国的本土。有些法规，诸如《全国度量衡局制造所规程》《各省市检定所规程》《各县市检定分所规程》《度量衡法施行细则》《度量衡检定人员任用暂行规程》《度量衡器具盖印规则》《检查执行规则》《度量衡器具检定费征收规程》等，在施行了一段时间以后，不得不进行增补修订。另外，在各种度量衡法规中，常常会有些政策性很强的问题，一般地方检定所的检定员也吃不准，这时候，往往由全国度量衡局做出权威的详细解释，并及时刊登在《工业标准与度量衡》刊物上，以便广而告知。

第四节　全国度量衡划一的推行

度量衡划一的推行，可以分为公用度量衡划一与民用度量衡划一两个方面，最终落实到全国度量衡的统一。

一、公用度量衡划一的推进

公用度量衡，涉及铁路、公路、税务、盐务、教育、军事、航空、水利、气象、土地、工业、农业、矿业、检验、邮政、电政、市政等各公务机关，关系到国家各项政务的推进与各种公共事业的建树，本身具有连带关系，需要同一标准，所以，公用度量衡划一，相对民用度量衡来说，显得更为紧迫。

民国 18 年（1929 年）9 月，工商部邀请中央各部院会代表召开度量衡推行委员会会议，决定在民国 19 年（1930 年）底以前将公用度量衡划一。1930 年 10 月，全国度量衡会议第二次大会召开，通过了《完成公用度量衡划一办法案》，要求工商部咨请各部门在规定期限内完成公用度量衡的划一：

一、请中央各机关各省市政府，于本年十一月底以前，严令通知所属机关，凡公文函件及各种刊物上所列关于度量衡单位名称，自二十年一月起一律改用新制。

二、在京中央各机关均应各领度量衡标本器一份，以资实用，并便比较折合。应请一律于本年十一月底以前，由最高主管机关造表统计咨部，并饬尽十一月备价，直接向工商部购领。京外中央各部院会之直辖机关，则应于本年十二月半以前，由最高主管机关造表统计咨部，并饬尽年内向部购领。

三、中央各机关及各省市各机关对于公用度量衡实行完成划一办法，如须另有规定，请尽于本年内拟订，咨行工商部备案。

四、各省市政府及其所属机关用度量衡器具之实行划一统计需用度量衡种类数量，均应由各省市政府及早统计，造表，尽本年内咨行工商部，以便按照机关制造各器，分别支配备用。仍请通饬直接向部购领。

五、各省市政府地方等筹设之度量衡制造厂成立以后，应将制造之度量衡各器，尽先提作划一公用度量衡之用，但仍先行造报工商部备案。

六、请农矿部于本年十一月底以前，严令通饬所属全国农林矿垦渔牧机关，自二十年一月起，所有关于度量衡事项一律改用新制。

七、请交通部于本年十一月底以前，严令通饬所属邮政航政电务等机关人员，自二十年一月起，所有关于度量衡事项一律改用新制。

八、请内政部于本年十一月底以前，严令通饬所属机关以暨管理土地及土木工程等部分人员，所有关于度量衡事项自二十年一月起一律改用新制。

九、请中央研究院会同内政部，通饬天文测量人员，对于气象报告之有关度量衡者，于二十一年一月起改用新制折合。

十、请军政部于本年十一月底以前，通饬所属机关部队以及兵工部分人员，所有关于度量衡事项，一律改用新制。

十一、请财政部于本年十一月底以前，通饬所属财务行政机关及各海关常关内地税收机关、盐务机关、税则委员会等，自二十年一月起，关于度量衡事项一律改用新制。

十二、请参谋本部于本年十一月底以前，专案通饬所属机关暨各省陆海军测绘局等，所有关于度量衡事项，自二十年一月起，一律改用新制。

十三、请卫生部，通饬所属机关团体，凡关于度量衡事项，一概于二十年一月起改用新制。

十四、请外交部于本年内，依照去年本部原案，与通商各国将权度条款实行定期改订，一律以新制为标准。

十五、请司法行政部，依照本部去年原案，通饬全国司法机关，自二十年一月起，凡判决书及一切诉讼案件与度量衡有关者，一律改用新制。

十六、请教育部，依照本部去年原案，通饬教育行政机关，于二十年一月起对于度量衡直接应用暨采用书籍及研究或试验所用仪器有关度量衡者，一律改从新制，并严令饬知国内各图书局所，将新制编入教科书，印行课本中有关度量衡之处，应一律以新制统一改正之。

十七、请铁道部于本年十二月底以前，通饬所属机关暨各路局，一切事项，凡参用非标准制度量衡或其他外国制度者，均应一律改用新制。①

这十七条，内容详尽，甚至包含了具体的操作细节。前五条是对中华民国南京国民政府和省市政府机关的要求，自第六条起，则是要求工商部向其他各部行文，要求其督饬所管部门，在1931年1月开始，施行度量衡标准制。本来，中央各部公用度量衡划一，应该是南京国民政府以命令方式，要求各部遵行。现在，全国度量衡会议要求工商部负起这样的责任，工商部也只能行文南京国民政府中央机关、各省市及各部院会，咨请大家按期实行公用度量衡的划一。

尽快划一全国度量衡，是当时社会共识，所以，工商部关于划一公用度量衡的行文，得到了中央以及各省市的积极响应。全国铁路、公路、税务、盐务、教育、军事、航空、水利、气象、土地、工业、农业、矿业、检验、邮政、电政、市政等各公务机关，与其他各种公共事业，依据法令，大力筹办，在民国19年年底前，完全采用新制，完成了度量衡的划一。唯海关是个例外。海关是国际贸易总枢纽，往往以各国度量衡杂用其间，如容量以美加仑、英加仑为单位，长度以英尺、英码为单位，重量以长吨、短吨为单位，很不规范，亟须划一。但具体到如何划一这一问题，则涉及方方面面，有国内与国外的利益、国与国之间的利益等，问题很多，难度很大。经过实业部、财政部、外交部以及全国度量衡局与关务署的多次协调，反复磋商，终于在民国23年（1934年）2月1日起，各海关度量衡一律改用新制。至此，全国公用度量衡划一工作大功告成。

二、各省市民用度量衡划一的施行

公用度量衡的划一，对社会有着很强的示范作用。随着公用度量衡划一的完成，民用度量衡划一也在稳步递次推进。走在最前面的当数南京、北平、上海、汉口、青岛五城市，全国度量衡检定人员养成所一成立，五城市即考送一批理工科大学毕业生和高中毕业生，前往接受培训。培训归来，作为新设立的度量衡检定所的中坚骨干，他们一面检查旧器，所有不合法的度量衡器具，一律取缔；一面推行新制，按照《度量衡法》，制造检定各种度量衡新器。

---

① 《完成公用度量衡划一办法案》，载实业部全国度量衡局编印《中央及各省市度量衡法规汇刊》，1933，第81~83页。

这些措施的推行，使得上述五城市最早划一了民用度量衡。浙江、江苏、山东、河北、绥远五省，推行新制也颇为积极，经过几年的努力，不仅各省城率先划一，而且各县镇与乡村，都普遍实行新制，是全国最早完全进入民用度量衡划一的五个省。

紧随其后的是河南、江西、湖北、湖南、福建、广西、安徽等七省。河南省于民国25年（1936年）依照行政区的划分，同时设立了十一个度量衡检定分所，组织健全，经费确定，每区所辖各县均由度量衡检定分所派遣检定员轮流前往推行。江西省试行度量衡器具官造官卖的统制统销政策，并于民国25年向全省各县普派检定员，全力推进新制。湖北省设立了八个区的度量衡检定分所，每区按照县的数量配备检定员，每县的检定员，秉承检定分所的命令，负责全县的新制推行，后又增设武昌省会度量衡检定分所，专司武昌、汉阳两市的度量衡划一。湖南省于民国25年向全省七十五个县一次派齐检定员，各县所需度政经费，由省政府核计统筹，规定数额，一次拨付。对于边远贫困县，省政府则给予检定设备的补助。福建省于民国23年（1934年）开始，加大度政改革，两年后办班训练三等检定员，保证了每个县都有训练有素的检定员负责推行新制。全省经费充足，设备齐全，进展顺利。广西省按照南京国民政府原定计划循序进行，虽然起步较晚，但成绩不菲，民国26年（1937年），全省各县检定员已普派到位，三分之二以上的县完成了度量衡划一。安徽省在推行之初缺乏经验，尝试了多种办法，进度迟缓，后于民国25年起，向各县逐步派遣检定员，一年后全部派齐，新制推行大见成效。以上七省，凡省会与各县市，全部完成度量衡划一，各县的重要乡镇，大多改用新制，只有边远偏僻村落，还在逐步推进之中。

位居中游的是四川、陕西、云南、贵州、甘肃、宁夏、青海、西康等八省。四川省于民国24年（1935年）设立度量衡检定所，组织健全，经费充足，两年后，各区设立十八个检定分所，度衡两项新器的使用已经普及，而量器还在缓慢的更新之中。陕西省在民国24年恢复设立度量衡检定所，一年后，开设了二十八个县的检定分所，因苦于人手不济，省度量衡检定所遂调集曾经训练过的检定员，重新回炉培训，然后分派各县，充实队伍，推动新制的开展。云南省由建设厅在昆明市设立度量衡检定分所，首先在省会进行度量衡划一的试点，积累了一定的经验后，于民国25年7月正式成立省度量衡检定所，并向全省各县循序渐进地推广新制。贵州省起步较早，曾经设立省检定所训练班，省会贵阳市的度量衡划一早已推行就绪，后因经费问题，导致向全省推行新制的工作半途停顿。民国26年，省政府建设厅又在贵阳市附近十五县设立三个联合度量衡检定分所，着手新制的推行。甘肃省开始只在建设厅配设检定员一人，专司兰州市的新制推行，初见成效后，检定员增加到十一人，考虑到人才的匮乏和组织的不健全，甘肃省抓了两件事，一是开办了三等检定员的培训，一是开设了各县的度量衡检定分所，全面推进度量衡新制。宁夏的度政，举办颇早，全省各县曾经一度实现整齐划一，后来，省政府以为度量衡既然已经划一，度政组织就无须存在，以致度政工作停顿数年，原有划一成果，几乎丧失殆尽。从民国25年冬天开始，宁夏重整旗鼓，逐渐恢复新制。青海省于民国26年设立度量衡检定所，制定了详细的规章和推行程序，划一工作开展得比较正常。西康省也于民国26年，由建省委员会开办度政，省内各县则由县政府临时选派科员负责推行。

比较落后的是广东、山西、辽宁、吉林、黑龙江、热河、察哈尔七省。广东省在全国度量衡局多次督催下，迟至民国25年11月才设立度量衡检定所。不过该省虽然起步较晚，但由于经费充足，仅数月时间，就在广州市实现了度量衡划一，本想趁热打铁，开办三等检定员训练班，以便在全省各县推广新制，却遇上全国抗战爆发，不得不又告停顿。山西省于民国26年颁布度量衡划一实施办法，次年才向全国度量衡局申领标准器与检定用器，也因全国抗战爆发未能及早推行。辽宁、吉林、黑龙江三省，都曾派出度量衡检定员到全国度量衡局接受专门训练，正当一切筹备就绪，开始推行之际，突发九一八事变，前功尽弃。热河省曾设立度量衡检定所，因承德失守而随同消亡。察哈尔省曾由建设厅任用度量衡检定员二人，也因边境时有战乱而没有多大的推进。

三、全国度量衡划一的再推进

即使民用度量衡划一做得比较好的那些省市，其进度也大幅度落后于《全国度量衡划一程序》所规定的"三期"时限。各地在推进度量衡划一的进程中，也出现了一些原设想未及的情况，为切实明了全国度量衡划一情况，推进度量衡划一事业，实业部于民国26年7月10日至7月16日在南京召开全国各省市度量衡检定所所长主任会议。来自24个省市的二十五位代表参加了会议，会议期间，吴承洛局长作了工作报告，主要讲了三个方面的问题：其一，提出全国度量衡人员的集中训练计划，拟自第二年起，由各省市主管长官及度政机关，选派检定人员中的成绩优良者，分期送局强化训练，更新知识；其二，强调从国外进口的度量衡器具或计量仪器也有时效，必须由各地度量衡检定机关定期校验，以昭划一；其三，阐述全国工业标准的实施方针与步骤，要求每一个检定员订阅《工业标准与度量衡》杂志，担负起调查以及实施工业标准的责任。

会议期间，来自24个省市的代表提交了52份有关度量衡的议案，经会议秘书处分类整理，涉及法规、组织、任用、训练、推行、营业、制造、检定、检查、视察等多个方面。

这些议案，是在南京政府数月前刚刚颁布了《检定玻璃量器暂行办法》《修正各县市度量衡检定分所规程》《修正各省市度量衡检定所规程》《度量衡器具输入取缔暂行规则》《修正度量衡器具营业条例施行细则》《修正度量衡检查执行细则》《检定温度计暂行办法》《国营铁道衡器检定及检查办法》《划一汽车上用里程表及油量表办法》等九个法令的前提下提出的，说明全国各省市在划一度量衡的过程中又遇到了许多新情况、新问题，需要通过颁发新的法令加以规范。与会代表十分重视这些新的议案，尽管全国抗战已经爆发，天气又非常炎热，大家还是花了两天时间，认真讨论，逐条形成决议，并一一付诸落实。

综观全国各省市，除了新疆与西藏还未着手实施外，其他各省市都在积极推行新制，如无战事发生，全国度量衡划一尽管不能按计划在民国26年全部施行，但最迟有望在民国30年实现全国度量衡的基本划一。然而，一切都不是以人的意志为转移的，1937年，卢沟桥事变发生，日本侵华战争全面爆发，全国进入战争状态。在战争年代，还要不要推行新制，如何推行新制，成了摆在全国度量衡局面前的一个迫切问题。

第五节　全国抗战时期的度量衡划一

1937年，抗日战争全面爆发，举国上下，同仇敌忾，亿万民众，关注前线战事，无暇顾及度量衡划一。不少人认为，划一度量衡是和平年代的工作，等抗战胜利天下太平了再做也不晚。应该如何正确认识度量衡划一与抗战之间的关系呢？时任全国度量衡局局长的郑礼明撰写了《抗战时期划一度量衡之重要性》，全面客观地论述了度量衡划一与军需征集的关系、与统制管理的关系、与促进生产的关系以及与安定物价的关系等，阐述了在全国抗战时期划一度量衡的重要性[1]。

一、全国抗战时期划一度量衡的重要性

在论及度量衡划一与军需征集关系时，郑礼明指出，"军械弹药、飞机战车汽油之类，其制造本应有一定之标准，所用计量单位本应为同一之度量衡，庶几配备方便，补充迅速。惟此类军需，仰给舶来，分购各国，今欲求其划一，实为事实所不可能，所幸各该国之计量

---

[1] 郑礼明：《抗战时期划一度量衡之重要性》，《中国计量》2005年第10期，第47~48页。

单位,均有正确之标准,如能分门别类加以管理,尚不致流于杂糅混乱……军粮之采集与军装之制备,则与今兹划一度量衡至有深切关系,盖军粮之采集,完全取给于民间,因为各地度量衡之尚未彻底划一,究竟全国储量共有多少?各省各县各储多少?除民食外能供军用者又为多少?此类问题,在各表报中虽常见有统计数字,然而数字与事实,总是各走极端,永远不能谋合……推其缘由,多由于度量衡不划一,而影响调查不确支配不平允之所致。且因度量衡不划一,军民交易常起冲突,征集员下乡采购,流弊重重,影响抗战前途至深且巨。又若军装之制备,在目前大量需要下,官厂供不应求,势必分发民间领制,民间裁尺,参差不齐,所制军装,不特不合标准不适服用,而且耗料至多,实予承办者以营私舞弊之机会。以上两事,只是军需品中之两个实例,其他种种不胜枚举,仅此两端,已可知度量衡与抗战之重要"①。

在谈到度量衡划一与统制管理的关系时,郑礼明认为,"统制管理,实为当前逼切之急务。惟实行统制管理,必应对于全国物料之来源储量与现在消费之情形,事先调查明确加以统计,其为本国生产之过剩者,应设法奖励输出以换取所缺乏之物品,其有关于军用而生产量不多或专恃国外输入者,则应限制民间使用或竟予绝对禁止,如此办理,庶几物力不致枯竭而最后胜利仍可期望。然而所谓调查统计,所谓限制禁止,莫不皆须度量衡以为用,如果度量衡不划一,则统制管理,也不能期有真实效果"②。

在论及度量衡与促进生产的关系时,郑礼明强调,"战时发展生产事业,必应绝对根据需要为原则,对于货品不必要之种类大小式样,一并予以取缔,以求节省物料,提高生产速率,如果度量衡不能普遍划一,虽各种货品即有规定之适用标准,亦难期其推行尽利。至于何种生产事业之应在何地举办,其产量应如何促进、如何限制,则尤应根据原料供给之统计,与消费者需要数量之调查。更不足以策划周全"③。

在论及度量衡划一与安定物价的关系时,郑礼明认为,"度量衡检定机关推行新制,对于物质指数之调查与新旧制之折合,本为其日常工作之一,在非常时期,应由地方政府军事机关会同有关团体组织审查物价机构,而以度量衡检定机关为其主体,以负日常调查检查并强制执行之责任,如能抑制物价之非法高涨,则于抗战前途,实有莫大裨益"④。

郑礼明的论述,澄清了抗战时期划一度量衡的必要性,为全国度量衡局抗战时期开展度量衡划一工作提供了理论支撑。

---

① 郑礼明:《抗战时期划一度量衡之重要性》,《中国计量》2005年第10期,第47~48页。
② 同上。
③ 同上。
④ 同上。

二、全国抗战时期的度量衡划一工作

正是基于上述几种关系的考虑，全国度量衡局在抗战期间，采用特别方法，努力推进度量衡划一，主要开展了以下几方面的工作：

其一，维持战区的度政。华北、江浙皖豫等战争区域，军队云集，战事时有发生，全国度量衡局通饬战区各检定员，照常努力工作，维持战区的度量衡划一，直到该区沦陷不能行使职权时为止。

其二，推进战区边缘各省的度政。江西、福建、湖南、湖北、广西等省，均处战区边缘或军事策动地带，所有军需物品的生产运输，大多依赖这些地区。在这些区域内，凡有关军事的一切生产工作都被统制管理，这就迫切需要度量衡划一。尽管以上各省推进新制颇有成效，但全国度量衡局还是加紧督催，使这些省在很短时间内，彻底完成了度量衡划一。

其三，扩大内地各省的度政。我国西南、西北等内地各省，由于交通阻塞，送员训练、申领器具多有不便，划一度量衡进度比较迟缓。自从全国度量衡局迁移到战时中心城市重庆，内地各省选送训练人员和申领器具大为方便，而且，随着战地工厂的迁移内地以及战地难民的源源西进，使得往日人烟稀少的地方，顿时成为人口稠密的工业中心。全国度量衡局抓住时机，全力推进作为大后方的西南、西北各省的度政。为适应战时需要，跟上时代潮流，全国度量衡局注重简单化与标准化，尽量减低消耗，满足实际应用。在三年时间里，基本完成内地的度量衡划一。

其四，利用旧器改造成新制器具。抗战时期人力物力财力都十分紧张，全国度量衡局在抓紧训练检定人才，积极鼓励民营制造的同时，大力提倡尽量利用旧器改造成新制器具。由于旧器改造需要一定的方法和技术，全国度量衡局编印了相关的小册子，分发给各地的检定员，以指导旧器改制成新器的工作。

其五，取缔不合法的进口度量衡器具。我国科学研究军事工程等所用各种计量器具以及日常所用比较精确的度量衡器具，大多是进口的舶来品，其计量制度如何？精度如何？和平时期无人过问，但在战争年代，如果计量器具不准确，则可能影响军机大事。为此，全国度量衡局拟定了《度量衡器具输入取缔暂行规则》，从严检定所有从国外进口的度量衡器具，对于不合法的器具，一经发现，全部取缔。

其六，扩大精细度量衡器具和精密计量仪器的制造。抗战前，我国各种精细度量衡器具和精密计量仪器，除了依赖进口外，主要由沿海的上海、天津等城市供给。抗战后，随着海路封锁，沪津沦陷，这些精密器具的供应几乎全部断绝。好在度量衡制造所已从南京迁至重庆，所有机件完好无损，经过扩充设备，增招工人，大大提高了技术水平和生产能力，不仅基本满足了西南西北各省市县急需的标准调查与检定检查各项用器外，还制造了各种能适合科研、教育、工程等用途的度量衡器具和计量仪器。

其七，检定各种度量衡器具。全国度量衡局注意到不少科研、教育、军事、工程等机关所使用的各种计量仪器，由于长途迁移或长期应用，已经不太精准，不是影响了学术研究，降低了教育质量，就是埋下了工程隐患，甚至妨碍了军事行动，因此必须加以检定。全国度量衡局利用检定设备比较齐全的有利条件，在执行自身日常检定工作之外，还随时接受社会各界的委托，对各种计量仪器实施了检定。

其八，充实修订度量衡法规。《度量衡法》制定之初，主要考虑全民百姓容易理解接受，所以比较简明扼要，实施一段时期以后，碰到的事情渐多，使得《度量衡法》难以适应，必须充实修订。全国度量衡局编译了日本、法国、英国、美国、德国、瑞士等各国的度量衡法规，在参照借鉴的基础上，将我国度量衡的各种法规进行了检讨，并于民国28年（1939年）9月8日拟定了《全国度量衡局度政人员登记规则》，于民国28年11月11日拟定了《度量衡制造研究委员会章程》，于民国29年5月8日提出了《经济部全国度量衡局组织条例》修正稿等。

其九，视察各省度政。抗战后，全国度量衡局每年都分批派员前往各省视察，督催指导度量衡划一。在视察中，视察人员注意到自从华北江浙相继沦陷之后，失业的度量衡检定人员多达七八百人，这些失业的检定人员大多大学理工科毕业，资格最低的也有初中毕业，他们身怀专门技术，又有多年度政经验，是度量衡检定工作的骨干。如何保存使用这些骨干呢？全国度量衡局注意到抗战期间已经成了工业中心的西南、西北各省，由于普遍推行度量衡新制，检定人员极其缺乏。于是，全国度量衡局采取多种办法，将沦陷区失业的检定人员输送到西南、西北的内地各省，这样，一举两得，既解决了其失业问题，保存了检定人才，又发挥了他们的骨干作用。这些检定人员驾轻就熟，他们的到来，大大加快了西南、西北各省度量衡的划一。

三、全国抗战时期度量衡划一工作的成效及所受影响

由于措施得力，抗战初期的全国度量衡划一工作在各个方面都取得了一定的进展。表15-2是对全国从民国二十七年到民国三十年度量衡划一工作具体进展情况的不完全统计。

表 15-2　1938 年到民国 1941 年度量衡划一工作的进展[①]

年份	1938 年	1939 年	1940 年	1941 年	合计
颁发度量衡制造营业许可执照	132 个	102 个	82 个	132 个	448 个
颁发度量衡销售类执照	12 个	17 个	16 个	3 个	48 个
颁发度量衡制作分厂类执照	41 个				41 个
颁发度量衡修理类执照		2 个	5 个	1 个	8 个
生产度量衡器具	129 000 余件	204 000 余件	85 000 余件	112 000 余件	530 000 余件
检定度器	53 600 余件	59 700 余件	133 000 余件	36 000 余件	282 300 余件
检定量器	56 400 余件	47 600 余件	100 000 余件	60 000 余件	264 000 余件
检定衡器	219 000 余件	211 000 余件	220 000 余件	208 000 余件	858 000 余件
使用新度器	90 000 余件	383 000 余件	123 000 余件	37 000 余件	633 000 余件
使用新量器	近 80 000 件	168 000 余件	103 000 余件	35 000 余件	386 000 余件
使用新衡器	280 000 余件	1 008 000 余件	413 000 余件	95 000 余件	1 796 000 余件

这些枯燥的数据，体现了抗战时期我国广大度量衡工作人员的辛勤劳动，表明了他们努力克服日寇侵略对中国度量衡划一事业所带来的不利影响。在抗战的严酷条件下，中国度量衡划一事业能取得这样的成果，是不容易的。

随着国民党军队在战场上的节节败退，随着大片国土的沦陷，度量衡划一工作遇到了越来越多的困难。南京国民政府制定颁布的《度量衡法》等一系列法规，在沦陷区成了一纸空文，使得原本已经划一的度量衡又出现了混乱现象，而这些沦陷区，大多是我国经济活动十分活跃的区域，度量衡不划一在很大程度上影响了我国经济活动的开展。

战争的影响是多方面的。抗战前，我国各种精细度量衡器具和精密计量仪器，除了依赖进口，还主要由沿海的上海、天津等城市供给，抗战后，随着海路封锁，沪津沦陷，这些精密器具的供应几乎全部断绝。尽管度量衡制造所从南京迁至重庆，所有机件完好无损，但是，

[①] 根据《度量衡统计资料》整理，见《工业标准与度量衡》第四卷，第 7～12 期合刊。

随着日军飞机对重庆的狂轰烂炸,度量衡制造所的部分设备受到破坏,生产能力受到影响,以致 1941 年之后,度量衡新器的制造出现了严重萎缩。

战争还造成了计量人才的流失和计量学术阵地的消亡。全国抗战时期,为了生存,一些计量技术骨干不得不改行,导致度量衡人才的流失。值得一提的是,1934 年 7 月创刊的《工业标准与度量衡》杂志,在以月刊的形式发行了三年之后,不得不从 1937 年 7 月开始,以季刊甚至半年刊的形式发行,排版印刷也从过去的铅字排版机械印刷变成人工刻蜡油纸印刷,一直到 1944 年 12 月,全国抗战快要胜利,但也是最困难时期,这本当时中国计量的权威刊物,不得不被迫停刊。

第十六章 民国时期时间计量的进展

由于地球的自转，在同一时间，位于地球不同经度的观测者测得的太阳时是不同的，这种太阳时叫地方时。随着国与国、地区与地区之间交往的增多，这种未经协调的地方时作为计时制度，其弊端日渐显现。19世纪70年代末，加拿大铁路工程师弗莱明（S. Fleming）建议，在全球按统一标准划分时区。1884年华盛顿国际子午线会议决定，将全球划分为24个时区，以本初子午线为标准，从西经7.5°到东经7.5°为零时区，从零时区的边界分别向东和向西，经度每隔15°划一个时区，相邻两时区的时间相差一个小时。这样划分的时区称世界标准时区，将这种按世界统一的时区系统计量的时间称作区时，又叫作标准时。这次会议推动了标准时在全世界的使用。

中国采用的时间标准，在清末民初到新中国成立的数十年里，经历了从地方视太阳时到地方平太阳时，从地方时到海岸时，从海岸时到五时区区时的演变。新中国成立后，出现了北京时间，北京时间的内涵后来也发生了变化，但其称谓保留至今。这种演变反映了我国在时间计量上的进展。

第一节　时区制度探索

时间的计量，有别于其他的计量。在一般的计量中，计量单位大多是人为规定的，而时间的计量却存在着一套自然单位，比如回归年、朔望月和日。但是，就时间计量而言，光有自然单位是不够的。对于表示小于一日的时间间隔，我国古代普遍采用的是人为地将一日分成十二时的计时制。

十二时制将一个昼夜平分成十二个时段，分别用子、丑、寅、卯、辰、巳、午、未、申、酉、戌、亥这十二个汉字来表示。唐朝以后。每个时辰又被进一步分为时初、时正两部分，这就与现在的24时制一样了。这种分法一直持续到清末。清朝时期，由钦天监专司编历授时。钦天监的官员们使用日晷与漏刻测时报时，这样测得的时间就是24时制的地方视太阳时，而朝廷颁发通行全国的历书——《御定万年书》，也是按照北京地方视太阳时计算的。

一、由地方视太阳时到平太阳时的转变

民国伊始，北洋政府所采用的官方时间仍然是北京地方视太阳时。民国元年（1912年）春，北洋政府先接收后裁撤清朝的钦天监，成立了隶属于教育部的中央观象台，由留学比利时归来的工学博士高鲁（1877—1947）出任台长。从此，中国有了现代意义上的天文研究机构。

随着中央观象台工作逐渐步入正规，我国在授时工作中采用地方视太阳时的做法几乎在一年之内就过渡到了采用地方平太阳时。民国2年（1913年）初，中央观象台在预编来年的《三年历书》时，就"用东西各国通行之法数推算，且以平太阳时为标准"[①]。从《三年历书》开始，在历书的日序每日下面列有"日中平时"，这是中央观象台为适应清末民初钟表渐入民间，而广播电台又尚未出现的情况下所创新的服务项目，它为实际使用平太阳时提供了一个窗口。

尽管"日中平时"对于当时既无钟表又看不到历书，还只能看日影定时间的我国绝大多数老百姓来说，或许没有多大的价值，但从1914年的历书开始，改用北京地方平太阳时代替地方视太阳时的计量时间的方法，无疑是一大进步。从此，在中央观象台时期的各年历书中，除每日"日中平时"外，依据北京地方平太阳时给出时间的还有《朔望两弦时刻表》《节气太阳出没时分表》。对于日食和月食的时间，由于日食和月食的各象时刻、方位、食分等因地而异，所以，遇有日月食时，历书就按照各省省会和蒙藏首邑的地理位置，分别计算各象时刻、方位，并绘图表示。这里的时刻是各省会各首邑地方平太阳时的时刻。也就是说，地理位置的不同，观察的食象以及各象出现的时刻也不相同，它们之间需要复杂的换算。这一原则一直持续到1928年中央观象台时期的结束。

相对于地方视太阳时，采用地方平太阳时作为计时标准的时间计量无疑是一大进步，但其缺陷也是明显的，那就是它的"因地而异"，因地域的不同而导致时刻的千差万别，这给社会生活带来了诸多不便。为划一时刻，早在1902年，我国海关就提出采用海岸时，"民国

[①] 陈展云：《中国近代天文事迹》，中国科学院云南天文台，1985，第84页。

纪元前十年间，海关尝以东经120°经线之时刻，为沿海各关通用之时，称之曰海岸时，实即第八区之标准时。其时区范围未经规定。但内地如京奉、京汉、津浦等线路，以及长江一带，均采用之"①。

二、海岸时的引入

我国海岸时的引入源自上海徐家汇观象台。徐家汇观象台（图16-1）由法国耶稣会传教士创办于19世纪70年代，主要从事天文和气象观测研究。从19世纪80年代开始，徐家汇观象台利用法租界当局在轮船码头设置的信号塔，以塔顶落球的方式报告正午时刻，为来往上海港的各国船只服务。起初所用时刻是上海地方平太阳时，一直到1899年底，才改为东经120°的海岸时。时间计量的这种改变，主要动因还是来自外力。其一，清朝政府根据与西方列强签订的各种不平等条约，被迫开放了东南沿海从广西北海到辽宁营口，再加上南京、汉口、沙市、重庆等沿江城市在内的31个商埠，其中，更有10个主要城市辟有外国租界。② 进出这些港口城市的外轮、外商及侨民需要统一的标准时间。其二，第一次鸦片战争以后，西方列强攫取了在中国领海自由航行权、口岸居住权、协议关税权等一系列特权，中国海关已经沦为西方列强的工具，所以，由海关推出为沿海各关通用的统一标准的海岸时，也就"水到渠成"了。

海岸时的出现，是我国时间计量上的一大进步，推动了我国沿海沿江城市近代工业经济的发展和交通运输设施的建设。以铁路为例，到1911年，我国共修铁路9 000多公里，先后建成京奉线、京汉线、胶济线、津浦线、沪宁线等。从某种意义上说，铁路是借助统一标准的海岸时得以起步发展的。

值得回味的是，海岸时的使用却久久未规定其时区的范围，除沿海沿江的港口、城市外，其他内地城市以及广大农村地区几乎不用。究其原因，主要还是海岸时的出现是外力推动的，当时的清朝政府仅仅是被动接受。而规定时区范围，又恰恰是一个具有主权国家的政府行为，他人是难以越俎代庖的。再说，中国地域辽阔，究竟采用什么样的时区制度，需要通盘筹划，这在当时的中国还不具备条件。一直到民国七年（1918年），标准时的问题才由中央观象台提出。

---

① 教育部中央观象台：《中华民国八年历书》，中央观象台，1919。
② 张海鹏：《中国近代史稿地图集》，上海地图出版社，1984，第83页。

图 16-1
法国传教士 19 世纪下半叶创建的徐家汇观象台

三、标准时区的提出

1918年，中央观象台提出将全国划分为五个标准时区：一曰中原时区，以东经一百二十度经线之时刻为标准；首都、江苏、安徽、浙江、福建、湖北、湖南、广东、河北、河南、山东、山西、热河、察哈尔、辽宁、黑龙江之龙江、瑷珲以西及蒙古之东部属之。一曰陇蜀时区，以东经一百零五度经线之时刻为标准；陕西、四川、云南、贵州、甘肃东部、宁夏、绥远、蒙古中部、青海及西藏之东部属之。一曰回藏时区，以东经九十度经线之时刻为标准；蒙古、甘肃、青海及西康等西部，新疆及西藏之东部属之。以上三者皆为整时区也。一曰昆仑时区，以东经八十二度半经线之时刻为标准；新疆及西藏之西部属之。一曰长白时区，以东经一百二十七度半经线之时刻为标准；吉林及黑龙江之龙江、瑷珲之东属之。以上二者皆半时区也[①]。

中央观象台的时区划分，与世界标准时区的划分一一对应，非常吻合。中原时区即世界

---

① 夏坚白：《应用天文学》，商务印书馆，1933，第61页。

标准时区的东八时区，陇蜀时区即东七时区，回藏时区即东六时区，昆仑时区即东第五个半时区，长白时区即东第八个半时区。这样的时区划分，使得在同一瞬间，不同时区的标准时是不同的，位于东部时区的标准时比位于西部时区的标准时要早，所差时值为东部时区的时区序号减去西部时区的时区序号。例如，在吉林中午太阳正当头时的"长白时间"是十二点正，而同时在新疆或西藏西部，太阳还在偏东方向，"昆仑时间"刚好是上午九点正。

民国8年（1919年），中央观象台出版的《中华民国八年历书》刊登了中国各大城市地理纬度表和所位于的标准时区及其标准时与该城市地方平时的比较表，发表了中国划分五时区的计划，同时提出了标准时如何传递的授时问题。标准时应该如何传递呢？在国际上，从"1904年开始发播无线电时号用于海上航行"[①]，随后十来年，美国海军天文台、法国巴黎天文台、俄国普尔科沃天文台、上海徐家汇观象台先后开始播发无线电时号。用无线电授时，诸如广播电台的六响报时信号等，对今天社会的普通老百姓来说，真是再方便、再简单、再熟悉不过了，但在20世纪初，却是十分稀罕的。就连中央政府专司测时编历的中央观象台，直到1928年消亡时，还没有一台无线电收讯机，也没有一架好一点的望远镜，京畿重地的授时依旧沿用在城墙上施放午炮的古老办法。正是由于授时方法的落后，在北洋政府时期，中国的五时区计划除沿海地区外，还仅仅是纸上方案，难以付诸实施。但它是中国在走向时间计量近代化历程中进行的有益尝试，有其历史价值。

第二节　五时区时间计量的修改与实施

民国17年（1928年），北洋政府倒台，原中央观象台的业务由南京国民政府中央研究院的天文研究所和气象研究所分别接收。天文研究所编写的历书基本上沿袭中央观象台的做法，仍将全国划分为五个标准时区，只是在有关交气、合朔、太阳出没时刻等处，不再使用北平的地方平时，而改以南京所在的标准时区的区时（即东经120°标准时）替代。

一、既有五时区划分的不足

随着外国资本的进入，官僚买办以及民族资本工业的出现，航运、铁路等公交企业和电

---

① 《简明不列颠百科全书（7）》，中国大百科全书出版社，1986，第286页。

信、邮政等公用事业，在沿海沿江的港口城市以及铁路沿线的经济发达地区发展很快，由于这些行业系统性强、垄断性高，客观上需要五时区特别是中原时区即东八时区标准时的应用。而中原时区的标准时刻，由位于上海租界的徐家汇观象台提供，授时则由海关、电报总局、铁路局以电报形式将标准时刻传递到各地所属机构。而且，20世纪20年代末至30年代初，在上海、南京、北平、天津等大城市相继建立了广播电台，在车站、码头、大银行、大机关以及繁华街道，多置有大钟，为普通市民提供时间服务。南京、青岛等城市还每日定时为市民鸣放电笛报时。这就使得中原时区的标准时得到了有效实施。

然而，中国内地大部分地区，既缺乏需求推动，又不具备计时授时的条件，以致五时区标准时计划虽已刊载于政府颁布的历书中，但"未尽见实行"。[①] 特别是长白、昆仑两个半时区，因地广人稀，荒僻落后，远离政治经济中心，仍然各行其是。进入30年代以后，随着陇海铁路向西延伸，湘桂铁路的铺轨兴筑，航空运输的日渐发达，以及无线电广播事业的兴起和发展，标准时问题引起有关各方的高度关注。例如，交通部发文令全国电报局自1935年3月起，一律改用标准时，并令上海无线电报局和南京有线电报局分别承担每日广播报时；南京电报局每日11点30分对时一次。

1937年7月在青岛召开的第14届中国天文学会年会上，对时区问题展开了热烈讨论，有学者提出"求全国时区制之实现，应呈请中央明令公布之"的意见；也有学者提出"长白昆仑两区也作整时区"的意见；还有学者提出"中国全境悉用东经120°时刻"的意见。为此，内政部于1939年3月9日在重庆召开标准时间会议，会议决定"我国标准时区仍照前中央观象台所划定，分为五区；并请中央研究院制定标准时区图，送由内政部通行各省市，转饬一律遵守"[②]。会议之后，中央研究院根据会议要求，对五时区制做了进一步探讨，形成了新的方案。

二、五时区方案的修订

中央研究院天文研究所根据决议，对原标准时区的划分提出了稍加改动的修改原则，内容如下。

其所划分之界限，与前中央观象台所定者，略有不同。盖中央观象台规定之时，仅作初

---

① 高均〔按：即高平子，因敬慕东汉天文学家张衡（张衡字平子），自号平子〕：《改历平议》，《中国天文学会会报》第5期，1928年。
② 陈遵妫：《中国标准时区》，《宇宙》1939年10月。

步划分，回藏、昆仑两时区之界限，均作直线，以致甘肃、宁夏、青海、新疆、西康诸省中有同属一旗，采用两种标准时区之病。故天文研究所所定各区之范围，除大体以省区界线为限，距省区界线较远者按重要城镇及地方形势划分外，更就政治区域，重新划分。其所定各区名称、标准及范围如下：

（一）中原时区　以东经120°经线之时刻为标准，比格林威治（现"格林尼治"）时刻早八小时。江苏、安徽、浙江、福建、江西、湖北、湖南、广东、河北、河南、山东、山西、热河、察哈尔、辽宁等省，南京、上海、北平、天津、青岛等市，威海卫行政区，黑龙江之龙江、嫩江、瑷珲等县及其以西各地，蒙古之车臣汗部等地，均属此区。

（二）陇蜀时区　以东经105°经线之时刻为标准，比格林威治时刻早七小时。陕西、四川、贵州、云南、广西、宁夏、绥远等省，甘肃之玉门县及其以东各地，青海之都兰、玉树两县及其以东各地，西康之昌都、科麦、察隅各县及其以东各地，蒙古之土谢图汗、三音诺颜汗两部，西京、重庆两市等地，均属此区。

（三）回藏时区　以东经90°经线之时刻为标准，比格林威治时刻早六小时。甘肃之玉门县以西各地，蒙古之扎萨克图汗部，青海之都兰、玉树两县以西各地，西康之昌都、科麦、察隅各县以西各地，新疆之精河、库车两县及其以东各地，西藏之前藏、后藏等地，均属此区。

（四）长白时区　以东经127°半经线之时刻为标准，比格林威治时刻早八小时半。吉林省、黑龙江之龙江、嫩江、瑷珲等县以东各地，东省特别行政区等地，均属此区。

（五）昆仑时区　以东经82°半经线之时刻为标准，比格林威治时刻早五小时半。新疆之博乐、于阗两县及其以西各地，西藏之阿里等地，均属此区。

时区制度不仅仅是科学问题，还涉及民族习俗、行政区域管辖等因素。天文研究所的方案考虑到了这些因素，由此，它较中央观象台的五时区划分，有了较大的改进。南京国民政府内政部批准了天文研究所的修改方案，饬令从1939年6月1日起实施，但同时又决定，在抗战期间，全国一律暂用一种时刻，即以陇蜀时区之时刻为标准。这是一个在非常时期由中央政府明令颁行的两相对立的决定，一方面，饬令全国从1939年6月1日起实施修改后的五时区标准时，以满足社会政治经济发展的需求与国际惯例；另一方面，在抗战期间，全国一律使用陇蜀时区一种时刻为标准时，以确保战争时期指令传递的准时无误。前者考虑到了时区划分的科学性及其与社会经济发展的关系，后者则着眼于满足战争条件下的社会实际，要求时区制度必须满足获取战争胜利这一大局的要求。

还有一个不容回避的史实是，1931年九一八事变后，日本侵占我国东北三省，成立伪满洲国，强令在东北使用日本本土采用的东经135°标准时。抗战期间，华北沦陷区的日伪政权也曾经试探使用东经 135° 标准时，但最终未敢宣布。

三、全国抗战胜利后民国政府对标准时的探讨

抗战胜利后，内政部关于全国各省市按区执行标准时的那个决定开始生效。最早恢复使用的是中原标准时，而重庆、成都、昆明等地仍然使用陇蜀标准时，因此，"沪蓉、沪昆民航飞机旅客在下飞机后都需要拨动手表时针，进退一小时"①。这说明至少有两个时区的标准时在按规定使用。但在使用过程中，还存在不少问题，例如，长白、昆仑两个半时区是否还有存在的必要？五时区的边界，特别是人口稠密的交界处如何划分，如何协调？中国天文学会曾专门征询专家学者的意见，结果众说纷纭，莫衷一是，稍占多数的意见是完善原五时区方案。

1947 年 8 月 5 日，南京国民政府国防部召集测量业务联合审查会，要求与会的中央各部院会审定关于"确定中国标准时区"的提案。结果，内政部会同中央研究院、国防部测量局、中央广播事业管理处和交通部，听取了天文研究所的意见，将回藏时区更名为新藏时区；将原划入回藏时区的甘肃玉门以西地区与甘肃全省一并划入陇蜀时区。修订了"全国标准时间推行办法"，这个办法进一步明确全国时间分为中原、陇蜀、新藏、昆仑、长白五个时区的名称、标准和范围，规定"全国各地标准时间之授时事项由中央研究院负责办理，报时事项由内政部委托中央广播事业管理处负责办理。前项报时与授时应有之联系办法，由中央研究院与中央广播事业管理处会订，并送内政部备查"②。这个办法呈请行政院核准后于 1948 年 3 月通饬各地政府实施。一年后，国民党政府败退台湾，由这个政府制定的中国五时区标准时间制的推行办法也就此画上了句号。

中华人民共和国成立之后的两三年内，全国各地所用的时间比较混乱。根据中国科学院紫金山天文台、地球物理所 1952 年编撰出版的《天地年册》，截至 1952 年年底，全国至少在理论上仍然实行五时区的旧制，甚至连时区名称都照旧。在该书"时政"一章中，我国新藏时区、陇蜀时区、中原时区被分别列入世界标准时区的东六、东七和东八时区，就表明了这一点。在这期间，出现了北京时间。

---

① 陈展云：《中国近代天文事迹》，中国科学院云南天文台，1985，第 119 页。
② 南京国民政府内政部：《全国各地标准时间推行办法》，中国第二历史档案馆 12 ⑥ 18188。

四、1949年以后北京时间的演变

北京时间何时产生？中国科学院国家授时中心高级工程师郭庆生经多方考证，将"北京时间第一次出现的日期，锁定在1949年9月27日至10月6日的10天之内"，并推断"北京时间的问世当在1949年9月27日"[①]。1950年年初，在短短几个月内，除新疆、西藏外，全国各地都采用北京时间为统一的时间标准。值得指出的是，经过郭庆生考证，初期使用的"北京时间"不是我们今天理解的北京时间，也就是说它不是标准时，甚至不是北京地方的平太阳时，而是北京地方的视太阳时。

北京时间的出现，最早很可能只是因广播报时的急需而产生。作为大众化的民用时的一种称谓，其初期的含义是模糊的。但随着新政权的诞生，这一与新政权相伴而来的新的时间概念，随着无线电广播报时系统的高效传递，被全社会几乎毫无保留地接纳了。但北京时间作为一个重要的时间计量概念，未经科学的严格界定，缺乏严谨的科学内涵，学术界并不认同。而且，北京时间作为民用标准时间的制度，也未经国家正式规定，中国《天文年历》迄今从未使用过"北京时间"一词，只是在1954年年历中才第一次使用"北京标准时"这一名称，并说明："我国旧分中原、陇蜀、新藏、昆仑、长白五个时区，解放以后，全国除新疆、西藏外，都暂用东经120°标准时，即东八标准时区的时间。"[②]这一说明，标志着"北京时间"一词所反映的时间概念，已经由北京地方的视太阳时直接过渡到了北京标准时，即东经120°标准时。

实际上，中华人民共和国成立初期，中央没有任何一个机关颁发过通令全国的标准时决定，因而全国有过一个各行其是的过渡时期，包括使用传播甚广、约定俗成的北京时间，但北京时间的测时技术效率低、精度差，在应用过程中被先进的国际化的东经120°标准时取而代之是自然而然的。尽管内涵不同了，外在形式也从北京时间变成了北京标准时，但人们仍然习惯于"北京时间"的称谓。

目前，我国实行的是以首都北京所在的东八时区的区时作为全国统一的标准时间制度。这一时间制度被包括港澳台在内的我国各地区所采用，为中华民族提供了统一的时间标准。

---

① 郭庆生：《建国初期的北京时间》，《中国科技史料》2003年第1期。
② 同上。

第三节 历法的改革

时间计量，除了时间标准的制订和测量以外，还有时间发布问题。时间发布，除了每日的时间播报外，更重要的是历法的颁行。

一、由《黄帝历》到纯阳历

历法颁行在中国传统社会生活中占据十分重要的地位。在古代中国，人们把颁行历法当作一个政权宣示自己合法性的一种手段，古人称其为"颁正朔"，有所谓"帝王必改正朔，易服色，所以明受命于天也"①之说。这样的思想根深蒂固，人们认为颁布历书是皇帝的特权，所以把历书称为皇历。清末革命党人办报，多以黄帝纪元，也是受这种思想影响所致，要以此表示其不承认清廷统治的合法性，所以不使用清的正朔。1911年10月10日，武昌起义爆发，起义军占领武昌城后，宣布成立中华民国军政府鄂军都督府（即中华民国湖北军政府），这是中华民国第一个省级军政府，同时代行中央军政府职责。军政府公布了《安民布告》，宣布改国号为中华民国，废除清朝宣统年号，改用黄帝纪元。这是采用与历代王朝相同的方法，改纪元，立年号，并昭告天下，以此彰示自己才是中国真正的主人。

湖北军政府宣布要采用的《黄帝历》，只是把清朝所颁行的历法的年号做了更改，把宣统三年改为黄帝纪元4609年，而在历法本质属性上未做任何改动。清朝的历法，虽然吸收了传教士传进来的天文学知识，但仍然是传统的阴阳历。这种历法，用二十四节气表示太阳的回归运动，用朔望月表示月亮运动，通过安置闰月的方式调整历法年与回归年之间的关系。当时的人们称这种历法为阴历，称国际上通行的公历为阳历。由此，《黄帝历》本质上仍然属于中国传统历法，即当时所谓的阴历。

武昌起义打响了辛亥革命的第一枪，武昌起义胜利后，各省纷纷响应，革命风潮扩散，到1911年11月下旬，全国已有一半以上的省份宣布独立，支持革命。时局瞬息万变，历法也出现混乱，在宣告独立的省份中，有用黄帝纪元的，也有用追溯到孔子诞辰的，还有用同盟会天运年号纪年，称当年为天运辛亥年的。

武昌起义时孙中山正在美国为革命筹款，在得知起义的消息后，考虑到外交关系到革命

---

① 〔汉〕班固撰《汉书》卷二十一上《律历志》，中华书局，1962，第975页。

的成败，而英国态度尤为重要，乃由美赴欧，跟各国政府接洽，获得成功后即启程回国。回国后，他意识到当时的历法乱象隐藏了革命势力各自为政的危险，为解决这一问题，孙中山提出，应该采用新的历法，新历法以中华民国的国号纪元，历法本体则采用国际上通行的阳历。中国传统历法采用的是皇帝年号，新历法采用中华民国国号纪年，既便于百姓记忆，又强调了新国家的共和体制。历法本体采用国际通用的阳历，其具体日期与国际一致，有助于与西方国家的经贸和外交往来。

孙中山的设想虽然很有道理，符合世界发展大势，但他的呼吁并未得到一致认同。辛亥革命中独立各省推举代表举行的国是会议上，也讨论了这个问题。在会议上，黄兴代表孙中山提出改用阳历，以中华民国纪元，但代表中不少人主张维持旧历，意见不能统一。孙中山坚持自己的观点，并威胁说如果该提议通不过，他便不到南京就职，几经辩论，终于在1911年12月31日这天深夜达成协议，为孙中山赴南京就职扫除了障碍。

1912年1月1日，孙中山在南京正式宣布中华民国成立，并宣誓就任临时大总统。在就职仪式上，除发布《临时大总统就职宣言书》外，"当日只发布一道《改用阳历令》，以本日为中华民国元年元月元日"[①]。在就职后的次日，孙中山以临时大总统的身份，正式通电全国，改用阳历。1912年4月，孙中山辞职，袁世凯就任临时大总统。袁世凯就任后，对推行阳历持积极态度。1913年的元旦，北洋政府曾积极组织对民国二年新年的庆祝活动。从中华民国成立伊始，采用阳历成为官方的既定方针。不管是北洋政府，还是南京临时政府，这一方针都得到了贯彻执行。

二、新历书的编制

但是，要推行阳历，首先要编制出相应的历书，而新成立的民国政府，并无这样的人才。清王朝时期，历法的制定属于钦天监的职责，钦天监中的时宪科负责具体编制历书。南北议和后，清帝退位，孙中山辞去临时大总统职务，袁世凯就任，南京临时政府迁往北京。南京临时政府的教育部随政府迁北京后，立即接收了清政府的学部和附属各机构，其中就包括了钦天监。教育部接收钦天监后，接纳了其人员，裁撤了该机构，另成立一个中央观象台，在中央观象台下设立了天文、历数、气象、地磁四个科室，其中首先成立的是历数一科，以赶编历书。

---

① 陈展云：《中国近代天文事迹》，中国科学院云南天文台，1985，第83页。

中央观象台首任台长是天文学家高鲁。高鲁曾赴比利时布鲁塞尔大学留学，获该校工学博士学位，1911年回国，辛亥革命后任南京临时政府秘书。高鲁数理基础深厚，一直热爱天文学，因而教育部接收清钦天监后，教育总长蔡元培推荐他主持编历工作，并派遣编译图书局职员常福元[①]协助他。

编制历书，按道理应在一年前动手编撰，以赶上来年之用。但高鲁开始编制历法时，已进入民国元年5月，他只好先编《民国二年历书》，将其编完付印后才腾出手来，回头补编《民国元年历书》。等到《民国元年历书》印成时，已经进入民国二年，无须印行了，所以只印制少量，作为官历档案留存，以免史日中断。[②] 这成为民国历法史上一桩奇事。

需要说明的是，高鲁和常福元都是第一次尝试编制历书，由于时间紧迫，他们在赶编《民国二年历书》和《民国元年历书》时，依然采用清代钦天监所使用的《历象考成后编》中的方法和数据进行推算。在现存的《民国元年历书·凡例》中，对此有具体说明："推算所用之表，暂沿旧籍。"在补编《民国元年历书》结束后，有较为充裕的时间编制《民国三年历书》，于是高鲁和常福元开始采用新的方法进行推算，在《民国三年历书·凡例》中，有这样的说明：

> 本年历书系用东西各国通行之法数推算，且以太阳平时为标准，与旧法推算之结果微有不同，例如旧历九、十两月建，如以旧法言之，应为九大十小，而新法则为九小十大。余如日月食之见与不见，与夫时分之先后，亦微有出入，阅者别之。[③]

这段文献表明，从民国三年（1914年）开始，中国的时间计量开始采用平太阳时，传统所用的以各地视太阳时为计时标准的做法，至此终于寿终正寝。

需要说明的是，《民国三年历书》中的平太阳时，是通过在历书日序每日下面开列"日中平时"这样的栏目而得以表现出来的。这一栏目不但中国历代历书中没有，外国历书中也没有，它是高、常二人创造的。这是因为，在当时的中国，钟表已经逐渐流行，而广播则连影子都没有。在没有广播可以对时的情况下，人们只能以"视太阳时午正"为依据对钟表进行校正。由于视太阳时与平太阳时差距有时候会达到十余分钟的程度，以之校正钟表，在钟表精度已经大幅提高的情况下，显然是不合适的。在当时世界上的先进国家一般已经使用平

[①] 常福元：1874—1939年，江苏南京人，曾任中央观象台技正兼天文科科长、代理台长等职。
[②] 陈遵妫：《中国天文学史》（下），上海人民出版社，2006，第1354~1355页。
[③] 陈展云：《中国近代天文事迹》，中国科学院云南天文台，1985，第84页。

太阳时，甚至有的已经使用标准时的情况下，《民国三年历书》以平太阳时作为校正钟表的依据，显然是历书编制与时俱进的结果。到抗战后期，大后方逐渐建立起了广播电台，特别是解放后，各省市自治区普遍建立了广播电台，中央人民广播电台电力强大，全国都可以收听，这时直接按照广播电台播放的计时信号就可以对时，"日中平时"概念在历书中也就没有继续存在的必要了。

还需要说明的是，所谓新法、旧法，主要是指推算天体运行，尤其是日、月运行而言。在西方，天文学家们在对日、月进行长期观测的基础上，编制有最新的《太阳表》和《月亮表》，根据这些表推算出日、月的运行，这就是所谓的新法。高鲁和常福元用新法编制历书时，并非用当时最新的《太阳表》和《月亮表》直接推算，因为他们的计算人手严重不足，甚至还不满十人，在这种条件下，高、常二人采用的变通办法是采用外国提前出版的《天文年历》，将里面的数据换算成为北京的地方平太阳时发布出来。这种做法持续了颇长一段时间，曾经受到一些学者的诟病。民国10年（1921年），常福元任中央观象台代理台长时，"曾有修订历法之意，他的计划是在中央观象台内设立修订历法处，购置子午仪和天文钟等仪器，聘编算员、推步员若干人，夜间测算，以五至十年为期。希望能够制成新历法，除供台内职员用以注历外，并公布于世，使私人研习天算者不致再唯'历象考成'是从。当时天文学家秦汾（景阳）正掌管教育部专门司，深为赞许，力促其成，案已决定，卒因库款支绌，致成泡影"①。

中国传统的历法，除了对年、月、日等时间单位的编排，还包括对五星运动的数值描述，这种描述以编制五大行星历表的形式，被收入历代正史。直到清末，这种行星历还在逐年印行，叫作《七政经纬躔度时宪书》。中央观象台在编制"民国历书"时，一开始来不及继承这个传统，《民国三年历书》编制完成后，中央观象台开始着手解决如何在历书中反映七政运行的问题。实际上，七政运行的经纬躔度与民众日常生活没什么关系，将其收在历书中，意义不大，既然一切维新，还不如按照西方惯例，另行编辑类似《天文年历》式的历书，把七政经纬躔度包括在内，单独印行。依照这样的思路，中央观象台从民国3年（1914年）开始预编来年的《天文年历》，取名《民国四年观象岁书》，②由此开始了中国编制《天文年历》的传统（图16-2）。虽然由于战乱财政拮据等原因，民国时期《天文年历》的编撰印行断断续续，《观象岁书》的名称也有所改易，但由于有社会需求，这一传统最终总算保存了下来，一直持续到现在。

---

① 陈遵妫：《中国天文学史》（下），上海人民出版社，2006，第1355页。
② 陈展云：《中国近代天文事迹》，中国科学院云南天文台，1985，第88页。

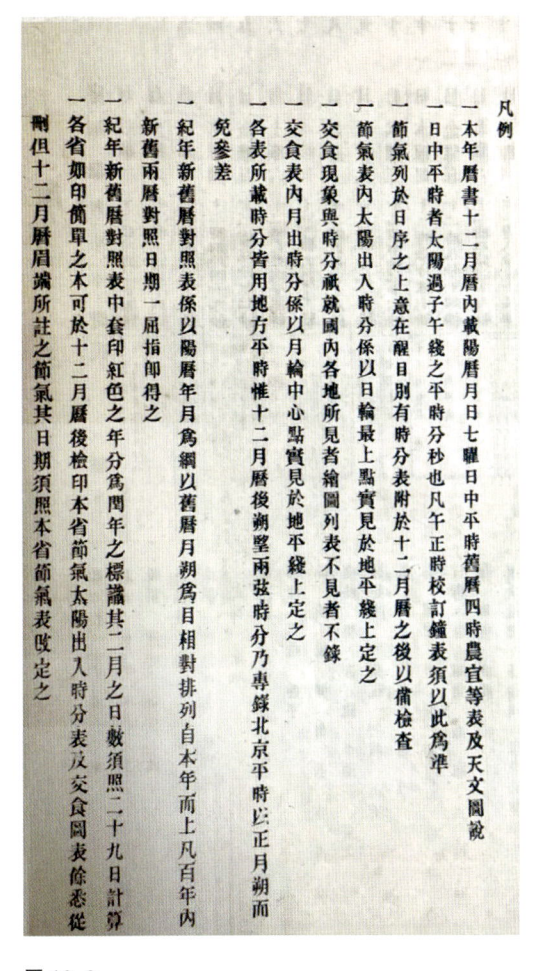

图 16-2
民国六年历书

中国传统历书还有一个特点，那就是它除了记载历数、历象，还附载了许多迷信内容。历书的编撰者在每日日序下以附注形式开列大量的宜忌项目，或宜嫁娶，或宜沐浴，或宜安床，或忌土木，或忌远行，或忌迁居，等等，不一而足。这些宜忌，毫无道理可言，中央观象台编印历书，自然将其一扫而空，空出来的各页下幅，以历法常识为中心，刊载天文常识图说，既破除了迷信，又普及了科学知识。

三、公历的推行

新的历书的印行，标志着公历的施行步入正轨，而这种施行本身，却在社会上激起了很大的反响。这是因为，当时社会的经济活动，很多是根据传统历法的时间节点进行的，例如商业和民间借贷，约定俗成的是在旧历过年的时候为结算节点，骤然改为公历，新旧过年时间不一致，这就难免造成混乱。实际情况也确实如此，就在民国元年，1月2日孙中山改历的命令刚刚颁行，第二天上海的《申报》就登载了这样的消息："商界中人，咸以往来账款，例于年底归来，今骤改正朔，急难清理，莫不仓皇失措，即民间一应习惯，亦不及骤然改变，咸有难色。"① 鉴于民间怨声四起，新任上海总督陈其美不得不下令："沪上各商店往来债款，仍于阳历2月17号即阴历12月30日，暂照旧章分别结算收还，以昭公允。"②

商业问题可以用政府命令的方法变通解决，但历代积累起来的传统习俗要改变就难乎其难了。政府可以规定新历元旦为新年，按习惯，新年后的第15天为元宵节，但1月15日晚上看不到月亮，没有月亮的元宵节还叫元宵节吗？为了推行公历，有些地方政府曾严令禁止民间过阴历新年，但这样的禁令形同虚设，即使政府部门，到了除夕，也常常人去室空。

实际上，1912年南京临时政府下令编印民国元年历书时，曾规定了四条原则："一、政府于新历十二月前，编印历书，颁行各省；二、新旧二历并存；三、新历下附星期，旧历下附节气；四、旧时习惯，可存者择要录存，但吉凶神宿，一律删除。"③ 显然，这里最关键的是第二条，因为它默许了传统历法的存在。也正是由于有第二条的存在，不至于激起民间过于激烈的反应，反倒有助于促成新历的施行。

1927年4月，南京国民政府成立。当时的中国境内有三个政府：以蒋介石为首的南京国民政府；孙中山在世时在广州成立的国共两党统一战线组成的政府，该政府此时已由广州迁至武汉，故称武汉国民政府；民国开国时在南京建立的临时政府，该政府在南北议和、清王朝灭亡后搬迁到北京，后由军阀控制，故称北洋政府。它们都以中央政府自居，而国际上承认的中国合法政府是北洋政府。在这三个政府中，南京国民政府成立时间最晚，合法性最弱，最需要借助各种措施来树立它的威望。在这些措施中，颁历权历来被视为统治权的象征，所以南京国民政府成立伊始，就在其教育行政委员会内设立了时政委员会，赶编来年历书。非但如此，南京国民政府还把推行新历作为一项要令，采取了严厉而强硬的废除阴历的政策。

1928年5月7日，内政部针对当时民间广泛流行阴历的现状，呈请南京国民政府，提出"若不根本改革，早正新元，非惟贻笑列邦，抵牾国体，核与吾人革命之旨，亦属极端背驰"。在这样高度意识形态化思想指导下，呈文拟订了废除阴历的八项措施："一、制定发行及仿印国历条例。二、严禁私售旧历、新旧历对照表、月份牌及附印旧历之皂神画片等。三、严令京内外各机关、各学校、各团体，除国历规定者外，对于旧历节令，一律不准循俗放假。

---

① 颜浩：《民国元年：历史与文学中的日常生活》，陕西人民出版社，2012，第14页。
② 同上。
③ 罗福惠、萧怡：《居正文集》（上），华中师范大学出版社，1989，第82页。

四、通令各省区市妥定章程，公告民众，将一切旧历年节之娱乐、赛会及习俗上点缀品、销售品一律加以指导改良，按照国历日期举行。五、改正商店清理帐目及休息时间。六、严令人民按国历收付租息及订结财产上之契据。七、妥制农村应用之廉价月份牌月份表。八、推广实行国历大规模宣传，并特别注意破除婚丧上之迷信，取缔婚丧简帖及讣告之沿用旧历。"这八项措施，核心内容就是禁行旧历及与旧历有关的一切活动。[①]

政府的规定固然严厉，宣传新历的声势固然浩大，但千年民俗，不可能被一纸无法彻底贯彻的禁令所改易，民间沿用旧历节日习俗者比比皆是，甚至各省级政府在对禁令的执行上也阳奉阴违，甚者无动于衷。另一方面，政府的强力推动废除旧历活动，还会成为激化民众与政府矛盾的导火线。1929年2月，安徽宿迁小刀会发生暴动，"细究其暴动之导火线，在于废除阴历操之过急，刀会聚众反抗"[②]。

四、公历农历并存局面的出现

1931年，九一八事变爆发。接着，国民党蒋介石、汪精卫、胡汉民三大派别分裂，分别在南京、上海、广州召开各自的国民党第四次全国代表大会。政局纷扰，内忧外患，政府根本无暇继续推行新历，废除旧历运动不了了之。1934年年初，民国政府无奈中停止了强制废除旧历，承认了阴历新年存在的现实，不再强行阻止民间过阴历新年的行为了。从此，中国形成了官方活动以公历为依据，民间节日按阴历行事的传统，阴历也由此获得"农历"的名称，这一传统一直延续到今天。

中华人民共和国成立后，在历法的颁行上对民国政府的做法有所扬弃。一方面，继续推行公历，但把历元由民国纪年改为了国际通用的公元纪年；另一方面，在施行公历的同时，正式承认农历的存在，又因农历的新年恰在二十四节气的"立春"前后，于是把农历的正月初一改称"春节"，公历的一月一日称为"元旦"。1949年12月23日，中华人民共和国中央人民政府规定每年春节放假三天。农历春节成为中国最重要的节日。时至今日，春节假期已经增加到了五天，而元旦假期只有一天。随着电视、网络等现代传媒手段的传播，春节已经成为中国人乃至全球华人最为重视的节日。

---

① 本段引文均摘自刘力《政令与民俗——以民国年间废除阴历为中心的考察》，《西南师范大学学报（人文社会科学版）》第32卷第6期，2006年。
② 上海《时报》，民国18年2月25日。

下篇　中国计量历史人物

第十七章 先秦两汉时期的计量人物

任何一门学科的发展，都离不开该学科杰出人士的贡献。计量也不例外。中国古代计量在其发展过程中，有一批计量学家为之殚精竭虑，做出了突出贡献。本章管中窥豹，选择先秦两汉时期有代表性计量人物的工作予以介绍，以期使读者了解在传统计量发展的早期阶段，计量学家是如何通过他们的杰出工作，使古代计量得以建立起来的。

第一节　秦国统一度量衡事业的开创者商鞅

商鞅，原名公孙鞅，亦称卫鞅，卫国人。战国时期政治家、改革家、思想家、军事家，法家代表人物，在秦国最早应用国家力量统一度量衡，是秦国统一度量衡事业的开创者。其一生都在秦国变法，后十年因战功，被封于商，号商君，因称商鞅。

一、商鞅的生平

商鞅出身卫国公族，所以叫公孙鞅。他信奉刑名学说，受李悝、吴起的影响很大，一开始在卫国做小官吏，为了实现自己的理想，后来到了魏国，侍奉魏国国相公叔痤，任中庶子。公叔痤病重时曾向魏惠王推荐商鞅，建议让商鞅担任国相，并告诉魏惠王说，如果不用商鞅，就要将其杀死，以免他投奔别国，成为魏国祸患。魏惠王认为公叔痤是临危乱言，没接受他的建议，商鞅得以安然无事。

公元前362年，秦献公去世，其子嬴渠梁即位，是为秦孝公。秦孝公为了招揽人才，实现秦国霸业，颁布了著名的求贤令，命国人献富国强兵之策。商鞅闻知此事后，投奔秦国，以王霸之术劝说秦孝公，进言富国强兵之道，获得秦孝公信任和重用。公元前359年，商鞅在秦孝公支持下，制定并推行了一些新的政治、经济政策，开始了在秦国的变法。

商鞅新法推行以后，逐渐取得成效。公元前352年，商鞅被封为大良造。秦国爵位最高为20级，大良造为第16级。同时，大良造又是个官职，从地位上看，它相当于中原各诸侯国的相国。可是，相国是文职官员，不能统率军队，秦国的大良造却有权指挥军队。公元前350年，秦迁都咸阳，同时商鞅开始第二次变法。第二次变法是对第一次变法的深化，其主要内容包括废除贵族的井田制，"开阡陌封疆"，实行土地私有制，国家承认土地的自由买卖；以县作为地方行政单位，废除分封制；编订户口，以五家为伍，十家为什，实行连坐制，开始按户征收军赋；规范社会风俗，革除残留的戎狄风俗，推行小家庭政策等。除此之外，这次变法还有一项重要任务，便是推行统一的度量衡制度。

商鞅变法有自己的理论支撑，其具体内容主要集中于《商君书》。《商君书》在《汉书·艺文志》中即有著录，《隋书》、新旧《唐书》也有记录，《宋史》也载有"《商子》五卷，卫公孙鞅撰"，表明在宋代《商君书》仍存。但宋以后就有佚失了。《汉书·艺文志》载《商君书》有二十九篇，但现存本只有二十五篇。即使如此，从宋代开始，就有人对《商君书》的真伪提出疑问，近代顾实、刘汝霖、郭沫若等也因为在现存的《商君书》中发现了商鞅之后的一些提法，而不同程度地认为《商君书》是伪书。另一方面，也有吕思勉、谭献等学者认为从内涵上看，《商君书》不是伪书。至于书中出现一些商鞅去世后的提法，可能是后世传抄中掺入的结果。无论如何，《商君书》基本上反映了商鞅的思想，这是可以肯定的。

此外，在秦汉时期诸家著作中，也有不少记载商鞅生平事迹的史料。在先秦著作中，主要有《荀子》《韩非子》《战国策》《吕氏春秋》等；汉代的著作中，司马迁的《史记·商君列传》比较详细地记载了商鞅生平，《史记·秦本纪》也有不少相关内容。贾谊的《过秦论》，《淮南子》中的《泰族训》《要略》等篇，桓宽《盐铁论》中的《非鞅篇》，《汉书》的《刑法志》《食货志》《艺文志》等，均有相关内容可资参考。

但所有这些史料中，涉及商鞅统一度量衡的事功方面的，却较为鲜见，倒是曾担任秦昭王相国，在秦昭王、秦孝文王、秦庄襄王、秦始皇四朝任职的蔡泽，对商鞅统一度量衡的举措给予了高度评价。司马迁《史记》记载了蔡泽对商鞅的评价：

> 商君为秦孝公明法令，禁奸本，尊爵必赏，有罪必罚，平权衡，正度量，调轻重，决裂阡陌，……是以兵动而地广，兵休而国富，故秦无敌于天下，立

威诸侯，成秦国之业。[1]

商鞅变法奠定了最终秦国一统天下大业的基础，他统一度量衡的举措是变法的重要内容，蔡泽身历四朝，他的评价来自亲身体会，是客观的。

商鞅之所以要改革并统一秦国的度量衡制度，与当时各国状况有密不可分的关系。东周时期，度量衡制度非常混乱，各国制度互不统一。在一些国家，除了国君所颁布的"公量"，不少卿大夫还设有"家量"。齐国的田和就曾利用这种不统一，以之为武器招揽人才，收买人心，最终推翻了国君，自己成为齐国国主。度量衡制度的不统一，给征收赋税、发放俸禄带来许多困难，阻滞国家机器的运转。这种情况下，哪个国家率先统一了度量衡，其国力就能更好地发挥出来，在争霸的道路上就容易领先一步。孔子对此曾经有感而发曰："谨权量，审法度，修废官，四方之政行焉。"[2] 孔子认为，通过考订度量衡制度，把度量衡统一起来，把被诸侯国废弃的官职恢复起来，国家就能有效地行使其管理职能。但度量衡的统一是一项系统工程，不是轻而易举就能实现的。商鞅的功绩在于他不但认识到了统一度量衡的重要性，而且找到了有效统一度量衡的路径，那就是度量衡管理的规范化和法制化。为了增强秦国的财政能力，确保改革顺利进行，他把统一度量衡制度作为保障变法成功的重要措施来对待，以国家的力量确保其得以实施。秦孝公十八年（前344年），齐国派大臣出使秦国，讨论度量衡问题，商鞅以此为契机，开始推动秦国的度量衡统一事业。

二、商鞅对秦国统一度量衡事业的贡献

在组织实施秦国度量衡统一事业过程中，商鞅的主要贡献有：

其一，"平斗桶、权衡、丈尺"，明确秦国采用丈、尺、寸的度量单位，升、斗、斛的量制单位和斤、钧、石的权衡单位，规定了其进制，确立了度量衡制度，杜绝了私量在秦国存在的可能性。商鞅还规定了量器与度制的关系，"以度数审其容"，使得器的设计有规可循，避免了在量器设计上的弄虚作假。这一点，我们下面还会提到。

其二，制定了合乎度量衡发展规律的管理方式。中国古代很早就认识到了度量衡由中央政府统一管理的必要性，《尚书·夏书·五子之歌》就明确提到"明明我祖，万邦之君。有典有则，贻厥子孙。关石和钧，王府则有。荒坠厥绪，覆宗绝祀。"

---

[1] 〔汉〕司马迁撰《史记》卷七十九《范雎蔡泽列传》，中华书局，1959，第2422页。
[2] 《论语·尧曰》第二十。

这是强调要把度量衡标准的制定作为"万邦之君"的典则传递给子孙，否则就会导致"覆宗绝祀"的严重后果。商鞅继承了这一思想，并创造性地发明了由中央政府规定度量衡制度、制作度量衡标准器，并将其颁发至全国郡县，督使各地贯彻执行的做法。同时，为避免度量衡器使用时间长导致的自然变形，或因使用中的磨损影响到其准确性现象的发生，商鞅还建立了每年春秋分时对度量衡器进行定期校验的制度。对这种校验制度，《吕氏春秋》有明确记载，其《仲春季》篇记载："是月也，……日夜分，则同度量，钧衡石，角斗桶，正权概。"其《仲秋季》也记载道："是月也，……日夜分，则一度量，平权衡，正钧石，齐斗甬。"春秋分之时，气温适宜，可以有效减少热胀冷缩现象对度量衡器的影响，确实是进行度量衡校验的最佳时节。《吕氏春秋》是秦始皇统一中国之前的书，它所记载的度量衡校验制度，不可能是秦始皇统一度量衡的产物，那就只有一种可能，即为商鞅所立，因为在商鞅到秦始皇之间，秦国并未就度量衡问题制定过新的制度。

其三，建立了度量衡的法治管理。度量衡制度的稳定，仅有科学的标准制定及检验制度等还不够。再好的制度，如果得不到严格执行，都达不到其预期目的。为此，就需要有法律的保障。对度量衡而言，就需要建立度量衡的法治管理。商鞅十分重视法律的威信，他曾采用徙木立信的做法，使民众相信新法的效力。《史记》对之有绘声绘色的记载：

> 令既具，未布，恐民之不信，已乃立三丈之木于国都市南门，募民有能徙置北门者予十金。民怪之，莫敢徙。复曰"能徙者予五十金"。有一人徙之，辄予五十金，以明不欺。[①]

商鞅用这种方法，让大家对新法树立了信心，营造了令必行、禁必止的舆论氛围，使法治传统得以在秦国建立。这是秦与当时其他诸侯国在基本国策上的明显差异处之一。

三、秦国度量衡制作的法治化管理

商鞅变法开启了秦国用法律管理国家的先声，在此基础上秦国制定了一系列的法律。对此，我们可以从云梦出土的秦简中窥知一二。

云梦秦简又称睡虎地秦简（图17-1），是指1975年12月考古工作者在湖北省云梦县睡

---

① 〔汉〕司马迁撰《史记》卷六十八《商君列传》，中华书局，1957，第2231页。

图 17-1

云梦睡虎地秦简

虎地出土的写于战国晚期及秦始皇时期的大量竹简。这批竹简的主要内容是秦朝时的法律制度，考古学家将其整理成十部分内容，包括《秦律十八种》《效律》等。其中《效律》对兵器、铠甲和皮革等军备物资的管理做出了严格的规定，也对度量衡的制式、制作误差的处罚做了明确的规定。这是中国历史上首次要求严格管理度量衡制作、对制作误差视其大小进行相应处罚的法律文件。尽管《效律》何时制定何时颁布我们并不清楚，但这样的法治措施，其源头可以追溯至商鞅变法，是毋庸置疑的。

《效律》对度量衡制作要求非常严格，对不同规格的度量衡器的允许误差范围都有明确规定。以下为《效律》中有关度量衡误差规定的具体条文：

> 衡石不正，十六两以上，赀官啬夫一甲；不盈十六两到八两，赀一盾。甬（桶）不正，二升以上，赀一甲；不盈二升到一升，赀一盾。
>
> 斗不正，半升以上，赀一甲；不盈半升到少半升，赀一盾。半石不正，八两以上；钧不正，四两以上；斤不正，三朱（铢）以上；半斗不正，少半升以上；参不正，六分升一以上；升不正，廿分升一以上；黄金衡赢（累）不正，半朱（铢）以上，赀各一盾。

为让读者有比较清晰的印象，这里不妨列表说明（见表17-1、表17-2）。

表17-1　秦简《效律》中对衡器超出误差范围的处罚规定

衡制	误差	罚赀
石	十六两以上	一甲
	八两到十六两	一盾
半石	八两以上	一盾
钧	四两以上	一盾
斤	三铢以上	一盾
黄金衡累	半铢以上	一盾

表 17-2　秦简《效律》中对量器超出误差范围的处罚规定

量制	误差	罚赀
桶	二升以上	一甲
	一升至二升	一盾
斗	半升以上	一甲
	三分之一升到半升	一盾
半斗	三分之一升以上	一盾
三分之一斗	六分之一升以上	一盾
升	二十分之一升以上	一盾

这些规定有其内在逻辑，以衡制而言，允许的制造误差大约均在 $\frac{1}{120}$ 的范围，超出这一范围就要罚赀一盾，即受到向国家上交一个盾牌的处罚。这样的规定，在以手工制作为主的当时，可谓是相当严苛。

严格的法律规定及其执行制度，确保了秦国度量衡在很长的一段历史时期保持稳定，也为秦国的强盛提供了良好的技术支撑。正如著名历史学家许倬云先生所说：

> 秦代规划度量衡，使全国都有同一标准。这一"标准化"的工作，在考古学所见数据，都可见到绩效，当然，遗留至今的秦权秦量，都是具体的实物证据。在秦代遗物的箭镞及瓦当，大小形制都是数千件一致，我们也可觑见秦人工艺产品的"标准化"。秦代官家作坊，出品都列举由工人到各级官员的名字，实是显示工作的责任制。
>
> 秦代兵器的标准化，可能是秦人能够以武力击败六国的原因之一。战国七雄的军事力量，各有特色，齐人尚技击，魏卒重材武，韩国兵器犀利，荆楚步卒，吴越剑士……均有可观之处。但秦人武库所积，若以"标准化"为特色，则不仅生产迅速，而且诸军配备整齐划一，于训练及补充，都有方便。则秦人之常胜，终于使"六王毕"，即不是偶然了。[①]

许倬云先生所言，在秦兵马俑出土的兵器上得到了充足的证明。兵马俑坑出土最多的兵

---

① 许倬云：《我者与他者：中国历史上的内外分际》，生活·读书·新知三联书店，2010，第35页。

图 17-2
秦兵马俑坑出土的青铜箭簇

器就是箭,目前出土的箭簇达四万余支,基本上都是青铜簇,簇首的形状绝大部分是三棱锥形(图17-2)。考古人员经过测量和研究,发现尽管箭簇分成不同的类型,但同一类型的箭簇大小和重量近乎完全一致,彼此差距很小,表明当时在箭簇的批量生产过程中,对其范型和模具制作有统一的标准,且要求十分严格,达到了标准化的水准。更令人惊讶的是,每一枚三棱形簇首的三条弧线及三个棱面的投影,也几乎都达到了相互重合的程度,最大的差值仅零点几毫米,充分体现了秦朝磨削技术的精确和抛光工艺的高超。

这样的"标准化",没有计量的支撑,是做不到的。责任制的推行,是严格管理的标志。显然,统一的度量衡制度,严格的计量管理,为秦国的强盛提供了坚实的技术保障。这些,都与商鞅变法有直接的关系。

商鞅变法并非一帆风顺,秦国一批贵族千方百计与新法对抗,他们唆使太子犯法,想以此破坏新法的推行。商鞅不畏权贵,坚持新法,通过打击保守势力,保证了新法的贯彻执行。他所制定的度量衡制度,为后来秦始皇统一度量衡奠定了基础。

四、商鞅方升的历史价值

要使新制定的度量衡制度得到贯彻执行，就需要由中央政府统一制作体现新制度的标准器下发到地方，将新制度传递到地方。商鞅监制的度量衡标准器，现在仍有存世，那就是珍藏于上海博物馆的商鞅方升。商鞅方升形制如图17-3所示，具体数据如右：方升连柄长18.7厘米，其本体内长12.5厘米，宽7厘米，深2.3厘米，实测容积折合现在单位为202.15毫升，重0.69千克。方升上有多处铭文，其左壁刻："十八年，齐率卿大夫众来聘，冬十二月乙酉，大良造鞅，爰积十六尊（寸）五分尊（寸）壹为升。"大良造鞅就是商鞅，商鞅方升的得名，正是源于这一铭文。与柄相对的一端刻"重泉"二字。右壁刻"临"字。底部则刻有秦始皇要求统一度量衡的诏书全文。

商鞅方升上的铭文，并非同时所刻。其左壁及顶端所刻，是商鞅制作方升时所为，提供了商鞅变法的相关信息；其右壁及底部所刻，则是公元前221年秦始皇统一度量衡时所为，反映的是秦始皇统一度量衡的相关信息。对此，我们分别进行讨论。

左壁的铭文记载了商鞅方升明确的颁发时间，秦孝公十八年，即公元前344年。这是有明确历史纪年的度量衡标准器，在世界计量史上十分重要。铭文内容还特别记载了秦国度量衡单位升的规格：1升等于16.2立方寸。这是中国历史上首次用长度单位规定量器的容积，它是度量衡科学的一大进步，人们可以用科学的方法设计量器标准器，检验其是否符合标准。《汉书·律历志》称之为"用度数审其容"，从此，量器单位成为长度的导出单位，不再是一个独立的计量单位了。这是商鞅对度量衡科学的一大贡献。时至今日，我们也可以根据这一规定，反过来复现秦国当时的长度和容积单位。

铭文提到"齐率卿大夫众来聘"，这是一个非常值得重视的历史信息。商鞅方升铸造于公元前344年，此时东方的齐国当政君主是齐威王。在历史上，齐威王是一位奋发有为的君主，他于公元前356年即位。齐威王要振兴齐国，首先就要规范整顿齐国的度量衡制度，这时距齐太公田和用家量制度招揽人心搞乱齐国而得以成为齐国国君（前404年）已经过去半个世纪，齐威王已经可以放下这一历史包袱，重新整顿度量衡制度了。他派大臣访问秦国，商鞅将此事铭之于方升，说明此次访问一定事关度量衡。齐、秦两个强国东西相望，它们为了各自的振兴，以度量衡的统一为抓手，围绕此事进行了卓有成效的交流——如果此次交流劳而无功，商鞅不会将其铭刻于方升。如果没有商鞅方升的记载，这件足以改变中国历史进程的事件将被湮没，商鞅方升的历史价值，由此可见一斑。

商鞅方升一端的"重泉"二字，记录着它的首次颁发地点（位于今陕西蒲城），意味着

图 17-3
商鞅方升

它是由中央政府颁发至地方的标准器。而秦始皇统一度量衡诏书和"临"字，则意味着商鞅方升作为标准器一直保存至秦始皇统一六国，并在秦始皇统一度量衡时作为向新征服地区颁发的标准器，被重新颁发至"临"地。商鞅方升本身见证了商鞅变法和秦始皇统一度量衡两件历史大事，其历史价值无论如何评价都不过分。

五、秦朝的统一度量衡

公元前 338 年，秦孝公去世，太子驷即位，是为秦惠文王。在秦孝公病重期间，商鞅独揽军政大权，使秦国内部权力斗争激化。在秦孝公死后，贵族势力公子虔等便罗织罪名，诬其谋反。秦惠文王下令追捕。商鞅逃亡无路，便回到封地起兵反抗，却失败战死。其尸身被带回秦都咸阳，车裂示众。

商鞅虽然被杀害，商鞅变法时制定的新法并未被废除。他主导制定的度量衡制度及度量衡的法治化管理，也在秦国得到了继承。117 年后，公元前 221 年，秦始皇剪灭六国，实现了国家统一，为了巩固新统一的国家政权，他采取了一系列重大措施，其中很重要的一条就是统一度量衡。现存的秦国度量衡器上，有很多刻有秦始皇要求统一度量衡的诏书，诏书的全文是：

> 廿六年，皇帝尽并兼天下诸侯，黔首大安，立号为皇帝，乃诏丞相状、绾，法度量则，不壹歉（嫌）疑者，皆明壹之。

意思是：秦王政二十六年，秦始皇兼并了各国诸侯，统一了天下，百姓安居乐业，于是立称号为皇帝，并下诏书给丞相隗状、王绾，要求他们制定统一度量衡的法令，把不统一、不准确的都统一、准确起来。这一诏书，以皇帝的身份要求全国推行统一的度量衡制度。当时，秦朝刚刚吞并六国，秦始皇就在李斯的建议下，将此提上议事日程，足见他对此事的重视程度。

为了让统一度量衡的政策为大众所知，能够顺利推行下去，秦人把秦始皇的诏令制成铜版，悬挂在城市醒目处，或铭刻于度量衡器物，由官方颁发到全国各地，既以此推进统一度量衡的伟业，也有助于"书同文"的宣传。刻有秦始皇诏令的铜诏版和度量衡器物在全国各地有广泛出土，在甘肃省镇原县博物馆就珍藏着一方"秦诏版"（图17-4），该"秦诏版"长10.8厘米，宽6.8厘米，厚0.4厘米，重0.15千克，四角有孔（上端两孔缺失，但痕迹犹存），供固定之用。它是秦始皇统一度量衡统一天下文字的一个有力见证。

秦始皇统一度量衡，就是要把原来由商鞅制定的已在秦国实行了100多年的度量衡制度推向全国。战国时期，七雄并立，每个国家都有自己的度量衡体系。秦始皇兼并六国之后，自然不能允许这种状况继续下去，所以，他把秦国的度量衡制度推向全国，乃是顺理成章之事。现存的商鞅方升上，既有记载商鞅监制时的铭文，也有后来又追刻上去的秦始皇颁布的统一度量衡的40字诏书。这表明商鞅方升是秦皇时经过校量，合乎规格，作为标准器重新下发到新统一的地区继续使用的。考古发掘的大量文物表明，秦始皇统一度量衡后制造的量器，每升单位量值在200毫升左右，这与商鞅方升202.15毫升的容积实测值相当一致，是在秦律规定的允许误差范围之内的，这充分表明了秦制的一贯性。

秦始皇统一度量衡的做法，在秦朝深入人心，以至于秦二世胡亥即位后，也要颁布诏书（图17-5），强调要统一度量衡，并将其与秦始皇诏书一道，刻于官方颁发的度量衡标准器上。下文是秦二世统一度量衡的诏书：

> 元年制。诏丞相斯、去疾：法度量，尽始皇帝为之，皆有刻辞焉。今袭号，而刻辞不称始皇帝，其于久远也。如后嗣为之者，不称成功盛德。刻此诏，故刻左，使毋疑。

图 17-4

甘肃省镇原县出土的秦诏版

(a)正面

(b)背面

图 17-5
山东临朐山旺古生物化石博物馆收藏的秦二世统一度量衡铜诏版

这段话的大意是说，秦二世元年（前209年），下诏给左丞相李斯、右丞相冯去疾说，统一度量衡是始皇帝定下的制度，其统一度量衡的诏书被制成刻辞让大家知晓。现在我秦二世继承皇帝称号，继续制作统一度量衡的刻辞，不再称始皇帝，但要让这个事业长久进行下去。如果后嗣再有类似行为，那只是继续奉行始皇帝的政策，不能自称有功德。现在把这个诏书刻在左边，使不致有疑惑。

该诏书的目的，是要申明秦二世继承了秦始皇的志向，要使度量衡的统一成为"久远"之业。至于"刻左"之说，是由于秦始皇的诏书颁布在前，秦二世的诏书在后，而古代文书书写是自右向左，当两诏书并排铸刻时，秦始皇二十六年的诏书放在右边，秦二世的诏书自然就在左边了，因此说是"刻左"。现代考古已经发现了一些同时刻有秦始皇二十六年和秦二世元年两份诏书的秦代度量衡器物，它们是秦代实行统一度量衡制度的实物见证，具有重要的历史价值。

需要指出的是，诏文所说的"刻此诏，故刻左，使毋疑"，是用"刻左"的说法，表明秦二世此举是对秦始皇统一度量衡事业的继承，并非一定要两诏并排。图17-5所示是20世纪80年代山东省临朐县文管所征集到的一件铜诏版，就是一件单独的秦二世统一度量衡诏版。该诏版方形圆角，长8.2厘米，宽7.4厘米，高1.6厘米，重240克，收藏于山东临朐山旺古生物化石博物馆。该诏版与陕西省富平县文管会收藏的秦二世元年铜诏版，从形制、纹饰及文字上完全相同，只是尺寸上稍有差别[①]，表明这种形制的铜诏版是一种标准制作。

总体来说，在推行统一的度量衡制度过程中，秦朝制造和颁发了大量度量衡标准器。这些器具近年来有广泛出土，不仅数量多，而且分布也广，几乎遍布当年战国时期齐、楚、燕、韩、赵、魏六国旧地。当时没有印刷技术与宣传媒介，只能靠在具体器物上铸刻文字，公布于社会，使统一度量衡制度的政策为人们所知，使原来不一致的度量衡用统一的标准明确起来。这表明秦朝在其辽阔的疆域内确实实现了度量衡的统一。这是商鞅开始的重视度量衡统一和对度量衡进行法治化管理的传统在秦国结出的硕果。

尽管秦王朝延续时间不长，但由商鞅开始，经秦始皇统一度量衡的举措而得以加强的重视度量衡统一和对度量衡进行法制化管理的传统，对后世产生了深远影响，成为后世王朝效法的典范。

---

① 孙名昌：《临朐博物馆藏秦二世诏版及金都统之印》，《文物鉴定与鉴赏》2017年第6期。

第二节　古代计量的坐标式人物刘歆

刘歆，字子骏，西汉后期的著名学者，约生于公元前50年，去世于公元23年。刘歆出身于西汉皇室世家，其父刘向是当时著名学者，博通经史，中国历史上首部目录学著作《别录》即出自其手。刘歆受其影响，自幼即开始读书，受到皇帝赏识，后随父亲一道整理校订秘书（即国家收藏的书籍）。其父去世后又受皇帝指令，统领西汉校书工作。后因与王莽关系密切，逐渐卷入政治旋涡，成为王莽政治阴谋的追随者。王莽篡汉建立"新"朝后，刘歆成为国师，号"嘉新公"。王莽政权晚期，刘歆又想挣脱王莽政权，谋诛王莽，事泄自杀。

刘歆的政治行为不足道，他对学术的贡献却引人注目。他是西汉今文经学学派的异军，东汉古文经学之宗师。他在其父刘向《别录》基础上编纂的综合性图书分类目录《七略》，对后世目录学有深远影响，是中国目录书的典范。在对经学的研究上，他另辟蹊径，创立了以文字和历史解经的新方法，为古文经学学派的诞生准备了学术基础。刘歆还是杰出的天文学家，他在系统考订上古以来的天文文献和天文记录的基础上写成的《三统历谱》，被认为是世界上最早的天文年历的雏形。

除此以外，刘歆还对计量有过深入研究，对中国古代计量理论的形成和计量标准器的设计做出过重要贡献。中国古代社会在其长期发展过程中，积累了丰富的计量理论和实践，但中国古代系统的计量理论究竟形成于何时，目前尚是一个未解之谜。就目前的研究来看，刘歆的计量理论对中国传统计量的发展发挥了重要作用，它的产生，标志着传统计量理论的正式形成。刘歆是中国古代计量的坐标式人物。

刘歆的计量理论主要记载于《汉书·律历志》。西汉元始年间（公元1—5年），王莽把持政权。为了炫耀自己，邀取民心，他"征天下通知钟律者百余人"，在刘歆的主持下，进行了系统的考订音律和度量衡的工作。在这一工作完成之时，刘歆向王莽"典领条奏"，详细论述了有关音律和度量衡的基本理论，以及他们设计的各类度量衡标准器。这一"条奏"集中体现了刘歆的计量理论。刘歆在历史上是个有争议的人物，他的人品，常受后人非议，但他在其"典领条奏"中表述的计量思想，却深受后人赞许，班固就曾称赞其理论"言之最详"。刘歆本人对自己的这项工作也颇感自豪，他评述说：

今广延群儒，博谋讲道，修明旧典，同律，审度，嘉量，平衡，钧权，正准，直绳，立于五则，备数和声，以利兆民，贞天下于一，同海内之归。①

这段话，尽管对王莽不无阿谀奉承之嫌，但它对计量重要性的强调，却是完全应该的。所谓"以利兆民，贞天下于一，同海内之归"，就是人们对计量的社会功能的期望。正因为如此，班固在编纂《汉书》时，对刘歆的理论，没有因人废言，而是采取了"删其'伪辞'，取正义著于篇"的做法，将其载入《汉书·律历志》。刘歆的理论为后人所接受，这使得《汉书·律历志》成为中国历史上最权威的计量理论著作之一。本节讨论刘歆的计量理论，依据就是该书的记载。所有引文，凡不注明出处者，皆引自该书。

刘歆的计量理论主要包括了以下内容：

一、数及其在计量中的作用

刘歆非常重视数的作用。他说："数者，一、十、百、千、万也，所以算数事物，顺性命之理也。"他认为数使事物的计量成为可能，是治理国家的基础。他引用古《逸书》说："先其算命。"颜师古解释这4个字道："言王者统业，先立算数以命百事也。"这些话所表现的，实际是定量化在管理国家中的作用。如果不能定量地"算数事物"，国家机器就不能正常运转。

对于数在计量的各个具体分支中的作用，刘歆也有清楚的认识，他强调说，"夫推历生律制器，规圆矩方，权重衡平，准绳嘉量，探赜索隐，钩深致远，莫不用焉"。刘歆的论述，把数与具体的测量操作结合起来，这就容易形成定量化的思想。定量化的思想是计量赖以发展的基石，由此我们可以看到刘歆这一论述的意义。在中国历史上，刘歆最早系统论述了这一命题。

刘歆认为，要表现事物之间错综复杂的数量关系，只需要177 147个数目字就可以了。他的依据是：

> 本起于黄钟之数，始于一而三之，三三积之，历十二辰之数，十有七万七千一百四十七，而五数备矣。②

如果写成算式，则为

---

① 〔汉〕班固撰《汉书》卷二十一上《律历志》，中华书局，1962，第972页。
② 同上书，第956页。

| 子 | 丑 | 寅 | 卯 | 辰 | 巳 | 午 | 未 | 申 | 酉 | 戌 | 亥 |

$$1 \times 3 \times 3 \times 3 \times 3 \times 3 \times 3 \times 3 \times 3 \times 3 \times 3 \times 3 = 177\,147$$

他的这一认识，在我们今天看来，纯粹是一种无聊的数字游戏，但它却表现了当时流行的哲学观念。之所以要"始于一而三之"，三国孟康解释说："黄钟，子之律也。子数一。泰极元气含三为一，是以一数变而为三也。"古人认为，宇宙起源之初，呈现混沌状态，叫泰极元气。元气因是宇宙本原，故名为一。元气蕴含了天地人三种因子，故曰"元气含三为一"。由这三种因子，又进一步化衍万物，即所谓"三生万物"[①]，由此推演开来，"物以三生"[②]，所以，要用三作为公因子相乘。而与十二辰相应，则是因为十二辰对应于十二律。按古人理解，十二律音律变化可以反映万事万物一切变化。因为每一变化都是由三造成的，所以，只要从子位的一开始，以三相乘，历十二辰，就可以将一切变化对应的数量关系涵括在内，即孟康所谓"五行阴阳变化之数备于此矣"。当然，刘歆在这里并非是说，自然数一共就这么多，而是说用这么多数来描述万事万物之变化，就足够了。需要说明的是，177 147 这个数不是他最先提出的，《淮南子》就已经用同样的方法率先得出了这一数字。刘歆只不过是将其纳入了自己的理论体系而已。

刘歆还指出，数之间具有各种关系，处理这些关系的学问就叫算术。算术所用的计算工具是用竹子做成的直径为一分、长度为六寸的算筹。算术公布于众时，属于传统小学那一部分。管理算术是太史的职责。

刘歆的理论，把抽象的数的观念提高到了突出的地位，有利于人们理解数学的独立地位以及数学与其他学科的关系。而且，他把数与具体的测量结合起来，形成了定量化的思想，这在计量理论的发展方面，是一个巨大的进步。当然，他的"五数备矣"之说，是毫无价值的。其理论所蕴含的数字神秘主义，也是不可取的。

二、音律本性及其相生规律

在刘歆的理论中，有关音律的内容占了很大比重。之所以如此，是因为在中国传统文化中，音乐具有特殊地位。在古代，礼乐并重。孔子即曾说过："安上治民，莫善于礼；移风易俗，莫善于乐。二者相与并行。"[③] 音乐在古代社会中的地位，由此可见一斑。

[①] 〔春秋〕老子：《道德经》语。
[②] 〔汉〕高诱注《淮南鸿烈解》卷三《天文训》，《四库全书》本。
[③] 〔汉〕班固撰《汉书》卷三十《艺文志》，中华书局，1962，第1711页。

音乐要繁荣，就必须要有坚实的音律学知识作为基础。而且在古人看来，音律还是度量衡的本原，这样，刘歆的理论中音律学说占重要地位，是很自然的。

刘歆的音律理论，主要论述五声、八音、十二律。关于五声八音的定义，他解释说：

> 声者，宫、商、角、徵、羽也。所以作乐者，谐八音，荡涤人之邪意，全其正性，移风易俗也。八音，土曰埙，匏曰笙，皮曰鼓，竹曰管，丝曰弦，石曰磬，金曰钟，木曰柷。五声和，八音谐，而乐成。①

这里五声指的是宫商角徵羽，是五声音阶上的五个音级，而八音则指八种乐器。八音的和谐相配，加上五声的旋律变化，才能演奏出动人的音乐。

那么，五声音阶是如何生成的呢？刘歆指出：

> 五声之本，生于黄钟之律。九寸为宫，或损或益，以定商、角、徵、羽。九六相生，阴阳之应也。②

这里讲的，是历史上有名的三分损益法。它以黄钟律长九寸为基准，将其三等分，然后依次减去一分或加上一分，以定出其他各音阶的相应长度。

三分损益法产生时间很早，因其法则简单，便于掌握和应用，利用由它所产生的音阶进行演奏，能给人以和谐悦耳的音感，因此在古代音乐实践中得到了广泛应用。刘歆继承了古人这一遗产，将其纳入了自己的体系之中。

五声音阶反映的是声调高度的改变值。也就是说，它表现的是相对音高，相邻两音之间的距离固定不变，但绝对音高则随着调子的转移而转移。这样，在演奏时，就必须定出一个音高，作为音阶的起点。为此，古人发明了十二律（图17-6），以之作为十二个高度不同的标准音。对十二律，刘歆花费了很大篇幅进行讨论。

关于十二律的来历，刘歆引述说：

> 黄帝之所作也。黄帝使泠纶，自大夏之西，昆仑之阴，取竹之解谷生，其窍厚均者，断两节间而吹之，以为黄钟之宫。制十二筒以听凤之鸣，其雄鸣为六，

---

① 〔汉〕班固撰《汉书》卷二十一上《律历志》，中华书局，1962，第957~958页。
② 同上书，第958页。

图 17-6
中国国家博物馆陈列的十二律管,左侧第一即为黄钟律管

雌鸣亦六,比黄钟之宫,而皆可以生之,是为律本。①

这段话,并非刘歆的发明,《吕氏春秋》亦有类似记载,但刘歆对之按自己意愿做了取舍。例如《吕氏春秋》提到的"其长三寸九分而吹之,以为黄钟之宫"②,刘歆就舍弃了,因为他对黄钟管长另有规定。刘歆引述的这段话有其深刻含义。它反映了人们最早是用竹管来定律的,这对后人制律及制定度量衡基准有启发作用。另外,它提到的"听凤之鸣"之语,具有音律要合乎自然界客观实际的意思。"比黄钟之宫,而皆可以生之",又说明十二律有内在规律,可以按规律推导出来。这些思想,无疑都是很重要的。

那么,十二律的长度究竟是如何确定的呢?刘歆采用了首先规定黄钟、林钟、太族三律的长度,然后再加以推算的方法。他从其三统论出发,认为

---

① 〔汉〕班固撰《汉书》卷二十一上《律历志》,中华书局,1962,第959页。
② 〔汉〕高诱注《吕氏春秋》卷五《仲夏纪》,《四库全书》本。

> 黄钟为天统，律长九寸。九者，所以究极中和，为万物元也。……林钟为地统，律长六寸。六者，所以含阳之施，楙之于六合之内，令刚柔有体也。……太族为人统，律长八寸，象八卦，宓戏氏之所以顺天地，通神明，类万物之情也。……此三律之谓也，是为三统。①

这种做法的实质，是首先认定黄钟律长九寸，然后再分别确定其他各律长度。应该指出，刘歆的这种做法，并非毫无道理。十二律的认定，本质上就是人的一种主观行为。选择黄钟律长九寸，这符合中国古代音乐实践。而且刘歆的这一选择，还与其哲学理论达到了统一。尽管在我们看来，他的哲学理论充满了牵强附会。

选定了黄钟律长九寸之后，接下去就可以运用三分损益法推算其余各律的长度了，具体方法是：

> （黄钟）三分损一，下生林钟；三分林钟益一，上生太族；三分太族损一，下生南吕；三分南吕益一，上生姑洗；三分姑洗损一，下生应钟；三分应钟益一，上生蕤宾；三分蕤宾损一，下生大吕；三分大吕益一，上生夷则；三分夷则损一，下生夹钟；三分夹钟益一，上生亡射；三分亡射损一，下生中吕。阴阳相生，自黄钟始而左旋，八八为伍。其法皆用铜。职在大乐，太常掌之。②

十二律的这套三分损益法，在先秦时期即已存在。不过刘歆在继承传统的三分损益十二律的同时，也对之做了更改。在传统计算过程中，为使十二律都在一个八度组内，人们采用的是"先损后益、蕤宾重上"的方法③，如图17-7所示。

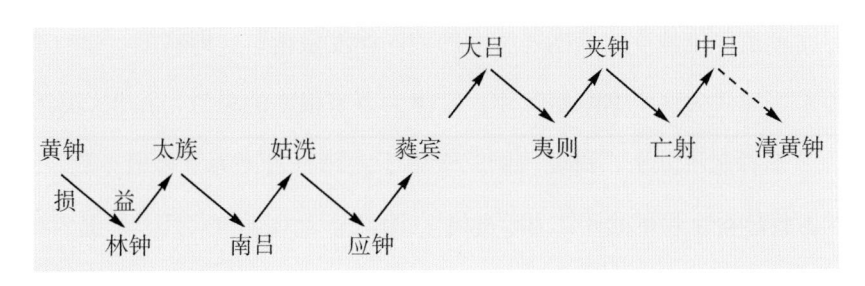

图 17-7
传统的三分损益十二律

---

① 〔汉〕班固撰《汉书》卷二十一上《律历志》，中华书局，1962，第961页。
② 同上书，第965页。
③ 戴念祖：《中华文化通志·物理与机械志》，上海人民出版社，1998，第91页。

而刘歆的三分损益十二律则取消了"蕤宾重上"这一步骤，其计算流程如图17-8所示。

```
黄钟 → 太族 → 姑洗 → 蕤宾 → 夷则 → 亡射 → 清黄钟
  ↘   ↗   ↘   ↗   ↘   ↗   ↘   ↗   ↘   ↗   ↘   ↗
   林钟    南吕    应钟    大吕    夹钟    中吕
```

图 17-8
刘歆的三分损益十二律

刘歆为什么要做这种更改，我们不得而知。也许是为了追求数学形式上的整齐划一，体现他作为数学家的审美需求。但他的这一更改，违背了音乐的内在规律。尽管按他的相生方法，最后对清黄钟的回归结果是一样的，但大吕、夹钟、中吕这三律却超越了一个八度的范围，对此，北宋沈括评价说：

> 《汉志》：阴阳相生，自黄钟始，而左旋，八八为伍。八八为伍者，谓一上生与一下生相间。如此则自大吕以后，律数皆差，须自蕤宾再上生，方得本数。此八八为伍之误也。[1]

沈括的评价是正确的，历史上确实也很少有人在音乐实践中采用刘歆的这套方法。但由此也更可以看出刘歆身上的那种追求形式完美的数学家特质。

三、乐律累黍说

这是刘歆计量理论的重要部分，其主要内容是度量衡单位基准的选择依据。

刘歆制订度量衡单位基准的依据是所谓的"同律度量衡"，即将度、量、衡用一个共同的本原统一起来。他认为这个本原是音律。音律为万事根本的思想，并非刘歆首创，司马迁就曾经说过，"王者制事立法，物度轨则，壹禀于六律。六律为万事根本焉"[2]。此处六律指音律。中国古代传统上用的是十二律，这十二律又分为六律和六吕。单提六律，就可以代指整个音律。但音律究竟如何与度量衡相联系，古人并未说清楚，是刘歆为其建立了具体模型，这就是所谓的乐律累黍说。

首先，我们分析一下刘歆是如何以之建立长度单位的。《汉书》载云：

---

[1] 〔宋〕沈括：《梦溪笔谈》卷五《乐律一》，岳麓书社，2002，第30页。
[2] 〔汉〕司马迁撰《史记》卷二十五《律书》，中华书局，1959，第1239页。

> 度者，分、寸、尺、丈、引也，所以度长短也。本起黄钟之长，以子谷秬黍中者，一黍之广，度之九十分，黄钟之长。一为一分，十分为寸，十寸为尺，十尺为丈，十丈为引，而五度审矣。①

这是说，长度单位基准来自黄钟律管。黄钟律管长九寸，这本身就是一个基准。这一基准可以通过某种黍米（即所谓的子谷秬黍）的参验校正得以实现。具体方法是：选择个头适中的这种黍米，一个黍米的宽度是一分，九十个排起来，就是九寸，正好是黄钟律管的长度。这种黍米就提供了"分"这个长度单位。分确定了，其他长度单位自然也就可以由之推导出来。

为什么要用分作为最基本的长度单位呢？刘歆解释说："分者，自三微而成物，可分别也。"可见，他是以肉眼可明确分辨为前提而确定的。在此之前，小于分的单位还有厘、毫、秒、忽、丝等，但那都是用于计算的理论推导单位，是刘歆首先将理论推导单位与实用单位做了区分。

乐律累黍说有其内在科学道理。因为律管的长度与其所发音高确实相关，一旦管长变化，必然引起音高变化，这是人耳可以感觉到的，从而可以采取相应措施，确保选定管长的恒定性，这就使得它有资格作为度量衡基准。但另一方面，对同一个笛管而言，它所发出的音高是否黄钟音律，不同的人又可能有不同的理解，这就带来了标准的不确定性。为此，刘歆采用子谷秬黍作为中介物，通过对它的排列，获得长度基准。他采用的是双重基准制：黄钟律管提供的是基本基准，黍米参验提供的是辅助基准。

以黄钟律管长作为基准的思想，在古代中国由来已久。但对其具体数值，却有不同说法，有认为一尺的，有认为九寸的，有认为八寸一分的，也有认为三寸九分的。自从《汉书·律历志》采纳了刘歆的说法之后，黄钟管长九寸之说，就被历代正史《律历志》所接受，成了后世度量衡制订者信奉的圭臬。

黄钟律管不但提供了长度基准，而且还提供了容积基准。刘歆是这样建立他的容积基准的：

> 量者，龠、合、升、斗、斛也，所以量多少也。本起于黄钟之龠，用度数

---

① 〔汉〕班固撰《汉书》卷二十一上《律历志》，中华书局，1962，第966页。

> 审其容，以子谷秬黍中者千有二百实其龠，以井水准其概。合龠为合，十合为升，十升为斗，十斗为斛，而五量嘉矣。①

刘歆认为，量器的单位基准来自黄钟之龠。所谓黄钟之龠，是指这种龠的大小是用黄钟律管定出的长度基准来规定的。实现的途径，也是用子谷秬黍的参验校正，具体方法是：选择1 200粒大小适中的黍米，放在龠内，如果正好填平，那么这个龠的容积就被定义为一龠，这就是黄钟之龠。龠的大小确定之后，其他也就随之确定了。

用度数审其容的规定，非常科学，正是这一规定确保了长度单位和容积单位的统一。实际上，有了用长度单位规定的容积单位，再用子谷秬黍进行参验校正，已无必要，它只不过是增加了容积单位来历的神秘性而已。

另外，根据刘歆的理论，黄钟律还能为重量单位提供基准。其理论依据是：因为由黄钟律管可以得到长度基准，由长度基准可以定出量器基准，量器基准确定以后，它所容纳的某种物质的重量也就随之确定，这个重量就可以作为衡器基准。所以，衡器的基准也是来自黄钟律。刘歆说：

> 权者，铢、两、斤、钧、石也，所以称物平施，知轻重也。本起于黄钟之重。一龠容千二百黍，重十二铢，两之为两，二十四铢为两，十六两为斤，三十斤为钧，四钧为石。②

可以看出，刘歆也是用子谷秬黍的参验校正来得到衡器的单位基准的。他认为，黄钟之龠恰好能容1 200粒黍米，这1 200粒黍米的重量就是12铢。之所以用铢作为重量基本单位的起始单位，其依据是：

> 铢者，物繇忽微始，至于成著，可殊异也。③

显然，这与以分作为长度起始单位的理由一样，都是以人的感官能够分辨为出发点来制定的。铢的大小确定以后，其余的重量单位也就不难得到了。通过这些论述，我们知道，在刘歆的

---

① 〔汉〕班固撰《汉书》卷二十一上《律历志》，中华书局，1962，第967页。
② 同上书，第969页。
③ 同上。

理论中，度、量、衡三者，就是这样与黄钟律建立了自己的关系的。

四、度量衡标准器的设计

刘歆计量理论的精华是他对度量衡标准器的设计。所谓的乐律累黍说，只是从理论上提供了一种确定度量衡基准的途径，但在实际上，还需要在该学说确定的基准的基础上，设计出相应的标准器来，以之作为检定其他度量衡器具的依据。这就像1790年法国科学院决定采用通过巴黎的地球子午线的四千万分之一为1米，但还需要按这一定义制造出一支标准的米尺来一样。

刘歆设计的长度标准器有两种，一种是铜丈，另一种是竹引。《汉书》描述他的设计说：

> 其法用铜，高一寸，广二寸，长一丈，而分、寸、尺、丈存焉。用竹为引，高一分，广六分，长十丈，其方法矩，高广之数，阴阳之象也。①

竹引因为材料的缘故，现已无存，而铜丈却有出土文物存在，现保存于台北故宫博物院内。该铜丈出土时已断成两截，一截稍弯曲。丈面没有分寸线纹，只是刻了王莽统一度量衡的81字诏书铭文。铜丈的形制与《汉书》所记相符，又刻有新莽时统一度量衡的铭文，当是标准器无疑。②

衡器的设计亦有出土文物为证，是铜制的衡杆，悬钮在中央，按等臂天平原理制作。权则被设计成扁平环状，环的外径约为孔径的3倍，即刘歆所谓之"圆而环之，令之肉倍好"。肉，指环的实体部分；好，指环的空心部分。这种环权，同样有文物出土，③这里不再多说。

应予细致介绍的是刘歆对量器标准器的设计。他把龠、合、升、斗、斛这五个量器单位设计到了一个器物上，而且还规定了它们的尺寸和总的重量，从而真正实现了度量衡基本单位在一个器物上的统一。他描述自己的设计说：

> 其法用铜，方尺而圆其外，旁有庣焉。其上为斛，其下为斗。左耳为升，右耳为合龠。其状似爵，以縻爵禄。上三下二，参天两地，圆而函方，左一右二，

---

① 〔汉〕班固撰《汉书》卷二十一上《律历志》，中华书局，1962，第966页。
② 丘光明：《中国历代度量衡考》，科学出版社，1992，第18页。
③ 同上书，第408页。

阴阳之象也。其圆象规，其重二钧，备气物之数，合万有一千五百二十。声中黄钟，始于黄钟而反覆焉。①

依据这一思想制造出来的量器，至今仍保存在台北故宫博物院内，其形制与刘歆所述完全相同。从实物来看，该器为青铜质地，主体是一个大圆柱体，近下端有底，底上方为斛量，下方为斗量。左侧是一个小圆柱体，上为合量，底在中央，下为龠量。斛、升、合三量口朝上，斗、龠二量朝下，如图17-9所示。因为它是以王莽新朝的名义颁布发行的，所以学术界习惯上称其为新莽嘉量。新莽嘉量的器壁上，刻有王莽统一度量衡的81字诏文。嘉量的形制与《汉书》所记一致，又刻有王莽的诏书，这更证明它是刘歆设计的标准量器无疑。

新莽嘉量的每一个单件量器上都刻有分铭，分铭详细记载了该量的形制、规格、容积及与它量之换算关系。这里仅就斛量上的分铭做些分析。该铭文如下：

律嘉量斛，方尺而圆其外，庣旁九厘五毫，冥百六十二寸，深尺，积千六百二十寸，容十斗。②

"律"，指黄钟律，意为此斛容积是按"同律度量衡"的方法以黄钟律为基准确定的。"嘉"，是好的意思。"嘉量"，即本文所谓之标准量器。"方尺而圆其外"，是用圆内接正方形的边长来规定圆的大小，并非表示该量器的构造为外圆内方。之所以要这样做，大概是因为早期古人未曾找到准确测定圆的直径的方法，只有借助于其内接正方形来表示。那时他们要确定一个圆，首先要定出方的尺寸，然后再作外接圆，此即古人所谓之"圆出于方，方出于矩"的含义。刘歆继承了这一传统。"庣旁"是指从正方形角顶到圆周的一段距离，如图17-10所示。"冥"同幂，指圆面积。嘉量斛明文规定"冥百六十二寸"，即大圆柱体横截面积为162平方寸。只有满足这一数字，才能使该斛在深一尺时，容积恰为1 620立方寸。但按"方尺而圆其外"的规定，不能满足对面积的这种要求。从初等几何中我们知道，当正方形边长为一尺时，其外接圆面积为1.57平方尺，即"冥百五十七寸"，比要求的"冥百六十二寸"少了五平方寸，因此要在正方形对角线两端各加上九厘五毫作为圆径，面积才能相合。这就是"庣旁"的来历，是"用度数审其容"的典范。

刘歆能够定出"庣旁"为九厘五毫，很了不起。其设计思路是先给定圆的面积，然后逆

---

① 〔汉〕班固撰《汉书》卷二十一上《律历志》，中华书局，1962，第967~968页。
② 〔唐〕魏徵等撰《隋书》卷十六《志第十一上·律历上》，中华书局，1973，第409页。

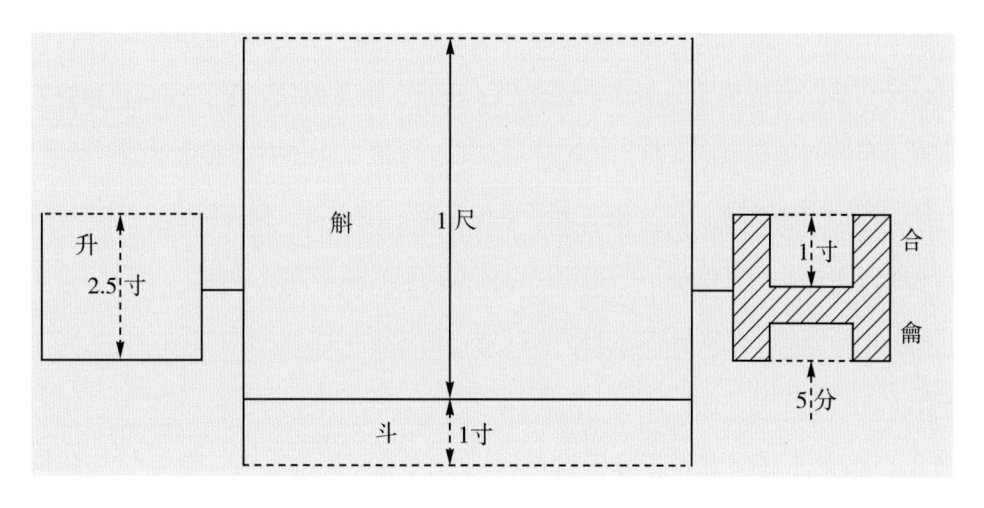

图 17-9
刘歆设计的标准量器结构示意图

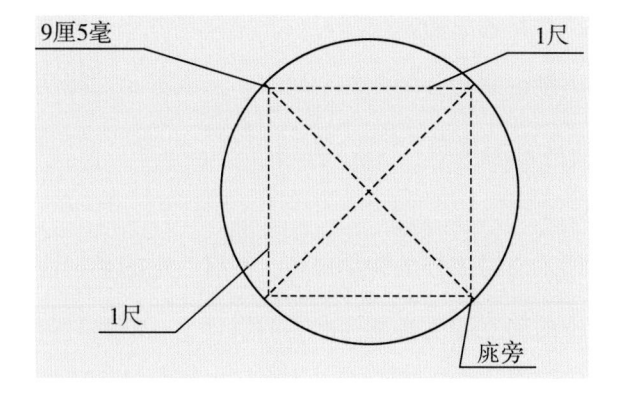

图 17-10
新莽嘉量庣旁示意图

推其直径。这中间要用到圆周率。考察一下嘉量有关数据,可知刘歆所用的圆周率为 $\pi =$ 3.154 7,而当时人们通用的圆周率值才是"周三径一"。由此可见,刘歆是中国历史上打破"周三径一"的第一人。遗憾的是,他是如何得到这一数据的,我们一无所知。

嘉量设计巧妙,合五量为一器;刻铭详尽,记录了每量的径、深、底面积和容积;计算精确,体现了当时的最高水平;制作也很精湛。非但如此,它还有"其重二钧"的重量要求。这样,由此一器即可得到度、量、衡三者的单位量值。度、量、衡在一器上实现了统一。正是考虑到这些因素,我们可以毫不夸张地说,刘歆的设计是极其成功的。

刘歆还考虑了制作度量衡标准器的材料问题,他选择了铜,其理由是:

> 凡律度量衡用铜者,名自名也,所以同天下,齐风俗也。铜为物之至精,不为燥湿寒暑变其节,不为风雨暴露改其形,介然有常,有似士君子之行,是以用铜也。①

可见,刘歆之所以选择铜作为制作度量衡的原料,一方面,是因为"铜"与"同"谐音,可以寄托他们希望度量衡标准器能够一成不变、传之千秋万代的理想;另一方面,则是因为铜不受外界条件变化的影响,能够确保度量衡标准器的恒定性。当然,竹引是个例外,"用竹为引者,事之宜也"。因为"引长十丈,高一分,广六分,唯竹篾柔而坚为宜耳"。需要说明的是,古人所说的铜,往往是指青铜,新莽嘉量就是用青铜制成的,而青铜在其强度和抗腐蚀性能方面,确有其独到之处。当然,青铜也热胀冷缩,"为燥湿寒暑变其节",只是其变化量很小,古人不知而已。在古人所接触到的有限几种金属中,从成本及性能两方面来考虑,青铜确是最佳选择。现存的一些秦汉青铜量器,历时已两千多年,仍保持着完好的形状,这充分证明了刘歆选择的正确。

总体来看,刘歆的计量理论既遵循了当时流行的哲学观念,又有一定的科学性和实用价值,这尤其表现在他对度量衡基本单位的确立和度量衡标准器的设计上。刘歆对自己理论的自我评价是:

> 稽之于古今,效之于气物,和之于心耳,考之于经传,咸得其实,靡不协同。②

---

① 〔汉〕班固撰《汉书》卷二十一上《律历志》,中华书局,1962,第972页。
② 同上书,第956页。

可见他的理论是经过认真思考并按一定程序做了检验了的。他的学说是中国古代最早的系统化了的计量理论，其核心内容指导了中国近两千年来的计量实践。这就是刘歆计量理论在中国计量史上的地位。

第三节　量的概念在王充思想中的作用

在中国计量史上，东汉王充非常独特：他本人对计量学没有贡献，但却高度重视量的概念，为在社会上宣扬普及量的概念，身体力行，为人们树立了运用量的概念分析讨论社会问题的典范。王充是东汉著名学者，在中国学术史上享有很高的地位。他的《论衡》以"疾虚妄""扬真美"为指导思想，揭露当时社会上的"伪书俗文""虚妄之言"，并阐发了他自己关于社会、自然和人生等重要问题的见解。在进行这种揭露和阐发的过程中，量的概念是他的基本出发点之一。这里所谓的量，既可以是物体的数量，也可以指物体的尺度、重量等自身属性，还可以包括物体间相互作用范围、远近距离变化等，是指不同的物体同一属性在大小、多少等方面的差异，而不是不同属性在性质上的区别。注意从量的角度思考问题，是王充的一个重要思想方法。明确这一点，对于准确把握王充的思想，是十分必要的。

一、反对世俗迷信之工具

在《论衡》中，王充花费大量篇幅，对当时社会上流行的世俗迷信作了分析和批判。在这一过程中，量的概念是他进行这种批判的重要工具。这里我们略举几例加以说明。

在王充的时代，神鬼之说流行，很多人相信人死后为鬼。对此，王充从其元气学说出发，对这种传说作了揭露。他认为，"人之所以生者，精气也"①。精气促成了人的生命，使人具有形体和知觉。精气和人的形体具有相辅相成作用，它不能脱离人体而单独产生知觉。王充说："形须气而成，气须形而知，天下无独燃之火，世间安得有无体独知之精？"②即是说，人一旦死亡，精气离散，也就不会再有任何知觉了。"人死脉竭，竭而精气灭，灭而形体朽，

---

① 〔汉〕王充撰《论衡》卷二十《论死篇》，《四库全书》本。
② 同上。

朽而成灰土，何用为鬼？"①这样，王充从他的哲学观点出发，论证了"人死为鬼"说之不能成立。但王充并不到此为止，他进一步运用量的观念对神鬼之说做了分析：

> 天地开辟，人皇以来，随寿而死。若中年夭亡，以亿万数。计今人之数不若死者多。如人死辄为鬼，则道路之上，一步一鬼也。人且死见鬼，宜见数百千万，满堂盈廷，填塞巷路，不宜徒见一两人也。②

这种驳论，显得十分机敏，它从量的角度论证了"人死为鬼"之说的不合逻辑，从而增强了他的无神论主张的说服力。

在汉代，卜筮盛行。人们认为，卜筮者通于天地，"卜者问天，筮者问地"，天地通过蓍草、龟甲等卜具向卜策者提供信息，报告吉凶，"蓍神龟灵，兆数报应"。因此，人们"舍人议而就卜，违可否而信吉凶"③，对之十分信奉。王充反对卜筮之说，他认为卜筮者不可能通过蓍草、龟甲从天地获取信息，这除了由于"蓍不神、龟不灵"，还在于天地的高大。他说：

> 天高，耳与人相远。如天无耳，非形体也，非形体则气也，气若云雾，何能告人？蓍以问地，地有形体，与人无异同，人不近耳，则人不闻，人不闻则口不告人。夫言问天，则天为气，不能为兆；问地，则地耳远，不闻人言。信谓天地告报人者，何据见哉？④

这是说，不管天有没有耳朵，卜筮者都不可能通于天地，原因在于天高地大。天高，它即使有耳，也距人甚远，不可能听到人的祈求，也就不可能向人报告信息。更何况天是气，像云雾一样，没有耳和口，根本不可能向人报告。地虽然有一定形体，但是地体广大，它倘若有耳，也离人十分遥远，同样听不到人的诉求。由此，王充总结说，即使仅从天地与人大小悬殊这一点来看，认为"卜筮者能通于天地"，这种观点也是荒唐的。他说：

> 人在天地之间，犹虮虱之着人身也。如虮虱欲知人意，鸣人耳傍，人犹不

---

① 〔汉〕王充撰《论衡》卷二十《论死篇》，《四库全书》本。
② 同上。
③ 同上书，卷二十四《卜筮篇》。
④ 同上。

闻。何则？小大不均，音语不通也。今以微小之人，问巨大天地，安能通其声音？天地安能知其旨意？①

由此，主张"卜者问天、筮者问地，蓍神龟灵、兆数报应"者，就像说人与寄生在自己身上的虮虱可以互通语言信息一样，都不能成立。

在汉代的世俗迷信中，有一种迷信对于兴建土木工程与太岁之关系非常重视。这种观点认为："起土兴功，岁月有所食，所食之地，必有死者。"②为避免这种局面，他们提出了相应的破解方法，具体为："见食之家，作起厌胜，以五行之物，悬金木水火。假令岁月食西家，西家悬金；岁月食东家，东家悬炭。设祭祀以除其凶，或空亡徒以辟其殃。"③王充反对这种做法。他首先论证了兴建土木与岁月之间毫无关系，然后又从量的角度出发，嘲笑了这种所谓的"厌胜之法"，他说：

> 且岁月审食，犹人口腹之饥，必食也，且为巳酉地有厌胜之故，畏一金刃、惧一死炭，岂闭口不敢食哉？如实畏惧，宜如其数。五行相胜，物气钧适（敌）。如泰山失火，沃以一杯之水；河决千里，塞以一掊之土，能胜之乎？非失五行之道，小大多少，不能相当也。……天道人物，不能以小胜大者，少不能服多。以一刃之金、一炭之火，厌除凶咎，却岁之殃，如何也？④

这是说，如果岁月之神真的要吃东西，那就像人肚子饿了要吃东西一样，是必然要吃的，这是其本性决定的。虽然可以按五行相胜理论，按方位悬挂金、木、水或火，但要以此使"岁月"畏惧，却不可能，因为它与"岁月之神"所具有的"威力"相比，"不如其数"，在量级上相差太大。当然，王充并非认为通过增加所悬挂五行之物的量，就可以起到"厌胜"作用，因为他本来就不相信二者之间有关系。他这样论述，只是为了从量的角度说明这种做法的荒唐。

中国古代有许多神话传说，在汉代一些人看来，这些传说在历史上也许是实有其事的，这就使得它们容易演变成为迷信。例如，关于著名的"共工撞不周山"的神话即是如此。王充在《论衡》记载："儒书言：共工与颛顼争为天子，不胜，怒而触不周之山，使天柱折、

---

① 〔汉〕王充撰《论衡》卷二十四《卜筮篇》，《四库全书》本。
② 同上书，卷二十三《调时篇》。
③ 同上。
④ 同上。

地维绝。"① 对于这一传言，"文雅之人，怪而无以非；若非而无以夺，又恐其实然，不敢正议"。② 王充则从量的角度出发，旗帜鲜明指出：这件事，"以天道人事论之，殆虚言也"。他说：

> （共工）与人争为天子，不胜，怒触不周之山，使天柱折、地维绝。有力如此，天下无敌。以此之力，与三军战，则士卒蝼蚁也，兵革毫芒也，安得不胜之恨，怒触不周之山乎？且坚重莫如山，以万人之力，共推小山，不能动也。如不周之山，大山也，使是天柱乎，折之固难；使非柱乎，触不周山而使天柱折，是亦复难信。颛顼与之争，举天下之兵，悉海内之众，不能当也，何不胜之有？③

这是从力气大小角度出发进行论证，指出了该传说与常识之间的矛盾，从而使得"文雅之人不敢正议"的这一命题，恢复了它的本来面目。

《论衡》所列举的世俗迷信甚多，在反对这些迷信的过程中，王充常常从量的角度出发，揭示其不能成立之处。这使得量的概念成了他反对世俗迷信的一种有力工具。

二、批驳天人感应之利器

汉代，天人感应学说盛行。王充以"疾虚妄"为己任，对天人感应学说也作了猛烈抨击。量的概念是他进行这种抨击常用的有力武器。

一般说来，王充并不反对天（自然界）的变化会影响到人这一观点，他反对的是所谓人的行为会感动天之类的谬说。而促使他形成这种思想认识的主要因素就是量的概念。他说：

> 夫天能动物，物焉能动天？何则？人物系于天，天为人物主也。……天气变于上，人物应于下矣。……故天且雨，蝼蚁徙，蚯蚓出，琴弦缓，固疾发：此物为天所动之验也。故天且风，巢居之虫动；且雨，穴处之物扰：风雨之气感虫物也。故人在天地之间，犹蚤虱之在衣裳之内、蝼蚁之在穴隙之中。蚤虱蝼蚁为逆顺横从，能令衣裳穴隙之间气变动乎？蚤虱蝼蚁不能，而独谓人能，

---

① 〔汉〕王充撰《论衡》卷十一《谈天篇》，《四库全书》本。
② 同上。
③ 同上。

不达物气之理也。①

人生活于天地之间，自然要受到天气变化的影响，但是反过来，人要想依靠自己的个别行为去影响整个天地之气，却是不可能的，原因在于人跟天地相比，大小悬殊。同样性质的作用，天要影响人，可以立竿见影，而人要以自己的行为去感动天，则是不可能的。从这样的思想认识出发，王充对当时社会上流传的所谓人的行为感动了天的种种传说，一一作了剖析，这些剖析鲜明地表现了他的这一思想特点。

例如，在汉代，天人感应理论的重要表现形式之一是所谓精诚动天说。这种说教发端于先秦，至汉盛行。王充立足于量的观念，对之作了批判。

在《论衡》的《变虚篇》中，王充对子韦所说的"天之处高而听卑，君有君人之言三，天必三赏君"之语作了辨析。子韦所言之事，据纬书记载，指在宋景公时，火星走至心宿，心宿属于宋国分野，宋景公担心会对宋国有不测之事，召太史子韦而问之。子韦认为这表示国君将有灾祸，劝他移祸于人。宋景公不同意，认为移给谁都不好，表示愿意自己承担。这话感动了上天，于是上天将火星从心宿移开了三舍。王充认为，这完全是谎言，其理由是：

> 夫天，体也，与地无异。诸有体者，耳咸附于首。体与耳殊，未之有也。天之去人，高数万里，使耳附天，听数万里之语，弗能闻也。②

即是说，天离人太远，它不可能听到宋景公的这些"善言"，当然也就不可能去褒奖他。王充进一步举例说：

> 人坐楼台之上，察地之蝼蚁，尚不见其体，安能闻其声？何则？蝼蚁之体细，不若人形大，声音孔气，不能达也。今天之崇高，非直楼台，人体比于天，非若蝼蚁于人也，谓天非若蝼蚁于人也，谓天闻人言，随善恶为吉凶，误矣。③

既然天与人在大小方面悬殊，二者就不可能相通。既然不能相通，"人不晓天所为，天安能知人所行？"④由此，人无论如何至真至诚，都不能感动天。

---

① 〔汉〕王充撰《论衡》卷十《变动篇》，《四库全书》本。
② 同上书，卷四《变虚篇》。
③ 同上。
④ 同上。

王充对于纬书中所谓"荆轲为燕太子谋刺秦王，白虹贯日"的分析，更充分体现了他对于"量"的概念的重视。纬书对其所述现象的解释是："此言精感天，天为变动也。"① 王充则认为，"言白虹贯日"，可能是事实，但说"白虹贯日"是由于"荆轲之谋""感动皇天"所致，则"虚也"。他解释说：

> 夫以筯撞钟、以箠击鼓，不能鸣者，所用撞击之者小也。今人之形，不过七尺，以七尺形中精神，欲有所为，虽积锐意，犹筯撞钟、箠击鼓也，安能动天？精非不诚，所用动者小也。②

筯为箸的异体字，指筷子；箠，指算筹，是古代一种计算工具。《汉书·律历志》记载算筹的规格为"径一分，长六寸"。可见，"筯、箠"，均为细微之物，以之撞钟击鼓，不能令钟鼓正常发声。人在天地之间，要想以自己的"精神"去感动天，就像用筷子撞钟、算筹击鼓一样，无济于事。由此，天空出现"白虹贯日"，与"荆轲之谋"的行为只是一种偶然巧合，二者并无联系。王充就是这样否定荆轲以精诚感动天的传说的。

天人感应说的另一表现是说人君的行为与自然界息息相关。这种说法由来已久，而至汉代尤盛。例如，汉代流行一种"人君喜怒致寒温"之说，即是如此。该说认为"人君喜则温，怒则寒"③。王充对此说不以为然，他认为寒温是一种自然现象，与人的行为无关。他首先引述生活中常见的物理现象，说："夫近水则寒，近火则温，远之渐微。何则？气之所加，远近有差也。"④ 根据这一认识，他从量的角度出发，论证自己的观点道：

> 火之在炉，水之在沟，气之在躯，其实一也。当人君喜怒之时，寒温之气，闺门宜甚，境外宜微。今案寒温，外内均等，殆非人君喜怒之所致。⑤

从日常生活经验可知，"近水则寒，近火则温"，如果寒温确由人君之喜怒所致，那么这种变化就应当首先在他的周围表现出来，"闺门宜甚，境外宜微"。而实际上，自然界一旦发生气温变化，"外内均等"，这显然与人君的喜怒无关。

---

① 〔汉〕王充撰《论衡》卷五《感虚篇》，《四库全书》本。
② 同上。
③ 同上书，卷十四《寒温篇》。
④ 同上。
⑤ 同上。

那么，人的情绪为什么不能影响气温变化呢？王充总结说：

> 夫寒温，天气也。天至高大，人至卑小。蒿不能鸣钟，而萤火不能爨鼎者，何也？钟长而蒿短，鼎大而萤小也。以七尺之细形，感皇天之大气，其无分铢之验，必也。①

原来，决定因素还在于人和天在量级方面的巨大差异。姑且不论寒温与人君喜怒在本质上有无相通之处，仅从量的角度考虑，人君之喜怒亦不能影响到天气的变化。

王充对当时流行的天人感应学说做了多方面的批判，在这些批判中，他非常注意从量的角度出发展开论述，量的概念是他反对天人感应学说的一把利刃。

三、论述人的学说之依据

在王充的思想体系中，人的学说占有很重要的地位。《论衡》花费很大篇幅论述人的生命长短、聪明愚笨、本性善恶等。在这些论述中，量的概念作为一种思想方法，在其中占有重要地位。

王充在论述其关于人的学说时，基本出发点是元气学说。他认为人禀元气而生，元气的多少决定了人的一切，是元气在量上的差异造成了人与人之间的差异。量的概念对他关于人的学说的影响，主要就表现在这个方面。

王充认为，人之所以会有生命，是由于人从天地间获得元气的结果，他说：

> 人禀元气于天，各受寿夭之命，以立长短之形。②

那么，人的寿命为什么会有长有短呢？这要分两种情况来考虑：

> 凡人禀命有二品：一曰所当触值之命，二曰彊弱寿夭之命。所当触值，谓兵烧压溺也。彊寿弱夭，谓禀气渥薄也。兵烧压溺，遭以所禀为命，未必有审期也。若夫彊弱夭寿，以百为数，不至百者，气自不足也。夫禀气渥则其体彊，

---

① 〔汉〕王充撰《论衡》卷十《变动篇》，《四库全书》本。
② 同上书，卷二《无形篇》。

体彊则其命长；气薄则其体弱，体弱则命短。……人之禀气，或充实而坚强，或虚劣而软弱。充实坚强，其年寿；虚劣软弱，失弃其身。①

所谓触值之命，取决于外界偶然因素，这里不去多说。彊，义同强，则所谓强弱寿夭之命，则指人的自然寿命，王充认为它完全取决于人的先天"所禀之气"。如果禀气充足，人的自然寿命应该"以百为数，不至百者，气自不足也"。一般情况下，禀气充实，则体格健壮，寿永命长；禀气薄弱，则体弱多病，寿浅命短。

为了证明自己的理论，王充做过观察：

儿生，号啼之声鸿朗高畅者寿，嘶喝湿下者夭。何则？禀寿夭之命，以气多少为主性也。妇人疏字者子活，数乳者子死，何则？疏而气渥，子坚彊；数而气薄，子软弱也。②

这些说明，中心思想只有一个："气"的多少决定人的寿夭。

既然都是禀元气而生，人为什么会有聪明愚笨之分？王充认为：

人之所以聪明智慧者，以舍五常之气也；五常之气所以在人者，以五藏在形中也。五藏不伤，则人智慧；五藏有病，则人荒忽，荒忽则愚痴矣。③

人受五常，含五脏，皆具于身。禀之泊少，故其操行不及善人，犹或厚或泊也，非厚与泊殊。其酿也，麴糵多少使之然也。是故酒之泊厚，同一麴糵；人之善恶，共一元气，气有少多，故性有贤愚。④

即是说，一个人的聪明愚笨，主要取决于他先天所禀"五常之气"的多少，多者聪慧，少者愚笨，而这些气本身并没有优劣之分。

王充这一论述，主要在于说明影响人的聪明才智的先天因素。另一方面，他同样也强调人的后天的修养和学习的重要，他说：

---

① 〔汉〕王充撰《论衡》卷一《气寿篇》，《四库全书》本。
② 同上。
③ 同上书，卷二十《论死篇》。
④ 同上书，卷二《率性篇》。

> 夫学者，所以反情治性，尽材成德也。
>
> 骨曰切，象曰瑳，玉曰琢，石曰磨，切瑳琢磨乃成宝器。人之学问知能成就，犹骨象玉石切瑳琢磨也。①

王充以为，学习的目的就是弥补先天的不足，通过学习、教育，任何人都可以"尽材成德"，琢磨成器。既陈说先天差异，又强调后天学习的重要，他的论述，应该说是相当合理的。

王充还以同样的思想方法讨论了人性善恶问题，他认为人性的善恶在很大程度上也取决于先天所禀之气，他说：

> 人体已定，不可减增。用气为性，性成命定。②

"气"决定了人性的善恶，但气本身并无善恶，决定的因素在于人所禀气的多少：

> 豆麦之种，与稻粱殊，然食能去饥。小人君子，禀性异类乎？譬诸五谷皆为用，实不异而效殊者，禀气有厚泊，故性有善恶也。③

不过，王充并没有由此走上先天决定论。他认为人之先天受气多少，的确会影响到生性的善恶，但这样并不妨碍后天的教化。他说：

> 魏之行田百亩，邺独二百，西门豹灌以漳水，成为膏腴，则亩收一钟。夫人之质犹邺田，道教犹漳水也，患不能化，不患人性之难率也。④

魏国为敛取赋税，把荒田按劳动力分给农民，每人百亩，邺地则每人二百亩，这表明邺的土地贫瘠。而西门豹引漳河水灌溉以后，邺的土地变成肥沃良田，一亩地即可收一钟（100斗）粮食。人的品性就像邺的田地一样，先天可以很低劣，但只要后天给予良好的培养和教育，也会变得高尚起来。他进一步举例说：

---

① 〔汉〕王充撰《论衡》卷十二《量知篇》，《四库全书》本。
② 同上书，卷二《无形篇》。
③ 同上书，卷二《率性篇》。
④ 同上。

> 雒阳城中之道无水，水工激上洛中之水，日夜驰流，水工之功也。由此言之，迫近君子，而仁义之道数加于身，孟母之徙宅，盖得其验。①

看来，后天教育也存在一个量的多少问题。达到了一定的量，受到"仁义之道"不断的影响和熏陶，就可培养出"君子"来。比之孟子的"性善说"、荀子的"性恶论"，王充关于人性的见解，显得更"中庸"些。他认为人的生性有善恶之分，但这些差异不是绝对的，可以通过后天的教育使之得到改善。王充重视后天教育的道德规范作用，是可取的。

王充关于人的学说形成了一个体系。在这一体系中，量的概念作为一种思想方法发挥着重要作用，这是应予承认的。

四、在自然科学上的应用

王充算不上科学家，但他对自然科学许多问题都发表过见解。量的概念对他这些见解的形成起着较大的影响作用。

例如，在科学观上，王充认为，人类之所以要发展技术，开发自然，是为了弥补自己体能的不足。他说：

> 桥梁之设也，足不能越沟也；车马之用也，走不能追远也。足能越沟，走能追远，则桥梁不设，车马不用矣。天地事物，人所重敬，皆力劣知极，须仰以给足者也。②

从量的角度来看，人的体能不是无限的，但人的需求却是无止境的，必须借助于外界才能得到最大限度的满足，这就需要"重敬天地事物"，了解自然，发展技术。

在具体科学问题上，王充也常常从量的角度出发观察问题。例如，在对冷热形成原因的认识上，即是如此。在汉代，有一种学说，叫"吁炎吹冷"说。这种学说把自然界的寒温变化与气的特定运动方式相联系。吁，指人向外缓慢吹气。人向外吁气时，以手阻之，则可感觉气触手是热的；而用力向外吹气，则感觉气触手是凉的。古人可能就是从这一现象出发，提出了气的"吁炎吹冷"之说。清儒王仁俊辑有《玉函山房辑佚书续编》，其中收录了汉代

---

① 〔汉〕王充撰《论衡》卷二《率性篇》，《四库全书》本。
② 同上书，卷十二《程材篇》。

张升所作《反论》，在该文中张升极力夸大吁炎吹冷之说，曰："嘘枯则冬荣，吹生则夏落。"而王充则从量的角度反对这一学说，他认为：

> 物生统于阳，物死系于阴也。故以口气吹人，人不能寒；吁人，人不能温。使见吹吁之人，涉冬触夏，将有冻旸之患矣。①

潜在意思是说，以口气吹或吁人，能量太小，不足以使人寒温，但整个自然界阴阳消长所导致的气温变化，则是人所不能抗御的。

王充运用量的观点观察自然，有一个重要发现：我们所居之地的尺度远小于天。他在批驳邹衍关于"方今天下在地东南，名赤县神州"的说法时指出：

> 天极为天中。如方今天下在地东南，视极当在西北。今正在北方，今天下在极南也。以极言之，不在东南，邹衍之言非也。如在东南，近日所出，日如出时，其光宜大。今从东海上察日，及从流沙之地视日，小大同也。相去万里，小大不变，方今天下得地之广少矣。雒阳，九州之中也，从雒阳北顾，极正在北。东海之上，去雒阳三千里，视极亦在北，推此以度，从流沙之地，视极亦必复在北焉。东海、流沙，九州东西之际也，相去万里，视极犹在北者，地小居狭，未能辟离极也。②

王充提到的这些观察现象，是地球说的自然推论。但王充没有地球观念，他信奉的是地平大地观，这迫使他认真思考这些现象，思考的结果，他认为是我们居住的大地相对于天来讲过于狭小所造成的。根据他的推理，东到东海岸，西到流沙地，相去万里，观测太阳的出没，居然大小不变，观测极星方位，居然都在正北，这只有一种可能：太阳及极星离人的距离远远大于地本身的尺度。换言之，天远大于地。王充得出的这一认识，与传统观念大相径庭。中国古人传统上一直认为天地等大，所谓"天地一夫妇"，就反映了这种观念。古人从来没有想到过地会远远小于天。到了汉代，天文学家对天地大小有了定量的表示，《周髀算经》记载传统的盖天说给出的日高天远，认为天去地八万里，太阳离开人的距离，则为十万里左右。这与当时已知的地的尺度具有可比性。张衡的《灵宪》记载浑天学派测算结果，认为"八极

---

① 〔汉〕王充撰《论衡》卷十《变动篇》，《四库全书》本。
② 同上书，卷十一《谈天篇》。

之维,径二亿三万二千三百里",即天球直径为232 300里,这与地的大小也是可以比拟的。现在王充通过比较在相距遥远的两地观察太阳视直径及北极星方位变化情况,得出了"地小居狭"的认识,这是一大进步。

在对陨石形成原因的解说上,王充从量的角度出发,也得出了不同于传统的认识。我国习惯上认为陨石是天上的星陨落地面而形成的。《左传》在解释《春秋·僖公十六年》"陨石于宋五"的记载时,提出"陨星也"之说,开创了这种解释的先河。此说为大多数后世学者所接受,形成了对陨石成因的传统解说,也博得了当今学者的高度评价。

但是,王充反对这种解说,他的根据就是星体的远近大小视觉变化。他说:

> 数等星之质百里,体大光盛,故能垂耀。人望见之,若凤卵之状,远失其实也。如星霣审者,天之星霣而至地,人不知其为星也。何则,霣时小大不与在天同也。今见星霣如在天时,是时星也非星,则气为之也。①

王充认为,视物近则大,远则小,霣通陨,人们所见到的地上的陨石,看上去与星星在天上的大小差不多,这表明它们不是天上的星星。"何则,霣时小大不与在天同也。"

王充否认陨石为星,在科学史上并非退步。当今学界对《左传》的"星陨为石"说推崇备至,认为它早于西方近两千年提出了正确的陨石成因说。这实际上是个误解。因为现代所说的形成陨石的星,指的是流星,即在太阳系行星际空间飘浮的天体,而《左传》所谓"星陨至地"的星,指的是天上的恒星。恒星不可能陨落到地球,所以,《左传》的解说实际上不能成立。王充则从量的角度出发,对这个问题作了更深入的思考,他的结论,无所谓对错,但其思想方法却是可取的。

因为王充惯于从量的角度观察问题,所以他对于涉及物体间相互作用的自然科学问题就比较敏感,例如他曾多次提及与物体惯性有关的一些现象:

> 是故湍濑之流、沙石转而大石不移,何者?大石重而沙石轻也。……金铁在地,猋(飙)风不能动;毛芥在其间,飞扬千里。……车行于陆,船行于沟,其满而重者行迟,空而轻者行疾。……任重,其取进疾速难矣。②

---

① 〔汉〕王充撰《论衡》卷十一《说日篇》,《四库全书》本。
② 同上书,卷十四《状留篇》。

对于自然界广泛存在的生存竞争，他也有所描写：

> 凡万物相刻贼。含血之虫则相服，至于相啖食者，自以齿牙顿利，筋力优劣，动作巧便，气势勇桀。……夫物之相胜，或以筋力，或以气势，或以巧便。小有气势，口足有便，则能以小而制大；大无骨力，角翼不劲，则以大而服小。鹊食猬皮，博劳食蛇，猬蛇不便也。蚊虻之力，不如牛马，牛马困于蚊虻，蚊虻乃有势也。……故夫得其便也，则以小能胜大；无其便也，则以彊（强）服于赢也。①

所有这些，都是从物体相互作用着眼，通过分析其相应量的关系，得出具有普遍意义的结论来。

王充运用量的概念讨论自然科学的例子还有很多，诸如热的扩散、声音传播、物体远近视角变化、日体晨午大小远近之争、自然界气候变迁，等等。这些讨论，常令人耳目一新，这跟他重视量的思想方法是分不开的。

五、思想渊源和局限性

王充重视从量的角度出发思考问题，这在当时的学者中，是比较突出的。他的这一思想方法的渊源何在？

在王充之前的思想家中，亦有学者从量的角度讨论过问题的。例如西汉贾谊在其《新书·大政上》讨论国家兴衰、君主安危的决定性因素时说：

> 故夫民命者，大族也。民不可不畏也。故夫民者，多力而不可敌也。呜呼，戒之哉！与民为敌者，民必慎之。②

需要重视民众的原因在于民众是大多数，"多力而不可敌"。这种分析，显然包含了量的概念在内。不过，贾谊的这一思想是否直接影响到了王充，还难以断定。

更早些的《庄子·秋水》篇，借北海若之口谈论人与天地之关系：

---

① 〔汉〕王充撰《论衡》卷三《物势篇》，《四库全书》本。
② 〔汉〕贾谊撰《新书》卷九《大政上》，《四库全书》本。

> 吾在天地之间，犹小石小木之在大山也，方存乎见少，又奚以自多？计四海之在天地之间也，不似礨空之在大泽乎？计中国之在海内，不似稊米之在大仓乎？号物之数谓之万，人处一焉。人卒九州，谷食之所生，舟车之所通，人处一焉，此其比万物也，不似豪末之在于马体乎？①

礨空，指蚁穴。这些话，与王充关于人与天地在量上悬殊的论述如出一辙。不过，《庄子》强调的是物体间差别的相对性，并由此走向了"齐物论"：

> 以道观之，物无贵贱。……以差观之，因其所大而大之，则万物莫不大；因其所小而小之，则万物莫不小。知天地之为稊米也，知豪末之为丘山也，则差数睹矣。②

这一结论与王充可谓同途殊归。

先秦典籍《墨经》中有"五行毋常胜，说在宜"之语，认为五行生克不是绝对的。《经说》在对这一陈述进行解说时，提到"火炼金，火多也；金靡炭，金多也"，完全从量的角度出发论述五行之关系。无独有偶，王充对五行生克说也作过类似的分析：

> 天地之性，人物之力，少不胜多，小不厌大。使三军持木杖，匹夫持一刃，伸力角气，匹夫必死。金性胜木，然而木胜金负者，木多而金寡也。积金如山，燃一炭火以燔烁之，金必不销：非失五行之道，金多火少，少多小大不钧也。③

就思想方法而言，王充对五行生克说的认识，与《墨经》是一致的。

但是，真正使王充形成用量的概念来思考问题这一思想方法的，恐怕还是他所处的时代及他自己的学术取向。在汉代，天人感应学说盛行。这一学说有一特点，它在肯定自然界与人之间存在着广泛联系的同时，把这种联系以及由这种联系所规定的相互作用绝对化，尤其是把人对自然界的作用能力意志化和不适当地扩大化，从而引申出许多荒唐结论。导致这种现象的重要原因之一就是该学说忽略了相互作用双方在量上的查阅。王充以"疾虚妄"为己任，

---

① 〔晋〕郭象注《庄子》卷六《秋水》，《四库全书》本。
② 同上。
③ 〔汉〕王充撰《论衡》卷二十三《调时篇》，《四库全书》本。

天人感应学说是被他视为"虚妄之言"的重要内容之一，他要对这一学说进行全面分析批判，就必然要认真思考该学说的不能成立之处，而量的概念正是天人感应学说最薄弱的地方。作为该学说的批判者，王充不难发现这一点，由此必然会引起他自己对于量的概念的重视。这种思想方法一旦形成，他就会在探讨其他问题时，自觉不自觉地加以应用，从而使得量的概念在他的思想中发挥了巨大的作用。

毋庸多言，王充重视量的概念这一思想方法，从科学史的角度来看，是一种相当先进的思想方法。但他的这一思想方法也还需要进一步发展，因为他虽然重视事物在量上的差异，却很少想到要将这些差异定量化。实际上，早在西汉末年，王莽秉政时，刘歆受命考定度量衡，曾就数量与把握事物性质之关系发表过议论，《汉书》记载他的言论说：

> 数者，一、十、百、千、万也，所以算数事物、顺性命之理也。……夫推历生律制器，规圆矩方，权重衡平，准绳嘉量，探赜索隐，钩深致远，莫不用焉。①

相比之下，王充并没有就数量与事物性质之关系做过深入探讨。他重视量的概念，但并没有向定量化方向发展。

要求王充具有定量思想，这是一种苛求，因为他毕竟不是职业科学家。但是，他在《论衡》中出现数学上粗枝大叶的错误，则是不应该的。王充在反驳邹衍的"大九州"说时提到，从观测角度推论，"天极为天中"，极南极北，极东极西，至少各应有五万里的距离。这样，天下的实际大小应为：

> 东西十万，南北十万，相承（乘）百万里。邹衍之言，"天地之间，有若天下者九"。案周时九州，东西五千里，南北亦五千里，五五二十五，一州者二万五千里。天下若此九之，乘二万五千里，二十二万五千里。如邹衍之书，若谓之多，计度验实，反为少焉。②

这段话，也是从量的角度出发进行论证，认为邹衍的大九州说看上去似乎范围很大，但真正计算起来，"计度验实，反为少焉"。但是，就在这为数不多的定量计算中，王充居然出现了两处数学错误。东西十万，南北十万，相乘为百万万，而不是他所说的百万。东西

---

① 〔汉〕班固撰《汉书》卷二十一上《律历志》，中华书局，1962，第956页。
② 〔汉〕王充撰《论衡》卷十一《谈天篇》，《四库全书》本。

五千里,南北五千里,相乘为二千五百万平方里,也不是他所说的二万五千里。出现这样的错误,无形之中削弱了他的论证所具有的说服力。

无论如何,王充重视从量的角度出发思考问题,这种思想方法是可取的。这种做法尤其有利于科学发展。科学精神之一就在于重视量的概念。王充能重视量的概念,这是难得的。在当时的学者中,王充这一点上也是比较突出的。即便就今天而言,这一思想方法也有其一定的可借鉴价值。在科学研究上,与量的概念相关的是数量级的概念。把握数量级的概念对科学研究至关重要。著名化学家、曾任中国科学院院长的卢嘉锡教授就特别重视对量的概念的把握,他把这种把握称作"毛估"。按卢嘉锡教授自己的话来说,他是读大学期间形成了这种思维模式的。具体地说,就是不论是考试还是做习题,他总是千方百计根据题意提出简单而又合理的物理模型,毛估一下答案的大致数量级再进行计算。如果计算的结果超出这个范围,就赶快检查一下计算过程。这种做法,使他能够有效地克服因偶然疏忽引起的差错。在走上科学研究的道路之后,卢嘉锡教授巧妙地运用这种思维模式,取得了一系列重要成就。对广大民众而言,在他们中间普及量的概念更为重要,如果使民众能够逐渐养成不但从质的有无而且也要从量的多少的角度看待和分析问题的习惯,我国公众的科学素养,一定会有大幅度的提升。在当代涌现的诸多形形色色的社会思潮中,如果发起者们都像王充那样,能从量的角度思考一下自己学说的立足点,那么社会上那些似是而非的理论将会减少许多。

第四节　天文计量集大成者——张衡

汉代是中国古代计量科学发展史上的一个重要时期,张衡是这个时期的重要代表人物。张衡字平子,南阳人,生于东汉章帝建初三年(78年),卒于顺帝永和四年(139年),享年62岁。张衡早年曾进入太学学习,曾担任南阳郡主簿,后辞官居家。永初五年(111年),以公车特征赴都,历任郎中、太史令、侍中、河间国相等职。晚年入朝任尚书。北宋时被追封为西鄂伯。

在科学史上,张衡首先是以一位天文学家的身份为人们所熟知的,在天文、地震等领域取得了卓越成就。那么,他的工作在计量史领域有何价值呢?从计量史的角度来看,张衡的贡献主要体现在以下几个方面。

一、精观细察，天文观测卓绝超群

计量的本质是测量，对天文学来说，就是精准的观测，这是其得以发展的前提。张衡在天文的精密观测方面，做出了超越前人的贡献。在现存的历史资料中，没有明确的张衡天文观测记录，但我们可以从相关的文献中，窥知他的天文观测的精确程度。

张衡撰述的《灵宪》一文，是我国历史上一部纯粹的天文学理论著作，其中有这样的句子：

> 悬象著明，莫大乎日、月，其径当天周七百三十六分之一，地广二百四十二分之一。①

这里描述的，是日月的视直径，亦即其角直径。张衡认为日月的角直径为整个天球周长的"七百三十六分之一"，将该数据折算成现代通用 360° 角度单位，为 29′21″，与近代天文测量所得的日月平均角直径值 31′59″ 和 31′5″ 相比，可谓非常接近。实际上，科学史前辈、著名天算学史专家钱宝琮教授对《灵宪》所载天文数据做过考察，他认为，《灵宪》中"（日、月）其径当天周七百三十六分之一，地广二百四十二分之一"一句，当校改为"（日、月）其径当天周七百三十分之一，地广二百三十二分之一"，这样，张衡测得的日月的角直径实际是 29′35.3″。这和现代测量值相比，误差只有 2′ 左右。以二千年前的观测条件而论，张衡的观测可谓卓绝。

在张衡之前，《周髀算经》曾明确记载了一种观测日月视直径的方法：

> 候勾六尺，即取竹，空径一寸，长八尺，捕影而视之，空正掩日，而日应空之孔。由此观之，率八十寸而得径一寸。②

《周髀算经》这里介绍的天文观测方法是：用一根长 8 尺的竿子，垂直立于地面，当太阳到正南方位时，测量其影子长度。在一年的特定日期，影长正好达到 6 尺，这时用一根长 8 尺、孔径 1 寸的竹管瞄准太阳，太阳的视圆面正好充满竹管，据此就可以推算出太阳的大小了。从《周髀算经》的这些数据，按竹管长 8 尺、孔径 1 寸计算，太阳角直径为 42′58″。可见《周髀算经》的测量方法是相当粗疏的，误差比之张衡所测，大得太多了。

---

① 〔东汉〕张衡：《灵宪》。
② 〔汉〕赵君卿注《周髀算经》卷上，《四库全书》本。

中国古代天文观测的一个重要内容是恒星观测。古人对恒星的认识和观测有一个演变过程。他们一开始首先对星空进行划分，在此基础上，将恒星组合成不同的星组，以对其进行辨认和观测。这些星组就叫星官。不同的天文学家对星组的划分并不完全一致，由此形成的星官体系也不尽相同。由于观测水平的差异，各家认识的星官数量也有很大差异。据统计，先秦古籍中记载的星官数大约有38个，包括的恒星数大约百余颗。这些数字未必准确，因为这些古籍并非天文专著。现存最早系统描述全天星官的著作是西汉司马迁的《史记·天官书》，该书所记星官共91个，包括的恒星约500余颗。

到了东汉初年，人们认识的星官数进一步增加，东汉初年班昭撰写的《汉书》记载说：

> 凡天文在图籍昭昭可知者，经星常宿中外官凡百一十八名，积数七百八十三星。①

这是东汉初期人们对恒星的观测和认识所达到的程度。到了张衡时期，张衡在其《灵宪》（约成文于公元118年）中也提到了他所观察到的星官和恒星数：

> 中外之官，常明者百有二十四，可名者三百二十，为星二千五百，而海人之占未存焉。②

这个数字比《汉书·天文志》增加了许多倍。考虑到张衡本身就是太史令，负有观测星象的职责，他还曾经制作天文演示仪器浑象等，不妨认为这个数字是他和其同时代天文学家们通过观测而补充的结果。

二、发明浑天仪，形象展示浑天学说

张衡制作天文演示仪器浑象，是他在仪器制作领域另一彪炳史册的成就。张衡制作的浑象，是用来演示天球运动的。西汉时期，中国历史上爆发了一场旷日持久的关于宇宙结构问题的论争，这就是天文学史上著名的浑盖之争。浑盖之争中一方为浑天学派，认为天是一个圆球，天大地小，天包着地，在外旋转，地是平的，在天球的中央静止不动；另一

---

① 〔汉〕班固撰《汉书》卷二十六《天文志》，中华书局，1962，第1273页。
② 〔东汉〕张衡：《灵宪》。

方是盖天学派，主张天在上，地在下，天地都是平的。张衡赞成浑天说，他制作浑象，就是为了用来演示天体运动，宣扬浑天学说的。《晋书》对张衡制作的浑象有具体描述：

> 张衡又制浑象。具内外规，南北极，黄赤道。列二十四气，二十八宿中外星官及日月五纬。以漏水转之于殿上室内。星中出没与天相应。因其关戾，又转瑞轮蓂荚于阶下，随月虚盈，依历开落。①

根据这段记载，可以推知浑象的主体，是个青铜铸造的圆球，圆球外面有表示天赤道、黄道的规环，在黄赤道上对应位置刻画有二十四节气。圆球上刻画有二十八宿星官以及张衡所定名的那2 500颗恒星。贯穿浑象的南北极处有一根极轴，浑象在漏刻流水的带动下，可绕该极轴转动。在浑象球体的外围正中，有一条水平环，表示地平。还有一对夹着南、北极轴而又与水平环相垂直的子午双环，双环表示的是观测地的子午线。浑象球体转动时，其上镶嵌的某颗星在转出地平环之上时，就是其星出；转到正过子午线位置时，就是其星中；而没入地平环之下时，就是其星没。因为球体是按照当地地理纬度斜置的，其上围绕在北极处有一部分星星永远转不到地平环之下。这部分天区是以北极为圆心、以当地纬度为半径的小圆，称之为内规。与之相对的是以南极为中心，当地纬度为半径的另一区域，该区域的星星永远不会升到地平之上，称之为外规。

浑象是用来演示天体运动的，其实用效果如何？《晋书》引述道：

> 张平子既作铜浑天仪，于密室中以漏水转之，令伺之者闭户而唱之。其伺之者以告灵台之观天者曰：璇玑所加，某星始见，某星已中，某星今没，皆如合符也。②

浑天仪就是浑象，古人把浑象与浑天仪混称，是当时仪器定名不规范的表现。张衡的浑象制成以后，是放在室内的，用漏刻流水带动，自动旋转。他曾让人将屋门关闭，观察者在室内观看浑象运转，大声向灵台上观测天象的人报告，说某颗星出地平线了，某颗星过子午线了，某颗星没入地平线了，结果与灵台上观测者看到的天象完全一致，表明浑象的运作完全达到了其设计目的。

---

① 〔唐〕房玄龄等撰《晋书》卷十一《志第一》，中华书局，1974，第284～285页。
② 同上书，第281页。

张衡设计的浑象虽然旨在演示浑天学说，但它同时还具有测量功能。梁代刘昭注解《后汉书·律历志》时，引述张衡在浑象完成后写的文章《浑仪》[①]时，就介绍了如何在浑象上通过直接比量的方式，求取黄道度数。张衡时代没有球面几何，无法求取黄道度数，为此，张衡用一根竹篾，弯成半球状，两端卡在浑象两极的机轴上，将竹篾从冬至点开始，沿赤道一度一度滑过，在记录竹篾滑过赤道时对应的度数的同时，也读取竹篾所截取的黄道上面的度数，将二者相减，就得到了相应的黄赤道差。黄赤道差在后世历法计算中扮演着重要角色，在这个问题上，张衡的贡献不可磨灭。

张衡设计的浑象在运转时，还带动了一个叫作"瑞轮蓂荚"的机械装置一道工作。所谓蓂荚，是一种传说中的植物，长在尧帝居室阶下，《竹书统笺》中对之有所记载：

> 有草夹阶而生，月朔始生一荚，月半而生十五荚；十六日以后，日落一荚，及晦而尽；月小则一荚焦而不落。名曰蓂荚，一曰历荚。[②]

根据这一记载，蓂荚这种植物，在每月初一，会长出一个荚来。到每月十五满月的时候，正好长出 15 个荚。之后每天掉一个荚，到月底正好掉完。如果是小月 29 天，则最后一个荚只会干焦而不会脱落。这样，只要数一数蓂荚上面的荚数，就可以知道当天是朔望月中的哪一天了。因为蓂荚具有这样的功能，所以它也被人们称为"历荚"。蓂荚传说虽然是神话，却反映了古人对自动机械日历的憧憬。张衡发明"瑞轮蓂荚"装置，显然是受到了蓂荚神话传说的启发。所谓"随月虚盈，依历开落"，体现的就是该神话传说中蓂荚的运行模式，与今天钟表中的日期显示功能是一样的。

三、改革漏刻，提升时间计量水平

瑞轮蓂荚的功能在于显示日期，属于时间计量的范畴。在时间计量领域，张衡的另一重要贡献也值得一提，那就是对传统漏刻计时的改进。漏刻是我国古代最为重要的计时仪器，西汉时期的漏刻，主体是一只圆桶，底部有一根小管向外流水，圆桶内漂有浮子，浮子插有刻箭，刻箭穿过容器盖子上的小孔，随着容器内部水位变化上下运动，展示时间。这种漏刻，

---

① "浑仪"一词在后代被规范为专指用于天文观测的仪器，"浑天仪""浑象"则指天文演示仪器，但在隋唐之前，仪器定名并不严格，浑仪也可用于表示演示仪器。
② 〔清〕徐文靖撰《竹书统笺》卷二《帝尧陶唐氏》，《四库全书》本。

在计时仪器史上被称为"泄水型沉箭式单壶漏"。图 17-11 所示就是 2016 年江西南昌海昏侯墓出土的一架西汉青铜漏壶，是上述"泄水型沉箭式单壶漏"的典型代表。漏壶的刻箭都是竹木制品，由于年代久远，出土时已经朽烂无存，但漏壶本身仍完好无缺，使我们能够窥见当时这种权威计时仪器的大致形貌。这种形制的漏壶，全国各地现在已经出土多架，表明它在西汉是得到普遍使用的。

但这种"泄水型沉箭式单壶漏"也有两个较大缺陷，一是小管向外流水的速度与容器内水位的变化有关。随着水位的降低，水的流出会越来越慢，影响到漏刻运行的均匀性和准确度。另一个缺陷是随着水位的降低，刻箭逐渐沉入壶内，这对时间读取极为不利。对此，张衡采取了两种措施解决问题。一是把沉箭漏改为浮箭漏，即把漏刻流出的水收到另一个圆桶形容器，该容器叫受水壶。把浮子和刻箭都放到受水壶中，这样随着时间流逝，受水壶内积水逐渐增加，刻箭也逐步上升，这时要读刻箭上的读数，就方便多了。另一个改进措施是在刻漏上再增加一级供水壶，用第一级供水壶的流水补充下面漏壶流失的水，这样第二级漏壶的水位就能够大致保持稳定，从而确保流速的稳定，使计时的准确度和稳定性得以大幅度增加。这样的漏壶，叫二级漏壶。

张衡对漏壶的这些改进，在唐初《初学记》中有所记载：

> 张衡《漏水转浑天仪制》曰：以铜为器，再叠差置，实以清水，下各开孔，以玉虬吐漏水入两壶。右为夜，左为昼。……以左手把箭，右手指刻，以别天时早晚。……铸金铜仙人居左壶，为金胥徒居右壶。[①]

张衡的《漏水转浑天仪制》原文已佚，《初学记》保留的只是一些残文，即使如此，也足以表明是张衡发明了二级漏壶。有了二级漏壶，漏刻计时精度有了大幅度增加，这难免会启发人们想到，可否进一步增加漏壶的级数，以提升漏壶的计时精度。实际上，从张衡开始，中国漏壶的发展就走上了多级化的道路，晋代出现了三级漏，隋唐以后，出现了四级漏，其中唐代吕才发明的四级漏，在多部古书中均有记载。图 17-12 所示即为宋代《六经图》中记载的吕才漏壶。在这一过程中，关键的一步是从沉箭漏到浮箭漏和从单级漏到二级漏的转变，这两个转变是由张衡同步完成的。

---

① 〔唐〕徐坚：《初学记》卷二五《器物部上》。

图 17-11

海昏侯墓出土的西汉青铜漏壶

图 17-12

《六经图》记载的唐代吕才的四级漏壶示意图

四、研讨历法，引领历法发展方向

除了在计时、计日领域的发明改进，张衡在历法领域也有自己的独到见解。东汉当时行用的历法是《四分历》，比西汉时期的《太初历》更科学。汉安帝延光二年（123年），中谒者亶诵从图谶和灾异等迷信观念出发，提出应废除《四分历》，改用合于图谶的《甲寅元历》，而河南梁丰则提议重新行用《太初历》。张衡当时是尚书郎，他和同事周兴都精通历法，两人对上述意见提出批驳辩难，使他们哑口无言。该事引发朝廷关注，皇帝下诏让公卿详议，导致了东汉历史上著名的"延光论历"：

> 安帝延光二年，中谒者亶诵言当用甲寅元，河南梁丰言当复用《太初》。尚书郎张衡、周兴皆能历，数难诵、丰，或不对，或言失误。衡、兴参案仪注者，考往校今，以为《九道法》最密。诏书下公卿详议。太尉恺等上侍中施延等议："《太初》过天，日一度，弦望失正，月以晦见西方，食不与天相应；元和改从《四分》，《四分》虽密于《太初》，复不正，皆不可用。甲寅元与天相应，合图谶，可施行。"博士黄广、大行令任佥议，如《九道》。河南尹祉、太子舍人李泓等四十人议："即用甲寅元，当除《元命苞》天地开辟获麟中百一十四岁，推闰月六直其日，或朔、晦、弦、望，二十四气宿度不相应者非一。用《九道》为朔，月有比三大二小，皆疏远。元和变历，以应《保乾图》'三百岁斗历改宪'之文。《四分历》本起图谶，最得其正，不宜易。"恺等八十四人议，宜从《太初》。尚书令忠上奏："诸从《太初》者，皆无他效验，徒以世宗攘夷廓境，享国久长为辞。或云孝章改《四分》，灾异卒甚，未有善应。臣伏惟圣王兴起，各异正朔，以通三统。汉祖受命，因秦之纪，十月为年首，闰常在岁后。不稽先代，违于帝典。太宗遵修，三阶以平，黄龙以至，刑狱以错，五是以备。哀平之际，同承《太初》，而妖孽累仍，疴祸非一。议者不以成数相参，考真求实，而泛采妄说，归福《太初》，致咎《四分》。《太初历》众贤所立，是非已定，永平不审，复革其弦望。《四分》有谬，不可施行。元和凤鸟不当应历而翔集。远嘉前造，则丧（表）其休；近讥后改，则隐其福。漏见曲论，未可为是。臣辄复重难衡、兴，以为五纪论推步行度，当时比诸术为近，然犹未稽于古。及向子歆欲以合《春秋》，横断年数，损夏益周，考之表纪，差谬数百。两历相课，六千一百五十六岁，而《太初》多一日。冬

至日直斗，而云在牵牛。迂阔不可复用，昭然如此。史官所共见，非独衡、兴。前以为《九道》密近，今议者以为有阙，及甲寅元复多违失，皆未可取正。昔仲尼顺假马之名，以崇君之义。况天之历数，不可任疑从虚，以非易是。"上纳其言，遂（寝）改历事。[①]

在讨论过程中，侍中施延赞成宣诵的建议，认为《太初历》已经与天象不合，元和年间改用《四分历》，虽然比《太初历》精确，但也不完全正确，他建议应该用《甲寅元历》，理由是《甲寅元历》与天象符合，而且合乎图谶。博士黄广、大行令任金则赞同张衡、周兴的意见，建议用《九道历》。另有40人赞成维持《四分历》不动，84人赞成回归《太初历》。最后是尚书令忠给皇帝上书，指出《太初历》虽然是"众贤所立，是非已定"，但永平年间已经改用《四分历》。《太初历》和《四分历》相比，6 156年差1天。冬至的时候太阳在斗宿，而《太初历》说是在牵牛，有这样明显的舛误，历法显然不能再回到《太初历》。至于《九道历》，虽然跟天象最为相合，但也有不足，而《甲寅元历》也有很多不合天象之处，不能采用。皇帝并没有按照赞同人数的多少作为取舍标准，而是接受了尚书令的建议，维持使用《四分历》不变。

可以看出，争论中大部分人是从谶纬学说角度出发考虑问题的，尚书令忠也是正面批驳了在历法改革中谶纬学说的荒唐不经，从科学角度论证了《太初历》的粗疏，才得到了皇帝的认可。但他所说的"前以为《九道》密近，今议者以为有阙"，又是怎么回事呢？

张衡、周兴通过对各种数据进行比较，认为《九道历》最精密，应该行用。他们的建议虽然得到了博士黄广、大行令任金的赞同，但最终并未被采纳，这是有原因的。确实，《九道历》的朔望月和回归年长度数值比《太初历》和《四分历》都更符合天文实际，是当时最先进的历法。但"用《九道》为朔，月有比三大二小"[②]，采用《九道历》会出现连续三个月都是大月或一连两个月都是小月的现象，这种现象，实际上是由于月亮运行的不均匀性所导致的，是合乎实际的，但一连三个大月的历月安排，让当时的人接受不了，这正是尚书令忠所谓的"今议者以为有阙"的缘故。《九道法》最终未能得到采用，是因为它超越了时代。无论如何，张衡的提议使人们认识到了这一问题，对后世认识月行的不均匀性有很大帮助。

---

① 〔晋〕司马彪撰《后汉书·志第二·律历中》，中华书局，1965，第3034～3035页。
② 〔汉〕张衡：《张河间集》卷二《历议》。

五、发明地动仪等，拓展计量领域

在张衡的诸多仪器发明中，最引人注目的是候风地动仪。张衡发明候风地动仪一事，曾被收入中学课本，同时社会上对该发明本身又存在较大争议，因而最为今人所乐道。关于张衡的此项发明，《后汉书》有具体记述：

> 阳嘉元年，复造候风地动仪。以精铜铸成，员径八尺，合盖隆起，形似酒尊，饰以篆文山龟鸟兽之形。中有都柱，傍行八道，施关发机。外有八龙，首衔铜丸，下有蟾蜍，张口承之。其牙机巧制，皆隐在尊中，覆盖周密无际。如有地动，尊则振龙机发吐丸，而蟾蜍衔之。振声激扬，伺者因此觉知。虽一龙发机，而七首不动，寻其方面，乃知震之所在。验之以事，合契若神。自书典所记，未之有也。尝一龙机发而地不觉动，京师学者咸怪其无征。后数日驿至，果地震陇西，于是皆服其妙。自此以后，乃令史官记地动所从方起。①

张衡发明候风地动仪是在阳嘉元年，即公元132年。这是中国历史上少有的有明确发明人和确切发明时间的重大科技发明。根据这段记载，候风地动仪是一个直径达到8尺（汉代1尺合现在23.1厘米）、用青铜铸造的庞然大物，其外形像一只圈足的酒尊，尊上有个隆起的盖子，尊外附有8条龙，分布在8个方向。每个龙口中含有一粒铜丸，地面上有8只张口向上的蟾蜍，用来承接龙口中落下来的铜丸。尊内有一个都柱，附带有各种机关。这些机关都隐藏在尊里面。如果有地震，尊里面的机关受到触发，就会将其中一条龙的龙口打开，使铜丸跌落下来，掉入蟾蜍口中，咣当一响，负责观察的人员听到响声，查看蟾蜍的方位，就可以知道该方向发生了地震。

候风地动仪制成以后，是经过检验了的，这就是文献中所说的"验之以事，合契若神"。在实际运用过程中，也产生过神奇的效果，这就是引文提到的，曾经有一个铜丸掉落，但首都洛阳的人们都没有感觉到地震，大家都说张衡的地动仪不靠谱，过了几天，驿报传来，当天果然在陇西（今甘肃地区）发生地震。这下子大家才真正佩服张衡，皇上也下诏，从此以后要记载地震传来的方位。张衡地动仪能够有效测报地震，在其他古籍中也有记载，晋朝葛洪就曾引述东汉崔瑗为张衡写的墓志铭道：

---

① 〔宋〕范晔撰《后汉书》卷五十九《张衡列传》，中华书局，1965，第1909页。

崔子玉为其碑铭曰:"数术穷天地,制作侔造化。高才伟艺,与神合契。"盖由于平子浑仪及地动仪之有验故也。①

葛洪认为,崔瑗之所以会给张衡那么高的评价,就是因为张衡制作的浑象和地动仪在实际使用中经受了考验,是有成效的。这是晋代人对张衡浑象和地动仪的评价。

东汉以后,历史进入三国时期,由于战乱频仍,候风地动仪毁于战火,导致后世无从见其真貌。虽然南北朝时北齐信都芳撰《器准》,隋朝初年临孝恭作《地动铜仪经》,对候风地动仪都有所记述,并传有它的图式和制作方法,但在唐代以后,二书均失传,使我们无法了解候风地动仪的具体形貌和内在结构。今天我们见到的地动仪的模型,都是今人研究复制的结果。社会上围绕地动仪的各种争论,也大都围绕今人的复原模型展开。无论如何,可以肯定的是,这些争论,不会影响到张衡的伟大,也不会影响到今天我们对张衡发明地动仪这件事情的肯定。

张衡多才多艺,他不仅像崔瑗所言,有渊博的数学、天文学知识,高超的制造发明各种器物的技艺,还是一位大文学家。他写的《二京赋》《思玄赋》《归田赋》等赋文,辞、义俱佳,在文学史上得到高度评价。张衡与司马相如、扬雄、班固被并称"汉赋四大家",历代学者都给予高度评价。郭沫若曾为张衡墓碑题词道:

如此全面发展之人物,在世界史中亦所罕见。万祀千龄,令人景仰。

国际科学界也高度肯定张衡的贡献。为了纪念张衡的功绩,1970年,国际天文学联合会将月球背面的一个环形山命名为"张衡环形山"。1977年,国际小行星命名委员会将太阳系中1802号小行星命名为"张衡星",这是第一颗以中国人名字命名的小行星。2003年,国际小行星命名委员会为纪念张衡及其诞生地河南南阳,将编号为9092号的小行星正式命名为"南阳星"。这些,都表现了国际科学界对张衡功绩的高度认可!

---

① 〔唐〕魏徵等撰《隋书》卷十九《志第十四》,中华书局,1973,第509页。

第十八章 魏晋南北朝时期的计量人物

东汉王朝灭亡后，中国历史进入三国时期，随后即是两晋南北朝时期，史学界也称之为魏晋南北朝。这个时期，整体上是中国历史上的动荡时期，社会的动乱，也影响到计量的稳定，当时的北朝，度量衡量值变化幅度是中国历史之最。另一方面，由于前期的科学积累，该时期也涌现了一批杰出的计量学家，其中的代表人物是刘徽、裴秀、荀勖和祖冲之。

第一节　魏晋时期著名计量数学家刘徽

刘徽是魏晋时期著名的数学家，当时的数学主要内容是围绕解决各类计量问题的计算展开的，所以刘徽也是著名的计量学家。刘徽的生卒年史书未载，《晋书·律历志》曾经提到，刘徽于魏陈留王景元四年（263年）注《九章算术》，由此可知他活跃于公元3世纪。刘徽因为在数学方面的巨大贡献，北宋王朝于大观三年（1109年）将其封为淄乡男。同时被封的有60余人，封号基本上是按其里贯命名的，据此，刘徽应当是淄乡人。淄乡在今山东省邹平市境内，由此，刘徽是山东邹平人。

一、注解《九章算术》，发展传统数学理论

刘徽对古代计量学的贡献，主要体现在他对《九章算术》的注解上。

《九章算术》是中国最重要的一部经典数学著作，它对古代数学做了全面而完整的叙述，它的完成奠定了中国古代数学发展的基础。在中国，它在一千几百年间被直接用作数学教科书。《九章算术》还传播到海外，日本、朝鲜都曾用它作为数学教科书。

《九章算术》的具体成书时间与作者，现均不可知，我们只是通过史书的记载，知道西汉初期历算家张苍（？—前152）、中后期天算学家耿寿昌等曾对它进行过增订删补。1984年，考古工作者在湖北江陵张家山西汉早期古墓中出土《算数书》竹简，内容和今所见《九章算术》相类似，有些算题文句和《九章算术》也基本相同，表明两书应该有继承关系，《算数书》可以视为《九章算术》的前身。《九章算术》的某些算法在西汉之前可能已经存在，后来在长期流传中经过不断的修改，逐渐形成了后来的《九章算术》。

在结构上，《九章算术》如书名所示，共分九章，全书一共搜集了246个数学问题，分为方田、粟米、衰分、少广、商功、均输、盈不足、方程、勾股9大类，每一类是一章。从《九章算术》这246个数学问题来看，每一道题，都是一开始先给出问题，然后给出答案以及计算方法，有很强的实用性。就内容来看，这些题目，无一不是为了解决计量问题而提出来的。我们知道，从计量的角度来说，真正能够通过直接的比较即可得出结果的测量少之又少，绝大部分测量都是要通过数学运算才能得到最终的结果，如面积、体积等的测量都是如此。计量需要数学的支撑，在汉代已经为人们所认识到。东汉光和二年（179年），朝廷以大司农名义颁发平斛（图18-1），要求统一度量衡。该斛容积为1斛，腹有前后对称手柄，中部饰三道弦纹，近柄处有凸起的小方框，用以嵌检封。检封是经官方检定后发给的"合格证"，颁发检封是当时度量衡管理的重要手段。器上刻有89字铭文：

> 大司农以戊寅诏书，秋分之日，同度量、均衡石、桷斗桶、正权概，特更为诸州作铜斗斛、称尺。依黄钟律历、九章算术，以均长短、轻重、大小，用齐七政，令海内都同。光和二年闰月廿三日，大司农曹袳、丞淳于宫、右仓曹掾朱音、史韩鸿造。

铭文明确提到，要"依黄钟律历、九章算术"来确定"长短、轻重、大小，用齐七政，令海内都同"。"依黄钟律历"，是因为从西汉末年刘歆确定乐律累黍说之后，黄钟为计量之本已经成为社会共识，而用《九章算术》来确定物体的长短、轻重、大小，则体现了人们对数学在计量中的重要性的认识。

正因为认识到了《九章算术》对解决计量问题的重要性，汉代才有既是重要官员同时又是数学家的张苍、耿寿昌等为之修订编纂。另一方面，《九章算术》虽然经过了张苍、耿寿昌等的修订，但到刘徽时，它仍然存在着一定的不足。《九章算术》全书以246个数学问题的形式呈现，其中每道题有问（题目）、答（答案）、术（解题步骤），有的是一题一术，

图 18-1
上海博物馆馆藏东汉光和大司农平斛

有的是多题一术或一题多术。但对为什么是这样的"术",书中没有给出证明。数学著作的灵魂在于其证明过程,没有证明,无法展示其正确性,对后人的学习,是极为不利的。此外,《九章算术》中也存在不准确之处。正因为如此,汉魏时期,马续、张衡、郑玄、刘洪、徐岳、阚泽等多位学者都研究过《九章算术》,他们的努力,增加了《九章算术》的正确性,但到刘徽时,《九章算术》中大多数难度较大的算法仍未得到严格证明,一些错误也没有被指出来。刘徽就是在这种情况下开始了他对《九章算术》的注解的。

刘徽在注解《九章算术》时,写了一篇序言,表明了他对数学的理解及注解《九章算术》的初衷和做法。他在序言中写道:

> 算在六艺,古者以宾兴贤能,教习国子。虽曰九数,其能穷纤入微,探测无方。至于以法相传,亦犹规矩度量可得而共,非特难为也。当今好之者寡,故世虽多通才达学,而未必能综于此耳。[1]

---

[1] 〔魏〕刘徽:《九章算术注序》,载郭书春、刘钝校点《算经十书》,辽宁教育出版社,1998年影印本。

刘徽指出，算术虽然号称只有"九数"，但它能够"穷纤入微，探测无方"，探究万事万物的细微和深入之处，是人们认识事物非常重要的工具。数学看上去难学，但只要按照其内在规律传授，就能够像规矩准绳一样，人人都能掌握它们，能够使用它们。规矩是画圆制方的工具，用以揭示事物的空间性质；度量是指度量衡，用以揭示事物间的数量关系。刘徽将它们并列，揭示了中国古代数学的特点，即几何与算术、代数的统一。他认为，只要掌握数学的这一特点，它就不难学，只是当时社会喜欢数学的人少，虽然有学问的人不少，但他们对数学未必能够融会贯通。

为了使数学为更多的人掌握，就有必要对传统数学著作《九章算术》进行注解。刘徽提到，他自己从小就学习《九章算术》，对其有所感悟，故愿意为之作注：

> 徽幼习九章，长再详览。观阴阳之割裂，总算术之根源，探赜之暇，遂悟其意，是以敢竭顽鲁，采其所见，为之作注。[①]

至于注解的具体方式，刘徽的做法是：

> 事类相推，各有攸归，故枝条虽分而同本干知，发其一端而已。又所析理以辞，解体用图，庶亦约而能周，通而不黩，览之者思过半矣。[②]

即是说，事物纷繁复杂，但其本质是一致的，要善于抓住事物的缘起，即刘徽所谓的"知发其一端"。在讨论数学问题时，"析理以辞，解体用图"，把道理讲清楚，并用图示的方法，把各种几何问题清晰地展示出来。刘徽的话，清楚地阐明了绘图对科技著作的重要性，这对中国古代科技著作的发展，是很重要的。

刘徽运用他自己的这些规则，对《九章算术》做了详尽的注解。他的注解，不但对《九章算术》缺乏证明的那些命题给出了证明，还提出了不少自己新的见解，丰富了中国古代的数学理论。刘徽在证明《九章算术》过程中，提出了十进小数概念，并以之表示无理数的立方根。他对正、负数概念及其运算法则的阐释，在世界数学史上都是首次。他创新了线性方程组的解法，并在数学史上第一次提出"不定方程"问题。更重要的是，他提出了许多公认

[①]〔魏〕刘徽：《九章算术注序》，载郭书春、刘钝校点《算经十书》，辽宁教育出版社，1998年影印本。
[②] 同上。

正确的判断作为证明的前提，在此基础上展开推理和证明，其证明本身又合乎逻辑，十分严谨，从而确保了其结论的正确性。这种做法，与古希腊几何学的公理化方法颇有相似之处。刘徽的这些贡献，都蕴藏在他对《九章算术》的注解中，他并没有写出自成体系的著作，但通过对《九章算术》的注解，他的数学知识已经形成了一个包括概念和判断，并以数学证明为联系纽带的独具特色的理论体系。

二、发明割圆术，解决计量标准器设计难题

在刘徽的诸多贡献中，一个引人注目的亮点是他发明了割圆术，找到了正确计算圆周率的方法，从而解决了困惑计量学家多年的标准器设计的难题。

中国古代的度量衡标准器设计始于战国时期，主要是量器的设计。公元前344年，秦国的大良造商鞅，了解到可以"用度数审其容"[①]，即可以用长度单位将容积表示出来，由此设计了被后世称为"商鞅方升"的容积为1升的标准器。商鞅方升是长方体容器，其体积被规定为16.2立方寸，是世界上现存最早的度量衡标准器。但中国古代度量衡标准器的主流不是像商鞅方升这样具有简单几何形状的容器，而是《考工记》中记载的以栗氏量（图18-2）为代表的复合标准器：

> 栗氏为量，改煎金、锡则不耗，不耗然后权之，权之然后准之，准之然后量之，量之以为鬴。深尺，内方尺而圆其外，其实一鬴，其臀一寸，其实一豆；其耳三寸，其实一升。重一钧，其声中黄钟之宫。概而不税。其铭曰："时文思索，允臻其极。嘉量既成，以观四国；永启厥后，兹器维则。"[②]

这段话，前半部分讲的是栗氏量的制作过程，中间部分说的是栗氏量的形制，后面铭文部分谈的是栗氏量的意义，讲栗氏量制成以后，要到诸侯国巡回展示，流传子孙，用它来维系度量衡的统一。就形制而言，栗氏量的主体是鬴量，鬴量是一个深1尺、口径可以内接一个边长为1尺的正方形的圆筒，其容积为1鬴。鬴底部开口向下的是豆量，豆量深1寸，容1豆。鬴两侧是升量，深3寸，容1升。

栗氏量三个单位鬴、豆、升，其形制都是圆筒状的。这样的容器，在设计时，是首先规

---

① 〔汉〕班固撰《汉书》卷二十一上《律历志》，中华书局，1962，第956页。
② 关增建、[德]赫尔曼：《考工记：翻译与评注》，上海交通大学出版社，2014，第20～21页。

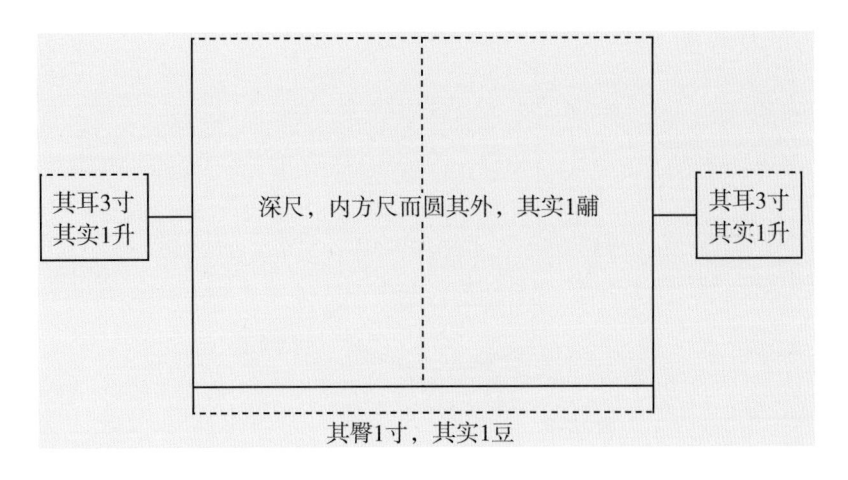

```
┌─────────────────────────────────────────────────────┐
│┌──────┐                                     ┌──────┐│
││其耳3寸│   深尺，内方尺而圆其外，其实1鬴    │其耳3寸││
││其实1升│                                     │其实1升││
│└──────┘                                     └──────┘│
│                                                     │
└─────────────────────────────────────────────────────┘
              其臀1寸，其实1豆
```

图 18-2
栗氏量结构示意图

定好鬴、豆、升用长度单位的立方表示的具体数值，即其容积。当时人们已经知道圆筒形的容器其容积等于截面积乘深，而鬴、豆、升每一个容器的深也都是规定好了的，这样要设计这些量器，关键是求出其截面积的大小，最终落实到口径的大小。截面积与口径之间，存在着一个比例系数圆周率 π。由此，π 值的精确与否，直接决定了标准器设计的精确与否。

在《考工记》乃至其后很长一段时间，人们认定的圆周率值是 3，《考工记》中多处用"围三径一"作为设计器物的依据。汉代赵爽在注解《周髀算经》卷上商高关于"数之法出于圆方，圆出于方，方出于矩，矩出于九九八十一"的说法时，把"周三径一"提升到了数学基础的高度：

> 圆径一而周三，方径一而匝四，伸圆之周而为句，展方之匝而为股，共结一角，邪适弦五。此圆方邪径相通之率，故曰数之法出于圆方。圆方者，天地之形，阴阳之数。①

这是把圆周率 π 等于 3 作为引发勾股定理的前提来对待的，赋予了其成为古代数学运算的前提的意义。按照古人的设想，数学是用来处理空间几何形状的关系的，而基本的几何形状就是圆和方，对于直径为 1 的圆，其周长等于 3；对于边长为 1 的正方形，其周长等于 4，以 3 为直角三角形的短边，4 为其长边，其斜边长度正好是 5。三者的关系，正好是勾股定理的最简单的形式 $3^2+4^2=5^2$。勾股定理是当时最重要的数学发现，用直径为 1 的圆和边长为 1

---

① 〔汉〕赵君卿注《周髀算经》卷上，《四库全书》本。

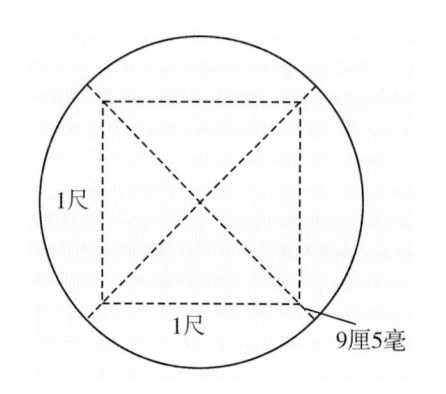

图 18-3
刘歆庞旁示意图
（为了示意明显，庞旁尺寸适当放大）

的方就可以构造出勾股定理来。面对这样的结果，古人欣喜万分，自豪地说："圆方者，天地之形，阴阳之数。"

但是，π 等于 3 毕竟是一个比较粗疏的结果，西汉末年，刘歆在助力王莽篡汉、为其设计度量衡标准器时，就发现了栗氏量设计上的错误。刘歆设计的嘉量的主体是斛，按当时的计量制度，1 斛等于 1 620 立方寸。刘歆设计的斛深 1 尺，但在确定口径时，继续沿用《考工记》栗氏量的"内方尺而圆其外"的规定的话，斛的容积就达不到 1 620 立方寸，必须适当增加口径。为此，刘歆发明了"庞旁"概念，在边长 1 尺的正方形对角线两端再增加一些长度，增加的长度就叫"庞旁"，如图 18-3 所示。

刘歆依据自己的发现设计了新的嘉量，并在嘉量上刻上了铭文，把相关数据一一展示在嘉量上。嘉量斛上的铭文如下：

律嘉量斛，方尺而圆其外，庞旁九厘五毫，幂百六十二寸，深尺，积千六百二十寸，容十斗。

根据这些数据，可以计算出来刘歆所采用的圆周率值为 π=3.154 7。该数值打破了以传统"周三径一"为数学基础的说法，使数学的发展突破了传统观念的约束，具有重要的历史意义。

刘歆是如何推算出这样的圆周率值的，迄今我们还无从知晓。但他对传统"周三径一"观念的打破，引发了人们对圆周率问题的兴趣。到了 2 世纪，天文学家张衡在《灵宪》中采用的圆周率值为 $\frac{730}{232}$，约为 3.146 6，他还在球体积公式中取用 $\sqrt{10}$ 为 π 值，约等于 3.162 3。

三国时期吴人王蕃（228—266）在浑仪论说中取 π 值为 $\frac{142}{45}$，相当于 3.155 6。[①] 这些 π 值，都比传统的"周三径一"更精确，但它们究竟是怎么得到的，史书并未记载，而且从这些数据本身来看，迄东汉末年，古人并未找到科学的推算圆周率的方法。

刘徽打破了这一历史僵局。《九章算术》卷一章有"半周半径相乘得积步"这一命题，该命题给出的圆面积计算方法是正确的，里面蕴含了圆周率 π。刘徽在注解该命题时提出了割圆术，给出了求解 π 的正确方法。刘徽指出，传统所谓的"周三径一"，所得到的结果，实际上是圆内接正六边形的边长，而不是圆周长：

> 以半周乘半径而为圆幂，此一周、径，谓至然之数，非周三径一之率也。
> 周三者，从其六觚之环耳，以推圆规多少之觉，乃弓之与弦也。[②]

这是说，圆面积等于圆周长的二分之一乘半径，这是完全正确的，但这并非说周三径一的比例是对的。所谓周三径一，得到的是圆内接正六边形的周长，就像是弓的弦长与弓本身的长度关系一样。如图 18-4 所示，采用周三径一，得到的是 6 个等边三角形组合成的六边形边长，相当于 6 倍 ACB 直线长度，而圆周长应该是 6 倍 ADB 弧长，所以用周三径一来计算圆周，结果是不准确的，原因就在于圆周率值不准确。

那么，应该如何求得准确的圆周率值呢？刘徽提出，我们可以把圆内接正六边形每个一分为二，分成十二边形，相当于把图 18-4 中的等边三角形 AOB 分解成了两个等腰三角形 AOD 和 DOB。然后利用它们之间的关系，可以借助于等边三角形 AOB，把两个等腰三角形的面积也计算出来。显然，正十二边形的面积比正六边形面积更接近其外接圆的面积。依照这样的思路，还可以把正十二边形进一步分割成正二十四边形、正四十八边形、正九十六边形，等等。"割之弥细，所失弥少。割之又割，以至于不可割，则与圆周合体而无所失矣。" 即是说，圆内接正多边形的边数无限增加的时候，其周长的极限是圆周长，其面积的极限就是圆面积。已经知道了圆的直径，又得出了圆周长，圆周率 π 自然也就能够计算出来了。

刘徽根据割圆术，从圆内接正六边形开始，边数逐渐加倍，相继算出正十二边形、正

[①] 何绍庚：《割圆术和圆周率》，中国科学院自然科学史研究所主编，《中国古代科技成就（修订版）》，中国青年出版社，1996，第98页。

[②] 〔魏〕刘徽：《九章算术》卷一《方田以御田畴界域》，载郭书春、刘钝校点《算经十书》，辽宁教育出版社，1998年影印本。

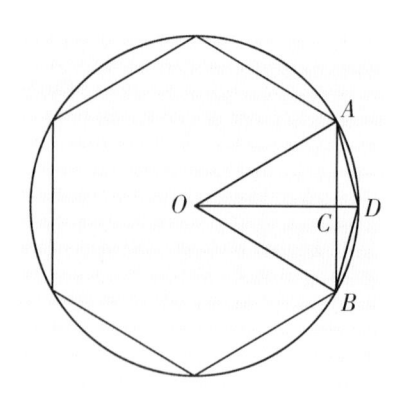

图 18-4
刘徽割圆术示意图

二十四边形、正四十八边形、正九十六边形每边的长,并且求出正一百九十二边形的面积。这相当于求得 π=3.141 024。他在实际计算中,采用了 π = 3.14 的约值。刘徽求得的圆周率值,是当时世界上最精确的圆周率数据。

刘徽发明的割圆术,在人类历史上首次将极限和无穷小分割引入数学证明,解决了如何正确推算圆周率的方法问题,在计量史上意义重大。中国古代容积标准器的主流是圆筒形状,其设计的准确与否直接取决于圆周率 π 的取值。在此之前,刘歆设计新莽嘉量时,采用了 π=3.154 7 的圆周率值,虽然该值的精确度远胜于"周三径一",但刘歆并未找到正确求解圆周率的方法。其后的张衡、王蕃等人,殚精竭虑,在圆周率推算上亦有进展,但始终未能找到正确的门径。刘徽发明割圆术,使该问题一劳永逸得到解决。后人所要做的,无非是分割出更多的正多边形,使计算结果更精确而已。

三、编纂《海岛算经》,建立测高望远体系

刘徽对不能直接抵达的远距离测量,例如海岛上有一座山,站在岸边,如何测量山的高度之类问题,特别感兴趣。他在其注的《九章算术》的序言中,专门就此类问题做过详细的讨论。刘徽指出:

《周官·大司徒》职,夏至日中立八尺之表,其景尺有五寸,谓之日中。说云,南戴日下万五千里。夫云尔者,以术推之。按《九章》立四表望远及因

木望山之术，皆端旁互见，无有超邈若斯之类。然则苍等为术犹未足以博尽群数也。①

这里引述的《周官·大司徒》之语，说的是中国古代传统宇宙观念。古人没有地球观念，认为地是平的，大小有限，这样地表面必然有个几何中心，古人把它称为地中，认为从地中向南一万五千里，就到了"南戴日下"，即今天所说的北回归线。刘徽强调说，这些数据，是"以术推之"的结果，即运用数理方法推算出来的，不是信口开河。他感叹说，《九章算术》中的立四表测望远近、借助于一棵树测望山的高低的方法等，所测望的目标都在不远之处，可以首尾相望，不像天地宇宙那样遥远渺茫。之所以如此，主要原因还在于张苍等人所建立的方法还不足以涵盖数学的方方面面。

那么，该如何处理类似的问题呢？刘徽接着说道：

> 徽寻九数有重差之名，原其指趣乃所以施于此也。凡望极高、测绝深而兼知其远者必用重差、句股，则必以重差为率，故曰重差也。②

刘徽说他寻思在传统的"九数"中有"重差"名目，推究其用途，就是用来解决类似问题的。凡是测望极高、极深同时还要知道其远近这样的问题的，一定要使用重差术和勾股术（"句"通"勾"），以重差作为统一的比例数据，所以叫重差。接下去，刘徽给出了利用重差术解决日之高远、大小的具体方法：

> 立两表于洛阳之城，令高八尺。南北各尽平地。同日度其正中之时，以景差为法，表高乘表间为实，实如法而一。所得加表高，即日去地也。以南表之景乘表间为实，实如法而一，即为从南表至南戴日下也。以南戴日下及日去地为句、股，为之求弦，即日去人也。以径寸之筒南望日，日满筒空，则定筒之长短以为股率，以筒径为句率，日去人之数为大股，大股之句即日径也。③

---

① 〔魏〕刘徽：《九章算术注序》，载郭书春、刘钝校点《算经十书》，辽宁教育出版社，1998年影印本。
② 同上。
③ 同上。

这段话一共介绍了四种天文数据的测量方法，这四种天文数据分别是日去地距离、南表至南戴日下的水平距离、南表到太阳的斜线距离和太阳的视直径大小。测量前三种要素的方法是：选择洛阳南北平坦之处，立南北两表，确定南北两表之间的距离，同一天测量它们影子的长度，根据所得结果，即可得：

$$日去地 = \frac{表间 \times 表高}{北表影长 - 南表影长} + 表高$$

$$观测者至南戴日下 = \frac{表间 \times 表高影长}{北表影长 - 南表影长}$$

得到了日去地和观测者至南戴日下两个数据以后，观测者到太阳的斜线距离直接运用勾股定理即可得出。

上述公式中诸数字的含义如图 18-5 所示。这样，四个天文数据中的三个都得以解决，而太阳视直径的大小则需要用另外的测量方法。

刘徽的方法，在《周髀算经》中测量日高天远之术中已经存在。《周髀算经》中有一个基本假设：地隔千里，影差一寸，即图 18-5 南表和北表之间距离是一千里的话，夏至之日，立 8 尺之表，南表影长 1 尺 5 寸，北表影长 1 尺 6 寸，即其影差为 1 寸。把这些数字代入上述公式，不难得出，从南表至南戴日下的水平距离为 15 000 里，太阳到南表的斜线距离为 10 万里，太阳至地面的垂直距离为 80 000 里 +8 尺。《周髀算经》中的数据是 80 000 里，因为《周髀算经》中忽略了要加上表高这一项。当然，对 80 000 里这样的距离来说，8 尺表高确实可以忽略的。

刘徽对太阳视直径的测量方法，如图 18-6 所示。

具体测量方法是，选择一个直径为 1 寸的竹筒，对着太阳观看，当太阳正好充满竹筒孔径时，确定竹筒的长度，以竹筒孔径为勾，以竹筒长为股，这时太阳离开观测者的距离为大股，太阳的直径就是大股之勾。具体来说，筒长、筒径、太阳离人的距离、太阳的直径，这四个数据满足如下关系：

$$\frac{筒径}{筒长} = \frac{日径}{日去人}$$

其中筒径、筒长、日去人距离这三个数据都是已知的，日径自然就可以计算出来了。

刘徽的上述公式就几何学来说是完全正确的，这一点很容易得到证明。但用他的公式进

图 18-5

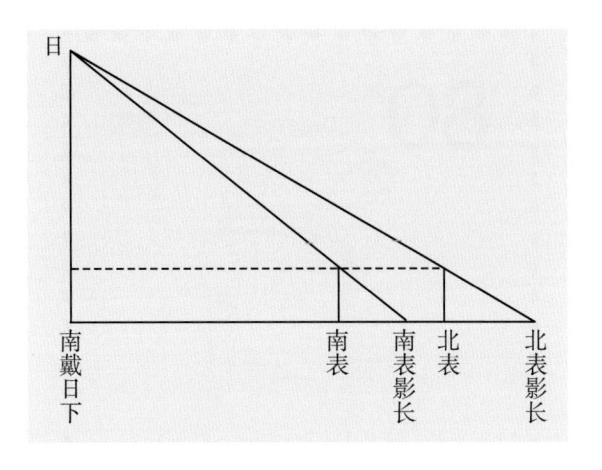

刘徽测日高天远图

图 18-6

刘徽测日径图

行日高天远的实际测量，就会发现其结果是完全错误的。之所以如此，是因为在他的公式中隐藏了一个前提：大地是平的。当时的人们没有地球观念，在这个问题上不能苛求刘徽。

在介绍这四种天文数据测量方法之后，刘徽深有感触地说：

> 虽夫圆穹之象犹日可度，又况泰山之高与江海之广哉。徽以为今之史籍且略举天地之物，考论厥数，载之于志，以阐世术之美，辄造《重差》，并为注解，以究古人之意，缀于《句股》之下。度高者重表，测深者累矩，孤离者三望，离而又旁求者四望。触类而长之，则虽幽遐诡伏，靡所不入。博物君子，

图 18-7
中国邮政部门发行的刘徽纪念邮票

详而览焉。①

意思是说,像上文介绍的方法那样,即使天地宇宙都可以测量,何况泰山之高跟江海之广,测量起来应该更无问题。刘徽意识到,既然当今的史籍已经大略列举了天地之物,那么,他就考察其数量关系,撰写了《重差》一卷,将其附在《九章算术》的"勾股"章之后,以探究古人之意,阐释人间算术之美。刘徽指出,《重差》术的核心在于,测量高要用两个表,测量深要用重叠的矩,对远处孤立物体的测量要用三次测望,对孤立而又要求测量其他数值的则要用四次测望。刘徽强调说,只要对这种方法触类旁通,不断增长知识,再幽隐神秘的东西,都是可以测量的。

刘徽所作的《重差》一卷,就是今天人们所说的《海岛算经》。该卷成书之后,是附在《九章算术》之后,以《九章算术》第十章的形式存在的。同《九章算术》其他部分体例一样,该卷采用的也是应用问题集的形式,全卷共包括九个问题,研究对象均为有关高远测量问题。所有问题的解法都是利用两次或多次测望所得的数据,来推算可望而不可即的目标的高、深、

---

① 〔魏〕刘徽:《九章算术注序》,载郭书春、刘钝校点《算经十书》,辽宁教育出版社,1998年影印本。

广、远。南北朝时期，著名数学家祖冲之曾为之作注。到了唐朝，人们将《重差》从刘徽注的《九章算术》中分离出来，单独成书，以第一题"今有望海岛"取名为《海岛算经》。

《海岛算经》介绍的多次测望方法，具有很强的实用价值，为中国古代地图测绘奠定了几何学基础。就这些测望方法本身而言，其水平也远远领先于同时期西方的测望技术。

刘徽对《九章算术》的注以及他所撰写的《海岛算经》，不仅在中国数学史上占有重要地位，对世界数学的发展也有着重要的贡献。2002年，中国邮政发行第四套《中国古代科学家》纪念邮票（图18-7），其中就包括了刘徽纪念邮票。2021年5月24日，国际天文学联合会（IAU）批准中国在嫦娥五号降落地点附近月球地貌的命名，"刘徽"（Liu Hui）为八个地貌地名之一，人们以此表示对这位伟大数学家的纪念。

第二节 裴秀及其"制图六体"学说

地图测绘是空间计量的重要内容。中国有悠久的地图测绘传统，在古代地图测绘发展历程中，西晋的裴秀发挥了重要作用，他提出的"制图六体"，成为古代地图测绘的基本规则。

一、裴秀的生平

裴秀，字季彦，魏黄初五年（224年）生，晋泰始七年（271年）卒，河东闻喜（今山西闻喜）人。他出身官宦世家，祖父裴茂，父裴潜，都曾官至尚书令。裴秀自小受到了良好教育，据说8岁就能写文章了。据《晋书·裴秀》记载，裴秀自幼聪慧，名声外播。他的叔父裴徽在当地很有名望，家中常有宾客来往，然而这些宾客拜会过裴徽后，往往都还要去找裴秀交谈，听取他的意见，这时的裴秀也才十几岁。裴秀的生母出身卑微，其嫡母宣氏看不起她，曾经让她给客人端茶送饭，但客人见她进来，都起身行礼。裴秀的母亲感慨说：我出身这样卑贱，客人对我却这样客气，应该是因为小儿裴秀吧。宣氏得知此事后，从此也不再轻视她了。当时的人们都传言说，裴秀是年轻一代的领袖人物。

裴秀的一生都在宦途。因为才华出众，他得到各方面的欣赏，在曹魏时期，渡辽将军毌丘俭把他推荐给当时掌握着辅政大权的大将军曹爽，说他出身高贵，性格好，而且"博学强记，无文不该；孝友著于乡党，高声闻于远近。诚宜弼佐谟明，助和鼎味，毗赞大府，光昭盛化"①。曹爽于是任命裴秀为黄门侍郎，并袭父爵清阳亭侯，这年他25岁。

正始十年（249年），司马懿发动政变，解除曹爽大将军的职务，又以谋反之罪屠灭其三族。裴秀也受到牵连被免除职务。但司马懿明白裴秀是可用之才，不久就重新起用他，任命其为廷尉。此后，裴秀在司马氏门下逐步升迁，开始参与谋划军国之政。当时的魏国皇帝曹髦也喜欢他，经常找他谈论学问。但是，裴秀并没有表现出多少对曹氏政权的忠心。公元260年，曹髦因为不满司马氏专权而奋起反抗被杀，司马昭立14岁的曹奂为帝，裴秀因为参与了谋立而被进爵为鲁阳县侯，迁任尚书仆射。

真正让裴秀树立在司马集团牢不可破核心地位的关键因素，是他对司马氏立嗣一事的介入。随着司马昭年事日高，他开始考虑立嗣之事。司马炎是司马昭的嫡长子，但他的弟弟司马攸"清和平允，亲贤好施，爱经籍，能属文，善尺牍，为世所楷"②，名声高过司马炎。司马昭之兄司马师无子，司马攸从小就过继给司马师，司马师临终时司马攸才10岁，司马师没有把权力交给他，而是交给了弟弟司马昭。司马昭对此颇为感激，因此对司马攸"特加爱异，自谓摄居相位，百年之后，大业宜归攸。每曰：'此景王之天下也，吾何与焉。'将议立世子，属意于攸"③。面对这种局面，司马炎颇为着急，曾私下向裴秀求援，《晋书》详细记载了这一过程：

> 初，文帝未定嗣，而属意舞阳侯攸。武帝惧不得立，问秀曰："人有相否？"因以奇表示之。秀后言于文帝曰："中抚军人望既茂，天表如此，固非人臣之相也。"由是世子乃定。④

原来，司马炎长相有异于常人之处，他站着时头发能拖到地上，手臂垂下时能超过膝盖。古人迷信，认为帝王受命于天，也会在长相上表现出来。司马炎向裴秀展示了自己的异相。古人不剪发，平时头发盘起来，看不出有多长。司马炎要说服裴秀，专门向他展示这一点，就需要将头发打开，让其垂地。裴秀被说服了，也借此站到了司马炎一方，并通过向司马昭进言，打动了司马昭，最终使司马炎做上了皇帝，就是后来的晋武帝。

司马炎当上皇帝后，对裴秀特别关照。裴秀平时也有一些毛病，有一次，安远护军郝诩在写给故人的信中说道，我之所以跟裴秀交好，是指望能从他那里得到关照。这事不知怎么

---

① 〔唐〕房玄龄等撰《晋书》卷三十五《列传第五》，中华书局，1974，第1038页。
② 同上书，卷三十八《列传第八》，第1130页。
③ 同上书，卷三《帝纪第三》，第49页。
④ 同①。

被外人知道了，有关部门奏请皇帝将裴秀免职，司马炎替他辩护，说人无法阻止别人诬陷自己，这事是郝诩的过错，不能让裴秀负责。后来，司隶校尉李憙再次上书，指出骑都尉刘尚替裴秀霸占官方稻田，要求处罚裴秀。事实俱在，司马炎"以秀干翼朝政，有勋绩于王室，不可以小疵掩大德"①的理由搪塞，使裴秀逃过一罚。

裴秀的为官之道未能得到人们肯定，真正使他名垂青史的，是他在创建传统地图测绘理论方面的贡献。

二、中国古代悠久的地图测绘传统

中国古人对地图的重要性有清晰的认识，同时也有悠久的地图测绘传统。在我国，有夏铸九鼎的传说，说在公元前21世纪，新兴的夏王朝用各地诸侯朝贡的铜铸造了9只气壮山河的大鼎，各鼎有不同的图像，表示不同地区特有的山川、草木、禽兽。这种说法是否属实姑且不论，但我国在四千年前的夏代甚至更早的时期，就在一些崖壁或器物上绘有表示山川的图形，则是完全可能的。这些图形就是原始的地图。

在对地图重要性的认识上，反映春秋时期（前770—前476）齐国政治家、思想家管仲及管仲学派言行事迹的《管子》一书，曾专门论述了地图对军事行动的重要性：

> 凡兵，主者必先审知地图，轘辕之险，滥车之水，名山、通谷、经川、陵陆、丘阜之所在，苴草、林木、蒲苇之所茂，道里之远近，城郭之大小，名邑、废邑、囷殖之地，必尽知之。地形之出入相错者，尽藏之。然后可以行军袭邑，举错知先后，不失地利，此地图之常也。②

《管子》指出，在准备展开军事行动之前，军事负责人必须先熟悉和研究地图，以了解地形地势、交通状况、植物分布、地理远近、城郭大小等，对地形交错复杂的地方，要胸中有数，然后才能出兵打仗。地图对于军事的根本功能即在于此。

古籍中有关地图的记载更是比比皆是。《尚书·周书·洛诰》就曾记载道，周朝初期，周公负责营建洛邑，建好后给成王报告说，我再次勘察了洛邑，经过占卜，洛邑适合建都，"伻来以图及献卜"。"伻"指仆人或特使，这是指专门派人把地图及占测结果给成王献上。

---

① 〔唐〕房玄龄等撰《晋书》卷三十五《列传第五》，中华书局，1974，第1039页。
② 〔唐〕房玄龄注《管子》卷十《地图》，《四库全书》本。

这里明确提到了地图，表明西周时已经能够绘制城市地图。

对于地图在治理国家方面的作用，《周礼》有详细的描述：

> 大司徒之职，掌建邦之土地之图与其人民之数，以佐王安扰邦国。以天下土地之图，周知九州之地域广轮之数，辨其山林、川泽、丘陵、坟衍原隰之名物，而辨其邦国都鄙之数，制其畿疆而沟封之，设其社稷之壝，而树之田主，各以其野之所宜木，遂以名其社与其野。①

地图可以包括如此多的信息，是治国者必须了解的，因此要由大司徒负责。《战国策·赵策》曾详细记载苏秦以地图为依据，说服赵王同意参加合纵反秦。这也是先秦时期地图在诸侯国争霸过程中发挥作用的一个历史见证。另一个更有名的例子是荆轲刺秦王。荆轲以给秦王敬献燕国督、亢地区（今河北涿州一带）地图为名，意图获得接近秦王的机会，刺杀秦王。虽然荆轲刺秦王以失败告终，但当时地图为各国君主所重视，却是不争的事实。

由于先秦时期没有纸张、没有印刷术，地图一般绘制在丝帛等难以长期保存的材料之上，先秦时期地图绘制水平究竟如何，由于缺乏实物证据，我们很难知晓。幸运的是，出土文献中的地图使我们得以对我国两千多年前的地图测绘水平有所了解。

1973年，考古工作者在湖南长沙马王堆三号汉墓中出土了三幅地图，这三幅地图都绘在帛上，一幅是地形图，一幅是驻军图，另一幅是城邑图。马王堆三号汉墓墓主是汉初长沙国丞相轪侯利苍之子，其下葬年代是西汉文帝前元十二年（前168年），距今快2 200年了。显然，地图的绘制时间比这要更早。马王堆地图是世界上现存最早的以实测为基础绘制的地图。

从出土的这三幅地图尤其是其中的地形图来看，其主要部分反映的是当时长沙国南部的地形地貌，就是现在湘江上游潇水流域一带。这部分图的精度相当高。鉴于这部分区域山峦起伏，地形复杂，要达到出土地图所显示的绘制精度，当时的测绘者除了直接测量，一定还采用相应的数学方法进行间接测量。当时在数学上有一种"重差术"，可以利用相似三角形对应边成比例的原理解决间接测远、测山高、测城邑大小等问题，古代天文学著作《周髀算经》、数学著作《九章算术》等对之都有介绍。能够将合适的数学方法应用到地图测绘，这是我国古代地图测绘的一大进步。

汉代的地图测绘也有其不足之处。即如马王堆出土的这三幅地图来说，地图的比例尺不

---

① 见郑玄注《十三经注疏·周礼注疏》卷第十《大司徒》，北京大学出版社，1999，第241~242页。

统一,方位不够准确,边缘地区绘制粗疏等,都是比较明显的缺陷。但无论如何,汉代的地图测绘为裴秀建立他的地图测绘理论奠定了基础。裴秀是在前人实践的基础上,创建了被后人称颂的地图测绘理论的。

三、裴秀的制图六体

裴秀34岁时曾随司马昭讨伐诸葛诞,因有功而升任尚书,参与掌管国家机密,这使他得以了解地图与军事的密切关系。晋泰始四年(268年),他又被晋武帝司马炎任命为司空,并兼任地官。司空专门掌管工程、水利、交通、屯田等事宜,与测绘密切相关。地官主管全国的户籍、土地、田亩赋税和地图等事,接触到各地山川、地势地形,掌握地名及其沿革情况。裴秀能够在地图学上取得成就,与他的这些经历有很大关系。遗憾的是,3年后,他因为服寒食散又饮冷酒,遽然去世,年仅48岁。

裴秀任职地官期间,因为职务关系,经常需要了解地名,查阅地图,发现在这个领域存在的重大问题。《晋书》对此记叙道:

> (裴秀)以职在地官,以《禹贡》山川地名,从来久远,多有变易。后世说者,或强牵引,渐以暗昧。于是甄摘旧文,疑者则阙,古有名而今无者,皆随事注列,作《禹贡地域图》十八篇。奏之,藏于秘府。①

过去流传下来的《禹贡》地理名称,因为年代久远,变动很大,而后来的解说者又牵强附会,以讹传讹,导致谬误很多。裴秀决心改变这种局面,于是收集资料,对各种地理古籍进行考证甄别和作注,考辨正误,完成了《禹贡地域图》十八篇。这是见于文字记载的中国最早的一部地图集。地图集完成以后,上奏朝廷,被藏于秘府。

遗憾的是,被藏于秘府的裴秀这部《禹贡地域图》十八篇,其抄写本虽然也曾流传于世,但无论是秘藏本还是流传本,后来都散失了,以至于我们无法通过地图本身了解裴秀的绘制水平。

虽然地图本身散失了,裴秀为该地图集写的序言,却在《晋书》中完整地保留下来,其中就包括他的地图绘制理论,也就是所谓的"制图六体"。《晋书》是这样记载他的"制图

---

① 〔唐〕房玄龄等撰《晋书》卷三十五《列传第五》,中华书局,1974,第1039页。

六体"的：

> 制图之体有六焉。一曰分率，所以辨广轮之度也。二曰准望，所以正彼此之体也。三曰道里，所以定所由之数也。四曰高下，五曰方邪，六曰迂直，此三者各因地而制宜，所以校夷险之异也。有图象而无分率，则无以审远近之差；有分率而无准望，虽得之于一隅，必失之于他方；有准望而无道里，则施于山海绝隔之地，不能以相通；有道里而无高下、方邪、迂直之校，则径路之数必与远近之实相违，失准望之正矣。故以此六者参而考之。然远近之实定于分率，彼此之实定于道里，度数之实定于高下、方邪、迂直之算。故虽有峻山钜海之隔，绝域殊方之迥，登降诡曲之因，皆可得举而定者。准望之法既正，则曲直远近无所隐其形也。①

这"六体"，概括来说，就是分率、准望、道里、高下、方邪和迂直。前三条阐述的是地图比例尺、方位和距离，这些，是地图测绘的核心要素，只有把它们搞精准了，绘制的地图才不会失真。后三条关注的，是如何正确确定实地上两点间距离，是地图测绘的方法。核心要素确定了，如果没有合适的方法去确定它们，同样无法测绘出准确的地图来。

根据裴秀的说明，"分率"指的是比例尺，这是没有疑义的。绘制地图，首要因素是确定比例尺，裴秀将其置于"六体"首位，是理所当然的。"准望"，按裴秀的说法是"所以正彼此之体也"。彼此之体，说的是两个地体如山脉、村落等，准望是要确定它们彼此之间的正确位置，显然，这是指的辨方正位，即确定被测物体的方位。所谓"道里"，是"所以定所由之数"，这里的"所由"，当然是人之"所由"，即人经历的地方，也就是地图上两地之间路程的远近。这对地图的使用者来说，是很重要的信息。

但是，人行道路不可能是笔直的、水平的，如果按照行路里程绘制地图，就会使地图面目全非，完全不能反映真实的地理地貌。正如裴秀所言，"有道里而无高下、方邪、迂直之校，则径路之数必与远近之实相违，失准望之正矣"。即是说，如果道路有上坡下岗，高低不平，就需要按"高下"之术取平；有迂回曲折，则应按"方邪、迂直"之术取平。否则，绘制出来的地图就失真了。裴秀特别指出，按照"制图六体"，绘制地图所应遵循的原则应该是，"远近之实定于分率，彼此之实定于道里，度数之实定于高下、方邪、迂直之算"。即地理

---

① 〔唐〕房玄龄等撰《晋书》卷三十五《列传第五》，中华书局，1974，第1040页。

范围的大小，通过地图的比例尺确定下来；两地之间的道路里程，通过地图的标示得到了解；两地之间的直接距离，则需要通过"高下、方邪、迂直"之术，用数学方法计算出来。最后地图的绘制，当然是以数学方法计算出来的直线距离为准，这样绘制出来的地图才准确。

裴秀"制图六体"所需要的数学方法，在当时已经发展成熟。在他主导绘制《禹贡地域图》，提出"制图六体"测绘理论时，跟他同时代的刘徽，已经完成了对传统数学著作《九章算术》的注解，并在注解中提出了系统的测高望远之术。唐代时把刘徽注的《九章算术》有关测量的内容第十卷"重差"摘录出来，单独编撰成书，以《海岛算经》命名，列入《算经十书》，供学子研讨。《海岛算经》全部内容都是利用两次或多次测望所得的数据，来推算可望而不可即的目标的高、深、广、远。这些方法，为传统地图测绘提供了充足的数学支持。裴秀在"制图六体"中提出的"高下、方邪、迂直"问题，全部能在《海岛算经》中找到解答方案。

在裴秀之前，中国的地图测绘有丰富的实践经验，但缺乏系统的理论指导。裴秀"制图六体"说的提出，弥补了传统地图测绘学的短板，为后人所遵循。裴秀的"制图六体"对后世制图工作的影响十分深远，唐代的地理学家贾耽、宋代科学家沈括等，都给予该学说高度评价。直到明末清初欧洲的地图投影技术通过传教士传入中国之前，"制图六体"都是中国学者绘制地图时遵循的基本规则。

第三节　荀勖的音律改革和律尺考订

荀勖（？—289），字公曾，颍川颍阴（今河南许昌）人，西晋著名律学家。他出身世家，曾祖父荀爽是东汉有名的经学家，汉献帝初年曾任司空。荀勖自幼丧父，舅舅将其抚养成人。他从小聪明好学，十几岁就能写一手漂亮文章，他的堂外祖父曹魏太傅钟繇曾感叹道，"此儿当及其曾祖"[①]，说他长大后学术上能达到其曾祖父荀爽的高度。荀勖博学多才，成人后走上从政的道路，先后经历曹魏和西晋两个政权，在激烈动荡的时局中仕宦终生。在曹魏政权中，他历任安阳令、从事中郎、中书监等官职，入晋后领秘书监，进光禄大夫，掌管乐事，官终尚书令。西晋初年，他主持乐律改革，依照三分损益法制造了与十二律相应的十二支笛，在此过程中发现了管口校正数，对中国音律学做出了重大贡献。与此同时，他考校和制定了新的律尺，并因此在中国计量史上占据了一席之地。

---

① 〔唐〕房玄龄等撰《晋书》卷三十九《列传第九》，中华书局，1974，第1152页。

一、荀勖的从政特点

荀勖长于明哲保身,他最初仕魏,投靠的是手握实权的大将军曹爽。后来,曹爽在与司马懿争权的斗争中失败被杀,慑于司马氏的权势,曹爽被杀之后,他的门生故吏没有人敢去吊唁,唯独荀勖只身前往,表达了对曹爽的哀悼。荀勖去过之后,其他人才陆续登门。但是,荀勖对曹氏家族的忠心也只表达到这一步,接下去,他就投身到了司马氏门下,获得司马家族的欢心。在晋武帝重点提拔的官员中,荀勖赫然名列其中。

在不涉及自己利害关系的情况下,荀勖颇有政治家气度。当时,曹髦是魏国的皇帝,因对司马昭的专权不能忍受,率领几百名禁卫军进攻司马昭,被司马昭的部下成倅杀死。事变发生时,司马昭的弟弟司马干闻讯赶去帮忙,被把守闾阖门的孙佑用计支开。事后,因为成倅杀死了皇帝,是逆天悖理的行为,为堵塞舆论的指责,司马昭被迫将其斩首。但司马昭真正恼恨的是孙佑,准备将其全家统统斩首。荀勖劝阻他说,孙佑阻止司马干入内,确实应该受罚,但施用刑罚不能以个人喜怒为轻重,成倅罪名大,受到刑罚的只是他本人,孙佑罪名小,反而要全家受诛,这恐怕会引起人们的议论。司马昭仔细考虑了一下,觉得自己的想法确实不妥,只好将孙佑撤职作罢。

司马昭把持曹魏政权时,魏蜀吴三国鼎立。司马昭拟派遣刺客入蜀行刺政敌,荀勖劝阻说:您应该堂堂正正地讨伐这些分裂政权者,用暗杀手段是不能争取到天下民心的。他的意见得到了司马昭的赞同。后来,司马昭兴兵伐蜀,荀勖建议以卫瓘为监军。蜀汉被攻克后,伐蜀魏军发生叛乱,最后赖卫瓘得以平定。而这次叛乱的首领,正是荀勖的从舅钟会。通过此事,司马昭对荀勖更信任了。是荀勖的政治家气度和见识为自己赢得了这种信任。

但是,在涉及切身利益时,荀勖行事就不那么光明磊落了。他与贾充是莫逆之交,一次,晋武帝准备派贾充领兵外出,荀勖私下对他的另一位朋友冯𬘡说:"贾公远放,吾等失势,太子婚尚未定,若使充女得为妃,则不留而自停矣。"于是,他和冯𬘡两人寻机会向晋武帝进言,说贾充的女儿聪明漂亮,品德又好,一定能成为太子的贤内助。武帝听信了他们的话。贾充的女儿成了太子妃,贾充领兵外出的差事也因此被搁置了下来。这位太子妃就是后来把持朝纲、搅乱朝政的贾后。荀勖此举,当时就受到了那些正直人们的指责,但他却通过这一活动,进一步巩固了自己在朝中的地位。

晋武帝的这位太子,就是后来中国历史上出了名的糊涂皇帝晋惠帝。武帝知道自己的这个儿子糊涂,对把国家交给他总不放心,于是派遣荀勖及和峤前往考察。考察回来,荀勖对晋武帝满口称赞太子的功德，而和峤却直言不讳地说太子一如既往，没有什么长进。消息传开，社会上纷纷称赞和峤而贬低荀勖的人品。和峤也因此很看不起荀勖，当时荀勖任中书监，和峤任中书令。中书监与中书令并为三品，掌管诏命撰写、记录时事等，属于朝廷重臣。按制度，应是中书监、中书令同乘一辆车去官署，但是和峤瞧不起荀勖的阿谀品行，公车一来，就抢先登车，不给荀勖留座位。荀勖只能另外找车，以后中书监、中书令各自拥有马车，即从此开始。

武帝对太子妃也不满意，想把她废掉。荀勖与冯紞知道了武帝的打算，赶快前往劝谏，使武帝打消了废掉太子妃的念头。当时的社会舆论对荀勖的做法颇有非议，认为他这样做是误国害民。荀勖敢于这样冒天下之大不韪而力保太子和太子妃，完全是为了保全他自己。

荀勖从政，一大特点是明哲保身。力保太子和太子妃，是为了保全自己。同时，谨言慎行，一举一动都十分小心，也是为了保全自己。他长期任职中书监，掌管机密，口风很严，对机密大事从不泄露。他告诫自己的儿子们说："人臣不密则失身，树私则背公，是大戒也。汝等亦当宦达人间，宜识吾此意。"[①] 他忠于晋王朝，担心营植私党若一旦暴露，就会有身家性命之忧，因此不愿为之。荀勖作为一名封建帝王的臣子，在当时尔虞我诈的朝廷里，注意保全自己，也有其可理解之处。至于他出于一己私念，阿附贾充，趋炎附势，排斥正人君子，被舆论斥责为倾国害时，也是咎由自取，怪不得别人。

二、荀勖对律尺基准的考订

荀勖对科学史的最大贡献是在音律方面，这是与计量有密切关系的一个领域。

晋朝立国之后，在礼乐方面沿用的是曹操时期杜夔所定的音律制度。但是，杜夔所定的音律并不十分准确。晋武帝泰始九年（273年），荀勖在考校音乐时，发现八音不和，于是受武帝指派，开始了考订音律的工作（图18-8）。

要考订音律，不能不涉及尺度问题。这是因为，按照当时公认的计量理论，音律是万事之本，黄钟律管的长度就是长度基准。长度单位确定之后，反过来又可以之为依据制作乐器。如果长度单位不准确，制作出来的乐器音高就会有偏差，演奏时就会导致八音不和的结果。

既然这样，要考订音律，首先就要找到能发出标准音高的乐器，再按这种乐器所提供的

---

① 〔唐〕房玄龄等撰《晋书》卷三十九《列传第九》，中华书局，1974，第1157页。

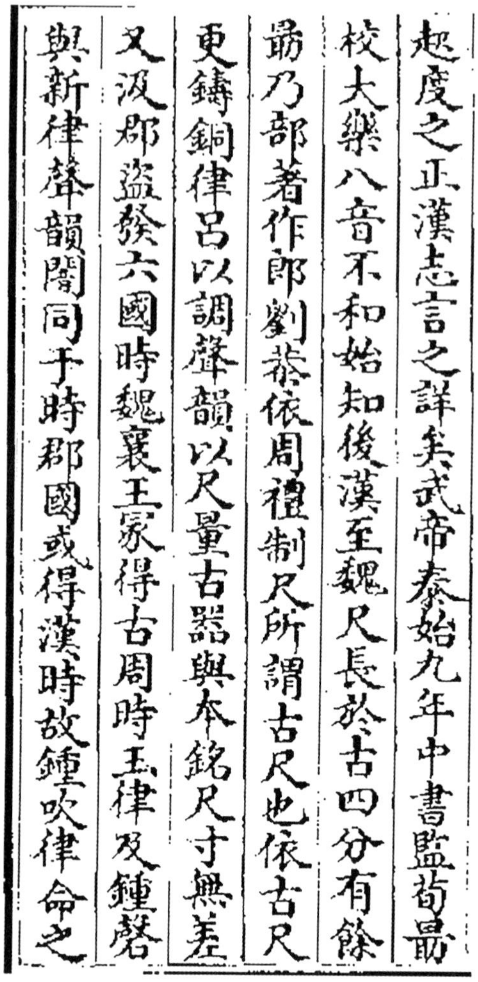
起度之正漢志言之詳矣武帝泰始九年中書監荀勖
校大樂八音不和始知後漢至魏尺長於古四分有餘
勖乃部著作郎劉恭依周禮制尺所謂古尺也依古尺
更鑄銅律呂以調聲韻以尺量古器與本銘尺寸無差
又汲郡盜發六國時魏襄王冢得古周時玉律及鐘磬
與新律聲韻闇同于時郡國或得漢時故鐘吹律命之

图 18–8

《晋书·律历上》对荀勖考订律尺的记载

长度基准来核定尺度，尺度确定之后，就可以根据新的尺度，按照规定的尺寸制作出新的乐器了。可以看出，长度基准的确定，是考订音律过程中至关重要的一个环节。荀勖在计量史上的贡献，就是通过这一系列工作，发现了当时的尺度与古尺之差别，制定出了新的律尺，从而为后世考订音律工作奠定了良好基础。

荀勖在考订音律工作开始时，就遇到了一个问题：既然现行乐器音高不符合标准，上哪里去寻找一个能发出标准音高的乐器呢？荀勖精通音律，据《世说新语》记载：荀勖因为精通音律，当时的人说他对音律的了解是出自天分，于是让他来调律吕，正雅乐。每当朝廷举行盛大集会，在殿庭演奏音乐，他就亲自调整乐器，确定音高。经他调整的乐器，演奏起来音韵协调。像荀勖这样的学者，要他判定一个乐器所发音高是否符合标准，这不是难事，但要他去寻找一个能发出标准音的乐器，以之为标准来进行校正，则谈何容易。这时，荀勖想起曾经在路上遇到过一个商人，商人牛车上牛所悬佩的铎（铃铛）恰能发出合乎标准的音高。现在，他掌管乐事，需要这只牛铎，于是就下令各地把能找到的牛铎都送上来，结果在送上来的牛铎中果然找到了能发出标准音高的那只。找到了那只牛铎，就可以用它考订其他乐器与之是否相配，也就等于找到了标准器，可以用来考订音律了。

找到了音律标准器后，他的工作进展就一帆风顺了。第二年，他就向晋武帝奏请制作新的律尺。他在考校中发现，当时所使用的尺度，沿用的是从东汉到魏的标准，该标准比起《周礼》上所用的尺度，长了四分多。由于乐器尺度数值依据的是《周礼》上的规定，而现行尺度又长于周尺，这样表面上依《周礼》规定所制作的乐器，实际已经不符合《周礼》的规定，当然不可能发出标准音高来。因此，要把音律考订好，必须制作出符合《周礼》规定的尺度来。他的要求得到了晋武帝的同意。很快，新律尺被制作出来了。

新律尺的尺长标准确定后，荀勖对之做了仔细的检验。他首先依据新律尺制造了乐器，以检验其音韵是否协调。演奏的结果，"宫商克谐"，证明他的新律尺在音乐实践中是成功的。

荀勖并没到此为止，他进一步用该尺测量了当时存有的古代器物，测量结果与这些器物铭文上所记尺寸是一致的。这表明他的新律尺与古制是相合的。

经过了多次检验，效果都不错，这使得荀勖对他的新律尺充满了信心，他撰写铭文，记述了考校经过。《晋书》详细记载了他撰写的铭文：

> 勖铭其尺曰："晋泰始十年，中书考古器，揆校今尺，长四分半。所校古法有七品：一曰姑洗玉律，二曰小吕玉律，三曰西京铜望臬，四曰金错望臬，五曰铜斛，六曰古钱，七曰建武铜尺。姑洗微强，西京望臬微弱，其余与此尺同。"铭八十二字。此尺者勖新尺也，今尺者，杜夔尺也。①

铭文中所谓"今尺"，是晋朝当时音律用尺，即杜夔尺。"中书"指他自己，因为当时荀勖任职中书监。"此尺"即荀勖自己考订出来的新尺。考校结果，大部分古代器物的音响效果都与他用新尺制作的乐器相一致，说明他制作的新尺与当时找到的古代标准器物尺度基本是一致的，体现了一种实事求是的科学态度。

---

① 〔唐〕房玄龄等撰《晋书》卷十六《志第六·律历上》，中华书局，1974，第 490～491 页。

三、荀勖对音律学的改进

在古代中国，计量与音律有密切关系。荀勖不但借助于音律考订了尺度基准，对音律本身，他也做了大幅度的改进。

中国古人对音律的重视程度，超越了今人的想象。古人把音乐视为治理国家的核心要素，《晋书·律历上》有一段话很能说明问题：

> 中声节以成文，德音章而和备，则可以动天地，感鬼神，导性情，移风俗。叶言志于咏歌，鉴盛衰于治乱，故君子审声以知音，审音以知乐，审乐以知政，盖由兹道。①

音乐和备，就可以动天地、泣鬼神，通过音乐，可以鉴国家盛衰，知政事休咎。具有这样功能的音乐，焉能不受到重视。

按照古人的说法，尧舜周公时期，音乐都是好的，到了秦朝，秦始皇焚书坑儒，音乐也随之衰微。西汉王朝建立以后，全面继承秦朝制度，虽然张苍对音律历法做了一些治理，但对音律的建设，并不完备，以至于到了汉武帝时期，还专门设立了协律都尉这样的官职，使"律吕清浊之体粗正，金石高下之音有准"②，但也只是粗略满足要求，音律学的发展还提不到议事日程。司马迁的《史记》"八书"，开始设专篇讨论音乐音律，使其进一步系统化。之后音律的发展又经历了一系列的变化，《晋书》详细介绍了其变化过程：

> 汉室初兴，丞相张苍首言音律，未能审备。孝武帝创置协律之官，司马迁言律吕相生之次详矣。及王莽之际，考论音律，刘歆条奏，……班固因而志之。蔡邕又记建武已后言律吕者，至司马绍统採而续之。汉末天下大乱，乐工散亡，器法堙灭，魏武始获杜夔，使定乐器声调。夔依当时尺度，权备典章。及武帝受命，遵而不革。

也就是说，到晋武帝时期，宫廷使用的音律，还是以魏武帝曹操时音律家杜夔制作的音律标准为依据的。这时距离杜夔制乐，已经半个多世纪了，晋朝的音律，已经不能令人满意了。

---

① 〔唐〕房玄龄等撰《晋书》卷十六《志第六·律历上》，中华书局，1974，第473页。
② 同上书，第474页。

荀勖在考订律尺之后，第二年，即泰始十年（274年），就开始着手对音律的考订。他和中书令张华一起，先调查了御府中的音乐标准器，找到了 25 具用铜、竹子做的律管，其中有 3 具与杜夔及左延年的音律规则相同，剩下的 22 具，检查其上面的铭文和尺寸，确定是笛律。荀勖等据此询问协律中郎将列和，请他说明这些笛律是怎么回事。列和回答道：

> 昔魏明帝时，令和承受笛声，以作此律，欲使学者别居一坊，歌咏讲习，依此律调。至于都合乐时，但识其尺寸之名，则丝竹歌咏，皆得均合。歌声浊者，用长笛长律，歌声清者，用短笛短律。凡弦歌调张清浊之制，不依笛尺寸名之，则不可知也。①

列和回答说，这是在魏明帝时期，他受命制作的，目的是当学者们聚集在一起，要歌咏讲习时，为他们提供音高标准器。在集体演奏时，只要把笛子尺寸标记清楚，其他丝竹乐器，都能和谐。歌声音调低的，用长笛长律，歌声音调高的，用短笛短律。对弦乐来说，其调节音调高低的规则，如果不按照笛子的尺寸，就不知道该怎么办来。

列和的回答，有其有理的一面，也有其无知的一面。就其有道理的一面来说，古代演奏音乐时，对调音用的音高标准器，是有一定要求的，《晋书》对此有详细描述：

> 案《周礼》调乐金石，有一定之声，是故造钟磬者先依律调之，然后施于厢悬。作乐之时，诸音皆受钟磬之均，即为悉应律也。至于飨宴殿堂之上，无厢悬钟磬，以笛有一定调，故诸弦歌皆从笛为正，是为笛犹钟磬，宜必合于律吕。②

根据《周礼》的规定，在调乐时，因为用金石制作的钟磬能发出确定的音高，因此制钟磬者先根据音高要求将钟磬制作好，然后将其悬挂在厢廊，乐队演奏音乐时，所有乐器的音高均需按钟磬的音高设定，这样演奏就和谐了。但在殿堂举行宴会演奏音乐时，有时因为空间限制没有厢廊可以悬挂钟磬，这时就需要用笛子作为音高调音标准，因为笛子也能发出确定的音高。列和说的情况，与此类似，学者聚集，也没有空间悬挂钟磬，这就需要用笛子来定音高。他所说的，就是这样的事情。

---

① 〔梁〕沈约撰《宋书》卷十一《志第一·律历上》，中华书局，1974，第 212～213 页。
② 〔唐〕房玄龄等撰《晋书》卷十六《志第六·律历上》，中华书局，1974，第 482 页。

但是，列和所言，也表现出其对音律的无知。笛子为什么要做成这样的尺寸，调律的基本原理是什么，他除了能机械模仿其先师所为，就说不出所以然了。他的回答，当然为精通音律的荀勖所不满。荀勖据此给晋武帝上书，指出列和不通音律，提出了自己的解决方案：

> 如和对辞，笛之长短无所象则，率意而作，不由曲度。考以正律，皆不相应；吹其声均，多不谐合。又辞"先师传笛，别其清浊，直以长短。工人裁制，旧不依律"。是为作笛无法。而和写笛造律，又令琴瑟歌咏，从之为正，非所以稽古先哲，垂宪于后者也。谨条牒诸律，问和意状如左。及依典制，用十二律造笛象十二枚，声均调和，器用便利。讲肄弹击，必合律吕，况乎宴飨万国，奏之庙堂者哉？虽伶夔旷远，至音难精，犹宜仪形古昔，以求厥衷，合乎经礼，于制为详。若可施用，请更部笛工选竹造作，下太乐乐府施行。①

荀勖强调说，列和所使用的笛子，音高不准，以之为准演奏音乐，"多不谐和"，列和也不懂制笛之法，如果让这种局面继续下去，就无法发挥音乐引领社会发展的作用。为了纠正这种局面，荀勖说他自己"依典制，用十二律造笛象十二枚，声均调和，器用便利"，请皇帝予以考校，如果觉得可用的话，就请下旨让笛工选合适的竹子，按其所做十二笛的形制制作，"下太乐乐府施行"。晋武帝同意了他的奏请，晋朝的音律，也借此得以改善。

荀勖研制的十二笛律的具体尺寸，《晋书·律历上》《宋书·律历上》均有详细记载。今人通过分析这些尺寸，惊喜地发现，荀勖在制作这十二笛律的过程中，采用了管口校正技术。

所谓管口校正，是为使管律发声准确而采取的一种特别校正措施。我们知道，管发声跟弦发声不同，对两端开口的管子来说，管内的空气柱振动时，气柱的动能不会在管子端口处截然消失，它会突出到管口之外，从而使空气柱长度无法等于管长，这就使得根据管长确定的律制与实际音高不合。为了使空气柱发声符合律制，就必须将管子截短，这截短的部分，就是该律管的管口校正。

荀勖是世界上最早认识到管口校正问题的重要性并在实践中尝试对之加以解决的人，这是他在音律学上的突出贡献。

---

① 〔唐〕房玄龄等撰《晋书》卷十六《志第六·律历上》，中华书局，1974，第481页。

四、荀勖律尺的意义及影响

荀勖制尺，在计量史上是有意义的。古人制作度量衡器，希望其保持稳定，正如《淮南子》所希冀的：

> 今夫权衡规矩，一定而不易，不为秦楚变节，不为胡越改容，常一而不邪，方行而不流。一日刑之，万世传之，而以无为为之。①

《淮南子》所言，反映了人们对度量衡的美好愿望，但实际上，度量衡器制历代都有流变，这就需要对之进行校正。而按传统的度量衡理论，校正的途径是从音律入手，依据一定的尺度标准制作的乐器，必须能发出符合要求的音高，否则尺度就不合标准。但音律高低是人的主观感觉，因此这种做法难度很大。现在荀勖所为，就是应用此种方法的一种尝试。

荀勖制作的律尺，在当时发掘出土的文物上得到了证实。《晋书》对此记载道：

> 勖乃部著作郎刘恭依《周礼》制尺，所谓古尺也。依古尺更铸铜律吕，以调声韵。以尺量古器，与本铭尺寸无差。又，汲郡盗发六国时魏襄王冢，得古周时玉律及钟、磬，与新律声韵暗同。于时郡国或得汉时故钟，吹律命之皆应。②

荀勖让著作郎刘恭按照他考订出来的尺度制作成尺子，他认为那就是《周礼》中记载的尺子，也就是所谓的古尺。他用这种古尺去量古代留存下来的器物，所得结果与那些器物本身上的铭文标记的尺寸一致。当时汲郡有盗贼发掘战国时魏国魏襄王的坟墓，得到了当时的玉律和钟、磬，敲击它们时发出的声音，与按照荀勖新尺制作的乐曲声韵一致。当时其他郡县有得到汉代的钟的，敲击时与荀勖新律音调也都一致。

经过这些考验，荀勖坚信他考订的汉代尺度是正确的，但是也有人对之提出异议。当时著名的音律家阮咸就认为他的结果不正确，《晋书》详细记载了此事：

> 荀勖造新钟律，与古器谐韵，时人称其精密，惟散骑侍郎陈留阮咸讥其声高。声高则悲，非兴国之音，亡国之音。亡国之音哀以思，其人困。今声不合雅，

---

① 〔汉〕高诱《淮南烈解》卷九《主术训》，《四库全书》本。
② 〔唐〕房玄龄等撰《晋书》卷十六《志第六·律历上》，中华书局，1974，第490页。

惧非德正至和之音，必古今尺有长短所致也。会咸病卒，武帝以勖律与周汉器合，故施用之。后始平掘地得古铜尺，岁久欲腐，不知所出何代，果长勖尺四分，时人服咸之妙，而莫能厝意焉。①

荀勖在当时因为口碑不好，在音律考订上被阮咸提出质疑后，又被一把莫名其妙的古铜尺证实了阮咸的怀疑，引起人们兴奋，围绕该事产生了各种传说，如《世说新语·术解》就绘声绘色对该事做了新的叙写：

荀勖善解音声，时论谓之暗解。遂调律吕，正雅乐。每至正会，殿庭作乐，自调宫商，无不谐韵。阮咸妙赏，时谓神解。每公会作乐，而心谓之不调。既无一言直勖，意忌之，遂出阮为始平太守。后有一田父耕于野，得周时玉尺，便是天下正尺。荀试以校己所治钟鼓、金石、丝竹，皆觉短一黍，于是伏阮神识。②

这里说荀勖因为不满阮咸的评论，对其打击报复，设法将他排挤到外地做官，后来一农夫耕地，得到了一把玉尺，被认为是周时器物，荀勖用它校验自己制作的律尺，发现果然短了一黍，于是暗中佩服阮咸的判断。在这里，"岁久欲腐"的"古铜尺"，变成了"周时玉尺""天下正尺"，夸张之辞跃然纸上，作者显然是在贬低荀勖。对这件事，《晋书》的作者，著名天文、音律学家李淳风曾发表过评论：

勖于千载之外，推百代之法，度数既宜，声韵又契，可谓切密，信而有徵也。而时人寡识，据无闻之一尺，忽周汉之两器，雷同臧否，何其谬哉！③

李淳风的评价是有道理的。考订音律用尺，以秦汉器物为检验标准，是合理的，荀勖就是这么做的。但是，用来作为检验标准的器物其本身在当时的权威性如何，是首先需要考虑的。正如李淳风所言，拿一个没有名气的尺子，就要否定多个战国秦汉之器物检验的结果，"何其谬哉"！李淳风对荀勖考订的结果，给予了充分肯定。

---

① 〔唐〕房玄龄等撰《晋书》卷十六《志第六·律历上》，中华书局，1974，第491页。
② 《世说新语》卷二十《术解》。
③ 同①。

荀勖新律尺问世以后，对当时影响很大。著名医家裴頠就曾上言：既然荀勖新尺已经证明当时通行的尺度过大，那么就应该对度量衡制度进行改革。如果改革一时不能完全到位，至少也应该先对医用权衡进行改革。因为"药物轻重，分两乖互，所可伤夭，为害尤深"[①]。裴頠还分析说：古代的人都很高寿，当代人却夭折的多，这未必不是由于度量衡制度混乱导致的用药不规范所造成的。裴頠所说的古代人都高寿，未必言实，但他对统一度量衡制度的重要性的强调，则是完全正确的。遗憾的是，由于各种缘故，裴頠的建议并未被晋武帝所采纳。他的建议虽然未被采纳，但这至少表明有识之士已经从中看到了荀勖的工作的意义。

荀勖制作的标准尺后来被祖冲之所收藏，从祖冲之处又辗转传到了李淳风手中。李淳风在考订历代尺度时，把荀勖尺作为一个重要的参照物看待。后世在考订音律时，也多以荀勖尺为参照。这使得荀勖律尺成了中国尺度发展史上判定古代尺度的一个重要坐标。经今人研究，魏晋以前调律用尺和日常用尺是一致的，但魏晋以后常用尺逐渐增大，荀勖经过考校，发现晋所定音高与古代不同，并通过寻找能发出标准音高的乐器、测量古器物尺度值等方法，求证了古尺度值，发现魏晋尺长于古尺四分有余，复原了古尺，乃专以此调律，名为荀勖律尺。因为荀勖律尺是晋以前的尺度值，故史称"晋前尺"。自此，专门用于调律的尺就与常用尺分离了，而且两者按各自的演变规律，走上了不同的变化之路。

第四节　祖冲之对计量事业的贡献

祖冲之我国南朝宋、齐著名科学家，在中国科学史上享有崇高地位。在今天的人们看来，他推算出了高精度的圆周率，使之领先世界一千多年，是一位享誉世界的大数学家；他提出了《大明历》，内含多项创新，是一位杰出的天文学家；他成功复原了指南车，使古代绝技失而复得，是一位优秀的机械发明家……对祖冲之的这些评价，是完全正确的，但还不够全面，因为他为今人所称道的那些成就，主要是围绕着计量科学的发展而做出的。他首先是一位杰出的计量学家，对中国古代计量科学的发展做出了巨大贡献。与此同时，在他的计量科学工作中，也有个别不严谨之处。

---

① 〔唐〕房玄龄等撰《晋书》卷三十五《列传第五》，中华书局，1974，第1042页。

一、对测量精度和尺度标准的重视

祖冲之一生的科学工作，大都与计量有关。他有着丰富的计量实践。在给宋孝武帝所上请求颁行《大明历》的表中，他曾经提到，在治历实践中，他常常"亲量圭尺，躬察仪漏，目尽毫厘，心穷筹策"①，自己动手进行测量和推算。测量离不开择定基准、核对尺度，测量本身不可避免还会涉及精度问题，这都与计量有关。对这些问题的重视，使他很自然地步入了计量领域。

精度问题是促进计量进步的重要因素，祖冲之对之十分重视。他曾经指出："数各有分，分之为体，非细不密。"②所谓"细"，即是指测量数据的精度要高，他认为，只有高精度的测量，才能使测量结果与实际密合。他不但在理论上高度重视精度问题，而且在实践中，也身体力行，努力追求尽可能高的测量精度。他自称在测量和处理各类数据时的指导思想是"深惜毫厘，以全求妙之准；不辞积累，以成永定之制"③。他在测量实践中的"目尽毫厘"，在推算圆周率时精确到小数点后7位，就是其重视精度的具体表现。正是这种重视，使他在计量科学领域取得了令人景仰的成就。

在对计量基准的择定方面，祖冲之首先值得一提的工作是他对前代计量标准器的保存和传递。他的这一事迹与西晋荀勖考订音律的成果有关。

荀勖考订音律的事情发生在西晋初期。晋朝立国之后，在礼乐方面沿用的是曹魏时期杜夔所定的音律制度。但是，由于时光流逝，至晋朝时，杜夔所定的音律已不准确，晋武帝泰始九年，荀勖在考校音乐时，发现了这一问题，于是受武帝指派，做了考订音律的工作，制定了新的尺度。《晋书》对此有简要记载：

> 起度之正，《汉志》言之详矣。武帝泰始九年，中书监荀勖校太乐，八音不和，始知后汉至魏，尺长于古四分有余。勖乃部著作郎刘恭依《周礼》制尺，所谓古尺也……④

荀勖通过考订音律，制作了新的标准尺，并对之做了一系列的测试。测试结果表明，他的新尺符合古制，制作是成功的。

---

① 〔梁〕萧子显：《南齐书》卷二十五《列传第三十三》。
② 〔梁〕沈约撰《宋书》卷十三《志第三·律历下》，中华书局，1974，第290页。
③ 同上。
④ 〔唐〕房玄龄等撰《晋书》卷十六《志第六·律历上》，中华书局，1974，第490页。

荀勖律尺的制作成功，在当时影响很大，著名学者裴頠就曾上言：既然荀勖新尺已经证明当时流行的尺度过大，就应该对度量衡制度加以改革，或至少对医用权衡进行改革：

> 荀勖之修律度也，检得古尺短世所用四分有余。頠上言："宜改诸度量。若未能悉革，可先改太医权衡。此若差违，遂失神农、岐伯之正。药物轻重，分两乖互，所可伤夭，为害尤深。古寿考而今短折者，未必不由此也。"卒不能用。①

裴頠的建议未被采纳，荀勖律尺就只能限于宫廷内部考订音律时使用。

中国古代在制订度量衡制度时，有一个传统，就是首先要考订古制。荀勖律尺是经历三国时期度量衡混乱之后，人们用"科学"方法考订出来的第一个标准尺，因此深受后人重视，《晋书》把它放在"审度"栏目之下，紧接着"起度之正"加以叙述，就表明了这一点。从这个意义上说，荀勖律尺是后人制定度量衡制度的圭臬。而这样的圭臬，被祖冲之设法搜罗到并传递下去了。

祖冲之是如何保存并传递荀勖律尺的，我们一无所知。导致我们做出这一判断的，是唐代李淳风在考订历代尺度时，对"祖冲之所传铜尺"的记载：

> 祖冲之所传铜尺。
> ……梁武《钟律纬》云："祖冲之所传铜尺，其铭曰：'晋泰始十年，中书考古器，揆校今尺，长四分半。所校古法有七品：一曰姑洗玉律，二曰小吕玉律，三曰西京铜望臬，四曰金错望臬，五曰铜斛，六曰古钱，七曰建武铜尺。姑洗微强，西京望臬微弱，其余与此尺同。'铭八十二字。"此尺者，勖新尺也。今尺者，杜夔尺也。雷次宗、何胤之二人作《钟律图》，所载荀勖校量古尺文，与此铭同。而萧吉《乐谱》，谓为梁朝所考七品，谬也。今以此尺为本，以校诸代尺云。②

引文中省略的部分是《晋书》对荀勖制定律尺过程的介绍。通过对祖冲之所传铜尺上的铭文的研读，李淳风断定它就是荀勖所发明的律尺，并以之为标准，对前代诸多尺度做了校核。就铭文而言，该尺是荀勖律尺，断无可疑，但该尺是否为祖冲之所传呢？李淳风的依据是梁武帝《钟律纬》的记载。梁朝上承南齐，祖冲之晚年是南齐重臣，他去世两年而梁武帝即位，

---

① 〔唐〕房玄龄等撰《晋书》卷三十五《列传第五》，中华书局，1974，第1042页。
② 〔唐〕魏徵等撰《隋书》卷十六《志第十一·律历上》，中华书局，1973，第402~403页。

所以梁武帝对他的记述应该是可靠的，该尺应该确实是祖冲之所传。

祖冲之能搜罗到荀勖律尺，殊为不易。因为荀勖律尺只是用来调音律，并未用于民间，不可能在社会上流传，一般人是难以觅其踪迹的。而在宫廷中保存，也同样难逃厄运。西晋末年，战乱大起，京城洛阳被石勒占领，晋朝皇室匆忙南迁，各种礼器，多归石勒，以至于东晋立国之时，礼乐用器极度匮乏。这种状况，直到东晋末年，也未得到彻底改善。对此，《隋书》记载道：

> 至泰始十年，光禄大夫荀勖，奏造新度，更铸律吕。元康中，勖子籓，复嗣其事。未及成功，属永嘉之乱，中朝典章，咸没于石勒。及帝南迁，皇度草昧，礼容乐器，扫地皆尽。虽稍加采掇，而多所沦胥，终于恭、安，竟不能备。①

在这种情况下，荀勖律尺的命运，也不会好到哪里去。而从西晋灭亡到祖冲之的时代，时间又过去了100多年，由此，祖冲之要搜寻到荀勖律尺，难度可想而知。但祖冲之最终还是找到了该尺，并把它传给了后人，这样，李淳风才能以之为据考订历代尺度。这件事情本身表明，祖冲之对尺度的标准器问题是非常重视的。

二、对新莽嘉量的研究

祖冲之不但注意搜集和保存前代的标准尺，而且还注重对前代度量衡标准器的研究。在祖冲之之前，中国历史上有两件标准量器最为著名，一件是战国时的栗氏量，一件是西汉末年的新莽嘉量，祖冲之对它们都做了研究，并取得了令人景仰的成就。本节我们先说祖冲之对新莽嘉量的研究。

新莽嘉量是刘歆设计制作的。祖冲之在探究新莽嘉量的过程中，求得了精确度高达小数点后7位的圆周率值，并以之为据，指出了刘歆设计的粗疏之处，从而把中国计量科学推进到了一个新的高度。

西汉末年，王莽秉政，为了满足其托古改制的政治需要，他委派以刘歆为首的一批音律学家，进行了一次大规模的度量衡制度改革。这次改革的成果之一是制作了一批度量衡标准器，新莽嘉量就是其中之一。新莽嘉量是一个五量合一的标准量器，其主体是斛量，

---

① 〔唐〕魏徵等撰《隋书》卷十六《志第十一·律历上》，中华书局，1973，第386页。

另外还有斗、升、龠、合诸量。在嘉量的五个单位量器上，每一个都刻有铭文，详细记载了该量的形制、规格、容积以及与他量之换算关系，例如斛量上的铭文是：

> 律嘉量斛，方尺而圆其外，庣旁九厘五毫，冥百六十二寸，深尺，积一千六百二十寸，容十斗。[①]

此处"冥"同"幂"，表示面积。铭文反映了刘歆的设计思想。按照当时的规定（即《九章算术》所谓的粟米法），1斛等于10斗，容1 620立方寸，因此，在深1尺的前提下，要确保斛的容积为1 620立方寸，其内圆的截面积必须为162平方寸，即刘歆所谓之"冥百六十二寸"。也就是说，圆的面积是确定了的，需要解决的，是其直径的大小。当时，人们是用圆内接正方形来规定圆的大小的，即所谓"方尺而圆其外"，但在内接正方形边长为1尺的情况下，圆面积不足162平方寸，所以需要在其对角线两端加上一段距离，这段距离就叫"庣旁"，如图18-9所示。

根据刘歆的设计思想，嘉量斛的容积可以表示为

$$1 斛 = \pi \left(\frac{\sqrt{2}}{2} + 庣旁\right)^2 \times 1 = 1.62 （尺^3）$$

可见，在嘉量的设计过程中，圆周率 π 是一个举足轻重的因素，它决定了"庣旁"的大小，而"庣旁"则决定了斛的设计精度。刘歆最后得出的"庣旁"为9厘5毫，根据这一数字，可以倒推出他使用的 π 值是3.154 7。考虑到当时通用的圆周率值是周三径一，刘歆的设计已经走在了时代的前面。

因为圆周率 π 在嘉量设计中具有举足轻重的作用，后人在研究刘歆的设计时，就不能不将注意力放在圆周率上。刘徽即是如此，他发明了割圆术，找到了正确计算圆周率的方法。祖冲之更是如此，为了考证新莽嘉量的设计是否科学，祖冲之运用刘徽割圆术，经过繁杂的运算，得到了 π 介于3.141 592 6 和3.141 592 7 之间这样的结果，从而使得中国数学在圆周率推算方面，取得了远远领先于欧洲数学的成就。祖冲之为今人所景仰，主要也是出于他的这一数学发展史上里程碑式的成就。祖冲之对圆周率的研究，如图18-10，人们已经耳熟能详，这里不再赘述。

需要指出的是，祖冲之推算圆周率的目的，是考校刘歆的设计是否精确，也就是说，是着眼于计量科学的发展的。这是他在计量科学研究中所获得的数学成果。在他的时代，人们

---

① 〔唐〕魏徵等撰《隋书》卷十六《志第十一·律历上》，中华书局，1973，第409页。

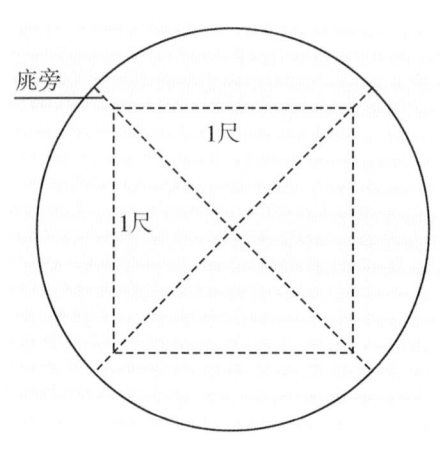

图 18-9

新莽嘉量斛庛旁示意图

（为了示意明显，庛旁尺寸适当放大）

图 18-10

《隋书》中关于祖冲之推算圆周率的记载

为纯数学而研究数学的思想并不强,当时人们研究圆周率,有两种传统,一种是为了解决天文学问题,一种是为了解决实际的计量问题。张衡、王蕃、皮延宗等代表的是前一种传统,而刘歆、刘徽、祖冲之等则代表了后一种传统。特别是祖冲之,他求得了精确的圆周率值以后,接着就用新的圆周率值,对刘歆的数据做了校验。这件事本身就表明了他推算精确的圆周率值的目的。

关于祖冲之对新莽嘉量的校验结果,《隋书》有所记载:

> 其斛铭曰:"律嘉量斛,方尺而圆其外,庣旁九厘五毫,幂百六十二寸,深尺,积一千六百二十寸,容十斗。"祖冲之以圆率考之,此斛当径一尺四寸三分六厘一毫九秒二忽,庣旁一分九毫有奇。刘歆庣旁少一厘四毫有奇,歆数术不精之所致也。①

"其斛",指的就是新莽嘉量。祖冲之以他推算的圆周率值来检验刘歆的设计,发现刘歆的"庣旁"不够精确,少了1厘4毫。祖冲之的推算结果可以从上述式子中得出,以祖率 $\pi=3.1415926$ 代入上式,则有

$$1斛 = 3.1415926 \times \left(\frac{\sqrt{2}}{2} + 庣旁\right)^2 \times 1 = 1.62（尺^3）$$

从这个式子中解出的庣旁值为 0.01098933 尺,即"一分九毫有奇",将此值与刘歆的结果 9 厘 5 毫相比,刘歆的庣旁值确实少了"一厘四毫有奇"。所以,《隋书》的作者魏徵指出,之所以如此,是刘歆"数术不精之所致也"。这种"不精",主要就表现在其圆周率值不够精确。在祖冲之之前,刘徽曾以他推算出的 $\pi=3.14$ 的圆周率值计算过嘉量斛的直径,但他未提及庣旁,而且计算精度也不及祖冲之。祖冲之是历史上第一个明确指出刘歆庣旁的误差的人。

应该指出,1厘4毫的差距,确实很小。当时的测量精度,很难达到毫的量级。正因为如此,这一结果的取得,是计量科学得到充分发展的标志。高精度圆周率值的发现,是当时计量数学科学领域取得的重大成果。

---

① 〔唐〕魏徵等撰《隋书》卷十六《志第十一·律历上》,中华书局,1973,第 409 页。

三、对栗氏量的探讨

相比于对新莽嘉量的研究，祖冲之对栗氏量的探讨别具一格。关于栗氏量的原始记载见于文献《考工记》，原文为：

> 栗氏为量，……深尺，内方尺而圆其外，其实一鬴；其臀一寸，其实一豆；其耳三寸，其实一升。重一钧，其声中黄钟。①

引文中提到的鬴、豆、升是三种容量单位。栗氏量在提供这些单位的实物大小的同时，还规定了其相应尺寸，这就使得人们有可能通过这些尺寸，推算出其具体容积来。汉代郑玄就做过这种推算，他说："四升曰豆，四豆曰区，四区曰鬴，鬴，六斗四升也。鬴十则钟。方尺积千寸。于今粟米法，少二升八十一分升之二十二。"②郑玄推出 1 鬴等于 6 斗 4 升，依据的是《左传》的记载："齐旧四量，豆区釜钟，四升为豆，各自其四，以登于釜，釜十则钟。"③这里"釜"同"鬴"，是同量异名。④《左传》给出的这几种单位的换算关系是：

$$1 钟 =10 鬴$$

$$1 鬴 =4 区$$

$$1 区 =4 豆$$

$$1 豆 =4 升$$

如果栗氏量遵循《左传》中所言的进位制，则其 1 鬴应等于 64 升，即 6 斗 4 升。接下去，郑玄按照鬴的容积为 1 立方尺进行计算，得出 1 鬴等于 1 000 立方寸的结论，认为它比按照《九章算术》"粟米法"的运算结果少了 2 又 81 分之 22 升。

郑玄的推算给人们提出了一个严峻的话题：栗氏量的单位量制比汉代的要小。在谈论量器的容积时，中国古代有一个优良传统，叫做"用度数审其容"⑤，即用长度单位规定出量器单位的大小来。当时斗的单位量制是 1 斗等于 162 立方寸。从战国时遗留至今的商鞅方升上的铭文"积十六尊（寸）五分尊（寸）壹为升"，到《九章算术》的"粟米法"，再到新莽嘉量斛铭上的"积千六百二十寸"，都昭示着这样的单位量制。该量制是当时人们的共识，

---

① 关增建、[德]赫尔曼：《考工记·翻译与评注》，上海交通大学出版社，2014，第 20 页。
② 见郑玄注《十三经注疏·周礼注疏上》卷第四十《栗氏》，北京大学出版社，1999，第 1107 页。
③ 《左传·昭公三年》。
④ 吴承洛：《中国度量衡史》，上海书店据商务印书馆 1937 年版复印，1984，第 100 页。
⑤ 〔汉〕班固撰《汉书》卷二十上《律历志》，中华书局，1962，第 967 页。

并被公认为它就是所谓的古周制。而按照郑玄的推算，6.4 斗合 1 000 立方寸，即栗氏量的 1 斗合 156.25 立方寸。这与公认的斗的量制显然是不同的。我们知道，刘歆制作嘉量时，模仿的是栗氏量的结构和形制，正如励乃骥先生所言，"刘歆作量，仿乎周制，故其铭辞，多引《周礼》，如'嘉量''方尺而圆其外''深尺'等语，即引《考工记》之文"①。嘉量斗的量制是 1 斗等于 162 立方寸，刘歆嘉量以栗氏量为蓝本，郑玄推算的同样也是栗氏量，他们得出的单位量制居然不同，这是说不过去的。

实际上，郑玄在这里犯了两个错误。一个是他误解了栗氏量的形制。《考工记》中说的"内方尺而圆其外"，不是说栗氏量的形状内方外圆，而是说该量器口径正好容纳下一个边长为 1 尺的正方形。即是说，鬴的形状是圆桶形的。郑玄把它当成一个边长为 1 尺的正方体容器去计算，焉能不出错。

郑玄的第二个错误是：他还误解了栗氏量的单位进制。按照郑玄的解释，栗氏量 1 鬴等于 6 斗 4 升，而刘歆的嘉量则 1 斛等于 10 斗，这样，二者又出现了矛盾。在这里，郑玄依据的是《左传》的记载，而实际上，《左传》中说的是"齐旧四量"，它是否适用于栗氏量，尚需再加考证。关于栗氏量的单位进制问题，陈梦家提出了一种新的解释，他说："《考工记》之嘉量，其主体之鬴，深、径各一尺，鬴下圈足内（即谓臀）深一寸，径仍一尺，则豆为鬴十分之一。如此，豆、升皆为十进制。"②陈梦家的"径一尺"的说法，不够准确，但他提出的鬴、豆、升各为十进制的见解，则不无道理，丘光明等对陈梦家的观点评价道："这种看法是很有见地的。齐国四进制的'公量'，最早见于春秋，时至战国，逐渐被田齐家量所取代，并且已证明多用升、斗、釜十进制。《考工记》成书于战国后期，不会再用四进之豆、区制。而栗氏量中之豆，实当为斗。"③换句话说，栗氏量中的鬴容 10 斗，与后世的斛是一样的。

在历史上，郑玄的这两个错误，在祖冲之那里得到了明确的纠正。《隋书》记载说，对栗氏量，

> 祖冲之以算术考之，积凡一千五百六十二寸半。方尺而圆其外，减傍一厘八毫，共径一尺四寸一分四毫七秒二忽有奇而深尺，即古斛之制也。④

---

① 励乃骥：《释庾》，载河南省计量局：《中国古代度量衡论文集》，中州古籍出版社，1990，第 52 页。
② 丘光明、邱隆、杨平：《中国科学技术史·度量衡卷》，科学出版社，2001，第 221 页。
③ 同上。
④ 〔唐〕魏徵等撰《隋书》卷十六《志第十一·律历上》，中华书局，1973，第 408～409 页。

祖冲之的算法可用公式表述如下：

$$1 斛 = \pi \left(\frac{14.104\,72}{2}\right)^2 \times 10 = 1\,562.5（寸^3）$$

这一算法，只对圆柱体成立，因此，它纠正了郑玄的第一个错误。引文中的"即古斛之制也"，更明确指出这是容十斗之"古斛"，这样，它又纠正了郑玄的第二个错误。

需要指出的是，祖冲之的上述推算也有瑕疵。他在推算斛的直径时，采用了"减傍一厘八毫"的做法，这种做法依据不足。栗氏量明确规定其口径为"内方尺"，即恰能容下一个边长为1尺的正方形，原文并没有提到"傍"的存在。"庣旁"是刘歆设计嘉量时的发明，刘歆之前不存在类似的概念。祖冲之的"减傍"，于理于原文皆无所据。

实际上，在祖冲之之前，刘徽在研究栗氏量时，已经引入了"庣旁"的概念，他在检验栗氏量的数字关系时提出：

以数相乘之，则斛之制：方一尺而圆其外，庣旁一厘七毫，幂一百五十六寸四分寸之一，深一尺，积一千五百六十二寸半，容十斗。[①]

根据刘徽给出的数字关系，可以看出他是按下述式子进行运算的：

$$1 斛 = \pi \left(\frac{\sqrt{200}}{2} - 0.017\right)^2 \times 10 \approx 1\,562.5（寸^3）$$

与刘歆设计新莽嘉量不同的是，刘徽把栗氏量的"庣旁"由正变成了负。祖冲之继承了刘徽的做法，只不过他的圆周率值比刘徽的 $\pi=3.14$ 要稍微大一点，所以他把"庣旁"的绝对值也做了相应增加，由1厘7毫变成了1厘8毫。至于刘徽、祖冲之为什么要对栗氏量引入"庣旁"概念，我们不得而知，也许这是他们为了得到与郑玄的1斗合156.25立方寸相同的结果而采取的凑数措施。实际上，在当时，1斛等于1620立方寸的所谓的古周制已深入人心，郑玄的推算于史无据，他对栗氏量结构的了解是错的，他们没必要去迎合郑玄的单位进制。

祖冲之的推算还有另外一个疏忽。按"正方尺而圆其外"再"减傍一厘八毫"的方式进行计算，得到的结果应该是"径一尺四寸一分六毫一秒三忽有奇"，而不是"一尺四寸一分四毫七秒二忽有奇"。运算过程如下式所示：

$$斛径 = \sqrt{2} - 2 \times 0.001\,8 = 1.410\,613\,5（尺）$$

要得到祖冲之所说的"径一尺四寸一分四毫七秒二忽有奇"的结果，应该"减傍一厘八毫七

---

① 〔魏〕刘徽：《九章算术》卷五，载郭书春、刘钝校点《算经十书》，辽宁教育出版社，1998年影印本。

秒有奇"[1]，而不是"减傍一厘八毫"。所以，这是祖冲之在数字表示上的疏忽。祖冲之之所以会出现这样的疏忽，大概是因为古人不具备现代的有效数字概念，记数时不运用四舍五入法则，而他在对"庞旁"的表示上又只取了两位有效数字的缘故。但无论如何，这种疏忽的出现都是不应该的：他既然在推算栗氏量的直径时，可以精确到7位有效数字，在指出刘歆"庞旁"的精度时，不忘在"毫"之后加上"有奇"二字，那么，在为栗氏量设计"庞旁"时，他为什么就不肯在"毫"之后多记上一两位有效数字，从而使一组数据之间的精度大致保持一致呢？

四、对时间和空间计量的贡献

祖冲之在时间计量方面也做了大量工作。

在对基本时间单位回归年长度的测定方面，祖冲之改进了传统的测定方法，从而使新的历法在回归年长度上更为准确。过去人们测定回归年长度，通常是在预期的冬至前后几天，用立竿测影的方法，测出影子最长的那一天作为冬至，相邻两个冬至之间的时间长度，就是一个回归年。这种方法在理论和实践上都存在一些问题，而且还容易受到冬至前后气候变化影响，有一定误差。祖冲之对之做了巧妙的改革，提出了一种具有比较严格的数学意义的测定冬至时刻的方法：他避开传统于冬至当天进行测量的做法，选择在冬至前若干天和冬至后若干天，分别测量正午时分的影长，通过比较影长变化，运用对称原理推算出冬至的准确时刻。他的方法是对传统回归年测定方法的重大突破，有很高的理论意义和实用价值。他运用这一方法，测得了更为精确的回归年数值，并将其写进了自己编制的《大明历》中。按《大明历》的数据，他测得的回归年长度是365.242 8日。这个数值要过700多年才被后人突破。[2]

另外，祖冲之还对闰周做了修改。我国古代历法是阴阳历，需要通过安置闰月来调整朔望月和回归年之间的关系。传统上人们采用19年7闰的方法来解决这一问题，但这一闰周比较粗疏，大约200多年就要多出一天，祖冲之经过反复测算，提出每391年中置144个闰月的主张。他的这一主张跟现代测量值比较只差万分之六日，即一年只相差52秒，这是相当精密的。

由于回归年日数和闰周数据都比较精密，祖冲之《大明历》在另一自然时间单位——朔望月长度的推定方面，也取得了非常好的结果。他的朔望月长度为29.530 591 5日，与今测

---

[1] 李俨在"减傍一厘八毫"后补上了"七秒"二字，并说"原无此二字"，但未进一步深究。见邹大海《李俨与中国古代圆周率》，《中国科技史料》2001年第2期。
[2] 中国天文学史整理研究小组：《中国天文学史》，科学出版社，1987，第89~91页。

值相比误差仅为 0.000 005 60 日,每月仅长 0.5 秒。祖冲之以后,直到宋代《明天历》《奉元历》《纪元历》等历法中,才有更好的朔望月数据出现。①

除了对回归年、朔望月这两个时间单位进行改革,祖冲之还对古代另一个重要计时单位——刻及计时仪器漏刻做了探究,其探究成果表现在他和儿子祖暅之合著的《漏经》一书中。《南史》曾提到《漏经》这本书:

> 洙议曰:夜中测立,缓急易欺,兼用昼漏,于事为允。但漏刻赊促,今古不同。《汉书·律历》,何承天、祖冲之祖暅之父子《漏经》,并自关鼓至下鼓、自晡鼓至关鼓,皆十三刻,冬夏四时不异。若其日有长短,分在中时前后。②

《漏经》一书已经失传,其具体内容我们不得而知。从沈洙的引述中可知,该书至少探讨了时刻制度安排问题,而且其探讨被当时人作为讨论时刻制度的依据而加以引用,这是没有疑义的。

在空间方位计量方面,祖冲之也颇有可称道之处:他成功地研制出了指南车,为中国计量史留下了一段佳话。刘宋王朝的创建者是后来被追封为武帝的刘裕,刘裕当年平定关中后秦政权时,得到了后秦政权的一辆指南车,该车虽然具有指南车的形状,但内部机构缺失,以至于每当车子随仪仗队出行时,就得有一个人藏在车内,依靠人的转动使车上木人的手臂指向南方。李约瑟据此认为,当时已经有了指南针,藏在车内的人是参照指南针的指引确定车上木人所指方向的。车子被运回南朝以后,祖冲之多次提出应该对之加以改造。后来,萧道成把持刘宋王朝朝政,把改造这部车子的任务交给了祖冲之。祖冲之经过精心推敲和反复测试,成功地设计和安装了其内部机械装置,使得该车"圆转不穷,而司方如一"③,具备了自动指南的功能。当时,北方有个叫索驭骥的,号称自己也能造指南车,萧道成就让他和祖冲之各造一辆,公开比试,比试的结果,祖冲之得到了大家的一致认可,而索驭骥所造则"颇有差僻,乃毁焚之"④。

祖冲之是一位全面发展的人物。他推算圆周率,改进传统的测定回归年的方法,编制历法,撰写数学著作《缀术》等,表现出常人难以企及的理论功底。《南史》记载:"晋时杜预有巧思,造欹器,三改不成。永明中,竟陵王子良好古,冲之造欹器献之,与周庙不异。"⑤

---

① 杜石然:中国古代科学家传记(上集),科学出版社,1997,第 221~234 页。
② 〔唐〕李延寿撰《南史》卷七十一《列传第六十一》,中华书局,1975,第 1746~1747 页。
③ 〔梁〕萧子显撰《南齐书》卷五十二《列传第三十三》,中华书局,1972,第 905 页。
④ 同上,第 906 页。
⑤ 〔唐〕李延寿撰《南史》卷七十二《列传第六十二》,中华书局,1975,第 1774 页。

杜预被誉为"有巧思",结果"造欹器,三改不成",祖冲之一下子就造出来了,效果很好。祖冲之"以诸葛亮有木牛流马,乃造一器,不因风水,施机自运,不劳人力。又造千里船,于新亭江试之,日行百余里。于乐游苑造水碓磨,武帝亲自临视"①。这些,连同其造指南车的事例,都充分说明了他的动手能力。他还给齐明帝上过《安边论》,"欲开屯田,广农殖。建武中,明帝欲使冲之巡行四方,兴造大业,可以利百姓者,会连有军事,事竟不行"②。

总体来说,祖冲之对中国历史的贡献,主要还是集中在科学技术领域。他对古代中国计量科学的发展做出了巨大贡献,对计量问题的关注,也促成了他在数学等其他相关学科领域的成就。

---

① 〔唐〕李延寿撰《南史》卷七十二《列传第六十二》,中华书局,1975,第1774页。
② 〔梁〕萧子显撰《南齐书》卷五十二《列传第三十三》,中华书局,1972,第906页。

第十九章 隋唐时期的计量人物

隋唐时期，中国社会经历了南北朝时期长时间割裂对峙之后，开始走向它的繁荣发展时期。这个时期的中国计量也有了一些新的特点，一方面，度量衡大小制成为国家制度，度量衡管理被纳入国家法制体系。另一方面，天文计量领域有了突飞猛进的发展。这个时期的计量学家如刘焯、李淳风、一行等，也都因为在天文等领域的计量工作而名垂史册。

第一节　刘焯的计量思想

刘焯是隋唐时期著名经学家、天文学家，《隋书·刘焯传》曾提到，当时的人对刘焯的评价是，"论者以为数百年已来，博学通儒，无能出其右者"。但真正让他在中国历史上占据一席之地的，是他在计量领域超越时代的一些思想。

一、刘焯其人

刘焯，字士元，544年生，608年卒，信都昌亭（今河北衡水冀州区）人。刘焯的父亲刘洽是个官员，担任郡功曹。刘焯出身于这样的家庭，从小聪明稳重，嗜好读书，不像一般小孩子那样喜欢玩耍。他后来认识了河间的刘炫，两人成为一生的好友，一起求学，先是跟同郡的刘轨思学《诗经》，又跟广平郭懋常学《左传》，跟阜城熊安生学《礼》，但都没有完成学业就离开了。

刘焯跟上述学者学习，之所以"皆不卒业而去"①，原因不得而知，可能是觉得这些学习不能满足其求知欲。后来，刘焯听闻武强刘智海家里有很多古书，于是前往就读，在那里一读就是十年，中间虽然衣食不继，刘焯仍然心态平静，读书不辍。十年下来，声名鹊起，被委任为州博士，后被推举作秀才，应试获得甲等。此后他与著作郎王邵一起修国史，讨论乐律历法，并被指派到中枢机构门下省当值，负责咨询。不久又被任命为员外将军，跟其他儒生一道，在秘书省考核审订各家著述。

开皇六年（586年），隋王朝将洛阳石经运到了都城长安。所谓石经，是指刻在石头上的经书，始于西汉平帝元始元年（1年），此后历代都有，其中时间较早、影响最大、至今仍可考见其文字者，是熹平石经。东汉时期，朝廷所办太学发展很快，到熹平年间，太学生在读人数已达近3万人，为了解决这么多太学生读书的教材问题，东汉朝廷采纳议郎蔡邕的建议，将《鲁诗》《尚书》《周易》《礼仪》《春秋》《公羊传》《论语》等七种经文刻在石碑上，安放在洛阳太阳门外太学所在地，供太学生和全国知识分子观看临摹。这些石碑共46块，每块高丈余，宽4尺，石碑的前、后两面均刊刻儒学经典文字，总字数20余万字。因为石碑的刊刻时间始于东汉熹平四年（175年），故称为熹平石碑。熹平石碑的建立，对维护文字的统一，纠正俗儒解释儒经时的穿凿附会，臆造别字，起了积极作用。隋王朝建立后，对儒家文化十分重视，特地将洛阳石经千里迢迢运到长安，但这些石经由于年代久远，多有磨损，一些字迹漫漶不清，严重影响阅读效果。为此，皇帝特召刘焯和刘炫进行考订，表现了对二人学术水平的认可。

刘焯、刘炫二人顺利完成了对洛阳石经的辨识审核，之后，在国子监进行的释奠活动中，二人解释儒学义理高谈阔论，使其他儒士相形见绌。对此，诸儒士产生了严重的挫败感，他们纷纷给隋文帝呈上紧急奏章，攻讦刘焯。文帝受到舆论潮的影响，免除了刘焯的官职，令其回乡为民。由此，刘焯开始回乡过上悠闲的日子，专心授徒著书。《隋书》说他"于是优游乡里，专以教授著述为务，孜孜不倦"②。

刘焯学问深，名气大，太子杨勇听说其名，特地召见他，准备为己所用。刘焯还没来得及进谒太子，又接到隋文帝诏令，让他和刘炫去侍奉蜀王杨秀。刘焯和刘炫不喜欢杨秀，拖延着不去，杨秀知道后很生气，派人把他们抓起来，上枷送到蜀地，发配刘焯充军，让刘炫做门卫，以此羞辱他们。后来蜀王因罪被废弃，二刘才获得自由，获准返回京师。刘焯又与众儒修定礼、律，被任命为云骑尉。隋炀帝即位后，升任他为太学博士，不久因病离职。过

---

① 〔唐〕魏徵等撰《隋书》卷七十五《列传第四十》，中华书局，1973，第1718页。
② 同上。

了几年，又被朝廷征召为顾问，趁机向朝廷献其所著《皇极历》，但该历法与太史令张胄玄的观点多有不同，被驳回不用。大业六年（610年）病逝，享年67岁。

刘焯当时名气虽然很大，但口碑并不好。他恃才傲物，胸怀也不旷达，在财物方面又很小气，在授徒时，不交纳酬金的人，从来不予教诲，因此当时的人们对他评价不高。去世后，他的好朋友刘炫请求朝廷赐给他谥号，被朝廷拒绝，这与其平时为人不无关系。

二、大地测量设想

刘焯精通儒学，但同时他在自然科学方面造诣也很高。《隋书》对此曾有所描述，说他对"《九章算术》《周髀》《七曜历书》十余部，推步日月之经，量度山海之术，莫不核其根本，穷其秘奥。著《稽极》十卷，《历书》十卷，《五经述议》，并行于世"①。在他诸多自然科学见解方面，建议进行天文大地测量，是其引人注目的贡献之一。

刘焯的建议，跟中国古代宇宙结构理论有关。中国古代的宇宙结构理论，经过漫长的发展，到了汉代，形成了截然对立的两种观点，一种叫盖天说，认为天是个圆盖，天在上，地在下，天地等大，都是平的。另一种是浑天说，认为天是个圆球，地是平的，天在外，地在内，天包着地，天大地小。两派进行了长期而又激烈的争论，一直到刘焯的时代，争论并未停息。

浑、盖两家虽然对天的形状及天地关系的认识截然不同，两家也有一致的地方，即他们对大地形状的认识，都认为地是平的，大小有限，因而有个中心。计算天地大小、日月远近、节气变化，都需要依靠立表测影。在同一南北方向上立8尺之表测影，南、北相去千里，表长相差1寸。这些，构成了浑、盖两家进行天文测算时共同的数理依据。

刘焯对浑、盖两家共同认可的这些数理构造产生了怀疑，《隋书》记载了他的怀疑：

> 《周官》夏至日影，尺有五寸。张衡、郑玄、王蕃、陆绩先儒等，皆以为影千里差一寸。言南戴日下万五千里，表影正同，天高乃异。考之算法，必为不可。寸差千里，亦无典说，明为意断，事不可依。今交、爱之州，表北无影，计无万里，南过戴日。是千里一寸，非其实差。②

这段话，第一句讲的"《周官》夏至日影，尺有五寸"，引述的是《周礼》对地中的定

---

① 〔唐〕魏徵等撰《隋书》卷七十五《列传第四十》，中华书局，1973，第1718～1719页。
② 同上书，卷十九《志第十四·天文上》，第521～522页。

义。《周礼》对地中特点做了详细描述:

> 以土圭之法测土深。正日景,以求地中。日南则景短多暑;日北则景长多寒;日东则景夕多风;日西则景朝多阴。日至之景尺有五寸,谓之地中:天地之所合也,四时之所交也,风雨之所会也,阴阳之所和也。然则百物阜安,乃建王国焉。①

该定义建立在大地是平的这一前提之上,得到了刘焯之前学者们的一致认可。正如刘焯所言,张衡、郑玄、王蕃、陆绩这些著名学者,都赞同该学说。甚至刘徽、祖冲之、祖暅之这些数学大家,也都以该学说为基础,发展自己的天文推算方法。祖暅之还专门发明了五表测影方法,测定地中的存在。

但是刘焯对由地中概念引申出来的地隔千里、影差一寸的说法产生了怀疑,他首先指出:"言南戴日下万五千里,表影正同,天高乃异。考之算法,必为不可。"这一条说的是,根据地中定义,夏至之日立8尺之表在地中测影,影子长度1尺5寸。按照千里差1寸的说法,从地中向南移动1万5千里,影子长度正好消失,这叫南戴日之下。按照这些数据,就可以根据重差术推算日高天远,可是张衡、王蕃等人推算出的天球大小并不一致,这显然是不应该的,所以刘焯说"考之算法,必为不可"。此外,寸差千里的说法,只是存在于《周髀算经》之类的天算书中,在人们所认可的儒家经典中并不存在,这也是刘焯对该说法产生怀疑的理由之一。

更重要的是,刘焯根据当时已知的地理天文知识,指出了该学说的不合实际之处,他说:"今交、爱之州,表北无影,计无万里,南过戴日。是千里一寸,非其实差。"隋代的交州,位于今广东、广西和越南的中、北部,爱州在今越南清化一带,它们距当时所认为的地中即今河南登封距离都不到万里,可是当地夏至的时候太阳都跑到表的北边,表影都指向南方了,这与千里差一寸学说的推论完全不合。那么,千里差一寸学说究竟是否正确?该如何解决这一问题呢?刘焯的建议是:

> 焯今说浑,以道为率,道里不定,得差乃审。既大圣之年,升平之日,厘改群谬,斯正其时。请一水工,并解算术士,取河南、北平地之所,可量数

---

① 郑玄注《十三经疏·周礼注疏》卷第十《大司徒》,北京大学出版社,1999,第250~253页。

百里，南北使正。审时以漏，平地以绳，随气至分，同日度影。得其差率，里即可知。则天地无所匿其形，辰象无所逃其数，超前显圣，效象除疑。请勿以人废言。不用。至大业三年，敕诸郡测影，而焯寻卒，事遂寝废。[①]

刘焯的解决办法就是，通过实地测量，得到确实的里差数据，纠正千里一寸的说法。他建议在黄河南北选择平坦的地方，量出几百里的准确距离，派出几队人马，用漏刻确定时间，取好水平，在冬至夏至春分秋分时刻，同一天测量影子长度。他强调派出的测量人员应该懂得如何取水平，懂得数学运算，认为这样可以确保测量质量。他认为，经过这样的实际测量，就可以得到确定的差率，使天文计算建立在正确的基础之上。他最后还特地说明，"请勿以人废言"，不要因为别人对我有非议，把我正确的建议也置之不理。

刘焯的建议，涉及当时天文推算方法最根本的数理依据是否可靠的问题，意义十分重大。但该建议并未得到采纳，这并非朝廷因人废言的缘故。刘焯是在仁寿四年也就是公元604年向时为太子的杨广提出上述建议的。也就是在这一年，隋文帝杨坚去世，杨广继位，是为炀帝。在此之前3年，原太子杨勇被废，杨广被立为太子，3年来，杨广处心积虑要登上大位，到了604年，杨坚身体不好，杨广一心觊觎帝位，刀光剑影之际，接到刘焯的建议，尚未登上大位，焉有心思去管此类事情？因为进行天文大地测量是大规模的系统工程，不是轻而易举就能实现的。"不用"，是正常的。又过了3年，到了大业三年（607年），杨广已经完全掌握朝政，这时想起了刘焯的建议，"敕诸郡测影"，但是接着刘焯就去世了，此事只好搁置。刘焯建议的落实，还要再过一个多世纪，到唐玄宗时期，僧一行组织的天文大地测量，才彻底推翻了传统的千里差一寸学说。由此更可以看出刘焯在该问题上的远见卓识。

三、编撰《皇极历》

刘焯在计量史上另一值得一提的重要贡献是对《皇极历》的编撰。

刘焯一开始就参与了隋朝历法制定的事宜。隋朝建立之后，和其他新建王朝一样，颁布新的历法是头等大事。当时道士张宾善于察言观色，在杨坚为取代北周、建立隋朝做准备，需要借助符命彰显自己时，张宾抓住机会，向杨坚进言，称颂杨坚有帝王之相，获得杨坚的宠信。《隋书》对此有详细记载：

---

① 〔唐〕魏徵等撰《隋书》卷十九《志第十四·天文上》，中华书局，1973，第522页。

> 时高祖作辅，方行禅代之事，欲以符命曜于天下。道士张宾，揣知上意，自云玄相，洞晓星历，因盛言有代谢之，又称上仪表非人臣相。由是大被知遇，恒在幕府。①

杨坚把张宾招入自己府中，他一登基，就提拔张宾为华州刺史，让他率领刘晖等人编制新历法。开皇四年（584年），张宾按照何承天《元嘉历》的方法，稍做调整，于当年制成新历进献，隋文帝随即下诏颁行，名之曰《开皇历》。

何承天的《元嘉历》虽然有自己的特点，但毕竟是一百多年前的历法，与当时天象不能吻合。《开皇历》全面继承了《元嘉历》，在颁行之后，就引起了一场争论：

> 张宾所创之历既行，刘孝孙与冀州秀才刘焯，并称其失，言学无师法，刻食不中。②
> ……于时新历初颁，宾有宠于高祖，刘晖附会之，被升为太史令。二人协议，共短孝孙，言其非毁天历，率意迂怪，焯又妄相扶证，惑乱时人。孝孙、焯等，竟以他事斥罢。③

刘孝孙、刘焯全面批驳了《开皇历》，但由于《开皇历》刚颁布不久，隋文帝正宠信张宾，而刘晖又紧跟张宾，隋文帝还提拔刘晖做了太史令。面对刘孝孙、刘焯的指责，张宾、刘晖一唱一和，称颂《开皇历》的正确，说刘孝孙污蔑天朝历法，而刘焯则胡乱作证，扰乱人心。他们的说法打动了隋文帝，最终隋文帝用别的事找了个借口，将刘孝孙和刘焯免职。

后来刘孝孙被任命为掖县县丞，张宾病逝，刘孝孙弃官入京，再次上书，指出《开皇历》的不足。这次又受到刘晖的阻挠，他的建议未被采纳。皇帝让刘孝孙在司天监值守，因刘晖是太史令，对刘孝孙屡次打压，使其职务经年不升，刘孝孙忍无可忍，于是抱着他写的书，让弟子抬着棺材，到宫阙前痛哭。这事惊动了隋文帝，隋文帝就此询问国子祭酒何妥，何妥回答说刘孝孙的建议是对的。隋文帝于是擢升刘孝孙为大都督，让他考察《开皇历》的优劣。还有个渤海人张胄玄，也精通历法，他们两个利用这个机会，共同指责《开皇历》的不

---

① 〔唐〕魏徵等撰《隋书》卷十七《志第十二·律历中》，中华书局，1973，第420页。
② 同上书，第423页。
③ 同上书，第428页。

足。异议蜂起，长期争论不休，没有定论。到了开皇十四年（594年），隋文帝派人询问各方历法推算日食的准确情况，尚书右仆射杨素回奏说：太史根据《开皇历》推算的日食共有二十五次，基本上全错；而张胄玄所推定的日食，都得到了验证；刘孝孙所推定的日食日期，也有一多半是准确的。通过日食检验历法优劣，是古代常用的方法，现在真相大明，隋文帝决定要重用刘孝孙和张胄玄，但刘孝孙坚持要先斩刘晖，然后再改历法。隋文帝觉得该要求过分，表示不悦，改历之事又拖了下来。不久刘孝孙病逝，杨素等人向隋文帝推荐张胄玄，隋文帝召见了张胄玄，对其"赏赐甚厚，令与参定新术"。

刘焯听说张胄玄得到重用，要重新修订历法，于是对刘孝孙的历法做了修订，更名为《七曜新术》，献给朝廷。《七曜新术》与张胄玄的方法多有抵触，张胄玄和袁充联合起来抵制刘焯。刘焯为朝廷修订历法的愿望，再次付诸流水，而张胄玄则得到重用。

开皇二十年（600年），隋文帝废除原来的太子杨勇，立次子杨广为太子，袁充利用这个机会，再次上书，论说日长影短，是吉利征象。隋文帝把此事交给新太子杨广，让他组织人手具体考证：

> 开皇二十年，袁充奏日长影短，高祖因以历事付皇太子，遣更研详著日长之候。太子徵天下历算之士，咸集于东宫。刘焯以太子新立，复增修其书，名曰《皇极历》，驳正胄玄之短。太子颇嘉之，未获考验。焯为太学博士，负其精博，志解胄玄之印，官不满意，又称疾罢归。[①]

刘焯也认为太子新立，征集天下历算之士讨论天文，是个机会，于是抓紧时间把他的历法做了修订，起名为《皇极历》，献给太子，要以之驳正张胄玄的历法。太子对刘焯历法颇为欣赏，但并未组织检验，也就未能采用。刘焯被封为太学博士，他对自己的学术很自负，这次献历，目的在于解除张胄玄的职务，目的未能达到，对自己的官职又不满意，于是称病罢归，而张胄玄所制历法，则公开颁行。这是刘焯在改历问题上的第三次受挫。

仁寿四年（604年）刘焯再次上书皇太子杨广，直言张胄玄欺世盗名，抄袭自己早期之作，要求和张胄玄公开对质：

> 焯以庸鄙，谬荷甄擢，专精艺业，耽玩数象，自力群儒之下，冀睹圣人之

---

① 〔唐〕魏徵等撰《隋书》卷十八《志第十三·律历下》，中华书局，1973，第459页。

意。开皇之初，奉敕修撰，性不谐物，功不克终，犹被胄玄窃为己法，未能尽妙，协时多爽，尸官乱日，实点皇猷。请征胄玄答，验其长短。[①]

刘焯说自己在开皇初年，接受隋文帝的敕令修撰历法，当时自己还没有完全弄透历法原理，即使这样，所著稿子还被张胄玄抄袭。张胄玄把该稿当成自己的发明欺骗天下，把历法搞乱了，实在有辱皇家声名，希望太子能下令让张胄玄回答自己的质疑，以确定究竟彼此历法的优劣。但就在这年的七月，隋文帝病逝，太子杨广即位，是为隋炀帝。显然，在这段时间里，杨广顾不上刘焯与张胄玄二人之间的官司。到了第二年，也就是杨广的大业元年（605年），著作郎王邵、诸葛颖二人，因入侍炀帝宴会，借机向杨广推荐刘焯，说他善于历法，推步精审。杨广说我早就知道了，于是下旨让张胄玄回答刘焯的质疑。张胄玄回复说，刘焯的历法确定了回归年的长度和朔望月的长度，又用定气，会导致出现一连3个大月和3个小月的情况。回归年长度和朔望月长度的确定，用的是平气，而节气的确定却用定气，这会出现问题。张胄玄提出的问题，完全不是问题，但当时的人们没法判断孰是孰非，刘焯一气之下，再次罢归故里，这是他改历建议的第四次受挫。

大业四年（608年），张胄玄的历法在预测日食时出现错误，隋炀帝召见刘焯，准备行用《皇极历》，这时袁充正受到炀帝的宠信，他和张胄玄一道，共同排挤刘焯的历法，就在此时，刘焯去世，他的《皇极历》最终也没在隋朝施行。刘焯去世后，张胄玄才敢针对自己历法的不足，做了一些改动，使之更精确一些。

《皇极历》是当时最先进的一部历法，虽然未能在隋朝颁行，但对后世如唐宋时期的一些历法都产生了影响。那么，它到底有哪些超越前人的地方呢？

它吸收了当时最新的天文学研究成果。在刘焯之前，北齐天文学家张子信隐居海岛30年，专心用浑仪观测日月五星运动，在570年前后，获得了在天文学史上具有重大意义的三大发现。

其一，发现了太阳视运动的不均匀性。张子信通过观测，发现太阳从春分到秋分这上半年所经历的黄道度数，比它从秋分到春分这下半年所经历的黄道度数要少一些，这表明太阳沿黄道的运动在上半年比下半年要慢一些。张子信经过比较他多年观测数据，对太阳视运动的这一不均匀性，给出了定量描述。

其二，发现了五星运动的不均匀性。中国古代重视推算五星晨见东方的时刻，但推算结

[①]〔唐〕魏徵等撰《隋书》卷十八《志第十三·律历下》，中华书局，1973，第461页。

果常常与实际天象不合，有时应见不见，有时不应见而见。张子信通过考察，确认这种现象与二十四节气有稳定的关系，他认为，这实际上是五星运动所具有的不均匀性所导致的。要得到五星晨见东方的准确时刻，就要根据二十四节气不同的节气，适当增加或减少一些时间，这称为"入气加减"。张子信根据他观测的结果，给出了二十四节气"入气加减"的具体数值。这实际是对五星运动不均匀性的定量描述。

其三，发现了日月交食时食差的存在。该发现的本质是发现了月亮视差对日食的影响。所谓月亮视差，是地面上的观察者在观察月亮时，看到的视位置是月亮投影到星空的位置，该位置比月亮的真实位置离天顶的距离要大一些，这就会使按照月亮的视位置推算日食时产生误差。张子信发现了该因素，并且给出了具体数据。

刘焯最早把张子信的三大发现引入历法之中。《皇极历》成功地解决了张子信三大发现在历法中的应用问题。刘焯首创了等间距二次内插法，该法的意义在于较好地解决了太阳视运动不均匀性的计算问题。刘焯还创造了推算五星晨见东方时刻的三段计算法，解决了五星运动不均匀对传统五星晨见东方推算问题的干扰。刘焯还提出了食差对日食食分大小的影响的具体算法，以及交食起讫时刻的计算方法，并对于交食的亏起方位作了详细讨论。这解决了月亮视差对交食影响的推算问题。

刘焯还提出了黄道岁差概念和具体数值。传统上讲的岁差是赤道岁差，在计算太阳行度时，考虑黄道岁差的影响，比直接用赤道岁差更合理。刘焯用的黄道岁差值所对应的赤道岁差，也比前代更为精密。对于其他天文数据，《皇极历》所取数值也都是最新的。这些，都是《皇极历》超越同时代历法之所在。

《皇极历》的出现，标志着我国古代历法已经进入了其完全成熟的时期。虽然终隋一朝，《皇极历》未得到采用，但它对我国后世历法发展产生了巨大影响。约半个世纪后，唐代李淳风的《麟德历》得以颁行，该历就是在《皇极历》的基础上修订出来的。

四、刘焯对月亮发光和月食原理的解说

刘焯的理论并非全部正确，他对月亮生光和月食原理的解说就与现代科学的认识不同。

在月亮如何发光问题上，《隋书》记载了他对月亮生光问题的认识：

> 虽夜半之辰，子午相对，正隔于地，虚道即亏。既月兆日光，当午更耀，

时亦隔地，无废禀明。谅以天光神妙，应感玄通，正当夜半，何害亏禀。①

中国古人很早就认识到，月亮自身不会发光，月光来自月亮受到太阳光的照射后的反光。这也是刘焯所说的"月兆日光，当午更耀"，但是，这种说法也有问题，那就是"夜半之辰，子午相对，正隔于地"，日月隔着大地相对，按照古人的认识，日月径千里，而大地的尺度至少有数万里之巨，这样一个巨大的实体的地横亘在日月之间，太阳光如何能穿越大地照射到月亮上？在当时的宇宙结构理论上，这是一个绕不开的问题。对此，刘焯只好借助古代盛行的物类相感学说，用"天光神妙，应感玄通"做解。这样的解说，对于人们正确认识月亮之所以会发光，毫无帮助。

类似的问题，也出现在对月食的解释上。现代科学认为，月食的发生，是由于日月运行到隔地相对的位置，由于日大地小，地球的影子形成一个倒锥体的阴影区，月亮进入该阴影区，就会发生月食。但在古代中国，人们不可能产生这样的认识，因为在古人心目中，地的尺度远远大于日月，这样大地影子是正锥体的，它要远远大于日月，月亮每天都会进入大地的暗影之中，如果月食是由于大地影子对月亮的遮蔽，那就每天都会发生月食，这与观测实际显然不合。对此，东汉张衡首先提出"暗虚"说，认为月食是月亮进入由大地、海洋等共同构成的阴影区所导致②，该阴影区即为暗虚。后秦姜岌在回答当时人们对浑天说的质疑时，也提出了自己的暗虚见解：

> 难者又云："日曜星月，明乃生焉，然则月望之日，夜半之时，日在地下，月在地上，其间隔地，日光何由得照月？暗虚安得常在日冲？"
>
> 对曰："日之曜天，不以幽而不至，不以明而不及。赫烈照于四极之中，明光曜焕乎宇宙之内，循天而曜星月，犹火之循突而升，及其光曜，无不周矣，惟冲不照，名曰暗虚。盖日及天体，犹满面贲鼓矣，日之光炎，在地之上，碍地不得直照而散，故薄亏而照，则近在地之下，聚而直照故满盈而照则远。以斯言之，则日光应曜星月，有何碍哉？"③

当时人们已经意识到，月食时，大地横亘在日月之间，这样为什么只有"日冲"方位才

---

① 〔唐〕魏徵等撰《隋书》卷十八《志第十三·律历下》，中华书局，1973，第488页。
② 关增建：《中国古代物理思想探索》，湖南教育出版社，1991，第105~114页。
③ 〔唐〕瞿昙悉达撰《唐开元占经》卷一《天地名体》，《四库全书》本。

有暗虚？对此，姜岌的解释是，太阳光的照射，就像蜡烛的火光一样，当它被大地阻挡时，就会四面散开，顺着天球上升，只有当日之冲的位置，光没有闭合，这才造成了暗虚的存在。

姜岌的理论，其实没有多少说服力，因为日光既然循天而升，为什么"惟冲不照"？另外，当时的日月食观测，已经非常定量化了，像张衡、姜岌这样的暗虚说，是不能满足定量化的要求的。

梁朝萧子显所作《南齐书》则对暗虚做了另一种解释：

> 日有暗气，天有虚道，常与日衡相对，月行在虚道中，则为气所弇，故月为蚀也。虽时加夜半，日月当子午，正隔于地，犹为暗气所蚀，以天体大而地形小故也。暗虚之气，如以镜在日下，其光耀魄，乃见于阴中，常与日衡相对，故当星星亡，当月月蚀。①

萧子显认为太阳本身有暗气，这团暗气可以穿越地体，投射到天空，当月亮穿过这团暗气时，就会发生月食。为了说明太阳本身有暗气，他还专门以镜子为喻，如果镜面上有微斑，当它反射太阳光时，微斑就会在反射到暗处的镜子的影像上显现出来。

刘焯发展了萧子显的理论，他说：

> 月食以月行虚道，暗气所冲。口有暗气，天有虚道，正黄道常与日对，如镜居下，魄耀见阴，名曰暗虚，奄月则食，故称当月月食，当星星亡，虽夜半之辰，子午相对，正隔于地，虚道即亏。既月兆日光，当午更耀，时亦隔地，无废禀明。谅以天光神妙，应感玄通，正当夜半，何害亏禀。②

刘焯在对暗虚的形成机制上，接受了萧子显的日有暗气理论，同时，又有所发展，用玄虚的物类相感学说解释了暗气如何穿越大地的问题。这种解说，是对张衡、姜岌试图用物理机制解释月食现象做法的后退。刘焯的解说对后世产生了相当的影响，这对科学的月食成因理论的形成产生了不利影响。当然，在科学的地球学说产生之前，中国人不太可能认识到月食的真正成因，在此问题上不能对刘焯过于苛求，他的做法是时代的局限所致。

---

① 〔梁〕萧子显撰《南齐书》卷十二《志第四·天文上》，中华书局，1972，第207页。
② 〔唐〕魏徵等撰《隋书》卷十八《志第十三·律历下》，中华书局，1973，第488页。

第二节 李淳风的科学贡献

唐代学者李淳风在中国历史上被视为占星大家,其著作《乙巳占》则是一部在中国文化史上具有重要地位的占星学典籍。但李淳风本人实际上是一位天文计量学家,在天文仪器制作、历法修订、天文著作编撰乃至数学、气象学等方面都有突出贡献,《乙巳占》本身对于中国古代科学的发展也具有极高价值。

一、李淳风其人

中国古代天文学在其发展过程中,很长一段时间是与占星学纠缠在一起的。在中国古代占星学著作中,《乙巳占》具有一定的代表性,其作者李淳风在中国历史上被视为占星大家,在后世占者中享有很高声誉。中国古代著名的预言书《推背图》,传说中的作者首推李淳风,其次是袁天纲。我们知道,占星学本身是伪科学,它的存在,是不利于科学的发展的。正因为如此,在传统的科学史研究中,占星学并未受到应有的重视。但是,像李淳风这样的学者,既长期担任太史令,从事天文学研究,又以占星大家的身份出现于历史中,他在中国科学发展过程中究竟起到了什么作用?作为占星学著作的《乙巳占》究竟有没有科学价值?这些,是中国科学史不能不加以探讨的问题。

李淳风,岐州雍县(今陕西凤翔)人,其祖先则系由山西迁之陕西。其父李播,隋朝时曾担任过地方官员,"以秩卑不得志,弃官而为道士。颇有文学,自号黄冠子,注《老子》,撰《方志图》,文集十卷,并行于代"[①]。这些,对李淳风一生的学术取向,无疑有一定的影响。《旧唐书》本传说李淳风"幼俊爽,博涉群书,尤明天文、历算、阴阳之学"。空穴方能来风,这一说法其来有据。

早在贞观(627—649)初年,李淳风在李唐王朝就崭露头角了,而起因就是他的天文学造诣。唐初行用的历法是傅仁均和崔善为创制的《戊寅元历》,这部历法存在一定的缺陷,李淳风对之做了详细研究,提出了修改意见,唐太宗派人考察,采纳了他的部分建议。在古代,历法编撰是专门之学,一般学者很难问津,而李淳风对《戊寅元历》提出修订意见时才20多岁,这自然要引起人们注意。他也因此得到褒奖,被授予将仕郎,进入太史局任职,从

---

① 〔后晋〕刘昫等撰《旧唐书》卷七十九《列传第二十九》,中华书局,1975,第2717页。

此开始了他的官方天文学家的生涯。

贞观二十二年（648年），李淳风被任命为太史令。作为一个封建官员，他在太史令的位置上最为史家所称颂的是利用其占星学家威望劝说唐太宗勿滥杀无辜之事。《旧唐书》对此有详细记载：

> 初，太宗之世有《秘记》云："唐三世之后，则女主武王代有天下。"太宗尝密召淳风以访其事，淳风曰："臣据象推算，其兆已成。然其人已生，在陛下宫内，从今不逾三十年，当有天下，诛杀唐氏子孙歼尽。"帝曰："疑似者尽杀之，如何？"淳风曰："天之所命，必无禳避之理。王者不死，多恐枉及无辜。且据上象，今已成，复在宫内，已是陛下眷属。更三十年，又当衰老，老则仁慈，虽受终易姓。其于陛下子孙，或不甚损。今若杀之，即当复生，少壮严毒，杀之立雠。若如此，即杀戮陛下子孙，必无遗类。"太宗善其言而止。①

唐太宗对谶书中预言的唐三代之后，将有"女主武王代有天下"心怀嫌恶，秘招李淳风商议，欲将有嫌疑者尽杀之。李淳风用天命不可违的说法劝阻他说，上天决定的事，是改变不了的，你杀不死她，只会枉及无辜。而且，即使这次侥幸将其杀死，也必然还要复生，那时，她"杀戮陛下子孙，必无遗类"。这些话发挥了作用，太宗"善其言而止"，避免了一次滥杀。李淳风在中国历史上享有名气，与此事不无关系。实际上，他只是利用他占星家的威望避免了唐太宗的一次滥杀，因为他所说的"天之所命，必无禳避之理"，并非他的真实思想，也与中国古代占星学的基本原理相违背，从下文对《乙巳占》的介绍中我们可以看出这一点。

龙朔二年（662年），李淳风被授任秘阁郎中，该职务实际上仍为太史令，只是官职名称的改变而已。从此，他在这一首席皇家天文学家的位置上一直任至寿终。

咸亨元年（670年），太史令这一官职名称，由秘阁郎中重新变回旧名，李淳风继续担任该职，但就在这一年，他无征兆突然去世，享年69岁。李淳风的儿子李谚、孙子李仙宗，后来都做到了太史令。

---

① 〔后晋〕刘昫等撰《旧唐书》卷七十九《列传第二十九》，中华书局，1975，第2717页。

二、对传统天文观测仪器浑仪的改进

李淳风在贞观初年因指出《戊寅元历》的不足，引起朝堂重视，因而进入太史局之后，不久就提议对传统浑仪加以改进。他直接上书唐太宗，指出：

> 今灵台候仪，是魏代遗范，观其制度，疏漏实多。臣案《虞书》称，舜在璇玑玉衡，以齐七政。则是古以混天仪考七曜之盈缩也。《周官》大司徒职，以土圭正日景，以定地中，此亦据混天仪日行黄道之明证也。暨于周末，此器乃亡。汉孝武时，洛下闳复造浑天仪，事多疏阙。故贾逵、张衡各有营铸，陆绩、王蕃递加修补，或缀附经星，机应漏水，或孤张规郭，不依日行，推验七曜，并循赤道。今验冬至极南，夏至极北，而赤道当定于中，全无南北之异，以测七曜，岂得其真？黄道浑仪之阙，至今千余载矣。①

在古代中国，浑仪是人们进行天文观测时必不可少的仪器，它的精确与否，直接影响到历法的制定。李淳风指出，当时皇家天文机构使用的是北魏铸造的铁制浑仪，该浑仪行用时间已久，它的设计制作本身就有很多缺陷，不能适应天文观测的需要。接下去，李淳风追述了浑仪演变的历史，他说，《尚书·虞书》里记载的舜用璇玑玉衡观察七曜的运行，这里的璇玑玉衡就是指的浑仪；《周礼·大司徒》中的"以土圭正日景，以定地中"，说的也是用浑仪观测太阳沿黄道的运行。此后，由于战乱，浑仪消亡了。到了汉武帝时期，落下闳又造了浑仪，这时还比较简陋，此后贾逵、张衡、陆绩、王蕃等均有所改进，但都是小修小补，观测七曜运行，都是赤道度数，而七曜运行，都是沿黄道进行，这样的观测，岂不失真？黄道浑仪的缺失，已经有一千多年了。

客观来说，李淳风的这段话，并不完全准确。他的说法，实际上是古人崇古思想的反映，与历史事实并不相符，例如认为舜的时代已经有浑仪、《周礼》用圭表测日影以定地中，也与浑仪有关，都属于此类。但李淳风指出的北魏浑仪的缺陷，是实事求是的。该架浑仪没有黄道环，结构相对简单，刻度也比较粗糙，不能适应天文观测的需要。《旧唐书·天文志》形容该浑仪是"规制朴略，度刻不均；赤道不动，乃如胶柱；不置黄道，进退无准"，说用它"不足以上稽天象，敬授人时"，因此，必须对之加以改造。李淳风就是在这种背景下，

---

① 〔后晋〕刘昫等撰《旧唐书》第七十九《列传第二十九》，中华书局，1975，第2718页。

提出了改进建议的。

李淳风的建议引起了朝廷的重视，在唐太宗的首肯之下，他经过精心设计，花了六七年时间，于贞观七年（633年）制成了一台新的浑仪，名为浑天黄道仪。在这台浑仪上，他创造性地将赤道环和黄道环结合在一起，解决了如何使黄道环与天空黄道相对应的难题。在浑仪上安装黄道环的做法，由来已久，东汉时即已发明了太史黄道铜仪，但由于黄道只是太阳周年视运动的平均轨道，在天空并无明显可见的轨迹，人们一直没有找到使仪器上的黄道环与天空中的黄道相对应的方法。而在李淳风的浑天黄道仪上，黄、赤道环是按其相应方位固定在一起的，赤道环上刻有二十八宿距度，这样，只要赤道环与天空二十八宿位置对准，黄道环与天空黄道也就自然对准了。此外，他还在浑仪上架设了白道环，用以反映月亮运动轨道，这也是前无古人的。李淳风的浑天黄道仪之作，在汲取前人浑仪制作经验的基础上，又增加许多巧妙构思，通过多环同心安装，成功地实现了地平、赤道、黄道和白道等多个坐标的测量，这是前所未有的。

李淳风的浑天黄道仪在浑仪发展史上具有承前启后的重要作用，它弥补了北魏太史候部铁仪的不足，改进了东汉太史黄道铜仪的结构，对唐代浑仪的研制起到了重要的带动和示范效应。开元年间一行和梁令瓒创制的黄道游仪，就是以李淳风的工作为基础的。

浑天黄道仪研制出来以后，李淳风又撰写了《法象志》七卷，系统总结、论述了历代浑仪之得失。他将该书上呈朝廷，得到嘉奖，被加授承务郎。而他研制的浑天黄道仪则被留置宫中，用为内庭测验之器。遗憾的是，由于管理不善，这架浑天黄道仪后来于宫中丢失，未能充分发挥其应有的观测作用。

三、《麟德历》的制定

在历法制定方面，李淳风的工作也十分出色。唐初行用的《戊寅元历》到唐太宗时已经疏误很多，急需修订。由于李淳风是对《戊寅元历》提出修订意见而得以进入太史局任职的，在浑仪研制方面又成绩斐然，修订历法的任务就责无旁贷地落在了他的身上。李淳风没有停留在对《戊寅元历》的修修补补上，而是以隋代刘焯的《皇极历》为基础，制定了一部新的历法——《麟德历》，使传统历法向前迈进了一大步。

《麟德历》是李淳风晚年之作。李淳风完成修历之后，将其起名为《甲子元历》，进献给唐高宗。这里的"甲子元"，对应的就是唐高宗麟德元年（664年）。麟德元年恰逢甲子，李淳风就以此为新历法起了这样的名称。唐高宗非常认可这部历法，"语太史起麟德二年

（665）颁用，谓之《麟德历》"①。这是《麟德历》名称的由来。

李淳风谙熟历法史，他修订《麟德历》，充分吸收了前人研究成果。在对前代历法的比较研究中，他深知刘焯《皇极历》的精深巧妙，为《皇极历》因各种原因未能颁行于世的命运深感惋惜。在编撰《隋书·律历》时，李淳风将《皇极历》这一未行于世的历法全文载录，并在修订《麟德历》时，完全吸收《皇极历》的创新，揉进自己的研究心得，创制了一部全新的历法。《麟德历》完成之后，得到唐代朝廷的采纳，颁行于世。

与传统历法相比，《麟德历》有许多可取之处。在数据处理上也别有特色，中国传统历法中有章、蔀、元、纪等要素，反映的是回归年和朔望月长度、月名，还有日名和岁名干支等之间的关系，对应着各种不同的周期。这些周期彼此之间没有整数倍的关系，古人对它们都是用分数表示的，这些分数分母各不相同，在计算中必须先通分，然后再进行加减运算，很是复杂。《麟德历》对此做了改革，对各种天文数据采用同一个分母，使得计算大为简便。李淳风在其《乙巳占》卷一《天数》中介绍说："余近造乙巳元历术，实为绝妙之极。日夜法度诸法，皆同一母，以通众术。"可见对于这种方法的优越性，他是深有体会的。

《麟德历》首创了较严格的每日日中晷影长度计算法。中国古代习惯用立表测影的方法确定回归年长度和24节气，这种立表测影法要求测出特定日期日中时刻表影长度，以此推出相应的节气，但24节气具体发生时刻落在相应日期日中时刻是千载难逢之事，这就使得24节气每个节气真正的晷影长度与当日日中测得的晷影长度之间有一定的差距，而传统方法是用测得的日中影长推算24节气的发生时刻的，这就会带来一定的误差。《麟德历》对此做了改变，不但给出了新测得的24节气晷长表，考虑到上述差异，对之作了必要的修正，这种做法，对后世历法产生了重要影响。

《麟德历》采用定朔法排历谱，结束了自何承天以来二百多年定朔法与平朔法的论争，使历日与天象更为切合。它还废除了章蔀纪元之法，不用闰周，直接以无中气之月置闰，使传统历法彻底摆脱了闰周的累赘。不过，采用这种定朔法，极少数时间会出现一连四个大月或四个小月的情况，这使人们习惯上很难接受。为了避免这种情况的出现，《麟德历》还采取了某种人为的规定加以调整。这种做法是为了平息人们出于传统观念对定朔法的反对，虽然这种调整本身与自然界的实际并不相符，但为了新历法被人们接受，李淳风的做法也是可以理解的。

正因为有这许多长处，《麟德历》撰成之后，获得了人们的称赞。也正因为李淳风在天

---

① 〔宋〕欧阳修、宋祁撰《新唐书》卷二十六《志第十六·历二》，中华书局，1975，第559页。

文学方面造诣非凡,所以后人在关于他的各种神奇传说中,对此也有所反映。例如,《隋唐嘉话》中就有这样一段记载:

> 太史令李淳风校新历成,奏太阳合日蚀当既,于占不吉。太宗不悦,曰:"日或不蚀,卿将何以自处?"曰:"有如不蚀,则臣请死之。"及期,帝候日于庭,谓淳风曰:"吾放汝与妻子别。"对以尚早一刻,指表影曰:"至此蚀矣。"如言而蚀,不差毫发。①

这段话虽不无夸张之处,但它也表明,李淳风的天文学造诣,在后人心目中是得到充分肯定了的。

四、计量历史研究

贞观十五年(641年),李淳风官至太常博士,"寻转太史丞,预撰《晋书》及《五代史》,其《天文》《律历》《五行志》皆淳风所作也。又预撰《文思博要》。"②《旧唐书·李淳风传》这段文字,记载了李淳风在文化史上的另一贡献:撰写《晋书》《五代史》中的《天文》《律历》《五行》等志。李淳风撰写这些著作,都是从其起源开始,追溯其发展历史,然后讲述其基本内容。换言之,每一部这样的著作,都是一部该学科的发展史,而《天文》《律历》志,具有丰富的计量内容,是计量史研究必须关注的。

李淳风不仅是一位实验天文学家,对天文仪器的研制和天文观测做出了巨大贡献,而且还是一位理论天文学家,对天文著作撰述和历法制定也做出了不可磨灭的贡献。同时他还精通音律,是一位律吕学家。正因为这样,他撰述的这些科学著作,在内容上不但反映了相应学科的发展历史,更引领了学科的发展。正因为如此,在历代正史天文志中,《晋书·天文志》被公认为最佳,李约瑟博士曾誉其为天文学知识的宝库,对后世天文学发展影响很大。《晋书·天文志》的体例被后世作史者奉为编撰《天文志》的圭臬,李淳风也因修史之功而被封为乐昌县男。

特别值得一提的是,李淳风在《隋书·律历上》中对唐之前历代尺度的考订,更是极大程度地丰富了中国计量史的研究。《隋书》是魏徵奉唐太宗诏令修撰的,但其中的《天文》《律

---

① 〔唐〕刘餗:《隋唐嘉话》,中华书局,程毅中点校,1979,第17页。
② 〔唐〕刘昫等撰《旧唐书》卷七十九《列传第二十九》,中华书局,1975,第2718页。

历》等志，则出自李淳风之手。撰述《律历》志，不可避免会涉及度量衡问题，这是从班固《汉书·律历》开始的传统。李淳风也不例外，他在《隋书·律历上》中，对历代尺度的演变做了详细的考订，为我们了解唐之前尺度的演变提供了可信的历史依据。

中国古代的度量衡，在春秋战国时期，由于政权的不统一，呈现较为混乱状态。到了战国后期，由于经贸往来的增加，各国度量衡的发展出现了彼此接近的趋势，其中占据主流的是秦国商鞅变法时期确立的度量衡制度。秦始皇统一中国后，在全国范围内推行统一的度量衡制度，秦国的度量衡制度被推广到全国各地区。汉王朝建立以后，继承了秦朝的典章制度，其中就包括度量衡制度。王莽时期，刘歆考订度量衡制度，以秦时的尺度为标准，设计制作了复合标准量器新莽嘉量。新莽嘉量保存了刘歆考订出来的度、量、衡标准，故此后人把新莽嘉量反映的汉代尺度称为"莽量尺"、刘歆"铜斛尺"等。东汉到三国，由于社会因素的作用，度量衡出现了量值逐渐增大的现象。到了西晋时期，荀勖考订音律，发现度量衡量值增大的事实，并考订复原了"莽量尺"尺长。荀勖考订的结果未能在社会上推广应用。西晋之后，中国进入东晋与十六国并存阶段，再往后，进入南北朝，在这种社会大动荡时期，度量衡也出现了极度的混乱。随着公元581年隋朝的建立，中国开始重新统一。隋朝面对南北分裂导致的度量衡混乱，被迫采取度量衡大小制双轨并存的政策，以此结束了度量衡的混乱发展状态。李淳风要考订的，就是从秦汉到隋这段历史时期不同尺度的具体尺长。

李淳风是在《隋书》的"审度"篇对历代尺度进行考订的。他追述了度量衡单位的起源，重点引述《汉书》中关于"乐律累黍"的理论，指出了该理论的长处及不足：

> 《汉志》："度者，所以度长短也，本起黄钟之长。以子谷秬黍中者，一黍之广度之，九十黍为黄钟之长。一黍为一分，十分为一寸，十寸为一尺，十尺为一丈，十丈为一引，而五度审矣。"后之作者，又凭此说，以律度量衡，并因秬黍散为诸法，其率可通故也。黍有大小之差，年有丰耗之异，前代量校，每有不同，又俗传讹替，渐致增损。今略诸代尺度一十五等，并异同之说如左。①

李淳风认为，《汉书》的"乐律累黍"理论，胜在"其率可通"，按照该法，可以将度量衡统一起来，能够依据定义将度量衡单位复现出来。但这种方法依据累黍作为复现度量衡单位的核心依据，而"黍有大小之差，年有丰耗之异"，这就带来了不确定性，结果造成了

---

① 〔唐〕魏徵等撰《隋书》卷十六《志第十一·律历上》，中华书局，1973，第402页。

历代度量衡量值的变化不一。

李淳风之说并不全面，导致历代度量衡尺度变化的原因，主要还是社会因素的作用，但他指出"乐律累黍"说在科学性方面的不足，还是值得肯定的。面对历代度量衡混乱的状况，李淳风搜集到了从汉及后来的魏晋南北朝一直到隋前后17个朝代的27种尺子，一一对之做了分析考证。他首先考订出，新莽嘉量的铜斛尺、后汉建武铜尺、晋泰始十年荀勖律尺的尺长一致，反映了战国时的尺度，他称其为晋前尺。这是第一等尺。接着，李淳风将其他尺与第一等尺作比较，分别按尺度的长短列为十五等。这十五等尺分别如下：

1. 周尺：《汉志》王莽时刘歆铜斛尺、后汉建武铜尺、晋泰始十年荀勖律尺，为晋前尺。另一为祖冲之所传铜尺。

2. 晋田父玉尺：梁法尺，相当于晋前尺1尺7厘。

3. 梁表尺，相当于晋前尺1尺2分2厘1毫有奇。

4. 汉官尺：相当于晋前尺1尺3分7毫。该尺系晋时始平郡掘地所得古铜尺。

5. 魏尺：曹魏时杜夔所用调律尺，相当于晋前尺1尺4分7厘。

6. 晋后尺：晋朝江东地区用尺，相当于晋前尺1尺6分2厘。

7. 后魏前尺，相当于晋前尺1尺2寸7厘。

8. 后魏中尺，相当于晋前尺1尺2寸1分1厘。

9. 后魏后尺，相当于晋前尺1尺2寸8分1厘。后周市尺，相当于玉尺1尺9分3厘。开皇官尺，即铁尺，1尺2寸。这些尺度系后魏初及东魏西魏分别立国而后周未用玉尺之前所用尺度。

10. 东后魏尺，相当于晋前尺1尺5寸8毫。

11. 蔡邕铜籥尺、后周玉尺，相当于晋前尺1尺1寸5分8厘。

12. 宋氏尺、钱乐之浑天仪尺、后周铁尺、开皇初调钟律尺及平陈后调钟律水尺，相当于晋前尺1尺6分4厘。

13. 开皇十年万宝常所造律吕水尺，相当于晋前尺1尺1寸8分6厘。

14. 杂尺：赵刘曜浑天仪土圭尺，长于梁法尺4分3厘，相当于晋前尺1尺5分。

15. 梁朝俗间尺，长于梁法尺6分3厘、长于刘曜浑仪尺2分，相当于晋前尺1尺7分1厘。

李淳风将这十五等尺收入《隋书·律历上》，成为后人研究这期间1尺之长的重要历史资料。通过对现存的新莽嘉量及其他出土秦汉尺的测量可知，秦汉时期1尺约合现在23.1厘米。由此，通过李淳风的十五等尺，我们对由汉至隋各种尺度的实际长度，均可了如指掌。"十五等尺"在度量衡史上占有极为重要的地位。

显庆元年（656年），李淳风因为参与撰国史之功封乐昌县男。在此之前，他还参与了计量史研究的另一领域：注解古代数学著作。《旧唐书》记载了他开展这方面研究的来龙去脉：

> 先是，太史监候王思辩表称《五曹》《孙子》十部算经理多踳驳。淳风复与国子监算学博士梁述、太学助教王真儒等受诏注《五曹》《孙子》十部算经。书成，高宗令国学行用。①

太史监另一监员王思辩给朝廷上书，称《五曹算经》《孙子算经》等传统数学逻辑不通，道理多有错乱，李淳风奉旨与梁述、王真儒等一道注解古算经十书，从而为整理和保存我国古代的算学文献发挥了巨大作用，李约瑟博士称他为"整个中国历史上最伟大的数学著作注释家"②。

李淳风注解的《算经十书》，每卷的第一页上都题有"唐朝议大夫、行太史令、上轻车都尉臣李淳风等奉敕注释"，由这一署名来看，他注解《算经十书》的时间大概是从贞观二十二年（648年）以后开始的，因为这一年他"迁任太史令"，开始全面主持司天监工作，这样才有资格领衔注释工作。又因为他656年获得的"乐昌县男"身份未出现在署名中，表明《算经十书》的注释工作当在公元648至656年间。

李淳风注解《算经十书》是中国算学史上的一件大事。他不但阐释清楚古算书本身的数理内涵，纠谬正误，还不时有自己的创造发明，并将这些发明以给古书作注的形式保留了下来，丰富了中国古代数学，提升了古人处理计量问题的数学能力。例如他在注解《周髀算经》时，不但纠正了前人一些失误，还创造性地提出了一种斜面重差术，把过去只能在平地上进行的重差测量技术推广到了斜面大地。《周髀算经》是一部兼天文与算术于一身的著作，里面包含当时天文学一些不合理的基本假设，例如日影"千里差一寸"之说。对该说，刘焯已经表示过怀疑，李淳风肯定刘焯的怀疑，指出该说与当时已知的地理知识不符，而且进一步提出"夏至影差升降不同，南北远近数亦有异"的推论，这实际上已经触及影差与里差之间更深层次的关系，即两者之间并不存在线性关系，而是因地而异的。所以，"若以一等永定，恐皆乖理之实"。李淳风的推论，在唐玄宗时僧一行组织的天文大地测量中得到了证实，这充分表明了他在数学的计量应用方面的高瞻远瞩。

---

① 〔唐〕刘昫等撰《旧唐书》卷七十九《列传第二十九》，中华书局，1975，第2719页。
② ［英］李约瑟：《中国科学技术史》，中译本第三卷《数学》，科学出版社，1978，第984页。

李淳风对古算书的注释，极大地推进了中国古代数学著作处理计量问题的能力。

五、《乙巳占》中的科学

李淳风传世的代表作是占星学著作《乙巳占》。该书撰成于唐显庆元年（656年）稍后。至于书名为什么叫乙巳占？清代藏书家陆心源解释说："上元乙巳之岁，十一月甲子朔，冬至夜半，日月如合璧，五星如连珠，故以为名。"[①] 陆心源认为李淳风推算出了准确的历元为乙巳之岁，于是就以之命名该书，以示其言准确可信。陆心源的说明可备为一解。

《乙巳占》卷首为李淳风的自撰序，序言解释了他撰述此书的意图及编撰思想。他认为，自然及人事变化多端，这些变化可以按不同种类相互感应，而人在其中最具典型性，即所谓："门之所召，随类毕臻。应之所授，待感斯发。无情尚尔，况在人乎？"因此，人可以通过观察有关物象变化而了解人世事应。而在各种物象变化中，"圣人"最重视上天垂示的星相，这就导致了占星学的诞生。因此，按李淳风的理解，占星学是有其内在依据的。

占星学虽然有其内在依据，但在李淳风看来，历代的占星学家，却良莠不齐，既有如轩辕、唐虞、重黎、羲和这样的一流大家，也有如韩杨、钱乐之类"意唯财谷、志在米盐"的庸人，还有如袁充之流"谄谀先意、谗害忠良"的奸佞。鉴于这种情况，李淳风决定对历史上的占星学作一番清算，总结诸家学说，"集其所记，以类相聚，编而次之，采摭英华，删除繁伪"，编写一部"纯正的"占星学著作来。这就是《乙巳占》的由来。

在内容上，《乙巳占》确如李淳风所言，系采撷唐以前诸家占星学说，加上他自己的发明创造，分类汇编而成。因此，《乙巳占》不是现代意义上的科学著作，它是一部纯粹的占星学典籍。既然是占星学典籍，那么，从历史学的角度来看，又该如何评价这部著作呢？

可以肯定地说，《乙巳占》具有重要的文化史和科学史价值。

首先，它保存了许多现已失传的古代文献资料。

我们知道，随着科学的发展，占星学逐渐被人们所抛弃，相应地占星学著作也大量散佚，这就给后人的研究造成了巨大的不便。而《乙巳占》是杂采前代诸多占星著作编撰而成的，它为我们保留了许多可贵的占星学史料。例如，海上占星术的史料，东汉已经非常罕见，天文学家张衡在撰述《灵宪》时，详细叙述了中外星官数，然后提到："海人之占未存焉。"[②] 而在《乙巳占》引用的古籍中，就有《海中占》一书，这自然是很宝贵的。再如，汉代盛行

[①]〔清〕陆心源：《〈重刻乙巳占〉序》。
[②]〔汉〕张衡：《灵宪》。

的纬书，经过隋朝的严厉禁绝，已大都失传，而《乙巳占》中却保存了很多汉代五经纬书的内容。《乙巳占》对于石氏、甘氏、巫咸等的提及，对于后人研究这些战国时期的天文学家，也是有益的。

需要指出的是，《乙巳占》在保存资料方面，虽不如其后的《开元占经》详备，但它撰成于《开元占经》之前，有承前启后之功。而且，《开元占经》在对其前的古籍广蓄并收的同时，对以往诸家并未加以选择弃取，这样做虽然对保存旧有资料作用颇大，但亦不免失于琐碎。相比之下，李淳风的《乙巳占》还是要略胜一筹的。[①]《乙巳占》的不足之处在于，它在很多地方未能明确注明占文的由来。李淳风对此解释说：占文对前人学说"并不复记其名氏，非敢隐之，并为是幼小所习诵，前后错乱，恐失其真真耳"[②]。虽然他的做法情有可原，但对后人来讲，毕竟不便。好在这一缺陷，在《开元占经》中得到了弥补。对于今人来说，只要把两部书结合起来阅读，对唐代以前中国占星学的发展状况，就可以有一个大致的把握。

另外，《乙巳占》有助于我们获得对李淳风的全面了解。李淳风是唐代一位杰出的天文学家，又是久享盛名的占星家，传统上人们对他的占星学说的了解，主要是通过新旧《唐书》本传的记载及其他书籍的间接反映。这样做获得的认识容易片面化。例如《旧唐书》本传说他"每占候吉凶，合若符契，当时术者疑其别有役使，不因学习所致，然竟不能测也"。李淳风因其占候灵验而闻名，但他本人在《乙巳占》中并不主张特别追求占星术的灵验性。他指出：

> 若乃天道幽远，变化非一，至理难测，应感讵同？梓慎、裨灶，占或未周，况术斯下，焉足可说。至若多言屡中，非余所尊。[③]

这是说，自然界是复杂的，占测家在对之进行解说时，很难做到准确无误。即使历史上那些著名的占星家梓慎、裨灶，他们的占测也有不周到之处。占星家所要追求的，不应是"多言屡中"，而应是"权宜时政，斟酌治纲，验人事之是非，托神道以设教"。[④]可见他是把占星学作为一种辅政措施来推行的。再如他在劝阻唐太宗不要滥杀无辜时说："天之所命，必无禳避之理"[⑤]，但《乙巳占》卷三的《修德》篇却强调对天变要"修德以禳之"。这两

[①] 王玉德、杨昶：《神秘文化典籍大观》，广西人民出版社，1993，第137页。
[②] 〔唐〕李淳风：《乙巳占》卷一。
[③] 同上书，卷三。
[④] 同上书，卷一。
[⑤] 〔唐〕刘昫等撰《旧唐书》卷七十九《列传第二十九》，中华书局，1975，第2719页。

种见解，本质上是相互矛盾的。如果不读《乙巳占》，对李淳风思想的这一侧面，就很难把握。而且，《乙巳占》所言，是符合中国古代占星学基本原理的，占星学强调的就是要通过观测星相，了解所谓的"天心""天意"，然后"修德以禳之"，让上天收回对自己不利的成命。如果没有这一条，占星学赖以生存的土壤也就不存在了。通过《乙巳占》的论述，我们对新旧《唐书》本传的说法，也有了新的理解。

李淳风是位精通天文学的占星家，因而他对各类天象的描述，与其他人编撰的占星学著作相比，就更加准确。《乙巳占》中有大量占星术语，对于这些术语，李淳风一般是先给出一个明确的定义，再阐述其对人事的象征意义。这种做法，有利于摆脱传统占星学的模糊和不确定。而占星学一旦不再模糊，就会很容易暴露出其不科学之处。占星学发展得越具体、越明确，就越容易葬送它自身。所以，李淳风的这种做法有利于科学发展，尽管他并非有意识地要用这种做法去葬送占星学。对当代人来说，则可透过这些术语的定义，了解当时人们的天文学知识。由此，《乙巳占》使占星学变得精确化了这一特点，对于科学发展而言，是有价值的。

《乙巳占》除占星学内容之外，还记叙了许多实实在在的天文学知识。例如卷一《天数》篇记述其改进后浑仪的具体结构，就很有价值。尽管新旧《唐书》对李淳风所制浑仪均有记述，但《乙巳占》的说明系李淳风亲手所撰，内容比新旧《唐书》的记载更为详细，时间上也早得多，这就补充了正史之不足。

《乙巳占》有助于我们了解古代有关天文学理论的演变。例如关于五星运动与太阳的关系，《旧五代史·历志》记载了后周王朴的一篇奏议，上面提到："星之行也，近日而疾，远日而迟，去日极远，势尽而留。"而《开元占经》卷六十四则引韩公宾注《灵宪》曰："五星之行，近日则迟，……远日则速。"这与王朴的奏议正好相反。稍晚于李淳风的僧一行作《大衍历议》，提到印度天文学关于行星运动速率变化原因的解释，说"《天竺历》以《九执》之情，皆有所好恶。遇其所好之星，则趣之行疾，舍之行迟"①。而李淳风在《乙巳占》中则给出了另一种说法：

> 岁星近日则迟，远日则疾。荧惑近日则疾，远日则迟。填星之行，自见至留、逆、复顺，恒各平行，无有益迟益疾。太白星，晨见，初则迟而后疾，则伏；夕见，初则疾而见迟，则伏。此则五星当分迟疾大量也。②

---

① 〔宋〕欧阳修、宋祁撰《新唐书》卷二十七下《志第十七下·历三下》，中华书局，1975，第634页。
② 〔唐〕李淳风：《乙巳占》卷三。

显然，如果没有《乙巳占》的这一记载，我们对于古代行星运动速率变化学说多样性的认识，就要打很大的折扣。

《乙巳占》另一颇值得一提之处是其对风力大小所做的分级。李淳风依据风力对树木的影响和损坏程度将其分为 8 级，据《乙巳占》卷十《占风远近法》的描述，这 8 级分别为：一级动叶，二级鸣条，三级摇枝，四级堕叶，五级折小枝，六级折大枝，七级折木飞沙石，八级拔树及根。李淳风认为不同大小的风其所由来的远近也不同，风力越大，其所由来的距离越远。他将风分为 8 级，就是为了标志相应的风所由来的远近，并据此进行占测。他将风的大小与其由来远近相挂钩的做法得不到现代科学的支持。虽然如此，他对风力大小进行定量分级的做法却是科学的。而且，尽管他的着眼点在于占测，但这一分级本身在中国计量史上却是最早的。此外，卷十的《候风法》记述了两种风向仪的制作方法及相应的使用场合，也有很高的科学价值。

《乙巳占》有着巨大的文化史、科技史价值，这是不言而喻的，但它同时又是一部以占星术为主的著作，夹杂着大量的文化糟粕。在阅读这部书时，对此应有清醒的认识。

对于《乙巳占》这样一部文化史著作，学界迄今的研究还远远不够。要真正揭示其全面的文化史价值，还有待于进一步的探索。

《乙巳占》今本十卷。《新唐书·艺文志》在著录该书时称为十二卷，宋代以降都只著录为十卷。陆心源鉴于最后一卷的字数约为其他各卷每卷字数的三倍，怀疑是后人把最后三卷合为一卷，因此与《新唐书》的记载不符。但《旧唐书·经籍志》在著录此书时已标明其为十卷，这表明在《新唐书》成书之前《乙巳占》即为十卷本。故亦有可能北宋时人们鉴于最后一卷字数庞大而将其一分为三，但此种做法未得到后人认可，于是不久又被恢复为十卷本原貌。

宋代以后，《乙巳占》流布甚稀。清乾隆年间编修《四库全书》，竟未觅到，故《四库全书》中无此书。阮元的《畴人传》对《乙巳占》亦未提及。朱彝尊见到的，也只是残本七卷，只有钱曾《读书敏求记》提到此书。陆心源的门人从金匮蔡氏抄得一本，被收入陆心源的《十万卷楼丛书》，商务印书馆在编辑出版《丛书集成》时，据《十万卷楼丛书》本，将《乙巳占》重新标点排印，收入其哲学类。20 世纪末，大象出版社在汇编出版《中国古代科学技术典籍通汇》时，亦据陆氏《十万卷楼丛书》本，将《乙巳占》收入其天文类中。至此，一般读者要阅读此书，就比较方便了。

第三节 杰出的天文计量学家僧一行

在隋唐时期的诸多计量人物中，最令人瞩目的是僧一行。他是著名的世界第一次子午线长度实测工作的发起人和组织者，通过该次测量，刷新了世人对许多问题的认识；他改进了传统的天文观测仪器，使古代浑仪的发展进入了新的历史阶段；他依据天文大地测量结果编制了新的历法，为传统历法引入了新的元素；他对一些重要科学问题的阐释，成为中国科学思想史上闪亮的一页；围绕在一行身上，还有各种神奇的传说。这些，使他在中国科技史上，成为一位令人敬仰的人物。

一、一行其人

一行（图 19-1）是一位僧人、天文学家，俗名张遂，魏州昌乐（今河南南乐）人，生于唐弘道元年（683 年），卒于唐开元十五年十月八日（727 年 11 月 25 日）。一行的曾祖父是唐代曾被封为邹国公、名列凌烟阁二十四功臣之一的名臣张公瑾。其祖父张大安曾任唐高宗宰相。其父张擅，曾任武功县令，但在一行幼时，张家已经衰落，其邻居王姥，就曾多次接济张家。

一行幼年时期表现出超越常人的智力。他自小就博览经史，有过目不忘的本领，对于一般人视如畏途的历象、阴阳、五行之学尤为精通。《旧唐书》曾记载一件一行借还书的事情，充分反映了他的聪颖：

> 时道士尹崇博学先达，素多坟籍。一行诣崇，借扬雄《太玄经》，将归读之。数日，复诣崇，还其书。崇曰："此书意指稍深，吾寻之积年，尚不能晓，吾子试更研求，何遽见还也？"一行曰："究其义矣。"因出所撰《大衍玄图》及《义决》一卷以示崇。崇大惊，因与一行谈其奥赜，甚嗟伏之。谓人曰："此后生颜子也。"一行由是大知名。①

汉代扬雄的《太玄经》素称深奥难懂，连当时博学多才的道士尹崇都读不太懂，而年轻

---

① 〔后晋〕刘昫等撰《旧唐书》卷一百九十一《列传第一百四十一》，中华书局，1975，第 5112 页。

图 19-1
僧一行

的一行从尹崇那里把《太玄经》借回去没几天就钻研透彻，而且读了《太玄经》后还有自己的发明创新。尹崇跟他交流之后，大为折服，把他比成是孔子的高足颜渊那样的人物。一行也因此而声名大振。

一行成名之后，当时跋扈朝野的武三思慕其声名，想跟他结交。一行不屑与之为伍，弃家出逃，隐于嵩山，"因遇普寂禅师大行禅要，归心者众，乃悟世幻，礼寂为师，出家剃染。所诵经法，无不精讽"①。普寂是禅宗北宗之祖神秀的弟子，一行受他影响，领悟到佛教一些精义，于是投到他门下，削发为僧，开始了和尚生涯。

景龙四年（710年），唐睿宗李旦即位，有感于一行的名声，"敕东都留守韦安石以礼徵。一行固辞以疾，不应命"②。一行托病婉拒了李旦的邀请，继续在嵩山修行。

普寂当时名气很大，经常搞一些大型法会，宣讲佛法。在一次法会上，一行再次因为他的聪敏博学而得以扬名。宋僧赞宁撰写的《宋高僧传》对之有详细记载：

> 寂师尝设大会，远近沙门如期必至，计逾千众。时有征士卢鸿隐居于别峰，道高学富，朝廷累降蒲轮，终辞不起。大会主事先请鸿为导文，序赞邑社。是日，鸿自袖出其文，置之机案。钟梵既作，鸿谓寂公曰："某为数千百言，况其字僻文古，请求朗俊者宣之，当须面指摘而授之。"寂公呼行。伸纸，览而微笑，

---

① 〔宋〕释赞宁撰《宋高僧传》卷五《唐中岳嵩阳寺一行传》，《四库全书》本。
② 〔后晋〕刘昫等撰《旧唐书》卷一百九十一《列传第一百四十一》，中华书局，1975，第5112页。

复置机案。鸿怪其轻脱。及僧聚于堂中，行乃攘袂而进，抗音典裁，一无遗误。鸿愕视久之，降叹不能已。复谓寂公曰："非君所能教导也，当纵其游学。"[①]

普寂组织大型法会，邀请名士卢鸿为大会写赞文。卢鸿写好后，告诉普寂说这篇赞文有几千字，其中用字偏僻，行文较古，需要为朗读者当面说明。普寂就把一行叫来，一行把赞文展开，浏览了一遍，面带微笑，就放下了。卢鸿怪他轻佻，结果等到开会的时候，一行朗声诵读，毫无差错。卢鸿很是惊讶，感叹不已，然后对普寂说，此子不是你能教的，应当让他到各地游学，广采天下学问。这段记载，在唐代段成式的《酉阳杂俎·怪术》中亦有，可见其事属实。

此后，一行遵照普寂的指示，到各地求学。他步行走到荆州，跟随佛教僧侣悟真学习梵律，"深达毗尼，然有阴阳谶纬之书，一皆详究"[②]。除了佛教之书、阴阳谶纬之学，一行还花了很大功夫寻访算术。对此，释赞宁的《宋高僧传》记载了一段故事，绘声绘色讲述了一行如何求得算术真诀的过程：

> （一行）寻访算术不下数千里，知名者往询焉，末至天台山国清寺，见一院古松数十步，门枕流溪，淡然岑寂。行立于门屏，闻院中布算，其声蔌蔌然。僧谓侍者曰："今日当有弟子自远求吾算法，计合到门，必无人导达耶？"即除一算子，又谓侍者曰："门前水合却西流，弟子当至。"行承其言而入，稽首请法，尽授其诀焉。门前水复东流矣。自此声振遐迩。[③]

这样的描述，其记叙的不可能是历史的真实，因为无论何种数学，都不可能推算出文中所述结果。释赞宁如此描写，无非是为了说明一行的数学之所以独步天下，是因为得到了高人的指点，变相用这种方法颂扬一行的数学水平。

一行的名声，引起唐玄宗的注意，开元五年（717年），唐玄宗令一行的族叔礼部郎中张洽持敕书去荆州征召一行。这次征召，唐玄宗采取了半是温情半是强征的做法，一行只得跟随张洽到了长安觐见玄宗，从此开始了他为唐王朝服务的人生。这一年，一行35岁。

一行到了长安以后，被安置在光太殿，唐玄宗数次去看望他，向他咨询安邦治国之道，

[①]〔宋〕释赞宁撰《宋高僧传》卷五《唐中岳嵩阳寺一行传》，《四库全书》本。
[②] 同上。
[③] 同上。

一行都直言回答，不遮不掩。开元十年（722年），玄宗长女永穆公主出嫁，玄宗给有关部门下敕，令其按照当年太平公主的旧例，优厚安排。一行劝谏道，当年唐高宗只有太平公主一个女儿，所以特别加重其礼，而且太平公主为人骄僭，后来竟然犯罪，现在永穆公主的情况与之完全不同，不应引以为例。玄宗醒悟，急忙派人追回敕令，不再执行，最终按照常规礼节安排了永穆公主婚事。玄宗也因此对一行更加礼遇。一行在政治上对玄宗的劝谏，大抵都是此类。

但是，一行的主要贡献还是在天文学方面。在当时人们心目中，天文学与占星学是纠缠不分的，一行又是释门出身，这就难免会有种种神奇的传说，附会到他的身上。下面这段故事，就是围绕着一行的天文占星术展开的：

> 有王姥者，行邻里之老妪，昔多赡行之贫，及行显遇，常思报之。一日拜谒云，儿子杀人，即就诛矣，况师帝王雅重，乞奏减死，以供母之残龄。如是泣涕者数四。行曰："国家刑宪岂有论请而得免耶？"命侍僧给与若干钱物，任去别图。姥戟手曼骂曰："我居邻周给迭互，绷褓间抱乳汝，长成何忘此惠耶？"行心慈爱，终夕不乐，于是运算毕，召净人，戒之曰："汝曹挈布囊于某坊闲静地，午时坐伺得生类，投囊速归。"明日果有猳豨引豚七个，净人分头驱逐，豨母走矣，得豚而归。行已备巨瓮，逐一入之，闭盖，以六乙泥封口，诵胡语数契而止。投明中官下诏入问云："司天监奏，昨夜北斗七座星全不见，何耶？"对曰："昔后魏曾失荧惑星，至今帝车不见，此则天将大儆于陛下也。夫匹夫匹妇不得其所，犹陨霜天旱，盛德所感乃能退之。感之切者，其在葬枯骨乎。释门以慈心降一切魔，微僧曲见，莫若大赦天下。"玄宗依之。其夜占奏，北斗一星见，七夜复初。其术不可测也。①

这段故事，当然仍属臆造，但其内涵却颇为丰富，其中既有一行感恩报德品行的反映，也有北斗七星崇拜的影子，还折射出古代的天人感应思想，当然故事最终还是落在对一行高超的天文占星术的渲染上，体现了对一行的神话构造。

开元十五年（727年），一行病逝，享年45岁。唐玄宗对他的去世惋惜不已，赐予其"大慧禅师"谥号。

---

① 〔宋〕释赞宁撰《宋高僧传》卷五《唐中岳嵩阳寺一行传》，《四库全书》本。

二、改进传统天文观测演示仪器

一行在计量方面的贡献,首先体现在对传统天文观测仪器浑仪的改进方面。一行改进传统浑仪的动机,源自修订历法的需要。据《旧唐书》记载:

> 玄宗开元九年,太史频奏日蚀不效。诏沙门一行改造新历。一行奏云:"今欲创历立元,须知黄道进退,请太史令测候星度。"有司云:"承前唯依赤道推步,官无黄道游仪,无由测候。"时率府兵曹梁令瓒待制于丽正书院,因造游仪木样,甚为精密。一行乃上言曰:"黄道游仪,古有其术而无其器,以黄道随天运动,难用常仪格之,故昔人潜思皆不能得。今梁令瓒创造此图,日道月交,莫不自然契合,既推步尤要,望就书院更以铜铁为之,庶得考验星度,无有差舛。"从之。①

按照中国古代历法传统,历法的一个重要任务是做出日食、月食预报。当时的历法是李淳风编订的《麟德历》,《麟德历》颁行于唐高宗麟德二年(665年),到一行时已经运行了半个多世纪,开始出现日食预报不准的现象。为了解决这一问题,唐玄宗把修订新的历法的任务交给了僧一行。一行深知制定历法,需要大量天文观测数据,而这些数据如果不够精准的话,是制定不出好历法来的,于是他上书唐玄宗,要求皇帝下诏让太史令提供天文观测数据。司天监接到任务后,回复说过去都是按照天体的赤道运行数据推算的,因为没有黄道游仪,所以无法观测。正好当时另一位天文学家梁令瓒以将仕郎身份待职于丽正书院,他得知此事后,绘出黄道游仪的图样,并制作出一台木制模型。梁令瓒的工作得到一行的高度赞赏,他专门为此给唐玄宗上书加以推荐。一行的推荐获得玄宗认可,玄宗并让他和梁令瓒负责此事。

《旧唐书》这段记载有令人不解之处。因为半个多世纪前,李淳风在负责制定《麟德历》时,已经设计制作了一台黄道游仪,还由此得到了唐太宗的嘉奖,为什么半个多世纪后,司天监还会说"官无黄道游仪,无由测候"这样的话呢?

一行和梁令瓒经过认真的钻研,花了3年时间,直到开元十二年(724年)制成了黄道

---

① 〔后晋〕刘昫等撰《旧唐书》卷三十五《志第十五·天文上》,中华书局,1975,第 1293~1294 页。

游仪。① 制成后，一行给玄宗上书，讲述了浑仪发展的简要历史，对唐代新、旧浑仪做了对比：

> 今灵台铁仪，后魏明元时都匠解兰所造，规制朴略，度刻不均；赤道不动，乃如胶柱；不置黄道，进退无准。此据赤道月行以验入历迟速，多者或至十七度，少者仅出十度，不足以上稽天象，敬授人时。近秘阁郎中李淳风著《法象志》，备载黄道浑仪法，以玉衡旋规，别带日道，傍列二百四十九交，以携月游，用法颇杂，其术竟寝。
>
> 臣伏承恩旨，更造游仪，使黄道运行，以追列舍之变，因二分之中以立黄道，交于轸、奎之间，二至陟降各二十四度。黄道之内，又施白道月环，用究阴阳朓朒之数，动合天运，简而易从，足以制器垂象，永传不朽。②

当时司天监所用浑仪，是后魏解兰所造铁仪，一行形容该仪"规制朴略，度刻不均；赤道不动，乃如胶柱；不置黄道，进退无准"，可谓一无是处。至于李淳风，一行肯定了他的工作，指出他的黄道浑仪制作方法在其《法象志》一书中有详细记载，但他的设计"用法颇杂"，以至于没有流传下来。

至于李淳风制作了一台黄道游仪的事情，一行当然知道，但他却无缘目睹，《旧唐书》一段话可以作为此事的注解：李淳风"所造浑仪，太宗令置于凝晖阁以用测候，既在宫中，寻而失其所在"。这是一件咄咄怪事，那么大一台浑仪，放在皇宫之中，怎么可能过了一段时间，就"失其所在"，找不到踪影了呢？但无论如何，一行是通过李淳风的著作《法象志》对其制作方法有了了解，从而能够在其基础上加以改进的。

一行对他和梁令瓒联手制作的新的黄道游仪非常自信，号称它"动合天运，简而易从，足以制器垂象，永传不朽"。那么，和传统浑仪相比，新的浑仪究竟有哪些值得写入史书的改进呢？

首先，是在仪器上安装了赤道单环、黄道单环和白道月环，使它们彼此间的位置相对固定，后两者可随赤道单环一起运动。所谓赤道，是恒星周日视运动遵循的轨道，黄道是太阳周年视运动在天空呈现的轨道，而白道则是月亮在天空运行的轨道。新的黄道游仪安装了这三种环，并在三个环上都刻有周天度数，这就实现了很方便的对天体运动的赤道、黄道和白道入宿度数值的读取，避免了过去用赤道数据代替黄道和白道数据带来的误差，实现了该仪器设

---

① 严敦杰：《一行禅师年谱——纪念唐代天文学家张遂诞生一千三百周年》，《自然科学史研究》1984年第1期。
② 〔后晋〕刘昫等撰《旧唐书》卷三十九《志第十五·天文上》，中华书局，1975，第1295页。

计的初衷。同时，黄道环相对于赤道环并非绝对固定，而是可以在赤道环上移位，以根据岁差进行调整。

除此之外，该仪器还有一些创新。其中一个很重要的创新点是，在赤道单环上，"东西列周天度数，南北列百刻，使见日知时，不有差谬"[1]。这是说，新仪器在赤道单环上刻有时间的百刻制度，这样就可以通过观测太阳的时角，随时量度时间。古代测量时间，传统上是用地平日晷，时刻制度标记在晷面的环圈上，通过观察太阳对晷表投影在晷面时刻标记上的位置，读出时间来。这样的日晷，实际上是把太阳时角的赤道坐标换算成了地平坐标，因而带来了一定的系统误差。但是古人对此并不知晓，所以在前代浑仪上，都是按照地平式日晷的做法，把相应的时间百刻标志在地平环上，这就继承了地平式日晷的缺陷。新的黄道游仪克服了这一缺陷，将时间百刻制度置于赤道环上，这就使它读出的时间，是当地真正的太阳时，可以以之为准，校正漏刻和地平式日晷的计时。

浑仪的安置，要求其南北极轴正对准北天极。过去，人们安装浑仪时，是用其极轴对准北极星来实现这一要求的。但是，当时人们已经知道，北极星并不正落在北天极上，它绕着北天极在一个很小的范围内转动。古人把北极星绕北天极转动形成的小圆周范围内都称作天枢，于是问题成为，如何使浑仪极轴正指向天枢的中心。对此，新黄道游仪采用了通过南北极轴的轴孔观测北极星位置的变化，求出其中心北天极，以校正极轴的做法。北宋沈括曾指出，"令瓒旧法，天枢乃径二度有半，盖欲使极星游于枢中也"[2]。梁令瓒的做法，在中国天文仪器发展史上，尚属首次，对后世产生了很大影响，沈括、郭守敬等，都曾采用过类似的做法。

一行、梁令瓒制作的黄道游仪，得到了唐玄宗的大力肯定：

> 于是玄宗亲为制铭，置之于灵台以考星度。其二十八宿及中外官与古经不同者，凡数十条。又诏一行与梁令瓒及诸术士更造浑天仪，铸铜为圆天之象，上具列宿赤道及周天度数。注水激轮，令其自转，一日一夜，天转一周。又别置二轮络在天外，缀以日月，令得运行。每天西转一匝，日东行一度，月行十三度十九分度之七，凡二十九转有余而日月会，三百六十五转而日行匝。仍置木柜以为地平，令仪半在地下，晦明朔望，迟速有准。又立二木人于地平之上，前置钟鼓以候辰刻，每一刻自然击鼓，每辰则自然撞钟。皆于柜中各施轮轴，钩键交错，关锁相持。既与天道合同，当时共称其妙。铸成，命之曰水运浑天

---

[1] 〔后晋〕刘昫等撰《旧唐书》卷三十五《志第十五·天文上》，中华书局，1975，第1298页。
[2] 〔元〕脱脱等撰《宋史》卷四十八《志第一·天文上》，中华书局，1977，第958页。

俯视图，置于武成殿前以示百僚。①

唐玄宗亲自为黄道游仪撰写铭文，指示将其置于灵台，用于实际天文观测。观测结果，校正了几十条过去的恒星位置观测记录。此后，唐玄宗又指令一行和梁令瓒继续建造浑天仪，用以展示天象。在中国古代，浑仪是观测仪器，而浑天仪（亦称浑象）则是演示仪器。浑天仪的制作，始于东汉张衡，其主体是个圆球，象征天球，用铜制成，上面镶嵌有银钉，代表星辰，另外还有两个环圈，上面缀有日月。天球和环圈，都用漏刻的水带动，铜球一天转一周，与天球同步。环圈上日月的运行，也与天上的日月一致。一行设计的浑天仪，基本结构维持了张衡浑天仪的结构，做到了"晦明朔望，迟速有准"。值得一提的是，一行、梁令瓒制作的浑天仪，除了计时功能，还增加了报时装置，他们在铜天球前设置了两个木人，一个面前放鼓，每到一个时刻，这个木人就会敲鼓；另一个面前放钟，到了时辰，它就会击钟。听到钟鼓声，就知道具体的时间。这种音响报时设计，在中国历史上还是首次。宋代苏颂、韩公廉在制作大型水运仪象台时，就在其基础上，采纳了更完善的音响报时设计。

三、发起和组织天文大地测量

开元十二年（724年），黄道游仪制成。一行利用该仪进行了一系列天文观测工作，为历法的制定准备了重要数据。与此同时，他还进一步组织实施了全国性的天文大地测量，又一次创造了历史。

《新唐书》记载了一行天文大地测量的缘起：

> 初，淳风造历，定二十四气中晷，与祖冲之短长颇异，然未知其孰是。及一行作《大衍历》，诏太史测天下之晷，求其土中，以为定数。②

一行要编制《大衍历》，不能不参考前人工作，但其前李淳风编制《麟德历》时，所确定的二十四节气相应的日影长度，与祖冲之创制的《大明历》数据不同，不知道究竟哪个正确。为此，唐玄宗下诏给一行，要他组织天文大地测量，以确定"地中"的准确位置，在此基础上，编制出更好的历法。

---
① 〔后晋〕刘昫等撰《旧唐书》卷三十五《志第十五·天文上》，中华书局，1975，第1296页。
② 〔宋〕欧阳修、宋祁撰《新唐书》卷三十一《志第二十一·天文一》，中华书局，1975，第812页。

唐玄宗的诏令，是有历史依据的。中国古人认为，地是平的，大小有限，这样地表面一定有个中心，古人称其为"地中""土中"。显然，地中概念的存在，为古人提供了一个理想的天文观测地点。所以，《隋书》才郑重指出：

《周礼·大司徒职》："以土圭之法，测土深，正日景，以求地中"，此则浑天之正说，立仪象之大本。[①]

既然地中位置是天文观测的根本，而编制历法的前提是要进行准确的天文观测，由此，地中位置的确定成为当务之急。

对于地中的具体位置，《周礼》有具体的规定：

日至之景，尺有五寸，谓之地中。天地之所合也，四时之所交也，风雨之所会也，阴阳之所和也。然则百物阜安，乃建王国焉。[②]

根据这一规定，在夏至的时候，立8尺之表，测量正中午时表影长度，如果影长正好1尺5寸，则立表之处即为地中。古人用这种方法进行测量，认定阳城（今河南郑州登封市告成镇）为地中之所在。

现代天文学告诉我们，按照《周礼》的定义，是不可能测出这个点来的。满足"日至之影，尺有五寸"这一条件的，是一条纬度线。也就是说，古人如果坚持进行这样的测量，应该会发现他们所确定的地中是有着某种程度上的不确定性的。在这里，古代宇宙模型下的定义的准确性与实际操作中的不确定性产生了矛盾。

《周礼》关于地中概念的规定，隐含着一个前提，即所谓"地隔千里，影差一寸"假说。该假说认为，在南北方向，地隔1千里，夏至之日立8尺之表日中测影，表影长度相差一寸。从先秦到汉魏，人们一直笃信该学说的正确。到了南北朝时期，有学者根据当时掌握的地理知识，开始怀疑"千里差一寸"学说。到了隋朝，刘焯提出进行实地测量，以判断该学说是否成立的建议：

请一水工并解算术士，取河南、北平地之所，可量数百里，南北使正。审

---

① 〔唐〕魏徵等撰《隋书》卷十九《志第十四·天文上》，中华书局，1973，第522页。
② 同上。

时以漏，平地以绳，随气至分，同日度影。得其差率，里即可知，则天地无所匿其形，辰象无所逃其数，超前显圣，效象除疑。①

由于各种原因，刘焯的建议当时未能实行。现在，一行要编制新的历法了，唐玄宗就指示一行，首先要通过实地测量，确定地中的准确位置。这就是一行之所以要组织天文大地测量的由来。

根据玄宗的诏令，一行组织了全国范围的天文测量工作，其中在河南滑州白马等四地的测量工作由南宫说主持。"太史监南宫说择河南平地，以水准绳，树八尺之表而以度引之。"② 此外，一行还组织人员在全国范围内选择了九个地点进行观测：铁勒（今俄罗斯贝加尔湖附近）、蔚州横野馆（今河北蔚县）、太原府（今山西太原）、洛阳、阳城（今河南登封）、襄州（今湖北襄阳）、朗州武陵县（今湖南常德）、安南都护府（今越南北部）和林邑（今越南中部）。

在测量内容上，一行拓展了唐玄宗指示的内容，将观测对象扩大到包括北极出地高度、冬夏至和春秋分晷影长度，以及冬夏至漏刻长度等。南宫说在滑州等4地组织的测量，测点分布在黄河南岸同一南北直线上，测量内容除了上述要素，还包括4个测点之间的直线距离。

为了完成这次测量，一行等人做了充足的准备，首先是统一了测量用尺标准。唐代实行度量衡单位大小制，天文音律医药领域用小制，即秦汉以来的传统制度，日常生活用大制。这次测量，既然是为了满足天文要求，所用尺度，就统一确定为当时的天文用尺，即唐朝规定的小制。

为了各地能够准确测出北极出地高度，一行还发明了名为"复矩"的专用仪器。该仪器是个专用的天体角度测量仪器，类似象限仪，有两条直角边，直角边中间是扇形圆弧，在圆弧边缘有刻度，直角顶上挂一铅垂线，观测时，令一直角边瞄准北极，则由铅垂线在圆弧上所指的度数，即为北极的出地高度，即图 19-2 中的角 α。

通过这样的天文大地测量，一行等获得了前所未有的系列天文数据，为其历法改革提供了有力的支撑。

一行、南宫说这次测量的一个重要任务，是检验传统的"千里差一寸"学说。为此，南宫说等在今河南地区选择了几乎位于同一经线的白马（今河南滑县）、浚仪（今河南开封）、扶沟和上蔡这四个地点，分别测量了其北极出地高度和夏至日影长度。此外，他们还测量了这四个地点之间的距离，得到了一些新的认识。《新唐书》对此记载道：

---
① 〔唐〕魏徵等撰《隋书》卷十九《志第十四·天文上》，中华书局，1973，第522页。
② 〔后晋〕刘昫等撰《旧唐书》卷三十五《志第十五·天文上》，中华书局，1975，第1304页。

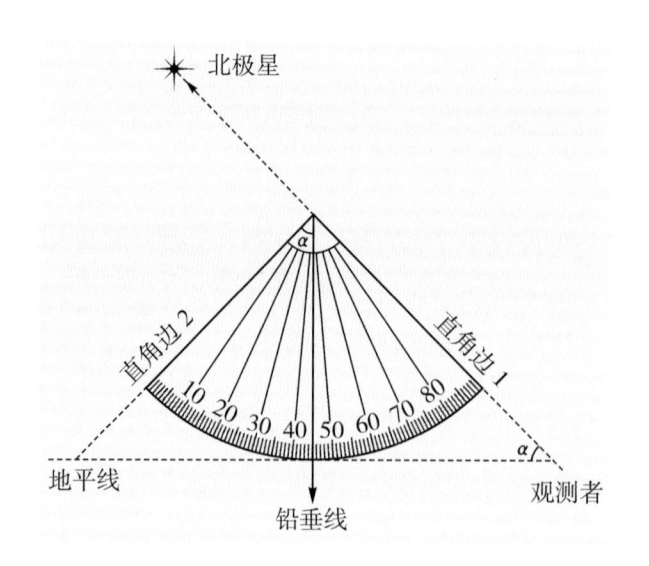

图 19-2
一行"复矩"示意图

> 太史监南宫说择河南平地,设水准绳墨植表而以引度之。自滑台始白马,夏至之晷,尺五寸七分。又南百九十八里百七十九步,得浚仪岳台,晷尺五寸三分。又南百六十七里二百八十一步,得扶沟,晷尺四寸四分。又南百六十里百一十步,至上蔡武津,晷尺三寸六分半。大率五百二十六里二百七十步,晷差二寸余。而旧说,王畿千里,影差一寸,妄矣。①

南宫说通过实地测量,否定了传统的日影千里差一寸学说,了结了中国天文学史上的这一公案,这是该次测量的一大收获。

非但如此,由于该次测量还同时测量了北极出地高度,结果意外发现,里差与北极出地高度之间存在着线性关系,他们并对该关系做了定量描述:

> 其北极去地,虽秒分微有盈缩,难以目校,大率三百五十一里八十步,而极差一度。②

按照上述比例关系,可推算出一行、南宫说所得子午线长度1度长约131.11公里,比现代测量结果大了20.17公里,误差比较大。这也许跟当时未能完全在两地之间取直线距离有

---

① 〔宋〕欧阳修、宋祁撰《新唐书》卷三十一《志第二十一·天文一》,中华书局,1975,第813页。
② 同上。

图 19-3
登封告成镇周公庙前周公测景台石圭表

关①。无论如何,这是人类历史上首次通过实测,实现了对子午线1度长度的描述,是难能可贵的,虽然这种描述主观上并未认识到子午线的存在。

一行天文大地测量的初衷,按照唐玄宗的要求,是要"求其土中,以为定数"。对此,一行通过测量,并未给出明确回答。实际情况也不允许他明确做答,因为开元九年(721年)他受诏进行天文大地测量,要确定地中之所在,但在开元十一年(723年),测量还未正式开始,唐玄宗就先确认了地中的具体位置。据《新唐书》记载:

(阳城)有测景台,开元十一年,诏太史监南宫说刻石表焉。②

阳城就是传统上所认为的地中所在地。唐玄宗在天文大地测量正式开始之前,派遣南宫说到那里树立石表以作纪念,其意图显然是要让一行通过测量来证实他的判断。南宫说树立的石表(图19-3)留存至今,成为登封观星台世界文化遗产的重要组成部分。面对唐玄宗和

---

① 陈美东:《中国科学技术史·天文学卷》,科学出版社,2003,第366页。
② 〔宋〕欧阳修、宋祁撰《新唐书》卷三十八《志第二十八·地理二》,中华书局,1975,第983页。

南宫说这样的举措，一行并未随声附和。在最后对测量结果的分析中，他回避了该问题，表现了一位学者的风骨和睿智。

四、编制《大衍历》

完成天文大地测量之后，一行即着手《大衍历》的编制。但是令人惋惜的是，开元十五年（727年），一行在完成《大衍历》的初稿后去世。唐玄宗指派集贤院学士修国史上柱国燕国公张说和历官陈玄景将其遗稿整理成为完整的《大衍历》，于开元十七年（729年）正式颁行全国。

张说在完成对《大衍历》的整理后，写了一篇《大衍历序》，介绍了他和陈玄景对一行遗稿的整理，从中可以窥见一行遗稿的规模。张说的"大衍历序"，叙写了他们对一行的稿子整理的结果：

> 缉合编次，勒成一部，名曰《开元大衍历》：《经》七章一卷，《长历》三卷，《历议》十卷，《立成法》十二卷，《天竺九执历》一卷，《古今历书》二十四卷，《略例奏章》一卷。凡五十二卷，所以贯三才，周万物，穷数术，先鬼神。①

张说等人汇编的《开元大衍历》，包括了7部书，共52卷。显然，一行完成的不仅仅是一般意义上的历法编撰，而是涵盖了与之相关的一系列著作的撰写，其中包括历法条文本身、历法原理、历法的计算方法、古今中外历书的比较等多项内容，构成了前所未有的历法著作系列。这些，在中国天文学史上，都是前所未有的。

就内容而言，一行所编《大衍历》吸纳了黄道游仪最新观测数据和天文大地最新实测数据，这使它在准确程度方面超越了其前的历法。此外，一行还根据张子信发现的日行盈缩现象，给出了正确的太阳视运动不均匀性修正。在数学方法的运用上，一行改进了传统的等间距内插法，首创不等间距的二次内插公式，使得计算结果更为精密。此外，《大衍历》首创"九服晷影"法，解决了求任意地方每日影长和去极度的计算方法问题，其所用的数值表相当于后世数学中的正切函数表。这些，都是《大衍历》超越传统历法之所在。

---

① 〔唐〕张说撰《大衍历序》，收录于《全唐文》卷二二五。

此外，《大衍历》在内容和结构上与传统历法相比也有很大创新。《大衍历》一共分为7章，这7章内容依次为：

"步中朔术第一"：推算节气，求闰月、没灭日和每月之朔弦望等。

"步发敛术第二"：推算七十二候、六十四卦用事日和五行用事日等。

"步日躔术第三"：推算太阳运动不均匀导致的气、朔等的改正值，使用日躔表对太阳视运动不均匀性进行修正等。

"步月离术第四"：研究月亮的视运动，使用月离表对月亮视运动不均匀性影响的朔弦望等以及月亮运行黄、赤、白道宿度值和日、月距离黄白交点的度值进行修正等。

"步轨漏术第五"：推算全国有关地点的晷影和昼夜漏刻长度，太阳出入时刻，太阳去极度，昏明中星度等授时问题。这一条与传统历法有很大不同。在传统宇宙结构模式中，大地是平的，这样全国各地昼夜漏刻长度应该是一样的。到了唐代，人们已经发现在全国南北不同地域，同一日内昼夜漏刻长度是不一样的。一行根据天文大地测量结果增加了这方面的内容，大大增加了《大衍历》在全国的适用范围。

"步交会术第六"：讨论全国有关地点的日、月食推算等问题。

"步五星术第七"：推算五大行星视运动规律。

这种编排方式，结构合理、逻辑严密，成为后世历法遵从的经典模式。

值得一提的是，一行在《大衍历》的"历议"部分，根据天文大地测量的新发现，对当时的宇宙结构学说提出了大胆的质疑。中国古代的宇宙结构学说争论，主要在盖天说和浑天说二者之间展开，一行对这两种学说都提出了质疑，他说：

> 诚以为盖天邪，则南方之度渐狭；果以为浑天邪，则北方之极浸高。此二者，又浑、盖之家尽智毕议，未能有以通其说也。①

盖天说认为天是个平板，以天北极为中心，向四周辐射，这样越向南，1度的范围应该覆盖越大，而观测到的现象却是在天球南极的地方1度的范围越来越小，表明盖天说的模式不对；但如果由此说与盖天说针锋相对的浑天说是正确的，也有问题，因为人在向北移动时，会发现天北极出地越来越高，这与浑天说的预言不符。一行认为，这些现象表明，盖天说、浑天说都有缺陷，都是不正确的。一行所言，实际是大地为球体的视觉表现。中国古人缺乏

---

① 〔宋〕欧阳修、宋祁撰《新唐书》卷三十一《志第二十一·天文一》，中华书局，1975，第816页。

地球观念，面对这些现象，无法解释，是自然的。一行指出了这些矛盾现象，是有利于古代宇宙结构学说的发展的。

非但如此，一行还提出了一个涉及计量学根本的哲学问题：远距目视测量的可信度问题。他在回顾有关测量数据时，提出了这一问题。《新唐书》对此有所记载：

> 吴中常侍王蕃，考先儒所传，以戴日下万五千里为句股，斜射阳城，考周径之率以揆天度，当千四百六里二十四步有余。今测日晷，距阳城五千里已在戴日之南，则一度之广皆三分减二，南北极相去八万里，其径五万里。宇宙之广，岂若是乎？然则蕃之术，以蠡测海者也。
>
> 古人所以恃句股术，谓其有证于近事。顾未知目视不能及远，远则微差，其差不已，遂与术错。譬游于太湖，广袤不盈百里，见日月朝夕出入湖中；及其浮于巨海，不知几千万里，犹见日月朝夕出入其中矣。若于朝夕之际，俱设重差而望之，必将大小同术，无以分矣。横既有之，纵亦宜然。①

一行根据观测数据，用三国时东吴王蕃的方法，推算宇宙大小，发现推算出来的天球直径才5万里，明显与常识不合。为此，他分析道，王蕃的方法，依仗的是勾股术，这种方法在近距离范围内是得到验证了的，但对于远距离目视测量来说，"远则微差，其差不已，遂与术错"。他举例说，人们在太湖游玩，远近距离不过百里，已经见到日月早晚都出没于湖中，而在大海中航行，其距离不知道有几千万里，看到日月出没情况与在太湖一样，如果在早晚之际，都用重差术对其进行测量，必然无法区分这两种情况。水平方向是这种情况，对于日高天远这种纵向测量，结果也应该是一样的。为了说明自己的推论，他还进一步设计了一个思想实验：

> 又若树两表，南北相距十里，其崇皆数十里，置大炬于南表之端，而植八尺之木于其下，则当无影。试从南表之下，仰望北表之端，必将积微分之差，渐与南表参合。表首参合，则置炬于其上，亦当无影矣。又置大炬于北表之端，而植八尺之木于其下，则当无影。试从北表之下，仰望南表之端，又将积微分之差，渐与北表参合。表首参合，则置炬于其上，亦当无影矣。复于二表间更

---

① 〔宋〕欧阳修、宋祁撰《新唐书》卷三十一《志第二十一·天文一》，中华书局，1975，第815页。

植八尺之木，仰而望之，则表首环屈相合。若置火炬于两表之端，皆当无影矣。夫数十里之高与十里之广，然犹斜射之影与仰望不殊。今欲凭晷差以推远近高下，尚不可知，而况稽周天里步于不测之中，又可必乎？[①]

在科学发展史上，思想实验是推动科学进步的利器之一，它有助于训练人的思维，使之逻辑更加缜密，思考更加严谨。一行设想的模式，就是一种典型的思想实验。他用这种方式，论证了在天文测量的情况下，勾股重差术不再适用，这在中国天文计量史上，尚属首次。在一行之后，人们很少再用勾股重差术推算日高天远，这充分表明了一行学说影响之大。

需要说明的是，一行的解说实际上并不正确，导致用勾股重差术推算日高天远失败的根本原因，在于该法是建立在地平观念基础之上，而大地实际是个圆球。但无论如何，一行用思想实验的方法讨论测量理论，提出了测量的可靠性问题，这种做法是值得肯定的。

---

① 〔宋〕欧阳修、宋祁撰《新唐书》卷三十一《志第二十一·天文一》，中华书局，1975，第815~816页。

第二十章 宋元时期的计量人物

宋元时期，是中国科学技术史重要的发展时期。北宋尤其是中国古代科学技术发展达到全面繁荣的时期，涌现了以中国科学史的坐标沈括为代表的一批卓越的科学家。元代虽然历时不算长，但在天文历法制定、水利工程建设等领域，也取得了辉煌成就。本章承继上章内容，选取宋元时期有代表性的学者，以之为例，继续探讨古代计量学家们在推进古代计量发展诸多方面的贡献。

第一节　刘承珪发明戥子

北宋时期，在计量领域崭露头角的第一个人是宦官刘承珪，他因为发明了戥子而被计量史广泛记录，但类似的工作只占他生平所为的一小部分。他经历了宋太祖、太宗、真宗三个朝代，从事过多方面的工作，虽然其为人社会多有贬词，皇帝也不认同，但终生又得到皇帝器重，死后亦获尊荣，被赐予"忠肃"谥号。在计量史上，刘承珪是一个不能被忽略的奇特人物。

一、刘承珪其人

刘承珪，字大方，楚州山阳（今江苏淮安县）人。其父刘延韬，也是一位宦官，曾任内班都知，属于宦官的上层人士。宋代允许宦官收养继子，并需将其养子的姓名上报宣徽院备案，作为未来宦官的可能来源。刘承珪大概就是由此进入宦官队伍的。

宋太祖赵匡胤即位后，刘承珪仕途开始进入上升期。赵匡胤的第一个年号建隆年间

（960—963），刘承珪入补内侍高班，进入宦官队伍的高层。公元976年，宋太宗赵光义即位，破格封其为北作坊副使。该职务显示刘承珪具有较高的技术技能。当时曾任南唐清源军节度使的陈洪进慑于形势，被迫纳土降宋，献出泉、漳二州及其所辖一十四县，宋太宗派遣刘承珪迅速赶到泉州，封其府库。当地居民有啸聚为寇，刘承珪和知州乔维岳率兵平定了暴乱。从这时起，刘承珪正式踏上政务，从踏上政务之始，他就表现出知军事、懂财务、精技术的特点。这一特点贯穿了他的一生。

太平兴国四年（979年），刘承珪受命"与内衣库使张绍勍等六人率师屯定州，以备契丹，又护滑州决河"[①]，除了懂军事，精通水利的优点也得以表现出来。雍熙（984—987）年间，刘承珪开始主管"内藏库兼皇城司"，在他其后的一生，刘承珪虽然担任过其他许多职务，但皇家财富主管这一身份，却一直伴随着他的终身。他整顿度量衡事宜，也是在担任该职务时之所为。因为他任事认真，做事卓有成效，宋太宗在提升其职务的同时，还加他为"六宅使"。六宅使的名称源于唐代，当时因皇帝诸子年长以后要分院居住，皇帝特设十宅、六宅使负责管理这些王子宅院事务，后只称六宅使。宋继承了唐代这一传统，并逐渐将其演变为一个荣誉职衔，获该职衔者并不承担具体管理责任，只是作为武将升职的一个台阶。太宗为刘承珪加此职衔，是一种荣誉。对此，刘承珪上书太宗，请求辞去该职。宋太宗肯定他的谦让，但并没有接受他的请求。

公元997年，宋真宗即位，令刘承珪兼任胜州刺史，负责当地对辽军事。当时北方边境不安宁，后来朝廷准备在河北修建天雄军城垒，又命令刘承珪负责规划设计。除了对辽军事，宋真宗还向他咨询应对西夏政权之策，刘承珪建议增加今甘肃环县驻兵，作为各路兵马的后援，他的建议得到采纳。不久又让他管理群牧司，负责战马饲养管理机构诸事。北宋时期，战马对其国运有重要意义，但属于北宋的培养战马重地和优秀人才都很稀少，为此，朝廷专门设立群牧司专职此事。但群牧司设立之初，规章制度不完善，机构职能赏罚制度等都不够明确，因而效能不彰。这也是刘承珪被指派监管群牧司的原因，宋廷希望借助他的管理才能，解决群牧司管理中的一些顽疾痼瘼。

宋真宗咸平六年（1003年），宋辽之间再次爆发战争，宋军因为彼此配合不佳，加之有将帅临阵脱逃，打了败仗。《续资治通鉴长编》记载了此次战败之后北宋朝廷的反应：

  望都失利，上语近臣曰："用兵固有胜败，然此战颇闻有临阵公然不护主

[①]〔元〕脱脱等撰《宋史》卷四百六十六《列传第二百二十五》，中华书局，1977，第13608页。

帅，引众先遁者。今未能偃兵，若不推穷，将何以惩后！苟尽置于法，人必怀惧，当治其情理难恕者三二十人，或得中道。"乃命宫苑使刘承珪、供备库副使李允则驰驿按问。上曰："承珪峻急，允则和易，朕欲其宽猛相济耳。"①

由这段引文可知，在真宗眼中，刘承珪为人精明，眼中揉不得沙子，派他前去，不会让那些犯罪分子逃脱法网，而李允则性格沉稳，两人配合，可以刚柔相济，使事情得到合理解决。最后的结果，惩处了临阵脱逃的将领，也没有引起军队的动荡，实现了真宗处理该事的初衷。

实际上，刘承珪有其不为真宗所知的另一面。他并非所有的事都锱铢较量，在某些场合下也会情法兼顾。《宋史》其本传记载：

承规遇事亦或宽恕，铸钱工常诉本监前后盗铜瘗地数千斤，承规佯为不纳，因密遣人发取送官，不问其罪。②

刘承珪在监督封禅漕运事宜时，有铸钱工人揭发负责监管铸钱的官员私自藏匿了几千斤铜，刘承珪表面上不理睬这件事情，暗地里派人将铜取出，还归官府，未再治该官员的罪。他的这一做法，被时人视为仁政。南宋郑克做《折狱龟鉴》，把他的这一行为与东汉名将马援因同情囚犯而纵其逃脱一事相提并论，给予了高度评价。

刘承珪熟知文史，精通儒学，《宋史》记述了他负责北宋时期一些大型图书编撰的事情：

咸平中，朱昂、杜镐编次馆阁书籍，钱若水修祖宗实录，其后修《册府元龟》、国史及编著雠校之事，承规悉典领之。颇好儒学，喜聚书，间接文士，质访故实，其有名于朝者多见礼待，或密为延荐。③

刘承珪不但负责这些图书编纂事宜，喜欢藏书，接近文士，通过考察确有学问者，对有名声者加以礼待，或者私下向朝廷荐才。这一切，充分表明了他的文学素养。

在历史上，宋真宗是一位有作为的皇帝，但也有在位末期沉迷于封禅仪式和大兴土木等为人诟病的行为，对此，刘承珪有一份不可推卸的责任。

---

① 〔宋〕李焘撰《续资治通鉴长编》卷五十四，《四库全书》本。
② 〔元〕脱脱等撰《宋史》卷四百六十六《列传第二百二十五》，中华书局，1977，第13609～13610页。
③ 同上书，第13610页。

景德四年（1007年），位于今福建长汀的北宋汀州有一个脸上刺过字的老兵王捷，自称遇到了一个姓赵的道士，是司命真君。王捷本是一个方士，喜欢装神弄鬼，沈括《梦溪笔谈》曾提到过他，说"祥符中，方士王捷，本黥卒，尝以罪配沙门岛，能作黄金。有老锻工毕升，曾在禁中为捷锻金。升云：'其法：为炉灶，使人隔墙鼓鞴，盖不欲人觇其启闭也。其金，铁为之，初自冶中出，色尚黑。凡百余两为一饼。每饼辐解凿为八片，谓之'鸦觜金'者是也。'"① 就是这样一个骗子，撒的这样一个谎言，经过刘承珪之手，获得了宋真宗的认可：

> 汀州黥卒王捷，自言于南康遇道人，姓赵氏，授以小镮神剑，盖司命真君也。宦者刘承珪以其事闻，帝赐捷名中正。是月戊申，真君降中正家之新堂，是为圣祖，而祥瑞之事起矣。②

宋真宗一世最为人所诟病的东封西祀，由此拉开了帷幕。刘承珪不但为拉开这个帷幕起到了关键作用，而且在宋真宗所搞的封禅等活动中，多次出手，促成该事。在王捷骗局的第二年，1008年，"皇城使刘承珪诣崇政殿上新制天书法物，言有鹤十四来翔"③。再一年，1009年，"昭宣使刘承珪上《天书仪仗图》，召近臣观于滋福殿，俄又示百官于朝堂。"④ 接二连三的同类举动，表明他确实窥见了真宗欲借封祀粉饰太平的内心，并由此采取了阿谀奉上的举措。《续资治通鉴》记载说：

> 承规好伺察，人多畏之。帝崇信符瑞，修饰宫观，承规悉预焉。作玉清昭应宫尤精丽，小不中程，虽金碧已具，必毁而更造，有司不敢计其费。及宫成，追赠侍中，命塑像太宗像侧。⑤

不但连续上造假"天书"为真宗造势，还在主管为皇帝修造相应符瑞宫观时小题大做，靡费公帑。结果宫观造成后，真宗很满意，当时刘承珪已经去世，于是追赠他为侍中，还为他在太宗塑像旁竖立了塑像。

实际上，刘承珪因善于窥测奉承上意，他的一系列活动，在世时即已获得真宗的高度

---

① 〔宋〕沈括：《梦溪笔谈》卷二十《神奇》，岳麓书社，2002，第150页。
② 〔清〕毕沅：《续资治通鉴》卷二十六。
③ 同上书，卷二十七。
④ 同上书，卷二十八。
⑤ 同上书，卷三十一。

认可。大中祥符六年（1013），刘承珪因为久病，宋真宗根据道家易名度厄之说，把他的名字由刘承珪改为刘承规，以助其渡过灾病。不过，改名似乎并未起作用，刘承珪病情越来越重，他上书皇帝，请求退休。真宗专门提升了他的职衔，允许他退休。本来，刘承珪希望能得到节度使的荣誉，宋真宗也准备满足他的愿望，但由于受到宰相王旦的阻挡，该愿望未能实现：

> 初，承规欲求节度使，帝谕王旦，旦不可。翼日，帝又曰："承规俟此以瞑目。"旦曰："若听所请，后必有求为枢密使者。此必不可。"帝乃止。承规寻卒，乃赠镇江节度使，谥忠肃。①

虽然由于王旦的阻挡，刘承珪生前未能获得节度使名称，死后还是获得了这一荣誉，并荣膺"忠肃"谥号。

不过，社会舆论对他就没有那么客气了。他与当时被大家不齿的王钦若、丁谓、林特、陈彭年交往密切，行踪诡异，人们称他们为五鬼。甚至连宰相王曾都当面向宋仁宗指出这一点：

> 仁宗尝谓辅臣曰："钦若久在政府，观其所为，真奸邪也。"王曾对曰："钦若与丁谓、林特、陈彭年、刘承珪，时谓之'五鬼'。奸邪险伪，诚如圣谕。"②

总体来说，刘承珪的人生是复杂的，他精力充沛，精通财务，注重制度的完整，在度量衡方面有突出贡献，等等。这些，都是其值得肯定之处。

二、改革度量衡制度

北宋王朝建立之后，其最高统治者对保持度量衡的统一和稳定一直给予了高度重视。宋太祖赵匡胤登基之初，就给有关部门下诏，要求他们精心研究古代量器样式，制成嘉量，颁布天下。后来在平定西蜀、岭南，收复江浙福建等地之后，又下诏要求各地凡不符合标准样式的量器都要去除。通过这样的措施，使得度量衡器逐渐趋于统一。

宋太宗同样重视度量衡问题，淳化三年（992年），太宗下诏说：

---

① 〔清〕毕沅：《续资治通鉴》卷三十一。
② 〔元〕脱脱等撰《宋史》卷二百八十三《列传第四十二》，中华书局，1977，第9564页。

> 国家万邦咸义，九赋是均，顾出纳于有司，系权衡之定式。如闻秬黍之制，或差毫厘，锤钧为奸，害及黎庶。宜令详定称法，著为通规。事下有司，监内藏库、崇仪使刘承珪言："太府寺旧铜式自一钱至十斤，凡五十一，轻重无准。外府岁受黄金，必自毫厘计之，式自钱始，则伤于重。"遂寻究本末，别制法物。①

太祖统一了量器形制，太宗则强调衡器砝码的准确性，要求制定详尽的衡器规则，颁布出来，天下遵行。太宗之所以下这样的诏令，是因为当时在称重方面确实存在许多问题。当时刘承珪已经负责监管内藏库，规范称重事宜，正是他的职责。他指出当时称重混乱的原因在于太府寺砝码混乱，这种混乱表现在两方面：一是砝码不规范，"轻重无准"；二是最小的砝码从1钱开始，而地方向中央政府缴纳黄金，都是从毫厘开始，太府寺没有小于1钱的砝码，无法称量。从解决这些问题起步，刘承珪开始了他在计量领域的创新。

刘承珪解决称重混乱的方法是"寻究本末，别制法物"，通过探究产生混乱的根源，另行制作标准砝码。这种做法，遏制了混乱的继续，但也没有彻底解决问题。为此，刘承珪继续探索，用了十多年的时间，使问题得到了圆满解决。《宋史》对此有详细记载：

> 至景德中，承珪重加参定，而权衡之制益为精备。其法盖取《汉志》子谷秬黍为则，广十黍以为寸，从其大乐之尺（秬黍，黑黍也。乐尺，自黄钟之管而生也。谓以秬黍中者为分寸、轻重之制），就成二术（二术谓以尺、黍而求氂、絫）。因度尺而求氂（度者，丈、尺之总名焉。因乐尺之源，起于黍而成于寸，析寸为分，析分为氂，析氂为毫，析毫为丝，析丝为忽。十忽为丝，十丝为毫，十毫为氂，十氂为分），自积黍而取絫（从积黍而取絫，则十黍为絫，十絫为铢，二十四铢为两。锤皆以铜为之）。以氂、絫造一钱半及一两等二称，各悬三毫，以星准之。等一钱半者，以取一称之法。其衡合乐尺一尺二寸，重一钱，锤重六分，盘重五分。初毫星准半钱，至稍总一钱半，析成十五分，分列十氂。（第一毫下等半钱，当五十氂，若十五斤称等五斤也）②

分析这段文本，可以看出，刘承珪的后续改进主要体现在两个方面：规范计量单位，发明

---

① 〔元〕脱脱等撰《宋史》卷六十八《志第二十一·律历一》，中华书局，1977，第1495页。
② 同上书，第1495~1496页。

相应称重器具。在规范计量单位方面，刘承珪根据《汉书·律历志》记载的刘歆"乐律累黍"理论，分别以单个黍为基础，重新规范了长度、重量的单位系列。在《汉书·律历志》中，长度的系列单位是分、寸、尺、丈、引，但在实际应用中，例如在立杆测影场合，小于分的单位仍然需要，这时人们会使用厘、毫、丝、忽等单位来表示小于分的单位系列，但不同场合人们使用这些单位系列时，其名称并不一致，有时用厘，有时用氂，甚者前后位置顺序也不一致，这就带来了混乱。对此，刘承珪根据《汉书·律历志》的理论，认为黍的积累形成寸，寸的十分之一是分，分的十分之一氂，氂的十分之一是毫，以此类推，就建立起了长度的系列单位：

$$1 尺 = 10 寸$$

$$1 寸 = 10 分$$

$$1 分 = 10 氂$$

$$1 氂 = 10 毫$$

$$1 毫 = 10 丝$$

$$1 丝 = 10 忽$$

如果按照北宋 1 尺折合现在 0.32 米的比率计算，1 忽约合现在 3 纳米。这样的极值，对满足当时长度精密测量来说，无论如何是足够用的了。

就重量单位而言，刘承珪以 10 个黍米为 1 絫，10 絫为 1 铢，24 铢为 1 两，构建了重量单位体系：

$$1 斤 = 16 两$$

$$1 两 = 24 铢$$

$$1 铢 = 10 絫$$

$$1 絫 = 10 黍$$

按北宋 1 斤等于 633 克来折算，则 1 絫约合今 0.165 克。这一重量单位，与战国时楚国天平最小砝码重量相等，亦足以满足当时称重领域精密计量的需求。

刘承珪对铢的规定，与《汉书·律历志》完全一致。刘歆设计的乐律累黍说主张，"权者，铢、两、斤、钧、石也，所以称物平施，知轻重也。本起于黄钟之重，一龠容千二百黍，重十二铢，两之为两。二十四铢为两。十六两为斤。三十斤为钧。四钧为石。"[①] 按照这一规定，1 铢正好是 100 黍。刘承珪只是在铢之下，按十进制原则，增加了一个重量单位絫，从而满足了当时黄金称量的需求。

---

① 〔汉〕班固撰《汉书》卷二十一上《律历志》，中华书局，1962，第 969 页。

需要指出的是，从唐代以来，由于唐代制作规范精致重量恰为 2.4 铢的开元通宝钱的颁行，在称重领域逐渐形成了一种新的单位——钱，1 两等于 10 钱，之后人们移用长度单位名称，为两以下的重量单位建立了十进制系列，具体为：

1 斤 =16 两
1 两 =10 钱
1 钱 =10 分
1 分 =10 氂
1 氂 =10 毫
1 毫 =10 丝
1 丝 =10 忽

刘承珪的改革，并未废除这套单位，因为接下去，他在设计精密称重器具时，还专门为这套称重单位设计了专用的秤。

三、制作戥子

刘承珪设计的专用精密称重器具共两种，《宋史》对之有详细记载：

> 以氂、絫造一钱半及一两等二称，各悬三毫，以星准之。
>
> 等一钱半者，以取一称之法。其衡合乐尺一尺二寸，重一钱，锤重六分，盘重五分。初毫星准半钱，至稍总一钱半，析成十五分，分列十氂；（第一毫下等半钱，当五十氂，若十五斤称等五斤也）中毫至稍一钱，析成十分，分列十氂；末毫至稍半钱，析成五分，分列十氂。
>
> 等一两者，亦为一称之则。其衡合乐分尺一尺四寸，重一钱半，锤重六钱，盘重四钱。初毫至稍，布二十四铢，下别出一星，等五絫；（每铢之下，复出一星，等五絫，则四十八星等二百四十絫，计二千四百絫为十两）中毫至稍五钱，布十二铢，列五星，星等二絫；（布十二铢为五钱之数，则一铢等十絫，都等一百二十絫为半两）末毫至稍六铢，铢列十星，星等絫。（每星等一絫，都等六十絫为二钱半）①

---

① 〔元〕脱脱等撰《宋史》卷六十八《志第二十一·律历一》，中华书局，1977，第 1495 ~ 1496 页。

这两种秤，对应的是两套重量单位制。所谓"一钱半"，是指其称重范围为一钱半，对应的是两以下的钱、分、厘、毫、丝、忽十进制系统。而"一两"秤则对应两以下传统的铢、絫系统。

就"一钱半"秤而言，其秤杆总长度为乐尺1尺2寸。这里的"乐尺"，即刘承珪用累黍法复原出来的尺，与北宋日常用尺"太府寺尺"不同。刘承珪明确标出秤杆长度，使得其复原出的乐尺的长度单位通过该秤秤杆得以保存。秤本身重1钱，秤锤重6分，秤盘重5分。秤杆上共有三个提钮，三个提钮对应着三种不同的称量精度。第一个提钮对应的量程为半钱到1钱半；第二个提钮对应的最大量程为1钱；第三个提钮对应的最大量程为半钱，即5分，每分又分成10厘。如果按北宋1两折合现在40克计算，则"一钱半"秤的称量精度达到1厘，即现在的0.04克。

另一种秤是"一两"秤。"一两"秤比"一钱半"秤稍大，其杆长乐尺1尺4寸，重量则为一钱半，秤锤重6钱，是"一钱半"秤的10倍。秤盘重4钱，是"一钱半"秤的8倍。"一两"秤同样有3个提钮，从第一个提钮到秤杆末端，称量范围为1两，共分布有25个星花，表示24铢，铢与铢之间，还布有一个秤星，代表5絫，相当于现在0.21克。第二个提钮到秤梢称重范围为半两，即5钱，分布有13个星花，表示12铢，铢与铢之间分成5段，布有4个秤星，每段相当于2絫，相当于现在的0.33克。第三个提钮的最大量程为6铢，即四分之一两，分布有7个星花，表示6铢，铢与铢之间分成10段，布有9个秤星，每段表示1絫，相当于现在的0.165克。

显然，"一钱半"秤和"一两"秤适用于不同的单位进制，前者适用于两、钱、分、厘等十进制，后者适用于两、铢、絫等传统进制，两秤之间结果可以互相折算。

刘承珪的发明，获得了朝野的一致认同。《宋史》记述了其发明的功效：

> 新法既成，诏以新式留禁中，取太府旧称四十、旧式六十，以新式校之，乃见旧式所谓一斤而轻者有十，谓五斤而重者有一。式既若是，权衡可知矣。又比用大称如百斤者，皆悬钩于架，植环于衡，环或偃，手或抑按，则轻重之际，殊为悬绝。至是，更铸新式，悉由黍、絫而齐其斤、石，不可得而增损也。[①]

宋太宗将刘承珪发明的新秤留在宫中，让人去称量太府寺过去的秤具和砝码，发现有许

---

① 〔元〕脱脱等撰《宋史》卷六十八《志第二十一·律历一》，中华书局，1977，第1497页。

图 20-1
汕头博物馆收藏的专门用于称量金器的戥子

多都不准确，一些称重方式也有很大问题。由此，宋朝政府开始有针对性地铸造新的砝码，这些砝码都是根据新的秤具经过精心测量符合要求的。南宋李焘的《续资治通鉴长编》记述了刘承珪发明前后称重领域的变化：

> 先是，守藏吏受天下岁输金帛，而太府寺权衡旧式，轻重失准，吏因为奸，上计者坐逋负破产者甚众。又守藏吏更代，校计争讼，动涉数载。及是，监内藏库刘承珪等推究本末，改造法制，中外咸以为便。[①]

显然，有了新的更精确的秤具，有了根据新的秤具重新铸造的标准砝码，导致太祖和太宗时期严格度量衡管理的诏令不能完全落到实处的那些技术得到了彻底解决，在度量衡器的使用上，出现了"中外咸以为便"的局面。宋代度量衡的发展，由此开始进入了新的阶段。

刘承珪的发明，也得到后人的高度评价。从宋朝以后，人们把以刘承珪发明为源头的这类精密衡器称为戥子。戥子用料考究，做工精细，技艺独特，称量精度高，人们专门用其称量金、银、贵重药品和香料。这种状况一直持续到 20 世纪，图 20-1 所示为汕头博物馆陈列

---

① 〔宋〕李焘撰《续资治通鉴长编》卷三十三，《四库全书》本。

的清末钱庄金器厘,就是戥子在当时得到使用的一个具体例证。时至今日,由于更精密的电子称重仪器的普及,戥子已经演变成为一种品位非常高的收藏品了。

第二节 杰出的计量发明家燕肃

燕肃(961—1040),字穆之,北宋官员,他多才多艺,全面发展,对治民理政、科技发明等有独特见解,在计量领域更是有突出贡献。

一、燕肃的生平

燕肃生于曹州(今山东省菏泽市),祖籍青州益都(今山东省青州市)。其父燕峻性格豪爽,慷慨任侠。后晋开运元年(944年),镇守青州的杨光远勾结辽国造反,燕峻很鄙视这种行为,于是率部属投靠率军讨伐杨光远的符彦卿,由此迁居曹州,在曹州娶妻,生子燕肃。

燕肃6岁时,其父去世,由此家境中落。燕肃虽然年少孤贫,但勤奋好学,颇有成就。北宋淳化(990—994)年间,燕肃中进士,补凤翔府观察推官,成为凤翔府观察使的僚属,主管司法事务。咸平三年(1000年),寇准因事降职,被迁任陕西,担任凤翔府知府,发现燕肃的才干,推荐他到秘书省,担任掌管国史、实录的著作郎的助手著作佐郎。燕肃由此进入中枢机构的视野。

离开秘书省后,燕肃被派往四川,担任临邛(今四川邛崃市)知县。他上任后,得知当地民众不堪官吏因一些事务不断上门追扰,于是制作了一批木牍,一旦民间有诉讼事情,凡有涉及者,就在木牍上书写其姓名,让诉讼者自己拿木牍通知关联者到案,结果都如期而至。这件事显示了燕肃高超的治理能力和在民众中的声望。后来,燕肃又调任河南府通判,任考城(今河南兰考境内)知县。因为其治理能力高,政绩突出,朝廷下令调他赴京任监察御史,这时正巧寇准开始担任河南知府,上书皇帝,请求允许燕肃继续留在河南,得到朝廷同意。

寇准回京后,推荐燕肃为殿中侍御史,提点广南西路刑狱,继而又徙广南东路。任期届满回京后,受到奸臣丁谓的嫉妒,又出知越州(今浙江绍兴),徙明州(今浙江宁波)。他在主政明州时,针对当地民俗强悍轻浮,经常发生打架斗殴现象,专门制定了一项规定:当发生斗殴事件时,不管斗殴原因是什么,只处罚先动手者。用这种方法,很快扭转了当地的斗殴成风习气。

后来，燕肃又在昭文馆任职，担任定王府记室参军。定王是宋仁宗赵祯即位前的封号，燕肃在给定王府当记室参军时，还兼任尚书刑部，负责管理刑部事宜。当时，北宋规定判死刑的人有一次上诉机会，但各州郡所判死刑，对"事有可疑"或"理有可悯"者，虽然也允许上诉，但上诉多为法司驳回，有关官员反落"不应奏"之罪，以致错杀事件时有发生。燕肃为此上书皇帝，指出该现象的存在有严重弊端。他引用唐朝时就有地方上判决的死刑犯可以上呈京师复奏的制度，建议对各州郡所判的死刑案，应将其卷宗呈送中央，先由大理寺裁判，报审刑院复查，验证后执行。宋仁宗天圣四年（1026年），朝廷采纳了他的建议，此后地方上判死刑的人通过上诉，很多都得到了宽恕。燕肃的建议对完善宋朝的司法制度，减轻州郡官吏对平民百姓的欺压，起到了一定的作用。王安石在为他的山水画题诗时，曾称赞他"奏论谳死误当赦，全活至今何可数"，感叹他是"仁人义士"。①

之后，燕肃被提拔为龙图阁待制，临时管理审刑院，后又担任梓州（今四川三台县）知府。回京后，负责督查在京的刑事案件，管理刑部，还担任左谏议大夫，领导议论规谏事宜。燕肃一生，既做过多地州县主管，也多次在中央政府任职。他曾先后在凤翔府（陕西凤翔）、临邛县（四川邛崃）、河南府（洛阳市）、广南西路（广西）、广南东路（广东）、越州（浙江绍兴）、明州（浙江宁波）、梓州（四川三台）、亳州（安徽亳县）、清州（河北青县）、颍州（安徽阜阳）、邓州（河南邓县）等地为官。在中央政府任职时，所管理部门多与刑法有关。所有这些地方，都赢得了好的名声。宋仁宗时，任龙图阁直学士，在礼部侍郎官职上致仕，去世时享年80岁。

燕肃作为一名官员，是优秀的，为北宋的法制建设和行政管理做出了贡献，这是他一生主要的功业所在。此外，燕肃多才多艺，在多个领域都留下了历史印迹。《宋史》提到：

> 肃喜为诗，其多至数千篇。性精巧，能画，入妙品，图山水罨布浓淡，意象微远，尤善为古木折竹。②

这是讲他的文学造诣。他的诗，多达数千篇，遗憾的是，燕肃并未留下文集，不过《宋诗纪事》卷八载有他的两首诗，诗意淳朴。又宋祁《景文集》中，也有《答燕龙图对雪宴百花见寄》《和致政燕侍郎舟中寄宴尚书》等作，亦可见他与当时诗人常有唱酬之作，这些，

---

① 〔宋〕王安石：《燕侍郎山水》，载王安石《临川文集》卷一《古诗一》，《四库全书》本。
② 〔元〕脱脱等撰《宋史》卷二百九十八《列传第五十七》，中华书局，1977，第9910页。

都表明他高超的作诗水平。至于绘画，北宋宣和（1119—1125）年间官方主持编撰的宫廷所藏绘画作品的著录著作《宣和画谱》，即收录了燕肃绘画作品37件，其传世作品有《春山图》《寒林岩雪图》，现均藏故宫博物院。他的《山居图》纨扇，图录于《宋人院体画风》，所有这些，都见证着燕肃的绘画水平，无怪王安石对他的画作都感叹不已。

燕肃精通音律，在管理太常寺时，他发现太常寺里的钟、磬等设备是涂有颜色的，而按照礼仪每三年皇帝要祭天祭祖时，需要给钟、磬重新着色，天长日久，钟、磬上涂的颜料越来越厚，导致其声调失真，音律失协。景祐元年，他上书皇帝，指出了这一问题。宋仁宗指派他和李照、宋祁协作解决该问题。经过他们的努力，清除累积的涂料，"划涤考击，合以律准，试于后苑，声皆协"①。

燕肃本身还是一位科学家，他对海潮的研究就多有独到之处。从计量史的角度来看，燕肃又是一位发明家。他复原的指南车和记里鼓车，就多有创新之处。他发明的莲花漏，更是实现了古代漏刻发展的历史性转折。这些，我们分开来说。

二、关注海潮现象，提出潮汐新理论

潮汐是一种自然现象，对航海、捕鱼、制盐等行业有重要影响。燕肃曾在明州、越州、广西、广东等沿海地区任地方官，作为一个关心百姓又有才识的地方官，他对潮汐现象格外关注。他利用在沿海州县做官的机会，在各地进行观察、试验，对各地海潮特征进行分析、比较。在长期观察的基础上，经过认真思考，形成了自己系统的潮汐理论。

在潮汐形成原因上，南北朝时刘宋王朝的何承天在讨论当时关于宇宙结构学说浑天说和盖天说究竟谁正确时，针对盖天说质疑浑天说主张的太阳每天出入于大海的说法，提出了一种解释：

> 天形正圆，而水居其半，地中高外卑，水周其下。……百川发源，皆自山出，由高趣下，归注于海。日为阳精，光曜炎炽，一夜入水，所经焦竭。百川归注，足以相补，故旱不为减，浸不为益。②

这种解释，虽然是为了说明浑天说的正确，但也隐含了一种认识：每日两次海潮，是太

---

① 〔元〕脱脱等撰《宋史》卷二百九十八《列传第五十七》，中华书局，1977，第9910页。
② 〔唐〕魏徵等撰《隋书》卷十九《志第十四·天文上》，中华书局，1973，第511～512页。

阳出没大海造成的。这种认识，到了唐代，卢肇在其《海潮赋序》中做了发展，明确提出，"夫潮之生，因乎日也，其盈其虚，系乎月也"。卢肇指出，"天之行健，昼夜复焉。日傅（附）于天，右旋入海，而日随之。日之至也，水其可以附之乎？故因其灼激而退焉。退于彼，盈于此，则潮之往来，不足怪也。其小大之期，则制之于月。……日激水而潮生，月离日而潮大，斯不刊之理也"[1]。卢肇的说法，在何承天观点的基础上，进一步把海潮的大小，跟月亮联系起来了。

在燕肃之前，中国古代已经有一种说法，认为月亮是阴性的，海水也是阴性的，它们相互呼应。由此，海潮本质上是由月亮决定的。

面对这样两种不同的观点，燕肃通过长期观测，提出了自己的见解。他从自己的哲学观出发，赞同潮汐与月有密切的关系的观点："月者，太阴之精，水者阴类，故潮依之于月也。"[2] 肯定了卢肇"日激水而潮生，月离日而潮大"的观点。

至于潮与月亮的具体关系，燕肃通过观察提出，潮的生成，"随日而应月，依阴而附阳，盈于朔望，消于朏魄，虚于上、下弦，息于朓朒，故潮有大小焉"[3]。这里明确提出，潮有大小，大潮发生在每月的朔望，小潮发生在每月的上、下弦时期。显然，到此为止，燕肃关于海潮取决于月亮的认识，已经脱离了纯粹哲学信念的引导，成为实实在在的对观察现象的总结了。

大潮的发生，取决于月亮的朔望时刻，但它们并非完全同步，二者的时间间隔称为潮令或潮候。燕肃注意到了潮令的存在，并得到自己的结果："今起月朔夜半子时，潮平于地之子位四刻一十六分半。"[4] 即他得到的时间是百刻制的 4.165 刻，正好一个小时。潮令的长短，每个港口都不一样，要得到这样的数据，必须经过长期的实测。

燕肃还对怒潮的形成原因做过解说。所谓怒潮，即指钱塘江大潮那样特别大的潮。燕肃认为，引起怒潮的原因在于河床上的沙淖，其《海潮论》对之做了大段讨论：

> 或问曰：四海潮平，来皆有渐，唯浙江涛至，则亘如山岳，奋如雷霆，水岸横飞，雪崖傍射，澎腾奔激，吁可畏也。其可怒之理，可得闻乎？曰：或云夹岸有山，南曰龛，北曰赭，二山相对，谓之海门，岸狭势逼，涌而为涛耳。若言挟逼，则东溟自定海（县名，属四明郡），吞余姚、奉化二江（江以县为名，一属会稽，一隶四明），侔之浙江，尤甚狭逼，潮来不闻涛有声耳。今观浙江

---

[1] 〔唐〕卢肇：《海潮赋序》，见清俞思谦纂《海潮辑说》卷上《潮说存疑第四》。
[2] 〔宋〕燕肃：《海潮图论》，见清俞思谦纂《海潮辑说》卷上《潮说存疑第二》。
[3] 同上。
[4] 同上。

之口，起自纂风亭（地名，属会稽），北望嘉兴大山（属秀州），水阔二百余里，故海商舶船，怖于上潭（水中沙为潭，徒旱切），惟泛余姚小江易舟而浮运河，达于杭、越矣。盖以下有沙潭，南北亘乏，隔碍洪波，蹙遏潮势。夫月离震兑，他潮已生，惟浙江水未洎，月径潮巽，潮来已半，浊浪推滞，后水益来，于是溢于沙潭，猛怒顿涌，势声激射，故起而为涛耳，非江山浅逼使之然也。①

引文中的"南北亘乏"，在有的版本中"乏"为"连"，应以"南北亘连"为是。燕肃反对别人关于钱塘江夹岸有山，"二山相对，谓之海门，岸狭势逼，涌而为涛"的主张，认为造成巨浪奔腾的怒潮的真正原因在于，钱塘江入海口河床由于泥沙堆积，"隔碍洪波，蹙遏潮势"，使得潮水传播速度变慢，导致"浊浪堆滞，后水益来"，最终形成气势恢宏、奔腾澎湃的钱塘江大潮。实际上，形成钱塘江大潮的原因，沙潭的存在，确实是一个极为重要的条件。沙潭使潮谷传播速度大大低于潮峰传播速度，潮波向上游推进时，后续的潮波的峰、谷位置会与前者逐渐接近，而当两者重合时，潮水壁出如墙，形成奔腾巨潮。但是，除了沙潭的作用，漏斗形河口也是造成怒潮的一个原因。燕肃通过比较多处海口形状，发现其他地方也有漏斗形河口存在，但并未形成像钱塘江大潮那样的怒潮，从而否定漏斗形河口在钱塘江大潮形成过程中的作用，这是其理论的不足之处。但燕肃能够指出沙潭对形成钱塘江大潮所起的作用，已经是难能可贵的。

燕肃对海潮的认识，建立在他对海潮现象长期考察的基础之上。他在其《海潮论》中，记叙了自己考察潮汐现象的经历：

大中祥符九年冬，奉诏按察岭外，尝经合浦郡（廉州），沿南溪而东，过海康（雷州），历陵水（化州），涉恩平（恩州），住南海（广州），迨由龙川（惠州），抵潮阳（潮州），泊出守会稽（越州），移莅句章（明州）。是以上诸郡，皆沿海滨，朝夕观望潮汐之候者有日矣（汐音夕，潮退也），得以求之刻漏，究之消息（消息，进退），十年用心，颇有准的。②

引文中括号内文字，均为原文。由文中所叙来看，燕肃在其游宦经历中，详细考察了我国东南沿海潮汐情况。在廉州时，他观察了雷州半岛一带的海潮状况。到宁波、绍兴任职时，

---

① 〔宋〕燕肃：《海潮论》，见宋王明清《挥麈录·前录》卷之四《姚令威得会稽石碑，论海潮依附阴阳时刻》。
② 同上。

他又对东海的海潮变化做了长期观察,还研究了钱塘江潮涌的形成原因和规律,先后用了 10 年的时间,足迹遍及东南沿海,在实地观察和总结的基础上,形成了自己的潮汐理论。正因为如此,他的潮汐理论才能走在时代前面。

燕肃对自己的理论很有信心,将其刻于石碑,既做纪念,也便流传。北宋词人姚宽在其《西溪丛语》中记载了他发现燕肃石碑之事:

> 旧于会稽得一石碑,论海潮依附阴阳时刻,极有理。不知其谁氏,复恐遗失,故载之。①

姚宽对石碑上记载的海潮理论高度推崇,但不知是谁提出来的,担心时间久了该理论会遗失,于是将其全文抄录下来。姚宽的好友王明清根据文中的描述,通过考察燕肃行迹,对比文献记载,确认该文是燕肃所为,将其与姚宽的记叙一道收入自己编撰的《挥麈录》中。清代俞思谦纂《海潮辑说》,也将其收入,使我们今天得以窥见燕肃的海潮学说。

三、研制成功指南车,展示高超技术水平

在计量领域,燕肃的一个重要贡献是对指南车和记里鼓车的再研制。记里鼓车结构相对简单,这里我们略去不提,集中讨论指南车。

指南车在古代礼仪制度中具有重要地位。指南车的最初发明时间,现在尚难以确定,古人一般把指南车的发明假托为远古的黄帝,说是黄帝和蚩尤在涿鹿之野大战时,蚩尤兴起大雾,使黄帝的军士迷失方向,于是黄帝发明了指南车,士兵们在指南车的指引下,顺利走出迷雾。到了西周成王时期,越裳氏经过多位翻译的转译,向成王进献宝物,使者担心迷失道路,于是周公造了指南车为其指引方向。这是传说中发明指南车的两个重要事例。但这两个传说,学界认为均为假托,指南车的发明时间,比上述传说时代晚得多。

在周公之后,另一个传说是东汉张衡发明了指南车,但张衡发明指南车的说法缺乏可信的文献支持。该说法的更大的可能性,是人们借助于张衡在科技上的巨大的名声来为指南车张目。真正在文献上有可靠记载的,是三国时魏明帝青龙三年(235 年)马钧发明指南车。该车是一个独辕双轮车,装有齿轮传动系统,车上装有 1 个木人指示方向。行进时无论车子

---

① 〔宋〕姚宽撰《西溪丛语》卷上,《四库全书》本。

怎样转弯，木人总是面向南，手臂平举，指向前方。马钧之后，南北朝时南朝祖冲之也成功地造出了指南车，北朝魏太武帝命郭善明造指南车，又命扶风马岳造指南车，郭善明自己造不成，又嫉妒马岳，在其即将成功时将其下毒药死，最终北朝并没有造出指南车来。唐代金公立也造了指南车，之后，从五代一直到燕肃之前，再没有人制造出指南车了。

鉴于指南车具有能够恒定指南的特点，它问世之后，即被纳入帝王出行的仪仗行列，受到高度重视。唐代时，指南车出动，"四马，有正道匠一人，驾士十四人"[①]。北宋时期，帝王出行时，指南车仍然用四匹马拉，随扈卫士增加到 18 名。到了太宗雍熙四年（987 年），随扈卫士更增加到 30 人。正是看到了北宋王朝对指南车的高度重视，而当时的指南车技术又不够过关，燕肃开始了其对指南车的研制，并于仁宗天圣五年（1027 年）制造成功。《宋史》对燕肃指南车结构有详细记载：

> 其法：用独辕车，车箱外笼上有重构，立木仙人于上，引臂南指。用大小轮九，合齿一百二十。足轮二，高六尺，围一丈八尺。附足立子轮二，径二尺四寸，围七尺二寸，出齿各二十四，齿间相去三寸。辕端横木下立小轮二，其径三寸，铁轴贯之。左小平轮一，其径一尺二寸，出齿十二；右小平轮一，其径一尺二寸，出齿十二。中心大平轮一，其径四尺八寸，围一丈四尺四寸，出齿四十八，齿间相去三寸。中立贯心轴一，高八尺，径三寸。上刻木为仙人，其车行，木人指南。若折而东，推辕右旋，附右足子轮顺转十二齿，击右小平轮一匝，触中心大平轮左旋四分之一，转十二齿，车东行，木人交而南指。若折而西，推辕左旋，附左足子轮随轮顺转十二齿，击左小平轮一匝，触中心大平轮右转四分之一，转十二齿，车正西行，木人交而南指。若欲北行，或东，或西，转亦如之。
>
> 诏以其法下有司制之。[②]

这是中国历史上首次对指南车内部结构所做的详细记载。从该记载来看，朝廷认可了燕肃制作的指南车，并要求有关部门按照燕肃的方法进行制作。那么，燕肃指南车究竟有什么样的内部构造，其遵循的原理究竟是什么？透过上述记载，我们可以对上述问题做一简略回答。

燕肃式指南车（图 20-2）的基本构造是：由两个足轮（车轮）、两个小轮（滑车）、5

---

① 〔宋〕欧阳修、宋祁撰《新唐书》卷二十三上《志第十三上·仪卫上》，中华书局，1975，第 491 页。
② 〔元〕脱脱等撰《宋史》卷一百四十九《志第一百二·舆服一》，中华书局，1977，第 3491~3492 页。

图 20-2
燕肃式指南车模型

个大小齿轮组合成齿轮系和离合传动机构。指南车出动时,需预先摆正车身,使木人指向南方。当车身转动时,假定其向右转,则必然带动前辕移向右方,而后辕则必移向左方。后辕端系有绳索,通过后辕上横木下的小立轮滑车,将左小平轮下放,同时将右小平轮上提,左小平轮即与左附足立子轮、大平轮啮合,起到离合作用。由于内部各齿轮齿数巧妙的设计,可以使得在车身转向时,木人随之逆转,恰巧与车身转向抵消,维持木人指向不变。

燕肃式指南车有其自身遵循的原理。该车在转向时,设计的转向模式是以一个车轮为圆心,两车轮之间的距离为半径,另一车轮转动,故其设计时必须遵循的原则是:两车轮之间的距离应与车轮直径相等(均为 6 尺)。遵循该原则设计出来的指南车,在规定的转动模式下,能够满足车虽转而木人指向不变的要求。

实际上,燕肃式指南车是以两轮之间的"差动"来工作的,它的设计建立在两轮与地面做纯滚动的这种理想模式的基础之上,但在实际中,地面的不平会使车产生颠簸,导致车轮出现打滑或空转，这就会产生误差。无论如何，燕肃研制成功的指南车，代表了当时最高水平，对机械工程的发展起了积极推动作用。

四、创制新漏刻，改进时间计量

燕肃在计量领域的另一重要贡献是创制了新型漏刻，使中国古代时间计量登上了新的台阶。

漏刻是中国古代一种计时设备，是与天文观测有直接关系的重要计时仪器，早在战国时期就已经被使用了。战国到西汉时期的漏刻，是一种沉箭式单壶漏。这种漏壶，壶内有一个浮子，浮子上插有一时箭，箭上有时刻标志，壶体接近底部的地方有一个泄水孔。在使用的时候，壶里灌满水，水从底部泄水孔流出，随着水的流逝，时箭慢慢下沉，显示出时间流逝。

沉箭式单壶漏在计时方面的最大问题在于，壶水的流逝速度不均匀。在壶中水位较高时，水流的速度比较大，水少的时候，流逝速度比较慢。用这样的壶计时，结果显然是不准确的。到了东汉，张衡对这种沉箭式单壶漏做了改进，发明了浮箭式二级漏壶。他将显示时刻标志的时箭移到承接漏壶流水的受水壶中，同时在传统漏壶上方增加了一级供水壶，使直接向受水壶供水的漏壶中的水能够得到及时补充，这就减少了漏壶中水位的变化。这样，流入受水壶的水的流速比过去均匀多了，计时准确度也比单级漏提升了许多。

为了进一步提升漏壶向受水壶供水的稳定性，晋代在张衡二级漏基础上发展出了三级漏。到了唐代，吕才则进一步将其发展成四级漏。这种多级漏壶，上下相承，最上一级漏壶中的水注入下一漏壶，逐次下流，最后注入浮有漏箭的受水壶中。这种逐级补充水量的方法，可以使最下一个出入壶的水位得到相当程度的补偿而比较稳定，这样最后注入受水壶的水的流速也就比较稳定，从而提高了计时精确度。

从原理上说，多级漏壶的级数愈多，其计时精确度就会愈高，但考虑到使用的方便等问题，漏壶的级数不能无限增加，人们无法通过不断增加漏壶级数来解决出水壶流速稳定这个根本问题。

燕肃发明了莲花漏，从根本上解决了该问题。对燕肃发明莲花漏一事，史书多有所记载：

> 天圣八年，燕肃上莲花漏法。其制琢石为四分之壶，刻木为四分之箭，以测十二辰二十四气，四隅十干。泊百刻分布昼夜，成四十八箭。其箭一气一易。二十四气各有昼夜，故四十八箭。又为水匮，置铜渴乌，引水下注铜荷中

插石壶旁，铜荷承水自荷茄中溜泄入壶，壶上当中为金莲花覆之，花心有窍，容箭下插，箭首与莲心平。渴乌漏下水入壶一分，浮箭上涌一分，至于登刻盈时皆如之。①

这段引文记载了燕肃发明莲花漏之事，对其关键技术细节，未能涉及。而宋代的《六经图》在提及燕肃莲花漏（图20-3）时，另有这样一段文字：

减水盎、竹注筒、铜节水小筒三物，设在下匦之旁，以平水势。②

这里的"以平水势"，是燕肃莲花漏的关键。综合多处文献来源，对燕肃发明的莲花漏是如何"平水势"的，可以有一个大致的了解。

莲花漏名称的由来，是由于最下一个置刻箭的受水壶壶口状如莲花而得名。莲花漏本身是二级漏，最上一级漏壶叫上匦，上匦中的水通过一个虹吸管注入下匦。下匦侧壁的上部开有一溢流孔，下匦下部有一出水口，通过该出水口向受水壶供水。上匦注入下匦的出水口孔径大于下匦注入受水壶的出水口孔径。这样，当上、下匦都注满水，开始工作后，由于上匦出水口大，流入下匦的水量大于从下匦流到受水壶的水量，下匦中多余的水则从溢流孔，经铜节水小筒泄到一个被称为减水盎的容器中。这样，下匦的水位就能保持在溢流孔下边缘稳定不变。这是莲花漏"平水势"的关键。下匦中的水位恒定，流入受水壶中的出水速度也就恒定，从而能够有效地提高漏刻的精确度。燕肃莲花漏的发明，摒弃了重复叠置、使用不便的多级漏壶结构，是我国漏刻发展史上的革命性飞跃。

莲花漏的采用，经历了一波三折。燕肃于天圣八年（1030年）向朝廷呈上其莲花漏法，朝廷下令对之进行检验，检验结果与当时所用的《崇天历》不合，未能得到采用。景祐元年（1034年），燕肃与杨惟德联合进行试验，效果良好。但遭到丁度等的反对，认为难以久行。燕肃不肯放弃，再经多次试验，并跟秤漏比较，证明了其优越性，到了景祐三年（1036年），燕肃的莲花漏终于被采用，这时距离他发明莲花漏已经过去了6年。

燕肃每到一个地方，都把他的莲花漏制作方法刻在石碑上，以广传播。他的莲花漏经历了实践检验，获得世人认可，"州郡用之以候昏晓，世推其精密"③。北宋名臣、文学家夏

---

① 《燕肃上莲花漏》，载《历法大典》第九十八卷《漏刻部汇考一》，上海文艺出版社，1993年影印本。
② 〔宋〕杨申撰《六经图》卷三，《四库全书》本。
③ 〔元〕脱脱等撰《宋史》卷二百九十八《列传第五十七》，中华书局，1977，第9910页。

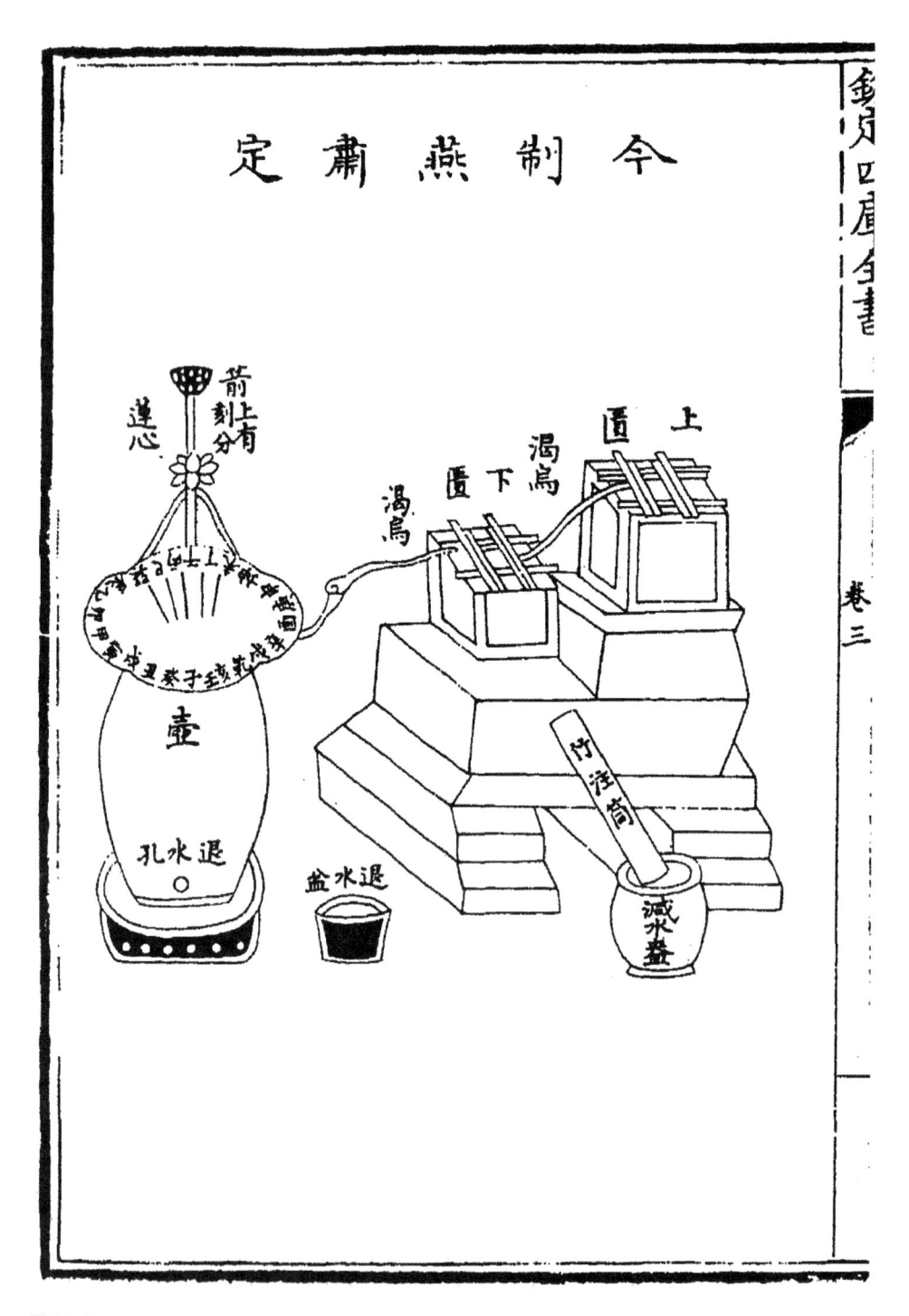

图 20-3
《六经图》所载燕肃（莲花）漏刻图

竦（985—1051）曾为燕肃的莲花漏作铭，称赞莲花漏"秒忽无差"[①]。大文豪苏轼作的《徐州莲花漏铭并序》也说："故龙图阁直学士礼部侍郎燕公肃，以创物之智闻于天下。作莲花漏，世服其精。凡公所临，必为之。今州郡往往而在。虽有巧者，莫敢损益。"[②]

燕肃的莲花漏，多部古籍有其绘图，图20-3即为其中之一。该图虽然不够准确，但也体现了人们对他发明莲花漏事迹的认可。

第三节　沈括对传统计量的贡献

沈括，字存中，号梦溪丈人，杭州钱塘（今浙江省杭州市）人。北宋时期科学家、政治家。沈括祖父沈曾庆曾任大理寺丞，父亲沈周、伯父沈同均为进士。沈括出身于这样的家庭，年幼时随父宦游，1051年入仕，1063年中进士，宋神宗时参加王安石变法，1072年提举司天监，1075年出使辽国，据其掌握的地理知识驳回辽国的争地要求。1080年，任知延州兼鄜延路经略安抚使，参预对西夏的防御。1082年，因徐禧失陷永乐城，连累坐贬。晚年隐居润州（今江苏镇江东），建梦溪园自居，于1095年卒于润州，年65，归葬钱塘。

沈括是北宋时期的杰出科学家。李约瑟博士曾把沈括的《梦溪笔谈》誉为中国科学史的坐标，认为沈括的工作代表了当时中国科学的最高水平。1962年，中国国家邮政局发行的中国古代科学家纪念邮票，就包括了沈括的纪念邮票（图20-4）。在沈括的诸多科学工作中，他对计量的贡献引人注目，而这一点，常为当代学者所忽略。我们拾遗补阙，就沈括对中国传统计量所作的贡献加以探讨。

一、追根溯源，考辨尺度权量

度量衡是传统计量的主体，中国历朝历代，没有不重视度量衡的。历代王朝在创立之时，都要制定自己的度量衡制度，颁行天下。北宋亦然。据《宋史·律历一》记载，宋太祖赵匡胤甫一即位，即"诏有司精考古式，作为嘉量，以颁天下"。太宗即位后，又于淳化三年再次下诏强调度量衡的重要性，要求考订度量衡制度，作为法规颁布天下。这些事例表明，北宋的统治者对于度量衡的统一问题，是比较重视的。

---

① 〔宋〕夏竦：《颍州莲花漏铭》，载《历法大典》卷九十九《漏刻部汇考二》，上海文艺出版社，1993年影印本。
② 〔宋〕苏轼：《东坡全集》卷十九。

图 20-4
国家邮政局 1962 年发行的中国古代科学家沈括纪念邮票

北宋度量衡制度的制定，并非全依旧制，而是兼隋唐旧制而有增损，在某些地方甚至还有较大变革。这些因素的存在，使得学者们在谈论度量衡制度时，不得不细致考察其实际量值与前代尤其是秦汉时期度量衡单位的关系以准确把握其所蕴含的数量关系。沈括即是如此。沈括曾受皇帝指令考订乐律，改造浑仪。在此过程中，他出于工作的需要，对秦汉与北宋时期度量衡单位作了考察。在《梦溪笔谈》中，沈括指出：

> 余考乐律及受诏改铸浑仪，求秦汉以前度量斗升，计六斗当今一斗七升九合；秤三斤当今十三两（一斤当今四两三分两之一，一两当今六铢半）。为升中方；古尺二寸五分十分分之三，今尺一寸八分百分分之四十五强。[①]

我们如果把沈括所说的秦汉度量衡统一用汉尺、汉斗、汉斤表示，则按照他的考订，可得如下之关系：

$$1 汉尺 = 0.729 宋尺$$
$$1 汉斗 = 0.298 宋斗$$
$$1 汉斤 = 0.271 宋斤$$

---

① 〔宋〕沈括：《梦溪笔谈》卷三《辨证一》，岳麓书社，2002，第 20 页。

汉代的度量衡制度，我们已经知道得比较清楚了，因此可以根据沈括的考订，求得北宋度量衡单位的实际大小。当然，要了解北宋的度量衡单位，需要综合各种历史信息做全面考证，不能仅靠沈括的记载。但无论如何，沈括对宋代的度量衡单位是作过认真考订的，他的考订为我们研究古代度量衡单位提供了宝贵史料。

沈括还从衡制变化的角度出发，对当时士卒所用的弓的弹力测试作了分析。同样是在《梦溪笔谈》中，沈括指出：

> 钧石之石，五权之名，石重百二十斤。后人以一斛为一石，自汉已如此，"饮酒一石不乱"是也。挽蹶弓弩，古人以钧石率之。今人乃以粳米一斛之重为一石。凡石者，以九十二斤半为法，乃汉秤三百四十一斤也。今之武卒蹶弩有及九石者，计其力乃古之二十五石，比魏之武卒，人当二人有余。弓有挽三石者，乃古之三十四钧，比颜高之弓，人当五人有余。此皆近岁教养所成。以至击刺驰射，皆尽夷夏之术；器仗铠胄，极今古之工巧。武备之盛，前世未有其比。①

"石"既是重量单位，也是容量单位。因为"石"是重量单位，所以它可以用来测试士卒的臂力。沈括通过比较汉代与北宋"石"的单位的变化，肯定了宋代训练士兵的效果。引文中提到的颜高，是春秋时期鲁国人，以勇武著称，能张六钧之弓，但宋代士卒中的佼佼者能挽三石强弓，其强度相当于颜高之弓的6倍多。"魏之武卒"是指战国时魏国的精锐部队，以战斗力强悍驰名，《荀子·议兵》曾提到"魏之武卒以度取之，衣三属之甲，操十二石之弩，负矢五十个，置戈其上，冠胄带剑，赢三日之粮，日中而趋百里"。能操十二石之弩，是其战力强悍的标志之一，而宋代士卒中训练有素者所操之弩，强度则相当于"魏之武卒"所用弩的2倍。沈括通过考订度量衡的演变，定量地说明了北宋训练士兵的效果，他的说明是有说服力的。

二、创历改漏，推进时间计量

沈括对传统计量的贡献更多地表现在时空计量方面，其中对时间计量的贡献突出表现在对传统历法的大胆革新和对计时仪器的大力改进上。

---

① 〔宋〕沈括：《梦溪笔谈》卷三《辨证一》，岳麓书社，2002，第13页。

中国传统历法是阴阳合历，这种历法以二十四节气的形式表现太阳的回归运动，以历日与月相相对应的方式表现月亮的周期运动。在这种历法中，节气与月份的关系是不固定的，但农业生产活动必须由节气来安排，这就带来了极大的不方便。为了缓解这种不便，人们采用置闰的方式，通过添加闰月来使节气与月份大致对应起来，这又造成了历法本身的烦琐。

对传统历法的缺陷，沈括有清醒的认识，他在《梦溪笔谈·补笔谈》中指出，在传统历法中，"气、朔交争，岁年错乱，四时失位，算数繁猥"，而且"又生闰月之赘疣"。为解决这一问题，他提出：

> 今为术莫若用十二气为一年，更不用十二月。直以立春之日为孟春之一日，惊蛰为仲春之一日，大尽三十一日，小尽三十日，岁岁齐尽，永无闰余。十二月常一大一小相间，纵有两小相并，一岁不过一次。如此，则四时之气常正，岁政不相凌夺。日月五星，亦自从之，不须改旧法。唯月之盈亏，事虽有系之者，如海、胎育之类，不预岁时，寒暑之节，寓之历间可也。……如此历日，岂不简易端平，上符天运，无补缀之劳？①

这就是著名的沈括"十二气历"，是一种纯阳历制度。这种历法以二十四节气中的十二节气为每个月的开始，比如以立春为孟春（正月）初一，以惊蛰为仲春（二月）初一等。在这种历法中，节气与月份严格对应，大月31日，小月30日，大小月相间，即使出现两个小月相连的局面，一年也不会超过一次。涉及月亮的盈亏朔望，则通过在历书上加注的方式解决。这样一来，历法跟天运吻合，简易整齐，使用方便。

沈括提出的纯阳历设想，在此前的中国历史上从未出现过，堪称历法史上的一次革命。他的设想太超前了，因此很难被时人接受，沈括对此心知肚明，他评价自己的设想说：

> 予先验天百刻有余有不足，人已疑其说；又谓十二次斗建当随岁差迁徙，人愈骇之。今此历论，尤当取怪怒攻骂，然异时必有用予之说者。②

他的这一评价是客观的，也符合历史实际。800年后，英国气象局的确采用过一种萧伯纳历，该历的实质与沈括的"十二气历"是相通的。

---

① 〔宋〕沈括：《梦溪笔谈·补笔谈》卷二《象数》，岳麓书社，2002，第223页。
② 同上。

在对计时仪器的改进上，沈括的贡献集中在两个方面，一是对传统圭表测影的改进，一是对漏刻的改进。

沈括对圭表测影作过深入探究，并写有专门文章。该文以《景表议》为名被收入《宋史》中，成为后人了解沈括对圭表测影所作革新的直接史料依据。在《景表议》中，沈括提出了他设想的圭表测影技术：

> 既得四方，则惟设一表，方首，表下为石席，以水平之，植表于席之南端。席广三尺，长如九服冬至之景，自表趺刻以为分，分积为寸，寸积为尺。为密室以栖表，当极为霤，以下午景使当表端。副表并趺崇四寸，趺博二寸，厚五分，方首，剡其南，以铜为之。凡景表景薄不可辨，即以小表副之，则景墨而易度。[①]

这是说，在东西南北四个方向确定后，就可以设表测影了。沈括要求把表置于暗室，暗室顶部沿南北方向开一狭缝，使日光可以透过狭缝，照射到表首，这样就可以避免杂光的干扰，使影子变得清晰，有利于提高测影精确度。他还创造性地增设了副表，主副表测影示意图如图 20-5 所示。

我们知道，从地球上看过去，太阳有个圆面，这样，从太阳上边缘发出的光线对表首的投影落得近，下边缘发出的光线对表首的投影落得远，由此造成了表端影子由浓到淡的过渡，导致影子边缘的模糊。物理学上把由此造成的影子由浓到淡的变化区域称为半影区，其余部分称为本影区。半影区的存在，使得由太阳中心发出的光线对表首投影落在圭面上的具体位置难以辨认，从而导致测量中的误差。沈括发明的主副表制，就是为了解决这一问题。

从操作的角度来说，副表连同其基座高才 4 寸，因此它本身的半影误差很小，使用副表，可以有效地改善对主表的测影结果。正因为这样，沈括才深有体会地说，"凡景表景薄不可辨，即以小表副之，则景墨而易度"。

沈括对时间计量的另一贡献是对漏刻技术的改进。沈括对漏刻作过长时间的深入研究，他在《梦溪笔谈》中说：

> 古今言刻漏者数十家，悉皆疏谬。历家言晷漏者，自《颛帝历》至今见于世谓之"大历"者，凡二十五家。其步漏之术皆未合天度。于占天候景，以至

---

① 〔元〕脱脱等撰《宋史》卷四十八《志第一·天文一》，中华书局，1977，第 965 页。

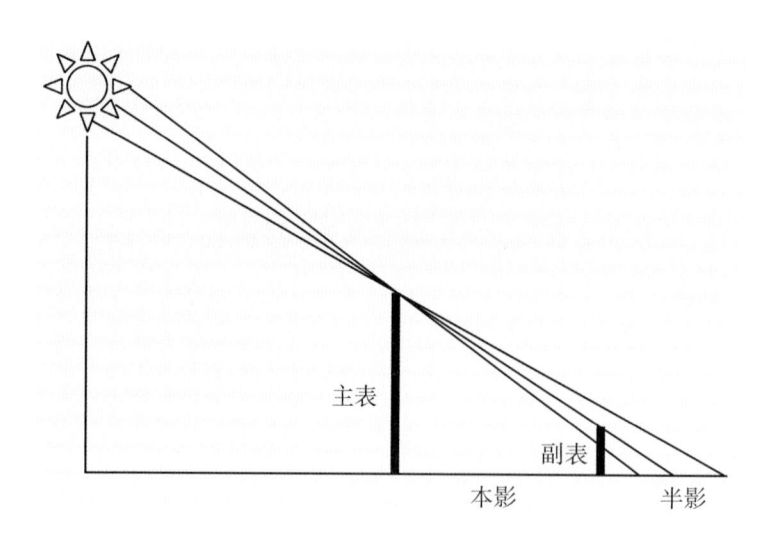

图 20-5
沈括主副表测影示意图

验于仪象,考数下漏,凡十余年,方粗见真数,成书四卷,谓之《熙宁晷漏》,皆非袭蹈前人之迹。①

《熙宁晷漏》一书已经失传,但沈括上奏朝廷的《浮漏议》一文,则被收入《宋史·天文一》中,存留至今,使得我们能够窥见他制作的浮漏的真谛。

沈括的浮漏由求壶、复壶、建壶、废壶四部分组成,如图 20-6 所示。复壶又分成"元"和"介"两部分,两部分之间由一个被称为"达"的小孔连接。"元"和"介"上方各有一个溢流口,称为"枝渠"。求壶的水流入复壶"元"部,经"达"流至"介"部,经"介"部上方的出水口"玉权"流至建壶。建壶里面放有显示时间的"箭",随着建壶水位不断升高,"箭"升出壶口的部分越来越多,其所经历的时间也就被显示了出来。求壶的流量大于"玉权"的出水量,复壶中多余的水由两个"枝渠"排出,流入废壶。"枝渠"的存在,使得复壶的水位保持稳定,从而使计时准确度得到保证。

沈括的漏刻研究有两个特点,一是对传统漏刻结构的改进,一是对技术细节的探讨。正是由于长期的精心研究,他的漏刻达到了很高的计时准确度。沈括运用他的漏刻,做出了一些重要的科学发现,例如他发现了真太阳日有长有短,并不都是一日百刻的现象。他在其《梦溪笔谈》中指出:

---

① 〔宋〕沈括:《梦溪笔谈》卷七《象数一》,岳麓书社,2002,第51页。

（a）甲漏刻示意图　　　　　　　　　（b）乙复壶示意图

图 20-6

1. 求壶；2. 复壶；3. 废壶；4. 建壶；5. 元（甲壶）；6. 介（乙壶）；7. 达（小孔）；
8. 枝渠；9. 玉权（流出水嘴）；10. 箭；11. 镣匏；12. 刻度；13. 执窒（堵出水塞）

沈括浮漏结构示意图

> 下漏家常患冬月水涩，夏月水利，以为水性如此，又疑冰澌所壅，万方理之，终不应法。余以理求之，冬至日行速，天运已期，而日已过表，故百刻而有余；夏至日行迟，天运未期而日已至表，故不及百刻。既得此数，然后复求晷景漏刻，莫不泯合。此古人之所未知也。①

他能得到这一发现，殊为不易，这一方面是由于真太阳日与平太阳日的最大差值只有 30 秒，要依靠漏刻发现这一现象，至为困难，它要求漏刻的计时准确度要达到相当高的程度；另一方面，传统上人们是通过观测日行来调整漏刻的，沈括敢于以漏刻显示的时间为标准，提出日行不均匀的见解，这不但表现出他对自己漏刻计时准确度的自信，也表现出他在思想观念上的创新精神。沈括关于真太阳日有长有短这一现象的发现，远远超越了当时的科学水平，是中国古代计量的一个跨越世界时代水平的重要成果。

---

① 〔宋〕沈括：《梦溪笔谈》卷七《象数一》，岳麓书社，2002，第51页。

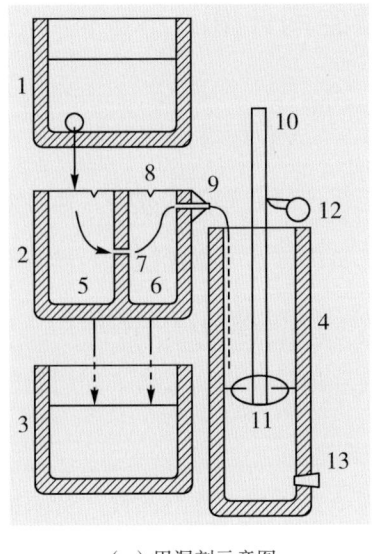

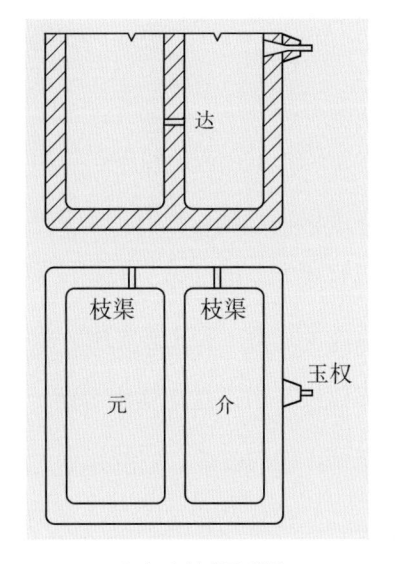

三、去繁就简，改善空间计量

沈括对古代计量的另一贡献是他对传统测天仪器——浑仪的结构的改善。

沈括对浑仪作过精心研究，《梦溪笔谈》多处记载他研究浑仪的成果，他还把自己研究浑仪的心得写成专门的文章，起名《浑仪议》，与《景表议》《浮漏议》一道上奏朝廷。沈括三议被收入《宋史·天文志》中，成为反映他的计量思想的重要历史文献。

在《浑仪议》中，沈括详细考察了历代浑仪制度和设计思想，分析了其利弊所在，并提出了改进意见。他的改革，归纳起来大致包括以下几项：

1. 调整某些规环的位置。过去的浑仪上某些规环位置不当，如旧浑仪"黄赤道平设，正当天度，掩蔽人目，不可占察。其后乃别加钻孔，尤为拙谬"。对此，沈括的解决方案是："今当侧置少偏，使天度出北际之外，自不凌蔽。"再如，地平环的位置过去也不合理，"地纮正络天经之半，凡候三辰出入，则地际正为地纮所伏。今当徙纮稍下，使地际与纮之上际相直。候三辰伏见，专以纮际为率，自当默与天合"。即要把地平环的位置稍向下移，使其上边沿与浑仪中心持平，这样才能"默与天合"。

2. 精简某些没有实际用途的规环。过去的浑仪上某些规环实用价值不大，形同累赘，还阻挡视野，例如白道环即是如此。浑仪上设白道环，本意是要反映月亮的运动，但月亮的运动极其复杂，白道环难以表现出其实际运动状态。沈括指出，白道环"既不能环绕黄道，又退交之渐当每日差池，今必候月终而顿移，亦终不能符会天度，当省去月环"。月环即白道环。沈括的做法具有深刻意义。中国古代的浑仪制作，经历了一个由简到繁，又由繁到简的变化过程。最初的浑仪结构并不复杂，所设环圈不多，后来随着要观测事项的增加，浑仪上的环圈数也随之一增再增，到了唐宋时期，已达到登峰造极程度。环圈的增加，使浑仪的组装变得困难，组装后的中心差增加，导致测量误差增大。同时，环圈越多，对天区的遮蔽越厉害，导致某些天区无法观测。沈括之举，开简化浑仪之先河，扭转了浑仪发展方向，最终导致了元代郭守敬简仪的出现。

3. 改变某些部件的结构。沈括认为，传统浑仪的某些部件设计不合理，应予改变。例如，浑仪上窥管的口径被定为一度半，其意图是为了使观测者透过窥管能看到太阳、月亮的全貌，但窥管的下端口径也这么大，就有问题了，因为下端口径大了，在观测时人的视线很难集中在窥管的轴线上，"若人目迫下端之东以窥上端之西，则差几三度"。所以，应当将下口缩小。沈括运用数学原理，"以勾股法求之，下径三分，上径一度有半，则两窍相覆，大小略等。人目不摇，则所察自正"。沈括的做法，可以确保观测者的视线与窥管轴线重合，从而有效地减少观测误差。他的改进使人们意识到浑仪观测中瞄准的重要性,并成为元代郭守敬开创十字叉丝瞄准法之先河。

4. 减轻某些部件的重量,提高浑仪运转的灵活性。按沈括的说法,"旧法重玑皆广四寸,厚四分,其他规轴,椎重朴拙,不可旋运。今小损其制,使之轻利"。

沈括对传统浑仪的改进还有一些,如仪器极轴的校正,环圈上用于辅助读数的银丁的镶嵌位置的更改,时刻制度所应刻列之环圈的更换,等等。所有这些,表明他不但精通天文学理论,而且有丰富的观测实践,熟悉浑仪观测细节,因此他的改进才能既高屋建瓴,又有的放矢,具有很强的针对性。

沈括的改进得到了人们的认可。据《宋史·律历志》记载,熙宁七年(1074年)六月,"司天监呈新制浑仪、浮漏于迎阳门,帝召辅臣观之,数问同提举官沈括。具对所以改更之理。……诏置于翰林天文院。七月,以括为右正言,司天秋官正皇甫愈等赏有差。初,括上《浑仪》《浮漏》《景表》三议,见《天文志》。朝廷用其说,令改造法物、历书。至是,浑仪、浮漏成,故赏之"。这一记载表明按照沈括的建议铸造的新浑仪经历了严格的检验,其功效得到了朝廷的认可,沈括也因此得到了奖赏。

四、细推原理,阐释误差理论

沈括不仅从技术的角度对传统计量仪器进行改进,还仔细分析测量中误差大小的决定因素,从理论上提高计量水平。他对误差理论的阐释主要体现在其《浑仪议》一文。在《浑仪议》中,沈括记载了当时人们对浑仪测天产生误差的原因的一些分析,其中有一种观点提到,"纮平设以象地体,今浑仪置于崇台之上,下瞰日月之所出,则纮不与地际相当",认为这是产生误差的重要原因。这里的"纮"指的是浑仪上的地平环。这种观点认为,地平环是象征地平的,而浑仪却安放在高台之上,这样在观测日月出没时地平环和地平线不一致,就导致了误差的产生。针对这种认识,沈括提出:

> 此说虽粗有理,然天地之广大,不为一台之高下有所推迁。盖浑仪考天地之体,有实数,有准数。所谓实者,此数即彼数也,此移赤彼亦移赤之谓也。所谓准者,以此准彼,此之一分,则准彼之几千里之谓也。今台之高下乃所谓实数,一台之高不过数丈,彼之所差者亦不过此,天地之大岂数丈足累其高下?若衡之低昂,则所谓准数者也。衡移一分,则彼不知其数几千里,则衡之低昂

当审，而台之高下非所当恤也。①

文中的"此移赤彼亦移赤"之语，颇为费解，按中国科技大学李志超教授的理解，这里的"赤"，是"十分"二字之误。古人抄书，是竖排"十分"二字连写，易被误认为"赤"。

沈括这段话值得肯定处有二：一是它具体说明了台子的高低对测天结果的影响可以忽略不计，解除了人们的担忧；二是提出了所谓"实数""准数"的概念，推进了古代误差理论的发展。

所谓"实数"，指被测物体的实际数据，如台之高下，日之高远；所谓"准数"，则指相对数据。"准"字本来有折抵之意，唐代韩愈《昌黎集》卷四《赠崔立之评事》诗即有"墙根菊花好沽酒，钱帛纵空衣可准"之语，可为例证。沈括在此即取其"折抵"之意而用之，可译作"相当于"。古人用浑仪测天的本意是要测出天球表面的弧长，但天球的直径是无法测出的，于是他们把天球一周分为365.25°，把浑仪的环圈也分成365.25°，这两个度是对应的，使用时，只要测出用这个度表示的相应两个天体之间的距离即可，而这个度数也就是用窥管相继瞄准这两个天体时在浑仪环圈读出的度数。所以沈括指出，浑仪环圈上的一度，相当于天球弧长的几千里，浑仪读数的微小变化，会造成其代表的天球弧长数据的巨大误差。因此，在读取环圈上的度数时，务必要十分谨慎，因为它对于提高测量的准确度，起着决定性的作用。至于浑仪所在观测台的高度超越了地平线，倒不是个问题，因为这一高度跟"天地之广大"相比，是可以忽略不计的。

沈括的一席话，对中国古代误差理论的发展至关重要。在现代计量学上，测量的准确度取决于相对误差的大小，而相对误差等于绝对误差和测量值之比。亦即相对误差反映了一种测量的相对值的观念。沈括的"实数""准数"，反映的无疑也是测量的绝对值和相对值的思想。虽然中国古代很早就有"失之毫厘，差之千里"之语，但像沈括这样，将其升华为专门的概念，并将其用于对测量问题的解释，在中国历史上，还是第一次。

沈括之所以被科学史界誉为中国科技史上的第一人，是由于他对中国古代传统科学技术作出了旁人难以企及的贡献，这中间也包含着他对传统计量的贡献，对此，我们应该有所了解。

---

① 〔元〕脱脱等撰《宋史》卷四十八《志第一·天文一》，中华书局，1977，第957页。

第四节　郭守敬的计量成就

在中国计量史上，有一位古代科学家不能不提，那就是元代著名学者郭守敬。

郭守敬，字若思，顺德邢台（今河北邢台）人，生于元太宗三年（1231年），卒于元仁宗延祐二年（1315年），是元代著名天文学家、数学家、水利学家和仪器制造专家。他所做的工作，从多方面丰富了古代计量，他对大量天文仪器的发明、他的测量实践、他对传统历法的改进等，更是为计量史留下了浓墨重彩的一页。

一、发明简仪，改进天文仪器

在传统计量中，天文计量占据了相当大的比重。天文计量的关键在于天文仪器，而在天文仪器的发明和改进方面，在中国历史上，郭守敬可谓是第一人。

郭守敬自幼从其祖父郭荣学习天文、数学，在天文方面家学渊源。他于中统三年（1262年）被推荐给忽必烈，提出修浚华北六项水利工程的建议，得到忽必烈赏识，从此开始了他的治水生涯。至元十三年（1276年），元世祖下诏设立太史局（后改为太史院），他被调此任职，由此又开始了在天文学领域的探索。

古代天文工作的重要目的是改进历法，而要改进历法，提高观测精度首当其冲。要提高观测精度，就必须改进天文仪器。郭守敬的工作也就是由此着手的。《元史》记载了他对此的认识：

> 历之本在于测验，而测验之器莫先仪表。[1]

正是在这一思想指导下，郭守敬根据当时天文仪器实际情况及观测需要，改进和发明了一系列天文仪器。《元史》总结了他对天文仪器的改进及发明：

> 今司天浑仪，宋皇祐中汴京所造，不与此处天度相符，比量南北二极，约差四度；表石年深，亦复欹侧。守敬乃尽考其失而移置之。既又别图高爽地，

---

[1] 〔明〕宋濂等撰《元史》卷一百六十四《列传第五十一》，中华书局，1976，第3847页。

> 以木为重棚，创作简仪、高表，用相比覆。又以为天枢附极而动，昔人尝展管望之，未得其的，作候极仪。极辰既位，天体斯正，作浑天象。象虽形似，莫适所用，作玲珑仪。以表之矩方，测天之正圆，莫若以圆求圆，作仰仪。古有经纬，结而不动，守敬易之，作立运仪。日有中道，月有九行，守敬一之，作证理仪。表高景虚，罔象非真，作景符。月虽有明，察景则难，作窥几。历法之验，在于交会，作日月食仪。天有赤道，轮以当之，两极低昂，标以指之，作星晷定时仪。又作正方案、九（丸）表、悬正仪、座正仪，为四方行测者所用。又作《仰规覆矩图》《异方浑盖图》《日出入永短图》，与上诸仪互相参考。①

根据这段话的总结，郭守敬发明和制作的天文仪器大致有：简仪、高表、候极仪、浑天象、玲珑仪、仰仪、立运仪、证理仪、景符、窥几、日月食仪、星晷定时仪、正方案、九（丸）表、悬正仪、座正仪等。他所改进和发明的天文仪器之多，在中国天文学史上罕有可与之相比者。

这些仪器中，简仪是一个前所未有的重要发明。简仪是用来测定天体空间方位的。简仪的前身是古代的浑仪。浑仪是古代浑天说的产物。我国汉代诞生过一场宇宙结构理论的浑盖之争，争论的双方一派认为天是一个盖子，天在上，地在下，这一派的主张叫盖天说；另一派认为天是一个圆球，天在外，地在内，天包着地，这一派的主张叫浑天说。浑仪就是浑天学派用于测天的产物。浑仪由多重环组组成，这些环组有的代表地平线和子午线，有的代表赤道和黄道等。仪器中心有轴，指向天球北极。最里面的一道双环叫四游环，能绕南北极轴旋转，双环中间夹着一跟窥管，窥管能在双环环缝中转动。这样，如果东西向转动四游环，同时南北向转动窥管，就可以从窥管中瞄准天球上任何一点。四游环和别的环圈上都刻有刻度，这样就可以使用浑仪把天体的空间方位定量地测量出来。

浑仪一开始结构比较简单，只有一些最基本的环圈。后来随着功能的增加，结构也逐渐复杂起来，环圈也越来越多，到唐代的时候发展到了顶峰。环圈的增加，虽然使得浑仪的功能增加了，同时也带来了不便，大量的环圈会遮挡星空，从而影响到对天体的观测。故此从唐代以后，浑仪的发展出现了由繁趋简的趋势，北宋的沈括就曾经把浑仪上用途不大的白道环去掉，以改善窥管的观测视野。

郭守敬的简仪（图 20-7）是对传统浑仪的彻底改革。他对浑仪上的每一个环圈的作用都做了细致分析，舍弃了那些非必要的和做支架作用的环圈，仅仅保留了两组最基本的环圈系

---

① 〔明〕宋濂等撰《元史》卷一百六十四《列传第五十一》，中华书局，1976，第 3847 页。

图 20-7
南京紫金山天文台简仪（明代复制）

统，并且将它们独立设置，使传统浑仪分解成了由赤道环和赤径环组成的赤道经纬仪和由地平环及地平经环组成的地平经纬仪两个独立的仪器。这样改革的结果，彻底简化了浑仪结构，大大增加了观测视野，而且安装和操作都很方便。可惜的是郭守敬的简仪已经不存在了，南京紫金山天文台保存的明代复制的简仪，可以帮助我们了解郭守敬简仪的丰姿。

从计量史的角度来看，郭守敬简仪颇有一些可称道之处。例如，郭守敬在窥管上安装了十字丝，使得通过窥管观测天体时，定位更加准确。后世望远镜等各类观测仪器上，一般都在镜头处设有十字丝，其设计思路与郭守敬是相同的。这种设计从技术难度上说不算太大，但对提高测量准确度却有重要作用。

要提高观测的准确度，观测仪器的刻度划分也是一个不可忽视的因素。我国古代天文学观测常用单位是"度"。一度表示将一个圆周分成 $365\frac{1}{4}$ 段时每段的长度，但在观测时，以"度"作为最小单位，仍然比较粗糙，所以从东汉《四分历》开始，古人就将"度"以下的零数，分为少、半、太，分别相应于 0.25°、0.5° 和 0.75°。有时还要加上"强"（表示比最小单位多 $\frac{1}{12}$）、弱（表示比最小单位少 $\frac{1}{12}$）作余分。这些数据，基本上靠目测估算，不可能很精确。

图 20-8

国家邮政局 1962 年发行的中国古代科学家纪念邮票之郭守敬纪念邮票

《元史》对之有所记载：

> 二十八宿距度，自汉《太初历》以来，距度不同，互有损益。《大明历》则于度下余分，附以太半少，皆私意牵就，未尝实测其数。今新仪皆细刻周天度分，每度为三十六分，以距线代管窥，宿度余分并依实测，不以私意牵就。[①]

这是说，郭守敬对传统刻度做了改革，他不像前人那样以"度"做最小刻画单位，"度"以下的读数靠估测，而是将仪器上的一"度"进一步划分为36份，这就使得度以下的读数可以读到1度的$\frac{1}{36}$，这无疑大大提高了读数精度。实际上，有历史证据表明，郭守敬是把1度分成了十格，使得在读数时可以准确读取到1度的$\frac{1}{10}$，估读到1度的$\frac{1}{100}$。这相当于把1度分成了100份，每一份叫1分。观测时，读取的数据有效数字可以读到1分。尽管郭守敬简仪实物已经无存，但元代的观测资料已经表明了当时1度分为100分，现存明代仿元制简仪上也是这样刻的。郭守敬的这种做法，表明了他对观测时读数精度问题的重视。实际上，他的其他一些发明，比如高表测影、景符等，无不着眼于对读数精度的提高。正是这种意识，使得他的观测结果的精度，超越了前人。

正因为郭守敬简仪的发明意义重大，1962年国家邮政局在发行中国古代科学家纪念邮票（图20-8）时，在涉及郭守敬时，除了他本人的肖像邮票，还专门以简仪为背景发行了一张

---

① 〔明〕宋濂等撰《元史》卷一百六十四《列传第五十一》，中华书局，1976，第3850页。

天文纪念邮票，以此表现对郭守敬本人的敬仰与对他发明简仪一事的肯定。

二、四海测验，设立高表测圭影

郭守敬改进和发明天文仪器，目的是获得更好的天文观测结果，以编制出更精良的历法。为此，他向元世祖忽必烈建议，要在全国范围内开展天文大地测量。《元史》记载了他给忽必烈的上奏：

> 十六年，改局为太史院，以恂为太史令，守敬为同知太史院事，给印章，立官府。及奏进仪表式，守敬当帝前指陈理致，至于日晏，帝不为倦。守敬因奏："唐一行开元间令南宫说天下测景，书中见者凡十三处。今疆宇比唐尤大，若不远方测验，日月交食分数时刻不同，昼夜长短不同，日月星辰去天高下不同，即目测验人少，可先南北立表，取直测景。"①

上奏的结果是：

> 帝可其奏。遂设监候官一十四员，分道而出，东至高丽，西极滇池，南逾朱崖，北尽铁勒，四海测验，凡二十七所。②

这就是中国历史上鼎鼎有名的元代的"四海测验"。这次天文大地测量，是郭守敬主导的，其测量范围远远超过唐代一行的同类工作。他领导的观测队在东由朝鲜半岛、西抵河西走廊，南起北纬15°的南海（今越南中部沿海一带）、北至北纬65°的北海（今俄罗斯西伯利亚中部通古斯河一带）的广大范围内，布设了27个观测站，对每个观测站的北极出地高度、夏至晷影长度和昼夜漏刻长度等天文数据进行了测量。这次测量，"其中有9处的测量误差不大于0.2°，益都和元兴两地的测量结果与现代测量值完全吻合，是相当准确的。郭守敬亲自负责的大都、上都和阳城等地的测量误差在0.2°到0.3°之间，这大约便是应用正方案等野外测量器具所能达到的观测精度"③。

---

① 〔明〕宋濂等撰《元史》卷一百六十四《列传第五十一》，中华书局，1976，第3848页。
② 同上。
③ 陈美东：《中国科学技术史·天文学卷》，科学出版社，2003，第537页。

需要指出的是，在这次四海测验中，郭守敬在元大都和阳城，都使用了高表测影。

古代立表测影，目的之一是通过测量晷影长度来确定节气，制定历法。传统立表测影所用之表高一般为8尺，在郭守敬之前，虽然偶有用9尺之表测影的记录，但在真正的天文学家那里，恪守的还是用8尺之表。郭守敬独具匠心，用40尺高表进行测影。他是中国古代高表测影真正的创始人。有关高表测影的科学内涵，可参见本书前面有关章节，这里不再多述。

岁月流逝，郭守敬在元大都建造的高表，已经荡然无存，而他在阳城建造的高表，至今仍然傲然屹立，那就是坐落于今河南省登封市东南15公里的告成镇、已经列入《世界遗产名录》的登封观星台（图20-9）。

登封观星台是郭守敬改革天文仪表时的发明，是他进行"四海测验"遗留至今的重要实物见证，不但是天文学史上一个重要遗址，在计量史上也意义非凡。但是，登封既非元初经济文化中心，更非当时的政治中心，郭守敬为什么要把登封告成作为一个重要基地，建台立表，实地观测呢？

答案非常明确，告成是古人心目中的"地中"——大地的中心，是他们进行各种天文测量的传统基地。

古人认为，大地是平的，平坦的大地表面有个中心，他们称其为地中。地中这一概念，在中国计量史上非常重要，它是古人选定的进行各种天文测量的一个基本参考点。既然大地是平的，有个中心，那么在这个中心进行测量，得到的数据无疑就更具有代表性和权威性。这是地中概念进入中国计量史的内在逻辑。

中国古代占主流地位的宇宙结构学说是浑天说。浑天说主张天包着地，日月星辰绕地运行。浑天家们据此发明了浑仪，用浑仪观测天体。在古人看来，用浑仪测天的实质是其相应环组与天球大圆这组同心圆上对应弧长的比例缩放。[1] 既然是比例缩放，这就要求浑仪位置一定要置于天球中心，即所谓之"地中"，因为"地中"所满足的特点是："日月星辰，不问春秋冬夏，昼夜晨昏，上下去地中皆同，无远近。"[2] 所以，如果不在"地中"进行测量，这种比例对应关系就不能成立，测量结果就会有偏差，就会导致历法编算的失误。这样，地中概念就与古人天文测度思想密不可分地结合在了一起。如同现代测量要建立基准参考点一样，就计量史而言，地中就是古人为进行天文计量所选定的基准点。他们认为，在这里进行的测量最能反映客观实际，即所谓"观阴阳之升降，揆天地之高远，正位辨方，定时考闰，

---

[1] 关增建：《中国古代物理思想探索》，湖南教育出版社，1991，第224~232页。
[2] 〔唐〕魏徵等撰《隋书》卷十九《志第十四·天文上》，中华书局，1973，第512页。

图 20-9

列入《世界遗产名录》的登封观星台全貌

莫近于兹也。"① 正因为如此，古人才有"昔者周公测晷影于阳城，以参考历纪"②的说法，阳城就是周公选定的地中。

那么，周公为什么要把地中定位在阳城呢？这是因为，古人认为，地中有一系列特定的天文的和物理的特征，可以依据这些特征将其确定下来。《周礼》对地中特点有清楚的描述：

> 以土圭之法测土深、正日景，以求地中。日南则景短多暑，日北则景长多寒，日东则景夕多风，日西则景朝多阴。日至之景尺有五寸，谓之地中：天地之所合也，四时之所交也，风雨之所会也，阴阳之所和也。然则百物阜安，乃建王国焉。③

这样的地中，古人一开始认为是在现在的洛阳，后来周公营造洛都时，通过立竿测影的方法，认定它不在洛阳，而在嵩山附近的阳城。明代学者陈宣对此追述道：

> 周公之心何心也！恒言洛当天地之中，周公以土圭测之，非中之正也。去洛之东南百里而远，古阳城之地，周公考验之，正地之中处。④

所谓"周公定地中"之说，不管是否属实，人们很早就把阳城作为地中，却是实实在在的。秦汉以降，阳城一直是古人立表测影的重要基地，历代天文律历志多载有在阳城进行天文测量的史实和相关数据。这一传统，一直延续到中国封建社会后期。由于大地本身实际是球，而圆球表面并不存在所谓的中心，因而地中其实并不存在，但这一子虚乌有的概念却使古人无意中为我们留下了一批极其可贵的在阳城进行天文测量的原始记录，这正是其科学史价值之所在，更何况我们还可以借此了解古人的基本测量思想！

古人所说的阳城，就是今天的告成。唐垂拱四年（688年），武则天登坛加封中岳，为庆贺"登封"嵩岳之礼"宣告成功"，她于万岁登封元年（696年）下令将嵩阳县改为登封，将阳城改为告成，以示"登封告成"之兆。告成之名，即由此而来，郭守敬在告成建台测影，正是古人在阳城测影传统的延续。郭守敬所建之测影台，经明代进一步修缮，遗留至今，已

---

① 〔唐〕魏徵等撰《隋书》卷十九《志第十四·天文上》，中华书局，1973，第523页。
② 同上。
③ 郑玄注《十三经注疏·周礼注疏》卷第十《大司徒》，北京大学出版社，1999，第250~253页。
④ 明嘉靖八年（1529年）本《登封县志》。

经成为联合国世界文化遗产,供人们缅怀留念(图20-9)。

三、精推历理,编制授时历法

郭守敬于至元十三年(1276年)接受元世祖诏命,与许衡、王恂等负责改治新历。王恂精通算术,忽必烈命他负责治历。他谦称自己只知历数,可负责推算,但负责人要找一个深通历理的人,于是他推荐了许衡。许衡是当时大儒,以易学闻名于世,他接受任命以后十分同意郭守敬"历之本在于测验"的看法,支持郭守敬制造仪器进行实测。

经过郭守敬等人的努力,新历于至元十七年完成,元世祖赐名《授时历》。至元十八年(1281年),《授时历》颁行天下。鉴于许衡于同年病卒,王恂已于前一年去世,这时有关《授时历》的计算方法、计算用表等尚未定稿,郭守敬又挑起整理著述最后定稿的重担,成为三人中唯一参与编历全过程的人物。由此看来,《授时历》的编制,郭守敬实为第一功臣。

《授时历》是中国古代创制的最精密的历法。其先进性表现在两个方面,一是其所采用的测量数据的高度准确,一是其在历理推算方面的革新。

据《元史·郭守敬传》载,郭守敬在《授时历》中详细考测了七项天文数据:

(1)冬至:考证了至元十三年到至元十六年的冬至时刻。

(2)岁余:考证了回归年长度及岁差常数。

(3)日躔:太阳在黄道上的位置及变化,特别是冬至日太阳的位置。

(4)月离:月球在白道上的位置及变化,特别是月亮过近地点的时刻。

(5)入交:冬至前月亮过升交点的时刻。

(6)二十八宿距度:二十八宿的赤道坐标。

(7)日出入昼夜时刻:元大都日出日没时刻及昼夜时间长短。

这些因素,都是历法中很重要的内容。即以冬至时刻为例,传统历法首重回归年长度的测定,而要测定回归年长度,最简捷的方法是测定二十四节气尤其是冬至点的准确时刻,古人把这叫作"验气"。郭守敬对冬至点的测定,就是在许衡的建议下、在这种思想的指导下进行的。据《元史》记载:

> 衡以为冬至者历之本,而求历本者在验气。今所用宋旧仪,自汴还至京师已自乖舛,加之岁久,规环不叶。乃与太史令郭守敬等新制仪象圭表,自丙子

之冬日测晷景，得丁丑、戊寅、己卯三年冬至加时，减《大明历》十九刻二十分，又增损古岁余岁差法，上考春秋以来冬至，无不尽合。①

这是说，郭守敬等测了从至元十三年到至元十六年连续3年的4次冬至时刻，得到了理想的结果。

所谓岁余，意在推算回归年长度。郭守敬通过对冬至点的测定，推算出了相应的回归年长度。《授时历》所采用的回归年长度为365.242 5日，与地球绕太阳公转一周所需时间365.242 2日仅差26秒，精度与现行公历相当，却比西方早采用了300多年。

日躔与月离的考测，是为了掌握日月运动规律。入交、二十八宿距度、日出入昼夜时刻等，都是传统历法的重要内容。郭守敬对这些因素的考测，也都取得了骄人的成绩，这使得《授时历》成为当时世界上最精确的历法。明王朝建立以后，颁行的历法名为《大统历》，其实仍为《授时历》。如果把这两种历法视为一种，则从元到明，《授时历》一共行用了364年，是我国历史上行用时间最长的一部历法。

郭守敬在编制《授时历》的过程中，对传统历法的一些重要问题进行了大胆的变革。这些变革表现在多个方面，其中之一是废除上元积年法和日法。

上元积年法是中国古代历法一个重要特征。古代历法家在编制历法时，要分别处理日月五星运动问题，古人希望找到一个时刻，在该时刻日月五星处于同一位置，即所谓"日月五星同度"，该时刻点即是其所编制的历法的计算起点，古人把该时刻点称为上元积年。寻找理想的上元积年是郭守敬之前历法家孜孜不倦的追求。郭守敬却认为，这种做法不可取，因为日月五星运动周期各不相同，气朔等历法问题又变化多端，要推算出这众多周期的统一起始点至为困难，不能不对所涉周期做人为调整，这种调整本身是对实际观测结果的伤害，所以调整幅度不能大，否则就会明显失真。在这种两难局面牵制下，就常常出现上元积年"世代绵延，驯积其数至逾亿万"的状况。这种状况的出现，完全是违背了历法本质要求的结果，正如《元史》所云：

> 昔人立法，必推求往古生数之始，谓之演纪上元。当斯之际，日月五星同度，如合璧连珠然。惟其世代绵远，驯积其数至逾亿万，后人厌其布算繁多，互相推考，断截其数而增损日法，以为得改宪之术，此历代积年日法所以不能相同

---

① 〔明〕宋濂等撰《元史》卷一百五十八《列传第四十五》，中华书局，1976，第3728页。

者也。然行之未远，浸复差失，盖天道自然，岂人为附会所能苟合哉。①

之所以出现这种两难局面，原因在于追求上元积年这种思想方法的失误。郭守敬借古人之口指出：

> 晋杜预有云："治历者，当顺天以求合，非为合以验天。"前代演积之法，不过为合验天耳。今以旧历颇疏，乃命厘正，法之不密，在所必更，奚暇踵故习哉。②

即是说，追求上元积年这种做法，是犯了"为合验天"之治历大忌，应该抛弃这种"故习"，废除上元积年，采用新的方法：

> 今《授时历》以至元辛巳为元，所用之数，一本诸天，秒而分，分而刻，刻而日，皆以百为率，比之他历积年日法，推演附会，出于人为者，为得自然。③

所谓"秒而分，分而刻，刻而日，皆以百为率"，是《授时历》的另一改革，即对传统"日法"的替代。

所谓日法，也是传统历法一个很重要的量。古代历法重视对回归年的推算，一个回归年的长度，除了整数 365 日，还有一个余数。古代《四分历》取的这个余数是 $\frac{1}{4}$，其他历法则依其测量精度不同该余数也不同。古人表示该余数时用的是分数，要确定这个分数，必须使其既便于对日月五星的计算，又能够符合对上元积年的推算，这个分数的分母，便叫作"日法"。但是，要找到与实测结果完全对应的分数值，是难乎其难的，在实践中，为了不至于使数字过于繁复，只能在日法上动脑筋，加加减减，人为拼凑，实际上也同样是以损害观测精度为代价。现在，郭守敬等既然废除了上元积年，连带也把日法做了彻底改革，具体做法是对一个回归年的长度中除日数外的余数，不再用过去那种分数表示，而是改用将 1 日分为 100 刻，1 刻分为 100 分，即 1 日包含 10 000 分，用分母为 10 000 的分数进行各种推算。这比以前的方法，简单快捷得多。实际上，郭守敬还把 1 分再分为 100 秒，1 秒分为 100 微。

---

① 〔明〕宋濂等撰《元史》卷五十三《志第五·历二》，中华书局，1976，第 1177 页。
② 同上书，第 1178 页。
③ 同上书，第 1177～1178 页。

这等于建立了连续性的百进制，形制与十进制的小数相同，于是小数制建立起来了。可见，《授时历》的这一改革意义确实重大。

除了上述改革，郭守敬还花了很大力气论述《授时历》的理论问题。

《授时历》成稿之后，王恂、许衡相继辞世，此时有关《授时历》的理论整理尚未完成，郭守敬便接过了这一任务，从至元十九年（1282年）开始，全力投入了对《授时历》的最终定稿和理论整理工作。他用了4年时间，到至元二十三年，先后完成了一批与《授时历》推步有关的著作，其中包括《推步》七卷、《立成》二卷、《历议拟稿》三卷、《转神选择》二卷和《上中下三历注式》十二卷。这些著作，介绍了《授时历》对一些天文数据的推算方法和有关天文数据表格，对《授时历》治历原则、革新内涵等做了阐述，使人们对《授时历》有了进一步的理解。

嗣后，郭守敬继续对《授时历》编制工作做全面总结，到至元二十七年（1290年），又完成了一批有关二十四节气、前代历法沿革及其主要特征、关于天文仪器制作、古今晷影测量及冬夏至时刻推算、五星运动推算、月亮运动研究、日月交食考辨等方面的著作。

整体来说，"郭守敬前后大约花费了9年光阴，倾注心力先后完成了14种105卷著作，对《授时历》的编制以及后续的天文观测工作做了全面、系统的总结，构成了一个严密、完整的天文历法论著系列，十分出色地展示了中国传统天文学发展高峰的风貌。可惜，郭守敬系列著作的很大一部分均已失传，虽然如此，从现存的有关文献，依然可见王恂、郭守敬及其创作集体当年的风采"[①]。

---

① 陈美东：《中国科学技术史·天文学卷》，中国科学出版社，2003，第541页。

第二十一章
明清时期的计量人物

明清时期，是中国计量发展的特殊时期。一方面，传统计量在继续发展，另一方面，西方传教士入华，带来的西方计量元素与中国计量的碰撞，构成了这段时期计量发展的强音。计量人物的工作，也由此带上了与之相符的时代特征。

第一节　传统计量理论的探索者——朱载堉

朱载堉（1536—1611），字伯勤，号句曲山人、九峰山人，青年时自号"狂生""山阳酒狂仙客"，河南省怀庆府河内县（今河南沁阳）人，明代著名的律学家（有"律圣"之称）、历学家、音乐家。

一、落寞的人生与丰硕的著述

朱载堉（图21-1）是明代的王子，是明仁宗朱高炽的第六世孙。要了解其王子身份的由来，需要从明朝的分封制度说起。

明太祖朱元璋夺得天下后，为了明王室的江山永固，费尽心思设计了个宗藩条例，将儿子们封为亲王，派往各地镇守。后来太子朱标英年早逝，朱元璋的孙子朱允炆当了皇帝，是为建文帝。建文帝对那些手握兵权的王叔们不放心，推行削藩政策，此举导致燕王朱棣起兵"靖难"，推翻了建文帝，自己做了皇帝。朱棣做了皇帝后，修改了宗藩条例，收回了兄弟们的兵权，设置了各种防范措施，从而在很大程度上杜绝了王室成员造反的可能性。不过，这些防范措施，也导致很多王室成员享乐终身，无所事事，只有极少数王室成员能够有所作为，

图 21-1
河南沁阳朱载堉纪念馆中的朱载堉塑像

朱载堉即是其中之一。

朱载堉是明成祖朱棣一支的后代。朱棣去世后，嫡长子朱高炽即皇帝位，封次子朱瞻埈为郑王，封地在陕西凤翔。到了正统九年（1444年），郑王依诏将封地改迁到怀庆府（今河南沁阳市）。朱瞻埈死后，郑王之位传给其子朱祁锳，朱祁锳生有十子，嫡长子朱见滋，二子早夭，三子朱见濍、四子朱见濆，还有其余各子。其中朱见濍后来因罪被废为庶人，子孙俱为庶人。朱祁锳袭郑王之位后，对待嫡子朱见滋母子颇为刻薄，见滋悒郁终日，死在了朱祁锳之前。这样，朱祁锳去世后，王位直接传给了世孙朱祐枔，而朱祐枔无子继位，于是，郑王爵位按规定只能由嫡传庶了。

本来，按长幼顺序，继承朱祐枔王位的，应该是三房朱见濍的后代，但朱见濍因为有罪，连同其后代都被废为庶人，无资格继承，这样王位就落到了四房朱见濆子孙的身上，由朱见濆之子朱祐橏继承了郑王国爵。朱祐橏后来传位给朱厚烷，而朱厚烷即朱载堉之父。

在明代的郡王中，朱厚烷是比较正直的一位。他10岁时被封为郑王，16岁时受诏正式加王冠。时任南京右都御史的知名学者何瑭专门为之写了《郑王加冠序》，称赞他"天性聪明，读书尚礼，童幼之时已有人君之度"①。朱厚烷成年后，忠孝耿直之性不改，曾两度上疏讨论国事。第一次上疏是嘉靖二十六年（1547年），目的是替那些贫困的宗室成员呼吁。在明代实行的分封制度之下，能够承嗣王位的宗子之家最有权势，而其他分支家族则生活不能如意，出现宗族子女越多生活越困窘的现象。有些宗族子女为生活所迫，自行进京，冒死请名请封，以求得微薄俸禄。但按照明代的宗藩条例，宗室成员是不允许自行入京的，因此宗室郡王对此会有规劝、阻止之举，甚至还出现了鞭挞宗族子孙的现象。朱厚烷上书嘉靖皇帝，建议皇上敕令礼部催查那些衣食无着的支庶子孙人数，对他们予以宽待，同时对其违规行为，处罚其所统亲郡王的禄米，以示惩戒，而不必加于重刑。这一上疏，反映了朱厚烷的忠厚仁爱特点。他的建议也得到皇帝的认可。

相比之下，一年之后也就是嘉靖二十七年（1548年），朱厚烷的第二次上疏，则充分表现了他耿直的一面。当时嘉靖皇帝迷信道教，祈求长生，沉湎炼丹，导致朝政荒废，国库空虚，朱厚烷为此备感焦虑。嘉靖皇帝设斋坛祈祷神佛，各地郡王争相遣使进香，只有朱厚烷不参加，非但如此，他还挺身而出，直言上疏，劝谏嘉靖皇帝。《明史》记载了他上疏之事：

> 帝修斋醮，诸王争遣使进香，厚烷独不遣。嘉靖二十七年七月上书，请帝修德讲学，进《居敬》《穷理》《克己》《存诚》四箴，《演连珠》十章，以神仙、土木为规谏。语切直。帝怒，下其使者于狱。诏曰："前宗室有谤讪者置不治，兹复效尤。王，今之西伯也，欲为为之。"②

朱厚烷谏讽嘉靖皇帝，引起嘉靖的高度不满，将其使者打入狱中，还在他的奏书中批示道，过去有宗室谤讪皇帝，皇帝宽容大度没有治罪，引起朱厚烷现在的效法。批示的最后一句是反讽语，说朱厚烷难道是当代的周公，想像周公那样独断朝政吗？

不久后，又发生一事：三房朱见濍因罪被废为庶人，其子朱祐橏也丧失了继承爵位资格，此时朱见濍已去世多年，朱祐橏希望能恢复爵位，埋怨朱厚烷没有将他的请求上奏皇帝，这时趁着皇帝恼怒，罗列了朱厚烷四十条罪状，告发朱厚烷要造反。皇帝接到朱祐橏的告发后，派人去核实，调查的结果，没有证据证明朱厚烷要造反，但在治宫室名号等方面大有违规之处："厚烷谋反无验。然信惑群小，多为不法，所创有二仙庙、育才等馆，皆上僭无状，

---

① 〔明〕何瑭：《郑王加冠序》，载何瑭撰《柏斋集》卷二，《四库全书》本。
② 〔清〕张廷玉等撰《明史》卷一百十九《列传第七》，中华书局，1974，第3627页。

而方掉弄章句、规切至尊，法当首论。"① 嘉靖皇帝本来就对朱厚烷不满，有了这样欲加之罪的调查结果，于是大笔一挥，"降郑王厚烷为庶人，禁住高墙"②。朱厚烷就这样被软禁到皇家监狱，一直到嘉靖皇帝死去，隆庆皇帝即位后才被平反出狱，"隆庆元年复王爵，增禄四百石"③。

朱厚烷被降为庶人，圈禁于高墙，是嘉靖二十九年也就是公元 1550 年的事。这一年朱载堉 15 岁，本来到了选婚之年，因朱厚烷被革爵禁锢，受父牵连，被革除世子冠带，选婚之事化为泡影。朱载堉年纪轻轻便体会到了人间沧桑、世态炎凉，满腔悲愤。《明史》对此记载说，"载堉笃学有至性，痛父非罪见系，筑土室宫门外，席藁独处者十九年。"④ 朱载堉因为父亲无罪被系狱而不平，于是在王宫外面盖了个简陋的房子，住土屋，睡草席，孤独一人，过着落寞的生活。他发誓父亲的冤案一日不伸，就一日不回王府。

朱载堉在土屋"席藁独处"，虽然孤独，也使他得以专心攻读。在此期间，他 18 岁时，曾有人议婚，他婉言谢绝，以读书为寄托。他除了攻读传统经史著作，也广泛阅读乐律学、天文、算学著作。在阅读的基础上，也开始著述。10 年之后，嘉靖三十九年（1560 年），他完成了自己在音乐学上的大型处女作《瑟谱》一书，25 岁的朱载堉开始在音乐殿堂展示自己的才能。

因前途未卜，他也曾到登封少林寺等寺院学习佛学，希望以佛学抚平自己的心灵。他的《金刚心经注》应是学习佛学的心得，只是该书未能传世，令人遗憾。

嘉靖四十五年（1566 年）十二月，明世宗驾崩，内阁首辅徐阶以嘉靖帝名义颁布《世宗遗诏》，平反嘉靖年间建言得罪诸臣，开始拨乱反正工作。次年（1567 年），隆庆帝即位，朱厚烷冤案平反出狱，还被增禄四百石，朱载堉也恢复了世子身份，他这才回到宫内居住。这年朱载堉 32 岁，但因为继母王氏去世，他又为继母守孝三年，到了 35 岁那年，开始议婚，娶著名学者何瑭孙女为妻。关于朱载堉与何瑭的关系，有不同的说法，朱载堉在《进历书奏疏》中说："何瑭乃臣外舅、江西抚州府通判何谘之祖也。"按《尔雅·释亲》的解释"妻之父为外舅，妻之母为外姑"。《辞源》《辞海》等工具书亦持此说，由此朱载堉所娶是何瑭的重孙女。但记载朱载堉身世的《郑端清世子赐葬神道碑》却写到，朱载堉娶"何文定公瑭之孙女"为妃，则朱载堉是何瑭的孙女婿。这就出现了两种矛盾的说法。中国科学院自然科学史研究所的戴念祖研究员通过河南沁阳市齐天昌的文章得知，当地所谓的"外舅"，相

---

① 《明世宗实录》卷三百六十五《嘉靖二十九年九月壬子》。
② 同上。
③ 〔清〕张廷玉等撰《明史》卷一百十九《列传第七》，中华书局，1974，第 3627 页。
④ 同上书，第 3628 页。

当于今言之"内兄",由此澄清了神道碑说法的由来,确认了朱载堉是何瑭的孙女婿。①

1591年,朱厚烷去世,朱载堉接任郑王爵位。这时,他做出了一件明史上从未有过的事情:上疏辞去郑王爵位,要让给三房朱见濍的后代朱载壐,也就是诬告他父亲谋反的朱祐橏的儿子。他的这一举动匪夷所思,因此直接被万历皇帝驳回,亲朋也接踵劝阻。朱载堉并不就此罢休,而是一再上书,求辞王位。《明史》对此有专门记载:

> 万历十九年,厚烷薨,载堉曰:"郑宗之序,盟津为长。前王见濍,既锡谥复爵矣,爵宜归盟津。"后累疏恳辞。礼臣言:"载堉虽深执让节,然嗣郑王已三世,无中更理,宜以载堉子翊锡嗣。载堉执奏如初,乃以祐橏之孙载壐嗣,而令载堉及翊锡以世子、世孙禄终其身,子孙仍封东垣王。"②

朱载堉上疏让爵时,已经55岁。他的理由是,按照明朝的规定,王位的继承,应该由长及幼。三房朱见濍排在自己这一支之前,由于朱见濍因罪被废,这才轮到自己这一支做郑王。现在,皇帝赦免了朱见濍的罪名,恢复了他的爵位,自己的郑王爵位,就应该还给朱见濍的后代。他先后共上疏7次,终于在70岁时达到目的,让出了王位。万历皇帝在感叹之余,仍然"令载堉及翊锡以世子、世孙禄终其身,子孙仍封东垣王。"明神宗不但让他世子禄终身,第二年,还为他赐建"让国高风"玉音坊,表现了对他行为的高度肯定。

朱载堉执意让爵,固然是受到传统教育中季札让国故事的影响,体现了对先贤的敬仰,也是为了集中精力总结他一生的学术成果,进献宫廷。朱载堉自幼就聪颖笃学,终生潜心乐律历算,著述不辍。万历三十九年(1611年)四月朱载堉病逝,终年76岁,赐谥号端清,故而后人在提到朱载堉时,会尊称其为端清世子。

朱载堉的主要著作汇集在《乐律全书》。该书涉及律学、乐学、算学、历学、舞学诸学科,反映了朱载堉的多项科学成就,是我国科学史和艺术史上的一部光辉巨著。《乐律全书》共计14种,47卷,分为《律历融通》《律学新说》《律吕精义》和《乐学新说》《算学新说》《历学新说》《操缦古乐谱》《旋宫合乐谱》《乡饮诗乐谱》《灵星小舞谱》《二佾缀兆图》《六代小舞谱》《小舞乡乐谱》,以及《圣寿万年历》《万年历备考》。其中乐、舞、律、算的手稿完成于万历九年(1581年)之前,后两种关于历法的著作则撰成于万历二十年(1592年)前后。全书成稿后,朱载堉本欲将其进奉朝廷,但因病而拖延。到了万

---

① 戴念祖:《天潢真人朱载堉》,大象出版社,2008,第58页。
② 〔清〕张廷玉等撰《明史》卷一百十九《列传第七》,中华书局,1974,第3628页。

历二十三年（1595年），朝廷修史向全国征书，朱载堉由此开始着手雕版、印刷、装帧自己的著作。万历三十一年（1603年），最后一本《算学新说》雕版完毕，至此《乐律全书》全部刻完。此后又印刷、装帧，直到万历三十四年（1606年）全部工程完毕。朱载堉于这一年将刻印版《乐律全书》进献给了朝廷。

除了《乐律全书》所收著述，朱载堉还有一些著作问世。迄今传世者有6种：《瑟谱》十卷、《嘉量算经》三卷、《律吕正论》四卷、《律吕质疑辩惑》《圆方勾股图解》《古周髀算经图解》（赵君卿注，朱载堉图解）。其他只见著录，未见传世刊本者尚有多种，如《韵学新说》《切韵指南》《毛诗韵府》《先天图正误》《瑟铭解疏》《算经柜柸详考》《金刚心经注》《礼记类编》等。整体来说，朱载堉著述丰富，其主要著作留存至今，为今人研究朱载堉提供了可靠的原始依据。

二、创制十二等程律

朱载堉最引人注目的工作，是发明了十二等程律，有的书中也称作十二等比率、十二平均律，一劳永逸地解决了古代音律学家孜孜不倦追求的旋宫转调问题。

中国古代具有悠久的重视音乐的传统。古人谈论音乐，常提到五声、八音、十二律。所谓八音，是指上古的八类乐器，它们和五声配合，才能形成音乐。五声名为宫商角徵羽，有时又称为五音，大致相当于现代音乐简谱上的 1（do）2（re）3（mi）5（sol）6（la）。把它们从宫到羽，按照音的高低排列起来，就形成一个五声音阶，宫商角徵羽就是五声音阶上的五个音级：

宫	商	角	徵	羽
1	2	3	5	6

宫是这一音阶的起点。《淮南子·原道训》说："故音者，宫立而五音形矣"，就是说的这件事情。后来又加上变宫、变徵，称为七声。变宫、变徵一般认为和现代简谱上的7（si）和#4（fis）大致相当，这样就形成一个与今天七声音阶相近的古代七声音阶：

宫	商	角	变徵	徵	羽	变宫
1	2	3	#4	5	6	7

五声音阶反映的是声调高度的改变值。也就是说，它表现的是相对音高，相邻两音之间的距离固定不变，但绝对音高则随着调子的转移而转移。这样，在演奏时，就必须定出一个

音高，以之作为音阶的起点。为此，古人发明了十二律，以之作为十二个高度不同的标准音，用于确定乐音的高低。

十二律发明的具体年代，现在已很难考。《国语·周语》记载了周景王时伶州鸠的一段话，其中提到了十二律的全部名称。显然，十二律产生的时间，肯定要早于这个时期。十二律有其特定的名称和固定的音高，一般认为它和现代音乐的对应关系大致为：

1. 黄钟	2. 大吕	3. 太簇	4. 夹钟	5. 姑洗	6. 仲吕
C	#C	D	#D	E	F
7. 蕤宾	8. 林钟	9. 夷则	10. 南吕	11. 无射	12. 应钟
#F	G	#G	A	#A	B

十二律又分为两类，奇数六律为阳，称为六律；偶数六律为阴，称为六吕，合称为律吕。古书上说的六律，通常是包举阴阳各六的十二律说的。

所谓旋宫转调，是就五声（或七声）与十二律的搭配而言的。在五声音阶宫、商、角、徵、羽中，古人通常以宫作为音阶的第一级音，但实际上，商、角、徵、羽也可以作为第一级音，充任在乐曲旋律中最重要的居于核心地位的主音角色（七声音阶情况类似）。音阶第一级音的不同，意味着调式的不同。这样，五声音阶就有五种主音不同的调式。我们知道，五声只反映了相对音高，在实际音乐中，它们的音高要用律来确定。十二律为它们提供了十二个绝对音高，这十二个音高任何一个都可以作为五声音阶的第一级音。第一级音一经确定，其余各音用哪几个律，也都随之确定。例如，以黄钟作为宫音的黄钟宫，其各音与律的对应关系为：

十二律名	黄钟	大吕	太簇	夹钟	姑洗	仲吕	蕤宾	林钟	夷则	南吕	无射	应钟	清黄钟
五声音阶	宫		商		角			徵		羽			清宫
七声音阶	宫		商		角		变徵	徵		羽		变宫	清宫

表中清黄钟，表示比黄钟高八度的音。依次类推，还可以有清大吕、清太簇……这是黄钟宫。还可以以大吕作为宫音，叫作大吕宫。理论上十二律都可以用来确定宫的音高，即它们可以轮流做宫，这就叫旋宫。旋宫的结果，就有十二种不同音高的宫调式。商角徵羽各调

式情况与此类似。这样,十二律与五声组合,可以得到六十种调式(与七声组合,有八十四种调式)。古人把实际音乐中这些不同调式之间的转换就叫作旋宫转调。通俗地讲,旋宫就是调高的改变。

旋宫转调能否自然实现,取决于各音阶的产生方法。中国传统的音阶产生方法,是三分损益法。先秦典籍《管子》详细记载了在弦律情况下用三分损益法产生五声音阶的方法:

> 凡将起五音,凡首,先主一而三之,四开以合九九,以是生黄钟小素之首以成宫。三分而益之以一,为百有八,为徵。不无有三分而去其乘,适足,以是生商。有三分而复于其所,以是成羽。有三分去其乘,适足,以是成角。[①]

这种方法以一条被定为基音的弦的长度为准,将其三等分,然后依次加上一分(益一,即乘以 $\frac{4}{3}$),或减去一分(损一,即乘以 $\frac{2}{3}$),以定出其他各音阶相应弦长。例如,假令一弦能发出黄钟宫音,则可规定其弦长为81(一而三之,四开以合九九):

$$1 \times 3 \times 3 \times 3 \times 3 = 81$$

则

$$徵音弦长 = 81 \times \frac{4}{3} = 108$$

$$商音弦长 = \frac{2}{3} = 72$$

$$羽音弦长 = \frac{4}{3} = 96$$

$$角音弦长 = \frac{2}{3} = 64$$

三分损益法法则简单,便于掌握和应用,运用它产生的音阶进行演奏,能给人以和谐悦耳的音感,因而这一方法在中国古代音乐实践中得到广泛应用,是音律学史上的一个重要发明。十二音律也是用同样的方法产生的。

三分损益法也有不足。其不足主要表现在两个方面:其一,依三分损益律得出的十二个音,音程大小不一,相邻两律间的音分差各不相等,它们与现行十二等程律的相应音分差的偏差平均约为13音分,是一种不平均律;其二,当某律比基音高(或低)八度时,与之相应的弦长并不恰好等于基音弦长的一半(或二倍)。我们知道,所谓音高升高八度,是指该音与基

---

① 〔唐〕房玄龄注《管子》卷十九《地员》,《四库全书》本。

音的频率比为 2∶1，而根据物理学知识，频率与弦长成反比，这样，与高八度音相应的弦长也就应该等于基音弦长的一半。但依据三分损益律得出的结果不是这样。也就是说，三分损益法定出的高八度的音，实际上并不是准确的高八度。这些缺陷，使得它不适于进行旋宫转调。

为解决传统音律不能旋宫转调问题，古人进行了多种探讨，均未能解决问题，原因在于古人在探讨这一问题时，只是在按照律管长度来分配差数上下功夫，而不是按照频率来分配差数，这就使得各律间音程紊乱，转调更加困难，不便于实用。古人没有频率概念，他们这么做是可以理解的。

要彻底实现音律的旋宫转调，只有一条出路：选择十二等程律。

所谓十二等程律，是严格地将八度音程分成十二个音程相等的半音的音律系统。显然，为了彻底解决旋宫转调问题，要求音律系统至少满足两点：其一，就八度音程而言，必须十分严格、准确；其二，各个半音音程必须相等。否则，对一定的旋律来说，就只能从八度中的某一固定的音开始，这就限制了曲调的范围和发展。三分损益律不能满足这两个要求，只有十二等程律才能满足。所以，在现代音乐实践中，十二等程律得到了广泛应用。

实现十二等程律的关键在于按照等比数列方式分配各律相应的弦长。因为十二等程律要求各个半音音程相等，而音程相等意味着相邻各音频率比值相等，由此就自然构成了呈现等比数列分布的相应各律弦长。显然，问题的症结在于找出这个数列的公比。如果设主音的频率为 m，那么它的八度音的频率就为 $2m$，在这两个音之间分成十二个等程的半音，令相邻两半音比值为 t，则

$$2m = mt^{12}$$

$$故\ t = \sqrt[12]{2}$$

t 的倒数就是计算弦长分布时所用等比数列的公比。即如果基音弦长为 1，则以下各律的相应弦长依次为 $2^{-\frac{1}{12}}$，$2^{-\frac{2}{12}}$，……$2^{-\frac{11}{12}}$，由此确定的各律就是十二等程律，它完全能够满足音乐实践中的旋宫转调、演奏和声等要求。

在音律学史上，朱载堉最先发明了十二等程律。他的《律学新说》《律吕精义》二书，在科学史上地位尤其重要。因为在音律学上极为重要的十二等程律，就是在这两本书中提出来并得到详尽阐发的。朱载堉在《律学新说》中提出了他称之为"新法密率"的十二等程律。后来，他在《律吕精义》又做了进一步阐释，通过精密计算和实验，说明了他的"新法密率"，这是音乐史上最早以等比级数平均划分音律、系统阐明十二等程律理论的声学论著。

朱载堉对古代文化的最大贡献是他创建了十二等程律。这是音乐学和音乐物理学的一大

革命，也是世界科学史上的一大发明。在中国古代音律学发展过程中，如何能够实现乐曲演奏中的旋宫转调，历代都有学者孜孜不倦进行探索，但是迄朱载堉时无人登上成功的峰顶，只有朱载堉彻底解决了这一问题。他在总结前人乐律理论基础上，通过精密计算和科学实验，成功地发现十二等程律是以 $\sqrt[12]{2}$ 为公比的等比数列。他称 $\sqrt[12]{2}$ 为"密率"。在其《乐律全书》中，他概述了十二等程律的计算方法：

> 夫音生于数者也，数真则音无不合矣。若音或有不合，是数之未真也。达音数之理者，变而通之，不可执于一也。是故不用三分损益之法，创立新法：置一尺为实，以密率除之，凡十二遍，所求律吕真数，比古四种术，尤简捷而精密。数与琴音互相校正，最为吻合。①

所谓"音生于数者"，是指乐音是乐器发出的，而乐器是按照数学计算结果制作出来的。采用了正确的数学计算，乐音就会和谐。如果乐音不和谐，就说明采用的数学计算不正确。了解了乐音和数学计算的内在关系，就会根据实际情况做适当变通，不会执着于某种方法不变。基于这样的理念，他抛弃了传统的三分损益法，"创立新法"。他的"新法"直接用乘除法计算，用一个"密率"做除数，做十二次运算，就能得到十二律的正确数值。他用这种方法得到的结果，经过音乐实践的检验，"数与琴音互相校正，最为吻合"。

那么，所谓的"密率"，究竟是多少呢？究竟该如何运算呢？朱载堉在《乐律全书》中，对之做了描述：

> 盖十二律黄钟为始，应钟为终，终而复始，循环无端。……是故各律皆以黄钟正数十寸乘之为实，皆以应钟倍数十寸〇五分九厘四毫六丝三忽〇九纤四三五九二九五二六四五六一八二五为法除之，即得其次律也，安有往而不返之理哉！旧法往而不返者，盖由三分损益算术不精之所致也。②

中国古代没有当代的小数表示法，通常是用长度单位表示十进制的小数。这里说的应钟倍数，实际上就是 $\sqrt[12]{2}$ =1.059 463 094 359 295 264 561 825。用这种方法确定的各律相应弦长，其音程相等，完全可以满足音乐演奏中旋宫转调的要求。这也正是现代国际音乐中通用的

---

① 〔明〕朱载堉撰《乐律全书》卷二十一《律学新说一》，《四库全书》本。
② 〔明〕朱载堉撰《乐律全书》卷一《律学新说内篇一》，《四库全书》本。

十二等程律。朱载堉一劳永逸地解决了这一问题。

在创建十二等程律的过程中，朱载堉也受到了他父亲的影响。朱厚烷精通音律学，他对儿子说："仲吕顺生黄钟，返本还元；黄钟逆生仲吕，循环无端。实无往而不返之理。笙琴互证，则知三分损益之法非精义也。"[①] 朱载堉"闻此语潜思有年，用力既久，遂悟不用三分损益之法，其义益精"[②]。朱厚烷坚信旋宫转调能够实现，同时又明确指出传统三分损益法不可取，这对朱载堉有很大启发。正是在父亲及前人工作基础上，朱载堉最终完成了十二等程律的发明。

围绕着十二等程律的创建，朱载堉成功地登上了一个又一个科学高峰。例如，为了解决十二等程律的计算问题，他讨论了等比数列，找到了计算等比数列的方法，并将其成功地应用于求解十二等程律。为了解决繁重的数学运算，他发明了81档的大算盘，以之进行开平方、开立方计算，并提出了一套珠算开方口诀，这是富有创见之举。他还解决了不同进位小数的换算方法，作出了有关计算法则的总结。这些，都是很引人注目的成就。

三、度量衡理论变革和制度考订

除了对音律领域计算方法做了革命性变革，在传统度量衡领域，朱载堉也多有贡献，主要体现在理论突破和制度考订上。

朱载堉对传统度量衡理论做了彻底变革。在其《乐律全书》中，他开篇伊始就指出，传统度量衡理论是不可靠的。他说：

> 律非难造之物，而造之难成，何也？推详其弊，盖有三失：王莽伪作，原非至善，而历代善之，以为定制，根本不正，其失一也；刘歆伪辞，全无可取，而历代取之，以为定说，考据不明，其失二也；三分损益，旧率疏舛，而历代守之，以为定法，算术不精，其失三也。欲矫其失，则有三要：不宗王莽律度量衡之制，一也；不从《汉志》刘歆班固之说，二也；不用三分损益疏舛之法，三也。[③]

朱载堉对传统计量理论的否定是前所未有的。他所说的王莽伪作，指的是王莽篡汉时，

---

① 〔明〕朱载堉撰《乐律全书·序》，《四库全书》本。
② 同上。
③ 〔明〕朱载堉撰《乐律全书》卷一《律吕精义内篇一》，《四库全书》本。

委托刘歆为之制定的度量衡制度及制作的度量衡标准器。在历史上，历代在制定度量衡制度时，都是以王莽量器为准的。唐代李淳风考订历代尺度，也是以莽尺作为周尺的代表的。清代发现王莽时制作的新莽嘉量，后人通过对新莽嘉量的实测，发现其1尺约合23.1厘米。后来通过对战国时秦国标准器商鞅方升的测量，参考其铭文规定的容积，推算出战国时1尺长度也为23厘米左右。这些，表明刘歆为王莽制作的度量衡制度及标准器与战国时标准是一致的，实现了其设计初衷。朱载堉的指责是不成立的。朱载堉在世时，新莽嘉量和商鞅方升都还没有被发现，朱载堉对之不可能寓目，他的指责失实，是可以理解的。

但是，朱载堉的后两条指责，则体现了他的高瞻远瞩。三分损益法的缺陷，前文已有说明，这里不赘。朱载堉所说的"刘歆伪辞"，指的是《汉书》里面记载的刘歆提出的乐律累黍说：

> 度者，分、寸、尺、丈、引也，所以度长短也。本起黄钟之长，以子谷秬黍中者，一黍之广，度之九十分，黄钟之长。一为一分，十分为寸，十寸为尺，十尺为丈，十丈为引，而五度审矣。①

这是说长度单位的制定取决于黄钟律管的长度，这种长度单位可以通过采用当时一种黍米的排列而得以实现。这种说法把音律与长度单位相联系，认为如果已经确定某一律管发出的是黄钟音调，则由该律管可以确定长度单位；反之，以黍米为中介，可以把长度单位复现出来，以之确定黄钟音调。这种音乐产生于度量，度量取决于音乐的说法由来已久，例如《吕氏春秋》就明确提到音乐生于度量：

> 音乐之所由来者，远矣。生于度量，本于太一，太一出两仪，两仪出阴阳，阴阳变化，一上一下，合而成章。②

而司马迁的《史记》则开篇伊始就提到：

> 王者制事立法，物度轨则，壹禀于六律，六律为万事之根本焉。③

---

① 〔汉〕班固撰《汉书》卷二十一上《律历志》，中华书局，1962，第966页。
② 〔汉〕高诱注《吕氏春秋》卷五《仲夏纪》，《四库全书》本。
③ 〔汉〕司马迁：《史记》卷二十五《律书》，中华书局，1959，第1239页。

这是说度量衡产生于音律。刘歆在对前人两种不同说法的基础上进行总结后提出了自己的理论，形成了系统的乐律累黍学说。该说法被班固收入《汉书·律历志》以后，成为后世考订度量衡制度时遵奉的圭臬。历朝历代在考订音乐时，往往用累黍的方法先考订尺度，通过尺度确定黄钟长度，然后再确定音律。或者在考订度量衡制度时，也要通过累黍确定尺度标准，再以之为基础，确定度量衡制度。古人在这么做的时候，也产生很多争议，究竟是度生于律，还是律生于度，到底该如何累黍，众说纷纭，莫衷一是，也有人对乐律累黍说产生过疑虑，但从来没有像朱载堉这样直斥其为伪辞，"全无可取"，给予彻底否定。

朱载堉否定乐律累黍说，有其自身的思考。他在分析历代尺度演变时指出，"历代尺法，皆本诸黄钟，而损益不同"。之所以如此，朱载堉分析道：

> 《论语》言三代皆有所损益，盖指度量衡诸物而言耳。律乃天地正气，人之中声，不可以损益也。律无损益而尺有损益焉，是故黄钟尺寸不同。①

这段话对了解朱载堉思想十分重要。在朱载堉看来，音律本身是独立的，音调的高低不会随着尺度的变化而变化。他的这种认识，把传统乐律累黍说的前提抽掉了，使音律问题回归到了音律本身。那么，古人为什么会有黄钟管长九寸之说呢？朱载堉指出，这是受传统哲学观念影响的结果。他说：

> 《淮南子》曰：道曰规，始于一，一而不生，故分而为阴阳，阴阳合和而万物生，故曰一生二，二生三，三生万物。……以三参物，三三如九，故黄钟之律九寸而宫音调，因而九之，九九八十一，故黄钟之数立焉。②

既然黄钟管长九寸之说是受传统哲学重视"三"的概念影响的结果，那么别的哲学理念就会导致别的尺长之说，例如，"有以黄钟之长均作十寸，而寸皆十分者，此舜同律度量衡之尺，至夏后氏而未尝改，故名夏尺"③。显然，乐律累黍学说就是这样哲学建构的结果，没有任何神圣之处。

---

① 〔明〕朱载堉撰《乐律全书》卷十《律吕精义内篇》，《四库全书》本。
② 同上。
③ 同上。

从操作的角度，乐律累黍法也很难具备实用性。自然界的黍粒，很难大小均匀，故《汉书·律历志》强调累黍时要取"子谷秬黍中者"，但何谓"中者"，本身就很难确定。因为"时有水旱之差，地有肥瘠之异，取黍大小，未必得中"。[①] 前提不成立，操作不确定，以乐律累黍说作为考订音律、制定度量衡制度的做法，确实是应该取缔的。

除了对传统度量衡理论拨乱反正，朱载堉还对历史上的度量衡器做了考订，对当时各种尺度器物做了考察整理，为人们了解度量衡的历史演变提供了参照。

例如，在对古代量器制度的考订方面，《左传》载晏婴叔向论齐晋季世，其中提到：

> 齐旧四量：豆、区、釜、钟，四升为豆，各自其四，以登于釜，釜十则钟。[②]

这是说齐国的国家量制分为升、豆、区、釜、钟，其进制为由升到釜是四进制，由釜到钟是十进制。这一说法，当时已经成为历史定论，但朱载堉却从《管子》中读出了不同的理解：

> 按《管子》云：齐西之粟，釜百泉，则镪二十也；齐东之粟，釜十泉，则镪二泉也。晏子曰"四升为豆，各自其四，以登于釜，釜十则钟"，夫釜粟百钱而区二十钱，釜粟十钱而区二钱，则五区为釜明矣。[③]

朱载堉通过《管子》记载的齐国东部和西部粟米价格的差异，敏锐地发现早在晏婴之前，齐国的容量制度从区到釜已经是五进制了。他的发现，弥补了传统说法的不足，使我们对战国时齐国的度量衡制度有了更全面的了解。

而且，朱载堉并不由此认为晏婴的四进制说法是错的。他的解释是，按晏婴的说法，四升为豆，四豆为区，这样一区等于十六升。而五区一釜，这样一釜等于八十升。而按照当时的周制，十升一斗，这样一釜也就是八斗。"釜十则钟"，这意味着一钟等于八十斗，按照周制，十斗一斛，这样一钟就等于八斛。八是四的二倍，这样意味着晏子所说的四进制仍然是成立的。

朱载堉不但注意对古代度量衡制度的考订，更重视对当时度量衡制度的考察和梳理。当时明代的尺度，由于社会的发展和政府应对的不力，已经有了行业度量衡，出现了营造尺、

---

① 〔明〕朱载堉撰《乐律全书》卷十《律吕精义内篇》，《四库全书》本。
② 《左传》，见〔清〕高士奇撰《左传纪事本末》卷二十二，《四库全书》本。
③ 同①。

量地尺、裁衣尺三个系统。对于这三种尺度以及明代有关量器的形制，朱载堉均做了考订和记载。具体内容，本书第三章"历代度量衡的发展"已有记述，这里不再赘述。

在对度量衡基准的选择上，朱载堉创造性地选择水银作为判断度量衡器是否合乎标准的中介物。他在介绍"考积实法"时提到，"考积实法，以水银实其管，验其容受，称其分两与算合否，周径积实互相合乃可耳"。他在讨论该问题时，以问答方式阐释了自己的观点：

> 问曰：古人实管以黍，黍虚实难凭，据改用井水准其概矣。今又改用水银，何也？答曰：此新法也。水比黍虽近密，然犹未也。水银密于水矣。尝以木作立方，横黍一寸之模，实以水银称之，重今天平六两二钱。①

朱载堉的做法，实际上是继承了《汉书·食货志》中"黄金方寸而重一斤"的传统，用物质的比重作为重量单位标准，实现长度单位与重量单位的统一。用这种方法产生重量标准，在当时条件下，确实比别的方法更为可靠，水银是液体，用容器测量体积，比固体金属容易且准确。至于朱载堉的测量结果，据中国科学院自然科学史研究所戴念祖研究员推算，朱载堉测定的水银密度为 13.55 克/厘米^3。而现代测量值是，20 ℃时水银密度为 13.545 8 克/厘米^3，鉴于古人事关度量衡的测试一般要求在春分、秋分进行，二者几乎完全一致，可见朱载堉测量水平之高。②

四、推动历法改革

古代音律与天文密切相关，朱载堉在研究音律的同时，对天文也给予了足够的重视。

朱载堉对天文学问题的研究，主要集中在历法领域。明代的历法《大统历》本质上是元代郭守敬《授时历》的翻版。《授时历》制成于至元十七年（1280 年），是古代历法发展的高峰，但到了明代中后期，时间过去已久，误差逐渐增大，与实际天象已经有了较大偏差，预报日月食屡次失误。对此，《明史》有所记载：

> 明之《大统历》，实即元之《授时》，承用二百七十余年，未尝改宪。成

---

① 〔明〕朱载堉撰《嘉量算经》下卷《考周径积实第二十四》，《四库全书》本。
② 戴念祖：《天潢真人朱载堉》，大象出版社，2008，第 286 页。

化以后，交食往往不验，议改历者纷纷。①

《明史》记载了一些具体的例子。例如，"景泰元年正月辛卯，卯正三刻月食。监官误推辰初初刻，致失救护"。②这是公元1450年的事。到了成化十五年（1479年），"十一月戊戌望，月食，监推又误"。③两年后，儒生俞正己上《改历议》，遭到尚书周洪谟的指责，说他轻率狂妄，俞正己因此被投入狱中。成化十九年（1483年），"天文生张升上言改历。钦天监谓祖制不可变，升说遂寝。弘治中，月食屡不应，日食亦舛。正德十二、三年，连推日食起复，皆弗合"。④嘉靖十九年（1540年）"三月癸巳朔，台官言日当食，已而不食。帝喜，以为天眷，然实由推步之疏也。……万历十二年十一月癸酉朔，《大统历》推日食九十二秒，《回回历》推不食，已而《回回历》验。……二十年（1592年）五月甲戌夜月食，监官推算差一日。"⑤可以看出，从景泰到万历这一百多年间，《大统历》推算日月食屡屡失误，历法失真问题严重到了亟待解决的地步。朱载堉对历法问题的研究，就是在这样的背景下展开的。

万历二十三年（1595年），朱载堉向皇帝上疏，进呈其所著《圣寿万年历》《律历融通》二书，提出了对《大统历》进行改革的建议。《明史》详细记载了他上疏中对历法改革的建议，特别是其"历议"部分对传统历法的改进之处。朱载堉的上疏，对传统历法需要改进之处，颇有些直言不讳。例如他在讨论当时的漏刻制度时，就一针见血指出：

> 日月带食出入，五星晨昏伏见，历家设法悉因晷漏为准。而晷漏则随地势南北，辰极高下为异焉。元人都燕，其《授时历》七曜出没之早晏，四时昼夜之永短，皆准大都晷漏。国初都金陵，《大统历》晷漏改徙南京，冬、夏至相差三刻有奇。今推交食分秒，南、北、东、西等差及五星定伏定见，皆因元人旧法，而独改其漏刻，是以互神舛误也。故新法晷漏，照依元旧。⑥

这是讲时间计量对历法制定的重要性。要准确推算日食、月食、五星运行，就需要有准确的时刻，而时间计量是用晷漏进行的，晷漏计时准确与否，与时间制度和所在地理纬度之

---

① 〔清〕张廷玉等撰《明史》卷三十一《志第七·历一》，中华书局，1974，第516页。
② 同上书，第518页。
③ 同上。
④ 同上。
⑤ 同上书，第520页。
⑥ 同上书，第525页。

间是否匹配密切相关。郭守敬制定《授时历》时，是按照元大都即今北京城的晨昏时刻推算的。明代之初建都南京，漏刻制度改按南京的晨昏时刻执行，这样下来冬至、夏至时刻与原来相差三刻多，但与南京的情况相符。现在首都设在北京，历法推算日月交食五星运行，运用的方法都是郭守敬《授时历》的一套，唯独漏刻的晨昏制度不按北京的实际情况执行，所以产生舛误。朱载堉说他的新历法纠正了这一错误，在时刻制度上重新按照郭守敬原来的做法，即按北京的实际晨昏情况执行。

朱载堉所言之事，在明代历史上一波三折，曾有过争议。《明史》对之有所记载：

> 永乐迁都顺天，仍用应天冬夏昼夜时刻，至正统十四年始改用顺天之数。其冬，景帝即位，天文生马轼言，昼夜时刻不宜改。下廷臣集议。监正许惇等言："前监正彭德清测验得北京北极出地四十度，比南京高七度有奇，冬至昼三十八刻，夏至昼六十二刻。奏准改入《大历》，永为定式。轼言诞妄，不足听。"帝曰："太阳出入度数，当用四方之中。今京师在尧幽都之地，宁可为准。此后造历，仍用洪、永旧制。"①

这是说，1421年永乐皇帝将明朝首都迁到北京后，仍然使用南京时刻制度，到了正统十四年（1449年），开始改用北京时刻制度。但新的时刻制度没用到一年，景泰帝即位，天文生马轼利用这个机会提出反对意见，建议重新改回南京时间。马轼的提议遭到钦天监官员的反对，景泰帝朱祁钰最后拍板，说太阳出没时间制度，应该按天地之中的情形执行，北京地理位置偏僻，不应按照北京情况设定历法时刻制度。明代人们对宇宙的了解，仍然认为地是平的，地表面有个中心，这个中心在今河南登封，这就是朱祁钰所说的"四方之中"。北京的地理位置，相对河南来说，偏北了，所以景泰帝认为不适宜以北京晨昏实际作为历法的标准。他的这一裁决，一直执行到朱载堉的时期。朱载堉明确指出这种做法是错误的，表现出他在面对大自然时不畏权势坚持实事求是的态度。

除了上疏时阐述自己的历法主张，朱载堉的著作《圣寿万年历》《律历融通》等也反映了他在天文领域的创新。他在《圣寿万年历》中推算的回归年长度为365.242 020日，与现代理论值365.242 199之间十万年才差1.8天，比现行公历还要精确。他还更新了传统的测量北极星偏离北天极度数的方法，也获得了良好的结果。

---

① 〔清〕张廷玉等撰《明史》卷三十一《志第七·历一》，中华书局，1974，第517~518页。

在《律历融通》书中，朱载堉还介绍了他对地磁偏角的测定。他首先指出，要用指南针测定方向当然可以，但是指南针指向是否正南，却是不确定的。他做了具体的测定：

> 以"正方案"之一规均为百刻，而此日景与指南针相校，果指午正之东一刻零三分刻之一。然世俗多不解考日景以正方向，而惟凭指南针以为正南，岂不误哉！①

所谓正方案，是元代郭守敬发明的根据天文学原理以测定方向的仪器，朱载堉曾在其基础上有所改进。利用正方案测出的南北方向，反映的是真正的地球极轴的南北指向，而磁针的指向，则是地磁两极之所在。二者之间的偏差，即为磁偏角。朱载堉把正方案上的一个圆周分为 100 份，测量的结果，磁针指向南偏东 $1\frac{1}{4}$ 份。根据这两个数字，可以推算出朱载堉测量的磁偏角的值为 4.8°。他的测量地点，当是在其封地今河南沁阳。这是中国历史上第一个有具体测定过程和精确数值记录的磁偏角测量。

明代实行严格的天文历禁制度，但朱载堉有世子身份，天潢贵胄，他研究天文，并未受到处罚，相反，礼部尚书范谦还为此专门上书皇帝，称赞朱载堉的研究工作，建议"其书应发钦天监参订测验。世子留心历学，博通今古，宜赐敕奖谕"②。范谦的建议得到万历皇帝的认可，朱载堉也因为他的天文研究再次受到皇帝的褒奖。

但是，朱载堉的《圣寿万年历》并未得到颁行。他的工作，是对传统天文学的推进，是在古代历法发展轨道上的前行。在他向万历皇帝进献自己的历学著作的时候，来自意大利的传教士利玛窦已经进入中国内地 13 年了。利玛窦带来的西方天文学，其所达到的水平已经超越了中国传统的天文学。朱载堉上疏，拉开了明末历法改革的大幕，而在明末历法改革中登场的主角，却是传教士传入的西方天文学。

第二节　学贯中西的计量名家——徐光启

徐光启，字子先，号玄扈，上海人，万历进士，官至崇祯朝礼部尚书兼文渊阁大学士、

---

① 〔明〕朱载堉撰《律历融通》卷四《黄钟历议下》，《四库全书》本。
② 〔清〕张廷玉等撰《明史》卷三十一《志第七·历一》，中华书局，1974，第 527 页。

图 21-2
中国邮政 1980 年发行的徐光启纪念邮票

内阁次辅，去世后获赐谥号文定，是明朝一位成功的政治家和科学家。他对中国历史的贡献，更多地体现在科学方面，是一位名副其实的科学家。他精通中国传统学术，毕生致力于科学技术的研究，对传教士利玛窦引入的西方的天文、历法、数学、测量和水利等科学技术也深有造诣，勤奋著述，是介绍和吸收欧洲科学技术的积极推动者，学贯中西的科学大家，在计量领域也有突出贡献。在中国邮政发行的中国古代科学家纪念邮票中，徐光启的名字也赫然在榜（图 21-2）。

一、治历明农，奋武揆文：徐光启的人生

徐光启生于嘉靖四十一年（1562 年）南直隶松江府上海县（今上海市）。他的祖父曾经经商，到他父亲这一代，家境中落，弃商归农。正因为如此，这个家庭，对农业、手工业和商业活动，是熟悉的。其父徐思诚，为人刚直，富有同情心，"族党亲戚有贫者、老者、孤者、寡者，辄收养衣食之。中年食贫，即疏粝与共飨，终不以贫故谢去"。[①] 在学识方面，徐思诚懂农事，知兵机，通哲学："间课农学圃自给。……少遭兵燹，出入危城中，所识诸名将奇士，所习闻诸战守方略甚备。与人语旧事，慷慨陈说，终日不倦，间用己意指摘前事得失，

---

① 〔明〕徐光启：《徐光启集》，王重民辑校，中华书局上海编辑所，1963，第 526 页。

出人意表。博览强记，于阴阳医术星相占候二氏之书，多所通综，每为人陈说讲解，亦娓娓终日。"① 这里的"二氏"，指佛、道两家。甚至他的母亲，也熟知战事，徐光启说他母亲"性勤事，早暮纺绩，寒暑不辍。……每语丧乱事极详委，当日吏将所措置，以何故成败，应当若何，多中机要。"② 引文中的"丧乱"，指的是倭寇入侵。徐光启的一生，深受其父母影响，他毕生钻研科技、重视农事、研习兵务、推崇实践、唯勤唯俭、安贫若素等，很多地方都能看出其父母的影子。

徐光启的人生之路，并非一帆风顺。万历九年（1581年），他20岁，这年考中秀才，结婚，次年生子。在科学之途起步尚不晚，但之后的考取功名之路，却并不顺畅。中了秀才后，因家境不裕，他开始在家乡教书，7年后，参加乡试未中。万历二十四年（1596年），徐光启在上海南门赵凤宇家教书时，赵凤宇出任广西浔州府知府，徐随往浔州，经韶州时，认识了意大利传教士郭居静（Lazare Cattaneo，1560—1640），多年后徐光启晋升翰林后，邀请郭居静赴上海开教，郭居静在上海为徐光启全家大小都施了洗，并吸收多位著名人士入教，为天主教在上海的传播打开了局面。

万历二十五年（1597年），徐光启陪伴赵凤宇之子赵公益从浔州赴北京应顺天府乡试。乡试初评时徐光启已经落榜，主考官焦竑（1540—1620）欣赏他的作文，将其于落第卷中检出，拔擢为第一名。这一年徐光启已经36岁，他花了16年的时间，走完了从秀才到举人的这一步。而焦竑之所以提拔他，是因为两人思想相通。万历辛亥年（1611年），徐光启在为焦竑文集作序时，盛赞其学术文章，谓"读其文而有能益于德、利于行、济于事"。③ 他对焦竑的称赞，其实也是他自己的追求。

乡试之后，第二年的会试未中，徐光启回家继续教书。万历二十八年（1600年），赴南京拜见恩师焦竑，经介绍与耶稣会士利玛窦晤面，由此开始了两人在传教和科学技术领域的终身合作。万历三十一年（1603年），徐光启在南京由耶稣会士罗如望（Jean de Rocha，1566—1623）受洗，加入天主教，获教名保禄（Paul），即保罗，并开始学习拉丁文。就在这一年，他还为上海县官刘一爌撰写了《量算河工及测验地势法》，讨论"量某河自某处起，至某处止，共实该应开河几何丈尺"④之类问题，细致说明了修河治河中一些关键测量技术，体现了他对测量问题的关注与精通。

万历三十二年（1604年），徐光启在考取举人7年后，在北京的会试中，终于考取进士，

---

① 〔明〕徐光启：《徐光启集》，王重民辑校，中华书局上海编辑所，1963，第526页。
② 同上书，第527页。
③ 同上书，第90页。
④ 〔明〕徐光启：《农政全书》卷十四《水利》，陈焕良、罗文华校注，岳麓书社，2002，第220页。

在殿试中,名列三甲第52位。他从20岁中秀才,43岁中进士,科举之路一共用去了23年。中进士后,考选翰林院庶吉士,入翰林馆。就在这一年,他撰写了《拟上安边御虏疏》,开始在军事领域提出见解。该疏被收入《徐光启集》,置于卷一首篇位置。之后,又撰写了《拟缓举三殿及朝门工程疏》《处置宗禄边饷议》《漕河议》等,这些方案,针砭时弊,切实可行,表现了其忧国忧民的思虑和渊博的治国安邦谋略。

在热心教务、钻研军事的同时,徐光启又做了一件足以影响中国科学发展的大事:万历三十四年(1606年),开始与利玛窦合作翻译《几何原本》。翻译方式为利玛窦口述,徐光启进行中文记录和润色。原书共15卷,翻译了前6卷,第二年春即刊印发行。之后,他又根据利玛窦的口述,翻译了《测量法义》一书。

万历三十五年(1607年),徐光启因父亲去世,回乡丁忧。守制期间,他潜心整理书稿,将《测量法义》润饰定稿,并将其与中国传统数学著作《周髀算经》《九章算术》相互参照,在融汇中西测量知识的基础上,撰成《测量异同》,还作《勾股义》一书,探讨勾股术在测量中的应用。这些著作,组成了他关于测量问题的基本知识系统。

在此期间,他也开始了农学探讨。徐光启研究农学,不是纸上谈兵,而是实做实验。他在家乡辟地种田,进行农作物引种、耕作试验,在试验的基础上,作《甘薯疏》《芜菁疏》《吉贝疏》《种棉花法》《代园种竹图说》诸书。这些著作,初步展示了他在农学领域的造诣。

万历三十八年(1610年),徐光启守制结束,回到北京,官复原职。此后除了几次临时性差事之外,徐光启一直担任较为闲散的翰林院检讨,这使他有较多的时间进行天文历算、农学水利等方面的研究。此前的万历二十三年(1595年),朱载堉曾向皇帝进呈其所著历书,指出当时历法不准,拉开了明末历法改革的大幕。朱载堉的建议未被采纳,拖至此时,历法失准现象更为严重,又发生了日食预测失误现象。职方郎范守己上疏指责历法粗疏,"礼官因请博求知历学者,令与监官昼夜推测,庶几历法靡差"[①]。五官正周子愚建议翻译传教士带来的西方天文著作,为修订历法做准备。他的建议受到朝廷重视,徐光启也得以入司天监与西洋传教士研究天文仪器,与耶稣会教士熊三拔合作,翻译《简平仪说》,并在熊三拔帮助下,撰成《平浑图说》《日晷图说》《夜晷图说》等著作。这是徐光启在天文计量领域工作的开始。在试制多种天文仪器的同时,徐光启还向熊三拔学习西方水利,合译了《泰西水法》6卷,介绍了西洋的水利工程做法和各种水利机械。

万历四十四年(1616年),南京教案发生,礼部侍郎沈㴶向万历皇帝写了几封信,极力

---

① 〔清〕张廷玉等撰《明史》卷三十一《志第七·历一》,中华书局,1974,第528页。

批判天主教的教义和教徒，认为他们对皇帝和中国的文化都很不尊重，请求查办外国传教士。徐光启上《辩学章疏》，为传教士辩护。沈漼的上疏一开始并未引起明神宗的重视，加之徐光启的辩护，事情不了了之。但沈漼并不善罢甘休，他一再上疏，引发各地群众排教。明神宗下令将庞迪我（Diego de Pantoja，1571—1618）、熊三拔等人从北京押解澳门，传教士的传教活动进入低潮。徐光启也以病告假，居住在天津，从事农业科技实验。

万历四十六年（1618年），后金努尔哈赤发兵进犯关内，礼部左侍郎何宗彦建言皇帝，说徐光启"夙知兵略"，朝廷遂下旨令徐光启限期回任。徐光启虽然此时病体尚未痊愈，但因"时事仓皇，计无反顾，舆疾入都"①，应召星夜入京。

次年，明与后金的萨尔浒之战爆发，明军分四路进攻，旨在一举平息后金。徐光启对此颇不以为然，他指出，"四路进兵，此法大谬。贼于诸路必坚壁清野，小小营寨且弃不复顾，而并兵以应一路，当之者必杜将军矣。"②这里的杜将军，是指率军顺浑河出抚顺关进军的总兵杜松。事实果如徐光启所料，面对明军兵分四路互不协调各自进军的形势，努尔哈赤集中兵力，凭你几路来，我只一路去，各个击破。首先迎击打败杜松一路，又分别击溃其余三路，致使明军大败。

四路明军皆败，京师震动。面对这种局面，徐光启多次上疏请求练兵，指出只有练出精兵，才能击败后金。1619年，他被擢升詹事府少詹事兼河南道监察御史，在通州督造西洋炮械，督练新军。但由于财政拮据、议臣掣肘，导致军饷、器械供应困难，练兵计划并不顺利。徐光启也因操劳过度，旧疾复发，于天启元年（1621年）三月辞职回天津调理。六月，辽阳失陷，徐光启再次奉召紧急返京，力请使用红夷大炮帮助守城。但因与兵部尚书意见不合，十二月再次辞归，返回天津，部署开垦水田诸事。当时，明朝廷由于魏忠贤阉党擅权，政局黑暗。阉党为了笼络人心，委任徐光启为礼部右侍郎兼翰林院侍读学士协理詹事府事，但徐光启称病不肯就任，引起阉党不满，被劾，皇帝命他"冠带闲住"，于是他回到上海。这是天启四年（1624年）的事。在上海"闲住"期间，他进行了《农政全书》的写作（1625—1628），其军事论集《徐氏庖言》，也于此时刊刻出版。

崇祯帝即位后，诛杀魏忠贤，阉党垮台。崇祯元年（1628年），徐光启奉召回京，官复礼部右侍郎职，并任詹事府詹事。崇祯二年，徐光启擢升礼部左侍郎。就在这一年的6月21日（农历五月初一），发生日食。对这次日食，"礼部侍郎徐光启依西法预推，顺天府见食二分有奇，琼州食既，大宁以北不食。《大统》《回回》所推，顺天食分时刻，与光启互异。已而光启法验，

---

① 〔明〕徐光启：《徐光启集》，王重民辑校，中华书局上海编辑所，1963，第458页。
② 同上书，第459页。

图 21-3
光启公园大门口的石牌坊

余皆疏。帝切责监官。……于是礼部奏开局修改。乃以光启督修历法。"[1] 以这次日食事件为契机，明廷正式决议开设历局，命徐光启督修，这是徐光启正式负责明末修订历法之始。这次修订历法的最终结果，是中国历史上首部中西合璧的大型历书《崇祯历书》的诞生。

徐光启晚年，就在修订历法、观测天文、指导练兵、督造火炮等多个相去甚远的领域忙碌。他 69 岁那年，还因为登观象台观测而跌伤。崇祯五年（1632 年），以礼部尚书兼任东阁大学士，参预机务，知制诰及同知经筵事。这时的徐光启，已经位极人臣，深感重任在肩，亟欲有所作为，但"年已老，值周延儒、温体仁专政，不能所有建白。明年十月卒，赠少保……御史言光启……盖棺之日，囊无余赀，请优恤以愧贪墨者。帝纳之，乃谥光启文定。"[2] 崇祯六年（1633 年）十月初七，徐光启因病逝于北京。崇祯皇帝特派人祭祀，赠少保，谥文定，并遣专使护送灵柩返乡。

徐光启灵柩回到上海后，被安葬于今徐家汇南丹路光启公园内，墓园石牌坊正中有一副对子（图 21-3）：

---

[1]〔清〕张廷玉等撰《明史》卷三十《志第七·历一》，中华书局，1974，第 529～530 页。
[2] 同上书，卷二百五十一《列传第一百三十九》，第 6494～6495 页。

治历明农百世师，经天纬地；

出将入相一个臣，奋武揆文。

这副对子，道尽了徐光启一生的功业。

二、心领笔受，阐理释义：《几何原本》翻译

徐光启对中国科技发展的最重要贡献之一，是与利玛窦合作翻译了《几何原本》。

《几何原本》是古希腊数学家欧几里得创作的一部数学著作，成书于公元前 300 年左右。该书的最大特点是其公理化体系，书的一开始先用 23 个定义提出了点、线、面、圆和平行线的原始概念，接着提出了 5 个公设和 5 个公理作为全书几何命题论证的出发点。全书就是从这些公设、公理出发，利用纯逻辑推理的规则，由简到繁地推演出 460 多个命题，构建起了几何学大厦，建立起了人类史上第一个完整的公理演绎体系。

关于《几何原本》所代表的古希腊公理化体系的意义，爱因斯坦曾有所论述，他说：

> 西方科学的发展是以两个伟大的成就为基础，那就是：希腊哲学家发明形式逻辑体系（在欧几里得几何学中），以及通过系统的实验发现有可能找出因果关系（在文艺复兴时期）。[①]

爱因斯坦所说的"希腊哲学家发明的形式逻辑体系"，指的就是贯穿在欧几里得《几何原本》中的公理化体系。公理化思想是构成近代科学赖以发展的两块基石之一，另一块是 17 世纪伽利略开创的实验传统。中国古代鲜见类似《几何原本》那种公理化体系的数理著作，是徐光启和利玛窦联手，把《几何原本》引入中国，使中国人开始接触并逐渐接受了这种对科学发展至为重要的公理化体系的思维方式。换言之，《几何原本》的译介，为近代科学得以在中国建立奠定了第一块基石，其重要性无论如何评价，都不过分。

最初想到要把《几何原本》介绍给中国人的，是利玛窦。利玛窦所在的时代，近代科学尚未诞生，他当然想不到《几何原本》蕴含的思维方式会那么重要。他是从《几何原本》所

---

① 李约瑟：《文明的滴定：东西方的科学与社会》，张卜天译，商务印书馆，2018，第 32 页。

引发的实用功能出发，觉得该书重要，应该介绍给中国人。在为翻译本《几何原本》撰写的引言中，他首先介绍了对几何学的认识：

> 几何家者，专察物之分限者也。其分者，若截以为数，则显物几何众也；若完以为度，则指物几何大也。其数与度，或脱于物体而空论之，则数者立算法家，度者立量法家也。或二者在物体，而偕其物议之，则议数者，如在音相济为和，而立律吕乐家；议度者，如在动天迭运为时，而立天文历家也。此四大支流，析百派。①

利玛窦认为，几何学是对具体计量问题的抽象，是关于计量问题的科学。把几何学应用到具体学科，就可以解决多种计量问题。为了清晰地了解利玛窦对几何学的用途的理解，我们详引他列举的几何学功用如下：

> 其一量天地之大，若各重天之厚薄，日月星体去地远近几许、大小几倍，地球围径道里之数；又量山岳与楼台之高，井谷之深，两地相距之远近，土田城郭宫室之广袤，廪庾大器之容藏也。
>
> 其一测景以明四时之候，昼夜之长短，日出入之辰，以定天地方位，岁首、三朝，分、至启闭之期，闰月之年，闰日之月也。
>
> 其一造器以仪天地，以审七政次舍，以演八音，以自鸣知时，以便民用，以祭上帝也。
>
> 其一经理水、土、木、石诸工，筑城郭，作为楼台宫殿，上栋下宇，疏河注泉，造作桥梁。如是诸等营建，非惟饬美观好，必谋度坚固，更千万年不圮不坏也。
>
> 其一制机巧，用小力转大重，升高致远，以运刍粮，以便泄注，乾水地，水乾地，以上下舫舶。如是诸等机器，或借风气，或依水流，或用轮盘，或设关捩，或恃空虚也。
>
> 其一察目视势，以远近、正邪、高下之差照物状，可画立圆立方之度数于平版之上，可远测物度及真形，画小使目视大，画近使目视远，画圜使目视球，画像有坳突，画室屋有明暗也。

---

① ［意］利玛窦：《几何原本》，〔明〕徐光启译，王红霞点校，上海古籍出版社，2011，第6页。

> 其一为地理者，自与地山海全图，至五方四海，方之各国，海之各岛，一州一郡，金布之简中，如指掌焉。全图与天相应，方之图与全相接，宗与支相称，不错不紊，则以图之分寸尺寻，知地海之百千万里，因小知大，因迩知遐，不误观览，为陆海行道之指南也。
>
> 此类皆几何家正属矣。若其余家，大道小道，无不藉几何之论以成其业者。夫为国从政，必熟边境形势、外国之道里远近、壤地广狭，乃可以议礼宾来往之仪，以虞不虞之变。①

上到为国从政，下到具体测量，几何学均能发挥作用，其重要性不言而喻。利玛窦正是出于这样的考虑，觉得应该将《几何原本》译为中文，以飨中国读者。他试着翻译，但未能继续下去，由此他觉得自己的中文水准不足以胜任翻译《几何原本》这部巨著。就在这时，他遇到了徐光启，通过与徐光启的晤谈，感觉徐光启心思细密，"长于文笔"，是合作翻译《几何原本》的合适人选。他以此征询徐光启意见，得到徐光启的慨然允诺：

> "吾先正有言，一物不知，儒者之耻。今此一家已失传，为其学者，皆暗中摸索耳。既遇此书，又遇子不骄不吝，欲相指授，岂可畏劳玩日，当吾世而失之？呜呼！吾避难，难自长大；吾迎难，难自消微。必成之。"先生就功，命余口传，自以笔受焉。反复展转，求合本书之意，以中夏之文重复订政，凡三易稿。②

由此开始了两人合作翻译《几何原本》的伟业，利玛窦口述，徐光启笔受，两人反复推敲，三易其稿，终于完成了《几何原本》前6卷的翻译工作。

徐光启与利玛窦的合作，在世界文化史上，是一段佳话。早在1670年，德国学者阿塔纳修斯·基歇尔（Athanasius Kircher，1602—1680）在其《中国图说》（*China Illustrata*）中就介绍了两人的交往，还附加了插图。图21-4就是该书中的利玛窦与徐光启像。

徐光启在完成《几何原本》前6卷的翻译后，对其强大的逻辑体系及其功能有了深切的认识，体会到该书对中国人的重要性，大声疾呼该书"举世无一人不当学"。他感慨说：

---

① ［意］利玛窦：《几何原本》，〔明〕徐光启译，王红霞点校，上海古籍出版社，2011，第7~28页。
② 同上书，第10~11页。

图 21-4

意大利罗马中央国家图书馆藏基歇尔《中国图说》中的利玛窦与徐光启像（左为身穿儒服的利玛窦，右为衣着官袍的徐光启。图中的汉字是绘画者照汉字描画，笔画不清且有错）

此书为益，能令学理者祛其浮气，练其精心；学事者资其定法，发其巧思。故举世无一人不当学。……此书有四不必：不必疑，不必揣，不必试，不必改。有四不可得：欲脱之不可得，欲驳之不可得，欲减之不可得，欲前后更置之不可得。有三至三能：似至晦，实至明，故能以其明明他物之至晦；似至繁，实至简，故能以其简简他物之至繁；似至难，实至易，故能以易易他物之至难。易生于简，简生于明，综其妙，在明而已。①

"四不必、四不可得"，说的是《几何原本》严谨的逻辑体系和坚实的论证过程；"综其妙，在明而已"，说的是《几何原本》在培养人的思维习惯方面的作用。徐光启强调，对《几何原本》的重要性，不能简单地从它是否具有实用功能方面出发加以评判，他说：

《几何原本》者，度数之宗，所以穷方圆平直之情，尽规矩准绳之用也。……盖不用为用，众用所基，真可谓万象之形囿，百家之学海，虽实未竟，然以当他书，既可得而论矣。②

显然，徐光启已经认识到，《几何原本》的价值不在于它的具体用途，而在于它是其他实用学科的基础，是以"众用所基"作为它的根本价值的。徐光启的这些认识，可谓相当深刻。同样，利玛窦也强调该书在对培养人的思维方式方面的重要性，他说：

是书也，以当百家之用，庶几有羲、和、般、墨其人乎？犹其小者，有大用于此，将以习人之灵才，令细而确也。③

所谓"以习人之灵才，令细而确"，说的就是培养人的思维习惯，令思维达到缜密扎实。利玛窦和徐光启对《几何原本》重要性的论述，即使在今天看来，也是完全正确的。

至于徐光启所说的"虽实未竟"，是指《几何原本》原书共13卷，而利玛窦与他合作出版的，只是其中的前6卷。实际上，当他和利玛窦合作翻译了《几何原本》前6卷以后，"意方锐，欲竟之"，想要乘胜进军，完成全书的翻译，利玛窦却对他的提议泼冷水，说"请

---

① ［意］利玛窦：《几何原本》，〔明〕徐光启译，王红霞点校，上海古籍出版社，2011，第12～13页。
② 同上书，第4页。
③ 同上书，第5页。

先传此，使同志者习之，果以为用也，而后徐计其余"①，婉言加以拒绝。利玛窦的本意是《几何原本》的翻译和几何学的学习要循序渐进，视其被社会接受的情况再做下一步的决定。他没料到的是，1607年5月，也就是《几何原本》前6卷的翻译刚完成不久，徐光启的父亲去世。徐光启身为政府官员，只能按照传统礼制规定，回上海为父守孝三年。等到丁忧期满，1610年12月徐光启回到北京，这时利玛窦已去世半年有余，两人再也没有合作翻译该书的机会了。一直到250多年后，公元1857年，《几何原本》的后9卷才由英国人伟烈亚力和李善兰（1811—1882）共同译出。中国人至此才得以见到《几何原本》的全貌。

即使只翻译了前6卷，徐光启仍然强调该书的重要性，希望更多的人能够学习它。他指出，该书刊刻以后，虽然当时学习者不多，但该书的内容，将来一定会成为人人都必须学习的知识：

> 此书为用至广，在此时尤所急须。余译竟，随偕同好者梓传之。利先生作叙，亦最喜其亟传也。意皆欲公诸人人，令当世亟习焉。而习者盖寡。窃（原书为"竊"）意百年之后，必人人习之，即又以为习之晚也。而谬谓余先识，余何先识之有？②

徐光启的预言，今天已经成为现实，几何学已经纳入国家教育体系，成为当代学子人人都必须学习的知识。尽管徐光启谦虚地称自己"何先识之有"，我们仍然为他的远见卓识而感叹，为他和利玛窦合作翻译出了《几何原本》这一功绩而感恩！

三、寻本究原，定准依天：时空计量探讨

在具体的计量理论方面，徐光启也多有贡献，此处讨论他在时空计量方面的理论探讨。

在时间计量方面，徐光启首先探讨了时间本原问题。所谓时间本原，是指最能反映时间均匀流逝的运动形式。中国古代传统的时间计量主要有两种方式，一种是使用漏刻，利用漏刻中水的流逝来计量时间；另一种是使用日晷，通过日影的移动来计时。使用漏刻计时，需要用日晷校准，即用日晷测得的时间比用漏刻测得的时间更可靠，这时太阳在空中的视运动就是计时的本原。

---

① ［意］利玛窦：《几何原本》，〔明〕徐光启译，王红霞点校，上海古籍出版社，2011，第11页。
② 同上书，第13页。

到了11世纪，北宋科学家沈括精心钻研漏刻计时技术，使漏刻计时精度有了大幅度提高。他经过十几年的钻研，得到了一个惊人的发现。在《梦溪笔谈》中，沈括自豪地记述了他的发现：

> 古今言刻漏者数十家，悉皆疏谬。历家言昼漏者，自《颛帝历》至今见于世谓之"大历"者，凡二十五家。其步漏之术皆未合天度。余占天候景，以至验于仪象，考数下漏，凡十余年，方粗见真数，成书四卷，谓之《熙宁昼漏》，皆非袭蹈前人之迹。其间二事尤微。一者，下漏家常患冬月水涩，夏月水利，以为水性如此，又疑冰澌所壅，万方理之，终不应法。余以理求之，冬至日行速，天运已期而日已过表，故百刻而有余；夏至日行迟，天运未期而日已至表，故不及百刻。既得此数，然后复求昼景漏刻，莫不泯合。此古人之所未知也。①

沈括发现，在漏刻计时精度足够高的条件下，能够判断出在冬至和夏至附近太阳周日运行速度的不一致。由于太阳沿黄道运行速度在冬至和夏至时快慢不一样，导致一日的长度百刻有余有不足。他发现了这个因素后，做了针对性调整，"然后复求昼景漏刻，莫不泯合"。

沈括的发现涉及计量时间的三种方式：反映太阳视运动的日晷、通过技术调节实现水的均匀流逝的漏刻和反映恒星视运动的"天运"。传统上人们是用日晷作为计时之本的，现在沈括发现，太阳的视运动是不均匀的，这就使它失去了作为时刻之原的地位。那么，能够作为计时之本的，也就剩下"天运"和"刻漏"了。究竟应该以哪种运动形式作为计时之本？沈括之后很长一段时间，人们很少讨论。

徐光启关注到了这一问题。他是在崇祯三年（1630年）给皇帝上《测候月食奉旨回奏疏》中，对时间和空间计量的本原问题做了详细的辨析。下面所引文字，即来自该奏疏。在该奏疏中，徐光启向皇帝报告了他接到皇帝旨意"考验历法，全在交食，览奏、台官用器不同，测时互异，还着较勘画一具奏，钦此"②之后，率领钦天监官员及其他懂得天文历法的人士，到观象台检验仪器的结果：

> 率该监堂属官，并知历人等到台，前后校勘三次。设立表臬及用合式罗经，于本台日晷、简仪、立运仪、正方案上，较定本地子午真线，以为定时根本。

---

① 〔宋〕沈括：《梦溪笔谈》卷七《象数一》，岳麓书社，2002，第51页。
② 〔明〕徐光启：《徐光启集》，王重民辑校，中华书局上海编辑所，1963，第355页。

据法当制造如式日晷，以定昼时；造星晷，以定夜时；造正线罗经，以定子午。①

徐光启等人先后做过三次实地测试，测试的方法是用表臬、罗盘及其他仪器，测定当地的正南北方向，然后用计时设备，测量时间。根据测试结果，应该再制作符合要求的日晷、星晷、罗盘等，以确定正确的时间和空间方位。为此，徐光启指出，要做到这些，"当议者五事，一曰壶漏，二曰指南针，三曰表臬，四曰仪，五曰晷"。接下去，他分别讨论了这五种仪器的优劣。这里，我们选择其中有代表性的壶漏、指南针和表臬展开讨论。首先，徐光启讨论了漏刻计时的优劣：

> 壶漏等器规制甚多，今所用者水漏也。然水有新旧滑涩，则迟速异；漏管有时而塞，有时而磷，则缓急异。定漏之初，必于午正初刻，此刻一误，无所不误。虽调品如法，终无益也。故壶漏者，特以济晨昏阴雨晷仪表臬所不及，而非定时之本。所谓本者，必准于天行，则用表、用仪、用晷，昼测日，夜测星，是已。②

徐光启指出，漏刻计时有很多不确定性，水的性质会受到外界条件影响，导致计时的准确性受到影响。漏刻计时还会受到计时起点的准确与否的影响，故漏刻计时只能作为其他计时手段的补充，"而非定时之本"。徐光启这里明确提出了"定时之本"的问题，并指出，在各种计时方法中，最高等级的计时方法，也就是"所谓本者"，是天文学的方法，"用表、用仪、用晷，昼测日，夜测星，是已"。

不但各种计时方法有等级高低之分，等级低的测试方法要接受等级高的测试方法的检验，服从高等级测试方法的测试结果，空间方位测定也遵循同样的规则，存在着"定向之本"的问题。徐光启在对指南针的应用问题的讨论上，也遵循了同样的指导思想，他指出：

> 指南针者，今术人恒用以定南北，凡辨方正位，皆取则焉。然所得子午，非真子午。向来言阴阳者，多云泊于丙午之间，今以法考之，实各处不同。在京师则偏东五度四十分，若凭以造晷，则冬至午正先天一刻四十四分有奇，夏至午正先天五十一分有奇。然此偏东之度，必造针用磁，悉皆合法，其数如此。

---
① 〔明〕徐光启：《徐光启集》，王重民辑校，中华书局上海编辑所，1963，第355页。
② 同上书，第356页。

> 若今术人所用短针，双针，磁石同居之针，杂乱无法，所差度分，或多或少，无定数也。今观象台有赤道日晷一座，及正方案，臣等以法考之，其正方案偏东二度，日晷先天半刻，计在当时，亦用罗经与表臬参定，故差数为少。若专用罗经者，恐所差刻分多少，亦无定数，而大抵皆失于先天。据此以候交食时刻，即其失不尽在推步也。今但用表臬或仪器以求子午真线，或依偏针加减，别造正线罗经，以与旧晷较勘，差数立见矣。①

这段话包含内容很多。就指南针指向不是正南一事，早在11世纪，沈括《梦溪笔谈》即曾指出，"方家以磁石磨针锋，则能指南，然常微偏东，不全南也"②。沈括讲的是"常微偏东"，后世的阴阳家也都附和这种说法，徐光启则指出，"今以法考之，实各处不同"，肯定了磁偏角的大小及指向，是因地而异的。徐光启之所以重视此事，是因为如果方位不准确，就会影响到计时的准确性。而如果计时不准确，以之测候日月交食，当然也不会准确，这种情况下，就很难断定预报日月食失准究竟是不是历法的失误造成的。徐光启发现，在观象台上，有赤道式日晷和正方案。正方案本身是用来测定正南、正北方向的，它本身摆放的方位却"偏东二度"，这就造成了"日晷先天半刻"的结果。显然，对于准确的计时来说，测定正确的南北方位，是非常必要的。

徐光启认为，要测定正确的南北方位，"但用表臬或仪器以求子午真线"，即只能用天文学的方法。至于用表臬测定正南、正北方位的具体操作方法，徐光启有详细说明：

> 表臬者，即周礼匠人置槷之法，识日出入之景，参诸日中之景，以正方位。今法置小表于地平，午正前后累测日景，以求相等之两长景，即为东西；因得中间最短之景，即为真子午，其术更为简便也。③

这种方法，在《考工记》中就有记载，徐光启在这里，实际上是把它作为定向之本，以之校正指南针定向结果的。这与他在分析定时诸法优劣时的思路是一样的。徐光启的这种思路是有道理的，方向观念的产生，从根本上说，是由于地球自转导致的。地球自转时，与地球自转轴一致的方向，就是南北方向。而太阳的周日运动，也是由于地球自转导致人们产生

---

① 〔明〕徐光启：《徐光启集》，王重民辑校，中华书局上海编辑所，1963，第356页。
② 〔宋〕沈括：《梦溪笔谈》卷二十四《杂志一》，岳麓书社，2002，第176页。
③ 同①，第356~357页。

的视觉现象。《考工记》的立表测影方法，依据的就是太阳视运动所具有的均匀性。徐光启把它作为定向的最高等级方法，是符合方向概念的本质属性的。与之类似，他的"定时之本"概念的提出，揭示的是同样的道理，因为在古代社会，最能导致人们产生时间概念的，就是因地球自转导致的太阳东升西落的周日运动，这也是徐光启把天文学方法作为最高级别的测时方法的内在原因。

四、融通中西，破旧立新：《崇祯历书》编纂

徐光启探究时空计量，制器观天，是为了修订历法。中国古代认为"君权神授"，主张君主的权力源自上天的授权。君主权力的合法性就这样与历法建立了关联，因为历法反映的是天时，如果历法粗疏，日月食预报经常出错，很容易让人对皇权的合法性产生怀疑。由此，当历法出现明显的日月食误报现象时，朝野就会出现要修订历法的呼声。这就是明末在辽东战事紧张，兵马倥偬之际，崇祯帝仍然指派重臣徐光启负责历法改革事宜的主要原因。

明代施行的历法，本质上是元代郭守敬制定的《授时历》。该历至明后期，已经行用了数百年，与实际天象拉开了距离，开始频繁发生日月食预报失准现象。万历二十三年（1595年），朱载堉进献《圣寿万年历》和《律历融通》二书，获得皇帝嘉奖，也唤起了朝廷中改历的呼声，河南佥事邢云路上疏，指出现行历法的粗疏，要求修改历法。邢云路的上疏引起钦天监官员的反感，监正张应候出面指责邢云路妄言天文，触犯禁习天文的法律。但邢云路却得到礼部尚书范谦的支持，范谦指出：

> 历为国家大事，士夫所当讲求，非历士之所得私。律例所禁，乃妄言妖祥者耳。监官拘守成法，不能修改合天。幸有其人，所当和衷共事，不宜妒忌。乞以云路提督钦天监事，督率官属，精心测候，以成巨典。①

在明代历史上，这是首次有高官明确支持改历倡议，并提出了具体的人事安排，建议由邢云路负责。但范谦的建议并未得到采纳。到了万历三十八年（1610年），钦天监推算日食再次失误，引起朝臣的再次议论，考虑到传教士已经来华，其中多人精通天文，礼部再次提出了具体的改历建议：

---

① 〔清〕张廷玉等撰《明史》卷三十一《志第七·历一》，中华书局，1974，第528页。

> 精通历法，如云路、守己为时所推，请改授京卿，共理历事。翰林院检讨徐光启、南京工部员外郎李之藻亦皆精心历理，可与迪峨、三拔等同译西洋法，俾云路等参订修改。①

在这次建议中，增加了职方郎范守己与邢云路共同负责改历事宜，同时引进徐光启、李之藻和传教士庞迪我、熊三拔共同参与，只不过徐光启等人的任务是与传教士"同译西洋法，俾云路等参订修改"，即为邢云路提供资料参考，助其完成改历任务。

礼部的建议得到采纳，没过多久，邢云路、李之藻等人皆被召到北京，参与修改历法。明代的历法改革正式启动。但这场改革并不顺利，一开始，就存在路线之争，邢云路依据中国传统方法，李之藻则运用西学知识进行推算。三年后，1613年，李之藻已经晋为南京太仆少卿，他给皇帝上疏，提出西法精确，建议开设专门的历局，采用西学方法，修订历法。李之藻的建议，隐约表现了对传统路线尤其是由邢云路主导历法改革事宜的不满。由于钦天监因循守旧，开设历局之事不了了之。

另一方面，万历四十四年（1616年），邢云路向朝廷献上其所著《七政真数》。嗣后，邢云路又提出一些新的见解，这些见解获得人们认可。但天启元年（1621年）四月初一壬申朔，预计会有日食发生，邢云路推算的时刻与钦天监不同，到日食发生时进行观测，结果都与实际不合。

到了崇祯二年（1629年），预计又要发生日食，"礼部侍郎徐光启依西法预推，顺天府见食二分有奇，琼州食既，大宁以北不食。《大统》《回回》所推，顺天食分时刻，与光启互异。已而光启法验，余皆疏。帝切责监官。……于是礼部奏开局修改。乃以光启督修历法"②。这次日食，徐光启推算的时刻与钦天监及回回科官员所推都不一样，日食时实地观测结果，只有徐光启是正确的。对这样的局面，登基一年多的崇祯皇帝非常不满，"切责监官"，皇帝的不满促成了局面的迅速改观，"于是礼部奏开局修改，乃以光启督修历法"。礼部的建议很快得到皇帝的批准，这样，在延宕了19年之后，明代的历法改革终于步入正轨：有了更权威的机构，摆脱了钦天监的羁绊；有了更懂行地位更高的负责人。徐光启由此正式开始负责历法改革事宜，明代历法改革的曙光开始显现。

徐光启在明确了将要负责历局事务之后，首先提出了历法改革的指导思想：

---

① 〔清〕张廷玉等撰《明史》卷三十一《志第七·历一》，中华书局，1974，第528页。
② 同上书，第529~530页。

> 光启言：近世言历诸家，大都宗郭守敬法，至若岁差环转，岁实参差，天有纬度，地有经度，列宿有本行，月五星有本轮，日月有真会、视会，皆古所未闻，惟西历有之。而舍此数法，则交食凌犯，终无密合理。宜取其法参互考订，使与《大统》法会同归一。①

这就是说，虽然历法家们大都遵循郭守敬之法，但西方天文学对日月五星运动的认识更为深刻，因此必须引进西方天文学知识，使其与郭守敬之法相互考校，最终实现其与传统方法的"会同归一"，从而制定出真正符合大自然实际的历法来。

之后，徐光启给皇帝上"条议历法修正岁差疏"②，该疏反映了徐光启改历整体思路。关于改历要点，疏中提出了"历法修正十事"，明确了修订历法的技术路线。这十件事情，第一条是要确定岁差；第二条是"议岁实小余"，实则是要确定准确的回归年长度；第三、四、五、六条是要测定日月五星运行运动诸数据；第七条是要准确测定黄赤道夹角等；第八条考察日月交会；第九条通过月食考察各地经度，以推算时间；第十条则仿照唐朝僧一行、元朝郭守敬做法，测量南、北两级各地出入地度数，确定各地晨昏时刻。从这十条的内容来看，徐光启的着眼点，一是历法本身的内容，涉及回归年长度、节气确定等，更重要的是把握日月五星运行规律，解决日月食预报问题。这也是当时历法改革的焦点之所在。

为了能够实现改历目标，徐光启在同一奏疏中接着就提出了修历用人问题，推荐李之藻、传教士龙华民（Niccolo Longobardi，1559—1654）、邓玉涵（Jean Terrenz，1576—1630）加入修历队伍。邓玉函第二年去世，后来又征集汤若望等参与修历。

历法修订必须建立在观测基础之上，要观测就需要有相应的仪器，徐光启在给皇帝的上疏中，也开列了"急用仪象十事"，提出要制作十种不同用途的仪器，以便满足观测需求。他的这些要求，都得到了满足，从而为修历活动的开展，准备了基本的保障条件。

为了使修历活动顺利开展，徐光启不顾年老体弱，亲自登台观测，还曾因此受伤。崇祯三年（1630年）十一月，徐光启因之前所测冬至时刻与钦天监推算不合，而钦天监所推与其他改历人员所言又不一致，为了让大家心情舒畅，达成一致，"于二十八日前往观象台再行备细考验计画（划），不意偶然失足，颠坠台下，致伤腰膝，不能动履"③。此后，他一方

---

① 〔清〕张廷玉等撰《明史》卷三十一《志第七·历一》，中华书局，1974，第530页。
② 〔明〕徐光启：《徐光启集》，王重民辑校，中华书局上海编辑所，1963，第332~339页。
③ 同上书，第362页。

面据实上报，请求朝廷增加精通天文人士协助修历，同时在有所恢复之后，继续坚持登台观测，还对观测技术不断改进。这里我们不妨看一下崇祯四年（1631年）十月初一朔这位70岁的老人所进行的一次日食观测的情况：

> （徐光启）率在局知历人等，预将原推时刻点定日晷，调定壶漏，又将测高仪器推定食甚刻分，应得此时日轨高于地平三十五度四十分。又于密室中斜开一隙，置窥筒眼镜以测亏复，画日体分数图板，以定食分。①

这段话描述的是正式测量之前的准备工作。然后记录了徐光启等对日食实际情况进行的观测。所谓"窥筒眼镜"，就是望远镜，这是中国历史上有文献记载的首次将望远镜用于天文观测。徐光启在文中并特别指出，"密室窥筒形象分明，故得此分数时刻，与该监官明白共见，不能不信。若不用此法，止凭目力，则眩耀不真；或用水盆映照，亦荡摇难定"。传统的日食观测，或用眼睛直接观测，在日偏食情况下，日光耀目，很难看清楚；或用水盆反射方法观测，因水面晃动，也测不准。徐光启采用的方法是将望远镜作为透镜使用，使日食图像投影到事先准备好的图板，这样日食食分清晰可辨，观测的准确度大为提升。

在修订历法的过程中，徐光启不断面临传统方法与西法之争的问题。面对争论，徐光启要求通过观测实践，检验孰是孰非，在坚持科学性的前提下，同时要求努力做到中西会通。崇祯三年，"巡按四川御史马如蛟荐资县诸生冷守中精历学，以所呈历书送局。光启力驳其谬，并预推次年四月四川月食时刻，令其临时比测。……已而四川报冷守中所推月食实差二时，而新法密合"②。检验的结果，杜绝了冷守中参与修历。

崇祯四年，又冒出一位魏文魁，"时有满城布衣魏文魁，著《历元》《历测》二书，令其子象乾进《历元》于朝，通政司送局考验"③。魏文魁把自己写的《历元》送到朝廷，通政司将其送到历局进行检验，徐光启发现其中多处不妥，指出其误，魏文魁不服，反复争辩，徐光启于是写了《学历小辨》一书，阐明自己的主张。没过多久，徐光启进入内阁，与魏文魁的辩论也就未能持续下去。

徐光启主持修订历法，他着眼的并不在于仅仅修改历法一些数据，使之能够更准确地预报日食、月食等。他把修订历法当作引进西方科学，提升中国人科学水平的一项重要事业去

---

① 〔明〕徐光启：《徐光启集》，王重民辑校，中华书局上海编辑所，1963，第392页。
② 〔清〕张廷玉等撰《明史》卷三十一《志第七·历一》，中华书局，1974，第531页。
③ 同上书，第533页。

做。他在谈到修历所涉理论问题时，强调指出：

> 其中有理、有义、有法、有数。理不明不能立法，义不辨不能著数。明理辨义，推究颇难；法立数著，遵循甚易。即所为明理辨义者，在今日则能者从之，在他日则传之其人，令可据为修改地耳。①

徐光启所谓的"理"，指的是相关的科学理论；"义"则指科学理论在解决实际问题上的应用；"法"是指根据科学理论得到的如函数表之类的简易运算工具；"数"是指运用这些运算工具所得结果。徐光启特别重视对科学理论的掌握，认为只要掌握了科学理论，"明理辨义"，不但能解决现实问题，而且可以传之后人，使他们以后也能够解决其所面临的问题。

早在修历之初，徐光启就清晰地认识到修历所可能带来的外溢效应。他将其总结为十大效应，即所谓"度数旁通十事"，具体来说，只要把握了天体运行规律，掌握了具体推算技术，就可以做到：1."一切晴雨水旱，可以约略豫知，修救修备，于民生财计大有利益"；2."可以测量水地，一切疏浚河渠、筑治堤岸、灌溉田亩，动无失策，有益民事"；3."能考正音律，制造器具，于修定雅乐可以相资"；4.有利于兵家筑治城台池隍，修造营地器械；5.有利于国家财会管理；6."营建屋宇桥梁等，明于度数者力省功倍，且经度坚固，千万年不圮不坏"；7."精于度数者能造作机器，力小任重，及风水轮盘诸事，以治水用水，与凡一切器具，皆有利便之法，以前民用，以利民生"；8.天下地理环境，"其南北东西纵横相距，纡直广袤，及山海原隰、高深广远，皆可用法测量，道里尺寸，悉无谬误"；9.有助于医生"察知日月五星躔次，与病体相视乖和顺逆，因而药石针砭，不致差误"；10."造作钟漏以知时刻分秒，若日月星晷，不论公私处所，南北东西，欹斜坳突，皆可安置施用，使人人能分更分漏，以率作兴事，屡省考成。"②

显然，这十大效应，都建立在掌握了相应科学理论的基础之上。徐光启的总结，未必完全正确，却深刻体现了他对科学重要性的认识。这一认识与他在与利玛窦合译《几何原本》时的思想见解是一致的。他在修历之初，就高度重视对西方科学书籍的翻译，就是这种认识的具体体现。

徐光启的晚年，一边监制铳炮，练兵御边，筹划战守事宜；一边参与机务，处理朝政，

---

① 〔明〕徐光启：《徐光启集》，王重民辑校，中华书局上海编辑所，1963，第358页。
② 同上书，第337~338页。

考评吏治人才；还要统筹改历，登台观测，翻译西学，推算天文，与守旧人士辩论，日程安排极为紧张。经过几年的努力，终于使《崇祯历书》得以基本告成，而此时他已经到了风烛残年的地步。崇祯六年（1633年）九月二十九日，徐光启向皇帝上《历法修正告成书器缮治有待请以李天经任历局疏》，其中提到，他于崇祯二年奉旨督修历法，已经完成并进献历书七十四卷，之后被皇帝选拔入阁，"因阁务殷繁，不能复寻旧业，止于归寓夜中篝灯详绎，理其大纲，订其繁节，专责在局远臣、该监官生并知历人等，推算测候，业已明备。少需时日，将次报竣。不意臣以衰龄，婴此重证，犬马之力已殚，痊可之期尚遥。新成诸书共六十卷"[①]。这段文字是这位宰相科学家工作状况的实录。在向崇祯皇帝上这道疏奏之时，徐光启已经预见到自己的生命不会太长了，但其内心是平静的，因为修历任务已经基本完成，剩下的扫尾工作由李天经这位专业人士负责，相信用不了多久，就会大功告成！事实上，就在这篇疏文奏上一个多月，徐光启就溘然长逝。

《崇祯历书》是一部大型丛书，包括多部书稿，分为"法原""法数""法算"和"法器"四部。徐光启强调要把历法计算建立在了解基本的数学知识和天文现象原理的基础之上，"法原部"即为此而设，内容主要为基础天文学知识、相关几何与三角学知识、日月五星运动的数学分析及其几何模型。该部内容庞大，含图书9种，共计40卷。"法数部"主要内容为以理论为基础编成的天文表和数学用表，计各类表10种，32卷。"法算部"只有图书《筹算》1卷，介绍相关的数学计算方法。"法器部"包括《比例规解》1卷、《浑天仪说》5卷，是关于数学、天文仪器原理及结构的说明。

《崇祯历书》在改历之初，接触的是托勒密地心说，到成书之时，最终采用的是第谷创立的宇宙体系和行星运动几何模型方法。它引入的地球学说和地理经纬度概念，以及球面天文学、视差、大气折射等重要天文概念和有关的改正计算方法，对中国传统天文学来说，是全新的。它还采用了一些西方通行的计量单位：分圆周为360°，分昼夜为96刻24小时，度、小时以下采用60进位制等。书中也介绍了托勒密等西方古代天文学家的工作，虽然没有采纳哥白尼、伽利略、开普勒等人宇宙结构体系，但也介绍了他们的若干天文成果。

出乎徐光启意料的是，《崇祯历书》成书之后，遭到了魏文魁的极力反对。徐光启于崇祯六年11月8日（农历十月初七）去世，"七年，魏文魁上言，历官所推交食节气皆非是。于是命文魁入京测验。是时言历者四家，《大统》《回回》外、别立西洋为西局，文魁为东局。言人人殊，纷若聚讼焉"[②]。由于魏文魁的搅局，加之朝廷也有人从中作梗，崇祯皇帝在是

---

① 〔明〕徐光启：《徐光启集》，王重民辑校，中华书局上海编辑所，1963，第424页。
② 〔清〕张廷玉等撰《明史》卷三十《志第七·历一》，中华书局，1974，第536页。

否采用新历上迟疑不决：

> 是时新法书器俱完，屡测交食凌犯俱密合，但魏文魁等多方阻挠，内官实左右之。以故帝意不能决，谕天经同监局虚心详究，务祈画一。①

所谓"务祈画一"，其标准就是要让反对派也认可新历。这实际是不可能的。正因为如此，新旧历法此后经历了一次次的观测校验，这些校验无一不是新法获胜，但反对派总要牵强附会找出反对的理由。到了崇祯十年正月朔日，发生日食，李天经和坚持《大统历》的监官、回回科及魏文魁任职的东局各自推算日食发生时刻，最后观测检验的结果，只有李天经的推算最为接近，这种情况下，皇帝准备废除《大统历》，采用新法，"于是管理另局历务代州知州郭正中言：'中历必不可尽废，西历必不可专行。四历各有短长，当参合诸家，兼收西法。'十一年正月，乃诏仍行《大统历》，如交食经纬，晦朔弦望，因年远有差者，旁求参考新法与回回科并存"②。后来，李天经再次上书，阐释新法道理，终于使崇祯皇帝确信"西法之密"。到了崇祯十六年（1643年）三月乙丑朔日发生日食，观测结果，仍然只有西法正确。崇祯皇帝下决心采用《崇祯历书》，"八月，诏西法果密，即改为《大统历法》，通行天下"③。但不久李自成进入北京，崇祯帝自缢，事情不了了之，终明朝之世，《崇祯历书》也未能施行。清兵入关后，汤若望对《崇祯历书》做了删改，连同其所编的新历本一起进献给清政府，清政府将其易名为《时宪历》颁行天下。《崇祯历书》至此才得以与世人见面。

第三节　康熙皇帝在计量领域的贡献

在中国计量史上，有一个人物很特别，他是帝王，终身都是一位政治家，但对科学又有强烈的兴趣，有很高的造诣，并将这种造诣与他的身份结合起来，推动了计量科学的发展。这个人物就是清代的康熙皇帝——爱新觉罗·玄烨。为了行文的简便，这里按照一般史学惯例，称其为康熙（图21-5）。

---

① 〔清〕张廷玉等撰《明史》卷三十《志第七·历一》，中华书局，1974，第541页。
② 同上书，第543页。
③ 同上。

图 21-5
康熙皇帝

一、刻苦钻研西学，终成一代大家

顺治十一年（1654 年），康熙出生。他是顺治皇帝的第三子，母亲是顺治皇帝的妃子佟佳氏。顺治十八年（1661 年）正月初七，顺治皇帝福临去世。福临垂危之时，在选择皇位继任人时，遇到了麻烦，当时皇长子早殇，在世的皇子，福全 9 岁，年龄最大，且母亲出身满洲正红旗，身份贵重，但却一只眼睛失明，仪表有缺陷，难以符合人们对皇帝相貌的预期。玄烨比福全仅小 1 岁，但母亲出身汉军旗，在满族统治者看来，显然不够正统。在大家为此束手无策之时，突然有人想起传教士汤若望，希望能够听取他的意见。

汤若望此时年近七旬，在钦天监任职。他阅历丰富，深得顺治皇帝信任，还为孝庄文皇后治愈过疑难病症，思考问题的角度也时常出乎人们意料。这是人们愿意听取他的意见的原因。果然，汤若望一见到生命垂危的顺治，就提出以皇三子继位为君的建议，理由是他曾出过天花且已痊愈。17世纪，天花是一种可怕的疾病，染上此病者死亡率极高，满族自关外迁居内地，尤其畏之如虎，据说顺治皇帝即死于此病。但染上此病，痊愈后即可终身免疫。汤若望此言，令清廷决策者如醍醐灌顶，茅塞顿开，以康熙继承大位，就此成为共识。

康熙即位后，因为年幼，由辅政大臣代他理政。在此期间，发生了一件事，对他产生了深刻影响，这就是杨光先控告传教士导致后来发生历狱之事。杨光先是明代官宦之子，对传教士在中国传教极为不满。清王朝建立后，采用传教士汤若望等按照西方天文学成果制定的历法，引发杨光先的反对，他抱持"宁可使中夏无好历法，不可使中夏有西洋人"①的信念，采取了激烈的对抗措施，一再向朝廷上书，指责传教士。康熙三年（1664年）七月，杨光先再赴礼部，具投《请诛邪教状》，指斥汤若望西洋历法十谬，控告汤若望选择荣亲王葬期不用正五行，反用《洪范》五行，认为传教士与其中国各地信徒内外勾连，图谋不轨。杨光先这次控告，引起了清廷的重视，顾命大臣鳌拜以"率祖制、复旧章"为旗号，排斥西方科学技术，不满外邦人士参议朝政，借此兴起了一场历法官司。审讯的结果，最终判处汤若望以及一些相关中国人士如李祖白等钦天监官员斩刑。杨光先本人并不懂历法，在清廷对传教士的审讯期间，他的证词漏洞百出，即使这样，在鳌拜的授意下，清廷依然做出了这样的判决。后因天空出现彗星，准备行刑之日京城又发生地震，在孝庄皇太后的过问下，改判汤若望等传教士免死，但是李祖白等五人依然被斩。这就是有名的康熙历狱，是中国历史上极为严重的科学冤狱。

冤狱发生之时，康熙尚未亲政，但他目睹了整个冤狱过程。历狱案件执行完毕后，康熙四年，杨光先开始主持钦天监工作，他不懂历法，依靠钦天监官员吴明烜帮他编算历日。在其操作之下，历法错误不断，清代历法出现严重倒退。康熙六年（1667年），14岁的玄烨正式亲政，但实际朝政仍掌握在鳌拜手中，康熙还无力纠正这场冤狱，但他对此心存疑虑，于是在康熙七年十一月，特派官员询问南怀仁，问他杨光先等人所订历法与天象是否吻合。南怀仁对来询问的官员一一指出杨光先、吴明烜编制的康熙八年历法多处错误，例如康熙八年闰十二月实际上应为康熙九年正月，一年内有两个春分、两个秋分等。②为此，朝廷派大学士图海跟钦天监官员一道，对立春、雨水等节气以及火星、木星、月亮的运行等进行测验。至康熙八年（1669年）二月，测验结果揭晓，南怀仁所说无一失误，而吴明烜所云则全部错误。面对这种局面，朝臣建议将今后历日交给南怀仁推算。对此，康熙的批示是：

---

① 〔清〕杨光先等：《不得已》，陈占山校注，黄山书社，2000，第79页。
② ［比］南怀仁：《南怀仁的〈欧洲天文学〉》，［比］高华士英译，余三乐中译，大象出版社，2016，第294页。

> 杨光先前告汤若望时,议政王大臣会议,以杨光先何处为是,据议准行;汤若望何处为非,辄议停止。及当日议停今日议复之故,不向马祐、杨光先、吴明烜、南怀仁问明详奏,乃草率议覆,不合。着再行确议。①

康熙不允许就这么糊里糊涂地让南怀仁接过历法编制的权力,他希望真正弄清是非。在他的指示下,议政王会议再次进行了讨论,确认杨光先对汤若望历法问题的指控确实是错误的。会议提出,"杨光先职司监正,历日差错,不能修理,左袒吴明烜,妄以九十六刻推算,乃西洋之法,必不可用。应革职,交刑部从重议罪。得旨,杨光先着革职,从宽免交刑部。余依议"②。杨光先自己不懂,诬指他人,还偏袒吴明烜,应该撤职议罪。这次提议得到了康熙的认可,只是考虑到杨光先年事已高,仅仅将其撤职了事。三个月后,康熙智擒鳌拜,完全夺回朝廷大权。接着,南怀仁就上书朝廷,"呈告杨光先依附鳌拜,捏词陷人"③,要求为汤若望及当时受株连的诸人平反。康熙答应了南怀仁的请求,恢复了汤若望的名誉,对受害者给予抚恤,使历狱之事得到彻底平反。

历狱事情结束了,但这件事对康熙产生的影响远没有消失。多年后,他对子辈回忆道:

> 尔等惟知朕算术之精,却不知我学算之故。朕幼时,钦天监汉官与西洋人不睦,互相参劾,几至大辟。杨光先、汤若望于午门外九卿前当面赌测日影,奈九卿中无一知其法者。朕思己不知,焉能断人之是非?因自愤而学焉。今凡入算之法,累辑成书,条分缕析,后之学此者视此甚易,谁知朕当日苦心研究之难也。④

历法问题本质上是科学问题,同时又有很强的社会象征,要处理此类问题,根本的办法还是从科学本身出发,是其是,非其非,不能把政治凌驾于科学之上。要判断科学问题的是非,必须懂科学,"己不知,焉能断人之是非?"这样的认识,激发了康熙向传教士学习西学的热情,他开始召见传教士,让他们做自己的宫廷教师,实实在在地学习西方科学。

康熙八年(1669年)五月,康熙将鳌拜革职拘禁。六月,即接受南怀仁的建议,下令改造观象台仪器。七月,为汤若望昭雪。之后,他即召南怀仁进宫讲学,开始学习西学。南怀

---

① 《圣祖实录》卷二八《康熙八年正月至四月》,载《清实录》(第四册),中华书局,1985,影印本,第386页。
② 同上书,第388页。
③ 同上书,卷三一《康熙八年八月至十二月》,第417页。
④ 〔清〕康熙:《庭训格言·几暇格物编》,陈生玺、贾乃谦注释,浙江古籍出版社,2013,第117页。

仁曾记载他进宫讲学的情景：

> 每日破晓我就进宫，立即被引入康熙的内殿，并经常到午后三、四点钟才告退。我单独与皇帝在一起，为他读书和讲解各种问题。他常常留我进餐，赏我以金质餐具盛放的佳肴。①

康熙此时正是今天人们上中学的年龄，这位年轻的皇帝，政务繁忙，三藩、治河、漕运像三座大山一样压在他的心头，即使这样，他仍然如饥似渴地学习知识。他学习的内容，既包括传统的儒学，也包括传教士引进的西方科学。传教士白晋曾描述康熙学习西方科学的情景：

> 他把完成计划内的学业以外的时间完全用于研究数学，以浓厚的兴趣连续两年专心致志地投身于这项研究工作。
>
> 在这两年里，南怀仁神甫给康熙皇帝讲解了主要天文仪器、数学仪器的用法和几何学、静力学、天文学中最新奇最简要的内容，并就此特地编写了教材。②

康熙十二年（1673年），三藩之乱爆发，康熙被迫中断了他的学习。当三藩之乱平息之后，康熙立即恢复了对西学的学习。康熙学习知识，非常刻苦，多年后，他曾回忆自己年轻时学习的情景：

> 后来帝回忆云："及至十七八，更笃于学，诸日未理事前，五更即起诵读，日暮理事稍暇，复讲论琢磨，竟至过劳，痰中带血，亦未少辍。"③

正是经过这样刻苦的学习，加之天资过人，康熙终于成为一位在科学上有极高造诣的帝王。他的科学造诣，不亚于清代顶尖的科学家。这里有一个例子，据清代著名学者李光地记载，康熙四十一年（1702年）十月，他随康熙南巡时，把梅文鼎著的《历学疑问》进呈，请求评定。康熙回应他的情景如下：

---

① ［英］约·佛·巴德利：《俄国·蒙古·中国》下卷　第二册，吴持哲等译，商务印书馆，1981，第1614～1615页。
② ［法］白晋：《康熙皇帝》，赵晨译，黑龙江人民出版社，1981，第32页。
③ 章开沅：《清通鉴·顺治朝康熙朝》，岳麓书社，2000，第643页。

"朕留心历算多年，此事朕能决其是非，将书浏览再发。"二日后，召见光地，上云："昨所呈书甚细心，且议论亦公平，此人用力深矣。朕带回宫中，仔细看阅。"光地因求皇上亲加御笔批驳改定，上肯之。明年癸未春，驾复南巡，于行在发回原书，面谕光地："朕已细细看过。"中间圈点涂抹及签贴批语，皆上手笔也。光地复请此书纰缪所在，上云："无纰缪，但算法未备。"盖梅书原未完成，圣谕遂及之。①

梅文鼎是清代顶尖天算学家，康熙能为其评点，且能看出其书"算法未备"。显然，康熙在天算领域造诣并不下于梅文鼎。这是他在计量领域能做出独特贡献的重要原因。

二、活用地球学说，改进测绘方法

康熙对西学的学习，达到了活学活用的地步。著名中国史学家、美国学者史景迁（Jonathan D. Spence，1936—2021）著有《中国皇帝：康熙自画像》一书，以康熙自画像的方式，讲述了康熙一生所思所想及所为。虽然作者假借康熙之口进行叙事，但学界无不认为该书真实地揭示了康熙的生平及思想。书中提到康熙运用其所学西方知识，教导皇子和随从人员如何解决日常遇到的各种测量问题：

> 我也学会了计算球体、正方体、圆锥体的重量和质量，测量河岸的距离和角度。后来的巡游途中，我就把西洋人的这些方法介绍给我的官员们。当他们计划河务工作时，告诉他们怎样才能获得更精确的数据。我自己在地面上安置测量工具，带着我的皇子们和随从侍卫们，用他们的矛和棍子标出不同的距离；我把算盘放在膝盖上，用尖笔写下数字 然后用画笔改动它们。我向他们演示如何计算圆周；如何估计一块土地的面积——哪怕这地形像狗齿一样不规则；在地面上用箭头为他们画出图表；以几秒钟流经水闸的水流量得出全天的流量，从而以此来计算河水流量。②

---

① 〔清〕阮元等：《畴人传合编校注》，冯立昇、邓亮、张俊峰校注，大象出版社，2012，第327～328页。
② ［美］史景迁：《中国皇帝：康熙自画像》，吴根友译，上海远东出版社，2001，第111～112页。

这些测量方法,绝非精深,但在当时中国,也属于绝大多数知识分子都茫然无知的领域。康熙手演口授,将其中道理讲明白,体现了他对各种测量知识的精通。

特别需要指出的是,康熙对西方地球学说的领悟,并由此阐发的对各种新型测量对象及测量方法的理解。

中国古代没有地球观念,由此也就无从产生跟人们生活密切相关的地理经纬度概念、地方时概念等,这就使得中国传统计时及地图测绘等一直存在着某种程度的缺陷。16世纪,利玛窦来到中国,把西方地球学说带到中国,还向中国人展示了世界地图,由此,中国人开始接触到跟中国传统大地形状观念完全不同的新的地球观念。利玛窦带来的地球学说,得到了徐光启等知识分子的热情响应,也遇到了更多中国人的顽强抵抗,即使到了19世纪,博学睿智如阮元,也依然认为:"其为说至于上下易位,动静倒置,则离经畔道不可为训,固未有若是甚焉者也。"①

康熙并没有专门讨论地球学说合理性的论述,但他完全接受了地球学说,并创造性地运用地球观念去解决一些测量问题。史景迁借康熙之口叙述道:

> 我有根据地修改了各省份的月蚀报告,并能跟踪日蚀的过程,比钦天监的人员更精确地算出它的持续时间。我教我的第三子胤祉怎样计算长春宫的纬度——他算出其纬度在39度59分30秒。因为现存的地图是中国疆域城市的草图,所给定的距离比例是未经准确地计算的。我让西洋人从遥远的南方直抵俄国,从遥远的东方直到西藏,运用他们计算天体度数的工具在地球上给出一个精确的距离长度,为帝国重绘一张地图。②

要做到"有根据地修改了各省份的月蚀报告,并能跟踪日蚀的过程,比钦天监的人员更精确地算出它的持续时间",就必须对地球学说有足够的了解,并在此基础上把握建立在地球学说基础上的地方时概念。引文的后半段说的是康熙在计量科学史上做的另一件标榜史册的事情——组织实施全国范围内的地图测绘。

康熙很早就对地理学产生了兴趣。他在跟南怀仁学习西方科学知识之初,就接触到了西方地理知识,之后又学习了中国传统地理书籍如《水经注》《洛阳伽蓝记》《徐霞客游记》等,有了基本的地理知识储备。此后,康熙每逢出巡、征战,大都要带上传教士和观测仪器,

---

① 〔清〕阮元等:《畴人传合编校注》,冯立昇、邓亮、张俊峰校注,河南古籍出版社,2012,第419页。
② 〔美〕史景迁:《中国皇帝:康熙自画像》,吴根友译,上海远东出版社,2001,第112页。

进行实地观测，积累实践知识。康熙一生，亲自指挥过一些重要战役，深切感受到有一份准确的地图的重要性。康熙二十八年（1689年）中俄《尼布楚条约》签订后，传教士张诚（Jean Francois Gerbillon，1654—1707）曾向他呈上一份欧洲人绘制的亚洲地图，但里面缺少中国详情。康熙受到触动，加之他亲身的战阵经历，产生了借助西方测绘技术，组织人力绘制一份详细的中国地图的想法。经过长期细致的准备，1708年，康熙正式启动了全国地图绘制工程：

> 康熙四十七年，上谕传教西士分赴蒙古各部、中国各省，遍览山水城郭，用西学量法绘画地图。并谕部臣，选派干员，随往照料。并咨各省督抚将军，札行各地方官，供应一切需要。①

这次地图测绘，以传教士为主要技术骨干，多位中国学者参与，综合采用天文观测与三角测量方式，花了十年时间，至康熙五十六年（1717年）初步完成，先绘制出分省地图，最终汇总为全国地图。康熙将其命名为《皇舆全览图》。该图是我国历史上第一次经过大规模实地测量，用科学方法绘制的地图。

在《皇舆全览图》测绘之始，康熙不但对测绘的组织工作提出具体要求，还对测量的技术细节进行指导。他后来回顾道：

> 天上度数，俱与地之宽大吻合。以周时之尺算之，天上一度，即有地下二百五十里。以今时之尺算之，天上一度，即有地下二百里。自古以来，绘舆图者，俱不依照天上之度数，以推算地理之远近，故差误者多。朕前特差能算善画之人，将东北一带山川地里，俱照天上度数推算，详加绘图视之。②

所谓"天上度数"，是指把天球按经纬度方向分为360°，地球也同样按经纬度方向分为360°，天上1°与地球表面1°相互对应。这样，就可以通过对天上沿经线方向度数的测量，获知地面相应的纬度。康熙认为，历史上地图制作误差较大，是由于尺度长短不一，缺乏天文参照造成的。为统一全国地图测绘的规格，确保成图的精准，他根据自己掌握的地球知识，规定以200里合地球经线1°的弧长。1里等于1 800尺，由此可以推出，康熙规定的尺长标

---

① 〔清〕黄伯禄辑《正教奉褒》，见辅仁大学天主教史料研究中心编《中国天主教史籍汇编》，台北：辅仁大学出版社，2003，第559页。
② 《圣祖实录》卷二四六《康熙五十年四月至六月》，载《清实录》（第六册），中华书局，1985，影印本，第440页。

准为地球经线弧长的 0.01 秒。康熙取经线弧长的 0.01 秒为标准尺度，用于全国大地测量，这在当时世界上是一大创举。几十年后，法国人在建立米制时，同样以地球经线弧长作为制定长度单位的依据。1789 年，法国大革命产生的国民公会责令法国科学院制定度量衡制度。法国科学院度量衡委员会建议以通过巴黎的子午线从地球赤道到北极点的距离的一千万分之一（即地球子午线的四千万分之一）作为标准单位，此即长度基本单位"米"的由来。这与康熙的决定，有异曲同工之妙。

地图测绘，主要问题就是要测出待测点的经纬度和彼此间距。康熙的决定，为当时的地图测绘提供了简捷的地理纬度的测量方法，解决了因地表起伏导致两地之间直接距离难以测量的难题。在经度测量方面，当时经度以通过北京钦天监观象台的经线为本初子午线，以东称东偏，以西称西偏。要测出各测点的经度，一般通过对月食或木卫掩星的观测等天文方法进行。在测距离时，除了天文测量方法之外，当时更多的是采用三角测量法，依据已知其经纬度的点，布设三角形，测量起算边的长度，再根据所测得的相邻两个角的大小，依据三角函数推算出另外两条边的长度。以之为基础，继续布设新的三角形，通过相依相生的连环三角形，即可实现对广袤大地的测量。

需要指出的是，康熙所谓的"以周时之尺算之，天上一度，即有地下二百五十里。以今时之尺算之，天上一度，即有地下二百里"之言，并不准确。在度量衡史上，所谓周尺，即是以新莽嘉量为代表的战国时期至汉代的尺度，一般称为战国尺，又称为莽尺。按康熙所给出的数字，可以推算出清代 1 尺为战国 1 尺的 1.25 倍。现在我们知道，莽尺的长度为 23.1 厘米，而清代营造尺的长度为 32 厘米，是莽尺的 1.39 倍。由此可知，就尺度本身而言，康熙所言并不符合历史事实。另一方面，明万历年间，利玛窦进京，献《坤舆万国全图》，其中介绍地球学说，提到地球的大小，说"夫地球既每度二百五十里，则知三百六十度为地一周，得九万里"[①]。利玛窦所用的尺度，当为明代的营造尺，其单位尺长与清代是一样的，但他说的是地球 1° 折合 250 里，这与康熙所言 1° 折合 200 里，相去甚远，与地球实际尺度完全对不上。所有这些，都表明康熙选择地球 1° 折合 200 里，既非历史数据推算所得，亦非实测的结果，是为这次地图测绘专门规定的。

康熙的这一规定，使得该次地图测绘中的数据推算变得大为简单，获得了传教士的高度认可。法国传教士杜赫德（Jean-Baptiste Du Halde，1674—1743）曾撰有《中华帝国全志》，其中记述了康熙年间测绘全国地图之事。杜赫德虽然未曾入华，但他的记述依据的是来华耶

---

① ［意］利玛窦：《坤舆万国全图》，载朱维铮主编《利玛窦中文著译集》，复旦大学出版社，2001，第 177 页。

稣会士的报告，是可信的。文中提到康熙制定测绘用尺标准：

> 在测绘中始终使用的尺度是皇上在几年前确定的，这里指的是宫中的营造尺，与一般市尺不同，与数学计算中使用的尺度也不同。托马斯神甫（Pere Thomas）在使用此尺时发现：1度正好等于200里，每里为180丈，每丈为10尺。①

文中明确指出，康熙采用的，是"宫中的营造尺，与一般市尺不同"，即是特定的。采用这种尺度，"1度正好等于200里"，这使得对测量数据的处理变得简便易行。等地图测绘完成之后，如果需要了解用日常尺度表示的距离，只需乘上一个换算系数即可。由此可见，康熙的此项规定，确实有其过人之处。

三、改进黄钟累黍，考订度量衡标准

康熙为地理测绘制定了科学的用尺标准，他为什么不将该标准推而广之，顺势建立科学的度量衡制度？这里面有多种原因。

从科学角度来说，全国地图测绘，为传教士带来的地球说做了某种修正。为了为地图测绘做准备，康熙四十一年（1702年），康熙指派其皇三子胤祉与传教士安多（P. Antoine Thomas, 1644—1709）等，沿经过北京的中央经线测定了由霸州（今河北霸州市，位于北纬39°）到交河（北纬38°处）的距离。经过这次测量，获得了沿经线1°的长度，否定了经线1°等于250里的旧说。这次测量之后，康熙坚定了"天上一度，即有地下二百里"的决心，于康熙四十七年（1708年）正式启动了全国范围内的地图测绘。但在测绘过程中，康熙四十九年（1710年），传教士雷孝思和杜德美（P. Petrus Jartoux, 1668—1720）在东北实测北纬47°至41°之间每度间的距离会随着纬度的增加而增长。② 这是历史上首次发现地球是扁圆形的实证，但它却使得康熙"天上一度，即有地下二百里"的说法不再成立，因为康熙的说法是建立在地球是正圆球的认识之上的。

当然，因为计量制度本质上是人为的规定，康熙完全可以无视上述测量结果，直接把上

---

① ［法］J. B. 杜赫德著《测绘中国地图纪事》，载中国地理学会历史地理专业委员会、《历史地理》编辑委员会编《历史地理》第二辑，上海人民出版社，1982，第210页。
② 葛剑雄：《中国古代的地图测绘》，商务印书馆，1998，第132页。

述测绘用尺规定为日常用尺标准，以之为基础制定新的度量衡制度，并将其推向全国。但这样的做法，又与他的度量衡管理思想不合。康熙认为：

> 自上古以迄于今几千百年，度量权衡改易非一，苟一旦必欲强而同之，非惟无益于民生，抑且有妨于治道，此又不可不留心讲究者也。①

康熙反对动用国家机器的力量，在全国范围内强行推进统一的度量衡制度，他认为那会干扰民众，无益于民生。至于社会上存在的度量衡不统一，他采取的措施是，要求"皆以部颁度量衡法为准，通融合算，均归画一，则不同而实同也"②。即规定各类度量衡器与官方标准的比例关系，就能做到实质的统一。殊不知，正是他的这一指导思想，为清代后期度量衡的混乱开了绿灯。而且，也因为他的这一思想，使得他也不可能将其为大地测量制定的尺度标准推广为社会通用的度量衡标准。

另一方面，度量衡除了满足社会日用需要，还具备很强的礼制功能，特别体现在其与礼乐的关系上。康熙即位之时，清廷的音律制度并不完善，到康熙二十一年（1682年），三藩平定，整顿礼乐之事开始提上议事日程，左副都御史余国柱建请"敕所司酌古准今，求声律之原，定雅奏之节"③。该建议获得康熙认可，他指派大学士陈廷敬负责此事。但因为朝臣中对于传统的黄钟为万事之本学说知之甚少，陈廷敬的整顿并未达到预期效果。康熙二十九年（1690年），喀尔喀蒙古归顺清朝，清廷举行庆祝仪式，不料在典礼上出现音律不协现象。康熙对此深感不满，开始钻研礼乐之事。康熙三十一年（1692年），他把大学士、九卿等官员召集到一起，讲述他对音律的理解：

> 古人谓十二律定，而后被之八音，则八音和，奏之天地，则八风和，诸福之物，可致之祥，无不毕至，言乐律所关者大也。……若黄钟之管九寸，空围九分，积八百一十分，是为律本，此旧说也。其分寸若以尺言，则古今尺制不同，当以天地之度数为准。④

显然，此时康熙已经认识到，要把音律制度整顿好，首先应整顿好度量衡制度，而整顿

---

① 〔清〕康熙：《庭训格言·几暇格物编》，陈生玺、贾乃谦注释，浙江古籍出版社，2013，第134页。
② 同上。
③ 赵尔巽等：《清史稿》（第十一册）卷九十四《志六十九·乐一》，中华书局，1976，第2737页。
④ 同上书，第2738页。

度量衡制度的关键，则在于选择合适的尺度标准。这时他已经有了"以天地之度数为准"即以地球经线 1°弧长为尺度之准的思想。

在如何考订符合标准的音律方面，康熙有自己的认识，他曾记叙道：

> 音律之学，朕尝留心，爰知不制器无以审音，不准今无以考古。音由器发，律自数生。是故不得其数，律无自生；不考以律，音不得正。雅俗固分，而声协则一；器虽代革，而音调则同。故曰以六律正五音，今之乐由古之乐也。朕考核诸音律谱，按《性理》内《律吕新书》，黄钟律分围径长短，准以古尺，损益相生十二律吕，制为管而审其音。复以黄钟之积加分减分，制诸乐器而和其调。实以黍而数合，播诸乐而音谐。因著为书，辨其疑，阐其义。正律审音，和声定乐，条分缕析，一一详明。①

康熙的思路是，音由器发，要考订音律，首先要制作出相应的乐器。虽然时代变迁，但音调是不会变的，所以要考察古代的音调，以之确定当代的音律。律自数生，要制订和谐的音律，需要明白音律所蕴含的数学关系。这一关系的具体内容就是《汉书》记载的"乐律累黍"。在具体做法上，首先要确定古代尺度，再以之为据确定黄钟律管粗细长短，在此基础上制成黄钟律管，以其为基础，生成十二律。根据古人的认识，这样生成的十二律，音乐是和谐的。

但是这又带来一个问题：如何确定古代尺长？按照《汉书》的"乐律累黍"说，只要选择合适的黍米，一个一个沿直线排列起来，90 个黍米的长度正好 9 寸，即为黄钟律管之长。问题似乎很简单，但康熙的初衷是，通过这种累黍方法，既确定古代尺度，也为清代尺长提供依据，以此展示清廷的文化底蕴，增加汉族地区对其的向心力。为此，康熙不再坚持其"古今尺制不同，当以天地之度数为准"的主张，而是以《汉书》的"乐律累黍"说为旨归，用黍米的排列确定尺度标准。鉴于清代的尺长比起汉代已经增加很多，康熙经过尝试，放弃了传统以 90 粒黍米定长短的做法，改以百粒为准，通过纵横两种排列方式，确定古今尺的长度：

> 验之今尺，纵黍百粒得十寸之全，而横黍百粒适当八寸一分之限。……以横黍之度比纵黍之度，即古尺之比今尺。以古尺之十寸为一律（即横黍一百之度）

---

① 〔清〕康熙：《庭训格言·几暇格物编》，陈生玺、贾乃谦注释，浙江古籍出版社，2013，第117页。

为一率，今尺之八十一分（即纵黍八十一之度）为二率，黄钟古尺九寸为三率，推得四率七寸二分九厘，即黄钟今尺之度也。①

即是说，将黍米一粒接一粒排，100粒正好相当于清代尺度1尺；一粒挨一粒排，相当于清尺的8寸1分。二者的比值，就是古尺与清尺之比。黄钟是古尺9寸，相当于清尺的7寸2分。这样，就得到了用清尺表示的黄钟律管的长度。康熙用这样的方法，为当时营造尺的尺长标准找到了依据，从而也为清代整个度量衡体系的标准找到了依据。得到了这样的结果后，他自豪地宣称道：

> 夫考音而不审度，固无特契之理；审度而不验黍，亦无恰符之妙。依今所定之尺，造为黄钟之律，考之于声，既得其中，实之以黍，又适合千二百之数，然则八寸一分之尺，岂非古人造律之真度耶。②

实际上，康熙的这种做法，效果并非如他所言那么完美。因为所谓古尺，即以刘歆新莽嘉量为代表的秦汉尺，该尺长为23.1厘米。根据康熙的说法，这一尺长相当于清尺的8寸1分，由此可以推得清尺的长度为28.5厘米。但根据文物和文献资料考证，清代营造尺长实际为32厘米。可见康熙的考订，与实际相去甚远。

无论如何，康熙通过采用《汉书》记载的"累黍"方法，为清代营造尺正了名。而清代度量衡体系，无论是升斗容积，还是砝码制作，都取决于营造尺提供的尺寸。所以，康熙的考订，为清代度量衡体系的合法性提供了支撑。

四、探究自然奥秘，开展物理计量

康熙对度量衡体系的探究，并未止步于"乐律累黍"，他进一步将其推向了物理学范畴。在其"御制"的《数理精蕴》中，有用物质比重定义度量衡单位的具体论述，康熙将其称为权度比例：

> 数学至体而备，以其综线、面之全而尺度量衡之用也。盖线、面存乎度，

---

① 《御制律吕正义上编》卷一《黄钟律分》，《四库全书》本。
② 同上。

> 体则存乎量，求轻重则存乎衡，是以又有权度之比例，其法概以诸物制为正方，其边一寸，其积千分，较量毫厘，俾有定率，然后凡物知其体积即知其重轻，知其重轻即知其体积，而权度无遁情也。且体之为质不一，边积等者轻重不同，轻重等者边积不同，皆有互相比例之法，而各体无混淆也。[1]

这段话意思是说，数学上讨论的对象，有点、线、面、体。讨论到体积，就足够完备了，因为体积包含了线和面，能够实现度量衡的功能。长度和面积用度来表示，体积对应的是量，求轻重需要衡，重量和体积的结合，就导致了比重的诞生。所谓物质的比重，是指当将其制成边长为1寸的正方体时，它所具有的重量。知道了物质的比重，就可以通过体积求得相应的重量；反之也可以通过重量确定体积。这样，重量和长度单位通过比重关联到了一起。而且，不同物质，重量相同者体积不同，体积相同者重量不同，都反映在各自的比重上，它们不会相互混淆。

这段话，体现了康熙要用物质比重来统一度量衡的思想。传统的"乐律累黍"，是用音律统一度量衡的，但音律存在难以把握的特点，为此，古人又引入"累黍"，以黍米作为统一度量衡的媒介。但黍米的排列，也存在很大的不确定性。康熙的纵横累黍，结果与实际相去甚远，原因即在于此。现在，康熙以物质比重作为定义度量衡的依据，将度量衡的统一建立于物理规律之上，这与米制建立之初，以1立方分米纯水的质量来规定千克单位大小的做法，本质上一致，其意义无论如何估计，都不过分。而且，"御制"的《数理精蕴》接着还列出了32种物质的比重，并给出了多道有关比重的应用题，表明作者对于比重概念的重要性，是有充分认识的（图21-6）。正是由于"御制"的《数理精蕴》的努力，清代的度量衡制度，虽然形式上还维持着传统度量衡制度的面貌，但其基础却已经悄然向近代科学转化了。

从物理学发展的角度来看，单位的选择至关重要。在这方面，康熙的作为可圈可点。在计量单位的选择上，康熙果断放弃了一些使用不便却历史悠久的传统单位，采用了传教士引入的西方的单位制度。例如，在天文学领域，传统单位度是将圆周分为 $365\frac{1}{4}$ 份时每份的长度，而"御制"的《数理精蕴》的规定则为：

> 历法则曰宫（三十度）、度（六十分）、分（六十秒）、秒（六十微）、微（六十

---

[1]〔清〕《御制数理精蕴下编》卷三十《各体权度比例》，《四库全书》本。

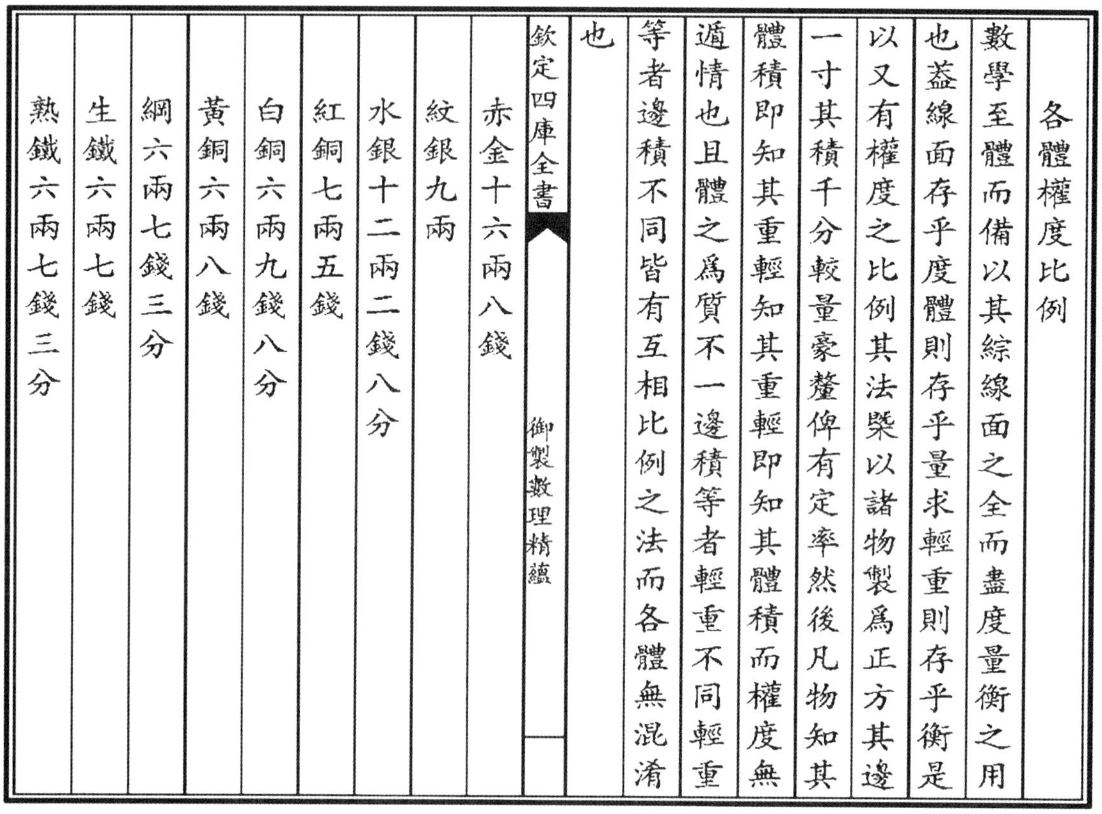
各體權度比例

數學至體而備以其綜線面之全而盡度量衡之用也蓋線面存乎度體則存乎量求輕重則存乎衡是以又有權度之比例其法槩以諸物製爲正方其邊一寸其積千分較量毫釐俾有定率然後凡物知其體積即知其重輕知其重輕即知其體積而權度無遁情也且體之爲質不一邊積等者輕重不同輕重等者邊積不同皆有互相比例之法而各體無混淆也

欽定四庫全書 御製數理精蘊

赤金十六兩八錢

紋銀九兩

水銀十二兩二錢八分

紅銅七兩五錢

白銅六兩九錢八分

黃銅六兩八錢

綱六兩七錢三分

生鐵六兩七錢

熟鐵六兩七錢三分

图 21–6

《御制数理精蕴》中有关物质比重的记载

纤）、纤（六十忽）、忽（六十芒）、芒（六十尘）、尘。[①]

除了宫以外，其余全部都是建立在六十进制基础上的西方角度单位。这些单位，比起中国传统天文度的划分，无疑要简捷得多。在时间单位的划分上，自从康熙历狱中的官员被平反，传统的百刻制被彻底抛弃，取而代之的是一个昼夜划分为 24 小时，每小时 4 刻，每刻 15 分钟，每分钟 60 秒的时刻制度。这套制度本身与西方也是接轨的，在应用中比中国传统时刻制度要简便得多。

在计时领域，康熙对采用新的计时器具也格外关心，他曾写过一首《咏自鸣钟》诗，充分表达了他对机械钟表这种新式计时器的喜爱之情：

① 〔清〕《御制数理精蕴下编》卷一《度量权衡》，《四库全书》本。

咏自鸣钟

法自西洋始，巧心授受知。

轮行随刻转，表指按分移。

绛帻休催晓，金钟预报时。

清晨勤政务，数问奏章迟。①

除了时间计量，他对空间计量也给予了足够的关注。对指南针为何能够指南以及有关磁偏角磁倾角问题，他曾经发表过自己的见解。对此，本书已有讨论，此处不再赘述。

值得一提的是，康熙对声音的传播也做过探讨，并对声音传播速度做过测量。他在其所著《庭训格言·几暇格物编》中对其有所记载：

> 雷电之类，朱子论之极详，无复多言。朕以算法较之，雷声不能出百里。其算法依黄钟准尺寸，定一秒之垂线，或长或短，或重或轻，皆有一定之加减。先试之铳炮之属，烟起即响，其声益远益迟。得准比例，而后算雷炮之远近，即得矣。朕每测量，过百里虽有电而声不至，方知雷声之远近也。朕为河工，至天津驻跸，芦沟桥八旗放炮，时值西北风，炮声似觉不远，大约将三百里。以此度之，大炮之响比雷尚远，无疑也。②

康熙对雷声传播距离的判断是实证性的，他通过具体的测量来解决该问题。通过这段记载，我们可以对其测量步骤有清晰的了解。在测量开始之前，首先要"依黄钟准尺寸"，即要确定测量用尺；然后，"定一秒之垂线"，即确定摆动周期为1秒的单摆。这句话告诉我们，康熙的此次测量，所用计时仪器是秒摆。当时，伽利略发现摆的等时性之事，已经南怀仁之手传入中国。南怀仁《灵台仪象志》对之有所记载，其中还有与康熙测声类似的测量事例："近今有测量名家，依前定秒微诸法，曾验放小铳，时于三秒内，其弹行一百八十二丈之远。"③这道题给出的例子是测量炮弹飞行速度，测量之前，同样也是首先确定秒摆计时器。康熙以秒摆作为计时工具的做法，显然继承了这一传统。

在做好了测量准备工作之后，康熙首先以铳炮为例，测量声音传播速度。以看到放炮时

---

① ［美］史景迁：《中国皇帝：康熙自画像》，吴根友译，上海远东出版社，2001，第99页。
② ［清］康熙：《庭训格言·几暇格物编》，陈生玺、贾乃谦注释，浙江古籍出版社，2013，第176页。
③ ［比］南怀仁：《灵台仪象志四》，载《历法大典》第九十二卷《仪象部汇考十》，上海文艺出版社，1993年影印本。

冒烟作为计时起点，听到炮声为计时终点，测定传播时间和距离，这样就可以把声速测定下来。知道了声速，加上有了计时器具，就可以测量雷炮等声音的传播距离了，此即康熙所谓之"得准比例，而后算雷炮之远近，即得矣"。这里的"得准比例"，即指所得到的声速。康熙对声速的测量，关键创新有二：一是制作了精密计时装置，可以满足声速测量需求。传统的计时器具漏刻以及当时传入的西方机械钟，在计时精度方面都难以应用于声速测量，为此，康熙制作了秒摆，把计时精度提高到了秒的量级，通过记录摆的摆动次数，就可以知道以秒为单位的声音传播时间。二是通过观察放炮时冒烟的光学效应，确定准确的计时起点。康熙的这些创新，解决了声速测量中的关键问题，测出了声速。正因为如此，他才能借由北京卢沟桥八旗兵放炮，测出该炮声传播距离可达300里之远。就目前所见史料来看，康熙所为，是中国人进行的首次声速测量。

康熙终身的职业都是政治家，其主要精力也是用于治国理政，对计量的钻研，只是出于兴趣，抽空为之。虽然如此，他在计量领域，毕竟取得了超越同时代学者的成就。而且，由于他的皇帝身份，他的这种钻研，不可避免具有某种示范性，从而促进了李光地、梅文鼎等一批学者对计量领域的关注和研究，促成了清代计量科学的发展。他出于对国家管理和安全的关注，组织全国范围的地图测绘，取得了划时代的成就。这些，都值得给予高度评价。另一方面，康熙在处理有关计量事宜时，其做法亦有令人遗憾之处。他制定的度量衡管理政策，并不完全符合度量衡事业发展规律，为清代中后期度量衡混乱埋下了隐患。他对计量问题的关注，多出于兴趣，作为清廷最高统治者，他并没有将计量乃至科学视为国家发展不可或缺的组成部分，为其制订合适的政策，采取适当的组织措施，以确保其发展的可持续性，这导致在其之后，清代的计量事业的发展逐渐出现了停滞甚至倒退的局面。人无完人，康熙对中国计量发展所做的贡献，是值得我们纪念的。

第二十二章 传教士对中国计量的贡献

明末清初，中国传统计量出现了一些新的变化：在西学东渐的影响下，计量领域出现了一些新的概念和单位，以及新的计量仪器，它们扩大了传统计量的范围，为新的计量分支的诞生奠定了基础。这些新的计量分支一开始就与国际接轨，它们的出现，标志着中国传统计量开始了向近代计量的转化。这一转化，是传教士带来的西方科学促成的。在为中国带来西方计量知识的传教士中，尤以利玛窦、汤若望和南怀仁最具代表性。

第一节　利玛窦的开辟之功

利玛窦是明末清初来华传教士中最重要的一位，是天主教在中国传教的开拓者之一。他是意大利人，原名为 Matteo Ricci，出生于 1552 年，1610 年病逝于北京。利玛窦是他的中文名字，他还有自己的字和号，字西泰，号清泰、西江。是一位中国化了的天主教传教士。

一、利玛窦的传教之路

利玛窦出身富贵之家，他的家里经营着利氏药房，在当地颇有名望。他的父亲一直很担心他加入耶稣会，希望他成年后能够在法律领域取得成就，助力社会和家族事业的发展，于是 1568 年把他送到罗马一家耶稣会办的学校学习法律预科。法学学习突出的特点是实用性和实证性，这虽然与古罗马精神丝丝相扣，但对这位 16 岁的少年却没有多大吸引力。相反，他对宗教的感情却越来越强烈，以至于违背了父亲的愿望，在 1571 年的圣母升天节那天（8月 15 日）加入了耶稣会。"据记载，他在马切拉塔参加了仪式之后，他那可敬的父亲立即启程，前来反对，但刚到达托伦蒂诺，当天晚上就发高烧，前进不得了，于是他认为这大概是上帝的意愿，从此放弃再要儿子从事俗世职业的任何打算。"① 从这时起，利玛窦终于可以全身心地投入他所钟爱的教会的事业了。

1572 年，利玛窦转入耶稣会主办的罗马学院学习哲学和神学，并师从著名数学家克拉维于斯（Christopher Clavius，1538—1612）学习天文和数学，当时身任耶稣会东方总巡察使的范礼安（瓦林纳尼）神父（Alessandro Valignano，1539—1606）也是他的老师。在这段时期，他学会了拉丁文和希腊语，还学会了葡萄牙语和西班牙语。

范礼安身负向东方派遣基督教传教士的任务。利玛窦在经过几年的学习后，于 1577 年被范礼安派往东方传教。1578 年 9 月，他到达印度果阿（Goa），在那里一直居住到 1582 年，继续攻读神学，同时还学习钟表、机械、印刷手艺。1581 年利玛窦被授予神父职，并接到范礼安的指令，前往澳门协助曾进入过中国的罗明坚进行传教。1583 年 9 月，利玛窦和罗明坚进入中国，从此开始了在中国艰难而又曲折的传教生涯。这期间利玛窦曾遭遇过驱逐，受到过申斥关押，也得到过礼遇，还曾两度入京，并于 1601 年作为欧洲使节被召入紫禁城，此后就在北京定居下来，直到 1610 年 5 月 11 日病逝。利玛窦去世后，依照明朝惯例，客死中国的传教士必须迁回澳门神学院墓地安葬，但其他传教士和从利玛窦受洗的教徒都希望能够得到皇帝的恩准，让其安葬于北京。西班牙来华传教士庞迪我（Jacques de Pantoja，1571—1618）专门向万历皇帝上呈奏疏，希望能破例赐地埋葬利玛窦。在内阁大学士叶向高等的促成下，万历皇帝很快批准了庞迪我的奏请，赐地北京平则门外二里沟的滕公栅栏安葬利玛窦。此后该地陆续成为来华传教士的公共墓地。"文化大革命"期间，利玛窦墓碑（图 22-1）曾被平埋于地下，"文化大革命"结束后，利玛窦墓地得到了修复，并被列入北京市文物保护单位。

利玛窦和罗明坚等在中国传教，颇为艰难，最使他们困惑的，是如何使中国人相信他们所宣扬的那些教义，进而心甘情愿地皈依他们所要传播的天主教。用何种方式"劝化中国"是他们所面临的首要问题。在选择传教方式上，罗明坚功不可没，因为他和利玛窦拒绝了当时耶稣会内部所谓"一手拿剑，一手拿十字架"的武力传教呼声。就在利玛窦抵达澳门的 1582 年，有个西班牙籍的耶稣会士桑切斯（Alonso Sánchez, s. j., 1551—1614），从马尼拉辗转到了澳门，便宣称："我和罗明坚的意见完全相反，我以为劝化中国，只有一个好办法，就是借重武力。"② 罗明坚和利玛窦不赞成桑切斯的主张，只好不与之来往。桑切斯为实现

---

① ［法］裴化行（R. P. Henri Bernard）:《利玛窦评传》（上册），管震湖译，商务印书馆，1993，第 23 页。
② 朱维铮:《利玛窦中文著译集》，复旦大学出版社，2001，导言第 7 页。

图 22-1
利玛窦墓碑

自己对中国武力传教的主张，还专门向西班牙国王进言，但西班牙宫廷因为彼时与英国争夺海上霸权的恶斗已经趋于白热化，无法对桑切斯给予实质性的支持。这样，罗明坚和利玛窦终于能够按照自己选择的方式——学术传教，来推进他们在中国的传教事业了。

罗明坚1588年返回欧洲，试图请求罗马教宗向北京派遣使节，以疏通中国宫廷，求其允许他们在中国传教。但他到达罗马时，适逢教皇"升天"，也就未能完成请求派代表团出使中国这一使命。此后，罗明坚因故未能重返中国，这样，开辟在中国传教事业的重任，也就历史性地落在了利玛窦的头上。罗明坚"学术传教"的思想，对利玛窦是一种启发，而真正把这一思想落到实处，把"学术传教"做到极致的，是利玛窦。正因为如此，400多年后，教皇若望·保禄二世是这样评价利玛窦的：

> 四个世纪以来，中国极其尊重"泰西"利玛窦先生。这是人们对利玛窦神父的尊称。作为先驱者，利玛窦是历史和文化上的一个枢纽，他把中国和西方、

悠久的中国文明和西方世界连接起来。……他把天主教神学和礼仪术语译成中国语言，创造了中国人认识天主的条件，并为福音喜讯和教会"在中国文化土壤的植根"开辟了园地。依"汉学家"一词在文化和精神上最深邃的意义说来，利玛窦神父"做中国人中间的中国人"，一做就做到真正的"汉学家"的地步，因为他把司铎和学者，天主教徒和东方学家，意大利人和中国人，如此不同的身份，出奇地融合在他一人的身上了。[①]

利玛窦的历史功绩，主要体现在两个方面，一是他用中文完成的撰述，向中国人介绍了欧洲文化；二是他用西文记叙的中国印象和自己的在华经历的书信、回忆录以及用拉丁文翻译的"四书"，使欧洲人对中国文化有所了解。在他的前一个贡献中，对西方科学知识的介绍，占据了重要地位。

二、世界地图与地球观念

从计量史的角度来看，利玛窦的科学贡献主要体现在以下几个方面。

首先是世界地图的绘制。利玛窦于万历十一年进入肇庆后，就发现中国虽然重要地区都有地图，但那些地图都是关于中国自身的，没有世界地图，人们对他携来的世界地图颇感兴趣。在肇庆知府王泮的要求下，利玛窦重新绘制了自己带来的世界地图，但对其内容做了改动，把中国的位置移到了靠近中央的位置，同时把有关说明文字改成了中文。出乎他意料的是，王泮对该地图非常重视，很快就将其翻印多幅，以馈赠高官和友人。这使利玛窦受到启发，意识到向官绅赠送世界地图和其他科技仪器如日晷、地球仪、自鸣钟等，是减少当权者对传教事业猜疑的有效手段。

此后利玛窦便不断绘制和改进他的世界地图，并将其进献给有关人士。他摹绘印制的世界地图有十几种之多，名称也多有更改。最初叫《山海舆地全图》，后来改称《世界图志》《两仪玄览图》等。万历二十九年（1601年），他给明神宗进献了一幅绘制在木板上的世界地图，题作《万国图志》。第二年，李之藻在北京根据利玛窦的增订做了重新印制，题名为《坤舆万国全图》（图22-2）。该图可能是利玛窦生前增订的最后一种世界地图。"坤舆"二字，来自《易传》"坤为大舆"，取传统文化中坤为地为母，又象臣象子，隐喻大地孕载万物之意。

[①] 若望·保禄二世（Pope John Paul II）：《利玛窦来北京四百周年之际致词》，《梵蒂冈》，2001年10月24日，http://www.chinacath.org/article/doctrina/letter/china/2009-05-03/2862.html.

图 22-2

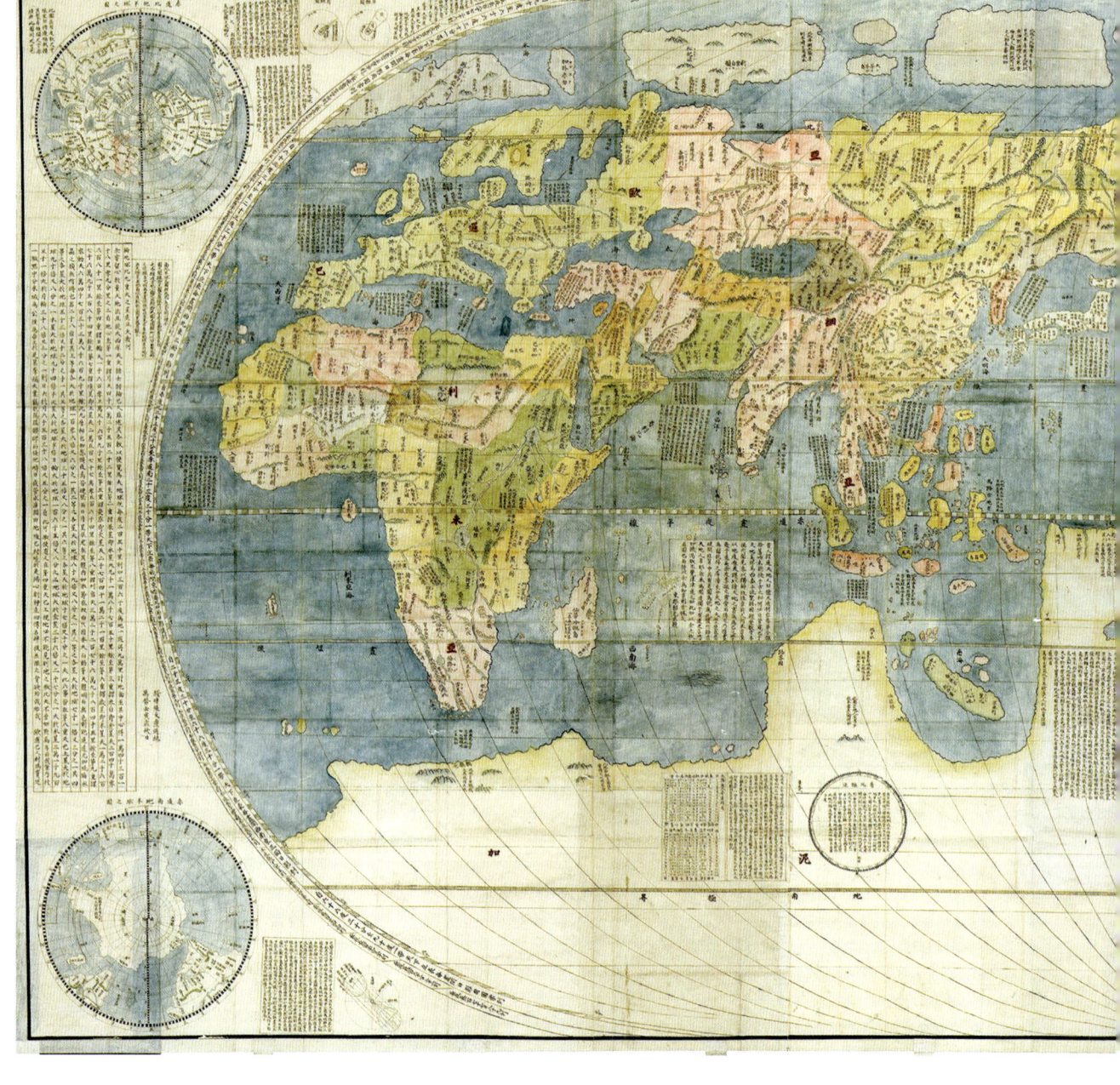

《坤舆万国全图》

第二十二章 传教士对中国计量的贡献

《坤舆万国全图》并非一幅准确的世界地图。其东半球纬度多误，四大洲比例失调，南极图则属臆测。但这样一幅世界地图，却对中国文明的走向产生了深远影响，它使中国人认识到，中国并不等于"天下"，中国人的心扉被一幅世界地图打开了。除了地理知识的增加和眼界的开阔，中国人还了解到了西方古典天文知识。虽然这些知识已经落后于西方天文学的发展，但对于中国计量的发展来说，仍然是极为重要的。

在这些天文知识中，首先是地球观念的引入。《坤舆万国全图·总论》篇开篇伊始就提出：

地与海本是圆形而合为一球，居天球之中，诚如鸡子，黄在青内。[①]

这里明确提出大地和海洋都是地球的一部分，它们合在一起构成地球。这种说法，与中国人传统的地浮水上，水面是平的认识大相径庭。虽然中国人在元代已经通过波斯回回天文学家札马鲁丁（Jamāl al-Din，？—1291年后，又名札马剌丁）接触到了地圆学说，但那次接触并未涉及地球说得以成立的观测证据。札马鲁丁原供职于波斯马拉加天文台（The Malaga Observatory），忽必烈即位前来到中国，《元史》对其曾有记载："世祖在潜邸时，有旨征回回为星学者，札马剌丁等以其艺进。"[②] 至元四年（1267年），札马鲁丁造了七种回回天文仪器，其中有一种叫作"苦来亦阿儿子（Kura-iarz）"，即现在所谓之地球仪。札马鲁丁进献地球仪的事情，虽然《元史·天文》有载，但此事对中国人影响并不大，明朝学者笃信的，仍然是地平学说。直到《坤舆万国全图》的刻印，地球学说才再度进入中国。

《坤舆万国全图》不但提出了地球观念，而且还详细介绍了有关地球的系统知识，并提出了地球学说得以成立的一些观测依据。这是地球学说得以被中国人重视并进而被中国人承认的重要因素。地球学说的传入，促进了中国计量的发展，其重要性无论如何强调都不会过分。

三、翻译《几何原本》，建立角度计量

利玛窦和徐光启合译《几何原本》（图22-3），是中国计量史上另一件重要的事情，因

[①] ［意］利玛窦编制、李之藻刻印：《坤舆万国全图·总论》，载朱维铮主编《利玛窦中文著译集》，复旦大学出版社，2001，第173页。

[②] ［明］宋濂等撰《元史》卷九十《志第四十·百官六》，中华书局，1976，第2297页。

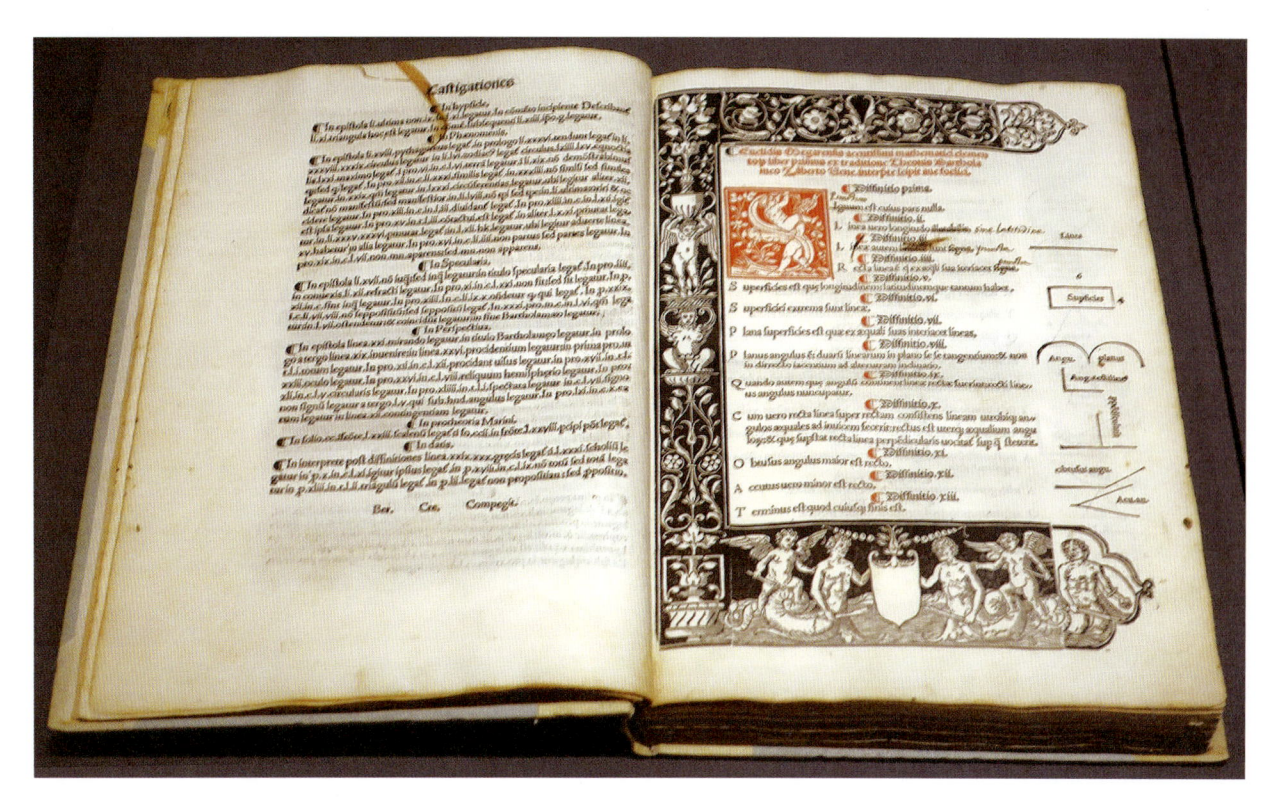

图 22-3
意大利罗马中央图书馆馆藏拉丁文版《几何原本》

为该书的引进,为角度计量的诞生奠定了理论基础。《几何原本》是古希腊学者欧几里得编撰的一部几何学巨著。该书逻辑性强,论证严谨,是公理化体系的杰作。从写作体例的角度来看,该书一开始先给出了讨论几何学必须了解的一些定义和概念,比如点、线、直线、面、平面、平角、直角、锐角、钝角、平行线、各种平面图形等,然后以 10 个不证自明的公理为出发点,开始以之为基础证明出新的几何学定理,然后又以新的定理为出发点,继续证明。全书共证明出了 467 个命题。他的证明条理清晰,逻辑严谨,体系安排合理。在所有被证明出来的几何定理中,没有一个不是从已有的定义、公设、公理和先前已经被证明了的定理中推导出来的。需要说明的是,《几何原本》中的这些定理,大部分都是前人已有的发现,欧几里得所做的主要工作是利用了泰勒斯时代以来积累的数学知识,从精心选择的少数公设、公理出发,由简到繁地推演出了整个理论体系,构建起了初等几何学大厦。"《几何原本》既非原创,亦非初等教材,更非只关乎几何学:它是公元前 430—370 年间发生于雅典的数学革命之成果汇编,内容包括几何、算术、数论以及所谓几何型代数学;而且,其意义并不止于个别数学成果，而更在于其所发展出来的普遍与严格论证方法。"[1]欧几里得的这种证明方式给后人以很大的影响，以至于在近2 000年的时间里，它成为科学证明的标准。尤其是在数学领域，这种现象表现得特别明显。

正因为《几何原本》是西方科学的传统，利玛窦在向中国人介绍西方科学时，首选的就是《几何原本》。他与徐光启商定，要把《几何原本》翻译成中文，以使中国学界能直接学习西方的证明方式。虽然他们的合作，只翻译了《几何原本》的前六卷，但正是他们的翻译，标志着中国角度计量的诞生。

《几何原本》对角度问题给予了异乎寻常的重视。在该书开篇关于几何学相关定义和概念的描述中，第一条是关于点、线、面、体等概念的定义及其彼此间的关系，第二条就是对角度概念的描述：

> 线有直曲两种，其二线之一端相合，一端渐离，必成一角。二线若俱直者，谓之直线角；一线直一线曲者，谓之不等线角；二线俱曲者，谓之曲线角。[2]

这个描述相当全面，既考虑了直线与直线形成交角的情况，也考虑了直线与曲线、曲线与曲线形成交角的情况。接下去，《几何原本》进一步描述了角的属性（图22-4）：

> 凡角之大小，皆在于角空之宽狭。出角之二线，即如规之两股，渐渐张去，自然开宽，是以命角，不论线之长短，止看角之大小。[3]

这段话讲的是角的本质特征。判断角度的大小，确实与其边长的长短无关，只需要看其两边开阔的程度即可，这是其定义所规定的角的本质属性。对角的概念和角的本质特征了解以后，接下去就该是角的表示方法了：

> 凡命角，必用三字为记，如甲乙丙三角形，指甲角则云乙甲丙角；指乙角则云甲乙丙角；指丙角则云甲丙乙角是也。亦有单举一字者，则其所指一字即

---

[1] 陈方正：《〈几何原本〉在不同文明之翻译及命运初探》，载徐汇区文化局编《徐光启与几何原本》，上海交通大学出版社，2011，第83页。
[2] 《几何原本一》，载《御制数理精蕴上编》卷二，《四库全书》本。
[3] 同上。

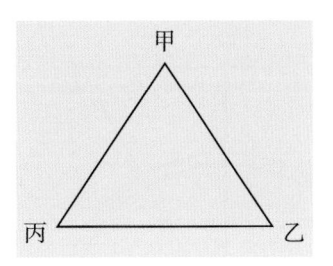

图 22-4

《几何原本》介绍的角的表示方法

是所指之角也。①

《几何原本》给出的角的表示方法，与当代几何学所用完全一致，区别只在于后者把汉字换成了字母而已。

但是，仅仅有了角度概念和其本质属性，还不等于就有了角度计量，因为还没有角度单位以及相应的测量方法，这就无法对其进行定量测量。不过，《几何原本》并未到此为止，而是进一步给出了角度单位体系，并阐明了角度单位的进位原则和具体测量方法：

> 凡大小圆界，俱定为三百六十度，而一度定为六十分，一分定为六十秒，一秒定为六十微，一微定为六十纤。
>
> 夫圆界定为三百六十度者，取其数无奇零，便于布算。即征之经传，亦皆符合也。度下皆以六十起数者，以三百六十乃六六所成，以六十度之，可得整数也。
>
> 凡有度之圆界，可度角分之大小，如甲乙丙角，欲求其度，则以有度之圆心置于乙角，察乙丙甲之相离可以容圆界之几度。如容九十度，即是甲乙丙直角；若过九十度者，为丁乙丙钝角；不足九十度者，为丙乙戊锐角。观此三角之度，其余可类推矣。②

这段话，正式介绍了 360° 圆心角分度体系，阐述了这套分度体系的优越性在于其运算的简便。更为重要的是，它还介绍了角度测量方法。《几何原本》介绍的角度测量方法，现在

---

① 《几何原本一》，载《御制数理精蕴上编》卷二，《四库全书》本。
② 同上。

图 22-5

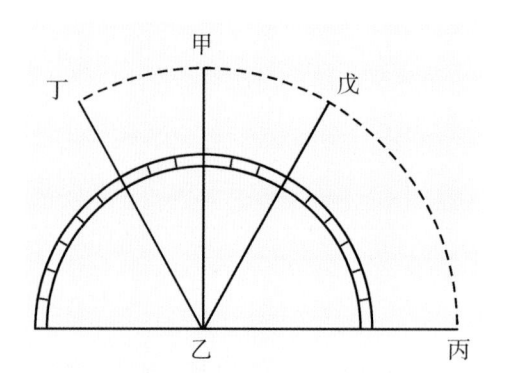

《几何原本》介绍的角度测量方法

的中小学生在学习中还在使用,那就是用量角器测量角度。引文中所谓"有度之圆界",就是现在学生学习必备的量角器(图 22-5)。

通过《几何原本》的介绍,中国人知道了角度概念,明白了角度的本质特征,掌握了角度的表示方法,建立了角度单位体系,学会了角度测量方法,这样,角度计量的建立,也就水到渠成。自此,角度测量在中国,不再成为问题。

《几何原本》介绍的角度体系,对中国人来说,虽然是全新的,但也不乏似曾相识之感。这是因为,在漫长的中外文化交流过程中,西方的角度概念,中国人未必没有机会接触。更重要的是,长期以来,中国人用浑仪测天,除了个别例外,本质上就是进行角度测量。正因为如此,《几何原本》介绍的角度体系,很自然地就被中国人接受了。相比于地球学说的传入引起的轩然大波,角度体系的传入可谓波澜不惊。以《几何原本》的翻译为标志,角度计量在中国得以顺利建立起来,这是 16 世纪晚期中国科学发展的一个里程碑事件。

四、引介西方科学,推进计量发展

利玛窦不但在中国翻译《几何原本》,建立角度计量,还有大量其他中文著译作,这些著译作大部分是关于天主教教义和西方哲学的,但也有不少是关于自然科学的。这些自然科学方面的著译作,在推动中国计量发展方面,发挥了不可忽视的作用。

例如,《同文算指》就是一部这样的著作。该书主要介绍欧洲算术,是根据克拉乌于斯所著的《实用算术概论》(*Epitome arithmeticae practicae*,1583 年)编译而成,内容有基本四则运算、分数及比例、开方、正弦余弦等三角几何。由李之藻笔录，清朝时收入《四库全书》。该书介绍的笔算方法，曾使当时亦为天算名家的李之藻为之折服。书中介绍的这些内容，对于解决几何计量中的一些概念及运算，无疑是至为重要的。

同样为几何学著作的还有《圆容较义》一书。该书亦以利玛窦口述、李之藻笔录方式完成。《圆容较义》主要讨论的是圆形容受的角形，由三角形到多角形，角边可至无限，永无穷尽。该书的编撰，固然有宣扬天主教之用，因为它可以说明上帝所特创的天球和地球，为何都是圆形，因为它们臻于至善，可以包容无穷。但无论如何，该书本身是一部几何学著作，对于了解几何学的基本知识，是大有裨益的。正因为如此，《四库全书总目提要》引李之藻自序道：

> 昔从利公研穷天体，因论圆容，拈出一义，次为五界十八题，借平面以推立圆，设角形以徵浑体云云。盖形有全体，视为一面，从其一面，例其全体，故曰借平面以测立圆。面必有界，界为线为边，两线相交必有角。析圆形则各为角，合角形则共成圆，故曰设角以徵浑体。其书虽明圆容之义，而各面各体比例之义胥于是见，且次第相生于《周髀》圆出于方，方出于矩之义，亦多足发明焉。

另一部更为重要的著作是《测量法义》。该书是一部典型的关于计量的著作，是利玛窦口授，徐光启笔录润色而完成的。从现在角度来看，《测量法义》是一部应用几何学著作，篇题所谓的测量，指的是大地测量。该书的特点在于，它首先介绍了测量所需的仪器制造，然后再讨论所测对象的日光投影，最后又列了十五道题，作为实测的范例。就计量而言，没有计量仪器，则计量无从进行。《测量法义》首篇即论"造器"，虽然其所论之器只是简单的刻有尺度之矩，但其将"造器"置于篇首的做法，无疑是对测量仪器重要性有所体悟的表现。

除了几何学著作，利玛窦还编译有《浑盖通宪图说》《乾坤体义》等天文学著作。在这些著作中，他介绍了由托勒密学说发展而来的欧洲古典天文学理论，以及有关天文计量的基本知识，诸如用于测天的浑仪的结构及其各部件之功能，时间计量与天文学之关系，等等。需要指出的是，在《浑盖通宪图说》中，利玛窦明确提出用西方通用的360°圆心角分度系统表示周天度数，不再采用传统的 $365\frac{1}{4}$ 分度系统。他说：

> 周天之象，为度三百有六十。凡以日揣天者，度法三百六十，而余五度四

分度之一。今但用三百六十，举捷数也。①

而且，他还把中国传统的计时单位也做了更改，把传统的一日百刻制改成了 96 刻制，以与西方的时、分、秒制度相一致。他在解释西方仪器上的刻度划分时说：

> 仪外盘之阳，亦分三百六十度，每度为六十分，而以三十度为一时。……每时分八刻，共九十六刻。凡日法百刻，刻法六十分，凡每时八刻零二十分，……今减去余分，但作八刻，以便起算。昔梁天监中作历，亦曾用此。②

采用 360°圆心角分度单位和 96 刻制，其意义并不仅仅在于"取捷数""便起算"，更重要的是，它实现了在时间计量领域中国与世界的接轨。从此，中国计量发展掀开了新的一页。这一切，与利玛窦的开辟之功是分不开的。

第二节　汤若望的继往开来

在利玛窦之后，在向中国传播西方科学文化、促进中国计量发展方面发挥了重要作用的另一位传教士是来自德国的汤若望。

一、汤若望及其在中国的传教事业

汤若望是他来到中国后给自己起的中文名字。他把自己的德文姓名 Adam 改为发音相近的"汤"，把 Johann 改为"若望"。同时，按照中国人的习惯，他还给自己起了字，字"道未"，取意于《孟子》中的"文王视民如伤，望道而未之见"③。他在中国生活了 47 年，经历了明、清两个朝代，是兼通中西文化、深具科学素养的文化使者，为中华文化尤其是科技文化的发展做出了重要贡献。汤若望宗教信仰虔诚，精通科学，知识渊博。在神学院学习时，

---

① 利玛窦口授、李之藻笔述：《浑盖通宪图说》上卷，载朱维铮主编《利玛窦中文著译集》，复旦大学出版社，2001，第 333 页。
② 同上书，第 334～335 页。
③ 语见《孟子·离娄下》。这句话意思是说："周文王对待百姓，就像他们受了伤一样（总是抚慰照顾）；望见了'道'，却像没有看到一样（总是在追求）。"

图 22-6

德国 1992 年发行的汤若望纪念邮票

汤若望对曾在中国宣传天主教的利玛窦极为崇拜，希望能成为像利玛窦一样的传教士。在成为神父后，汤若望步利玛窦的后尘，漂洋过海抵达中国，开始了在中国的传教事业。他继承利玛窦科学传教的策略，承前启后，继往开来，把罗明坚、利玛窦开创的"学术传教"事业推到了一个新的高峰。汤若望在中国和他的祖国德国都赢得了很高的声誉。在中国，明王朝对他礼遇有加，让他负责治历重事；清王朝对他恩宠备至：顺治皇帝对他言听计从，康熙朝则封他为"光禄大夫"，官至一品。他去世后被安葬于北京，静卧于利玛窦墓旁。在他的祖国，1992 年，德国政府在他诞生 400 周年之际，印制了汤若望的纪念邮票（图 22-6），公开出版发行，把对汤若望的颂扬，传播到世界的千家万户。

1592 年 5 月 1 日，汤若望出生于德国科隆一个信奉天主教的家庭。少年时代，他在科隆城远近闻名的三王冕中学读书。在学业上，他成绩出众，深受校方器重，因此在毕业后被保送到罗马的日耳曼学院继续学习。日耳曼学院是当时欧洲一个有名气的学府，其教育目标旨在培养既忠诚于教会又在学业上出类拔萃的贵族子弟，以期他们日后成为教会事业的接班人。汤若望通过在日耳曼学院的学习，知识储备日益增加，宗教信仰日益坚定，1611 年 10 月 21 日，他正式加入了耶稣会。这不但决定了他今后的生活道路，而且也对耶稣会未来在中国的传教事业，具有举足轻重的作用。

结束了日耳曼学院的学业之后，汤若望又进入罗马的圣·安德烈奥修道院，当一名见习修士，接受严格的修士训练，并从事对自然科学知识的学习和研究，探索不断发展着的新科学，尤其是天文学和数学。

汤若望参加的耶稣会重视教育，致力于到世界各地传教。在耶稣会精神的熏陶下，1616年新年伊始，汤若望正式向总会会长递交了到中国传教的申请。当年年底，他的申请获得批准。1618年4月，汤若望和邓玉函、罗雅各等传教士一道，在金尼阁（Nicolas Trigault，1577—1628）的带领下，踏上了前往中国传教的征程。

汤若望到中国后，经过一段时间对中国语言的学习和与士大夫的接触，对中国的文化、中国儒家的一些传统，有了较为深入的了解，这为他依照利玛窦方式传教，做好了充分准备。

因为有利玛窦奠定的基础、有徐光启等中国信徒的大力推广，汤若望的传教事业卓有成效。汤若望深得崇祯皇帝信赖，得以时常进入皇宫，举行弥撒，施行圣事。在他的劝导下，明朝宗室有不少人信奉了天主教。据明代文秉《烈皇小识》记载，甚至崇祯皇帝都曾经一度信奉了天主教：

> 上初年崇奉天主教。上海，教中人也，既入政府，力进天主之说，将宫内俱养诸铜佛像，尽行毁碎。①

引文中的"上海"，指的应是上海人徐光启。徐光启于万历三十二年（1604年）考中进士，此后进入仕途，最后官至崇祯朝吏部尚书兼文渊阁大学士、内阁次辅（相当于第一副首相）。他跟利玛窦多有接触，与利玛窦合作翻译了《几何原本》，并从利玛窦受洗信奉了天主教。徐光启与汤若望也有交往，并为汤若望传教事业提供过帮助。但促成明朝宫廷人员信奉天主教的，主要还是汤若望等传教士的作用。文秉在《烈皇小识》中有这样一段记载：

> 京师天主教，有二西人主之，南怀仁、汤若望也。凡皈依其教者，先问汝家有魔鬼否，有则取以来，魔鬼即佛也。天主殿前有青石幢一，大石池一，其党取佛像至，即于幢上撞碎佛头及手足，掷弃池中，候聚集众多，然后设斋邀

---

① 〔明〕文秉：《烈皇小识》，中国历史研究社编，上海书店据神州国光社1951年版复印，1982，第160页。

诸徒党，架炉火，将诸佛像尽行熔化，率以为常。某年六月初一日，复建此会，方日正中，碧空无纤云，适当举火，众共耸视，忽大雷一声，将池中佛像及诸炉炭尽行摄去，池内若扫，不留微尘。众皆汗流浃背，咸合掌西跪，念阿弥陀佛，自是遂绝此会。①

文秉不赞成天主教，他的记述，夸张其词，充满了反对天主教的意味，但也从反面证实，汤若望等人的传教活动，是卓有成效的。另外，在文秉的记述中，南怀仁虽然名列汤若望之前，但就汤若望在来华时间、年资及在天主教内的地位而言，均远在南怀仁之上，由此，在促成明上层人士信奉天主教方面，主要还是汤若望发挥了作用。

二、火炮铸造与炮学著作编撰

但是，汤若望的历史地位，主要还在于他对西方科技知识和文化的介绍。他的科技活动多种多样，其中之一就是铸造火炮。

火药和火炮本来是中国人发明的。中国人在唐朝时期发明了火药，到宋元时期发明了火器技术。随着成吉思汗的西征，火器技术传到欧洲，当时的欧洲正处于中世纪的分裂割据时期，在不断的征战中火炮发挥了巨大的威力，火炮技术也在这样的历史进程中得到了充分的发展。而在火炮技术的故乡——中国，火炮技术的发展反而缓慢得多。到了明代晚期，人们重新认识到火器的重要性，并在欧洲人的帮助下开始重新制造火炮。欧洲人帮助制作的火炮在当时的战场上发挥了重要作用，后金首领努尔哈赤本人就是被明朝的火炮击伤而去世的。当时的明熹宗还将其中的一门炮封为"安边靖虏镇国大将军"。到了崇祯年间，明朝内忧外患，崇祯皇帝有意铸造新型大炮，据《明实录》记载，崇祯十五年（1642年）：

御史杨若桥举西洋人汤若望演习火器。宗周进曰："唐宋以前用兵未闻火器，自有火器，辄恃为劲，误专在此。"上曰："火器终为中国长技。"宗周曰："汤若望一西洋人，有何才技？据首善书院为历局，非春秋尊中国之义，乞令还国，毋使谁惑。"上曰："彼远人，无斥遣之礼。"上不怿，命宗周退。②

---

① 〔明〕文秉：《烈皇小识》，中国历史研究社编，上海书店据神州国光社1951年版复印，1982，第160页。
② 《明实录附录·崇祯实录》卷十五。

御史杨若桥举荐汤若望督造火器，遭到左都御史刘宗周的反对，刘宗周思想守旧，妄言唐宋以前没有火器，现在有了火器，军队专门依赖火器取胜，这是严重的失误。他甚至还以汤若望在当时为改革历法而成立的历局中占据重要地位，不符合中国传统为借口，要把汤若望遣返回国。崇祯皇帝对此很不高兴，他否决了刘宗周的意见，决心铸造火炮以解危局。但崇祯皇帝对汤若望究竟是否熟知火炮技术心中无底，于是派人前去暗访，一旦确定汤若望有此才华，即马上宣旨令其造炮。

崇祯皇帝派遣的人在走访汤若望时，并未披露自己的真实身份，只是作为一般的访客跟汤若望交谈。汤若望对此毫无察觉，在客人的询问之下，尽其所知，介绍了他知晓的火炮知识。他的介绍使来访者确信，汤若望正是皇帝所要寻觅的合适人选，来访者于是当即亮明身份，要求汤若望接旨。汤若望大吃一惊，火炮是战争武器，他认为自己的使命是传教，造炮并非其本意，于是给皇帝上书婉拒，结果无济于事。圣旨既出，断难收回。传教士们经过商议，也认为如果汤若望坚拒的话，惹怒了朝廷，对传教事业不利。这样，汤若望才勉为其难，承担了铸造火炮的使命。

在崇祯皇帝的信任和支持下，汤若望克服重重困难，铸造了20门大炮，经过试放，取得了良好的效果。崇祯皇帝对此十分满意，嘉奖了汤若望，并要求他再督造500门小炮。汤若望也遵照旨意，完成了这一艰巨任务。实际上，在制造火器方面，汤若望不但主导了实际工作，还进行了理论上的著述，由他口述、焦勖整理，于崇祯十六年（1643年）完成了《火攻挈要》一书。该书是中国明末时期一部权威的火器著作，对当时及其后一段时期的火器技术的发展，具有指导意义。

《火攻挈要》的一个重要价值在于，它提出了铸炮的模数理论，即以火炮的口径为基数，确定火炮各个组成部分与口径的比例关系，以此确定火炮各部分具体尺寸。该书指出：

> 西洋铸造大铳，长短大小，厚薄尺量之制，着实慎重，未敢徒恃聪明，创臆妄造，以致误事。必依一定真传，比照度数，推例其法，不以尺寸为则，只以铳口空径为则。盖谓各铳异制，尺寸不同之故也，惟铳口空径，则是就各铳论，各铳以之比例推算，则无论何铳，亦自无差误矣。①

实际上，在一些复杂器物的制作中，以器物关键部位的尺寸为基数，通过规定其他部位

---

① 〔明〕汤若望口述、焦勖整理：《火攻挈要》卷上《铸造战攻守各铳尺量比例诸法》。

与其比例关系来确定各部件的具体尺寸，这种做法在古代中国亦曾有过，例如先秦古籍《考工记》中就有类似的思想。《考工记》在讨论车的制作时，就是以轮子的直径六尺六寸作为基数，分别推导出轮牙、毂长、毂孔等一系列参数的。用模数思想制作器物，可以使器物各部分得以协调，既节省材料，又可以确保器物质量，是一种先进的器物制作思想。在中国，比《火攻挈要》稍早的孙元化的《西法神机》中也有类似的说法，但不如《火攻挈要》讲得更为透彻。

《火攻挈要》还从定量角度，考察过火炮射程和发射角之间的关系。该书从规范操作的角度，要求每铸造好一门大炮，都要在正常药量情况下，按照不同的发射角，进行发射试验，并将试验结果登记在册，以备士兵在战场上使用。如该书曾具体记载了如下的试验：

> 三号大铳，用弹三、四斤重者，平度击放，可到四百步；仰高一度，可到八百步；高二度，可到一千四百步；高三度，可到一千八百步；高四度，可到二千步；高五度，可到二千一百步；高六度，可到二千一百五十步，计一千零七十五丈，合六里地；若高七度，则发弹太高，从上坠落，其弹无力，且反近矣。[①]

文中提到的度数，并非360°圆心角分度度数，而是大炮本身所刻的俯仰刻度。根据文中所列实验数据，可知其一度相当于360°圆心角分度的7.5°。这些数据，已经隐含了对抛体运动特征的一些认识。

三、望远镜知识介绍

从计量史的角度来看，汤若望另外值得一提的工作是对望远镜知识的介绍。

在欧洲，一般认为望远镜是荷兰人在17世纪初发明的，伽利略于1609年6月获知望远镜的消息后，自己很快就独立研制了一台。经过不断的改进，伽利略的望远镜放大倍数达到了很高的程度。他将改进后的望远镜指向天空，获得了一系列重大发现。从此，望远镜成为天文观测的利器，伽利略本人也成为天文望远镜的发明人。

望远镜最初的发明，是经验的产物。望远镜引起人们的重视后，学界很快就开展了对望远镜原理的研究。1618年，在法兰克福出版了西尔图里（Girolamo Sirturi）所著的《望远镜，

---

① 〔明〕汤若望口述、焦勖整理：《火攻挈要》卷中《各铳发弹高低远近步数约略》。

新的方法，伽利略观察星际的仪器》（*Telescopium，Sive ars per-ficiendi novum illud Galilaei Visorium Instrumentum ad Sidera*）一书。天启六年（1626年），汤若望开始撰写他的第一部中文著作《远镜说》，也许参考的就是西尔图里的这部著作①。

《远镜说》篇幅不大，全书只有5 000余字，书中附有一幅整架望远镜的外形图（图22-7）。全书共分四个部分。第一部分讲望远镜的"利用"，作者开篇伊始，即明确指出：

夫远镜何昉乎？昉于大西洋天文士也。其用之利，可胜言哉！②

这里的"大西洋天文士"，指的当是伽利略。昉，这里是起始之意，汤若望认为，望远镜是始于伽利略的。在这一部分，书中举例介绍了用望远镜仰观月亮、金星、太阳、木星、土星和宿天诸星，及直视远处山川江河、树林村落、海上行舟和室中诸远物的情形，并介绍了透镜的"分利之用"，即组成望远镜的凹凸镜头的功能，指出"中高镜"（按：即凸透镜）可解远视眼之苦，而"中洼镜"（按：即凹透镜）则适用于近视眼。

《远镜说》的第二部分"原由"，主要讲望远镜的光学原理。在这一部分，作者先定性描述了折射现象，然后说明一凸一凹两透镜组合使用，"则彼此相济，视物至大而且明也"。即是说，凹透镜和凸透镜的组合，就可以形成望远镜。

本书的第三部分"造法用法"，讲望远镜的制作和使用方法。它所介绍的，是伽利略式望远镜，不是开普勒式。书中指出：以凸透镜为"筒口镜"（案：即物镜），凹透镜为"靠眼镜"（即目镜），镜筒则由数筒套合，用时伸缩调节。"镜只两面，但筒可随意增加，筒筒相套，可以伸缩。又以螺丝钉拧住，即可上下左右"。

书中还涉及观察太阳及金星时对眼睛的防护问题："视太阳及金星时，则加青绿镜，或置白纸于眼镜下观太阳。"望远镜最初问世时，并未虑及强光时对眼睛的防护，等到有了惨痛教训之后，人们才开始注意这一问题。所采取的方法，也就是《远镜说》中的这两条，即：一是加置色片，使光线减弱；另一是在目镜下放置像屏，观察太阳光通过望远镜后在像屏上成的像。由此可见，《远镜说》的介绍还是比较全面的。

《远镜说》的内容比较简略，书中的光路图也是错的，但书中介绍的望远镜的制法和用法都是切实可行的。因此，它对我国后来的光学研究和望远镜的研制很有启发。崇祯二年（1629年）七月，奉旨修订历法的徐光启上书皇帝，提出"急用仪象十事"，其中就有"装

---

① 王锦光、洪震寰：《中国光学史》，湖南教育出版社，1986，第145页。
② 〔明〕徐光启撰《新法算书》卷二十三《远镜说》，《四库全书》本。

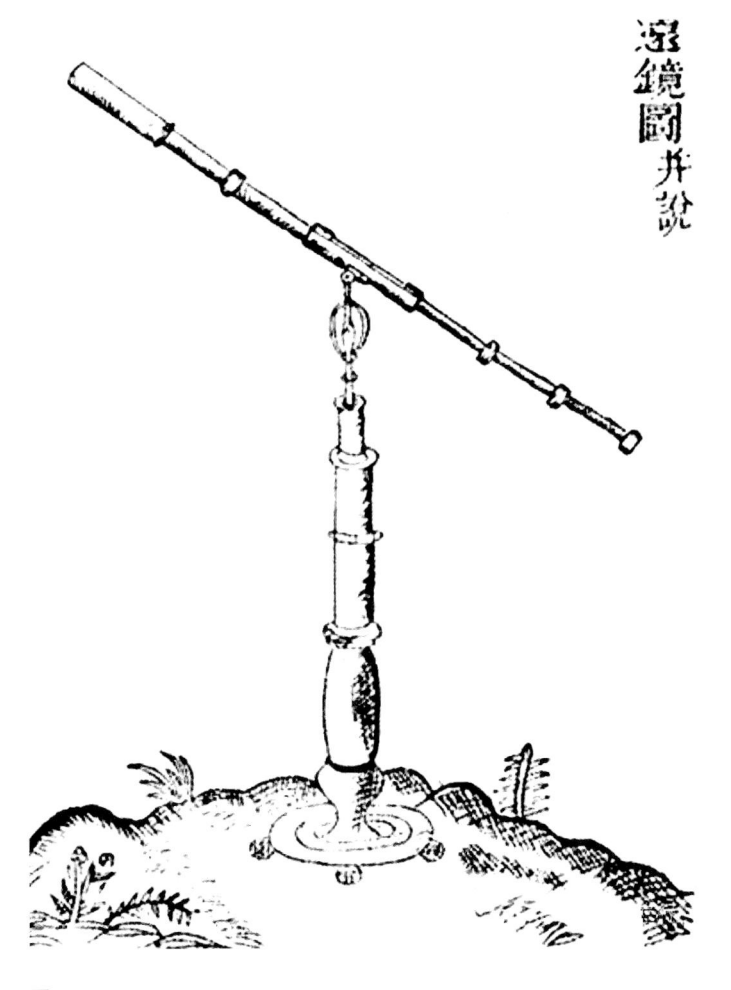

图 22-7
汤若望《远镜说》中的望远镜图

修测候七政交食远镜三架"①。《明史》也说:"若夫望远镜,亦名窥筒,其制虚管层叠相套,使可伸缩,两端俱用玻璃,随所视物之远近以为长短。不但可以窥天象,且能摄数里外物如在目前,可以望敌施炮,有大用焉。"②可见在中国,人们对望远镜的功能是有足够认识的。像欧洲一样,一开始是将其用于天文观测,同时也将其应用于战争。望远镜在中国发展很快,明末清初我国曾涌现出一批光学仪器制造家,《远镜说》在这过程中的作用,不可忽视。

《远镜说》著成于1626年,刊行于1630年,有《艺海珠尘》等本传世,《丛书集成初编》本较为通行。本篇所引,均出于该本。

---

① 〔明〕徐光启:《徐光启集》,王重民辑校,中华书局上海编辑所,1963,第336页。
② 〔清〕张廷玉等撰《明史》卷二十五《志第一·天文一》,中华书局,1974,第361~362页。

四、推进天文计量

汤若望在计量史上最重要的贡献，则是其在为推进天文计量方面所做工作，具体表现在参与修订《崇祯历书》、制作天文仪器和编纂天文书籍等方面所做的工作。

中国古代历代帝王均以"敬天"为第一要务，对治历明时格外重视。明朝建立以后，所用《大统历》实际上是元代郭守敬编撰的《授时历》。至明中晚期，由于累积误差的原因，《大统历》多次出现预言天象不合的现象，朝野间要求改历的呼声很高。到了崇祯年间，改历问题被正式提到议事日程。《明史》记载了崇祯二年（1629年）开始的改历工作：

> 时帝以日食失验，欲罪台官。光启言："台官测候本郭守敬法。元时尝当食不食，守敬且尔，无怪台官之失占。臣闻历久必差，宜及时修正。"帝从其言，诏西洋人龙华民、邓玉函、罗雅谷（各）等推算历法，光启为监督。①

根据崇祯皇帝的指示，明廷开始设立历局，由徐光启负责，正式启动了历法修订工作。实际上，一开始参与历局工作的传教士只有龙华民（Niccolò Longobardi，1559—1654）和邓玉函两人，而龙华民的兴趣还主要集中在传教上，修历工作基本上都由邓玉函承担。崇祯三年，邓玉函病逝，徐光启专门给崇祯皇帝上《修改历法请访用汤若望罗雅谷疏》，要求把汤若望和罗雅各加入到编历队伍，指出他们二人，"其术业与邓玉函相埒，而年力正强，堪以效用"。崇祯皇帝三天即批复说，"历法方在改修，汤若望等既可访用，着地方官资给前来"②。

当时，汤若望正在西安传教，西安府官员遵照崇祯皇帝的旨意，特备轿将其送到北京。经过一番曲折，汤若望终于进入历局，投入了明末的历法修订工作。

汤若望介入历法修订，与崇祯皇帝的大力支持是分不开的。当时曾有官员对之表示不解，《烈皇小识》对此有所记载：

> 时上究心天象，凡日月见食，及星宿缠犯，取中国历验之不甚应，以西历验之辄应，遂加西人汤若望尚宝司卿，专理历法。先是召对，德璟奏及之曰："汤若望有何好处，皇上如此优礼？"上曰："古帝皇招徕远人，汤若望远夷慕化，

---

① 〔清〕张廷玉等撰《明史》卷二百五十一《列传第一百三十九》，中华书局，1974，第6494页。
② 〔明〕徐光启：《徐光启集》，王重民辑校，中华书局上海编辑所，1963，第344页。

朕故优待之有加。"①

汤若望进入历局以后，和罗雅各一道，全身心投入历书的编译工作，徐光启评价他们的工作道："远臣罗雅谷（各）、汤若望等，撰译书表，制造仪器，算测交食躔度，讲教监局官生，数年呕心沥血，几于颖秃唇焦，功应首叙。"②

汤若望在历局的工作，主要由三部分组成，即著译书籍、制作仪器、编订历法。

当时修历的指导思想，就是用西方天文学知识来改进中国传统历法，既然如此，首先就要将西方相关著作译介给中国人。在整个修历过程中，汤若望参与或独立完成的西方天文学著译作有：

1.《交食历指》四卷。

2.《交食历表》二卷。

3.《交食历指》三卷（与"1.《交食历指》四卷"成书时间不同，内容不同）。

4.《交食诸表用法》二卷。

5.《交食蒙求》一卷。

6.《古今交食考》一卷。

7.《恒星出没表》二卷。

8.《交食表》四卷。

除上述书籍之外，经汤若望译编著的有关书籍还有：《测天约说》二卷、《测日略》二卷、《学历小辨》一卷、《浑天仪说》五卷、《日躔历指》一指、《日躔表》二卷、《黄赤正球》一卷、《月离历指》四卷、《月离表》四卷、《五纬历指》九卷、《五纬表说》一卷、《五纬表》十卷、《恒星历指》三卷、《恒星表》二卷、《恒星经纬图说》一卷、《交食》九卷、《八线表》二卷、《新法历引》一卷、《历法西传》二卷、《新法表异》二卷。此外还有《西洋测日历》《新历晓惑》各一卷，以及《赤道南北两动星图》《恒星屏障》等书与图。汤若望还分别为罗雅各等人撰写的文学方面的著作做过校订，如《比例规解》《测量全义》《筹算》等书。③就这些书籍来看，汤若望工作的业绩确实令人惊叹。

在仪器制作方面，徐光启在领衔修订历法之始，就给崇祯皇帝上书，要求制作一批天文仪器。后来徐光启因为军务急迫，在汤若望进入历局之后，制作天文仪器的任务，主要就由

---

① 〔明〕文秉：《烈皇小识》，中国历史研究社编，上海书店，据神州国光社1951年版复印，1982，第213页。
② 〔明〕徐光启：《徐光启集》，王重民辑校，中华书局上海编辑所，1963，第427~428页。
③ 此处所列汤若望译著书目，转引自李兰琴《汤若望传》，东方出版社，1995，第33~35页。

汤若望负责完成。崇祯皇帝对他制作的天文仪器，颇为欣赏。据史料记载，崇祯七年，"其时日晷、星晷、窥筒（原书注：即望远镜）诸仪器，俱已制成。奏闻，上命太监卢维宁、魏国徵，至局验试用法。旋令若望，将仪器亲赍进呈，督工筑台，陈设宫廷。上亦步临观看。毕，就内廷赐若望宴。自后上频临观验，分秒无错，颇为嘉奖"[①]。

经过历局诸人辛勤工作，历时十余年，新的历法终于编纂完成，此即历史上著名的《崇祯历书》。《崇祯历书》卷帙浩繁，共包括46种著作，总计137卷（有的版本为120卷或126卷）。该书是中国历史上首次采用西方天文学知识编纂的天文历法丛书，其内容包括天文学基本理论、天文表、必需的数学知识（主要是平面及球面三角学和几何学）、天文仪器以及传统方法与西法的度量单位换算表等。由于徐光启主张要把历法计算建立在了解天文现象原理的基础上，因此全书用了近$\frac{1}{3}$的篇幅讨论理论问题。《崇祯历书》采用了第谷创立的天体系统和西方几何学的计算方法，引入了清晰的地球概念和地理经纬度概念，以及球面天文学、视差、大气折射等重要天文概念和有关的改正计算方法。它还采用了一些西方通行的度量单位：一周天分为360°，一昼夜分为96刻24小时，度、时以下采用60进位制，等等。

《崇祯历书》是一边编纂，一边进呈，一边在反对者的挑剔下进行检验的。检验的结果，它比明代行用的《大统历》和由西域引进的《回回历》都更符合天象。崇祯皇帝对汤若望的工作十分满意，崇祯十一年（1638年），礼部奏议"汤若望等创法讲解，著有功效，……理应褒异"[②]。崇祯皇帝给汤若望赐予匾额，上书"钦褒天学"，以示嘉奖。

经过充分的检验和争论，崇祯皇帝决定采用新历，但他还没有来得及颁行新历，明王朝就走到了它的末日。崇祯十七年（1644年），李自成率30万农民军进入北京，崇祯皇帝自缢于煤山。5月26日，清军入山海关，与吴三桂合兵，李自成逃出北京。6月6日，清军进入北京。入京后，摄政王多尔衮下令部分居民搬迁，以为满洲人腾出房屋。汤若望所居之天主堂在此范围之内，为请求居留于原地，汤若望上疏多尔衮，表示教士们从西方带来的经书和他们翻译编纂的历书及仪器很多，如果仓促搬移，必然会导致散佚，故请求能够允许不搬。多尔衮同意了汤若望的请求，并在天主堂前张谕，禁止闲人扰乱。从这一事件开始，汤若望开始了和清王朝的密切合作。

清军统帅多尔衮是聪明人，知道入主北京进而统治中国后，为了使广大汉族民众臣服，除了武力的压迫，还需要对汉文化表示认同。而要做到这一点，首先莫过于在"敬天"上有

---

① 〔清〕黄伯禄：《正教奉褒》，载辅仁大学天主教史料研究中心编《中国天主教史籍汇编》，辅仁大学出版社，2003，第478页。
② 同上书，第479页。

所表示。根据传统的儒家学说，王朝变动，意味着天命转移，需要颁布新的历法，这正为汤若望提供了机会。汤若望在这一历史变动的关键时刻，果断抓住机会，将《崇祯历书》献给清廷，还推算出日食发生时刻，报告朝廷，以使其能够按照汉文化传统，组织日食救护仪式，彰显其对传统仪式的恪守：

> 臣于明崇祯二年来京，用西洋新法厘正旧历，制测量日月星晷、定时考验诸器。近遭贼毁，拟重制进呈。先将本年八月初一日日食，照新法推步。京师日食限分秒并起复方位，与各省所见不同诸数，开列呈览。①

汤若望的上疏获得认可，多尔衮命他修正历法。到了汤若望预言要发生日食的时候，多尔衮命令大学士冯铨与汤若望率钦天监官员赴观象台进行现场观测。观测结果证实，只有汤若望的新法与天象吻合，《大统历》和《回回历》的推算都不准确。

日食测验的结果，进一步增加了清廷对汤若望的信赖。同年十一月，清廷正式下发谕旨，任命汤若望为钦天监监正：

> 钦天监印信，著汤若望掌管。所属官员，嗣后一切进历占候选择悉听举行。②

汤若望觉得自己来到中国，旨在传道，并非为了当官，因而上书请辞。但他的请辞很快被驳回，汤若望只能走马上任，当上了钦天监的监正。由此，汤若望成为中国历史上钦天监第一位洋监正，开创了西洋人在中国执掌钦天监之始。

为了清王朝颁布历法的需要，汤若望将原有的《崇祯历书》压缩简化，重新编辑刻印为《西洋新法历书》一百卷，并加上他后来撰写的《筹算》《历法西传》《新法历引》三卷，共一百零三卷，进呈朝廷。清廷以之为基础，颁行了新的历法——《时宪历》，还在封面上赫然印上了"依西洋新法"五个大字，以示对新法的肯定。顺治十年（1653年），皇帝下旨褒奖汤若望，给他赐予匾额，称其为"通玄教师"，称誉他是精通深奥道理的教会导师。

---

① 赵尔巽等：《清史稿》（第三十三册）卷二百七十二《汤若望》，中华书局，1977，第10019~10020页。
② 《皇朝文献通考》卷二百五十六《象纬考》，《四库全书》本。

五、身陷历法冤狱

在明末清初西学东渐的浪潮中，传教士在传教过程中，始终伴随着他们的，还有各种各样的反对力量。汤若望也遇到了这样的事情。顺治十四年（1657年），被汤若望革除职务的钦天监回回科秋官正吴明烜上疏，指责汤若望对水星的伏见推算不准，说当年八月二十四日水星应该夕见，而汤若望的推算是"皆伏不见"，还指责了汤若望别的"舛谬"。据《清史稿·汤若望传》的记载，这件事的结果是，"八月，上命内大臣爱星阿及各部院大臣登观象台测验水星不见，议明炫罪，坐奏事诈不以实，律绞，援赦得免"。

顺治十七年（1660年），来自安徽歙县的儒生、穆斯林信徒杨光先上疏礼部，指控《时宪历》封面上的"依西洋新法"不妥，说这是把颁历权让予西洋人，奉西洋人之正朔。对于他的指控，清廷只是把"依西洋新法"这几个字改掉了，其余未予理睬。

1661年2月，极其宠信汤若望的顺治皇帝去世，年仅8岁的康熙皇帝即位，朝政由几位辅政大臣执掌。这种情况下，康熙三年（1664年），杨光先再次对汤若望发动攻击，这次他除了指责汤若望新法所谓的"谬误"，比如把传统的一日百刻制改成96刻制，还加剧了政治上的攻讦，说天佑皇上，大清国万年无疆，但汤若望进献的历法只推算了200年；又说汤若望选择的荣亲王葬期有误，安葬时辰和坟墓取向都有重大问题；更说汤若望"非我族类，其心必殊"；等等。

"更令汤若望感到悲哀的是，反对他的除了有中国人中的顽固守旧分子，还有他教会的同行。以利类思（Lodovico Buglio，1606—1682）、安文思为首的一些传教士，攻击他整天与皇帝和王公大臣打交道，贪恋官位，无暇顾及教会事务。他们对汤若望沿袭利玛窦尊重中国风俗习惯的做法进行攻击，在批驳某些中国人的守旧观点时，表现得十分狂妄和愚蠢，宣扬什么'东西方各国之人都是基督的后裔'等伤害中国人自尊心的错误观点，这恰好为杨光先等反对西法，排斥外国人提供了口实。"① 而利类思等人的攻击，非但没有为其带来任何好处，反而让他们与汤若望一道，都身陷囹圄。

当时康熙皇帝还没有亲政，杨光先的上疏由辅政大臣讨论决定。康熙四年（1665年）四月，辅政大臣讨论的结果是："汤若望及刻漏科杜如预、五官挈壶正杨宏量、历科李祖白、春官正宋可成、秋官正宋发、冬官正朱光显、中官正刘有泰皆凌迟处死；故监官子刘必远、贾文郁、可成子哲、祖白子实、汤若望义子潘尽孝皆斩。"② 事有凑巧，当判处汤若望等人

---
① 余三乐：《早期西方传教士与北京》，北京出版社，2001，第149页。
② 赵尔巽等：《清史稿》（第三十三册）卷二百七十二《汤若望》，中华书局，1977，第10021页。

极刑的公文送到皇帝和孝庄太皇太后手中不久，北京城突然发生地震，传教士们认为这是上天对这起冤狱的警示，于是太皇太后以汤若望是先帝顺治皇帝的重臣为由，力主开释。太皇太后与辅政大臣博弈的结果是，汤若望免除死刑，其余涉案的中国人则被执行死刑。

冤狱发生时，汤若望已经73岁。因身陷囹圄，猝然染病，出狱不久即于第二年也就是康熙五年（1666年）的八月十五日含冤去世。

就在汤若望去世的第二年，康熙皇帝亲政。亲政之后，为了判定天文是非，康熙皇帝令杨光先与南怀仁等当众测试日影。测量结果，南怀仁用西法推算所得与实际情况相合。这事给康熙皇帝留下了深刻印象。康熙八年（1669年）五月，骄横跋扈的辅政大臣鳌拜被囚禁，六月，南怀仁、利类思、安文思等上疏为汤若望平反。经过审理，清廷决定恢复汤若望的名誉。这年十月，康熙皇帝赐银524两，用于建造汤若望坟茔，并表立墓碑石兽。十一月，康熙皇帝派遣礼部大员至汤若望墓前致祭。迄至今日，汤若望的坟墓与南怀仁的一道，分居利玛窦坟墓的两侧，仍然可以供人们瞻仰思念。

第三节　南怀仁的卓越贡献

在明末清初来华的天主教耶稣会传教士中，利玛窦、汤若望和南怀仁被后人称为传教士三杰。三杰中来华时间最晚的南怀仁是比利时人，南怀仁是他的中文名字。他还按照中国传统，给自己起了字，字敦伯，又字勋卿。他的原名为 Ferdinand Verbiest，1623年10月9日出生于比利时的皮特姆，1688年1月28日病逝于北京。

一、南怀仁与清代历狱

南怀仁的父亲是皮特姆市政官员尤多克斯·韦尔比斯特（Judocus Verbiest，1593—1651）。南怀仁是他的第四个孩子。南怀仁的大学教育，一开始是在著名的鲁汶大学进行的。1640年10月，南怀仁进入鲁汶大学学习。在鲁汶大学学习期间，南怀仁系统地接触到了亚里士多德的学说，尤其是逻辑学和哲学体系，还学习了宇宙论的内容和天文学、数学、地理学等方面的知识，接触到了一些新的思想。但是鲁汶大学伴随新思想的产生，导致了一些激烈争论，甚至还有对天主教的怀疑，这样的倾向，并不为南怀仁所乐见。1641年9月，南怀仁离开鲁汶大学，赴梅赫伦修道院学习。在那里，他加入了耶稣会，并按照常规，开始了为期两年的见习修士生活。见习期满后，他回到鲁汶，在耶稣会的学院中继续学习哲学、数学和天文学。这些学习，为他后来到中国传教奠定了良好的知识基础。

南怀仁对到海外传教有着极大的热忱。他曾于1645年1月和1646年11月两次给上级写信，要求到南美传教。到南美传教的事，由于多种原因，未能成行。1655年6月19日和26日，他又写信给上级，希望加入赴印度和中国传教的行列。当年7月10日，耶稣会总会长尼克尔（Goswin Nickel）给他复信，同意他到中国传教。1656年1月，南怀仁和其他几位传教士一道，登上了一艘开往葡萄牙的商船，要在那里出发，开始他们的中国之旅。

历经曲折之后，1657年4月4日，南怀仁等终于在里斯本开始了其赴华航程。航程是艰辛的，南怀仁此行共有17名耶稣会士，当他们最终于1658年7月7日到达中国澳门时，全团只剩5人，其余的12人大都因病去世，或因病重不得不留在途中。

抵达澳门后，经过短暂停留，南怀仁被派往西安传教。而此时，远在北京的汤若望正在为自己物色编制历法的助手。当时汤若望执掌钦天监已经十几年，鉴于历法推算和天象观测对新兴的清王朝来说至关重要，而汤若望年事已高，时有力不从心之感，亟需找人协助。在尝试过好几位传教士助手之后，1660年2月26日，汤若望向顺治皇帝推荐了南怀仁。5月9日，南怀仁奉诏离陕赴京。一个月之后，他到了北京，成了汤若望的助手。

南怀仁万万想不到的是，他到北京没几年，就卷入了由保守分子杨光先发动的一场政治斗争，也就是今天我们所说的清代的"历狱"。这场历狱，先是有钦天监回回科吴明烜上疏指责汤若望编制的历法不准确，继之有杨光先从政治角度进行攻讦和诬陷。康熙三年（1664年），杨光先上书，指责汤若望西洋新历法有十大谬，还指责传教士在选择顺治帝皇太子荣亲王的葬期时误用洪范五行，山向、年月俱犯忌杀。这些指责十分严重，引起清廷重视，辅政大臣鳌拜不满外邦人参政议政，于是决定支持杨光先，要审判汤若望等，将其治罪。由于汤若望深得刚去世不久的顺治皇帝的宠信，为了堵住朝廷上下官员之口，鳌拜等决定举行议政王大臣会议，公开审讯，集体定案。参加者有王公大臣、各部尚书、将帅等高级官员，与会者最多时达200余人。会议前后举行了12次，每次时间都持续四五个小时，可谓极其郑重。

在审讯过程中，由于汤若望年事已高，应讯及辩护工作主要由南怀仁承担。虽然资历还浅，自己也是被审讯对象，但南怀仁还是挺身而出，面对审讯者的无理指责，据理力争。由于与会者畏惧鳌拜的权势，最后还是判决汤若望和一批中国天主教信徒死刑，南怀仁和利类思、安文思以及其他由各省押解来京的传教士，则被判决要施以杖刑，驱逐出境。

康熙四年四月中旬，执政大臣通过了对汤若望的死刑判决。4月13日，天空出现彗星，两天后，北京城又地震，京师官员传说这是由于汤若望等的冤案所致。在太皇太后的干预下，汤若望被免除死刑，改判流放，而南怀仁和利类思、安文思等则被赦免。后来，康熙皇帝又下令免除了汤若望的流放，汤若望和南怀仁、利类思、安文思四人获准可以继续留在北京。康熙五年（1666年）八月，年高体弱在狱中饱受折磨的汤若望含冤去世。第二年，14岁的康熙皇帝开始亲政，历史掀开了新的一页。

汤若望"历狱"的直接结果，是清朝沿用了20年的根据西法编制的《时宪历》被弃置不用，已经过时了的《大统历》《回回历》被重新起用，钦天监主事者也换成了杨光先、吴明烜等人。杨光先自知自己并不精通历法，因而多次上疏请辞钦天监的职务，但均未获准，只好依赖吴明烜来完成历法编制工作。由于吴明烜本人对历法也并不精通，由杨光先、吴明烜主导编制的历法，当然是漏洞百出，不堪入目。

康熙七年（1668年），南怀仁上疏，指出杨光先等编制的历法与天象不合，差错甚多，由此拉开了其为汤若望昭雪的序幕。为了判定南怀仁和杨光先等孰是孰非，康熙皇帝指令一批高级官员会同南怀仁等人到观象台现场测量。测量的结果，证明南怀仁的推算是正确的。根据测量的结果，康熙八年正月，重新召开了议政王大臣会议，提出了新的建议，《圣祖实录》对此记载道：

> 议政王等会议：得南怀仁奏吴明烜推算历日差错之处，奉旨差大学士图海等同钦天监监正马祜，测验立春、雨水、太阴、火星、木星，与南怀仁所指，逐款皆符，吴明烜所称，逐款不合。应将康熙九年一应历日，交与南怀仁推算。①

议政王大臣会议认可了南怀仁的水平，提出应将康熙九年的历日交给南怀仁推算，以免差误。没想到的是，康熙皇帝不愿意如此草草结案，他要求议政王大臣会议再行讨论，拿出令人信服的结论。他指出：

> 杨光先前告汤若望，时议政王大臣会议以杨光先何处为是，据议准行？汤若望何处为非，辄议停止？及当日议停，今日议复之故，不向马祜、杨光先、吴明烜、南怀仁问明详奏，乃草率议复，不合。着再行确议。②

接到康熙的指令后，二月，议政王大臣会议逐一询问了有关各方，均认为南怀仁的推算

---

① 《圣祖实录》卷二八《康熙八年正月至四月》，载《清实录》（第四册），中华书局，1985，影印本，第386页。
② 同上。

符合天象，在此基础上，议政王大臣会议进一步思考了"历狱"之争中涉及的科学问题，并提出了对杨光先的处理意见：

> 百刻历日，虽历代行之已久，但南怀仁推算九十六刻之法，既合天象，自康熙九年始，应将九十六刻历日推行。……候气系自古以来之例，推算历法亦无用处，嗣后亦应停止。杨光先职司监正，历日差错不能修理，左袒吴明烜，妄以九十六刻推算，乃西洋之法，必不可用，应革职，交刑部从重议罪。得旨：杨光先著革职，从宽免交刑部。余依议。①

这段话实际提出了一个重要原则：在科学问题上，判断是非的原则是应从实际出发而非从古代传统。文中提到的百刻制，是中国传统时刻制度，已行用近2 000年，但它与12时辰制配合不便，推算起来非常繁难，远不如96刻制简捷易行。候气学说则是汉代学者构建的将节气与音律相联系的一种学说，该学说认为，在律管中置入芦苇内膜烧成的灰，将律管按一定的方位放置，当特定的节气来临时，与之对应的律管中的灰烬就会自动飞出来。古人用这种学说作为判定历法是否准确的依据之一。但因为这种联系是虚构的，在实践中候气学说一再被证明是无用的。议政王大臣会议明确提出要废除候气学说、废除百刻制，行用96刻制，这实际上宣告了在科学问题上不能以是否合乎古训为判断是非的依据，而应依据其实际效能决定取舍。中国传统文化中从来有尚古的传统，这一宣告表明该传统不适合于科学事业，其意义是巨大的。至于杨光先，虽然康熙皇帝宽大为怀，不再追究其刑事责任，但仍然将其免除职务，发回原籍。他的诬告，至此彻底失败。

到了康熙七年三月，南怀仁被任命为钦天监监副，他表示愿意承担相应的岗位职责，但要辞去职务。他的请辞一开始被拒绝，他再次表示辞意，皇帝最终同意了他的请求，但仍然按照钦天监的监副级别为其提供俸禄。从这时起，南怀仁实际开始主持钦天监天文测算工作。五月，鳌拜被康熙皇帝罢黜。六月，南怀仁再次上疏，提出为汤若望平反的问题。他的呼吁得到了康熙皇帝的认可，九月，礼部正式提议，对汤若望按原品级赐恤，重新安葬；十月，皇帝赐银524两，用于为汤若望建造坟茔并表立墓碑石兽；十一月，派遣礼部大员至汤若望墓前致祭，捧读碑文。在汤若望获得极度哀荣的同时，杨光先在一片凄凉中离开北京返回故乡，行至德州时，背部疽疮发作去世。

---

① 《圣祖实录》卷二八《康熙八年正月至四月》，载《清实录》（第四册），中华书局，1985，影印本，第387~388页。

二、解决工程难题能手

汤若望冤狱的昭雪，标志着南怀仁可以在中国大展身手了。南怀仁精通工程技术，是解决工程技术难题的能手。他的这一特点为他带来了很大的声誉。康熙十年（1671年），工部要为顺治皇帝的陵墓孝陵建造大石牌坊，需用大石柱六根、其他石件十二件。这些石料体积巨大，重量达数万至十余万斤，需要分别放在16个轮子的车子上，用三百匹马来拉。运送这批石料需要经过卢沟桥，而卢沟桥因为年久失修，曾因洪水冲垮过两个桥孔，在此之前工部刚花费巨资整修过，官员们非常担心石料的巨大重量和马匹的剧烈踩踏会弄坏刚修好的桥梁。对此，康熙皇帝指令南怀仁设法用滑轮将石料拉过卢沟桥。南怀仁经过仔细的考察和测算，对每件石料，用三至六组滑轮组牵引。每一滑轮组由一架绞车带动，每架绞车由12名工匠转动。用这种方法，将所有石料平稳地拖过了桥。康熙皇帝听到石料成功过桥的消息，非常高兴，当即下令赏赐南怀仁。

南怀仁不仅完成了让运送巨型石料的车平安通过卢沟桥的使命，还根据康熙皇帝的指令，指导了京郊万泉河道的疏浚引水工程。康熙十一年（1672年）五月，南怀仁奉旨视察万泉庄附近的河道，指导疏浚工程。他通过勘察地形，对周围地势做了详细测量，在此基础上制定了疏浚方案。在疏通河道的同时，还兼顾到挑浚稻田沟渠、整修增建水闸等。为了提高测量效率和准确度，他自制了水准仪、瞄准架和带有"游标"的标尺。根据他的方案，万泉河的疏浚工程取得了理想的效果。

除了各种复杂疑难的施工工程，康熙皇帝还命令南怀仁整修铸造火炮，以满足平定"三藩之乱"的要求。南怀仁觉得铸造火炮不符合传教士传教宗旨，上疏请辞。南怀仁的请辞未被朝廷允许，他只好接过这一任务。一开始，康熙皇帝命令他整修汤若望铸造的火炮，南怀仁经过检验，发现很多火炮是因为年久锈蚀，只要除锈，就能够继续使用。经过除锈以后，这些火炮果然都又恢复了其应有的功能。康熙皇帝对南怀仁的工作颇为赞赏，又要求他设计制造能适用于中国南方山地水田的轻巧的火炮。南怀仁接到康熙的旨令以后，不久就设计并制作出了符合康熙要求的火炮样品进呈。样品经过试放，命中率很高，而且轻巧耐用，康熙皇帝亲临观看，十分满意，对南怀仁赐宴赏银。南怀仁不但设计了适合不同用途的各式火炮，还将铸炮体会、使用要点等撰著成书，起名为《神威图说》，于康熙二十一年（1682年）进呈皇帝。

三、灵台仪象制作与撰述

作为钦天监负责人，南怀仁主要工作还是在天文学方面。天文学本质上是一门观测科学，虽然中国古代天文学的任务是为编制历法服务的，其关注点与探索自然奥秘没有多大关系，但它仍然与观测有密不可分的关系。要做好天文观测，首先要在改进观测仪器上下功夫。南怀仁对此有清醒的认识，他说：

> 夫仪者，历法合天与不合天之明征也。故测验天行，仪愈多愈精而测验乃愈密。盖凡天上一星所历时刻、虽躔，有一定之度分，然以仪相对而测之，则必与天上东西南北之各道有上下左右远近之分焉，故测验其星所躔之度分，必依各道之经纬度分而推测之，始无所戾。是则欲为密合天行之历法，而非有备具密合天行各道之仪，厥道无由也。[①]

这段话中心意思是说，天体在空中的运行，遵循不同的轨道，对不同的轨道，需要有不同的仪器进行观测，这样才能确保观测的准确性。根据这一认识，南怀仁向康熙皇帝提出，需要改造增铸天文观测仪器，以确保所制定的历法能够密合天象。南怀仁之所以要新铸仪器而不是使用原有的仪器进行观测，主要出于以下几个方面的原因：一是旧有的观测仪器，都是明代正统年间（1437—1442）铸造的，年久失修，需要重新整理。二是传统天文仪器刻度单位是按照 $365\frac{1}{4}$ 分度刻铸的，时刻制度是按昼夜百刻划分的，而传教士所用天文单位是 $360°$ 的圆心角分度单位，时刻制度也改成了与之相应的 96 刻制，经过汤若望冤狱的昭雪，这些单位已经成为新的法定单位，这种情况下，再使用原来的观测仪器，显然是不利于观测的。三是原来的仪器，浑仪、简仪等是由南京运到北京的，其极轴方位是按照南京的纬度铸造的，与北京的地理纬度不合，会造成观测的系统误差。

南怀仁的要求得到了康熙皇帝的同意，据《清实录》记载，康熙八年六月，"令改造观象台仪器，从钦天监监副南怀仁请也"。[②] 获得康熙皇帝批准后，南怀仁组织钦天监有关人员，研制铸造了六台新的天文仪器，以取代传统的天文仪器。这六台仪器分别是：测定天体黄道坐标的黄道经纬仪，测定天体赤道坐标的赤道经纬仪，测定天体地平坐标的地平经仪和地平

[①] ［比］南怀仁：《灵台仪象志》，载《历法大典》第八十九卷《仪象部汇考七》，上海文艺出版社，1993 年影印本。
[②] 《圣祖实录》卷三〇《康熙八年六月至七月》，载《清实录》（第四册），中华书局，1985，影印本，第 406 页。

纬仪（又名象限仪），测定两个天体间角距离的纪限仪和表演天象的天体仪。南怀仁用这些仪器取代了浑仪和简仪等传统仪器。而被取代的那些浑仪、简仪等，则遵照康熙的指示，从观象台上置换下来后，放置在台下的耳房中珍藏起来。到了20世纪，日本侵华战争爆发，"为了保护文物，我国科技工作者于1932年将陈设在院内的浑仪、简仪、圭表、两件漏壶、小地平经纬仪和折半天体仪等七件天文仪器迁往南京，现在仍分别陈列在紫金山天文台和南京博物院"[①]。

南怀仁设计和制作的这些仪器，在后世经历了不同寻常的遭遇。1900年，八国联军入侵北京，德法两国瓜分了这些仪器，"法方将赤道经纬仪、黄道经纬仪、地平经纬仪、象限仪和简仪运到驻华使馆，后迫于世界舆论，于1902年归还中国。德方占有了天体仪、玑衡抚辰仪、地平经仪、纪限仪、浑仪，并于1901年把它们全部运往德国。……直到1921年才根据凡尔赛和约第131条款，德国方面将仪器无偿运回北京，按原来的布局安装于古观象台台顶"[②]。南怀仁铸造的这些天文仪器，现在，按原样陈列在北京古观象台（图22-8、图22-9、图22-10、图22-11），人们可以前往一睹其英姿。

南怀仁铸造的这些仪器，在设计原理和机械加工工艺上，主要参考了第谷的设计思想，是第谷天文观测仪器设计思想正式传入中国的体现。在造型设计方面，则参考了中国传统艺术。将西方先进的科学技术与中国传统造型艺术完美地结合起来，实现了科学仪器建造上的中西合璧，这是南怀仁独具匠心之处，它们的出现，体现了中国天文观测仪器发展的最新水平。

在制造和安装观象台新仪器的同时，南怀仁还著书立说，图文并茂地介绍这些仪器的制造原理、安装和使用方法等，这就是他于康熙十三年正月二十九日（1674年3月6日）进呈给皇帝的十六卷本的《灵台仪象志》一书。该书内容大致可分为三部分。第一部分是前四卷，介绍仪器的设计原理和安装使用方法，其中包括了西方许多近代力学和光学知识。在这些知识中，力学方面就包括重力、重心、比重、浮力、材料强度、自由落体运动等。特别值得一提的是，书中介绍了伽利略的工作，尤其是关于单摆知识的介绍，尤为引人注目。书中介绍了单摆的等时性，说明了单摆的振动周期与其摆长的平方根成正比这一数学关系，提出利用单摆的等时性特点测量时间的设想。他还以单摆计时为例，讨论了自由落体运动规律，指出自由落体下落距离与下落时间的平方成正比。他的这些介绍，意味着伽利略开创的近代力学正式进入中国。

---

① 崔石竹：《北京古观象台历史沿革和文物保护》，《天文爱好者》1998年第3期。
② 同上。

图 22-8

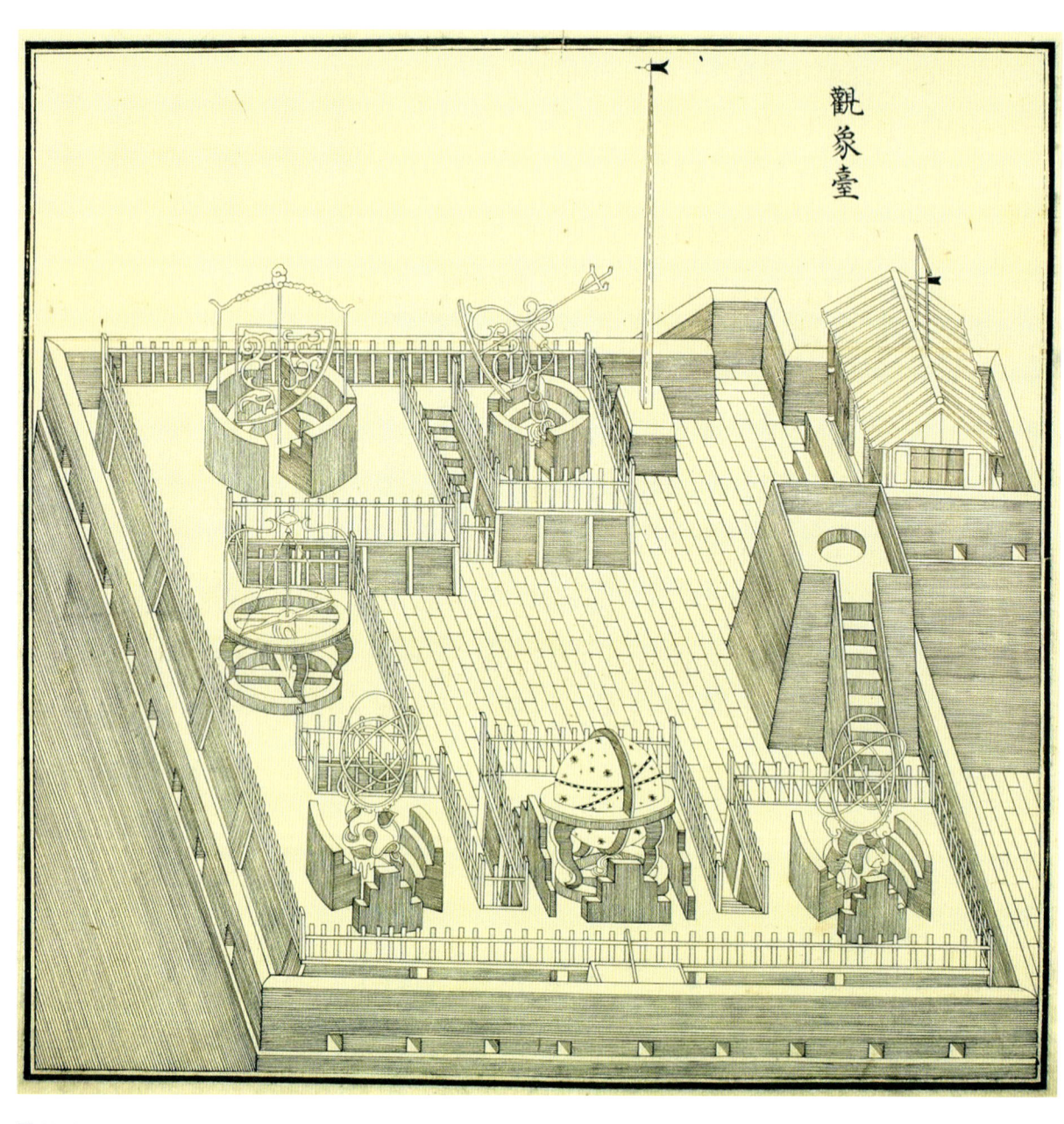

南怀仁改造过的观象台与天文仪器，载南怀仁著《新制灵台仪象图》

图 22-9

北京古观象台陈列之黄道经纬仪

图 22-10

北京古观象台陈列之地平经仪

图 22-11

北京古观象台陈列之纪限仪

第二十二章 传教士对中国计量的贡献

《灵台仪象志》的第二部分对应于该书第五至第十四卷，内容为天文测量数据，即全天星表。这些星表并非南怀仁实测所得，而是他从《西洋新法历书》中的星表加上岁差因素后归算所得。第三部分则是该书的后两卷，由117幅图组成。这些图是南怀仁早在康熙三年就已经完成了的，原来是独立成书的，名为《新制灵台仪象图》（简称《仪象图》）。《灵台仪象志》完书后，南怀仁将其作为《灵台仪象志》的附图一并刊行。这些图对于理解南怀仁的仪器构造及其介绍的西方科学知识，具有不可替代的重要作用。

四、湿度计测量的定量化

在《灵台仪象志》中，南怀仁还介绍了一些新的计量种类和器具，其中最典型的就是温度计和湿度计。温度计的知识，本书前文已经做过介绍，这里我们对南怀仁的湿度计做些简单的说明。

我国对空气湿度的变化很早就有所注意，早在西汉的《淮南子·说山训》中，古人已经提出："悬羽与炭，而知燥湿之气。"可见当时已经知道某些物质的重量能随大气干湿程度的变化而变化。古人利用这一效应，在天平两端悬挂重量相等而吸湿性能不同的物体（例如羽毛与炭），这就构成了一架简单的天平式验湿器。在使用时，预先使天平平衡，一旦大气湿度变化，两个物体吸入（或蒸发）的水分多少不同，因而重量不等，导致天平失衡而发生偏转，从而将空气湿度变化显示出来。

这种天平式验湿器并非仅是古人的设想，它确实被应用过。据《后汉书·律历上》记载，每当冬、夏至前后，皇帝都要"御前殿，合八能之士，陈八音、听乐均、度晷景、候钟律、权土（灰）"，以之测定冬、夏至是否到来。这里"权土（灰）"就是用天平式验湿器进行的测试。

中国古代这种天平式验湿器上没有标度，古人也从未想到过要将其测量结果定量化，因此还不能叫作湿度计。中国最早的湿度计，是南怀仁在《灵台仪象志》的"测气燥湿之分"一节中介绍的。南怀仁对其湿度计的描述如下：

> 欲察天气燥湿之变，而万物中惟鸟兽之筋皮显而易见，故借其筋弦以为测器。法曰：用新造鹿筋弦，长约二尺，厚一分，以相称之斤两坠之，以通气之明架空中横收之。上截架内紧夹之，下截以长表穿之，表之下安地平盘。令表中心即筋弦垂线正对地平中心。本表以龙鱼之形为饰。验法曰：天气燥，则龙

表左转；气湿，则龙表右转。气之燥湿加减若干，则表左右转亦加减若干，其加减之度数，则于地平盘上之左右边明画之，而其器备矣。其地平盘上面界分左右，各画十度而阔狭不等，为燥湿之数。左为燥气之界，右为湿气之界。其度各有阔狭者，盖天气收敛其筋弦有松紧之分，故其度有大小以应之。①

湿度计的形制有各种各样，中国古代采用的是天平式吸湿性验湿计，南怀仁湿度计就原理而言也是吸湿性的，但形制上则属于悬弦式。他用鹿筋作为弦线，将其上端固定，下端悬挂适当的重物，弦线上固定一指针，指针雕刻成鱼形。这种弦线吸湿以后会发生扭转，吸湿程度不同，扭转角度也不同，转过角度的大小通过指针在刻度盘上显示出来，从而起到测量湿度的作用（如图22-12）。

悬弦式湿度计结构简单，使用方便，因此比较流行。但它也有其待改进之处。例如南怀仁对湿度计底盘刻度的不等分划分，带有一定的随意性，其刻度单位的设定也不具备普适性。但这毕竟是中国最早出现的有定量刻度的湿度计。另外，这类湿度计西方书籍中也有记述，但这些书籍在时间上比起南怀仁的介绍还要晚一些，可见此类湿度计传入我国的时间是相当早的。

五、独特的指南针理论

需要指出的是，南怀仁在《灵台仪象志》中介绍的西方科学知识，并非都是西方科学的最新进展。例如，他对指南针指南原理的分析，就落后于当时西方科学的进展。

指南针是中国古代四大发明之一，在人类文明史上具有重要地位。在历史上，中国人虽然发明了指南针，但对指南针为什么会指南这一问题的阐释，却大都以阴阳五行学说立论，与现代科学的认识南辕北辙。南怀仁也讨论了指南针为什么会指南这一问题，他的解说落后于当时西方科学的发展。对此，我们稍做说明。

在欧洲，英国物理学家吉尔伯特于1600年出版的《关于磁铁》一书，对指南针为什么指南做出了科学的解释。吉尔伯特通过模拟实验证明，地球本身就是一块大型球形磁体，它与指南针之间存在着相互作用。指南针并不像当时很多科学家所认为的那样是指向天体，它是受地球磁体的作用而指向地球上的磁极。吉尔伯特的理论，直到今天人们还是基本认可的。

---

① 南怀仁：《灵台仪象志四》，载《历法大典》第九十二卷《仪象部汇考十》，上海文艺出版社，1993年影印本。

一百〇九圖

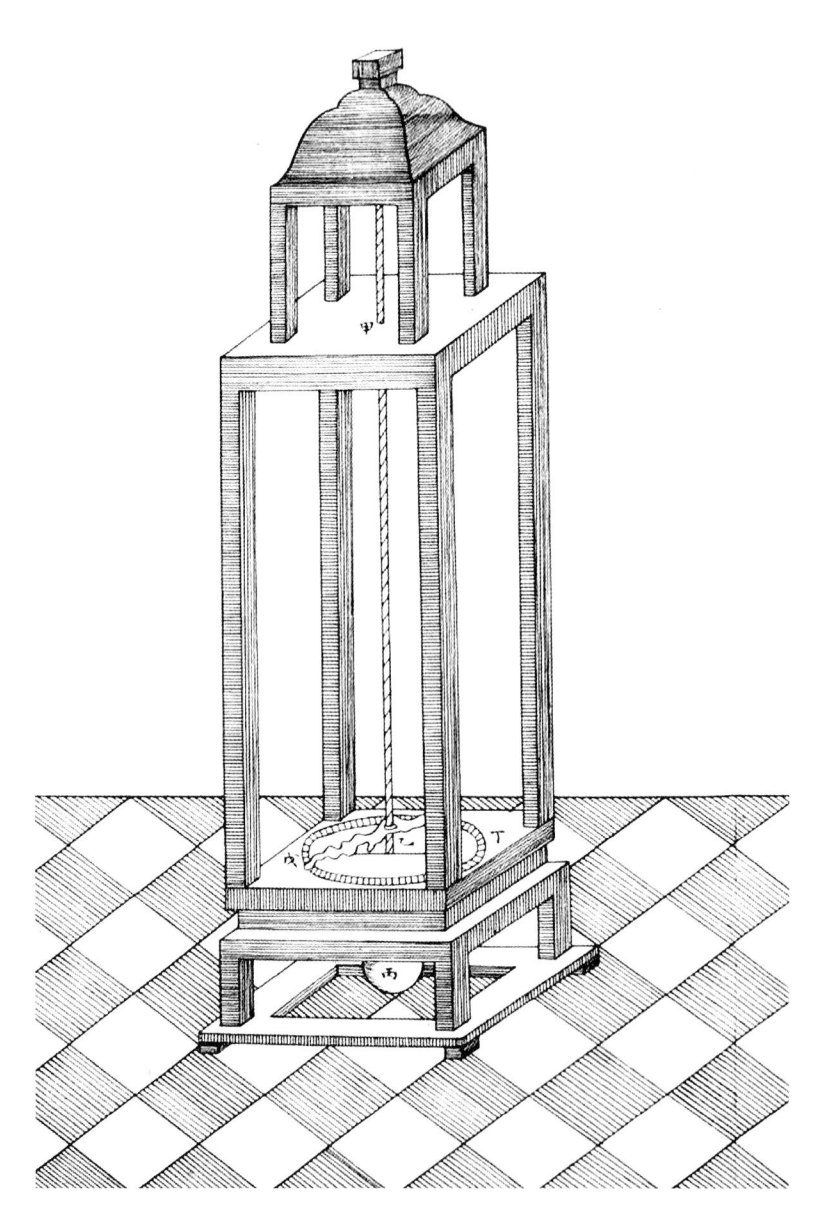

图 22-12
南怀仁介绍的湿度计示意图（采自南怀仁著《新制灵台仪象图》）

南怀仁的指南针理论，与吉尔伯特学说没什么关系。它是基于南怀仁对地球特性的认识的结果。他说："凡定方向，必以地球之方向为准。地球之方向定，则凡方向遂无不可定矣。夫地虚悬于天之中，备静专之德，本体凝固而为万有方向之根底。"[①] 地球的方向主要表现在南北方向上，这是由地球的南北之极所确定的。地球方向的恒定性是它的本性，这一本性会传递到地球所生的物体之上，使之亦具有天然的南北取向的能力。南怀仁的指南针理论就是建立在这一思想基础之上的。

为了说明指南针的指南原理，南怀仁把注意力放在了地球本身的物质分布上。他说：

> 地之全体相为葆合，有脉络以联贯于其间。尝考天下万国名山及地内五金矿大石深矿，其南北陁衺面上，明视每层之脉络，皆从下至上而向南北之两极焉。仁等从远西至中夏，历九万里而遥，纵心流览，凡于濒海陁衺之高山，察其南北面之脉络，大概皆向南北两极，其中则另有脉络，与本地所交地平线之斜角正合本地北极在地平上之斜角。五金石矿等地内深洞之脉络亦然。凡此脉络内多有吸铁石之气生。夫吸铁石之气者无他，即向南北两极之气也。夫吸铁石原为地内纯土之类，其本性之气与地之本性之气无异故耳。[②]

这是说，在地球内部有贯穿南北的脉络，这些脉络蕴含着地球自身"向南北之气"，这种气是地内纯土的本性之气，与磁石之气一致。这种一致性，是磁针能够指南的前提。

这里所谓的"纯土"，源自古希腊亚里士多德的"四元素"说。南怀仁专门强调了这一点，指出它与地表附近的"浅土""杂土"不同，只有"纯土"，才是决定指南针指南的关键因素：

> 所谓纯土者，即四元行之一行，并无他行以杂之也。夫地上之浅土、杂土，为日月诸星所照临，以为五谷百果草木万汇化育之功。纯土则在地之至深，如山之中央、如石铁等矿是也。审此，则铁及吸铁石并纯土同类，而其气皆为向南北两极之气，自具各能转动本体之两极而正对夫天上南北之两极。此皆本乎地之脉络者然也。夫地之两极原自正对夫天上南北之两极，犹之草木之脉络皆自达其气而上生焉。盖天下万物之体，莫不有其本性，则未有不顺本性之行以

[①] ［比］南怀仁：《灵台仪象志二》，载《历法大典》第九十卷《仪象部汇考八》，上海文艺出版社，1993年影印本。
[②] 同上。

全乎其为本体者也。①

那么，磁偏角现象又该如何解释呢？为什么磁偏角的存在如此广泛呢？南怀仁认为：

> 夫吸铁石一交切于铁针，则必将其本性之转动而向于南北之力以传之，如火所炼之铁等物，必传其本性之热焉。又凡铁针及吸铁石彼此必互相向，故即使有针向正南正北者，而或左右或上下有他铁以感之，则针必离南北而偏东西向焉。今夫吸铁之经络自向南北二极而行，但未免少偏，而恰合正南正北者少。故各地所对之铁针，未免随之而偏矣。②

至此，南怀仁的指南针理论已经成型，其基本逻辑是：地球本身具有恒定的南北取向，该取向取决于地球的南、北两极。地球内部有贯穿于南、北两极的脉络，这些脉络在性质上属于构成万物的四种基本元素之一的"纯土"，它们蕴含着向南、北两极之气。另外，铁和吸铁石都是这种"纯土"组成的，当然也蕴含着同样指向南、北的气。在这种气的驱动下，由铁制成的磁针自然会经过转动使其取向与当地的地脉相一致。地脉与地平线的夹角，决定了当地的磁倾角。当地脉有东西向偏差或周围有铁干扰的情况下，指南针所指的方向也会有偏差，于是磁偏角也就相应而生了。

南怀仁的理论，有其可取之处：它看上去与吉尔伯特的学说似曾相识，都主张决定指南针之所以指南的要素在地不在天；南怀仁所说的"地脉之气"与吉尔伯特学说蕴含的磁感应思想在形式上是相似的；南怀仁还对磁变现象提出了解释，认为周围的铁会对磁针指向产生干扰；等等。但两者也有不同，其最大不同处在于，在南怀仁理论中，决定磁针指向的是地球的地理南北两极本身，而吉尔伯特则认为地球本身存在着一个磁体，虽然他认为该磁体的两极与地球的地理两极是吻合的，但他是从地球磁极与磁针相互作用角度出发思考问题的，是从磁学角度出发进行讨论的。从磁与磁的作用出发进行讨论，才能建立指南针的磁学理论，而南怀仁的做法，则是中国传统感应学说的改头换面，在这样的学说中，发展不出指南针与地球磁极异性相吸的理论。

实际上，即使在欧洲，吉尔伯特磁学理论提出来以后，也并未获得学界的一致认可。在这种情况下，南怀仁未能将吉尔伯特的理论介绍给中国人，也就不足为奇了。无论如何，由

---

① ［比］南怀仁：《灵台仪象志二》，载《历法大典》第九十卷《仪象部汇考八》，上海文艺出版社，1993年影印本。
② 同上。

于《灵台仪象志》一书获得了康熙皇帝的高度认可，是经康熙皇帝下诏予以刊行的，而且该书因倾力阐释西方科学而深受中国新派学者之喜爱，是当时中国学者学习西方天文仪器制作及相关科学知识的圭臬之作，南怀仁的指南针理论收在该书之中，自然也就作为该书的一部分随之流播后世，因而对中国学者产生了很大的影响。一直到19世纪中叶，中国人在讨论指南针问题时，信奉的依然是南怀仁的理论。

六、多领域贡献与身后哀荣

南怀仁完成了观象台仪器的改造之后，接着又开始推算新的历表。康熙十七年七月，南怀仁编撰完成三十二卷《康熙永年历法》，将汤若望顺治二年十二月所编诸历及200年恒星表，相继推到了2000年之后。《康熙永年历法》实际上是一部天文表。它分为八个部分，分别是日、月、火星、水星、木星、金星、土星、交食。各部分的开始给出一些基本数据，然后给出某一天体2000年的星历表。杨光先曾指责汤若望编制的清朝历书只涵盖了200年，这次南怀仁一下子就将其推到了2000年之后。

南怀仁不仅对中国天文历学的发展、火炮的铸造做出了巨大贡献，在地理学方面也有很大贡献。他曾编撰了数种地理学著作、绘制了数种地图，它们成为17世纪地理学和地图学在中国发展的标志。

在机械制造方面，南怀仁还设想了汽轮机的实验，就是利用一定温度和压力的蒸汽的喷射作用，推动叶轮旋转，从而带动轴转动以获得动力。这个实验在他的著作《欧洲天文学》的"气体力学"一章中有过详细的描述。

除了在科技和传教方面的大量工作，南怀仁还因其通晓多种欧洲语言又精通汉语与满语而深受康熙皇帝宠爱，他曾在中国与俄罗斯等国的外交接触中担任过不可缺少的角色。1689年中俄尼布楚条约的签订，就与南怀仁前期的努力分不开。

多年的辛勤工作，使南怀仁在华获得了巨大声誉，也使他的身体受到一定的伤害。1688年1月28日，南怀仁在北京逝世，享年66岁。从1658年抵达澳门至逝世，南怀仁在华近30年。南怀仁"勤勉竭力，不辞劳瘁"，为信仰奉献了一生，也为西方的科学技术知识在中国的传播做出了巨大的贡献。他去世之后，康熙皇帝为他举行隆重葬礼，并赐谥号"勤敏"。

在明清之际来华而后来客死中国的传教士中，南怀仁是唯一一位身后得到谥号的。谥号是中国古代具有一定地位的人死去之后，朝廷根据他们的生平事迹与品德修养，用简洁的词语对其评定褒贬而给予的称号。康熙皇帝所赐"勤敏"二字，是对南怀仁在钦天监供职期间

图 22-13

比利时发行的南怀仁逝世 300 周年纪念邮票

勤勉、聪敏行为的恰当评价。得到这样的评价，南怀仁当之无愧。

南怀仁是中国和比利时之间科技交流的使者，不但赢得了中国人的尊敬，在他的祖国比利时，也得到人们的肯定，1988 年，比利时政府发行了南怀仁逝世 300 周年纪念邮票（图 22-13），表达对这位文化使者的怀念。

参考书目

［1］［德］恩斯特·斯托莫."通玄教师"汤若望［M］.达素彬［德］,张晓虎,译.魏永昌,校.北京：中国人民大学出版社,1989.

［2］［德］KONRAD HERRMANN. A Comparison of the Development of Metrology in China and the West［M］. Bremen：NW Press,2009.

［3］［德］魏特.汤若望传［M］.杨丙辰,译.北京：知识产权出版社,2015.

［4］［法］GEORGES IFRAH. The Universal History of Numbers from Prehistory to the Invention of the Computer［M］.lan Mank Toronto： John Wiley & Sons, Inc. 2000.

［5］中国地理学会历史地理专业委员会《历史地理》编委会.历史地理：第二辑［M］.上海：上海人民出版社,1982.

［6］［法］国际计量局.国际计量局100周年：1875～1975［M］.中国计量科学研究院情报室,译.北京：技术标准出版社,1980.

［7］［法］聂仲迁.清初东西历法之争［M］.解江红,译.广州：暨南大学出版社,2021.

［8］［法］裴化行.利玛窦评传（全二册）［M］.管震湖,译.北京：商务印书馆,1993.

［9］［美］玛丽·乔·奈.剑桥科学史：第5卷 近代物理科学与数学科技［M］,刘兵,江晓原,杨舰,译.郑州：大象出版社,2014.

［10］［美］HUNTER ROUSE, SIMON INCE. History of Hydraulics［M］.New York： Dover Publications, Inc. 1957.

［11］［美］NATHAN SIVIN. Science in Ancient China： Researches and Reflections［M］. Vermont： Variorum, 1995.

［12］［美］达娃·索贝尔.经度：一个孤独的天才解决他所处时代最大难题的真实故

事［M］．肖明波，译．上海：上海人民出版社，2007．

［13］［美］邓恩．从利玛窦到汤若望：晚明的耶稣会传教士［M］．余三乐，石蓉，译．上海：上海古籍出版社，2003．

［14］［美］凯瑟琳·帕克，［美］洛兰·达斯顿．剑桥科学史：第3卷 现代早期科学［M］．吴国盛，主译．郑州：大象出版社，2020．

［15］［美］肯·奥尔德．万物之尺［M］．张庆，译．北京：当代中国出版社，2004．

［16］［美］罗伯特·P.克里斯．度量世界：探索绝对度量衡体系的历史［M］．卢欣渝，译．北京：生活·读书·新知三联书店，2018．

［17］［美］切特·雷莫．行走零度：沿着本初子午线发现宇宙空间和时间［M］．陈养正，陈钢，钱康行，译．重庆：重庆出版社，2009．

［18］［美］斯蒂芬·温伯格．给世界的答案：发现现代科学［M］．凌复华，彭婧珞，译．北京：中信出版社，2016．

［19］［美］夏伯嘉．利玛窦：紫禁城里的耶稣会士［M］．向红艳，李春圆，译．董少新，校．上海：上海古籍出版社，2020．

［20］［美］余定国．中国地图学史［M］．姜道章，译．北京：北京大学出版社，2006．

［21］［美］詹姆斯·杰斯帕森，［美］简·菲茨-伦道夫．从日暮到原子钟：时间计量的奥秘［M］．任烨，刘娅，李孝辉，译．杭州：浙江教育出版社，2022．

［22］（民国）工商部工商访问局．度量衡法规汇编［M］．上海：商务印书馆，1930．

［23］（民国）林光澂，陈捷．中国度量衡［M］．上海：商务印书馆，1930．

［24］（民国）上海市度量衡检定所．度量衡浅说［M］．上海：上海市度量衡检定所，1930．

［25］（民国）实业部全国度量衡局．全国度量衡划一概况［M］．南京：南京国民书局，1933．

［26］（民国）实业部全国度量衡局．中央及各省市度量衡法规汇刊［M］．南京：实业部全国度量衡局编印，1933．

［27］（民国）张鹏飞．新度量衡换算表［M］．上海：中华书局，1935．

［28］（民国）朱文鑫．十七史天文诸志之研究［M］．北京：科学出版社，1965．

［29］（民国）朱文鑫．天文学小史［M］．上海：上海书店出版社，2013．

［30］〔明〕徐光启．徐光启集［M］．王重民辑校．上海：上海古籍出版社，1984．

［31］〔明〕朱载堉．律学新说［M］．冯文慈点注．北京：人民音乐出版社，1986．

［32］［日］薮内清．中国·科学·文明［M］．梁策，赵炜宏，译．北京：中国社会科学出版社，1988．

［33］［意］利玛窦，金尼阁.利玛窦中国札记［M］.何高济，王遵仲，李申，译.何兆武，校.北京：中华书局，1983.

［34］［英］D. A. 约翰逊，W. H. 格伦.测量世界［M］.蔡晨，译.北京：科学出版社，1982.

［35］［英］JOSEPH NEEDHAM. Science and Civilisation in China：Volume1：Introductory Orientations［M］.Cambridge：Cambridge University Press，1956.

［36］［英］安尼塔·麦康尼尔.没有深不可测的海——海洋仪器史［M］.葛运国，译.北京：海洋出版社，1993.

［37］［英］李约瑟.中国古代科学［M］.李彦，译.上海：上海书店出版社，2001.

［38］［英］罗伊·波特.剑桥科学史：第4卷 18世纪科学［M］.方在庆，译.郑州：大象出版社，2010.

［39］［英］米歇尔·霍斯金.剑桥插图天文学史［M］.江晓原，关增建，钮卫星，译.济南：山东画报出版社，2003.

［40］［英］泰瑞·奎恩.从实物到原子：国际计量局与终极标准的探寻［M］.张玉宽，主译.北京：中国质检出版社，2015.

［41］《当代中国》丛书编辑部.当代中国的计量事业［M］.北京：中国社会科学出版社，1989.

［42］《质量 标准化 计量百科全书》编委会.质量 标准化 计量百科全书［M］.北京：中国大百科全书出版社，2001.

［43］《中国测绘史》编辑委员会.中国测绘史［M］.全三卷.北京：测绘出版社，2001（第三卷）、2002（第一、二卷）.

［44］《中国天文学史文集》编辑组.中国天文学史文集（第一~六集）［M］.北京：科学出版社，1978（第一集）、1981（第二集）、1984（第三集）、1986（第四集）、1989（第五集）、1994（第六集）.

［45］科技卷编委会.中国学术名著提要：科技卷［M］.上海：复旦大学出版社，1996.

［46］艾素珍，宋正海.中国科学技术史：年表卷［M］.北京：科学出版社，2006.

［47］蔡宾牟，袁运开.物理学史讲义——中国古代部分［M］.北京：高等教育出版社，1985.

［48］曹锦炎.古玺通论（修订本）［M］.杭州：浙江大学出版社，2017.

［49］曹增友.传教士与中国科学［M］.北京：宗教文化出版社，1999.

［50］陈传岭.民国中原度量衡简史［M］.北京：中国质检出版社，2012.

［51］陈方正.继承与叛逆：现代科学为何出现于西方（增订版）［M］.北京：生活·读

书·新知三联书店，2023.

［52］陈久金.中国古代天文学家［M］.2版.北京：中国科学技术出版社，2013.

［53］陈久金，杨怡.中国古代天文与历法［M］.北京：中国国际广播出版社，2010.

［54］中国水利史典编委会.中国水利史典［M］.北京：中国水利水电出版社，2015.

［55］陈美东.古历新探［M］.沈阳：辽宁教育出版社，1995.

［56］陈美东.郭守敬评传［M］.南京：南京大学出版社，2003.

［57］陈美东.中国科学技术史：天文学卷［M］.北京：科学出版社，2003.

［58］陈美东.中国古代天文学思想［M］.北京：中国科学技术出版社，2007.

［59］陈美东，华同旭.中国计时仪器通史［M］.合肥：安徽教育出版社，2011.

［60］陈晓中，张淑莉.中国古代天文机构与天文教育［M］.北京：中国科学技术出版社，2008.

［61］陈正祥.中国地图学史［M］.香港：商务印书馆香港分社，1979.

［62］陈遵妫.清朝天文仪器解说［M］.北京：中华全国科学技术普及协会，1956.

［63］陈遵妫.中国天文学史［M］.上海：上海人民出版社，2006.

［64］成一农.中国地图学史［M］.北京：中国社会科学出版社，2023.

［65］程贞一，闻人军.周髀算经译注［M］.上海：上海古籍出版社，2012.

［66］程贞一.黄钟大吕：中国古代和十六世纪声学成就［M］.王翼勋，译.上海：上海科技教育出版社，2007.

［67］戴念祖.天潢真人朱载堉［M］.郑州：大象出版社，2008.

［68］戴念祖.文物与物理［M］.北京：东方出版社，1999.

［69］戴念祖.中国科学技术史：物理学卷［M］.北京：科学出版社，2001.

［70］戴念祖.中国物理学史大系：声学史［M］.长沙：湖南教育出版社，2001.

［71］翟光珠.中国古代标准化［M］.太原：山西人民出版社，1996.

［72］杜昇云，崔振华，苗永宽，等.中国古代天文学的转轨与近代天文学［M］.北京：中国科学技术出版社，2008.

［73］杜石然，等.中国科学技术史稿（修订版）［M］.北京：北京大学出版社，2012.

［74］杜石然，金秋鹏.中国科学技术史：通史卷［M］.北京：科学出版社，2003.

［75］杜石然，等.中国古代科学家传记［M］.北京：中国科学出版社，1992.

［76］樊洪业.耶稣会士与中国科学［M］.北京：中国人民大学出版社，1992.

［77］方豪.中国天主教史人物传［M］.北京：中华书局，1988.

［78］方伟.民国度量衡制度改革研究［M］.芜湖：安徽师范大学出版社，2020.

［79］冯立昇.中国古代测量学史［M］.呼和浩特：内蒙古大学出版社，1995.

[80] 傅熹年. 中国科学技术史：建筑卷[M]. 北京：科学出版社，2008.

[81] 葛剑雄. 中国古代的地图测绘[M]. 北京：商务印书馆，1998.

[82] 故宫博物院. 古玺汇编[M]. 北京：文物出版社，1981.

[83] 顾卫民. 中国天主教编年史[M]. 上海：上海书店出版社，2003.

[84] 关增建. 量天度地衡万物：中国计量简史[M]. 郑州：大象出版社，2013.

[85] 关增建. 中国古代物理思想探索[M]. 长沙：湖南教育出版社，1991.

[86] 关增建. 计量史话[M]. 北京：中国大百科全书出版社，2000.

[87] 关增建，KONRAD HERRMANN. 考工记——翻译与评注[M]. 中、英、德三语版. 上海：上海交通大学出版社，2014.

[88] 关增建，KONRAD HERRMANN. Geschichte der chinesischen Metrologie[M]. Bremen：NW Press，2016.

[89] 关增建，KONRAD HERRMANN. Kao Gong Ji：The World's Oldest Encyclopaedia of Technologies[M]. Leiden：Brill Press，2020.

[90] 关增建，马芳. 中国古代科学技术史纲：理化卷[M]. 沈阳：辽宁教育出版社，1996.

[91] 关增建，等. 中国近现代计量史稿[M]. 济南：山东教育出版社，2005.

[92] 郭盛炽. 中国古代的计时科学[M]. 北京：科学出版社，1988.

[93] 郭书春. 中国科学技术史：数学卷[M]. 北京：科学出版社，2010.

[94] 郭书春，李家明. 中国科学技术史：辞典卷[M]. 北京：科学出版社，2011.

[95] 郭正忠. 三至十四世纪中国的权衡度量[M]. 北京：中国社会科学出版社，1993.

[96] 韩琦. 通天之学：耶稣会士和天文学在中国的传播[M]. 北京：生活·读书·新知三联书店，2018.

[97] 韩汝玢，柯俊. 中国科学技术史：矿冶卷[M]. 北京：科学出版社，2007.

[98] 韩玉祥. 南阳汉代天文画像石研究[M]. 北京：民族出版社，1995.

[99] 河南省计量局. 中国古代度量衡论文集[M]. 郑州：中州古籍出版社，1990.

[100]〔宋〕沈括. 梦溪笔谈[M]. 长沙：岳麓书社，2002.

[101] 胡维佳. 新仪象法要[M]. 沈阳：辽宁教育出版社，1997.

[102] 胡维佳. 中国古代科学技术史纲：技术卷[M]. 沈阳：辽宁教育出版社，1996.

[103] 华同旭. 中国漏刻[M]. 合肥：安徽科学技术出版社，1991.

[104] 黄懋胥. 中国工程测量史话[M]. 广州：广东省地图出版社，1996.

[105] 黄时鉴，龚缨晏. 利玛窦世界地图研究[M]. 上海：上海古籍出版社，2004.

[106] 姜丽蓉. 中国科学技术史：论著索引卷[M]. 北京：科学出版社，2002.

［107］金秋鹏．中国科学技术史：人物卷［M］．北京：科学出版社，1998．

［108］金秋鹏．中国科学技术史：图录卷［M］．北京：科学出版社，2008．

［109］李存山．商鞅评传：为秦开帝业的改革家［M］．北京：中国社会科学出版社，2021．

［110］李国豪，张孟闻，曹天钦．中国科技史探索（中文版）［M］．上海：上海古籍出版社，1986．

［111］李兰琴．汤若望传［M］．北京：东方出版社，1995．

［112］李鹏，等．中国古代标准化探究：秦［M］．北京：中国质检出版社、中国标准出版社，2016．

［113］李幼平．大晟钟与宋代黄钟标准音高研究［M］．上海：上海音乐学院出版社，2004．

［114］李志超．水运仪象志——中国古代天文钟的历史（附《新仪象法要》译解）［M］．合肥：中国科学技术大学出版社，1997．

［115］李志超．天人古义：中国科学史论纲［M］．3版．郑州：大象出版社，2014．

［116］李志超．易道主义：中国古典哲学精华［M］．北京：科学出版社，2017．

［117］李志超．中国水钟史［M］．合肥：安徽教育出版社，2014．

［118］李志超．中国宇宙学史［M］．北京：科学出版社，2012．

［119］梁家勉．徐光启年谱［M］．上海：上海古籍出版社，1981．

［120］廖克，喻沧．中国近现代地图学史．济南：山东教育出版社，2008．

［121］廖育群，傅芳，郑金生．中国科学技术史：医学卷［M］．北京：科学出版社，1998．

［122］［美］林德伯格．西方科学的起源：公元前六百年至公元一千四百五十年宗教、哲学和社会建制大背景下的欧洲科学传统［M］．北京：中国对外翻译出版公司，2001．

［123］林正山．天文台与望远镜［M］．福州：福建教育出版社，1993．

［124］刘钝．大哉言数（修订版）［M］．北京：商务印书馆，2022．

［125］刘钝，王扬宗．中国科学与科学革命：李约瑟难题及其相关问题研究论著选［M］．沈阳：辽宁教育出版社．2002．

［126］刘洪涛．古代历法计算法［M］．天津：南开大学出版社，2003．

［127］刘克明．中国图学思想史［M］．北京：科学出版社，2008．

［128］刘仙洲．中国机械工程发明史［M］．北京：北京出版社，2020．

［129］卢良志．中国地图学史［M］．北京：测绘出版社，1984．

［130］陆敬严，华觉明．中国科学技术史：机械卷［M］．北京：科学出版社，2000．

[131] 罗福颐. 传世历代古尺图录[M]. 北京：文物出版社，1957.

[132] 马中毅. 计量法制与度量衡[M]. 沈阳：辽宁民族出版社，1987.

[133] 牛汝辰. 地图测绘与中国疆域变迁[M]. 北京：人民日报出版社，2005.

[134] 牛汝辰. 中国测绘与人文社会：测绘科技对社会文明的驱动[M]. 北京：中国社会出版社，2008.

[135] 潘鼐. 中国古天文图录[M]. 上海：上海科技教育出版社，2009.

[136] 潘鼐. 中国恒星观测史[M]. 上海：学林出版社，1989.

[137] 潘鼐. 彩图本中国古天文仪器史[M]. 太原：山西教育出版社，2005.

[138] 钱宝琮. 中国数学史[M]. 北京：商务印书馆，2019.

[139] 钱穆. 刘向歆父子年谱[M]. 上海：中国文化服务社，1943.

[140] 丘光明. 中国度量衡[M]. 北京：新华出版社，1993.

[141] 丘光明. 中国古代度量衡[M]. 北京：商务印书馆，1996.

[142] 丘光明. 中国古代计量史图鉴[M]. 合肥：合肥工业大学出版社，2005.

[143] 丘光明. 中国历代度量衡考[M]. 北京：科学出版社，1992.

[144] 丘光明. 中国物理学史大系：计量史[M]. 长沙：湖南教育出版社，2002.

[145] 丘光明，邱隆，杨平. 中国科学技术史：度量衡卷[M]. 北京：科学出版社，2001.

[146] 国家计量总局，中国历史博物馆，故宫博物院. 中国古代度量衡图集[M]. 北京：文物出版社，1984.

[147] 曲安京. 中国古代科学技术史纲：数学卷[M]. 沈阳：辽宁教育出版社，2000.

[148] 曲安京. 中国历法与数学[M]. 北京：科学出版社，2005.

[149] 曲安京. 中国数理天文学[M]. 北京：科学出版社，2008.

[150] 任杰. 中国近代时间计量探索[M]. 新北市：花木兰文化出版社，2015.

[151] 尚智丛. 传教士与西学东渐[M]. 太原：山西教育出版社，2012.

[152] 尚智丛. 明末清初（1582～1687）的格物穷理之学——中国科学发展的前近代形态[M]. 成都：四川教育出版社，2003.

[153] 石云里. 中国古代科学技术史纲：天文卷[M]. 沈阳：辽宁教育出版社，1996.

[154] 宋鸿德，张儒杰，尹贡白，等. 中国古代测绘史话[M]. 北京：测绘出版社，1993.

[155] 宋宁世. 计量单位进化史[M]. 北京：人民邮电出版社，2021.

[156] 孙小淳. 文明的积淀：中国古代科技[M]. 北京：中国科学技术出版社，2024.

[157] 唐寰澄. 中国科学技术史：桥梁卷[M]. 北京：科学出版社，2000.

［158］唐锡仁，杨文衡.中国科学技术史：地学卷［M］.北京：科学出版社，2000.

［159］涂光炽.地学思想史［M］.长沙：湖南教育出版社，2007.

［160］汪前进.中国古代科学技术史纲：地学卷［M］.沈阳：辽宁教育出版社，1998.

［161］王冰.勤勉之士——南怀仁［M］.北京：科学出版社，2000.

［162］王冰.中外物理交流史［M］.长沙：湖南教育出版社，2001.

［163］王成组.中国地理学史 先秦至明代［M］.北京：商务印书馆，2017.

［164］王贵祥，刘畅，段智钧.中国古代木结构建筑比例与尺度研究［M］.北京：中国建筑工业出版社，2011.

［165］［意］利玛窦述：几何原本［M］.徐光启，译.王红霞，点校.上海：上海古籍出版社，2011.

［166］王锦光，洪震寰.中国光学史［M］.长沙：湖南教育出版社，1986.

［167］王树连.中国古代军事测绘史［M］.北京：解放军出版社，2007.

［168］王廷洽.中国古代印章史［M］.上海：上海人民出版社，2006.

［169］王兆春.中国科学技术史：军事技术卷［M］.北京：科学出版社，1998.

［170］王重民.徐光启［M］.上海：上海人民出版社，1981.

［171］文一.科学革命的密码：枪炮战争与西方崛起之谜［M］.上海：东方出版中心，2021.

［172］闻人军.考工司南：中国古代科技名物论集［M］.上海：上海古籍出版社，2017.

［173］吴承洛.中国度量衡史［M］.上海：商务印书馆，1937；上海书店，1984年影印。

［174］吴大澂.权衡度量实验考［M］.上虞罗氏刊本。

［175］吴桂秀.近代物理与计量［M］.北京：中国计量出版社，1986.

［176］吴慧.新编简明中国度量衡通史［M］.北京：中国计量出版社，2006.

［177］吴慧.中国经济史若干问题的计量研究［M］.福州：福建人民出版社，2009.

［178］吴慧.中国历代粮食亩产研究［M］.北京：农业出版社，1985.

［179］吴继明.中国图学史［M］.武汉：华中理工大学出版社，1988.

［180］吴淼.吴承洛与中国近代化进程［M］.上海：复旦大学出版社，2011.

［181］吴守贤.司马迁与中国天学［M］.西安：陕西人民教育出版社，2000.

［182］吴守贤，全和钧.中国古代天体测量学及天文仪器［M］.北京：中国科学技术出版社，2013.

［183］席龙飞，杨熺，唐锡仁.中国科学技术史：交通卷［M］.北京：科学出版社，2004.

[184] 萧国鸿. 奇器天工[M]. 长沙：湖南科学技术出版社，2023.

[185] 肖昊. 唐宋古建筑尺度规律研究[M]. 南京：东南大学出版社，2006.

[186] 邢兆良. 朱载堉评传[M]. 南京：南京大学出版社，1998.

[187] 徐汇区文化局. 徐光启与几何原本[M]. 上海：上海交通大学出版社，2011.

[188] 徐兴无. 刘向评传（附刘歆评传）[M]. 南京：南京大学出版社，2011.

[189] 徐宗泽. 明清间耶稣会士译著提要[M]. 上海：上海书店出版社，2010.

[190] 许结. 张衡评传[M]. 南京：南京大学出版社，1999.

[191] 严敦杰. 祖冲之科学著作校释[M]. 郭树春整理. 济南：山东科学技术出版社，2017.

[192] 杨宽. 中国古代都城制度史研究[M]. 上海：上海人民出版社，2003.

[193] 杨宽. 中国历代尺度考[M]. 北京：商务印书馆，1955.

[194] 杨文衡，陈美东，郭书春. 国学举要：术卷[M]. 武汉：湖北教育出版社，2002.

[195] 杨荫浏. 中国古代音乐史稿[M]. 北京：人民音乐出版社，2004.

[196] 姚汉源. 黄河水利史研究[M]. 郑州：黄河水利出版社，2003.

[197] 姚汉源. 中国水利史纲要[M]. 北京：水利电力出版社，1987.

[198] 殷伯明，王浩平. 计量单位与著名物理学家[M]. 北京：中国计量出版社，1987.

[199] 余三乐. 望远镜与西风东渐[M]. 北京：社会科学文献出版社，2013.

[200] 喻沧，廖克. 中国地图学史[M]. 北京：测绘出版社，2010.

[201] 张柏春. 明清测天仪器之欧化[M]. 沈阳：辽宁教育出版社，2000.

[202] 张秉伦. 中国古代科技文献学讲义[M]. 合肥：中国科学技术大学出版社，2021.

[203] 张春义. 大晟乐府年谱汇考[M]. 杭州：浙江大学出版社，2016.

[204] 张培瑜，陈美东，薄树人，等. 中国古代历法[M]. 北京：中国科学技术出版社，2008.

[205] 张锡瑛. 中国古代玺印[M]. 北京：地质出版社，1995.

[206] 张遐龄，吉勤之. 中国计时仪器通史：近现代卷[M]. 合肥：安徽教育出版社，2011.

[207] 赵匡华，周嘉华. 中国科学技术史：化学卷[M]. 北京：科学出版社，1998.

[208] 赵瑞云，赵晓荣. 陕西古代度政史话[M]. 西安：三秦出版社，2018.

[209] 赵晓军. 先秦两汉度量衡制度研究[M]. 上海：上海交通大学出版社，2017.

［210］郑良树.商鞅评传［M］.南京：南京大学出版社，1998.

［211］郑肇经.中国水利史［M］.郑州：河南人民出版社，2018.

［212］中国科学技术大学、合肥钢铁公司《梦溪笔谈》译注组.梦溪笔谈译注（自然科学部分）［M］.合肥：安徽科学技术出版社，1979.

［213］中国科学院自然科学史研究所.中国古代科技成就（修订版）［M］.2版.北京：中国青年出版社，1995.

［214］中国社会科学院考古研究所.中国古代天文文物论集［M］.北京：文物出版社，1989.

［215］中国社会科学院考古研究所.中国古代天文文物图集［M］.北京：文物出版社，1980.

［216］中国天文学史整理研究小组.中国天文学史［M］.北京：科学出版社，1981.

［217］钟肇鹏.王充年谱［M］.济南：齐鲁书社，1983.

［218］周桂钿.王充评传［M］.福州：福建教育出版社，2015.

［219］周瀚光，孔国平，等.刘徽评传［M］.南京：南京大学出版社，1994.

［220］周魁一.中国科学技术史：水利卷［M］.北京：科学出版社，2002.

［221］武汉水利电力学院、水利水电科学研究院《中国水利史稿》编写组.中国水利史稿［M］.北京：水利电力出版社，1979.

［222］周世德.雕虫集·造船·兵器·机械·科技史［M］.北京：地震出版社，1994.

［223］祖慧.沈括评传［M］.南京：南京大学出版社，2011.

# 索 引

说明：按照书名第一个字的汉语拼音排序。
索引指向脚注时，以符号 f 表示，放在页码后。

A

阿基米德　27—28，345

阿西摩夫　236f

埃拉托色尼　201

爱新觉罗·玄烨　401—402，410，764

爱星阿　806

爱因斯坦　462，749

安文思　392，806—809

B

鳌拜　410，766—767，807—808，810

班 固　58—59，71f，73f，78f，88f，151f，173f，268f，272f，273，276f，311f，313f，315f，319f，321f，349f，413f，531f，556—561，563—566，568f，583f，586f，594，600f，620，632f，657，688f，736—738

班昭　586

毕沅　175f，685—686

波意耳　384

博尔达　455—456

C

蔡邕　107，334，620，641，658

蔡元培　478—479，488，533

蔡泽　543—544

曹操　322，357，617，620

曹奂　610

曹髦　610，616

曹爽　609—610，616

曹增友　385f，391f，827

曾公亮　219—220，223，244

曾厚章　475

曾敏行　141，144f

曾南仲　141，144

曾三异　222，233—234

常福元　533—534

陈昂　503f

陈本礼　398

陈承修　466

陈淳　281

陈方正　790f，828

陈和（即"田和"）　256

陈洪进　683

陈厚耀　418

陈儆庸　475，488

陈美东　675f，717f，724f，828，833

陈梦家　4，265—266，633

陈彭年　686

陈其美　536

陈瑞　391—392

陈廷敬　411，774

陈祥道　154

陈玄景　676

陈元靓　223

陈展云　523f，529f，532—534

陈占山　387f，766f

陈遵妫　527f，533—534，828

成吉思汗　115，797

成倬　616

蚩尤　226，697

崇祯皇帝　379，748，759，763—764，796—798，802—804

储泳　234—235

春安君　335—336

慈禧太后　447，464

崔浩　335

崔石竹　813f

崔瑗　593—594

D

戴法兴　180

戴念祖　395f，561f，729—730，740，828

戴施　337

戴震　264

亶诵　591—592

德朗布尔　456—459

德里格　418

邓玉函　760，796，802

丁谓　686，692

丁文渊　488

董卓　322

窦绾　345

独孤伽罗　344

独孤信　343—346

杜镐　684

杜夔　106，617，619—621，626—627，658

杜如预　806

杜预　636—637，723

段成式　666

段育华　475

多尔衮　804—805

E

尔朱荣　343

F

范礼安　783

范谦　743，758

范宜宾　240

范镇　274

范宗熙　475

方文政　488

方以智　237—239，363—364，398

方中通　238—239，398

房玄龄　160f，167f，200f，273f，304f，323f，360f，587f，610—611，613—615，617f，619—627，733f

费德朗　475

冯锦荣　241f

冯去疾　555

冯铨　805

傅汉思　9—10

傅仁均　651

G

伽利略　29—31，35，159，384，395，455，749，763，779，799—800，813

甘氏　661

高澄　96

高欢　343

高均　527f，621

高鲁　523，533—534

高梦旦　475

高至喜　282，284f

哥白尼　238，396，763

葛衡　161

葛洪　202，594

耿寿昌　159，167，597

耿询　161

公叔痤　542

公孙鞅（即"商鞅"）　80，352f，542—543

顾实　543

关瑜桢　9

管仲　611

光绪　132，274，442，446—448，464，471

鲧　44

郭懋常　640

郭沫若　543，594

郭璞　233

郭善明　698

郭守敬　17，145—147，163，183—185，188—190，211—213，232，253—254，359，366，670，710—711，713—718，720—724，740，742—743，758，760，802，828

郭书春　201，273f，598—599，603f，605f，608f，634f，829，833

郭延生　175

郭正忠　6，829

H

海昏侯　14，151，153，589，590

韩非　215—216，306，364—365，543

韩公廉　16—17，30，163，671

韩杨　660

韩愈　712

汉哀帝　58，386

汉成帝　151

汉高祖（即"刘邦"）　88，313

汉文帝　313，612

汉武帝　13—14，167，175，252，313，359，620，653

汉献帝　322，615

郝诩　610—611

何承天　636，645，655，694—695

何国宗　418

何溥　235

何融　337

何绍庚　603f

何瑭 727—730

何妥 645

何兆泉 333

何兆武 370f，827

和峤 616—617

贺拔胜 343

贺之贤 488

赫尔曼 9—10，207f，263f，302f，372f，600f，632f

洪震寰 800f，832

洪遵 297，313，316—317

侯景 337

忽必烈（即"元世祖"） 713，717，721，788

胡汉民 537

胡绳 442f，447f

华伦海特 384

华同旭 156，158，391f，828，830

桓宽 543

皇甫愈 711

黄超 385

黄巢 221

黄帝 27，148—149，226，268，275，360，531，559，697

黄广 591—592

黄履 385

黄兴 532

惠更斯 384，395

J

吉尔伯特 236，240—242，246，819，821—822

吉坦然 395

纪尧姆 475

祭遵 337

加岛淳一郎 10

嘉靖皇帝（即"明世宗"） 338，728—729

贾充 616—617

贾公彦 264

贾逵 653

贾似道 113

贾文郁 806

贾谊 543，581

姜岌 649—650

姜齐 257，259，265，302—303

蒋介石 130，474，536—537

焦勖 798—799

揭暄 238—239，398

解兰 669

金公立 698

晋惠帝 616

晋武帝 97，360，610，613，616—617，619—620，622，625—626

荆轲 574，612

景泰帝 742

K

卡西尼 403，456

开普勒 29，32—33，266，763，800

康熙皇帝 15，18，126—127，130，169，241—242，247，387—388，392，401—403，410—421，424—425，427，432—

433，437，439—441，448—449，764—765，768，806—807，809—812，823

柯昌济　197

克拉维于斯　783

孔多塞　455

孔祥熙　478

孔子　3，29，50，81，531，544，558，665

寇宗奭　221—222，232—233

L

拉格朗日　455

拉普拉斯　455，457

老子　558f，651

勒让德　456

雷孝思　402—403，773

雷敩　219f

李播　651

李淳风　3，106，108，167，201f，273—274，300f，420，624—625，627—628，640，651—663，668—669，671，737

李迪　242f

李光地　417—418，768，780

李泓　591

李诫　209—210

李俊贤　385

李悝　542

李兰　159，290—291

李荃　350

李时珍　360

李寿　324

李斯　335，353—354，357，552，555

李泰国　131

李焘　684f，691

李天经　379，763—764

李悥　611

李仙宗　652

李学勤　6

李俨　635f

李谚　652

李渊　344

李约瑟　145，218f，232，636，659，703，749f，827，830

李之藻　759—760，785，788f，793—794

李志超　365，712，830

李自成　406，764，804

李祖白　766，806

励乃骥　4，274，633

利苍　612

利类思　806，809

利玛窦　18，30，169，235—236，375—376，378，387，392，397，399，743—746，749—754，762，770，772，782—785，788，790，792—796，806—807，825—827，830，832

梁丰　591

梁令瓒　161—162，167，654，668—671

梁述　659

梁武帝　59，95，344，386，627—628

廖定渠　488

列和　621—622

林森　490

林特　686

临孝恭　594

伶州鸠　732

刘巴　323

刘备　323

刘邦　87—88，313，335

刘必远　806

刘秉正　232

刘焯　640—650，654—655，659，672—673

刘承珪　113—114，117，281，290，682—691

刘聪　335

刘东瑞　279—280

刘钝　201f，273f，344—345，598—599，603f，605f，608f，634f，830

刘复　4，274

刘恭　623，626

刘轨思　640

刘洪　193，598

刘晖　645—646

刘徽　15，28，94，105，201f，205—206，273—274，358—359，420，596—600，603—609，615，629，631，634，643，834

刘基　235

刘锦藻　443f

刘晋钰　475

刘力　537f

刘洽　640

刘汝霖　543

刘尚　611

刘体智　198

刘献廷　395

刘向　556，833

刘潇　503f

刘孝孙　645—646

刘歆　8，15，18，32，71—74，88，90，95—96，99，105—106，108，196—197，202，267—268，270—274，315，349，358—361，363，412，420，463，556—569，583，597，602，604，620，628—629，631—635，657—658，688，736—738，776，833

刘秀　321

刘昫　651—653，656f，659f，661f，664—665，668—671，673f

刘炫　640—642

刘延韬　682

刘亦丰　232f

刘荫茀　475

刘有泰　806

刘昭　588

刘宗周　798

龙华民　760，802

卢道隆　202

卢芳　337

卢鸿　665—666

卢嘉锡　584

卢肇　695

鲁襄公　334

鲁昭公　334

陆绩　363，642—643，653

陆心源　660，663

路易十六　456

罗福惠　536f

罗福颐　4，831

罗明坚　391—392，783—784，795

罗雅各（即"罗雅谷"）　379，796，802—803

罗雅谷　802—803

罗振玉　197

落下闳　167，252—253，359，653

吕才　16，156，589—590，700

吕思勉　543

吕延平　488

M

马衡　4，274

马皇后　341

马钧　697—698

马可·波罗　329，330f

马轼　742

马岳　698

迈克耳逊　461

梅毂成　418

梅尚　456—459

梅文鼎　141，768—769，780

蒙日　455

明成祖（即"朱棣"）　727

明仁宗（即"朱高炽"）　726

明神宗（即"万历皇帝"）　375，730，747，785

明世宗　729

明太祖（即"朱元璋"）　118，341，726

明熹宗　293，797

慕容俊　337

N

拿破仑　458—459

南宫说　673—676，717

南怀仁　30，64f，242—249，378—379，381—385，387—390，392，400，766—768，770，779，782，796—797，807—814，818—824，832

尼克尔　808

钮永建　478

努尔哈赤　337，747，797

O

欧几里得　27，30，375，749，789—790

欧阳修　161—162，167f，194f，655f，662f，671f，674—675，677—679，698f

欧阳询　233f

P

潘尽孝　806

庞迪我　747，759，783

裴秀　360f，596，609—611，613—615

佩雷格里努斯　236

彭德清　742

皮延宗　631

普寂　665—666

溥仪　274，337

Q

齐桓公　302

齐天昌　729

齐威王　550

启　49

钱曾　663

钱德明　385

钱汉阳　466，475

钱乐之　108，161，658，660

钱理　475

钱穆　414，831

钱若水　684

钱易　109

乾隆皇帝　106，127，274，420—421，424，427，437，442

秦惠文王　551

秦始皇（即"嬴政"）　1，8，12，36，80，82，84—88，96，262，286，288—289，304，309—311，334—335，337，353—354，357，361，543，545，547，549—552，555，620，657

秦献公　542

秦孝公　3，77，80，82，260，262，542—544，550—551

秦昭王　286，543

秦庄襄王　543

丘光明　4，6，8，265—266，270，294f，402f，416f，443，446f，565f，633，831

邱隆　6，402f，409f，416f，443f，489f，633f，831

裘锡圭　4

R

任金　591—592

容庚　47，198

如淳　313

阮咸　623—624

阮元　264f，663，769—770

阮志明　475

若望·保禄二世　784—785

桑切斯　783—784

S

商承祚　4

商高　204，601

商鞅　3，12—13，31—32，77，80—84，86，122，256，260—263，265，267，309，311，351，356—357，542—545，547，549—552，555，600，632，657，737，830，834，837

尚书令忠　591—592

摄尔西斯　385

神秀　665

沈曾庆　703

沈德符　341

沈括　16，30，55，62，159，220—224，227，230，232，234，248，365—366，562，615，670，682，685，703—712，714，755，757，829，834

沈同　703

沈约　180f，215，621f，626f

沈志兴　488

沈周　703

沈洙　636

慎到 252

施孔怀 475

石勒 337，628

石氏 661

史树青 4

释道安 274

释赞宁 665—667

寿景伟 475

叔向 739

舒易简 169

顺治皇帝 169，243，392，406—407，410，765—766，795，806—808，811

舜 44，49，275，353，620，653，738

司马干 616

司马光 16，274

司马迁 14，71f，151，304f，335f，359，543—545，562，586，620，737，833

司马绍 620

司马师 610

司马相如 594

司马炎 610—611，613

司马懿 610，616

司马攸 610

司马昭 610，613，616

松本荣寿 9

宋发 806

宋徽宗 144，227，328，338

宋景公 573

宋君荣 385

宋可成 806

宋祁 161—162，167f，194f，655f，662f，671f，674—675，677—679，693—694，698f

宋仁宗 328—329，686，693—694

宋神宗 328，703

宋太宗（即"赵光义"） 110，290，328，683，686，690

宋太祖（即"赵匡胤"） 108，113，682，686，703

宋真宗（即"赵恒"） 110，290，328，683—686

苏恭 360

苏秦 612

苏轼 29，352，703

苏颂 16—17，30，163，391，671

苏洵 354

隋文帝（即"杨坚"） 16，36，97，641，644—647

隋炀帝 96—97，326，641，647

孙绰 16，156

孙坚 335

孙名昌 555f

孙启昌 488

孙思邈 360

孙武 350f，355—356

孙毅霖 8，829

孙佑 616

孙中山 454，465，531—532，536

T

拓跋廓 344

太平公主 667

太尉恺　591

谭献　543

汤浅光朝　395f

汤若望　30，243，247，354，379，381，392，760，764—767，782，794—812，823，825—826，830

唐代宗　100

唐高宗　326，654，664，667—668

唐兰　4

唐睿宗　665

唐太宗　127，651—654，656，661，668

唐玄宗　29，104，290，326，359，644，659，666—668，670—673，675—676

唐虞　240，660

陶格兰德　455

陶弘景　161，360

陶宗仪　233f，337f，339

田父　106，624，658

田和　77，256—257，259—260，544，550

田齐　257，302—303，633

田穰苴　137，150

同治　274

托勒密　27，31，396，763，793

托里拆利　384

脱脱　62f，109f，112—113，162f，365f，670f，683—684，686—687，689—690，693—694，698f，701f，707f，712f

W

万宝常　108，658

万历皇帝　30，169，375，392，730，743，746，783

汪精卫　537

王安石　693—694，703

王冰　381f，832

王曾　686

王充　214—216，218，569—584，834

王旦　686

王蕃　161，363，603—604，631，642—643，653，678

王国维　4，274

王伋　222，232

王捷　685

王锦光　800f，832

王觉民　488

王兰生　418

王立兴　221f，388f

王莽　8，15，32，58—59，71，90，93—94，99，106，196—198，266—269，272—274，315—322，335，356—358，360，386，420，556—557，565—566，583，602，620，628，657—658，736—737

王泮　785

王朴　108，662

王圻　151

王钦若　686

王仁俊　578

王邵　641，647

王世杰　478

王舜　335

王思辩　659

王思义　151

王嗣宗　110

王孙诰　373—374

王焘　360

王绾　86，309，357，552

王恂　721，724

王玉德　661f

王真儒　659

王振铎　202—203，215—217，237—239，242

王政君　335

王徵　395

威廉·克莱门特　395

韦光辅　100

维廉姆　439

维维亚尼　384

伟烈亚力　222，754

隗状　86，309，357，552

卫瓘　616

卫宏　334—335，338f

魏明帝　323，621，697

魏廷珍　418

魏襄王　623

文秉　796—797，803f

翁文灏　490

巫咸　661

吴曾　278

吴承洛　4—5，65—66，68，74，94，130，264—265，413，416f，433—436，438—439，442f，445—446，448f，450f，457f，462—463，466f，468f，475，477—479，483—484，488—490，497—498，503—504，514，632f，832

吴大澂　4，197，832

吴德仁　202

吴鼎昌　490

吴慧　6，118f，832

吴健　475

吴明烜　766—767，806，808—810

吴起　542

吴三桂　409，804

吴望岗　222f

吴志　335

吴自牧　228

武三思　665

武则天　720

X

西尔图里　799—800

西周成王　353，697

羲和　660

夏坚白　525f

夏竦　703f

向达　228

萧道成　636

萧吉　232，627

萧子显　182f，626f，636—637，650

萧怡　536f

孝闵帝　344

孝明帝　96

辛术　337

信都芳　594

熊安生　640

熊明遇　241—242

熊三拔　243，248，746—747，759

熊长云　7f

徐朝俊　395

徐光启　18，30，236—237，375—376，379，392，395，743—763，770，788，790，793，796，800—804，826，830，832—833

徐坚　155，589f

徐阶　729

徐兢　227

徐珂　439

徐日升　418

徐善祥　133，475，478，488—489

徐禧　703

许悙　742

许衡　721，724

许倬云　84，548

轩辕　12f，149，222，231，660

薛笃弼　478

薛磊　115f

薛尚功　151

荀爽　615

荀勖　95，97，106，274，420，596，615—628，657—658

荀悦　316

荀子　306，348—349，362，543，578，705

Y

亚·沃尔夫　246f，384f，395f

亚里士多德　31，245，383—384，396，821

严敦杰　669f，833

岩田重雄　9，196

颜浩　536f

颜师古　98，557

晏婴　356，739

燕峻　692

燕肃　16，158—159，692—703

燕昭王　278

扬雄　373，594，664

杨昶　661f

杨光先　387，766—767，806—810，823

杨光远　692

杨广　644，646—647

杨宏量　806

杨甲　49—50，156，158

杨坚　326，344，644—645

杨宽　4，833

杨平　117，402f，416f，443f，633f，831

杨若桥　797—798

杨素　646

杨惟德　221，701

杨伟　193

杨秀　641

杨勇　641，644，646

杨筠松　221

尧　44，588，620

姚宽　697

姚舜辅　183，194

耶律楚材　399

一行（即"张遂"）　29，161—162，194，

222，253，359，363，398，640，644，654，659，662，664—671，673—679，684，717，760

尹崇 664—665

胤禛（即"雍正皇帝"） 430

嬴政 309

雍正皇帝 431

永穆公主 667

尤多克斯·韦尔比斯特 807

游国恩 398f

于渊 169

余国柱 410—411，774

余三乐 766f，806f，826，833

俞思谦 695f，697

俞正己 741

虞帝 268

禹 11，27，44，46—47，49—50，66，204，353，362

宇文觉 344

宇文泰 344

宇文毓 344

元宝炬 96

元匡 96

元世祖 713，717，721

元顺帝 337

袁充 140—141，646—647，660

袁明森 115

袁世凯 130，454，464—465，468，532

袁天纲 232，651

越裳氏 697

Z

扎马鲁丁 397

张柏春 380f，833

张宾 644—645

张苍 87，357，597，605，620

张大安 664

张丰 337

张公瑾 664

张海鹏 524f

张衡 14—16，63，140，155，160—161，175，273，363，527f，579，584—589，591—594，598，602，604，631，642—643，649—650，653，660，671，697，700，833

张华 621

张洽 666

张擅 664

张绍勃 683

张升 579，741

张守节 335，337f

张说 676

张硕忱 395

张思训 162—163

张遂 664，669f

张廷玉 118—119，387f，392f，397f，399f，728—730，741—743，746f，748f，758—761，763—764，801—802

张文收 104—107，127，273—274，420

张宪文 465f

张学良 474

张英绪 466

张照　125，413，441

张胄玄　642，645—647

张子信　647—648，676

赵光义　110，683

赵贵　344

赵恒　110

赵君卿　204f，250f，585f，601f，731

赵匡胤　108，109，682，686，703

赵刘曜　108，658

赵汝适　228

赵彦卫　341，343f

赵友钦　253，366

赵祯　693

郑成功　409

郑复光　243，247—249

郑礼明　466，469，515—516

郑　玄　41，69，75f，264，267f，598，612f，632—634，642—643，720f

郑颖　503f

中山靖王　151，345

钟繇　615

重黎　660

周琮　169

周达观　228f

周公　12，75，204，267，611，620，675，697，720，728

周洪谟　741

周景王　732

周静帝　325—326

周铭　475

周起　110

周武帝　96

周兴　591—592

朱昂　684

朱标　726

朱德熙　4

朱棣　726—727

朱高炽　726—727

朱光显　806

朱厚烷　727—730，736

朱见濬　727—728，730

朱见滋　727

朱祁镇　727

朱祁钰　742

朱舜水　122，124

朱彝尊　663

朱祐衿　727

朱祐樫　727

朱祐橒　728，730

朱彧　227

朱元璋　118，341，726

朱允炆　726

朱载尔　730

朱载堉　16，122，124—125，726—727，729—731，734—743，746，758，826，828，833

朱瞻垓　727

诸葛亮　637

庄贾　137

子禾子　75—77，256—260

子韦　573

邹衍 579，583

祖冲之 15，28，95—97，105—106，179—184，193，253，273—274，358—359，363，420，596，609，625—637，643，658，671，698，833

祖暅 363，636，643

后　记

经过 5 年多的努力，本书终于杀青，可以交卷了。这本书是对笔者前期研究计量史成果的一次总结，内容涉及中国计量史的各个方面。笔者希望通过自己的努力，将中国计量史的大致面貌，整体呈现给读者。当然，这一呈现是否失真，还有待于广大读者的评判。

通过计量史的研究，笔者深切体会到，于科技史和历史学而言，计量史研究实在是太重要了。缺少计量史的支撑，科技史的研究一定是不全面的。计量史的重要性取决于计量在推动社会发展中所具有的不可替代性。无论古今中外，计量都是科学技术得以发展的引领和基础，是社会化生产活动得以开展的技术保障，同时也是各类经济贸易活动得以正常开展的技术保障，还是社会秩序得以维护、社会诚信得以建立的技术保障。要保证计量功能的正常发挥，社会需要建立相应的管理体系，包括行政管理、技术管理和法制管理等，所以它又具有很强的社会属性。计量的发展受到社会环境的制约，同时又对社会环境本身产生强大的影响，与社会环境具有强烈的互动作用，在中外科技交流中也扮演着重要角色。

计量所具有的这种特性，使得任何科技史研究都绕不开它。但是，被动的涉及与主动的探索，毕竟有很大的不同。正如法国著名历史学家、年鉴学派创始人马克·布洛赫（Marc Bloch，1886—1944）所言："计量史学看似无足轻重，但在一个优秀的研究人员手里，度量衡研究可以成为揭示主流文明的工具。"主动探索，自觉地以计量史的视角观察世界，有助于揭示这个世界发展的真正历史动因。缺乏计量史的视角，会错失对很多历史发展线索的把握，影响到对历史发展因果关系的正确认识，无法勾勒出历史发展的真实图景。这对任何历史学家来说都是不可接受的。

计量是科学，是技术，还是系统的社会管理工程，也是有特色的文化现象。这些特点，使得计量史的研究涉及面广、难度大。要做到深入全面，委实不易。笔者在研究过程中就深切感受到了这一点，体会到了何谓绠短汲深，何谓力不从心。正因为如此，书中不当之处在所难免，还望广大读者多予指正和谅解。

特别需要指出的是，大象出版社领导和相关部门对本书的写作和出版给予了全力支持，并以极大耐心，忍受着我的一拖再拖。本书于2020年入选国家出版基金项目，项目刚启动，便受到疫情影响，使书稿的进度严重拖后。即使疫情结束，在正常工作情况下，也有不时冒出的各种事务的干扰。而且每次新的任务降临，似乎都比写书要求得更迫切，需要限期完成。这种情况下，只能把写书之事暂时置于一边，以至于常常出现感觉3天就能写完的章节，用了3个星期也没有完成的现象。大象社领导以极大的耐心和理解的同情，等待着我完成这一国家基金项目，对此，笔者只能表示由衷的谢意。尤其需要感谢的，是本书的责任编辑李晓媚，她为本书付出了极大的心血，从图片的搜集、引文的校对，到格式的统一、文字的修订，每一个环节都反复推敲，使本书增色甚多。她为本书的完成，也发挥了重要作用，没有她的一遍遍电话催促，本书迄今也未必能够完稿！感谢王晓博士帮助通读了本书，并为本书编制索引，为读者的检索提供了方便。

书已成稿，期待广大读者给予批评指正，笔者在此预先表示感谢！

关增建

2024年11月